JN295897

遺伝学用語辞典

第6版

R.C.KING・W.D.STANSFIELD 著
西郷 薫・佐野弓子・布山喜章 監訳

東京化学同人

Copyright © 2002 by Oxford University Press, Inc.

This translation of *A Dictionary of Genetics Sixth Edition*, originally published in English in 2002 by Oxford University Press, Inc. is published by arrangement with Oxford University Press, U.S.A.

本訳書は 2002 年に Oxford University Press から出版された *A Dictionary of Genetics Sixth Edition* 英語版からの翻訳であり，Oxford University Press, U.S.A.との契約に基づいて刊行された．

序

　遺伝学は生命科学の中でも最も急速に進展している分野であり，自然科学および社会科学のこれほど多様な分野に対して刺激を与えてきた学問分野は他にはない．遺伝学が，人類学者，化学者，コンピュータ専門家，エンジニア，数学者，古生物学者，医学者，物理学者，その他多様な背景をもった科学者たちを引き寄せ，その発展に寄与してきたという事実が驚異的な成長の大きな理由の一つである．このような成長は，いうまでもなく専門用語の急増を伴っており，遺伝学者によって書かれた論文を読むうえで，専門用語は初学者にとっても，また他の分野の科学者にとっても問題となる．

　遺伝学では，大学生向けの辞書や生物学の辞書には載っていない多くの用語や略語を用いる．これはさまざまな専門用語，とりわけ分子生物学や細胞生物学分野の用語が新たにつくられているためである．人類遺伝学，量的形質の遺伝学，進化遺伝学，突然変異生成といった分野の文献中に現れる用語の多くは，医学，統計学，地質学，あるいは物理学など，他の科学の分野からきたものである．遺伝学を学ぶ学生のための辞書では，たとえば"BLAST"，"染色体歩行"，"DNA チップ"，"拡張された表現型"，"花器官決定突然変異"，"ゲノミクス"，"ヌクレオモルフ"，"OMIM"，"利己的オペロン"，"接合体致死"といった用語や略語に対する定義を提供することが必要である．一方では，"フーグスティーン型塩基対"，"*in silico*"，"ポアソン分布"，"色素性網膜炎"，"シーベルト"，"海底噴出孔群集"など，他の分野の用語を定義することも必要である．このために，この辞典はその書名が意味するよりも範囲が広くなっている．厳密な遺伝学用語だけでなく，遺伝学の文献にしばしば登場する遺伝学以外のさまざまな用語も取込んだことがその理由である．本文中では，6580項目の用語が定義され，このうちの395項目に図や表が添えられている．

　科学論文には遺伝学の研究に用いられる種や属の分類学的名称が散りばめられている．しかし，著者が述べている生物が，細菌なのか，それとも真菌類，草本植物，あるいは昆虫なのかといったことすら学生には見当がつかないことが多い．"*Arabidopsis*"というのが被子植物の一属であるとわかっていたとしても，分類学に詳しくない読者には，*A. thaliana* が植物界のどこに位置するかがわからない場合もあるだろう．このために，遺伝学で研究されてきた多くの生物の学名を辞典の各項目の中に収載した．それぞれの種について，その一般

名がわかるようにし，さらにその経済的重要性についてもふれている．経済的な価値がほとんどあるいは全くない生物であっても，特定の遺伝学的問題を究明するうえで，何らかの利点を有するために研究されてきたものも多い．このようなケースでは，その利点について簡単に述べられている．さらに，付録Aの生物の分類表には，辞典に出てくるすべての種について，その分類学的位置がわかるようにし，また一方では，それぞれの種の項目中で付録Aを相互参照している．たとえば，デイノコッカス（*Deinococcus radiodurans*）の項目からは付録Aが参照されており，これが原核生物界細菌亜界デイノコッカス門に属することがわかるようになっている．付録Bにはおよそ240種の有用な生物についてその学名を示し，一般名の50音順に並べられている．

現代遺伝学は1900年のメンデルの論文の再発見とともに始まり，そしてこの分野の最初の1世紀の進歩を，ヒトゲノム配列決定という輝かしい結末で飾った．付録Cでは，これらを含め，20世紀における画期的な発見をまとめた．年表には注釈が付けられているが，これは各項目中のなじみのない用語が辞典の本文中で定義されているためである．たとえば，付録Cの1999年の項目中に出てくる Petran, Grant, Grant の島嶼における種分化の研究は，"ダーウィンフィンチ"の項目の中でも引用されている．

年表中の引用には17世紀，18世紀，および19世紀のものも入っており，全部で920項目が1590年から2001年までの期間をカバーしている．付録Cに出てくる研究者ならびにその発見に対して授与されたノーベル賞のリストがアルファベット順に示されている．これに続く参考文献には，140冊の単行本がリストされている．この中には，遺伝学の特定分野における重要な論文を集めた論文集，偉大な科学者についての好意的評論，科学的発見の歴史，ダーウィンの"種の起原"のような画期的著作などがあげられている．

付録Dでは，512種類の定期刊行物がリストされており，それぞれの雑誌の名称と出版社の住所が載せられている．また，定期刊行物のタイトルによく用いられる英語以外の単語もアルファベット順にリストされている．付録Eには，インターネットサイトおよび個別のデータベースを取上げ，指数関数的に増加する遺伝学の文献がコンピュータで検索できるようにした．適当と考えられる項目については，付録Eのウェブサイトのアドレスへの参照を入れた．がん，キイロショウジョウバエ，ヒトゲノムプロジェクト，制限酵素などの項目がその例である．一般的な遺伝病（嚢胞性線維症，血友病，鎌状赤血球貧血

症など)については，それぞれの項目の末尾に示したウェブサイトのアドレスからより詳しい情報が得られる．付録Fには，ゲノムサイズと遺伝子の数が判明している31種類の生物または細胞オルガネラをあげた．これらは4個の原始的な遺伝子を含む数千のリボヌクレオチドからなるゲノムをもつウイルスから，30億bpのDNAとその機能がまだ十分解明されていない3万個の遺伝子をもつヒトに至るまで，その複雑さの順番に並べた．

　この最後の付録は，われわれと世界を共有し，すべてが遠い親戚である生命の多様な型の縮小見本を提供する．このリストには，35億年前の先カンブリア時代の海を漂っていた自己複製する生き物にきわめて似たものもいくつか含まれている．このリストの最後にあげられた種は，わずか数十万年前に進化したが，自然選択が働いてきた膨大な時間からみればほんの一瞬のことにすぎない．

謝　　辞

　Ellen Rasch および Pamela Mulligan の両氏からは新しい定義について有用な助言を頂いた．Lynn Margulis 氏からは付録Aの分類方式について有益な提言を頂き，また，Igor Zhimulev 氏には付録Cの年表を補足して頂いた．Lloyd Davidson および Joseph Gall の両氏は多くの項目について改訂を提案して下さり，内容，わかりやすさともに改善された．Robert S. King は，母親の Suja と兄の Tom から秘書役を引き継ぎ，このプロジェクトを通じて，快くかつ辛抱強く働いてくれた．

訳者序

　遺伝学の一世紀を超える歴史の前半は古典遺伝学とよばれ，その主要な課題は遺伝情報の伝達機構を解明することにあった．遺伝情報の担い手として想定された"遺伝子"の実体が不明のまま遺伝学は発展してきたが，その歴史の後半に入ってようやく遺伝子の正体が DNA であることが判明した．その結果，遺伝子は遺伝情報の単なる担い手にとどまらず，あらゆる生命現象の分子的基盤であることが明らかとなり，遺伝学はライフサイエンスのすべての分野と密接にかかわることになった．今日では，ライフサイエンス関連分野のすべての研究者，教員，学生たちにとって，遺伝学の知識は欠かせないものとなっている．

　遺伝学を学ぶうえで大きく立ちはだかるのは専門用語の壁であろう．分子生物学全盛の現在では，古典遺伝学の時代に登場した数々の"遺伝学用語"になじみのない人も多い．また，近年の分子生物学の急速な発展とともに，次々に登場する耳慣れない新語にとまどう人も少なくないにちがいない．この壁をクリアするうえで，古典的な用語から最新の用語までを網羅した本書のような用語辞典は必携といえよう．原著者の序文にあるように，本書に収載された項目は，伝統的な遺伝学用語の範囲にとどまらず，関連分野の文献中にしばしば出現する動植物名をはじめ，物理学，化学，さらには地質学などを含む広範な用語までカバーされているという点で他に類をみない．この1冊を座右に置くだけで，ライフサイエンス関連分野の文献を読みこなすのに不自由しないであろう．

　本辞典の原著の初版は 1968 年に刊行されたが，その後の遺伝学，とりわけ分子遺伝学の驚異的な発展とともに頻繁に版を重ね，2002 年には第 6 版が刊行されている．本書の日本語訳は，1990 年に刊行された原著第 4 版に基づくものが最後であるが，過去 10 数年間のゲノム科学を中心とする分野の目覚ましい進展を反映して，最新版では大幅な増補，改訂がなされている．今回の第 6 版の翻訳版の出版に当たっては，原著中の追加項目や改訂項目の訳出のみにとどまらず，すべての項目や付録について見直しを行い，全面的な改訂を行った．

　訳語はこれまでの版と同様，基本的には下記の書籍を参照した．

　　　　文部省　学術用語集　遺伝学編（増訂版），日本遺伝学会（1993）
　　　　文部省　学術用語集　動物学編（増訂版），日本動物学会（1988）
　　　　岩波生物学辞典（第 4 版），岩波書店（1996）
　　　　谷津・内田　動物分類名辞典，中山書店（1972）

牧野 新日本植物図鑑, 北隆館 (1989)
分子細胞生物学辞典, 東京化学同人 (1997)
ステッドマン 医学大辞典, メジカルビュー社 (2002)
集団遺伝学入門, 培風館 (1987)
生化学辞典 (第3版), 東京化学同人 (1998)
生化学用語辞典 (第2版), 東京化学同人 (2001)

　これらの用語集の出版以来かなりの年月が経過していることもあり, 収載されていない用語も多い. そのため, 一つの原語に複数の訳語が普及している場合も少なくない. これらについては, インターネットの検索を活用し, なるべく広く普及している訳語を選ぶように心がけた. 加えて, 同義語もできるだけ多く盛り込むようにし, 利用者の便をはかるようにした. この版では, www 上の参考サイトのリストが初めて取入れられたが, 翻訳の時点ですでにアクセスできないサイトがかなりみられた. これらについては可能な限り最新の URL に変更してある. また, 原著中には生物の学名などの誤りが散見されるが, これらは極力修正するようにした.

　全体を通じた用語の統一には細心の注意を払ったつもりであるが, 項目数が膨大であることもあり, 見落としが残っている可能性は否めない. また, 新たに日本語訳を当てた用語も少なくないが, 将来, より適切な訳語が定着する可能性もある. これらについては, 諸賢の叱責とご教示をいただきたい.

　この版は全面改訂版であるとはいえ, 旧版がその土台となっていることは改めていうまでもない. これまでの版の翻訳に携わった諸氏に厚く御礼申し上げたい. また, 編集を担当され, 細かい点にまで目配りを頂いた東京化学同人の幾石祐司氏にも感謝申し上げる.

2005年10月

監訳者を代表して
布 山 喜 章

凡　　例

1. 本辞典の項目は見出し語，その外国語，説明文よりなる．
2. 見 出 し 語
   a. 配列は五十音順とした．
   b. 欧文一字の読みは原則として下記によった．
      ローマ字

A エー	B ビー	C シー	D ディー	E イー	F エフ
G ジー	H エッチ	I アイ	J ジェー	K ケー	L エル
M エム	N エヌ	O オー	P ピー	Q キュー	R アール
S エス	T ティー	U ユー	V ブイ	W ダブリュー	X エックス
Y ワイ	Z ゼット				

      ギリシャ文字

$A\,\alpha$ アルファ	$B\,\beta$ ベータ	$\Gamma\,\gamma$ ガンマ	$\Delta\,\delta$ デルタ	$E\,\varepsilon$ イプシロン
$Z\,\zeta$ ゼータ	$H\,\eta$ イータ	$\Theta\,\theta$ シータ	$I\,\iota$ イオタ	$K\,\kappa$ カッパ
$\Lambda\,\lambda$ ラムダ	$M\,\mu$ ミュー	$N\,\nu$ ニュー	$\Xi\,\xi$ グザイ	$O\,o$ オミクロン
$\Pi\,\pi$ パイ	$P\,\rho$ ロー	$\Sigma\,\sigma$ シグマ	$T\,\tau$ タウ	$Y\,\upsilon$ ウプシロン
$\Phi\,\phi\,\varphi$ ファイ	$X\,\chi$ カイ	$\Psi\,\psi$ プサイ	$\Omega\,\omega$ オメガ	

   c. 化合物名において，異性体を表す D-, L-, *trans*-, *cis*-, *o*-, *m*-, *p*- などの接頭語，結合位置を表す 1-, 2-, 3-, α-, β-, γ-, N-, O-, S- などは配列上無視した．
   d. 外国人名を仮名書きするときは原則として出生地の発音に近いものにした．その際，慣用と著しく異なるものは慣用に従った場合もある．
   e. 難解な漢字，読みがまぎらわしい漢字には（　）内に読みを付した．
      例: **苞穎**（ほうえい）
   f. 一部分が省略可能な場合，その部分を [ ] で囲んだ．
      例: **異化[作用]**
3. 外 国 語
   a. 見出し語の後の [ ] 内に記した．
   b. 原則として単数形とし，特に必要な場合（*pl.*）の後に複数形をあげた．
   c. 同義語の見出し語においては，親項目と外国語が同じ場合，これを省略した．
4. 説 明 文
   a. 見出し語が同じで内容が異なる場合，**1**，**2** などを用いて区別した．
   b. ＝は記号の後の語と見出し語が同義であることを示す．
   c. 説明文中，術語の右肩につけられた＊は，その語が別項目として収録されており，その項目を参照することが望ましいことを示す．
   d. 記述の途中または末尾に（⇨ ○○○），⇨ ○○○とあるときは，その項目に関連して，特に ○○○ の語も参照することが望ましいことを示す．

遺伝学用語辞典
第6版

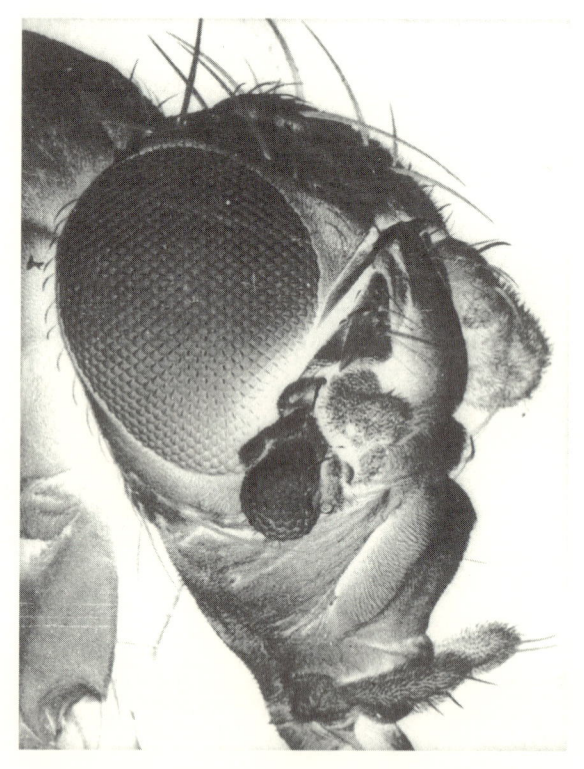

キイロショウジョウバエ（*Drosophila melanogaster*）の頭部の走査型電子顕微鏡写真．*eyeless* 遺伝子を狙った部位で発現させることによって，複眼の前方に位置する触角の遠位側の節の上に，複眼の個眼の集合体が形成された．詳しくは *eyeless* の項を参照．この驚くべき写真（G. Halder, P. Callaerts, W. J. Gehring のご好意による）は，1995年3月24日発行の *Science* 誌の表紙を飾り，アメリカ科学振興協会（AAAS）の1995年度ニューカムクリーブランド賞を受賞した．

ア

i 大腸菌のラクトースオペロンの調節遺伝子*.

I ヨウ素*.

IR [IR = inverted repeat] ＝逆方向反復配列.

Ir 遺伝子 [Ir gene = immune response gene] ＝免疫応答遺伝子.

I_1, I_2, I_3, … 同系交配による第一代, 第二代, 第三代などの世代.

I^A, I^B, I^O ABO 式血液型の対立遺伝子. ⇨ A 抗原, B 抗原.

IAA [IAA = indoleacetic acid] ＝インドール酢酸.

Ia 抗原 [Ia antigen] マウスの主要組織適合性複合体(H-2)の Ia 領域にコードされるアロ抗原. 血清学的方法によって定義され, 主として B リンパ球およびマクロファージに見いだされる.

IS 因子 [IS element] ＝挿入配列 (insertion sequence).

inv ⇨ ヒトの細胞遺伝学上の記号.

IF [IF = initiation factor] ＝開始因子.

IFN [IFN = interferon] ＝インターフェロン.

IL [IL = interleukin] ＝インターロイキン.

Ile [Ile = isoleucine] ＝イソロイシン. ⇨ アミノ酸.

iojap トウモロコシの葉緑体の性質に変化を与える核内遺伝子の突然変異. その突然変異色素体はその後自律的に行動する.

IQ [IQ = intelligence quotient] ＝知能指数.

Ig [Ig = immunoglobulin] ＝免疫グロブリン.

IgE ヒト免疫グロブリン E. 分子量 200,000 の単量体として存在し, アレルギー反応に関与する. 抗原と複合体を形成した後, マスト細胞の表面に結合し, ヒスタミンの放出をひき起こす.

IgA ヒト免疫グロブリン A. 粘膜, 分泌液および細胞膜表面において, 分子量 160,000 の単量体または分子量 320,000 の二量体として存在する.

ICSH [ICSH = interstitial cell-stimulating hormone] ＝間質細胞刺激ホルモン. 黄体形成ホルモン*のこと.

IGF-1, IGF-2 [IGF = insulin-like growth factor] ＝インスリン様成長因子 1, 2

IgM ヒト免疫グロブリン M. 分子量 900,000 の五量体として存在し, 一次免疫反応に最も重要な分子である. 血清補体を結合し, 凝集力が高い.

IgG ヒト免疫グロブリン G. 分子量 150,000 の単量体として存在し, 二次免疫反応に最も重要な分子である. 補体を結合し, また胎盤を透過できる唯一の免疫グロブリンである. ⇨ 付録 C (1969 Edelman *et al.*), 免疫応答.

IgD ヒト免疫グロブリン D. リンパ球表面に分子量 185,000 の単量体として存在する.

アイソコア [isochore] 隣接する領域とは異なる, 一様な塩基組成をもつ DNA 領域. 脊椎動物と植物の DNA では, このようなアイソコアがモザイク状になっている. ヒトでは, アイソコアは, 長さ約 300 kb で, 5 種類のクラスからなる. AT に富んだアイソコアは, *L1, L2*, GC に富んだアイソコアは *H1, H2, H3* とよばれている. *H3* は全 DNA の 3% にすぎないが, 25% 以上の ORF を含む. ⇨ 主要組織適合性複合体.

アイソザイム [isozyme] イソ酵素 (isoenzyme) ともいう. 同一酵素の複数の存在様式. ある酵素のアイソザイムは同じ反応を触媒するが, 至適 pH や至適基質濃度などの性質は異なる. アイソザイムは対をなすポリペプチドのサブユニットで構成された複合タンパク質である. たとえば, 乳酸デヒドロゲナーゼは 2 個のポリペプチド単位, A および B から構成され, 5 種のアイソザイムが存在し, AAAA, AAAB, AABB, ABBB, および BBBB のような記号で表される. アイソザイムは異なった等電点をもつので, 電気泳動で分離することができる. 乳酸デヒドロゲナーゼのようなアイソザイムを構成する異なった単量体は, 別々の遺伝子座にコードされている. 同一遺伝子座の対立遺伝子型により形成された変異体タンパク質をさすのにはアロザイム*という言葉が用いられる.

アイソフォーム [isoform] アミノ酸配列が多少異なる, 機能的に関連したタンパク質のファミリー. このようなタンパク質をコードする遺伝子は, 現在は染色体の異なる場所に位置するが, 元は単一の祖先遺伝子に由来したと考えられている. アイソフォームは, 同一遺伝子内の異なるプロモーターから転写された mRNA, あるいは選

択的スプライシング*からも生じうる．⇨ アクチン，アクチン遺伝子，フィブロネクチン，多重遺伝子族，筋ジストロフィー，ミオシン，ミオシン遺伝子，トロポミオシン，チューブリン．

アイドリング反応 [idling reaction] アミノ酸を結合していない tRNA が A 部位に存在する際に，リボソームによって ppGpp および pppGpp が産生されること．⇨ 翻訳．

IPTG [IPTG = isopropylthiogalactoside] = イソプロピルチオガラクトシド．大腸菌ラクトースオペロン*の非代謝性インデューサー．⇨ ONPG．

IVS [IVS = intervening sequence] = 介在配列．⇨ イントロン．

I 領域 [I region] マウス主要組織適合性複合体（H-2）の中心領域の一つ．Ia 抗原遺伝子およびさまざまな免疫応答制御遺伝子を含む．これは五つの副領域（A, B, J, E, C）をもち，ヒト主要組織適合性複合体の D/DR 領域に相当すると考えられる．⇨ HLA 複合体．

eyeless ショウジョウバエ第 4 染色体上の遺伝子で，突然変異を起こすと，複眼の欠損，縮小が起きる．この遺伝子は，ペアード（paired）ドメインとホメオドメインをもつ転写因子をコードする．eyeless の野生型対立遺伝子は，ショウジョウバエの眼の形態形成のマスター制御遺伝子であることが，実験的に示されている．正常では，眼以外の器官になる成虫原基中で，この遺伝子を活性化すると，羽化後に触角や肢，平均棍，翅にきちんと並んだ個眼が形成される．1 本の触角上に"ミニ眼"をもつショウジョウバエの頭部が口絵に示してある．ショウジョウバエの眼の形態形成は，2500 以上の遺伝子によって制御されているが，その大半は，直接または間接に ey^+ の支配下にあるはずである．ey^+ の相同遺伝子は，ヒト，齧歯類，魚類，ホヤ，頭足類，紐型動物で同定されている．このことは，すべての後生動物で，眼の形態形成に同じマスター制御遺伝子が使われていることを意味する．⇨ 付録 C（1995 Halder, Callaerts, Gehring），Aniridia，遺伝子のネットワーク形成，ホメオボックス，paired，選択遺伝子，Small eye．

アウトロン [outron] ⇨ トランススプライシング．

亜鉛 [zinc] 生物の微量元素．

原子番号	30	放射性同位体	^{65}Zn
原子量	65.41	半減期	245 日
原子価	+2	放射線	陽電子
最も多い同位体	^{64}Zn		

アオカビ [Penicillium notatum] ペニシリン*を合成する子嚢菌類．

アカイエカ [Culex pipiens] 世界で最も広く分布しているカ（蚊）の種．農薬抵抗性の遺伝が研究された．巨大多糸性染色体が幼虫の唾液腺およびマルピーギ管の細胞に生じる．

アカガエル属 [Rana] 広く研究に使われている．R. pipiens（ヒョウガエル）は研究室で最も広く飼育されているもので多くの突然変異が単離，解析されている．R. sylvatica，R. esculenta，R. temporaria にも利用できる突然変異体がある．トノサマガエル（R. esculenta）はランプブラシ染色体地図の研究に使われた唯一の無尾類である．

アカギツネ [Vulpes vulpes, red fox] 毛皮をとるために大量に飼育されるキツネ．毛皮の色に影響を与える多くの突然変異が知られている．

アカゲザル [Macaca mulatta, rhesus monkey] 研究室でおもに用いられる狭鼻猿類の霊長類．Rh 抗原が初めて見つけられた．半数体の染色体は 21 本で，約 30 個の遺伝子が，マップされており，それらは 14 の連鎖群に分かれている．⇨ Rh 因子．

赤の女王仮説 [Red Queen hypothesis] 物理的環境が一定の条件にあるときの集団の進化状況を予想する二大数学モデルのうちの一つ．定常モデルでは進化はいきつくところまでいき，そこで停止すると予想する．赤の女王仮説では，1) 種の環境の最も重要な要素は群集中の別の種である，2) すべての種が局所的な適応ピークに達しているわけではなく，したがって物理的環境が安定化していてもさらに進化することが可能であるという理由から，進化が続くと予想している．一つの種の進化的前進は密接な相互作用のネットワークを通じて同じ群集内の他のすべての種の生活環境を劣化させる．その結果，これらの種は選択圧を受け，自らを進化させて追いつこうとする．この仮説の名称は"鏡の国のアリス"中に登場する赤の女王（Red Queen）に由来する．その台詞に"さておわかりかな？同じ場所にとどまるためにはあなたは走り続けなくてはならないのだ．"とある．⇨ 遅延荷重，ゼロ和仮定．

アカパンカビ [Neurospora crassa] 古典的な生化学遺伝学の研究がなされた子嚢菌類．アカパンカビでは，減数分裂の産物の各組が直線状に配置されるので，減数分裂のどの段階で遺伝子交換が生じたかを，子嚢を開けて個々の子嚢胞子を分けて発育させることにより決定することができる（⇨ 定序四分子）．この種の半数体染色体数は 7 でおのおのの詳しい連鎖地図を利用することができる．アカパンカビのミトコンドリア DNA 分子

に関しては制限酵素地図も存在する.これは約60 kb から成り,いくつかの遺伝子がマッピングされている.⇨ 付録 C (1927 Dodge；1941 Beadle, Tatum；1944 Tatum *et al.*；1948 Mitchell, Lein).

agamous　　⇨ 花器官決定突然変異.

アガモント　= 無性親.

アガロース［agarose］　D-ガラクトースと 3,6-無水ガラクトースが交互に直鎖状につながったポリマー.寒天から分画したこのポリマーはゲル電気泳動によく用いられる.それは,ほとんどの分子がアガロースに結合しないため,分子のゲル中の電気泳動が阻害されないからである.

アーキア［archaeon, archaean］　アーキア亜界に属する細菌.⇨ 付録 A (原核生物超界).

アーキア亜界［Archaea］　⇨ 古細菌.

Archaeoglobus fulgidus　　超高温環境で発見された嫌気性硫酸還元アーキア.ゲノムは環状二本鎖 DNA で 2,178,400 bp.平均サイズ 822 bp の 2436 ORF からなる.78 個の遺伝子はアミノ酸生合成経路に関係し,そのうちの 90% 以上は,*Methanococcus jannaschii* に相同遺伝子がある.*A. fulgidus* ORF のうち半数以上は URF である.*M. jannaschii* には,18 のインテイン* が見つかっているが,この種にはない.⇨ 付録 A (アーキア亜界,クレンアーキオータ門),付録 C (1997 Klenk *et al.*),古細菌,超好熱菌.

achaete-scute 複合遺伝子座　　［achaete-scute complex］　成虫剛毛の発生に影響する複数の突然変異によって,ショウジョウバエで初めて同定された複合遺伝子座.全体が欠損すると,胚発生時に神経発生ができない.この遺伝子座には,四つの ORF (ヘリックス-ターン-ヘリックスモチーフ* をもつ DNA 結合タンパク質をコード) が含まれる.

秋まき品種［winter variety］　開花させたい年の前年の秋に播種しなければならない穀類の品種.春にまいても生育するその年には開花しない.⇨ 春化処理.

アキュートトランスフェクション［acute transfection］　細胞に DNA を短時間感染させること.

アキレスの踵切断［Achilles' heel cleavage］　略号 AHC.DNA 分子を特定の部位で切断する技術.ギリシャ神話で,アキレスの母が,息子をステュクス川(三途の川)に浸礼したという伝説から名付けられた.その川の水に触れることで,アキレスは不死身となったが,母が息子をつかんでいた踵の部分だけは,不死身とならなかった.AHC 法では,配列特異的な DNA 結合分子と目的とする DNA 分子間に複合体を形成させた後,メチルトランスフェラーゼを加え,配列特異的な DNA 結合分子で覆われた部分以外のすべての CpG 配列をメチル化する.次に結合分子とメチルトランスフェラーゼを除去し,制限酵素を加える.メチル化されなかった部分 (アキレスの踵) のみが切断される.

悪　性［malignancy］　がん性の細胞増殖.⇨ がん.

アクセプターステム［acceptor stem］　特異的なアミノアシル tRNA シンテターゼによって 3′ 末端の CCA にアミノ酸が付加される tRNA 分子の二本鎖部位.⇨ 転移 RNA.

アグーチ［agouti］　哺乳類の灰色の毛色をいい,個々の毛において,黄色 (フェオメラニン) 色素と黒色 (ユーメラニン) 色素の縞が交互に繰り返されたもの.agouti はまた,毛色のパターンを支配する遺伝子に付けられた遺伝子名でもある.マウスの 2 番染色体の *agouti* 遺伝子座では,20 種類を超える対立遺伝子が報告されている.この遺伝子はシステインに富む 131 個のアミノ酸からなるタンパク質をコードするが,これは毛包中のメラニン細胞でつくられる黒色色素と黄色色素の切り替えを指示する.このタンパク質の翻訳は,メラニン細胞そのものではなく,近傍の毛包細胞中で行われる.したがって,agouti タンパク質は傍分泌性 (paracrine) のシグナル伝達分子として作用する.⇨ 自己分泌,メラニン.

アクチジオン［actidione］　シクロヘキシミド.

アクチノマイシン D［actinomycin D］　*Streptomyces chrysomallus* が産生する抗生物質.mRNA の転写を妨げる (次ページの図参照).⇨ RNA ポリメラーゼ.

アクチベーター　= 活性化因子.

アクチン［actin］　細胞において,7 nm の幅をもつマイクロフィラメントの主要構成成分タンパク質.アクチンマイクロフィラメント(F アクチン)は,分子量 42,000 の球状サブユニット(G アクチン)が重合したものである.おのおのの G アクチンは明確な極性を示し,重合の際は "頭から尾" というように並ぶので,すべての G アクチンが同じ方向を向いている.F アクチンは G アクチンがその末端部に付加することによって伸長するが,サイトカラシン B* はこの過程を阻害する.粘菌からショウジョウバエ,脊椎動物の筋肉細胞まで,今まで研究されたアクチンはすべて大きさもアミノ酸配列も類似している.このことはアクチンが単一の祖先遺伝子から進化したことを示唆している.哺乳類および鳥類には 4 種類の

アクチノマイシンD

異なる筋肉アクチンが存在する．α_1は骨格筋，α_2は心筋，α_3は血管平滑筋，α_4は腸管平滑筋におのおの特異的である．その他2種のアクチン（β, γ）は筋肉細胞，非筋細胞の両方の細胞質に見いだされている．⇨ 選択的スプライシング，収縮環，フィブロネクチン，アイソフォーム，ミオシン，スペクトリン，ストレスファイバー，トロポミオシン，ビンキュリン．

アクチン遺伝子［actin gene］ 多種のアクチンアイソフォームをコードする遺伝子．たとえば，ショウジョウバエにおいては，染色体上の六つの異なった位置に存在する．そのうち二つは細胞質アクチンを，ほかの四つは筋肉アクチンをコードする．異なるアクチン遺伝子間において，アミノ酸コード領域は大変似た組成をしているが，トレーラーを決定する領域は塩基配列がかなり異なる．

アクチン結合タンパク質［actin-binding protein］ アクチンと複合体を形成するタンパク質の大きなファミリー．ある種の熱ショックタンパク質*，ジストロフィン*，ミオシン*，スペクトリン*，トロポミオシン*などが含まれる．

アクトミオシン［actomyosin］ ⇨ ミオシン．

アクラシス門［Acrasiomycota］ 細胞性粘菌を含む門．原生生物で，アメーバ状の単細胞期には細菌を摂取する．続いてこのアメーバが集まって子実体状の構造となり胞子を形成する．タマホコリカビ（*Dictyostelium discoideum*）とムラサキホコリカビモドキ（*Polysphondylium pallidum*）が最もよく研究されている．

アクラシン［acrasin］ タマホコリカビ（*Dictyostelium discoideum*）により産生される化学走性作用物質．細胞の集合を起こさせる．環状AMP*であることが示されている．

アクリジンオレンジ［acridine orange］ 蛍光色素および突然変異原として機能するアクリジン色素．

アクリジン色素［acridine dye］ バクテリオファージにおいて，DNAと結合し，塩基配列中に付加または欠失を起こす突然変異原．

アクリターク［acritarch］ 最も始原的な真核生物を代表すると考えられている球形の生物．化石から約16億年前に初めて現れたと考えられている．ほとんどのアクリタークは厚い殻に覆われ，シストを形成する原生生物であったと考えられる．⇨ 原生代．

アクリフラビン［acriflavin］ アクリジン色素

の一種．フレームシフトを生じさせる．

アクリルアミド［acrylamide］ ⇨ ポリアクリルアミドゲル．

アグロバクテリウム［*Agrobacterium tumefaciens*］ 広範囲の双子葉植物にクラウンゴール病（根頭がん腫病）をひき起こす細菌．細菌は，死んで破壊された植物細胞にのみ侵入し，それから近接した生きた植物細胞に腫瘍をひき起こすプラスミドを伝達するらしい．この感染過程は，天然の遺伝子工学技術である．プラスミドを保持する *A. tumefaciens* の系統を用いて遺伝子工学的に，目的の外来遺伝子を植物細胞に導入することができる．組織培養で細胞を増殖させると，外来遺伝子をすべての細胞にもつ植物が再生される．⇨ 付録A（細菌亜界，プロテオバクテリア門），付録C（1907 Smith），Ti プラスミド．

アクロマイシン［acromycin］ ⇨ テトラサイクリン．

アクロン［acron］ 節足動物の胚のうち，体節に分かれていない先端部．眼と触角になる．⇨ 母性極性突然変異体．

亜系［substrain］ ある細胞株の中の一部の細胞だけがもつ特性やマーカーによりこれらの細胞を単一細胞またはコロニーとして単離し，増殖させた細胞集団．

アケボノウマ属［*Hyracotherium*］ 始新馬ともいう．最も古い馬の祖先を含む属．この属の最も小さい成体は，背の高さが約10インチにすぎない．これらの化石は，ヨーロッパの始新世堆積物で初めて発見された．北米の始新世の岩盤では，馬の化石はずっとたくさんあり，*Eohippus* 属と命名された．その後，二つの属が同じ動物であることが明らかになってからは，*Hyracotherium* という名称が正しい学名として選ばれた．この名称が，最初に（1876年ではなく，1840年に）用いられたからである．

アザグアニン［azaguanine］ 実験室で初めて合成されたプリン拮抗体．後に *Streptomyces spectabilis* によって合成される抗生物質と同一であることがわかった．mRNA に取込まれ，翻訳に誤りを生じさせる．

5-アザシチジン［5-azacytidine］ シチジンの類似体で，シトシン*の5位の炭素が窒素になっている．この類似体は新しく合成された DNA に取込まれるがそのような DNA はメチル化を受けにくい．遺伝子に結合するメチル基の数が減ると，その転写活性が上がるので，5-アザシチジンはある遺伝子を活性化することができる．たとえば，この薬を投与された患者は，胎児性ヘモグロビンを生成，すなわち γ 遺伝子の活性化を始めるかもしれない．⇨ ヘモグロビン，ヘモグロビン遺伝子．

アザセリン［azaserine］ *Streptomyces* のさまざまな種によって合成されるグルタミンの類似体．プリンの生合成を阻害し，染色体異常をひき起こす．突然変異原だが抗腫瘍化活性ももつ．

$$NH=CH-\underset{\underset{O}{\|}}{C}-O-CH_2-\underset{\underset{NH_2}{|}}{CH}-COOH$$

アザチオプレン［azathioprene］ メルカプトプリン*の誘導体で，一次抗体応答および同種異系移植*の拒絶反応を抑制する．

アザラシ状奇形［phocomelia］ 手足の基部が欠如し，手足が1本の骨によって胴体についている状態をいう．ヒトでは常染色体劣性遺伝として，遺伝的に生じる．また，発生中の胚をサリドマイドという薬剤にさらすことによって生じる場合もある．

亜雌［metafemale］ ショウジョウバエにおいて，X染色体と常染色体のセットの比が1.0を超える，比較的生存力の低い雌の表現型．以前は超雌といった．⇨ 間性，亜雄．

足場 ＝骨格．

足場依存性細胞［anchorage-dependent cell］ 基質依存性細胞（substrate-dependent cell）ともいう．ガラスやプラスチックなどの不活性な表面に付着した場合にのみ，成長や生存，あるいは機能を維持することができる細胞（または培養細

胞). 動物の正常な細胞の中で，付着と伸展なしに生存できるようにつくられているのは，血流中を循環する細胞のみである．ある種の腫瘍細胞は，このような能力を獲得して足場非依存性となり，元の組織中の部位を離れて転移を起こす．⇨ 微小担体，浮遊培養．

亜 種 [subspecies]　**1.** 分類学的に認識される種の下の階級．**2.** 地理的，生態学的に区別される特徴により定義される種の下の階級．⇨ 種．

亜雌雄異株性 [subdioecy]　ある種の植物で，単性個体が不完全な性分化を示した状態．

アシュケナージ [Ashkenazi]　東ヨーロッパ起源のユダヤ人．多くは，中世に古代イスラエルから移住し，初めにドイツとフランスに定住した．ヘブライ語でアシュケナージは，ドイツ人を意味する．イディッシュ語 (Judeo-German) を使用するアシュケナージ系ユダヤ人とラディノ語 (Judeo-Spanish) を話すセファルディム系ユダヤ人は区別される．どちらの言語もヘブライ文字を使用する．アシュケナージ系ユダヤ人では，あるリソソーム性の遺伝病が比較的高頻度に見いだされる．これらの突然変異は，ホモ接合体は病気になるが，ヘテロ接合体は，初期の孤立集団という環境下では，まだ解明されていないが何らかの理由で，有利だったのだろうと推定されている．⇨ ゴーシェ病，ヘテロ接合優勢，ユダヤ人，リソソーム蓄積症，ヒトメンデル遺伝カタログ，ニーマン-ピック病，テイ-サックス病．

アジュバント [adjuvant]　抗原とともに与えたときに，免疫反応を非特異的に増強させる混合物．⇨ フロイントアジュバント．

亜硝酸 [nitrous acid]　HNO$_2$．プリンやピリミジンの NH$_2$ 基を OH 基に変える突然変異原．

アジリジン系突然変異原 [aziridine mutagen]

アジリジニル基 $\left(-\mathrm{N}\begin{smallmatrix}\mathrm{CH}_2\\|\\\mathrm{CH}_2\end{smallmatrix}\right)$ を含む突然変異誘発アルキル化剤．⇨ アホレート，エチレンイミン，ヘメル，ヘムパ，TEM，テパ，テトラミン．

アシル化 tRNA [acylated tRNA]　アミノ酸が共有結合している tRNA 分子．アミノアシル tRNA (aminoacyl-tRNA) ともいう．

Ascobolus immersus　四分子分析*によく用いられるスイライカビ属の子嚢菌．⇨ 付録A．

アスコルビン酸 [ascorbic acid]　ビタミン C*．壊血病は，アスコルビン酸が不十分であることから生じる欠乏症である．

Asparagus officinalis　アスパラガス．

アスパラギン [asparagine]　略号 Asn．⇨ アミノ酸．

アスパラギン酸 [aspartic acid, aspartate]　略号 Asp．⇨ アミノ酸．

アスペルギルス属 [*Aspergillus*]　不完全菌門に属する糸状真菌類の一属 (⇨ 付録A)．*A. flava* はアフラトキシン*の源．*A. nidulans* は，Pontecorvo と Roper が擬似有性*を発見した種 (⇨ 付録C)．*A. nidulans* の半数体染色体数は 8 で，詳細な遺伝地図がつくられた八つの連鎖群が存在する．推定ゲノムサイズは 25,400 kb．また，ミトコンドリアの遺伝子についてもわかっている．

アズール B [azure B]　細胞化学に用いる塩基性色素．⇨ 異染性．

アセチルコリン [acetylcholine]　神経刺激がシナプスを介して伝わるとき，および神経末端から筋肉に伝わるときに重要な役割を果たす有機アミン．神経刺激が伝わると筋繊維膜の透過性が変化し筋肉が収縮する．アセチルコリンは原生生物にも存在し，非常に起源の古いホルモンである．

$$\mathrm{H_3C-\overset{\overset{\displaystyle O}{\|}}{C}-O-CH_2-CH_2-\overset{+}{N}\overset{\displaystyle CH_3}{\underset{\displaystyle CH_3}{-CH_3}}}$$

アセチルコリンエステラーゼ [acetylcholinesterase]　コリンエステラーゼ (cholinesterase) ともいう．アセチルコリン*をコリンと酢酸に加水分解する酵素．

***N*-アセチルセリン** [*N*-acetyl serine]　アセチル化されたセリン．細菌の翻訳における *N*-ホルミルメチオニンに相当する機能を哺乳類の系で担っていると考えられた．

$$\mathrm{CH_3-\overset{\overset{\displaystyle O}{\|}}{C}-NH-\underset{\underset{\displaystyle OH}{\overset{\displaystyle |}{CH_2}}}{\overset{\displaystyle |}{CH}}-COOH}$$

アセチル補酵素 A [acetyl-coenzyme A]　⇨ 補酵素 A．

アセトバクター属 [*Acetobacter*]　酢酸菌．好気性桿菌の一属で，アルコールを酢酸へと酸化することによってエネルギーを獲得する．

アセノスフェア [asthenosphere]　⇨ プレートテクトニクス．

アゾトバクター属 [*Azotobacter*]　非寄生性

で，桿状の窒素固定土壌細胞の一属．⇨ 付録 A，細菌亜界．

アダプター [adaptor] 平滑末端切断断片の両端に連結する制限酵素切断部位をもつ，短い合成 DNA 断片．平滑末端をもつ分子を付着末端（粘着末端）をもつ別の分子に結合させるのに用いられる．アダプターの制限酵素切断部位はもう一方の分子のそれと同一にする．同じ制限酵素で切断したときに，両方の DNA に互いに相補的な付着末端を生じさせるためである．

アダプター仮説 [adaptor hypothesis] 特異的なアミノ酸と新しく合成中のポリペプチドのアミノ酸配列を特定している鋳型 RNA の領域の両方を認識するポリヌクレオチドアダプター分子の存在を示唆した仮説．⇨ 付録 C (1958 Crick)．転移 RNA．

亜致死遺伝子 [sublethal gene] ⇨ 低活性突然変異．

アッププロモーター突然変異 [up promoter mutation] プロモーター部位の突然変異で，転写開始の率を上昇させる．このような性質をもつプロモーターを高レベルまたは強いプロモーターという．

アテニュエーション [attenuation] **1.** 物理学では，電磁放射線が遮蔽物を通過する際に，エネルギーが失われること．**2.** 微生物学では，病原体が繰返し培養されたり，天然宿主以外で増殖させられたりして毒性を失うこと．**3.** 免疫学では，免疫抗原として用いる物質の毒性が弱まること．アテニュエーションは免疫抗原の経年変化，熱変性，乾燥，化学修飾などの結果生じる．**4.** 分子遺伝学では，アミノ酸生合成に関与する酵素をコードする細菌オペロンの発現を制御するメカニズム．

アテニュエーター [attenuator] アミノ酸合成に関与する酵素をコードする細菌オペロンの上流にある塩基配列．このようなオペロンの発現は，これらのオペロンのメッセンジャーの転写を制御することによってスイッチが入れられたり切られたりする．大腸菌のトリプトファンオペロンのリーダー配列はアテニュエーターがどのように機能するのかを現している．図 A では，RNA ポリメラーゼが，細菌 DNA 分子のコード鎖に沿って動いている．ポリメラーゼによって転写された RNA 分子は，その後ろにぶら下がっている．RNA 分子の 5' 末端付近はリボソームが結合する部位である．結合したリボソームは，RNA に沿って移動しながら，ポリペプチド鎖を形成する．リボソームの移動速度は，利用できるアミノアシル tRNA の量によって決まる．RNA 転写産物の詳細な構造は図 B に示してある．A，B で示したブロックは，塩基配列が相補的なため，対をつくることができ，C と D に関しても同様である．しかし，B は C とも対をつくれるので，A/B，B/C，C/D の 3 種のヘアピンループが存在しうる．しかし，A ブロックのみが，トリプトファンコドン（X で示す）をもっている．トリプトファンが豊富にあると，リボソームは止まることなく動き，A から B へ進む．ポリメラーゼが C と D を転写すると，これらは対をつくり終結ヘアピン*（C/D）ができ，RNA ポリメラーゼとその転写産物は DNA 鎖から解離する．それゆえ，trp オペロンは不活性である．しかしながら，トリプトファンがない環境では，リボソームは Trp コドンで停止する．A はリボソームにふさがれているので，B は C と対をつくり，D は終結ヘアピンをつくれない．それゆえ，ポリメラーゼはオペロンまで進み，それを転写する．転写産物は翻訳され，できた酵素はトリプトファンの形成を触媒する．このように，重要なアミノ酸をつくる酵素は，そのアミノ酸が足りないときにのみ合成される．⇨ リーダー配列．

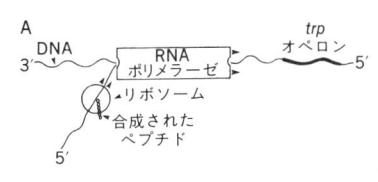

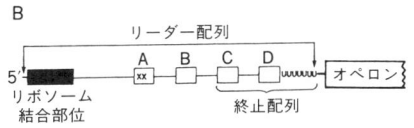

アデニル酸 [adenylic acid] ⇨ ヌクレオチド．

アデニル酸シクラーゼ [adenylate cyclase] ＝ アデニルシクラーゼ (adenyl cyclase)．

アデニルシクラーゼ [adenyl cyclase] アデニル酸シクラーゼ (adenylate cyclase) ともいう．アデノシン三リン酸 (ATP) から環状アデノシン一リン酸 (cAMP) への変換を触媒する酵素．⇨ アデノシンリン酸．

アデニン [adenine] ⇨ 核酸塩基．

アデニンデオキシリボシド [adenine deoxyriboside] ⇨ ヌクレオシド．

アデノウイルス [adenovirus] 252 個のカプソメアからなる外殻を特徴とする一群の DNA ウイルスの総称．アデノウイルスはヒトを含む多くの哺乳類に感染する．アデノウイルス 2 型は小

児の呼吸器感染症の原因となる．アデノウイルス2型のゲノムは，35,937 bp からなる二本鎖DNAで，11個の転写単位を含む．分断された遺伝子と選択的スプライシングはヒトのアデノウイルス2型で発見された．

アデノシン［adenosine］ ⇨ ヌクレオシド．

アデノシン一リン酸［adenosine monophosphate］ 略号 AMP．⇨ アデノシンリン酸．

アデノシン三リン酸［adenosine triphosphate］ 略号 ATP．⇨ アデノシンリン酸．

アデノシンデアミナーゼ欠損症［adenosine deaminase deficiency］ まれな免疫不全症で，ヒト20番染色体長腕上の遺伝子の突然変異により起こる．正常な遺伝子は，プリン代謝を制御する酵素をコードしており，ADA 欠損により，白血球の機能が損なわれる．T細胞の分裂が抑えられ，B 細胞による抗体産生が減少する．その結果，ADA の小児は，ウイルス，細菌，真菌感染により死亡する．ADA 欠損症は，遺伝子治療が成功した初めての遺伝病である．⇨ 付録 C (1990 Anderson)，免疫応答．

アデノシン二リン酸［adenosine diphosphate］ 略号 ADP．⇨ アデノシンリン酸．

アデノシンリン酸［adenosine phosphate］ ヌクレオシドであるアデノシンに，リボース基を介して1個，2個または3個のリン酸分子が結合している化合物の総称（下図参照）．AMP，ADP，ATP は相互変換できる．ATP の加水分解により生じるエネルギーは多くの生物学的諸過程（筋収縮，光合成，生物発光，およびタンパク質，核酸，多糖類，脂質の生合成）を進めるのに使用される．⇨ 環状 AMP．

アテブリン［Atebrin, Atabrine］ キナクリン*の商標名．

アドリアマイシン［adriamycin］ ドキソルビシン (doxorubicin) ともいう．*Streptomyces peucetius* が生産する抗生物質で，トポイソメラーゼに作用する．アドリアマイシン処理細胞から調製したDNA には，一本鎖や二本鎖の切断が生じている．⇨ ジャイレース．

アナウサギ［*Oryctolagus cuniculus*］ カイウサギともいう．実験用として広く飼育され，遺伝学的に詳しく研究されている哺乳動物．さまざまな形態的ならびに生理的形質に影響を及ぼす多数の突然変異が得られている．半数体の染色体数は22で，およそ60の遺伝子が16の連鎖群に分類されている．⇨ 付録 A（脊索動物門，哺乳類，ウサギ目），WHHL ウサギ．

アナフィラキシー［anaphylaxis］ アレルギー性あるいは過敏症の全身反応．急性の呼吸困難や血管障害をひき起こす．

Aniridia ヒト染色体上 11p13 に位置する *Pax-6* 遺伝子の優性突然変異．虹彩，レンズ，角膜，網膜の異常を起こす．ヒトの *Pax-6* 遺伝子，マウスとラットの *Sey* 遺伝子，ショウジョウバエの *ey* 遺伝子は相同である．⇨ *eyeless*.

アニール［anneal］ 焼きなましともいう．最初に熱し，つぎに冷却すること．分子遺伝学の実験では，異なる起源のDNA らせんを対合し，雑種の核酸分子を形成させるために，アニールする．熱すると，核酸の二重らせんの個々の鎖が分離し，冷却すると，相補的な塩基対の部分をもっている分子が対合する．

アネルギー［anergy］ 期待される免疫反応が起きないこと．

アノイリン［aneurin］ ビタミン B_1．一般にはチアミン*として知られている．

アバンダンス［abundance］ 代表度 (repre-

アデノシンリン酸

sentation）ともいう．分子生物学では，細胞内における特定の mRNA の平均分子数をいう．アバンダンス（A）は $A = NRf/M$ という式で表される．N はアボガドロ数，R は細胞中の RNA の量（単位：グラム），f は全 RNA 中特定の RNA の割合，M は特定の RNA の分子量である．

アピコプラスト［apicoplast］　⇨アピコンプレクサ．

アピコンプレクサ［Apicomplexa］　絶対内部寄生生物のグループを含む原生生物界の門（付録A）でマラリア*の原因となる種を含む．すべてのアピコンプレクサには，色素体（アピコプラスト）があるが，内部共生により生じたものと考えられている．熱帯熱マラリア原虫（*Plasmodium falciparum*）のアピコプラストには，68 個の遺伝子があり，その多くは，植物や藻類の色素体のゲノムにみられるものに類似する．ただし，アピコプラストは，光合成にかかわる遺伝子群をもっていない．

アフィニティークロマトグラフィー［affinity chromatography］　不溶性の支持体（セファロースなど）に付着したリガンド（抗体など）に結合する親和性を利用して分子を分離する技術．結合した分子はその後比較的純粋な状態で抽出することができる．

アブザイム［abzyme］　抗体酵素ともいう．酵素活性をもつ抗体．ある種のモノクローナル抗体で，反応産物の生成過程で生じる遷移状態の化合物に結合し，安定化する．⇨酵素．

アブシジン酸［abscisic acid］　葉緑体で合成される植物ホルモン．高濃度のアブシジン酸により，葉・花・果実が落ちる．乾燥時には，このホルモンにより，気孔が閉じる．

アプタマー［aptamer］　ランダムな配列からなるライブラリの中から，あるリガンドに対して強い結合親和性を示す核酸を *in vitro* 選択実験で最適化して得られた RNA や DNA．より強いリガンド結合親和性をもつアプタマーを用いることによって，抗体の多様な応用が実現できる．アプタマーは，分子センサーやスイッチとしても使える．

アプテーション［aptation］　今現在，選択されている性質．その起源が選択過程によって生じたのか（適応），選択以外の過程や他機能に対する選択（外適応）によって生じたのかは問わない．

アフラトキシン［aflatoxin］　糸状菌の一種 *Aspergillus flavus* および同じ属に属するカビによって合成される一群の毒性化合物．プリン塩基に結合し，塩基対を形成不能にさせ，DNA 複製と RNA 転写の両方を阻害する．これらのマイコトキシン（カビ毒）は，非常に毒性が高く，発がん性をもち，湿気のあるところに保存された穀粒や油料種子製品がしばしば汚染される．アフラトキシン G_1 の構造を示す．アフラトキシン B_1 は矢印で示した位置の O が CH_2 に置換されている．アフラトキシン B_2, G_2 は*印で示した二重結合を欠くこと以外は，それぞれ B_1, G_1 と同じである．

アフリカツメガエル［South Africa clawed frog］　⇨ツメガエル属．

アフリカのイブ［African Eve］　⇨mtDNA 系統樹．

アフリカミツバチ［African bee, *Apis mellifera scutellata*］　南アフリカ原産だが，1957 年に偶然ブラジルに持ち込まれ，メキシコにまで広がってしまったハチの一種．アメリカ合衆国南部に侵入する危険がある．アフリカミツバチは蜜の生産量が少なく，ヨーロッパミツバチと比較して，針で刺す傾向が強い．アフリカ女王バチとヨーロッパ雄バチの 1 日のうちの飛行時期に違いがあるため，交雑はまれである．⇨セイヨウミツバチ．

アフリカミドリザル［*Cercopithecus aethiops*, African green monkey］　サバンナモンキーともいう．狭鼻猿類の霊長類で，一倍体の染色体数は 30．約 20 個の遺伝子が 9 連鎖群にマップされている．

apetala　⇨花器官決定突然変異．

アベナテスト［Avena test］　オーキシンの生物検定としてカラスムギの子葉鞘の屈曲性を用いる手法．

アポインデューサー［apoinducer］　DNA に結合し，RNA ポリメラーゼによる転写を促進するタンパク質．

アボガドロ数［Avogadro's number］　ある元素の 1 グラム原子中の原子数（6.022×10^{23}）．またはある化合物の 1 グラム分子中の分子数．

アポ酵素［apoenzyme］　ホロ酵素*のタンパク質部分をいう。機能するためには特定の補酵素を必要とする。

アポトーシス［apoptosis］　胚発生期と変態期、または成体組織の細胞の代謝回転時の、特定の時期にさまざまな組織で起きるプログラム細胞死。たとえば、雌雄同体の線虫では、成虫への発生中に形成される細胞の 12％が、遺伝的に制御された自殺プログラムに従って死ぬよう運命づけられている。この系で働く遺伝子を突然変異により不活性化すると、通常は死ぬ細胞が生き残る。⇨ 付録 C（1986 Ellis, Horvitz）,p53.

アポフェリチン［apoferritin］　⇨ フェリチン.

アポリプレッサー［aporepressor］　ほかの分子（コリプレッサー*）と結合すると、アロステリックな変化を起こして、オペレーター部位へ結合するようになりそのオペロンの遺伝子の転写を阻害する制御タンパク質。たとえば、大腸菌のヒスチジン系では、過剰のヒスチジンはコリプレッサーとして働き、アポリプレッサーと結合して機能をもつリプレッサー（ホロリプレッサー）を形成する。ホロリプレッサーはヒスチジンオペレーターに結合して、このオペロンの 10 個の遺伝子の転写を阻害する。

アホレート［apholate］　アジリジン系突然変異原*。昆虫の化学不妊剤としても使用される。

アホロートル［axolotl］　*Ambystoma* 属のサンショウウオの水生幼生期のこと。この幼生は変態することなく幼生期のままで繁殖する。

アマトキシン［amatoxin］　タマゴテングダケ*（*Amanita phaloides*）によって生成される毒で、8 個のアミノ酸残基からなる二環状のペプチド。これらの毒は真核生物細胞の RNA ポリメラーゼⅡと相互作用して、転写を阻害する。しかし、ミトコンドリアや葉緑体の RNA ポリメラーゼには影響を与えない。α アマニチンは、転写を阻害する物質として実験上最もよく使われるアマトキシンである（図参照）。⇨ ファロトキシン、RNA ポリメラーゼ.

アミキシス［amixis］　減数分裂と受精を欠く生殖サイクル。無性生殖のこと。⇨ 両性混合、無配偶生殖.

アーミッシュ［Amish］　18 世紀に南西ドイツから米国に移住してきた創始者の一部の子孫集団。この集団は、コミュニティ内部での婚姻しか認めないため、近親婚の割合が高い。遺伝学者と宗教的指導者の有益な共同研究により、ある種の遺伝病が、アーミッシュでは、きわめて高頻度でみられることが発見された。⇨ 血縁関係、エリス-ファンクレフェルト症候群、同系交配.

Amitochondriates　古原生生物門（Archaeprotista）と微胞子虫門（Microspora）（付録 A）が含まれる原生生物の亜界。これらの門には、ミトコンドリアをもたない（おそらく進化の最初から）嫌気性微生物が含まれる。

アミノアシルアデニル酸［aminoacyl adenylate］　AA-AMP と略す。アミノ酸とその特定の tRNA との間の共有結合の形成における中間体で、活性化された化合物。⇨ AMP、転移 RNA.

アミノアシル tRNA　［aminoacyl-tRNA］　tRNA のアミノアシルエステル。アシル化 tRNA（acylated tRNA）ともいう。

アミノアシル tRNA 結合部位　［aminoacyl-tRNA binding site］　⇨ 翻訳.

アミノアシル tRNA シンテターゼ　［aminoacyl-tRNA synthetase］　アミノ酸を活性化して

α アマニチン（⇨ アマトキシン）

特定のtRNAに結合する酵素．この酵素はつぎのような反応を触媒する．1) 特定のアミノ酸とATPを反応させ，AA-AMPを形成する．2) AA-AMPを特定のtRNAへ転移し，AA-tRNAと遊離のAMPを生じる．⇒アデノシンリン酸．

アミノアシル部位 [aminoacyl site]　リボソーム上の二つのtRNA結合部位のうちの一つ．通常，A部位（A site）といわれる．⇒翻訳．

***p*-アミノ安息香酸** [*p*-aminobenzoic acid]　葉酸*の構成要素の一つ．

アミノ基 [amino group]　-NH$_2$．プロトンの付加で，-NH$_3^+$になる．

アミノ酸 [amino acid]　タンパク質およびペプチドの構成要素となるアミノカルボン酸．遊離型あるいは転移RNA*に結合した形としてもみられる．DNAの遺伝暗号には20種類の異なるアミノ酸があり，それぞれを指定する少なくとも1種類のコドンが存在する．これらの一般的なアミノ酸はp.12の図に示されている．また，下には，略号とmRNAのコードを示した．アミノ酸は互いに結合してポリペプチドを形成する．50以上のアミノ酸からなるポリマーはタンパク質とよばれる．どのアミノ酸も，1個の中心炭素原子（αとよばれる）をもち，これにアミノ基，カルボキシル基，および水素原子がそれぞれ一つずつ結合する．さらに，一つの側鎖すなわち残基（R）が付き，これによってアミノ酸の特性が決まる．プロリンは他のアミノ酸と異なり，α炭素とそのアミノ基が側鎖に組込まれた五員環を形成することに注意．pH 7では，リシン，アルギニン，およびヒスチジンの側鎖は正に荷電し，また，アスパラギン酸とグルタミン酸は負に荷電する．したがって，一つのタンパク質全体の電荷は，これら5種類のアミノ酸の相対的な比率によって決まることになる．イソロイシン，ロイシン，フェニルアラニン，バリンといったアミノ酸は疎水性であるため，タンパク質の構造の内部に埋め込まれる傾向がみられる．⇒遺伝暗号，ペプチド結合，翻訳．

アミノ酸活性化 [amino acid activation]　翻訳*の過程で，特定のアミノ酸（AA）を特定のtRNAに結合させる連続した反応．アミノアシルシンテターゼによって触媒される．

AA + ATP → AA-AMP + 2P
AA-AMP + tRNA → AA-tRNA + AMP

アミノ酸結合型 tRNA [charged tRNA]　アミノアシルtRNA（aminoacyl tRNA），アシル化tRNA（acylated tRNA）ともいう．アミノ酸が結合しているtRNA分子．

アミノ酸側鎖 [amino acid side chain]　アミノ酸の一般式（下図）において，Rで表された残基．

$$NH_2-CH-COOH$$
$$|$$
$$R$$

アミノ酸尿症 [aminoaciduria]　代謝の欠陥

アミノ酸の略号とmRNAのコード

アミノ酸	一文字略号	三文字略号	mRNAのコード
アラニン	A	Ala	GCU, GCC, GCA, GCG
アルギニン	R	Arg	CGU, CGC, CGA, CGG, AGA, AGG
アスパラギン	N	Asn	AAU, AAC
アスパラギン酸	D	Asp	GAU, GAC
システイン	C	Cys	UGU, UGC
グルタミン酸	E	Glu	GAA, GAG
グルタミン	Q	Gln	CAA, CAG
グリシン	G	Gly	GGU, GGC, GGA, GGG
ヒスチジン	H	His	CAU, CAC
イソロイシン	I	Ile	AUU, AUC, AUA
ロイシン	L	Leu	UUA, UUG, CUU, CUC, CUA, CUG
リシン	K	Lys	AAA, AAG
メチオニン	M	Met	AUG
フェニルアラニン	F	Phe	UUU, UUC
プロリン	P	Pro	CCU, CCC, CCA, CCG
セリン	S	Ser	UCU, UCC, UCA, UCG, AGU, AGC
トレオニン	T	Thr	ACU, ACC, ACA, ACG
トリプトファン	W	Trp	UGG
チロシン	Y	Tyr	UAU, UAC
バリン	V	Val	GUU, GUC, GUA, GUG

アミノ酸

NH₂–CH₂–COOH	NH₂–CH–COOH 　　　CH₃	NH₂–CH–COOH 　　　CH 　　CH₃ CH₃	NH₂–CH–COOH 　　HCCH₃ 　　　CH₂ 　　　CH₃	NH₂–CH–COOH 　　　CH₂ 　　　CH 　　CH₃ CH₃
グリシン	アラニン	バリン*	イソロイシン*	ロイシン*

脂肪族, モノアミノ, モノカルボン酸

NH₂–CH–COOH 　　CH₂ 　　CH₂ 　　CH₂ 　　CH₂ 　　NH₂	NH₂–CH–COOH 　　CH₂ 　　CH₂ 　　CH₂ 　　NH 　　C=NH 　　NH₂	NH₂–CH–COOH 　　CH₂ 　　SH	NH₂–CH–COOH 　　CH₂ 　　CH₂ 　　S 　　CH₃	HN–CH–COOH H₂C　　CH₂ 　　CH₂
リシン*	アルギニン	システイン	メチオニン*	プロリン
脂肪族, ジアミノ		**脂肪族, 硫黄含有**		

NH₂–CH–COOH 　　CH₂ 　　COOH	NH₂–CH–COOH 　　CH₂ 　　CH₂ 　　COOH	NH₂–CH–COOH 　　CH₂ 　　C=O 　　NH₂	NH₂–CH–COOH 　　CH₂ 　　CH₂ 　　C=O 　　NH₂	NH₂–CH–COOH 　　CH₂ 　　C––CH 　　‖　　＼ 　　　　　NH 　HC　　C 　‖　　‖ 　HC　　CH 　　＼　／ 　　　H H
アスパラギン酸	グルタミン酸	アスパラギン	グルタミン	トリプトファン
脂肪族, ジカルボン酸		**脂肪族アミド**		

NH₂–CH–COOH 　　CH₂ 　　OH	NH₂–CH–COOH 　　HCOH 　　CH₃	NH₂–CH–COOH 　　CH₂ 　HC　　CH 　‖　　‖ 　HC　　CH 　　＼　／ 　　　H	NH₂–CH–COOH 　　CH₂ 　HC　　CH 　‖　　‖ 　HC　　CH 　　＼　／ 　　　OH	NH₂–CH–COOH 　　CH₂ 　　C––CH 　‖　　＼ 　　N　　NH 　　＼　／ 　　　CH
セリン	トレオニン*	フェニルアラニン*	チロシン	ヒスチジン
脂肪族, ヒドロキシル基含有		**芳香族**		**複素環式**

* 哺乳類の必須アミノ酸.

により尿中に1種以上のアミノ酸が異常量存在する.

アミノ酸配列 [amino acid sequence] ペプチドあるいはタンパク質におけるアミノ酸の直線状の配列. ⇨ タンパク質の構造.

アミノ酸付着部位 [amino acid attachment site] アミノアシル結合によってアミノ酸が共有結合する tRNA 分子の 3′ 末端. ⇨ アミノ酸活性化, アミノアシル tRNA シンテターゼ, 転移 RNA.

アミノプテリン [aminopterin] ⇨ 葉酸.

アミノプリン [aminopurine] トランジション*を生じさせる塩基類似体.

アミノペプチダーゼ [aminopeptidase] 伸長中のあるいは完成したペプチド鎖の N 末端から

ホルミルメチオニン（fMet）あるいはメチオニンを遊離する加水分解酵素. 原核生物にも真核生物にも存在する.

アミノ末端 [amino terminal end]　ポリペプチド鎖において遊離アミノ基がある末端.

アミラーゼ [amylase]　グリコーゲンのようなポリグルコサンのグルコシド結合を加水分解する酵素.

アミロイド斑 [amyloid plaque]　⇨ アルツハイマー病.

アミロイドβ前駆体タンパク質 [amyloid β precursor protein（AβPP）]　⇨ アルツハイマー病.

アミロイドβペプチド [amyloid β peptide（AβP）]　⇨ アルツハイマー病.

アミロプラスト [amyloplast]　デンプンに富む色素体.

アメトプテリン [amethopterin]　= メトトレキセート（methotrexate）.

アメーバ [Amoeba proteus]　普通にみられる根足虫類の一種. 顕微解剖による核移植に用いられる巨大原生動物. ⇨ 付録C（1967 Goldstein, Prescott）.

アメーバ運動 [amoeboid movement]　仮足とよばれる細胞伸長部への細胞質流動を含む細胞運動.

アメフラシ属 [Aplysia]　アメフラシを含む腹足類の一属. 内部に痕跡のような殻をもつ大きなナメクジのような海に棲む軟体動物. Aplysia californica は, 記憶の分子メカニズムの研究に使用されている. ⇨ 付録C（1982 Kandel, Schwartz）.

アメリカガキ [Crassostrea virginica]　⇨ 斧足綱.

アモルフ [amorph]　野生型の対立遺伝子と比較して全く作用をもたない突然変異遺伝子.

誤りがちな修復 [error-prone repair]　⇨ SOS応答.

亜雄 [metamale]　以前は超雄（supermale）といった. ショウジョウバエでは1本のX染色体と3対の常染色体をもつ生存力の乏しい雄. ⇨ 間性, 亜雌.

アラタ体 [corpus allatum]　アラタ体ホルモン*を合成する昆虫の内分泌器官. 双翅目環縫亜目の幼虫では, アラタ体は環状腺*の一部である.

アラタ体ホルモン [allatum hormone]　ネオテニン（neotenin）ともいう. 昆虫のアラタ体で合成されるホルモン. アラタ体ホルモンの力価により, 完全変態型昆虫の各脱皮は質的に変化する. 高い濃度では, 幼虫の発生が進む. 低い濃度では, 蛹化する. アラタ体ホルモンが欠如すると, 成虫への分化が起こる. このように, アラタ体ホルモンは幼若化作用をもつので, 幼若ホルモン（JH）とよばれている. 3種のJHの構造式を下に示す. 雌の成虫ではアラタ体ホルモンは卵黄形成に必要である. JHの類似化合物, ZR515*はショウジョウバエの実験において天然のJHの代

JH1　$CH_3-CH_2-\underset{O}{\overset{CH_3}{C}}-CH-CH_2-CH_2-\underset{\underset{CH_3}{CH_2}}{C}=CH-CH_2-CH_2-\underset{}{\overset{CH_3}{C}}=CH-\overset{O}{C}-O-CH_3$

JH2　$CH_3-CH_2-\underset{O}{\overset{CH_3}{C}}-CH-CH_2-CH_2-\underset{CH_3}{C}=CH-CH_2-CH_2-\overset{CH_3}{C}=CH-\overset{O}{C}-O-CH_3$

JH3　$CH_3-\underset{O}{\overset{CH_3}{C}}-CH-CH_2-CH_2-\underset{CH_3}{C}=CH-CH_2-CH_2-\overset{CH_3}{C}=CH-\overset{O}{C}-O-CH_3$

ZR515　$CH_3-\underset{OCH_3}{\overset{CH_3}{C}}-CH_2-CH_2-CH-CH_2-CH_2-\underset{CH_3}{C}=CH-\overset{CH_3}{C}=CH-\overset{O}{C}-O-CH\overset{CH_3}{}$

アラタ体ホルモン

替物としてしばしば利用される. ⇨ 付録 C (1966 Röller et al.), 環状腺.

アラニン [alanine] 略号 Ala. ⇨ アミノ酸.

アラルダイト [Araldite] 電子顕微鏡用に組織を封埋するのに用いられているプラスチックの商標名.

アリューシャンミンク [Aleutian mink] 毛皮と眼の着色が淡くなる, アメリカミンク (*Mustela vison*) の常染色体劣性突然変異. このホモ接合個体は, ヒトのチェジアック-スタインブリンク-ヒガシ症候群*と類似したリソソームの欠損を示す.

r 1. 増殖能. 2. 環状染色体. ⇨ ヒトの細胞遺伝学上の記号. 3. レントゲン. 4. 相関係数. ⇨ 相関.

R 1. 遊離基を表す記号. 2. 宿主細菌に抗生物質耐性を付与する薬剤耐性プラスミド. 3. プリンの一文字表記 (⇨ Y).

RIA [RIA = radioimmunoassay] = ラジオイムノアッセイ.

rRNA = リボソーム RNA (ribosomal RNA). ⇨ リボソーム.

rRNA 転写単位 [rRNA transcription unit] 略号 rTU. ⇨ ミラー樹.

RER [RER = rough surfaced endoplasmic reticulum] = 粗面小胞体.

RES [RES = reticuloendothelial system] = 細網内皮系.

R 因子 [R factor] = 耐性因子 (resistance factor).

RSV [RSV = Rous sarcoma virus] = ラウス肉腫ウイルス.

Rh 因子 [Rh factor] 特定の人の赤血球にみられる抗原. Rh システムは, 実際にはいくつかの抗原を含んでいる. 最も重要なのはアカゲザル (Rhesus monkey) で最初にみつかったものより, Rh の名前はこれによる. 遺伝子型 *r/r* をもつ人は抗原をつくらず, Rh マイナスと分類される. *R/R* および *R/r* の人は抗原をつくる. Rh マイナスの母親が Rh プラスの子供を妊娠した場合, 子宮内の胎児に対する抗体がつくられることがあり, 胎児赤芽球症とよばれる溶血症を起こす. しかし, これは母親が以前に Rh プラスの子供を出産した際に, 母親の循環系に入った細胞に由来する Rh 抗原にさらされたことがある場合にのみ起こる. Rh の遺伝子座は 1 番染色体長腕の末端に位置する. Rh マイナスの頻度が世界で最も高いのはバスク人*である. ⇨ 付録 C (1939 Levine, Stetson; 1947 Mourant), RhoGAM.

RN アーゼ [RNase] RNA を加水分解する酵素.

RN アーゼプロテクション [RNase protection] ヌクレオチド鎖と, それと作用するポリペプチド鎖とが, 実際に接している位置を特定する手法. RNA とタンパク質の複合体 (たとえば tRNA とそれに対応するアミノアシル tRNA シンテターゼ) を RN アーゼで処理すると, シンテターゼと作用する領域以外の RNA はすべて分解される. ⇨ 光活性化による架橋.

RNA [RNA = ribonucleic acid] = リボ核酸.

RNAi [RNAi = RNA interference] = RNA 干渉.

RNA アーゼ [RNAase] ⇨ RN アーゼ.

RNA 暗号トリプレット [RNA coding triplet] ⇨ アミノ酸, 開始コドン, 終止コドン.

RNA 依存性 RNA ポリメラーゼ [RNA-dependent RNA polymerase] RNA を鋳型として相補的な RNA を合成する酵素. すべての RNA ウイルスはこの種の酵素を使ってゲノムを複製し, マイナス鎖から mRNA を転写する. ⇨ ウイルスの (+) 鎖と (−) 鎖, レプリカーゼ, RNA レプリカーゼ.

RNA 依存性 DNA ポリメラーゼ [RNA-dependent DNA polymerase] RNA 分子を鋳型として, デオキシリボヌクレオチド三リン酸から一本鎖 DNA を合成する酵素. RNA 型腫瘍ウイルスから発見された. この酵素は逆転写酵素 (reverse transcriptase) ともよばれ, 精製された RNA から相補的な DNA (cDNA) を合成するのに実験室で使用されている. この酵素の働きは, DNA と RNA の間での情報のやりとりの方向が逆転しているという意味で, セントラルドグマ*に反するものである. ⇨ 付録 C (1970 Baltimore, Temin), ラウス肉腫ウイルス, テロメラーゼ.

RNA 遺伝子 [RNA gene] mRNA 以外の RNA (rRNA, 5S RNA, tRNA) をコードする DNA 領域.

RNA 干渉 [RNA interference] RNAi ともいう. 配列特異的な RNA 分子を使用して, 標的とした内在遺伝子の活性を人為的に抑えること. 二本鎖 RNA (dsRNA) の方が, それぞれの鎖単独よりも効果的に RNAi を起こす. ある遺伝子に対する dsRNA を発現している大腸菌上で線虫を生育させると, 特定の発生異常を示す. この技術を使えば, 1 本の染色体上のすべての遺伝子の機能を体系的に解析することができる. ⇨ 付録 C (2000 Fraser et al.).

RNA 駆動ハイブリダイゼーション [RNA-driven hybridization] 大過剰の RNA を用いて, 一本鎖 DNA の相補的な配列をほぼ完全にハイブ

リッド形成させる in vitro の実験手法. ⇨ DNA 駆動ハイブリダイゼーション.

RNA スプライシング［RNA splicing］ 大きい RNA 前駆体分子から非コード領域を除去し，DNA 上の離れた領域から転写されたヌクレオチド配列を結合し，小さい成熟 RNA を生成すること. ⇨ 選択的スプライシング，イントロン，転写後プロセッシング，スプライス部位，スプライセオソーム.

RNA とタンパク質分子の変換係数 ［conversion factor for RNA and protein molecule］ アミノ酸の平均相対分子量（分子量）110, ヌクレオチドの330. 上記の値を使えば，たとえば，アミノ酸の数がわかればおおよそのタンパク質の分子量が，また RNA の分子量がわかれば，ヌクレオチド数が算出できる.

RNA の核内プロセッシング［nuclear processing of RNA］ ⇨ 転写後プロセッシング，RNA 編集.

RNA パフ［RNA puff］ ⇨ 染色体パフ.

RNA-P I，II，III ⇨ RNA ポリメラーゼ.

RNA ファージ［RNA phage］ MS2, Qβ のような RNA からなる遺伝子をもつファージ.

RNA プロセッシング［RNA processing］ ⇨ 転写後プロセッシング.

RNA 編集［RNA editing］ mRNA のタンパク質をコードする領域の正確な位置にウリジン分子を挿入したり，欠失させたりして，すでに合成された mRNA のヌクレオチド組成を変える機構. この現象はトリパノソーマのミトコンドリアで発見され，未編集 mRNA に欠陥がある場合，編集後の mRNA から機能的なタンパク質がつくられる. トリパノソーマの mtDNA は，25～50 のマキシサークル（20～40 kb）と数百のミニサークル（1～3 kb）でできている. マキシサークルはミトコンドリアの遺伝子を含み，ミニサークルは約 40 ヌクレオチドのガイド RNA (gRNA) をコードしている. gRNA が mRNA 上の特定の部位に結合し，続いてウリジンが挿入あるいは欠失される. ⇨ 付録 C (1986 Benne et al.; 1990 Blum, Bakalara, Simpson), ミトコンドリア DNA, プルーフリーディング, トリパノソーマ属.

RNA ポリメラーゼ［RNA polymerase］ DNA の鋳型鎖から RNA を転写する酵素. 原核生物では 2 種類の RNA ポリメラーゼが知られ，一つは DNA 複製に必要な RNA プライマーを合成し，もう一つが 3 種の RNA (mRNA, tRNA, rRNA) のすべてを転写する. 真核生物では RNA 型ごとに異なる RNA ポリメラーゼにより転写される. RNA ポリメラーゼ I (RNA-P I) は核小体にあって，rRNA の合成を触媒する. RNA-P II は核質に局在して，mRNA の合成を触媒する. RNA-P II は α アマニチン*により特異的に阻害される. RNA-P III は tRNA, 5S RNA, その他の低分子の RNA を合成する. 大腸菌の RNA ポリメラーゼの構造については詳細に研究され，細菌一般に見られる $\omega\alpha\alpha\sigma\beta'\beta$ という型をとる. 構成要素となるタンパク質, その分子量, 構造遺伝子, 染色体上の位置を表に示した. RNA ポリマー合成反応の触媒部位は β サブユニットにあり，リファンピシン*もこれに結合すると考えられている. σ サブユニットはプロモーターの認識と RNA 合成開始の機能をもつ. 真核生物の RNA ポリメラーゼは 10 個程度のサブユニットをもち，5 個から成る原核生物よりもさらに複雑である. ⇨ 付録 C (1961 Weiss, Nakamoto; 1969 Burgess et al.), カハール体, ミラー樹, 筋ジストロフィー, 鎖の用語法, TATA ボックス結合タンパク質, ターミネーター, 転写単位

タンパク質	分子量	構造遺伝子	染色体上の位置（分）
ω	11,000	?	?
α	36,500	rpoA	72
σ	70,000	rpoD	66.5
β'	151,000	rpoC	89.5
β	155,000	rpoB	89.5

RNA リガーゼ［RNA ligase］ T4 RNA リガーゼ*のように RNA 同士を結合する酵素. ⇨ 付録 C (1972 Silber et al.).

RNA レプリカーゼ［RNA replicase］ ＝RNA 依存性 RNA ポリメラーゼ (RNA-dependent RNA polymerase). ⇨ MS2, Qβ.

RNP［RNP = ribonucleoprotein］ ＝リボ核タンパク質.

R_f ペーパークロマトグラフィーにおける溶媒の移動距離と物質（溶質）の移動距離の比. 溶質の R_f は溶媒によって変わるから，R_f 値は使用する溶媒を明らかにして示さねばならない.

RF 1. 複製型 (replicative form). 2. 組換え頻度 (recombination frequency).

RFLP［RFLP = restriction fragment length polymorphism］ リフリップと発音する. ＝制限酵素断片長多型.

アルカプトン［alkapton］ 2,5-ジヒドロキシフェニル酢酸. ⇨ ホモゲンチジン酸.

アルカプトン尿症［alkaptonuria, alcaptonuria］ 3 番染色体長腕に位置する劣性遺伝子による比較的良性の遺伝病. アルカプトン尿症の患者は，肝臓の酵素であるホモゲンチジン酸オキシダーゼを

つくることができない．このために，ホモゲンチジン酸*はより単純な分子に分解されることがなく，尿中に排泄される．無色のホモゲンチジン酸は容易に酸化され，黒色の色素になるため，アルカプトン尿症患者の尿は空気にさらされると黒変する．この疾患は初めて研究された代謝性疾患として，歴史的に有名である．⇨付録 C（1909 Garrod）．

アルカリ金属［alkaline metal］ 周期表 1 族の 6 元素．すなわちリチウム（Li），ナトリウム（Na），カリウム（K），ルビジウム（Rb），セシウム（Cs），Fr（フランシウム）の総称．

アルカリ土類金属［alkaline earth metal］ 周期表 2 族の元素．すなわちベリリウム（Be），マグネシウム（Mg），カルシウム（Ca），ストロンチウム（Sr），バリウム（Ba），ラジウム（Ra）の総称．

アルカリホスファターゼ［alkaline phosphatase］ DNA および RNA の P 末端を遊離して OH 末端にする酵素．

アルカロイド［alkaloid］ 植物で見いだされた含窒素環式有機物のグループ．その大部分は薬理学的に活性がある（例：カフェイン，コカイン，ニコチン）．

アルギニン［arginine］ 略号 Arg. ⇨アミノ酸．

アルギニン-尿素回路［arginine-urea cycle］ ⇨オルニチン回路．

アルキル化剤［alkylating agent］ 有機化合物の活性水素原子にアルキル基（ふつうメチル基かエチル基）置換を起こす化合物．この化合物が含む反応基の数によって，アルキル化剤は単機能的，複機能的あるいは多機能的に分類される．化学的な突然変異原の多くはアルキル化剤である．⇨ブスルファン，クロラムブシル，シクロホスファミド，エポキシド，エチルメタンスルホン酸，メルファラン，ミレラン，ナイトロジェンマスタード，サルファマスタード，トリエチレンメラミン，チオテパ，トリエチレンチオホスホルアミド．

アルキル基［alkyl group］ 一般式 C_nH_{2n+1} をもつ 1 価の基．飽和脂肪族炭化水素から水素が 1 原子除去されることによって誘導される．炭化水素の語尾 -ane を -yl で置き換えて命名する（すなわちメタン methane がメチル methyl になる）．

RK ショウジョウバエの研究で突然変異の評価に使う等級を示す記号．たとえば，RK1 は明確な表現型をもち，生存率が高く，かつ遺伝子座位が明らかな最もよく使われる突然変異を示す．RK5 は変異の浸透度が弱く，生存率も低く，かつ遺伝子座位も不明確なものを示す．

アルゴリズム［algorithm］ ある時間内で，指定された順に問題を解く単純な一連の演算処理．コンピュータは一つ以上のアルゴリズムを含むプログラムに従って，タスク（処理）を実行するよう指示される．

アルコール［alcohol］ 一つないしはそれ以上のヒドロキシル基をもつ炭化水素の総称．しばしば，酵母の発酵産物のエチルアルコールを示すのに使われる．マウスにはアルコールの嗜好に遺伝的違いがあることが知られている．⇨付録 C（1962 Rodgers, McClearn）．

アルコールデヒドロゲナーゼ［alcohol dehydrogenase］ 略号 ADH．細菌，酵母，植物，および動物にみられる亜鉛含有酵素で，第一級および第二級アルコールを可逆的に酸化し，それぞれに相当するアルデヒドおよびケトンにする．酵母の場合，ADH はアルコール発酵の最終段階の酵素として機能する．キイロショウジョウバエでは，ADH は二量体タンパク質である．ADH の活性を欠く突然変異系同士を適切な組合わせで交配すると，酵素活性が部分的に回復した異質対立遺伝子をもつ個体を得ることができる．これは，機能活性が向上したヘテロ二量体がつくられることによる場合が多い．この遺伝子の発現は，二つのプロモーターによって制御されることから，発生遺伝学者にとって興味ある対象である．近位のプロモーターは開始コドンに隣接しており，幼虫段階で遺伝子のスイッチを入れる．遠位側のプロモーターは 700 bp 上流に位置し，成虫における ADH の産生を制御する．⇨対立遺伝子相補性，プロモーター．

R17 ファージ［R17 phage］ 小型の RNA 雄特異的ファージ．⇨バクテリオファージ．

r 戦略［r strategy］ 生き残るために高い増殖率を利用する生活環のタイプ．⇨r と K の選択理論．

アルツハイマー病［Alzheimer's disease］ 略号 AD．精神的能力の壊滅的な低下を生じ，大脳皮質にアミロイド斑の出現を伴う多因子症候群．アミロイド斑には，アミロイド β ペプチド（AβP）の塊が含まれるが，これはヒト 21 番染色体上の遺伝子にコードされているアミロイド β 前駆体タンパク質（AβPP）から生じたものである．21 番染色体のトリソミー（ダウン症*）の患者は，通常 40 歳までに AD を発症する．家族性の若年性 AD は，プレセニリン（PS1, PS2）遺伝子上の突然変異によることが多い．PS1 と PS2 の遺伝子の染色体上の位置はそれぞれ，14q24.3 および 1q42.1 である．各タンパク質は，467 個

および448個のアミノ酸からなり，7〜9箇所の膜貫通領域をもつ．いずれのタンパク質も膜に結合し，AβPPを切断して，AβPを生じ，これが毒性を示す．PS1遺伝子に相同な遺伝子が線虫から単離されている．⇨付録C（1995 Sherrington, St. George-Hyslop et al., Schellenberg et al.），線虫．

rDNA 1. 広義にはリボソームRNAをコードするDNA領域をさす．2. 狭義には真核rRNA遺伝子が縦列に並んだクラスター．きわめて片よった塩基組成をもっているため切断したゲノムDNAから直接分離できる．最近の文献では複数の非相同DNA分子が結合した雑種分子を表すこともある．混乱を避けるため，そのような組換えDNAにはrtDNA，リボソームDNAにはrDNAを略称として使用するのが望ましい．⇨付録C（1967 Birnstiel）．

rDNA増幅［rDNA amplification］ 両生類の卵形成中にrRNA遺伝子が選択的に複製されること．たとえばアフリカツメガエルの卵母細胞では2000個のrDNA反復が染色体に組込まれている．しかし，複糸期の卵母細胞の核の周辺に存在する約1000の染色体外核小体には合計2,000,000ものDNA反復が存在する．このような増幅された遺伝子は染色体rDNAの単一コピーから生じており，太糸期の間にローリングサークル*機構により染色体外で複製される．染色体外核小体によってrRNAが転写され，成長過程にある卵母細胞内に蓄積される．rDNAの増幅は無栄養卵巣をもつ昆虫やテトラヒメナなどの原生動物の大核にも見られる．⇨付録C（1968 Gall, Brown, David），昆虫の卵巣の種類，ミラー樹．

RTF［RTF=resistance transfer factor］ =耐性伝達因子．⇨Rプラスミド．

rtDNA ⇨rDNA．

rTU［rTU=rRNA transcription unit］ =rRNA転写単位．⇨ミラー樹．

アルデヒド［aldehyde］ $C_nH_{2n}O$の一般式で示され，末端に-CHOをもつ有機化合物の総称．

rとKの選択理論［r and K selection theory］ 個体群生態学における理論．環境条件によりr（内的自然増加率）かK（環境収容力）のどちらかが最大になるという主張．食物が集団の成長を制限せずに集団が拡大した場合，r選択が支配的である．食物が集団の大きさを制限する場合，今度はK選択が支配的となり，ある一つの遺伝子型が他のものを犠牲にして増加することになる．食物が急激に変動するような生態学的条件下ではr選択が働き，急速に増殖し，その数を増やすような種が有利となる．一方，K選択は環境収容力に近い集団において働き，増殖速度が遅く，少数の子供しかつくらないが比較的安定な環境にうまく適応した種が有利となる．

アルドステロン［aldosterone］ 脊椎動物のナトリウムとカリウムのバランスを調節している副腎皮質ホルモン．

rII T4バクテリオファージの染色体上の領域で，ここを対象として，初めて微細構造地図が

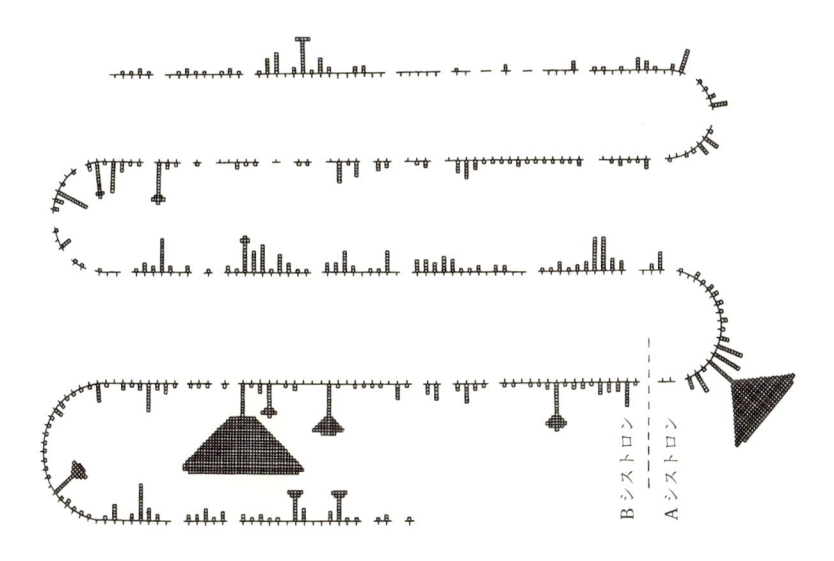

rⅡ

つくられた。rⅡ遺伝子座に突然変異が起きると，宿主に用いた大腸菌の菌株により，プラークが形成できないか，異常なプラークが形成される。Benzer は，1600 以上の突然変異をマップした。図で，各突然変異は，四角で表されており，隣り合った遺伝子（シストロンAとB）に位置づけられた。組換えの最小単位（レコン）は，二つのヌクレオチド対間の距離に，突然変異の起きるサイト（ミュートン）は，1または2ヌクレオチドに相当する。どちらのシストロンにも突然変異のホットスポットがあることに注目。⇨ 付録C（1955, 1961 Benzer; 1978 Coulondre et al.）．

R バンド ［R band］ ⇨ 染色体分染法．

RP ［RP = retinitis pigmentosum］ = 色素性網膜炎．

RBE ［RBE = relative biological effectiveness］ = 生物学的効果比．

rpo ⇨ RNA ポリメラーゼ．

RBC ［RBC = red blood cell］ = 赤血球．

rbc **遺伝子群** ［*rbc* genes］ リブロース-1,5-ビスリン酸カルボキシラーゼ-オキシゲナーゼ*の各サブユニットをコードする遺伝子群．大きなサブユニットは，*rbcL* 遺伝子，小さなサブユニットは，*rbcS* 遺伝子にコードされている．原核生物では，*rbcL* と *rbcS* 遺伝子は，同じオペロン内にある．ほとんどの光合成真核生物では，*rbcL* 遺伝子は葉緑体ゲノム中にあり，*rbcS* 遺伝子は核ゲノム中にある．⇨ 光合成．

アルビノ = 白子．

α アマニチン ［α amanitin］ ⇨ アマトキシン．

α 鎖 ［α chain］ 成人と胎児のヘモグロビン*中に見いだされた2種のポリペプチドの一つ．

α フェトプロテイン ［α fetoprotein］ 略号 AFP．哺乳類胎児の主要な血漿タンパク質．分子量 70,000 の糖タンパク質で，肝臓と卵黄嚢で合成され，分泌される．AFP と血清アルブミンをコードする遺伝子は，進化の過程で祖先遺伝子が3億〜5億年前に重複した結果生じた．⇨ アルブミン．

Alu ファミリー ［Alu family］ ヒトゲノム中に最も多くみられる散在性の DNA 反復配列．Alu 因子のそれぞれはおよそ 300 bp からなるが，少なくとも 750,000 コピーが存在し，ヒト DNA の 11% を占める．個々の因子は，130 bp からなる二つの塩基配列が同じ向きにつながったもので，右側の単位には 32 bp の挿入がみられる．Alu 因子は，染色体上の GC に富む領域に保持される傾向が強く，何らかの有益な機能を担っている可能性もある．Alu という名称は，この配列が制限酵素 *Alu* I によって切断されることによる．⇨ ヒト遺伝子地図，反復 DNA．

α らせん ［α helix］ タンパク質中にふつうに見られる2種類の規則的な反復構造の一つ（⇨ β シート）．α らせんは，ポリペプチドのアミノ酸側鎖が外側に伸びた密ならせん構造を形成する．らせんは各アミノ酸の CO 基と，4残基先にあるアミノ酸の NH 基との間の水素結合によって安定化される．主鎖上のすべての CO 基と NH 基はこのパターンに従って水素結合を形成する．らせんは 3.6 アミノ酸残基ごとに1回転する．α らせんは，4〜50 個のアミノ酸の連続配列から形成される．⇨ 付録C（1951 Pauling, Corey），タンパク質の構造．

α 粒子 ［α particle］ 2個の陽子と2個の中性子からなり，2価の正電荷をもつヘリウム原子核．

アルフォイド配列 ［alphoid sequence］ ヒトの染色体の動原体異質染色質に見られる DNA 繰返し配列のファミリー．アルフォイドファミリーは 170 bp 単位で縦列に並んでいる．異なる染色体から単離された単位には，共通な配列が見られるが，個々の塩基には違いもあり，170 bp 単位のうち最大 40% まで異なっている．繰返し配列は縦列の数単位からなるグループに分けることができ，これらのグループは 1〜6 kb のさらに大きい配列を構成する．これらの大きい単位が繰返され，さらに 0.5〜10 Mbp の単位を構成する．これらの大きな，いわば"マクロな" DNA 繰返し配列は染色体特異的である．アルフォイド配列は転写されないので，染色体サイクルにおいてまだ特定されていないある種の構造的役割を担っている．アルフォイド DNA の配列の多様性により，高頻度の RFLP（制限酵素断片長多型）を生じる．これらは遺伝するので，特定の個人やその親族を同定するのに用いられる．⇨ DNA フィンガープリント法，制限酵素断片長多型．

アルブミン ［albumin］ 分子量 70,000 の水溶性タンパク質で，哺乳類成体の血漿タンパク質の 40〜50% を構成する．浸透圧および pH の緩衝作用において重要で，金属イオンやさまざまな小さな有機分子の輸送の働きをもつ．肝臓で合成され，分泌される．マウスでは，アルブミン遺伝子は，5番染色体に存在し，α フェトプロテイン遺伝子と DNA 鎖上で約 13.5 kb 離れている．ヒトでは，これらの二つの遺伝子は4番染色体の長腕上にある．⇨ 付録C（1967 Sarich, Wilson），α フェトプロテイン．

R プラスミド ［R plasmid］ 薬剤耐性プラスミド（drug-resistance plasmid）ともいう．細菌

に一つまたは複数の抗生物質に対する抵抗性を付与する染色体外のDNA分子．二つの成分からなり，プラスミドの細菌間の伝達に必要な，抵抗性伝達因子（RTF, resistance transfer factor）と抵抗性決定基（r-determinant, 抵抗性を付与する遺伝子）からできている．Rプラスミドは，複数の抗生物質に対する抵抗性を示す赤痢菌株で，初めて発見された．⇨ 付録C（1960 Watanabe, Fukasawa）．

アルボウイルス［arbovirus］ 節足動物と脊椎動物のいずれにおいても増殖できるウイルス．

Rループ［R loop］ DNA-RNA分子間のハイブリダイゼーションにおいて，DNAのアンチセンス鎖がmRNAのエクソンと塩基対を形成しヘテロ二本鎖となるため，再アニーリングできずループアウトしたセンス鎖DNA．⇨ コード鎖．

Rループマッピング［R-loop mapping］ 真核細胞において，二本鎖DNAの一方の鎖が特異的なRNAと対合して生じる相補鎖領域を，電子顕微鏡で観察する実験手法．RNA-DNAハイブリッドが形成された領域ではDNA鎖の1本が余り，ループを形成する．このためこの手法はRループマッピングとよばれる．電子顕微鏡下では二本鎖領域は一本鎖領域より太く見える．イントロン領域は，成熟したmRNAからはイントロンが除かれているため成熟したmRNAとハイブリッドを形成できない．イントロンが1箇所あれ
ばRループが2箇所に生じ，イントロンが2箇所にあればRループが3箇所に生じるといった具合になる．⇨ 付録C（1977 Chow, Berget）．

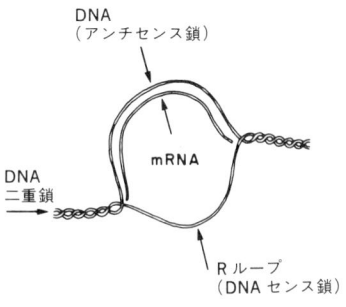

アルーロン ＝糊粉．

アルーロン粒 ＝糊粉粒．

アレステティック形質［allesthetic trait］ ほかの個体の神経系を経ることによってのみ適応的機能をもつ個体の性質．たとえば，香り，色彩パターンのディスプレイ，交尾のため雄が雌をひきつける鳴き声など，さまざまな種における求愛行動に重要な役割を果たす．

アレニウスプロット［Arrhenius plot］ 絶対温度の逆数と成長率の対数との関係を図表で表したもの．⇨ 世代時間．

アレルギー［allergy］ 集団中の多くの個体に影響がない作用物質に対して，ある特定の個体が免疫的に過敏性である場合をいう．

アレルゲン［allergen］ 過敏症を誘起する物質．

アレンの法則［Allen's rule］ 恒温動物の伸長した部分（尾，耳，手足）は，温暖な地方よりは寒冷な地方の方が比較的短いという法則．

アロ抗原［alloantigen］ 同種［異系］抗原ともいう．同じ種の遺伝的に異なる個体に注入すると，免疫応答*をひき起こす抗原*．アロ抗原に反応して生成される抗体をアロ抗体という．⇨ 組織適合性分子．

アロ抗体［alloantibody］ ⇨ アロ抗原．

アロザイム［allozyme］ 電気泳動によって区別できる一つの酵素の対立型．より一般的な用語であるアイソザイムとは異なる．⇨ 付録C（1966 Lewontin, Hubby）．

アロステリックエフェクター［allosteric effector］ アロステリックタンパク質の活性部位とは異なる部位に可逆的に結合して，アロステリック効果を起こす小さな分子．

アロステリック酵素［allosteric enzyme］ ある特異的な代謝物が触媒部位以外の部位に非共有結合することによって，その触媒作用が影響を受ける制御酵素．

アロステリック性［allostery］ 小さな分子がタンパク質分子に及ぼす可逆的な相互作用．タンパク質の立体構造を変化させ，その結果，このタンパク質と第三の分子との相互作用に変化をもたらす．

アロステリックタンパク質［allosteric protein］ アロステリック効果を示すタンパク質．

アロステリック部位［allosteric site］ タンパク質の活性部位*以外の領域で，特異的なエフェクター分子が結合すると，タンパク質の機能（促

進的あるいは抑制的) に影響を与えるような部位. たとえば, 大腸菌のラクトース制御系では, ラクトースリプレッサーのアロステリック部位にアロラクトースが結合すると, 不活性になる (つまり lac オペレーターに結合できなくなる). ⇨ ラクトースオペロン.

アロ接合体[allozygote] ある遺伝子座についてホモ接合であるが, 二つの相同遺伝子が, 系図上それぞれ独立の起源である個体. ⇨ オート接合体.

アロタイプ[allotype] 同一遺伝子の異なる対立遺伝子からつくられるタンパク質. この用語は, 血清学的に検出可能な免疫グロブリンやその他の血清タンパク質の変異体をさすのに用いられることが多い.

アロタイプ抑制[allotype suppression] アロタイプに対する抗体を投与した動物において, そのアロタイプの発現が体系的にかつ長期間抑制されること.

アロプロコプティック選択[alloproceptic selection] 相対するものが結びつくことによって適応性が増大する選択様式. キイロショウジョウバエのアルコールデヒドロゲナーゼを支配する遺伝子座はその一例である. 異なる対立遺伝子についてホモ接合体同士をかけあわせると, 生殖能力が高く, 同一の対立遺伝子についてホモ接合体同士のかけあわせでは低い. ⇨ 選択.

アロモン[allomone] ある生物によって分泌される化学物質で, ほかの種の行動にも影響を与えるもの. 両者に有益な場合はシナモン, 受け手のみに有益な場合はカイロモン*という.

アロラクトース[allolactose] ⇨ ラクトース.

暗回復[dark reactivation] 突然変異原によって生じた遺伝的障害の回復で, 光量子を必要としない酵素によるもの. ⇨ 光回復酵素.

暗号[code] コードともいう. 遺伝暗号. ⇨ アミノ酸, 開始コドン, 終止コドン.

暗号縮重[code degeneracy] ⇨ 縮重暗号.

暗号トリプレット[coding triplet] ⇨ コドン, アミノ酸.

暗黒期[eclipse period] ファージが感染したときから感染ファージ粒子が細胞内に再び現れるまでの期間. ⇨ 一段増殖実験, 潜伏期.

アンジェルマン症候群[Angelman syndrome] 略号 AS. ⇨ プラダー-ウィリ症候群.

暗視野顕微鏡[dark-field microscope] 入射する中心の光線を消して, 周囲から入射する光線を側面から物体に当てるように設計した顕微鏡. その結果, 観察する物体は暗黒の視野の中で輝いて見える.

アンタゴニスト =拮抗体.

アンダーソン病[Anderson disease] アミロ-(1,4→1,6)-トランスグルコシダーゼの欠損から生じるヒトの遺伝性グリコーゲン蓄積病. 常染色体劣性遺伝である. 1/500,000 の割合で生じる.

アンチコード鎖[anticoding strand] ⇨ 鎖の用語法.

アンチコドン[anticodon] tRNA 分子のヌクレオチドのトリプレット. リボソームでの翻訳で, mRNA 分子の特定のトリプレット (コドン) と相補的な塩基対をなす.

アンチセンス RNA[antisense RNA] 略号 asRNA. 特定の mRNA と相補的なヌクレオチド配列をもつ RNA 分子. ある種の細菌は, 遺伝子制御の手段として asRNA をつくる. 研究対象の遺伝子から転写された正常な mRNA を含む細胞中に, 実験室でつくられた asRNA を注入すると, その mRNA に結合する. この結果生じる二本鎖 RNA は, このような分子を特異的に攻撃する酵素によって分解される. このために, mRNA が枯渇し, 遺伝子産物への翻訳が阻害されることから, asRNA は有害なタンパク質の生産を抑制する医薬品としての利用が期待される. ヒトのテロメラーゼ*の mRNA に相補的な配列を含むアンチセンス RNA が合成されているが, これは不死化した腫瘍細胞株に老化を誘導する. ⇨ ヒーラ細胞, 鎖の用語法, ウイロイド.

アンチセンス鎖[antisense strand] ⇨ コード鎖.

アンチターミネーション因子[antitermination factor] RNA ポリメラーゼに DNA 分子の特定部分の転写終結のシグナルを無視させるタンパク質.

アンチパラレル =逆平行.

アンチモルフ[antimorph] 1. 鏡像異性体. 2. 正常な対立遺伝子に対し逆方向に作用する突然変異遺伝子.

アンチリプレッサー[antirepressor] ⇨ cro リプレッサー.

安定化選択[stabilizing selection] =正常化選択 (normalizing selection).

安定進化[stasigenesis] ある系統の古生物学的歴史の中で, 進化による変化がほとんどあるいは全く起こらなかった時期.

安定同位体[stable isotope] 非放射性同位体.

安定平衡[stable equilibrium] 平衡頻度が一時的にかき乱された後に, 集団がそこに戻る対立遺伝子間の平衡状態. たとえば, 超優性を示す遺

Arg Lys Arg Gly Arg Gln Thr Tyr Thr Arg Tyr Gln Thr Leu Glu Leu Glu Lys Glu Phe His Phe Asn Arg Tyr Leu Thr Arg Arg Arg

|← ヘリックス ―|― ターン ―|― 認識ヘリックス ―|

Arg Ile Glu Ile Ala His Ala Leu Cys Leu Thr Glu Arg Gln Ile Lys Ile Trp Phe Gln Asn Arg Arg Met Lys Trp Lys Lys Glu Asn

アンテナペディアホメオボックス

伝子座は，ヘテロ接合体に有利に働く選択が保たれる限り安定平衡にある．

アンテナペディア［*Antennapedia*］ キイロショウジョウバエの遺伝地図上の 3-47.9，唾腺染色体地図では 84B 領域に位置する遺伝子．*Antp* 遺伝子は，頭部から胸部第 2 節の前部にいたる体節における細胞の分化を指定する三つの遺伝子の集団の中の一つ．*Antp* 遺伝子の突然変異は，正常ならば触角を形成する体節を，中肢を形成する体節に転換する．この遺伝子はホメオボックス*を特徴とするタンパク質をコードする．これは *Antp* タンパク質の C 末端の近くにみられる 60 個のアミノ酸からなる区画である．このアミノ酸配列は上に示した．このヘリックス-ターン-ヘリックスモチーフ*によって，標的 DNA 配列に結合する．⇨ 付録 C（1983 Scott *et al*.；1989 Qian *et al*.），バイソラックス，ホメオティック突然変異，*Hox* 遺伝子群，*Polycomb*，体節決定遺伝子．

アントシアニン［anthocyanin］ 植物の花，果実，種子，茎，および葉を着色する赤色，紫色，あるいは青色の配糖体色素．共通する構造単位は 15 個の炭素からなるフラボン骨格で，これに糖が結合する．一つの例は，ゼラニウムがつくる緋色の色素，ペラルゴニジンである．カロテノイドやクロロフィルのような色素体中の色素が脂溶性であるのに対し，アントシアニンは水溶性であり，液胞中に溶解した状態で存在する．アントシアニンのおもな機能は，花粉媒介昆虫を植物に引き寄せることにある．⇨ 穀粒，ペラルゴニジンモノグルコシド．

（G=グルコース）
ペラルゴニジン（アントシアニンの一種）

アンドロゲン［androgen］ 雄性ホルモンの活性をもつ化合物．哺乳類では最も活性の高いアンドロゲンは精巣の間細胞で合成される．⇨ テストステロン．

アンドロゲン受容体［androgen receptor］ 略号 AR．DNA 結合タンパク質という大きなファミリーの一つ．ステロイドホルモン受容体のサブファミリーに属するタンパク質．ヒト AR は，910 アミノ酸残基からなり，中央部に二つのジンクフィンガードメインと C 末端に一つのアンドロゲン結合ドメインをもつ．⇨ アンドロゲン，テストステロン，ビタミン D 受容体，ジンクフィンガータンパク質．

アンドロゲン受容体遺伝子［androgen receptor gene］ ヒト X 染色体長腕の動原体の近傍にある遺伝子．8 個のエクソンから成り，重要な部位に生じた突然変異は，AR 活性を失う．すなわち，アンドロゲン不応症候群（精巣性女性化症）とよばれる遺伝性の疾患となる．⇨ 付録 C（1988 Brown *et al*.）．

アンドロゲン不応症候群［androgen insensitivity syndrome］ XY 個体で，外見上は正常に発達するのに，不妊の女性．精巣はふつう腹部内に存在し，精子形成はみられない．精巣性女性化症（testicular ferminization）ともよばれる．⇨ 付録 C（1988 Brown *et al*.），アンドロゲン受容体，アンドロゲン受容体遺伝子．

アンバーコドン［amber codon］ mRNA のトリプレット UAG のことでタンパク質の翻訳を停止させる三つの"終止"コドンのうちの一つ．アンバー（琥珀色）コドンとオーカー（黄土色）コドンはある研究室の冗談からつけられたもので，色とは全く関係ない．

アンバーサプレッサー［amber suppressor］ UAG 終止コドンに対応するアンチコドンをもち，アミノ酸を挿入して部分的にでも遺伝子産物が機能をもつようにする tRNA をコードする突然変異遺伝子．たとえば，突然変異型のチロシン tRNA のアンチコドン 3′-AUC は 5′-UAG を認識して，チロシンを挿入し，ポリペプチド鎖伸長は続くことになる．

アンバー突然変異［amber mutation］ ポリペプチド鎖が途中で終わる突然変異．塩基置換の結

果，あるアミノ酸を表すコドンが終止コドン UAG に変わることにより生じる．大腸菌のある株ではアンバー突然変異が抑制される．これらの株には AUC アンチコドンをもつ tRNA があり UAG の部位にアミノ酸を挿入し，翻訳がひき続き進むようになる．⇨ オーカー突然変異，ナンセンス突然変異．

アンバーライト［Amberlite］　イオン交換樹脂の商標．

アンピシリン［ampicillin］　⇨ ペニシリン．

アンプリコン［amplicon］　多数の線状に連なったコピーを形成しているゲノム上の領域．生物が，その領域内に存在する遺伝子の機能を阻害するような化合物の作用を受けた後に形成される．哺乳類では，ジヒドロ葉酸レダクターゼ*（DHFR）という酵素が，メトトレキセート*によって阻害され，この阻害剤の作用により，DHFR 遺伝子の複製が起きる．

イ

ER［ER = endoplasmic reticulum］ = 小胞体.

EEG［EEG = electroencephalogram］ = 脳電図.

E_1, E_2, E_3 実験的処理（たとえばX線照射など）をした後の生物の第一世代，第二世代，第三世代のこと．

E_1トリソミー症候群［E_1 trisomy syndrome］⇨ エドワーズ症候群.

EST［EST = expressed sequence tag］ 発現配列タグ．⇨ STS.

イエバエ［*Musca domestica*］ DDT 抵抗性が遺伝学者により広く研究されてきた．

Ef-1α, Ef-Tu ⇨ 翻訳延長因子.

EMS［EMS = ethyl methane sulfonate］ = エチルメタンスルホン酸．

EMBL データライブラリ［EMBL Data Library = European Molecular Biology Laboratory Data Library］⇨ 付録E.

EMB 寒天［EMB agar］ エオシンとメチレンブルーの2種類のpH指示薬とラクトースなどの糖を含む細菌用の複合培地．lac^+遺伝子型の細胞は好んでラクトースを好気的に代謝するため水素イオンを放出して低pHとなり，培地が暗紫色になる．一方 lac^-遺伝子型の細胞はエネルギー源にアミノ酸を用い，アンモニアを放出する．そのため pH は上昇し，染料は脱色されてコロニーは白くなる．このような色による分別は，代謝可能なすべての糖や多くの炭素源について利用できる．

硫黄［sulfur］ 組織中に微量に存在する元素．

原子番号	16
原子量	32.07
原子価	-2, +4, +6
最も多い同位体	^{32}S
放射性同位体	$^{35}S^*$

硫黄依存好熱菌［sulfur-dependent thermophile］ ふつう硫黄分に富む温泉に生息する原核生物の一群で，硫黄を代謝することによってエネルギーを生成する．これらの種は，アーキア亜界（⇨ 付録A）のクレンアーキオータ門に属す．エオサイト（eocyte）とよばれるこの下位群のメンバーは原初の真核生物とごく近縁であると考えられている．エオサイトの属をいくつかあげる：*Acidianus*, *Desulfurococcus*, *Pyrodictium*, *Sulfolobus*, *Thermodiscus*.

イオノフォア［ionophore］ 微生物由来の抗生物質の一種で，一価もしくは二価陽イオンの生体膜透過を促進する．以下にいくつかの主要なイオノフォアとそれが透過させるイオンを示す．バリノマイシン（K^+, Rb^+），A23187（Ca^{2+}, $2H^+$），ナイジェリシン（K^+, H^+），グラミシジン（H^+, Na^+, K^+, Rb^+）．

イオン化［ionization］ 中性の原子あるいは分子が，正または負の電荷を獲得すること．

イオン化エネルギー［ionizing energy］ ある特定の気体中で一対のイオン対を生じさせるために電離放射線が失う平均エネルギー．空気中での平均イオン化エネルギーは約 33 eV である．

イオン化飛跡［ionization track］ 物質を通過中の電離放射線によってつくられたイオン対の跡．

イオン結合［ionic bond］ = 静電結合（electrostatic bond）．

イオン交換カラム［ion exchange column］ イオン交換樹脂をつめたカラム．⇨ クロマトグラフィー，カラムクロマトグラフィー．

イオン交換樹脂［ion exchange resin］ 荷電した物質に対し高い親和力をもつ樹脂．その中を通過する分子を吸着し，カラム分離法に用いられている．⇨ 分子ふるい．

イオン対［ion pair］ 電離放射線と原子の軌道電子との相互作用から生じる電子および正電荷の原子または正電荷の分子のこと．

異核共存体［heterokaryon］ ヘテロカリオンともいう．遺伝的起源の異なる複数の核をもつ体細胞．真菌類の菌糸で一般的にみられるように，核は融合せず，新しい細胞の形成に際して，個別に，かつ同時に分裂する．テトラヒメナのような繊毛虫類の場合，ある薬剤抵抗性遺伝子が転写活性のない二倍体の生殖核である小核中に存在し，感受性対立遺伝子が転写活性をもつ多倍数性の体細胞核である大核中に存在する場合には，機能性の異核共存体でありうる．⇨ 種間異核共存体．

異核共存体試験［heterokaryon test］ オルガ

ネラの突然変異の試験方法で，特別に標識した異核共存体から得られた単核細胞に予期しない表現型が現れることに基づく．たとえばミトコンドリア突然変異をもつと考えられるコロニー(A)と既知の核突然変異をもつコロニー(B)の間で形成された異核共存体を考える．そこから A, B 両方の表現型を同時にもつ単核子孫細胞や胞子がつくりだされたとすると，A 突然変異は核外遺伝子によるものであると考えられる．なぜなら異核共存体では，核遺伝子の組換えは起こらないからである．

いかさま遺伝子 [cheating genes]　その生物にとって，選択的な有利性をもたず，その存在が害であっても，減数分裂離ひずみ*によって集団中で増加しがちな遺伝的因子. ⇨ 利己的 DNA, 分離ひずみ.

異化[作用] [catabolism]　複雑な分子からより単純な産物へ異化分解すること．異化酵素を必要とすることが多く，エネルギーが遊離される. ⇨ 同化[作用].

鋳型 [template]　ある高分子物質を型として，相補的な高分子物質が合成されるとき，前者を鋳型という．合成された高分子物質は，反転した鋳型としてもとの鋳型分子の合成に利用される．以上の 2 段階を経て鋳型分子の複製が行われる．一本鎖 DNA は，相補的な DNA 鎖および mRNA の鋳型となる. ⇨ コード鎖.

異化代謝産物 [catabolite]　分解代謝産物ともいう．食物中の分子の分解によって生じる化合物．

鋳型鎖 [template strand]　mRNA に転写される DNA 鎖領域. ⇨ 鎖の用語法.

鋳型スイッチ [template switching]　大腸菌の DNA ポリメラーゼ I が本来の鋳型鎖から他の DNA 鎖へ移り，DNA 鎖の置換が起こる *in vitro* の反応.

生きた化石 [living fossil]　化石に基づいて認識された生物のグループに属し，後に現存することが判明した生物をいう．生きた化石の古典的な例としては，シーラカンスとよばれていた古代硬骨魚類のグループで現存する唯一の種 *Latimeria chalumnae* がある．これは総鰭類に属し，胚魚と近縁で，両生類の祖先種とも近い．二畳紀のシーラカンス (*Coelacanthus*) の最初の化石は 1839 年に命名されたが，*Latimeria* の最初の標本は 1938 年に捕獲された．生きた化石という言葉はまた，化石記録がほとんどあるいは全く存在しないグループであっても，祖先の失われた鎖に形態的に類似すると想定される現存生物をさすのにも用いられる．カギムシ (*Peripatus*) はこのような例の一つである．カギムシやその他の有爪動物は節足動物と環形動物の両方の特徴を併せもつからである．さらに，生きた化石という言葉は，一つのクレードの末端に位置する生物で，長期間にわたって存続し，その間形態的な変化がほとんど起こらなかったような生物をさすのにも用いられる．ダーウィンが，1859 年にこの言葉を使った際には，これが念頭にあった．体外に貝殻をもつ頭足類のオウムガイはこの範疇の生きた化石の例である. ⇨ *Mesostigma viride*.

閾(いき)値効果説 [threshhold effect hypothesis]　ポリジーンに支配されるある種の形質は，その形質に寄与するいくつかの遺伝子の相加的な効果が，ある閾値を超えたときにのみ発現されるという概念．この説は，ポリジーン性の遺伝を示す多くの全か無かの現象（ある病気に対して感受性か耐性かなど）を説明する際に用いられる．

閾(いき)値線量 [threshhold dose]　照射処理において，照射効果を示す最下限の線量.

異形花柱性 [heterostyly]　長さの異なる雄ずいと花柱をもつことによって確実に他家受精を行う花の多型性.

異系交配　1. [outbreeding, outcross] 遺伝的に近縁でない植物または動物の交雑. 2. [exogamy] 族外婚ともいう．個体が同系統でないものとつがうこと. ⇨ 同系交配.

異形質マウス [allophenic mice]　遺伝子型の異なるマウスから卵割中の卵を摘出し，*in vitro* で卵割球を融合させ，融合胚が胚形成をつづけられるようにほかのマウスに再移植してつくったキメラマウス．二つ以上の胚から由来した細胞を含んだ生育しうるマウスが得られており，細胞系譜の研究に使われている. ⇨ 付録 C (1967 Mintz).

異形染色体 [heterochromosome]　⇨ 異質染色質, B 染色体.

異形態染色体 [heteromorphic chromosome]　形態が異なる相同染色体.

異形二価染色体 [heteromorphic bivalent]　構造的に異なり，その結果，部分的にのみ相同である染色体からなる二価染色体（XY 二価染色体はその例である). ⇨ 同型二価染色体.

異型配偶 [anisogamy]　性細胞のうち，卵は大きく不動で，もう一方（精子）は小さく動き回る性質を示す有性生殖をいう. ⇨ 同型配偶, 単為生殖.

異型配偶子性 [heterogametic sex]　異なる性染色体をもつ配偶子を産生する性（たとえば哺乳類の雄は，X または Y 染色体をもつ精子を通常等しい割合で産生する). 異型配偶子性では，交差が抑制されることが多い. ⇨ 付録 C (1912 Morgan; 1913 Tanaka). 同型配偶子性.

異形胞子形成［heterospory］　植物において，（同一種あるいは同一個体中に）2 種類の減数母細胞（大胞子母細胞と小胞子母細胞）が共存し，2 種類の減数胞子を形成すること．⇨ 同形胞子形成．

異好性抗原［heterophile antigen］　ある脊椎動物において，ほかの脊椎動物や植物の組織成分とさえ反応しうる抗体産生を促す物質．

移行二倍体［transient diploid］　生活環の中で半数体世代の方が圧倒的に長い真菌類や藻類が，二倍体となり減数分裂を行う比較的短い期間をいう．

E. coli　　大腸菌＊．⇨ 制限酵素．

EGF［EGF = epidermal growth factor］　＝ 上皮成長因子．

異時性［heterochrony］　進化の過程で発生現象の開始時期が変化したために，特定の器官や性質の外観や成長速度が子孫では変化すること．促進の場合には個体発生期の形態変化が祖先より早期に現れ，逆に遅滞の場合には祖先より遅れて発現する．⇨ 不等成長，幼形成熟，幼形進化．

異時性突然変異［heterochronic mutation］　発生現象の起こる時期が乱れる突然変異．線虫（*Caenorhabditis elegans*）のある種の細胞系譜突然変異体＊がその例である．lin-14 突然変異体では脱皮期に関してある種の発生現象が早く始まるのに対し，lin-4 突然変異体ではある発生段階が異常に遅れて繰返される．

異質形成［heteromorphosis］　ホメオシス（homeosis）ともいう．胚発生，再生のいずれの場合においても，その場所に不相応な器官や付属肢を形成すること（たとえば，肢の代わりに触角が形成される）こと．

異質細胞質性［alloplasmic］　染色体と細胞質が別の種由来の生物や細胞をいう．例としてはパンコムギ（*Triticum aestivum*）染色体とライムギ（*Secale cereale*）細胞質がある．⇨ ヘテロプラズミー［の］

異質染色質［heterochromatin］　ヘテロクロマチンともいう．真正染色質＊とは違って，間期の核内で最大限の凝縮を示す染色体物質．このような挙動を示す染色体領域は正の異常凝縮を示すといわれる．一部の Y 染色体のように，染色体の全体がこのような挙動を示す場合には異形染色体とよばれる．多糸染色体では，すべての染色体の動原体に隣接する異質染色質領域が接着して，染色中心を形成する．異質染色質は，反復 DNA からなり，遅れて複製され，また転写活性を示さない．このような異質染色質領域は，しばしば構成異質染色質とよばれ，発生段階の違いによって染色体の一部あるいは全体が凝縮する領域とは区別される．後者の場合，相同染色体の一方がもう一方とは異なる挙動を示すことがある．一つの例は，哺乳類の雌の二倍体体細胞に特徴的な，凝縮して不活性化した X 染色体である．このような染色体は機能性異質染色質を含むといわれることもあるが，それらが真正染色質と異なるタイプの DNA を含んでいるという証拠は存在しない．異質染色質の相対的な量に関しては，キイロショウジョウバエの項に示されている．ショウジョウバエの多糸染色体では，動原体周辺の異質染色質の複製の程度は低いが，これは遺伝的に制御されている．⇨ 付録 C（1928 Heitz; 1936 Schultz; 1959 Lima-de-Faria; 1970 Pardue, Gall; 1998 Belyaeva et al.），動原体，真正染色質，位置効果．

異質染色質化［heterochromatization］　真正染色質の領域が，異質染色質に近づいて並んだとき，異質染色質の形態をとる状態．⇨ 付録 C（1939 Prokofyeva-Belgovskaya），位置効果．

異質対立遺伝子［heteroallele］　異なる位置（部位）に突然変異をもっている対立遺伝子．遺伝子内組換えにより機能をもったシストロンを生じることができる．⇨ 同質対立遺伝子，付録 C（1955 Pritchard; 1962 Henning, Yanofsky）．

異質倍数体［allopolyploid, alloploid］　遺伝的に異なる染色体の組合わせから生じる（多）倍数体生物．⇨ 同親対合性異質倍数体，部分異質倍数体．

異質四倍体［allotetraploid］　複二倍体（amphidiploid）ともいう．おのおのが二倍体である二つの異種ゲノムから構成されている生物．⇨ 付録 C（1925 Goodspeed, Clausen）．

異周期性［allocycly］　染色体の部分あるいは全体にみられる巻かれ方の違い．異周期性を示すことは，動原体周辺の異質染色質，核小体形成体およびいくつかの種では性染色体全体にみられる特徴となっている．染色体あるいは染色体の部分が染色体の他の部分に比較すると堅く凝縮している（巻かれている）ならば，その染色体あるいは染色体の部分は正の異常凝縮を示すといわれる．異周期性は，減数分裂第一分裂後期の二価染色体の非同時性の分離を記述するのにも用いられる．たとえば，ヒトの男性では X 染色体と Y 染色体とは常染色体に先んじて分離し，正の異周期性を示すといわれる．

移住者選択［migrant selection］　異なる遺伝子型をもつ個体間の移住能力の違いに基づく選択．たとえば遺伝子 M をもつ個体の方が遺伝子 m をもつものより高い頻度で新天地を開拓する

場合，遺伝子 M は移住者選択に有利であるといわれる．

異種間移植［heteroplastic transplantation］同一属内の異なる種の個体間での移植．

異種間移植片［heterograft, xenograft］異種間の移植*に用いる組織片．

異種寄生［の］［heteroecious］ある種のさび菌類や昆虫に見られるように，その生活環を完了するのに2種以上の宿主を必要とする寄生生物をいう．

異種キメラ［heterologous chimera］二つの異なる種の細胞あるいは組織からなるキメラ*．

異種抗原［heterogenetic antigen］複数の種で共有される，同一もしくは類似抗原（フォルスマン抗原など）．これらの抗原の一つに対して産生された抗体は，異なる種由来であったとしても，この系の他の抗原に対しても反応する．このような抗体は，異好性抗体とよばれる．

異種色素体性［heteroplastidy］2種の色素体，特に葉緑体とデンプンを蓄えた白色体をもつこと．

異常［aberration］⇒染色体異常，放射線誘発染色体異常．

異常凝縮［heteropycnosis］染色体または染色体の一部で，ゲノムのほかの部分とはらせんの巻き方が異なること．正の異常凝縮部位はその他の染色体部よりは堅く巻かれており，負の異常凝縮部位はゆるく巻かれている．⇒異周期性，常凝縮［の］．

異常分化［allotypic differentiation］⇒成虫原基の in vivo 培養．

移植 1.［graft］生物の一部をその正常な位置から，同一の生物または異なる生物の異なる位置へ移すこと．⇒自家移植，異種間移植，同種移植，台木．2.［transplantation］ある個体の一部を，他の個体または同一個体内の別の位置へ移すこと．動物学では graft と同意義に用いられる．植物では graft が上述の意味に用いられ，transplantation は植物を異なった場所に移すという意味に用いられる．⇒拒絶．3.［implantation］生物体から組織を摘出することなく，他から組織片を移すこと．

移植抗原［transplantation antigen］主要組織適合性遺伝子座（ヒトの HLA，マウスの H-2 など）および副組織適合性遺伝子座にコードされるタンパク質．脊椎動物のほとんどすべての細胞に存在する．移植片の抗原が宿主の抗原と異なると，T リンパ球はこれを標的として認識する．⇒組織適合性分子．

移植物［implant］組織片や電子センサーのように生体内に人工的に組込まれた物質．

移植片［graft］正常な生物体へ移植した植物または動物組織の比較的小さな断片．

移植片拒絶［graft rejection］移植組織への細胞性免疫反応で，移植片の破壊をひき起こす．移植の拒絶は，外来細胞のもつ組織適合性抗原*によって誘導される．

移植片対宿主反応［graft-versus-host reaction］GVH 反応（GVH reaction）ともいう．宿主細胞の免疫系が未成熟であったり，薬物や放射線照射の結果破壊されたり抑制されている場合に，免疫能をもった細胞を含んでいる同種移植片が，それを拒絶できなくなっている宿主に対して免疫反応をひき起こすこと．⇒ラント病．

異所性［allopatry］地理的に異なる場所に生息する種（生物群）．単に距離が遠い場合と山脈，川，砂漠など移動の妨げになるもののために隔離されている場合がある．⇒同所性．

異所性移植［heterotopic transplantation］同一生物内である場所からほかの場所への組織の移植．

異所対合［ectopic pairing］ショウジョウバエの唾腺染色体の介在および基部異質染色質部位の非特異的な対合．

異所的種分化［allopatric speciation］= 地理的種分化（geographic speciation）ともいう．

異親対合［allosyndesis］異質対合ともいう．異質倍数体*における相同染色体*の対合．異質倍数体の遺伝的構成を AABB とし，AA は一方の親の種に由来した染色体，BB は他方の親の種に由来した染色体とすると，減数分裂前期に A は B と異親対合的に対合を行う．このような対合は，おそらく親の種が共通の祖先をもっているために，A と B の染色体に相同な部分があることを示している．同親対合の場合は，A は A，B は B のみと同親対合的に対合を行う．部分異質倍数体は異親対合により減数分裂のときに二価染色体と多価染色体の両方を形成する．

異数性 1.［aneuploidy］ある個体の細胞の染色体数が，その種の典型的な半数体（一倍体）の正確な倍数でない状態をいう．以下の例が示すように，接尾語"ソミー（somic）"を付して命名される．ダウン症候群*とターナー症候群*は，それぞれヒトのトリソミーとモノソミーの例である．ヌリソミー（nullisomic；ゼロ染色体）は一対の染色体の消失（$2N-2$）により，また，テトラソミー（tetrasomic；四染色体）は獲得（$2N+2$）によって生じる．2種類以上の異なる染色体で消失や獲得が起こった場合には，それぞれ二重モノソミー（$2N-1-1$），二重トリソミー

($2N+1+1$) という．⇨ 高倍数体，低倍数体，ヒトの細胞遺伝学上の記号．**2.** [dysploidy] 一つの属に属する種が異なる数の二倍体染色体をもつが，その染色体数が倍数体系列を示さない場合をいう．

異数染色体性 [aneusomy] 生物が染色体数の異なる細胞からできている状態．B 染色体*をもつ顕花植物では，広くみられる．動物では，一般に，一部の細胞に異数性の体細胞を含む二倍体生物を指す．異数染色体性という用語は，最近のヒト細胞遺伝学の文献で，対をなす染色体内の遺伝的不均衡を指す用語として使われているが，これは誤用である．たとえば，一つまたは複数の遺伝子の欠失に関してヘテロ接合体の個体は，正常な相同染色体上のこれらの遺伝子については，ヘミ接合体というべきであって，このような個体を部分異数染色体性（segmental aneusomy）とよぶのは間違いの元である．異数染色体性は，もともとモザイク現象をさす．⇨ 異数性．

異数付着糸[の] [aneucentric] 二つ以上の動原体をもつ染色体を生じる異常を示す．

異性化酵素 = イソメラーゼ．

異性体 [isomer] 同じ分子構成をもつ化合物であるが，三次元的な分子の形あるいは空間的な向きが異なるもの．

異染性 [metachromasy] 1 種類の染料が多様な染色を示す現象のこと．異染性を示す物質をクロマトロープという．クロマトロープは連続的な荷電基の配列を伴う高分子量構造をとる．酸性ムコ多糖や核酸などはそのよい例である．アズール B*は異染性色素の一つである．この物質による発色はクロマトロープ上での染料分子のスタックの様子によって変わってくる．スタッキングする量が増えるにつれ，着色は緑色から青，赤色へと変化する．アズール B 染色した組織切片では，染色体は緑色に染まり，核や細胞質中にあるリボソームは青，ムコ多糖を含む沈着物は赤色に染まる．

異染性色素 [metachromatic dye] 組織を二つまたはそれ以上の色に染める色素．色調は色素分子のスタッキングの程度による．⇨ アズール B，異染性．

位相幾何学 [topology] 折れ曲がりやねじれなどの歪んだ形状下での幾何図形の性質を研究する学問．

位相差顕微鏡 [phase contrast microscope] 高屈折率の物体を通る光線はより低い屈折率をもつ周囲の媒質を通る光線よりも遅れる．一定の光線に対する遅れ，すなわち位相変化は光線が通る物体の厚さと屈折率の関数であるから，未染色の標本では，いろいろな屈折率をもつ透過部分は，光線をさまざまな度合いで遅らせる．こうした位相の変化は普通の光学顕微鏡では観察できないが，位相差顕微鏡ではこれを光の強さやコントラストという目に見える変化に変換し，生きたままの細胞の様子を観察できる．⇨ 付録 C（1935 Zernicke）．

異属間移植 [xenoplastic transplantation] 異なる属，または非常に遠縁の種に属する個体間の移植．⇨ ブタ．

異側所的種分化 [alloparapatric speciation] もともと異所的であるが，その後完全に効果的な生殖的隔離に進化する前に側所的になった集団から漸進的に新種が生じること．自然選択は境界領域における初期の生殖的隔離機構を形質置換やほかの機構によって促進しているかもしれない．⇨ 側所的種分化．

イソ酵素 [isoenzyme] = アイソザイム（isozyme）．

イソシゾマー [isoschizomer] 由来は異なるが同一の配列部分で DNA を切断する 2 種以上のエンドヌクレアーゼ*をさす．

イソ受容 tRNA [isoacceptor tRNA, tRNA isoacceptor] 同じアミノ酸を受容するが，一次構造は異なる tRNA．一次構造の違いとしてはアンチコドン，アンチコドン以外の領域，および両者における塩基配列の相違がある．塩基配列の異なる tRNA は一般に異なる遺伝子にコードされている．高等生物は，おのおののアミノ酸に対して 2〜4 のイソ受容 tRNA をもっている．⇨ アミノ酸．

イソタイプ [isotype] ある種においては全個体がもつが，ほかの種の個体には存在しない抗原決定基．⇨ アロタイプ，イディオタイプ．

イソタイプ排除 [isotypic exclusion] 形質細胞において，対立遺伝子排除*の結果，κ あるいは λ のうち片方の軽鎖のみが産生されること．⇨ 免疫グロブリン．

イソプレノイド脂質 [isoprenoid lipid] 複数のイソプレンが直線状に並んでできている脂質分子のファミリー．イソプレンの構造式は以下のとおり．

$$\underset{CH_3}{CH_2=C-CH=CH_2}$$

脂溶性のビタミン（A, D, K, E）には，イソプレンユニットが複数含まれる．

イソプロピルチオガラクトシド [isopropylthiogalactoside] 略号 IPTG．ラクトースオペロン*の非代謝性誘導物質．

イソメラーゼ［isomerase］　異性化酵素ともいう．分子中のある基を転移して異性体を生成させる多種の酵素の総称．D-乳酸とL-乳酸を相互に異性化させるラセミ化酵素がその例である．

イソロイシン［isoleucine］　略号 Ile．⇨ アミノ酸．

依存形質［allophene］　表現型が，その組織細胞の遺伝形質の突然変異によらないもの（周りの細胞によって表現型が決まる）．このような組織は野生型の宿主に移植すれば，正常な表現型を示す．⇨ 自律表現．

遺存種［relict］　残存種ともいう．他の地域で絶滅した種が1箇所だけで生息し続けたり，同じグループの他種が絶滅したにもかかわらず，ある1種だけが生き残ること．

依存分化［dependent differentiation］　ほかの組織から発する刺激によってひき起こされる胚組織の分化．

イタチ属［*Mustela*］　*M. erminea*（オコジョ），*M. lutreola*（ヨーロッパミンク），*M. vison*（アメリカミンク）を含む属．

異端選択［apostatic selection］　よりまれな形態に対する頻度依存的な選択（例：ベーツ型擬態においては，擬態者の頻度が小さければ小さいほど，選択的に有利になる）．⇨ 擬態．

一遺伝子一酵素仮説［one gene-one enzyme hypothesis］　一つの遺伝子はただ1種類の酵素の合成あるいは活性のみを支配するという仮説．⇨ 付録 C（1941 Beadle, Tatum; 1948 Mitchell, Lein）．

一遺伝子一ポリペプチド仮説［one gene-one polypeptide hypothesis］　一つの遺伝子は一つのポリペプチドの合成を支配するという仮説．ポリペプチドは独立に機能する場合もあるし，複合タンパク質のサブユニットとして機能する場合もある．この仮説は，ヘテロポリマーの酵素が発見されたことにより，以前の一遺伝子一酵素仮説に取って代わった．たとえば，ヘキソサミニダーゼ*は二つの遺伝子によりコードされている．⇨ 二遺伝子一ポリペプチド鎖．

一遺伝子雑種［monohybrid］　注目する遺伝子座が一対の対立遺伝子についてヘテロ接合である個体（例：*Aa*）．

一遺伝子雑種交配［monohybrid cross］　特定の遺伝子座に関して遺伝的に同一なヘテロ接合体同士の交配（例：*Aa* × *Aa*）．

一遺伝子性形質［monogenic character］　一つの遺伝子によって決定される形質．

一塩基多型［single-nucleotide polymorphism］　ゲノム上の特定の位置の1個のヌクレオチドに関し，一つの集団内にみられる変異．略号 SNP（スニップと発音）．タンパク質のコード領域における，このような変化は，cSNP という．ヒトの SNP は，遺伝病に関係する場合もあるが，大半はおそらく関係しない．SNP は，ゲノム全体をくまなく調べ，重要な突然変異を知るのに役立つ，独特の効率的な手がかりとなる．

位置クローニング＝ポジショナルクローニング．

位置効果［position effect］　近くにある遺伝子群との位置関係によって遺伝子の発現が変化すること．交差や染色体異常などにより変化する．位置効果にはつぎの二つの型がある．1) 安定型〔S (stable) 型〕：シス-トランス位置効果ともよばれる．S 型位置効果には，遺伝子内組換えにより分離可能な突然変異部位を少なくとも2箇所以上もつシストロンが関与する．シス配置（$m^1m^2/++$）では正常な表現型が観察されるが，トランス配置（$m^1+/+m^2$）では突然変異型の表現型が生じる．このような観察に対する説明としては，（++）染色分体から転写された mRNA は正常に機能するが，（m^1m^2），（m^1+），（$+m^2$）染色分体から転写された mRNA は機能しないということが考えられる．2) 斑入り型〔V (variegated) 型〕：一般的にある野生型遺伝子が染色体異常によって異質染色質（ヘテロクロマチン）のすぐ近くに置かれたとき，遺伝子の活性が抑圧される．場合によってはその遺伝子が抑圧を免れることもある．このため最終的な表現型が多様になり，正常な組織と突然変異の組織が入り混じる．⇨ 付録 C（1925 Sturtevant; 1936 Schultz; 1945 Lewis），異質染色質化，トランスベクション．

一次構造［primary structure］　巨大分子（タンパク質，核酸）における単量体（アミノ酸，ヌクレオチド）の配列．⇨ タンパク質の構造．

一次種分化［primary speciation］　一つの種が二つに分かれること．通常，地理的に隔離された集団で自然選択により異なる遺伝子複合体が選ばれることによる．

一次性徴［primary sexual character］　配偶子の産生機能をもつ器官．卵巣と精巣．

一次性比［primary sex ratio］　妊娠時の雌性接合体に対する雄性接合体の比．

一時多型現象［transient polymorphism］　ある対立遺伝子がより優れた対立遺伝子に置換される間に，集団内で見られる多型．

一次電離［primary ionization］　物質を通過する一次粒子によってイオンを生じること．δ 線*による，"二次電離"を含む"全電離"と対比して用いられる．

一次培養［primary culture］　生体から直接採取した細胞，組織，器官を培養すること．

一次反応速度論［first-order kinetics］　生成物が形成される速度が基質の濃度に比例し，その結果その形成速度は次第に遅くなり，反応は完結することがない酵素反応の進行．⇨ ゼロ次反応速度論．

一次不分離［primary nondisjunction］　性決定がXX，XY型である二倍体生物における性染色体の不分離．同型配偶子性では，配偶子はXX染色体か，全くないかとなる．異型配偶子性では，減数分裂第一分裂中の一次不分離は性染色体がない（O）か，XとYをもつ．減数分裂第二分裂中の一次不分離はXXとOか，YYとOの配偶子を生じる．

一次免疫応答［primary immune response］　⇨ 免疫応答．

一染色体［monosome］　相同染色体を欠く染色体．

一染色体性　＝モノソミー．

一段増殖実験［one-step growth experiment］　溶菌性の細菌ウイルスの生活環を定量的に研究する上での基礎となった古典的手法．細菌の懸濁液を，個々の宿主細胞に1個のウイルスが付着するのに十分な量のウイルスと混合する．付着しなかったウイルスを除去した後，一定時間ごとに試料を分取し，プラーク検定*を行う．分取試料当たりのプラーク数は，当初は一定のままである．この潜伏期以降に分取された試料では，プラーク数はしだいに増加する．この期間に，感染した細胞は溶菌し，感染性のファージを放出し続け，それぞれが1個のプラークを形成することができる．すべての細胞が溶菌されてしまうと，頭打ちになるため，実験期間のプラーク数のカーブは単一の段階を示すことになる．暗黒期はウイルスの付着から最初の子孫ウイルスが組立てられるまでの時間をいう．ファージの複製と組立てはこの間に起こる．最も早い感染粒子がいつ出現するかを決めるためには，細胞を人為的に溶菌してやる必要がある．潜伏期は暗黒期よりも長い．多数の子孫ウイルスが組立てられるまで，宿主細胞はふつう溶菌されないためである．⇨ 付録C（1939 Ellis, Delbrück），放出数，プラーク．

位置的候補遺伝子探索法［positional candidate approach］　病気の原因遺伝子を同定する人類遺伝学の方法で，突然変異遺伝子をある特定の染色体上の領域にマップし，次に，その領域にすでに知られている遺伝子の中から適当な候補遺伝子を探す．その病気の患者個人について候補遺伝子の突然変異の有無を調べる．たとえば，線維芽細胞成長因子受容体（FGFR₃）のタンパク質をコードする遺伝子は，ハンチントン病遺伝子を探す染色体歩行*の過程で発見された．次に，軟骨無形成症*遺伝子が，同じ染色体領域にマップされた．最後に，小人症のFGFR₃遺伝子にミスセンス突然変異が見つかり，FGFR₃遺伝子の突然変異が，この病気の特徴である発育遅滞の原因であることが示された．

一動原体[の]［monocentric］　動原体を一つもつ染色体についていう．

一倍体［monoploid］　**1**．一連の倍数体における基本となる染色体数．**2**．一組の染色体しかもたない体細胞もしくは個体．

一分染色体［monad］　卵細胞や精細胞の核に見られる半数体分の染色体．⇨ 減数分裂．

一雄多雌［polygyny］　一夫多妻ともいう．1匹の雄が複数の雌と交尾すること．⇨ 単婚，一雌多雄．

一卵性双生児［monozygotic twins, uniovular twins, identical twins］　⇨ 双生児．

一価［univalent］　減数分裂時に二価染色体に混ざって，対合する相手がなく単独で存在する染色体．たとえば，XOの雄の性染色体は一価である．

一回親［nonrecurrent parent］　交雑に用いた親で，戻し交雑の親には使用しない方の親．

一回繁殖［semelparity］　生殖期が個体の一生の間に1度だけしかないこと（たとえば一年生植物，サケなど）．⇨ 多数回繁殖．

一化性［univoltine］　⇨ 化性．

一妻多夫　＝一雌多雄．

一雌多雄［polyandry］　一妻多夫ともいう．同時に複数の雄の配偶者をもっている状態をいう．

一相性致死［monophasic lethal］　一つの顕著な有効致死期*をもつ突然変異．

一致［concordant］　双生児のおのおのがある形質をともに示すとき，その形質に関して一致しているという．

一致度［congruence］　分岐学においては，同一の分岐学上の分類にある生物がよく似た特徴を示す度合．最適な分岐図は，すべての特徴について一致度が最大となるようにつくられる．

一夫一婦制　＝単婚．

一夫多妻　＝一雄多雌．

一本鎖交換［single-strand exchange］　二本鎖DNAの一方のDNA鎖が，他のDNA二本鎖中の相同なDNA鎖を押しのけて，相補鎖と塩基対を形成すること．⇨ 5-ブロモデオキシウリジン．

一本鎖DNA/RNAの(−)鎖［negative sense

ssDNA or RNA］ ⇨ ウイルスの(＋)鎖と(－)鎖．

一本鎖 DNA 結合タンパク質 ［single-stranded DNA binding protein］　大腸菌において，ヘリカーゼ*が二重らせんをほぐして生じる一本鎖 DNA に結合する．分子量 74,000 の四量体タンパク質．このタンパク質は一本鎖分子を安定化し，アニーリングや分子内の水素結合の形成を妨げる．⇨ らせん不安定化タンパク質．

一本鎖の同化 ［single-strand assimilation］　一本鎖 DNA が二重らせんを構成している相同な DNA 鎖を押しのけ，D ループ*を形成する過程．この反応は RecA タンパク質*により触媒され，組換えやヘテロ二本鎖の形成に関与している．

イディオグラム　＝核型図式．

イディオタイプ ［idiotype］　個体特異的抗原ともいう．特異的な免疫グロブリンあるいは T 細胞受容体分子の特定の超可変部を特徴づける抗原決定基．イディオタイプは，特定の個体のもつ特定の抗体に固有な特性である．⇨ アロタイプ，イソタイプ．

EDTA ［EDTA = ethylene diaminetetraacetic acid］　エチレンジアミン四酢酸の略号．金属イオンと反応して安定で不活性な水溶性錯体を形成する．EDTA は蒸留水中にわずかに含まれる金属イオンの除去に用いられる．

```
    COOH        COOH
     |           |
    CH2  H  H  CH2
     |   |  |   |
    N ── C ─ C ── N
     |           |
    CH2         CH2
     |           |
    COOH        COOH
```

遺　伝 ［heredity］　生物学的特徴が世代を通じて伝達される家族性の現象．遺伝学により，遺伝は親から子供への遺伝子の伝達によることが明らかにされた．遺伝子は互いに，また環境と相互作用し，固有の特徴，すなわち表現型を生み出す．したがって子供は，共通の遺伝子をもたない無関係な個体よりも，自分の親や近縁者に似ることになる．

遺伝暗号 ［genetic code］　タンパク質合成時のアミノ酸配列を指定する DNA や RNA 上の連続したヌクレオチドトリプレット（コドン）のこと．表に示したコードは，多くの生物種で用いられているものであるが例外もある（⇨ 普遍暗号説）．mRNA の配列は 5′ から 3′ へ向かって左から右へと書かれるが，これはタンパク質の翻訳が起こる向きに等しい．したがって，プロリン-トリプトファン-メチオニンの配列をコードする mRNA 断片は (5′)CCU-UGG-AUG(3′) のように書かれ，鋳型となるそれに相補的な逆平行 DNA の鎖は (3′)GGA-ACC-TAC(5′) と書かれる．メチオニンとトリプトファンを除くアミノ酸はすべてコードの縮重が見られる．すなわち，一つのアミノ酸が複数のコドンによって規定されている．ふつうの縮重は 3′ 側のコドン 3 文字目のヌクレオチドで見られる（⇨ ゆらぎ仮説）．コードは一定の開始点から読み込まれ，一方向的に，連続したヌクレオチド配列の三つ組ごとに読み取られていく．開始コドンは AUG で，細菌では N-ホルミルメチオニン*が付加される．AUG が mRNA の内部に出てきたときは，それはメチオニンとして読み込まれる．⇨ 付録 C (1961 von Ehrenstein, Lipmann, Crick *et al*.; Nirenberg, Matthaei; 1966 Terzaghi *et al*.; 1967 Khorana; 1968 Holley *et al*.; 1979 Barrell *et al*.; 1985 Horowitz, Gorovski, Yamao), コドンの偏り，鎖の用語法，転写単位．

第一塩基	第二塩基				第三塩基
	U	C	A	G	
U	Phe	Ser	Tyr	Cys	U
	Phe	Ser	Tyr	Cys	C
	Leu	Ser	終止	終止	A
	Leu	Ser	終止	Trp	G
C	Leu	Pro	His	Arg	U
	Leu	Pro	His	Arg	C
	Leu	Pro	Gln	Arg	A
	Leu	Pro	Gln	Arg	G
A	Ile	Thr	Asn	Ser	U
	Ile	Thr	Asn	Ser	C
	Ile	Thr	Lys	Arg	A
	Met, fMet	Thr	Lys	Arg	G
G	Val	Ala	Asp	Gly	U
	Val	Ala	Asp	Gly	C
	Val	Ala	Glu	Gly	A
	Val	Ala	Glu	Gly	G

遺伝暗号辞書 ［genetic code dictionary］　⇨ アミノ酸，普遍暗号説．

遺伝学 ［genetics］　遺伝現象を研究する科学．⇨ 付録 C（1902～1909 Bateson）．

遺伝学的解剖 ［genetic dissection］　ある生物学的現象に影響を及ぼす突然変異の研究を通してその現象の遺伝学的基礎を解析すること．たとえば，ショウジョウバエの精子形成機構は雄の不妊突然変異を誘発し，解析することで，遺伝学的に解剖される．

遺伝距離 ［genetic distance］　**1**. 二つの集団もしくは生物種の間で，互いに別の経路の進化を

歩んでいる間に生じた．1遺伝子座当たりの対立遺伝子の置換数の尺度．**2.** 連鎖した遺伝子間の距離を組換え単位もしくは図単位によって表現したもの．

遺伝恒常性［genetic homeostasis］　一つの集団がその遺伝子構成を平衡に保ち，急激な変化に抗する傾向をいう．

遺伝子［gene］　遺伝子の定義は，その性質がより詳しくわかるにつれて変化している．古典的な文献では，遺伝子は，ゲノムもしくは染色体中の特定の位置（遺伝子座）を占める遺伝の単位と定義される．これは，生物の表現型に一つあるいはそれ以上の効果を及ぼす単位であり，さまざまな対立遺伝子の型に突然変異しうる単位であり，また他のこのような単位と組換わる単位でもある．現在では，二つのクラスが認知されている．(1) mRNAに転写され，リボソームに入り，ポリペプチド鎖に翻訳される遺伝子，(2) 転写産物 (tRNA, rRNA, snRNAなど) が直接用いられる遺伝子．クラス1の遺伝子は，以前の文献では構造遺伝子あるいはシストロンとよばれた．表に示したように，構造遺伝子のサイズは著しく変化に富む．mRNAに転写された後に，選択的スプライシングによって，構造的に関連した一連のタンパク質を生じるような遺伝子もある．また，転写はされないが，転写や複製の過程で機能する酵素やその他のタンパク質の認識部位となる短い領域も存在する．これらの要素の中には，オペレーターのように古典的な遺伝子の定義に合致するものもあるが，現在は調節配列とよばれるのがふつうである．調節配列と調節遺伝子を混同しないようにしなければならない．調節遺伝子がコードするのは，(1) ゲノムの別の部分にある調節配列に結合するタンパク質，もしくは (2) 染色体全体を不活性化するRNAである．ラクトースオペロンの *i* 遺伝子は最初の例である．また，Xist遺伝子は2番目の例であり，X染色体全体を不活性化することによって，哺乳類の雌の遺伝子量補正に関与するRNAをコードする．⇨ 付録C (1909 Johannsen; 1933 Morgan; 1955 Benzer; 1961 Jacob, Monod; 1975 King, Wilson)，遺伝子量補正，アイソフォーム，ラクトースオペロン，レプリコン，選択遺伝子，転写単位，Xist．

遺伝子外復帰［extragenic reversion］　ある遺伝子の突然変異体の表現型を消去もしくは抑制するような，第二の遺伝子上の突然変異．⇨ サプレッサー突然変異．

遺伝子活性化［gene activation］　⇨ 遺伝的誘導．

遺伝子間抑制［intergenic suppression］　⇨ 抑制．

遺伝子組換え動物［transgenic animal］　クローニングされた遺伝子を人工的に導入された動物．実験用マウスを用いた場合，1細胞期の受精卵にプラスミド溶液が注入される．導入されたDNA配列の中には胚発生の間保持されるものがある．それらの中には宿主のゲノムに組込まれ，生殖系列を経て次世代に伝達される配列もある．これらの外来遺伝子の一部は子孫で発現する．⇨ 付録C (1980 Gordon *et al.*; 1986 Costantini *et al.*)，ブタ．

遺伝子クラスター［gene cluster］　⇨ 多重遺伝子族．

遺伝子クローニング［gene cloning］　遺伝的に同一な組換えDNA分子をもった系統をつくり出すこと．これを増殖させると組換え体分子を増幅することができる．

遺伝子クローニング用担体［gene cloning vehicle］　⇨ λクローニングベクター，プラスミドクローニングベクター．

遺伝子型［genotype］　ある生物体のもつ遺伝子組成で，表現型とは区別される．⇨ 付録C (1909 Johannsen)．

遺伝子型-環境相互作用　［genotype-environment interaction］　ある遺伝子型の表現型の発現が，異なる環境条件下では異なるという観察からの推論．

遺伝子型頻度［genotype frequency］　特定の遺伝子型をもつ個体が一つの集団中に占める割合．

五つのヒト疾患責任遺伝子の特徴

遺伝病	タンパク質産物	遺伝子サイズ [kb]	mRNAサイズ [kb]	イントロン数
鎌状赤血球貧血症	ヘモグロビンβ鎖	1.6	0.6	2
血友病B	第IX因子	34	1.4	7
フェニルケトン尿症	フェニルアラニンヒドロキシラーゼ	90	2.4	12
嚢胞性線維症	嚢胞性線維症膜コンダクタンス制御因子	250	6.5	26
デュシェンヌ型筋ジストロフィー	ジストロフィン＋短いアイソフォーム	2300	14	78

遺伝子型分散［genotypic variance］　集団中の特定の形質に関し，個体間の遺伝子型の違いに起因する表現型分散．⇒ 遺伝率．

遺伝子工学［genetic engineering］　生物の遺伝的機構を改変する実験技術や産業技術のすべてを含む包括的な概念．その生物が本来もっている生体物質を大量に合成させたり，全く新しい物質を産生できるようにしたり，環境の激変に適応できるようにすることなどである．通常の有性もしくは無性生殖の遺伝子の伝播を経ずに行われる遺伝子操作も含まれる場合も多い．⇒ 生物工学，組換え DNA 技術．

遺伝子合成機［gene machine］　短い DNA プローブ（通常 15〜30 bp）や PCR（ポリメラーゼ連鎖反応*）に使用するプライマー DNA* を自動的に合成する機械．

遺伝子座［locus, (pl. loci)］　染色体中あるいはゲノム DNA 断片中に 1 個の遺伝子が占める位置のこと．

遺伝子サイレンシング［gene silencing］　動原体やテロメアのような特定の染色体領域の近傍にある遺伝子の転写が起きなくなる現象．⇒ アンチセンス RNA，DNA メチル化，異質染色質，位置効果，RNA 干渉，体細胞クローン変異，テロメアサイレンシング．

遺伝子 32 タンパク質［gene 32 protein］　最初に単離された DNA 巻戻しタンパク質*．ファージ T4 の遺伝子 32 の産物で，複製に必須である．タンパク質の分子量は 35,000 で，約 10 bp からなる DNA 領域に結合する．⇒ 付録 C (1970 Alberts, Frey)．

遺伝子産物［gene product］　ふつうの遺伝子の場合，mRNA 分子が翻訳されてできたポリペプチド鎖．RNA 転写産物が rRNA や tRNA のように翻訳されない場合は，RNA 分子そのものが遺伝子産物である．

遺伝子銃［gene gun］　⇒ 粒子による遺伝子導入．

遺伝子冗長性［gene redundancy］　ある遺伝子の多数のコピーが染色体に存在すること．たとえばキイロショウジョウバエの核小体形成体には，18S と 28S の rRNA 分子をコードするシストロンが何百も含まれている．

遺伝子浸透［introgression］　⇒ 浸透交雑．

遺伝子スーパーファミリー［gene superfamily, supergene family］　遺伝子の重複により生じ，互いにかなりの程度に分化した遺伝子の集まり．祖先遺伝子の重複したコピーは，3 通りの進化の過程を経る．(1) 突然変異により不活性化される．(2) 新しい機能を獲得する．(3) 元と同じ機能を保持する．グロビン遺伝子スーパーファミリーを例にとると，(1) 偽遺伝子*に突然変異．(2) 新しい機能の獲得（ミオグロビン遺伝子*とヘモグロビンの α 鎖遺伝子）．(3) 元と同じ機能の保持（Gγ と Aγ 遺伝子）．⇒ ヘモグロビン遺伝子．

遺伝子スプライシング［gene splicing］　⇒ 組換え DNA 技術．

遺伝子相互作用［gene interaction］　ある特定の表現型を生みだすのに同じゲノム内の異なる遺伝子が相互作用すること．問題とする表現型を決定する物質をつくり出す一連の反応系の各段階に働く物質を問題の非対立遺伝子がそれぞれにコードするような場合に，しばしば起こる．これらの相互作用により，古典的な遺伝的分離比のさまざまなバリエーションが生じうる．トウモロコシの糊粉の色に関する遺伝はその例である．トウモロコシの穀粒が着色した糊粉をもつには A 遺伝子と C 遺伝子が少なくとも一つは必要である．ここで，元々 A と C の遺伝子がヘテロもしくはホモ接合で存在する状態で，さらに R 遺伝子がヘテロもしくはホモ接合で存在すると赤い色素顆粒が生じる．さらに P 遺伝子が存在すると，紫色の色素顆粒が生成する．これら四つの遺伝子はどれも異なる染色体上に位置する．もし $AaCCRRPp$ の遺伝子型の株が自家受粉したとすると，子孫には紫色，赤，白の糊粉が 9：3：4 の比で含まれることになる．ここで比率が 9：3：3：1 から 9：3：4 に変化するのは P 遺伝子は A 遺伝子がないと発現されないからである．

遺伝子操作［gene manipulation］　目的の DNA 断片を in vitro（試験管内）でベクターに連結して宿主生物に導入し，そこで増幅することができるように新たな組合わせをつくり出すこと．⇒ DNA ベクター，遺伝子工学．

遺伝子挿入［gene insertion］　特定の外来遺伝子を細胞内に導入する技術．細胞融合や組換え DNA 技術，形質導入，形質転換などが用いられる．

遺伝子増幅［gene amplification］　もとの分子に比べて，ある特定の DNA 配列が多く複製される過程をいう．発生過程においては，ある種の遺伝子は特定の組織中で増幅される．たとえば卵形成，ことに両生類の仲間の卵母細胞においては，リボソームの遺伝子が増幅を受け活性化される．（⇒ ツメガエル属，rDNA 増幅）．ショウジョウバエの卵殻タンパク質をコードする遺伝子では，卵巣の沪胞細胞中での増幅が見られる．培養細胞をメトトレキセート*などの薬剤で処理することで遺伝子増幅を誘導することもできる．⇒ 付録

C (1968 Gall, Brown, Dawid; 1978 Schimke *et al.*).

遺伝子ターゲッティング [gene targeting]
標的遺伝子組換えともいう．意図したように改変した遺伝子座を実験用マウスに導入する技術．まず，目的とする遺伝子座のクローン化されたDNA配列中に，通常のDNA組換え技術を用いて，希望する化学的な変化を導入する．突然変異させた配列を，胚由来の幹細胞ゲノム中に入れて，相同組換え*を起こさせる．次に，突然変異幹細胞を顕微鏡下で胚盤胞中に注入することによって，キメラマウスをつくる．幹細胞は黒色のマウス系統由来であり，受容側の胚は白色系統由来である．このため，キメラはまだら模様の毛色をもつことで識別できる．このようなキメラ同士を多数交配させると，そのF_1には黒色の子供がまれに出現する．これらのいくつかは標的遺伝子についてホモ接合であることが予想される．突然変異がヌル対立遺伝子*である場合，ホモ接合個体が示す異常な表現型から，正常対立遺伝子の機能を推測することができる．⇨ 付録 C (1988 Mansour *et al.*)，ノックアウト．

遺伝子置換 [gene substitution]　他のすべての遺伝子（またはその他のすべての関連した遺伝子）は変化させずに，ある一つの遺伝子をその対立遺伝子で置き換えること．

遺伝子地図作成 [gene mapping]　遺伝子座を特定の染色体に位置づけること，もしくは遺伝子の並び順を決定し，特定の染色体における遺伝子間の相対距離を決定すること．

遺伝子重複 [gene duplication]　不等交差や複製中のまちがいにより，あるDNA配列が縦列につながった繰返し構造ができること．

遺伝子治療 [gene therapy]　遺伝病を治療するために，機能をもつ遺伝子もしくは遺伝子群を遺伝子挿入*によって細胞内に導入する療法．⇨ 付録 C (1983 Mann, Mulligann, Baltimore; 1990 Anderson; 1996 Penny *et al.*), *ex vivo*．

遺伝子対 [gene pair]　二倍体細胞内で，相同染色体上のある遺伝子座内の一対の遺伝子（同一な対立遺伝子であるか否かは問わない）．

遺伝子内組換え [intragenic recombination]
一つのシストロン内のミュートン間の組換え．この組換えは負の干渉と非相互性（同一の四分子内に野生型または二重突然変異組換え型の一方のみが見いだされること）を特徴とする．

遺伝子内相補性 [intragenic complementation]
= 対立遺伝子間相補性 (interallelic complementation)．

遺伝子内抑制 [intragenic suppression]　⇨ 抑制．

遺伝子ノックアウト [gene knockout]　⇨ ノックアウト．

遺伝子のネットワーク形成 [gene networking]
初期発生をプログラムする遺伝子の機能上のネットワークが複数存在し，保存性の高いドメインを複数もつタンパク質をコードする遺伝子群がこれらのネットワークを連結しているという概念．つまり，ドメインAをもつ遺伝子群とドメインBをもつ遺伝子群はA, B双方のドメインをもつ遺伝子によって互いに関係づけられている．ショウジョウバエの分節遺伝子 *paired* (*prd*) はこの説を裏付けるものである．このタンパク質はホメオボックス*とヒスチジン-プロリンの反復ドメインをもっている．この *prd* 特異的な反復配列はほかに少なくとも12の遺伝子に見られるものであり，一方，ホメオボックスはまた別の遺伝子群を特徴づけるドメインである．おそらく *prd* 遺伝子産物はホメオボックスのみをもつタンパク質群やヒスチジン-プロリン反復配列をもつタンパク質や両方のドメインをもつタンパク質と相互作用できるものと思われる．これらの保存性をもつドメインはタンパク質が染色体上の特異的な領域に結合する部位であり，その領域へ結合することで隣接して存在する遺伝子座の制御を行うものと考えられる．⇨ 付録 C (1986 Noll *et al.*), *eyeless*．

遺伝子の分離 [segregation of gene]　⇨ メンデルの法則．

遺伝子発現 [gene expression]　表現型に影響を及ぼす遺伝子産物の合成によって遺伝的活性が現れること．ある種の遺伝子は，細胞あるいは生物個体の一生を通じて活性をもつ．連続的に転写されるこのような遺伝子は，構成的発現 (constitutive expression) を示すという．その他の遺伝子は，特定の環境条件あるいは発生の特定の時期においてのみ発現する．このような遺伝子は条件発現 (conditional expression) を示すという．⇨ 構成的突然変異，抑制解除，DNAのメチル化，誘導系，オペロン，親による刷込み，抑制系，選択遺伝子，利己的オペロン．

遺伝子バランス [genic balance]　もともとはショウジョウバエで発見された性決定機構で，X染色体と常染色体（Aと略記する）のセットの量比に依存して性決定が行われる．X/A比が0.5以下であるときには雄になり，X/A比が1.0以上ならば雌になる．そして，X/A比が0.5から1.0の間にある場合には，間性の個体ができる．⇨ 付録 C (1925 Bridges)，亜雌，亜雄．

遺伝子バンク [gene bank]　⇨ ゲノムライブラリ．

遺伝子病［genopathy］　遺伝子の欠陥から生じる病気.

遺伝子頻度［gene frequency］　対立遺伝子頻度（allelic frequency）ともいう.集団中の特定の遺伝子座におけるすべての対立遺伝子の中で特定の対立遺伝子が占める割合.

遺伝子ファミリー［gene family］　⇒多重遺伝子族.

遺伝子プール［gene pool］　有性生殖を行う生物集団の生殖可能な構成員がもっているすべての遺伝情報.

遺伝子変換［gene conversion］　AA' 個体の減数分裂の産物が, 通常の 2A と 2A' ではなく, 3A と 1A', あるいは 1A と 3A' になるような状態をいう. このことから, 一つの A 遺伝子があたかも A' に変換された（あるいはその逆）かのようにみえる. 遺伝子変換は, 減数分裂の前期で組換えが進行している際に起こる DNA 修復のまれなエラーと関係すると考えられている. 一つの二価染色体中の二本鎖切断が拡大し, 姉妹鎖の一つの対立遺伝子が消失する. ギャップが修復される際に, 別の対立遺伝子をもつ非姉妹鎖が鋳型として用いられる結果, 四分子は一つの対立遺伝子を 3 コピーと, 別の対立遺伝子を 1 コピーもつことになる. ⇒付録 C (1953 Lindegren).

遺伝子融合［gene fusion］　組換え DNA 技術によって異なる遺伝子産物をコードする二つ以上の遺伝子を結合させること. 融合させた遺伝子はともに同一の制御系の影響下に置かれることになる.

遺伝手術［genetic surgery］　プラスミドベクターを利用して生物体の遺伝子を入れ換えたり, マイクロインジェクターやマイクロマニピュレーターを利用して外来性の遺伝物質を細胞内に導入したりすること.

遺伝情報［genetic information］　核酸分子のヌクレオチド塩基の配列に含まれている情報. ⇒エクソン, イントロン.

遺伝子ライブラリ［gene library］　⇒ゲノムライブラリ.

遺伝子流動［gene flow］　移動により同一の生物種の異なる集団間で遺伝子交換が起こること. 一般に, 受入れ側の遺伝子プール中の多くの遺伝子座で遺伝子頻度が同時に変化する.

遺伝子量［gene dosage］　一つの細胞の核内に存在する特定の遺伝子の個数.

遺伝子量補正［dosage compensation］ XX-XY 型の性決定機構をもつ生物種において, 雌雄の間で量的に異なる性染色体連鎖遺伝子の発現を補正する機構. ショウジョウバエでは, 雄の 1 本しかない X 染色体上の遺伝子の転写速度を雌の X 染色体上の遺伝子の転写速度の 2 倍にすることで遺伝子量補正がなされる. 哺乳動物では, 雌のすべての体細胞で, 2 本の X 染色体のうちのいずれか一方を不活性化することによって量的補正が実現される. 不活化された X 染色体はバー小体（性染色質）を形成する. ⇒付録 C (1948 Muller; 1961 Lyon, Russel; 1962 Beutler *et al.*), ファブリー病, グルコース-6-リン酸デヒドロゲナーゼ欠損症, レッシュ-ナイハン症候群, ライオンの仮説, ライオニゼーション, モザイク, MSL タンパク質, 眼白子症, オオノの仮説.

遺伝性血色素症［hereditary hemochromatosis］　⇒血色素症.

遺伝性高胎児ヘモグロビン症［hereditary persistence of hemoglobin F］　略号 HPHF. 胎児型ヘモグロビンが成人になっても継続して合成されること. HPHF の一つの型は, 大きな欠失により 11 番染色体から δ と β グロビン遺伝子が取り除かれることに起因する. このような状態では, $G\gamma$ 遺伝子と $A\gamma$ 遺伝子のスイッチが入り, γ グロビン鎖が合成される. HPHF の非欠失型では, $G\gamma$ 鎖の ORF の上流 158-202 bp 内にミスセンス突然変異がみられる. このような塩基置換により制御因子による γ 鎖の合成の停止が妨害されるのであろう. ⇒付録 C (1984 Collins *et al.*), ヘモグロビン, ヘモグロビン遺伝子.

遺伝性成長ホルモン欠損症［hereditary growth hormone deficiency］　ヒト成長ホルモン*の欠損で, *GH1* 遺伝子座の欠失または点突然変異によることが多い. 欠失は, 生後 6 ヵ月までに重症の小人症となる. hGH の補充は, 初めは効果があるが, しだいに抗 hGH 坑体がつくられ, 投与した hGH の効果が抑えられる可能性がある. hGH に対して免疫寛容が成立しないのは, 突然変異をもつ胎児が, 免疫系が自己タンパク質には応答しないようプログラムされる期間に, hGH を全く産生しないためである. 生物学的に不活性な突然変異型 hGH がつくられる場合は合成 hGH の投与はおおむね効果的である. ⇒ヒト成長ホルモン遺伝子, ヒト成長ホルモン受容体.

遺伝相談［genetic counseling］　ある家系に遺伝的疾患をもつ子供の生まれる危険性を調査し, 家族に対してその危険を回避もしくは改善するための可能な処置を提示すること.

遺伝担体［genophore］　ウイルス, 原核生物, ある種のオルガネラ（藻類葉緑体にみられる輪状構造）の染色体に相当するもの. 遺伝担体は核酸を含むが, ヒストンは結合していない.

遺伝地図［genetic map］　突然変異部位を遺伝的組換え実験によって推論し，直線的に配置したもの．⇨ 付録 C（1913 Sturtevant），物理的地図．

遺伝的荷重［genetic load］　**1**．ある集団における個体当たりの致死相当数の平均値．**2**．ある集団の実際の平均適応度と，現在最も高い適応度をもつ遺伝子型によってその集団が占められたと仮定した場合の平均適応度との相対的な差異．特定の種における遺伝的荷重は，いくつかの構成要素からなる．突然変異荷重（mutational load）は，有益な遺伝子座に繰返し起こる突然変異による．新生突然変異の大部分は，劣性のハイポモルフであり，消失するのが遅い．分離荷重（segregational load）は，有利なヘテロ接合体からの分離によって，妊性や生存力に劣るホモ接合体を生じるような遺伝子による．また，移入荷重（input load）がかかる場合もある．これは，元の集団の平均よりも低い平均適応度をもつ個体の移住によって生じる．⇨ ヘテロ接合優勢，移住者選抜，置換荷重．

遺伝的共適応［genetic coadaptation］　⇨ 共適応．

遺伝的組換え［genetic recombination］　真核生物においては，独立組合わせ*または交差*により，両親にはみられなかった，遺伝子の組合わせをもった子が生じること．細菌においては，遺伝子の組換えは，接合*，伴性導入*，形質導入*，形質転換*により起きる．細菌ウイルスでは，遺伝的に異なった2種類以上のバクテリオファージが同じ宿主に感染することにより，組換え型ファージができる．⇨ ビスコンティ-デルブリュック仮説．

遺伝的固定［genetic fixation］　ある集団中の構成員のすべてが，特定の遺伝子についてホモ接合かヘミ接合であるような遺伝子座の状態をいう．固定した対立遺伝子の頻度は1となり，その遺伝子座における，それ以外のすべての対立遺伝子は失われてしまうため，その頻度は0になる．⇨ 単型の集団．

遺伝的死［genetic death］　個体が子孫を残すことなく死ぬこと．⇨ 増殖死．

遺伝的植民［genetic colonization］　寄生生物から宿主への遺伝物質の導入により，寄生生物のみが必要とする遺伝子産物を宿主が合成するようになること．⇨ アグロバクテリウム，オパイン．

遺伝的多型［genetic polymorphism］　ある集団の中で長期間にわたって2種類以上の遺伝子型の出現頻度が単なる突然変異の再発では説明しきれないほど高いもの．このような多型性はある時点，ある条件下では有利（状態aとする）であり，別の状態では不利（状態bとする）となるような突然変異に由来するもので，aとbの状態がしばしば入れ替わるような生活環境にあるために生じているのかも知れない．また一方では，多くの遺伝子座がヘテロ接合であるような遺伝子型が，ホモ接合の遺伝子型よりも優れているために生じているとも考えられる．

遺伝的多様性［genetic divergence］　⇨ 遺伝的分化．

遺伝的適応度［genetic fitness］　ある集団中において特定の遺伝子型がつぎの世代に対して寄与する程度．他のすべての遺伝子型の寄与に対する相対値として示す．

遺伝的同一性［genetic identity］　二つの集団の間で，遺伝子が同一である割合．

遺伝的同化［genetic assimilation］　当初，環境要因に応答して現れるにすぎなかった表現形質が，選択の過程を通して，遺伝子型にとって代わられ，その結果として，初めに必要であった環境要因がなくても現れるようになること．

遺伝的背景［genetic background］　注目する遺伝子以外の，その生物がもっているすべての遺伝子のこと．

遺伝的微細構造［genetic fine structure］　⇨ 微細構造遺伝地図の作成．

遺伝的ヒッチハイキング［genetic hitchhiking］　⇨ ヒッチハイキング．

遺伝的表現型［phene］　遺伝子に支配される表現型形質．

遺伝的表現促進［genetic anticipation］　遺伝病の発症年齢が世代を重ねるとともに早くなること．トリヌクレオチド反復*の拡大が原因となる病気の場合，世代間における反復長の増大によって表現促進が起こる．しかし，まれではあるが，トリプレット反復長が正常の範囲に復帰する場合もありうる．

遺伝的瓶首効果［genetic bottleneck］　⇨ 瓶首効果．

遺伝的負荷［genetic burden］　⇨ 遺伝的荷重．

遺伝的浮動［genetic drift, random genetic drift］　標本抽出誤差に基づく遺伝子頻度のランダムな変動．浮動はどのような集団においても起きるが，とりわけ小さな集団であるほどその影響は顕著になる．

遺伝的ブロック［genetic block］　遺伝的閉鎖ともいう．一般には，突然変異によって，反応に必須な酵素の合成が阻害されたり，欠陥酵素がつくられたりすること．欠陥酵素に少しでも活性があれば，その阻害は部分的であり，その突然変異

体は，"リーキー（漏出）"といわれる．

遺伝的分化［genetic differentiation］　選択や遺伝的浮動，遺伝子流動，同類交配など，種々の進化的な推進力によって，隔離もしくは半隔離状態にある集団間の対立遺伝子頻度の相違が蓄積して行くこと．

遺伝的閉鎖　=遺伝的ブロック．

遺伝的変異性の減少［decay of variability］　遺伝的浮動を伴う種々の遺伝子座において対立遺伝子の消失や固定によってヘテロ接合性が減少すること．

遺伝的雄穂除去［genetic detasseling］　トウモロコシの種子の商業生産に用いられる繁殖法．この繁殖のねらいは，花粉の発育不全を生じさせることである．その結果，その植物はもはや雌雄同株でなく，他家受粉しかできない．

遺伝的誘導［genetic induction］　インデューサー分子によって遺伝子の活性化が起こる過程．これにより一つもしくはそれ以上の構造遺伝子の転写が起こる．⇨ 誘導系．

遺伝の染色体説［chromosome theory of heredity］　1902年に W. S. Sutton によって提唱された説．染色体が遺伝子の運搬者であり，減数分裂時の染色体の行動がメンデルの法則*の基礎をなすとする説．

遺伝病［hereditary disease］　突然変異遺伝子によってひき起こされる病気．⇨ 付録 C（1966 McKusick）．

遺伝分散［genetic variance］　ある集団の一つの形質に関し，遺伝的不均一性に起因する表現型の分散．

遺伝平衡［genetic equilibrium］　対立遺伝子の頻度が代々一定であるような集団の状態．⇨ ハーディー-ワインベルグの法則．

遺伝マーカー［genetic marker］　個体もしくは細胞の同定や，核，染色体，遺伝子座などの標識に用いられる表現型が容易に確認できる遺伝子．

遺伝率［heritability］　遺伝力ともいう．一つの集団における量的形質の特性の一つで，表現型の全変異のうちのどれだけが遺伝的変異によるかを表す．広義の遺伝率は，形質がどの程度遺伝的に決定されるかを示し，全遺伝分散の表現型分散に対する比（V_G/V_P）で表される．狭義の遺伝率は，形質が親から子供に伝達される程度（すなわち，育種価）を示し，相加的遺伝分散の全表現型分散に対する比（V_A/V_P）として表される．相加的遺伝分散の概念は，関係する遺伝子の作用様式に関して，なんらの仮定も置いていない．遺伝率の推定は，通常，(1) 近縁者間（つまり，親-子，完全きょうだい，半きょうだい）の回帰，相関解析，(2) 選択に対する反応の実験，(3) 分散成分の分析，などによって行われる．高い遺伝率をもつ形質は，選択に対して容易に応答する．

遺伝力　=遺伝率．

移動［migration］　集団遺伝学において個体が集団間を移動することをいう．これにより遺伝子流動*が生じる．

移動期［diakinesis］　⇨ 減数分裂．

移動係数［migration coefficient］　世代当たり，移動遺伝子が遺伝子プール中に占める割合．

いとこ［cousin, first cousin］　ある人のおじまたはおばの息子や娘．親兄弟姉妹の子供たちがいとこ（first cousin）．いとこの子供たちがまたいとこ（second cousin）である．またいとこの子供たちがまたまたいとこ（third cousin）である．

緯度[の]［latitudinal］　赤道に対して平行な．

イナベーション　=神経支配．

イニシエーター［initiator］　レプリケーターに結合し複製を開始させる分子．⇨ レプリコン．

イニシエーター tRNA［initiator tRNA］　特別な tRNA 分子で，タンパク質の鎖を開始するアミノ酸を供給する．イニシエーター tRNA は，原核生物では，N-ホルミルメチオニンを，真核生物ではメチオニンを運ぶ．⇨ 転移 RNA．

移入荷重［input load］　⇨ 遺伝的荷重．

犬［dog, *Canis familiaris*］　初めてヒトに飼いならされた動物．行動遺伝学の研究によく用いられる．一倍体の染色体数は39本で，約35個の遺伝子が26の遺伝子連鎖群にマップされている．普及品種にはつぎのようなものがある．

テリア種（Terrier）：ウェルシュ（Welsh），ベドリントン（Bedlington），ダンデーディンモント（Dandie Dinmont），ウェストハイランドホワイト（West Highland White），スカイ（Skye），ケアン（Cairn），スコティッシュ（Scottish），シーリーハム（Sealyham），フォックス（スムーズ）（Fox），フォックス（ワイア）（Fox），シュナウザー（Schnauzer），エアデール（Airedale），アイリッシュ（Irish），ケリーブルー（Kerry Blue），ブル（Bull），マンチェスター（Manchester）．

ポインター種（Pointer）：短毛ジャーマンポインター（German Shorthaired Pointer），アイリッシュセッター（Irish Setter），イングリッシュセッター（English Setter），ゴードンセッター（Gordon Setter），ワイマラナー（Weimaraner），ポインター（Pointer），ブリタニースパニエル（Brittany Spaniel）．

狩猟犬（coursing hound）：アイリッシュウルフハウンド（Irish Wolfhound），スコティッシュディアハウンド（Scottish Deerhound），グレーハウンド（Greyhound），ウィペット（Whippet），ボルゾイ（Borzoi），サルーキ（Saluki），アフガン（Afghan）．

追跡用の猟犬（trailing hound）：バセンジー（Basenji），ブラッドハウンド（Bloodhound），ダックスフント（Dachshund），バセット（Basset），ビーグル（Beagle），ブラック＆タンクーンハウンド（Black and Tan Coonhound）．

その他の猟犬（miscellaneous hound）：オッターハウンド（Otterhound），ノルウェーエルクハウンド（Norwegian Elkhound）．

フラッシングスパニエル種（Flushing Spaniel）：イングリッシュスプリンガー（English Springer），イングリッシュコッカー（English Cocker），アメリカンコッカー（American Cocker），ウェルシュスプリンガー（Welsh Springer）．

レトリーバー種（Retriever）：ゴールデンレトリーバー（Golden Retriever），ラブラドルレトリーバー（Labrador Retriever），チェサピークベイレトリーバー（Chesapeake Bay Retriever），アイリッシュウォータースパニエル（Irish Water Spaniel），カーリーコーテッドレトリーバー（Curly-coated Retriever）．

牧羊犬（sheep dog）：ブリアード（Briard），クヴァース（Kuvasz），シェットランドシープドッグ（Shetland Sheepdog），コリー（Collie），ベルジャンシープドッグ（Belgian Sheepdog）．

そり用の犬（sled dog）：シベリアハスキー（Siberian Huskie），エスキモー（Eskimo），サモエド（Samoyed），アラスカマラミュート（Alaskan Malamute）．

番犬（guard dogs）：ブビエドフランダース（Bouvier de Flandres），マスティフ（Mastiff），ロットウェラー（Rottweiller），ボクサー（Boxer），グレートデン（Great Dane），ブルマスティフ（Bull Mastiff），シュナウザー（Schnauzer），ジャーマンシェパード（German Shepherd），ドーベルマンピンシャー（Dobermann Pinscher）．

その他の使役犬（miscellaneous working dog）：セントバーナード（St. Bernard），ウェルシュコーギー（カーディガン）（Welsh Corgi (Cardigan)），ウェルシュコーギー（ペンブローク）（Welsh Corgi (Pembroke)），ニューファウンドランド（Newfoundland），グレートピレネーズ（Great Pyrenees）．

愛玩犬（toy）：マルチーズ（Maltese），パグ（Pug），ちん（Japanese Spaniel），イングリッシュトイスパニエル（キングチャールズ）（English Toy Spaniel (King Charles)），ペキニーズ（Pekingese），ポメラニアン（Pomeranian），ヨークシャテリア（Yorkshire Terrier），グリッフォン（Griffon），チワワ（Chihuahua），パピヨン（Papillon），トイプードル（愛玩用）（Poodle (toy)），メキシカンヘアレス（Mexican Hairless）．

遊猟用でない品種（nonsporting breed）：ラサアプソ（Lhasa Apso），プードル（標準型）（Poodle (standard)），ミニチュアプードル（極小型）（Poodle (miniature)），ダルメシアン（Dalmation），チャウチャウ（Chow Chow），キースホンド（Keeshond），スキッパーキ（Schipperke），イングリッシュブルドッグ（English Bulldog），フレンチブルドッグ（French Bulldog），ボストンテリア（Boston Terrier）．

イヌ［*Canis familiaris*］　人類が家畜化した最初の動物で，10,000 年以上にわたりその伴侶となってきた．イヌはタイリクオオカミ（*Canis lupus*）とごく近縁．どちらも半数体染色体数は39で，種間雑種には妊性がある．少なくとも360種類の異なる遺伝病がイヌでみつかっている．このうちの20種類は，遺伝子レベルの特性からヒトの特定の病気と相同であることが示されている．一例としては，ゴールデンレトリーバーのX連鎖劣性遺伝病，ジストロフィン-筋ジストロフィーがある．⇨ 筋ジストロフィー，オオカミ．

イヌサフラン属［*Colchicum*］　ユリ科植物の一属．その中にはコルヒチンの原料である *C. autumnale*（イヌサフラン）などがある．

イネ［rice］　学名は *Oryza sativa*．コムギ，トウモロコシ，およびジャガイモとともに世界の四大重要作物の一つ．イネのゲノムサイズは420 Mbp．⇨ 付録A（植物界，被子植物上綱，単子葉植物綱，イネ目）．

イノシン［inosine］　ヒポキサンチンリボシド．⇨ 微量塩基．

異倍数体［heteroploid］　ある種について，固有の二倍体の染色体数（おもに単相の生物ならば，半数体の染色体数）と異なった染色体数をもつ個体．

EBV［EBV = Epstein-Barr virus］　＝エプスタイン-バーウイルス．

eV　⇨ 電子ボルト．

易変遺伝子［mutable gene］　多細胞生物において，高い頻度で自然突然変異を起こし，モザイ

クを形成する遺伝子のこと．

易変点 [mutable site]　染色体上で突然変異の起こりうる場所．

いぼ [papilloma]　乳頭腫ともいう．良性の皮膚腫瘍．⇨ ショープパピローマウイルス．

異方性 [anisotropy]　高度の分子配向をもつ結晶ならびに繊維の方向性．異方体は，異なる方向でテストすると異なる物理的性質を示す．平面偏光光線が異方体を通過すると，互いに垂直な平面に偏光した二つの光線に分かれる．異方体のもつこのような性質を複屈折とよぶ．筋肉繊維や中期の紡錘糸は複屈折を示す生体物質の例である．複屈折を示さない物質は等方性であるといわれる．⇨ 偏光顕微鏡．

異名 [synonym]　シノニムともいう．分類学において，同一の種および変種に与えられる異なった名．

囲蛹殻形成 [puparium formation]　最終齢幼虫が脱皮した皮が硬化して蛹の殻がつくられること．

陰イオン [anion]　負電荷をもつイオン．陽イオン*の対語．

in utero　子宮の内部で．

隠花植物 [cryptogam]　種子をつける代わりに胞子をつける植物のこと．古い分類学で，シダ，コケ，藻類および真菌類を含む隠花植物門の植物．⇨ 顕花植物．

陰極 [cathode, negative electrode]　陽イオンを誘引する負の電極．陽極*の対語．

インゲンマメ属 [Phaseolus]　*P. aureus*（マングビーン），*P. limensis*（リママメ，ライマメ），*P. vulgaris*（インゲンマメ）が含まれる属．

飲細胞活動　＝飲作用．

飲作用 [pinocytosis]　ピノサイトーシス，飲細胞活動ともいう．細胞がピノソーム*の形成を通じて液体を取入れること．

in situ　自然のあるいはもとの場所に存在すること．

in situ ハイブリダイゼーション [*in situ* hybridization]　染色体，真核細胞，細菌細胞をそのままの状態で用いて，特定の標識プローブに相補的な内部核酸の配列の位置を調べる方法．特定のDNA配列の位置を調べるには，まず標本のDNAを変性させ，結合しているRNAやタンパク質を取り除く．つぎに目的のDNA領域を標識核酸プローブとハイブリダイゼーションさせることで検出する．自然な状態の細胞や染色体内の特定のRNAの分布も，押しつぶしたり切片にした標本に対し，適当なRNAもしくはDNAプローブを用いハイブリダイゼーションさせることで調べられる．⇨ 付録C (1969 Gall, Pardue; 1975 Grunstein, Hogness; 1981 Harper, Saunders; 1983 Hafen, Levine, Gehring), 染色体彩色，蛍光 *in situ* ハイブリダイゼーション．

インシュレーター DNA [insulator DNA]　ある特定のドメイン内で，近接する遺伝子を隔離するよう機能するDNA領域．ドメインの一方の側のエンハンサー*が，近接する別のドメインの遺伝子の不適切な標的プロモーターと相互作用しないようさえぎる．特異的なタンパク質が，インシュレーターDNAに結合することで，染色体上のある領域を規定する．たとえば，多糸染色体の間縞帯やパフの境界など．⇨ 付録C (1995 Zhao, Hart, Laemmli; 2000 Bell, Felsenfeld), *H19*, 親による刷込み．

in silico　アミノ酸またはヌクレオチド配列のデータバンクから得た情報を解析して得られた，推測される関係や仮説をさす用語．解析される情報がシリコンチップ（silicon chip）上に存在することからこのようによばれる．

インスリン [insulin]　ランゲルハンス島のβ細胞によって生産される一種のポリペプチドホルモン．血中の糖濃度を減少させ，欠乏すると糖尿病の症状を起こす．ウシのインスリンはアミノ酸配列が決定された最初のタンパク質であった．この分子（下の図参照）はAポリペプチド（21アミノ酸）とBペプチド（30アミノ酸）が二つのジスルフィド架橋により結合した構造をとる．ヒトではインスリンは，11番染色体短腕のバンド15.5にある遺伝子によりコードされている．⇨

```
          S―――――――――S
Gly-Ile-Val-Glu-Gln-Cys-Cys-Ala-Ser-Val-Cys-Ser-Leu-Tyr-Gln-Leu-Glu-Asn-Tyr-Cys-Asn
                    |                                                       |
                    S                                                       S
                    |              Aペプチド                                |
                    S                                                       S
                    |                                                       |
Phe-Val-Asn-Gln-His-Leu-Cys-Gly-Ser-His-Leu-Val-Glu-Ala-Leu-Tyr-Leu-Val-Cys-Gly
                                    Bペプチド                              Glu
                                                                            Arg
                          Ala-Lys-Pro-Thr-Tyr-Phe-Phe-Gly
```

インスリン

付録 C（1921 Banting, Best；1952 Sanger et al.；1982 Eli Lilly），糖尿病，プロインスリン．

インスリン様成長因子 1, 2［insulin-like growth factors 1 and 2］　略号 IGF-1, IGF-2．一本鎖のタンパク質成長因子で，相互にも，またインスリンともアミノ酸配列が似ている．IGF-1 と IGF-2 ならびにその受容体のいずれも，マウスでは 8 細胞期より存在し，igf-1，igf-2 遺伝子のいずれが不活性化されても成長が遅れる．IGF-2 は，マウスでは初期の胚の成長に必須であるが，IGF-1 は，より後期でもっと重要のようである．IGF-2 遺伝子は，親による刷込み*を示す．線虫では，IGF-1 受容体は，daf-2 遺伝子にコードされており，この遺伝子の突然変異により寿命が正常（10 日）の 2～3 倍に延びる．⇒ H19．

陰生代［Cryptozoic］　先カンブリア時代*の別名．

インターフェロン［interferon］　略号 IFN．哺乳動物の細胞が産生する小型の糖タンパク質で，ウイルス感染に応答してつくられることが多い．1 型 INF は単量体タンパク質で，ウイルスに感染したさまざまな細胞が産生する．これらの IFN はウイルスの増殖を抑制する酵素の合成を誘導する．2 型 INF は同一のタンパク質からなる二量体で，1 型 IFN とは関係がない．2 型 IFN は，T リンパ球およびナチュラルキラー細胞によってつくられ，ある種のがん細胞や寄生生物が感染した細胞を破壊するのに働く．⇒ リーダー配列ペプチド，リンパ球．

インターメジン［intermedin］　メラニン細胞刺激ホルモン（melanocyto-stimulating hormone, MSH）ともいう．脳下垂体中葉から分泌されるポリペプチドホルモンで，メラニン保有細胞中のメラニンの分散をひき起こす．

インターロイキン［interleukin］　略号 IL．白血球から分泌される，少なくとも 15 種類の可溶性タンパク質の一群で，免疫系細胞の増殖と分化を促進する機能をもつ．異なる種類のインターロイキンは，発見された順に，IL1，IL2 といったように表記される．インターロイキンの大部分は，単一遺伝子の産物である．IL のいくつかは，2 本のアミノ酸鎖からなるが，これは単一の前駆体タンパク質の翻訳後の解裂によって生じたものである．唯一の例外は IL12 で，これは 2 本の鎖（p35 と p40）からなるが，それぞれの鎖は別の遺伝子によってコードされている．

Indy　寿命に大きな影響を与えるショウジョウバエの遺伝子．遺伝子記号は，I'm not dead yet の頭字語．この遺伝子がコードするタンパク質は，脂肪体*細胞の細胞膜に局在し，クエン酸回路*で生成される分子を輸送する．正常な対立遺伝子を二つもつハエの寿命は 37 日．Indy 突然変異のヘテロ接合体の平均寿命は 70 日．Indy ホモ接合体の寿命は，15%増にすぎない．⇒ ヘテロ接合優勢．

インテイン［intein］　⇒ タンパク質スプライシング．

インテグラーゼ［integrase］　プロファージが細菌の染色体に組込まれたり逆に切出されたりする際に起こる部位特異的組換えを触媒する酵素．切出し反応には除去酵素も必要である．⇒ λバクテリオファージ．

インテグリン［integrin］　細胞表層受容体タンパク質の大きなファミリーで，細胞外マトリックスの成分に結合し，細胞の"のり"として働き，細胞の移動（胚発生時や生体の免疫系の細胞）を助け，細胞内シグナル伝達系を活性化する．インテグリンは，構造上互いに似ており，また，動物界のあらゆるタイプの細胞に 1 種類以上は存在するといってよい．インテグリンは 2 本のタンパク質鎖（α, β）から構成されている．少なくとも，α 鎖について 15 種，β 鎖について 8 種の変異型が存在し，その組合わせで，機能をもった二量体としては，少なくとも 20 種（例：$\alpha 2 \beta 1$, $\alpha II \beta 3$）存在する．細胞や組織の構造統合性（integrity）を保つのに重要な分子であり，細胞に降り注ぐ雑多なシグナルを統合するという機能を考えると，このファミリーの名前は，的を射たものである．細胞外マトリックスは，基本的にゲル状の糖鎖と，これに結合している繊維状のタンパク質（ラミニン，フィブロネクチン，コラーゲンなど）からなる．局所接着複合体では，インテグリンは，1 種以上の裏打ちタンパク質（タリン，ビンキュリン，パキシリン，テンシンなど）を介して，細胞骨格のアクチンと結合している．インテグリンの大半の分子は，細胞外マトリックスと結合しているが，細胞間の接着にかかわっているものもある．細胞間接着にかかわる分子の大半は，カドヘリン，セレクチン，および免疫グロブリンのファミリーに属している．ある種の微生物は，少なくとも部分的にインテグリンに付着して細胞内に入る．

インテグロン［integron］　種の異なる細菌間の水平伝達にかかわるトランスポゾン．インテグロンは（1）部位特異的組換え酵素（インテグラーゼ），（2）インテグラーゼ特異的組換え部位，（3）抗生物質耐性やその他の適応的形質を宿主に付与する遺伝子を一つ以上発現させるプロモーターをもつ DNA 領域である．インテグロンは，

プラスミド*に取込まれていることが多い．⇨ R プラスミド．

インデューサー [inducer] 誘導物質，誘発物質ともいう．細胞内の特定の反応系に働きかけ，その代謝に関係する多量の酵素の生産を誘導する小型の有機分子．インデューサーは一種のエフェクター分子*である．⇨ 無償性インデューサー，調節遺伝子．

インド牛 [Brahman] こぶのある畜牛の一品種（*Bos indicus*）．

インドリコテリウム [Indrichotherium] 地球上で歩行した最大の哺乳類．サイ科に属し，漸新世*のアジアに生息した．

インドール [indole] 微生物におけるトリプトファン前駆体．

インドール酢酸 [indoleacetic acid] 略号 IAA．オーキシン*．一種の植物ホルモン．

インドールフェノールオキシダーゼ [indole-phenoloxidase] 現在スーパーオキシドジスムターゼ*とよばれている酵素の以前の名称．

イントロン [intron] 分断遺伝子*において，核内 RNA には転写されるが，その後に転写産物中から除かれ，急速に分解される RNA 領域．真核生物の核内遺伝子やミトコンドリア遺伝子の大部分と葉緑体遺伝子の一部はイントロンをもっている．遺伝子当たりのイントロンの数はきわめて変化に富み，rRNA 遺伝子の場合のように1個からアフリカツメガエルの卵黄タンパク質遺伝子のように 30 以上に及ぶものまである．イントロンのサイズは 100 bp 以下から 10,000 bp を超えるものまでさまざまである．イントロンの配列の間には相同性はほとんどみられないが，両末端の 2, 3のヌクレオチドはすべてのイントロンでほとんど同一である．これらの境界配列は切出しとスプライシング反応に関与する．ある種の遺伝子の第1イントロンは組織特異的なエンハンサーを含むことが知られている．⇨ 付録 C (1977 Roberts, Sharp; 1978 Gilbert; 1983 Gillies *et al.*), 選択的スプライシング，線虫，エンハンサー，エクソン，転写後プロセッシング，R ループ，スプライス部位，スプライセオソーム，転写単位．

イントロン介在性組換え [intron-mediated recombination] ⇨ エクソンシャッフリング．

イントロン侵入 [intron intrusion] 機能遺伝子内にイントロンが挿入されることによって，すでにある遺伝子の破壊が起きること．イントロン侵入およびエクソンシャッフリング*は，結合部位のずれ*とともに，遺伝子の進化学的多様化を起こす機構であると考えられている．

イントロンの起源 [intron origin] イントロンの起源の説明として，二つの相反する仮説が考え出されている．"intron early hypothesis"（イントロン初めから説）は，遺伝子が生じた DNA には，もともとランダムな配列のヌクレオチドが含まれていたと仮定する．終止コドンがランダムに分布するので，短い読み枠だけが集積することになる．次に，転写一次産物から終止コドンのある領域をとばしてつなぎ合わせる機構ができ，ずっと長く，もっと有用な生化学的機能をもったタンパク質が翻訳され，選択された．初期の短い読み枠は，現在のエクソンになり，イントロンはもともと有害な終止シグナルを除くようつくられた連結部位を含む領域であるとする．"intron late hypothesis"（イントロン後から説）は，遺伝子は短い読み枠から重複と融合によって大きくなったと仮定する．イントロンは，外来性の DNA が二次的に挿入された結果，生じたもので，現在のイントロンは昔のトランスポゾン*の名残である．

in vacuo 真空中で．

in vitro 生体外の生物学的な種々の研究目的のために生体の一部を"ガラス器具内に"たとえば試験管内に置いた状態（例：組織培養，酵素基質反応）．⇨ *in vivo*, *ex vivo*.

in vitro **相補性** [*in vitro* complementation] ⇨ 対立遺伝子相補性．

in vitro **タンパク質合成** [*in vitro* protein synthesis] 無細胞系でアミノ酸をポリペプチド鎖へ取込ませること．無細胞系によるタンパク質合成．

in vitro **突然変異誘発** [*in vitro* mutagenesis] ゲノム DNA の断片に，局所的な化学変化をひき起こす試薬を作用させる実験．これによって得られた突然変異分子が，複製や転写などの際にどのように機能するかは，無細胞系または適当なプラスミドに組込んだ後に *in vivo* で解析される．

in vitro **パッケージング** [*in vitro* packaging] 対象とする DNA と λ ファージの頭部前駆体を含

むパッケージング用の抽出液を反応させることにより，裸のDNAから感染性のファージ粒子を形成させること．

in vitro マーカー［*in vitro* marker］　組織培養の過程で誘発され，表現型検出に用いられる突然変異．ヒトの *in vitro* マーカーとしては種々のウイルス，アミノプテリン，プリン類似体に対する抵抗性を与える遺伝子が知られている．

in vivo　生きた生物体中．

in vivo マーカー［*in vivo* marker］　自然に存在している哺乳類の遺伝子突然変異で，その変異遺伝子をもつ培養細胞を表現型から確認することができる．たとえば，ヒトにおけるガラクトース血症やグルコース-6-リン酸デヒドロゲナーゼ欠損症を起こす遺伝子や，マウスにおける特定の細胞表面抗原を形成させる遺伝子など．

インフルエンザウイルス［influenza virus］オルトミクソウイルス科に属するウイルスで，ヒト，ブタ，ウマ，鳥で，インフルエンザの流行を起こす．ゲノムは，8本の線状・(−)鎖の一本鎖RNAで，NPとよばれるタンパク質と，らせん状の複合体を形成している．別の数種のタンパク質がスパイクとキノコ状の突起を形成し，それがウイルス外被表面から放射状にでている．ウイルスは，頻繁に小さな突然変異を生ずることで，抗原性の変化を起こしている．⇨ウイルス．

インフルエンザ菌［*Haemophilus influenzae*］ヒトの気道粘膜に寄生するグラム陰性菌．独立して生きる生物の中で初めて，全ゲノム配列が決定されたのはこの細菌であり，L42023という，この細菌のゲノム配列データベースの受入番号には，歴史的意味がある．インフルエンザ菌ゲノムは，環状の染色体で1,830,173 bp．遺伝子の数は，1743と推定されており，その60％は，他の細菌ですでに記載された遺伝子と類似性を示す．残りは機能未知．⇨付録A（細菌亜界，プロテオバクテリア門），付録C（1995 Fleischmann, Venter *et al.*）．

隠蔽種［cryptic species］　同胞種（sibling species）ともいう．表現型は類似しているが自然界では雑種形成を全くしない種．

隠蔽色［cryptic coloration］　捕食者に見つかりにくいように周囲の背景に似せて目立たなくした生物の体色パターンのこと．

ウ

ウィリストンの法則［Williston's rule］　生体器官の連続反復している部分は，進化の過程でその反復数が減少し，残った部分も機能の細分化に応じて多様化する傾向があるという法則．

ウイルス［virus］　自律的複製が不能で，超顕微鏡的な細胞内絶対寄生生物．ウイルスは宿主の細胞内に入り，その翻訳系を利用することによってのみ増殖できる．ウイルスはおそらく細胞から脱出した核酸にその起源をもつ．ウイルスは一般的にそれがもつ核酸のタイプとヌクレオキャプシドの形態によって分類される．下に示した表は，本辞典の中に出てくるウイルスのいくつかについて，その特徴を比較したものである．核酸分子は，線状 (l)，環状 (c)，もしくは線状であるが二つ以上の分節からなる (ls)．ウイルスの略号は以下のとおり：HAdv-2（ヒトアデノウイルス 2 型），RSV（ラウス肉腫ウイルス），ALV（トリ白血病ウイルス），MMTV（マウス乳がんウイルス），MoMLV（モロニーマウス白血病ウイルス），HIV（ヒト免疫不全ウイルス）．⇒付録 E（個別のデータベース），付録 F（ウイルス），バクテリオファージ，ヘルペスウイルス，がんウイルス，ウイルスの(+)鎖と(−)鎖．

ウイルス受容体［virus receptor］　ウイルスが吸着する細胞膜上の部位．ノイラミン酸*を含むことがある．

ウイルス性トランスフォーメーション［viral transformation］　⇒トランスフォーメーション．

ウイルス特異的酵素［viral-specific enzyme］　ウイルスの感染後，ウイルスの遺伝情報に従って宿主細胞中で合成される酵素．

ウイルスの(+)鎖と(−)鎖［plus and minus viral strand］　**1**．一本鎖 RNA ウイルスにおいて，(+)鎖とはウイルス mRNA と同じ向きで，ウイルスタンパク質に翻訳されうるコドン配列をもつものをいう．(−)鎖はタンパク質をコードしていない鎖で，RNA 依存性 RNA ポリメラーゼによりコピーされて初めて翻訳可能な mRNA を生じる．**2**．一本鎖 DNA ウイルスにおいて，(+)鎖とはウイルス粒子に含まれるもの，もしくはそれと同じ塩基配列をもつ鎖をいう．(−)鎖とは(+)鎖と相補的な塩基配列をもつものをいう．mRNA は(−)鎖から転写される．⇒ヘアピン型リボザイム．

ウイルスの(−)鎖［minus (−) virus strand］　⇒ウイルスの(+)鎖と(−)鎖．

ウイルス粒子［virion］　ビリオンともいう．核酸とそれを包むタンパク質からなる．

ウイルソイド［virusoid］　ウイロイド*と同様，一本鎖環状 RNA 分子．ウイロイドと違い，いくつかの植物ウイルスの粒子内で，外殻に包まれている．ベルベットタバコモザイクウイルスは一例．

ウィルソン病［Wilson disease］　ヒトの常染色体性劣性遺伝病．銅の胆汁への排出と銅セルロプラスミンへの結合に障害がある．銅の蓄積は脳と肝臓の機能不全をひき起こす．発病率は 75,000 分の 1．

ウィルムス腫瘍［Wilms tumor］　小児の悪性腎腫瘍で，11 番染色体短腕の欠失を伴うことが

ウイルスの特徴

核酸のタイプ		ウイルスの科	例	形態	宿主
二本鎖 DNA	l	マイオウイルス科	T4 ファージ	有尾ファージ	細菌
	l	サイフォウイルス科	λ ファージ	有尾ファージ	細菌
	l	アデノウイルス科	HAdv-2	多面体	脊椎動物
	c	ポリオーマウイルス科	SV40	多面体	脊椎動物
一本鎖 (+) DNA	c	ミクロウイルス科	φX174	多面体	細菌
一本鎖 (+) RNA	l	レビウイルス科	MS2, Qβ	多面体	細菌
	l	トバモウイルス科	TMV	長棒状	植物
一本鎖 (−) RNA	ls	オルトミクソウイルス科	インフルエンザウイルス	球形	脊椎動物
一本鎖 (+) RNA 逆転写される	ls	レトロウイルス科	RSV, ALV, MMTV, MoMLV, HIV	球形	脊椎動物

多い．*WT1* 遺伝子は，11p13 に位置し，尿生殖管が発生する際につくられる特別なタンパク質をコードする．*WT1* の mRNA からは，選択的スプライシング*によって，4 種類の異なるタンパク質が生成される．これらのタンパク質はジンクフィンガーを含んでおり，成長因子をコードする特定の遺伝子の転写を阻害する．⇨ がん抑制遺伝子，ジンクフィンガータンパク質．

ウイロイド［viroid］　典型的なウイロイドは，270～380 ヌクレオチド長の環状一本鎖 RNA からなる植物の病原体で，最も小型のウイルスの何千分の一というサイズである．この RNA はタンパク質をコードしないので，ウイロイドの複製は宿主の酵素に依存せざるをえない．複製は宿主の核内で起こるが，ウイロイドは核小体内に局在する．複製はローリングサークル機構によって起こり，元のウイロイドの数倍の長さをもつオリゴコンカテマーを生じる．ハンマーヘッド型リボザイム*がコンカテマーをゲノム単位に切断し，その後に環状化される．ウイロイドはタンパク質外殻に封入されることはなく，またそのゲノムが宿主ゲノム中に組込まれることもない．ウイロイドが宿主に及ぼす病原性効果は，ウイロイドの RNA が宿主のシグナル認識粒子*の 7S RNA と相補的な領域をもつことに起因する．つまり，ウイロイドはあたかもアンチセンス RNA*であるかのようにふるまい，シグナル認識粒子の形成とその機能を阻害する．典型的なウイロイドとしては，トマトの頂端わい化ウイロイド（apical stunt viroid）やプランタマッチョウイロイド（planta macho viroid），ココヤシのカダンカダンウイロイド（cadang cadang viroid）などがある．⇨ 付録 C（1967 Diener, Raymer），ローリングサークル，ウイルソイド．

ウエスタンブロッティング［western blotting］ ⇨ サザンブロッティング．

ウェルナー症候群［Werner syndrome］　早老の原因となるヒト遺伝病．20 歳代で，白髪になり始め，しわができ，老人病（動脈硬化，白内障，骨粗しょう症，糖尿病など）にかかるようになる．50 歳まで生きる患者はまれである．この症候群の突然変異は，8p12 上の遺伝子にあり，遺伝子は，DNA ヘリカーゼと DNA エキソヌクレアーゼ両方の活性をもつタンパク質をコードしている．⇨ ヘリカーゼ，SGSI．

ウォルマン病［Wolman's disease］　リソソーム酵素である酸性リパーゼの欠陥によるヒトの遺伝病．10 番染色体上の劣性遺伝子による．

ウォレス効果［Wallace effect］　Alfred Russel Wallace により提唱された仮説．初期の生物学的に種として確立した有性生殖集団の間では，生殖的隔離を確実にするような進化は自然選択にとって有利であるというもの．生殖的隔離により，食物資源を争う不妊の雑種の形成を防ぐことができる．⇨ 隔離機構．

ウォレス線［Wallace's line］　A. R. Wallace は 1859 年に，二つの完全に異なった陸生の生物相（現在では，東洋区とオーストラリア区とよばれている生物地理学上の区分）が接触した境界線の存在を示した．ウォレス線は，西側にフィリピンとボルネオ，東側にスラウェシとモルッカ諸島を挟む深海のゾーンづたいにある．この線は，インドネシアのバリ島とロンボク島の間を通っている．⇨ 付録 C（1869 Wallace），生物地理区，プレートテクトニクス，生物地理学，スラウェシ．

羽化［eclosion］　蛹の殻から成虫が出現してくること．

ウサギ［rabbit］　⇨ アナウサギ．

ウシ［bovine］　畜牛，特に *Bos taurus* のことをいう．

ウシ属［*Bos*］　畜牛（*B. taurus*），コブウシ（*B. indicus*），ヤク（*B. grunniens*）などを含む属．ウシの半数体染色体数は 30 で，およそ 500 の遺伝子がマップされている．⇨ 畜牛．

失われた鎖［missing link］　ミッシングリンクといわれることが多い．化石生物の進化系列の中における未知もしくは仮想上の中間体．始祖鳥*は爬虫類と鳥類との間の失われた鎖を提供した．⇨ 生きた化石．

ウシ軟骨無形成症［bovine achondroplasia］　デキスター（Dexter）品種の"ブルドッグ子牛"に見られる遺伝的な軟骨無形成症．この病気は常染色体劣性遺伝である．

ウシノシタ属［*Streptocarpus*］　イワタバコ科の一属で，花の色の遺伝は，これに属するさまざまな種で徹底的に研究された．⇨ アントシアニン．

ウスチラゴ属［*Ustilago*］　担子菌門（⇨ 付録 A）の一属．酵母に似た黒穂病菌で，*U. maydis* と *U. violacea* の 2 種が遺伝学の実験材料として用いられ，組換え欠損および，放射線感受性の突然変異について特に研究されている．

ウズラ［*Coturnix coturnix japonica*, Japanese quail, quail］　実験用動物として用いられる小鳥．

右旋性［dex, dextrorotatory］　⇨ 光学異性体．

ウーダン法［Oudin technique］　一次元のゲル内垂直拡散による抗体-抗原免疫沈降試験．抗体分子を均一に含むゲルカラム上部に抗原懸濁液をのせると，抗原分子がゲル内に拡散し，抗原-

抗体の沈降帯を形成する．抗原や抗体にいくつか種類があれば沈降帯は分離して見られる．⇨付録C（1946 Oudin）．

宇宙線［cosmic ray］　地球大気の外側で発生する高エネルギーの粒子線および電磁放射線．

写し違い［copy error］　DNA複製時の誤りにより生じる突然変異．

ウテログロビン［uteroglobin］　ブラストキニン（blastokinin）ともいう．ウサギの子宮内膜細胞で合成され，子宮液中に含まれるタンパク質．70アミノ酸残基から成る二つの同一のサブユニットからなり，サブユニット間を2本のジスルフィド結合が結ぶ．還元されたウテログロビンはプロゲステロンなどのステロイドに結合する．ウテログロビン遺伝子はゲノム当たりに1個存在し，二つの介在配列と三つのエクソンからなる全長3 kbの遺伝子である．ウテログロビンは胚盤胞の発生に促進的な作用を及ぼすともいわれる．

ウニ［sea urchin］　⇨棘皮動物．

馬［horse, equine］　家畜化された *Equus caballus* のすべての品種をさす．普及品種はつぎのようなものがある．

荷車用馬（draft horse）：ベルギアン（Belgian），クライズデール（Clydesdale），ペルシュロン（Percheron），シャイヤー（Shire），サホーク（Suffolk）．

馬車馬（coach horse）：クリーブランドベイ（Cleveland Bay），フレンチコーチ（French Coach），ジャーマンコーチ（German Coach），ハクニー（Hackney）．

軽馬具馬（light harness horse）：アメリカントロッター（American Trotter）．

乗用馬（saddle horse）：アメリカンサドルホース（American Saddle Horse），アメリカンクォーターホース（American Quarter Horse），アパローサ（Appaloosa），アラブ（Arabian），モーガン（Morgan），パロミノ（Palomino），テネシーウォーキングホース（Tennessee Walking Horse），サラブレッド（Thoroughbred），リピザナー（Lippizzaner）．

ポニー（pony）：ハクニーポニー（Hackney Pony），シェトランドポニー（Shetland Pony），ウェルシュポニー（Welsh Pony）．⇨ウマ科．

ウマ科［Equidae］　ウマ科と，その絶滅した祖先．現存種は，家畜としての馬（*Equus caballus*），ロバ（*E. asinus*），シマウマ3種．最も初期のウマ属は，化石として記録されているアケボノウマ属*である．⇨付録A（哺乳綱，奇蹄目），ウマ，ウマ-ロバ雑種．

ウマ属［*Equus*］　家畜化された二つの種，ウマ（*E. caballus*; $2N=64$）とロバ（*E. asinus*; $2N=62$）を含む属．ウマでは，約50個の遺伝子がマップされている．⇨ウマ，ウマ-ロバ雑種．

ウマの回虫［*Parascaris equorum*, *Ascaris megalocephala*］　線形動物の一種で，染色体削減*を示すことから，初期の細胞学者によって研究された．⇨付録C（1898 Boveri）．

ウマ-ロバ雑種［horse-donkey hybrid］　雌のウマと雄のロバを交配したものは騾馬（mule, ラバ），逆の交配によるものは駃騠（hinny, ケッテイ）とよばれる．これらの雑種は63本の染色体をもち不妊である．また雑種のミトコンドリアは母性由来である．⇨付録C（1974 Hutchison），ウマ属．

羽毛色素形成遺伝子［plumage pigmentation gene］　ニワトリの羽毛の色素形成を支配する一群の遺伝子．たとえば，*C*遺伝子が存在しないと色素は形成されない．また別の染色体にある*I*遺伝子は色素形成を阻害する．白色レグホンの遺伝子型は *IICC* で，白色プリマスロックは *iicc* である．⇨家禽品種．

ウラシル［uracil］　⇨核酸塩基．

ウラシル断片［uracil fragment］　大腸菌のDNA複製に際してポリメラーゼIおよびIIIは誤ってdTTPの代わりにdUTPを取込むことがある．このようなウラシルはリーディング鎖，ラギング鎖いずれの場合にも数種の酵素により除かれ，断片となる．

ウリジル酸［uridylic acid］　⇨ヌクレオチド．

ウリジン［uridine］　⇨ヌクレオシド．

ウリジン二リン酸ガラクトース［uridine diphosphate galactose］　⇨ウリジン二リン酸グルコース．

ウリジン二リン酸グルコース［uridine diphosphate glucose］　略号 UDPG．補酵素または種々の酵素の基質として作用する化合物．UDPGはエピメラーゼによってウリジン二リン酸ガラクトースに変化すると思われる．これらの補酵素は炭水化物代謝に主要な役割を果たす．

ウリ属［*Cucumis*］　*C. melo*（マクワウリ，メ

ロン）や *C. sativus*（キュウリ）など重要な種を含む約 40 種からなる属．この 2 種については遺伝学的にかなり解明されている．

ウーリーモンキー［woolly monkey, *Lagothrix lagothricha*］　アマゾン川流域の雨林帯に生息するサル．サル肉腫ウイルス*が見いだされた．

ウルトラミクロトーム［ultramicrotome］　研磨したダイヤモンドナイフまたは破砕したガラスの角を用いたナイフにより，プラスチックに包埋された組織を，きわめて薄い（厚さ 50～100 nm）切片にする装置．⇨ 付録 C（1950 Latta, Hartman; 1953 Porter-Blum, Sjöstrand）．ガラスナイフ作製機．

ウレアーゼ［urease］　ニッケル要求性の金属酵素で，尿素を加水分解してアンモニアと二酸化炭素にする．ウレアーゼは，純粋な結晶形が得られた最初の酵素．タチナタマメ（*Canavalia ensiformis*）の種子から単離された．⇨ 付録 C（11926 Sumner）．

ウレタン［urethane］　哺乳動物の肺に腫瘍性結節を誘発する発がん物質．

$$NH_2-\underset{\underset{O}{\|}}{C}-O-CH_2-CH_3$$

運動共生［motility symbiosis］　生物の運動性がその共生生物によって与えられている状態．たとえば多くの原生生物は共生的なスピロヘータの表層集団を含んでおり，このスピロヘータの協調運動により水中を動くことができる．

エ

A 1. 原子の質量数. 2. 常染色体の半数体の組. 3. アンペア. 4. アデニンまたはアデノシン.

AI [AI = artifical insemination] = 人工受精.

AIA [AIA = anti-immunoglobulin antibody] = 抗免疫グロブリン抗体.

AIH ⇨ 人工受精.

AID ⇨ 人工受精.

AIDS [AIDS = acquired immunodeficiency syndrome] = エイズ.

AR [AR = androgen receptor] = アンドロゲン受容体.

ARS [ARS = autonomously replicating sequence] = 自律複製配列.

Arg [Arg = arginine] = アルギニン. ⇨ アミノ酸.

えい果 [caryopsis] 乾燥した複数の種子を含む閉果(果皮が裂開していない果実). 複合した子房から由来する. トウモロコシの穂は一例である.

エイズ [AIDS = acquired immunodeficiency syndrome] 後天性免疫不全症候群ともいう. ヒト免疫不全症ウイルスにより起きる病気. このウイルスは, リンパ球(サブクラスのヘルパーT細胞)とマクロファージを攻撃する. このような細胞が失われると, 患者は, 健康な状態の免疫系では簡単に処理されるような病原体に感受性となる. 感染は, 性交, 血液への直接混入(ウイルスの混入した麻薬用注射器の共有など), 感染した母から胎児や乳児への授乳で起きる. エイズは米国疾病対策予防センターにより1981年に初めて新規感染症として認定された. ⇨ 付録C (1983 Montagnier, Gallo), HIV, リンパ球, レトロウイルス.

エイムス試験 [Ames test] 突然変異原で発がんの可能性のある物質を検出する生物検定法. 1974年にBruce N. Amesによって開発された. ヒスチジン要求性のネズミチフス菌を化学物質の存在下(検定)および非存在下(対照)で, ヒスチジンを欠く培養基上で生育させヒスチジン要求性を失った復帰変異体の割合を調べる.

栄養核 [vegetative nucleus] 1. 繊毛虫類の大核. 2. 花粉管核.

栄養芽層 [trophoblast] 胚盤胞の胚体外部分で, 子宮壁に接し胎児の栄養摂取に役立つ. 後に胎盤の胎児側組織となる.

栄養管 [nutritive chord] ⇨ 昆虫の卵巣の種類.

栄養細胞 1. [vegetative cell] 胞子を形成している細胞に対し, 活発に増殖している細胞を指す. 2. [trophocyte] 哺育細胞*.

栄養生殖 [vegetative reproduction] 植物において, 胚や種子の形成なしに一群の細胞から新しい個体を形成すること. より一般的には無性生殖を指す. ⇨ 無融合種子形成, 無配偶生殖.

栄養性[の] [vegetative] 成長のある段階や型を表し, 特に植物では生殖に関する段階や型と区別して使う言葉.

栄養素要求性突然変異体濃縮法 [enrichment method for auxotrophic mutant] ⇨ 沪過濃縮, ペニシリン濃縮法.

栄養素要求体 [auxotroph] 野生型の系統では不要な成長因子を補った最少培地でのみ成長できる微生物の突然変異体.

栄養胞子 [mitospore] 有糸分裂によって生じる胞子. 母細胞と同数の染色体をもつ.

栄養胞子嚢 [mitosporangium] 有糸分裂により生じる胞子を含む胞子嚢. ⇨ 減数胞子嚢.

栄養要求突然変異 [nutritional mutation] 原栄養体を栄養要求体に変える突然変異.

AA-AMP = アミノアシルアデニル酸(aminoacyl adenylate).

AS [AS = Angelman syndrome] = アンジェルマン症候群. ⇨ プラダー-ウィリ症候群.

asRNA [asRNA = antisense RNA] = アンチセンスRNA.

Asn [Asn = asparagine] = アスパラギン. ⇨ アミノ酸.

Asp [Asp = aspartic acid, aspartate] = アスパラギン酸. ⇨ アミノ酸.

AHF [AHF = antihemophilic factor] = 抗血友病因子. ⇨ 血液凝固.

AHC [AHC = Achilles' heel cleavage] = アキレスの踵切断.

AFP [AFP = α fetoprotein] = αフェトプロテイン.

AMP [AMP = adenosine monophoshate] = アデノシン一リン酸．⇨ アデノシンリン酸．

AMV [AMV = avian myeloblastosis virus] = トリ骨髄芽細胞腫ウイルス．

Ala [Ala = alanine] = アラニン．⇨ アミノ酸．

エオサイト [eocyte] ⇨ 硫黄依存好熱菌．

***Eohippus* 属** [*Eohippus*] ⇨ アケボノウマ属．

疫学 [epidemiology] 流行性の疾病の原因を求めて研究する学問．

エキソゲノート = 外在性ゲノム断片．

エキソサイトーシス [exocytosis] 開口分泌ともいう．エンドサイトーシス*と逆に物質を細胞外に放出，分泌する現象．

エキソヌクレアーゼ [exonuclease] DNAやRNAを消化する酵素．鎖の末端から消化する．

エキソヌクレアーゼⅢ [exonuclease Ⅲ] 大腸菌由来の酵素で，DNA二本鎖の各鎖の3′末端から分解する酵素．S1ヌクレアーゼ*と併用して，クローン化したDNA断片を削るのに用いられる．⇨ Bal31 エキソヌクレアーゼ．

エキソヌクレアーゼⅣ [exonuclease Ⅳ] 一本鎖DNAを特異的に分解する酵素．DNA鎖の3′，5′側両方から加水分解を開始し，オリゴヌクレオチドを生じる．この酵素はEDTAの存在下でも活性を保持する．

エキソン = エクソン．

液体シンチレーションカウンター [liquid scintillation counter] 電離粒子あるいは電磁放射線の光子が当たると，閃光（シンチレーション）を放出する蛍光物質を含む溶媒中の放射性同位体を測定する電子装置．その閃光は光電子増倍管で捕獲され，電気的なパルスに変換され，増幅され計量される．

液体ハイブリダイゼーション [liquid hybridization] 相補的一本鎖から二重らせんの核酸（DNAとDNA，DNAとRNA，RNAとRNA）を溶液中で形成すること．⇨ フィルターハイブリダイゼーション．

液体保持回復 [liquid-holding recovery] 暗回復*の特殊なもの．細胞を栄養寒天培地にまく前に，数時間，温かい，栄養源のない緩衝液中でインキュベーションし，細菌の生育とDNA複製を抑制することによりDNAへの紫外線損傷の回復を促進すること．

液胞 [vacuole] 液体が満たされ，膜で囲まれた小胞で，すべての植物にあり，いろいろな役割をもったオルガネラ．液胞のあるものは，いろいろな加水分解酵素を含み，細胞内の不要な分解物を溜める区画になるので，リソソーム*様の機能を果たす．液胞は，細胞容積の90％に達することもあり，浸透圧を調整して，細胞の外に向かって圧力をかけ，植物がしおれないようにする．種子の細胞は，何年もの間，タンパク質を貯蔵できる．種子がいったん発芽すると，タンパク質は液胞により分解され，発生中の胚にアミノ酸を供給する．花や果実を着色する色素も，液胞に蓄えられている．図はバラの花弁の細胞集団．赤のアントシアニン色素（点で示す）を含む繊維状の液胞は，膨れ，合体して，最終的に成熟した細胞（下部に位置する）内では，1個の液胞を形成するようになる．細胞の核は，点線で描かれている．液胞は，真菌類や原生動物の細胞にもある．⇨ アントシアニン，収縮胞．

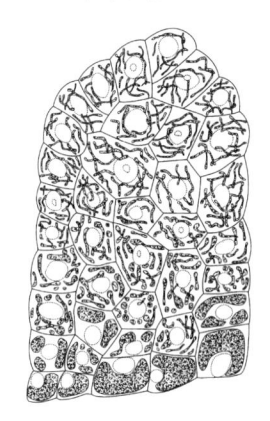

エギロプス属 [*Aegilops*] 遺伝的に興味のある数種を含むイネ科の一属．特に*A. umbellulata*は，葉のさび病に抵抗性を示す地中海沿岸の野生種．さび病抵抗性の一つの遺伝子が*A. umbellulata*から*Triticum vulgare*へ導入されている．

エクジソン = エクダイソン．

エクステイン [extein] ⇨ タンパク質スプライシング．

ex vivo 遺伝的に欠損のある細胞を個体から取出し，*in vitro*で培養する実験をいう．増殖させた後，欠損を修正するよう，野生型の遺伝子を細胞に加える．このように処理された細胞を供与者に戻す．⇨ 遺伝子治療．

エクスプレッサータンパク質 [expressor protein] 調節遺伝子の遺伝子産物で，正の転写制御のもとにある一つまたは複数の遺伝子の発現に必須なもの．

エクソン [exon] エキソンともいう．分断遺伝子*のうち，遺伝子の転写産物中に含まれ，核内でのRNAプロセッシングによって除去され

ることなく，スプライシング後にできる構造遺伝子の mRNA の一部として細胞質中へと放出される部分．一般的にエクソンはタンパク質をコードする遺伝子に特徴的な三つの領域を含んでいる．一つは，タンパク質として翻訳されることなく，RNA 転写開始のシグナルとリボソーム上に mRNA を結合させる配列を含む領域，2 番目はタンパク質のアミノ酸配列として翻訳される情報を含む領域，3 番目は翻訳の終結や mRNA のポリアデニル化のシグナルを含む領域である． ⇨ 付録 C（1978 Gilbert），イントロン，リーダー配列，ポリアデニル化，転写後プロセッシング，ターミネーター．

エクソンシャッフリング［exon shuffling］これまで異なるタンパク質を指定していた遺伝子の翻訳領域や同一タンパク質中の異なるドメインに帰属していた翻訳領域などが，イントロンを介して相互に結合し新たな遺伝子を生じること． ⇨ トランススプライシング．

エクダイソン［ecdysone］ エクジソンともいう．昆虫の前胸腺*から分泌されるホルモンで，脱皮や蛹化の際に必要とされる．そのため脱皮ホルモン（molting hormone）ともよばれる．図に α エクダイソンと β エクダイソンの構造式を示す．β エクダイソンは 20-ヒドロキシエクダイソン（20HE）ともよばれる．α エクダイソンの前駆物質は食物由来のコレステロール*である．前胸腺で合成された α エクダイソンは，脂肪体などの末梢組織中で β エクダイソンに変換され，これが脱皮ホルモンとしての活性を発現する．α 型から β 型への変換は下図に矢印で示した位置のヒドロキシル基の付加によって行われる．エクダイソンとアラタ体ホルモン*の相対濃度で，つぎの脱皮によって幼虫が発生するか成虫が発生するかが決定される．キイロショウジョウバエでは温度感受性のエクダイソンの突然変異体が知られている． ⇨ 付録 C（1965 Karlson *et al.*），環状腺．

A 抗原，B 抗原［A,B antigens］ ABO 血液型の原因となるムコ多糖類．A および B 抗原は赤血球の表面に存在し，両者間では糖鎖の末端から 2 番目の単糖単位に付加される糖のみが異なる．このわずかな化学的相違が高分子の抗原活性の違いをもたらす．I^A, I^B, および i は，ヒトの常染色体の 9 番染色体にある一つの遺伝子の対立遺伝子である．I^A および I^B 対立遺伝子はそれぞれ A および B 糖転移酵素をコードし，その特異性の違いはたった 4 箇所のアミノ酸配列の違いによる．つまり，これら二つの対立遺伝子は異なるミスセンス突然変異によるものである．A および B 糖転移酵素はそれぞれ，オリゴ糖の末端に N-アセチルガラクトサミンあるいはガラクトースを付加する．i 対立遺伝子がコードする酵素は欠陥があるため，糖鎖に単糖が付加されない．A および B 抗原と同一の抗原性をもつ糖タンパク質はいたる所にみられ，細菌や植物から分離されている．

α エクダイソン

β エクダイソン

生後6ヵ月を過ぎたヒトは誰でも，自分自身のもつ血液型抗原に対する抗体を除くA，Bシステムの抗体をもつ．これらの"既存の天然"抗体はおそらく，上述の遍在する抗原による免疫作用で生じたものであろう．AおよびB抗原は上皮細胞の表面にもみられるが，これはある種の病原細菌の結合部位となる受容体を隠す働きをもつ可能性がある．⇨ 付録 C (1901 Landsteiner; 1925 Bernstein; 1990 Yamamoto et al.)，血液型，ピロリ菌，H物質，ルイス血液型，ヌル対立遺伝子，オリゴ糖，P血液型，分泌型遺伝子．

エコディーム [ecodeme]　特定の生態的立地を占有するディーム* (たとえば，イトスギ湿地帯)．

ace　⇨ ヒトの細胞遺伝学上の記号．

Ac/Ds 系 [*Ac, Ds* system]　= 活性化-解離因子系 (*Activator-Dissociation* system)．

ACTH [ACTH = adrenocorticotropic hormone] = 副腎皮質刺激ホルモン．

s　1. 選択係数*．2. 標準偏差*．3. 沈降係数*．

S　1. スベドベリ単位．2. シル紀．3. 硫黄．4. 細胞周期*の DNA 合成期．

SINE　⇨ DNA 反復配列．

***S*-アデノシルメチオニン** [*S*-adenosylmethionine]　⇨ 5-メチルシトシン．

SRO [SRO = sex ratio organism]　= 性比生物．

SRP [SRP = signal recognition particle]　= シグナル認識粒子．

SRY　性決定領域 Y (sex-determinig region Y)．男性を決定づけるヒト Y 染色体 (Yp11.3) 上の遺伝子．*SRY* には，223 個のコドンが含まれ，性分化に働く他の遺伝子群の転写制御にかかわる DNA 結合タンパク質をコードしている．*SRY* は，発生中の生殖腺と成体の精巣で転写される．⇨ 付録 C (1987 Page et al.)，選択遺伝子，Y 染色体．

Se　= 分泌型遺伝子 (*Secretor* gene)．

SE，S.E. [SE，S.E. = standard error]　= 標準誤差．

Ser [Ser = serine]　= セリン．⇨ アミノ酸．

SER [SER = smooth-surfaced endoplasmic reticulum]　= 滑面小胞体．

SEM [SEM = scanning electron microscope] = 走査型電子顕微鏡．⇨ 電子顕微鏡．

S₁, S₂, S₃, …　植物の連続的な自家受精の世代表示記号．S₁ は親植物の自家受精によって得られた世代を表し，S₂ は S₁ 植物の自家受精によって得られた世代を表す．

S1 ヌクレアーゼ [S1 nuclease]　コウジカビから単離されるエンドヌクレアーゼ．一本鎖 DNA を分解して 5′末端がリン酸化されたモノヌクレオチドあるいはオリゴヌクレオチドを生じる．

SAGE [SAGE = serial analysis of gene expression]　= 連続遺伝子発現解析法．

SSC [SSC = sister-strand crossover]　= 姉妹鎖交差．⇨ 姉妹染色分体交換．

ssDNA　一本鎖 DNA．

ssDNA または RNA の (+) 鎖 [positive sense ssDNA or RNA]　⇨ ウイルスの (+) と (−) 鎖．

SSU rRNA [SSU rRNA = small subunit rRNA] 小サブユニット RNA．⇨ 16S rRNA．

snRNA [snRNA = small nuclear RNA]　核内低分子 RNA．

snRNP [snRNP = small nuclear ribonucleoprotein]　= 核内低分子リボ核タンパク質．⇨ 核内低分子 RNA．

snoRNA [snoRNA = small nucleolar RNA] = 核小体低分子 RNA．

Slp [Slp = sex-limited protein]　限性タンパク質ともいう．雄のマウスにのみ見いだされる血清タンパク質．主要組織適合遺伝子複合体 (H-2) の遺伝子によりコードされる．

SOS 応答 [SOS response]　数種の酵素を協調的に誘導して，損傷を受けた DNA を修復する大腸菌の機構で，間違いが起こりやすい．損傷を受けた DNA は RecA プロテアーゼという酵素を何らかの機構で活性化し，このプロテアーゼは LexA というリプレッサータンパク質を分解する．DNA 修復に関与する多くの遺伝子が，このリプレッサーの分解により活性化される．⇨ SOS ボックス．

SOS ボックス [SOS box]　LexA というリプレッサータンパク質により認識される大腸菌のオペレーター配列．LexA タンパク質は DNA 修復に関与する遺伝子のいくつかの遺伝子座を抑制する．⇨ レギュロン，SOS 応答．

SOD [SOD = superoxide dismutase]　= スーパーオキシドジスムターゼ．

S 期 [S period, S phase]　⇨ 細胞周期．

エスケーパー [escaper]　= 突破個体 (breakthrough)．

***Escherichia coli* データベース** [*Escherichia coli* databases]　⇨ 付録 E．

³⁵S　β 線を放射する硫黄の放射性同位元素で，半減期は 87.1 日．含硫アミノ酸のシステインとメチオニンを通じてタンパク質を標識するのに広く用いられる．³⁵S は，1952 年の Hershey と Chase による有名な実験に用いられた．⇨ 付録

C（1952 Hershey, Chase）．

SCE［SCE = sister chromatid exchange］＝姉妹染色分体交換．

SGS1　ウェルナー症候群*の原因となるヒト遺伝子に似た塩基配列をもつ酵母の遺伝子．いずれの種においても，この遺伝子座の突然変異は，老化を加速化する．突然変異体酵母の細胞では，小さな環状のリボソーム DNA が過剰につくられ，その結果，rDNA の量が，正常細胞の全ゲノム相当の DNA 量を超えてしまう．⇒ 遺伝子増幅．

S 対立遺伝子［S allele］　⇒ 自家不稔性遺伝子．

SD　**1**．標準偏差（standard deviation）．**2**．分離ひずみ（segregation distortion）．

SDS［SDS = sodium dodecyl sulfate］＝ ドデシル硫酸ナトリウム．

STS［STS = sequence tagged site］＝ 配列タグ部位．

STS 遺伝子［STS gene］＝ ステロイドスルファターゼ遺伝子（steroid sulfatase gene）．

SDS-PAGE 法［SDS-PAGE technique］　⇒ 電気泳動．

SD 配列［SD sequence = Shine-Dalgarno sequence］＝ シャイン-ダルガーノ配列．

エストラジオール［estradiol］　ステロイド性エストロゲン．

エストロゲン［estrogen］　卵巣ホルモンの一種で，これによって哺乳類の子宮が胚の着床が可能な状態になる．雌の第二次性徴にも関与する．

sp.n.　新種（new species）の略．

Sv［Sv = Sievert］　＝ シーベルト．

SV40［SV40 = simian virus 40］＝ シミアンウイルス 40．

***sue* 突然変異**［*sue* mutation］　⇒ サプレッサー昂進変異．

A 染色体［A chromosome］　⇒ B 染色体．

枝分かれ部位［branch site］　⇒ 投げ縄構造．

エチオピア区［Ethiopian］　世界の六大生物地理区*の一つ．この区にはアフリカ，北回帰線より南側のイラク，マダガスカルおよびその近隣諸島が含まれる．

エチルメタンスルホン酸［ethyl methane sulfonate］　略号 EMS．最もよく用いられる突然変異誘発性アルキル化剤．ふつう EMS はグアニン*と反応し，グアニンの 7 位の窒素原子にエチル基を付加する．アルキル化されたグアニンはチミンと塩基対を形成するようになり，複製の際に相補鎖にはシトシンよりもチミンが組み込まれるようになる．つまり，EMS はトランジション変異型の塩基交換をひき起こす．

$$CH_3CH_2-O-\overset{\overset{O}{\|}}{\underset{\underset{O}{\|}}{S}}-CH_3$$

エチレン［ethylene］　植物細胞が出すガス（$H_2C=CH_2$）で，成長制御因子として働く．茎の伸長を抑制し，径の肥大を促進する．落果を速め，オーキシン*とともに，側根の成長を促す．シロイヌナズナの *ETR1* 遺伝子の突然変異は，エチレン抵抗性を示す．*ETR1* は，エチレン結合タンパク質をコードし，エチレンシグナルの伝達に関与する．

エチレンイミン［ethylenimine］　アジリジン系突然変異原*．

$$\underset{H}{\underset{|}{N}}\overset{H_2C-CH_2}{\diagup\diagdown}$$

エチレンジアミン四酢酸［ethylene diaminetetraacetic acid］＝ EDTA．

X　⇒ 基本数．

XIST　ヒト X 染色体不活性化中心の Xq13 にある遺伝子．マウスの相同遺伝子は，*Xist* と表される．*XIST* と *Xist* はともに，知られている他のすべての X 染色体上の遺伝子とは対照的に，不活性化された X 染色体でのみ発現する．遺伝子記号は，*X-inactive specific transcript* に基づく．この転写産物は，大きな RNA 分子で，タンパク質をコードする能力を欠き，核内に局在し，不活性化 X 染色体に付着している．ある X 染色体で，その上の *XIST* のスイッチが入ると，X 染色体が不活性化される．不活性化される染色体上の領域は，DNA LINE-1 因子に富んでいる．これら L1 因子が，*XIST* RNA が結合する標的になっているのかもしれない．⇒ 付録 C（1996 Penny *et al*.；1998 Lyon），反復 DNA，X 染色体不活性化．

XXY トリソミー［XXY trisomy］　⇒ クラインフェルター症候群．

XO　異型配偶子性の生物において X 染色体が存在し Y 染色体が欠如した状態を示す記号．

XO モノソミー［XO monosomy］　⇒ ターナー

症候群.

XG ヒトで，X染色体不活性化を免れることが初めて示されたX染色体上の遺伝子．*XG*は，Xp上の*MIC2**と動原体の中間に位置する．遺伝子は，擬常染色体性領域まで伸びており，最初の三つのエクソンは，擬常染色体性領域に，残りはX染色体特有の領域にある．*XG*は，Xg 血液型抗原をコードしている．遺伝子産物は，CD99 (*MIC2* 遺伝子産物) と 50% の相同性をもつので，二つの遺伝子は共通の祖先由来のようである．

X 線結晶学 [X-ray crystallography] 結晶中の原子や分子の三次元構造を決定するために，結晶から散乱するX線によって生じる回折パターンを用いること．⇨ 付録 C (1913 Bragg, Bragg)．広角X線回折，小角X線回折．

X 線照射 [X radiation] 高速の電子が金属標的に激突するときに生じる放射線による照射．X線は紫外線と γ 線の間の波長域をもつ電離放射線である．

X 染色体 [X chromosome] 同型配偶子性に2本存在し，異型配偶子性では1本存在する性染色体．

X 染色体の不活性化 [X-chromosome inactivation] 哺乳動物における遺伝子量補正の方法として，雌の2本のX染色体のうちの1本が抑制されることをいう．正常な雌の発生初期段階で，2本のX染色体の1本が，一見したところランダムに不活性化する．この時点以降，すべての子孫細胞は，それを生じた細胞と同じX染色体が不活性化されているという意味でクローンとなる．したがって，哺乳動物の雌は2種類の細胞，すなわち雄親由来のX染色体を発現する細胞と雌親由来のX染色体を発現する細胞から構成されるモザイクである．一部の細胞や組織では，不活性化されたX染色体は核内の凝縮した小体（バー小体あるいは性染色質とよばれる）として観察可能である．3本以上のX染色体が存在するような異常なケースでは，1本のXだけが活性をもち，それ以外は不活性化される．有袋類の雌の発生では，雄親由来のX染色体が選択的に不活性化される．ヒトのX染色体の短腕の末端部にある特定の遺伝子は不活性化を免れる．⇨ 付録 C (1949 Barr, Bertram; 1961 Lyon, Russell; 1962 Beutler *et al.*; 1963 Russell; 1998 Lyon)．キャタナックの転座，XC，*XIST*．

X₂ F_1 検定交雑によって生じる子．

X 不活性化 [X inactivation] ⇨ X染色体の不活性化．

X 連鎖 [X linkage] ある遺伝子がX染色体上にあること．一般的には伴性*という．

XYY トリソミー [XYY trisomy] 出生男子 1000 人当たりにおよそ1人みられる核型．XYY の成人男性のほとんどは身長 180 cm 以上で，不妊の者が少数みられる．また一部には精神遅滞あるいは行動障害もみられる．犯罪を犯し矯正施設に収容された者の中でXYYの人の占める比率は，平均よりも高い．これについては，XYYの知能が低く，逮捕が容易であるといった理由も考えられる．

H 1. 広義の遺伝率を表す記号 (H^2 とも表される)．h^2 は狭義の遺伝率を表す．2. 水素を表す記号．

His [His = histidine] = ヒスチジン．⇨ アミノ酸．

Hind II ⇨ 制限酵素．

HIV [HIV = human immunodeficiency virus] ヒト免疫不全ウイルス．エイズ*の原因となることが知られている RNA レトロウイルス．HIV は現在は HIV-1 とよばれる．これは，HIV によってひき起こされるエイズと臨床症状からは識別不能な西アフリカの患者から分離された HIV-2 と区別するためである．このウイルスのゲノムは，9.3×10^3 ヌクレオチドからなる線状の RNA 分子である．このゲノムは，ラウス肉腫ウイルス*で最初に発見されたものと同じ遺伝子，*gag*, *pol*, および *env* を含んでいる．このほかに，7個の遺伝子をもち，中には複数のタンパク質をコードするものもある．⇨ 付録 C (1983 Montagnier, Gallo)．エイズ，酵素結合免疫吸着検定法，ヘアピン型リボザイム，レトロウイルス．

HEXA ⇨ テイ-サックス病．

HEXB ⇨ サンドホフ病．

HEMA Xq28 に位置する遺伝子で，抗血病因子*である第Ⅷ因子をコードしている．*HEMA* は，189 kb DNA で，最も大きなヒト遺伝子の一つである．26個のエクソンと25個のイントロンからなる．イントロンの一つ (22) は，巨大 (32 kb) で，CpG アイランド*を含む．これは，二つの遺伝子 (*A*, *B*) の2方向性プロモーターとしてとして機能する．遺伝子 *A* にはイントロンはなく，第Ⅷ因子と逆方向に転写される．遺伝子 *B* は，第Ⅷ因子と同方向に転写される．遺伝子 *B* の最初のエクソンは，イントロン 22 内にあり，このエクソンはエクソン 23-26 につながって完成した転写産物ができる．*A*, *B* 転写産物は，多くの異なった組織に存在するが，遺伝子産物のタンパク質の機能は知られていない．遺伝子 *A* は，他に二つのコピーが，*HEMA* の約 500 kb 上流に存在する．イントロン 22 内の遺伝子 *A* と，二つのコピーのうちのいずれかとの間に染色

体内組換えが起きると，逆位が生じ，*HEMA* 遺伝子が破壊される．このような逆位は，血友病 A の 25% の原因と考えられる．この遺伝子は肝臓で発現している．転移因子によりヒトの突然変異が生じた最初の例は，*HEMA* で発見された．⇨ 付録 C (1988 Kazazian *et al*.)，血友病．

HEMB　Xq27 に位置する遺伝子で，血漿トロンボプラスチン*成分である第IX因子をコードしている．*HEMB* は *HEMA* よりもずっと小さく，34 kb の DNA で，8 個のエクソンから成る．血友病 B の患者の大半は，第IX因子の遺伝子に欠失をもっている．*HEMB* mRNA の転写と翻訳は肝臓で起きる．⇨ 遺伝子，血友病．

H1，H2A，H2B，H3，H4　⇨ ヒストン．

H 遺伝子座 [H locus]　ヒトにおいて，フコシルトランスフェラーゼをコードする遺伝子座．この酵素は，ABO 式血液型系抗原の生合成初期に必要とされる．⇨ A 抗原，B 抗原，ボンベイ血液型．

Hh [Hh=hemopoietic histocompatibility] = 造血組織適合性．

hnRNA [hnRNA=heterogeneous nuclear RNA] = ヘテロ核 RNA．

Hfr 株 [Hfr strain]　組換えが高頻度に起こる大腸菌の系統．Hfr は high frequency of recombination を略記したもの．この株の細胞では，F 因子は細菌染色体に組込まれている．⇨ 付録 C (1953 Hayes)，環状連鎖地図．

HLA [HLA=human leukocyte antigen]　ヒト白血球抗原．組織あるいは器官の移植片の受容や拒絶に関与するヒト白血球抗原．これらの抗原は赤血球を除くほとんどの体細胞表面に存在するが，白血球で最も研究が容易である（そのためにこの名前がついた）．⇨ 付録 C (1954 Dausset)．

HLA 複合体 [HLA complex]　ヒト主要組織適合性遺伝子複合体．6 番染色体短腕に存在し，3500 kb の DNA 領域を占める．HLA 複合体のうちテロメアに最も近い部分には，クラス I 組織適合性分子（HLA-B，-C，-A）をコードする遺伝子群が存在する．一方，動原体に最も近い部分には，クラス II 組織適合性分子（DP，DQ，DR）をコードする遺伝子群が存在する．補体*系成分をコードする遺伝子は複合体中央部に存在している．⇨ 主要組織適合性複合体．

H 抗原 [H antigen]　**1.** 組織適合性遺伝子*によって支配されている組織適合性抗原．**2.** 運動性のグラム陰性腸内細菌の鞭毛タンパク質抗原．⇨ O 抗原．

H 鎖 [H chain] = 重鎖（heavy chain）．⇨ 免疫グロブリン．

³H　⇨ トリチウム．

hCS [hCS=human choronic somatomammotropin]　ヒト絨毛性乳腺刺激ホルモン．⇨ ヒト成長ホルモン．

hGH [hGH=human growth hormone] = ヒト成長ホルモン．

hGHR [hGHR=human growth hormone receptor] = ヒト成長ホルモン受容体．

HCG [HCG=human chorionic gonadotropin] = ヒト絨毛性性腺刺激ホルモン．⇨ 絨毛性性腺刺激ホルモン．

HGPRT [HGPRT=hypoxanthine-guanine-phosphoribosyl transferase] = ヒポキサンチン-グアニン-ホスホリボシルトランスフェラーゼ．

H19　マウス胚で，最も大量に転写される RNA の一つをコードする遺伝子．*H19* の遺伝子産物は，タンパク質ではなく，沈降係数 28S の RNA 粒子である．*H19* は，7 番染色体上にあり，

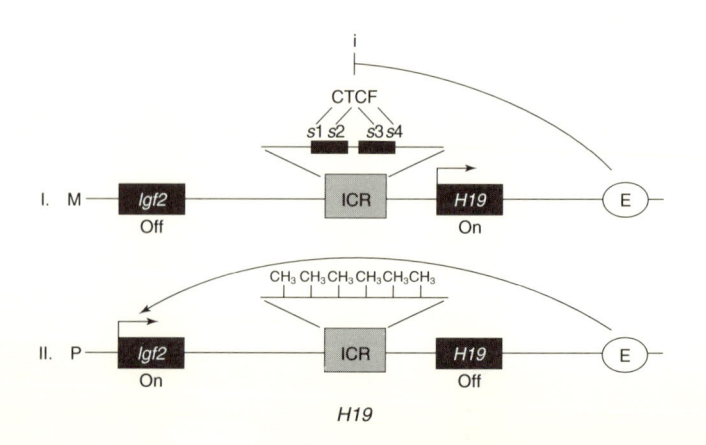

H19

インスリン様成長因子2というタンパク質をコードする遺伝子 Igf2 の，約 10 kb 下流にある．この二つの遺伝子は，刷込みのされ方が逆で，H19 は，母方の相同染色体で，Igf2 は，父方の相同染色体で発現する．刷込みは，ICR（imprinting control region）によって制御されている．H19 と Igf2 の機構を図に示す．胚の各細胞は，7 番染色体の相同染色体を 2 本もつ．1 本は，母親由来［M］，1 本は，父親由来［P］である．ICR は，二つの遺伝子の中間にあり，CTCF タンパク質*の結合部位［s1-s4］をもつ．この結合部位がメチル化（CH_3）されると，CTCF の ICR への結合が阻害され，エンハンサー（E）は，Igf2 のプロモーターに近づくことができ，Igf2 の転写が起きる（II）．メチル化されていないと（I），CTCF が結合し，Igf2 を E から遮断する．そうすると，Igf2 が転写されず H19 が E と相互作用し，H19 のスイッチが入る．⇨ 付録 C（2000 Bell, Felsenfeld），エンハンサー，インシュレーター DNA，インスリン様成長因子 1, 2，親による刷込み．

HD［HD = Huntington disease］ ＝ハンチントン病．

H-2 複合体［H-2 complex］ マウスの主要組織適合性複合体で，17 番染色体上にあり，免疫系のさまざまな状況に対応した多くの多型遺伝子座をもつ．これらは免疫応答遺伝子とともにに古典的移植抗原，Ia 抗原および補体成分をコードする遺伝子を含む四つの領域（K, I, S, D）からなる．I 領域はさらに細分化される．⇨ I 領域．

領域	K	I	S	D
コードされるアロ抗原のクラス		I II III		

Hb ＝ヘモグロビン（hemoglobin）．正常なヘモグロビンは Hb^A，胎児のヘモグロビンは Hb^F，鎌状ヘモグロビンは Hb^S などと表す．

HPRL［HPRL = human prolactin］ ヒトプロラクチン．⇨ ヒト成長ホルモン．

HPRT［HPRT = hypoxanthine-guanine-phosphoribosyl transferase］ ＝ヒポキサンチン-グアニン-ホスホリボシルトランスフェラーゼ．

HPHF［HPHF = hereditary persistence of hemoglobin F］ ＝遺伝性高胎児ヘモグロビン症．

HbO_2 ＝オキシヘモグロビン（oxyhemoglobin）．

HVL［HVL = half-value layer］ ＝半価層．

H 物質［H substance］ ABO 式血液型における A 抗原，B 抗原の前駆体多糖．O 型細胞では通常修飾を受けないが，A もしくは B 抗原産生の際には異なる糖が付加される．この分子はヒト 19 番染色体上の遺伝子により産生される．⇨ ボンベイ血液型．

H-Y 抗原［H-Y antigen］ 同型配偶子をもつ個体が，異型配偶子をもつがそれ以外は遺伝的に同一な同種の個体に対し，細胞性および体液性応答を起こすことで見いだされた抗原．この種の抗原応答は哺乳類，鳥類，両生類に見られる．哺乳類ではこの抗原は，Y 染色体により決定される組織適合性因子として作用することから H-Y 抗原とよばれる．H-Y 抗原をコードする遺伝子の位置は知られていないが，ヒト H-Y 抗原産生を誘導する遺伝子は Y 染色体上に存在する．H-Y 産生を抑制する相同遺伝子座が，X 染色体短腕末端に存在する．この遺伝子座は，X 染色体の不活性化*を受けない領域の一つである．

AD［AD = Alzheimer's disease］ ＝アルツハイマー病．

ADH［ADH = alcohol dehydrogenase］ ＝アルコールデヒドロゲナーゼ．

ADCC［ADCC = antibody-dependent cellular cytotoxicity］ ＝抗体依存性細胞性細胞傷害．

att 部位［att site］ ファージの宿主細菌への組込みや，切出しといった組換えが起こる染色体の部位．

ATP［ATP = adenosine triphosphate］ ＝アデノシン三リン酸．⇨ アデノシンリン酸．

ADP［ADP = adenosine diphosphate］ ＝アデノシン二リン酸．⇨ アデノシンリン酸．

エドワーズ症候群［Edwards syndrome］ 18 番染色体の過剰が原因のヒトの先天性疾患．18 トリソミー症候群（trisomy 18 syndrome），E1 トリソミー症候群（E1 trisomy syndrome）などともよばれる．⇨ ヒトの有糸分裂染色体．

A_2 ⇨ ヘモグロビン．

A23187 ⇨ イオノフォア．

n 中性子．

N 1. 半数体染色体数．2. 規定液．3. 窒素．

nRNA［nRNA = nuclear RNA］ ＝核 RNA．

NAD［NAD = nicotinamide-adenine dinucleotide］ ＝ニコチンアミドアデニンジヌクレオチド．

NADP［NADP = nicotinamide-adenine dinucleotide phosphate］ ＝ニコチンアミドアデニンジヌクレオチドリン酸．

NOR［NOR = nucleolus organizer region］ ＝核小体形成体領域．

NK 細胞［NK cell］ ＝ナチュラルキラー細胞（natural killer cell）．

N 値［N value］　半数体の染色体数．生殖細胞の染色体数．⇨ 倍数性．

n_D　屈折率．

NPC［NPC＝nuclear pore complex］＝核膜孔複合体．

***n* 方向**［*n* orientation］　ベクターに標的 DNA を挿入する際，二つの方向が考えられるがその一方のことで，*n* 方向では標的およびベクター DNA の遺伝地図が同じ（転写）方向に並ぶ．一方，*u* 方向では標的 DNA とベクターが異なる方向に並ぶ．

N 末端［N-terminal end, N-terminus］　タンパク質は便宜上左側をアミノ（NH_2）末端として記述する．アミノ酸からポリペプチドが組立てられる際には N 末端より始まる．⇨ 翻訳．

Nup［Nup＝nucleoporin］＝ヌクレオポリン．

エバギネーション＝膨出．

ap［ap＝attachment point］＝付着点．

ABM ペーパー［ABM paper］　アミノ安息香酸メチルセルロースペーパー．化学的に活性化されると，一本鎖の核酸と共有結合する．

AP エンドヌクレアーゼ［AP endonuclease］　DNA 分子上のプリンまたはピリミジン塩基を欠く部位の 5′ 側で DNA を切断する酵素．AP 部位は二本鎖 DNA から塩基が除かれたことによってできた"穴"であるが，糖-リン酸骨格はそのまま残っている．AP は apurinic or apyrimidinic の略で，プリンあるいはピリミジンの消失をさす．AP 部位は，化学的に修飾された塩基が，DNA グリコシラーゼ*によってポリマーから除去されることによって生じる．ついで，AP エンドヌクレアーゼがホスホジエステル骨格を切断することにより，損傷を受けた領域を除去することが可能になる．⇨ 切断-補修修復．

ABO 式血液型［ABO blood group system］　ヒトの 9 番染色体に存在する対立遺伝子群で赤血球の抗原特異性を決定する．⇨ A 抗原，B 抗原，血液型，ボンベイ血液型．

ABC トランスポーター［ABC transporter］　細胞膜を貫通し，特定の分子を細胞内外に輸送する一群のタンパク質．ABC は ATP-binding cassette の略号．ABC トランスポーターは，いずれも ATP 結合ドメインをもち，ATP のエネルギーを利用して，濃度勾配に逆らって物質（アミノ酸，糖，ポリペプチド，無機イオンなど）を膜透過させる．嚢胞性線維症（CF）の原因遺伝子の産物は，ABC トランスポーターである．⇨ バチルス属，嚢胞性線維症，大腸菌．

ABC モデル［ABC model］⇨ 花器官決定突然変異．

エピスタシス＝上位．

エピソーム［episome］　遺伝因子の一種で大腸菌における λ ファージや F 因子がその例である．エピソームは，1）細菌の染色体とは独立に宿主中で増殖する自律的な単位として，あるいは，2）細菌の染色体に組込まれ，それとともに増殖する構成単位として行動する．⇨ プラスミド．

エピトープ［epitope］　抗原上に存在する抗原決定基で，抗体のパラトープが結合する．

エピネフリン［epinephrine］　アドレナリン（adrenaline）ともいう．貯蔵グリコーゲンの分解を増進させることにより血液グルコース量を上昇させる副腎髄質から分泌されるホルモン．

$$HC\underset{\underset{HO}{C}}{\overset{\overset{H}{C}}{\underset{\parallel}{C}}}\overset{OH}{\underset{\parallel}{C}}-CH-CH_2-NH-CH_3$$

（構造式：カテコール環に -CH(OH)-CH$_2$-NH-CH$_3$ 側鎖）

エピマー［epimer］　部分的に異性体である有機化合物で，一つの不斉炭素原子の周囲の原子の三次元配置のみがそれぞれ異なるものである．

F　1．ライトの近交係数．2．フッ素．3．稔性因子．

FISH［FISH＝fluorescence *in situ* hybridization］＝蛍光 *in situ* ハイブリダイゼーション．

A 部位［A site］＝アミノアシル部位（aminoacyl site）．

F_1　⇨ 雑種第一代．

A 部位-P 部位モデル［A-site-P-site model］⇨ 翻訳．

F 因子［F factor］　稔性因子（fertility factor）のこと．大腸菌の性決定に関与する性染色体で，主要染色体とは独立に存在する．F と略記される．F エピソームが存在する株は雄株として機能する．F 因子は約 94,000 塩基対からなる環状 DNA で，大腸菌染色体の約 2.5％の量を占める．F 染色体の約 3 分の 1 の遺伝子は雄性遺伝形質を雌株へ導入する機構に関与し，その中には F 線毛，すなわち接合の間に DNA がそれを通って転送される中空のチューブ構造体も含まれている．⇨ 環状連鎖地図，F′ 因子，Hfr 株，MS2，線毛．

FALS［FALS＝familial amyotrophic lateral sclerosis］＝家族性筋萎縮性側索硬化症．

エフェクター［effector］　制御タンパク質の機能に，プラスまたはマイナスに作用する分子．

エフェクター分子［effector molecule］　誘導酵素合成の際にリプレッサー分子と結合し，オペレーターとの結合能に関してリプレッサー分子を

活性化したり，不活性化したりする低分子の物質．⇨ 誘導系，調節遺伝子，抑制系．
　FSH　［FSH = follicle-stimulating hormone］= 沪胞刺激ホルモン．
　FHC　［FHC = familial hypercholesterolemia］= 家族性高コレステロール血症．
　FAD　［FAD = flavin adenine dinucleotide］= フラビンアデニンジヌクレオチド．
　F エピソーム　［F-episome］⇨ 稔性因子．
　FMR-1 遺伝子　［FMR-1 gene］⇨ 脆弱 X 染色体関連精神遅滞．
　FMN　［FMN = flavin mononucleotide］= フラビンモノヌクレオチド．
　F 介在形質導入　［F-mediated transduction］伴性導入．
　Fc 受容体　［Fc receptor］　免疫系の種々の細胞の細胞表面に存在する分子で，免疫グロブリン分子の Fc 領域が結合するのに関与している．
　Fc 断片　［Fc fragment］　パパインで処理した免疫グロブリン分子の，2 本の重鎖の一部のみを含み抗原結合部位を含まない断片．結晶化できる分子であることに由来して命名された．この断片は補体と結合し，免疫グロブリン分子が種々の細胞と抗原非特異的に結合するのに関与している．⇨ 免疫グロブリン．
　エプスタイン-バーウイルス　［Epstein-Barr virus］　略号 EBV．バーキットリンパ腫の培養系から 1964 年に M.A. Epstein と Y.M. Barr によって見いだされたヘルペスウイルスの一種の DNA ウイルス．EBV は感染性単核症の病因となり，ヒト 14 番染色体上に組込まれる部位が存在する．⇨ バーキットリンパ腫．
　F 線毛　［F-pilus, (pl.) F-pili］⇨ F 因子．
　F テスト　［F test］⇨ 分散分析．
　F 導入　［F-duction］⇨ 伴性導入．
　F₂　⇨ 雑種第二代．
　FBNI　⇨ フィブリリン．
　F' 因子　［F' factor］　細菌のエピソーム性の稔性因子（F 因子）で，細菌ゲノムの一部を余分に含んでいるもの．F' 因子は大腸菌について最も研究が進んでいる．
　F' エピソーム　［F'-episome］　遺伝的に認められる細菌染色体の一部が F エピソーム上にのっているもの．
　F⁺ 株　［F⁺ strain］　一方向性遺伝子伝達の際に供与菌として行動する大腸菌．⇨ F 因子．
　F⁺ 細胞　［F⁺ cell］　染色体外のプラスミド性因子として，稔性因子（F 因子）をもつ細菌をいう．F⁺ 細胞は接合によって F⁻ 細胞に F 因子を供与することができる．F 因子が細菌染色体中に組込まれるとその細胞は Hfr となり，染色体遺伝子を伝達できるようになる．⇨ F 因子．
　F⁻ 株　［F⁻ strain］　一方向性遺伝子伝達の際に受容菌として行動する大腸菌．
　F⁻ 細胞　［F⁻ cell］　F 因子をもたず，そのため接合時には受容菌（雌）としてのみ働く細菌．
　f-Met　［f-Met］= N-ホルミルメチオニン．
　fMet-tRNA　N-ホルミルメチオニンとその tRNA との複合体．
　(A + T)/(G + C) 比　［(A+T)/(G+C) ratio］　任意の DNA 中のアデニン-チミン対とグアニン-シトシン対の相対的な量比．
　エポキシド　［epoxide］　染色体を切断するアルキル化剤の一種．ジ(2,3-エポキシ)プロピルエーテルは一例である．

$$\underset{\text{エポキシド基}}{\overset{\displaystyle \text{O}\atop \text{CH}_2-\text{CHCH}_2\atop \text{O}\quad\quad\quad\quad\text{O}\atop \text{CH}_2-\text{CHCH}_2\atop \text{O}}{}}$$

　m　1．モル（mole．ダルトン，キロダルトン*で表される）．⇨ グラム分子量，グラム当量．2．モル濃度（molar）．⇨ 規定液．
　M　1．M 期：細胞周期において有糸分裂の起こる時期．2．質量モル濃度．⇨ モル濃度．
　MIM　［MIM = *Mendelian Inheritance in Man*］= ヒトメンデル遺伝カタログ．
　MIM 番号　［MIM number］　ヒトメンデル遺伝カタログ*に記載されているヒト遺伝病のカタログ番号．
　MIC　［MIC = major immunogene complex］= 主要免疫遺伝子複合体．
　MIC2　ヒトの X 染色体短腕末端部の偽常染色体領域*内（Xp22.23）に位置する遺伝子．したがって，Y 染色体上（Yp11.3）の対立遺伝子との間で交差が起こる．*MIC2* は，CD99 という名前の糖タンパク質をコードする．これは造血細胞および皮膚の繊維芽細胞の膜内在性タンパク質である．⇨ XG．
　Mr　相対分子質量*．
　mRNA　= メッセンジャー RNA．
　mRNA の暗号トリプレット　［mRNA coding triplet］⇨ アミノ酸，開始コドン，終止コドン．
　***mei-S332* 遺伝子**　［*mei-S332* gene］⇨ 姉妹染色分体接着タンパク質．
　Met　［Met = methionine］= メチオニン．⇨ アミノ酸．

Ma 百万年前*.

MSH［MSH＝melanocyte-stimulating hormone］＝メラニン細胞刺激ホルモン．⇨インターメジン．

MSL タンパク質［MSL protein］　ショウジョウバエの雄特異的タンパク質で，雄の1本のX染色体上の何百箇所にも結合して，雌の2本の染色体に見合うように，遺伝子発現を増加させる．MSL タンパク質遺伝子のヌル突然変異は，雄致死になることから，*msl*（male specific lethal）という遺伝子記号になった．⇨遺伝子量補正．

MS2　最も小型の自律性ウイルスの一種．大腸菌の RNA バクテリオファージの一つで，レヴィウイルス科（Leviviridae）に属する．レヴィウイルスは，もっぱら F 線毛に沿って吸着することから，"雄特異的"である．MS2 ウイルスはゲノムの配列が決定された最初のウイルスである．ゲノムは 3569 ヌクレオチドからなり，4種類のタンパク質をコードする．この分子は一本鎖の（＋）RNA 鎖であり，ウイルスの mRNA と相同である．したがって，MS2 は mRNA の転写に先立って（－）一本鎖 DNA を合成する必要がある．⇨付録 C（1973, 1976 Fiers *et al.*），F 因子（稔性因子）．

MHC［MHC＝major histocompatibility complex］＝主要組織適合性複合体．

MN 式血液型［MN blood group］　ヒトの血液型システムの一つ．4 番染色体短腕上の遺伝子により特定される赤血球抗原を特徴とする．

MLD［MLD＝median lethal dose］＝半数致死線量．

Mo［Mo＝molybdenum］＝モリブデン．

moi［moi＝multiplicity of infection］＝感染多重度．

MoMLV［MoMLV＝Molony murine leukemia virus］＝モロニーマウス白血病ウイルス．

M 期［M phase］　⇨細胞周期．

M 系統［M strain］　ショウジョウバエのP-M 交雑発生異常において母方（Maternally）として寄与する系統．M 系統は P 因子を欠いている．⇨交雑発生異常，P 因子，P 系統．

MC［MC＝microtubule organizing center］＝微小管重合中心．

Mg［Mg＝magnesium］＝マグネシウム．

M13　一本鎖のバクテリオファージクローニングベクターで，約 6.5 kb の閉環 DNA ゲノムをもつ．M13 を用いてクローニングを行うと，感染した細胞から遊離するファージ粒子は，クローン化された DNA の 2 本の相補鎖のうち一方の一本鎖 DNA を含み，これを DNA 配列解析の鋳型として用いることができるという利点をもつ．

M 染色体［M chromosome］　ヒトのミトコンドリア染色体．⇨ヒト遺伝子地図．

mt rRNA　ミトコンドリア rRNA．

MTA［MTA＝mammary tumor agent］＝乳がん誘発原．

mt mRNA　ミトコンドリア mRNA．

MTOC［MTOC＝microtubule organizing center］＝微小管重合中心．

mt tRNA　ミトコンドリア tRNA．

mtDNA　ミトコンドリア DNA．

mtDNA 系統樹［mtDNA lineage］　ミトコンドリア DNA のデータに基づく進化系統樹．ヒトのミトコンドリアは母性遺伝することから，mtDNA は母親から次の世代へと受け渡される．さらに，ミトコンドリア遺伝子は組換えを起こさない．これらの理由から，mtDNA の突然変異を追跡することは，ゲノム DNA の突然変異に比べてはるかに単純である．1987 年に報告された mtDNA の解析では，制限酵素断片長多型について，およそ 20 万年前にアフリカに住んでいた 1 人の仮想上の女性がもっていた mtDNA 分子までさかのぼることができた．1995 年には，3 個体のヒト（アフリカ，日本，ヨーロッパから 1 人ずつ）と 4 種の類人猿（チンパンジー，ボノボ，ゴリラ，オランウータン各 1 個体）の全ミトコンドリアゲノムの比較研究から，ヒトの祖先 mtDNA の起源が 14 万 3 千年前，やはりアフリカであると推定された．大衆紙などでは，この祖先 mtDNA をもつ女性のことを，"アフリカのイブ" とか "ミトコンドリア・イブ" などとよんだこともあった．アフリカのイブの時代には，他の女性もいたがそのミトコンドリアは存続しなかったということである．⇨付録 C（1987 Cann *et al.*; 1995 Horai *et al.*），ミトコンドリア DNA．

MDV-1　Qβ ファージ* の RNA ゲノムから *in vitro* 選択実験により，生じた変異型分子．MDV-1 は，知られている中で最小の複製可能な分子．⇨試験管内進化．

エムデン-マイヤーホフ-パルナス経路［Embden-Meyerhof-Parnas pathway］＝解糖（glycolysis）．

Mb, Mbp　⇨メガベース．

MPF［MPF＝maturation promoting factor, mitosis promoting factor］＝卵成熟促進因子，有糸分裂促進因子．胚胞*に減数分裂を開始させるタンパク質複合体．体細胞も刺激して有糸分裂を起こさせる．MPF は，有糸分裂サイクリン，サイクリン依存性プロテインキナーゼを含む多量体である．MPF は，染色体凝縮，核膜の分解，有糸分裂中の転写抑制をひき起こす．⇨チェッ

クポイント，サイクリン．

MPD〔MPD＝maximum permissible dose〕＝最大許容線量．

M5法〔M5 technique〕　キイロショウジョウバエの伴性の致死あるいは生存可能な突然変異を検出するために使われる技法．この技法の名前は変異原により誘導された突然変異をもつ染色体のバランサーとして使われるX染色体に由来する．M5 (Muller 5) 染色体はH. J. Mullerにより作成された5番目の染色体である．複雑な逆位をもち，*Bar*, *apricot*, *scute* のマーカー遺伝子を含む．このことからM5染色体は *Basc* と略されることもある．⇨平衡系統．

mu　**1**．図単位．**2**．メイトキラー．

エライオプラスト〔elaioplast〕　油の多い色素体．

エーラース-ダンロス症候群〔Ehlers-Danlos syndrome〕　皮膚の過伸展性と脆弱性および関節の過伸展性によって特徴づけられる遺伝病．この病気はコラーゲン*の生合成を阻害する欠陥によってひき起こされる．たとえばⅥ型の疾患では，ヒドロキシリシン欠損型のコラーゲンが合成されてくるが，この分子は分子間架橋を形成できない．X染色体連鎖型遺伝子と常染色体連鎖型遺伝子の双方が疾患に関与している．

エラスチン〔elastin〕　ゴムのような70 kDaの糖タンパク質で，腱，靱帯，気管支や動脈の内壁に見られる弾性繊維のおもな成分．

ELISA〔ELISA＝enzyme-linked immunosorbent assay〕＝酵素結合免疫吸着検定法．

エリス-ファンクレフェルト(EvC)症候群〔Ellis-van Creveld (EvC) syndrome〕　短い前腕や下肢，多指，先天性心臓奇形を特徴とする遺伝病．ペンシルバニア州ランカスター郡のアーミッシュ*に見られる50の症例をたどると，1744年にペンシルバニアに移住した1組の夫婦にいきつく．この疾患は，EVC遺伝子のイントロン中の1突然変異によるスプライシングの異常によるものであることが示されている．遺伝子座は4p16

で，992アミノ酸からなるタンパク質をコードしている．⇨転写後プロセッシング．

エリスロポエチン〔erythropoietin〕　糖タンパク質のサイトカイン*で，腎臓でつくられる．赤血球の産生を制御する．

エリスロマイシン〔erythromycin〕　放線菌の一種 *Streptomyces erythreus* がつくる抗生物質．これは70Sリボソームの50Sサブユニットに結合することによって，タンパク質の合成を阻害する．⇨シクロヘキシミド，リボソーム，オルガネラのリボソーム．

l　**1**．線．**2**．左旋性．**3**．リットル．

LIPED　⇨lod．

LET〔LET＝linear energy transfer〕＝線エネルギー付与．

Leu〔Leu＝leucine〕＝ロイシン．⇨アミノ酸．

LH〔LH＝luteinizing hormome〕＝黄体形成ホルモン．

LHON〔LHON＝Leber's hereditary optic neuropathy〕＝レーベル遺伝性視神経症．

エルガストプラズム〔ergastoplasm〕＝粗面小胞体（rough surfaced endoplasmic reticulum）．

L型〔L form〕　細胞壁を失った細菌．⇨原形質体．

L鎖〔L chain〕　⇨免疫グロブリン．

L細胞〔L cell〕　⇨マウスL細胞．

LCR〔LCR＝ligase chain reaction〕＝リガーゼ連鎖反応．

LTR〔LTR＝long terminal repeat〕＝長い末端反復配列．

LTH〔LTH＝lactogenic hormone〕＝乳腺刺激ホルモン．

LDH〔LDH＝lactate dehydrogenase〕＝乳酸デヒドロゲナーゼ．⇨アイソザイム．

LDLR〔LDLR＝low-density lipoprotein receptor〕＝低密度リポタンパク質受容体．⇨家族性高コレステロール血症．

LD50　50％致死線量．半数致死線量

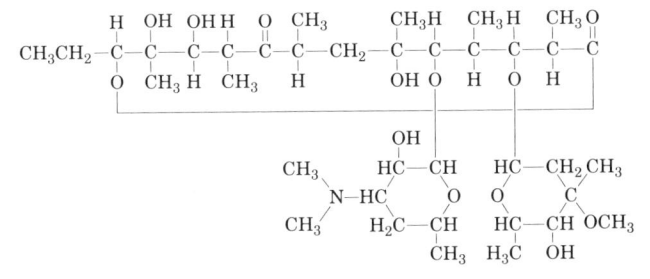

エリスロマイシン

(median lethal dose) ともいう．一定時間内に50%の生物体を死に致らしめるのに必要な放射線量．

LBC [LBC=lampbrush chromosome] ＝ランプブラシ染色体．

Lys [Lys=lysine] ＝リシン．⇨アミノ酸．

エレクトロフュージョン [electrofusion] ⇨ツィンマーマンの細胞融合．

エレクトロブロッティング [electroblotting] ⇨ブロッティング．

エレクトロポレーション [electroporation] 電気パルスを加えることで，動物細胞や植物の原形質体の細胞膜透過性を高める方法．形質転換の際のDNA取込みを促進させるために用いられる．

遠位 [distal] 端部，末端ともいう．付着している場所から離れた位置にあること．染色体の場合では動原体から最も遠い部位．

演繹的 [a priori] 生物測定学や統計学の検定において，興味の対象となるさまざまな比較が，実験結果が得られる前に理論に基づいて計画的になされる場合をいう．

遠隔安定性作用 [telestability] テレスタビリティーともいう．タンパク質の結合部位から離れた部位でDNAの二重らせんが不安定になること．たとえば，大腸菌のラクトースオペロンにcAMP-CAP複合体が結合すると，結合部位から離れたプロモーター領域がほどけやすくなり，RNAポリメラーゼによる転写の開始が可能となる．⇨カタボライト活性化タンパク質．

塩化セシウム密度勾配遠心分離法 [cesium chloride gradient centrifugation] ⇨遠心分離．

塩基スタッキング [base stacking] 二本鎖DNA分子に見られるように，隣接した塩基対の水平面が平行に，表面がほぼ接触するように並んでいる塩基対の配置．さまざまなプリンやピリミジン間の疎水的相互作用によって起こり，結果として相補的な塩基対の間に最大数の水素結合をつくる．

塩基性アミノ酸 [basic amino acid] 中性pHで正の電荷をもつアミノ酸．リシンとアルギニンはほとんどの条件のもとで正に荷電した側鎖をもっている．

塩基性色素 [basic dye] 塩基性染料ともいう．核酸のような負電荷をもつ巨大分子と結合し，染色する有機性陽イオン．⇨アズールB．

塩基性染料 ＝塩基性色素．

塩基対 [base pair] 略号bp．一対の水素結合した窒素性塩基（1分子のプリンと1分子のピリミジン）のこと．DNA二重らせんを構成する鎖を連結する．⇨デオキシリボ核酸，ゲノムサイズ，フーグスティーン型塩基対，水素結合，キロベース，ヌクレオチド対．

塩基対合則 [base-pairing rule] 核酸の二重らせんにおいて，アデニンはチミン（またはウラシル）と塩基対を形成し，グアニンはシトシンと塩基対を形成すること．

塩基対置換 [base-pair substitution] 突然変異の原因となるDNA分子の損傷の一種．二つのタイプに分けられる．トランジション（塩基転位）は，プリンが別のプリンに，またはピリミジンが別のピリミジンに置換するもので，プリン-ピリミジンの軸は保存される．トランスバージョン（塩基転換）は，プリンがピリミジンに，またはその逆に置換するので，プリン-ピリミジンの軸は逆になる．⇨付録C（1959 Freese）．

塩基対比 [base-pair ratio] ⇨ (A + T)/(G + C) 比．

塩基転位 ＝トランジション．

塩基類似体 [base analogue] 通常の塩基とはわずかに構造の異なるプリン塩基やピリミジン塩基．類似体によっては核酸の正規の塩基の場所に取込まれる（⇨アミノプリン，アザグアニン，メルカプトプリン）．ヌクレオシドの類似体も似たような働きをもつ（⇨5-ブロモデオキシウリジン）．

塩結合 [salt linkage] ⇨静電結合．

エンケファリン [enkephalin] 鎮痛剤様の生理作用を示すアミノ酸5個からなるペプチド（⇨エンドルフィン）．1975年にブタの脳から最初に単離された．メチオニンエンケファリンは，Tyr-Gly-Gly-Phe-Metの配列をもち，ロイシンエンケファリンは，Tyr-Gly-Gly-Phe-Leuの配列をもつ．⇨ポリタンパク質．

Engystomops pustulosus 卵塊が同調的な発生をするために卵形成の生化学的研究に適している熱帯産のカエル．

遠心機 [centrifuge] 物質が懸濁している液体のはいっている容器を高い回転率で回転させ，生じた遠心力により物質を分離する装置．⇨超遠心機．

遠心性 1. [centrifugal] 中心から離れた方向へ作用すること．2. [efferent] 基準とする器官・細胞・参照点から離れること．免疫学においては，免疫系が活性化された（抗体が抗原と結合したり，サイトカインが，ある特定の細胞を刺激したりした）後に，起きる事象をいう．⇨求心性．

遠心性選択 [centrifugal selection] ⇨分断選択．

遠心分離 [centrifugation separation]　遠心力を利用した分離拡散．密度勾配平衡遠心分離法の場合には，遠心管中に塩化セシウムのような高分子量の塩を加えることによって密度勾配が確立される．調べようとする分子がそれ自身と同一の浮遊密度をもった勾配の層に収束するまで遠心分離する．密度勾配ゾーン遠心分離法の場合には，巨大分子は，前もってつくられたショ糖勾配を通して，その沈降速度の違いによって分別される．この場合，沈降速度は分子の大きさと形によって決まる．

円錐花序 [panicle]　⇒ 総状花序．

縁生性 [peripatric]　種の中央勢力の周辺域に生息していること．

縁生的種分化 [peripatric speciation]　親集団が分布している場所の周りに隔離された小さな集団において，種分化が起こるというモデル．側所的種分化*の対語．隔離された集団は，遺伝浮動の影響を受けて，遺伝子頻度に変化が生じる場合がある．新しい集団が少数の創始者から生じ，かつその隔離集団と主たる集団の間に遺伝子流動が生じない場合に，起こりやすい．⇒ 付録 C (1954 Mayr)，創始者効果．

塩素 [chlorine]　組織中に少量，普遍的に見いだされる元素．

原子番号	17
原子量	35.45
原子価	-1
最も多い同位体	^{35}Cl
放射性同位体	$^{38}Cl, ^{39}Cl$
半減期	^{38}Cl, 37 分
	^{39}Cl, 55 分
放射線	β 線

延長因子 [elongation factor]　伸長因子ともいう．リボソームと結合して複合体を形成し，ポリペプチド鎖の伸長を促進させるタンパク質因子．これらのタンパク質は転写の終了とともにリボソームから解離する．延長因子 G (EF-G) はトランスロカーゼともよばれ，リボソームの A 部位から P 部位へのペプチジル tRNA の移動に関与する．延長因子 T (EF-T) はアミノ酸-tRNA 複合体をリボソーム上の A 部位に結合させる機能をもつ．⇒ 転写．

延長された表現型 [extended phenotype]　⇒ 表現型．

エンテロウイルス [enterovirus]　RNA ウイルスの一群（ポリオーマウイルスを含む）の中の一種で，ヒトの腸に住む．

エンドウ [Pisum sativum, pea]　栽培品種のエンドウ．メンデル (Mendel) が実験に用いた生物．7 対の染色体をもち，ゲノムサイズは 4.1 Gbp．⇒ 付録 A（植物界，被子植物上綱，双子葉植物綱，マメ目），付録 C (1822-24 Knight, Gross, Seton; 1856,1865 Mendel; 1990 Bhattacharyya et al.)．

エンドゲノート　= 内在性ゲノム断片．

エンドサイトーシス [endocytosis]　細胞が，粒子，液体，あるいは特定の高分子をそれぞれ，食作用，飲作用，あるいは受容体を介したエンドサイトーシスによって細胞内に取込むこと．エンドサイトーシスの果たす役割としては，抗原の提示，栄養の取得，アポトーシスを起こした細胞の除去，病原体の侵入，受容体の制御，およびシナプス伝達などがある．

エンドサイトーシス小胞 [endocytotic vesicle]　⇒ 受容体介在性エンドサイトーシス．

エンドヌクレアーゼ [endonuclease]　DNA 分子や RNA 分子の内部リン酸ジエステル結合を切断する酵素．体細胞組織のエンドヌクレアーゼは二本鎖切断を生じることにより DNA を加水分解する．減数分裂前期の細胞から分離したエンドヌクレアーゼは，DNA に一本鎖の切断を起こし，5'-OH を生じる．一本鎖の切断は複製と組換えの最初の段階に必須である．⇒ 付録 C (1971 Howell, Stern)，制限酵素．

エンドミキシス　= 自家混合．

エンドルフィン [endorphin]　哺乳類のペプチドホルモンの一群で，分子量 29,000 のプロオピオコルチンとよばれるホルモン前駆体の分解によって遊離する物質．β エンドルフィンは脳下垂体中葉に見られ，強力な鎮痛作用をもつ．この物質は体内で (endogenously) 産生され，モルヒネと同じ神経細胞受容体に結合してモルヒネと同様の生理機能をもつので，内在性モルヒネ (endogenous morphine) の意味でエンドルフィンと命名された．

エンハンサー [enhancer]　物理的に連鎖した遺伝子の転写活性を増強するヌクレオチド配列．最初に発見されたエンハンサーは，SV40 ウイルスの複製開始点の近傍にある 72 bp の縦列反復配列である．それ以来，真核細胞や RNA ウイルスのゲノム中で見いだされている．エンハンサーの中には，大部分の細胞で構成的に発現するものもあるし，組織特異的なものもある．エンハンサーは支配下の遺伝子を転写する RNA ポリメラーゼの数を増すように働く．エンハンサーは活性を増強する遺伝子から遠く離れている場合もある．エンハンサー効果は，配列特異的 DNA 結合タンパク質を介して発揮される．これらのことか

ら，DNA結合タンパク質がエンハンサー部分に結合すると，中間にあるヌクレオチドにループをつくらせ，エンハンサーとそれが活性化する遺伝子のプロモーターが物理的に接触するようになると考えられている．このループ構造は次に，ポリメラーゼ分子が転写する遺伝子に結合するのを促進する．所定の遺伝子を発現する細胞のタイプを指定するエンハンサーは，その遺伝子の最初のイントロン内に位置づけられている．免疫グロブリンの重鎖タンパク質やある種のコラーゲンをコードする遺伝子などがその例である．⇨ 付録C (1981 Banerji et al.; 1983 Gillies et al.), CTCFタンパク質，DNAのループ形成，H19, 免疫グロブリン遺伝子，インシュレーターDNA, イントロン．

エンハンサートラップ［enhancer trap］ショウジョウバエの研究で用いられる手法で，ある発生期間中に特定の細胞の遺伝子群のスイッチを入れるエンハンサーの存在を示すのに利用される．活性化にエンハンサーを必要とするようなプロモーターをもつものが，レポーター遺伝子*として使われる．レポーター遺伝子は，そのような"弱い"プロモーターと一緒に，転移因子*中に挿入される．ショウジョウバエでは，P因子*が利用され，染色体上のさまざまな位置にレポーター遺伝子が挿入される．正常な状態では，発生中の胚のある特定の領域中の遺伝子を活性化するようなエンハンサーの近くに挿入が起きた場合，レポーター遺伝子はシグナルを横取りし，細胞の位置をその活性で表す．レポーターが lacZ の場合，特定の細胞，たとえば，発生中の神経系の限られた領域に青色の色素が現れる．興味深い染色パターンが生じたら，挿入をもったハエの安定系統をつくることができる．このような系統を転移因子挿入系統とよぶ．細胞学的なマッピングにより，挿入は，ゲノム全体に起きることが示されている．エンハンサーは，標的遺伝子のスタート位置の200〜300 bp 上流に存在することが多いので，標的遺伝子をクローニングし，配列を決定することができる．⇨ 付録C (1987 O'Kane, Gehring).

円偏光二色性［circular dichroism］時計回りと反時計回りの各円偏光に対する吸光度が異なる分子の性質．溶液中のらせん構造分子がこの性質を示すため，さまざまなタンパク質で起こる生理的に重要なコイル構造の変化を研究するのに用いられる．染色質が電場の方向を向いているとき，紫外線円偏光を当て円偏光二色性を測定すると，ヌクレオソーム*が30 nm 繊維に凝縮していることがわかる．

エンマーコムギ［emmer wheat］*Triticum dicoccum* ($N=14$). フタツブコムギともよばれる．新石器時代から栽培されている．⇨ コムギ．

オ

O 1. オルドビス紀. 2. 酸素.

ORF [ORF = open reading frame] = オープンリーディングフレーム. ⇨ 読み枠.

黄化 [etiolation] 光が不足することによって起こる植物の症候群. 小型で黄色の葉と異常に長い節間の植物になる.

王室血友病 [royal hemophilia] 大英帝国のヴィクトリア女王が最初にもちこんだ X 染色体の欠陥による古典的血友病*. ヨーロッパ王室の三代に伝播した.

オウシュウマイマイ属 [*Cepaea*] マイマイ科 (Helicidae) に属するカタツムリの一属. *C. hortenses* と *C. nemoralis* (モリマイマイ) はきわめて多様な縦縞のある殻の色と模様をもっている. これらの種は集団遺伝学者によって, 野外や研究室で広範囲に研究されている.

黄色ブドウ球菌 [*Staphylococcus aureus*] 病原細菌の一種で, 感染症の原因となる.

黄体 [corpus luteum] 哺乳類の卵巣から成熟卵が放出されたあとの, 腔を満たす黄色の組織のかたまり.

黄体形成ホルモン [luteinizing hormone] 略号 LH. 排卵, 黄体の成長, エストロゲンの分泌を刺激する糖タンパク質ホルモン. LH は脊椎動物の腺下垂体により分泌される. ICSH と同一.

応答者 [responder] 免疫学において, 特定の抗原に対して免疫応答を高めうる動物.

オウムガイ属 [*Nautilus*] ⇨ 生きた化石.

ONPG [ONPG = *o*-nitrophenyl galactoside] *o*-ニトロフェニルガラクトシドの略号. β-ガラクトシダーゼの人工的な基質 (無色). β-ガラクトシダーゼによる切断をうけて (下図参照), ガラクトースと *o*-ニトロフェノール (黄色化合物. 分光光度計で容易に分析できる) を生じる. ONPG は大腸菌のラクトースオペロン*の突然変異体に関する酵素活性を決定するのに広く使用されている. IPTG*と異なり, ラクトースオペロンの誘導物質ではないので, この二つの基質は組合わせて使用されることが多い.

OMIM [OMIM= On-line Mendelian Inheritance in Man] ヒト遺伝病の電子版カタログ. 1987年以降, オンラインで利用できるようになった. 毎週更新され, インターネットでアクセスできる (http://www.ncbi.nlm.nih.gov/entrez/query.fcgi?db = OMIM のゲノムデータベース). ⇨ ヒト遺伝病.

オオアカバナ [*Epilobium hirsutum*] 細胞質遺伝についての古典的解析に用いられた植物.

オオカバマダラ [Monarch butterfly, *Danaus plexippus*] 幼虫は一般にトウワタのような, 脊椎動物にとって毒性のある分子を含む植物を食す. これらの毒性分子は幼虫の体内に蓄積され, 鳥などの捕食者に不快感を与える. ⇨ 自己擬態.

オオカミ [wolf] タイリクオオカミ (*Canis lupus*) は, 飼い犬の先祖. ヨーロッパでは, オオカミの純粋集団と考えられていたものが飼い犬や野生化した犬との雑種であると判明している. ⇨ イヌ, 浸透交雑.

オオノの仮説 [Ohno's hypothesis] S. Ohno (大野 乾) によって提唱された仮説で, X 染色体に特有な制御特性のために, いやおうなしに哺乳類の始原 X 連鎖群は進化的に保存されるという考え. X 染色体と常染色体の間の転座は, 遺伝子量補正機構を攪乱するために. このような転座をもつ子孫は排除されるであろう. したがって, ある一つの種, たとえばヒトで X 連鎖であることが判明した遺伝子は, 他の哺乳類のすべての種で X 連鎖である可能性が高い. ⇨ 遺伝子量補正.

オオマツヨイグサ [*Oenothera lamarckiana*] ツキミソウ (evening primrose) ともいう. この

植物や *O. grandiflora* のような近縁種は，減数分裂の際に染色体が対合するのではなく，環状に配列する．この変わった細胞遺伝学的挙動の進化は広く研究されており，相互転座の蓄積の結果と考えられている．⇨ 付録A（被子植物上綱，双子葉植物綱，フトモモ目），付録C（1901 de Vries；1930 Cleland, Blakeslee），レナー複合体．

オオムギ ［*Hordeum vulgare*］　最も古くから栽培された穀物の一つ．半数体の染色体数は7で，ゲノムサイズは 4.8 Gbp．オオムギ麦芽は醸造産業で利用される．また，食品用の麦芽は，クッキーや朝食用シリアルにも含まれる．⇨ 付録A（植物界，被子植物上綱，単子葉植物綱，イネ目）．

オーカーコドン［ochre codon］　mRNA ヌクレオチドのトリプレット（UAA）で，tRNA 分子に認識されない．三つの終止コドンの一つで，翻訳の終了のシグナルとなる．⇨ アンバーコドン，オパールコドン．

岡崎フラグメント［Okazaki fragment］　⇨ DNA 複製．

オーカーサプレッサー［ochre suppressor］　UAA 終止コドンに対応してアミノ酸を挿入できるアンチコドンをもつ突然変異 tRNA をコードする突然変異遺伝子．⇨ アンバーサプレッサー．

オーカー突然変異［ochre mutation］　異常に短いポリペプチド鎖を生じる突然変異群の一つ．塩基置換により，あるアミノ酸に対応していたコドンが UAA に変化し，鎖終結のシグナルになってしまうことが原因である．UAA は大腸菌で使われる主要な終止コドンのようである．⇨ アンバー突然変異，ナンセンス突然変異．

オキシトシン［oxytocin］　視床下部（間脳の一部）から分泌されるポリペプチドで神経下垂体に貯えられる．平滑筋収縮をひき起こし，分娩を助ける．

オキシトリカ属［*Oxytricha*］　⇨ スチロニキア属．

オキシヘモグロビン［oxyhemoglobin］　酸素を結合したヘモグロビン．

オーキシン［auxin］　縦方向の成長と細胞分裂を促進する植物ホルモン．天然のオーキシンはトリプトファンから生合成されたインドール誘導体である．最も一般的なオーキシンはインドール酢酸*で，すべての植物で合成されている．⇨ 抗オーキシン．

オクタロニー法［Ouchterlony technique］　二重拡散法（double diffusion technique）ともいう．二つ以上の相対する場所からの水平拡散によるゲル拡散抗体-抗原免疫沈降試験．寒天板に二つ以上の穴をあける．一つの穴（図ではA）には抗体分子の懸濁液を満たし，他の穴（図の B，C）には異なる抗原を満たす．その後抗原および抗体分子が拡散していくと，ついには反応して，曲がった沈降線を形成する．例Ⅰでは B と C の抗原は異なる．例Ⅱでは B には1種，C には2種の抗原が含まれ，そのうち一つは B と同じものである．⇨ 付録C（1948 Ouchterlony）．

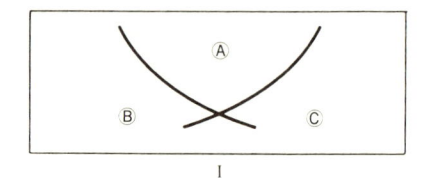

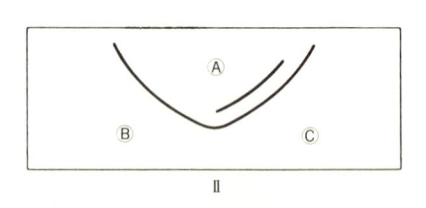

オクトピン［octopine］　⇨ オパイン．

O 抗原［O antigen］　大腸菌やサルモネラ菌などの腸内細菌の細胞壁にある多糖の抗原．細菌莢膜には多糖の K 抗原が，細菌鞭毛にはタンパク質の H 抗原が存在する．

おしべ ＝雄ずい．

おしべ群 ＝雄ずい群．

オシロイバナ［*Mirabilis jalapa*, four-o'clock］色素体の遺伝に関して広範な研究が行われた斑入りの双子葉植物．⇨ 付録C（1909 Correns, Bauer）．

オーストラリア区［Australian］　六つの主要な生物地理区*の一つで，オーストラリア，セレベス，ニューギニア，タスマニア，ニュージーランドおよび南太平洋のオセアニアの島々を含む．

オーストラロピテクス［Australopithecine］化石がアフリカで発見されているヒト科の動物．ある分類によると，オーストラロピテクス属は四つの種 *A. afarensis*, *A. africanus*, *A. robustus*, *A. boisei* を含む．これらはすべて 100 万〜400 万年前に生息していた．有名な化石 "Lucy" は 1977 年に発見されたもので，40％が完全な骨格である．彼女は 300 万年前に生息し，*A. afarensis* に属している．

雄の記号［male symbol］　♂という記号で表す．ローマの軍神マルスを表す十二宮の記号で，楯と槍を表す．

遅い成分［slow component］　DNA再結合反応に際して最後に再結合する成分．一般に非反復（ユニークな）DNA配列から成る．

オッカムのかみそり［Occam's razor］　最節約原理（parsimony principle）ともいう．中世の哲学者William Occamによる原則．ある現象の説明がいくつか考えられる場合，手元のデータとの一致が最もよく，最も単純な説明を採用するというもの．

OD［OD = optical density］　= 光学密度．⇒ベール-ランバートの法則．

OD$_{260}$単位［OD$_{260}$ unit］　1吸光（OD$_{260}$）単位は，波長260 nm，光路1 cmで吸光度1を与える溶液1 ml当たりの物質量をさす．

otu突然変異［otu mutation］　キイロショウジョウバエの伴性の雌不妊遺伝子．異なる突然変異対立遺伝子によって全く異なる卵巣の異常がみられるという点で珍しい．一つのクラスは，卵巣腫瘍（ovarian tumor）を発生する（otuという遺伝子記号はこれから）．もう一つのクラスは，形成細胞巣内に卵原細胞がみられないというものである．第三のクラスは，卵母細胞の成長が遅く，発生が完了しない．付随する哺育細胞は多糸染色体をもち，その最大のものは半数体量の8000倍ものDNA量をもつ．卵巣腫瘍は，シスト細胞が過剰な分裂を行い，かつ分化できないことによる．⇒シスト細胞分裂，ポリフューゾーム．

オートセクシング［autosexing］　性的二型が明らかになる前に，未成熟な生物の性を外部から検査して鑑定する（たとえば，カイコの幼虫やニワトリのヒナ）．この場合に，明白な表現型の影響を伴った伴性遺伝子を利用する．

オート接合体［autozygote］　ある遺伝子座についてホモ接合の個体で，二つの相同遺伝子が両者とも共通の祖先の同じ遺伝子に由来する同祖遺伝子である．⇒アロ接合体．

オートポイエシス［autopoiesis］　炭素とエネルギー源を用いて，自分自身の代謝過程により，自己を保持できる生物の能力．細胞はオートポイエシスだが，ウイルスやプラスミドはそうではない．

オートミキシス［automixis］　自混ともいう．同一の親由来の核や細胞が融合してホモ接合体の子孫を生じること．例として，ゾウリムシの自家生殖や鱗翅目のある種に見られる自家生殖単為生殖などがある．⇒自家生殖，雌性産生単為生殖．

オートラジオグラフ［autoradiograph］　ラジオオートグラフ（radioautograph）ともいう．組織内の放射性物質の位置を示す写真．押しつぶし標本や切片を暗所で感光乳剤でコートし，放射能の崩壊による像を得る．コロニーハイブリダイゼーション*の場合，放射性標識されたコロニーDNAを含んだフィルターを暗室にもっていき，X線フィルムホルダーにはさみ，X線フィルムを1枚かぶせる．フィルムは数時間から数日感光した後，現像する．フィルム上の銀粒子が，求めるコロニーの位置を示す．⇒DNA繊維のオートラジオグラフィー．

オートラジオグラフィー［autoradiography］　感光乳剤を放射性標本の表面に作用させることによって，放射性標識された分子の位置を知る技術．⇒オートラジオグラフ．

オートラジオグラフの効率［autoradiographic efficiency］　ある一定の感光時間に，組織切片内で起こる放射性崩壊100当たりの（切片をコートする感光乳剤中で生成される）活性化された銀粒子の数．

おとりタンパク質［decoy protein］　⇒スポロゾイト．

オナガザル上科［Cercopithecoidea］　霊長類の上科の一つで，旧世界（アフリカおよびアジア）サル，ヒヒ，マカクザル，コロブスザルなどを含む．ヒト上科の姉妹群．オナガザル上科とヒト上科は約3千万年前に分離した．

オパイン［opine］　クラウンゴール植物細胞により特異的に合成され，特異な成長物質としてアグロバクテリウムに利用される化合物．ノパリン〔N-α-(1,3-ジカルボキシプロピル)-L-アルギニン〕やオクトピン〔N-α-(D-1-カルボキシエチル)-L-アルギニン〕はその例である．⇒アグロバクテリウム．

opaque-2　リシンに富んだタンパク質を生産するトウモロコシの突然変異系統．この種の突然変異体はクワシオルコル*（リシン欠乏症）の解消に役立つかもしれない．⇒付録C（1964 Mertz et al.）．

オーバーラップ暗号［overlapping code］　George Gamowにより最初に提唱された仮想上の遺伝暗号．すべてのヌクレオチドは隣接する二つのコドンに共有されているというもの．後に実際の生物系で使われている遺伝暗号はオーバーラップしていないことが示された．（二，三の例外については，オーバーラップ遺伝子を参照）

オーバーラップ遺伝子［overlapping gene］　重なり遺伝子ともいう．塩基配列にある程度の重なりが見られる遺伝子．その重なりは調節配列（たとえば，大腸菌のトリプトファンオペレーターおよびプロモーター）に関与している場合もあるし，構造遺伝子に関与している場合もある．

後者の例にはつぎのものがある．バクテリオファージφX 174 では遺伝子 E は完全に遺伝子 D の内部にあるが，両者は異なる読み枠で翻訳される．⇨ 付録 C（1976 Burrell et al.），二方向性遺伝子．

オパールコドン［opal codon］　mRNA 終止コドンの一つ．UGA をさす．⇨ アンバーコドン，オーカーコドン．

オーバーワインディング　［overwinding］DNA の正の超らせんのことで，これにより二本鎖の巻く方向にさらに張力が働くことになる．

オピステ［opisthe］　原生生物の横分裂後に生じる後部側の娘生物．

オピストコンタ［opisthokonta］　動物と真菌類を含む単系統のスーパーグループ．SSU rRNA といくつかの一般的なタンパク質の配列データに基づき，真菌類は動物界の姉妹群であり，真菌類と植物は独立した系統に属するという結論が得られた．⇨ 付録 A（3 界，4 界），付録 C（1993 Baldauf, Palmer），16S rRNA，翻訳延長因子．

オーファン［orphan］　ゲノムの配列決定で見いだされたタンパク質をコードする ORF で，それまでにみつかっておらず，どの生物にも明確な相同遺伝子がみられないものについていう．たとえば，酵母 *Saccharomyces cerevisiae* の ORF の 30%はオーファンである．URF と同義語．

オーファンウイルス［orphan virus］　健康な人の消化管や気管に見られる病原性のないウイルス（オーファン＝関連する病気のない）．⇨ レオウイルス．

オーファンドラッグ［orphan drug］　比較的少数の人しかかからない病気を治療するために開発された医薬品．

オプシン［opsin］　網膜*の光受容器のディスク中に含まれる光感受性分子のタンパク質部分．一つのオプシンはアミノ酸の鎖であり，アミノ末端はディスクの外側，カルボキシル末端領域はディスクの内側の水溶性表面に露出しており，膜を貫通する 7 箇所の α らせんをもつ．オプシンそれ自体は光を吸収しない．レチナールは α らせんの束の中に存在する発色団で，光の光子を受取ると形を変える．⇨ 多重膜貫通ドメインタンパク質．

オプソニン［opsonin］　細胞の食作用を促進する物質の総称．抗体分子が Fab 部位（⇨ 免疫グロブリン）を介して抗原に結合すると，その分子形態が変化して Fc 領域が露出される．マクロファージなどのスカベンジャー細胞は Fc 受容体を表面にもっているので，こうした食細胞は抗原-抗体複合体に結合して，これをのみ込むことができる．好中球やマクロファージはいくつかの活性化された補体成分に対する受容体をもっているので，抗原-抗体-補体複合体も免疫粘着により食作用を高めることになる．補体がない場合では，IgG 抗体は IgM に比べて非常に効果的なオプソニンとして働くが，補体が存在すると IgM 抗体の方がより効果的となる．

オープンリーディングフレーム［open reading frame］　略号 ORF．⇨ 読み枠．

obese　176 個のアミノ酸からなるタンパク質をコードする遺伝子で，最初，マウスでみつかった．太り過ぎの ob^- のホモ接合マウスに注射すると，用量依存的に体重の減少がみられる．そこで，このタンパク質はギリシャ語で"痩せ"を意味する *leptos* から，レプチン（leptin）と名付けられた．ob^+ 遺伝子は，脊椎動物に広く保存されており，ヒトの相同遺伝子も同定されている．⇨ 付録 C（1994 Zhang et al.），糖尿病．

オペレーター［operator］　特定のリプレッサーと相互作用して隣接するシストロンの機能を制御する染色体の一領域．⇨ 調節遺伝子．

オペロン［operon］　一つあるいはそれ以上

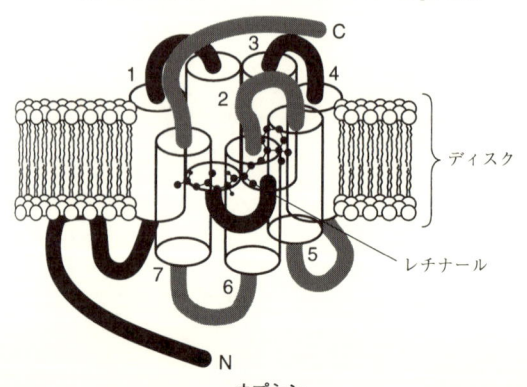

オプシン

のシストロンからなる単位で，一つのオペレーターの制御下で協調的に機能する．1997 年に配列が決定された大腸菌株のゲノムはおよそ 2200 のオペロンを含んでいた．このうちの 73% はたった 1 個の遺伝子をもち，17% が 2 個，5% が 3 個，残りが 4 個あるいはそれ以上の遺伝子をもっていた．⇨ 付録 C (1961 Jacob, Monod; 1997 Blattner et al.)，調節遺伝子．

オペロンネットワーク [operon network]　あるオペロンの構造遺伝子の産物がリプレッサーまたはエフェクターとして別のオペロンを制御するという意味で相互作用するオペロンとそれに関連した調節遺伝子の総称．

オマキザル上科 [Ceboidea]　中央アメリカ，南アメリカのサルを含む上科．

オモクローム [ommochrome]　⇨ ショウジョウバエの眼の色素顆粒．

親子間対立説 [parent-offspring conflict theory] David Haig が提唱した．胎盤をもつ哺乳類の進化の過程で，両性間に競合が起きたとする説．結果として，子宮内で成長していく間，子のたくましさと母体の健康との折り合いがついた．精子の中では，子のコストを上げるような遺伝子群のスイッチがオンになり，このような遺伝子群は，胎盤の中で活性化され，胚を急速に成長させる要因となり，母体の栄養を使い尽くす．卵の中では，母体に対して，子のコストを下げるような遺伝子群が活性化される．このような遺伝子群は，胚の無制限な成長を抑えるので，母体は妊娠を継続できる．遺伝子は拮抗的な対として存在し，親による刷込み*によりその機能が制御される．⇨ 付録 C (1992 Haig)．

親による刷込み [parental imprinting]　遺伝子の発現の程度が，その遺伝子を伝達した親によって異なる現象．ハンチントン病はこのような例の一つである．この優性遺伝子を父親から受け継いだ患者は青年期に発病するが，遺伝子が母親由来の場合には，中年期になって発病する．親による刷込み現象は，配偶子形成の際に起こる DNA メチル化のパターンが両性間で異なることによって生じる可能性がある．このために，ある遺伝子の調節要素が，卵母細胞ではメチル化されているが，精細胞では脱メチル化されているといったことがあります．受精後には，胚の細胞は不活性な母性対立遺伝子と活性のある父性対立遺伝子をもつことになるであろう．このようなシステムが世代を通じて維持されるためには，可逆的であることが必要である．したがって，子供の配偶子形成において，もし雄であればメチル化された対立遺伝子のすべてを脱メチル化し，また雌の

オリコヌク　65

場合には脱メチル化されたすべての対立遺伝子をメチル化しなければならない．親による刷込みは顕花植物でもみられる．トウモロコシの R 遺伝子の挙動はその一例である．この遺伝子は，穀粒*の糊粉*内にある色素粒の色を調節する．$rr \times RR$ の交配において，RR を雌親にした場合には F_1 の穀粒は均一に赤くなる．一方，RR を雄親にした場合には斑入りになる．雄親の R 遺伝子のコピーを過剰にしても雌親の R を代替できないことから，雌親のコピーが選択的に発現していることがわかる．⇨ 付録 C (1970 Kermicle)，重複受精，H19，プラダー-ウィリ症候群．

お山の大将の原理 [king-of-the-mountain principle]　= 先住者優先の原理 (first-arriver principle)．

オランウータン [Pongo pygmaeus, orangutan] 半数体染色体数が 24 の霊長類．約 30 の生化学的マーカー遺伝子が 20 の連鎖群に分類されている．⇨ ヒト上科[の動物]．

オリゴジーン [oligogene]　顕著な表現型効果をもたらす遺伝子．個々の遺伝子が小さな効果しかもたらさないポリジーンに対比していう．⇨ ポリジーン．

オリゴ dA [oligo dA]　長さが不特定のデオキシリボアデニル酸のホモポリマー鎖．多くは 100～400 残基である．

オリゴ dT [oligo dT]　長さが不特定のデオキシリボチミジル酸のホモポリマー．多くは 100～400 残基である．

オリゴ糖 [oligosaccharide]　少数 (2～10) の単糖単位からなるポリマー．オリゴ糖は，免疫グロブリンや血液凝固因子など，多くの分泌タンパク質に付加される．また，細胞膜を貫通して伸びるタンパク質の細胞外表面にもみられる．赤血球の原形質膜の脂質もオリゴ糖を含んでおり，血液型を指定する．このような複雑な炭水化物の合成には，各段階ごとに異なる酵素が必要であり，各段階の産物は，次の段階で働く酵素にとっての唯一の基質となる．⇨ A，B 抗原，糖鎖修飾．

オリゴヌクレオチド [oligonucleotide]　ホスホジエステル結合によってつながった，20 ヌクレオチドぐらいまでの直線塩基配列．⇨ ポリヌクレオチド．

オリゴヌクレオチドによる突然変異導入 [oligonucleotide-directed mutagenesis]　遺伝子の特定の部位に特定の突然変異を挿入する技法．対象となる DNA 断片に相補的な配列をもつが特定部位を変えてあるオリゴヌクレオチドを化学的に合成する．つぎにこれを M13 などの一本鎖ファージに入った相補的な野生型標的遺伝子に対合させ

る．対合したオリゴヌクレオチド断片をプライマーとし，野生型相補鎖を鋳型としてDNAポリメラーゼIを用いて鎖を伸長させる．その結果，突然変異型と野生型の鎖から成る二重らせんができる．このヘテロ二本鎖を用いて細菌細胞を形質転換する．生じたコロニーから突然変異型ホモ二本鎖を含む株を回収し，ふやす．この手法は部位特異的突然変異誘発ともいう．⇨付録C（1978 Hutchison et al.）．

オリゴマー［oligomer］　比較的少数の単量体サブユニットからなる分子．

オリゴマイシン［oligomycin］　ポリエン抗生物質*の一種．

***ori* 部位**［*ori* site］　大腸菌染色体上の 422 bp の領域で，ここより複製が開始される．⇨レプリコン．

オルガナイザー［organizer］　形成体ともいう．胚の他の部分に形態形成の刺激を与え，その部分の運命を決定し形態分化をもたらす胚の活性部分．⇨付録C（1918 Spemann, Mangold）．

オルガネラ［organelle］　細胞小器官ともいう．細胞の構成要素で，固有の機能を果たす複雑な構造をいう．広範な研究がなされているオルガネラとしては，中心粒，葉緑体，小胞体，ゴルジ体，キネトソーム，リソソーム，ミクロソーム，ミトコンドリア，ペルオキシソーム，プロテアソーム，クオンタソーム，リボソーム，および紡錘体がある．

オルガネラのリボソーム［ribosomes of organelles］　葉緑体とミトコンドリアのリボソームは，さまざまな沈降定数を示す．葉緑体リボソームは 70S，植物細胞のミトコンドリアリボソームは 78S，真菌類のミトコンドリアリボソームは 73S，哺乳類ミトコンドリアリボソームは 60S．ミトコンドリアも葉緑体も，自由生活をする原核細胞が，原始的な核をもった細胞と融合したものと信じられている．ミトコンドリアでも葉緑体でも，リボソーム上での翻訳は，N-ホルミルメチオニンから始まるという事実は，これらが内部共生起源であるという説を支持する．⇨イニシエーター tRNA，内部共生説，5S rRNA．

オルセイン［orcein］　細胞学に使用される色素．⇨酢酸オルセイン．

オルソログ［ortholog］　異なる種の遺伝子（あるいはタンパク質）で，その塩基配列（あるいはアミノ酸配列）が非常によく似ているため，一つの祖先遺伝子から由来すると考えられるもの．ヒトとチンパンジーのβグロビン鎖遺伝子は，その一例である．パン酵母*と線虫*のゲノムを比較してみると，ほとんどのオルソログが"コア機能"をもっている．つまりオルソログは，代謝の中間段階，DNA, RNA, タンパク質の代謝，輸送，分泌，細胞骨格に使われるタンパク質をつくる．これに対し，細胞内シグナル伝達系や遺伝子制御に関する線虫の遺伝子は，パン酵母のゲノムにはない．⇨付録C（1975 King, Wilson），ヘモグロビン遺伝子，*Hox*遺伝子群，チンパンジー属，パラログ．

オルテット［ortet］　出芽によって遺伝的に同一の生体のクローン（ラミート）を生じた単一の祖先生物．⇨モジュール体生物，ラミート．

オルドビス紀［Ordovician］　略号 O．古生代の一時期で，この間に海洋性の無脊椎動物が多様化した．腕足類が優勢な種であった．三葉虫*のカンブリア紀の属は新たな型に置き換わった，棘皮動物では，ヒトデ，クモヒトデ，ウニの類が繁栄し，ウミユリ類が初めて現れた．オルドビス紀の初期には，サンゴが初めて出現した．無顎類の魚類が最初の脊椎動物として現れた．オルドビス紀は大量絶滅を伴って終わったが，三葉虫のすべての科の 50% が失われた．⇨地質年代区分．

オルニチン回路［ornithine cycle］　タンパク質の代謝により生じる毒性のある窒素化合物を無害な尿素に変える反応回路．次ページの図の回路では，アンモニアが代謝系から遊離され，オルニチンがシトルリンへ転換される際に使われる．アスパラギン酸から回路に入るとアンモニアを遊離することなくアミノ基をアルギニノコハク酸に取込ませることができる．アルギニノコハク酸はアルギニンに変換され，放出されたフマル酸はクエン酸回路*に入る．アルギニンから尿素が分離し再びオルニチンが生成される．ヒトでは次ページの図に示すいくつかの段階で回路を阻止する突然変異が知られている．この阻止により以下のような疾病が生じる．①オルニチントランスカルバミラーゼ欠損症，②シトルリン尿症（縮合酵素欠損症），③アルギニノコハク酸尿症（アルギニノスクシナーゼ欠損症），④リシン不耐症（過剰リシンによるアルギナーゼの阻害）．

オルフォン［orphon］　ヒストンやヘモグロビンのような縦列に繰返されたファミリーや遺伝子クラスターに由来した単一コピーとして散在する偽遺伝子*．オルフォンは新たな機能を生み出す塩基配列を保持している可能性があり，高等生

オルニチン回路の図

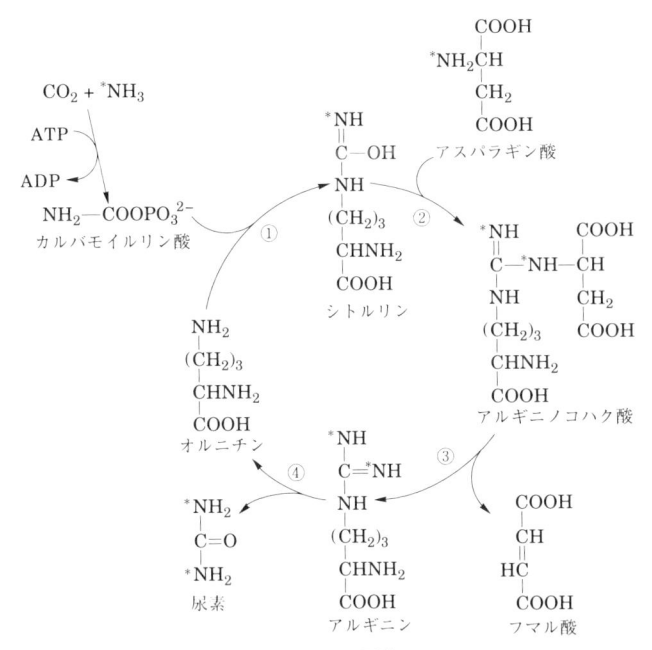

・カルバモイルリン酸 ($NH_2-COOPO_3^{2-}$) は $CO_2 + {}^*NH_3$ と ATP→ADP から生成
・シトルリン
・アスパラギン酸
・アルギニノコハク酸
・フマル酸
・アルギニン
・尿素
・オルニチン

オルニチン回路

物の進化において重要な因子であると思われる. ⇨ ヘモグロビン遺伝子.

オーレオマイシン [aureomycin] ⇨ テトラサイクリン.

オレンジG [orange G] 細胞化学によく使われる酸性色素.

(オレンジGの構造式)

オングストローム単位 [Angstrom unit] 1 μm の一万分の一に相当する長さの単位 (10^{-4} μm. μm は 10^{-6} m). 原子の大きさを表すのに便利である. A, Å などと略記する. スウェーデンの物理学者 Anders Jonas Ångström に敬意を表して命名された.

オンコジーン =がん遺伝子.

オンコマウス [oncomouse] 活性化されたヒトのがん遺伝子をもつ研究用マウス. 1988年デュポン社により, オンコマウスの販売が開始されたが, これは特許をとった最初の遺伝子組換え動物である. このマウスはマウス乳がんウイルスのプロモーターにつながれた ras がん遺伝子を保持しており, 胸部組織内でがん遺伝子が活性化され, 生後2, 3ヵ月で乳がんにかかる.

オンコルナウイルス [oncornavirus] 腫瘍誘発 RNA ウイルス (oncogenic RNA virus) の頭文字をとった語. ⇨ レトロウイルス.

温度感受性突然変異 [temperature sensitive mutation] ts 突然変異 (ts mutation) ともいう. 一定の温度範囲でのみ形質が発現される突然変異. このような遺伝子の産物は普段は正常に機能するが, ある温度以上で不安定化する. このため低温 (許容温度) 下では突然変異体は正常であるが, 高温 (制限温度) 下では突然変異の表現型を示す. ⇨ 付録 C (1951 Horowitz, Leupold; 1971 Suzuki et al.), 白化 [症], ヒマラヤン突然変異体.

温度変性曲線 [thermal denaturization profile] ⇨ 融解曲線.

カ

科 [family]　分類学では，近縁な属の集まりのことをいう．

階 [grade]　段階群ともいう．進化的進展の一段階．構造，生理学的過程，あるいは行動特性の発展において一つ以上の種が到達した水準．環境に対して同じように応答する遺伝子を共有していることにより異なる種も同じ段階に到達する可能性がある．共通の祖先をもたない2種の異なる生物種が同じ階に到達したとき，このような進化的平行を説明するのに収束という言葉を使う．

下位遺伝子　1. [hypostatic gene] ⇨ 上位．2. [hyparchic gene] ⇨ 等位遺伝子．

カイウサギ　= アナウサギ．

外温動物 [ectotherm]　変温動物ともいう．脊椎動物のうち魚類や両生類，爬虫類などのように体温調節のための内部機構をほとんどもしくは全くもたない生物のこと．これらの生物では，体温は周囲の環境条件によって決定される．⇨ 内温動物．

開花期 [anthesis]　花の咲く時期．

外殻タンパク質 [coat protein]　ウイルスの外殻を構成する構造タンパク質．

開花受粉（の）[chasmogamous]　開花後に受粉が起こる植物についていう．⇨ 閉花受粉（の）．

ガイガー-ミュラー計数管 [Geiger-Mueller counter]　感度の高いガスを充填した放射線測定装置．GM 計数管（GM counter）ともいう．

回帰係数 [regression coefficient]　独立変数に対する従属変数の変化の割合．たとえば，放射線量の単位変化に対する突然変異頻度の変化は回帰直線*の回帰係数によって決められる．

回帰直線 [regression line]　ある因子の増減の度合を別の因子の単位増加から予想するための線．⇨ 最良適合直線，散布図．

階級　= カースト．

外群 [outgroup]　二つの相同な形質状態のどちらが派生的形質であるかを推定するために，系統学の研究において調べられる種もしくはより高位の単系統分類群をいう．最も重要な外群比較は研究対象の分類群の姉妹群を含んでいる．⇨ 姉妹群．

壊血病 [scurvy]　⇨ アスコルビン酸．

カイコ [silkworm]　カイコガ*（*Bombyx mori*）の幼虫．

χ 構造 [χ structure]　ギリシャ文字の χ に似た構造．おのおのの環状 DNA を制限酵素で1回切断することによって環状二量体から形成される．親の二本鎖 DNA モノマーは，交差が起こっている点にあるヘテロ二本鎖 DNA 領域でつながっている．このような χ 構造が同定されたことによって交差が環状 DNA 分子間で起こることが示された．

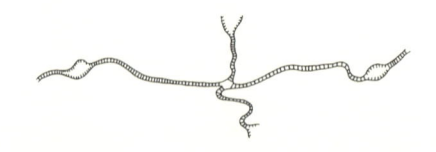

開口分泌　= エキソサイトーシス．

カイコガ [*Bombyx mori*]　絹を生産するために飼育されるカイコガ科の昆虫．養蚕は，4000年以上前に中国で始まった．推定ゲノムサイズは490,000 kb．キイロショウジョウバエについで，その遺伝学が最もよくわかっている昆虫である．⇨ 付録 A（節足動物門，昆虫亜綱，鱗翅目），付録 C（1913 Tanaka; 1933 Hashimoto），核内倍数性，絹．

外骨格 [exoskeleton]　体の外側を覆っている骨格．節足動物の特徴である．

外在性ウイルス [exogenous virus]　感染，複製，細胞外への放出を繰返すウイルス．配偶子ゲノム中で垂直伝達しない．

外在性ゲノム断片 [exogenote]　エキソゲノートともいう．部分接合体*形成のとき，ほかからもち込まれた新しい染色体片．

介在配列 [intervening sequence]　略号 IVS．⇨ イントロン．

開始因子 [initiation factor]　略号 IF．タンパク質合成の開始に必要なタンパク質．IF3 は mRNA がリボソームの 30S 粒子に結合するのに必要とされる．IF1 は fMet-tRNA と結合し，fMet-tRNA を 30S mRNA 開始複合体に付着させる．IF2 は必要なものではあるが，その正確な機能は明らかになっていない．開始因子は原核生物

ではIF，真核生物ではeIFと略記され，後に数字が続く．⇨ N-ホルミルメチオニン，走査仮説，翻訳．

開始コドン［start codon, initiation codon］ 真核生物のmRNA上でメチオニン（原核生物ではホルミルメチオニン）をコードする3個のリボヌクレオチド（AUG）が並んだ配列．ポリペプチドの合成を開始する．⇨ 遺伝暗号．

χ^2 検定［χ^2 test］ 実験的に得られた一組の値が，理論上の予想にどれだけ適合するかを決める手段となる統計学的手法．χ^2と確率の関係をグラフで示した．⇨ 付録C（1900 Pearson）．

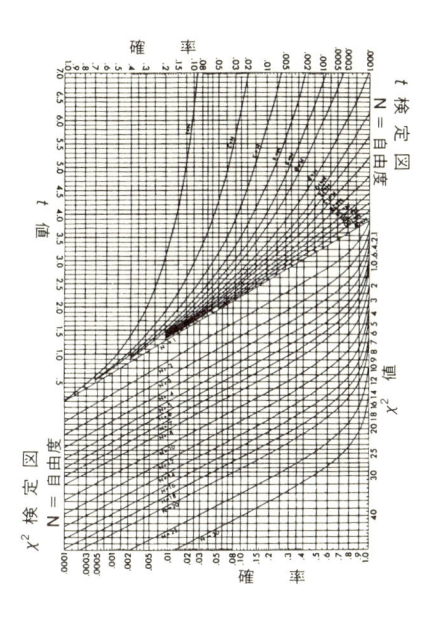

外質［ectoplasm］ 繊毛虫類の表層の細胞質．

概日リズム ＝サーカディアンリズム．

開始点［start point］ 開始部位（start site）ともいう．分子遺伝学においては，RNAポリメラーゼによりRNA転写一次産物の1文字目に取込まれるヌクレオチドに対応するDNA上の塩基対．

開始部位［start site］ ＝開始点（start point）．

階乗［factorial］ 因数の連続の積のことで，1から与えられた数までの全整数を乗じたものをいう．4の階乗は$1\times2\times3\times4=24$を意味する．通常，階乗の記号は一連の級数の最も大きな数字のつぎに感嘆符（！）をつける．それゆえ，4の階乗は4！と書く．

介助ウイルス ＝ヘルパーウイルス．

外植片［explant］ in vitro 培養を始めるときに使用する組織または器官から切出した断片．

外翅類［Exopterygota］ 不完全変態類＊．

階層［hierarchy］ あるグループが別のグループに包含されるような組織様式．生物の分類学的階層がその例である．⇨ 分類．

外挿値［extrapolation number］ 標的説で用いる概念．外挿した複数標的モデルの生存曲線が，生存数を対数目盛で表した縦軸と交わる点の値．外挿値は，対象とする生物システムに致死効果を与えるために，少なくとも一度はヒットされなくてはならない標的の数を示す．

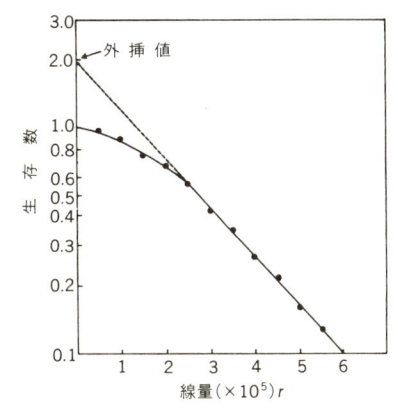

海底噴出孔群集［undersea vent community］ 光が届かない深海の，海底から溶岩が噴出している地殻変動が活発な地溝に沿って棲息する化学合成生物．このような群集は，ガラパゴス諸島の北方約380マイル，8000フィートの深さにある硫黄熱泉の噴出孔周辺で最初に発見された．⇨ 付録C（1977 Corliss, Ballard），超好熱菌．

外適応[形質]［exaptation］ 現在の条件下では選択的な有利性をもつが，元来は異なる機能を有していた形質．たとえば，代謝酵素であるアルデヒドデヒドロゲナーゼ，グルタチオン転移酵素，およびトランスケトラーゼは，水晶体のクリスタリンとして転用された（外適応した）．また，古い爬虫類の顎の一部は哺乳類では耳の骨になった．以前から存在し，選択圧の変化によって機能が変化した分子やより複雑な構造に対して，前適応＊という用語も用いられるが，外適応を用いることが望ましい．その構造の究極的な用途についての予見，あるいは事前の計画を意味しないからである．⇨ 適応．

回転重ね焼き法［photographic rotation technique］ 電子顕微鏡写真で観察される構造（例：ウイルス）の対称性を確かめるのに使われる技

術．顕微鏡写真を連続露出する間，引伸用感光紙を $360°/n$ 回転しながら，n 回重ね焼きする．n 放射相称をもつ構造は細部の補強を見せる．しかし，$n-1$ または $n+1$ 放射相称をもつものについてテストしたとき補強を示さない．

回転法 [rotation technique] ⇒ 回転重ね焼き法．

ガイド RNA [guide RNA] 略号 gRNA．⇒ RNA 編集．

解糖 [glycolysis] エムデン-マイヤーホ

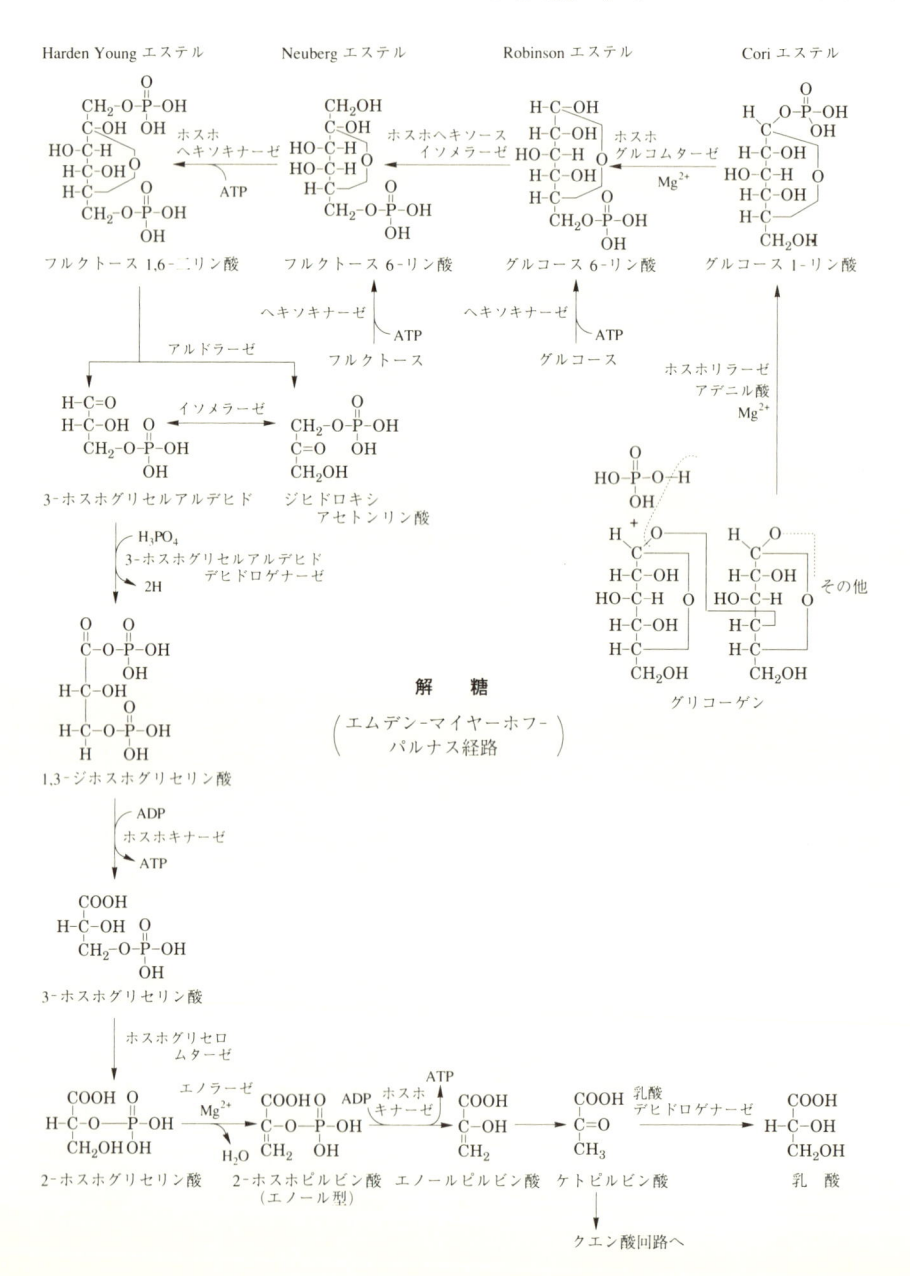

フ–パルナス経路 (Embden-Meyerhof-Parnas pathway) ともいう. 炭水化物の分解と酸化の主要な経路を構成する多種の組織に認められる p.70 に図示された一連の嫌気性反応. この過程はグリコーゲン, グルコースまたはフルクトースで始まり, ピルビン酸または乳酸で終わる. 1 分子のグルコースが, 2 分子のピルビン酸へ転化する際には 2 個の ATP 分子を生成する. 好気的条件では 8 個の ATP 分子が生じる. 形成されたピルビン酸はクエン酸回路*に入り分解される. ⇨ ペントースリン酸回路.

外毒素 [exotoxin]　ジフテリアや破傷風, ボツリヌス症などをひき起こす毒素で, ある種のグラム陽性菌などが周囲の培地に放出する. 内毒素*に比べ, 外毒素は毒性が強く, 特異性も高い.

界による分類法 [kingdom system]　⇨ 分類.

外胚葉 [ectoderm]　胚の外被および神経管 (神経管から, 脳, 脊髄および神経が発生する) を形成する胚葉. 外胚葉の誘導物には神経組織のすべて, 表皮 (皮膚腺, 毛, 爪, 角, 眼のレンズなどを含む), すべての感覚器官の上皮, 鼻腔, 肛門管, 口 (口腔腺, 歯のエナメル質を含む), および脳下垂体が含まれる. ⇨ 付録 C (1845 Remak).

χ 配列 [χ sequence]　大腸菌 DNA 上の 8 個の塩基対からなる配列で, 約 10 kb に 1 個の割合で現れる. RecA 依存性の遺伝的組換えの"ホットスポット"として働く.

外反　=膨出.

外分泌[の] [exocrine]　分泌物を上皮表層に開いている管の内部へ放出する内分泌腺についていう. 汗腺や粘液を分泌する腺などがある. ⇨ 内分泌系.

開放集団 [open population]　遺伝子流動*が無制限に行われる集団.

海洋底拡大 [sea floor spreading]　海底が, 地殻構造プレートの分離に従って, 水平方向に広がること. 大西洋の海底は, 良い例で, 大西洋中央海嶺は, ユーラシアプレート (東へ移動している) と北アメリカプレート (西へ移動している) の分離ラインを示している. 火山性物質の放出に伴って地殻が引き裂かれ, 海嶺がつくられる一方, 分離したプレート間の隙間には, 融解した岩石 (下方から上がってきて, 固まった) で満たされる. こうして, 分離しつつあるプレートが水平に移動するにつれ, 新しくできた海底が, ひきずられていくプレートの縁に加わり, その結果海底が広がっていく. ⇨ 付録 C (1960 Hess; 1963 Vine, Matthews), 大陸移動説, プレートテクトニクス.

外来性 DNA [exogeneous DNA]　その生物以外から由来する DNA. 他の細胞やウイルス由来など.

外来置換 [alien substitution]　一つないし複数の染色体をほかの種の染色体で置換すること.

外来付加モノソミー [alien addition monosomic]　固有の基本数の染色体にほかの種から 1 本の染色体が導入されたゲノム.

解離因子 [release factor, releasing factor]　終止コドンを認識し, 完成したポリペプチド鎖を遊離させるタンパク質.

解離因子-活性化因子 [*Dissociation-Activator system*]　⇨ 活性化-解離因子系.

解離 X [detached X]　付着 X 染色体*の腕が離れて形成される X 染色体. 通常は Y 染色体との交差により生じる.

回廊 [corridor]　特定の種が容易に分散可能な移動経路のこと.

カイロモン [kairomone]　発信者ではなく, 受信者に利益を及ぼす種間の化学的伝達物質. カイロモンは発信者にとってはふつう非適応的である. たとえば, 雄を同種の雌に誘引する分泌物はまた捕食者をも誘引する可能性がある. ⇨ アロモン.

ガウス曲線 [Gaussian curve]　⇨ 正規分布.

ガウゼの法則 [Gause's law]　= 競争[的]排除則 (competitive exclusion principle).

カエデ [*Acer*]　*A. rubrum* (アメリカハナノキ) および *A. saccharum* (サトウカエデ) は商業上重要であるため遺伝学的に研究されている.

カカオ [*Theobroma cacao*]　カカオノキ. チョコレートの原料となる.

化学結合 [chemical bonds]　⇨ ジスルフィド結合, 静電結合, グリコシド結合, 高エネルギー結合, 水素結合, 疎水結合, イオン結合, ペプチド結合, ホスホジエステル, 塩結合, ファンデルワールス力.

化学合成生物 [chemotroph]　エネルギーを光に依存しない内在性の化学反応によって得る生物. 無機物の代謝によりエネルギーを得る化学合成生物を化学合成無機独立栄養生物*というのに対し, 有機物を代謝する生物を化学合成有機独立栄養生物 (chemoorganotroph) という. ⇨ 原栄養体, 独立栄養生物.

化学合成無機独立栄養生物 [chemolithoautotroph]　暗所で無機物の酸化によりエネルギーを得る独立栄養生物. 多くの超好熱菌は, エネルギー代謝に無機物の電子供与体と受容体を利用し, CO_2 から炭素を得る. ⇨ 無機栄養生物,

Methanococcus jannaschii.

化学浸透説［chemiosmotic theory］　水素イオンは，電子が電子伝達鎖＊を通過する結果としてミトコンドリアの内膜あるいは葉緑体のチラコイド膜を通して汲み出されるという考え．それによって生じた電気化学的勾配が，ATP形成に必要なエネルギーを供給する．

化学独立栄養［chemoautotrophy］　⇨ 独立栄養生物，メタン細菌．

化学療法［chemotherapy］　病原微生物に対し直接的に毒性をもつと想定される既知の化学組成から成る薬を用いた病気の治療法．

花器官決定突然変異［floral identity mutation］　ある花の器官が別の器官に変わるホメオティック突然変異＊．シロイヌナズナ＊の *apetala2* 突然変異では，がく片が心皮（雌しべ）に，花弁が雄しべに変化している．*apetala3* 突然変異では，花弁ががく片に，雄しべが心皮に変化している．*agamous* 突然変異では，雄しべが花弁に，心皮ががく片に変化している．花の突然変異による奇想天外な形質を説明するために，巧妙な"ABCモデル"が考え出された．正常花（マトリックスI）では，Aクラス遺伝子（*APETALA2*）がAモルフォゲンを，Bクラス遺伝子（*APETALA3*）がBモルフォゲンを，Cクラス遺伝子（*AGAMOUS*）がCモルフォゲンをつくる．一番外側の輪（輪1）の分裂組織は，Aモルフォゲンがあるとがく片をつくり，その内側の輪（輪2）の分裂組織は，AモルフォゲンとBモルフォゲンがあると花弁が，さらにその内側の輪（輪3）の分裂組織は，BモルフォゲンとCモルフォゲンがあると雄しべが，最も内側の輪（輪4）の分裂組織は，Cモルフォゲンのみがあると心皮をつくる．*apetala2* 突然変異では，Aモルフォゲンを欠損（マトリックスII），*apetala3* 突然変異では，Bモルフォゲンを欠損（マトリックスIII），*agamous* 突然変異では，Cモルフォゲンを欠損している（マトリックスIV）．さらに，C遺伝子は，輪3と輪4では，A遺伝子を抑えており（マトリックスIV），A遺伝子は輪1と輪2では，C遺伝子を抑えている（マトリックスII）．ホメオティック突然変異は，正常では不活性化されている遺伝子を発現させる．発育場所はマトリックス内の位置に星印をつけてある．ホメオティック花器官決定遺伝子がコードするタンパク質には58アミノ酸の保存された配列が含まれる．*Hox* 遺伝子群＊のホメオボックスと同様，DNAに結合するのであろう．⇨ 付録C（1996 Krizek, Meyerowitz），アンテナペディア，境界設定遺伝子，花器官原基，分裂組織．

花器官原基［floral organ primordia］　花の器官となる分裂組織細胞．原基は，図に示すように，四つの同心円状の輪に配置されている．最も外側の輪1では，葉のようながく片ができ，その内側の輪2からは，目立つ花弁が，雄の生殖器官である雄しべは，輪3（輪2の内側）から，雌の生殖器官である心皮（雌しべ）は中心の輪4からできる．⇨ 付録A（植物界，被子植物上綱），シ

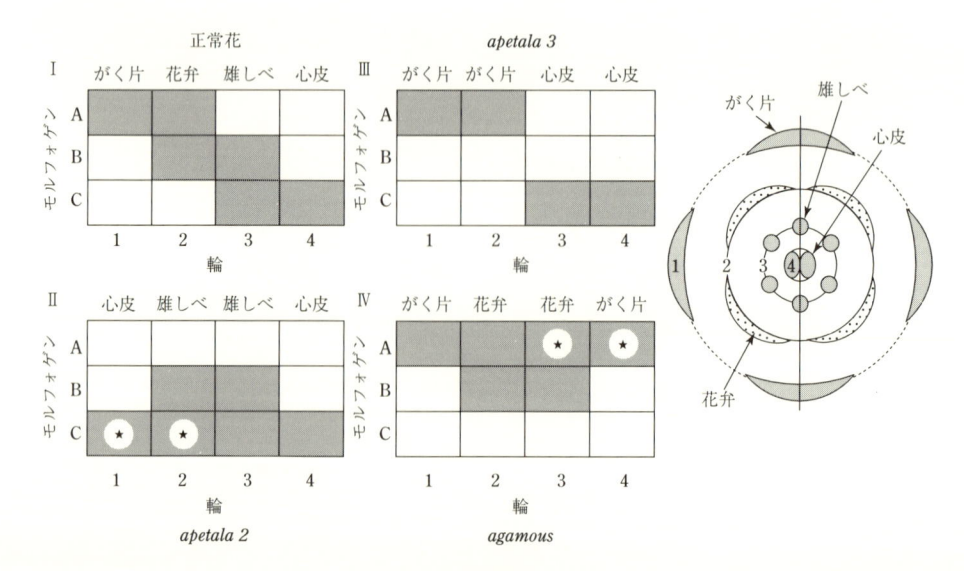

花器官原基

ロイヌナズナ，花器官決定突然変異，分裂組織．

かぎ状構造［crozier］　Neurospora（アカパンカビ）または類縁の糸状菌の造嚢糸によって形成される鉤形で，子嚢発生前に形成される．造嚢糸の先端細胞が自分自身の方に向かって伸び鉤形が形成される．菌糸の屈曲部内で，3個の細胞を形成するように細胞壁をつくる．その小突起の末端細胞は1核で，次の細胞は2核，またその後の細胞は1核である．この後から2番目にあたる細胞の中で，異なる交配型の一倍体の核の癒合が起こり，そしてこれが大きくなり，その中で減数分裂の起こる子嚢を形成する．

カギムシ属［Peripatus］　⇒生きた化石．

芽球化［blast cell transformation］　Tリンパ球が抗原に刺激されて，細胞質に富んだ巨大なリンパ芽球に分化すること．

架橋［cross-linking］　DNAの一方の鎖の塩基からもう1本の相補鎖の塩基への共有結合の形成をいう．抗生物質マイトマイシンCや亜硝酸イオンなどの分裂阻害剤によって起こる．

架橋交配［bridging cross］　生殖的に隔離されている2種間において，両方の種と生殖可能な中間体の種に遺伝子を伝達することによって，一つないしは複数の遺伝子を伝達できるようにする交配．

家禽品種［poultry breed］　プリマスロック（Plymouth Rock），ニューハンプシャー（New Hampshire），白色レグホン（White Leghorn），ブルーアンダルシアン（Blue Andalusian），ロードアイランドレッド（Rhode Island Red），ロードアイランドホワイト（Rhode Island White），オーストラロープ（Australorp），オーピントン（Orpington）．⇒ニワトリ．

核［nucleus, karyon］　すべての真核細胞に存在する膜で区切られた球状構造で，通常DNAを染色質＊の形で含む．⇒付録C（1831 Brown），核共生説，核膜，核膜孔複合体．

がく［calyx］　花部の最外部にある生殖と関係ない輪生体．がく片（構成葉）から構成されている．

核RNA［nuclear RNA］　略号nRNA．核内に見られるRNAのことで，染色体に結合していたり，核質に存在していたりする．⇒染色体RNA，ヘテロ核RNA．

核移行シグナル［nuclear targeting signal］　⇒タンパク質選別，選別シグナル．

核移入［nuclear transfer］　二倍体の体細胞核を，核を除去した卵内に注入すること．その後の発生の特徴から，移植した核の潜在的な発生能力が明らかになる．初期の実験には両生類のさまざまな種が用いられた．オタマジャクシまで生存した胚の数は，供与細胞が発生段階のより進んだ動物から取られたものほど低下した．近年の，成体のヒツジの体細胞からクローニングされた子ヒツジの誕生は世界的に関心を集めた．しかし，ドリー＊は，277の核移入を行った中で唯一の成功例であった．⇒付録C（1962, 1967 Gurdon; 1997 Wilmut et al.），クローニング，ヒツジ．

核液［karyolymph］　＝核質（nucleoplasm）．

核果　＝石果．

核外遺伝［extranuclear inheritance］　ミトコンドリアや葉緑体などのオルガネラのDNAによる非メンデル性遺伝．染色体外遺伝（extrachromosomal inheritance），細胞質遺伝（cytoplasmic inheritance），母性遺伝（maternal inheritance）ともいう．

核家族［nuclear family］　両親とその子供だけから成る家族．

核合体［karyogamy］　配偶子合体（syngamy）ともいう．受精における核の融合．通常は2個の配偶子核の合一をいう．

核顆粒［core granule］　ショウジョウバエの個眼の中にあるRNP顆粒．通常，キサントマチンとドロソプテリンがこの顆粒に結合している．

核球［karyosphere］　キイロショウジョウバエの成熟した第一卵母細胞の前背側部に見られる濃縮されたフォイルゲン陽性の塊状物．このDNAの濃縮物は核膜に包まれていない．その後四分染色体が核球から生じ，第一減数分裂の中期に入る．卵形成時の核球の見られる時期は放射線に対する感受性の最も高い時期である．

核共生説［endokaryotic hypothesis］　真核生物の核は，宿主の原核生物が，入ってきた原核生物を取込んだことで生じたとする仮説．したがって，核の内膜は入ってきた原核生物の形質膜で，核の外膜は，取込んだ宿主原核生物の細胞膜ということになる．翻訳延長因子＊の系統学的研究によると，真核生物の核は，硫黄依存好熱菌＊の一つであるエオサイトに類似した細菌から派生したとされる．⇒付録A（アーキア亜界，クレンアーキオータ門），付録C（1992 Rivera, Lake），内部共生仮説．

核型［karyotype］　一つの細胞，個体，あるいは種の染色体の一式．それぞれの染色体について，その相対的な長さ，動原体の位置，二次狭窄などがわかるように，光学顕微鏡的な形態に基づいて記述される．異型性染色体にも注意が払われる．核型は，染色体の大きさ順に並べた図の形で示されることが多い．このような図は核型図式（idiogram）とよばれ，個々の染色体の顕微鏡写

真を並べるか，あるいは一連の染色体標本の分析を要約して描かれる．⇨ヒトの有糸分裂染色体．

核型図式 [idiogram]　⇨核型．

核細胞質比 [nucleo-cytoplasmic ratio]　細胞質の体積に対する核の体積の比．

拡散 [diffusion]　分子がより低濃度の方向へ動こうとし，その系全体にわたって均一な濃度がつくられること．

核酸 [nucleic acid]　ヌクレオチドの重合体．⇨デオキシリボ核酸，リボ核酸．

核酸塩基 [nucleic acid base, bases of nucleic acid]　DNA，RNA に一般的に見られる有機塩基．塩基配列ではしばしばプリンを R，ピリミジンを Y で表す．プリンのアデニン，グアニンは DNA にも RNA にも存在する．ピリミジンのシトシンも両方の核酸に存在する．チミンは DNA のみ，ウラシルは RNA のみに存在する（下図参照）．⇨微量塩基．

核酸の三次構造 [tertiary nucleic acid structure]　ヌクレオチド鎖内部の相補的な塩基対の形成とヌクレオチド鎖の折りたたみにより生じる（鎖状）核酸高分子（たとえば転移 RNA*）の三次元構造．

核酸のメチル化 [methylation of nucleic acid]　DNA へのメチル基（-CH$_3$）の付加．⇨DNA メチル化，制限および修飾モデル，親による刷込み．

核酸分解酵素　＝ヌクレアーゼ．

核子 [nucleon]　原子核の構成粒子をいう．

核質 [nucleoplasm, karyoplasm]　核液 (karyolymph) ともいう．核内に含まれる原形質液．

核種 [nuclide]　原子の種類を示す用語．原子核の構成（陽子と中性子の数）により特定される．

核周辺槽 [perinuclear cisterna]　核膜の内膜および外膜で囲まれ，液体が入っている槽．

核鞘 [karyotheca]　＝核膜 (nuclear envelope)．

核小体 [nucleolus]　仁ともいう．特有の染色体領域（核小体形成体）に付随する，RNA に富む球体．トウモロコシでは核小体形成体は 6 番染色体に位置する．図は減数分裂前期の 6 番染色体とその核小体の様子を示したものである．核小体形成体はリボソーム RNA 遺伝子*をもち，核小体はこの遺伝子の一次産物とそれに結合するタンパク質，および種々の酵素（例：RNA ポリメラーゼ，RNA メチラーゼ，RNA エンドヌクレアーゼ）から成る．電子顕微鏡では，核小体は繊維状の中心核（不定形部）と顆粒状の表層（顆粒部）から形成されている．⇨付録 C（1838 Schleiden；1934 McClintock；1965 Ritossa, Spiegelman），ミラー樹，カハール体，プレリボソーム RNA，rDNA 増幅．

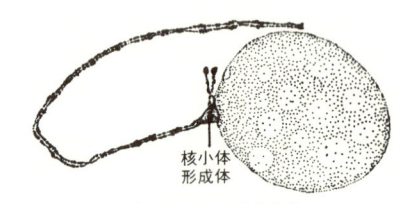

トウモロコシ 6 番染色体

核小体形成体 [nucleolus organizer]　仁形成体ともいう．⇨核小体．

核小体形成体領域 [nucleolus organizer region]　略号 NOR．⇨核小体．

核小体欠失 [anucleolate]　核小体のない状

プリン　　　アデニン　　　グアニン

ピリミジン　シトシン　チミン　ウラシル

核酸塩基

態.

核小体欠失突然変異 [anucleolate mutation] 核小体形成体の欠如した突然変異.ショウジョウバエ,ユスリカ,アフリカツメガエルで観察されている.このような突然変異の研究はrRNAの転写における核小体の役割の解明に役立っている. ⇨ 付録C (1966 Wallace, Birnstiel), *bobbed*, リボソーム.

核小体低分子 RNA [small nucleolar RNA] 略号 snoRNA.分子に特徴的なのは,4〜6ヌクレオチドの複数の"ボックス".この保存された配列は,一次配列上では,それぞれ離れた位置にあるが,ボックスを隔てている相補的な配列が塩基対を形成すると,折りたたまれたRNA分子中では近づく.できあがったループは,ステム-ボックス構造とよばれ,分子を核小体*に向かわせる機能をもつ.少なくとも150種以上のsnoRNA分子が存在し,rRNA前駆体分子の切断と,ひき続いて起こる切断物の修飾にかかわる.たとえば,snoRNAの大きなグループは,rRNAの保存された位置にあるリボースの2位のヒドロキシル基のメチル化に関与する. ⇨ ミラー樹,rRNA前駆体,リボース,リボソーム,16S RNA,トランスクリプトソーム.

画線接種 [streak plating] 純粋な培養株の単離を目的とした,固体培地の表面に微生物を分散させる技術.

核タンパク質 [nucleoprotein] 核酸とタンパク質の複合体.2種類の主要な塩基性タンパク質(低分子のプロタミン,高分子のヒストン)のいずれかがDNAと結合している.これらタンパク質の塩基性アミノ酸はDNAのリン酸基を中和している. ⇨ 付録C (1866 Miescher).

核重複 [nuclear duplication] 有糸分裂*.

獲得形質の遺伝 [inheritance of acquired characteristic] 遺伝子作用の結果としてではなく,環境の影響に対する応答として,親に生じた特性が子孫に遺伝すること. ⇨ ラマルク説.

核内低分子 RNA [small nuclear RNA] 略号 snRNA.少数種類のタンパク質と結合し,核内低分子リボ核タンパク質粒子を形成する一群の低分子 RNA.これらの snRNP(スナープと発音する)は RNA の転写後プロセッシングに関与する. ⇨ 付録C (1979 Lerner, Steitz),転写後プロセッシング,スナーポソーム,スプライセオソーム,トランスクリプトソーム,Usn RNA.

核内低分子リボ核タンパク質 [small nuclear ribonucleoprotein] 略号 snRNP. ⇨ 核内低分子 RNA.

核内倍加サイクル [endoreduplication cycle] 細胞分裂を伴わない DNA 複製サイクルで,倍数性*となる.ほとんどすべての動植物は,この過程により,特定の倍数性の細胞集団をつくる.たとえば,巨核球(血小板前駆細胞)は,$16N$ から $64N$,心筋細胞(心臓の筋肉細胞)は,$4N$ から $8N$,肝細胞(肝臓の細胞)は,$2N$ から $8N$ の倍数性を示す. ⇨ 多糸性.

核内倍数性 [endopolyploidy] 二倍体の個体中に,$4C$, $8C$, $16C$, $32C$ といった量のDNAを核内にもつ細胞が生じること.ショウジョウバエの卵室内にある哺育細胞の核は核内倍数性のよい例である.最も高いレベルの核内倍数性は,カイコガの幼虫で起こることが知られている.絹をつくる細胞は少なくとも100万倍体もの核をもつ. ⇨ 付録C (1979 Perdrix-Gillot), カイコガ, 絹.

核内プロセッシング [nuclear processing] = 転写後プロセッシング (posttranscriptional processing).

核内分裂 [endomitosis] 正常な核膜の中で起こる体細胞の倍数体化.通常の有糸分裂周期に相当する段階はみられないが,DNA量は半数体の値の倍数で増加する.倍数体化した染色体が分離せずに,位置を合わせて存続する場合には,多糸染色体*が形成される.

確認誤差 [ascertainment bias] ⇨ 発端者法.

核濃縮 [pycnosis, piknosis] 細胞が死ぬときにみられる,核が萎縮し,強度の好染性の固まりになる現象.

核の再プログラミング [nuclear reprogramming] 幼体や成体の体細胞の分化した核が,卵の核と入れ替わり,移植された核が全能性*を回復することを可能にする.DNAの修飾(脱メチル化などによる)や染色質タンパク質の修飾(DNAからの解離などによる). ⇨ 核移入.

核分裂 [nuclear fission] 原子核の変化の一つ.ある原子核が別の二つ以上の核へと分裂し,ふつうの化学反応エネルギーよりはるかに大きいエネルギーを放出する.

隔壁分裂 [septal fission] 分裂酵母*のような酵母の特徴である細胞分裂.分裂は,ほぼ同じ大きさの二つの細胞に核を分離する隔壁の形成を伴う (⇨ 出芽).

がく片 [sepal] ⇨ 花器官原基.

核変換 [transmutation] 放射性元素が放射性崩壊*して,他の元素に変化すること.

核膜 [nuclear envelope] 核鞘(karyotheca)ともいう.核を取囲む膜でシスターナを包込む二重膜より成る.外膜にはリボソームが散在している.核膜孔複合体*は,周核シスターナを貫通している.

隔膜形成体 [phragmoplast]　後期の終わりから終期の初めにかけて分離した染色体群の間に形成される植物細胞内の分化領域．細胞板が発達する際に使われる物質を輸送する微小管を多数含む．細胞板が形成されると，隔膜形成体は二つに分割される．その結果，細胞板は成熟した細胞壁の中層になる．

核膜孔複合体 [nuclear pore complex]　略号NPC．分子の核内外への統制のとれた透過を可能にする8回対称形のオルガネラ．典型的な哺乳類の核には，3000～4000個のNPCが含まれる．それぞれの複合体は，中心のプラグを取巻く8個のスポーク様構造が二つのリングで挟まれた構造をした中心のコアからできている．細胞質側のリングを構成しているサブユニットには，細胞質側へ繊維が付いている．内側の核側のリングからは，かご状の構造が伸びている．かごは，このリングのサブユニットともっと小さな末端のリングをつなぐ支柱からできている．⇨ヌクレオポリン．

核融合 [nuclear fusion]　二つ以上の原子核が莫大なエネルギーを放出して合体すること．

核様体 [nucleoid]　1. 原核生物，ミトコンドリア，葉緑体内のDNAを含む領域．2. RNAがんウイルスにおいて，二十面体のタンパク質キャプシドで囲まれた遺伝子RNAのコアのこと．

隔離機構 [isolating mechanism]　二つ以上の近縁の生物群の間で有効な交配が起こることを妨げる，細胞学的，解剖学的，生理学的，行動学的，生態学的差異，地理的障壁．⇨接合後隔離機構，接合前隔離機構，ウォレス効果．

隔離集団 [isolate]　生物集団の中で同類交配が生じる範囲のグループ．

確率過程 [stochastic process]　それぞれの段階における運動方向がランダムな一連の段階からなる過程．

確率値 [probability value, P value]　一定の試行である事象が起こる頻度を示す(小)数．⇨事象の確率．

隠れた抗原 [eclipsed antigen]　寄生虫由来の抗原決定基で，宿主が抗体産生をおこさない程度に宿主の抗原決定基に類似するもの．寄生虫の隠れた抗原の産生を分子擬態という．

花茎 [scape]　タンポポやラッパスイセンに見られるような，地表から生じる葉のない花梗．

家系 [genealogy]　ある祖先に由来する家族，集団，あるいは個人の血縁関係の記録，系譜，系図．

過形成 [hyperplasia]　細胞数の増加によって生じる組織の容積の増加．過形成はしばしば障害を受けた器官の再生に伴って起こる．⇨肥大．

家系選択 [family selection]　両親と祖先(祖父母など)を除く，同一家族のほかのメンバー(完全きょうだいや半きょうだい)の優秀さに基づいて，かけ合わせに用いる個体を人為的に選ぶこと．

過誤 [error]　⇨統計学的過誤．

ガーゴイリズム [gargoylism]　ハンター症候群*とハーラー症候群*という二つの全く別種の遺伝病の総称．

過去予測 [retrodiction]　過去のできごとのまだ発見されていない結果を予測する行為．進化に関する有用な理論は化石記録の適切な場所を調べることにより，その考えの正当性を示すような過去予測を可能にする．

重なり遺伝子 ＝オーバーラップ遺伝子．

カサノリ属 [*Acetabularia*]　大きな単細胞緑藻の一属．この属の種間の移植実験により，細胞質分化の核支配に関する知識が得られている．

過酸化水素 [hydrogen peroxide]　H_2O_2．カタラーゼ，ホースラディッシュペルオキシダーゼ，ペルオキシソーム．

果実 [fruit]　種子を包んでいる花の成熟した子房．

可視突然変異体 [visibles]　表現型を観察しうる突然変異体．誘発突然変異体を得ようとして交配し，期待した種類の個体が存在しないことで見いだせる致死突然変異体と対比される．

荷重 [load]　⇨遺伝的荷重．

加重平均 [weighted mean]　観察数や量の異なる階級に異なる加重を行って(すなわち異なる因数を乗じて)算出される平均値．

花序 [inflorescence]　1. 花の集合体．2. 枝上における花の配列および分化様式．⇨有限花序，無限花序．

過剰染色体 [supernumerary chromosome]　ある生物に特有の正常な染色体の組に加えて存在する染色体で，その数は一定でない．⇨付録C(1928 Randolph)，B染色体．

過剰排卵 [superovulation]　正常の排卵数よりも多数の卵が，卵巣から排出される現象．こうした現象は牛その他の家畜代理母への胚移植*に際し，ホルモンにより人工的に誘発される．

下垂体性小人症 [pituitary dwarfism]　ヒトにおける発育不全の一つの型で，常染色体劣性遺伝．これには次の二つのタイプがある．(1) 成長ホルモンのみが欠損する原発性小人症と，(2) 下垂体前葉のすべてのホルモンが欠損する汎下垂体機能低下症である．⇨発育不全，遺伝性成長ホ

ルモン欠損症．ヒト成長ホルモン，ラロン型小人症，小人．

加水分解［hydrolysis］　一つの分子が水分子の添加によって二つ以上のより小さな分子に開裂すること．

加水分解酵素［hydrolase］　ヒドロラーゼともいう．供与分子と受容分子の間の水分子の移動を触媒する酵素．タンパク質分解酵素は，加水分解酵素の中のある特別なクラスである．

ガスクロマトグラフィー［gas chromatography］　不活性ガスを用いて物質の蒸気がカラム中を通過するようにし，その物質を分離させるクロマトグラフの手法．

カースト［caste］　階級ともいう．社会性昆虫にみられる社会内分業に対応した機能的・形態的区分．

ガストリン［gastrin］　胃から分泌されるホルモン．胃の細胞による消化酵素の分泌を促す．

ガスフロー放射線計数管［gas-flow radiation counter］　管内に適量のガスをゆっくりと流すことにより，一定の気圧が感度の高い状態で保持される計数管．

ガスリー試験［Guthrie test］　R. Guthrie が開発した細菌を使用したフェニルアラニンの試験法．彼は，新生児スクリーニングに，この方法を開発しただけでなく，スクリーニングを義務化した州法の通過に努めた．新生児スクリーニングと誕生後数週以内に開始される食事療法により，米国におけるフェニルケトン尿症*による精神発達遅滞は，事実上なくなった．⇨ 付録 A（1961 Guthrie）.

化　性［voltinism］　昆虫の胚が休眠*に入るか否かに関する多型性．たとえば，カイコの一化性系統は休眠性胚のみをつくる．二化性系統は非休眠性の子孫をつくり，その次代として休眠性胚がつくられる．

窩生細胞［tormogen cell］　⇨ 生毛細胞．

化　石［fossil］　岩石中に残された貝殻や骨，足跡など，かつての生命の遺骸や痕跡．⇨ 生きた化石．

化石種［paleospecies］　出現した地層によって祖先種や子孫種の地位が与えられる系統発生系譜上の一連の種．⇨ 向上進化．

カセット［cassette］　機能的に関連し互いに交換しうる塩基配列が縦列に並んでいる遺伝子座．酵母において観察される交配型の転換は，カセットを切出し，異なる塩基配列をもつ別のカセットと入れ換えることによって起こる．酵母の交配型遺伝子座はホメオボックス*を含む．

カセット突然変異誘発［cassette mutagenesis］

ある遺伝子から，両端に制限部位*をもつ DNA 断片を切出し，そこに別の DNA 断片を挿入する技術．新しいカセットに部位特異的塩基置換または欠損があれば，それが表現型にどのように影響するかを調べることで，遺伝子あるいはその産物の機能における，特定領域の相対的な重要性がわかる．

家　族［family］　**1**. 親の組（父親と母親，雄親と雌親など）とその子を合わせて，核家族という．さらに半きょうだい，おば，おじ，祖父母，その他血縁者が集まると拡張家族といわれる．**2**. 遺伝子ファミリー．⇨ 多重遺伝子族．

加速器［accelerator］　原子核の分析を行うために，荷電粒子に運動エネルギーを付与し，高エネルギー粒子をつくる装置．

家族性筋萎縮性側索硬化症［familial amyotrophic lateral sclerosis］　略号 FALS. ヒトの常染色体性優性の疾患で，皮質，脳幹，脊椎の運動神経の変性により起きる．手足が非対称的に脆弱になり，進行すると完全に麻痺し，死に至る．FALS は，21 番染色体の長腕 22.1 上の遺伝子の突然変異が原因．この遺伝子は，スーパーオキシドジスムターゼ（SOD）*をコードしている．SOD の突然変異により，酵素の三次元構造が崩れ，安定性，活性ともに落ちる．ヒト FALS 由来の突然変異 SOD 遺伝子をもつ遺伝子組換えマウスは，脊椎の運動神経の死により，麻痺となる．このようなマウスは，FALS の今後の研究に，非常に貴重な道具となるだろう．⇨ 付録 C（1994 Gurney, Siddique et al.）.

家族性高コレステロール血症［familial hypercholesterolemia］　略号 FH. 血漿中の低密度リポタンパク質（LDL）濃度の上昇を特徴とするヒトの遺伝病．FH は常染色体優性として遺伝し，その遺伝子座は 19p13.2-3 にある．アメリカ，ヨーロッパ，および日本では，ヘテロ接合個体の出現率はおよそ 1/500 であり，FH は遺伝病の中で最も多い．ホモ接合はまれである（米国では 100 万人に 1 人）．この遺伝子の全長は 45 kbp あり，低密度リポタンパク質受容体（LDLR）をコードする 18 のエクソンをもつ．この糖タンパク質は 839 個のアミノ酸からなり，以下の五つのドメインを形成する．(1) リガンド結合ドメイン，(2) 上皮成長因子*の前駆体と相同性を示すドメイン，(3) 糖鎖が結合したドメイン，(4) 膜貫通ドメイン，(5) 細胞質ドメイン．1 番目のドメインは負に荷電しており，正に荷電した LDL 粒子と結合する．2 番目のドメインは受容体の正常なリサイクルに必須である．3 番目のドメインは，受容体を安定化する．4 番目のドメイン

は疎水性アミノ酸を含み，原形質膜を貫いて，LDLRを細胞につなぎ止める．5番目のドメインは受容体を被覆ピットに集合させるのに必要である．構造上のドメインとエクソンの配置とは直接関連している．たとえば，ドメイン2はエクソン7～14がコードし，ドメイン5はエクソン17と18がコードする．突然変異の大部分はLDLRの合成を妨げる．2番目に多い突然変異のグループは小胞体から外に出ることができないようなLDLRをつくる．3番目の種類の突然変異では，LDLRは細胞の表面に輸送されるが，LDL粒子と結合できない．この外に，LDR粒子と結合はするものの，被覆ピットに集合できないまれな突然変異のグループもある．ヘテロ接合の大部分では，受容体の活性は正常な人の半分になり，ホモ接合では活性がみられない．受容体介在エンドサイトーシス*の欠陥は，LDLが血漿中に蓄積する原因となる．動脈壁にコレステロールが沈着し，アテローム性動脈硬化症を発症する．ホモ接合はヘテロ接合に比べて，はるかに重篤な症状を示す．⇒付録C (1975 Goldstein, Brown)．血漿リポタンパク質，WHHLウサギ．

家族性ダウン症候群 [familial Down syndrome] ⇒転座型ダウン症候群．

芽体 [blastema] 分化能力のある細胞からなる小突起．動物の器官や付属肢の再生はこれから始まる．

片親遺伝 [monolepsis] 一方の親の形質のみが子孫に伝達されること．

カタツムリ熱 [snail fever] ＝住血吸虫症 (schistosomiasis)．

カタボライト遺伝子活性化タンパク質 [catabolite gene activator protein] ＝CGAタンパク質．カタボライト活性化タンパク質 (catabolite activator protein)．

カタボライト活性化タンパク質 [catabolite activator protein] 略号CAP．環状AMP受容タンパク質 (cyclic AMP receptor protein, CRP) またはカタボライト遺伝子活性化 (catabolite gene activator, CGA) タンパク質ともいう．細菌の細胞内で構成的に生成されている二量体の正の制御タンパク質．cAMPに結合すると，誘導性のグルコース感受性オペロン (たとえば大腸菌のラクトースオペロン) のプロモーター部位に結合し，カタボライト感受性の近接遺伝子の転写を促進する．

カタボライトリプレッション [catabolite repression] 細菌をグルコース存在下で生育すると，ラクトース，アラビノースなどの糖の代謝に関する酵素の合成が，減少したり停止したりする

こと．グルコースによってアデニルシクラーゼの，ATPをcAMPに変える働きが阻害される．cAMPがカタボライト活性化タンパク質* (CAP) と複合体を形成して初めて，グルコース以外の糖代謝を触媒する酵素の遺伝子のプロモーターにRNAポリメラーゼが結合する．よってグルコースの存在下では，これらの酵素のmRNAの転写を促進するのに十分なCAPが得られない．

カタラーゼ [catalase] 過酸化水素を水と酸素に分解する酵素．$H_2O_2 \rightarrow H_2O + 1/2 O_2$．カタラーゼは特に肝臓に豊富に含まれ，ペルオキシソーム*内に存在する．⇒無カタラーゼ血症，抗酸化酵素，スーパーオキシドジスムターゼ．

花柱 [style] 子房の頂部から出る細い柱状の組織．内部を花粉管が伸長する．

割球 [blastomere] 卵が卵割中に分裂した細胞のそれぞれをさす．割球の大きさが異なるときには，大割球，小割球という．

活性化因子 [activator] アクチベーターともいう．オペロン転写のリプレッサーを促進因子に変化させる分子．たとえば，細菌のアラビノースオペロンのリプレッサーは基質と結合するとオペロンを活性化するように働く．

活性化エネルギー [activation energy] 化学反応が進行するために必要なエネルギー．酵素*が反応物に一時的に結合すると，より低い活性化エネルギーをもつ複合体が生成される．このような条件の下で，生物系の常温での反応が進行可能となる．いったん生成物ができると，酵素は変化することなく解離する．

活性化-解離因子系 [*Activator-Dissociation* system] Ac/Ds系 (Ac, Ds system) ともいう．トウモロコシにおける制御因子系．Acは自律因子で，本質的に不安定である．この因子は，染色体上のある場所から自分自身を切り出し，他の場所に転移する能力をもつ．Acは，それがDsを活性化することで検出される．Dsは非自律性であり，それ自身では切り出しや転移はできない．Dsを活性化するためには，AcはDsに隣接する必要はなく，同一染色体にある必要すらない．Dsが活性化されると，特定のシストロンの内外においてヌクレオチドが変化する結果，近傍の遺伝子の発現レベルや遺伝子産物の構造，さらには遺伝子が発現する発生段階を変化させる可能性がある．活性化されたDsはまた，染色体の切断を起こすことがあり，これにより欠失あるいは切断-融合-架橋サイクル*を生じる．現在では，マクリントック (McClintock) のAc遺伝子座は，4.6 kbの転移因子であること，また，DsはAcに由来し，トランスポゼース遺伝子内に短い欠失をもつ欠陥

DNA断片であることが判明している. ⇨ 付録C (1950 McClintock; 1984 Pohlman et al.), 転移因子, トランスポゼース, トランスポゾン標識.

活性化酵素 [activating enzyme]　ATPと特定のアミノ酸が関与する反応を触媒する酵素. その産物はつづいて特定のtRNAと反応する活性化複合体である.

活性中心 [active center]　酵素の場合, 基質が結合し, 反応生成物に転換するタンパク質の柔軟な部分. 運搬, 受容体タンパク質の場合は, 特異的な標的化合物と相互作用する部分.

活性部位 [active site]　タンパク質が機能するために, 特定の形, あるいはアミノ酸配列を保っていなければならない部位. たとえば, 酵素の基質結合領域, ヒストンやリプレッサーのDNA結合部位, 抗体の抗原結合部位, ホルモンの細胞受容体認識部位.

活性マクロファージ [activated macrophage]　通常はリンフォカインによる刺激を受けたマクロファージ. 細胞が大きくなり, 酵素量, 非特異的貪食作用が増加する.

褐藻植物門 [Phaeophyta]　おもに, コンブのような褐藻とよばれる海洋生物を含む門. Margulisの5界の分類に従えば, 原生生物界 (付録A) に属する. Cavalier-Smithの分類によれば, 6界のクロミスタ*に位置する.

κ共生者 [κ symbiont]　⇨ キラーゾウリムシ.

滑面小胞体 [smooth endoplasmic reticulum]　略号SER. リボソームを欠く小胞体で, agranular reticulumとよばれることもある. 炭水化物, 脂質, あるいはステロイドなど, タンパク質以外の物質を活発に合成している細胞ではSERはふつうにみられる. 管と小囊からなるこの複雑なネットワークは, 上皮の脂肪分泌腺の細胞, ステロイドホルモンを合成する分泌腺細胞, 小腸の内面の細胞などでみられる. ⇨ 小胞体.

カテゴリー [category]　分類階層における階級. 一つあるいは複数の分類群が含まれる (例: 界, 門, 綱, 目, 科, 属, 種).

カテナン [catenane]　2個以上の環状構造がインターロック状につながったもの.

カテプシン [cathepsin]　リソソーム*に存在すると考えられているいくつかのタンパク質分解酵素. このような酵素は, たとえば, 尾の再吸収中の変態しているオタマジャクシにたくさんある.

可動遺伝因子 [mobile genetic element]　動く遺伝子. ⇨ 転移因子, トランスポゾン.

カドヘリン [cadherin]　細胞間接着分子として機能する, 700～750個のアミノ酸からなる糖タンパク質. この分子のN末端は膜表面から突出し, Ca^{2+}結合部位をもつ. C末端の尾部は細胞骨格のアクチンと結合する. 中間部分は細胞膜に不可欠な機能をもつ領域である. カドヘリンの中では, Eカドヘリン類が最もよく調べられている. これは多くのタイプの上皮細胞にみられるが, 通常, 細胞同士を結びつけている接着帯に集中している. ⇨ 細胞間接着分子.

カナダモ [Elodea canadensis]　条件的な無性繁殖体*としての性質がある. ⇨ 付録C (1923 Santos).

カナマイシン [kanamycin]　細菌の70Sリボソームに結合し, mRNAの誤読をひき起こす抗生物質.

カハール体 [Cajal body]　1903年にスペインの神経生物学者Santiago Ramon y Cajalによって初めて哺乳類神経で確認された核内のオルガネラで, 付随体と名付けられた. 1969年にA. MonneronとW.Bernhardにより哺乳類肝臓の分裂間期の核で再発見され, 電子顕微鏡下での様子からコイル体と名付けられた. カハール体は, 現在では, そこに濃縮されているコイリン*というタンパク質に対する抗体を使った蛍光免疫染色によりごく普通に見いだされる. 鳥類卵母細胞 (卵核胞) の巨大核には, 50～100個の大きなカハール体が含まれる. 真核生物の3種類のRNAポリメラーゼのすべてが, あらゆるタイプのRNA (mRNA前駆体, rRNA前駆体, tRNAなど) の転写・加工処理 (プロセッシング) に関与する多くの因子とともに卵母細胞のカハール体に見いだされる. 卵母細胞の研究から, Gallらは, 核小体が翻訳装置 (リボソーム) が予備的に集まったものであるのに対して, カハール体は核の転写装置が予備的に集まったものであろうといっている. ⇨ 付録C (1999 Gall et al.), 核小体, 転写後プロセッシング, スナーポソーム, トランスクリプトソーム.

果皮 [pericarp]　成熟した果実の子房の皮. 木の実のように乾燥し堅いもの (堅実), また, イチゴのように多肉質なもの (漿果) がある. ⇨ 穀粒.

過敏症 [hypersensitivity]　多くの個体には無害な量のアレルゲンにより, 臨床的症状がひき起こされるという性質. ⇨ アレルギー.

カフェイン [caffeine]　茶やコーヒーに含ま

れるアルカロイド興奮剤．微生物において突然変異を誘発するプリン類似体である．

花粉回復遺伝子［pollen-restoring gene］　細胞質性雄性不稔要因が存在していても正常な小胞子形成を起こさせる遺伝子．

花粉学［palynology］　胞子，花粉粒，その他の小胞子性繁殖体で現存しているもの，化石の両方について研究する学問．

花粉管［pollen tube］　発芽した花粉粒から生じる管．卵へ雄性配偶子を運ぶ．⇨付録C（1830 Amici）．

花粉管核［tube nucleus］　成長する花粉管の中に存在する栄養核．

花粉母細胞［pollen mother cell］　小胞子母細胞．

花粉粒［pollen grain］　顕花植物における小胞子．発芽して雄性配偶体（花粉粒と花粉管から成る）を形成する．これは3個の半数体核を含み，そのうち1個は卵を受精し，ほかの1個は2個の極核と融合して$3n$の内乳を形成する．もう1個（栄養核という）は重複受精が完了すると退化する．

可変[の]［variable］　異種または同種の個体間の差異，あるいは同一個体のさまざまな時期の差異など，異なる条件下で異なる値を示しうる生物の性質．

可変領域［variable domain, variable region］　同一個体の中でさまざまなアミノ酸配列を示す免疫グロブリンL鎖，H鎖の領域でN末端側の部分．抗原結合部位．

カボチャ属［*Cucurbita*］　27種からなる属で，最も広く栽培されている5種を含む．ほとんどの遺伝学的情報は，*C. pepo*（ペポカボチャ），*C. mixta*，*C. moschata*（ニホンカボチャ），*C. maxima*（セイヨウカボチャ），*C. ficifolia*（クロダネカボチャ）から得られている．

禾本［grass］　イネ科に属する単子葉植物の総称．これらの種は，幅が狭く，やり状の葉身をもつ葉，苞葉の小穂内に生じる花を特徴とする．

カマキリ［mantid］　カマキリ目に属する昆虫．

鎌状赤血球形質［sickle-cell trait］　正常の対立遺伝子H^Aと鎌状赤血球対立遺伝子H^Sを両方もつ個体が示す良性状態．H^A/H^S個体の赤血球はHb^AとHb^Sを産生し，個体は健康である．この赤血球は酸素濃度が極度に減少した場合は鎌状に変形する．H^A/H^S個体はH^A/H^A個体よりも熱帯熱マラリア原虫（*Plasmodium falciparum*）の感染抵抗性は大きい．その理由は，マラリア病原虫はこの赤血球内に入り，細胞質を食胞に取込んで生活するが，Hb^S分子はHb^A分子に比べて不溶性で，細胞質の粘性を著しく増大させるため，H^A/H^Sの細胞では生活維持が十分できないためである．アフリカ系アメリカ人の約9％が鎌状赤血球形質を呈している．⇨付録C（1954 Allison），ヘモグロビン，ヘモグロビンS，マラリア．

鎌状赤血球貧血症［sickle-cell anemia］　常染色体上の共優性遺伝子H^Sについてホモ接合の個体に見られる致命的な溶血性貧血で，この個体の赤血球は異常なヘモグロビン，Hb^Sを含む．これらの細胞は血清の酸素分圧がわずかに低下したときに可逆的にその形態を変え，伸長し糸状となり鎌状の形態をとる．このような赤血球は凝集し，急速に破壊されるので，寿命がきわめて短い．アフリカ系アメリカ人の出生児の0.2％が罹病している．⇨付録C（1949 Pauling *et al.*; 1957 Ingram; 1978 Kan, Dozy），遺伝子．http://www.sicklecelldisease.org

鎌状赤血球ヘモグロビン［sickle-cell hemoglobin］　⇨ヘモグロビンS．

夏眠［aestivate, estivate］　高温，乾燥の季節を休眠して過ごすこと．⇨冬眠．

CAM［CAM＝cell-cell adhesion molecule］＝細胞間接着分子．

カモジグサ［*Agropyron elongatum*］　カモジグサ属の植物．茎のさび病に抵抗性があることから注目されたメヒシバと近縁の雑草．さび病抵抗性の遺伝子は，この種からパンコムギ（*Triticum aestivum*）へ導入されている．

ガモント［gamont］　生活環の中で一倍体と二倍体の両方の相をもつような原生生物のうち，一倍体型の成熟体をいう．ガモントは有性生殖において機能する．配偶子生殖を行い，二倍体の無性親を形成する．無性親は減数分裂を行い，生じた非配偶体が分散してさらに分裂を行い，再びガモントへと分化してサイクルが完了する．

ガモントの接合［gamontogamy］　有性生殖の間にガモントが接合し，核融合することで無性親を形成すること．

過ヨウ素酸シッフ法［periodic acid Schiff procedure］　多糖類の存在を示すための染色法．PAS法ともいう．⇨シッフ試薬．

α-ガラクトシダーゼ［α-galactosidase］　スフィンゴ糖脂質，糖タンパク質などのα-ガラクトース残基をもつ基質の加水分解を触媒する酵素．ヒトには，α-ガラクトシダーゼはA型とB型の二つがある．A型遺伝子はX染色体上にある．ファブリー病*はこの遺伝子座の突然変異に起因する．B型は22番染色体上の遺伝子にコードされている．

β-ガラクトシダーゼ［β-galactosidase］　ラ

クトースを，グルコースとガラクトースに分解する酵素．大腸菌では，*lacZ* 遺伝子にコードされる分子量約 500,000 の四量体である．⇒ ホモメリックタンパク質，オペロン，ラクトースオペロン，ラクトース．

ガラクトース［galactose］　二糖であるラクトースやさまざまなセレブロシド，ムコタンパク質などの構成成分となる六炭糖の一種．⇒ β-ガラクトシダーゼ．

ガラクトース血症［galactosemia］　9番染色体短腕上の遺伝子に起因する常染色体劣性遺伝のヒト遺伝病．ホモ接合体ではガラクトシル-1-リン酸ウリジルトランスフェラーゼが先天的に欠損し，組織内にガラクトース1-リン酸の蓄積が起こる．肝臓ならびに脾臓の肥大，白内障，精神遅滞を伴う．食物中からガラクトースを除くことにより症状を緩和することができる．生出率は 1/62,000 である．⇒ 付録C (1971 Merril *et al*.)．

ガラスナイフ作製機［knife breaker］　板ガラスの小板を初めは四角形に，つぎに三角形に切断するために考案された装置．これらはプラスチックに埋込まれた組織を電子顕微鏡下で観察するための超薄切片にするためのナイフとして使われている．⇒ ウルトラミクロトーム．

カラスムギ［oat］　⇒ カラスムギ属．

カラスムギ属［*Avena*］　カラスムギの種々の種を含む属．最も一般的な栽培種は *A. sativa*（カラスムギ）である．

ガラパゴス諸島［Galapagos Islands］　エクアドルの西 650 マイル（約 1000 km）に，赤道をまたいで分布する 14 の島からなる群島．ウミイグアナ，ガラパゴスコバネウ，特殊なフィンチのグループなど，多くの種が世界でここでしかみられない．1835 年，ダーウィンがこの諸島の探検に過ごした 5 週間は，彼の科学者としての生涯にとってきわめて重要なものとなった．⇒ 付録C (1837 Darwin)，ダーウィンフィンチ．

ガラパゴスリフト［Galapagos rift］　⇒ 地溝．

カラムクロマトグラフィー［column chromatography］　化合物を含む液体を，円筒中の多孔性物質を通し，吸着性の違いを利用し，溶液中の有機化合物を分離すること．多孔性物質にはイオン交換樹脂などが用いられる．⇒ クロマトグラフィー．

カランコエ属［*Kalanchoe*］　光周性開花反応の遺伝学的調節機構の研究がなされている多肉植物の一属．⇒ フィトクロム．

カリウム［potassium］　組織に少量存在する元素．

原子番号	19
原子量	39.10
原子価	+1
最も多い同位体	^{39}K
放射性同位体	^{42}K
半減期	12.4 時間
放射線	β線，γ線

カリオソーム［karyosome］　ショウジョウバエの卵母細胞（発生段階 3〜13）の核内に観察されるフォイルゲン反応陽性小球体．発生段階 3〜5 では対合複合体を含んでいる．

カリオナイド［caryonide］　一つの大核前駆体に由来した大核をもつ *Paramecium*（ゾウリムシ）の系統．このようなゾウリムシは，接合完了体の直接の子孫である．

カリフォルニアシャクヤク［*Paeonia californica*］　この種は，自然に起こった転座複合染色体をもっている．

下流［downstream］　⇒ 鎖の用語法，転写単位，上流．

顆粒球［granulocyte］　独特の細胞質顆粒と多葉性の核をもつ白血球細胞．好塩基球，好酸球，好中球を含み，多形核白血球（polymorphonuclear leukocyte）ともいう．

カルコン［chalcone］　生合成過程でアントシアニン*と関係のある色素のグループ．キク科植物の花の黄色やオレンジ色はカルコンによるものである．

カルシウム［calcium］　組織中にあまねくかつ少量みられる元素．細胞外カルシウムは血液凝固や生体膜の統合性にかかわる．たとえば，細菌を塩化カルシウムで処理すると，プラスミドを透過するようになる．細胞内では，各種酵素，中でもプロテインキナーゼ*を活性化する．⇒ 付録C (1972 Cohen *et al*.)．

原子番号	20
原子量	40.08
原子価	+2
最も多い同位体	^{40}Ca
放射性同位体	^{45}Ca
半減期	164 日
放射線	β線

カルシノーマ ＝がん腫.

カルシフェロール [calciferol] ビタミンD*.

カルス [callus] 1個の植物細胞の組織培養により生じた集塊.

カルボキシソーム [carboxysome] ⇨藍菌門.

カルボキシペプチダーゼ [carboxypeptidase] ポリペプチド鎖のカルボキシル末端のアミノ酸残基を切り離す作用をもつペプチド結合加水分解酵素. 膵臓で生産される酵素で，カルボキシペプチダーゼAとBがある. タンパク質のカルボキシル末端の分析に使用される.

カルボキシル基 [carboxyl group] -COOH基. プロトンが脱離すると，負に荷電するので酸性である.

カルボキシル末端 [carboxyl terminal] ＝C末端（C terminus）.

カルボニル基 [carbonyl group] 炭素と酸素の間に二重結合をもつ基（>C=O）. ポリペプチド鎖の二次構造には，ある残基（アミノ酸）のカルボニル基と，その下流の四番目の残基のイミノ基（-NH）との間の水素結合を含むものがある. ⇨αらせん.

カルモジュリン [calmodulin] 細胞内のカルシウム受容体. 環状ヌクレオチドやグリコーゲンの代謝を含む広範囲の酵素や細胞機能を制御する. また，受精，細胞運動や細胞骨格の制御，さらには神経伝達物質とホルモンの合成や放出にも関与している. カルモジュリンは耐熱性，耐酸性の酸性タンパク質で，四つのカルシウム結合部位をもつ. すべての真核細胞に存在し，分子量は16,700である. 細胞内カルシウム伝達系の最も一般的な情報伝達分子であると考えられる. ⇨セカンドメッセンジャー.

カロテノイド [carotenoid] 黄色から赤色におよぶ脂溶性色素. 下に植物のカロテノイドの構造を示す. β-カロテンは，酵素によって加水分解され，2分子のビタミンA*を生じるので，ビタミン前駆体として重要である. ⇨アントシアニン.

カロンファージ [Charon phage] クローニングベクターとして作成されたバクテリオファージλ由来の16種のファージ. 作成者（F. R. BlattnerとR11人の同僚）がギリシャ神話に出てくる渡し守の老人（死者の魂をスティックス川を渡って運ぶ）の名前にちなんで付けた.

カワスズメ [cichlid fish] シクリッドともいう. 熱帯・亜熱帯に広く生息する淡水魚の科. いままでに1300種あまりが報告されているが，約1000種は，東アフリカのリフトレイク（地溝帯湖）（ビクトリア湖，マラウイ湖，タンガニーカ湖）で発見されている. リフトレイクシクリッドの種分化は，きわめて急速に起きているが，性選択*も原因の一つである. ⇨付録A（脊索動物門，硬骨魚綱，新鰭亜綱，スズキ目）.

皮付きトウモロコシ [pod corn] *Zea mays tunicata*. 穀粒が外皮に包まれているトウモロコシの原始的変種.

がん [cancer] 細胞の無制限な増殖を特徴とする動物の病気. ⇨付録E, がん抑制遺伝子, バーキットリンパ腫, がん腫, 免疫監視説, 白血病, リンパ腫, 悪性, 転移, 骨髄腫, 新生物, がん遺伝子, がんウイルス, p53, いぼ, 肉腫, テラトカルシノーマ, テラトーマ.

がん遺伝子 [oncogene] オンコジーンともいう. 細胞増殖の脱制御をひき起こす遺伝子. がん遺伝子の中には，もともと細胞由来で，現在レトロウイルス*のゲノムに組込まれているものがある. これらの遺伝子はウイルス内で細胞をトランスフォームして新生物の状態にする能力を獲得した. ラウス肉腫ウイルス*のv-*src*遺伝子, サル肉腫ウイルス*のv-*sis*遺伝子はそのようなが

α-カロテン

β-カロテン

カロテノイド

ん遺伝子の例である．がん遺伝子は自然発生的に，あるいは化学発がん物質により生じた腫瘍からも単離された．また，DNAゲノムをもつがんウイルスにもがん遺伝子が存在する．ポリオーマウイルス*，シミアンウイルス40*がその例である．ウイルス性にせよ細胞性にせよがん遺伝子は細胞のプロトオンコジーン*（正常な細胞増殖の制御を担っている）から生じる．⇒付録C (1981 Parker et al.; 1982 Reddy et al.), myc, がんウイルス，オンコマウス，T24がん遺伝子．

がん遺伝子仮説［oncogene hypothesis］ 多くの発がん物質は標的細胞にすでに入り込んでいるレトロウイルス遺伝子の発現を誘導することによって作用するという説．現在では，いろいろな種に由来する細胞がレトロウイルスのがん遺伝子と相同な遺伝子をもち，これらの細胞性遺伝子がウイルスのがん遺伝子の祖先であったということが知られている．そうした細胞性遺伝子は今ではプロトオンコジーン*とよばれており，進化的に離れたさまざまな種で細胞の正常な営みに機能していることが明らかになっている．⇒付録C (1969 Huebner, Todaro).

がんウイルス［oncogenic virus］ 感染した細胞をトランスフォームして，制御不能な増殖を起こさせることができるウイルス．⇒付録C (1910 Rous; 1981 Parker et al.; 1983 Doolittle et al.), 乳がん誘発原，モロニー白血病ウイルス，ポリオーマウイルス，ラウシャー白血病ウイルス，レトロウイルス，ラウス肉腫ウイルス，ショープパピローマウイルス，サル肉腫ウイルス，シミアンウイルス40, トランスフォーメーション．

間隔をおいた訓練［spaced training］ 短い休憩を挟んで訓練を繰返す記憶実験．集中訓練は，そのような休憩を入れずに繰返される．両タイプの実験結果の比較から，訓練直後に形成される記憶は，長続きせず，破壊されることがわかった．休憩の間に，そのような短期記憶（STM）が固定され，より長続きし，より安定な長期記憶（LTM）となる．STMから，LTMへの固定には，ある遺伝子群のタンパク質産物の合成が必要である．⇒ CREB.

カンガルーネズミ［Dipodomys ordii］ 北米の乾燥地帯や砂漠に生息する跳躍する齧歯類．この種は，ゲノム中に大量の反復DNA*を含むことで有名．

間 期［interphase］ 静止期ともいう．細胞分裂からつぎの細胞分裂の間の期間．

喚起因子［evocator］ 形成体によって放出される形態形成に活性のある化学物質．

喚起作用［evocation］ 喚起因子によって生じる形態形成作用．

環 境［environment］ ある生物の生息する地域の物理的因子および生物的因子の総体．

環境収容力［carrying capacity］ 他の生物相と均衡を保っていける集団の大きさまたは密度．Kで表される．

環境分散［environmental variance］ 表現型分散のうちで，集団の中の個体が置かれている環境の違いによって生じる部分．

ガングリオシド［ganglioside］ スフィンゴシン，脂肪酸，炭水化物，ノイラミン酸などを含んだ複合脂質の一群．次ページの図に示したGM_2ガングリオシドはテイ-サックス病*患者の脳内に蓄積するガングリオシドである．⇒付録C (1935 Klenk).

完系統[の]［holophyletic］ ある種とそのすべての子孫種を含む進化系譜．

還 元［reduction］ 古典的には水素や電子の付加と定義される．生物で最もよく見られる還元は水素化である．水素の転移反応は通常NAD(P)Hを介して行われる．電子伝達が関与する場合はシトクロム*が還元される．⇒ニコチンアミドアデニンジヌクレオチドリン酸，酸化．

がん原遺伝子 ＝プロトオンコジーン．

還元酵素［reductase］ 酸化還元反応において還元作用を触媒する酵素．

還元後分離［postreductional disjunction］ 後還元分離ともいう．減数分裂第一分裂において特定のヘテロ接合遺伝子座位の対立遺伝子が分離すること．仮に対立遺伝子をA, A'で示すと，還元後分離では一つの姉妹核に入る二つの染色分体はA一本とA'一本である．還元前分離では二つともAか二つともA'である．

還元説［reductionism］ 自然界の個々の現象はその構成要素に関する知見から説明可能であるとする哲学．⇒機械的生命論．

還元前分離［prereductional disjunction］ 前還元分離ともいう．⇒還元後分離．

還元分裂［reduction division］ ＝減数分裂（meiosis）．接合体の染色体数を半分にする分裂．⇒付録C (1883 van Beneden; 1887 Weismann).

還元胞子 ＝単相胞子．

環 溝 ＝環状管．

間縞帯［interband］ 間帯，中間帯ともいう．多糸染色体*中の横縞の間の部位．間縞帯中のDNA密度は横縞中に比べ，かなり低い．

幹細胞［stem cell］ **1**. 胚性幹細胞は，後生生物の発生初期段階に由来する多能性*もしくは全能性*細胞をいい，理論的にはあらゆるタイプ

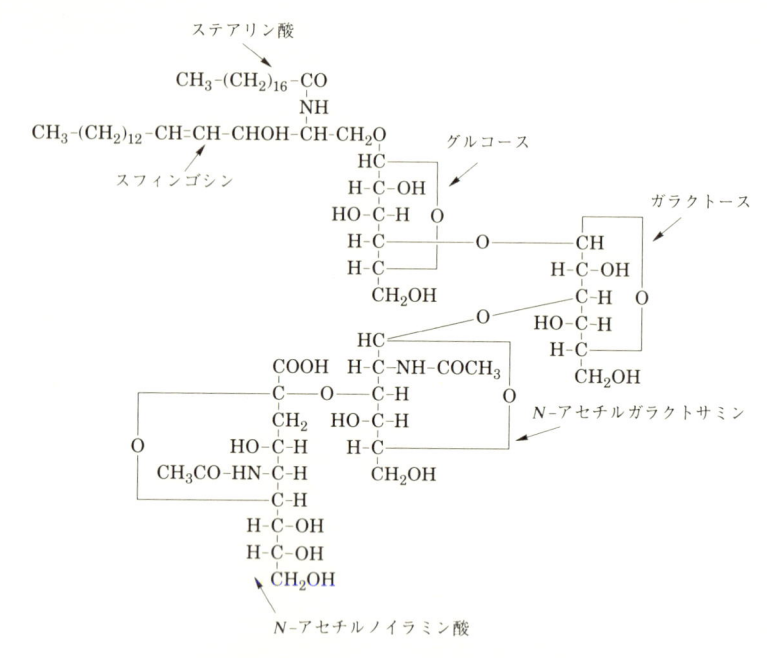

GM_2 ガングリオシド （⇨ ガングリオシド）

[構造図: ステアリン酸, スフィンゴシン, グルコース, ガラクトース, N-アセチルガラクトサミン, N-アセチルノイラミン酸]

の体細胞あるいは生殖細胞に分化可能である．試験管内では，胚性幹細胞はあらゆる種類の組織へと分化し，免疫機能の低下したマウスの皮膚に注入すると，テラトーマ*として成長する．2. 成体幹細胞は，後生生物の一生の間に死ぬ特定の体細胞を補充する機能をもつ．体細胞性幹細胞の一例は，哺乳動物の骨髄細胞であり，分裂することによって血球細胞を連続的に供給する．生殖腺内では，生殖系幹細胞が卵や精子をつくる．⇨ シスト細胞分裂．

間細胞 ＝間質細胞．

間質細胞 [interstitial cell]　間細胞ともいう．脊椎動物の精巣の管の間に存在する細胞でテストステロンを分泌する．

間質細胞刺激ホルモン [interstitial cell-stimulating hormone]　略号 ICSH．黄体形成ホルモン*のこと．

がん腫 [carcinoma]　カルシノーマともいう．上皮組織のがん（例：皮膚がん）．腺がんは腺上皮のがんである．

間充織 [mesenchyme]　門葉ともいう．結合組織の胚期の型で，多数の突起があるアメーバ状細胞から成っている．この細胞群はゆるい網目を形成している．間充織は脊椎動物の発生期に中胚葉から生じ，結合組織や循環系になる．

干渉 [interference]　⇨ 正の干渉．

環状 AMP [cyclic AMP]　略号 cAMP．リン酸基が分子内結合を起こして環状分子となったアデノシン一リン酸．アデニルシクラーゼが触媒する反応により ATP からつくられる．これと同様にしてグアノシン一リン酸（GMP）も 3′ 位と 5′ 位の間でリン酸ジエステル結合を生じて環状分子となりうる．真核生物，原核生物ともに環状 AMP 分子を遺伝子の発現調節因子として利用しているほか，粘菌ではアクラシンとして機能していることが知られている．大腸菌では，ある種のオペロンの転写に環状 AMP が必要とされる．⇨ 付録 C（1957 Sutherland, Rall），アデニルシクラーゼ，カタボライトリプレッション，細胞シグナル伝達，CREB, G タンパク質，タンパク質キナーゼ，セカンドメッセンジャー．

環状 AMP 受容タンパク質 [cyclic AMP receptor protein]　略号 CRP．＝カタボライト活

[環状 AMP の構造図]

性化タンパク質（catabolite activator protein）．

緩衝液［buffer］　少量の酸または塩基を加えても，pH が急激に変化しない液体状の混合物．

環状管［ring canal］　環溝ともいう．ショウジョウバエの卵室内において，姉妹シスト細胞間をつなぐ管．それぞれの管の縁は，部分的に閉じた収縮環*から形成される．この管系は，最初はポリフューゾーム*でふさがれている．これが分解消失すると，哺育細胞*の細胞質が環状管を通って卵母細胞に流入できるようになる．環状管が成熟するにしたがって，その外周と厚みが増し，さまざまなタンパク質がその外周に蓄積する．外周を覆うこれらのタンパク質は，特定の分子の卵母細胞への輸送を促進すると考えられる．⇒シスト細胞分裂．

干渉顕微鏡［interference microscope］　位相差顕微鏡と同様，透明な構造の観察に用いられる．種々の物体の相対的な光量の減少を定量的に測定できる．すなわち，試料の単位面積当たりの乾燥物量や切片の厚さを決めることに使用できる．

緩衝作用［buffering］　外部の力による変化に対する系の抵抗．

緩照射［chronic exposure］　一定線量の放射能を長期にわたって放射線照射すること．連続して低レベルの照射を行うか，線量を分割して照射する．

環状腺［ring gland］　ショウジョウバエ幼虫の脳の後半球（h）上にある分泌腺で，側面から伸びた先端が大動脈（a）を環状に取囲むことから名がつけられた．環状腺はアラタ体（ca），前胸腺（pg），側心体（cc）の三つの内分泌組織を含んでいる．図は環状腺を横から見たもの（A）と上から見たもの（B）である．他の略号はつぎの通りである．n_1：脳から側心体への求心神経．n_2：側心体からの遠心神経．n_3：側心体からアラタ体への神経．o：食道，vg：腹部神経節．⇒アラタ体ホルモン，エクダイソン．

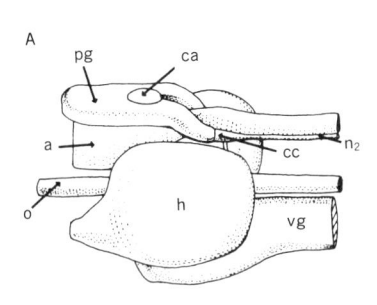

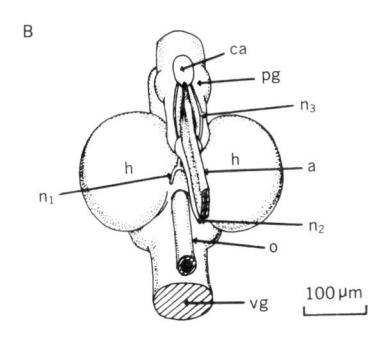

環状染色体［ring chromosome］　**1.** 末端部のない異常染色体．**2.** 正常な中部動原体型の四分染色体が，末端部に二つのキアズマをもつ場合に形成される環状の染色体の組を指す．

桿状体［rod］　脊椎動物の眼に存在する細長い単細胞の光受容体．薄明下での視覚に関与している．桿状体は色彩の違いを区別できない．⇒ロドプシン．

環状重複［circular overlap］　一つの種の連続した，漸次に移り変わる集団の鎖の端が互いに重複するに至るまで続いて元に戻る現象．この結果，末端の集団の個体間には，生殖的隔離がみられる．すなわち，二つの末端群の個体はあたかも独立した種に属しているかのようにふるまう．このようにして形成された品種環を連繋群という．

干渉フィルター［interference filter］　単色の光源を得るために使うフィルター．

環状連鎖地図［circular linkage map］　大腸菌に特徴的な連鎖地図．遺伝子の伝達が起きる際には，まず Hfr 細菌の染色体の F 因子の部位が最後に F$^-$ 細胞に入るような形に環状染色体に切断が起きる．環状連鎖地図は，ほかの数種の細菌およびある種のウイルスでつくられている．⇒連鎖地図．

眼白子症［ocular albinism］　ヒトの遺伝性の眼病で，常染色体劣性と X 連鎖の二つの型がみられる．X 連鎖の眼白子症が最も多くみられる型である．この病気の男性中の出現率は 1/50,000 である．正常遺伝子は Xp22.3 にあり，427 個のアミノ酸からなるタンパク質をコードする．このタンパク質はメラノソームの膜内にみられるが，チロシナーゼではない．男性患者では，網膜*および虹彩の色素沈着の程度が低下するが，毛髪や皮膚は正常である．患者は光に対して著しく敏感であり，視力の低下を示す．眼白子症あるいは眼皮膚白皮症（oculocutaneous albinism）の患者では，視索の経路に異常がみられ，立体視覚が失われる．ヘテロ接合の女性では，眼の発生初期に X 染色体のランダムな不活化が起こるため，網膜にはモザイク状の色素分布パターンがみられる．⇒

白化[症]，遺伝子量補正．
眼 振[nystagmus]　眼の不規則なけいれん．⇨白化[症]．
緩進化[bradytelic evolution, bradytely]　⇨進化速度．
緩進化的[bradytelic]　平均よりも低い進化速度をさす．
完新世[Holocene]　第四紀のうち，更新世の終わりから現在までの時代．新石器時代から現代文明まで．⇨地質年代区分．
間 性[intersex]　雌雄の中間の性徴をもっている雌雄異体生物の個体をいう．⇨付録C (1915 Goldschmidt)．
関節炎[arthritis]　関節の自己免疫疾患．滑膜が免疫系により攻撃される．
間接免疫蛍光法[indirect immunofluorescence microscopy]　⇨免疫蛍光．
完全花[perfect flower]　⇨花．
完全植物性栄養[holophytic nutrition]　光合成のように，無機化合物のみを要求する栄養．
完全浸透[complete penetrance]　優性遺伝子が常に表現型効果を生じるか，あるいは劣性遺伝子がホモ接合であるとき常に認めうる効果を生じる状態．
感染性核酸[infectious nucleic acid]　宿主細胞に感染して次代のウイルスを生産することのできる，精製されたウイルスの核酸．
感染性転移[infectious transfer]　細菌集団において染色体外エピソーム（およびそれに組込まれた染色体遺伝子）が供与細胞から受容細胞へ急速に広まること．
感染多重度[multiplicity of infection]　略号 moi．1回の感染実験で感染するファージの平均数．n個のファージに感染する細菌の割合はポアソン分布に従う．
完全動物性栄養[holozoic nutrition]　光合成植物や原生生物以外の生物の栄養のように，複雑な有機化合物の食物を要求する栄養．
完全培地[complete medium]　微生物学では，栄養素要求突然変異体が増殖できるように栄養（酵母抽出物，カゼイン加水分解物などのような）を補った最少培地．
完全伴性[complete sex linkage]　⇨伴性．
完全変態[complete metamorphosis]　⇨完全変態上目．
完全変態上目[Holometabola]　昆虫の上目で，完全変態を行う種を含む．
完全変態[の][holometabolous]　胚と成虫の間に，幼虫期と蛹期がある昆虫をさす．⇨不完全変態[の]．

完全優性[complete dominance]　⇨優性．
完全連鎖[complete linkage]　同一染色体上に存在する二つの遺伝子の組換えが起こらず，そのため常に相伴って同一の配偶子に伝達される状態にあること．
環 帯[annulus]　動植物体の多数の環状構造に対して用いられる語．細胞学では環状の核膜孔などに使われる．
寒 天[agar]　培養基の凝固剤として用いる，ある種の海草の多糖類抽出物．
寒天平板培養計数[agar plate count]　既知量の接種材料をうえつけたペトリ皿の寒天含有培地上に発生した細菌のコロニーの数．この計数から，単位量の接種材料当たりの細菌の濃度が決められる．
陥 入[invagination]　細胞や膜の層が内方に落込み折れ曲がること．
官能基転移反応[group transfer reaction]　酸化還元反応や反応担体として水を介する反応などを除く，分子間での官能基の転移を起こす化学反応のこと．この反応を触媒する酵素をトランスフェラーゼもしくはシンテターゼとよぶ．たとえば，アミノ酸の活性化機構では，ATPからアミノ酸のカルボキシル基へのアデノシン一リン酸基の転移が起きる．
カンブリア紀[Cambrian]　古生代の最も初期．カンブリア紀の岩石中には動物の大部分の門の代表がみられる．藻類，海綿類，および三葉虫*が豊富であった．カンブリア紀は大量絶滅とともに終わった．三葉虫のすべての科の75%，また，海綿類では50%が死滅した．⇨地質年代区分．
環縫群双翅類[cyclorrhaphous diptera]　環縫亜目に属するハエで，最も高度に発達したハエを含む．これにはハナアブ，ショウジョウバエ，イエバエ，クロバエなどが含まれる．
γグロブリン[γ globulin]　抗体を含む血液のタンパク質成分．⇨付録C (1939 Tiselius, Kabat)．
γ 鎖[γ chain]　胎児のヘモグロビンにみられる2種類のポリペプチドのうちの一方．
γ 線[γ rays]　放射性崩壊している原子核から放射される短波長の電磁放射線．
γ 線照射圃場[γ field]　^{60}Coγ線源を中央に配置し，生育中の植物に放射線を緩照射するための圃場．
完模式標本[holotype]　ある種を記載するために選ばれた一つの標本．
寛 容[tolerance]　⇨免疫寛容．
がん抑制遺伝子[anti-oncogene, tumor sup-

pressor gene］　正常な増殖の抑制性制御にかかわる一群の遺伝子．これらの遺伝子あるいはその産物の欠損は悪性腫瘍をもたらす．ヒトの *Rb* 遺伝子は，がん抑制遺伝子の一例である．⇨ 付録 C（1969 Harris *et al.*；1971 Knudson），乳がん感受性遺伝子，神経線維腫症，p53，網膜芽腫，ウィルムス腫瘍．

管理受粉［controlled pollination］　植物の交配において雌花を望ましくない花粉から保護するために袋に入れ，雌花が受粉できる状態にあるときに，特定の花粉をふりかけること．

灌　流［perfusion］　動脈注射により液を器官に導入すること．

含硫アミノ酸［sulfur-containing amino acid］　システイン，シスチン，メチオニン．⇨ アミノ酸．

完了前複製開始［premature initiation］　複製が完了する前につぎの複製が開始されること．複合栄養培地で増殖中の細菌や複製の非常に速いファージで観察される現象．

関　連［association］　一つの集団内において，2種類の遺伝的に決定される特性が，それぞれの頻度の積から期待されるよりも高い頻度で同時に出現すること．

緩和調節［relaxed control］　⇨ プラスミド．

キ

キアズマ [chiasma, (pl.) chiasmata] 交差の細胞学的表現. 複糸期の四分子に最初に見られる非姉妹染色分体間の十字型の接合点. ⇨ 減数分裂, 付録 C (1909 Janssens; 1929 Darlington).

キアズマ型説 [chiasmatype theory] 非姉妹染色分体間の交差の結果, キアズマが形成されるという説.

キアズマ干渉 [chiasma interference] 二価染色体の一部で2箇所以上のキアズマが確率的に期待されるものより多く (負のキアズマ干渉の場合) あるいは少なく (正の干渉の場合) 出現すること.

キアズマータ [chiasmata, (sing.) chiasma] ⇨ キアズマ.

キアズマ不成 [achiasmate] 染色体交差 (キアズマ) のない減数分裂. 交差が一方の性に限られた種では, キアズマのない減数分裂は一般に異型配偶子をもつ性に起こる.

偽遺伝子 [pseudogene] 別の遺伝子座にある既知の遺伝子に似ているが, 正常な転写や翻訳を妨げるような挿入や欠失がその構造中に存在することによって機能を失った遺伝子. 偽遺伝子は通常10〜20ヌクレオチドの同方向反復配列によって挟まれるが, このような反復配列はDNA挿入の特徴の一つと考えられている. 偽遺伝子には2種類のクラスがみられる: (1) 伝統的偽遺伝子 (traditional pseudogene) は, グロビン遺伝子ファミリーの例のように, 遺伝子重複によって生じ, その後に点突然変異や小さい挿入, 欠失によって沈黙化したとみられるものである. これらの偽遺伝子は通常機能をもつコピーに隣接し, その形成から数百万年の間, 何らかの選択的制約下にあったことを示す証拠がみられる. (2) プロセッシングされた偽遺伝子 (processed pseudogene; プロセス型偽遺伝子) は, イントロンを欠き, ポリA鎖の痕跡をもち, 短い同方向反復配列で挟まれることが多く, また機能をもつコピーの近くにはない. これらのすべてが, プロセッシングされたRNAから逆転写され, 生殖細胞系譜中に組込まれたことによって生じたことを示唆する. プロセッシングされた偽遺伝子は酵母やショウジョウバエではまれであるが, 哺乳動物ではふつうにみられる. たとえば, ヒトではアクチンおよびβチューブリンのmRNAから生じたとみられる偽遺伝子が20個存在する. ⇨ 付録 C (1977 Jacq et al.), ヘモグロビン遺伝子, ハンセン病病原菌, オルフォン, プロセッシングされた遺伝子.

キイロショウジョウバエ [Drosophila melanogaster] 俗称 "fruit fly" (ショウジョウバエ). この種は, 多細胞生物の発生や行動にかかわる特定の遺伝子の研究に使われるモデル生物. 半数体ゲノムは, 約1億7千6百万bpをもつ. このうち, 1億1千万bpは, ユニーク配列で真正染色質*に存在. 図は性染色体 (X, Y), 主要な常染色体 (2,3), ミクロ染色体 (4) の相対的な長さを, 細胞分裂中期に見られる状態で表している. 数字は, メガ塩基 (Mb) で示した隣接する領域のDNA量. 約13,000遺伝子が真正染色質にあり, そのうち20%は化学的に決定されている. 平均すると, 1遺伝子は4エクソン, 1転写産物は, 3060ヌクレオチド. 多くのショウジョウバ

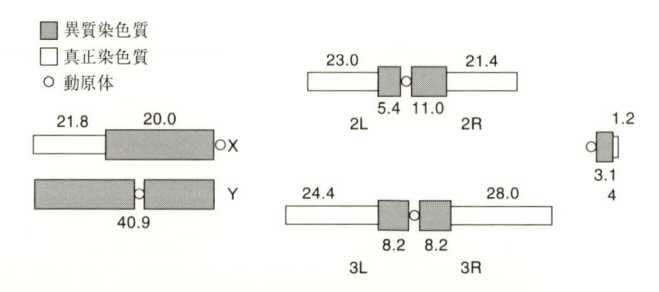

キイロショウジョウバエの染色体の相対的な長さ

エ遺伝子は，ヒト遺伝子と類似性を示す．がんに対する感受性が高まる290のヒト遺伝子と比較した例では，60％がショウジョウバエにオルソログ*が存在する．⇒ 付録A (Arthropoda, Insecta, Diptera)，（節足動物門，昆虫亜綱，双翅目）．付録C (1910, 1911, 1912, 1919 Morgan; 1913, 1925, 1926 Sturtevant; 1917, 1919, 1921, 1923, 1925, 1935 Bridges; 1916, 1918, 1927 Muller; 1933 Painter; 1935 Beadle, Ephrussi; 1966 Ritossa et al.; 1972 Pardue et al.; 1973 Garcia-Bellido et al.; 1974 Tissieres et al.; 1975 McKenzie et al.; 1978 Lewis; 1980 Nüsslein-Volhard, Wieschaus; 1982 Bingham et al., Spradling, Rubin; 1983 Scott et al., Bender et al.; 1984 Bargiello, Young; 1987 Nüsslein-Volhard et al.; 1988 MacDonald, Struhl; 1990 Malicki et al.; 1993 Maroni; 1994 Orr, Sohal, 1995 Halder et al., Zhao, Hart; Laemmli, Kerrebrock et al.; 1996 Dubnau, Struhl, Rivera-Pomar et al.; 1988 Lim, Serounde, Benzer; 2000 Adams et al., Rubin et al.)，付録E（個別のデータベース）．

キイロタマホコリカビ［*Dictyostelium discoideum*］⇒ アクラシス門．

偽陰性，偽陽性［false negative, false positive］⇒ 統計学的過誤．

偽ウイルス粒子［pseudovirion］あるウイルス由来のコートタンパク質と，由来の異なるDNAからなる人工ウイルス．⇒ 表現型混合，再集合ウイルス．

既往応答［anamnestic response］⇒ 免疫応答，免疫記憶．

記憶［memory］経験に起因する行動の持続的変化．短期記憶(short-term memory; STM)から長期記憶(long-term memory; LTM)への転換には特定の遺伝子産物の合成が必要．⇒ 付録C (1982 Kandel, Schwartz; 1994 Tully et al.)，アメフラシ属，CREB，免疫記憶，間隔をおいた訓練．

機械的隔離［mechanical isolation］雌雄の交尾器が不適合のために起こる生殖的隔離．

機械的生命論［mechanistic philosophy］生命は機械的に決定されるもので，物理および化学の法則によって説明が可能であるという考え．⇒ 生気論．

幾何平均［geometric mean］二数の積の平方根．さらに一般的には，一連の n 個の正数の積の n 乗根．

ギガベース［gigabase］DNA分子の長さの単位．10億ヌクレオチド．略号Gb, Gbp．ヒトおよびエンドウのゲノムは，それぞれ3.2 Gbと4.1 Gb．

器官形成［organogenesis］器官の形成．

器官脱離（落葉・落花・落果）［abscission］植物が，その一部（葉・花・種子・果実など）を落とすこと．

器官培養［organ culture］さらに分化を進めたり，組織の形もしくはその機能（あるいはその両方）を保存したりするために，*in vitro* で器官原基や，器官の全体もしくは一部を維持したり成長させたりすること．⇒ 成虫原基の *in vivo* 培養．

危機時期［crisis period］何回かの細胞分裂を経過した後にみられる一次細胞培養のある時期で，新たに低密度条件で一次培養を開始するのに適当な細胞培養条件であるにもかかわらず子孫細胞の多くが，死滅してしまう時期．⇒ ヘイフリックの限界，組織培養．

キク科植物［composite］多くの種が属しているキク科（Compositae）の植物で，最も高度に進化した顕花植物からなると考えられる．ヒナギクやヒマワリのような種が含まれる．

奇形がん腫 ＝テラトカルシノーマ．
奇形腫 ＝テラトーマ．

起源の中心［center of origin］生物のある分類群が発生し，広がった地域．

起源の中心説［center of origin hypothesis］遺伝的変異性は，種が誕生した場所で最も大きいという概念．いいかえると，周辺の集団では，限られた数の適応を示すであろうということ．種々の農業上重要な植物の種が生まれた場所は，異なる地理的品種における遺伝的多型の量を決定することでわかることがある．⇒ 付録C (1926 Vavilov)．

xantha 各種穀類におけるいろいろな葉緑体突然変異．たとえば，オオムギの *xantha 3* 突然変異は多量の色素顆粒を蓄積するが，グラナの規則正しい配列の発達がみられない．

キサントマチン［xanthommatine］⇒ ショウジョウバエの眼の色素顆粒．

擬似遺伝的［paragenetic］遺伝子の構造の変化ではなく，その発現に影響する染色体の変化を表す．⇒ 位置効果，ライオニゼーション．

擬似交接［pseudocopulation］ある種のランにおける受粉様式．花の形が昆虫の雌によく似ているため雄が交尾しようとし，その結果，花から花へと花粉が運ばれる．

擬似腫瘍［pseudotumor］ある遺伝子型のショウジョウバエの幼虫・蛹・成虫における黒化細胞の集合体．この"腫瘍"は幼虫期にある種の組織が血球細胞によって囲まれ，メラニンが沈着することによってできる．

基質［substrate］1．酵素が特異的に作用する物質．2．培養基板．

基質依存性細胞［substrate-dependent cell］ ＝足場依存性細胞（anchorage-dependent cell）．

擬似突然変異［paramutation］ トウモロコシで見つかった現象で，ある対立遺伝子が同じ遺伝子座の別の対立遺伝子の発現に関して，それらがヘテロ接合体で組合わさったときに，影響を及ぼすことをいう．第一の対立遺伝子を"擬似突然変異原性"，第二の対立遺伝子を"擬似易変性"があるという．擬似易変性対立遺伝子は，擬似突然変異原対立遺伝子が存在する場合，不安定なハイポモルフのような挙動を示す．

擬似有性［parasexuality］ 標準的な減数分裂，受精を経ないで，複数の親から子孫細胞が形成される過程．たとえば，真菌類では異核共存体中の遺伝的に異なる二つの核がまれに融合することから二倍体核が生じる．その後，体細胞性染色体交差が起こり，新しい遺伝子の組合わせをもった半数体核がその二倍体より生じる〔⇒付録C（1952 Pontecorvo, Roper）〕．ウイルスでは遺伝的に異なる変異株が一つの宿主細胞に感染し，繁殖した場合，擬似有性組換えが起こる（⇒ビスコンティ-デルブリュックの仮説）．細菌では，擬似有性組換えを生じるような現象が三つある．接合*，形質導入*，形質転換*である．⇒伴性導入，トランスフェクション．

偽雌雄同体性［pseudohermaphroditism］ ある性の生殖腺とそれとは反対の性または両性の二次性徴を示す個体の状態．偽雌雄同体の雌雄は性染色体構成や生殖腺組織を参考にして決められる．

偽受精［merospermy］ 精核が卵核と融合しないで退化すること．以後の発生は雌核発生である．

偽受精生殖［pseudogamy］ 雄配偶子または配偶体による刺激（受精ではない）で起こる卵の単為発生．雌核発生（gynogenesis）と同義．

基準標本［type specimen］ 模式標本ともいう．分類学者によって，新種の命名および記載の基となる個体として選ばれた標本．

偽常染色体遺伝子［pseudoautosomal gene］ ⇒ヒト偽常染色体領域．

寄生［parasitism］ 一方（寄生者）は恩恵にあずかり，他方（宿主）は被害を被るような共存関係をいう．

寄生虫血症［parasitemia］ 宿主の循環している血球系細胞内に，さまざまな発生段階の寄生虫が存在すること．⇒グルコース-6-リン酸デヒドロゲナーゼ欠損症，マラリア，メロゾイト．

寄生DNA［parasitic DNA］ ⇒利己的DNA．

季節的隔離［seasonal isolation］ 異なる種が繁殖活動期を異にすることによる生態学的隔離の一種．時間的隔離（temporal isolation）ともいう．

偽絶滅［pseudoextinction］ ある分類群が向上進化により別の分類群に進化することで消滅してしまうこと．

キセニア［xenia］ 花粉の遺伝子型が胚の発生や果実の母性組織に影響し，その結果，種子の表現型にはっきりした効果を与えること．

基層 ＝底質．

擬態［mimicry］ ある種の動物が別の種のものに外見上類似することで，一方もしくは双方が保護される現象をいう．ベーツ型擬態*では一方が捕食者にとって有毒，美味でないなどの理由から敬遠されており，それらには目に付きやすい印がついていることが多い．他方は捕食者にとって無害であるがモデルに似ているため捕食者から身を守ることができる．ミュラー型擬態*では双方とも捕食者にとって美味でなく，一度捕食したらその後は双方とも避けられるようになるよう，同じ警戒色をもつことによって互いに捕食を免れる．ペッカム型擬態*は攻撃的で，捕食者が擬態する．たとえば，ある種のホタルの雌は別の種の性的点滅信号を真似ることでその種の雄をおびき寄せ捕食する．メルテンス型擬態*では一方がある程度の毒性をもっているため（例：ニセサンゴヘビ），致死性の毒をもつ種（例：本物のサンゴヘビ）のモデルとして働く．この場合，捕食者は生き残った場合にのみ学習が可能である．⇒自己擬態，頻度依存性適応度．

擬体腔動物［Pseudocoelomata］ 前口動物のサブグループで，体腔が体腔上皮で裏打ちされていない動物．空間は間充織によって満たされている．⇒付録A．

偽対立遺伝子［pseudoallele］ シス-トランス検定*で，対立遺伝子としてふるまうが，交差による分離が可能な遺伝子．⇒付録C（1949 Green, Green）．

キチン［chitin］ C1とC4の間がβ-グリコシド結合によって結びついているN-アセチルグルコサミン残基からなる高分子量の重合体．節足動物の外骨格の成分である（次ページの図参照）．

拮抗体［antagonist］ アンタゴニストともいう．ほかの分子と結合部位について構造的に類似性をもつため第三の分子への結合を競う．⇒競争．

拮抗的多面発現［antagonistic pleiotropy］ 生存期間の初期に適応度を向上させる対立遺伝子が，後期には有害となるような現象．

キッド血液型［Kidd blood group］ 2番染色

キチン

体の短腕の *jk* 遺伝子がコードするヒト赤血球細胞抗原により規定される血液型.

規定液［normal solution］　溶液 1l 中に 1 グラム当量の溶質を含む溶液.

基底小体［basal body, basal granule］　中央の腔を囲む 9 個のトリプレット微小管の輪からできている構造. 繊毛の基底部に見られる. ⇨ 軸糸, 中心粒, 鞭毛.

基底膜［basement membrane］　大部分の動物の上皮の下にある薄い無細胞の膜. ⇨ 表皮水疱症, ラミニン.

希土類［rare earth］　原子番号 57～71 に配列される元素. ⇨ 周期表.

キナクリン［quinacrine］　ある種のがんやマラリアの治療に使うアクリジン誘導体で, 染色体細胞学における蛍光色素としても使われる. ⇨ 付録 C (1970 Caspersson *et al*.; 1971 O'Riordan *et al*.).

キナーゼ［kinase］　基質をリン酸化する酵素. ⇨ プロテインキナーゼ.

偽二倍体［pseudodiploid］　細胞の染色体数は二倍体の数だけあるが, 染色体の再配列の結果, 核型が異常で連鎖関係も壊れているような状態をいう.

キニン［kinin］　= サイトカイニン (cytokinin).

絹［silk］　カイコガの 5 齢幼虫がつくる繭の繊維. 繭の繊維は 2 本の円柱状のフィブロインを含み, これをセリシンが 3 層に囲んでいる. フィブロインは絹糸腺の後部にある細胞により分泌される. これらの細胞ではフィブロイン mRNA の転写開始に先立ち, 核内分裂により 18～19 回の DNA 複製が起こる. フィブロイン遺伝子は半数体ゲノム当たり 1 コピー存在し, 23 番染色体上にある 18 kb の長さの遺伝子である. この遺伝子は基本的には Gly-Ala-Gly-Ala-Gly-Ser をコードする 18 bp の広範囲にわたる繰返しからできており, フィブロイン遺伝子がサテライト DNA に似ていることから, この遺伝子は不等交差により現在の大きさに至りまた今後も進化を続けていくものと考えられている. セリシンタンパク質はセリンに富み, 全アミノ酸の 30% 以上を構成することからその名がつけられた. セリシンには少なくとも 3 種類があり, その一つは 11 番染色体上の遺伝子によりコードされる. すべてのセリシンは絹糸腺の中部にある細胞が分泌する. 絹の生産に影響を与える突然変異はいくつか知られているが, あるもの (*Fib, Src-2*) はフィブロインやセリシンをコードするシストロンの突然変異であり, 他の突然変異 (*Nd, Nd-s, flc*) はフィブロインの細胞内輸送や分泌の欠陥であると考えられている. ⇨ 付録 C (1972 Suzuki, Brown), β プリーツシート, 核内倍数性.

キネシン［kinesin］　微小管をもつ細胞にあるタンパク質のスーパーファミリー. キネシンモータータンパク質の機能の一つは, 小胞や粒子を微小管に沿って, その末端まで移動させることである.

キネチン［kinetin］　⇨ サイトカイニン.

キネティー［kinety］　繊毛虫の表面に一列に連続して並んでいるキネトソーム.

キネトコア［kinetochore］　⇨ 動原体.

キネトソーム［kinetosome］　中心粒と相同な自己増殖するオルガネラ. 波動毛の基部にあり, それらを形成する. ⇨ 付録 C (1976 Dippell), 基底小体, 中心粒.

キネトプラスト［kinetoplast］　トリパノゾーマのキネトソームと結合した非常に特殊化されたミトコンドリア. キネトプラスト DNA は, 連結環を含んだ網状構造をした DNA として自然界で

唯一知られている．キネトプラスト構造当たり約50のマキシサークルと5000のミニサークルが存在する．大環は，ミトコンドリアの生合成に必要な遺伝子を含んでいる．大環とは異なり，小環は転写されず，それらの機能は知られていない．

機能獲得型突然変異［gain of function mutation］　遺伝子が過剰に発現したり，適当でない時期に発現するような遺伝的障害．このような突然変異は，生活環の中で，遺伝子が発現する時期や，発現する特定の組織を制御する上流の因子に影響を及ぼしていることが多い．機能獲得型突然変異は，優性であることが多い．⇨ 機能喪失型突然変異．

機能性異質染色質［facultative heterochromatin］　⇨ 異質染色質．

機能喪失型突然変異［loss of function mutation］　正常な遺伝子産物を産生させないか，不活性にするような遺伝的障害．ナンセンス突然変異は機能喪失型突然変異の一例であり，翻訳時にポリペプチド鎖の終結が起きる．機能喪失型突然変異は，一般に劣性である．⇨ 機能獲得型突然変異．

帰納的［a posteriori］　生物測定学や統計学の検定において，興味の対象となる比較が前もって決まっているのでなく，実験結果が得られて初めて明らかになる場合をいう．

機能によるクローニング［functional cloning］　人類遺伝学では，機能の欠陥に関する分子レベルでの知識に基づいて，病気の原因遺伝子を同定すること．遺伝子のコードするタンパク質がわかれば，対応するmRNAが分離でき，mRNA由来のcDNAを遺伝子プローブとして使用できることが多い．鎌状赤血球貧血，テイ-サックス病，フェニルケトン尿症などの遺伝病の原因遺伝子のクローニングに成功した最初の方法である．⇨ ポジショナルクローニング．

キノン［quinone］　生体の酸化-還元系に関与する一群の機能分子の一つ．

起伏　＝レリーフ．

基部（の）［proximal］　器官や付属器のつけ根の方向に向いているか，近いこと．染色体の場合は動原体に近い部分をいう．

基本核型［basikaryotype］　一倍体に相当する核型．

基本数［basic number］　倍数体系列において最少となる一倍体の染色体数（記号 x）．一倍体数．

帰無仮説法［null hypothesis method］　二つの母集団から抽出した標本の平均値の間に，統計学的有意差があるかどうかテストするために用いられる標準仮説．帰無仮説は母集団間には全く差異がない状態であるとする．そして実際に観察したものと同じか，より大きい差異を見いだす確率を決める．たとえば，もしこの確率が0.05以下なら帰無仮説は棄却され，差は有意であるとする．

キメラ［chimera］　遺伝的に異なる細胞からなる個体．植物のキメラでは，核遺伝子型は同じだが，異なるタイプの色素体を含む細胞も含むこともある．さらに最近の定義では，キメラを構成する遺伝的に異なる細胞が遺伝的に異なる接合体に由来するという点でモザイク＊と区別されている．⇨ 凝集キメラ，ヘテロロガスキメラ，不完全周縁キメラ，周縁キメラ，放射線キメラ．

キモトリプシン［chymotrypsin］　膵臓由来のタンパク質加水分解酵素．種々のアミノ酸，特にフェニルアラニン，チロシン，トリプトファンのカルボキシル基側のペプチド結合を加水分解する．

偽薬［placebo］　薬用効果のない物質．患者には新薬か偽薬かは知らせない．偽薬を投与した患者の回復と比較して，新薬の効果を決定する．

逆位［inversion］　染色体の領域が180°反転した結果，その領域の遺伝子の並びが，染色体の残りの部分に対して逆転したもの．逆位は動原体を含む場合も，含まない場合もある．動原体を含む逆位は，挟動原体逆位もしくは不等腕逆位とよばれる．一方，動原体を含まない逆位は，偏動原体逆位もしくは等腕逆位とよばれる．自然界では，偏動原体逆位の方が挟動原体逆位よりも多くみられる．偏動原体逆位のヘテロ接合では，太糸期に反転ループ対合構造がみられる．

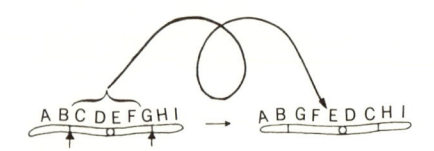

逆遺伝学［reverse genetics］　⇨ ポジショナルクローニング．

逆位ヘテロ接合体［inversion heterozygote］　相同染色体の一方が逆転した領域をもち，もう一方は正常な遺伝子の並びをもつ生物．逆位ヘテロ

接合体内の単一および二重交差の結果は下に示されている．単一交差の染色分体で動原体を一つだけもつものはつくられないことに注意．このために，逆位はあたかも交差抑制因子であるかのようにみえる．交差に及ぼすこの効果が逆位の発見をもたらしたのである．⇨ 付録 C (1926 Sturtevant；1933 McClintock；1936 Sturtevant, Dobzhansky)．

逆位領域中での交差［crossing over within an inversion］⇨ 逆位．

逆制御［retroregulation］　mRNA の翻訳制御を下流の DNA 配列が行うこと．

逆選択　**1**.［counterselection］細菌の接合実験において，Hfr 供与菌の増殖を抑制しつつ，同時に F⁻ 菌の組換え体を回収する技術．たとえば，Hfr 供与菌が抗生物質感受性（ストレプトマイシン感受性など）でかつヒスチジン合成可能であるとしよう．ただし，いずれ切り離される運命にある接合対が，str 遺伝子座の移入が起こる前に切り離されるようにストレプトマイシン遺伝子座は十分に染色体移入の起点から遠くに位置していなくてはいけない．さらに受容菌である F⁻ 菌はヒスチジンの合成ができず（his⁻），かつ抗生物質耐性（Str^r）であるとしよう．すると His⁺ Str^r の組換え体のみがヒスチジン欠損でかつストレプトマイシン含有の培地上で生育できる．目的とする遺伝子（この場合 His⁺）は選択マーカーとよばれる．雄株の生育を抑制する遺伝子（この場合 str^s）は逆選択マーカーとよばれる．**2**.［reverse selection］初めに選択したのとは反対の

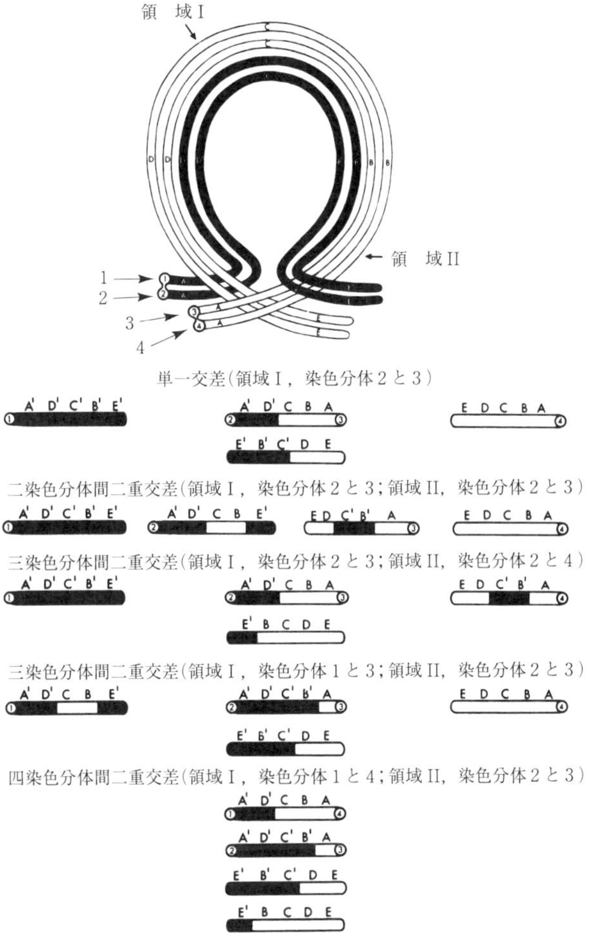

逆位ヘテロ接合体の単一および二重交差

特徴をもつものを選択する実験方法（たとえば，ショウジョウバエで初めに胸毛の多いものを選択し，つぎに少ないものを選択すること）．

逆転写［reverse transcription］　RNAを鋳型としたDNAの合成．逆転写酵素により触媒される．⇨ RNA依存性DNAポリメラーゼ．

逆転写酵素［reverse transcriptase］　= RNA依存性DNAポリメラーゼ（RNA-dependent DNA polymerase）．

逆平行［antiparallel］　アンチパラレルともいう．**1.** すべての核酸の二本鎖（DNA-DNA, DNA-RNA, RNA-RNA）が平行であるが方向が反対に並んでいる状態．もし，一方の鎖が左から右に$5'→3'$の方向に並んでいるとすると相補鎖は左から右に$3'→5'$と逆平行に並ぶ．**2.** ポリペプチド鎖の二つの部分が，一つはN末端からC末端へ，もう一つはC末端からN末端へと逆平行に並ぶこと．⇨ 付録C（1961 Josse, Kaiser, Kornberg），デオキシリボ核酸，鎖の用語法．

逆方向反復配列［inverted repeat］　略号 IR. 同一のDNA配列をもつ二つのコピーが，同じ分子上で逆方向を向いている状態．IRはトランスポゾン*の両末端に見られる．⇨ パリンドローム．

逆方向末端反復配列［inverted terminal repeat］　一部のトランスポゾン*において両端に見られる互いに逆方向を向いた短い類似または同一の配列．

逆蒙古症［antimongolism］　21番染色体の低倍数性に伴う先天性症候群．この病気の子供は1本の正常な21番染色体と大部分が欠失した21番染色体とをもっている．染色体のバランスの点から，蒙古症（ダウン症）と逆蒙古症では逆の現象が現れる．

逆戻り［reversal］　系統学的な解析において，ある派生形質状態からその形質が存在する以前の状態へと変化（逆行）する場合をいう．たとえば脊椎動物では足は足のない状態から派生したと考えられている．しかしヘビは四足動物の祖先から進化し，この過程により足を失ったと推測されている．

偽野生型［pseudo-wild type］　ある突然変異体が，第二の突然変異（サプレッサー突然変異）によって，野生型の表現型を示すこと．

キャタナックの転座［Cattanach's translocation］　B.M. Cattanachによって発見されたマウスの転座．X染色体に7番常染色体の一部が転座し，異常が生じる．この挿入片は，毛の色を制御する3種の常染色体遺伝子の野生型対立遺伝子を含んでいる．キャタナック転座のマウスヘテロ接合体の研究から，体細胞中でX染色体が不活性化されると，挿入された常染色体断片内の遺伝子が，X染色体因子からの距離に応じてつぎつぎと不活性化されることがわかった．このようにX染色体の不活性化は，付着した常染色体断片に広がっていくが，断片の他端に行くにしたがい減衰していく．

CAAT（キャット）**ボックス**［CAAT box］　真核生物の転写開始部位から約75 bp上流にある保存されたDNA配列．RNAポリメラーゼIIの結合に関与しているらしい．⇨ ホグネスボックス．

キャッピング　= キャップ形成．

キャップ［cap］　⇨ メチル化キャップ．

ギャップ［gap］　ポリヌクレオチド二本鎖のうち，1本の鎖が切れ，1個〜数個のヌクレオチドが欠失している部位をいう．

ギャップ

ギャップ遺伝子［gap gene］　⇨ 接合体分節突然変異体．

キャップ形成［capping］　キャッピングともいう．**1.** mRNA分子にキャップを付加すること．**2.** 細胞表面構造が細胞のある領域に再分布されること．通常，抗原抗体複合体の橋かけ構造によって媒介される．

キャナライゼーション　= 道づけ．

キャプシド［capsid］　ウイルス粒子のタンパク質の外殻．

キャプシド形成［encapsidation］　ウイルスの遺伝物質の周囲にキャプシドが形成されること．

キャプソメア［capsomere］　ウイルスの外殻を構成している単位の一つ．数種の異なるペプチド鎖が含まれていることもある．キャプソメアが，核酸の核の周りに正確に幾何学的に集合してウイルスの外殻が形成される．

ギャロッド病［Garrod disease］　= アルカプトン尿症（alkaptonuria）．

キャンベルモデル（λファージ組込みの）［Campbell model（of λ integration）］　λファージの大腸菌宿主染色体への組込み機構を説明するモデル．このモデルによると，線状λDNAは初めに環状化し，宿主細菌DNA分子のファージ結合部位とファージの対応する部位が，正確に切断され，再結合してプロファージが組込まれる．⇨ 付録C（1962 Campbell）．

q　⇨ ヒトの細胞遺伝学上の記号．

求愛儀式［courtship ritual］　交尾に先立って雄と雌が視覚的，聴覚的，化学的刺激を生じ，か

つ受容する行動パターンで，遺伝学的に決まっている性質．このような儀式は，交尾が同一種異性の個体間にのみ起こることを保証するものとして説明される．

吸エルゴン反応［endergonic reaction］　生成物を産生する前に外部からのエネルギーを必要とする反応．

球果［cone］　球果植物に特有な，胚珠または花粉を有する鱗片葉．

球果樹　＝針葉樹．

旧北区［Palearctic］　地球上の六つの生物地理区*の一つで，イランを除くユーラシア，アフガニスタン，ヒマラヤおよび中国の南嶺地域，アフリカの北サハラ地域，アイスランド，スピッツベルゲン，シベリアの北の島々が含まれる．

球茎［corm］　栄養物質を貯蔵し，芽をもち，肥大し，直立した地下茎の基部．栄養生殖器官として機能する．クロッカスやグラジオラスは球茎をもっている．

吸光度　⇒ 吸収．

球根　＝鱗茎．

吸収［absorbance, absorbancy］　吸収媒体を通過する際の，放射強度の減少の度合をいう．分光光度測定において吸光度ともいい，吸光度＝$\log(I_0/I)$ という関係式で定義される．I_0は媒体へ入る入射光の強さ，Iは媒体を通過したあとの強さである．⇒ ベール-ランバートの法則，OD_{260}単位．

急進化［tachytelic evolution］　⇒ 進化速度．

求心性　**1**．［afferent］関係した器官や細胞へ導くこと．免疫学では，免疫系を活性化するための諸段階．⇒ 遠心性．**2**．［centripetal］中心方向へ作用すること．

求心性選択［centripetal selection］　＝正常化選択（normalizing selection）．

偽優性［pseudodominance］　一方の相同染色体上の優性対立遺伝子が欠失した結果，もう一方の染色体上の劣性対立遺伝子による表現型が表れること．

球脊髄性筋萎縮症［spinal bulbar muscular atrophy］　不安定なトリヌクレオチドリピート（トリプレットリピート）により起きる神経疾患．X染色体上の原因遺伝子は，アンドロゲン受容体をコードしており，トリヌクレオチドリピートは，この遺伝子のタンパク質コード領域内に存在する．

旧石器時代［Paleolithic］　人類の歴史で，植物栽培をする以前の時期．道具をつくり，狩猟や魚獲または野生の堅果・果物の採集によって食物を得ていた．旧石器文化は今から約50万年前から約1万年前の新石器時代の初めまでである．

急速再アニール DNA［rapidly reannealing DNA］　反復DNA*．

急速再対合 DNA［rapidly reassociating DNA］反復DNA*．

吸虫［fluke］　吸虫綱に属する扁形動物一般の呼び名．吸虫が医学的に重要なのはそれが二生類に属するからである．これらの寄生虫は軟体動物を中間宿主とすることが多い．⇒ 住血吸虫症．

牛肺疫菌様微生物［pleuropneumonia-like organism］　略号 PPLO．細胞壁をつくらない一群の細菌．PPLOはアフラグマ菌門（⇒ 付録A）に分類される．肺炎マイコプラズマ（*Mycoplasma pneumoniae*）というPPLOはヒトの異型肺炎の原因となる．

休眠［diapause］　昆虫における成育の不活性化と休止の時期で代謝の急激な減少を伴う．ある昆虫では，休眠は通常生活環のなかの特定の時期に起こり，冬を越す手段となる．

Qa　マウスの主要組織適合性抗原系（H-2）の近傍に位置する一連の遺伝子座．その産物はある種のリンパ球のクラスおよびサブクラスの表面で発現する．

Q_{10}　温度係数．温度が10℃上昇した際に見られる反応などの過程の上昇を表したもの．初速度の何倍になるかで表される．

QTL［QTL＝quantative trait loci］　量的形質の遺伝子座．ヒトの身長，皮膚の色，昆虫の殺虫剤耐性，トウモロコシの穂の長さのように，量的遺伝*を示す形質の発現を制御する遺伝子群．

Qバンド［Q-band］　⇒ 染色体分染法．

Qβファージ［Q beta phage］　大腸菌に感染するRNAウイルスの一種．ゲノムは環状の一本鎖（＋）RNAからなる．このRNA鎖は，相補鎖の複製のための鋳型ならびにウイルスのタンパク質を翻訳するためのmRNAの両方に用いられる．Qβファージは既知のウイルスの中では最も小型なものの一つであり，サイズは24 nmで，わずか3個の遺伝子しかもたない．⇒ 付録C (1965, 1967 Spiegelman *et al.*; 1983 Miele *et al.*; 1973 Mills *et al.*)，付録F，雄性ファージ，バクテリオファージ，試験管内進化，Qβレプリカーゼ．

Qβレプリカーゼ［Qβ replicase］　QβウイルスのゲノムのRNA複製を触媒する酵素．⇒ RNA依存性RNAポリメラーゼ．

キュリー［curie］　放射性核種の量．1秒間に $3.700×10^{10}$ 個の率で原子崩壊が起きている．単位 Ci．1 Ci＝$3.7×10^{10}$ Bq．

境界設定遺伝子［cadastral gene］　他の遺伝子の働きを，生物のある特定の領域で抑える遺

伝子．シロイヌナズナ*の境界を決める遺伝子 SUPERMAN は，その一例である．SUPERMAN 不活性型の対立遺伝子をもつ花は，輪4に雄しべがある．雄しべの形成には，BとCの活性が必要なので（⇨ 花器官決定突然変異），このような異常な花は，輪4で，Bを産生することができる遺伝子が，正常では，SUPERMAN のような境界設定遺伝子によって抑制されていることを示唆する．

鋏角類［Chelicerata］ 触角をもたず，付属肢の第一番目の対としてハサミ状の鋏角をもつ種が含まれる節足動物の枝．⇨ 付録A．

狭義の遺伝率［narrow heritability］ ⇨ 遺伝率．

競合 ＝競争．

競合的ハイブリダイゼーション［hybridization competition］ 異なるmRNA分子を識別する方法で，基本的なフィルターハイブリダイゼーションの変法．ニトロセルロースフィルターに特異的DNA配列を固定し，これに相補的であることがわかっているトリチウムラベルしたRNAを加える．ここに特異性が不明な未標識RNAを加えた場合，もしDNAと相補的であれば，標識分子とそのDNAへの対合を競合することになる．平衡に達した後の雑種の標識量の減少は，未標識分子による置換が起きたためである．

狭窄［constriction］ くびれともいう．中期染色体のらせん型をしていない部位．キネトコアや核小体形成体はこのような部位に位置している．

凝集キメラ［aggregation chimera］ 哺乳動物の2種の胚の細胞を混ぜ合わせてつくったキメラ．できあがった混成キメラ胚は適当な代理母の子宮に移され，発生が進む．

凝集原［agglutinogen］ 凝集素の形成を刺激する抗原．

共重合体 ＝コポリマー．

凝集素［agglutinin］ 赤血球やまれにはほかの型の細胞を凝集させることのできる抗体の総称．

凝集[反応]［agglutination］ 特定の免疫血清の存在の下で，ウイルスや細胞成分が凝固すること．

共焦点顕微鏡［confocal microscopy］ 光学顕微鏡の一種で，固定・生標本の連続した深度の層を，驚くほど鮮明に観察することができる．通常の光学顕微鏡では，標本はその厚み全体が照明されるのに，対物レンズは標本内の狭い面にのみ焦点を合わせる．そうすると，関心のある焦点面前後の，焦点のずれたぼんやりした像が，画像のコントラストと解像度を下げてしまう．共焦点顕微鏡では，焦点面上の要素からのシグナルを主に検出し，焦点面の上下からのシグナルはフィルターで除くようにデザインされている．共焦点という名称は，照明・標本・検出器がすべて同じ焦点にあるということを意味している．標本の検出容量は，直径 0.25 μm，深さ 0.5 μm 以下である．光線が水平または垂直に標本内を移動しながら，シグナルを集め，統合することで二次元の像が構築され，画像の要素がビデオシグナルに変換されてコンピュータのスクリーンに映し出される．さらに光学切片の集積を，再構築して標本の三次元画像を造ることもできる．

共進化［coevolution］ 種間の相互依存関係の結果，一つの種の進化に伴って別の一つ以上の種で起こる進化．このような相互適応的な進化により，昆虫による宿主植物の利用パターンが決定される．寄生生物の場合にも，その宿主と協調した進化がみられることが多い．溶原性ウイルスや転移因子*のような寄生性DNA分子ですら，宿主の適応度を低下しかねない遺伝子活性の深刻な破綻を避けるように共進化する．⇨ ファーレンホルツの法則．

暁新世［Paleocene］ 第三紀の最も古い時期．有胎盤哺乳類が，有袋類を犠牲にして分布を拡大した．初期の霊長類ならびにイネ科の植物が初めて出現した．大陸の移動は続いていた．⇨ 地質年代区分．

共生［symbiosis］ 2種以上の種が一緒に生活することによる相互作用の関係．⇨ 片利共生，相利共生，寄生，連続共生説．

共生生物［symbiont］ 異種の生物と相互に利益を与えながら生活している生物．真菌類と藻類が共同体をつくり地衣植物を形成するのはその一例である．

共生発生［symbiogenesis］ 細菌性の共生生物が，真核生物のミトコンドリアや葉緑体のようなオルガネラに変化した，進化の過程．⇨ 付録C（1910 Mereschkowsky），連続共生説．

胸腺［thymus］ 哺乳類の胸部にある器官で，発生学的には鰓嚢から形成される．体内にリンパ球を送り出す役割を果たし，性成熟時に最大の大きさに達し以後萎縮する．

胸腺細胞［thymocyte］ 胸腺由来のリンパ球，Tリンパ球．

競争［competition］ 競合ともいう．1. 2種以上の生物が限られた同一資源（たとえば食物，生存の場，かくれが，繁殖の場）を相互排他的に使用すること．2. 二つの異なる分子が，第三の分子上の同一の位置へ相互排他的に結合するこ

と．たとえば，葉酸とアミノプテリンは種々の葉酸依存酵素上の結合部位について競合する．

競争[的]排除則［competitive exclusion principle］　ガウゼの法則（Gause's law）ともいう．全く同じ環境条件を要求する二つの種は，同一場所の同一生態的地位にいつまでも共存することはできないという考え．一方の種が最終的にもう一方の種に取って代わるか，二つの種が適応できるように進化して，生態的地位を分割し，競争を減少させるかどちらかになる．

キョウソヤドリコバチ［Mormoniella vitripennis］　コバチ上科の一種．科学的文献では Nasonia brevicornis および Nasonia vitripennis とも記される．単為生殖*の教材としてよく使われる．研究室では Sarcophaga bullate（ニクバエの一種）を与えて寄生させる．⇨ 付録 A（節足動物門，昆虫亜綱，膜翅目）．

協調進化［concerted evolution］　反復 DNA ファミリー内に均一性を生み，保持すること．何百もの縦列に並んだ Xenopus laevis（アフリカツメガエルの一種）の rRNA 遺伝子群のそれぞれの塩基配列パターンが保持されているのは，協調進化の例であろう．これらの反復 DNA は，X. borealis の rRNA 由来の塩基配列とは異なる．X. borealis 種内では，均一である．⇨ 付録 C（1972 Brown, Wensink, Jordan）．アフリカツメガエル．

協調的酵素［coordinated enzyme］　同調的酵素ともいう．合成される割合が同時に変化する酵素．たとえば，大腸菌において培地にラクトースを添加すると，β-ガラクトシダーゼと β-ガラクトシドパーミアーゼが協調して誘導される．このような酵素は同一オペロンのシストロンによって合成される．⇨ 調節遺伝子．

共直線性［colinearity］　細菌のシストロンにおける突然変異の位置が，翻訳産物のポリペプチドで見いだされるアミノ酸置換の位置と一致すること．多くの真核生物遺伝子ではイントロン*が存在するためにこのような完全な一致はない．⇨ 付録 C（1964 Sarabhai et al.）．

共適応［coadaptation］　一つの集団の遺伝子プールの中で，協調的に相互作用する遺伝子が蓄積していく傾向を示す選択過程．

挟動原体逆位［pericentric inversion］　動原体を含む逆位．

狭鼻[猿]類[の]［catarrhine］　高等霊長類に属し，ヒト，類人猿，旧世界（アフリカ，アジア）サルを含む．近接した鼻孔が上や下を向いているのが特徴である．

共分散［covariance］　2変数の相関係数を求めるのに用いられる統計学的概念．変数 x，y に対するすべての (x, y) 組値における $(x-\bar{x})(y-\bar{y})$ の総和によって与えられる．ここで，$\bar{x}$，$\bar{y}$ はそれぞれ x，y の平均値を表す．

共役反応［coupled reaction］　共通の中間体を有する化学反応で，一方の反応から他方の反応へエネルギーを伝達する手段となっている．以下に示す酵素反応ではグルコース 1-リン酸が共通の反応中間体であり，第一の反応によって生成し，続いて第二の反応に供される．

ATP＋グルコース（ブドウ糖）
　　　→ ADP＋グルコース 1-リン酸
グルコース 1-リン酸＋フルクトース
　　　→スクロース＋リン酸

スクロース分子は，ATP に蓄えられグルコース 1-リン酸へ受け渡されたエネルギーを用いてグルコースとフルクトースから生成される．

共有結合［covalent bond］　化合物の原子間に共有された電子によって形成される原子価結合．⇨ ジスルフィド架橋，グリコシド結合，高エネルギー結合，ペプチド結合，ホスホジエステル．

共優性[の]［codominant］　対立遺伝子がともにそのヘテロ接合体において完全に発現される遺伝子をさす．たとえば，ヒトの AB 血液型は，I^A および I^B 共優性遺伝子がともに発現した結果の表現型である．⇨ 半優性．

共有祖先形質［symplesiomorphic character］　2種以上の異なる生物種で共有される祖先的形質．

共有派生形質［synapomorphic character］　2種以上の異なる生物種で共有される派生的すなわち子孫的形質．

巨核球［megakaryocyte］　骨髄中に存在する多葉の核をもつ巨大細胞．血中には存在しない．血小板*は巨核球より生じる．⇨ フォンビルブランド病．

極核［polar nuclei］　⇨ 卵細胞核，花粉粒，極細胞．

極顆粒［polar granule］　昆虫卵の卵細胞質の後部に存在する RNA に富む顆粒．ショウジョウバエでは極顆粒を取込んだ極細胞のみが生殖細胞を形成することができる．

極限環境微生物［extremophile］　ほとんどの細菌（そして，すべての真核生物）にとっては，温度が高すぎたり低すぎたり，塩濃度が高すぎたり，強酸性，強アルカリ性の環境で生存できるアーキア（古細菌）微生物．場合によっては，この極限条件の一つ以上が生存にとって必要となる．高温を好む微生物を好熱菌*という．高温と酸性条件を好むものを好熱好酸菌*とよぶ．低温を好む菌を好冷菌といい，好圧菌は，高圧下で生

存でき，好アルカリ菌は，pH 8 程度（pH 8 以上で RNA 分子の分解が始まる）が最良の生存条件である．塩を好むものを好塩菌*という．極限環境微生物の産生する酵素の中には，ほとんどの生物の酵素が失活してしまうような環境下で，十分に機能するものがあり，極限酵素*とよばれる．極限環境微生物は，細胞の中では，厳しさをやわらげるような環境を維持するためのさまざまな過程を利用している．好酸菌を例にとると，細胞内に酸を取込まないようにし，細胞壁とその下の細胞膜に物質を産生し，外界の低い pH から身を守る．*Taq* DNA ポリメラーゼ*は，PCR*の自動化を可能にした極限酵素である．最近では，超好熱菌，*Pyrococcus furiosus*＊から分離された *Pfu* DNA ポリメラーゼが使用されるようになった．100 ℃で最大の活性を示し，読み違いのない点でも，より優れているためである．

極限酵素 [extremozymes] ⇨ 極限環境微生物.

極細胞 1. [pole cell] 昆虫胚において胚盤葉が形成される前の早い時期に後極に分離される細胞群の一つをいう．こうした細胞群中に生殖細胞の始原細胞がある．⇨ 付録 C (1866 Metchnikoff). 2. [polocyte] ＝極体.

極性遺伝子変換 [polar gene conversion] 遺伝子の一方の端から他方の端にかけて遺伝子変換の頻度の勾配が存在する現象をいう．遺伝子の一方の端に近い部位では，その端から遠い部位より変換頻度が高い．

極性勾配 [polarity gradient] ある遺伝子の極性突然変異がオペロンの後方にある遺伝子の発現量に影響すること．ナンセンスコドンとつぎの鎖の開始シグナルの間の距離に依存する．

極性突然変異体 [polarity mutant] 突然変異遺伝子の一種で，同じ染色体上のそれより先にある野生型対立遺伝子によって，正常ならばつくられるはずのタンパク質の合成速度を低下させることができるもの．このような遺伝子は，ポリシストロン性メッセージ*の翻訳の際に効果を発揮する．⇨ 調節遺伝子，翻訳.

極性[の] [polar] アミノ酸の親水性側鎖のような水に可溶性の化学基.

極体 [polar body] 極細胞 (polocyte)，ポロサイトともいう．卵母細胞の発生の間に生じ捨てられるきわめて小さい細胞．減数分裂の第一もしくは第二分裂によって生じる核の一つを含むが，実質的な細胞質はほとんどないも同然である．⇨ 卵細胞核.

極囊胞子虫類 [Cnidosporidia] 刺胞子虫類ともいう．⇨ 微胞子虫.

極微小管 [polar tubule] 細胞の中心粒あるいは極領域から伸びている紡錘装置の微小管をいう．⇨ 染色体微小管.

棘皮動物 [echinoderm] 炭酸カルシウムの外骨格と内部には水管系をもつ生物．ヒトデ，ウニ，ウミユリ，ナマコなどが含まれる．⇨ 付録 A（棘皮動物門）.

巨視的[な] [macroscopic] 肉眼で見える．

去勢鶏 [capon] 去勢した家禽．

拒絶 [rejection] 免疫学の用語．受容個体にとっては外来物である移植組織上の抗原に向けられた受容個体の免疫系による移植細胞または移植組織の破壊をいう．⇨ 付録 C (1914 Little; 1927 Bauer; 1948 Snell)，組織適合性分子.

巨大分子 [macromolecule] 分子量が数千から 10^9 の範囲にある分子（タンパク質，核酸，多糖類など）．

許容温度 [permissive temperature] ⇨ 温度感受性突然変異.

許容細胞 [permissive cell] 特定のウイルスにより生産的感染（子孫ウイルスの生産）が起こりうる細胞をいう．生産的感染を起こさない細胞を非許容細胞という．DNA がんウイルスは，ある種の許容細胞では生産的感染をして，別の非許容細胞では腫瘍を生じる．

許容条件 [permissive condition] 条件致死性突然変異体（例：温度感受性突然変異体）が生存でき，野生型の表現型を示すことができるような環境条件．

許容線量 [permissible dose] ⇨ 最大許容線量.

キラーゾウリムシ [killer paramecia] 培地中にほかのゾウリムシを殺す粒子を分泌するゾウリムシ．その殺虫性は κ 粒子によるもので，優性 *K* 遺伝子をもつヒメゾウリムシ（*Paramecium aurelia*）シンゲン 2 に存在する．後に，κ 粒子は共生細菌であり，殺虫性をもつ粒子は欠陥 DNA ファージであることが明らかにされた．溶原性共生細菌は *Caedibacter taeniospiralis* と命名されたが，それは自然界で得られた *P. aurelia* の 50％ 以上に存在する多種の内部共生細菌の一つにすぎない．⇨ 付録 C (1938 Sonneborn)，ゾウリムシ属.

キラー粒子 [killer particle] 酵母にある二本鎖 RNA プラスミドで，複製に必要な 10 個の遺伝子と細菌のコリシン*に似たキラー物質の合成にかかわる数個の遺伝子を含む．DNA を含まない唯一のプラスミドである．

キラル [chiral] 二つの鏡像異性体が存在する分子を表す．

切換え部位 [switching site] 遺伝子の再配列

に際し，遺伝子領域の切断と組換えが起こる領域．

切出し [excision]　除去ともいう．核酸分子からポリヌクレオチドの一部が酵素作用によって除かれること．⇨ 不完全除去．

キレート化 [chelation]　キレート剤の2個あるいはそれ以上の原子が金属イオンに配位すること．

キレート剤 [chelating agent]　複素環からなる化合物で，金属イオンとキレートを形成する．ヘム*は鉄キレートの一例である．葉緑素*のポルフィリン環はマグネシウムキレートを形成する．

キロ塩基[対] [kilobase, kilobase pair]　1000ヌクレオチドから成る核酸の長さを表す単位（略号 kb, kbp）．

キロボルト [kilovolt]　略号 kV．電圧の単位で 1000 ボルト．

筋萎縮性側索硬化症 [amyotrophic lateral sclerosis]　⇨ 家族性筋萎縮性側索硬化症．

近縁係数 [coefficient of relationship]　r という記号で示す．任意の2個体のもつ対立遺伝子が共通祖先に由来したレプリカである割合．

キンギョ [Carassius auratus]　水槽で飼育される金魚．2300 年前に中国で初めて記述されたコイ科の一種で，それ以来鑑賞用として育成されてきた．⇨ 付録A（脊索動物門，硬骨魚綱，新鰭亜綱，コイ目）．

キンギョソウ [Antirrhinum majus, snapdragon]　複対立遺伝子の古典的な研究に用いられた種．

筋緊張性ジストロフィー [myotonic dystrophy]　不安定なトリヌクレオチドリピート*による常染色体優性の疾患．ケネディ病としても知られる．発生率は，8000 出生当たり約1人である．この遺伝子は，筋肉のプロテインキナーゼをコードしており，トリヌクレオチドリピートは，遺伝子の 3′ 非翻訳領域に存在する．感受性の家族では，世代を重ねる度に，病気が重症化する．⇨ 遺伝的表現促進．

近交系 [inbred strain]　同系交配が繰返された結果，性差を除き遺伝的に同一になった生物集団．⇨ 同質遺伝子[の]，マウス近交系．

近交係数 [coefficient of inbreeding, inbreeding coefficient]　⇨ ライトの近交係数．

近交系内交配 [incross]　同一の近交系あるいは品種内の個体間の交配をいい，同じ遺伝子型をもつことが多い．

近交弱勢 [inbreeding depression]　一世代以上の同系交配によって，成長，生存力，妊性など

の活力が低下する現象．

菌　糸 [hyphae]　真菌類の菌糸体*を形成する微細線維で，枝分かれしているものもしていないものもある．1本の微細線維は hypha．

筋ジストロフィー [muscular dystrophy]　筋組織における生化学的な欠陥が原因で，筋肉の進行性の衰弱をもたらす．ヒトやその他の哺乳類にみられる遺伝病の総称．ヒトで最も多くみられるのは，X 連鎖劣性のデュシェンヌ型筋ジストロフィーで，男児のおよそ 1/3500 にみられる．正常な遺伝子 DMA は約 2300 kbp の長さであるが，これは既知の遺伝子の中では最大であり，79 のエクソンを含んでいる．この遺伝子の 99% 以上がイントロンで占められている．この巨大遺伝子上を RNA ポリメラーゼⅡが縦走するには 16 時間を要する．プロセッシングされた mRNA は 14 kb で，ジストロフィン*と名付けられたタンパク質をコードする．デュシェンヌ型筋ジストロフィーの患者はジストロフィン遺伝子中にヌル突然変異をもつ．ジストロフィンの生産量を低下させる軽度の突然変異の場合は，ベッカー型筋ジストロフィーとよばれるより穏やかな症状を示す．エクソン 44 と 45 の間には突然変異のホットスポットが存在する．⇨ 付録 C（1987 Hoffman, Brown, Kunkel），イヌ，隣接遺伝子症候群，ホットスポット，ヌル対立遺伝子，RNA ポリメラーゼ，http://www.mdausa.org.80

菌糸体 [mycelium]　真菌類の栄養体部分で，菌糸とよばれる繊維のネットワークからなる．管状の菌糸は隔壁によって区画されることが多い．しかし，隔壁には孔があるため，細胞質はつながっている．空中の菌糸はくびれて，分生子*をつくる．

緊縮応答 [stringent response]　増殖に不利な条件下で，微生物が tRNA やリボソームの合成を停止すること．

緊縮調節 [stringent control]　ストリンジェントコントロールともいう．⇨ λ クローニングベクター．

近親交配　= 同系交配．
近親婚係数　= 親縁係数．
筋　節　= サルコメア．
菌　叢 [lawn]　寒天プレート上一面の細菌の層．

金属[結合]タンパク質 [metalloprotein]　正常な機能に少なくとも1個の金属イオンを要求するタンパク質．たとえば，哺乳類のシトクロム c オキシダーゼは，好気代謝の重要な酵素で，少なくとも6個の金属中心（二つのヘム，二つの銅中心，マグネシウム，亜鉛）を含む．最も単純な

Mo 酵素（モリブデン含有）は，*Rhodobacter spheroides* のジメチルスルホキシド（DMSO）還元酵素で，DMSO をジメチル硫化物に変換する．
⇨ アンドロゲン受容体，セルロプラスミン，金属酵素，RING フィンガー，ウレアーゼ，ビタミン D 受容体，ウィルムス腫瘍，ウィルソン病，ジンクフィンガータンパク質．

金属酵素［metalloenzyme］　一つ以上の金属原子と結合し，酵素作用をもつタンパク質．

均等分裂［equational division］　同一の長さに二分されて二つの娘核に取込まれる染色体の分裂．この典型的な分裂は有糸分裂にみられる．

キンポウゲ属［*Ranunculus*］　キンポウゲを含む顕花植物の属名．減数分裂の細胞学的研究に広く用いられる．

筋粒体　＝サルコソーム．

ク

グアニリルトランスフェラーゼ ［guanylyl transferase］ ⇨ メチル化キャップ.

グアニル酸 ［guanylic acid］ ⇨ ヌクレオチド.

グアニン ［guanine］ ⇨ 核酸塩基.

グアニン四重鎖 ［guanine tetra-plex］ ⇨ グアニン四重鎖モデル.

グアニン四重鎖モデル ［guanine quartet model］ テロメアの繰返し構造のような，グアニンに富んだ繰返し構造をもつ DNA 鎖中で起きる相互作用を説明するグアニン分子の三次元上の配置. 1，2 または 4 本の DNA 鎖が，折りたたまれて，図に示すような 4 個のグアニンが平面上に配置した構造を含むコンパクトな形をとる. それぞれのグアニンは隣り合ったグアニンのプロトン供与体と受容体となり，8 個の水素結合で，4 組のグアニンが互いに結びつけられる. 4 組のグアニンは，一つ上の組に積み重なっていく. この積み重ねは，軸上の 1 価の陽イオンにより促進される. たとえば，Na^+ は，中央のくぼみにぴったりはまり，少し大きい K^+ は，次の 4 組のグアニンとの間のくぼみに結合する. ⇨ 付録 C (1989 Williamson, Raghuraman, Cech), 水素結合, テロメア.

グアニンデオキシリボシド ［guanine deoxyriboside］ ⇨ ヌクレオシド.

グアニン-7-メチルトランスフェラーゼ ［guanine-7-methyl transferase］ ⇨ メチル化キャップ.

グアノシン ［guanosine］ ⇨ ヌクレオシド.

グアノシン三リン酸 ［guanosine triphosphate］ 略号 GTP. ATP と同類の高エネルギー分子で，翻訳過程におけるペプチド結合の生成に必須の物質である.

クイックストップ ［quick-stop］ 温度を 42 ℃に上昇させるとただちに複製を止める大腸菌突然変異体.

偶然発生 ［spontaneous generation］ 自然発生ともいう. 生命のない物質から生命系が生じること. ⇨ 付録 C (1668 Redi; 1769 Spallanzani; 1861 Pasteur).

偶発突然変異 ＝自然突然変異.

クエン酸回路 ［citric acid cycle, citrate cycle］ クレブス回路 (Krebs cycle), トリカルボン酸 (TCA) 回路 (tricarboxylic acid cycle) ともいう. 脂肪, タンパク質, および炭水化物の異化によってつくられたアセチル CoA を酸化し, 放出されたエネルギーを用いて ADP から ATP を生成する酵素反応過程. アセチル CoA と四炭素化合物 (オキサロ酢酸) が縮合して, 六炭素化合物であるクエン酸を生成することから, この名称でよばれる. さらに一連の酸化的脱炭酸を経て, クエン酸はオキサロ酢酸に分解され, 回路は完結する. この結果, 1 分子の活性化された酢酸は 2 分子の CO_2 に変換される. この過程で, 8 個の水素原子が引き抜かれて水に酸化され, 同時に 12 分子の ATP がつくられる. これにかかわる酵素群はミトコンドリア*に局在する. この回路は次ページに図示されている. ⇨ シトクロム系, 解糖, グリオキシル酸回路.

クオンタソーム ［quantasome］ 葉緑体のグラナに見られる光合成で働く粒子. 扁平楕円体で軸方向の大きさはそれぞれ約 100 Å, 200 Å である. クオンタソーム中には葉緑素*が局在している.

区画化 ［compartmentalization］ コンパートメント化. Garcia-Bellido によって発見されたショウジョウバエに見られる現象で, 成虫原基の発生過程で, 遺伝的にマークされた細胞のクローンの分布の様子を調べているときに見つかった.

$$CH_3$$
$$C=O$$
$$Co\text{-}A$$

$$O=C\text{-}COOH$$
$$H_2C\text{-}COOH$$
オキサロ酢酸

$$H_2C\text{-}COOH$$
$$HO\text{-}C\text{-}COOH$$
$$H_2C\text{-}COOH$$
クエン酸

CoA, $-H_2O$, NADH+H$^+$, 2H, NAD$^+$

$$\begin{array}{c}COOH\\CH_2\\HCOH\\COOH\end{array}$$
リンゴ酸

$$\begin{array}{c}H_2C\text{-}COOH\\C\text{-}COOH\\HC\text{-}COOH\end{array}$$
cis-アコニット酸

$+H_2O$

$$\begin{array}{c}COOH\\HC\\CH\\COOH\end{array}$$
フマル酸

クエン酸回路

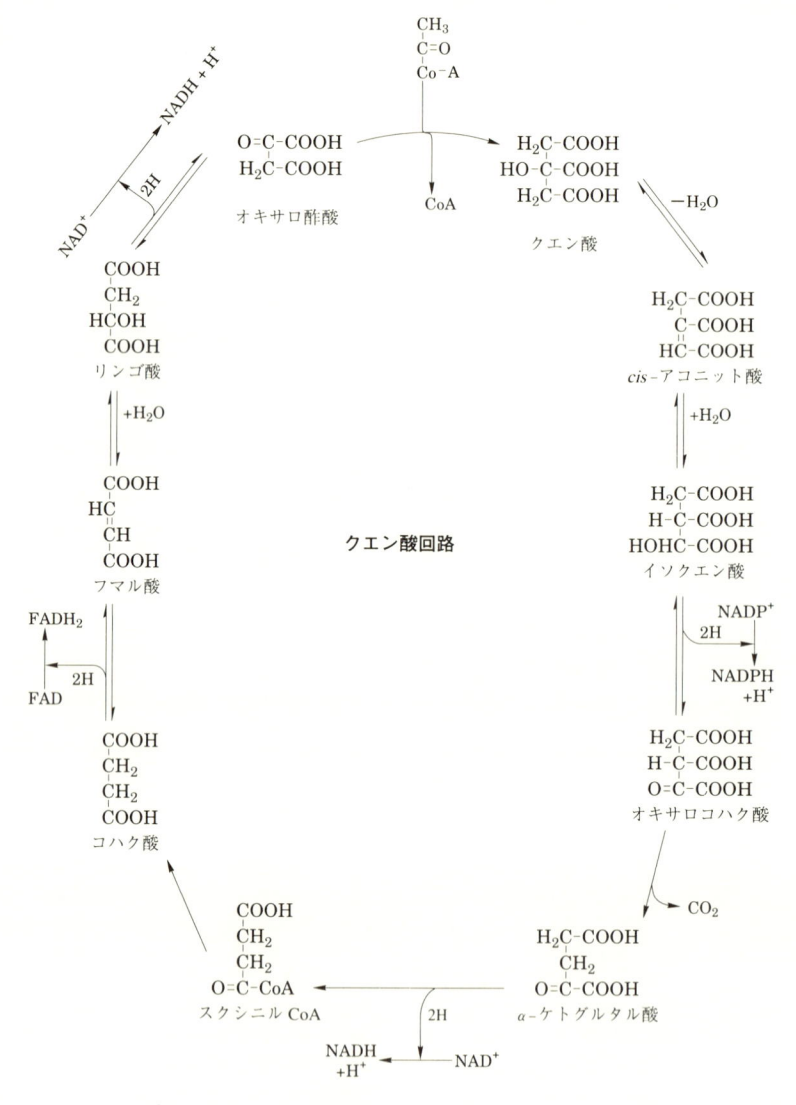

$$\begin{array}{c}H_2C\text{-}COOH\\H\text{-}C\text{-}COOH\\HOHC\text{-}COOH\end{array}$$
イソクエン酸

NADP$^+$, 2H, NADPH+H$^+$

FADH$_2$, 2H, FAD

$$\begin{array}{c}COOH\\CH_2\\CH_2\\COOH\end{array}$$
コハク酸

$$\begin{array}{c}H_2C\text{-}COOH\\H\text{-}C\text{-}COOH\\O=C\text{-}COOH\end{array}$$
オキサロコハク酸

$$\begin{array}{c}COOH\\CH_2\\CH_2\\O=C\text{-}CoA\end{array}$$
スクシニル CoA

2H, NADH+H$^+$, NAD$^+$, CO_2

$$\begin{array}{c}H_2C\text{-}COOH\\CH_2\\O=C\text{-}COOH\end{array}$$
α-ケトグルタル酸

そのようなクローンを解析すると，それらは原基のどの領域でもランダムに重なり合うようなことはなく，区画内に限局されており，区画の間の境界を超えることは決してない．一区画内にはポリクローンとよばれる少数の創始細胞のすべての子孫細胞が含まれる．発生が進むにつれて大きな区画はより小さな区画に分割される．創始細胞同士は互いの位置で決まり，どのような由来で生じたかは関係ない．ある創始細胞由来の細胞は決まった区画を形成し，ほかの細胞はその区画には寄与しない．各区画の発生のパターンは選択遺伝子によって制御されている．選択遺伝子が突然変異を起こすと，別の区画の細胞タイプを示すようになる場合がある．ホメオティック突然変異*は選択遺伝子が突然変異を起こした例である．⇨ 付録 C (1973 Garcia-Bellido et al.).

クチクラ［cuticle］　昆虫におけるキチンを含む無細胞性の外皮．

屈光性［phototropism］　光が刺激となる屈性．

屈折率［refractive index］　特定の物質を通過する光の速度に対する真空中の光の速度の比．⇨

位相差顕微鏡.

屈地性 ＝重力屈性.

クッパー細胞 [Kupffer cell] 肝臓マクロファージ.

グッピー [*Lebistes reticulatus*, guppy] よく知られた観賞用熱帯魚. この種において性の遺伝的支配が広範囲に研究された. ⇨ 付録A (脊索動物門, 硬骨魚綱, 新鰭亜綱, カダヤシ目).

句読点なしの遺伝暗号 [commaless genetic code] アミノ酸配列をコードしていない塩基あるいは塩基グループによって分離されていない, つながった一連のコドン. 細菌の遺伝子はイントロン*をもっていないので, ポリペプチド鎖のアミノ酸と遺伝子のコドンは直線的に対応している. ほとんどの真核生物ではエクソンとよばれるコード領域 (アミノ酸配列を決定する) にイントロンとよばれる非コード領域が割込んでいる. このような状態のコードは句読点をもつという.

くびれ ＝狭窄.

クマネズミ属 [*Rattus*] ドブネズミ (*R. norvegicus*) やクマネズミ (*R. rattus*) を含む属. 実験用ラットはドブネズミのアルビノ型. 実験用ラットは性染色体のXとYを含めて21対の染色体をもつ. マップされている遺伝子の数は550を超える.

組合わせ [assortment] 異なる組合わせの染色体が無作為に配偶子に分配されること. $2n$ 個体は父方と母方の染色体を一組ずつもち, n 個の相同な対をつくる. 減数分裂第一分裂の後期に, それぞれの染色体対の一方がそれぞれの極に移動し, 配偶子は父方または母方の一つの染色体をもつことになるが, この染色体は父方起源でも母方起源でもかまわない.

組合わせ会合 [combinatorial association] 免疫グロブリン分子プール内では, 任意の重鎖クラスの分子と任意の軽鎖クラスの分子が会合すること. しかし, 特定の一つの免疫グロブリン分子では, 一つのクラスの重鎖と一つのタイプの軽鎖しかない. ⇨ 免疫グロブリン.

組合わせ転座 [combinatorial translocation] 免疫グロブリン鎖 (重鎖または軽鎖) 形成に際し, 同じ多重遺伝子族*に属する任意の可変部コードDNA領域と, 任意の定常部コードDNA領域が結合すること. この二つのコード領域は介在性のDNAの欠失を含む再編によってつながり, 一つの遺伝子となる. ⇨ 免疫グロブリン.

組合わせ能力 [combining ability] 1. 一般組合わせ能力 (general combining ability): 一連の交配において, 一つの系統が示す平均能力をいう. 2. 特定組合わせ能力 (specific combining ability): 特定の交配において, 一つの系統が示す能力の, 一般組合わせ能力に基づいて予測される値からのずれ.

組換え [recombination] ⇨ 遺伝的組換え.

組換えRNA技術 [recombinant RNA technology] 外来RNAをつないだり, 同じ種からの異なるRNAをつなぎ合わせたりする技術. たとえば複数の異なるRNA分子をT4 RNAリガーゼで連結することにより異種のRNA配列を構築することができる.

組換え近交系 [recombinant inbred line, RI line] 二つの無関係な近交系間の交配から生じた F_2 世代から独立に由来した一連の近交系. それぞれのRI系統は, 多数の遺伝子座の二者択一的な対立遺伝子について異なるパターンを示す特徴的な遺伝子の組合わせをもつ. この方法は, マウスの無関係な二つの祖先近交系統に由来する一連の系統において, 偶然生じた組換え体をホモ接合の状態に固定するのに用いられてきた.

組換え結合部 [recombinant joint] 組換え中の二つのDNA分子がつながっているヘテロ二本鎖領域の端.

組換え結節 [recombination nodule] 対合複合体に付着して見える電子密度の高いオルガネラ. 交差において何らかの役割を担っていると考えられている.

組換え修復 [recombination repair] 損傷を受けた二つのDNA分子間で組換えにより損傷部分を正常な部分に代えることにより正常なDNA分子を形成すること.

組換え体 [recombinant] 1. 組換えの結果, 生じた個体または細胞. 2. 組換えDNAまたはそれを含むクローン.

組換え地図作製 [recombination mapping] ⇨ 連鎖地図.

組換えDNA [recombinant DNA] 外来DNAをベクター分子につなげることにより *in vitro* でつくられる複合DNA分子.

組換えDNA技術 [recombinant DNA technology] *in vitro* でDNA分子を結合し, 生細胞に導入して, 複製させる技術. この技術により以下のことが可能になった. 1) ほとんどすべての生物から特定のDNA断片を単離し, 増幅して, 分子解析用に大量調製すること. 2) 医療や産業に有用な遺伝子産物を大量に宿主生物内で合成すること. 3) クローン化したDNAに *in vitro* で突然変異を導入することにより, 遺伝子の構造と機能の関連を研究すること. ⇨ 付録C (1972 Jackson *et al.*; 1973 Cohen *et al.*; 1974 Murray, Murray; 1975 Asilomar Conference; 1975

Benton, Davis; 1976 Efstratiadis *et al.*; Kan *et al.*; 1977 Gilbert; 1979 Goeddel *et al.*; 1980 Chakrabarty, Berg *et al.*; 1981 Wagner, Kemp, Hall; 1982 Eli Lilly; 1985 Smithies *et al.*), 発現ベクター, 遺伝子クローニング.

組換えのホットスポット［recombination hotspot］ 染色体上の特別な領域で, 減数分裂の交差の頻度が高い場所. このようなホットスポットは, 組換えの開始部位になりやすい.

組換え頻度［recombination frequency］ 略号 RF. 組換え体数を子供の総数で割った値. 遺伝地図上の遺伝子座間の相対距離を知る目安となる.

組換え抑制［recombination suppression］ ⇨ 交差抑制因子.

組込み効率［integration efficiency］ 外来性 DNA 領域が受容細菌の遺伝子型に組込まれる効率を示すもので, 特に形質転換に関して用いられる.

クモ形綱［Arachnida］ クモ類, サソリ類, メクラグモ類, ダニ類が属している節足動物の一綱. ⇨ 付録 A.

クモ状指趾症［arachnodactyly］ ＝マルファン症候群（Marfan syndrome）.

クライン［cline］ 勾配ともいう. 集団の分布域の地理的横断面に沿った表現形質または遺伝子頻度の勾配. ⇨ 等遺伝子型線.

クラインシュミット展開法［Kleinschmidt spreading technique］ A. K. Kleinschmidt によって開発された, DNA 分子を電子顕微鏡下で観察可能にした方法. DNA は, 水溶液表面につくられた, 正電荷を帯びたタンパク質の単分子膜上に吸着される. このタンパク質のフィルムにより, DNA は弛緩して, 広がった配置をとり, グリッドがその表面のフィルムに触れると, 疎水的な電子顕微鏡用グリッドに移行できるようになる. ⇨ 変性地図.

クラインフェルター症候群［Klinefelter syndrome］ 精子を欠く小型の精巣をもつ男性を生じるヒトの遺伝病. XXY AA の核型をもち, ときに精神遅滞を伴う. ⇨ 付録 C（1959 Jacobs, Strong）.

グラウコファイト［glaucophytes］ ＝灰色植物.

クラウンゴール病［crown gall disease］ 根頭がん腫病ともいう. 植物の感染症で, 90 以上の科に属する植物が影響を受ける. 土壌細菌のアグロバクテリウム（*Agrobacterium tumefaciens*）が原因. 感染を受けた細胞は腫瘍性の増殖を起こし, もっぱらこの細菌が利用する代謝産物をつく

る. ⇨ 乱交雑 DNA, 利己的 DNA, Ti プラスミド.

クラススイッチ［class switching］ ⇨ 重鎖クラススイッチ.

クラスリン［clathrin］ ⇨ 受容体介在性エンドサイトーシス.

クラッチ ＝一腹卵.

クラドゲネシス ＝分岐進化.

グラナ［granum,（*pl.*）grana］ 葉緑体の中にある密に積み重ねられた円板からなる長い円柱. グラナは葉緑素が存在している場所である. 各円板に二重層のクオンタソームがはいっている. ⇨ 葉緑体.

グラフィ白血病ウイルス［Graffi leukemia virus］ マウスとラットに骨髄性白血病を起こすウイルス.

クラブコムギ［club wheat］ *Triticum compactum*（$N=21$）. ⇨ コムギ.

グラーフ濾胞［Graafian follicle］ 哺乳動物の卵巣内にある液体に満ちた球状の囊. 卵母細胞がその壁に付着して入っている. ⇨ 付録 C（1657 de Graaf）.

グラミシジン S［gramicidin S］ *Bacillus brevis* が合成する環状の抗生物質.

$$d\text{-Phe-Pro-Val-Orn-Leu}$$
$$\text{Leu-Orn-Val-Pro-}d\text{-Phe}$$

上に示したような式で表される構造をしている. 通常のタンパク質では見られないアミノ酸であるオルニチン（Orn）や d-フェニルアラニン（通常の場合は l 体）を含む. グラミシジン S の合成はリボソーム上では行われないタンパク質合成系のうちで最もよく知られているものの一つである. E_1, E_2 の 2 種類の酵素を必要とし, これらが互いに会合してグラミシジンシンテターゼを形成する. プロリン, バリン, オルニチン, ロイシンが 1 分子ずつ順番に E_1 上のスルフヒドリル基に結合し, E_2 はフェニルアラニンを l 体から d 体へと転換した後, E_1 上に結合したプロリンに付加する. こうしてできた二つの相同なポリペプチド同士を逆平行な配向で結合し, デカペプチドとする. この種の珍しいタンパク質合成系はきわめて非経済的であり, 20 アミノ酸残基以上の長さをもつ分子の合成はできない.

クラミドモナス ⇨ コナミドリムシ.

グラム原子量［gram atomic weight］ 原子量と等しいグラム単位の質量をもつ元素の量.

グラム染色法［Gram staining procedure］ 細菌を二つのグループに区分する染色法. すなわち, 濃い紫色に染色されるグラム陽性菌と薄いピンク色に染色されるグラム陰性菌である. 染色性

の違いは，二つのグループの細菌における細胞壁の透過性の差によるものである．*Agrobacterium*, *Escherichia*, *Haemophilus*, *Salmonella*, *Serratia*, *Shigella*, および *Vibrio* はすべてグラム陰性．*Bacillus*, *Mycobacterium* および *Streptococcus* はグラム陽性菌の属の例である．⇨ 付録C (1884 Gram)．

グラム当量［gram equivalent weight］ 1グラム分子（モル）の水素イオンを，放出または中和する酸また塩基の質量．H_2SO_4 の1モル溶液は2グラム等量を含む．1000分の1グラム当量は1ミリグラム当量．

グラム分子量［gram molecular weight］ 分子量と等しいグラム単位の質量をもつ化合物の量．

グリオキシソーム［glyoxysome］ 膜に結合したオルガネラで，発芽中の種子や，他の植物組織にみられる．グリオキシル酸回路*の酵素群を含む．⇨ 微小体．

グリオキシル酸回路［glyoxylate cycle］ クエン酸回路の代替回路の一つ．この一連の代謝反応はグリオキシソーム*に局在する酵素によって触媒される．この回路は，植物の光呼吸ならびに発芽種子による貯蔵脂肪の利用に重要な役割を果たす．⇨ ペルオキシソーム．

クリオスタット ＝低温保持装置．

繰返し DNA ＝反復 DNA．

クリグラー-ナジャー症候群［Crigler-Najjar syndrome］ ビリルビン代謝のまれな遺伝性疾患で，常染色体劣性遺伝．ビリルビン代謝上のまれな遺伝性疾患．患者には肝臓のビリルビンUDPグルクロニルトランスフェラーゼの欠損が見られる．この酵素は胆汁の分泌前にビリルビンとグルクロン酸の結合に関与する．酵素の欠損によって，すべての組織中でビリルビンが過剰に蓄積するため，死に至る．

グリコーゲン［glycogen］ 多数のグルコース分子からつくられている可溶性の多糖類．脊椎動物では，炭水化物はグリコーゲンとして特に肝臓や筋肉内に貯蔵される．

グリコーゲン蓄積病［glycogen storage disease］ ＝糖原病（glycogenosis）．

グリコーゲン分解［glycogenolysis］ グリコーゲンからグルコースが遊離すること．

グリコシド［glycoside］ 酵素的加水分解により糖を生じる化合物．

グリコシド結合［glycosidic bond］ 多糖類において単糖類を連結する結合．

グリコソーム［glycosome］ トリパノゾーマのような寄生性の原生動物にみられる微小体*．グルコースをグリセロ3-リン酸に転換するのに働く酵素のほとんどが含まれる．⇨ 解糖．

グリコネオゲネシス［glyconeogenesis］ ⇨ 糖新生．

クリサリス［chrysalis］ 鱗翅類（Lepidoptera）の蛹で，繭*をつくらないもの．

グリシン［glycine］ 略号 Gly．⇨ アミノ酸．

クリスタリン［crystallin］ 脊椎動物の眼のレンズを構成する一群の構造タンパク質．ある種のクリスタリンは，ほかの組織では酵素としての役割も果たす．たとえば爬虫類や鳥類では心筋に存在し，乳酸デヒドロゲナーゼとして機能するクリスタリンがある．

クリステ［cristae］ ミトコンドリアの内膜の陥入部．

クリスマス病［Christmas disease］ ⇨ 血友病．

グリセオフルビン［griseofulvin］ ある種の *Penicillium* によって合成される抗生物質．殺菌剤として作用する．

グリセロール［glycerol］ 3価のアルコールで，脂肪酸と結合して脂肪*を形成する．

$$\begin{array}{c} H \\ H-C-OH \\ H-C-OH \\ H-C-OH \\ H \end{array}$$

グリッド［grid］ 細隙格子ともいう．1. 縦横一定の間隔の網目．2. 電子顕微鏡観察に用いられる試料網．

Creeper ニワトリの常染色体優性遺伝子．ホモ接合は胚致死．ヘテロ接合は四肢の奇形を示す．

クーリー貧血［Cooley anemia］ ⇨ サラセミア．

Glyptotendipes barbipes 幼虫の唾液腺に非常に大きい多糸染色体をもつユスリカ科に属する種．細胞学的研究によく用いられる．

クリプトモナス［cryptomonad］ ヌクレオモルフ（葉緑体を取囲む膜の間に挟まれている）に特徴がある単細胞藻類．何億年も前に，紅藻の共生生物と2本の鞭毛をもつ原生生物の融合により生じたと考えられる．通常の核は，原生生物に由

来し，ヌクレオモルフは，共生生物の核の名残である．テロメアと，きっちり詰め込まれた遺伝子をもつ3本の小さな染色体をもち，特徴的な孔をもった二重膜に囲まれている．ヌクレオモルフは，真核生物の歴史の中で最も遺伝子の軽量化が起きた核である．⇒ 付録A（原生生物界，クリプトモナス門），付録C（1999 Beaton, Cavalier-Smith），C値パラドックス，連続共生説，骨格DNA仮説．

グルカゴン［glucagon］　膵臓の α 細胞から出るポリペプチドホルモン．肝臓のグリコーゲンを分解し，その結果血糖の上昇をもたらす．

グルココルチコイド［glucocorticoid］　副腎皮質で産出されるステロイドホルモン．肝臓でのグリコーゲン蓄積などの中間代謝に影響を及ぼす．コルチゾンなどのグルココルチコイドは炎症を抑える効果をもつ．

グルコシルセラミドリピドーシス［glucosyl-ceramide lipidosis］＝ゴーシェ病（Gaucher disease）．

グルコース［glucose］　動植物や微生物中に広く分布する六炭糖．ラクトースの構成糖であるほか，セルロースやデンプン，グリコーゲンなどの多糖中にも存在する．

グルコース感受性オペロン［glucose-sensitive operon］　グルコースが存在すると活性化が阻害されるような細菌のオペロン．グルコースはcAMPのレベルを抑えることで活性化に必要な正の制御シグナルをブロックする．

グルコース-6-リン酸デヒドロゲナーゼ［glucose-6-phosphate dehydrogenase］　略号G6PD．グルコース6-リン酸の6-ホスホグルコン酸への変換を触媒する酵素．ヒトの赤血球由来のG6PDは，515個のアミノ酸のサブユニットからなるホモ二量体である．この酵素には，およそ

酵素	活性（%）	起源
B	100	広範囲に分布
A	90	アフリカ黒色人種
A⁻	8~20	
M	0~7	地中海白色人種

400種類の遺伝的変異体が知られている．そのうち最も多くみられる4種を表に示す．

グルコース-6-リン酸デヒドロゲナーゼ欠損症［glucose-6-phosphate dehydrogenase deficiency］　G6PD欠損症ともいう．ヒトの病気の原因となる酵素欠損の中では最も多くみられ，およそ4億人の人々に影響が及ぶ．G6PDをコードする遺伝子（Gd^+）はXq28に位置する．この酵素のA型あるいはM型をもつ男性の赤血球の寿命は短く，またプリマキンのような抗マラリア剤に接すると生命にかかわる溶血を起こす．G6PD突然変異についてヘテロ接合の女性では，X染色体のランダムな不活化の結果，赤血球細胞の一部は正常な酵素をもち，また一部は欠陥のある酵素をもつ．G6PD突然変異対立遺伝子が人類集団の一部で保持されているのは，熱帯熱マラリア原虫（*Plasmodium falciparum*）感染時のヘテロ接合優勢のためである．Gd^+/Gd の女性は，Gd^+/Gd^+ の女性に比べて，寄生虫血症のレベルが低い．⇒ 付録C（1962 Beutler *et al.*），遺伝子量補正，ソラマメ中毒症，マラリア．

グルコセレブロシド［glucocerebroside］　スフィンゴミエリン*と類縁のいくつかの化合物の総称．これらの化合物はスフィンゴミエリンに見られるホスホリルコリンがグルコースと置換した点で異なる．⇒ セレブロシド．

グルタチオン［glutathione］　グルタミン酸，システイン，グリシンの3種のアミノ酸を含むトリペプチドで，酸化還元を繰返す．細胞内酸化反応に重要な役割を果たしている．

グルタミン［glutamine］　略号Gln．⇒ アミノ酸．

グルタミン酸［glutamic acid］　略号Glu．⇒ アミノ酸．

くる病［rickets］　食物中のビタミンD不足による成長骨の欠乏疾患．⇒ ビタミンD抵抗性くる病．

クールー病［kuru］　ニューギニアのある限られた地域に住む先住民に見いだされた中枢神経系の慢性，進行性，変性疾患．この病気は一時，遺伝的に決定されるものと考えられていたが，現在ではプリオン*によって起こるものと信じられている．

グレイ［gray］　電離性放射線からの吸収エネルギー量の単位で，1 J/kgに等しい．Gyと表記する．1 Gy = 100 rad である．

クレチン病［cretinism］　甲状腺ホルモンの欠乏による，体躯の成長や精神の発達に障害を起こすヒトの病気．遺伝性のクレチン病は，しばしば甲状腺腫*や難聴を伴い，チロキシンやトリ

ヨードチロニンの十分な形成ができない一群の代謝異常からなる。この疾患では，甲状腺における十分なヨードの蓄積や，その有機化合物への取込み，ヨードチロシンのカップリングによるヨードチロニンの産生などにおける欠損が見られる．甲状腺ホルモン産生系の遺伝的欠陥のすべては，常染色体劣性遺伝である．⇒ 甲状腺ホルモン．

クレード [clade] **1.** 分類においては，あるグループの全メンバーが共有し，これによって他のすべてのグループと識別できるような形質をもつことで定義される生物のグループ．**2.** 進化の研究において，一つの種とその子孫からなる分類群もしくはその他のグループ．完系統群 (holophyletic group)．系統樹上で，明確な枝として表される一組の種．図形的には，一つのクレードは，ノード（分岐節）とそれから派生するすべての枝で表される種を含む．⇒ 分岐図，フィロコード．

クレノー断片 [Klenow fragment] 大腸菌のDNAポリメラーゼIを酵素で切断してできる二つの断片のうちの大きい方をいう．下の図は，クレノー断片が5′→3′エキソヌクレアーゼ活性を欠くことを示す．このために，クレノー断片は，完全なDNAポリメラーゼIの5′→3′エキソヌクレアーゼ活性が不都合な遺伝子工学技術やDNAの配列決定法などでさまざまな用途がある．⇒ 付録C (1971 Klenow), DNAポリメラーゼ.

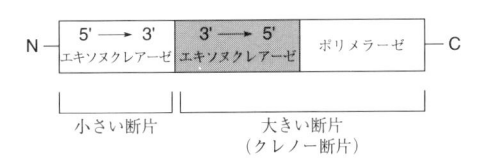

```
N ─┬─ 5′ → 3′ ─┬─ 3′ → 5′ ─┬─ ポリメラーゼ ─┬─ C
   │ エキソヌクレアーゼ │ エキソヌクレアーゼ │              │
   └─ 小さい断片 ─┴───── 大きい断片 ─────┘
                        （クレノー断片）
```

CREB [CREB = cyclic AMP response element binding protein] 短期記憶が長期記憶に固定されるのに必要なタンパク質群．CREBをコードする遺伝子群は，ショウジョウバエでクローニングされた．その一つは，dCREB2遺伝子で，ハエが短期記憶を長期記憶に固定する能力を高める遺伝子群の転写を活性化するdCREBaタンパク質をコードしている．アイソフォームのdCREBbは，この過程を阻害する．⇒ 付録C (1982 Kandel, Schwartz; 1994 Tully et al.), 環状AMP.

クレブス回路 [Krebs cycle] ＝クエン酸回路 (citric acid cycle, citrate cycle).

クレブス-ヘンゼライト回路 [Krebs-Henseleit cycle] オルニチン回路*.

クロキノコバエ属 [Sciara] キノコバエの一属．染色体削減*の細胞遺伝学についてよく研究されているハエの一属．S. coprophilaの幼虫の唾腺巨大多糸染色体については遺伝地図が作成され，一部のDNAパフについては詳細な研究がなされている．

クロストリジウム属 [Clostridium] 通常は嫌気性で，芽胞を形成するグラム陽性桿菌．破傷風，脱疽，ボツリヌス中毒の病原菌が含まれている．

クローニング [cloning] クローン化．クローン生物作成ともいう．最も一般的な意味では，ある生物と遺伝的に同一な生物をつくることをいう．これは，一卵性双生児の産出という形で自然にも起こる．ココノオビアルマジロは，それぞれの出産周期ごとに，4個体の遺伝的に全く同一な子供のクローンを規則的に出産する．この種のクローニングは，胚を分割することによって，人為的に行うこともできる．たとえば，多くの動物で，8細胞期の胚を二分割あるいは四分割し，それぞれから一卵性双生児や四つ子を発生させることが可能である．有糸分裂によって生じた細胞は，遺伝的に同一（突然変異を除く）であり，したがって，一つの個体のすべての体細胞は理屈上は一つのクローンということになる．同様に，1個の親細胞から二分裂によってつくられた細菌の細胞は一つのクローンであり，固形培地上で1個のコロニーを形成する．1個体もしくは1個の細胞をさしてクローンということはできるが，これはあくまでもこれ以外の最低一つの遺伝的に同一な個体もしくは細胞を基準としていえることである．植物細胞の大部分は分化全能性をもち，通常，動物細胞に比べて無性繁殖（接ぎ木，出芽，挿し木など）によるクローニングが容易である．⇒ 付録C (1958 Steward, Mapes, Mears; 1997 Wilmut et al.); ココノオビアルマジロ属，遺伝子クローニング，モザイク，ヒツジ，全能性，双生児．

クローニングビークル [cloning vehicle] ＝クローニングベクター．

クローニングベクター [cloning vector] ⇒ DNAベクター，λクローニングベクター，プラスミドクローニングベクター，酵母人工染色体．

クロノタイプ [clonotype] クローン化された細胞の表現型またはそれがつくる均質な産物．

クロバエ [Calliphora erythrocephala] 大きなハエの一種で，ある近交系では卵巣哺育細胞に多糸染色体が生じる．この巨大染色体のバンドのパターンが，蛹の生毛細胞*の染色体のバンドパターンと比較されてきた．

グロビン [globin] 原索動物や多くの脊椎動物にある四量体型ヘモグロビンや単量体型ミオグ

ロビン，レグヘモグロビンなどを含む多様な呼吸系タンパク質の総称．これまでに構成されてきたミオグロビンや脊椎動物のヘモグロビンについての系統樹を見る限り，グロビンの配列は進化の過程を通じて一定の速度で多様化してきたことがわかる．これらのデータからヘモグロビン族を生じる結果となった遺伝子重複の時期が推定されている． ⇨ ヘモグロビン遺伝子，ミオグロビン遺伝子．

グロブリン［globulin］　水に対しては不溶性であり，薄い塩の溶液に対しては溶解性を示すタンパク質． ⇨ アルブミン，免疫グロブリン．

黒穂病［smut］　1. 真菌類による穀物の病気で，胞子の黒い塊により特徴づけられる．2. 黒穂病の原因となるクロボキン目（Ustilaginales）の担子菌類．

クロマチド　＝染色分体．
クロマチン　＝染色質．

クロマトグラフ［chromatograph］　クロマトグラフィー*によって作成された記録．分離された化合物に対応する一連のスポットをもつ沪紙に対して一般に用いられる．

クロマトグラフィー［chromatography］　類似した化学的，物理的性質をもつ分子の混合物から成分を分離したり，同定したりする方法．異なった分子の集団を水混和性有機溶媒に溶解させ，その溶液を固定相を通して移動させる．分子はわずかに異なる率で移動するために，最終的には分離される．ペーパークロマトグラフィーでは，沪紙が固定相として働く．カラムクロマトグラフィー*では，固定相を筒につめる．薄層クロマトグラフィーでは，固定相は板ガラスに広げた吸収性のシリカゲルまたはアルミナの薄層である． ⇨ アフィニティークロマトグラフィー，逆相クロマト電気泳動，ガスクロマトグラフィー，イオン交換カラム，付録 C（1941 Martin, Synge）．

クロマトソーム［chromatosome］　ヌクレオソーム*，リンカー DNA および H1 ヒストンからなる DNA タンパク質複合体． ⇨ ヒストン，ヌクレオソーム．

クロマトホア［chromatophore］　色素胞ともいう．光合成細菌から分離された超顕微鏡的な粒子で，光合成色素を含む粒子．

クロマトロープ［chromatrope］　⇨ 異染色性．

クロマニヨン人［Cro-Magnon man］　後期更新世に生存していたヒト（*Homo sapiens sapiens*）．ネアンデルタール人の分布域全体がクロマニヨン人に置き換わった．

クロミスタ［Chromista］　Cavalier-Smith によって提唱された真核生物の界の名称で，以下のような超微細構造上の類似性を示す．すべての種が，生活環のある時期に，マスチゴネマ*で覆われた波動毛（undulipodium）もしくは小胞体型葉緑体*（あるいはその両方）をもつ．このグループには，黄金色植物，クリプト植物，黄緑藻植物，真正眼点藻植物，珪藻植物，褐藻植物，ラビリンツラ，サカゲツボカビ，および卵菌の各門の種が含まれる．下図に示したのは，淡水性の黄金色植物の一種，*Ochromonas danica* で，このグループの特徴であるマスチゴネマおよび小胞体型葉緑体が図示されている． ⇨ 付録 A（原生生物界），分類，原生動物．

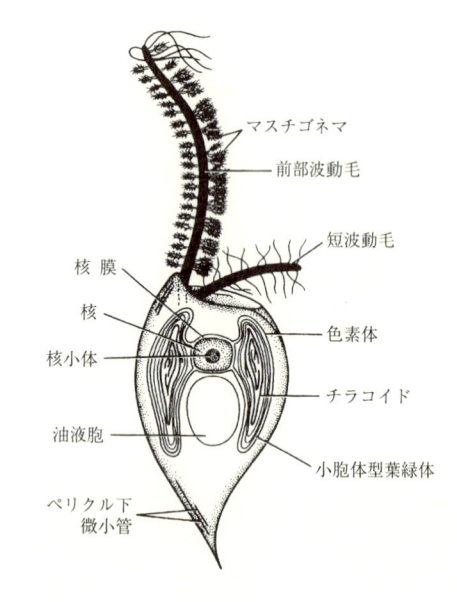

クロミフェン［clomiphene］　卵巣からの排卵を誘発する化学物質の総称．

クロモトロープ［chromotrope］　異染性色素*の色を変えることができる物質．

クロモニーム［chromoneme］　細菌と細菌ウイルスの DNA の巻かれた糸．

クロラムフェニコール［chloramphenicol］　クロロマイセチン（chloromycetin）ともいう．*Streptomyces venezuelae* によって産生される抗生物質．原核生物の 70S リボソームで行われるタンパク質合成の強力な阻害剤である．50S リボソームサブユニットに結合し，伸長するポリペプチド鎖にアミノ酸が付加するのを阻止する．真核生物の 80S リボソームサブユニットには結合しない．しかし真核細胞に存在するミトコンドリア

のリボソームには結合する．このことは，共生原核生物が真核生物のミトコンドリアの祖先であることの証拠の一つとなっている．⇨ シクロヘキシミド，内部共生説，リボソーム，オルガネラのリボソーム，連続共生説，翻訳．

クロラムブシル [chlorambucil]　突然変異を誘発するアルキル化剤．

***cro* リプレッサー** [*cro* repressor]　λファージ*の制御遺伝子 *cro* がコードするタンパク質．*cro* 遺伝子は C_1 遺伝子と並んでおり，プロモーターはそのすぐ左にある．転写の際には，宿主の転写酵素は右方向に移動する．この酵素の移動は，*cro* のプロモーターと重複するオペレーターに結合するλリプレッサー*によって阻害される．*cro* リプレッサーは 66 個のアミノ酸からなる．この単量体が対を形成して，活性のあるリプレッサーとなり，ヘリックス-ターン-ヘリックスモチーフ*を介して DNA に結合する．*cro* リプレッサーはウイルスが溶菌周期*に入るのに必要となる．*cro* リプレッサーはλリプレッサーを抑制することから，アンチリプレッサーとよばれることもある．⇨ 付録 C（1981 Anderson *et al.*），調節遺伝子．

クロレラ属 [*Chlorella*]　光合成やその遺伝的制御の研究に広く利用されている緑藻類の一属．⇨ 付録 A（原生生物界，緑藻植物門）．

クロロシス ＝白化．
クロロフィル ＝葉緑素．
クロロプラスト ＝葉緑体．
クロロマイセチン [chloromycetin]　＝クロラムフェニコール（chloramphenicol）．
クローン [clone]　1. 単一の共通祖先細胞（または生物）から，真核生物の場合は有糸分裂によって，原核生物の場合は二分裂によって由来したすべてが遺伝的に同一の細胞（または生物）の集団．2. 遺伝子工学的に得られた DNA 配列のレプリカ．

クローン化 ＝クローニング．
クローン解析 [clonal analysis]　発生過程が細胞自律的であるか非自律的であるかを調べるために，遺伝学的手法または外科的手術によってモザイク解析を行うこと．細胞自律的遺伝マーカーを用いて発生の初期段階の細胞をラベルし，これらの細胞の子孫がその後どのような細胞になるかを追跡することができる．⇨ 区画化．

クローン化 DNA [cloned DNA]　クローニングベクターに組込まれた後，宿主の生物内で受動的に増幅された DNA 断片の総称．
クローン生物作成 ＝クローニング．
クローン選択説 [clonal selection theory]　免疫応答の特異性を説明するために提唱された説．特異的な抗原を認識するさまざまな細胞がその抗原と反応する前に存在しており，ある抗原にさらされると，その中の適当な細胞群がクローン増殖する．⇨ 付録 C（1955 Jerne；1959 Burnet），B リンパ球．

クワガタソウ属 [*Veronica*]　ゴマノハグサ科（Scrophulariaceae）に属する草本の大きな属．自家不稔性の遺伝的調節に関する古典的研究に用いられた．

クワシオルコル [kwashiorkor]　ある種のアミノ酸（特にリシン）の欠乏によって生じる栄養障害．クワシオルコルは穀物を常食とし，リシンなどタンパク質に欠ける食生活を送るヒトに起こる．

グワユール [*Parthenium argentatum*]　砂漠の植物の一種．遺伝子型によって有性もしくは無性生殖するので遺伝学者により研究されている．

群集 [community]　異なる種に属し，ある特定の地域または範囲に生息環境を占め，個体が相互に作用し合う集団．

群選択 [group selection]　個体よりもむしろ集団にとって有益な形質について 2 個体以上からなる集団に対して起こる自然選択．⇨ ハミルトンの社会行動についての遺伝理論．

ケ

K 1. ケルビン温度. 2. 白亜紀. 3. カリウム. 4. ゾウリムシのκ粒子の生存に必要な遺伝子. 5. 環境収容力*.

鶏冠型 [comb shape] とさかの形. ニワトリにおける二つの非対立遺伝子対（RrとPp）によって影響される形質. 遺伝子相互作用*の例として古くから知られている. ⇨ ニワトリ.

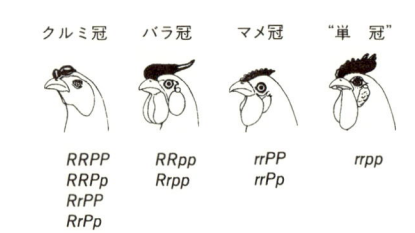

クルミ冠	バラ冠	マメ冠	"単冠"
RRPP RRPp RrPP RrPp	RRpp Rrpp	rrPP rrPp	rrpp

傾向 [trend] 進化の過程において, 同一系統内での形質の変化が方向性をもって観察されること. たとえば, 哺乳類の系統の多くでは, 進化の過程で体が大きくなる傾向を示す. ⇨ 定向進化.

蛍光 [fluorescence] ⇨ ルミネセンス.

蛍光 in situ ハイブリダイゼーション [fluorescence in situ hybridization] 略号 FISH. 特定の染色体部位の特定の標的配列に相補的な, 配列既知の合成ポリヌクレオチドを使用する手法. ポリヌクレオチドには, 蛍光顕微鏡で検出できるように, いくつかの分子を介して蛍光シグナル色素を結合させておく. このプローブを調べたい細胞に in situ でハイブリダイズさせる. 蛍光顕微鏡下で観察される蛍光シグナルにより, 標的配列の数, サイズ, 位置を迅速かつ正確に決定できる. ⇨ 染色体彩色, in situ ハイブリダイゼーション.

蛍光顕微鏡法 [fluorescence microscopy] 通常の顕微鏡法は透過または反射光で標本を観察することに基づく. 蛍光顕微鏡の標本は自己発光する. 組織切片を, 蛍光色素（青色光または紫外線を照射すると, より長波長の光を発する染料）で染色する. 染色された物体の蛍光を発する部分は暗黒の背景に対し輝いて見える. 染色法は非常に鋭敏で, 生体材料に利用できる.

蛍光抗体法 [fluorescent antibody technique] 特異的な抗体で組織断片を染色することにより, ある特定のタンパク質などの抗原の細胞内局在を調べる方法. 抗体を間接もしくは直接的に蛍光色素で標識することによって, 蛍光顕微鏡下での検出を行う. ⇨ 免疫蛍光.

蛍光色素 [fluorochrome] 特定の細胞成分に結合する物質に対して結合することができる蛍光染料のこと. ⇨ ローダミンファロイジン.

蛍光板 [fluorescent screen] 電離放射線を当てると可視光線を発するタングステン酸カルシウムや硫化亜鉛などを塗った板. このような板はTV受像器に用いられ, また電子顕微鏡の像の観察のための蛍光板として使用される.

警告色 [warning coloration, aposematic coloration] 毒をもっていたり, 不快な味をしている動物や, それをまねて捕食者から身を守ろうとしている動物の体表に見られるけばけばしい色や模様. 捕食者が学習によってそのような色をもったものを避けるようになると考えられている.

軽鎖 [light chain] ⇨ 重鎖.

形質 [character, trait] 表現型として認識可能な生物の性質.

形質遺伝学 [phenogenetics] = 発生遺伝学 (developmental genetics).

形質細胞 [plasma cell] プラズマ細胞ともいう. Bリンパ球系統の分化における最終段階のもの. 免疫グロブリンを分泌する.

形質細胞芽球 [plasmablast] 小Bリンパ球と, 免疫グロブリンを分泌する成熟形質細胞の間の発生中間体で非常に増殖のさかんな細胞をいう.

形質細胞腫 [plasmacytoma] = 骨髄腫 (myeloma).

形質状態 [character state] ある形質の異なる生物における発現の違い. これらの異なる状態をホモログという. 形質は多くの状態をとりうるが, 最少でも二つの状態（ある/ない, あるいは原始的/派生的）がある.

形質置換 [character displacement] 近縁種の異所性*集団と比較して, 同所性*集団の種の特徴（視覚的特徴, 臭跡, オスがメスをよぶ鳴き声, 求愛儀式など）や適応のしかた（解剖学的, 生理学的, 行動学的）が, 誇張されていること.

この現象は，種の識別や異なる生態学的地位の利用（これにより直接的競争がさけられる）に有用なアレステティック形質を増強していくという自然選択の直接的効果によるものである．

形質転換［transformation］ 微生物遺伝学において，遺伝子がDNAの可溶性断片として一つの細菌株から別の株に伝達される現象をいう．DNA断片の起源は，生きた細胞あるいは死んだ細胞のいずれでもありうる．菌体外の培地内に溶けたDNA断片は，細胞の表面にそのDNAに対する受容体が存在する場合に限って細胞内に浸透できる．細胞内に入った断片は，通常，受容細胞の相同性をもつDNA領域の短い区画を組換えによって置き換える．プラスミドの場合細菌形質転換ともよばれる．⇒付録C（1928 Griffith；1944 Avery et al.；1964 Fox, Allen；1970 Mandel, Higa；1972 Cohen et al.）．

形質転換体［transformant］ 形質転換因子にさらされたり，プラスミドDNAが導入された結果，子孫に伝わるような新しい形質を獲得した細胞．

形質転換レスキュー［transformation rescue］ ある特定の野生型塩基配列を胚に導入することで，突然変異表現型が抑制されること．一般に転移因子がベクターに使用される．⇒付録C（1982 Spradling, Rubin），P因子．

［形質］導入［transduction］ ファージを天然のベクターとして用いて，細菌の遺伝物質を供与菌から受容菌へ移すこと．特殊形質導入においては，数個の細菌遺伝子のみが移される．これはファージが宿主染色体上に特異的な組込み部位をもっており，この部位の近傍の細菌遺伝子のみが移されるためである．普遍形質導入では宿主染色体の小さな断片がファージ粒子に取込まれ，ほとんどすべての宿主遺伝子を他の細菌に受渡すことができる．形質導入ファージは，一般に通常ファージのもつ機能にいくつか欠陥をもち，正常なヘルパーファージの助けを借りないと，新しい宿主中で増殖できない場合もある．⇒付録C（1952 Zinder, Lederberg），不稔［形質］導入．

［形質］導入体［transductant］ 形質導入を受けた細胞．⇒［形質］導入．

［形質］導入要素［transduced element］ 形質導入により伝達された染色体断片．

形質発現臨界期［phenocritical period］ 発生において，遺伝子により生じる効果が外的要因により最も影響を受けやすい時期．

形質変換系列［transformation series］ 最も原始的な祖先形質状態から最も子孫的な派生形質状態へ至る仮想的系列上に位置づけられたある形質のさまざまな表現．こうした系列には，直線状のもの（たとえば $A^0 \to A^1 \to A^2$）や分岐状のものがある．

形質膜［plasmalemma］ プラズマレンマともいう．原形質膜＊．

系図［pedigree］ 先祖代々の家系記録を表す図．記号は図のように用いられるのが普通である．女性は○，男性は□，形質を示す個体は黒塗りで示す．子供は出産順に左から右へ親の下に書く．矢印は発端者をさす．II-3は性別不明，II-6は幼年期に死亡したため，問題とする形質に関する表現型が不明なもの，II-7とII-8は二卵性双生児，III-1とIII-2は一卵性双生児である．ほかによく見られる記号を図に示す．

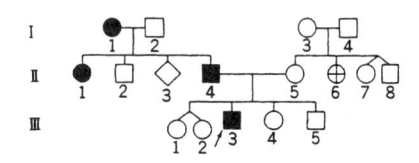

子孫を残さないで死んだもの

常染色体劣性遺伝子についてヘテロ接合

伴性劣性遺伝子についてヘテロ接合の女性

流産もしくは死産（性別不明）

近親婚または交配

形成層［cambium］ 維管束植物の側部分裂組織．

形成体 ＝オルガナイザー．

形態学［morphology］ 生物の可視構造およびその構造の発生と進化の過程を取扱う科学．

形態形成［morphogenesis］ 細胞，生体もしくはその一部が特徴的な成熟形態となるような発生過程．⇒発生，分化．

形態形成遺伝子［morphogene］ 成長および形態形成に直接あるいは間接的に関与している遺伝子．例：ホルモン，誘導物質，分裂促進因子，抑制物質，細胞周期制御因子などの遺伝子．

形態形成運動［morphogenetic movement］ 分化中の細胞や組織の形を変化させるような細胞運動．例：胚の陥入，増大，伸長など．

形態形成刺激［morphogenetic stimulus］ 発生中の胚の一部が他の部分へ作用して形態形成を誘導する刺激．

継代数［passage number］ 培養試料を継代培養した回数．

継代培養［subculture］ 生物の系統培養を新鮮な培地に移して増殖を継続させる手法．

系統 1.［line］表現型により，同じ種のほ

かの個体と区別できる均一で純系の個体の集団．⇨ 近交系，純系，純粋系統．**2**．[stock] 人為的交配系のことで，たとえば，ショウジョウバエ突然変異の実験系統のようなもの．**3**．[strain] ある生物種において，他と異なる特徴をもち，その特徴について一般に遺伝的にホモ接合であり（純粋種），飼育栽培（農業など）や遺伝学の実験を目的として人為的に繁殖される集団．系統と品種の間には明白な相違はないが，後者はこうした種内集団間の違いが大きい場合におもに用いられる．⇨ 栽培品種，病原型，台木．

系統樹 [phylogenetic tree] 個体，集団，分類群をつないで，仮説的な系統上の結びつきや歴史上の祖先子孫関係の流れを表した図．種に関する系統樹では，それらは線分として表され，分岐点は種分化が起こったことに相当する．可能な場合は地質年代区分と関連づけて表す．⇨ 付録C (1936 Sturtevant, Dobzhansky; 1963 Margoliash), 分岐図，フィロコード．

系統樹状図 = 分岐図．

系統進化 [phyletic evolution] = 垂直的進化 (vertical evolution).

系統選択 [pedigree selection] 交配させる個体を，両親や祖先の長所をもとにして人為的に選択すること．

系統的種分化 [phyletic speciation] ⇨ 系統進化．

系統発生 [phylogeny] 進化の歴史を反映した生物群の関係をいう．

系統分類学 = 体系学．

系譜 [lineage] 祖先種からすべての中間の種を経て特定の子孫種へと至る一連の進化上の順序．

keV ⇨ 電子ボルト．

傾父性[の] [patroclinous] 母親よりも父親に似た子供をつくる場合に用いる．たとえば，付着X染色体をもつ雌のショウジョウバエから生まれる雄は伴性遺伝子についてみると傾父性である．⇨ 傾母性．

傾母遺伝 [matroclinous inheritance] ⇨ 傾母性．

傾母性 [matrocliny] 父親よりも母親に強く似る遺伝現象．ショウジョウバエにおいて，付着X染色体をもつ雌の次代の雌は性染色体遺伝子という点では傾母性である．⇨ 限雌性[の].

茎葉体 [gametophore] 配偶子嚢を付ける枝．

計量形質 [metric trait] ⇨ 量的形質，連続変異．

経泸過膜誘導 [trans-filter induction] ミリポアフィルター*を使用して反応細胞から分離された形成体組織による *in vitro* 誘導．この系においてはフィルター面から誘導細胞を取除くことにより，いつでも誘導を中断することができる．

経路係数分析 [path coefficient analysis] Sewall Wright が提唱した方法．規則的および不規則的繁殖様式における遺伝子の伝達を定量的に分析するのに用いられる．

ケインズ分子 [Cairns molecule] = θ 型複製 (θ replication).

K_m ミカエリス定数*.

K抗原 [K antigen] ⇨ O抗原．

K細胞 [K cell] 抗体依存細胞性細胞障害(ADCC)作用を示すキラー細胞．これらの細胞およびナチュラルキラー(NK)細胞は，多くの共通した性質をもち，同じ細胞系譜（リンパ球あるいは単球）に属する．K細胞もNK細胞も，T細胞に特徴的な表面マーカー（ヒツジ赤血球細胞受容体）やB細胞に特徴的な表面マーカー（内生表層免疫グロブリン）をもたない．K細胞もNK細胞もIgクラス免疫グロブリンに対するFc受容体をもち，対応する抗体を有する標的細胞と反応する膜結合性抗体を捕捉するらしい．K細胞は結合抗体なしでは細胞障害をひき起こさないが，NK細胞には必ずしもそのような制限はない．K細胞がADCCに効果的な抗体をもつためには，宿主が前もって抗原と接触することが必要である．

K戦略 [K strategy] 高い増殖率よりはむしろ局所的な条件によく適応することに依存した生活環の型．⇨ rとKの選択理論．

血液型 [blood group] 血液を不適合な組合わせで混合した場合に起こる赤血球細胞の凝集に基づいて分類した血液の型をいう．古典的なヒトの血液型には，A，B，AB，およびO型がある．より近年になって明らかになった血液型がこのほかにも多数ある．⇨ 付録C (1900 Landsteiner; 1925 Bernstein; 1951 Stormont *et al.*), ボンベイ血液型，ダフィー血液型遺伝子，H物質，ケルーセラノ抗体，キッド血液型，ルイス血液型，ルセラン血液型，MN血液型，P血液型，Rh因子，分泌型遺伝子，XG．

血液型キメラ現象 [blood group chimerism] 二卵性双生児が子宮の中にいる間に造血幹細胞を交換し，出生後も二つの型の血液細胞をつくりつづける現象．⇨ 放射線キメラ．

血液型判定 [blood typing] 赤血球上の抗原の決定．通常は輸血の際，供与者と受容者の適合性を調べるために行う．この目的のためには便宜上ABO式とRh式の抗原を調べる．

血液凝固［blood clotting］　出血を止めるために，フィブリンの繊維を産生する血漿中の一連の酵素反応．酵素トロンビンは，血漿中にみられるタンパク質，フィブリノーゲンに作用する．フィブリノーゲン分子から負に荷電したペプチドが切り離される結果，単量体のフィブリンが生じ，これが速やかに重合して血餅をつくる．活性型のトロンビンは，やはり血漿中にみられる不活性な前駆体であるプロトロンビンから形成される．プロトロンビンからトロンビンへの変換はきわめて複雑な過程であり，破壊された血小板から放出されるリポタンパク質因子，血漿トロンボプラスチン成分，抗血友病因子とフォンビルブランド因子の複合体，カルシウムイオン，その他の多数の因子を必要とする．⇨血友病，フォンビルブランド病．

血縁関係［consanguinity］　遺伝的な親族関係．近親個体同士は数世代前に少なくとも1人の共通祖先をもっている．⇨同姓結婚．

血縁選択［kin selection］　⇨ハミルトンの社会行動についての遺伝理論．

結核菌［*Mycobacterium tuberculosis*, tuberculosis bacterium］　ヒト結核（年間300万人の死者を出す病気）をひき起こす原因菌．このヒト病原菌は土壌細菌から生じ，次にウシにうつり，ウシを家畜化することで，ヒトにうつったのだろう．H37Rv株は，1905年に単離されたが，この株でDNAの塩基配列が決定された．環状染色体は，4,411,529 bp，3924個のORFからなる．結核菌は，多くの抗生物質に抵抗性を示すが，この自然抵抗性は，主として疎水性の細胞外被によるもので，透過障壁になっている．たくさんの遺伝子が，この外被のリポタンパク質の合成，分解にかかわっている．ゲノムは，この他，少なくとも二つのプロファージと50以上の挿入配列*を含む．⇨付録A（細菌亜界，放線菌門），付録C（1882 Koch；1998 Cole *et al*.），ハンセン病病原菌，溶原周期．

結果の有意性［significance of result］　確率（P）が $0.01 < P \leq 0.05$ の場合は，その結果は有意に異なるといい，$0.001 < P \leq 0.01$ では高度に有意，$P \leq 0.001$ で，きわめて高度に有意であるという．⇨確率値．

欠陥ウイルス［defective virus］　ヘルパーウイルスの存在なしには，宿主のなかで増殖できないウイルス．

結合エネルギー［bond energy］　ある化学結合を解離するのに必要なエネルギー．たとえば，炭素-炭素（C-C）結合を解離するにはモル当たり58.6 kcalが必要である．

結合能力　=組合わせ能力．

結合部位のずれ［junctional sliding］　セリンプロテアーゼのような一つの遺伝子ファミリーのメンバー内で，イントロン-エクソン結合部位が一定ではないという事実を述べた用語．このような遺伝子の産物の長さの変化には，イントロン結合部のエクソンの伸長あるいは収縮によると考えられるものもある．

結合力［avidity］　抗体の抗原に対する全結合力．抗体，抗原各1分子当たりの結合部位数および結合部位当たりの親和力が含まれる．⇨親和性．

血色素症［hemochromatosis］　細胞に過剰量の鉄が蓄積されることで，組織や器官の機能が損なわれること．遺伝性の血色素症は，ヒト6番染色体短腕上の劣性遺伝子（HLA-H）がホモ接合になった結果である．少なくともヨーロッパ起源の集団では，最もよくみられる遺伝病の一つである．HLA-H遺伝子を1コピーもつ人は，食事から吸収する鉄の量が増えるが，血色素症の症状はみられない．欠陥遺伝子が2コピー存在するときだけ発症するが，通常は生殖年齢を過ぎてからである．閉経前の女性で，症状がでることはまれであるが，おそらく生理時の出血により鉄が失われるためであろう．過去においては，ヘテロ接合であることは，鉄分の少ない食事をとる地域で選択的に有利であった可能性がある．

血色素尿症［hemoglobinuria］　尿中にヘモグロビンが排泄される病気．

欠失［deficiency, deletion］　細胞遺伝学では，顕微鏡で観察可能な染色体断片の消失をいう．正常染色体と欠失染色体を含むヘテロ接合体では，減数分裂時の染色体対合に際し，欠失領域に対応する正常染色体部分が対をつくらずループを形成する．⇨付録C（1917 Bridges），ネコ鳴き症候群．

結実［器官］［fructification］　1．生殖器官もしくは子実体．2．植物における，胞子もしくは果実生成構造の形成．

欠失-置換型ファージ粒子［deletion-substitution particle］　特殊形質導入ファージで欠失したファージ遺伝子が細菌遺伝子で置換されているもの．

欠失地図作成［deletion mapping］　1．染色体もしくは連鎖地図で未知の遺伝子の位置を同定するために重複した欠失を利用する方法．2．点突然変異体と欠失部位が重複している既知の欠失突然変異体との一連の交配実験によって，ファージのいくつかの遺伝子座について遺伝子の配列順序を決定する方法．点突然変異株は，点突然変異の

位置と同じところに欠失をもつような株と交配したときには，組換え体を生じない．⇨ 付録 C (1938 Slizynska; 1968 Davis, Davidson).

欠失法［deletion method］　遺伝子の欠失がある DNA とハイブリッド形成させ，特定の mRNA を分離する方法．

欠失ループ［deficiency loop］　多糸染色体中に見いだされるループのことで，消失した染色体断片の大きさを知ることができる．欠失について構造的にヘテロ接合のショウジョウバエの幼虫がもつ唾腺細胞の核の X 染色体の一部を模式的に示す．下の染色体では C2〜C11 にかけてのバンドが消失していることがわかる．

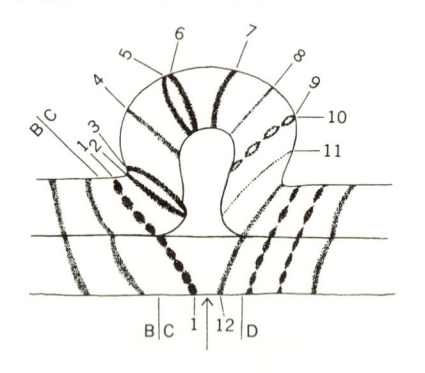

血漿［blood plasma］　浮遊している血球を血液から除去したとき残る淡黄色の液体．

血漿タンパク質［plasma protein］　脊椎動物の血漿の可溶性タンパク質，浸透により血管内の流動性を保持する働きをもつ．⇨ 付録 C (1955 Smithies).

血漿トランスフェリン［plasma transferrin］　シデロフィリン（siderophilin）ともいう．鉄と結合し，脊髄や組織貯蔵域に鉄を運搬する β グロブリン．多くの遺伝性のトランスフェリン変異体が知られている．

血漿トロンボプラスチン成分［plasma thromboplastin component］　第 IX 因子ともいう．血液凝固*をもたらす一連の反応にかかわるタンパク質．第 IX 因子の欠損は血友病 B の原因となる．第 IX 因子の遺伝子 *HEMB** は X 連鎖で，461 個のアミノ酸からなるタンパク質をコードする．このうち 46 個はリーダー配列ペプチドであり，残りの 415 個のアミノ酸が成熟凝固因子を形成する．このタンパク質は 2 箇所に EGF リピートをもつ．1 箇所の触媒ドメインはこのタンパク質にセリンプロテアーゼ活性を付与する．⇨ 上皮成長因子，血友病，セリンプロテアーゼ．

血小板［platelet, thrombocyte］　血中に含まれる無核，無色の卵形をした小体．大きさは，赤血球の 1/3〜1/2 で，巨核球*の表面からつまみとられたもので，血液凝固に関与する．

血小板由来成長因子［platelet-derived growth factor］　略号 PDGF．血小板で合成され，血液凝固の際に血清中に放出されるタンパク質．PDGF はヒト血清中の主要な成長因子で，結合組織やグリア細胞に対する強力な分裂促進因子である．PDGF はサル肉腫ウイルス*のがん遺伝子 v-*sis* 産物と，アミノ酸配列において類似性があり，このことから，ウイルスが PDGF をコードする宿主遺伝子と組換えを起こして v-*sis* が生じたと考えられている．⇨ 付録 C (1983 Doolittle et al.)，プロトオンコジーン．

血漿リポタンパク質［plasma lipoprotein］　血漿中を循環するタンパク質や脂質の多成分複合体．血漿リポタンパク質は密度によって 4 グループに分けられる．高密度リポタンパク質（HDL），低密度リポタンパク質（LDL），中密度リポタンパク質（IDL），超低密度リポタンパク質（VLDL）．LDL は約 25% がタンパク質で 75% が脂質，脂質の半分はコレステロールである．LDL はヒトの血漿中のコレステロールの主要な輸送系である．⇨ 付録 C (1975 Goldstein, Brown)，家族性高コレステロール血症．

欠如症［aplasia］　器官発生の欠如した状態．

血清［serum］　血液の凝固後の上清．

血清学［serology］　抗体と抗原の性質，生産，相互作用に関する研究分野．

血清型［serotype］　血清学的方法により決定される細胞（細菌細胞，赤血球細胞など）の抗原的性状．

血清型転換［serotype transformation］　＝抗原転換（antigenic conversion）．

血体腔［hemocoel］　節足動物および軟体動物の体腔で，血液系の拡張部分．外部と連絡することはなく，生殖細胞は含まない．

決定［determination］　胚の一部に 1 種類の組織形成が確立すること．これはその後の状況に関係なく成しとげられる．⇨ 分化．

駃騠（けってい）［hinny］　⇨ ウマ−ロバ雑種．

決定基［determinant］　免疫学では反応の特異性を決定づけ，免疫グロブリンの結合部位や抗原認識性リンパ球によって認識されるような抗原の部位．

決定性卵割［determinant cleavage］　分裂において，特定の組織の先祖となることがわかるような特定の立体的形態をたどる連続的な卵割．たとえば，発生中の軟体動物の卵において 6 番目の卵割で形成された細胞 4d は常にすべての一次中

胚葉構造の先祖である.

決定転換[transdetermination] 1個の細胞または細胞群の発生運命が変わること. ⇨ 成虫原基の in vivo 培養.

血　統[bloodline] 家畜の場合，直系の先祖の系列.

血友病[hemophilia] 血液凝固機構の欠陥を特徴とする遺伝病. 血友病は，伴性遺伝を示すことが認識された最初のヒトの形質である. 血友病A（古典的血友病）は抗血友病因子（第Ⅷ因子）の欠損による. 血友病B（クリスマス病）は血漿トロンボプラスチン成分（第Ⅸ因子）の欠損が原因. これらの凝固因子は，X染色体上でかなり離れた場所にある二つの遺伝子（HEMA および HEMB）によってコードされるタンパク質である. HEMA および HEMB についてヘミ接合の血友病患者の数は，4：1の比率でみられる. ⇨ 付録 C（1820 Nasse），抗血友病因子，血液凝固，HEMA, HEMB, 血漿トロンボプラスチン成分，王室血友病，フォンビルブランド病，http://www.hemophilia.org

kDNA キネトプラスト DNA.

K と r の選択理論[K and r selection theory] ⇨ r と K の選択理論.

ケネディ病[Kennedy disease] ⇨ 筋緊張性ジストロフィー.

ゲノミクス ＝ ゲノム科学.

ゲノム[genome] 一つの配偶子がもつすべての遺伝子，すなわちすべての染色体対のどちらか一方のみのセットの総称. ⇨ 染色体組，C値，半数体，プロテオーム.

ゲノム RNA[genomic RNA] DNA を遺伝物質として利用しないすべてのウイルスの遺伝物質. すべての細胞と圧倒的多数のウイルスは DNA を遺伝物質として使用するが，ある種のバクテリオファージと少数の植物ウイルスおよび動物ウイルスは，RNA を遺伝物質として利用する. 例：タバコモザイクウイルス（TMV），AIDS（エイズ，後天性免疫不全症候群）の原因であるヒト免疫不全ウイルス（HIV）のようなすべてのレトロウイルス.

ゲノム科学[genomics] ゲノミクス，ジェノミクスともいう. 塩基配列情報が十分に明らかな種について，ゲノムの構造や機能を研究する科学. ゲノムの対象は，核，ミトコンドリア，葉緑体の DNA. 構造ゲノム科学では，それぞれの種について，詳細な遺伝地図，物理地図，転写産物地図がつくられる. 機能ゲノム科学では，研究の視点を広げ，ある刺激に対して，多数の構造遺伝子が同時にどのように反応するかをみる. 進化ゲノム科学では，異なる種のゲノムを比較して，ゲノムの構成が進化の過程でどのように変化したかを追う. ゲノム科学でよく行われるのは，オルソログ*を in silico*で調べることである. 最近の比較ゲノム科学により，ヒトの289の疾患遺伝子のうち，177のオルソログがショウジョウバエにあることがわかった. ⇨ 付録 C（1997 Lawrence, Ochman; 1999 Galitski et al.; 2000 Rubin et al.），DNA チップ，ゲノム RNA，ゲノムの注釈付け.

ゲノムサイズ[genome size] 半数体ゲノムの DNA 量. 真核生物間のサイズを比較する場合は，ピコグラム（pg = 10^{-12} g）を単位とすることが多い. 原核生物のゲノムは，もっと小さいので，単位としてダルトン*が使われることもある. ウイルスゲノム，ミトコンドリア，葉緑体ゲノムの場合，キロベースで表されるのが一般的である. 1 kbp は，1.02×10^{-6} pg, 618,000 ダルトンに相当する. 1 pg の二本鎖 DNA は，0.98×10^6 kbp, 6.02×10^{11} ダルトンに相当する. ⇨ C 値.

ゲノム式[genomic formula] 細胞もしくは生物体に含まれるゲノム，すなわち遺伝情報のセットの数の数学的表現. 一倍体配偶子や一倍体体細胞は N で示され，二倍体は $2N$，三倍体で $3N$，四倍体は $4N$，モノソミーは $2N-1$，トリソミーは $2N+1$，零染色体性は $2N-2$ などとなる.

ゲノムの刷込み[genomic imprinting] ⇨ 親による刷込み.

ゲノムの注釈付け[genome annotation] 生の配列情報を役に立つ情報へ変換するもので，各染色体上の構造遺伝子の位置，遺伝子発現が制御される仕組み，遺伝子産物の機能などの情報をさす. 遺伝子の最終産物が，RNA 分子である場合も記載されるべきである. 動原体，レプリコン，テロメアのような特殊な染色体領域の配列構成も明らかにされるべきだろう. 難しいのは，反復 DNA を含む染色体配列の注釈で，反復 DNA は，分裂前期の染色体短縮，対合複合体形成時の対合，雌の哺乳類体細胞における X 染色体凝縮を何らかの形で促進する機能をもつ. ⇨ 動原体，遺伝子，異質染色質，インシュレーター DNA，減数分裂，細胞分裂，反復 DNA，レプリコン，利己的 DNA，テロメア，XIST.

ゲノム排除[genomic exclusion] テトラヒメナ（Tetrahymena pyriformis）において，小核に欠陥のある細胞と正常な細胞との間で起こる異常な形の接合. その子孫細胞は異核共存体である. おのおのの細胞は正常な細胞の一つの減数分裂産物より生じた新しい二倍体の小核と1個の古い大核をもっている.

ゲノム配列データベース受入番号 ［Genome Sequence Database accession number］ ⇨ 付録 E．インフルエンザ菌．

ゲノムブロッティング ［genomic blotting］ ⇨ サザンブロッティング．

ゲノムライブラリ ［genomic library］ プラスミドやファージなどのベクターに，目的とする生物種の DNA 断片を挿入したものを無作為に集め，適切な宿主内にクローン化したもの．収集したライブラリはゲノム内の唯一のヌクレチド配列のすべてを含む十分な量を満たしていなければならない． ⇨ cDNA ライブラリ，付録 C (1978 Maniatis *et al*.)．

kb ［kb = kilobase］ ＝キロ塩基［対］．

KB 細胞 ［KB cell］ 1954 年，H. Eagle によりヒトの鼻咽頭の上皮性悪性腫瘍の培養から得られた培養細胞の一系統．

kbp ［kbp = kilobase pair］ ＝キロ塩基［対］．

kV ［kV = kilovolt］ ＝キロボルト．

ゲーム理論 ［game theory］ 最適戦略の決定を扱う数学理論．採用される戦略は，二者以上の競走者がとる可能性が最も高い行動に依存する．ゲーム理論を応用して，生物種間の競争を記述する数学モデルが構築される．

ケモカイン ［chemokine］ 構造的類似性のあるサイトカイン*の大きなファミリーで，大きさは 8〜10 kDa．ケモカイン (chemokine) という名は，走化性 (chemotactic) とサイトカイン (cytokine) の短縮形．ケモカインの刺激で，白血球の遊走 (chemokinesis) や，ある方向へ向かう走化性 (chemotaxis)，特に炎症性細胞の損傷箇所や感染箇所への移動が起きる．好中球，好塩基球，好酸球を引きつけるインターロイキン 8 (IL8)，単球のみに特異的に作用する MCP-1 は，ケモカインである．ケモカインは，活性化された単核貪食細胞や組織細胞（上皮，線維芽細胞）巨核球（やがてケモカインを貯えた血小板となる細胞）などのいろいろなタイプの細胞により産生される．

ケモスタット ［chemostat］ 恒成分培養槽ともいう．恒常的かつ競争的な環境下で細菌集団を連続培養する装置．細菌は培地中の限られた栄養分を奪い合う．培地は徐々に培養液に加えられ，使用済みの培地と細菌は同じ速さで吸い出される．新しい培地中の栄養分の濃度によって細菌集団の定常状態における密度が決まり，培養槽に培地が加えられる速度によって細菌の増殖速度が決まる．ケモスタットを用いた実験では，環境変数を一つ一つ変えることができ，またおのおのの要因が自然選択にどのように影響するか，または環境をある状態に保ったとき二つの突然変異のうちどちらが適応できるかを調べることができる．

ケラチン ［keratin］ システインに富む，不溶性の細胞内タンパク質ファミリーで，毛髪，毛皮，羽毛，爪，ひづめ，角，うろこ，くちばしなどの表皮被覆物の主要成分．ケラチンには多くのタイプがあり，大きな遺伝子ファミリーによってコードされる．上皮細胞は，その成熟に伴って，一連の異なるケラチンをつくる．ヒトの場合，上皮細胞は 20 種類以上もの異なるケラチンをつくる．ケラチン遺伝子の突然変異は，ヒトでは遺伝性水疱症の原因となりニワトリでは羽毛に欠陥が生じる．昆虫の絹のフィブロインもケラチンファミリーの一員である． ⇨ 表皮水疱症，*Frizzle*，中間径フィラメント，絹．

ゲル拡散法 ［gel diffusion technique］ ⇨ 免疫電気泳動，オクタロニー法，オーディン法．

ケル-セラノ抗体 ［Kell-Cellano antibody］ *K* 遺伝子により指定される赤血球抗原に対する抗体．この抗体を産生することがわかった最初の患者にちなんで名付けられた． ⇨ 血液型．

ケルダール法 ［Kjeldahl method］ 生物試料の窒素含量を定量するために用いられる方法．

けん引糸 ［traction fiber］ いくつかの染色体の動原体とどちらかの中心小粒の間をつなぐ繊維． ⇨ 分裂装置．

原栄養体 ［prototroph］ プロトトロフともいう．**1**．炭素源と無機物で生存可能な生物．大部分の細菌は炭素源として糖を利用し，緑色植物は二酸化炭素を利用する．**2**．最少培地で生育可能な微生物の株．通常，野生型株が原栄養体とされる．

原 猿 ［prosimian］ 最も原始的な霊長類の亜目 (Prosimii)．原猿類（ツパイ，メガネザルを含む）の構成員．

原 核 ［prokaryon］ 原始核ともいう．核様体*の別称．

原核生物 ［prokaryote, procaryote］ 原核生物超界*の構成員をいう．

原核生物超界 ［Prokaryotes, Procaryotes］ 前核類ともいう．膜で囲まれた核をもたない微生物すべてを含む超界．細胞分裂は二分裂で行われる．原核生物類は中心粒，紡錘体，ミトコンドリアを欠いている．また，ピロチナス*を除き，微小管ももたない．モネラ界もこの超界に属する． ⇨ 付録 A（原核生物超界），付録 C (1937 Chatton)，真核生物超界．

顕花植物 ［phanerogam］ 種子植物*に属する植物をさす死語． ⇨ 隠花植物．

原 基 ［anlage, primordium］ 生物の特定部

位が発生する胚性の前駆体.

嫌気[性]生物 [anaerobe] 酸素分子のない状態で生存できる細胞.絶対嫌気性生物は酸素の存在下では生存できない. ⇨ 付録C (1861 Pasteur).

原形質 [protoplasm] 細胞の原形質膜内の核とその周りの細胞質. ⇨ 付録C (1839 Purkinje).

原形質糸 = 原形質連絡.

原形質体 [protoplast] プロトプラストともいう.核(もしくは核様体),細胞質およびそれを取囲む原形質膜から成る植物や細菌由来の生物ユニットで,細胞壁をもたないもの.たとえば大腸菌の細胞壁をリゾチームで除くことにより,実験的につくることができる.アフラグマ菌 (Aphragmabacteria) (⇨ マイコプラズマ属) には細胞壁がないので,原形質体といえる.

原形質体融合法 [protoplast fusion] 二つの原形質体,あるいは原形質体と別の細胞の構成成分を接触させて遺伝的質形質転換を行う方法.

原形質膜 [plasma membrane] 細胞を取囲む膜.タンパク質が組込まれたリン脂質二重層からできている.細胞は膜タンパク質を特定の領域に限定させる手段を備えている.たとえば,消化管の内面の細胞では,輸送を担うタンパク質は細胞の先端面に局在する. ⇨ 囊胞性線維症,流動モザイクモデル,脂質二重層モデル,単位膜.

原形質融合 [plasmogamy] ある種の菌類に見られるように,二つの半数体細胞の原形質体が核融合せずに融合すること.

原形質連絡 [plasmodesma] 原形質糸ともいう.隣接する植物細胞の間に細い原形質のつながりをもたらす細胞質の糸.

減形成 [hypoplasia] 一つの器官または部分の発育が抑えられている状態.過形成*の対語.

原口唇 [blastoporal lip] 神経管の形成を誘導するオルガナイザーとして作用する両生類の原口の背面端部. ⇨ 脊索中胚葉.

原子 [atom] 化学反応をすることのできる元素の最小粒子. ⇨ 化学元素.

原子価 [valence] 原子の結合力および置換力を示す値.原子が化合物中で失った電子数,獲得した電子数,あるいは他の原子と共有している電子数.結合しうる水素原子数,および置換しうる水素原子数.

原始核 = 原核.

原子核乳剤 [nuclear emulsion] 電離粒子の個々の飛跡を観察できるよう特別につくられた写真乳剤.

原始共同 [protocooperation] 集団あるいは種の相互作用で,互いに有利だがどちらにとっても必須でないものをいう.

原子質量 [atomic mass] 核種の一つの中性原子の質量.通常,原子質量単位によって表す.

原子質量単位 [atomic mass unit] ^{12}C 原子の質量の $1/12$ で, 1.67×10^{-24} g に相当する.

限雌性[の] [hologynic] 雌にのみ現れる性質のこと. P_1 雌からすべての雌子孫に伝えられる形質をいう(たとえば,W染色体*に連鎖している遺伝子の場合に起こる). ⇨ 傾母性,限雄性[の].

原始生物発生 [eobiogenesis] 無機物質から発生した最初の生命.

原子番号 [atomic number] 原子核中の陽子の数,あるいは原子核の正電荷の数. Zという記号で表す.これは中性原子の核のまわりの軌道電子の数をも表す.

原 種 = 祖先.

原子量 [atomic weight] 原子量単位で表した元素の中性原子の質量の加重平均.

原子炉 [nuclear reactor] 核分裂連鎖反応を制御しながら続けることができるようにした装置.エネルギーおよび放射性同位体の生産源である.

原真核生物界 [Archaeozoa] 最も原始的な現存の真核生物を含む界の名前で, T. Cavalier-Smith によって提唱された.これらの単細胞生物はミトコンドリアを欠き, 70S リボソームをもつ.小さいサブユニットの rRNA の塩基配列は,ほかの真核生物よりもむしろ,原核生物にずっと類似している.原真核生物は,植物,真菌類,動物などの真核生物共通の祖先から直接派生したのかもしれない. ⇨ 分類,ランブル鞭毛虫,微胞子虫,原生動物,リボソーム.

減数分裂 [meiosis] 還元分裂 (reduction division) ともいう.大部分の有性生殖生物においては,配偶子合体に伴う配偶子染色体数の倍加は,生じた接合体の染色体数を生活環のいずれかにおいて半減させることで相殺される.このような変化は,1回の染色体の複製に続く2回の核分裂によってもたらされる.この全体の過程は減数分裂とよばれ,動物の配偶子形成および植物の胞子形成に際して起こる (p.118 参照).減数分裂の前期は有糸分裂に比べるとずっと長く,一般的に次の五つの連続する段階に区分される:細糸期,接合糸期,太糸期,複糸期,移動期.

細糸期においては,染色体ははっきりとした染色小粒をもつ細い糸のようにみえる.染色体は,しばしばその一方の端あるいは両端を核膜の一領域に接するように配置され,いわゆる花束状配列

減数分裂

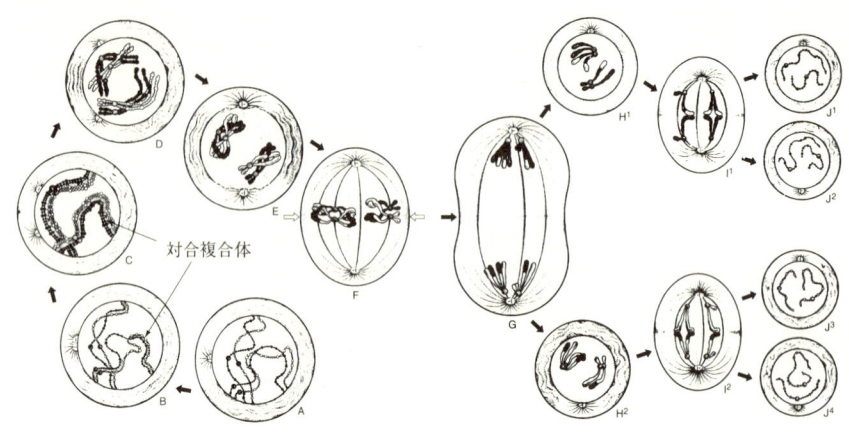

(A) 仮想的な動物の精子形成における細糸期．この生物は2対の染色体（中部動原体染色体1対と次中部動原体染色体1対）をもつ．母方由来と父方由来の相同染色体を白と黒で区別した．動原体は点を打った円で表されている．染色体の両末端が核膜の内側の表面に付着するように配置されていることに注目．染色体は巻かれておらず，最大限に伸びている．この状態では，染色小粒および染色糸が容易に観察できる．星状体糸で囲まれた中心体が存在する．中心体は母娘の中心粒を含み，互いに直角に向き合っている．

(B) 接合期には相同染色体の対合が起こる．この対合は1箇所あるいはそれ以上の場所で始まり，ジッパーのように広がり，全体にまで及ぶ．これ以降は，細胞は二つの二価染色体をもつことになる．中心体は2個の娘中心体に分裂し，それぞれは1個の中心粒をもつ．

(C) 太糸期では，それぞれの染色体が，動原体領域以外では，2本の姉妹染色分体からなることがわかるようになる．その結果，二価染色体は四分染色体に変わることになる．対合複合体は二価染色体の全長にわたって広がる．Xで示した3箇所で交差が起こっている．中心体は分かれて移動する．

(D) 複糸期では，対合複合体の中心複合体が消失し，それぞれの四分染色体では，1対の姉妹染色分体がもう一方の対から分かれ始める．しかし，相互交換が起こった場所では分離が妨げられている．染色分体が十字形になっている部分はキアズマとよばれる．次中部動原体の四分子における2染色分体間の単一交換の結果として，4本の染色分体のうちの2本の長腕は母方（白）と父方（黒）の両方の領域をもつ．中部動原体染色体は，2染色分体間の二重交換を行った結果，4本の染色分体のうちの2本は両腕に白と黒の領域をもっている．分節の相互交換のパターンは，EとFでとりわけ明瞭にわかる．

(E) 移動期では，染色分体はさらに短くかつ太くなり，末端化が起こっている．中心体は両極に到達し，核膜の消失が始まる．

(F) 中期Iでは，四分染色体は紡錘体の赤道に配置される．

(G) 後期Iの終わりには，相同染色体は分かれて，それぞれの極に移動する．しかし，動原体は分裂していないため，母方と父方の染色体物質が分かれることになる（交差の部位の遠位側を除く）．

(H1, H2) 二分染色体をもつ二次精母細胞．

(I1, I2) (J1, J2, J3, J4) 一分染色体をもつ4個の精細胞．染色体は再び巻き戻されて長くなる．(J1) と (J4) は，単一交差染色分体と二重交差染色分体を1本ずつもつ．

を形成する．それぞれの染色体は1本にみえるが，実際には2本の染色分体からなる．しかし，染色体の二重構造は太糸期になるまで明確にはみえない．二倍体数を倍加するDNAの複製は細糸期以前に起こる．

二倍体の体細胞中には，$2N$の染色体がN対存在するが，それぞれの染色体は受精において雄親あるいは雌親が寄与した染色体のレプリカである．大部分の生物の体細胞核では相同染色体は対合しない．一方，減数分裂前期の接合糸期には相同染色体の対合が起こる．この対合はいくつかの場所で始まり，ジッパーのように広がって全体に及ぶ．対合は対合複合体*の形成を伴う．対合が完了すると，染色体の糸はそれ以前の半分の数であるかのようにみえ，核内の実体は単一の染色体ではなく，二価染色体となる．

太糸期には，対合した染色体のそれぞれは，その構成要素である2本の姉妹染色分体に分かれる

（動原体領域を除いて）．相同染色体のそれぞれが縦方向に分裂して2本の姉妹染色分体となる結果，核の中には，4本の染色分体が互いに並列した四分染色体とよばれるものが，N組存在することになる．ある種の局所的な切断と，それに続く非姉妹染色分体間の交換が起こる．この過程は交差とよばれ，ある程度のDNA合成を伴うが，核全体の合成量の1%以下を占めるにすぎない．相同染色体間の交差の結果，母親と父親の両方に由来する遺伝物質をもつ交差染色分体がつくられることになる．

複糸期では，四分染色体中の1対の姉妹染色分体がもう一方の対から分離し始める．しかし，染色分体の分離は交換が起こった場所で妨げられる．このような領域では，重なり合った染色分体がキアズマとよばれる十字形の構造を形成する．キアズマは染色分体の末端に向かって横方向に滑り，キアズマの位置は元の交差の場所からはずれる．この末端化は，すべてのキアズマが四分染色体の末端まで到達する移動期まで続き，後期に相同染色体が分離できるようになる．

移動期では染色体は密に巻かれて短くかつ太くなり，コンパクトな四分染色体のグループを形成し，しばしば核膜の近辺に，互いに広い間を空けて位置する．末端化が完了すると，核小体は消失する．

減数分裂Iでは，核膜が消失し，四分染色体は紡錘体の赤道面に並ぶ．四分染色体の染色分体は，交差が起こった場所より遠位側を除いて，母親由来の染色体物質と父親由来のそれとが分かれるように分離する．分裂Iは，2個の二次生殖母細胞をつくり出し，そのそれぞれは核膜に囲まれた二分染色体をもつ．

減数分裂IIは，染色体が巻き戻されない短い間期を経て始まる．核膜が消失し，二分染色体はそれ自身で中期核板上に並ぶ．それぞれの二分染色体の染色分体は同等である（この場合も交差部位の遠位側を除いて）．動原体が分裂し，それぞれの染色体が別の細胞に移動することが可能になる．したがって，減数分裂後期Iの動原体では，有糸分裂の後期にみられるようなDNA複製阻止の解除は起こらず，機能的に単一の動原体のままである．しかしながら，減数分裂後期IIでは有糸分裂と同様，複製阻止は解除され，それぞれの染色分体は機能的な染色体に変化する．動物では，分裂IIは核膜に包まれた一分染色体をもつ4個の精細胞*もしくは卵細胞を産生する．したがって，減数分裂は，(1)相同染色体間における遺伝物質の交換と，(2)個々の配偶子が染色体対の一方のみを受取るようにする機構を提供することになる．

ここに述べたようなタイプの減数分裂は，配偶子形成の直前に起こる．このタイプ（配偶子減数分裂）は，すべての動物に特徴的である．真菌類では，接合体の形成直後に減数分裂が起こる接合減数分裂が特徴である．単複相減数分裂は，大部分の植物でみられる状況であり，減数分裂は長い複相期間と省略された単相期間の間に挟まれて起こる．⇨ 世代交代，分裂間期，卵形成，性，姉妹染色分体接着タンパク質，精子形成，テロメアに先導された染色体運動，Zyg DNA．

減数分裂後分離［postmeiotic segregation］アカパンカビ（*Neurospora*）などの子嚢菌類において，減数分裂時の交差により，ヘテロ二本鎖領域が生じ，減数分裂後の有糸分裂により生じた隣りあった子嚢胞子の組が異なる遺伝的組成をもつ異常な4:4型の子嚢ができることをいう．⇨ 四分子分離型．

減数分裂後融合［postmeiotic fusion］単為生殖により生じた卵が二倍体を回復する方法．卵核の有糸分裂によって生じた二つの同じ半数体核の融合による．

減数分裂サイクル［meiotic cycle］第一分裂（減数分裂）にひき続き第二分裂（均等分裂）が起こること．⇨ 減数分裂．

減数分裂分離ひずみ［meiotic drive］特定の遺伝的変異体を優先的に伝達するような減数分裂あるいはそれ以降の配偶子生産における変更をいう．減数分裂分離ひずみの例は，真菌類，植物，昆虫，哺乳類など，広範な生物で知られている．⇨ いかさま遺伝子，分離ひずみ．

減数胞子［meiospore］減数分裂によってできる胞子．還元胞子ともいう．

減数胞子嚢［meiosporangium, (*pl.*) meiosporangia］減数分裂が起こる胞子嚢．⇨ 栄養胞子嚢．

減数母細胞［meiocyte］⇨ 増大母細胞．

顕性期［patent period］感染において，病原体が検出される期間をいう．⇨ 潜伏期，前顕性期．

限性形質［sex-limited character］伴性遺伝であるか，常染色体上に遺伝子があるかを問わず一方の性のみに現れる表現型．例としてはショウジョウバエの劣性雌性不妊遺伝子，家畜のミルクや産卵に影響する遺伝子が挙げられる．

原生生物［protist］真核単細胞生物を表す慣用語．

原生生物界［Protoctista］五つの生物の界のうちの一つ．真核微生物およびその直属の子孫（すなわち，有核藻類，卵菌類，粘菌，原生動物）などが含まれる．⇨ 付録A（真核生物超界）．

現生生物学 [neontology]　古生物学*(絶滅種について研究する学問)と異なり生きている(現存の)種について研究する学問.

原生代 [Proterozoic]　先カンブリア時代を構成する二代の後の方の時代. 原生代層の初期には微生物の一種, ストロマトライト*が見られ, 末期には腔腸動物や環形動物などの動物が存在した. 真核生物はこの時代の中頃に生じたと考えられている. ⇨ 付録 C (1954 Barghoorn, Tyler), 地質年代区分.

限性タンパク質 [sex-limited protein]　略号 Slp*.

原生動物 [Protozoa]　Cavalier-Smith の分類による界の一つ. 従属栄養の単細胞真核生物の大部分を含む. 原生動物は80S リボソームをもつが, 葉緑体をもたず, その波動毛はマスチゴネマ*を欠いている. ⇨ クロミスタ.

顕性ヘテロ接合体 [manifesting heterozygote]　ある伴性劣性遺伝子についてヘテロ接合の雌で, その突然変異に関してヘミ接合の雄と同じ表現型を示すものをいう. これはまれな現象であるが, 突然変異表現型の発現に重要な体細胞の大部分で, たまたま正常な対立遺伝子をもつ X 染色体が不活性化されることにより生じる. ⇨ ライオニゼーション.

顕生累代 [Phanerozoic]　古生代, 中生代, 新生代を含む地質学上の累代. この5億7千万年の間に多くの化石が岩石中に残された. ⇨ 地質年代区分.

元　素 [element]　同一の原子番号の原子からなり, 化学的方法では分解できない純粋な物質. ⇨ 周期表.

現像液 [developer]　感光したものと, 感光していないハロゲン化銀を識別し, 感光したハロゲン化物を金属銀に変え, その結果写真フィルム上に像をつくる還元剤として作用する化学薬剤.

現存[の] [extant]　現在, 生存していることで, 絶滅の対語.

原地性[の] [autochthonous]　原産地で進化している種に関することをいう.

原　腸 [archenteron]　後生動物の胚の原始的な消化腔. 原腸形成により形成される.

原腸形成 [gastrulation]　嚢胚形成ともいう. 将来, 内部器官を形成する細胞群が, 胞胚表面に広く分布していた状態から, 動物胚内のほぼ定められた位置に移動する細胞の複雑な動き. 原腸形成前の両生類の胚は, 卵形成期にすでに卵質に蓄積された RNA 分子に依存している. しかし原腸形成期には, 新しく合成された核遺伝子産物を必要とする.

原腸胚 [gastrula]　嚢胚ともいう. 原腸形成が起こる胚発生の時期.

検定系統 [tester strain]　検定交雑に用いる既知の多重劣性遺伝子型をもつ系統.

検定交雑 [test cross]　遺伝子型は不明であるが, 一つ以上の遺伝子に関して優性の表現型をもつ個体と, 問題とする遺伝子について劣性の対立遺伝子のみをもつことがわかっている検定個体との間の交配をいう. 検定交雑によって, 検定された親の遺伝子型が明らかになる. たとえば, A および B の表現型を示す個体を, *aabb* 検定個体と交配したとする. F_1 において, AB, Ab, aB, および ab の表現型をもつ個体が, 1:1:1:1 の比でみられたとすると, これから, (1) 検定された親が F_1 の表現型と同じ遺伝子型をもつ配偶子を同じ比率でつくったこと, (2) 検定された親が AaBb であったことが明らかになる. 最初の検定交雑は, 1862 年, Gregor Mendel によって行われた.

限定染色体 [limited chromosome]　生殖細胞の核にのみ現れる染色体で, 体細胞の核には見られない. ⇨ 染色体削減.

懸滴培養技術 [hanging drop technique]　特殊なくぼみのある顕微鏡のスライド上に, 培養液の小滴をのせて生物の顕微鏡的検査を行う方法.

顕微映画撮影法 [microcinematography]　⇨ 微速度顕微映画法.

顕微鏡 [microscopy]　⇨ ノマルスキー微分干渉顕微鏡, 位相差顕微鏡, 回転重ね焼き法, 顕微鏡写真法, 偏光顕微鏡, 走査型電子顕微鏡, 透過型電子顕微鏡, 微速度顕微映画撮影, 紫外線顕微鏡.

顕微鏡写真法 [photomicrography]　光学顕微鏡を通して写真を撮影する技術.

顕微手術 [microsurgery]　顕微鏡を通じて対象を確認し, しばしば顕微操作器を利用して行われる手術. ⇨ 付録 C (1952 Briggs, King; 1967 Goldstein, Prescott; 1980 Capecchi).

顕微操作器 [micromanipulator]　マイクロマニピュレーターともいう. 顕微鏡下で微小体の手術や注射, 細胞の分離を行う器具.

顕微分光光度計 [microspectrophotometer]　顕微鏡と分光光度計を組合わせたもので, 細胞質部域を通過する一定波長の光量を知ることができる. したがって研究すべき細胞域における色素結合量や紫外線吸収物質の濃度の推定が可能である. ⇨ 付録 C (1950 Swift), フライングスポットサイトメーター.

限雄性[の] [holandric]　雄にのみ現れる性質のこと. Y 染色体上の遺伝子によって決定される形質をいう. ⇨ 限雌性[の].

コ

コア［core］　1. 核分裂物質を含む原子炉領域．2. 対合複合体．

コアイソジェニック［coisogenic］　突然変異により一つの遺伝子が異なるほかは，すべての遺伝子が同一である近交系の生物．⇨ 類遺伝子系統．

コア DNA［core DNA］　ヌクレオソーム*上の DNA 断片で，ヒストン八量体に巻き付いている部分のこと．

コア粒子［core particle］　ミクロコッカスヌクレアーゼによる分解によって生じる，真核生物の染色体における構造単位．ヒストン八量体および 146 bp の DNA 断片からなる．⇨ ヌクレオソーム．

コイリン［coillin］　カハール体*に濃縮されているタンパク質で，このオルガネラの細胞学的マーカーとなる．コイリンは，核と細胞の間を行き来し，細胞質，カハール体，核小体間の輸送系の一部として働いているらしい．

コインテグレート構造　＝融合体構造．

光（こう）　光（ひかり）もみよ．

綱［class］　生物の分類に用いられる群．綱は門を細分したもので，さらに目へと細分される．

高アンモニア血症［hyperammonemia］　オルニチンカルバモイルトランスフェラーゼの欠如から起こるヒトの遺伝病．

高エネルギー結合［energy-rich bond, high-energy bond］　加水分解により多量のエネルギーを放出する化学結合．たとえば，ATP 分子は高エネルギーリン酸結合をもっている．

高エネルギーリン酸化合物［high-energy phosphate compound］　加水分解すると多量の自由エネルギーを生じるリン酸化合物．⇨ リン酸結合エネルギー．

好塩基性［basophilic］　塩基性色素によく染まる酸性化合物をいう．

好塩菌［halophile］　生存に高濃度の塩を必要とする細菌．塩水湖や蒸発によってできた塩水環境にみられる．

好塩菌 NRC-1［Halobacterium species NRC-1］　培養の簡単なアーキア．通気のよい，トリプトン-酵母抽出液を含む培地中，40〜50℃でよく生育する．ゲノム配列が最近決定され，一つの大きな染色体（2,014,239 bp）と二つのミニ染色体（191,346 bp, 365,425 bp）から成ることが示された．染色体には，12 種類の異なるファミリーから成る合計 91 個の挿入配列*が含まれる．ゲノムは，2682 個のコード遺伝子をもつが，そのうちの 972 個は URF である．機能が知られている遺伝子の中では，陰イオンと陽イオンの能動輸送を調節するタンパク質をコードするものが多い．⇨ 付録 A（アーキア亜界，クレンアーキオータ門），付録 C（2000 Ng *et al.*），好塩菌．

Gowen's crossover suppressor　キイロショウジョウバエの第 3 染色体の劣性遺伝子で，$c(3)G$ で表す．この遺伝子のホモ接合雌は卵母細胞核で，対合複合体*を形成できず，交差が起こらない．

抗オーキシン［antiauxin］　オーキシンとオーキシン*受容体を競合する分子．よく知られている抗オーキシンとしては 2,6-ジクロロフェノキシ酢酸がある．

恒温動物　＝内温動物．

光回復［photoreactivation］　紫外線照射後に可視光に当てることで，細胞が紫外線による損傷から回復すること．⇨ 付録 C（1949 Kelner），チミン二量体．

光回復酵素［photoreactivating enzyme］　エキソヌクレアーゼの一種で，紫外線によって誘発されたチミン二量体を DNA から除去する光化学反応を触媒する．フォトリアーゼとよばれるこの酵素は，細菌から有袋類に至るまで自然界に広く分布するが，有胎盤類哺乳類にはみられない．フォトリアーゼは酵素活性に光のエネルギーを利用する唯一の酵素（光合成に関係するものを除く）であるという点できわめて例外的である．

効果器［effector］　神経刺激に対し，化学的あるいは機械的作用によって応答する器官あるいは細胞．筋肉，分泌腺，電気器官などが例としてあげられる．

光学異性体［optical isomer］　分子異性体の一つで，その溶液中を偏光が通過したとき，偏光面が回転するものをいう．回転は分子の非対称性による．この性質をもつ分子は，偏光面が右（*dextro*）に回転するか，左（*levo*）に回転するか

によりdまたはlの接頭辞が与えられる.

広角X線回折 [large angle X-ray diffraction] 原子間の距離を分析する方法. ⇨ X線結晶学, 小角X線回折.

厚角組織 [collenchyma] 密着した細胞で構成され, 壁を肥厚させる植物組織. 後生動物においては, ゼラチン状基質内の未分化間充織細胞.

光学対掌体 [optical antipodes] 鏡像異性体.

光学密度 [optical density] 略号 OD. ⇨ ベール-ランバートの法則.

効果細胞 [effector cell] 免疫学で細胞介在性細胞毒性を担う細胞(通常Tリンパ球).

向化性 [chemotropism] = 走化性 (chemotaxis).

交換対合 [exchange pairing] 遺伝的な交差が行われるような相同染色体の対合の型. 対合複合体*が交換対合に決定的な役割を果たしている.

後 期 [anaphase] ⇨ 有糸分裂.

後期遺伝子 [late gene] 生活環で遅れて発現する遺伝子をいう. T4バクテリオファージでは, 後期遺伝子として, ファージDNA複製開始後に発現する外殻タンパク質, リゾチーム, その他のタンパク質の遺伝子があげられる. ⇨ 初期遺伝子.

好気[性]生物 [aerobe] 空気のあるところに生存し, 酸素を利用する生物(細胞). 厳密な意味での好気性細胞は酸素のない状態では生存できない.

後期遅滞 [anaphase lag] 後期に1本あるいは複数の染色体が中期の赤道面から移動するのが遅れること. 染色体消失*の原因となる.

広義の遺伝率 [broad heritability] (ある集団における, ポリジーン形質に対する) 全遺伝分散(相加的, 優性, エピスタシスおよび他のタイプの遺伝子作用による分散を含む) の全表現型分散に占める割合. "H^2" で表す. ⇨ 遺伝率.

後 胸 [metathorax] 昆虫の第三胸節. 一対の肢を生じる. また多くの有翅類昆虫では一対の翅を生じる.

高血圧 [hypertension] 血圧が高まること.

抗血清 [antiserum] 抗体を含む血清.

高血糖症 [hyperglycemia] 血中においてグルコース含量が増加した状態.

抗血友病因子 [antihemophilic factor] 略号 AHF. 血液凝固*を起こす一連の反応にかかわるタンパク質の一つで, 第Ⅷ因子ともよばれる. AHFが欠損すると, 古典的血友病*を発症する. AHFは2351個のアミノ酸からなる. このうち, 最初の19個はリーダー配列ペプチド*であり, 成熟した凝固因子は2332個のアミノ酸からなる. 第Ⅷ因子中の三つのドメインは, セルロプラスミン*中にもみられる. ⇨ 付録C (1984 Gitschier et al.), 交差反応物質, フォンビルブランド病.

抗 原 [antigen] 1. 脊椎動物の体内に入ると, 特異的な抗体の産生を促す外来性の物質. 複雑な抗原分子は複数の抗原的に異なる部位(抗原決定基)をもつ場合がある. 2. ある免疫原の一部と化学的に類似した物質でその中和抗体と特異的に反応できるが, それ自身では小さすぎて抗体産生を誘起できないものを不完全抗原またはハプテン*という.

抗原擬態 [antigenic mimicry] 寄生虫が宿主抗原を獲得または産生することにより宿主の免疫系から免れること(住血吸虫 (*Schistosoma*) でみられる). ⇨ 住血吸虫症.

抗原決定基 [antigenic determinant] 抗原抗体反応の特異性を決定する(高分子や細胞と比較して)小さな化合物. 特異的な抗体やT細胞受容体と実際に結合する抗原の一部分. エピトープ*のこと. ⇨ パラトープ.

抗原抗体反応 [antigen-antibody reaction] 抗原とそれに特異的な抗体が不溶性の複合体を形成すること. 抗原が水溶性の場合, 複合体は沈殿し, 表面抗原をもつ細胞は凝集する. ⇨ 付録C (1900 Ehrlich; 1986 Amit et al.).

抗原転換 [antigenic conversion] 1. ウイルスの感染によって細胞に特異的な抗原が出現すること. 2. 血清型転換 (serotype transformation) ともいう. ある原生動物や寄生虫が, 抗体に刺激されて新しい細胞表面抗原をつくり, ほかの抗原の発現を中止すること. これは遺伝子活性のスイッチ切換えによる. ⇨ 抗原変調.

抗原変異 [antigen variation] トリパノゾーマが哺乳類宿主の血流中で, 一連の多様な表面糖タンパク質 (variable surface glycoprotein, 略号 VSG) をつぎつぎと発現すること. 寄生虫はVSGを産生することによって, 宿主がそれ対して生成する抗体の常に一歩先を行き, 宿主の免疫防御系から免れることができる. トリパノゾーマは各VSGに対する何百という異なる遺伝子をもつが, 一個体では一時期にこれらの遺伝子のうちの一つだけを発現する. 一つのVSGから別のものへのスイッチの切換えは, DNAの再編によるもので, 発現すべき遺伝子の追加コピーがつくられる. 生成された糖タンパク質は寄生虫の体表や鞭毛に約15 nmの厚さの高分子のコートをつくる. このコートは生活史の中で哺乳類の体内にいる段階のみ機能し, トリパノゾーマがツェツェバエに入ると脱ぎ捨てられる. ⇨ ツェツェバエ,

トリパノゾーマ属.

抗原変調[antigenic modulation]　中和抗体の存在下で細胞表面抗原がマスクされること.

光合成[photosynthesis]　緑色植物,藻類,および藍菌にみられる光エネルギーを化学エネルギーに酵素的に変換する過程.二酸化炭素と水から炭水化物と酸素を生成する.最終的な化学反応は,$CO_2 + H_2O \rightarrow CH_2O + O_2$.ここで,$CH_2O$は炭水化物*を表し,葉緑素*が集光分子として働く.ガス状のCO_2の有機産物への固定は,リブロース-1,5-ビスリン酸カルボキシラーゼ-オキシゲナーゼ*によって触媒される.⇨ 葉緑体.

光合成生物[phototroph]　光を代謝し成長のエネルギー源に使用する生物.藍菌,藻類,植物が,その例で,いずれも光合成*を行う.⇨ 化学合成生物.

光[合成]独立栄養生物[photoautotroph]　無機物と光のみを使って,栄養およびエネルギー需要のすべてを生産できる生物.

後口動物[Deuterostomia]　新口動物ともいう.口が原口に由来しない種を含む左右相称動物の亜階.体腔は原腸から生じる.⇨ 付録A,前口動物.

交互分離[alternate disjunction, alternate segregation]　⇨ 転座ヘテロ接合体.

高コレステロール血症[hypercholesterolemia]　⇨ 家族性高コレステロール血症.

交差[crossing over]　乗換えともいう.相同染色体間の遺伝物質の交換.減数分裂交差は,太糸期に起こり,それぞれの四分染色体の非姉妹染色分体がかかわる.それぞれの交換は,顕微鏡で観察可能なキアズマ*を生じる.減数分裂第一分裂において,相同染色体が適切に分離されるためには,各四分染色体が少なくとも1箇所のキアズマをもつことが必要である.このために,非常に短い染色体では減数分裂組換えの頻度が高い.交差は体細胞の有糸分裂でも起こる.しかるべきヘテロ接合個体では,これは双子スポット*を生じる.姉妹染色分体間でも交換は起こり,電離放射線や化学突然変異原によるDNA損傷の鋭敏な指標となる.姉妹染色分体交換は,ふつう遺伝的組換えをもたらさない.⇨ 付録 C (1912 Morgan; 1913 Tanaka; 1931 Stern; 1931 Creighton, McClintock 1964 Holliday; 1965 Clark; 1971 Howell, Stern; 1989 Kaback, Steensma, DeJonge; 1992 Story, Weber, Steitz),ホリデイモデル,ヒト偽常染色体領域,減数分裂,RecAタンパク質,部位特異的組換え.

交差域[crossover region]　二つの特定のマーカー遺伝子の間にある染色体片.

交差回復[cross reactivation]　⇨ 多重感染回復.

交差凝集試験[cross-agglutination test]　血液型を決めるために供血者の赤血球を,既知の血液型の血清と混合する一般的な試験.

交差固定[crossover fixation]　縦列に並んだ遺伝子クラスターの中の一つのメンバーに生じた突然変異が不等交差の結果,クラスター全体に広がること.

交差試験法[cross-matching]　⇨ 交差凝集試験.

交差単位[crossover unit]　一対の連鎖した遺伝子間における1%の交差価.

交雑[crossbreeding]　異系交配*,交配*.

交雑帯[hybrid zone]　二つの地理的品種間の雑種が認められる地帯.⇨ 付録 C (1973 Hunt, Selander).

交雑発生異常[hybrid dysgenesis]　ハイブリッドディスジェネシスともいう.ショウジョウバエの特定の系統間で雑種が形成された際に自然発生する相互に関連した遺伝的異常を示す症候群.雑種は染色体異常や高頻度の致死および可視突然変異,極端な場合には不妊などの生殖系欠陥を示す.PM型の交雑発生異常の原因はPと名づけられた転移因子である.長く継代された実験室系はP因子を欠く.このようなP因子感受性の系統はM系統とよばれる.一方,新しく採集した野外のハエから確立された系統には,P因子が存在することが多い.P系統の雄とM系統の雌の交配により発生異常のF_1個体が生じる.しかし逆の交配では何も異常は起こらない.P因子はP系統内では交雑発生異常を起こさない.P系統ではすでにP因子が染色体全体に散在しており,その転移が抑制されている.P因子をもつ染色体が適当な交配によりM系統の細胞質に入ると,抑制が解けP因子は高頻度で転移し,遺伝子座を壊し交雑発生異常をひき起こす.⇨ 付録C (1982 Bingham et al.),P因子.

交差ハイブリダイゼーション[cross hybridization]　100%の相補性をもたないヌクレオチド配列に対して,プローブ*がハイブリッド形成を起こすこと.

交差反応物質[cross-reacting material]　略号CRM.機能を失ったタンパク質で,その活性のあるタンパク質に対する抗体と反応するもの.たとえば,ある種の古典的血友病*患者は抗AHF血清に対する反応性をもつCRMを産生するが,これは血液凝固過程に関与する活性を失っている.

交差誘発[cross-induction]　接合のときに,

UV照射したF⁺細菌から未照射のF⁻細菌へ伝達された化合物に反応して，溶原菌でファージの増殖複製が誘発されること.

交差抑制因子［crossover suppressor］　一組の染色体間に，交差が起きるのを阻害するように働く遺伝子，もしくは逆位*のことをいう．ショウジョウバエの第3染色体上の *Gowen's crossover suppressor**（c(3)G)遺伝子は対合複合体の形成を阻害する．

抗酸化酵素［antioxidant enzyme］　細胞内で活性酸素分子の蓄積を防ぐ酵素．主としてスーパーオキシドジスムターゼ*およびカタラーゼ*がこの過程に関係する．スーパーオキシドジスムターゼは，スーパーオキシドラジカル［O_2^-］をH_2O_2 に変換し，カタラーゼが H_2O_2 を分解して，水と O_2 にする．スーパーオキシドジスムターゼ遺伝子とカタラーゼ遺伝子を余分にもつ遺伝子組換えショウジョウバエは，寿命が延びる．⇒ 付録C（1994 Orr, Sohol），老化のフリーラジカル説．

格子［lattice］　間隔を置いて幾何学的パターンで配置された元素からなる構造．

光子［photon］　電磁エネルギーの量子．

合指［syndactyl］　ヒトでは病的に，ある種の生物では正常態として水かきがあること．

厚糸期 ＝太糸期．

抗σ因子［anti σ factor］　大腸菌にT4ファージが感染したときに合成されるタンパク質．σ因子によるRNAポリメラーゼ開始部位の認識を阻止する．

高脂血症［hyperlipemia］　血清中の中性脂肪濃度が増加すること．

向日性［heliotropism］　屈光性．

光周性［photoperiodism］　明期の変化に生物が反応すること．たとえば，植物では光周性が開花を制御している．⇒ フィトクロム．

光受容体［photoreceptor］　生物学的な光受容体．⇒ 錐状体，個眼，桿状体．

向上進化［anagenesis］ ＝ 垂直的進化（vertical evolution）．

恒常性 ＝ ホメオスタシス．

甲状腺機能低下［症］［hypothyroidism］　甲状腺ホルモンの産生が低下した状態．

甲状腺刺激ホルモン［thyroid-stimulating hormone］　略号TSH．甲状腺からの分泌を促進する糖タンパク質ホルモン．TSHは腺下垂体で産生される．

甲状腺腫［goiter］　腫瘍形成ではなく過形成により慢性的な甲状腺肥大を起こす病気．

甲状腺ホルモン［thyroid hormone］　甲状腺は，脳下垂体前葉から分泌されるチロトロピンに応答して，チロキシンおよびトリヨードチロニンを合成する．甲状腺ホルモンの合成は甲状腺の上皮細胞による無機ヨウ化物の選択的取込みに始まる．取込まれたヨウ化物はヨウ素へ酸化され，糖タンパク質であるチログロブリンのチロシン残基がヨウ化されヨードチロシン残基となる (a)．つぎにヨードチロシン残基はアラニン側鎖の脱離反応と共役して，トリヨードチロニン (b)，チロキシン (c) となる．⇒ クレチン病．

(a) $CH-CH_2-C_6H_3I\text{-}OH(NH_2)(COOH)$

(b) トリヨードチロニン構造式

(c) チロキシン構造式

高次らせん［superhelix］ ＝ スーパーコイル（supercoiling）．

更新世［Pleistocene］　鮮新世の終わりから紀元前1万年まで続いた氷河期．第四紀の2世のうちの一つ．直立原人（*Home erectus*）が現れ，ついでヒト（*Homo sapiens*）が現れた．⇒ 地質年代区分．

後成［epigenesis］　生物の発生は構造や機能が新たに出現することによって進行するという概念．生物が発生の開始時に卵中ですでに存在しているものが折りたたまれた状態から展開したり，成長することによって発生するという仮説（前成）に対立するものである．

構成異質染色質［constitutive heterochromatin］　⇒ 異質染色質．

後成学［epigenetics］　遺伝子がその表現型効果をもたらす機構を研究する分野．細胞のクローンは，ゲノム中のヌクレオチドの変化によることなく，表現型の変化を伝達することがありうる．調節遺伝子がコードするDNA結合タンパク質は，時として後成的な変化をもたらし，多細胞生物の異なる体細胞組織における細胞の有糸分裂を通じてその状態が維持されうる．しかしながら，

減数分裂はゲノムをある基本的な後成状態に初期化するらしく，その種の発生プログラムは，毎世代ごとに新たに展開されることになる．

合成致死［synthetic lethal］　正常な状態では致死性を示さない染色体の交差の結果，生じた染色体が致死性を示すこと．

構成的遺伝子［constitutive gene］　遺伝子の発現活性がプロモーターへの RNA ポリメラーゼ結合効率のみに依存する遺伝子．

構成的遺伝子発現［constitutive gene expression］　⇨ 遺伝子発現．

構成的酵素［constitutive enzyme］　環境条件にかかわりなく常に生産される酵素．⇨ 付録 C（1937 Karström）．

構成的突然変異［constitutive mutation］　細菌において，機能的に関連した数種の誘導酵素を構成的に高い水準で合成する突然変異．このような突然変異は，オペレーターに変化が起こり，リプレッサーがオペレーター遺伝子と結合できない場合か，調節遺伝子に変化が起こり，リプレッサーが形成されない場合のどちらかである．⇨ 調節遺伝子．

合成培地［defined medium］　細胞，組織，多細胞生物などを増殖飼育するのに用いられる培地で，すべての化学組成とその濃度が既知であるもの．

抗生物質［antibiotic］　ある種の微生物によってつくられる殺菌作用あるいは細菌発育阻止作用のある物質．特に，*Penicillium*, *Cephalosporium*, *Streptomyces* などの属に属する種によって生成される．⇨ アクチノマイシ D，アンピシリン，クロラムフェニコール，シクロヘキシミド，エリスロマイシン，カナマイシン，ネオマイシン，ノボビオシン，ペニシリン，ピューロマイシン，半合成抗生物質，ストレプトマイシン，テトラサイクリン．

抗生物質耐性［antibiotic tolerance］　ペニシリン，バンコマイシン，その他の抗生物質にさらされた場合に，成長は停止するが，細胞死には至らないような細菌の形質．抗生物質耐性は，完全な抗生物質抵抗性よりも広範にみられる．⇨ 抗生物質抵抗性．

抗生物質抵抗性［antibiotic resistance］　特定の抗生物質による有害な影響を受けた微生物が，その薬剤に対して応答しなくなること．このような抵抗性は，突然変異もしくは R プラスミド*の獲得によって生じる．⇨ 抗生物質耐性，排出ポンプ．

恒成分培養槽　＝ケモスタット．

合成ポリリボヌクレオチド［synthetic polyribonucleotide］　酵素反応または化学合成により，核酸の鋳型なしに合成された RNA 分子．⇨ 付録 C（1961 Nirenberg, Matthaei；1967 Khorana）．ポリヌクレオチドホスホリラーゼ．

合成リンカー［synthetic linker］　一つまたは複数の制限酵素の作用部位を含む，化学合成された短い DNA 二本鎖．合成リンカーは平滑末端化された DNA のクローニングによく用いられる．

交接［coitus］　＝交尾（copulation）．

酵素［enzyme］　触媒機能をもつタンパク質．酵素はきわめて高い特異性をもつという点で，無機触媒とは異なる．酵素は 1 種類もしくは少数の近似した化合物がかかわる反応のみを触媒し，立体異性体間の相違でさえ識別可能である．すべての化学反応は潜在的なエネルギー障壁をもつ．この障壁を通過するためには，反応物質を活性化し，反応生成物が解放可能な遷移状態にまで到達させる必要がある．酵素触媒反応では，酵素-基質複合体（E-S 複合体）が形成される．E-S 複合体では活性化エネルギーが低くなるため，体温条件でも反応が可能になる．酵素の体系的な分類は国際生化学連合の酵素委員会（Enzyme Commission）によって確立されている．既知のすべての酵素は次の 6 種類のクラスに分けられる．(1) 酸化還元酵素，(2) 転移酵素，(3) 加水分解酵素，(4) リアーゼ，(5) 異性化酵素，(6) リガーゼ．特定の酵素のそれぞれには，EC に 4 個の数字を付けた酵素委員会の分類コードが与えられる．たとえば，EC 3.1.21.1 はデオキシリボヌクレアーゼ 1 のコード記号である．最初の 3 個の数字は，この酵素が属するサブファミリーのさまざまな特性を表し，最後の数字はこの酵素に固有な番号である．⇨ 付録 C（1876 Kuhne；1926 Sumner），付録 E（個別のデータベース）．アブザイム，DNA グリコシラーゼ，DNA リガーゼ，DNA メチラーゼ，DNA ポリメラーゼ，DNA 制限酵素，DN アーゼ，エンドヌクレアーゼ，エキソヌクレアーゼ，一次反応速度論，キナーゼ，パパイン，ペプシン，ペプチジルトランスフェラーゼ，ホスホジエステラーゼ I，リボザイム，RNA リガーゼ，RNA ポリメラーゼ，RNA レプリカーゼ，RN アーゼ，基質，トポイソメラーゼ，トリプシン，トリプトファン合成酵素，チロシナーゼ，チモーゲン．

構造遺伝子［structural gene］　ヌクレオチド配列それ自体が特定のポリペプチドの構造（アミノ酸配列）を決定する DNA 領域をいう．⇨ 遺伝子，ラクトースオペロン．

構造タンパク質［structural protein］　細胞や組織の形および構造に，実質的に寄与するタンパ

ク質．たとえば，筋繊維の構成要素であるアクチン，ミオシンや細胞骨格系タンパク質，コラーゲンなど．

構造的ヘテロ接合体 [structural heterozygote] 逆位や欠失などの異常がある染色体と正常な染色体を，相同染色体対としてもつ細胞および多細胞生物の個体．

構造変化 [structural change] ⇨ 染色体異常．

酵素結合免疫吸着検定法 [enzyme-linked immunosorbent assay] 略号 ELISA．免疫化学的な手法で，放射性化学物質を使用する危険や蛍光色素による検出系の出費を回避できる．代わりに，この検定法では指示薬として酵素を使用する．ELISA の手法を，血清中の AIDS ウイルスの検出を例として説明する．まず，ウイルス外被中に存在する特定のタンパク質に対する抗体をウサギで作製．次にウサギ免疫グロブリンに対するレポーター抗体をヤギで作製．ホースラディッシュペルオキシダーゼ*を抗ウサギ-ヤギ Ig 抗体に共有結合させる．供与者の血清をプラスチック皿内で処理する．血清中のタンパク質は，皿の表面に結合する．次に，AIDS 特異的ウサギ抗体を加える．ウイルス外被タンパク質が存在すれば，皿に結合し，抗体がそこに結合する．皿を洗って結合しなかったウサギ抗体を除く．次にペルオキシダーゼを結合させたヤギ抗体を加えると，ウサギ抗体とウイルスタンパク質の複合体に結合する．ペルオキシダーゼによって，脱水素されると呈色するような試薬を加える．一定時間内の呈色の程度で，血清中のウイルス量を測定する．⇨ HIV.

酵素前駆体 ＝プロ酵素．

抗体 [antibody] 外来性の物質（抗原）に反応して，リンパ球（形質細胞）が生産するタンパク質．免疫反応をひき起こしたものと同一の抗原またはその抗原に化学的に似た物質と特異的に結合できる．⇨ 付録C（1890 von Behring；1939 Tiselius, Kabat），免疫グロブリン．

後 代 ＝子孫．

抗体依存細胞性細胞傷害 [antibody-dependent cellular cytotoxicity] 略号 ADCC．細胞介在的な細胞傷害には細胞を殺す前に標的細胞に抗体が結合する必要がある．補体カスケードを必要としない．⇨ K細胞．

後代検定 [progeny test] 一定の条件下で子孫を調べることで，親の遺伝子型を評価すること．

抗体抗原反応 [antibody-antigen reaction] ＝抗原抗体反応（antigen-antibody reaction）.

抗体酵素 ＝アブザイム．

硬タンパク質 [scleroprotein] おもに動物の体表面の被覆中に存在する安定な繊維状タンパク質．ケラチンやコラーゲンは硬タンパク質の代表例である．

腔腸動物 [coelenterate] 刺胞動物門に属する動物．放射相称性で，単純な二胚葉性の体と胃水管腔をもち，通常真正世代交代を示すことを特徴とする主として海産性の生物．

強直性脊椎炎 [ankylosing spondylitis] 脊椎が硬直し曲がってしまう関節炎．常染色体優性で遺伝するが，浸透度は高くない．この病気の患者の90%以上は B27HLA 抗原をもつ．

光電効果 [photoelectric effect] 光子が原子から電子をはじき出す過程．このとき光子のエネルギーは，電子を分離し，運動エネルギーを与えるためにすべて吸収される．⇨ コンプトン効果．

高電子密度[の] [electron-dense] 電子顕微鏡写真に見られる濃い区域をいい，これはその部位を電子が通過するのを妨げるためである．高電子密度はその部分が高濃度の巨大分子を含んでいるか，あるいは固定または染色で使用した重金属（Os, Mn, Pb, U）が結合していることを意味する．

後天性免疫不全症候群 [acquired immunodeficiency syndrome] ＝エイズ（AIDS）．⇨ HIV.

行動遺伝学 [behavior genetics] 遺伝学の一分野．下等動物の求愛行動，巣づくりなどの行動様式や，ヒトの知能と個性の特徴がどのように遺伝するのかを研究する．行動遺伝学の興味の対象となる多くの特徴は量的形質*である．

行動的隔離 [behavioral isolation] 求愛行動が異なるために，2種の異所性種は交尾を行わないという接合体前（配偶前）隔離．

抗毒素 [antitoxin] 特定の毒素を中和する抗体．

抗突然変異原 [antimutagen] 細菌に対する突然変異原（ふつう，プリンまたはプリン誘導体）の作用に拮抗する化合物（ふつう，プリンヌクレオシドあるいはプリン誘導体）．

好熱好酸菌 [thermoacidophile] きわめて酸性度の高い温泉に生息する細菌．*Thermoplasma* 属に属する種が例として挙げられる．これらの細菌は 16S rRNA の塩基配列によりアーキア*に分類される．

好熱性 [thermophilic] 熱を好む性質．45℃〜65℃の温度範囲（発酵した堆肥や温泉）で生育する細菌の性質．⇨ 超好熱菌．

交 配 1．[cross] 交雑ともいう．高等生物において，遺伝的に異なる異性の個体間の交接．微生物では，遺伝的交配はしばしば異なる接合型の個体間での接合によってなされる．ウイルスの

遺伝的交配の場合，異なる遺伝子型のウイルス粒子が同一の宿主菌に感染することが必要である．実験的交配の一般的な目的は両親のもつ遺伝子の新しい組合わせをもつような子孫を得ることである．⇨ 戻し交雑，接合，二遺伝子雑種，E_1，F_1，I_1，一遺伝子雑種交雑，P_1，擬似有性，検定交雑．**2**．[mating] 生殖のための異性間の結合．

勾　配　**1**．[gradient] 特定の距離にわたってある系の定量的特性が漸次変化すること．傾斜勾配や密度勾配などがその例である．**2**．[cline] = クライン．

交配型 [mating type]　微生物種の多くは，交配行動によって複数のグループ（交配型）に分類できる．異なる交配型個体間でのみ接合が行われる．ある交配型個体は反対の交配型個体の表層にのみ見られる相補的タンパク質や多糖類と結合する表面タンパク質をもつ．⇨ ゾウリムシ属，カセット．

交配後隔離機構 [postmating isolation mechanism]　⇨ 接合後隔離機構．

高倍数体 [hyperploid]　基本数の整数倍の染色体数をもつ倍数体よりも，染色体または染色体片を1本以上多くもつ細胞あるいは個体をいう．

紅斑性狼瘡 [lupus erythematosus]　豊富で高度に保存された細胞成分に対する自己抗体産生により特徴づけられる結合組織障害．狼瘡のある患者によって産生される抗体の中には，U1 RNA を認識するものがある．⇨ 自己免疫疾患，Usn RNA.

交　尾 [copulation] 交接（coitus），性交ともいう．脊椎動物の性交．

広鼻猿類[の] [platyrrhine]　新世界猿（New World monkey）を含む，広い鼻をもった霊長類の下目である広鼻猿類（Platyrrhini）に属すもの．⇨ 狭鼻[猿]類[の]．

交尾期　= 発情．

交尾後 [postcoitum]　交尾を行った後のこと．

高頻度可変部位 [hypervariable site, hv site]　超可変部位ともいう．免疫グロブリン軽鎖および重鎖の可変領域内に存在するアミノ酸部位で，特異性の違う抗体分子間で大きく異なる．これらの散在する部位は，ポリペプチド鎖の複雑な折りたたみにより集合し，抗原の結合する活性部位（パラトープ）を形成する．⇨ 免疫グロブリン．

高頻度組換え型細胞 [high frequency of recombination cell]　⇨ Hfr 株．

高頻度繰返し DNA　= 高頻度反復 DNA.

高頻度反復 DNA [highly repetitive DNA]　高頻度繰返し DNA ともいう．再結合反応速度論において，速やかに再結合する成分であり，通常サテライト DNA のことをさす．⇨ 反復 DNA.

高プロリン血症 [hyperprolinemia]　プロリンオキシダーゼの欠如から生じるヒトの遺伝病．

光分解 [photolysis]　照射エネルギー，特に光線による化合物の分解．

酵　母 [yeast]　ふつう単細胞で，通常は出芽によって増殖する真菌．遺伝学で"酵母"という場合，パンの製造や醸造に用いられる種であるパン酵母*（*Saccharomyces cerevisiae*）を指すのがふつうである．より近年の文献中では，分裂酵母*（*Schizosaccharomyces pombe*）を指すこともある．

高木限界 [timber line]　高緯度において樹木が生育できる限界線，および全緯度について樹木が生育できる標高の限界．

酵母人工染色体 [yeast artificial chromosome]　略号 YAC．遺伝子工学でつくられた環状染色体で，酵母由来の染色体断片と通常のクローニングベクター*の場合よりはるかに大きな外来性のDNA を含む．YAC は，酵母の動原体（C），複製開始点（RO），融合したテロメア（Tl, Tr）を組

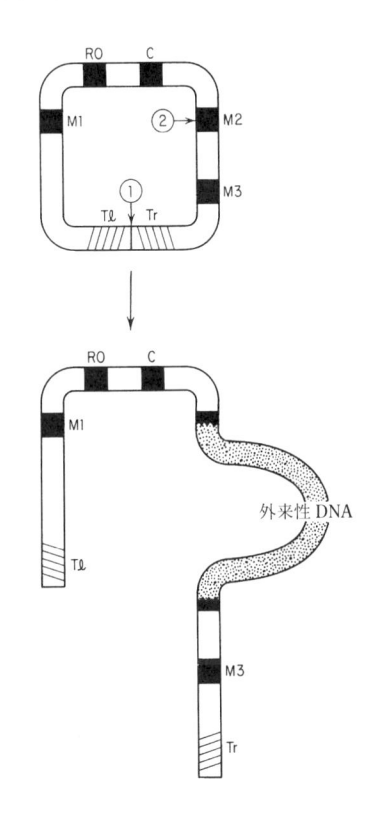

合わせたミニ染色体からつくられる．さらに，この環状染色体にはマーカー遺伝子（*M1, M2, M3*）が含まれており，これらが発現すると，プラスミドと，特異的な制限酵素*で切断される部位①と②をもつ細胞が選択できる．部位①での切断により，開環し，部位②での切断により，動原体をもつ断片ともたない断片が生じ，外来性のDNA断片を受け入れられる．これらの断片を結合させれば，短腕と長腕をもつ人工染色体ができる．この染色体にはクローンしたい外来性DNAの断片が入っている．このような人工染色体は，酵母のその後の分裂時にも正常に分配されるので，YACをもつクローンができる．挿入断片をもつ細胞では，*M1, M3*マーカーが発現しているが，破壊された*M2*は，発現しないので，再度結合したYACと元のままのプラスミドとは区別がつく．⇨ 付録C (1987 Burke, Carle, Olson).

抗免疫グロブリン抗体 ［anti-immunoglobulin antibody］　略号 AIA．実験動物に導入された外来の抗体に反応してできる．

剛毛 ［chaeta, seta］　昆虫の剛毛．

剛毛器官 ［bristle organ］　種々の昆虫の剛毛は，四つの細胞からなる器官である．すなわち剛毛を分泌する細胞，剛毛を封入している環を分泌するソケット細胞，その先端が剛毛の基部近くで終わっている感覚神経細胞，神経軸索を囲んでいるさや細胞である．⇨ 生毛細胞．

合目的論 ［teleonomy］　ある構造や機能が生物に存在していることは，進化の過程でその生物にとって有利であったことを意味するという学説．

抗利尿ホルモン ［antidiuretic hormone］　= バソプレッシン（vasopressin）．

硬粒種トウモロコシ ［flint corn］　⇨ トウモロコシ．

向流分配装置 ［countercurrent distribution apparatus］　混合物の分離に使用する自動装置．2種類の不混和性の溶媒に対する混合物の成分の溶解度の差を利用している．たとえば，異なるtRNAの分離に有効である．

光リン酸化 ［photophosphorylation］　光合成過程で光からのエネルギーによりAMPやADPにリン酸を付加すること．

5S rRNA　ほとんどのリボソームの構成成分である小さなRNA分子．図に示した5S rRNAは，大腸菌のもので，すべての原核生物と真核生物の細胞質中のリボソーム大サブユニットに存在する．5S rRNAにより，リボソーム大サブユニットの構造は安定化するが，5S rRNA自身は，サブユニットの活性部位には直接かかわらない．5S rRNAは，植物のミトコンドリアと葉緑体のリボソームには存在するが，真菌類と動物のミトコンドリアのリボソームには存在しない．5S rRNA遺伝子座は，ヒトでは，1番染色体短腕のテロメア付近であり，ショウジョウバエでは，2Rの56E-Fにある．⇨ 付録C (1963 Rosset, Monier; 1970 Wimber, Steffensen; 1973 Ford, Southern)，ショウジョウバエの唾腺染色体，リボソームRNA遺伝子，リボソーム，RNAポリメラーゼ，ツメガエル属．

5S rRNA遺伝子 ［5S rRNA gene］　5S rRNAに転写される遺伝子．すべての真核生物では，縦列に並んだクラスターを形成している．アフリカツメガエルでは，5S rRNA遺伝子が全ゲノムの0.5%を占め，それぞれ離れたところに三つの5S rRNA多重遺伝子族が存在する．そのうちの二つ，主要卵母細胞族と痕跡卵母細胞族は，卵母細胞でのみ発現し，3番目の体細胞5S rDNAは，体細胞のすべての細胞で発現している．主要卵母細胞族と痕跡卵母細胞族，体細胞5S rDNAは，半数体当たり，それぞれ20,000, 1300, 400コピー存在する．

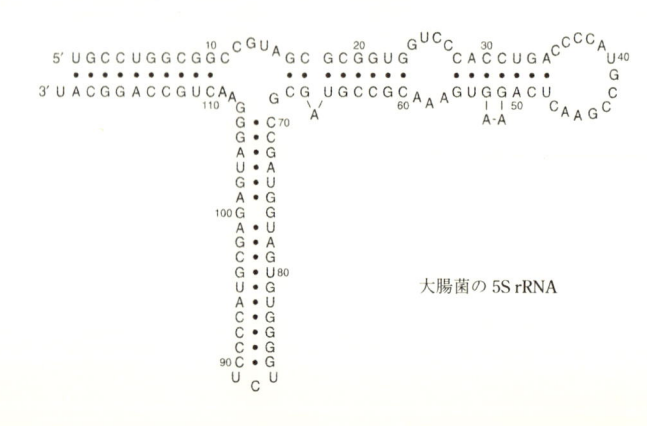

大腸菌の 5S rRNA

5MeC［5MeC＝5-methyl cytosine］　＝5-メチルシトシン.

個　眼［ommatidium, facet］　昆虫の複眼を構成している小さな眼の一つ一つをいう.⇨ seveneless.

後還元分離＝還元後分離.

呼　吸［respiration］　燃料となる分子を好気的に酸化分解して，エネルギーを放出させること.

呼吸色素［respiratory pigment］　酸素と可逆的に結合し，その運搬体として働く物質（例：ヘモグロビン）.

国外移住［diaspora］　もともと均一であったヒト集団が，故国から離れた領土へ離散すること.

黒色腫＝メラノーマ.

黒水熱［blackwater fever］　血尿を伴うマラリアの一種．マラリア寄生虫はヘモグロビンのグロブリン部分のみを代謝し，ヘムを利用しない．したがってヘムは排泄され，尿を暗色にする.

黒内障［amaurosis］　眼には障害がなく，視神経または脳の病気に起因する失明.

コクヌストモドキ属［*Tribolium*］　コクヌストモドキ（*T. castaneum*），ヒラタコクヌストモドキ（*T. confusum*）を含む属．遺伝学的に詳しく解析され，*T. castaneum* で約 125，*T. confusum* で約 75 の突然変異が知られている．⇨ 付録 A（動物界，昆虫亜綱，鞘翅目），*Hox* 遺伝子群.

穀　粒［kernel］　トウモロコシやオオムギのような穀物の種子．ここに示した穀粒の断面図は，トウモロコシの何千という穀粒のいずれについても同じである．それぞれの穀粒は，比較的小さな二倍体の胚と三倍体の胚乳，雌親由来の頑丈な二倍体の層である果皮からできている．胚乳の表層の細胞は，糊粉粒（アルーロン粒）と油分を含む．残りの細胞にはデンプンが含まれる．胚盤は，胚が生長して種子になる間に胚乳を消化，吸収する役目を果たす．⇨ アントシアニン，液胞.

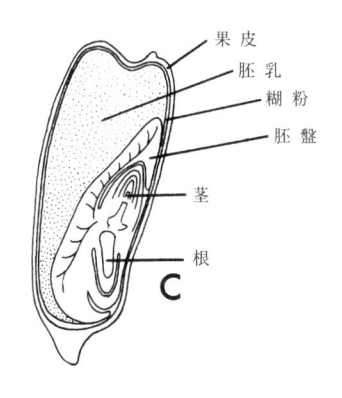

穀　類［cereal］　種子が食物として利用される栽培植物．たとえば，コムギ，カラスムギ，オオムギ，ライムギ，トウモロコシなど.

コケ植物［Bryophyta］　コケ類，ゼニゴケ，ツノゴケ類が属している門．コケ植物は維管束系をもっていない．⇨ 付録 A.

ココノオビアルマジロ属［*Dasypus*］　アルマジロの 1 属で，6 種含まれるが，いずれも常に多胚で，同腹の遺伝的に同じ四つ子を生む．ココノオビアルマジロ（*Dasypus novemcinctus*）は，最も研究されている種である．⇨ クローニング.

古細菌［Archaebacteria］　原核生物界（Prokaryotae）の亜界の一つ（⇨ 付録 A）．古細菌は，さまざまな生化学的特性（細胞壁や膜に含まれる独特な化合物，tRNA 中のまれな塩基の違い，RNA ポリメラーゼのサブユニットの独特な構造など）に基づいて，他の細菌（真正細菌）とは別のグループに分類される．大気中に多量の二酸化炭素と水素を含むが，酸素は事実上存在しなかった太古の生物圏においては，古細菌は優勢な生物であったと考えられている．これらの微生物と他の細菌の間にみられる分子的な違いの大きさは，分類学的な名前を古細菌からアーキア（Archaea）に変更すべきであるとする提案を支持する．⇨ 付録 C（1977 Woese, Fox）．極限環境微生物，好塩菌，メタン細菌，硫黄依存好熱菌，TATA ボックス結合タンパク質.

ゴーシェ病［Gaucher disease］　糖脂質代謝の遺伝性疾患としては最も多くみられ，1q21 にある遺伝子の突然変異が原因．この遺伝子は 11 個のエクソンを含み，酵素グルコセレブロシダーゼを指定する 7500 bp の転写産物をコードする．この酵素はセレブロシドからグルコースを切出すが，欠損するとリソソーム中にグルコセレブロシドが蓄積する．患者のすべての細胞で酵素は欠損するが，症状をひき起こす原因となるのはおもにマクロファージ*である．グルコセレブロシドの蓄積によって膨潤したマクロファージはゴーシェ細胞とよばれる．有効な治療法の一つは，ゴーシェ細胞を特異的に標的とするように遺伝子操作されたグルコセレブロシダーゼを注入するというものである．残念ながら，この治療費はきわめて高額であり，年間 20 万ドル以上もかかる．この遺伝子の突然変異で最も多くみられるのは，ミスセンス突然変異で，変化したアミノ酸の位置によって，症状の軽重が決まることが多い．アシュケナージ系ユダヤ人にみられるゴーシェ病患者全体の 95% 以上が，5 種類の多くみられる突然変異

によるものである．これらの対立遺伝子は，突然変異によって維持されうるよりもはるかに高い頻度でみられる．ヘテロ接合の人は，末梢白血球における酵素のレベルが低いことから判定可能である．ホモ接合は，羊水穿刺で得られた細胞を調べることによって，子宮内診断が可能である．ゴーシェ病遺伝子と隣接して，同じく11個のエクソンをもつ偽遺伝子が存在する．両方の配列に存在する領域では，96％のヌクレオチドが一致する．この偽遺伝子は，イントロンの四つに大きな欠失があること，また，エクソンの二つには小さい欠失があることから，正常遺伝子に比べて短くなっている．ゴーシェ病の症状をもたらす対立遺伝子の中には，構造遺伝子と偽遺伝子との間の再配列によって生じたとみられるものもある．⇨付録C (1989 Horowitz et al.)，アシュケナージ，セレブロシダーゼ，リソソーム蓄積症，テイ-サックス病．http://www.gausherdisease.org

COS 細胞 [COS cell] 複製開始点を欠失しているSV40ウイルスによりトランスフォームされたサル由来の細胞株．COS細胞にSV40の複製開始点と外来性遺伝子を含む組換えDNAを導入すると，複製し多コピーとなる．

コス部位 [cos site] 付着末端部位 (*cohesive end site*) のこと．λファージのタンパク質カプセル中にDNA分子をパッケージングする際に認識されるヌクレオチド配列．

コスミド [cosmid] 真核生物DNAを大きな断片としてクローニングするために開発されたプラスミドベクターの一種．λファージのコス部位*が挿入されたプラスミドベクターであることからコスミドという名前がついた．この結果，このプラスミドDNAを取込んだファージ粒子を試験管中でつくることができる．⇨付録C (1977 Collins, Holm).

古生代 [Paleozoic] 顕生累代の初期．この3億2千万年の間に無脊椎動物が繁栄した．⇨地質年代区分．

古生物学 [paleontology] 絶滅してしまった生物について，化石から研究する学問．現生生物学*の対語．

古生マツバラン類 [psilophytes] プシロフィトン類ともいう．初期の維管束植物で，藻類から真正植物に変わる過程にある．枝はあるが葉はない．

個体群 ＝集団．

誤対合修復 ＝ミスマッチ修復．

古第三紀 [Paleogene] 第三紀の一時期．漸新世，始新世，暁新世を含む．⇨地質年代区分．

個体発生 [ontogeny] 受精から成熟までの個体の発達をいう．

caudal [*caudal*] 尾節*を決めるホメオティック遺伝子．⇨ビコイド．

黒化 [melanism] メラニンの遺伝的増量により全身が暗色を呈すること．⇨白化[症]．

骨格 [scaffold] 足場ともいう．⇨染色体骨格．

骨格DNA仮説 [skeletal DNA hypothesis] ほとんどの真核生物ゲノムの90％以上は，非コード (タンパク質をコードしていない) DNAであるという事実を説明するために生みだされた概念．Cavalier-Smithによれば，DNAの"二次的な"機能としてのこの骨格は，核の容積を増大させ，コード遺伝子が作動するためのより多くのスペースを生み出す．骨格DNAにより，核の大きさが決定され，次に細胞の容積が調整され，適正な大きさが選択されていく．⇨付録C (1999 Beaton, Cavalier-Smith)，クリプトモナス，C値パラドックス，利己的DNA．

骨格領域 [framework region] 免疫グロブリン可変部 (V領域) の超可変部と区別される，高度に保存され，比較的不変なV領域の部分．

骨髄芽球 [myeloblast] 集合することにより分化して多核の横紋筋細胞を形成する細胞．

骨髄腫 [myeloma] 形質細胞腫 (plasmacytoma) ともいう．形質細胞のがん．正常な分裂制御を逸脱した一つの形質細胞のクローン増殖によるものと考えられている．γグロブリンに関連した均一な特異タンパク質を産生分泌する．⇨ベンスジョーンズタンパク質，HAT培地，ハイブリドーマ．

骨髄腫タンパク質 [myeloma protein] 骨髄腫*から分泌される部分的あるいは完全な免疫グロブリン分子．

骨髄性白血病 [myeloid leukemia] ⇨フィラデルフィア染色体．

コット値 [cot value] 半反応時間 (half reaction time) ともいう．DNAの再結合で，半分量のDNAが二本鎖となった点 ($C_0t_{1/2}$と表記される)．DNA配列が固有の配列のみで，かつ調べる断片の長さが同じならば，$C_0t_{1/2}$はDNAの複雑度*を直接に反映する．⇨再結合反応速度論．

固定 [fixation] 顕微鏡を用いた研究のために永久標本を作成する第一段階．細胞を殺し，構造のゆがみを最小にして腐敗を防ぐことをねらいとする．⇨固定液，遺伝的固定，窒素固定．

固定液 [fixative] 細胞学や組織学的研究のための組織標本に使用する溶液．固定液は組織内のタンパク質を含む酵素を急速に凝固させ，その

結果自己分解を防ぐ．また組織の腐敗を起こす細菌を殺し，細胞成分の多くを不溶性にさせる．

5.8S rRNA　リボソーム大サブユニットを構成する RNA 分子で，核小体で転写される．5.8S rRNA は，構造上，原核生物の 23S rRNA の 5′側の 160 ヌクレオチドに相当する．真核生物では，5.8S と 23S のコード配列は，転写されるスペーサーで分断されている．このスペーサーは，原核生物リボソームの大サブユニットの RNA が転写される rDNA にはない．5.8S と 23S の分子は，転写後にスペーサーが切断されることで，最終的に別々の分子になるが，完成したリボソーム大サブユニット内では，分子間塩基対形成により，結合している．⇨ ミラー樹，リボソーム RNA 遺伝子，リボソーム．

コード　＝暗号．

個特異的抗原　＝イディオタイプ．

コード鎖［coding strand］　⇨ 鎖の用語法．

コドン［codon］　mRNA における暗号トリプレットのこと．翻訳の際につくられるポリペプチドのある特定の位置に挿入するアミノ酸を特定する．これと相補的なコドンは当該の mRNA を指定する構造遺伝子中にある．コドンの意味は，アミノ酸*と遺伝暗号*の項にリストされている．⇨ 開始コドン，同義コドン，終止コドン．

コドンの偏り［codon bias］　同じアミノ酸に対するコドン（同義コドン）の使用がランダムでないこと．このような偏りは原核生物から真核生物までみられる．たとえば，大腸菌外膜タンパク質のロイシンの 90％は 6 種類の同義コドンのうち 1 種類によってコードされている．特定の種の遺伝子の同義コドンの相対頻度と対応する tRNA の相対的な存在量には正の相関がみられるようである．コドンの使用頻度は翻訳効率によって決定されるのかもしれない．⇨ 遺伝暗号，転移 RNA．

粉トウモロコシ［flour corn］　⇨ トウモロコシ．

ゴナドトロピン［gonadotropin］　＝性腺刺激ホルモン（gonadotropic hormone）．

コナミドリムシ［*Chlamydomonas reinhardi*］　通称クラミドモナス．緑藻の一種で，核遺伝子と細胞質遺伝子の相互作用に関する広範な研究がなされている．核の遺伝子座は 17 の連鎖群に分かれる．核の遺伝子はメンデル式に子供に伝達されるが，葉緑体とミトコンドリアの遺伝子は単親性伝達である．交配型が＋の親は葉緑体を伝達するが，ミトコンドリアは交配型が－の親から伝達される．葉緑体 DNA は，高等植物のものとほぼ同一の遺伝子のセット，すなわち rRNA，tRNA，リボソームタンパク質，および光合成タンパク質をコードする遺伝子をもつ．クラミドモナスの鞭毛装置に関する遺伝学的な解析の結果，その構築と機能に影響する 80 種類以上の異なる突然変異がみつかっている．軸糸は 200 種類以上のタンパク質を含むが，その大部分はこの構造に固有である．文献によっては，*Chlamydomonas reinhardii* とつづることもある．⇨ 付録 A（原生生物界，緑藻植物門），付録 C（1963 Sager, Ishida；1970 Sager, Ramis）．

コナラ属［*Quercus*］　*Q. alba*（ホワイトオーク），*Q. coccinea*（スカーレットオーク），*Q. palustris*（ピンオーク），*Q. suber*（コルクガシワ）などのカシを含む属．

コネクチン［connectin］　＝タイチン（titin）．

ゴノトコント［gonotocont］　＝増大母細胞（auxocyte）．

コノドント［conodonts］　**1.** 象牙質を含む最も古い化石の一部で，歯と思われる．5.1 億から 2.2 億年前に存在．**2.** 最も古い脊椎動物で，より原始的なメクラウナギ／ヤツメウナギの系統と，より複雑な鎧をまとった下あごのない魚類（甲冑魚）との中間体．石化は，甲冑魚の皮膚ではなく，コノドントの口内で明らかに始まっている．

ゴノメリー［gonomery］　ある種の昆虫の胚で起こるような，受精後のごく初期の分裂期に父方の染色体と母方の染色体が互いに独立し別々のグループとして行動すること．

コバラミン［cobalamin］　ビタミン B_{12}．さまざまな酵素の補酵素となる．デオキシリボースの合成には不可欠．このビタミンの特徴は，ヘム*に類似したテトラピロール環構造をもつことである．この分子の中心には，4 個のピロールの窒素と結合したコバルト原子が存在する．このビタミンは微生物だけがつくるという点で独特である．

コバルト［cobalt］　微量生元素．

原子番号	27
原子量	58.93
原子価	$+2$，$+3$
最も多い同位体	^{59}Co
放射性同位体	^{60}Co
半減期	5.2 年
放射線	β 線，γ 線（γ 線の線源として広く使用されている）

コピア因子［copia element］　ショウジョウバエのレトロトランスポゾン*．細胞内で多量に存在する mRNA をコードする，互いによく似た塩基配列をもつ一群の DNA 因子として存在する．

コバラミン

ふつう，ゲノム当たり 20〜60 個のコピア因子がある．実際の数はショウジョウバエの系統によって異なる．コピア因子は染色体上の広い範囲に分散して存在し，その位置は系統によってまちまちである．個々のコピア因子の大きさは 5 kbp から 9 kbp の範囲で，およそ 280 bp の末端同方向反復配列をもっている．コピア様因子の挿入によって生じたショウジョウバエの突然変異がいくつも見いだされている．⇨ 付録 C (1985 Mount, Rubin).

コピー DNA［copy DNA］ ＝相補 DNA (complementary DNA), cDNA.

小 人［midget］ 正常なプロポーションをもつが，異常に小さいヒト成人．⇨ 発育不全, ヒト成長ホルモン, 軟骨無形成症, 小人症.

小人症［dwarf］ 低身長と体型の異常を伴う人で，ふつうは軟骨無形成症*の患者．⇨ 発育不全, ラロン型小人症, 小人, 下垂体性小人症.

コファクター［cofactor］ 補因子ともいう．タンパク質酵素が所定の反応を起こすうえで必要となる補酵素や金属イオンのような因子．

コブウシ［Zebu］ インド牛*.

コープの "非特殊型の法則"［Cope's "law of the unspecialized"］ 19 世紀の古生物学者コープ (Edward Drinker Cope) によって提唱された一般則で，新たな主要分類群にみられる進化的新規性は，祖先分類群の特殊化した種よりも，より一般的な種に起源をもつ傾向があるというもの．

コープの法則［Cope's rule］ 動物は系統進化*の途上で体のサイズが大きくなるという一般的傾向．

5′ 炭素原子末端［5′ carbon atom end］ 核酸は便宜的にペントース 5′ 炭素を含む末端を左側に書く．⇨ デオキシリボ核酸.

5′ 末端キャップ［capped 5′ end］ メチル化キャップ*をもつ真核生物の mRNA の 5′ 末端．

糊 粉［aleurone］ アリューロン層ともいう．種子の内乳の外側の層．トウモロコシの糊粉の色の遺伝を支配する遺伝子は，上位*および親による刷込み*の初期の例となった．⇨ 穀粒.

糊粉粒［aleurone grain］ アルーロン粒ともいう．糊粉の中にあるタンパク質の顆粒．

互変異性［tautomerism］ 二つの異性体が平衡状態で存在する現象．

互変異性転位［tautomeric shift］　ある異性体が他の型に変化するとき，分子内で起こる水素原子の位置の可逆的変化．チミンとグアニンは通常ケト型であるが，まれに見られるエノール型ではそれぞれグアニン，チミンのケト型と3本の水素結合を形成しうる（下図参照）．同様に，アデニンとシトシンは通常アミノ型をとるが，まれにとりうるイミノ型ではそれぞれシトシン，アデニンのアミノ型と2本の水素結合を形成する．

コホート　＝同齢集団．

コポリマー［copolymer］　共重合体ともいう．2種類以上の単量体を含んでいる重合分子．たとえばウリジル酸とシチジル酸のコポリマー（ポリ UC）は合成メッセンジャーとして用いられる．

コムギ［wheat］　コムギ属（*Triticum*）の種によってつくられる．世界で最も重要な穀類．コムギの種は一般に染色体の数によってグループ分けされる．ヒトツブコムギは二倍体($N=7$)，エンマーコムギは四倍体($N=14$)．またパンコムギは六倍体($N=21$)である．六倍体の例として最も一般的なものはパンコムギ（*T. aestivum*）であるが，これは3種類のゲノム，A，B，およびDを含み，それぞれのゲノムは7対の非相同染色体の組からなる．AおよびDゲノムは，それぞれヒトツブコムギ（*Triticum monococcum*）およびタルホコムギ（*Aegilops tauschii*）に由来した．Bゲノムの起源は不明で，供与種は絶滅した可能性がある．パンコムギのゲノムサイズは16 Gbpである．⇨エギロプス属，デュラムコムギ，一粒系コムギ，エンマーコムギ，スペルトコムギ．

コムギ属［*Triticum*］　種々のコムギ*を含む属．

誤訳［mistranslation］　延長過程にあるポリペプチド鎖に誤ったアミノ酸を入れてしまうこと．tRNA，特定のアミノ酸を特定の tRNA に結合する酵素，あるいはリボソーム自身に影響を与えるような環境要因または突然変異により生じる．

固有子孫形質［autapomorphic character］　**1**. 一つの種の直近の祖先における祖先形質状態から進化した派生形質．**2**. 派生形質を共有するいくつかの分類群に共通する固有な派生形質．毛は最初の哺乳類の固有子孫形質だったが，今ではすべての哺乳類の共有派生形質でもある．

互変異性転位

固有宿主 ＝終宿主．

コラゲナーゼ［collagenase］　コラーゲンを消化する酵素．

コラーゲン［collagen］　哺乳類の体内で最も多量に存在するタンパク質．皮膚，骨，腱，軟骨，菌の主要な繊維状成分であり，体内のタンパク質の1/4を占める．このタンパク質は，長さ3000Å，直径15Åの三重らせんからなる．3本のポリペプチド鎖のアミノ酸配列が異なる5種類のタイプのコラーゲンが知られている．ある種のコラーゲン分子では，3本の鎖は同一であるが，別のタイプでは，2本が同一で，もう1本は異なるアミノ酸配列をもつ．個々のポリペプチド鎖は，より長い前駆体として翻訳され，これにヒドロキシル基と糖が付加された後，三重らせん構造が形成され，細胞間の間隙に分泌される．特別な酵素が各らせんの末端を切り詰める．極端な弾力性を示す皮膚と関節の弛緩を特徴とするエーラース-ダンロス症候群の原因となる突然変異は，α-2-ポリペプチド鎖をコードする遺伝子の末端近くに生じており，末端を切り詰めることができなくなる．コラーゲン遺伝子の突然変異はまた，遺伝性の表皮水疱症の原因となる．⇨ 軟骨，表皮水疱症，ケラチン．

コリオゴナドトロピン ＝絨毛性性腺刺激ホルモン．

コリオン ＝卵殻．

コリシン［colicin］　大腸菌およびその近縁の種の菌株によって生産される一群のタンパク質で殺菌効果をもつ．コリシン生産菌自身はコリシンの致死的な影響に対して免疫性がある．

コリシン因子［col factor］　細胞にコリシン*を生産させる細菌のプラスミド．

コリプレッサー［corepressor］　抑制性代謝産物（repressing metabolite）ともいう．抑制性の遺伝子システムにおける小分子のエフェクター（ふつう，代謝経路の最終産物）．制御タンパク質（アポリプレッサー）に結合することで，あるオペロン中の遺伝子の転写を阻害する．

ゴリラ［Gorilla gorilla］　一倍体染色体数24の霊長類の一種．22の連鎖群の中に約40の生化学的マーカーが同定されている．⇨ ヒト上科［の動物］．

コリンエステラーゼ［cholinesterase］　＝アセチルコリンエステラーゼ（acetylcholinesterase）．

コリンシア属［Collinsia］　およそ20種よりなる一年生草本植物の一属．属の細胞分類学的な研究と，種間の交雑についての細胞遺伝学的な研究が広くなされてきた．

コルジセピン［cordycepin］　3′-デオキシアデノシンのこと．RNAのポリアデニル化の阻害剤．

ゴルジ体［Golgi apparatus, Golgi body, Golgi material］　ゴルジ装置，ジクチオソーム（dictyosome）ともいう．電子顕微鏡写真では，扁平なシスターナと小胞が密に詰め込まれた複合体として識別される細胞オルガネラ．ゴルジ体は，膜性の小胞の配置とリボソームの欠如によって小胞体とは区別される．ゴルジ体は，小胞体で合成された物質を集め，それを留めおく機能をもつ．典型的な動物細胞のゴルジ体は，扁平な膜性の袋が6ないし8層積み重なった形にみえる．植物のゴルジ体では，このようなシスターナが20層以上あることが多い．ゴルジ体には分化がみられ，ERに最も近い部分にはシス面，すなわち受容表面がある．タンパク質に富む小胞がERから出芽し，ゴルジ体のシス面と融合する．一方，ゴルジ体の内側部分では，糖タンパク質の糖鎖がさまざまな形で化学的に修飾され，その最終目的地へと仕向ける．最終段階では，完成したタンパク質が，ERから最も遠い位置にあるシスターナへ送り出される．タンパク質は小胞に包まれた形でトランス面から出芽し，分泌小胞*として機能するか，さもなければリソソーム*として保持される．⇨ 付録 C（1898 Golgi; 1954 Dalton, Felix），ジクチオソーム，タンパク質選別，シグナルペプチド．

コルセミド［Colcemid］　有糸分裂阻害剤として広く使用されているコルヒチン誘導体の商標．

コルチコステロン［corticosterone］　グルコース代謝に影響する一連の副腎皮質ホルモンの一つ．

コルチコトロピン［corticotropin］　＝副腎皮質刺激ホルモン（adrenocorticotropic hormone）．

ゴールデンハムスター［Mesocricetus auratus, golden hamster］　実験に用いられる増殖の速い齧歯類．半数体の染色体数は22．⇨ チャイニーズハムスター．

ゴルトンの装置［Galton's apparatus］　上部にボールをためる部分（リザーバー）のあるガラスケースでできている装置．リザーバーの下の壁に等間隔で木くぎが並んでおり，その下に一連の垂直なスロットがある．ボールをリザーバーの底の中央の開口部から一つずつ落とす．木くぎに当たったボールは左側または右側に等しい確率ではずむから，ボールは木くぎを通してジグザグの道程をたどり，最後には中央のスロットに入る．スロットにおけるボールの最終的な分布は，釣鐘型となる．この装置は無作為の事象の集合が釣鐘型

の曲線を描くことを証明するものである。⇒付録C（1889 Galton）．

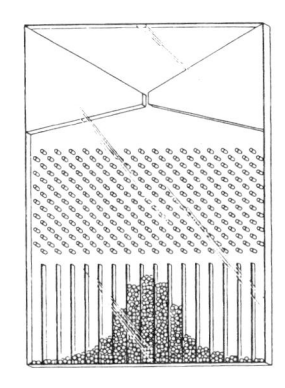

コルヒチン［colchicine］　紡錘体の形成を抑制し，動原体の分裂を遅延するアルカロイド．園芸上重要な種の倍数体品種をつくるのに使用される．また通風の治療薬として使用される．核型の調製のため，有糸分裂を中期（染色体が最も凝縮している）で停止させるためにも用いられる．⇒付録C（1937 Blakeslee, Avery），イヌサフラン属．

RがNHCOCH₃のとき（コルヒチン）
RがNHCH₃のとき（コルセミド）

コレシストキニン［cholecystokinin］　十二指腸から分泌されるホルモンで，胆嚢の収縮を起こす．

コレステロール［cholesterol］　ヒトに最も大量に存在するステロイド．炭素27個からなる縮合環化合物．生体膜および神経軸索を囲むミエリン鞘の構成成分である．昆虫においては，エクダイソン*の前駆体として働く（下図参照）．⇒付録C（1964 Hodgkin），副腎皮質ホルモン，家族性高コレステロール血症．

コレラ［cholera］　コレラ菌*（*Vibrio cholerae*）が原因の伝染病．曲がった桿菌で大きさは0.5 μm×3 μm．端に鞭毛をもつ．コレラ菌は，動きが速く，大便の混入した水中で広がる．コレラ菌を一定量以上摂取すると，そのうち腸に達して増殖するものがでてくる．病原性株は染色体上の遺伝子にコードされているコレラトキシンを産生する．コレラトキシンは，複数のポリペプチドから構成され，これらが組合わさってAサブユニットとBサブユニットをつくる．Bサブユニットは腸の内表面を覆う細胞の微絨毛上のガングリオシド受容体に結合し，5個のBサブユニットで親水性のチャネルを形成する．そこを通ってAサブユニットが細胞内に入る．Aサブユニットは，特定のGタンパク質と相互作用し，そのGタンパク質をずっと活性型の状態に変えてしまう．このGタンパク質は，電解質に富んだ体液の腸管内腔への分泌を刺激する反応を触媒するので，コレラの初期症状は，激しい下痢である．水分の排出は1日に約30ℓに及ぶこともあり，脱水とイオン，特にカリウム塩と炭酸水素塩を失うことで，手当てをしないと患者は2〜3日で死に至る．囊胞性線維症*（CF）原因遺伝子の突然変異が，ヒト集団に保持されているのは，ヘテロ接合体がコレラに対して抵抗性を示すためかもしれない．CF遺伝子はイオンチャネルとして機能するタンパク質をコードしている．この遺伝子座の突然変異では体液の輸送が損なわれるので，体液の流失輸送が抑えられ，コレラ毒素による体液の流失も抑えられる．

コレラ菌［*Vibrio cholerae*］　コンマ（句読点）の形をした細菌で，コレラ*の原因となる．コレラ菌のゲノムは二つの環状染色体からなる．大きい方は，2.96 Mbp，小さい方は，1.07 Mbp．合わ

コレステロール

せて，3885 個の ORF をもつ．小染色体には機能未知の遺伝子が多く含まれており，捕獲されたプラスミド*かもしれない．大染色体は，細胞機能に必須な遺伝子と病原性遺伝子の大半を含む．コレラトキシンは大染色体に組込まれたウイルスゲノムにコードされている．⇨ 付録 A（細菌亜界，プロテオバクテリア門），付録 C（1883 Koch；2000 Heidelberg et al.）．

コロニー［colony］ 細菌学では寒天平板上で増殖した単一の祖先細胞由来の細胞集団の固まり．

コロニー形成率 ＝平板効率．

コロニーハイブリダイゼーション［colony hybridization］ 目的の配列と相同な挿入 DNA を含むベクター（プラスミド）をもつ細菌を同定するために用いられる in situ ハイブリダイゼーション*．まず，ペトリ皿上の細菌のコロニーをニトロセルロースフィルターに移す．フィルター上の細菌を溶菌させ，温度を 80 ℃まで上げて遊離した（変性）DNA をフィルターに固定する．ラベルしたプローブでハイブリダイゼーションを行った後，オートラジオグラフィー*で目的の配列を含むコロニーの位置を同定する．⇨ 付録 C（1975 Grunstein, Hogness）．

コロニーバンク［colony bank］ ⇨ 遺伝子ライブラリ．

conA［conA＝concanavalin A］ ＝コンカナバリン A．

コンカテネーション ＝コンカテマー形成．

コンカテマー［concatemer］ ある単位の構成要素がつながりあってできた鎖状構造．

コンカテマー形成［concatenation］ コンカテネーションともいう．多数のサブユニットが直列に，または鎖状に連結すること．λファージのゲノムの複製時などに見られる．

コンカナバリン A［concanavalin A］ conA と略記する．ナタマメ（Canavalia ensiformis）由来のレクチン*．T リンパ球の有糸分裂を誘起する．⇨ ヤマゴボウ分裂促進因子．

根冠［root cap］ 根の成長点の先端を覆う細胞組織で，根が土壌中を伸長する際に成長点を保護する．

コンジェニック系統 ＝類遺伝子系統．

コンジュゴン［conjugon］ 細菌の接合に必須な遺伝因子．⇨ 稔性因子．

コンセンサス配列［consensus sequence］ ＝標準配列（canonical sequence）．

根足虫門［Rhizopoda］ 単細胞アメーバを含む原生生物の一門．⇨ アメーバ，付録 A．

混濁プラーク［turbid plaque］ 濁りプラークともいう．⇨ プラーク．

昆虫の卵巣の種類［insect ovary type］ 昆虫には 3 種類の卵巣が知られている．無栄養室型卵巣が祖先型と考えられる．ここでは（幹細胞卵原細胞を除く）すべての卵原細胞が最終的に卵細胞に分化する．一方，有栄養室型卵巣では，卵細胞と哺育細胞*が生成する．これらの細胞は卵巣管内で二つの方法により組織化される．多栄養室型卵巣では哺育細胞と卵細胞が卵巣管に沿って交互に並ぶ．端栄養室型卵巣では哺育細胞は形成細胞巣にしか存在せず，発生の早い段階で，栄養索とよばれる細胞質突起によって卵細胞と結合する．無栄養室型卵巣はより下等な昆虫において見られる（イシノミ目，シミ目，カゲロウ目，トンボ目，カワゲラ目，ナナフシ目，バッタ目，網翅目など）．多栄養室型卵巣はチャタテムシ目，シラミ目，膜翅目，毛翅目，鱗翅目，双翅目に，また端栄養室型卵巣は半翅目，鞘翅目，ラクダムシ目，広翅目に見られる．

コンティグ［contig］ contiguous の略．クローン化した一連の DNA 断片を，重なり合ってギャップなく，染色体をカバーできるように配置できれば，DNA 断片（コンティグ）から一つながりのコンティグ地図ができる．

コンドリオソーム［chondriosome］ ＝ミトコンドリア（mitochondrion）．

コンドリオーム［chondriome］ 細胞のすべてのミトコンドリアの集合をさしていう場合に用いる．

コンドロイチン硫酸［chondroitin sulfuric

ガラクトサミン硫酸　　グルクロン酸　　ガラクトサミン硫酸

コンドロイチン硫酸

acid］　軟骨に見いだされるムコ多糖類（図参照）．

混倍数性［mixoploidy］　一つの細胞集団内に異なる染色体数をもつ細胞が1種以上存在している状態をいう．

コーンバーグ酵素［Kornberg enzyme］　1959年，A. Kornberg のグループによって大腸菌から単離された DNA ポリメラーゼ．現在は DNA ポリメラーゼ I とよばれている．この酵素は修復合成*に機能する．

コンブ［kelp］　最大の海藻．*Macrocystis* 属のジャイアントケルプ（オオウキモ）は，全長が100 m にも達し，海の浅瀬に巨大な海中林を形成する．⇒ 寒天，アガロース，褐藻類．

コンプトン効果［Compton effect］　X 線や γ 線でみられる減衰過程．入射光子は原子の軌道電子と相互に作用し，電子をたたき出し，残りのエネルギーは入射光子より小さなエネルギーの散乱光子となる．

根　毛［root hair］　土壌から水や栄養物を吸収する働きをもつ根の表皮系細胞からなる管状組織．

根　粒［root nodule］　共生窒素固定細菌の感染の結果生じるマメ科植物の根の小さな隆起部．⇒ リゾビウム属．

根粒菌　＝バクテロイド．

サ

再アニーリング [reannealing]　再結合 (reassociation) ともいう．分子遺伝学では，相補的な塩基配列をもつ一本鎖 DNA 分子が対合して二本鎖分子を形成すること．再アニーリングとアニーリングの違いは，前者では DNA 分子が同じ起源であるのに対し，後者では異なる起源である点である．⇨ 付録 C (1960 Doty et al.), Alu ファミリー，マウスサテライト DNA，再結合反応速度論，反復遺伝子．

催奇形因子 [teratogen]　先天的奇形の発生率を高める因子．

細菌形質転換 [bacterial transformation]　= 形質転換 (transformation).

サイクリン [cyclin]　細胞周期*の間で濃度が増加したり，減少したりするタンパク質のファミリー．サイクリンは特定のプロテインキナーゼと複合体を形成することでキナーゼを活性化したり，細胞が細胞分裂周期を通過していくのを制御する．プロテインキナーゼはサイクリン依存性キナーゼ (cdk)，あるいは細胞分裂周期キナーゼ (cdc) とよばれる．サイクリンには大きく分けて二つのクラスがある．G_1 サイクリンは，G_1 期に cdk に結合し S 期に入るのに必要．分裂期サイクリンは，G_2 期に cdk に結合し分裂期に入るのに必要．分裂期サイクリンはやがて後期に入る破壊される．すべてのサイクリンの N 末端付近には，デストラクションボックスとよばれる構造があり，これはサイクリンが後期に入ってから分解されるかどうかを決めるアミノ酸配列である．サイクリンは，翻訳後修飾を受け，複数のユビキチン*分子がデストラクションボックスの右側のリシン残基に共有結合している．ポリユビキチンの結合したタンパク質は，プロテアソームとよばれる大きなタンパク質複合体により分解される．ユビキチンの分裂期サイクリンへの結合には，ユビキチンリガーゼとデストラクションボックスに結合する認識タンパク質が必要．G_1 サイクリンは，分裂期サイクリンとは異なるいくつかのキナーゼと結合し，染色体複製をひき起こすスタートキナーゼとなる．⇨ 付録 C (1983 Evans et al.)，チェックポイント，MPF，プロテインキナーゼ．

サイクリン依存性キナーゼ [cyclin-dependent kinase]　cdk キナーゼ．⇨ サイクリン．

サイクロトロン [cyclotron]　⇨ 加速器．

細隙格子 = グリッド．

再結合 [reassociation]　= 再アニーリング (reannealing).

再結合反応速度論 [reassociation kinetics]　同じ起源をもつ DNA 相補鎖の再結合の速さを測定する手法 (次ページの図参照)．対象となる DNA を数百 bp の長さの断片にしてから，加熱して一本鎖に解離させる．つぎに温度を下げ，再アニーリング*の速さを測定する．DNA の再結合はコット曲線を描く．コットの対数に対して再アニールした分子の割合をプロットすることで得られる．コット値は $C_0 \times t$ で定義される (C_0 は 1 l 当たりのヌクレオチドのモル数で表した一本鎖 DNA の初期濃度，t は秒単位で表した再アニーリング時間)．典型的なコット曲線を図に示す (哺乳類の全 DNA を用いた場合)．低いコット値 ($10^{-4} \sim 10^{-1}$) で再アニールした DNA は高度に反復的な配列から成る．$10^0 \sim 10^2$ のコット値で再アニールした DNA は中程度に反復的であり，それより高いコット値で再アニールした DNA は非反復的である．⇨ 付録 C (1968 Britten, Kohne), Alu ファミリー，ΔT50H，マウスサテライト DNA，反復 DNA．

細糸期 [leptotene stage, leptonema]　⇨ 減数分裂．

再集合ウイルス [reassortant virus]　タンパク質と DNA が異なる種のウイルスから由来するウイルス粒子．たとえば遺伝子工学により，ヒトインフルエンザウイルスの遺伝子と免疫をひき起こすキャプシドタンパク質をもつが，同時にウイルスの複製速度を遅くするトリインフルエンザウイルスの遺伝子をもつ雑種ウイルスがつくられている．⇨ 表現型混合，偽ウイルス粒子．

最終産物 [end product]　一連の代謝反応における最終生成物．

最終産物阻害 [end product inhibition]　フィードバック阻害 (feedback inhibition) ともいう．酵素反応において最初の反応を触媒する酵素の活性が最終産物により阻害される状態．

最終産物抑制 [end product repression]　代謝反応における最終産物がコリプレッサーとして作

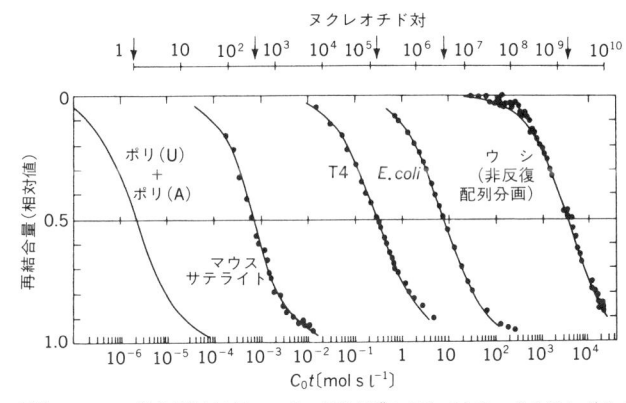

各DNA試料のゲノムの塩基対数はグラフの上の対数目盛に示してある．ポリU＋ポリAは，一方がAのみを，他方がUのみを含むRNAの二重らせんである．マウスサテライトDNAはマウス細胞の核内DNAで大半のDNAとは物理的性質が異なる．ウシDNAはウシのゲノムDNAのうち半数体ゲノム当たり1コピーしか存在しない分画に対応する．変性させたDNA試料を機械的に切断して約400ヌクレオチドの長さにし，60℃で保温した．再結合した分画は，二本鎖形成によるUV吸収の減少を基に決めた．

再結合反応速度論

用し，反応鎖を制御している酵素のオペロンの発現が抑制される状態．

最小二乗法［method of least square］ 二乗の和を最小にすることによる推定方法．⇨ 最良適合直線．

最少培地［minimal medium］ 微生物学において，野生型の増殖に必要な成分のみを加えた培地．

再　生　1．［renaturation］タンパク質や核酸分子が，変性状態から固有の三次元立体配置に戻ること．2．［regeneration］発生が完了した個体において，失われたり，傷ついた動物の体全体あるいは，その一部が再び形成される過程．再生現象は，大半の植物では当たり前のことだが，動物では，複雑でない構造をした，ある種の扁形動物（プラナリア）や，倍数体の刺胞動物（ヒドロ虫）に限られる．もっと複雑な動物では，四肢全体や，他の体の一部の再生は滅多に起こらず，サンショウウオ（⇨ アホロートル）のような少数のグループで，四肢，尾，心筋，顎，脊椎などが再生される．カニは，失われたハサミを再生する．ある種のトカゲは，失われた尾を再生する．ヒトでは，主として，表層の傷の回復に限られるが，再生可能な組織（血液・肝臓など）もある．⇨ 脱分化，変態．

最節約原理［parsimony principle］ ＝オッカムのかみそり（Occam's razor）．

最大許容線量［maximum permissible dose］ 略号MPD．人体が受容しても安全な電離放射線の最大量．

最多階級［modal class］ 最頻値（mode）ともいう．統計学的分布において最も多くの個体が含まれる階級．

サイト　＝部位．

サイトカイニン［cytokinin］ おもに高等植物の根において合成されるアデニン*のアミノ基の置換性誘導体の一群．キニン（kinin），フィトキニン（phytokinin）ともよばれ，細胞分裂やRNA合成，タンパク質合成を促進する．最初に構造が解明されたサイトカイニンはキネチンである〔⇨付録C（1956 Miller）〕．植物から最初に単離されたサイトカイニンはゼアチンで，1964年にトウモロコシの種子から単離された．

サイトカイン［cytokine］ おもに免疫系の細胞間情報交換にかかわる，一群の小さな（5〜20 kDa）タンパク質分子．遠く離れた場所でも効果

を発揮する内分泌系のホルモンと異なり，サイトカインは通常局所的に周辺の細胞に作用する．サイトカインには，インターロイキン*，インターフェロン*，リンフォカイン*，腫瘍壊死因子*が含まれる．⇨自己分泌．

サイトガミー［cytogamy］　=自家生殖（autogamy）．

サイトカラシンB［cytochalasin B］　カビの産生する代謝抑制物質で，細胞分裂阻害を起こす．⇨アクチン，収縮環．

サイトソル［cytosol］　オルガネラを除く細胞質の液性成分．透明質（hyaloplasm）ともいう．⇨細胞分画．

サイトフォトメトリー　=細胞測光法．

サイトヘット［cytohet］　ある特定のオルガネラについて，二つの遺伝的に異なるタイプをもつ真核細胞をいう．cytoplasmically heterozygous（細胞質性ヘテロ接合）の略．たとえば単細胞性藻類であるクラミドモナスでは両親由来の葉緑体をもつサイトヘットはまれにしか存在しないが，接合型が+である片親を紫外線処理することによってその頻度を急増させることができる．⇨有糸分裂分離．

栽培型植物［cultigen］　栽培によってのみ知られている植物で，その原産地や原種（分類）の不明なもの．

栽培品種［cultivar］　人為的な選抜育種によってつくられ，栽培により維持されている植物の品種．⇨系ола．

再発危険率［recurrence risk］　反復危険率ともいう．家族に一度現れた遺伝的欠陥が，その後に生まれる子供に出現する危険率．

最頻値［mode］　=最多階級（modal class）．

細　胞［cell］　独立に増殖できる膜で仕切られた最小の原形質体．⇨付録C（1665 Hooke）．

細胞遺伝学［cytogenetics］　細胞学と遺伝学から得られた手法と知見を統合する学問．⇨ヒトの細胞遺伝学上の記号

細胞遺伝地図［cytogenetic map］　染色体上の遺伝子の配置を示した地図．

細胞学［cytology］　生物学の一分野で，細胞の構造や機能，生活環を調べる学問．⇨付録C（1838 Schleiden, Schwann；1855 Virchow；1896 Wilson）．

細胞学的地図［cytological map］　双翅目における巨大多糸染色体やヒトの分裂期染色体上に遺伝子座を示したもの．

細胞学的ハイブリダイゼーション［cytological hybridization］　= in situ ハイブリダイゼーション．

細胞株［cell strain］　一次培養あるいは細胞系統*から，特定の形質やマーカーをもっている細胞を選択し，クローニングして得た細胞．これらの形質およびマーカーは，そのあとの培養の間も保存されねばならない．⇨ in vitro マーカー，in vivo マーカー．

細胞間結合複合体［junctional complex］　デスモソーム*のように細胞間の接着面の特殊化した構造．電顕レベルで用いられる用語．

細胞間接着分子［cell-cell adhesion molecule］　略号CAM．選択的な細胞の接着を行うタンパク質で，脊椎動物の胚発生初期に特定の組織形成に関与する．カドヘリン*は，その一例で，機能発現に Ca^{2+} を必要とする．

細胞駆動性ウイルストランスフォーメーション［cell-driven viral transformation］　ハイブリドーマ*を形成せずに，in vitro でヒトの不死化した抗体産生細胞を生成する技術．免疫した提供者由来の正常のBリンパ球をエプスタイン-バーウイルス*に感染したほかの細胞と混合する．ウイルスはBリンパ球に感染する．もともとウイルスに感染していた細胞は実験的に殺され，ウイルスによってトランスフォームした目的の抗体を産生する細胞が単離される．細胞駆動性ウイルストランスフォーメーションにおいては，50個のBリンパ球のうち1個くらいがトランスフォームするが，細胞ハイブリッド形成技術では1000万個の細胞のうち約1個しかトランスフォームしない．

細胞形態計測学［morphometric cytology］　組織切片における細胞構造の量的パラメーターを決定する学問領域．

細胞系統［cell line］　一次培養*由来の継代可能な細胞からなる不均一な細胞群．⇨同質遺伝子細胞株．

細胞系譜［cell lineage］　原核生物の二分裂や真核生物の有糸分裂によって，1個の祖先細胞か

ら生じた細胞の系統. 多細胞真核生物の中で, 1細胞の接合体から成虫になるまでの細胞分裂の完全なパターンが解明されているのは, 線虫*(*Caenorhabditis elegans*) だけである. 各細胞分裂や核分裂の詳細および最終分裂による各細胞の運命が, 細胞系譜図によって示される.

細胞系譜突然変異体［cell lineage mutant］細胞分裂やその子孫細胞に影響を与える突然変異体. 通常大きく二つのグループに分けられる. 第一のグループには, 細胞分裂やDNA複製といった細胞の一般的な過程に異常をもつ突然変異が含まれる. 細胞分裂周期の乱れた突然変異体は, 酵母で最も詳しく解析されてきた. 第二のグループは, その効果において著しく特異的である. たとえば, 線虫で知られている細胞系譜突然変異体では, 特定の細胞が変化し, 通常とは異なる位置や時間, あるいは逆の性に特徴的な細胞分化の運命を獲得したりする. これらの突然変異体のうちのいくつかは, 細胞運命が変化することによって生じる. たとえば, ある"A"という特定の細胞が別の"B"という細胞の運命を獲得すると, その結果通常Aによって生じていた細胞が欠損し, Bによって生じる細胞が倍加する. このような変化はショウジョウバエのホメオティック突然変異体に似ている. 線虫においては, このような突然変異体は通常 lin と表される. ⇒ 発生制御遺伝子, 異時性突然変異.

細胞決定［cell determination］ 胚発生において, 1個の細胞がたどる発生経路が特定される事象.

細胞骨格［cytoskeleton］ 真核細胞の内部骨格で, 移動や特異的形態の保持, 分裂, 飲作用, オルガネラの配置およびその移動などを可能にする. 細胞骨格は, 微小管, 微小繊維ならびに中間径フィラメントから構成される.

細胞シグナル伝達［cellular signal transduction］ 細胞が外部からのシグナルを受取り, 内部で伝達, 増幅し, 方向づける経路. その経路は細胞表面の受容体に始まり, 細胞の核内で複製や転写を抑制したり活性化したりするDNA結合タンパク質に終わるといってもよいだろう. シグナル伝達経路は順々にシグナルを伝えるタンパク質の相互連絡鎖を必要とする. プロテインキナーゼ*は, しばしば, この反応のカスケードにかかわりをもっている. というのは, シグナル伝達では細胞外の化学的シグナルを受取り, それが細胞内タンパク質のリン酸化をひき起こすことで, シグナルを増幅することが多いからである. ⇒ ABCトランスポーター, 環状AMP, Gタンパク質, 多発性嚢胞腎.

細胞質［cytoplasm］ 核内に含まれる核内原形質以外の原形質.

細胞質遺伝［cytoplasmic inheritance］ ミトコンドリアや葉緑体などのオルガネラやウイルスなどの内在性寄生者にみられる染色体外遺伝情報の複製や伝達がかかわる非メンデル性の遺伝. 核外遺伝 (extranuclear inheritance) ともいう. ⇒付録C (1909 Correns, Bauer), mtDNA系統樹.

細胞質遺伝子［plasmagene］ 細胞質にある自己複製能をもつ遺伝子. 真核細胞ではオルガネラや共生生物内にあり, 細菌細胞ではプラスミドにある.

細胞質環流［cyclosis］ シクロシスともいう. 原形質流動のこと.

細胞質性雄性不稔［cytoplasmic male sterility］略号CMS. 母親由来の細胞質因子による花粉の形成不全で, 花粉回復遺伝子が存在しない場合にのみ作用する. このような不稔性は接ぎ木によっても伝達される. トウモロコシでは, 花粉の死はミトコンドリアから分泌される"中絶タンパク質"によるもので, 花粉の稔性を回復するのに必要な遺伝子は, 中絶タンパク質のmRNAの転写速度を低下させることによってタンパク質量を減らす. 雑種トウモロコシ種子は, CMSを利用した繁殖方法により商業的に生産されている. 残念なことに, 中絶タンパク質は菌類の毒素に対する植物の感受性も上昇させる. ⇒ 付録C (1987 Dewey, Timothy, Levings), *Bipolaris maydis*, 雑種トウモロコシ.

細胞質体［cytoplast］ 真核細胞における機能的, 構造的単位で, 核やオルガネラと連結した細胞骨格タンパク質のつくる格子によって構成される.

細胞質低分子RNA［small cytoplasmic RNA］核内低分子RNA*に対応する細胞質中の低分子RNAで, 自然状態では低分子量のリボ核タンパク質*粒子に見いだされる.

細胞質分裂［cytokinesis］ 有糸核分裂*に対比される細胞質の分裂. ⇒ 卵割, 収縮環.

細胞質マトリックス［cytoplasmic matrix］ ⇒微小柱格子.

細胞周期［cell cycle］ 真核細胞における一つの有糸分裂から次の分裂までの一連のできごと. 有糸分裂 (M期) の後, 成長期 (G_1 期), DNA合成期 (S期), もう一つの成長期 (G_2 期) と続き, 最後に次の有糸分裂に入る. たとえば, ヒーラ細胞*の場合, G_1, S, G_2, およびM期はそれぞれ, 8.2, 6.2, 4.6, 0.6時間を要する. 有糸分裂の間の時期 ($G_1 + S + G_2$) は, 間期とよばれる. 細胞の倍加時間は, 発生段階や組織によって

異なる．倍加時間の差異は，通常，G_1 期で過ごす時間の関数になる．細胞が分化すると，細胞周期を離れて，G_0 で表される相に入る．このような"休止"細胞は，分裂は静止状態にあるが，代謝は活発である．⇨ 付録 C (1953 Howard, Pelc), 中心粒，チェックポイント，サイクリン, MPF.

細胞傷害性 T リンパ球 [cytotoxic T lymphocyte] 外来性の細胞に付着してこれを殺すリンパ球．この種のリンパ球は自身のもつクラス I 型組織適合性分子の抗原性をもとに標的細胞を認識する．⇨ ヘルパー T リンパ球, T リンパ球.

細胞小器官 ＝ オルガネラ．

細胞親和性 [cell affinity] 真核細胞の同じタイプの細胞同士は接着するが，異なるタイプの細胞は接着しないという性質．細胞ががん化するとこの性質は失われる．

細胞性トランスフォーメーション [cellular transformation] ⇨ トランスフォーメーション．

細胞整復 [cytotaxis] すでに存在している細胞構造の影響の下で，新たな細胞構造が順序づけられ，配列されること．真核生物細胞の三次元構築を調節する情報は細胞質性の基盤物質の構造中にあると考えられている．この考えを支持する証拠はゾウリムシ (*Paramecium*) を用いた顕微外科実験によって与えられた．表皮断片を極性を逆にして再移植すると逆配向性のパターンがそのまま何百世代にもわたって継代されるという結果をひき起こす．⇨ 微小柱格子．

細胞[性]免疫 [cell-mediated immunity, cellular immunity] CMI と略す．T リンパ球によって誘導される免疫応答．免疫グロブリンによる免疫応答は，体液性免疫という．

細胞性リンパ球溶解 [cell-mediated lympholysis] 活性化された T リンパ球が，直接的細胞間接触によって"標的（ターゲット）"を殺すこと．細胞性免疫の *in vitro* テストにしばしば用いられる．

細胞説 [cell theory] すべての動物および植物は，細胞から構成され，成長と増殖は細胞の分裂によるものであるという説．⇨ 付録 C (1838 Schleiden, Schwann; 1855 Virchow).

細胞相互作用遺伝子 [cell interaction gene] マウスの H-2 複合体の I 領域上の遺伝子．これらは免疫系のさまざまな細胞内因子が免疫応答において協同的に働くように影響を与える．

細胞増殖抑制性[の] [cytostatic] 細胞の増殖・成長を抑制する因子についていう．

細胞測光法 [cytophotometry] サイトフォトメトリーともいう．顕微分光光度計を使用した，いろいろな有機化合物の細胞内での分布の定量的研究．細胞測光法の技術を利用することで，たとえば生活環を通じて，細胞の含有する DNA 量の変化を測定することができる．⇨ 顕微分光光度計．

細胞体遠心性[の] [cellulifugal] 細胞の中心から離れること．

細胞培養 [cell culture] *in vitro* で細胞を生育させること．単一の細胞の培養も含む．細胞培養では，細胞は組織を形成しない．⇨ 付録 C (1940 Earle; 1956 Puck *et al.*).

細胞板 [cell plate] 植物の有糸分裂のあとで，娘核の間にある小滴の癒合によって形成される半固体の構造．細胞壁の前駆体であり，隔膜形成体* によってつくられる．

細胞分化 [cell differentiation] ある 1 個の細胞の子孫が構造および機能の特殊化をなしとげ，維持する過程．特異的な転写の結果によるものであろう．

細胞分画 [cell fractionation] 組織をホモジナイズし，種々の条件下で遠心分離を繰返し，細胞の多様な成分を分離すること．一般に四つの画分が得られる．1) 核画分, 2) ミトコンドリア画分, 3) ミクロソーム画分, 4) 可溶性画分またはサイトソル．⇨ 付録 C (1946 Claude).

細胞分断 [merotomy] カサノリの実験的な移植のように，細胞を核の有無によらず，いくつかの部分に切り分けること．

細胞分裂 [cell division] 1 個の母細胞から 2 個の娘細胞が形成される過程（原核生物の二分裂，真核生物の有糸分裂）．⇨ 付録 C (1875 Strasburger).

細胞分裂周期キナーゼ [cell division cycle kinase] cdc キナーゼ．⇨ サイクリン．

細胞壁 [cell wall] 原形質膜（細胞質膜）の外側に形成される固い層．植物ではセルロースとリグニンを含む．真菌類ではキチンを含む．細菌ではペプチドグリカンを含む．

細胞融合 [cell fusion] 異なる体細胞の核や細胞質をもった交雑細胞を実験的につくること．融合する細胞は異なった種の組織培養に由来する場合もある．このような融合は，細胞がある種のウイルスを吸着することによって促進される．⇨ センダイウイルス，ポリエチレングリコール，ツィンマーマンの細胞融合．

細胞溶解 [cell lysis, cytolysis] 細胞膜が破裂し，細胞の中味が周囲にさらされること．

細網内皮系 [reticuloendothelial system] 略号 RES. 脊椎動物の骨髄・脾臓・肝臓に定着して，血液中およびリンパ液中の外来の粒子状異物を取除く食細胞系．

在来[の]［native, indigenous］　在来種とは意図的であれ偶然であれ，ヒトがその地域にもち込んだものでない種をいう．

再利用経路［salvage pathway］　サルベージ経路ともいう．既存のプリンおよびピリミジン塩基やヌクレオシドを利用して，ヌクレオシドやヌクレオチドを合成する代謝経路．たとえば，塩基からヌクレオシドへの転換，塩基とヌクレオシドの相互転換，ヌクレオシドからヌクレオチドへの転換，塩基の置換による相互転換がある．⇨ *de novo* 経路．

最良適合直線［line of best fit］　ほぼ直線状に分布する観察点のグループに対する最良の移動平均を構成する直線．移動平均からの観察点の偏差の2乗の合計が最小であるようにつくられる．

サーカディアンリズム［circadian rhythm］　概日リズムともいう．生物の生化学，生理，あるいは行動にみられる，正確に24時間の自然周期をもつ振動．生物が恒常条件下におかれた場合には，リズムは正確に24時間ではなく，それに近い周期で継続する．たとえば，アカパンカビの場合，分生子形成のピークは恒常条件下では21.5時間間隔でみられる．このような内在性の周期は，光条件の変化（たとえば，恒暗条件下から12時間：12時間の明暗周期への変化）によって24時間の周期にリセットすることが可能である．⇨ 体内時計突然変異，同調，*frequency*．

さかり　＝発情

作業仮説［working hypothesis］　将来の実験計画の基礎となる仮説．

src（サーク）　ラウス肉腫ウイルス*のがん遺伝子．⇨ c-*src*．

酢酸オルセイン［aceto-orcein］　45%酢酸溶液に1%の割合でオルセイン*を溶かした溶液．染色体の押しつぶし標本の作成に使用する．⇨ 付録C（1925 Bernstein），唾腺押しつぶし標本．

酢酸カーミン［aceto-carmine］　染色体の押しつぶし標本に使用する染色液．45%酢酸溶液中にカーミンが5%の割合で含まれている．酢酸オルセインで代用できる．

サクラソウ属［Primula］　集団遺伝学の研究によく使われるサクラソウやキバナノクリンザクラを含む属．

サクラ属［Prunus］　*P. amygdalus*（アーモンド），*P. armeniaca*（アンズ），*P. avium*（セイヨウミザクラ；サクランボ），*P. domestica*（プラム；セイヨウスモモ），*P. persica*（モモ）が含まれる属．

錯乱色［confusing coloration］　保護色の一形態で，その所有者が休息しているか動いているかによって異なる外観を示すため，捕食者が錯乱しがちな保護色．

サザンブロッティング［Southern blotting］　電気泳動により分離したDNA断片を，アガロースゲルからニトロセルロースフィルターへ毛細管現象により吸着固定する方法．E.M. Southernにより開発された．目的とするDNA断片は，放射性標識した相補的なヌクレオチドをプローブとしてハイブリッドを形成させ，オートラジオグラフィーにより位置を検出できる．同様の方法であるノーザンブロッティングは，RNAの同定に用いられる．この場合，多くの異なるmRNAを分離した電気泳動のパターンに対して，放射性標識したクローン化遺伝子のプローブをハイブリダイズさせる．タンパク質を電気泳動により分離した場合には，特定のタンパク質をウエスタンブロッティングにより検出できる．このとき，プローブとして用いられるのは，目的とするタンパク質を抗原とする標識抗体で，それを用いて，抗原抗体複合体を検出する．⇨ 付録C（1975 Southern; 1977 Alwine *et al.*）．

差次的スプライシング［differential splicing］　⇨ 選択的スプライシング．

鎖終結因子［chain terminator］　複製においてDNA鎖の伸長を終結する因子．⇨ 2′,3′-ジデオキシリボヌクレオシド三リン酸．

雑種［hybrid］　ハイブリッドともいう．1. ヘテロ接合体．（たとえば一遺伝子雑種は一つの遺伝子座についてヘテロ接合であり，二遺伝子雑種は二つの遺伝子座についてヘテロ接合である．）2. 遺伝的に異なる親あるいは異なる種同士から生じた子孫．

雑種強勢［heterosis, hybrid vigor］　ヘテロシスともいう．高度に同系繁殖を繰返した系統（異なった近交系）同士の交配により生じた雑種の成長力，生存力，繁殖力が非常に強いこと．雑種強勢は常にヘテロ接合性の度合が増加している．⇨ ジベレリン．

雑種群落［hybrid swarm］　二つの種の間の交雑とそれに続く子孫間の交雑ならびに戻し交雑から生じる形態学的に異なる一連の雑種群．

雑種形成［hybridization］　1. 遺伝的に全く離れた集団あるいは異なる種の個体同士が交配すること．2. 2種の異なる遺伝子型もしくは表現間の交配．⇨ 浸透交雑．3. ⇨ ハイブリダイゼーション．

雑種細胞形成［cell hybridization］　実験的に細胞融合*を誘導して，生存可能な雑種細胞を形成すること．異種間の雑種細胞の場合，続く細胞分裂において片方の種に属する染色体のみが選択

的に排除される．その結果，一方の種の染色体の完全なセットともう片方の種の染色体1本をもつ細胞系統をつくることができる．雑種細胞系統によって合成される新たな遺伝子産物を研究することによって，1本の染色体上の遺伝子を同定できる．⇨付録 C（1960 Barski et al.），HAT 培地，ハイブリドーマ，シンテニー遺伝子．

雑種死滅［hybrid inviability］　全く離れた集団間の雑種が，交配後（接合後）生殖的隔離機構のため，繁殖可能な年齢になるまで生存できないこと．

雑種世代［filial generation］　親の世代から生じる子孫の世代のこと．F_1，F_2 などと表記する．

雑種阻害翻訳法［hybrid arrested translation］　ある mRNA に対応する cDNA を検出する方法で，cDNA が mRNA とハイブリッドを形成して，in vitro 系における翻訳を阻害することを利用する．系から翻訳産物が消えた場合，その cDNA が存在することを示している．

雑種第一代［first filial generation］　F_1 と表すこともある．植物または動物において，異なる二つの系統または品種をかけ合わせた雑種の第一代目．その親の世代を P_1^* という．⇨付録 C（1902～1909 Bateson）．

雑種第二代［second filial generation］　F_2 と表すこともある．F_1 個体間の交配または自家受精によって生じた子孫．

雑種 DNA モデル［hybrid DNA model］　交差および遺伝子変換の両方を説明するためのモデルで，キアズマの近傍において，両方の親 DNA によるヘテロ二本鎖（雑種）DNA の短い領域が形成されると想定する．⇨ホリデイモデル．

雑種抵抗性［hybrid resistance］　腫瘍の組織適合性が遺伝的に同一であったとしても，ヘテロ接合の受容者に比べて，ホモ接合の受容者でより容易に増殖する現象．

雑種トウモロコシ［hybrid corn］　複交雑*法によってつくられた種子から育成した商業用のトウモロコシ．このトウモロコシは繁殖力が強く，均一である．⇨付録 C（1909 Shull）．

雑種二本鎖分子［hybrid duplex molecule］　一本鎖 DNA とそれと部分的に相補的な塩基配列をもつ第二の RNA または DNA 分子とが水素結合した，実験的に再構成した分子．

雑種発生　＝ハイブリッドジェネシス．

雑種不妊性［hybrid sterility］　異種間の雑種が，生存可能な子供をつくれないこと．

雑種崩壊［hybrid breakdown］　遺伝的に全く異なる集団もしくは種の間で形成された妊性をもつ雑種から生じた F_2 もしくは戻し交配集団の適応度が低下すること．接合後の生殖的隔離機構の一つである．

殺腫瘍性［の］［oncolytic］　がん細胞を破壊しうる性質．

sat RNA［sat RNA＝satellite RNA］　＝サテライト RNA．

sat DNA［sat DNA＝satellite DNA］　＝サテライト DNA．

殺卵剤［ovicide］　卵を死滅させる化合物の総称．特に昆虫の卵に効くものをいう．

サテライト　＝付随体．

サテライト RNA［satellite RNA］　sat RNA と略す．ある種の植物 RNA ウイルス内に封入されている小型の直線状一本鎖 RNA 分子をいう．sat RNA の一例はキュウリモザイク病ウイルスで，単量体では 335 ヌクレオチドの長さである．サテライト RNA は，保護用の外殻タンパク質および複製に必要な酵素のいくつかをヘルパーウイルスに依存する．サテライト RNA はヘルパーウイルスの複製には必要ない．sat RNA の存在によって，感染植物におけるヘルパーウイルスによる症状が軽減される可能性がある．⇨ヘアピン型リボザイム，ハンマーヘッド型リボザイム，ウイロイド，ウイルソイド．

サテライト DNA［satellite DNA］　sat DNA と略す．主要 DNA とは明らかに塩基組成が異なる真核生物の DNA．CsCl 中での平衡密度勾配遠心では，主要 DNA バンドとは異なる 1～数本のバンドとして分離される．染色体から得られたサテライト DNA の密度は，主要 DNA よりも AT 含量が多いため，小さかったり，GC 含量が多いため，大きかったりする．主として高頻度反復配列として存在する．⇨Alu ファミリー，マウスサテライト DNA，再結合反応速度論，反復 DNA．

鎖特異的ハイブリダイゼーションプローブ［strand-specific hybridization probe］　ブロットおよび in situ ハイブリダイゼーション実験に用いるために，特別にデザインされた RNA 転写産物．まずファージ RNA ポリメラーゼのプロモーター領域と，それに隣接して DNA 断片を特定方向に挿入できるポリリンカー部位*を含む特別なプラスミドをつくる．つぎにベクターを適当な制限酵素で切断し，目的とする遺伝子の DNA 断片を結合して大腸菌で増やす．このプラスミド DNA を精製後，上記ファージ RNA ポリメラーゼによる転写の鋳型として使用する．適切にラベルされたリボヌクレオシド三リン酸を用いることにより高い比放射能の転写産物をつくることができる．この方法がニックトランスレーション*による DNA プローブにまさるのは以下の 2 点であ

る．1）RNAはDNAの一方向に特異的に合成されるので，DNA鎖の一方だけを解析できる．2）ハイブリッド形成の感度が増大する．というのは，RNAは一本鎖なので自分自身とハイブリッドを形成しないのに対し，DNAプローブの場合，相補鎖が競合者となるからである．

蛹（さなぎ）　⇨ クリサリス．

鎖の用語法［strand terminology］　DNAの二本鎖を区別するために名前が付けられている．DNA分子のそれぞれの鎖には，5′末端と3′末端があり，5′末端には，PO_4が，1番目の糖の5位のCに結合しており，3′末端は，OHが最後の糖の3位のCに結合している．DNAの二本鎖は，それぞれ，逆平行（アンチパラレル）つまり逆方向に向かって並んでいる．二本鎖の名前は，メッセンジャーRNAに合わせる約束になっている．mRNAは，指示をするので，センス鎖と見なされ，これと相補的な核酸配列をもつ合成RNAは，アンチセンスRNA*とよばれる．接頭語のantiは，逆向き，つまり逆方向に並んでいることを表す．mRNAの配列が科学文献にのる際は，図のように，5′末端を上か，左側に書かれる．転写の方向は，下向きか，左から右になる．mRNAがリボソームで翻訳される場合は，タンパク質のアミノ末端が最初に，カルボキシル末端が最後に合成される．mRNAの鋳型として使われる方のDNA鎖は，鋳型鎖とよばれる．もう一方の鎖は，UをTと読み替えると，mRNA中のコドンと同じ配列をもつことになる．この理由から，鋳型鎖と相補的な鎖は，センス鎖と表される．文献に遺伝子の配列として載るのは，センス鎖である．上流は，センス鎖の5′の方向，下流は，3′の方向を指す．たとえば，プロモーターの配列は，最初のエクソンの上流（左側へ），ポリAサイトは，最後のエクソンの下流（右側へ）になる．コード鎖，アンチコード鎖，アンチセンス鎖のような他の名称も文献に見いだされるが，首尾一貫していないので，将来的には使用すべきでない．⇨ デオキシリボ核酸，リーダー配列，ウイルスの（＋）鎖と（－）鎖，ポリアデニル化，転写後プロセッシング，トレーラー配列，転写単位．

サバクトビバッタ［*Schistocerca gregaria*］　個体群動態に関して広範な研究が行われているバッタの一種．

サバンナモンキー　＝アフリカミドリザル．

サプレッサー昂進突然変異　［suppressor-enhancing mutation］　温度感受性，温度非感受性を問わず，サプレッサーの活性を高めるような遺伝子的変化．

サプレッサーT細胞［suppressor T cell］　T細胞の一種で，特定の抗原に対する他のリンパ球の免疫応答を抑制する．

サプレッサー突然変異［suppressor mutation］抑制突然変異ともいう．他の突然変異を補い，結果として二重突然変異が正常あるいは正常に近い表現型を示す突然変異．遺伝子間サプレッサーと

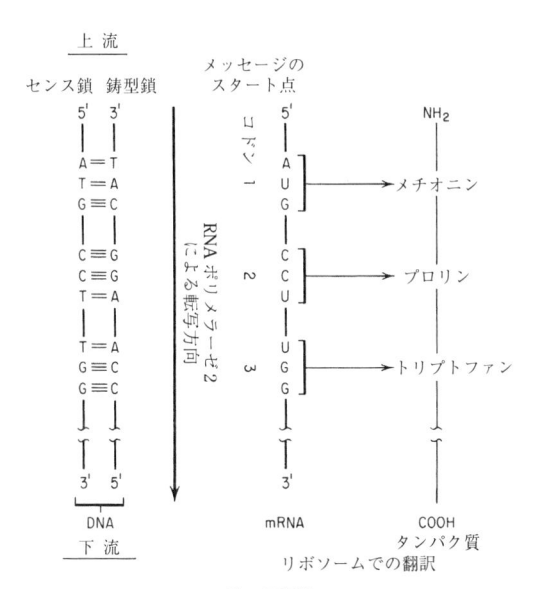

鎖の用語法

遺伝子内サプレッサーの2種がある．遺伝子間サプレッサー突然変異は他の遺伝子の突然変異の影響を抑制する．遺伝子間サプレッサー突然変異には，抑制される突然変異でコードされたタンパク質が機能できるように生体内の条件を変化させるものがある．また突然変異の起こったタンパク質のアミノ酸配列を実際に変化させる遺伝子間サプレッサー突然変異もある．たとえば遺伝子間サプレッサー突然変異にはtRNA遺伝子の塩基置換をひき起こすものがある．mRNA上の突然変異の起こったコドンに対応するアンチコドンが置換されると，このコドンはタンパク質の機能に影響しないアミノ酸に翻訳され，表現型の回復すなわち抑制が行われる．遺伝子内サプレッサー突然変異はある遺伝子の突然変異による効果を同じ遺伝子内のサプレッサーが抑制する場合をさす．遺伝子内サプレッサー突然変異には，フレームシフトの後に本来の読み枠を回復させる場合や，最初の突然変異による置換部位とは別の部位で新しいアミノ酸の置換を起こし，後から置換されたアミノ酸が最初の置換を機能上補うことで抑制する場合がある．遺伝子内サプレッサー突然変異は，二次部位突然変異ともいう．

差別的親和性［differential affinity］ 2本の部分的相同染色体のいずれか一方に対して，より完全な相同性をもつ第三の染色体が存在する場合，部分的相同染色体同士が減数分裂期に対合できないこと．第三の染色体が存在しないときには，部分的相同染色体の対合が起こる．⇒ 同親対合，部分相同染色体．

Thermus aquaticus 好気性，グラム陰性，従属栄養性の好熱細菌．ワイオミング州のイエローストーン国立公園内の天然温泉で発見された．この細菌から，PCR*で使われる *Taq* ポリメラーゼや LCR*で使われる *Taq* DNA リガーゼが単離された．tRNA および mRNA と複合体を形成している 70S リボソームの三次元構造を明らかにした結晶学の研究に使われたリボソームも，*T. aquaticus* から得られたものである．⇒ 付録A（細菌亜界，デイノコッカス門），付録C（2001 Yusupov *et al.*）．

Thermotoga maritima 地熱をもった海底の堆積物に棲息する好熱細菌．最適生育温度は，80℃．ゲノムは環状 DNA 分子で，1,860,725 bp．平均サイズ 947 bp の ORF が 1877 個をもつ．コード配列は，染色体の 95% を占める．最大の遺伝子ファミリーは，ABC トランスポーター*をコードしている．*T. maritima* のおもな遺伝子構成からは，この種は細菌に分類される．しかし，ゲノムの 1/4 は，現存するアーキアの性質をもつ．*T. maritima* のモザイク状のゲノムは，この種の進化の過程で，広範な遺伝子の水平伝達が起きたことを示唆している．⇒ 付録A（細菌亜界，テルモトガ門），付録C（1999 Nelson *et al.*），水平伝達，超好熱菌．

左右相称［bilateral symmetry］ 体を縦の面で分けたときそのおのおのが鏡像となるような対称形．

左右相称動物［Bilateria］ 左右相称性の動物．⇒ 分類．

サラセミア［thalassemia］ 地中海性貧血症ともいう．ヘモグロビンのαグロビン鎖あるいはβグロビン鎖の比率の異常による貧血症．ヒトはゲノム当たり四つのα鎖遺伝子をもつが，欠失（多くの場合不等交差による）のために，α鎖遺伝子を0個から4個もつ個体が生じる．α鎖遺伝子の完全な欠失は胎児水腫をもたらす．α鎖遺伝子が1個のとき，過剰なβ鎖は四量体（$β_4$）を形成し，ヘモグロビン H 病となる．α鎖遺伝子を2個および3個もつ場合は正常人とほとんど区別できない．ナンセンスコドンによりβ鎖の不完全長のものが生じる．β鎖の欠失は通常不等交差の結果生じ，δ鎖の一部とβ鎖の一部を含む雑種鎖（ヘモグロビンリポール）あるいはAγ鎖とβ鎖の雑種鎖（ヘモグロビンケニヤ）などがつくられる．βサラセミア（クーリー貧血ともいう）は，機能が正常なβグロビン鎖をほとんど産生できないヘモグロビン病である．イントロン内に生じた点突然変異には，切出しとスプライシングのシグナルを変えるものがあり，プロセッシングを受けた mRNA の中にイントロン RNA が余分に残ったものをつくる．余分な断片により読み枠がずれ，翻訳が途中で終結し，正常に機能しない短いβグロビン鎖が産生される．⇒ 付録C（1976 Kan *et al.*; 1986 Costantini *et al.*），ヘモグロビン融合遺伝子，ヘモグロビンホモ四量体．

サル［monkey］ ⇒ 狭鼻［猿］類［の］，アフリカミドリザル，アカゲザル，広鼻［猿］類［の］，ウーリーモンキー．

サルコソーム［sarcosome］ 筋粒体ともいう．昆虫の飛翔筋のミトコンドリア．

サルコメア［sarcomere］ 筋節ともいう．横紋筋繊維中にある 2.5 μm の長さの繰返し単位．相互作用するアクチン繊維とミオシン繊維から成る．

サール転座［Searle translocation］ マウスのX染色体と常染色体間の相互転座のうち，ヘテロ接合X染色体をもつ雌の体細胞で父親由来のX染色体が不活性化される場合をいう．マウスで研究されている他のX染色体と常染色体間の相互

転座では，正常 X 染色体と再配列 X 染色体のいずれかがランダムに不活性化される．⇨ ライオンの仮説．

サル肉腫ウイルス［simian sarcoma virus］ ウーリーモンキー*から発見されたレトロウイルス．この発がんウイルスは，トランスフォーミングタンパク質 p28sis をコードする v-sis がん遺伝子を担う．v-sis に相同な塩基配列がヒトの 22 番染色体上に位置づけられ，この部位は c-sis とよばれている．⇨ 付録 C（1983 Doolittle et al.），血小板由来成長因子，プロトオンコジーン，ラウス肉腫ウイルス．

サルファマスタード［sulfur mustard］ 最初に発見された突然変異原．⇨ ナイトロジェンマスタード，付録 C（1941 Auerbach, Robson）．

$$CH_2-CH_2-Cl$$
$$|$$
$$S$$
$$|$$
$$CH_2-CH_2-Cl$$

サルベージ経路 ＝再利用経路．

サルモネラ属［Salmonella］ 腸内細菌の一属で，エシェリキア属（Escherichia）およびシゲラ属（Shigella）と並び遺伝学の研究によく用いられる種を含む．ネズミチフス菌（Salmonella typhimurium）が最もよく研究されているが，S. abony, S. flexneri, S. minnesota, S. montevideo, S. pullorum, S. typhosa などでもかなりの研究がなされている．バクテリオファージの量を測定する方法は最初 S. typhimurium で開発された．また，形質転換現象もこの種で発見された．⇨ 付録 A（細菌亜界，プロテオバクテリア門），付録 C（1917 d'Herelle；1952 Zinder, Lederberg），毒性ファージ．

酸化［oxidation］ 古典的にはある分子が酸素と化合したり，水素が遊離する現象として定義される．酸化されるとき，電子は酸化剤に伝達されるが，これにより酸化剤は還元されるから，酸化と還元*は常に共役しているといえる．

三価［trivalent］ 減数分裂時における 3 本の相同染色体の会合．

酸化還元酵素［oxidoreductase］ 電子を伝達する酵素．カタラーゼ*は酸化還元酵素である．

酸化還元反応［oxidation-reduction reaction］ 還元剤から酸化剤に電子が伝達される化学反応．伝達の結果，還元剤は酸化され，酸化剤は還元される．

サンガー-クールソン法［Sanger-Coulson method］ ⇨ DNA 塩基配列決定法．

三ヵ月期［trimester］ ヒトの妊娠期間 9 ヵ月を三つに区分した期間．順に第一，第二，第三ヵ月期という．

酸化的リン酸化［oxidative phosphorylation］ アデノシン二リン酸（ADP）よりアデノシン三リン酸（ATP）への酵素的リン酸化のことで電子伝達鎖*と共役している．このようにして呼吸エネルギーはリン酸結合エネルギーに転換される．

残基［residue］ 生化学では，より大きな分子を構成する小さなサブユニットを指す．たとえば，プロテアーゼで分解されたタンパク質は，アミノ酸残基を生じ，ヌクレアーゼは，核酸からヌクレオチド残基を生じる．

散在反復配列［interspersed elements］ ⇨ 反復配列 DNA．

三次塩基対［tertiary base pairt］ RNA 中の特定の塩基対で，三次元構造の保持に必要なもの．このような塩基対は tRNA のすべてにおいて進化の過程で保存されている．

三重式［triplex］ ⇨ 同質四倍体．

37％生存線量［thirty-seven percent survival dose］ ヒット数が標的数に等しい照射線量．標的当たり平均 1 個のヒットがある線量．⇨ 標的説．

算術平均［arithmetic mean］ 一連の数の和をその項数で割った値をいう．

三畳紀［Triassic］ 中生代の最も初期で，この間に最初の恐竜と哺乳類が誕生した．植物では，裸子植物とシダ植物が優勢であった．三畳紀の終わりの大量絶滅によって，すべての動物の科のおよそ 25％が消滅した．パンゲアが分裂を始めた．⇨ 大陸移動説，地質年代区分．

三親の組換え体［triparental recombinant］ 宿主細胞に同時感染した 3 種のファージから由来するそれぞれのマーカー遺伝子をもつ子孫ファージのこと．三親の組換え体が観察されることは，感染細胞において，すべての親ウイルスから由来した複製核酸分子の間で，遺伝子の組換えが起こっていることを示す．⇨ ビスコンティ-デルブリュックの仮説．

酸性アミノ酸［acidic amino acid］ 中性 pH で実効電荷が負であるアミノ酸*．タンパク質中に見いだされるものにはアスパラギン酸とグルタミン酸があり，これらのアミノ酸は生体系に見られる pH 域で負に荷電した側鎖をもつ．

三性異株［trioecy］ 植物が雄性，雌性，雌雄同株の性的三型性を示すこと．

酸性色素［acidic dye］ 正電荷をもつ高分子と結合し，染色する有機陰イオン．

酸性フクシン［acid fuchsin］ 細胞化学で用いる酸性色素．

三染色体性[の]［trisomic］ 二倍体である

が，一組の相同染色体については余分な染色体をもつこと．すなわち3本の相同染色体を1組もつこと．⇨ 付録C（1920 Blakeslee *et al.*），亜雌．

三染色分体間二重交換［three-strand double exchange］ ⇨ 逆位．

酸　素［oxygen］　生物学的に重要な元素のうち2番目に多く存在する．

原子番号	8
原子量	16.00
原子価	−2
最も多い同位体	^{16}O

三層リボン構造［tripartite ribbon］　対合複合体*．

残存コイル［relic coil］　前期染色体に見られる弛緩したらせん状の染色糸．こうした部分は，これ以前の分裂中期染色体における固く巻かれたコイル状構造の残存物と考えられている．

残存種　=遺存種．

三対立遺伝子[の]［triallelic］　一つの遺伝子座に3種類の異なった対立遺伝子が存在する倍数体．たとえば，四倍体では $A_1A_2A_3A_3$, $A_1A_2A_2A_3$ のようなものが考えられる．

サンチレール仮説［Saint-Hilaire hypothesis］　節足動物と脊椎動物は，共通のボディプランをもつという．Etienne Geoffroy Saint-Hilaire が提唱した考え．ただし，両グループのボディプランは逆転しており，昆虫の神経系は腹側に，哺乳類の神経系は背側にある．胚細胞の背腹の分化を制御する遺伝子の最近の研究から，脊索動物の進化の初期に，体軸のパターンが逆転したことがわかった．⇨ 付録C（1822 Saint-Hilaire; 1994 Arendt, Nübler-Jung）．

三点交雑［three-point cross］　交差の挙動に基づいて，1本の染色体上にある三つの連鎖した非対立遺伝子の順番を決定するようにデザインされた一連の交配．

サンドホフ病［Sandhoff disease］　⇨ テイ–サックス病．

三倍体［triploid］　それぞれの核が半数体の染色体セットを3組もつ生物．三倍体の組織が，父親の染色体セットを2組と母親のセットを1組もつ状態の場合，その三倍体はアンドロイド（android）といわれる．一方，ガイノイド（gynoid）三倍体は母親のセットを2組と父親のセットを1組もつ．

散布図［scatter diagram］　相関*を見るために，x, y 座標に，観測値を点として描いた図．たとえば，多数の品種の LD50* を体細胞核当たりの平均 DNA 量に対して図示することができよう．相関が見られれば変量は相互に関係しているといえるが，相関がないということは取上げた変量が相互に何の関係もないことを示す．

散布体［disseminule］　新しい植物を生じさせる植物の部分．

3′ 炭素原子末端［3′ carbon atom end］　核酸は便宜的にペントース（五炭糖）の 3′ 炭素原子を右側に書く．核酸からの転写や翻訳は 5′ から 3′ 炭素へ進む．

残余遺伝子型［residual genotype］　=バックグラウンド遺伝子型（background genotype）．

三葉虫［trilobites］　最も古い節足動物で，古生代に棲息したグループ．図はカンブリア紀の三葉虫（*Cedaria*）を背側からみたもの．

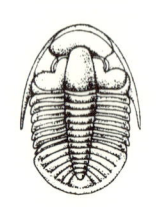

残余相同性［residual homology］　種間雑種において，共通の祖先染色体に由来し，その後突然変異の蓄積により分化した染色体の間に残されている相同性．⇨ 部分相同染色体．

産　卵［oviposition］　雌昆虫による卵を産む行為．

散　乱［scattering］　衝突や相互作用の結果，粒子や波の方向が変わること．たとえば試料による電子の散乱により電子顕微鏡像を得ることができる．

産卵管［ovipositor］　雌の昆虫の腹部後端部にある器官で，そこを通って卵が産みつけられる．

産卵力　=繁殖力．

シ

C 1. 摂氏（Celsius, Centigrade）. 2. 炭素. 3. 半数体の DNA 量. 4. シトシンあるいはシチジン.
g 重力，遠心力を記述するのに用いられる.
G グアニンまたはグアノシンのこと.
^{14}C 通常の炭素（^{12}C）の放射性同位元素で，弱い β 線を放出する. ^{14}C の半減期は 5700 年. 分子生物学では，この放射性同位元素はトレーサーとして汎用される.
Ci キュリー*の単位記号.
ジアステレオマー [diastereomer] ⇨ エピマー.
シアネレ [cyanelle] 灰色植物*に光合成能力を付与するオルガネラ. シアネレは，自由生活藍菌と葉緑体*の間に位置し，共生生物の組込みが起きる中間のレベルにある. 藍菌もシアネレも葉緑素 a をもつ. シアネレのゲノムは，自由生活藍菌の 1/10 の大きさだが，植物の葉緑体ゲノムとはほぼ同じ大きさである. シアネレの DNA ゲノムは，約 60 コピー存在する. RuBisCO の大サブユニットが葉緑体遺伝子に，小サブユニットが核遺伝子にコードされている植物の場合と異なり，どちらのサブユニットもシアネレのゲノムにコードされている. ⇨ リブロース-1,5-ビスリン酸カルボキシラーゼ-オキシゲナーゼ，連続共生説.
シアノコバラミン [cyanocobalamin] ＝コバラミン（cobalamin）.
シアノファージ [cyanophage] 藍菌を宿主とするウイルス.
2,6-ジアミノプリン [2,6-diaminopurine] 突然変異誘発作用のあるプリン類似体.

cRNA [cRNA = complementary RNA] 相補 RNA ともいう. 特定の DNA 分子や断片から，in vitro 転写系によってつくられる合成転写産物. 放射性同位元素によって標識されたウラシルを用いて合成すれば，プローブ*として使用できる.

gRNA [gRNA = guide RNA] ガイド RNA. ⇨ RNA 編集.
CRM [CRM = cross-reacting material] ＝交差反応物質.
CRP [CRP = cyclic AMP receptor protein] ＝環状 AMP 受容体タンパク質. ⇨ カタボライト活性化タンパク質.
飼育 ＝繁殖.
G_1 期 [G_1 phase] ⇨ 細胞周期.
C 遺伝子 [C gene] 免疫グロブリンタンパク質鎖の定常領域をコードする遺伝子領域. ⇨ 免疫グロブリン.
ga/gigaannum 10 億年. 地球の年齢は，4.6 ga（46 億年）. ⇨ 付録 C（1953 Patterson）.
J 遺伝子 [J gene] マウスあるいはヒトの免疫グロブリンの軽鎖および重鎖の超可変領域の一部をコードする 4～5 個の縦列に並んだ一連の相同ヌクレオチド配列. 上流の可変領域をコードする遺伝子領域の一つと下流の定常部をコードする遺伝子領域の一つを結合（join）することにより，抗体の多様性を生み出す機構に重要であることからこの名称が付けられた.
JH [JH = juvenile hormone] ＝幼若ホルモン. ⇨ アラタ体ホルモン.
cAMP [cAMP = cyclic AMP] ＝環状 AMP.
J 鎖 [J chain] IgM や IgA クラスに見られるように，多量体の免疫グロブリンの単量体同士を結合させる分子量約 15,000 の小さいタンパク質.
ジエチルアミノエチルセルロース [diethyl-aminoethyl-cellulose] ＝DEAE セルロース.
GH, GHIF, GHRH 成長ホルモン（GH），成長ホルモン抑制因子（GHIF），成長ホルモン放出ホルモン（GHRH）. ⇨ ヒト成長ホルモン.
CHO 細胞株 [CHO cell line] チャイニーズハムスターの卵巣由来の体細胞株. 細胞はほぼ二倍体だが，系統化の過程で半分以上の染色体に欠失・転座・その他の異常が生じている. ⇨ チャイニーズハムスター.
chDNA [chDNA = chloroplast DNA] ＝葉緑体 DNA.
GnRH [GnRH = gonadotropin-releasing hormone] ＝性腺刺激ホルモン放出ホルモン.
ジェノミクス ＝ゲノム科学.

CAP［CAP = catabolite activator protein］＝カタボライト活性化タンパク質．

CF［CF = cystic fibrosis］＝嚢胞性線維症．

CFTR［CFTR = cystic fibrosis transmembraneconductance regulator］＝嚢胞性線維症膜コンダクタンス制御因子．⇨ 嚢胞性線維症．

GFP［GFP = green fluorescent protein］＝緑色蛍光タンパク質．

ジェミュール［gemmule］ パンゲンのこと．⇨ パンゲネシス．

cM［cM = centimorgan］＝センチモルガン．⇨ モルガン単位．

CMI［CMI = cell-mediated immunity］＝細胞［性］免疫．

CMS［CMS = cytoplasmic male sterility］＝細胞質性雄性不稔．

GM 計数管［GM counter］＝ガイガー-ミュラー計数管（Geiger-Mueller counter）．

Gln［Gln = glutamine］＝グルタミン．⇨ アミノ酸．

ClB 法［ClB technique］ キイロショウジョウバエの伴性突然変異の検出に使用する手法．その名は使用される X 染色体に由来する．X 染色体には交差抑制因子（crossover suppressor）（逆位），劣性致死遺伝子（lethal）および優性形質のマーカーとして棒眼（Bar）が含まれている．

Glu［Glu = glutamic acid］＝グルタミン酸．⇨ アミノ酸．

Gly［Gly = glycine］＝グリシン．⇨ アミノ酸．

ジオーキシー［diauxy］ 2 種類の異なる糖を含む培地上での微生物の適応現象をいう．生物はいくつかの糖のうちの一つを代謝するための酵素を構成的に発現し，それはいつでも使える．第二の糖を代謝するにはまず酵素合成の誘導を必要とする．

自家［self］ 自家受粉*や自家受精*を行うこと．

雌花異株性［gynodioecy］ 同一種の植物において雌花だけをつける株と両性花をつける株とを生じる性質をいう．

自家移植［autograft］ 動物組織の生片を同一動物の体のほかの部位へ移植すること．

紫外線［ultraviolet radiation］ 紫色より短波長で，眼に見えない波長 100〜400 nm の電磁波．260 nm 付近の波長は DNA に吸収される．⇨ 付録 C（1939 Knapp, Schreiber），チミン二量体，紫外線回復．

紫外線回復［UV reactivation］ 放射線照射を受けた λ ファージの生存率が，放射線照射を受けない宿主より受けた宿主において高いという現象．紫外線回復の修復の機構は，宿主の SOS 応答*などの誤りがちな修復複製機構を利用している．

紫外線吸収曲線［ultraviolet absorption curve］ 照射光の波長と，分子を含む溶液の紫外線吸収の相対量の関係を示す曲線．

紫外線顕微鏡［ultraviolet microscope］ 紫外線を使用する光学系．ガラスは紫外線を通過させないので，紫外線顕微鏡には石英製の透過レンズやガラス製の反射レンズを使用しなければいけない．このような顕微鏡の解像力は光学顕微鏡の 2 倍である．さらに，核酸吸収波長（260 nm）の単色の紫外線を使用すれば，染色せずに細胞中の核酸に富む構造の写真が撮影できる．分光光度計と組合わせると，細胞内の核酸を定量することができる．

雌核発生［gynogenesis］ 雌性発生ともいう．1．卵の賦活に精子による刺激を必要とする単為生殖．偽受精生殖*と同義語．2．核移入*によって，雌親の染色体を 2 組もつ二倍体の胚をつくること．⇨ 雄核発生．

雌核発生体［gynogenote］ 雌核発生により生じた細胞，胚．⇨ 雄核発生体．

自家混合［endomixis］ エンドミキシスともいう．一個体の精核と卵核が結合する自家受精の過程．

自家受精 1．［self-fertilization］同一個体の雌雄配偶子の融合．2．［autofertilization］⇨ 雌性産生単為生殖．

自家受粉［self-pollination］ 同一植物個体における花粉の柱頭への移送．

自家食胞［autophagic vacuole］ 自食作用胞ともいう．ミトコンドリアやほかのオルガネラを取囲み，消化する大形のリソソーム．

自家生殖［autogamy］ 一つの個体から生じた二つの一倍体の核が融合して接合体ができる生殖様式．ゾウリムシ（Paramecium）においては，ホモ接合体を生じさせる自家受精の過程．単一の個体において，二つの小核がおのおの減数分裂を行い，生じた 8 個の核のうち 7 個が退化する．残った一つの一倍体核が有糸分裂を行い，生じた二つの同一組成の核が融合する．融合核から，そのゾウリムシと子孫の大核と小核を生じる．それゆえ，自家生殖は同系交配の極限の型を構成する核再編成の様式である．ヒメゾウリムシ（P. aurelia）では，自家生殖は一定期間ごとに自発的に起こる．

C 型粒子［C-type particle］ 電子顕微鏡下で，似かよった形態を示す RNA ウイルスで中央に RNA を含んだ球状の核様体をもつ．この種のウ

イルスは多くの腫瘍や白血病で見いだされている．"C"の文字はがん（cancer）を意味している．

自家突然変異原［automutagen］　生物の代謝産物で，突然変異を誘発する化学物質．

自家不稔性（動物），**自家不妊性**（植物）［self-sterility］　雌雄同体生物の自家受精により生存可能な子供が生じないこと．

自家不稔性遺伝子［self-sterlity gene］　雌雄同株の植物において，花柱内における花粉管の伸長の速度を調節することによって，同系交配による有害な影響を防ぐ遺伝子．自家不和合性は高度に多型的な S 遺伝子座によって制御される．花粉がもつ S 対立遺伝子が，雌ずいのもつ二つの S 対立遺伝子のうちの一つと一致する場合，花柱内の花粉管の伸長は停止する．S 遺伝子はクローニングされており，RN アーゼ活性をもつ糖タンパク質をコードすることが示されている．自家受粉の場合，花粉管の表面にある受容体の働きによって RN アーゼが内部に移行する．花粉管内に入った酵素は，さらなる伸長に必要な RNA を分解してしまう．

自家不和合性［self-incompatibility］　⇨ 自家不稔性．

G カルテット［G quartet］　⇨ グアニン四重鎖モデル．

自家和合性［の］［self-compatible］　自家受精しうる植物についていう．

時間勾配［chronocline］　古生物学において，時代とともに形質が連続的に変化すること．

弛緩タンパク質［relaxation protein］　= らせん不安定化タンパク質（helix-destabilizing protein）．

時間的隔離［temporal isolation］　= 季節的隔離（seasonal isolation）．

弛緩ねじれ［underwinding］　DNA 分子を左向きにねじること．すなわち二重らせんとは逆向き．負の超コイル．

弛緩複合体［relaxation complex］　ある種の大腸菌超らせんプラスミドに強く結合し，超らせん DNA にニックを入れて開環状にする三つのタンパク質から成る複合体．加熱したり，アルカリ，タンパク質分解酵素，界面活性剤などで処理すると，これらのタンパク質の一つが DNA の特定部位の一本鎖に切れ目を入れ，超らせんを弛緩させてニックの入った開環型にする．また，弛緩の際，二つの小さなタンパク質は遊離されるが一番大きなタンパク質成分はニックの 5′- P 端に共有結合で付着する．ニックは接合時のプラスミドの伝達に関与し，この部位が伝達の起点となる．

色覚異常［color blindness］　ヒトにおける色覚の異常で，3 種類の視色素の一つの欠損もしくは減少が原因．緑錐状体色素，赤錐状体色素，青錐状体色素はそれぞれ，緑，赤，青の光を吸収する．これらの色素は，異なるオプシンがビタミン A アルデヒドと組合わさってつくられる．緑錐状体色素が欠損した第二色盲は緑色色覚異常となる．また，赤錐状体色素が欠損した第一色盲は赤色色覚異常となる．青錐状体色素が欠損した場合，青色の色覚異常である第三色盲となる．第二色弱，第一色弱，第三色弱は，それぞれ該当する視色素の完全な欠損ではなく，量の減少によるものである．赤色色覚異常と緑色色覚異常の遺伝子は X 染色体上の異なる遺伝子座に存在する．青色色覚異常はきわめてまれであり，遺伝子座は常染色体上にある．有名な物理学者のダルトン（John Dalton）は色覚異常であり，この症状に関して最も初期の報告を行った．このことから，第一色盲は時として daltonism とよばれることもある．⇨ 錐状体色素遺伝子，ダルトン，オプシン，網膜．

色素性乾皮症［xeroderma pigmentosum］　常染色体劣性として遺伝する一群の遺伝性疾患で，皮膚が日光や紫外線に対して著しく過敏になり，死亡の原因は通常皮膚がんである．正常な皮膚細胞は紫外線によって生じた DNA 損傷を切断 - 補修修復*によって修復することができる．色素性乾皮症患者の皮膚細胞はこの過程で働く遺伝子の突然変異をもっている．たとえば，9q にある XPA 遺伝子は，損傷領域を認識する DNA 結合タンパク質をコードする．XPB（2q）および XPD（19q）は，二重らせんを巻き戻して，損傷領域を露出させるヘリカーゼをコードする．次に，XPG（13q）によってコードされるエンドヌクレアーゼが欠陥部位を切り出す．⇨ 付録 C（1968 Cleaver），http://www.xps.org

色素性網膜炎［retinitis pigmentosum］　網膜色素変性症ともいう．略号 RP．病理的所見で，検眼鏡で見ると，網膜に針状の真黒な色素の斑点が見える．これは死につつある光受容細胞である．少なくとも七つの常染色体優性突然変異，一つの常染色体劣性突然変異，三つの X 染色体上の劣性突然変異が知られている．RP の一つの常染色体突然変異は，ロドプシン*遺伝子をコードしている部位（3p）にマップされる．6p 上の別の遺伝子は，糖タンパク質ペリフェリンをコードしている．ペリフェリンは接着分子で，各ディスクの周りに局在し，隣り合ったディスクをつなぎ，光受容体細胞の外筋内で積み重なっている状態を保持する．⇨ 網膜．

色素体［plastid］　プラスチドともいう．葉緑

体，有色体，エライオプラスト，白色体のような，藻類や植物細胞の自己複製する細胞器官．

色素胞 ＝クロマトホア．

時期別産子群 [brood] 同腹ともいう．1回の産卵または一腹の卵から生まれた一群のひな．

子宮内膜 [endometrium] 性成熟期間に周期的な発育と退行が起こる哺乳動物の子宮の腺層．

軸索 [axon] 神経細胞の長い突起．一般に神経細胞体からの興奮を伝える．

軸索原形質 [axoplasm] 軸索中に含まれている細胞質．

軸糸 [axoneme] 真核生物の繊毛，鞭毛，あるいは仮足中に伸びている微小管の軸．繊毛および鞭毛（精子の尾を含む）に見られるすべての軸糸は同一であり，微小管の"9＋2"構造をしている．軸糸の中央には2本の一重微小管が軸に沿って走っている．中央の2本の管は周囲を二重微小管の輪に囲まれている．二重微小管は，おのおのAサブファイバーとBサブファイバーからなる．各Aサブファイバーは，ダイニン*を含む腕の形をした突起が，縦に繰返し並んでいる．⇒コナミドリムシ，鞭毛，テクチン，Y染色体．

ジクチオソーム [dictyosome] 1．ゴルジ体*の同義語．2．ゴルジ体を構成する扁平な小胞の一つ．真核生物の大部分は，ジクチオソームが積み重なったゴルジ体をもつが，真菌類の細胞ではふつう拡散型のジクチオソームがみられる．

シグナル仮説 [signal hypothesis] 分泌ポリペプチドのN末端に存在するアミノ酸配列は，新しく合成されたポリペプチドが膜に結合するのに必要であるとする仮説．⇒付録C (1975 Blobel, Dobberstein)，受容体介在性トランスロケーション，シグナルペプチド．

シグナル伝達 [signal transduction] ⇒細胞シグナル伝達．

シグナル認識粒子 [signal recognition particle] 略号 SRP．受容体介在性トランスロケーション*の際に働く核タンパク質．この粒子は7S RNA 1分子と6種類の異なるタンパク質を含む．動物細胞の全7S RNAの75％以上がSRP中に存在する．7S RNAには異なる動物種間で高い相同性がみられる．これまでに調べられたあらゆる細胞がSRPをもち，タンパク質をその行き先ごとに選別して，分泌させるか，さもなければ原形質膜内に組込んで，真核生物では小胞体*に．また原核生物では原形質膜に送り込む．大腸菌では，SRPは単一のタンパク質と4.5S RNA 1分子からなる．他の細胞は，より多くの種類のタンパク質やより大きいRNAを含むSRPをもつが，いずれも進化的に保存された核タンパク質のコアをもつ．⇒

付録E（個別のデータベース），タンパク質選別．

シグナル配列 [signal sequence] ＝リーダー配列 (leader sequence)．

シグナルペプチド [signal peptide] ポリペプチド鎖のアミノ末端か，その近傍の20アミノ酸程度の配列で，合成されたばかりのポリペプチド鎖と，それが合成されたリボソームを小胞体に付着させる．こうして，留め置かれたポリペプチド鎖は，細胞から放出される前に，ゴルジ体で修飾を受けるべく"旗印"がつけられる．⇒付録C (1999 Blobel)．

Σ 数学記号．この記号の後に書かれたすべての数値の和．

σ因子 [σ factor] 大腸菌RNAポリメラーゼのサブユニットを構成するポリペプチド．この分子自体には触媒機能はないが，RNA転写を開始する際にDNA上の特異的結合部位を認識する．⇒付録C (1969 Burgess et al.)，プリブナウボックス，RNAポリメラーゼ．

σウイルス [σ virus] キイロショウジョウバエをCO_2感受性にするウイルス．

σ型複製 [σ replication] ＝ローリングサークル (rolling circle)．

シクリド ＝カワスズメ．

シクロシス ＝細胞質環流．

シクロヘキシミド [cycloheximide] *Streptomyces griseus* がつくる抗生物質．80Sリボソーム上の翻訳を阻害する．したがって，この薬剤は細胞質におけるタンパク質合成を抑制するが，ミトコンドリアや葉緑体のタンパク質合成には影響しない．これらのオルガネラにおけるタンパク質の合成は，クロラムフェニコール，エリスロマイシン，あるいはテトラサイクリンによって特異的に阻害することができる．⇒リボソーム，オルガネラのリボソーム．

シクロホスファミド [cyclophosphamide] 免疫抑制剤*．

ジクロロジフェニルトリクロロエタン ［dichlorodiphenyltrichloroethane］ DDT と略す．殺虫剤の一種だが，多くの耐性種が見いだされている．

$$\text{Cl}-\underset{\text{H}}{\underset{|}{\text{C}}}=\underset{\text{H}}{\underset{|}{\text{C}}}-\underset{\text{H}}{\underset{|}{\text{C}}}\left(\underset{\text{Cl}}{\underset{|}{\text{Cl}}}\right)-\underset{\text{H}}{\underset{|}{\text{C}}}=\underset{\text{H}}{\underset{|}{\text{C}}}-\text{Cl}$$

2,4-ジクロロフェノキシ酢酸 ［2,4-dichlorophenoxyacetic acid］ 略号 2,4D．除草剤として用いられる植物ホルモン．

$$\text{Cl}-\text{C}_6\text{H}_3(\text{Cl})-\text{O}-\text{CH}_2-\text{COOH}$$

2,6-ジクロロフェノキシ酢酸 ［2,6-dichlorophenoxyacetic acid］ 抗オーキシン*．

試験管内受精 [in vitro fertilization] 卵を雌の体外で実験的に受精させること．ヒトにおいては通常，女性の卵管が閉塞している場合に行われる．生じた胚は，移植によって子宮に戻すこともできる．⇨ 胚移植．

試験管内進化 [in vitro evolution] 生きている細胞の外で，自己複製する核酸分子の進化を研究する目的で考えられた実験．古典的な例は，QβレプリカーゼとQβファージのRNAゲノムを使った RNA 分子の合成に関する研究である．一番早く合成を完了した分子を選択するように合成と合成の間の間隔を合わせて，移しかえていくと，実験が進行するにつれ，RNA 合成の速度が速くなり，産物の長さが短くなった．74 回繰返すと，元の分子のわずか 17% の大きさで，自己複製分子として知られているものとして最小となった．レプリカーゼに対しては非常に強い親和性をもっているが，ウイルス粒子の合成を指令することはできなかった．リボザイム*も，試験管内進化をすることが示されている．⇨ 付録 C (1967 Spiegelmann, Mills, Peterson; 1973 Mills, Kramer, Spiegelmann; 1995 Wilson, Szostak).

試験管ベビー [test-tube baby] 試験管中での受精と，正常な子宮への胚移植による妊娠により，子供をつくること．妊娠は卵の供与者あるいは代理母が行う．

シーケンサー [sequencer] 生体高分子中でのアミノ酸などのモノマーの配列を決める装置．

C-減数分裂 [C-meiosis] コルヒチンで阻害された減数分裂．⇨ 中期停止．

始原性小人症 [primordial dwarfism] ⇨ 下垂体性小人症．

資源追跡 [resource tracking] 宿主・寄生生物の共進化に関する仮説．この説では，外部寄生生物は，ある種の皮膚，毛髪，羽毛などの特定の資源を追跡するという．これに加えて，寄生生物が，近縁でない宿主種に広がる機会をもてば，宿主と寄生生物の間に分類学的な関係は全く見いだされないであろう（ファーレンホルツの法則*と対置される）．たとえば，分類学上異なる目に属する鳥類に，同じ種のダニが見いだされるし，ある一種の鳥に，異なる種のシラミが寄生している．したがって，鳥とその寄生生物間には，系統学的にみて，平行関係はほとんどない．

始原卵母細胞 [pro-oocyte] キイロショウジョウバエにおいて対合複合体をつくる四つの環状溝をもつ二つのシスト細胞のうちの一つ．卵黄巣に入る際に，前側（頭側）の始原卵母細胞は，哺育細胞へと分化し，後側（尾側）の始原卵母細胞は卵母細胞になる．⇨ シスト細胞分裂，ポリフューゾーム．

視 紅 [visual purple] = ロドプシン (rhodopsin).

指向性選択 = 方向性選択．

自己擬態 [automimicry] たとえばオオカバマダラ*でみられる現象で，捕食者にとって，この種の可食性は多型的である．この多型性は，産卵中の雌が選んだ餌となる植物の種類による．この種の大部分は，幼虫のときに捕食者である鳥にとって有毒な物質を多量に含んでいる植物を常食とするために，好餌ではない．毒性のない植物を常食とした個体は好餌となる．しかしながら，このような好餌となる個体は，この種の好餌とはならない多くの個体の存在により捕食者をあざむき完全な擬態となる．⇨ 擬態．

自己擬態者 [automimic] 捕食者にとって味のよくない個体が同種中にいるため，自動的に擬態となる味のよい個体．⇨ 自己擬態．

自己集合 [self-assembly] 多量体からなる生体物質が，表面の相補的な形状の間に弱い化学結合を形成して，自然に凝集すること．たとえば T4 ファージのキャプシドの構成要素のほとんど（頭部，尾部，ベースプレート，尾部ファイバー）は，自己集合により構築される．

自己触媒 [autocatalysis] 反応の生成物によってその反応が促進されること．

自己スプライシング rRNA [self-splicing rRNA] ⇨ リボザイム．

自己制御 [autoregulation, autogenous control] 遺伝子産物の合成をその合成された遺伝

子産物自身により制御すること．最も単純な自己制御では，過剰な遺伝子産物がリプレッサーとして働き，自分自身の構造遺伝子のオペレーター部位に結合する．⇨ 最終産物阻害．

自己選択［autoselection］　個体の生存率，繁殖力，生残能力に全く影響を与えなくても，それ自身の伝播性により遺伝的因子の頻度が増加する過程．

自己分泌［autocrine］　サイトカイン*などの物質が，分泌する細胞自身の表面受容体に結合することを表す．分泌された物質が分泌する細胞の近傍の細胞に結合することを，パラ分泌作用といい，遠く離れた細胞に結合することを内分泌作用という．⇨ アグーチ．

自己免疫疾患［autoimmune disease］　個体が自身の細胞や組織に対して免疫応答することによって生じる疾患．⇨ エイズ，関節炎，紅斑性狼瘡．

自混　＝オートミキシス．

c-src（シーサーク）　いろいろな脊椎動物に存在し，ラウス肉腫ウイルス*の src がん遺伝子とハイブリッド形成できる細胞性遺伝子．c-src 遺伝子は pp60v-src タンパク質と酵素としての性質がよく似ている pp60c-src タンパク質をコードしている．

自殺遺伝子［suicide genes］　アポトーシス*を起こさせる物質を産生する遺伝子群．

死産［stillbirth］　死亡した胎児の出産．

四酸化オスミウム［osmium tetroxide］　OsO₄．電子顕微鏡用の固定剤として用いられる化合物．

雌産単為生殖　＝雌性産生単為生殖．

cc［cc＝cubic centimeter］　立方センチメートル．⇨ ミリリットル．

CG［CG＝chorionic gonadotropin］　＝絨毛性性腺刺激ホルモン．

CGA タンパク質［CGA protein＝catabolite gene activator protein］　＝カタボライト遺伝子活性化タンパク質，カタボライト活性化タンパク質（catabolite activator protein）．

cccDNA［cccDNA＝covalently closed, circular DNA］　閉環状二本鎖 DNA．

脂質［lipid］　アルコールのような有機溶媒にはさまざまな程度の溶解性を示すが，水にはほとんど溶けない一群の生化学物質（脂肪，油，ワックス，リン脂質，ステロール，カロテノイドなど）．

脂質二重層モデル［lipid bilayer model］　相互に作用し合うリン脂質の疎水的特性に基づいた細胞膜の構造モデル．極性の頭部は外側の溶液側を向いており，疎水性の尾部は内側を向いている．タンパク質（p）は二重膜に埋込まれており，ときには外側の表面に露出したり，内側の表面にあったり，膜を貫通していたりする．細胞の外表面に露出しているタンパク質は一般に細胞の特異的抗原マーカーとなりうる．膜タンパク質は，細胞間相互作用，エネルギー伝達，膜を介した特定分子の輸送などさまざまな機能を担っているらしい．⇨ 流動モザイクモデル．

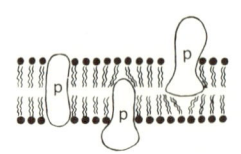

¹³C/¹²C 比［¹³C/¹²C ratio］　対象の標本内の炭素の¹³C と¹²C との比．生物は¹³C より¹²C の方を優先的に取込むので，この比は，標本内の炭素が生物的起源であるか否かを決定するのに利用される．

時種［chronospecies］　ある特定の時代の化石によって研究可能な種．

四重式［quadruplex］　⇨ 同質四倍体．

示準化石［＝標準化石．

糸状仮足［filopodia］　原形質膜から突出した，非常に細い指状の構造で，細胞がアメーバ運動するときに用いられる．

視床下部［hypothalamus］　脊椎動物の脳で，大脳半球の結合部のすぐ後ろの脳底および側壁にあたる．視床下部はさまざまな放出ホルモンの分泌を調節する．これらのホルモンは閉鎖門脈系を通って脳下垂体に運ばれる．ここで放出ホルモンは前葉にある細胞の受容体に結合する．ついで，これらの細胞は循環系にホルモンを分泌し，究極的には特定の組織内の受容体に結合する．視床下部の放出ホルモンには，以下のようなものがある．プロラクチン放出因子，ソマトスタチン，ソマトクリニン，甲状腺刺激ホルモン放出ホルモン，生殖腺刺激ホルモン放出ホルモン．⇨ ヒト成長ホルモン．

事象の確率［probability of an event］　長期間観察したある事象を，全事象に対する頻度で示したもの．通常小数で表す．確率は 0（その事象が決して起こらない場合）から 1（常にその事象が起こり，ほかの事象は決して起こらない場合）の値をとる．コイン投げなどのように，場合によってはあらかじめ確率を知ることもできる．何回も行うとコインの表の出る確率は 0.5 になる．多くの場合，確率は数多くの試行の結果の平均により計算される．⇨ 条件付き確率，独立確率，結果

の有意性.

自食作用胞 ＝自家食胞.

始新世 [Eocene]　第三紀の2番目の時期.被子植物と裸子植物が優勢であり，哺乳類のすべての目の代表が出現していた．主要な補食者は巨大な飛べない鳥類であった．海洋では鯨が進化した．⇨ 地質年代区分，アケボノウマ属.

始新馬 ＝アケボノウマ属.

四親マウス [tetraparental mouse]　遺伝的に独立な二つの胞胚を人工的に融合させた胚細胞から発生したマウス.

雌ずい [pistil]　めしべともいう．花*の雌性生殖器官で，子房，花柱，柱頭から成る．⇨ 心皮.

雌ずい群 [gynoecium]　めしべ群ともいう．一つの花に存在する心皮の全体をいう.

雌ずいだけ[の] [pistillate]　雌ずいは一つ以上あるが雄ずいはもっていない花をいうときに用いる.

指数関数的生存曲線 [exponential survival curve]　閾部のない生存曲線．片対数グラフ上で直線として描かれる曲線.

指数増殖期 [exponential growth phase]　細胞数が時間に伴い指数関数的に増加している時期．⇨ 定常期.

シス作用遺伝子座 [cis-acting locus]　同じDNA分子上の遺伝子の活性に影響を与える領域．一般にタンパク質はコードしないが，DNA結合タンパク質の結合部位として働く．エンハンサー，オペレーター，プロモーターはシス作用遺伝子座の例である．⇨ トランス作用遺伝子座.

シススプライシング [cis-splicing]　核内でRNAの転写一次産物が修飾される過程で，同じ遺伝子内のエクソンをつなぎあわせること．⇨ トランススプライシング，転写後プロセッシング.

シスターナ [cisterna, (*pl.*) cisternae]　膜によって包まれた，扁平で，液体を満たした貯留槽．⇨ 小胞体.

シスチン [cystine]　二つのシステインのチオール側鎖の酸化によって形成されるアミノ酸誘導体で，ジスルフィド共有結合をもつ．この種の結合はタンパク質の折りたたみ構造を安定化する上で重要な役割を果たす．⇨ システイン，インスリン，転写後プロセッシング.

システイン [cysteine]　略号 Cys. 生体タンパク質中に見られる硫黄を含むアミノ酸．ポリペプチド鎖の分子内結合もしくは分子間結合を形成できるので重要である．⇨ アミノ酸，シスチン，インスリン.

シスト細胞分裂 [cystocyte division]　多栄養室型卵巣をもつ昆虫（ショウジョウバエなど）に特徴的な，哺育細胞/卵母細胞クローンをつくり出す一連の細胞分裂．キイロショウジョウバエでは，それぞれの胚腺*に，2〜3個の卵原細胞の幹細胞がある．それぞれの幹細胞（S）は，分裂して二つの娘細胞になる．一方は，親細胞と同様に挙動し，もう一方は，分化してシストブラスト（C_b）となる．シストブラストは，4回分裂を繰返し（M_1〜M_4），不完全な細胞質分裂により，枝分かれした16個の互いにつながった細胞になる．図に，1〜4世代のシストブラスト（○で表されている）を示す．それぞれの○の大きさは，細胞の容積に比例して描かれている．二つの細胞をつなぐ線の数は，何回目の分裂で，細胞をつなぐ環状管*が形成されたかを示している．1^4と2^4の細胞は，卵母細胞発生経路に進み，対合複合体*を形成する．このために，これらの細胞は，始原卵母細胞*とよばれる．⇨ 昆虫の卵巣の種類，ポリフューゾーム.

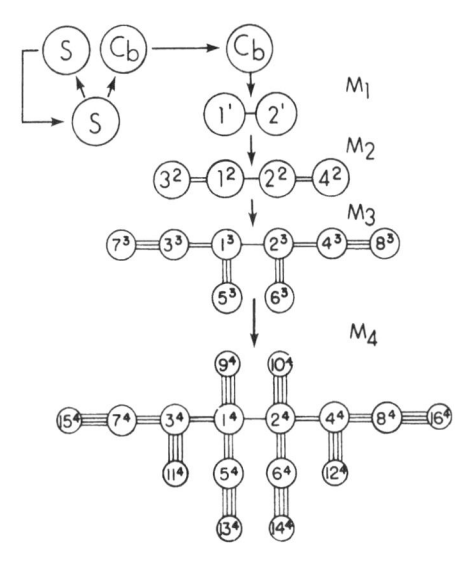

シストブラスト [cystoblast]　⇨ シスト細胞分裂.

シス-トランス検定 [cis-trans test]　同じ形質に影響する，独立起源の二つの突然変異が同一のシストロンに生じたものか否かを調べるテスト．両突然変異がトランス配置の状態で，突然変異表現型を示す場合，これらは対立遺伝子である．野生型の表現型を示す場合は，別のシストロンに生じた突然変異ということになる．しかしながら，異なる起源の突然変異対立遺伝子は，シス

トロンの別の部位に生じた突然変異による可能性がある．これらのミュートンが交差によって分けられる場合，突然変異部位をシス配置でもつ二重突然変異体（$m^1\ m^2/+ +$）をつくることが可能である．この遺伝子型をもつ個体は，野生型の表現型を示す．⇨ 偽対立遺伝子．

シス，トランス配置［cis, trans configuration］ 現在は偽対立性の記述に使用されている術語．シス配置では，二つの突然変異のレコンが一方の相同染色体上にあり，二つの野生型のレコンは他方の相同染色体上にある（$a^1a^2/++$）．観察された表現型は野生型である．トランス配置では，おのおのの相同染色体が突然変異型と野生型とのレコンをもっており（$a^1+/+a^2$），突然変異の表現型が観察される．偽対立遺伝子の場合における，シスおよびトランス配置という術語は，非対立遺伝子に対して言及するのに使用している相引および相反に一致する．⇨ トランスベクション効果．

ジストロフィン［dystrophin］ デュシェンヌ型筋ジストロフィー（DMD）遺伝子がコードするタンパク質．この分子は3685個のアミノ酸からなるが，筋肉の重量の0.002%を占めるにすぎない．ジストロフィンは，横紋筋，平滑筋，および心筋細胞の原形質膜の細胞質側に局在する．この分子のN末端は細胞骨格のアクチンと結合し，C末端側は膜貫通型タンパク質の一つと結合する．ジストロフィンのより短いアイソフォームのいくつかが，脳，肝臓，その他の組織中にみられる．これらのタンパク質は，DMD遺伝子の筋肉特異的なプロモーターの右側にある複数のプロモーターから転写されるmRNAより翻訳される．このほかのアイソフォームは選択的スプライシング*によって生じる．⇨ 遺伝子，アイソフォーム，筋ジストロフィー．

シストロン［cistron］ 頭初は特定のポリペプチド鎖を指定するDNAの領域を示す用語として定義された［⇨ 付録C（1955 Benzer）］．その後定義が拡大され，開始と終止のシグナルも含むようになった．一つのmRNAが二つ以上のタンパク質をコードする場合，ポリシストロン性という．ポリシストロンによって指定されるタンパク質が同じ代謝経路内で機能する酵素である場合が多い．⇨ 遺伝子，転写単位．

シストロン間領域［intercistronic region］ ポリシストロン性転写単位における，遺伝子の終止コドンと，つぎに続く遺伝子の開始コドンの間の領域．⇨ スペーサーDNA．

シスプラチン［cisplatin］ 最も広く用いられている制がん剤．特に，精巣がん，子宮がんに効く．DNAに結合して，二つの塩素イオンを失い，同じDNA鎖上の近接した二つのグアニンのN7原子と白金-窒素結合を形成する．こうして，二重らせんが局部的に破壊され，複製が阻害される．

$$H_3N\diagdown \!\!\!\!\underset{Pt}{}\diagup Cl$$
$$H_3N\diagup \quad \diagdown Cl$$

シス面［cis face］ ⇨ ゴルジ体．

シス優性［cis dominance］ 大腸菌のラクトースオペレーターの突然変異にみられるように．一つの遺伝子座が，同一染色体上で隣接する一つまたは複数の遺伝子座の発現に影響を及ぼすことをいう．

ジスルフィド結合［disulfide linkage］ 同一あるいは異なったペプチド鎖間の二つのシステイン残基の硫黄原子間（S-S）結合．

自生昆虫［autogenous insect］ 雌が餌をとらずに卵を産生できる種．⇨ 非自生昆虫．

雌性産生単為生殖［thelytoky］ 雌産単為生殖ともいう．未受精卵から雌の二倍体が発生し，雄は全くあるいはまれにしか発生しない型の単為生殖．雌性産生単為生殖には，減数分裂型（オートミキシス型）と非減数分裂型（無配偶生殖型）がある．減数分裂型の単為生殖では減数分裂が行われるが，染色体数の減少は後の生活環の中で相殺される．多くの場合，半数体極体と半数体卵核の融合（自家受精）による．無配偶生殖型の単為生殖では，卵の成熟分裂が均等分裂であるため，卵核は二倍体のままである．

雌性前核［female pronucleus］ 雌性配偶子の一倍体の核のこと．配偶子合体にあずかる．

雌性先熟［protogyny］ 隣接的雌雄同体現象で卵巣が精巣より早く機能し始めるものをいう．⇨ 雄性先熟．

始生代［Archean］ 太古代ともいう．先カンブリア時代を二分した古い方の時代（⇨ 地質年代区分）．生命は始生代に誕生し，原核生物が進化した．

雌性発生 ＝雌核発生．

雌性不妊突然変異［female-sterile mutation］ 一般に，卵形成時の発生障害のために，雌の不妊を生じさせる一群の突然変異のこと．劣性雌性不妊突然変異はキイロショウジョウバエとカイコガ（*Bombyx mori*）ではよくみられる．優性雌性不妊は非常にまれである．

G_0, G_1, G_2 ⇨ 細胞周期．

自然選択［natural selection］ 自然淘汰，ダーウィン選択（淘汰）（Darwinian selection）

ともいう．自然界において，一つの種の中の適応的形質をもつ個体とそうでない個体の間の繁殖力の違いによる選択． ⇨ 付録C（1818 Wells；1858 Darwin, Wallace；1859 Darwin；1934～1937 L'Heritier, Teissier；1952 Bradshaw；1954 Allison），人為選択，進化，自然選択の基本定理，重金属，選択．

自然選択の基本定理 [fundamental theorem of natural selection]　任意の時点におけるある集団の適応度の増大は，その集団の構成員の適応度の遺伝分散に直接比例するという定理．R. A. Fisher によって展開された．

自然淘汰　= 自然選択．

自然突然変異 [spontaneous mutation]　偶発突然変異ともいう．自然に起こる突然変異．

自然発生　= 偶然発生．

自然免疫 [natural immunity]　免疫の中には抗原との接触がないまま遺伝されるものがあるという古い概念．現在では，すべての免疫はどんな形であれ抗原との接触を必要とする獲得免疫であるとされている．

自然流産 [miscarriage]　⇨ 流産．

持続変異[修飾] [dauermodification]　環境によって誘発された細胞の表現型の変化で，もとの刺激がなくなっても生殖細胞あるいは栄養細胞の子孫細胞に継続しているもの．この形質は時間とともに弱まり，ついには消失する．

シゾゴニー [schizogony]　細胞の大きさの増大を伴わずに短時間に起こる一連の細胞分裂．シゾントを形成する．

始祖鳥 [*Archaopteryx*]　古代の鳥類のグループに付けられた属名．最初の化石は1861年に発見され，ダーウィンと彼の信奉者たちの進化論を擁護する戦いに武器を提供することになった．爬虫類の特徴を備えたこの鳥は，脊椎動物のこれら二つの綱の間の移行型だったのである．これまでに，南ドイツにあるジュラ紀のゾルンホーフェン層から6体の化石が発見されている．最も完全で，世界中で一番美しくかつ重要であると一般に考えられている標本は，1877年に発見され，ベルリンのフンボルト博物館に収蔵されている．この化石は，羽毛や叉骨をもつこと，足の親指が他の足指と対向するように後ろ側に回転して，木の枝をつかむのに適していることなどの点で鳥に似ている．爬虫類的な特徴は，羽の5本の指のうちの3本につめがあること，長くてしなやかな尾，さらには菌をもつことである．また，四肢骨は，鳥類にみられるような気嚢を欠く． ⇨ 付録C（1868 Huxley）．

子孫 [progeny]　後代ともいう．特定の交配に由来する子供．すなわち同じ父母をもつ同じ生物学的な家族の構成員．同胞，兄弟，姉妹などのこと．

子孫形質[の] [apomorphic]　問題としている分類学上のグループ内でのみ進化した種の特徴を示す用語．一方，祖先形質は，共通祖先に由来した他の分類群とも共有される．哺乳類において，毛が生えていることは子孫形質であり，脊椎があるということは祖先形質である． ⇨ 分岐図．

子孫細胞 [offspring cell]　= 娘細胞（daughter cell）．

シゾント [schizont]　シゾゴニーにより生じる胞子虫類の胞子．

θ 型複製 [θ replication]　複製起点から両方向に複製が進行する環状DNAの複製様式．複製途上での構造がギリシャ文字の θ に似ていることから名前がつけられた．ケインズ分子（Cairns molecule）ともいう． ⇨ 付録C（1963 Cairns），Dループ．

シダ植物 [pteridophytes]　シダ，トクサ，ヒカゲノカズラ，その他の胞子をもつ維管束植物．

Gタンパク質 [G protein]　グアニンヌクレオチドが結合した一群の調節タンパク質．これらのタンパク質は，ホルモンのようなシグナル伝達のリガンドが膜貫通型受容体タンパク質に結合することによって活性化される．この相互作用によって，受容体はその形を変え，Gタンパク質と反応できるようになる．Gタンパク質は，α，β，および γ の三つの鎖からなるヘテロ三量体分子である．GTPが結合したGタンパク質は活性をもつが，GDPになると活性を失う．活性化されたGタンパク質は，受容体から離れ，セカンドメッセンジャー*のレベルを調節するエフェクタータンパク質を活性化する．たとえば，アデニルシクラーゼがエフェクタータンパク質である場合には，cAMPがつくられることになる． ⇨ 付録C（1970 Rodbell, Birnbaumer；1977 Ross, Gilman），細胞シグナル伝達，コレラ，尿崩症．

C値 [C value]　特定の生物の半数体ゲノムを構成するDNAの量．受精によって生じた二倍体細胞は，その細胞周期*のS期に入るまでは2Cの値をもつ．S期以降は，有糸分裂によってそれぞれが2Cの2個の姉妹核がつくられるまでは4Cの値になる．雌がXXAAで雄がXYAA（Aは常染色体の1組）であるような種の場合，X染色体はY染色体より多くのDNAをもつために，雌の二倍体核は雄よりも多量のDNAを含むことになる．たとえば，キイロショウジョウバエの場合，MulliganとRasch（1980）が報告した計測によると，雄の核のDNA量は，雌の核のおよそ

90％であるという．ゲノムサイズが報告されている大部分の生物では，雌雄別の値が示されていない．⇨ 付録 C（1948 Boivin, Vendrey, Vendrey；1950 Swift），細胞周期，染色体組，C 値パラドックス，ゲノムサイズ．

シチジル酸［cytidylic acid］ ⇨ ヌクレオチド．

シチジン［cytidine］ ⇨ ヌクレオシド．

C 値パラドックス［C value paradox］ 生物種の C 値とその種の進化的複雑性の間には相関がみられないことが多いというパラドックス．たとえば，哺乳類の C 値は 2〜3 pg の狭い範囲に納まるのに対して，両生類の C 値には 1〜100 pg の幅がみられる．しかしながら，真核生物のそれぞれのクラスで報告されている最小の C 値についてみると，進化的複雑性とともに増加する．予想される C 値の範囲を超えるような種では，非コード DNA の量が大きい．このような DNA の多くは反復配列であり，転移因子*の複製によって生じたものとみられる．⇨ 付録 C（1971 Thomas），染色質削減，反復 DNA，利己的 DNA，骨格 DNA 仮説．

C-中期［C-metaphase］ コルヒチンで阻害された中期．⇨ 中期停止．

次中部動原体［の］［submetacentric］ 動原体が染色体の一方の端寄りであるため，細胞分裂後期に J 字形に見える染色体．

実験誤差［experimental error］ 1．仮説から期待される結果と実験結果の偶然によるずれ．2．調整不可能な実験のふらつき．⇨ 分散分析．

実　質［parenchyma］ 器官の主要な機能を果たす細胞．

シッフ試薬［Schiff reagent］ アルデヒドを含む化合物に結合し，発色する試薬．過ヨウ素酸シッフ反応やフォイルゲン法*に用いられる（下図参照）．

```
              HC=CH
             /     \
   H₂N—C    C       C
        \\ //       \\
         HC—CH       SO₃H
              \     /
               C
              / \
         HC=CH   HC=CH
        /     \ /     \
HO₂SHN—C      C       C—NHSO₃H
        \\   //\\   //
         HC=CH   HC=CH
```

質量作用の法則［law of mass action］ 化学反応の速度が反応基質の濃度に比例するという原理．その際各濃度は反応にかかわる分子の相対数に従って累乗される．

質量数［mass number］ 記号 A．原子核の陽子と中性子の数の和．

質量単位［mass unit］ ⇨ 原子質量単位．

質量分析器［mass spectrograph］ 物質の構成成分の電荷に対する質量の割合を分析する機器．写真乾板上に集中する線状の質量スペクトルを記録する．

質量モル濃度［molal］ 溶質 1 mol を 1000 g の溶媒（通常は水）中に含む溶液．⇨ モル濃度．

GT-AG 規則［GT-AG rule］ シャンボーンの法則（Chambon's rule）ともいう．イントロンの接合部では，スプライシングによって除かれる部分の左端と右端，すなわち供与部位と受容部位がそれぞれ GT と AG の塩基配列であること．

cDNA［cDNA＝complementary DNA］ 相補 DNA，コピー DNA（copy DNA）ともいう．RNA の鋳型から，RNA 依存 DNA ポリメラーゼ（逆転写酵素）により試験管内でつくられた一本鎖の相補的 DNA．RNA の鋳型がプロセッシングされ，イントロンが除かれている場合，cDNA の長さは RNA が転写された遺伝子の長さよりもずっと短い．一本鎖 cDNA 分子は，続いて DNA ポリメラーゼの鋳型として用いることができる．これによってつくられた二本鎖 DNA 分子を cDNA という場合もある．⇨ 転写後プロセッシング．

cDNA クローン［cDNA clone］ RNA 分子に相補的な二本鎖 DNA 配列で，クローニングベクター内に組込まれているもの．

cDNA ライブラリ［cDNA library］ 一つの種の特定のタイプの細胞でつくられるさまざまな mRNA 分子のすべてを代表する cDNA*を，プラスミドやλファージなどのクローニングベクターに組込んだもののコレクション．すべての遺伝子がすべての細胞で発現しているわけではないので，cDNA ライブラリは，遺伝子ライブラリ*に比べて一般にずっと小さい．目的とするタンパク質をつくる細胞のタイプ（たとえば，インスリンは膵臓の細胞だけでつくられる）がわかっている場合には，目的の遺伝子をスクリーニングするには，その細胞の cDNA ライブラリを用いる方が，遺伝子ライブラリを用いるよりもずっと簡単である．

CD99 ヒト遺伝子 *MIC2**にコードされるタンパク質．

cdk［cdk＝cyclin-dependent kinase］ ＝サイクリン依存性キナーゼ．⇨ サイクリン．

CD3 タンパク質［CD3 protein］ ⇨ T リンパ球．

CTCF タンパク質［CTCF protein］ 高度に保存され，いたるところにある脊椎動物の DNA 結合タンパク質．CTCF は 82 kDa で，11 箇所のジンクフィンガーがあり CCCTC 配列を含む

DNA 領域に結合する．CTCF タンパク質は，エンハンサーがドメイン境界の反対側にある遺伝子のプロモーターと相互作用することを妨げることによって転写を抑える．⇨ 付録 C (2000 Bell, Felsenfeld)，*H19*，インシュレーター DNA．

cdc キナーゼ [cdc kinase = cell division cycle kinase] ＝細胞分裂周期キナーゼ．⇨ サイクリン．

ctDNA [ctDNA = chloroplast DNA] ＝葉緑体 DNA．cpDNA とも略記される．⇨ 葉緑体．

CD8$^+$ 細胞 [CD8$^+$ cell] ⇨ T リンパ球．

GDB [GDB = Genome Data Base (human)] （ヒト）ゲノムデータベース．⇨ 付録 E．

GTP [GTP = guanosine triphosphate] ＝グアノシン三リン酸．

CD4$^+$ 細胞 [CD4$^+$ cell] ⇨ T リンパ球．

CD4, CD8 受容体 [CD4, CD8 receptor] T リンパ球*の表面に発現しているタンパク質で，抗原に対する応答を決める．CD8 タンパク質を表面にもつリンパ球はキラー T 細胞（T_k 細胞）として働く．CD4 タンパク質を表面にもつリンパ球はヘルパー T 細胞（T_h 細胞）として働く．ヘルパー T 細胞はインターロイキン*を分泌し，キラー T 細胞と B リンパ球を活性化する．⇨ 免疫グロブリンドメインスーパーファミリー．

2′,3′-ジデオキシヌクレオシド三リン酸 [2′,3′-dideoxynucleoside triphosphate] 正常な 2′-デオキシリボヌクレオシド三リン酸の類似体．DNA 分子の配列決定の際，マイナス法の変法に用いられる．これらの類似体は糖の 3′ 位の酸素を欠くため，プライマー伸長法において DNA 鎖伸長停止に特異的に働く（⇨ DNA 塩基配列決定法）．デオキシリボースをアラビノースに置換したヌクレオチドもこの伸長反応停止剤として利用できる．

シデロフィリン [siderophilin] ＝血漿トランスフェリン（plasma transferrin）．

シトクロム [cytochrome] チトクロームともいう．ヘムを含むタンパク質の一族で，呼吸および光合成の反応連鎖の過程において，電子供与体もしくは受容体として機能する．電子伝達は，ポルフィリン補欠分子族（⇨ ヘム）の中心に配位した鉄原子の連続的な酸化還元反応に依存して行われる．今から約 20 億年前に最初のシトクロムが生じたと考えられ，以来シトクロムをコードする遺伝子は塩基置換によって緩やかに変化してきた．シトクロムはアミノ酸配列のデータから最初に系統樹を構成することに成功したタンパク質群である．⇨ 付録 C (1963 Margoliash)．

シトクロム系 [cytochrome system] クエン酸回路*中で起こる酸化反応の過程で生じる電子を，最終的に水となる水素ならびに電子受容体である酸素に伝達する一連の共役酸化還元反応．この反応鎖に関与する分子には NAD*，FAD*，CoQ* およびシトクロム b，c，a，a_3 がある．反応の流れを下図に示す．

シトシン [cytosine] ⇨ 核酸塩基，5-ヒドロキシメチルシトシン．

シトシンデオキシリボシド [cytosine deoxyriboside] ⇨ ヌクレオシド．

シトルリン尿症 [citrullinuria] アルギノコハク酸シンテターゼの欠如から生じるヒトの遺伝病．9 番常染色体の劣性遺伝子による．⇨ オルニチン回路．

ジニトロフェノール [dinitrophenol] DNP と略す．無機リン酸の取込みや ATP のような高エネルギーリン酸化合物の生成を阻害する代謝性の毒素．DNP は免疫学的実験においてはハプテンとして広く用いられる．

Synechocystis 藍菌門*に属する細菌の属．細胞は球状で，二つか三つの面で，二つに分裂し，細胞のクラスターを生じる．この属の，一つの種（PCC 6803 株）のゲノムは完全に解読された．3.57 Mbp の DNA で，3168 個の ORF が含まれる．*Synechocystis* ORF のうち 45 個は，光合成を行う原生生物や陸上植物のさまざまな種の葉緑体にみられる遺伝子と相同である．⇨ 付録 C (1996 Kaneko *et al.*)，シロイヌナズナ，葉緑体，連続共生説．

子嚢 [ascus] 子嚢胞子の入っている袋．減数分裂の産物がすべて子嚢内に入っているので四分子分析*が可能となる．

子嚢殻 [perithecium] 子嚢菌類，地衣類の

$$\text{NADH}_2 \xrightarrow{2e} \text{FADH}_2 \xrightarrow{2e} \text{QH}_2 \xrightarrow{2e} \begin{array}{c}2\text{Fe}^{2+}\\ \text{cyt } b \\ 2\text{Fe}^{3+}\end{array} \xrightarrow{2e} \begin{array}{c}2\text{Fe}^{2+}\\ \text{cyt } c \\ 2\text{Fe}^{3+}\end{array} \xrightarrow{2e} \begin{array}{c}2\text{Fe}^{2+}\\ \text{cyt } a \\ 2\text{Fe}^{3+}\end{array} \xrightarrow{2e} \begin{array}{c}2\text{Fe}^{2+}\\ \text{cyt } a_3 \\ 2\text{Fe}^{3+}\end{array} \xrightarrow{2e} \begin{array}{c}\text{H}_2\text{O}\\ 1/2\text{O}_2\end{array}$$
$$\text{NAD} \qquad \text{FAD} \qquad \text{Q}$$

クエン酸回路からの電子　　　　　　　シトクロム系

円形またはフラスコ形の子実体. たとえば, アカパンカビ (*Neurospora*) の成熟子実体は約 300 個の子嚢をもつ.
子嚢菌 [ascomycete] 子嚢胞子を形成する子嚢菌綱の真菌. ⇨ 付録A.
子嚢胞子 [ascospore] 子嚢内に含まれる減数胞子*.
シノニム = 異名.
シノモン [synomone] ⇨ アロモン.
自発的反応 [spontaneous reaction] 発エルゴン反応*.
C バリューパラドックス = C 値パラドックス.
G バンド法 [G banding] ⇨ 染色体分染法.
C バンド法 [C banding] 動原体周辺領域を染色する方法. ⇨ 染色体分染法.
Gb, Gbp ⇨ ギガベース.
CpG アイランド [CpG island] ⇨ DNA のメチル化.
cpDNA [cpDNA = chloroplast DNA] = 葉緑体 DNA. ctDNA と略記される. ⇨ 葉緑体.
ジヒドロウリジン [dihydrouridine] ⇨ 微量塩基.
ジヒドロキシフェニルアラニン [dihydroxyphenylalanine] ドーパ (DOPA) ともいう. メラニン*の前駆体.

2,5-ジヒドロキシフェニル酢酸 [2,5-dihydroxyphenylacetic acid] = ホモゲンチジン酸 (homogentisic acid).
ジヒドロ葉酸レダクターゼ [dihydrofolate reductase] de novo でのチミジル酸合成に必須な酵素. チミジル酸合成の過程で中間体 (テトラヒドロ葉酸) を再生する. プリンやヒスチジン, メチオニンといった, テトラヒドロ葉酸依存性のほかの生合成系にも欠くことができない. ⇨ アンプリコン, 葉酸.
sib [sib = sibling] = 同胞.
師部 [phloem] 維管束植物内で栄養液が通る維管束系をいう.
CVS [CVS = chorionic villi sampling] = 絨毛膜絨毛サンプリング.
GVH 反応 [GVH reaction] = 移植片対宿主反応 (graft-versus-host reaction).

ジフテリア菌 [*Corynebacterium diphtheriae*] ジフテリアを起こす細菌. ⇨ 溶原変換.
ジフテリア毒素 [diphtheria toxin] ジフテリア菌 (*Corynebacterium diphtheriae*) の特定の溶原菌株が産生するタンパク質で, ジフテリアの症状をひき起こす. この毒素の構造遺伝子はある種のバクテリオファージ (コリネファージ β, ω, γ) がもっている. 宿主の細菌がこの遺伝子の発現を制御している. 細胞内の鉄イオンの濃度がある閾値より低くなるまで, 毒素の合成は起きない. ⇨ 付録C (1971 Freeman), プロファージ介在性変換.
四分子 [tetrad, quartet] 減数分裂により生じる四つの半数体産物.
四分子分析 [tetrad analysis] 1 個の一次配偶子母細胞の減数分裂後にできる全四分子を調べることによる交差の解析. このような解析を行うには, 減数分裂の産物がばらばらにならないように, たとえば減数胞子が一つの子嚢に閉じ込められているような生物を用いる必要がある. 四分子分析に適する属は, *Ascobolus* (スイライカビ), *Aspergillus* (コウジカビ), *Bombardia*, *Neurospora* (アカパンカビ), *Podospora*, *Saccharomyces* (出芽酵母), *Schizosaccharomyces* (分裂酵母), *Sordaria*, *Sphaerocarpos* (ダンゴゴケ) などである.
四分子分離型 [tetrad segregation type] 一つの相同染色体上に遺伝子 A と B が, 他の相同染色体に a と b がある二価染色体の染色体分離には三つの場合がある. AB, AB, ab, ab (両親型ダイタイプ), AB, Ab, aB, ab (2 本の染色体で組換えが起こった: テトラタイプ), Ab, Ab, aB, aB (4 本の染色体で組換えが起こった: 非両親型ダイタイプ).
四分染色体 [tetrad] 二価染色体のそれぞれが二つに分かれてできた 4 本の相同な染色分体が, 減数分裂第一分裂の前期から中期にかけて対合した状態. ⇨ 減数分裂.
シーベルト [Sievert] 略号 Sv. 組織 1 kg 当たり 1 ジュールのエネルギーを放散する電離放射線の量. 1 Sv は 100 レム (rem) に等しい. ヒトの集団における年間被爆線量の推定にはミリシーベルト (mSv) が用いられることが多い. 平均的な米国民の被爆線量は年間およそ 4 mSv であるが, このうちの 55% がラドン* によるもので, 歯科および医療用の X 線がおよそ 15% を占める. 5 Sv 以上の線量は, ヒトには通常致命的である. ⇨ 放射線単位.
ジベレリン [gibberellin] 植物に広く分布する植物ホルモンの一種. エンドウ (*Pisum*), ソ

ラマメ (*Vicia*), インゲン (*Phaseolus*) における単一遺伝子による矮性突然変異の多くはジベレリンの投与で治癒する．ジベレリンは種子の発芽や休眠打破，開花なども促進する．トウモロコシの雑種ではホモ接合の親株よりも高濃度のジベレリンを含有している．このことは雑種強勢の背後には植物ホルモンが関与していることを示唆する．

[ジベレリンの構造式]

子房 [ovary]　植物の花のめしべの胚珠を含む部分．

脂肪 [fat]　脂肪酸のグリセロールエステル．トリパルミチン（パルミチン酸グリセロールエステル）を例としてあげる．

$$CH_2-O-CO-(CH_2)_{14}CH_3$$
$$CH-O-CO-(CH_2)_{14}CH_3$$
$$CH_2-O-CO-(CH_2)_{14}CH_3$$

脂肪酸 [fatty acid]　脂質に存在する酸で，炭素の含量が C_2 から C_{34} まで種々である．例：パルミチン酸 $[CH_3(CH_2)_{14}COOH]$．

刺胞子虫類　＝極嚢胞子虫類．

脂肪族[の] [aliphatic]　炭素原子が直鎖状に連なった化合物．

脂肪体 [fat body]　昆虫の幼虫や成虫にみられる脂肪組織．ショウジョウバエでは，脂肪体は脂肪，グリコーゲン，およびタンパク質の代謝と貯蔵にかかわり，しばしば脊椎動物の肝臓にたとえられる．

ジホスホピリジンヌクレオチド [diphosphopyridine nucleotide]　略号 DPN．正しくはニコチンアミドアデニンジヌクレオチド (NAD)* とよぶ．

姉妹群 [sister group]　ある分類群と系統的に最も近縁であると想定される種もしくはより上位の単系統分類群をいう．姉妹群は，他のいかなる分類群によっても共有されない単一の祖先種に由来する．図形的には，姉妹群は分岐図上の単一の分岐節（ノード）から生じる枝の系譜として表される．⇨ 外群．

姉妹鎖交差 [sister-strand crossover]　略号 SSC．⇨ 姉妹染色分体交換．

姉妹染色分体 [sister chromatid]　動原体で結合している同一の核タンパク質分子．⇨ 染色分体．

姉妹染色分体交換 [sister chromatid exchange]　姉妹染色分体間の DNA 配列の交換をいい，見かけ上相同な部位に切断が起こり，切断端同士が相手を交換して再結合されることにより生じる．⇨ 交差．

姉妹染色分体接着タンパク質 [sister chromatid cohesion protein]　減数分裂第一分裂の中期と後期の段階で，姉妹染色分体をつなぎとめるタンパク質．第二分裂時には，このタンパク質は中期で失われるので，姉妹染色分体は後期に分離できる．ショウジョウバエでは，この接着タンパク質は，461 個のアミノ酸からなり，*mei-S332* 遺伝子にコードされている．この遺伝子座に突然変異が起きると，後期 I で，姉妹染色分体の分離が起きてしまう．⇨ 付録 C (1995 Kerrebrock *et al.*)，減数分裂．

シマウマ [zebra]　⇨ ウマ科．

C 末端 [C-terminus]　カルボキシル末端 (carboxyl terminal) ともいう．ペプチド鎖の末端で最後のアミノ酸が遊離の α-カルボキシル基をもっている．慣例により，ペプチド鎖の構造式は右側に C 末端を書く．⇨ 翻訳．

シミアンウイルス [simian virus]　ヒト以外の霊長類を攻撃するウイルスの一群．

シミアンウイルス 40 [simian virus 40]　SV40 と略す．霊長類由来の培養細胞に容易に感染する DNA ウイルス．SV40 はサルの細胞では増殖し，細胞溶解させるが，マウス由来の細胞では増殖せず悪性トランスフォーメーションをひき起こすことがある．このウイルスは宿主細胞の核で複製し，また宿主のゲノムに安定に挿入されることもある．ゲノムは 5227 bp から成る環状 DNA で構成され，全塩基配列が決定されている．ゲノムには通常の遺伝子（イントロンがなく，また他の遺伝子ともオーバーラップしていない遺伝子）のほかに，同一の領域を共有するオーバーラップ遺伝子，イントロンで分断化された遺伝子も存在する．⇨ 付録 C (1971 Dana, Nathans; 1978 Reddy *et al.*)，エンハンサー，がんウイルス，トランスフォーメーション．

c-myc（シーミック）　⇨ *myc*．

ジメチルグアノシン [dimethylguanosine]　⇨ 微量塩基．

ジメチル硫酸プロテクション [dimethyl sulfate protection]　RNA ポリメラーゼなどのタンパク質と DNA の間の特異的な結合点を同定する手法．タンパク質-DNA 結合部位のアデニンとグ

アニンはジメチル硫酸にさらされてもメチル化を受けないという原理に基づいている.

指紋［fingerprint］ 指の末端部表面の皮膚隆線の形態.

ジャイレース［gyrase］ 大腸菌のⅡ型トポイソメラーゼ*の慣用名. この酵素は *in vivo*, *in vitro* でともに弛緩性の環状二本鎖 DNA を負の超らせん型に変化させる働きをもつ. 複製や転写, 修復, 組換えといった過程に関与し, DNA 二本鎖もしくは一本鎖領域の巻戻しを行う. アドリアマイシンやナリジキシン酸, ノボビオシンなど, ジャイレースを阻害する薬剤もいくつか知られている. ⇒付録 C (1976 Gellert *et al.*).

シャイン-ダルガーノ配列［Shine-Dalgarno sequence］ SD 配列ともいう. 大腸菌の mRNA において, 翻訳開始コドンの AUG から 6 ないし 8 塩基上流にある 5′-AGGAGGU-3′ のコンセンサス配列. SD 配列は, 30S リボソームサブユニット中の 16S rRNA の 3′ 末端にあるコンセンサス配列と相補的な塩基対合を形成する. このように, SD 配列は細菌の mRNA のリボソームへの結合部位となる. ⇒付録 C (1974 Shine, Dalgarno), 翻訳.

社会進化［social evolution］ 各世代で得られた有用な情報を選択, 伝達, 利用することにより, 人間社会の複雑さが増大し続けること.

社会生物学［sociobiology］ 遺伝学の観点から動物行動を研究する分野.

社会ダーウィニズム［social Darwinism］ イギリスの哲学者 Herbert Spencer が提唱した学説. 人間社会の"進歩"のほとんどは競争(軍事的, 経済的な)と"適者生存"によりもたらされたと提唱した. Spencer は人類の進歩には個人間のみならず社会階級, 国民, 国家, 人種間の闘争や競争が必要であると信じ, 人種や文化の進化の到達度を仮定しそれに基づいて順位付けを行った.

ジャガイモ［potato］ 学名は *Solanum tuberosum*. 四倍体で, ゲノムサイズは 1.8 Gbp. トウモロコシ, コムギ, イネとともに, 世界の四大有用作物の一つ. 英語では, "Irish potato" とよばれるが, *S. tuberosum* は南米が原産. *Solanum* には 2 種類の主要な栽培品種があり, 別の亜種 (ssp. *andigena* および ssp. *tuberosum*) として扱われる. いずれの亜種も南米原産であるが, ヨーロッパには最初 ssp. *andigena* が導入された. この栽培品種は, 1840 年代のジャガイモ疫病によって一掃され, ssp. *tuberosum* に属するアメリカの栽培品種に切り替えられた. ⇒付録 A (植物界, 被子植物上綱, 双子葉植物綱, ナス目), *Phytophthora infestans*.

ジャガイモ Y ウイルス［potato virus Y］ コショウ, ジャガイモ, トマトのような商業上重要な農作物の病気の原因となるウイルス. ウイルス粒子は, 730×110 nm で, らせん状に配置された一本鎖 RNA をタンパク質のサブユニットが取囲んでいる.

シャガス病［Chagas disease］ *Rhodnius* (サシガメ)や *Triatoma* (オオサシガメ)の吸血昆虫が伝搬する *Trypanosoma cruzi* によってひき起こされるヒトの病気. Darwin は南アメリカにいる間にシャガス病にかかったと考えられ, その結果, 残りの人生を半病人としてすごした. ⇒トリパノゾーマ属.

しゃし(奢侈)遺伝子［luxury gene］ 特殊化された機能をコードする遺伝子. それらの産物は特定のタイプの細胞において大量に合成される (たとえば赤血球中のヘモグロビン, 形質細胞中の免疫グロブリン).

射精［ejaculate］ **1**. 高等脊椎動物において精子を放出すること. **2**. 交尾や人為的な誘導によってひき起こされる精子の放出.

シャドウイング法［shadow casting］ 電子顕微鏡で観察する試料に真空蒸着装置*を用いて重金属を蒸着させる方法. 蒸着する金属が斜めから照射されることにより, 重金属は試料の一方の側にたまり, また試料の影の部分を除いて標本支持台が金属により覆われる. 影の部分の長さや形状から試料の大きさを算出することができる.

シャトルベクター［shuttle vector］ 二機能ベクター (bifunctional vector)ともいう. 二つの異なる生物種(たとえば大腸菌と酵母)で複製しうるクローニングベクター. この DNA は異なる宿主の間を行き来することができる.

シャペロン［chaperone］ 合成されたばかりのポリペプチド鎖が, きちんと折りたたまれて三次構造をとるように手助けする真核生物のタンパク質. その過程で, ポリペプチド鎖を安定化したり, 保護し, また, 中途半端な(無駄な)分子間会合をしないようにする. シャペロンは, タンパク質と複合体を形成して折りたたみを促進するが, できあがったタンパク質には存在しないことに注意. 熱ショックタンパク質*も, このようなシャペロン分子である. シャペロンには, ポリペプチド鎖がリボソーム上で合成されるときに, 合成されたばかりのポリペプチド鎖に結合するものもあるし, さらに, ポリペプチド鎖が 60S リボソームサブユニットのトンネルの中を移動して出て行くのを手助けするものもある. 翻訳される間, ポリペプチドが折りたたまれないように保持するものある. こうすることでタンパク質が小胞

体やミトコンドリアに入るとき，膜を通過しやすくなる．シャペロニン，分子シャペロンとよばれることもある．⇒プリオン．

シャルガフの法則［Chargaff's rule］ すべての種の DNA において，アデニン残基の数とチミン残基の数は等しく，同様にグアニン残基とシトシン残基の数は等しい．つまり，プリン（A＋G）とピリミジン（T＋C）の数が等しいことを説明した法則．⇒付録 C（1950 Chargaff）．

ジャワ人［Java man］ 中央ジャワで発掘された化石から明らかになった，絶滅した初期人類の亜種．現在は *Homo erectus erectus* と分類されているが，以前は *Pithecanthropus erectus* に属するとされた．

ジャンク DNA［junk DNA］ ＝利己的 DNA（selfish DNA）．

シャンボーンの法則［Chambon's rule］ GT-AG 規則（GT-AG rule）ともいう．イントロンの塩基配列は GT で始まり AG で終わるという一般則（tRNA 遺伝子を除く）．

種［species］ **1**. 生物学的（遺伝学的）種：生殖的に隔離された繁殖集団系．**2**. 古生物学的種（遷移種）：種転換*の結果生じた外観の異なる生物集団．**3**. 分類学的（形態学的，表型的）種：共存する生物の中で，表現型により区分される集団．**4**. 微細種（無配種）：形態，生理学（生化学）上同一の無性生殖する生物（おもに細菌）．**5**. 種生物学的種（生態種）：性的隔離*ではなく生態学的な要素により隔離された集団．

雌雄異株［の］［dioecious］ 雄花あるいは雌花を異なる単性個体上に付ける植物．⇒雌雄同株［の］，花．

雌雄異熟［の］［dichogamous］ 両性花の植物や雌雄同体の動物において，雌と雄の生殖器官の成熟時期が異なること．

雌雄異体性［gonochorism］ 各個体が雄か雌か，どちらか一方の性に定まっている性システム．⇒雌雄同体，雌雄同株［の］．

自由エネルギー［free energy］ ある系がもつ全エネルギー中で，仕事をすることのできるエネルギーのこと．

周縁キメラ［periclinal chimera］ 遺伝的に異なる二つの組織から成り，一方がほかを取囲んでいるような植物．

周縁［の］［periclinal］ 植物器官の表面に平行している細胞層をいう場合に用いる．⇒垂層［の］．

臭化エチジウム［ethidium bromide］ 密度勾配遠心分離において，共有結合による環状 DNA 分子を線状 DNA と分離するのに用いられる物質．臭化エチジウムは環状分子よりも線状分子によく結合する．このため，臭化エチジウムが飽和している状態では線状分子は高密度になり，密度勾配遠心分離が可能となる．また，紫外線照射下で蛍光を発することを利用して，電気泳動にかけたゲル上での DNA 断片の泳動位置の確認にも用いられる．

周核体［perikaryon］ ニューロンの細胞体の一部で，核を取囲み，軸索とも樹状突起とも区別される部分をいう．

臭化シアン［cyanogen bromide］ BrCN で示される化学物質．メチオニン残基の位置でポリペプチドを切断する試薬として，タンパク質の構造解析やアミノ酸配列の決定の際に用いられる．

重感染［superinfection］ ＝多重感染（multiple infection）．

終期［telophase］ ⇒有糸分裂．

周期性［periodicity］ 分子遺伝学では，DNA 二重らせん 1 回転当たりの塩基対の数のこと．

周期的選択［cyclical selection］ 季節ごとの温度変化のような周期的な環境変化により，ある方向への選択につづき，反対方向への選択が起きること．

周期表［periodic table］ 化学元素*を原子番号の大きさの順に並べたもの．性質の類似した元素を同じ列に並べることによって，元素の群や族が形成される．すべての生物は，水素（H），炭素（C），窒素（N），酸素（O），リン（P），および硫黄（S）に由来する有機化合物から構成される．アルカリ金属のナトリウム（Na）およびカリウム（K），アルカリ土類金属のマグネシウム（Mg）およびカルシウム（Ca），ハロゲンの塩素（Cl）およびヨウ素（I）も生物学的に重要である．その他の元素も生命の維持には必須である

H	60,562	S	130
O	25,670	Na	75
C	10,680	K	37
N	2,490	Cl	33
Ca	230	Mg	11
P	130	I, Mn, Fe, Co, Ni, Cu, Zn, Mo	< 1

周期表

1(IA)	2(IIA)	3(IIIA)	4(IVA)	5(VA)	6(VIA)	7(VIIA)	8(VIII)	9(VIII)	10(VIII)	11(IB)	12(IIB)	13(IIIB)	14(IVB)	15(VB)	16(VIB)	17(VIIB)	18(0)
1 H 1.00797																	2 He 4.0026
3 Li 6.939	4 Be 9.0122											5 B 10.811	6 C 12.01115	7 N 14.0067	8 O 15.9994	9 F 18.9984	10 Ne 20.183
11 Na 22.9898	12 Mg 24.312											13 Al 26.9815	14 Si 28.086	15 P 30.9738	16 S 32.064	17 Cl 35.453	18 Ar 39.948
19 K 39.102	20 Ca 40.08	21 Sc 44.956	22 Ti 47.90	23 V 50.942	24 Cr 51.996	25 Mn 54.9380	26 Fe 55.847	27 Co 58.9332	28 Ni 58.71	29 Cu 63.54	30 Zn 65.37	31 Ga 69.72	32 Ge 72.59	33 As 74.9216	34 Se 78.96	35 Br 79.909	36 Kr 83.80
37 Rb 85.47	38 Sr 87.62	39 Y 88.905	40 Zr 91.22	41 Nb 92.906	42 Mo 95.94	43 Tc (99)	44 Ru 101.07	45 Rh 102.905	46 Pd 106.4	47 Ag 107.870	48 Cd 112.40	49 In 114.82	50 Sn 118.69	51 Sb 121.75	52 Te 127.60	53 I 126.9044	54 Xe 131.30
55 Cs 132.905	56 Ba 137.34	†57 La 138.91	72 Hf 178.49	73 Ta 180.948	74 W 183.85	75 Re 186.2	76 Os 190.2	77 Ir 192.2	78 Pt 195.09	79 Au 196.967	80 Hg 200.59	81 Tl 204.37	82 Pb 207.19	83 Bi 208.980	84 Po (210)	85 At (210)	86 Rn (222)
87 Fr (223)	88 Ra (226)	‡89 Ac (227)															

† ランタノイド

58 Ce 140.12	59 Pr 140.907	60 Nd 144.24	61 Pm (147)	62 Sm 150.35	63 Eu 151.96	64 Gd 157.25	65 Tb 158.924	66 Dy 162.50	67 Ho 164.930	68 Er 167.26	69 Tm 168.934	70 Yb 173.04	71 Lu 174.97

‡ アクチノイド

90 Th 232.038	91 Pa (231)	92 U 238.03	93 Np (237)	94 Pu (242)	95 Am (243)	96 Cm (247)	97 Bk (247)	98 Cf (249)	99 Es<(254)	100 Fm (254)	101 Md (256)	102 No (253)	103 Lw (257)

* ( ) 内の数値は，最も安定もしくは最もよく知られている同位体の質量数．原子量は，1961 年に国際純正応用化学連合で採択された協定にしたがい，炭素 12 を基準にした．

が，微量にしかみられない．前ページの表は生物学的に重要な元素（周期表で黒く塗りつぶしたボックスで示した）のヒトの体内における相対量を示す．数値は原子10万当たりに占める数である．⇒ 付録C（1869 Mendeleev），元素．

重金属［heavy metal］　コバルト，ニッケル，マンガン，銅，亜鉛，ヒ素，アンチモン，水銀，鉛，ビスマスのような元素で，金，銀，鉄の鉱山に残された廃鉱石中にみられる毒性のある汚染物質．鉱山に生育する植物が，重金属に対する抵抗性が増すのは，自然選択による最近の進化の例である．⇒ 付録C（1952 Bradshaw）．

重金属染色［heavy-metal stain］　電子顕微鏡の超薄切片を染色するために重金属（U，Pb，Os，Mn）を使用する方法．

終結因子［termination factor］　⇒ 解離因子．

住血吸虫症［schistosomiasis］　ビルハルツ住血吸虫症（bilharziasis）またはカタツムリ熱（snail fever）ともいう．寄生虫による伝染病で，アフリカ，中東，アジア，南米で2億人が罹病している．原因は吸血虫の一種である *Schistosoma mansoni* であり，宿主となるのはカタツムリの一種 *Biomphalaria glabrata* である．*S. mansoni* や *B. glabrata* に対する感染の遺伝子レベルでの制御について，研究が行われている．

終結配列［termination sequence］　⇒ ターミネーター．

終結ヘアピン［termination hairpin］　⇒ ターミネーター．

集合［congression］　⇒ 染色体の集合．

重合［polymerization］　単量体分子の集合から重合体を形成すること．

重合開始部位［polymerization start site］　RNA 転写産物の最初のヌクレオチドが合成される部位．

集合種［cenospecies］　不完全稔性種ともいう．異種交配したときに，ある程度の稔性しかもたない雑種が生じる一群の種．

重合体　＝ポリマー．

重鎖［heavy chain］　H 鎖（H chain）ともいう．ヘテロ多量体タンパク質において，ポリペプチド鎖のうち高分子量のものをさす（例：免疫グロブリン分子では，重鎖は軽鎖の約2倍の長さおよび分子量をもつ）．一方，低分子量分子の方は軽鎖（L 鎖）とよばれる．免疫グロブリンでは重鎖によってそのクラスが決定される．

重鎖クラススイッチ［heavy chain class switching］　B リンパ球において，あるクラスから別のクラスへ抗体産生が切換わること．たとえば最初に IgM を産生していた B リンパ球が後に，同じ抗原特異性をもつ IgG を産生・分泌するようになること．したがって二つのクラスの H 鎖は定常部のみが異なることになる．この種のクラスの切換えには，転写に先立つ体細胞組換えと，セグメントの除去やスプライシングなどの転写後修飾が関与する．⇒ 体細胞組換え，V(D) J 組換え．

13 トリソミー症候群［trisomy 13 syndrome］　＝パトー症候群（Patau syndrome）．

十字遺伝［criss-cross inheritance］　母親から息子へ，父親から娘へと伴性形質が伝わること．

十字型構造［cruciform structure］　相補的な

逆方向反復配列の領域が，本来対合すべきもう一方のDNA鎖の配列とは対合せずに自身の鎖上に存在する相補的配列と対合することによってできる十字型のDNA構造．⇨パリンドローム．

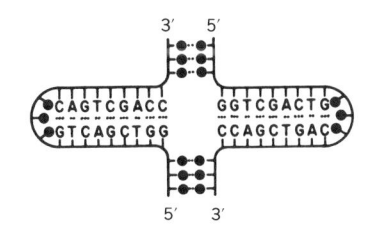

```
           3'  5'
         ●●●●●●
         ●●●●●●
    CAGTCGACC   GGTCGACTG
    GTCAGCTGG   CCAGCTGAC
         ●●●●●●
         ●●●●●●
           5'  3'
```

終止コドン［stop codon, termination codon, chain termination codon］ ポリペプチド鎖の翻訳の終了を意味するリボ核酸のトリプレット（UGA, UAG, UAA）．⇨付録C（1965 Brenner et al.），開始コドン，アンバーコドン，オーカーコドン，オパールコドン，普遍暗号説．

C-有糸分裂［C-mitosis］ コルヒチンで阻害された有糸分裂．⇨中期停止．

収縮環［contractile ring］ 分裂後期の終わりから終期に，一時的に形成されるオルガネラで，分裂溝細胞膜のすぐ下に，赤道面に沿って連続的につくられる環．環は，細胞の赤道に沿って円周上に並んだ，アクチンマイクロフィラメントの束からできている．細胞質性のミオシンと収縮環を構成するアクチン分子間の相互作用によって，互いに滑りながらすれちがい，収縮環が閉じ，分裂溝が生じる．

収縮期［synizesis, synezesis］ 染色体が凝集して核の一方の側面に付着すること．小胞子母細胞の細糸期によくみられる．

終宿主［definitive host］ 固有宿主ともいう．寄生虫が性的成熟を遂げる宿主．

収縮胞［contractile vacuole］ ゾウリムシ（*Paramecium*）のような淡水産の原生動物に見いだされるオルガネラ．収縮胞は，ポンプのような構造で，水を満たしてから，収縮して過剰な水を細胞から排出する．

修飾［modification］ 核酸の代謝においてDNAもしくはRNAのヌクレオチドがポリヌクレオチドに取込まれた後に受ける変化．例：メチル化，脱アミノ，ホルミル化など．⇨修飾メチラーゼ．

修飾塩基［modified base］ DNAの4種の通常塩基（A, T, G, C）が合成後に変更を受けたヌクレオチド．⇨修飾メチラーゼ．

修飾酵素［alteration enzyme］ T4ファージのタンパク質で，ファージDNAとともに宿主菌に注入される．このタンパク質は宿主のRNAポリメラーゼにADP-リボースを結合させることにより修飾する．修飾されたRNAポリメラーゼはσ因子に結合できず，宿主のプロモーターから転写が開始できなくなる．⇨RNAポリメラーゼ．

修飾対立遺伝子［modification allele］ ⇨DNA制限酵素．

修飾メチラーゼ［modification methylase］ 特定の塩基配列により決定されるDNAの特定部位に結合し，塩基をメチル化する細菌の酵素．メチル化のパターンは種に特有で，自身の制限酵素による分解を防いでいる．修飾メチラーゼは修飾対立遺伝子によってコードされている．⇨制限および修飾モデル．

重水［heavy water］ 酸化重水素のこと．

重水素［deuterium］ ⇨水素．

修正［correction］ 二本鎖DNA配列中に生じた間違ったヌクレオチド対合を正しい対合に置き換える（つまり誤った対合を切出し，修復する）こと．

従性形質［sex-conditioned character, sex-influenced character］ 性連鎖形質ともいう．個体の性によって決定される表現型．たとえば，常染色体上の従性遺伝子は雄では優性であるが，雌では劣性としてふるまうこともある．また，ホモ接合の雌では発現の程度が低い場合もある．ヒトのはげは従性形質の一例である．

雌雄選択［epigamic selection］ ⇨性選択．

就巣性［broodiness］ 卵をかえそうとする雌鳥の性向．

収束［convergence］ 同じような適応地帯に生息している無関係な種が，外見上類似した構造を生じるような進化（たとえば鳥の翼と昆虫の翅）．

従属栄養生物［heterotroph］ エネルギーを獲得し，巨大分子を合成するため，グルコースやアミノ酸のような複雑な有機物を要求する生物．⇨独立栄養生物．

収束進化［convergent evolution］ ⇨収束．

柔組織［parenchyma］ 1. 細胞間隙を残したまま，互いにゆるく詰まっており，薄い壁をもった細胞より成る植物組織．2. 動物の器官の間をうめる細胞の網状構造．

集団［population］ 個体群，ディームともいう．共通の遺伝子プールをもつ同種の生物からなる地域生物群をいう．

集団遺伝学［population genetics］ 集団の遺伝的組成を研究する学問．集団遺伝学者は遺伝子頻度を推定し，自然集団においてそれを左右する選択的影響を検出しようとする．また，数学的モ

デルを構築し，連鎖・非連鎖遺伝子の固定および消失にかかわる選択，集団サイズ，突然変異，移動などの要因の相互作用を解明する．⇨ 付録 C (1908 Hardy, Weinberg; 1930〜1932 Wright, Fisher, Haldane).

集団構造［population structure］　集団を地域生物群（ディーム）に分割する方法，そのようなディームを繁殖個体数から表した大きさ，およびディーム間の移動あるいは遺伝子流動の量をさす．

集団飼育箱［population cage］　ショウジョウバエの集団を何世代も飼育するためにつくられた特別なケージ．試料（個体，卵など）を回収し，飼料を補給しやすいよう設計されている．

集団生物学［population biology］　時間的，空間的に関連した生物のパターンを研究する学問．生態学，分類学，動物行動学，集団遺伝学をはじめとして，おもに，生物個体間または生物集団（ディーム，種など）間の相互作用を扱う学問分野．

集団の有効な大きさ［effective population size］　一つの集団において，次世代に遺伝子を寄与する個体の平均数．その集団がその年の季節，捕食，寄生およびその他の因子の作用で周期的な変動を示すならば，集団の有効な大きさは最も縮小した期間に観察された個体数にほとんど等しい．

集団倍加時間［population doubling time］　⇨ 倍加時間．

集団倍加レベル［population doubling level］　細胞・組織培養において，細胞系統や株を $in\ vitro$ で培養しはじめてから，何回倍加したかを示す数．

集団密度［population density］　1. 生態学では，一定の生活空間当たり（陸地1エーカー当たり，水中1 ml 当たりなど）の集団中の個体数．2. 細胞・組織培養では，培養容器の単位面積，あるいは単位容積当たりの細胞数．⇨ 飽和密度．

集中訓練［massed training］　⇨ 間隔をおいた訓練．

自由度［degrees of freedom］　略号 df, d.f., D/F. 独立に自由に変動できるデータ項目の数．一組の量的なデータの場合，特定の平均値に対しては，$(n-1)$ 個の項目だけが自由に変動できる．n 番目の項目は，それ以外の項目と平均値によって決定されるからである．χ^2 検定*では，自由度は観察された表現型の階級の数から 1 を引いた値になる．

重同位体［heavy isotope］　^{15}N のように，ほかの存在量の多い同位体よりも中性子を多くもち，その分重くなっている原子．

雌雄同株［の］［monoecious］　同じ植物個体に，雄しべのみをもつ花（雄花）と雌しべのみをもつ花（雌花）を両方もつこと．⇨ 雌雄異株［の］，花，雌雄同体．

雌雄同熟［homogamy］　一つの花の雄の部分と雌の部分が同時に成熟する状態．

雌雄同体［hermaphrodite］　雌雄の両生殖器を備えた個体．同時的雌雄同体は生涯両生殖器をもち続けるのに対し，隣接的雌雄同体は最初に卵巣をもち，後に精巣に置き換わる（雌性先熟）か，最初に精巣をもち，後に卵巣に置き換わる（雄性先熟）かである．⇨ 隣接的雌雄性，精子分配．

自由度数［number of degrees of freedom］　⇨ 自由度．

18トリソミー症候群［trisomy 18 syndrome］　= エドワーズ症候群（Edwards syndrome）．

修復［repair］　⇨ DNA 修復．

修復合成［repair synthesis］　紫外線照射によって生じるチミン二量体の除去に見られるような，損傷を受けた DNA 部分の酵素による切除と置換．⇨ 付録 C (1964 Setlow, Carrier; Boyce, Howard-Flanders), 切断‐補修修復．

絨毛［villus］　上皮から突出する指状突起で多数の細胞から成る．⇨ 微絨毛．

絨毛性性腺刺激ホルモン［chorionic gonadotropin］　略号 CG. コリオゴナドトロピンともいう．胎盤で生成されるホルモンで，黄体によるプロゲステロンの生成を促進し続け，子宮腺の分泌活動を保つ．妊娠検査に用いられる．ヒトでは HCG と略す．

絨毛性乳腺刺激ホルモン［chorionic somato-mammotropin］　⇨ ヒト成長ホルモン．

周毛性［の］［peritrichous］　全面に鞭毛がある細菌をいうときに用いる．

絨毛膜絨毛サンプリング［chorionic villi sampling］　略号 CVS. カテーテルを膣から子宮に通じ，ヒトの胚を取囲む羊膜に接触するまで導入して，絨毛細胞を採取する方法．絨毛細胞の遺伝子型は胚と同じなので，酵素および核型の欠陥を検出するのに用いられる．サンプリングは妊娠8〜9週目に行える．この方法は，胎児の病気を羊水穿刺*より早く検出できるという利点をもっている．それゆえ，必要な場合には早期に中絶して，母体への危険を減らすことができる．

雌雄モザイク［gynandromorph, gynander］　雄と雌の遺伝子型の組織のモザイクからなる個体．図に示したショウジョウバエは左右相称型の雌雄モザイクで，向かって右側が雌，左側が雄となっている．接合体は ++ /wm である．優性

(+)遺伝子をもつX染色体が第一核分裂の過程で欠失し，その結果生じた劣性のマーカー遺伝子を含むX染色体のみをもつ細胞は雄の組織を形成する．そのため左側の眼は白くなり，左の翅は小さくなる．また腹部の着色や性櫛も雄型になっている．

重陽子［deuteron］　重水素の原子核で，1個の陽子と1個の中性子を含んでいる．

雌雄両花具有[の]［androgynous］　同じ花序の別の部位に雄花と雌花が両方あること．⇒花．

重力屈性［geotropism］　屈地性ともいう．重力の刺激に対する植物の各部の反応．

縦列重複［tandem duplication］　縦列反復（tandem repeat），タンデム重複，タンデムリピートともいう．二つの同一の染色体領域が相接して縦列に並ぶことによる染色体異常．遺伝子の配列順は同じ．

縦列反復［tandem repeat］　= 縦列重複（tandem duplication）．

縦列反復数変異座位［variable number of tandem repeats locus］　VNTR座位（VNTR locus）ともいう．対立遺伝子が異なった数の縦列に並んだ反復オリゴヌクレオチド配列を含むような遺伝子．このような遺伝子座は，特定の制限酵素で切断すると，対立遺伝子ごとに異なる長さのDNA断片を生じる．このような制限酵素断片長多型*は連鎖を調べる際の有用なマーカーとして用いられる．⇒DNAフィンガープリント法．

16S rRNA　原核生物のリボソーム小サブユニットのRNA分子．このRNAは，SSU rRNA（small subunit rRNA）と略されることもある．大腸菌の16S rRNAの二次構造を図に示す．この30Sサブユニットには，20種類の特定のタンパク質が含まれる．折りたたみのパターンは，CとG，AとUの水素結合により決まる．塩基配列番号は，5′末端を1とし，3′末端の1542で終わる．広範な種の16S rRNAの塩基配列を比較することで，"universal tree of life"（分子系統樹*）がつくられた．⇒付録C（1977 Woese, Fox；1980 Woese et al.），リボソーム，シャイン-ダルガーノ配列．

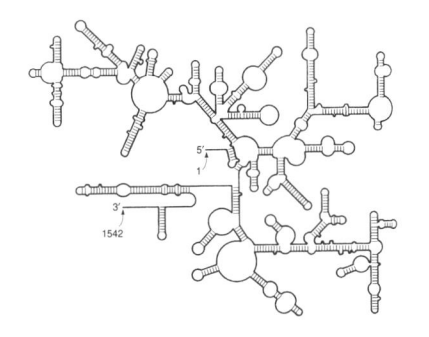

16S, 18S, 23S, 28S rRNA　リボソームのサブユニット内に存在するRNA分子．原核生物は，16S, 23S RNAを，真核生物は，18S, 28S RNAをそれぞれリボソームの小，大サブユニットに含む．

種環 = 連繁群．

種間異核共存体［interspecific heterokaryon］　細胞融合*によって得られる，異なる2種の細胞由来の核をもった細胞．⇒付録C（1965 Harris, Watkins）．

宿主［host］　1. 寄生生物の感染を受ける生物．2. 供与者からの移植片を受け入れる受容体．

宿主域［host range］　特定の系統のファージが感染しうる細菌の株の範囲．ファージで最初に発見された突然変異は宿主域に関するものであった．この用語は，より一般的には，特定の寄生生物が攻撃しうる種のグループを指すのに用いられる．細菌によっては，ある種の哺乳動物の特定の発生段階に限って寄生できるものもある．たとえば，大腸菌のK99株は，子ウシや子ヒツジ，子ブタには感染するが，成体のウシ，ヒツジ，ブタには感染しない．成体の家畜が示す抵抗性は，細胞表面の受容体が，細菌が結合できない分子に置き換わるためである．⇒付録C（1945 Luria），ダフィー血液型遺伝子．

宿主域突然変異［host-range mutation］　以前は抵抗性であった細菌に感染し，溶菌することを可能にするファージの突然変異．

縮重暗号［degenerate code］　縮退暗号ともいう．一つの単語が，数種類の記号もしくは文字の集合で暗号化されることをいう．遺伝暗号は，同一のアミノ酸を一つ以上のヌクレオチドトリプレットがコードすることから，縮重しているといわれる．たとえば，mRNAのトリプレット，GGU，GGC，GGA，およびGGGはすべてグリシンをコードする．二つのコドンの間で，最初の二つのヌクレオチドが一致し，3番目がUもしくはCである場合は，同一のアミノ酸をコードする．また，3番目がAあるいはGの場合の多く

も同様である．⇒アミノ酸，コドンの偏り，遺伝暗号，ゆらぎ仮説．

宿主細胞回復［host-cell reactivation］　紫外線により生じたバクテリオファージのDNAの損傷が，宿主細胞に感染すると，切断-補修修復*されること．一本鎖DNAやRNAウイルスでは起きない．

宿主による制限と修飾［host-controlled restriction and modification］　⇒DNA制限酵素，制限および修飾モデル．

縮小進化［reductive evolution］　ゲノムのダウンサイジング．細胞内の絶対寄生者にしばしば起きる．正常では，遺伝子の一部が欠失あるいは偽遺伝子化しても，これらの遺伝子が本来制御していた産物が宿主から供給されることになるため困らない．⇒ハンセン病病原菌，*Rickettsia prowazekii*.

縮退暗号　＝縮重暗号．

種群［species group］　上種*．

種形成　＝種分化．

珠孔［micropyle］　マイクロパイルともいう．受精の際に花粉管が侵入する珠心皮を貫く溝．成熟した種子では発芽のとき水が入る微小孔として働く．

種子［seed］　発生の休止状態にある胚を含む成熟した胚珠．一般に貯蔵栄養を有する．

種子植物［Spermatophyta］　昔の分類学における植物界の門の一つで，現在の植物相の大半を含む．花粉管と種子を形成するのが特徴で，すべての被子植物と裸子植物が種子植物に含まれる．⇒付録A．

授受　＝相互転座．

樹状突起［dendrite］　神経細胞の細胞質から伸びている数多くの短い枝分かれ構造の一つ．複数の神経細胞軸索とシナプスを形成し，軸索からのインパルスを受容する．これらのインパルスは周核体へと伝えられる．

受精［fertilization, conception］　二つの配偶子が結合して接合体を形成すること．⇒重複受精，配偶子合体，付録C（1769 Spallanzani；1875 Hertwig）．

受精丘［fertilization cone］　ある種の卵の表面から突き出る円錐形の突起．受精する精子と接触する．

受精競争［certation］　伸長中の花粉管同士の受精のための競争．

受精糸　＝受精毛．

受精素［fertilizin］　ある種の生物の未受精卵が分泌する，同種精子を誘引する物質．

受精能獲得［capacitation］　雌の生殖器官に存在する因子によって，精子が卵に入り込むことができるようになる生理学的変化の過程．精子頭部を覆っている物質が，雌の因子によって除かれ，精子が完全に受精機能をもつようになると考えられている．

受精物質［gamone］　受精を促進するため配偶子によってつくられる化合物．卵が産生する精子の走化性誘引物質など．

受精膜［fertilization membrane］　卵と精子の接触点から外側に成長し，卵表面を急速に覆う膜．

受精毛［trichogyne］　受精糸ともいう．アカパンカビ（*Neurospora*）のような真菌類の造嚢菌糸から伸長する菌糸．

Cu Zn SOD　⇒スーパーオキドジスムターゼ．

種選択［species selection］　群選択*の一形態．分岐進化により生じたある種がさらに分岐化の過程をたどり，残りの種は絶滅すること．

出芽［budding］　**1**．細菌，酵母および植物では，芽*の形成される過程．**2**．インフルエンザウイルスやシンドビスウイルスのような外皮をもつウイルスの宿主細胞からの放出様式．細胞膜の一部がヌクレオキャプシドの周りに外皮を形成する．外皮には，ウイルスのタンパク質のみが含まれ，宿主菌のタンパク質は含まれない．

出産経歴［parity］　出産経験．何回かの妊娠の経験があったとしても出産したことのない女性はparity 0とし，parity 1はただ一度のみ出産（ただし，子供の数は1人とは限らない）を経験した女性の場合にいう．

出生異常［birth defect］　**1**．生まれつき形態的に異常があること．それらの異常は遺伝的原因によるか，環境によって誘発されたものである（⇒表現型模写）．**2**．生まれつき生化学的，生理学的に異常があること．このような異常は，ふつう遺伝子に原因があり，先天的代謝異常とよばれる．⇒付録C（1909 Garrod）．

出生前[の]［antenatal］　生まれる前の，妊娠中の．

種転換［species transformation］　ある種（A）が時間の経過とともに別の種（B）に変化すること．AとBは同時に存在しないので，種の数は増加しない．⇒種分化，垂直的進化．

主働遺伝子［major gene］　形質発現に顕著な影響をもつ遺伝子．モディファイヤー（変更遺伝子）と対比して用いられる．オリゴジーン．⇒ポリジーン．

受動平衡［passive equilibrium］　中立平衡（neutral equilibrium）ともいう．ハーディーワ

インベルグの平衡のように，ある遺伝子座の対立遺伝子が選択に関して中立な場合に生じる不安定な平衡．

受動免疫［passive immunity］　特定の病気に対する免疫で，その病気に対し能動免疫をもつ供与生物によりつくられた抗体を含む血清を注射することで得られる．⇒ 能動免疫．

シュードウリジン　＝プソイドウリジン．

シュードモナス属［*Pseudomonas*］　グラム陰性の運動性細菌の一属．土壌，河川水，湿地，沿岸海洋などの生息場所で自由生活生物として増殖し，植物や動物の病原菌となる．遺伝学的研究には緑膿菌（*P. aeruginosa*）がよく用いられるが，これは抗生物質や殺菌剤に耐性をもち，ヒトの多くの感染症の原因となる．この種は，嚢胞性線維症*患者の主要な死亡原因である．この細菌は片端に1本の鞭毛をもつことが特徴である．ゲノムは6.3 MbpのDNAを含み，これまでに配列が決定された細菌ゲノムの中では最大である．およそ5570のORFが同定されており，配列が決定された細菌の中では，調節遺伝子の占める割合が最も高い．*P. aeruginosa*では溶原性*は広くみられるが，シュードモナス属でこれ以外に調べられている種ではまれである．⇒ 付録A（細菌亜界，プロテオバクテリア門）．

種の起原［Origin of Species］　進化という現象を考証し，その機構を説明する理論をつくり上げたCharles Darwinの最も有名な著書．この著書の正式な題名はOn the Origin of Species by Means of Natural Selection, or the Preservation of Favoured Races in the Struggle for Lifeである．第1版は1859年に出版されたが，社会にこれほどのインパクトを与えた生物学の書物は後にも先にも存在しない．第1版1250部は初日で売り切れてしまった．種の起原は版を重ねて1872年の第6版まで至った．

主バンドDNA［main band DNA］　生体のDNAを平衡密度勾配遠心にかけたときに得られる主要なDNAバンド．

受粉［pollination］　やくから柱頭へ花粉を移すこと．⇒ 付録C（1694 Camerarius），花粉粒，自家受粉．

種分化［speciation］　種形成ともいう．**1.** 一つの祖先種が時間的に共存する複数の娘種に分かれること．水平進化または水平種分化．分岐進化．**2.** 一つの種が，その系譜内のどの時点においても種数の増加を伴わずに徐々に別の種に変化すること．垂直進化または垂直種分化．系統進化または系統種分化．⇒ 付録C（1975 King, Wilson），異側所的種分化，異所的種分化，進化，側所的種分化，縁生的種分化，選択遺伝子，性選択，同所的種分化．

珠柄［funiculus］　胚珠が付着している植物の柄．

腫瘍［tumor］　異常増殖した細胞の塊．細胞の本来の機能を喪失していることが多い．良性腫瘍（いぼなど）は健康に無害であるが，悪性腫瘍は生命にかかわるがんである．

腫瘍ウイルス［tumor virus］　⇒ がんウイルス．

腫瘍壊死因子［tumor necrosis factor］　略号TNF．がん細胞に対しては細胞毒性があるが，正常細胞には影響しないサイトカイン*．一つのグループ（TNFα）は，マクロファージ*が，2番目のグループ（TNFβ）は，ヘルパーTリンパ球*と細胞傷害性Tリンパ球*が分泌する．

受容スプライス部位［acceptor splicing site］　＝スプライス部位右端（right splicing junction）．

主要組織適合性複合体［major histocompatibility complex］　略号MHC．ヒトの6番染色体およびマウスの17番染色体上にある遺伝子の大きな集合体．MHCは，移植の拒絶過程や特定のキラーTリンパ球によるウイルス感染細胞の殺傷など，免疫細胞の多くの活性を制御する．MHCは，これより大きく，より多様な機能をもつ主要免疫遺伝子複合体*の一部をなす．MHCを指す記号は以下のように動物によって異なる．ニワトリ（B），イヌ（DLA），モルモット（GPLA），ヒト（HLA），マウス（H-2），ラット（Rt-1）．染色体領域6p21-31は，3.6 Mbpを占め，128の遺伝子と，96の偽遺伝子を含んでいる．これまでに配列が決定されたヒトゲノム中では，MHC内の遺伝子密度が最も高い．MHCは，他の染色体領域と比べてより多くの病気との関連がみられる．これらの病気の中には，自己免疫様糖尿病や関節リウマチなども含まれる．遺伝子地図は三つの領域に分けられる．クラスIの遺伝子は長腕のテロメアに近い領域に，クラスIIの遺伝子は動原体に近い領域に，またクラスIIIの遺伝子は，IとIIのブロックの間に存在する．クラスII遺伝子は，低G＋Cアイソコア中に，また，クラスIII遺伝子は高G＋Cアイソコア中に存在する．⇒ 付録C（1948 Gorer, Lyman, Snell; 1953 Snell; 1999 MHC Sequencing Consortium），組織適合性分子，HLA複合体，アイソコア，偽遺伝子．

受容体因子［receptor element］　⇒ 調節因子．

受容体介在性エンドサイトーシス［receptor-mediated endocytosis］　ビテロゲニン*などのリガンドが形質膜上の受容体に結合し，リガンド-受容体複合体が膜に沿って被覆ピットへ移動

する過程を含むエンドサイトーシス．各被覆ピットの細胞骨格はトリスケリオンとよばれる3本足のタンパク質複合体が集合して形成された六角形や五角形から成るかごのような網目構造をしている．トリスケリオンは分子量 185,000 のタンパク質のクラスリン3分子と，より小さなポリペプチド3分子から成る．クラスリン被覆ピットは，多くのリガンド-受容体複合体を取込むと，さらに細胞質へと陥入し，小胞がピットから切り離される．このエンドサイトーシスによる小胞はレセプトソームとよばれる．リガンドがレセプトソームに取込まれると受容体分子は無傷のまま形質膜へ戻される．

受容体介在性トランスロケーション [receptor-mediated translocation]　小胞体膜を通過する新生ポリペプチドのトランスロケーションに関する仮説．図に示すように，新生ポリペプチド鎖のシグナル配列ペプチドがリボソームより現れるとすぐにシグナル認識粒子（SRP）とよばれる特異的受容体に認識される．トランスロケーションにかかわる第二の分子はドッキングタンパク質である．これは ER 膜の表面に結合しており，SRP 受容体として働く．SRP はドッキングタンパク質および翻訳されたタンパク質のシグナル配列の両方に結合するので結果としてリボソームを ER 膜の近くに移動させることになる．その後，リボソームは ER 上のリボソーム受容体と結合し，新生ポリペプチドは膜の孔を通って ER 内腔に入り込む．その後，ペプチダーゼにより新生タンパク質からシグナルペプチドが取り除かれる．⇒ 付録 C (1975 Blobel, Dobberstein; 1991 Simon, Blobel)，リーダー配列ペプチド，シグナル仮説，シグナル認識粒子，翻訳，トランスロコン．

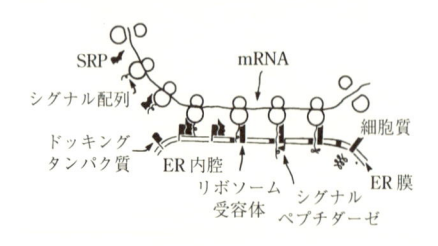

腫瘍特異的移植抗原 [tumor specific transplantation antigen]　腫瘍にのみ存在し，その個体の他の正常な細胞，組織には見られない抗原．この抗原のため，腫瘍は発生部位において免疫系による拒絶反応を受け，また移植した場合にも同様に拒絶される．

受容能 [competence]　1. 胚の一部の状態で，それにより決定とその後の一方向的な分化によ る形態形成刺激に反応できるようになる．2. 細菌の場合には，細胞が外来性 DNA 分子と自然に結合し取込むことのできる状態．それによって形質転換*が可能になる．

主要免疫遺伝子複合体 [major immunogene complex]　略号 MIC．リンパ球表面抗原（例：Ia），組織適合性抗原（H），免疫応答遺伝子（Ir）産物，補体系タンパク質をコードする遺伝子座を含む遺伝子領域．免疫グロブリンをコードする遺伝子は MIC とは独立しているが，免疫グロブリンの生産にかかわる形質細胞は MIC の支配下にある．

腫瘍誘発 RNA ウイルス [oncogenic RNA virus]　＝オンコルナウイルス（oncornavirus）．

ジュラ紀 [Jurassic]　中生代の中間期にあたる時期で，この間に，陸上では恐竜が主要な脊椎動物となった．翼竜とよばれる飛行性の爬虫類が進化し，最初の鳥類が出現した．原始的な哺乳類は存続した．アンモナイトは著しい多様化を遂げ，硬骨魚類も現れた．パンゲアから形成された断片が分かれ始めた．⇒ 始祖鳥，大陸移動説，地質年代区分．

樹立細胞系 [established cell line]　*in vitro* で無限に継代できることが証明されている細胞系統*．ヒーラ細胞*は樹立細胞系に相当する．

シュワン細胞 [Schwann cell]　神経軸索を包み込んでミエリン鞘*を形成する細胞．

準安定状態 [metastable state]　原子核の励起状態．放射線の放出によって基底状態に戻る．

春化処理 [vernalization, jarovization]　開花を促すために行う発芽種子の低温処理．穀類の秋まき品種を春化処理すると，春にまき，夏に収穫することができる．

循環順列配列 [cyclically permuted sequence]　同一の長さの DNA で，その上の遺伝子の順番も同じであるが，あたかも円周上にあるかのように，配列の開始点と終了点が異なる配列．たとえば遺伝子 ABCDEFG は BCDEFGA，CDEFGAB，DEFGABC といったように，循環的に並べ替えることができる．T4 DNA では，個々のファージは異なる循環順列配列をもつが，末端は重複している．循環順列はファージの集団としての特性であるのに対し，末端の重複は個々のファージの特性である．⇒ ヘッドフル機構，末端重複．

純系 [pure line]　同系交配を連続して行った結果，ホモ接合体と考えられる生物の系統．

純系[の] [purebred]　同系交配*を行った系統に由来することをいう．

準結晶の凝集体 [paracrystalline aggregate]　スタッキングした分子の規則的かつ直線状配列．

純粋系統［true breeding line］　遺伝学的に同一のホモ接合の個体からなる集団．すなわち系統内で交配しても両親と同一の子孫しか生まれない．⇨ 純系．

純粋な［axenic］　ある種の生物がほかの種から隔離された状態で生息すること．

純粋培養［pure culture］　1種類のみの微生物を含む培養．⇨ 付録 C（1881 Koch）．

純粋繁殖［breeding true］　親と同一の表現型をもつ子供をつくること．ホモ接合体についていう．

子葉［cotyledon］　種子の中の胚葉を形成する部分．実生が栄養物を得る貯蔵器官として機能することもあるし，内乳に貯蔵された栄養物を吸収し実生へわたすこともある．子葉が光に当たると，葉緑素をつくり出し，第一葉として光合成を行う．

上位［epistasis］　エピスタシスともいう．非対立遺伝子間の非相互的な相互作用．ある遺伝子がほかの遺伝子の発現をマスクする状態．ショウジョウバエの劣性遺伝子，ap（$apterous$）のホモ接合個体は翅を欠く．このような個体では，翅の形態に影響を及ぼすほかの任意の劣性遺伝子はその作用がマスクされる．（ap に対し下位の）巻き翅（curled wing）のような遺伝子に対して ap は上位であるという．⇨ 付録 C（1902〜1909 Bateson），ボンベイ血液型．

上位遺伝子［epistatic gene］　⇨ 上位．

上界［Urkingdom］　古細菌*を収容するために，一部の権威者が提唱している分類学上の界．

小核［micronucleus］　繊毛虫類の細胞にあり，より大きい栄養性の大核*とは区別される小さい生殖核．小核は二倍体であるが転写されない．これらは減数分裂や自家受精にかかわる．⇨ テトラヒメナ．

小角 X 線回折［small angle X-ray diffraction］　重合体の単体サブユニットを形成する原子団のような広範囲反復の分析に用いられる技術．⇨ X 線結晶学，広角 X 線回折．

乗客［passenger］　組換え DNA の研究において，クローニングのために，乗り物（ビークル）DNA に組込まれる DNA 断片．

常凝縮［の］［isopycnotic］　異常凝縮をしていない，つまり染色体の大部分と同じ様相を示す染色体の一部あるいは全染色体をさす．⇨ 異常凝縮．

条件遺伝子発現［conditional gene expression］　⇨ 遺伝子発現．

条件付き確率［conditional probability］　ある事象が起こる確率が，別の事象が以前あるいは同時に起こったか否かに依存すること．たとえば，二つの連鎖している遺伝子の間に第二の交差が起きる確率は，ふつう第一の交差の起きた部位から離れるほど大きくなる．⇨ 正の干渉．

条件的［な］［facultative］　特定の環境条件以外でも生存する能力をもっていること．たとえば，条件寄生生物は，ほかに栄養源として利用できるものがあれば，寄生生物として生活する必要はない．条件的無性繁殖体は環境条件によって有性生殖を行うか，あるいは無性生殖を行う．⇨ 絶対的．

条件突然変異［conditional mutation］　許容条件下では野生型の表現型を示すが，制限条件下では突然変異の表現型を示すような突然変異のこと．ある種の細菌の突然変異は条件致死性で，45℃ 以上では生育できないが，37℃ ではよく生育できる．

条件優性［conditioned dominance］　環境因子や残余遺伝子型しだいで，発現したり，しなかったりする対立遺伝子をいう．したがって，ヘテロ接合体において，この遺伝子は条件しだいで優性としても，劣性としてもふるまう．

症候群［syndrome］　ある病気に特徴的な一群の症状．

小細胞肺がん［small cell lung carcinoma］　⇨ p53．

上種［superspecies］　近縁の異所性の種の複合群（しばしば種群という）．形態的類似性があるために一群として扱われる．実験室の条件下で種間雑種が得られる場合，両親は常に同じ種群に属するという，ショウジョウバエ属における知見から，上種が自然群を形成しうることが示された．

常習易変性［の］［eversporting］　純系化することなく，毎世代，特定の種類の変異を生じる個体を特徴とする系統をいう．このような系統は，一般に，易変遺伝子をもっている．

小楯板［scutellum］　ショウジョウバエの楯形の中胸背板．

子葉鞘［coleoptile］　幼葉鞘ともいう．単子葉植物の発芽時に最初に形成される葉．

ショウジョウ科［Pongidae］　オランウータン科ともいう．すべての類人猿を含む霊長類の科．

ショウジョウバエ［fruit fly］　⇨ ショウジョウバエ属．

ショウジョウバエ属［Drosophila］　約 900 の種が知られているハエの一属．すべての属の中で遺伝学的ならびに細胞学的観点から最も広範囲に

研究されている属であり，次の8亜属に分けられている．

1) *Hirtodrosophila*
2) *Pholadoris*
3) *Dorsilopha*
4) *Phloridosa*
5) *Siphlodora*
6) *Sordophila*
7) *Sophophora*
8) *Drosophila*

D. melanogaster（キイロショウジョウバエ）は遺伝学的情報が最も多く得られている多細胞生物であり，*Sophophora* 亜属に属する．⇒付録C (1926 Chetverikov; 1936 Sturtevant, Dobzhansky; 1944 Dobzhansky; 1952 Patterson, Stone; 1985 Carson).

ショウジョウバエの唾腺染色体 [*Drosophila* salivary gland chromosome] 最も広範な研究がなされた多糸染色体．幼虫が発生する間に，唾液腺の細胞が9回ないし10回の核内DNA複製を行い，半数体量の 1000～2000 倍の DNA を含む染色体を形成する．キイロショウジョウバエの染色体の細胞学的地図には，5000本を少し超える数のバンドがある．図に示したように，地図は102の区画に分けられている．黒の円は動原体を表す．それぞれの区画はAからFまでの文字で表される下位区画に細分され，これはさまざまな数のバンドを含む．重複する欠失を用いた研究や，より近年では標識したプローブとの *in situ* ハイブリダイゼーションによって，遺伝子はこれらのバンドの中に位置づけられている．ショウジョウバエの真正染色質内の遺伝子の数は13,000であることが知られているので，巨大染色体中の平均的なバンドは，2ないし3個の遺伝子を含むはずである．転移因子の挿入によって，新たなバンドや間縞帯が生じることもある．幼虫の唾液腺細胞は間期の状態にあり，それぞれの核内では染色体は典型的な配向を示す．核小体に最も近い核膜にはすべての動原体が集中し，その反対側の核膜の表面にはテロメアが位置する傾向がみられる．常染色体の腕の相対的な位置は変動するものの，各染色体の腕同士は近接してしており，異なる染色体同士が絡まり合うことは決してない．染色体の主要な折りたたみモチーフは右巻きのコイルである．⇒付録C (1933 Painter; 1935 Bridges; 1968 Semeshin *et al.*; 1988 Sorsa). ビオチン化DNA, 染色体パフ, 欠失ループ, 異質染色質, ラブル配向, 唾腺染色体.

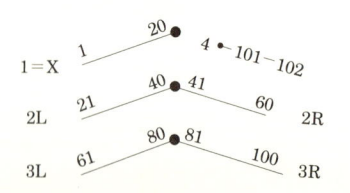

ショウジョウバエの眼の色素顆粒 [*Drosophila* eye pigment] ショウジョウバエの暗赤色の複眼を構成する個眼には褐色のオモクロムと鮮赤色のドロソプテリンの2種類の色素顆粒が存在する．眼色突然変異体から単離された前駆物質の研究は，一遺伝子一酵素仮説の進展に大きな役割を果たした〔⇒付録C (1935 Beadle, Ephrussi)〕．オモクロムの例としてはキサントマチンがある．トリプトファンから生合成されるヒドロキシキヌレニンはキサントマチンの前駆物質である．*cinnabar* 遺伝子の野生型対立遺伝子（cn^+）を欠くハエはヒドロキシキヌレニンの合成ができないため，ヒドロキシキヌレニンは cn^+ 物質ともよばれる．ドロソプテリンはプテリジンの誘導体である．*sepia* 突然変異体ではドロソプテリンの前駆物質である，セピアプテリンを蓄積する．ショウジョウバエの精巣が黄色なのもこの物質による (p.173, 図参照). ⇒ホルミルキヌレニン.

ショウジョウバエのメラニン性腫瘍 [melanotic tumor of *Drosophila*] ⇒擬似腫瘍.

小進化 [microevolution] 一つの集団内において，比較的少数の世代の間に起こる遺伝子頻度の変化（たとえば，工業暗化）など，通常短い期間で観察される進化的パターン．⇒大進化.

小穂（すい）[spikelet] イネ科植物の二次的な穂で少数の花をつけるもの．

少数者有利 [minority advantage] キイロショウジョウバエを使った複数選択交配実験で最初に観察された現象．ある遺伝マーカーをもつ雄がまれであるときには，多い場合に比べて，相対的に交尾に成功しやすい．⇒付録C (1951 Petit), 頻度依存性選択.

上清 [supernatant] 懸濁液の遠心の後に，沈殿の上に存在する液．

脂溶性色素 [lysochrome] 脂質中に溶解することにより脂質を染める化合物．⇒ナイルブルー, スーダンブラックB.

常染色体 [autosome] 性染色体以外のすべての染色体．二倍体生物は，父親由来の常染色体を1組と母親由来の常染色体を1組もつ．したがって，常染色体1, 2, …n について，母親代表と父親代表が1本ずつ存在することになる．常染色体上の遺伝子は，減数分裂において，これらの染色体が配偶子へ分配される様式に従うことになる．この様式（常染色体遺伝）は，伴性遺伝様式を示すX染色体やY染色体上の遺伝子とは異なる．⇒染色体組, ヒト偽常染色体領域, 伴性.

少糖 ＝オリゴ糖．

衝突説 [impact theory] 1984年にWalter

Alvarezと5人の共同研究者により提案された仮説.白亜紀*の終わりに多くの生物種が絶滅したのは,小惑星あるいは彗星が地球に衝突した結果であるとする.白亜紀-第三紀境界線の岩石には高濃度のイリジウムが含まれるが,このイリジウムは粉々になった小惑星に由来すると主張する.

漿尿膜移植［chorioallantoic grafting］ 卵殻膜の下にあるニワトリの胚の尿膜に鳥類または哺乳類の胚片を移植すること.移植片は尿膜循環系からの血管が発達し,発生をつづけるようになる.

上胚軸［epicotyl］ 子葉の上方の幼芽の部分で,これが葉や茎となる.

上 皮［epithelium］ 生物体もしくはその器官の表面を構成する組織.外皮や消化管,呼吸器管に属する細胞は上皮組織由来の細胞からできている.

上皮成長因子［epidermal growth factor］ 略号 EGF.多様な真核細胞の増殖を活性化する分裂促進因子で,53個のアミノ酸からなるタンパク質.EGFの受容体はプロテインキナーゼであり,分裂促進因子が結合することによって活性化され,細胞表面に結合していた複合体は内部に移行する.EGFは,膜貫通ドメインで細胞膜に埋め込まれているEGF前駆体タンパク質の反復するEGFドメイン（EFGリピート）の間が酵素的に切断されることによって生じる.ヒトのEGF前駆体分子は1207個のアミノ酸からなる.EGFリピートはタンパク質間の相互作用ならびにカルシウムの結合を促進するが,このリピートは多様な種類のタンパク質にみられる.たとえば,低密度リポタンパク質受容体*,フィブリリン*のような細胞外基質タンパク質,血漿トロンボプラスチン成分のような可溶性の分泌タンパク質*などである. ⇒ 付録 C（1962 Cohen）,家族性高コレステロール血症, Notch.

小分生子［microconidia］ ⇒ 分生子.

小胞子［microspore］ 種子植物の雄性配偶体の始原細胞.各小胞子は花粉粒になる.

小胞子形成［microsporogenesis］ 小胞子をつくること.

小胞子培養［microspore culture］ ⇒ 付録 C（1973 Debergh, Nitsch）,やく培養.

小胞子母細胞［microsporocyte］ 2回の減数分裂で4個の小胞子になる花粉母細胞.

小胞子葉［microsporophyll］ 雄ずいのこと. ⇒ 花.

小胞体［endoplasmic reticulum］ 略号 ER.大部分の真核生物の細胞質中にみられる,分岐した細管と扁平な小胞からなる迷路を構成する膜系.小胞体は,ところどころで原形質膜および核膜の外膜と連続している.ER膜の外面がリボソームで覆われている場合,ERは粗面小胞体と

キサントマチン

ヒドロキシキヌレニン

プテリジン

ドロソプテリン

セピアプテリア

ショウジョウバエの眼の色素顆粒

よばれる，それ以外のERは滑面小胞体とよばれる．ERの膜は，平均的な動物細胞の膜全体の半分以上を占め，ERで囲まれた高度に入り組んだ空間（シスターナ腔）は細胞の全容積の10%あるいはそれ以上に達する．ERに付着したリボソーム上で合成されるタンパク質の運命は，以下の二つのいずれかである．(1) 水溶性のタンパク質はER膜を完全に横断して移行し，内腔中に放出される．これらのタンパク質は，最終的には分泌顆粒，リソソーム，もしくはペルオキシソーム*のいずれかに到達することになる．(2) 膜貫通タンパク質は，ER膜に埋め込まれた状態で残る．これはERの拡大とともに，細胞の多くのオルガネラへの膜の供給源となる．つまり，ゴルジ体*，ミトコンドリア*，リソソーム*，ペルオキシソーム*，および原形質膜*などである．ERは光学顕微鏡では確認されておらず，電子顕微鏡によって初めて明らかになった最初の細胞構成要素である．⇨ 付録C（1953 Porter; 1960 Siekevitz, Palade; 1965 Sabatini et al.），小胞体型葉緑体，リーダー配列ペプチド，ミクロソーム分画，タンパク質選別，受容体介在性トランスロケーション，シグナルペプチド，滑面小胞体，選別シグナル，翻訳，トランスロコン．

小胞体型葉緑体 [chloroplast ER]　粗面小胞体のさやに埋め込まれた葉緑体．このような構造はクロミスタ*に属する生物に特徴的である．

漿膜 [chorion]　⇨ 羊膜．

上流 [upstream]　⇨ 転写単位，下流．

初回刺激を受けた [primed]　免疫学において，受容リンパ球が，応答すべき抗原との接触により感化されること．

除核 [enucleate]　細胞から核を除去すること．

初期遺伝子 [early gene]　発生初期に発現する遺伝子．T4バクテリオファージでは，DNA複製開始以前のファージの感染時期に機能する．⇨ 後期遺伝子．

除去 = 切出し．

除去酵素 [excisionase]　インテグラーゼと協同的に作用して，宿主細菌の染色体からプロファージを切出す酵素．

除去修復 [excision repair]　⇨ 切断-補修修復，修復合成．

食細胞 [phagocyte]　食作用細胞ともいう．食作用により周囲にある粒子を取込む細胞．

食作用 [phagocytosis]　貪食，ファゴサイトーシスともいう．固形粒子を細胞が飲み込むこと．白血球による微生物の摂取のこともいう．

食作用細胞 = 食細胞．

触媒 [catalyst]　それ自身消費されることなく化学反応の効率を増加させる物質．酵素は生物学的触媒である．

褥盤 [pulvillus]　昆虫の足の末端節で，いずれかの側に爪のある趾がある．

植物界 [Plantae]　これに属するものはすべて真核生物で，緑色色素体をもつ細胞から成る．⇨ 付録A（真核生物超界）．

植物性血球凝集素 = フィトヘマグルチニン．

植物成長制御物質 [plant growth regulator]　さまざまな植物組織が合成する小さな分子で，局所的あるいは離れた場所に作用して植物の発生を制御する．アブシジン酸*，オーキシン*，サイトカイニン*，エチレン*，ジベレリン*を含む．

植物相 [flora]　特定の地域または時代に分布する植物の全種類をいい，フロラともいう．

植物半球 [vegetal hemisphere]　両生類の卵で核から最も遠い卵表部分のことで，卵黄に富む半球．

植物標本館(室) [herbarium]　植物のさく葉標本を収集する施設．

植物ホルモン [phytohormone]　⇨ オーキシン，サイトカイニン，ジベレリン．

食胞 = ファゴソーム．

助細胞 [synergid]　胚嚢*内の卵細胞の横にある2個の半数体細胞．被子植物の助細胞は花粉管を卵細胞に導く化学物質を出す．

女性生殖腺発生不全 [female gonadal dysgenesis]　ターナー症候群*．

女性保因者 [female carrier]　ヒトの系図上で，X染色体劣性遺伝子について，ヘテロ接合である女性．

蹠節 [metatarsus]　昆虫の肢の基部側の附節．キイロショウジョウバエの雄では前肢の蹠節は性櫛を生じる．

除草剤 [herbicide]　草本植物を枯らすのに使用する化学薬剤．

初潮 [menarche]　ヒトの女性が思春期の間に最初の月経周期に入ること．⇨ 閉経．

触角 [antennae]　節足動物の頭部の先端にある一対の付属肢．

ショットガン実験 [shotgun experiment]　一つの生物のクローン化"遺伝子ライブラリ"を構築するのに十分な数のクローン化DNA断片をランダムに収集し，後に目的とするクローン分子をこの中から選別する方法．

ショ糖 [sucrose]　スクロースともいう．グルコースとフルクトースから成る二糖類．砂糖として用いられる．

ショ糖密度勾配遠心分離法 [sucrose gradient

centrifugation] ⇨ 遠心分離.

ショープパピローマウイルス[Shope papilloma virus] 分子量 $5×10^6$ の二本鎖 DNA を直径 53 nm の正二十面体粒子が包んだウイルス. このウイルスはウサギに乳頭腫をつくる.

除雄[emasculation] **1**. 花からやくを除去すること. **2**. 去勢.

ジョルダンの規則[Jordan's rule] 近縁な種あるいは亜種の範囲は通常隣接しており, 何らかの障壁によって隔てられているということを述べた生態学的原理.

シーラカンス[coelacanth, *Latimeria*] ⇨ 生きた化石.

白子[albino] アルビノともいう. **1**. 有色体を欠いている植物. **2**. 色素沈着のみられない動物.

自律調節因子[autonomous controlling element] 受容体因子としても制御因子としても機能する調節因子*（トランスポゾン）. 遺伝子内に挿入し, 不安定な突然変異を生じる.

自律表現[autophene] 細胞の表現型でそれを示す細胞自体の遺伝的構成によるもの. したがって突然変異体の細胞を野生型の宿主に移植してもその移植体の表現型が変わることはない.

自律複製配列[autonomously replicating sequence] 略号 ARS. 複製起点として機能する真核生物の DNA 配列. 必ずしも細胞周期ごとに, すべての自己複製配列が使われるわけではない. 酵母で単離された ARS は, その機能に 14 bp のコア配列が必要とされる. この配列中には, ほとんど A-T 塩基対からなる 11 bp のコンセンサス配列が含まれている. ⇨ 複製起点, レプリコン.

シルル紀[Silurian] 古生代の一時期で, この紀に維管束植物と節足動物が陸上に進出し, 海では無顎類が分化し, 板皮類が発生した. ⇨ 地質年代区分.

指令説[instructive theory] 初期の免疫学説で, 抗原に対する抗体の特異性は, 抗原と最初に接触したときに与えられるというもの. この説は, 特異性は抗原と接触する以前に決定されているというクローン選択説*にとってかわられた.

シロアシネズミ属[*Peromyscus*] 中央アメリカ, 北アメリカに自生している約 40 種のネズミを含む属. これまでの遺伝学的データが蓄積しているのは, 主として *P. maniculatus*（シカシロアシネズミ）に関係するものである. *P. boylei*, *P. leucopus*, *P. polionotus* に関してはより限られた資料しか存在しない. 生化学的変異体および細胞遺伝学に関する研究がこの属についての最も一般

シンイコウ 175

的な研究分野である.

シロイヌナズナ[*Arabidopsis thaliana*] アブラナ科（Cruciferae）に属する雌雄同株の草本植物. サイズが小型, 染色体数が少ない（$N=5$）, 1 世代が短い, 多量の種子をつくる, といった特徴は遺伝学的な研究にとって理想的. シロイヌナズナのゲノムサイズ（$1.2×10^8$ bp）は, イネ（$4.2×10^8$）やコムギ（$1.6×10^{10}$）などの農業上重要な種に比べると小さい. シロイヌナズナの遺伝子はおよそ 25,500 が同定されているが, これらの 70% は重複コピーとして存在する. このことから, シロイヌナズナの祖先は四倍体であったと考えられ, 異なる遺伝子の実数は 15,000 あるいはそれ以下である可能性がある. また, 全遺伝子の 17% は縦列の配列として並んでいるが, これは不等交叉*によって生じた可能性がある. ゲノムの少なくとも 10% は転移因子*が占めており, これらは動原体の近傍に集中している. 構造遺伝子の大部分は真正染色質中にみられる. これらの遺伝子の長さはおよそ 2 kb と小型であり, およそ 4.6 kb の間隔で存在する. 平均的な遺伝子は, それぞれがおよそ 250 bp のエクソンを 5 個含むが, イントロンの平均長は 170 bp にすぎない. シロイヌナズナの遺伝子のうちのおよそ 100 個は, 突然変異型がヒトの遺伝病の原因となる遺伝子との相同性がみられる. 植物に固有な光合成活性に関係する遺伝子は 800 以上みられる. これらの多くは藍菌の *Synechocystis** にみられる遺伝子と相同（オルソログ）である. このことは, 葉緑体の祖先へと進化した共生藍菌からこれらの遺伝子を獲得したことを示唆する. ⇨ 付録 A（植物界, 被子植物上綱, 双子葉植物綱, アブラナ目）, 付録 C（2000 *Arabidopsis* Genome Initiative）, 動原体, エチレン, 花器官決定突然変異, 選別シグナル, 転写因子.

シロカビモドキ[*Polysphondylium pallidum*] ⇨ アクラシス門.

G6PD[G6PD = glucose-6-phosphate dehydrogenase] = グルコース-6-リン酸デヒドロゲナーゼ.

G6PD 欠損症[G6PD deficiency] = グルコース-6-リン酸デヒドロゲナーゼ欠損症.

シロチョウ属[*Pieris*] 小型のチョウの属. 生態遺伝学者により広く研究されている.

Gy グレイ*の表記.

Cys[Cys = cysteine] = システイン. ⇨ アミノ酸.

仁 = 核小体.

人為構造[artifact] 実際の標本に特有なものでなく, 細胞学的処理, 死後に起こった変化など

から生じた構造.

人為選択［artificial selection］　ある生物の次世代の遺伝子プールに寄与する遺伝子型を人間が選択すること.

人為単為発生［artificial parthenogenesis］　化学的または物理学的刺激により未受精卵の発生を誘発すること.

親縁係数［coefficient of consanguinity, coefficient of kinship, coefficient of parentage］　近親婚係数ともいう. 両親のそれぞれから一つずつ無作為に抽出された二つの相同遺伝子が同一であり, したがって子供がホモ接合である確率. 個体の近交係数はその両親の親縁係数と同じである. ⇨ ライトの近交係数.

心黄卵［centrolecithal egg］　卵黄が中心に位置している卵. ⇨ 等黄卵, 端黄卵.

進化［evolution］　**1.** 集団の遺伝子プール内の可逆的でありうる遺伝子頻度の変化. ミクロ進化ともいう. **2.** 一つの系統系譜の中の非可逆的な遺伝的変化によって新たな種を生ずること. **3.** 一つの種が二つの種に分岐すること. **4.** 新種と認められるような新たな適応型を生じること. たとえば, 爬虫類の祖先に羽毛が生じたとき, これを新種, つまり鳥類とみなす. 2～4 に説明したものをマクロ進化という. ⇨ 付録 C (1831, 1835 Darwin; 1855 Wallace; 1858 Darwin, Wallace; 1859 Darwin; 1868 Huxley; 1872 Gulick; 1937 Dobzhansky, Chatton; 1962 Zuckerkandl, Pauling; 1963 Margoliash, Mayr; 1967 Spiegelman, Mills, Peterson; 1968 Kimura; 1972 Kohne, Chisson, Hoyer; 1974 Stebbins; 1975 King, Wilson; 1981 Margulis; 1983 Kimura, Ohta), 適応放散, 始祖鳥, 分岐図, 協調進化, ダーウィンフィンチ, ドロの法則, 創始者効果, 遺伝的浮動, 漸進主義, イントロンの起源, 試験管内進化, 自然選択, 種の起原, 定向進化, フィロコード, 断続平衡, 性選択.

真核［eukaryon］　真核生物がもっている高度に組織化された核.

真核生物［eukaryote, eucaryote］　真核生物超界＊の構成員.

真核生物超界［Eukaryotes, Eucaryotes］　核膜に包まれた真核をもち, 減数分裂を行う生物すべてを含む超界. 細胞分裂は有糸分裂により起こる. 酸化酵素はミトコンドリア中に含まれる. 真核生物は原生生物, 真菌, 動物, 植物の四つの界が含まれる. ⇨ 付録 A (真核生物超界), 付録 C (1937 Chatton), TATA ボックス結合タンパク質, 原核生物超界.

進化速度［evolutionary rate］　急速な進化を急進化 (tachytelic) といい, 遅い進化を緩進化 (bradytelic) という. また平均的な速度の進化はホロテリー進化 (horotelic) という.

進化的遅延［evolutionary lag］　= 遅延荷重 (lag load).

進化時計［evolutionary clock］　⇨ DNA 時計仮説, タンパク質時計仮説.

新北区［Nearctic］　六つの生物地理区＊の一つで, 北アメリカ, グリーンランド, メキシコ高原が含まれる.

真菌界［Fungi］　酵母, カビ, 黒穂病菌, さび病菌, キノコ, その他の腐生菌を含む界. 真核生物の各界の進化を示す系統樹の大部分では, これらの生物は一番下に置かれている. その原始的な特徴としては, 板状のクリステをもつミトコンドリア, 個別のジクチオソームをもつゴルジ体, 核内紡錘体による有糸分裂, などが上げられる. 真菌界では, エンドサイトーシスが起こらず, また波動毛や中心粒を欠く. 生殖は胞子の形成による. ⇨ 付録 A (3 界), オピストコンタ.

真空蒸着装置［vacuum evaporator］　真空の箱に 1 組の電極を組込み, この電極間に置かれた金属箔 (線) を電流により加熱する装置. 熱された金属は蒸発し, 蒸発した原子は電極の下方にある標本を覆う. 標本を被覆する金属は一定方向に照射されるので, 電子顕微鏡下で観察すると標本は浮彫りのように見える. 黒鉛電極を備えた真空蒸着器は標本スクリーン上に超薄切片を支持するために用いるカーボンフィルムの調製にも使用される. ⇨ シャドウイング法.

ジンクフィンガータンパク質［zinc finger protein］　亜鉛原子を結合する縦列反復領域をもつタンパク質. それぞれの領域には近接する 2 個のシステイン分子の後に 2 個のヒスチジン分子がみられる. それぞれの領域はそれ自体で折りたたまれ, 指状の突出を形成する. 図に示すように, 亜鉛原子はそれぞれのループの根元でシステインとヒスチジンに連結される. ここで, C の円はシステインを, H の円はヒスチジンを, また印のない円はポリペプチドの指内のこれ以外のアミノ酸を表す. ジンクフィンガーは何らかの方法によってタンパク質が DNA に結合できるように

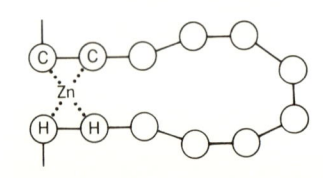

し，それによって転写を制御する．⇨付録C (1985 Miller et al.; 1987 Page et al.)．アンドロゲン受容体，モチーフ，転写因子，ビタミンD受容体，ウィルムス腫瘍．

神経下垂体［neurohypophysis］　間脳床より発達した下垂体部分．

神経系突然変異体［neurological mutant］　感覚器官や中枢神経系の奇形を生じたり，運動や行動に異常をきたす突然変異．何百もの神経系突然変異がショウジョウバエ，線虫，マウスで得られている．⇨付録C (1969 Hotta, Benzer; 1971 Suzuki et al.; 1981 Chalfie, Sulston; 1986 Tomlinson, Ready)．

神経支配［innervation］　イナベーションともいう．特定の器官に神経が分布すること．

神経障害［neuropathy］　遺伝的要因が関係する可能性のある多様な行動異常をまとめた用語．

仁形成体＝核小体形成体．

神経節［ganglion］　多数の神経細胞の細胞体部分が含まれる小さな神経組織塊．

神経線維腫［neurofibroma］　末梢神経の線維状腫瘍．

神経線維腫症［neurofibromatosis］　ヒトの神経系に影響を及ぼす単一遺伝子疾患としては最も多くみられるものの一つ．この病気の特徴は，皮膚あるいは末梢神経経路に沿って，しだいに数とサイズが増加する多発性神経線維腫がみられることである．神経線維腫症には2種類のタイプがあり，NF1 と NF2 と略記される．NF1（レックリングハウゼン病ともよばれる）は，最も多くみられる常染色体優性の遺伝病で，1/3000 の頻度で発生する．$NF1$ 遺伝子は17番染色体の長腕 11.2 に位置する．遺伝子は 3×10^5 bp に及び，2818個のアミノ酸からなるタンパク質（ニューロフィブロミン；neurofibromin）をコードする．$NF1$ 遺伝子の自然突然変異率は高く，患者の 30〜50% は新生の $NF1$ 突然変異をもつ．NF2 はこれよりまれな疾患であり，37,000人に1人の割合でみられる．$NF2$ 遺伝子は 22q12 にあり，590個のアミノ酸からなるタンパク質（マーリン；merlin）をコードする．ニューロフィブロミンは細胞質中に存在し，シグナル伝達*の機能をもつらしく，一方，マーリンは細胞膜をある種の細胞骨格タンパク質に連結すると考えられている．⇨がん抑制遺伝子．http://www.nf.org

神経単位＝ニューロン．

神経胚［neurula］　脊椎動物胚の発生で，神経軸が完全に形成され，組織形成が急速に進行する段階．

神経分泌小球［neurosecretory sphere］　特殊なニューロン*で合成され，軸索原形質中を輸送される直径 0.1〜0.2 μm の電子密度の高い小球．

神経ホルモン［neurohormone］　特殊な神経細胞により合成，分泌されるホルモン．たとえば性腺刺激ホルモン放出ホルモン*は視床下部に局在する神経分泌細胞により生産される．

シンゲン［syngen］　同質遺伝子個体群ともいう．⇨ゾウリムシ属．

人工受精［artificial insemination］　略号AI．女性と男性の配偶子を自然な方法を使わずに混合すること．AID では，精子は女性の夫以外の人から，AIH では夫からそれぞれ提供される．⇨付録C (1769 Spallanzani)．

人工染色体［artificial chromosome］　⇨酵母人工染色体．

新口動物＝後口動物．

真社会性［の］［eusocial］　不妊であることを強いられている特定の個体が，傍系親族の子供の育成を援助することによって自身の適応度を上昇させる社会システム．たとえば，不妊の雌であるミツバチの働きバチは，妊性をもつ姉妹である女王バチの子供を育てる．真社会性の動物が示す特徴は以下のとおりである．(1) 共同育児，(2) 生殖の分業（すなわち，特定のカーストが不妊もしくは妊性が低い），(3) 少なくとも2世代が重複（すなわち，親の生涯のある時期を子が助ける）．ハチやアリなどの真社会性の種の多くは，半倍数体*である．しかし，ハダカデバネズミやテッポウエビの一種 Synalpheus regalis では，雌雄ともに二倍体の受精卵から発生する．⇨包括適応度．

親水性［の］［hydrophilic］　水をはじかないこと．すなわち容易に水と結合する分子または分子中の作用基をさす．カルボキシル基，ヒドロキシル基，アミノ基は親水性である．

新生RNA［nascent RNA］　合成過程上の（すなわち未完成の）RNA 分子，または，新しく合成された RNA 分子で改変を受けていないもの．(例：RNA の核内プロセッシング*あるいは RNA 編集の前のもの)

真正核小体［plasmosome］　真正仁ともいう．核小体*の旧称．

真正クモ目［Araneae］　一般のクモ類が属するクモ形綱の一目．

真正後生動物亜界［Eumetazoa］　動物界の分類で，複数の器官と口および消化腔をもつ生物を含む．

真正細菌［Eubacteria］　原核生物中の亜界の一つ (⇨付録A)．古細菌と異なり，細胞壁にノイラミン酸*を含む細菌で構成される．tRNA, rRNA, RNA ポリメラーゼの構成も古細菌とは異

なる．⇨ TATA ボックス結合タンパク質．
真正仁　＝真正核小体．
真正世代交代 [metagenesis]　動物における世代交代*．真正世代交代は無脊椎動物，特に，腔腸動物に共通してみられる．両世代とも二倍体である点，植物の場合と異なる．
真正染色色素　＝正染色色素．
真正染色質 [euchromatin]　ユークロマチンともいう．染色体のほとんどの部位にみられる特徴的な染色性を示す染色質．真正染色質の部分は間期にらせんがほどけており，有糸分裂の際には凝縮し，中期で最大密度に達する．多糸染色体では縞をなした部分に真正染色質が含まれる．⇨異質染色質．
真正染色質性[の] [euchromatic]　真正染色質を含んでいること．
新生代 [Cenozoic]　6500 万年前から現在までの最も新しい地質年代．哺乳類の時代といわれる．⇨地質年代区分．
新生物 [neoplasm]　動物における増殖細胞の局所的集団で，正常な増殖で見られる通常の制限を受けない．転移する場合は悪性，転移しない場合は良性とよばれる．
新生ポリペプチド鎖 [nascent polypeptide chain]　1 分子の tRNA 分子を介してリボソーム 50S サブユニットに付着している形成中のポリペプチド鎖．新生ポリペプチド鎖の自由端は，N 末端のアミノ酸が含まれている．⇨翻訳．
新石器時代 [Neolithic]　石器時代後期に属し，農耕や狩猟が始まり，栄えた時代．
親族 [kindred]　構成員のそれぞれが，遺伝的に，あるいは結婚によって他のすべての構成員と関係するヒトのグループ．
迅速溶菌突然変異体 [rapid-lysing mutant]　r で示す．T 偶数ファージの突然変異体．宿主の大腸菌を急速に溶菌させる．細菌叢上で，r 型ファージのプラークは野生型ファージ（r^+）のプラークよりも大きい．⇨プラーク．
新第三紀 [Neogene]　第三紀の一時代．鮮新世と中新世を含む．⇨地質年代区分．
人体測定学 [anthropometry]　人体およびその各部位の測定を扱う科学．
新ダーウィン説 [neo-Darwinism]　ネオダーウィニズムともいう．突然変異遺伝子によって生じた適応的表現型に対する自然選択*によって種が進化するというダーウィン後の概念．
伸長因子　＝延長因子．
シンチレーションカウンター [scintillation counter]　⇨液体シンチレーションカウンター．
シンテターゼ [synthetase]　ATP あるいは他のヌクレオシド三リン酸の加水分解と共役して，二つの分子から一つの分子を合成する反応を触媒する酵素．
シンテニー遺伝子 [syntenic gene]　体細胞交雑実験での挙動から，同一の染色体上にあると考えられる遺伝子群．雑種細胞の有糸分裂の過程である遺伝子がマーカー遺伝子とともに脱落，もしくは残存するならば，この遺伝子はマーカー遺伝子と同じ染色体上にあると考えられる．
浸透 [osmosis]　溶質の濃度が異なる二つの溶液を隔てている半透膜を通して溶媒が拡散すること．溶媒は二つの溶質濃度が等しくなる方向に流れる．
浸透交雑 [introgressive hybridization]　一つの種の遺伝子が，別の種の遺伝子プールに取込まれることをいう．二つの種の分布が重なっており，これらの間で妊性をもつ雑種が生じた場合，雑種は数が多い方の種と戻し交雑することが多い．このような過程によって，集団を構成する個体の大部分は数が多い方の親に似るが，同時にもう一方の親の種の特徴もいくらかもつような集団が生じることになる．局所的な生息地の変化によって，それまでは別であった遺伝子プールの混合が起こることもありうる．導入されたされた種（または亜種）が，雑種形成や浸透によって，古い種を絶滅に追いやることもある．種間の遺伝子交換を検出し，定量化する能力は，分子マーカーを利用することによって著しく向上した．たとえば，葉緑体 DNA (chDNA) に基づく系統樹には，同所的な種間で古今ともに葉緑体の交換が起こった例が多数みられる．⇨葉緑体 DNA，オオカミ．
浸透度 [penetrance]　ある遺伝子型をもつ個体のなかで，一定の条件下で，期待される表現型を示す個体の割合．たとえば，優性突然変異遺伝子をもつ個体全部が突然変異表現型を示すとすれば，その遺伝子は完全浸透であるという．⇨顕性ヘテロ接合体．
新熱帯区 [Neotropical]　六つの生物地理区*の一つで，中央および南アメリカ（メキシコ高原以南）・西インド諸島が含まれる．
心皮 [carpel]　被子植物の雌性生殖器官をつくる分裂組織の輪状の細胞の集まり．成熟時には，胚珠を包み，上方に伸びて雌しべを形成する花の部分をさす．
針葉樹 [conifer]　球果樹ともいう．球果をつける樹木や灌木で，マツ，モミ，トウヒ，アメリカスギなどが含まれる．
信頼限界 [confidence limits, fiducial limit]　母数（たとえば平均値）の真の値付近の，範囲を

示す値で，標本値（平均値）がその中に収まり，その値から，望む信頼度（真の仮説を過度に棄却する可能性が低い）に基づいて推定ができるもの．通常平均値の95％の信頼限界（fiducial limitsともいう）は，$\pm 1.96 s/\sqrt{n}$（sは標準偏差*），$s/\sqrt{n}$は標準誤差*．⇨ 統計学的過誤．

親和性［affinity］　免疫学では，抗体の結合部位が単一の抗原結合部位に結合する本来の力のこと．⇨ 結合力．

ス

髄［pith］　根や茎の中心にある柔組織.

推移平衡理論［shifting balance theory］　Sewall Wrightによって提唱された説. 生物の進化が最も早く進行するのは, 一つの種の分集団がそれぞれ独自の適応を獲得するのに十分な時間隔離され, その後, 遺伝子流動が再開されて遺伝的多様性が拡大し, 進化的な柔軟性が増大する場合であるというもの.

穂(すい)状花序［spike］　ネコヤナギの尾状花序のように, 花が花序軸から直接に出る花序. ⇒総状花序.

錐状体［cone］　脊椎動物の眼における細長い単細胞の光受容器. 明るい光と色彩を認識する視物質を含有する.

錐状体色素遺伝子［cone pigment gene］　略号CPG. 網膜*の錐状体細胞でつくられるオプシン*をコードする遺伝子. 表は, ヒトの3種類のCPGを比較したものである. 緑と赤のCPGの違いはわずか15のコドンだけである. これらの遺伝子は, X染色体の長腕上に縦列に並んでいるが, 赤の遺伝子の方がテロメアから遠い. 緑のCPGは, 不等交差*の結果, 2ないし3コピー存在することもある. これはまた, 赤と緑の両方のCPGのコード配列をもつ雑種遺伝子もつくり出す. 赤の遺伝子から4kb, 緑の遺伝子からは43kb上流に存在する配列は, 両方の遺伝子の活性に不可欠である. この580 bpからなる配列の欠失は, 赤と緑の錐状体のいずれも感受性を欠くまれなX連鎖色覚異常をもたらす. 青のオプシンのアミノ酸配列は, 緑あるいは赤のオプシンのいずれとも約40％の同一性を示す. また, 青オプシンと桿状体細胞のオプシンを比較した場合にも, 同程度の配列同一性がみられる. 狭鼻猿類のすべての種が, 上記の3種類のCPGをもつ. 一方, 広鼻猿類がもつ色彩感光色素遺伝子は, X連鎖の1個と常染色体上の1個のみである. ⇒付録C (1986 Nathans et al.), 色覚異常, ロドプシン.

水素［hydrogen］　最も広く存在する生物学的に重要な元素.

原子番号	1
原子量	1.008
原子価	+1
最も多い同位体	^{1}H
重同位体	^{2}H（重水素）
放射性同位体	^{3}H（トリチウム）

水素イオン濃度［hydrogen ion concentration］　溶液1l当たりのグラムで表した水素イオンの濃度の逆数を対数で表したもので, pHと略記する. 0から14まであり, 7以上の値は塩基性で, 7以下の値は酸性である.

垂層[の]［anticlinal］　円柱状の植物器官の周囲を直角に切る細胞層をいう. ⇒周縁[の].

水素結合［hydrogen bond］　一つの化学基中の陽性原子（OやNなど）と別の化学基の陰性原子に共有結合した1個の水素原子の間の静電引力をいい, 共有結合に比べて弱い. プリンとピリミジンの間の水素結合は, 複製や転写の際の分子認識の基礎であることから, 重要である. WatsonとCrickによって提唱されたDNAモデルによれば, アデニン（A）とチミン（T）は2箇所の水素結合によって対合し, グアニン（G）とシトシン（C）は3箇所の水素結合によって対合する. 図(p.181)では, 水素結合は点線で示され, 白丸は酸素を, また黒丸は窒素を表す. アデニンとシトシンのアミノ基が水素供与体となり, 窒素原子（アデニンのN1とシトシンのN3）が水素受容体となる. シトシンのC2の酸素も水素受容体となる. チミン場合, 水素はN3から供与され, C4

ヒトの錐状体色素遺伝子

錐状体色素遺伝子	遺伝子座	エクソン数	コード長（bp）	イントロンの長さの合計（bp）
青	7q 31.3-32	5	1044	2200
緑	Xq 28	6	1092	12036
赤	Xq 28	6	1092	14000

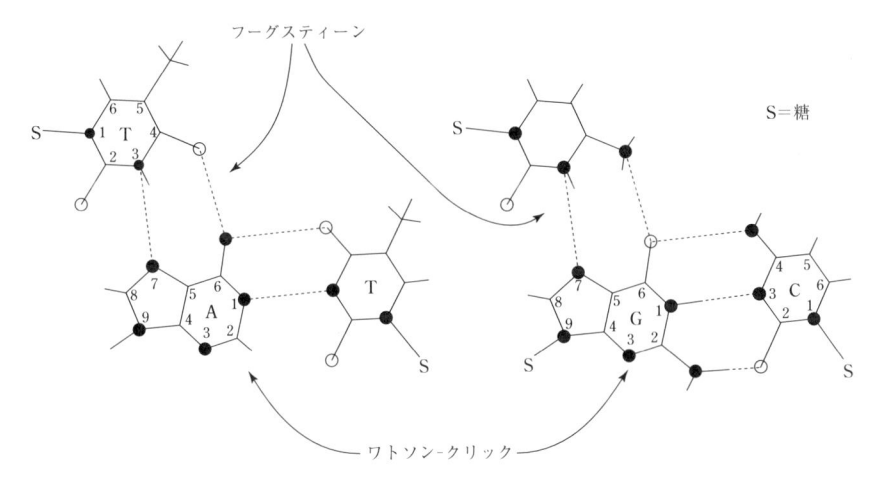

水素結合

の酸素が受容する．グアニンは，二つの水素供与体（N1 と C2 のアミノ基）と一つの水素受容体（C6 の酸素）をもつ．RNA では，ウラシルの水素結合能はチミンと同様である．1963 年に，K. Hoogsteen は，図の上側に示したように，塩基が異なる配置をとりうることを証明した．フーグスティーン型塩基対合はテロメア*領域以外のDNA には生じない．⇨ 付録 C（1973 Rosenberg et al.），α らせん，核酸塩基，β プリーツシート，グアニン四重鎖モデル．

垂直的進化［vertical evolution］　祖先種が時間の経過につれて分岐することなく変化した結果，もとの種とは明らかに異なり新種として認められるようになること．系統進化（phyletic evolution），向上進化（anagenesis）ともいう．⇨ 種分化．

垂直伝達［vertical transmission］　**1**．遺伝情報が一つの細胞もしくは生物個体から通常の遺伝機構（有糸分裂や減数分裂）によりその子孫に伝達されることをいい，水平伝達*と対比される．**2**．寄生性生物が，卵もしくは子宮内感染を通じて親から子に伝達されること．

スイッチ遺伝子［switch gene］　個体発生において種々の発生経路への発生型の切換えを行う遺伝子．

スイートコーン［sweet corn］　⇨ トウモロコシ．

水平可動因子［horizontal mobile element］　略号 HME．水平伝達*しうる遺伝因子．HMEは，接合や感染により宿主細胞にいりこんだ後，宿主染色体に DNA を挿入する．原核生物の例では，F 因子*，R（薬剤耐性）プラスミド*，プロファージ*がある．トウモロコシで初めて発見された転移因子*は，真核生物の HME の例である．Ti プラスミド*は，DNA が，"界"を越えて行き来することを可能にする．⇨ エピソーム，利己的 DNA，同所的種分化．

水平伝達［horizontal transmission］　一つの細胞もしくは生物個体の遺伝情報が，垂直伝達*とは対照的に，感染と同様な過程によって，同居する細胞や個体に伝達されること．⇨ 付録 C（1999 Nelson et al.）．バチルス属，マリナー因子，P 因子．

スウィベラーゼ［swivelase］　⇨ ジャイレース，トポイソメラーゼ．

数量分類学［numerical taxonomy］　表型的分類学（phenetic taxonomy）ともいう．系統学的関係は考慮せず，多くの形質を使って，その一つ一つに等しい重みをかけて，全体的な表現型の類似性を決定する分類体系．

スエヒロタケ属［*Schizophyllum*］　扇形で，サルノコシカケ型の子実体をつくるキノコの属．スエヒロタケ（*S. commune*）は，遺伝学の研究がさかんに行われており，二つの連鎖群がマップされている．⇨ 付録 A（真菌界，担子菌門）．

スクレーピー病［scrapie］　⇨ プリオン．

スクロース　＝ショ糖．

スジコナマダラメイガ［*Ephestia Kühniella*］　前翅の色模様や眼の色素に関する多くの突然変異がこの種で研究されてきた．コマユバチの一種である *Habrobracon juglandis* はスジコナマダラメイガに寄生する．⇨ 付録 C（1935 Kuhn, Butenandt）．

スズメノヤリ属［*Luzula*］　スズメノヤリを含

む植物の属．この属の多くの種は分散型動原体をもつ．⇒動原体．

スタッキング［stacking］　**1.** DNA 二重らせんの中で，隣接する塩基の環状の平面構造が，平行に並んでいること．**2.** 異染性*色素分子のRNAへの積み重ね．

図単位［map unit］　連鎖した二つの遺伝子間の地図上の距離を表す単位で，1％の組換え頻度つまり1 cM（センチモルガン）に相当する．⇒モルガン単位．

スタンフォード-ビネーテスト［Stanford-Binet test］　知能の測定に用いられるテストで，16歳までの年齢に適用できるようにまとめられた一連の問題から成る．言語認識，形の認識，手先の熟練を要求する．被験者の達成度は精神年齢で表される．⇒知能指数．

スーダンブラックB［Sudan black B］　一般に用いられる脂溶性色素（下図参照）．

スチューデントのt検定［Student's t test］　二つの標本の平均値間の有意性を決定する統計的方法．この方法は英国の統計学者 W. S. Gosset により開発された．彼が"Student"というペンネームを刊行時に用いたのが名前の由来である．t分布について p.69 を参照．

スチロニキア属［*Stylonychia*］　繊毛虫類の一属．大核原基で核内有糸分裂による DNA 複製が進行し，縞状構造をもつ巨大多糸染色体が形成される．その後，大核では DNA の大幅な再編成が行われ，多糸染色体は崩壊し，90％以上のDNAが消失する．残る DNA は遺伝子サイズの断片として存在し，大核の成熟につれ一連の複製を行う．こうして大核には，小核に存在する遺伝子のあるサブセットが多コピー含まれることになる．同様の染色質の消失は近縁属であるオキシトリカ属（*Oxytricha*）にも見られる．*Stylonychia lamnae* では UAA と UAG は終止コドンとしてではなくグルタミンをコードする．⇒付録C（1969 Ammermann），遺伝暗号．

ステム構造［stem structure］　分子生物学において，一本鎖 RNA や一本鎖 DNA のヘアピン構造の中で，塩基対を形成した（ループ部分を除いた）領域．

ステロイド［steroid］　四つの結合環に17の炭素原子を配した飽和炭化水素に属する脂質の一種．性ホルモン，副腎皮質ホルモン，胆汁酸類，ビタミンD，ジギタリス，ある種の発がん物質はステロイドである．

ステロイド受容体［steroid receptor］　ある特定のステロイドホルモンに結合する細胞質中の受容体．ホルモン-受容体の複合体は核に移動し，DNAの特定部位に結合して遺伝子の活性を制御する．

ステロイドスルファターゼ遺伝子［steroid sulfatase gene］　STS 遺伝子（STS gene）ともいう．マウスの偽常染色体遺伝子の一つ．⇒ヒト偽常染色体領域．

ステロール［sterol］　ステロイドに共通した環状構造をもち，かつ長い側鎖やヒドロキシル基をもつ化合物．コレステロール*はステロールの一種である．

ストリンジェンシー［stringency］　核酸のハイブリダイゼーションを行う際の温度，イオン強度，ホルムアミド*などの有機溶媒の有無に関する条件．ストリンジェンシーの高い条件下では相補的な塩基配列の比率が高いポリヌクレオチド断片のみが塩基対合する．また遺伝的に離れた生物種から得られた核酸を用いる場合，ストリンジェンシーを弱くする必要がある．したがって，たとえばキイロショウジョウバエ（*Drosophila melanogaster*）のクローン化されたアルコールデヒドロゲナーゼ遺伝子をプローブとして，カイコの遺伝子ライブラリから同様の遺伝子を単離しようとする場合には，クロショウジョウバエ（*Drosophila virilis*）のライブラリを用いる場合よりもストリンジェンシーの弱い条件が選ばれる．

ストリンジェントコントロール　=緊縮調節．

ストレスファイバー［stress fiber］　培養された真核生物細胞の細胞膜の内側に張りめぐらされ

スーダンブラックB

たアクチンを含む，微小繊維が並列した束．ストレスファイバーは細胞を基層に接着させ，細胞の形状を平面的なものにする張力や緊張をつくりだす． ⇨ フィブロネクチン．

ストレプトアビジン［streptavidin］ *Streptomyces avidinii* により合成されるビオチン結合タンパク質． ⇨ ビオチン化DNA．

ストレプトニグリン［streptonigrin］ *Streptomyces flocculus* によってつくられ，染色体切断をひき起こす抗生物質．

ストレプトマイシン［streptomycin］ *Streptomyces griseus* によって産生される抗生物質．細菌リボソームの30Sサブユニットに結合し，mRNAの翻訳進行を妨害する． ⇨ リボソーム，翻訳．

ストレプトマイシン抑制［streptomycin suppression］ リボソームタンパク質（S12）に変異をもつ細菌突然変異株に見られる現象．この突然変異により，これらの株はストレプトマイシン存在下でポリペプチド合成を開始することが可能となり，また抗生物質により誘導される誤読の程度も低下する．したがってこれらの株はストレプトマイシン感受性から抵抗性になる．

ストレプトリジギン［streptolydigin］ 細菌のRNAポリメラーゼのβサブユニットに結合して，転写の伸長反応を阻害する一群の抗生物質．

ストロマ［stroma］ 葉緑体やミトコンドリアの内部の基質．タンパク質を主成分とする．

ストロマトライト［stromatolite］ 藍菌を中心とする光合成微生物とそれらによって蓄積された細かい堆積物（おもに炭酸カルシウム）からなる生きた微生物あるいは化石化した微生物からなる層．最古のストロマトライトは30億年以上前のもので，知られている化石の中では最古のものである．

Strongylocentrotus purpuratus キタムラサキウニに近い北米産のウニで，分子発生遺伝学の研究に用いられる．卵形成および卵成熟の際に，雌は大量のヒストンmRNAを蓄積する．ヒストン遺伝子*はこの種で初めて分離された．推定ゲノムサイズは845,000 kb． ⇨ 棘皮動物．

ストロンチウム 90［strontium 90］ 核兵器の爆発中にできる半減期が28年のストロンチウムの放射性同位体． ^{90}Sr は放射性降下物の最大の放射線源の一つである．

snRNP（スナープ）［snRNP = small nuclear ribonucleoprotein］ ＝核内低分子リボ核タンパク質．

スナーポソーム［snurposome］ 両生類の胚胞の電子顕微鏡像で観察されるオルガネラ．スナーポソームは，きっちり詰め込まれた電子密度の高い粒子（それぞれ直径20～30 nm）でできている．ここには，RNAポリメラーゼⅡとmRNA前駆体の転写とプロセッシングにかかわる分子が含まれている．スナーポソームは，直径1～4 μmで，カハール体*の基質内にみられるか，あるいは表面に付着している．核質内に浮遊しているものもある．名前の由来は，スプライシング中のsnRNP（スナープと発音）を検出する抗体で，強く染色されることから． ⇨ 転写後プロセッシング，トランスクリプトソーム．

スニーク合成［sneak synthesis］ ＝バックグラウンド構成的合成（background constitutive synthesis）．

SNP（スニップ） ⇨ 一塩基多型．

スーパーオキシドアニオン［superoxide anion］ 1電子により O_2 が還元されて生じる，非常に活性が強く，破壊力をもったラジカル．反応は以下のとおり．

$$O_2 + e^- \longrightarrow O_2^-$$

⇨ フリーラジカル，スーパーオキシドジスムターゼ．

スーパーオキシドジスムターゼ［superoxide dismutase］ 略号SOD．抗酸化酵素*．真核生

物で最も一般的な SOD は，ホモ二量体で，単量体当たり銅および亜鉛を1個ずつ含む．大腸菌のような原核生物の SOD は，マンガンか鉄を含む．SOD は，スーパーオキシドアニオン2分子を過酸化水素と分子状酸素に転換することにより，これらのラジカルを細胞から除去する．

$$O_2^- + O_2^- \xrightarrow[2H^+]{SOD} H_2O_2 + O_2$$

真核生物のスーパーオキシドジスムターゼは，SOD1 と表記し，ミトコンドリアの SOD2 と区別する．⇒ 家族性筋萎縮性側索硬化症，老化のフリーラジカル仮説，インドールフェノールオキシダーゼ，スーパーオキシドアニオン．

スーパーコイル [supercoiling] 高次らせん (superhelix) ともいう．共有結合により閉環状となった二本鎖 DNA が，らせん軸同士を交差する形でねじれること．B型 DNA は右巻きの二重らせんを形成するが，こうしたらせんの回転と同じ方向に DNA 二本鎖がねじれている場合，正のスーパーコイルといい，らせんの回転と反対方向に巻いている場合を負のスーパーコイルという．

SUPERMAN ⇒ 境界設定遺伝子．

スピロプラズマ [spiroplasma] スピロヘータに似たらせん状の細菌で，運動することができる．スピロヘータと異なり，細胞壁をもたず，アフラグマ細菌に属する（⇒ 付録A）．植物の病気の原因となり，また感染した雌のショウジョウバエの子の雄特異的な致死をひき起こす．⇒ 性比生物．

スピロヘータ [spirochaeta, spirochaeta] 無鞭毛性のらせん状細菌．体の屈曲により運動する．⇒ 付録A（細菌亜界，スピロヘータ門）．

スフィンゴシン [sphingosine] 脳に多量に存在するスフィンゴ脂質を構成するアミノ二価アルコール．

$$CH_3-(CH_2)_{12}-CH=CH-CH-CH_2 \\ \qquad\qquad\qquad\qquad\quad OH\ NH_2\ OH$$

スフィンゴミエリン [sphingomyelin] 神経のミエリン鞘に存在する化合物の一つ．スフィンゴシン，ホスホリルコリン，脂肪酸を含む．

スフェロプラスト [spheroplast] 細胞壁の残骸が結合したままの原形質体*．たとえば桿状の微生物をリゾチームで処理すると，細胞壁を堅固なものにしていたペプチドグリカンが壊されて丸いスフェロプラストとなる．

スプライシング [splicing] **1**. RNA のスプライシング：真核生物の RNA 転写一次産物からイントロンを除き，エクソンを結合することにより，細胞質中に存在する成熟した RNA にすること．**2**. DNA のスプライシング．⇒ 組換え DNA 技術．

スプライシング供与部位 [donor splicing site] = スプライス部位左端 (left splicing junction)．

スプライシングによる恒常性 [splicing homeostasis] マチュラーゼ*が，自身をコードする RNA 転写一次産物のイントロンの切除を触媒する現象．これによりマチュラーゼは自身の mRNA を破壊し，自身の活性レベルを調節する．

スプライス部位 [splice junction] イントロンの末端に存在する数塩基の領域で，分断された遺伝子の転写産物のプロセッシングにおける切除・接続の反応に際し機能する．イントロンの転写産物の5′末端の配列を供与部位，3′末端の配列を受容部位という．U1 RNA はイントロンの供与部位および受容部位と相補的な領域を5′キャップの隣にもつ．U1 などがこれらの部位に結合し，スプライセオソームをつくり，イントロンをループ状にする．この構造によりイントロンの切出しとエクソンのスプライシングが行われる．⇒ Usn RNA．

スプライス部位左端 [left splicing junction] スプライシング供与部位（donor splicing site）ともいう．mRNA のイントロンの左（5′）末端と隣接するエクソンの右（3′）末端の境界点．

スプライス部位右端 [right splicing junction] 受容スプライス部位（acceptor splicing site）ともいう．mRNA におけるイントロンの右端（3′末端）と隣接するエクソンの左端（5′末端）の境界域．

スプライセオソーム [spliceosome] オルガネラの一種で，この内部でプレメッセンジャー RNA からのイントロンの除去ならびにスプライシング反応が起こる．⇒ 選択的スプライシング，カハール体，エクソン，イントロン，翻訳後プロセッシング，RNA スプライシング，核内低分子 RNA，スプライス部位，Usn RNA．

スペクトリン [spectrin] 動物細胞の細胞膜の主要なタンパク質．α, β の2種のポリペプチ

ドのヘテロ二量体より成る．各ポリペプチドは重複した反復配列をもち，この配列が折りたたまれてスペクトリンの繊維状構造をきわめて柔軟性に富んだものにしている．スペクトリン繊維は細胞中で五角形の網目状構造を形成し，アクチンやその他のタンパク質からなる接合部にこれらの末端が結合している．

スペーサー DNA [spacer DNA]　真核生物やある種のウイルスのゲノムにおいて，機能する遺伝子領域（シストロン）に隣接して存在する非転写領域．スペーサー領域はふつう，反復 DNA を含む．スペーサー DNA の機能は現在のところ不明であるが，染色体の対合に重要な役割を果たすと推測されている．⇨ 転写されるスペーサー．

スベドベリ [Svedberg]　⇨ 沈降係数．

滑り説 [sliding filament theory]　近接する太いミオシン繊維と細いアクチン繊維との間に架橋が生じたりはずれたりすることで筋肉の収縮が起こると説明する学説．同様の機構が紡錘体の微小管が伸長して，細胞分裂時に染色体や染色分体を分離させるのを説明するものとして仮定されている．

スペルトコムギ [spelt]　*Triticum spelta* ($N=21$)．栽培される六倍体コムギの最古のもので，ローマ帝国時代の後期から栽培されていた．⇨ コムギ．

スポロゾイト [sporozoite]　ヒトに感染するマラリア寄生虫の生活環の一段階．鎌状のスポロゾイトはハマダラカ属のカの唾腺に集まり，カが吸血をする際に人体の血液中に放出される．スポロゾイトのおもな表面抗原はスポロゾイト周囲 (CS) タンパク質である．*Plasmodium knowlesi* の CS タンパク質では 12 個のアミノ酸から成るエピトープが 12 回繰返されている．CS タンパク質は宿主の抗体が結合すると脱落し，新しい抗原に更新され，免疫系に対するおとりの役割を果たす．CS タンパク質全領域をコードする遺伝子の塩基配列が決定されているが，この遺伝子は真核生物の多くの遺伝子とは異なりイントロンにより分断されていない．⇨ 付録 C (1983 Godson et al.)，マラリア，メロゾイト．

スポロゾイト周囲タンパク質　[circumsporozoite protein] ⇨ スポロゾイト．

Smittia　ユスリカ科の一属．巨大な多糸染色体*をもつことから，細胞学的な研究に用いられてきた．⇨ ユスリカ属．

すみわけ [annidation]　先祖の生物が利用できなかった生態的地位において，ある突然変異体がそれを利用し，繁殖できるようになったために，その突然変異体が集団内で保持される現象．たとえば，昆虫の無翅突然変異体は先祖の生息場所ではほとんど適応できないが，有翅型の昆虫が居住することができなかった穴や裂け目のなかで生活することができる．

Small eye　略号 Sey．眼の発生を制御するマウスおよびラットの遺伝子．突然変異対立遺伝子についてヘテロ接合の動物は，眼の発達が不完全．ホモ接合体では眼が全くできない．*Sey*, *Pax-6*, *ey* は相同遺伝子．⇨ *Aniridia*, *eyeless*, *paired*.

スラウェシ [Sulawesi]　東ボルネオの独特の形をした島．スラウェシ（セレベス）は，赤道をまたぎ，北にセレベス海，東にモルッカ海を望む．中新世の中頃，約 1500 万年前，北にニューギニアに囲まれたオーストラリアプレートとユーラシアプレートが衝突し，スラウェシの陸地は，双方のプレートからできた．この事実により，この島の動物が，あるものは祖先がアジアで，あるものは，オーストラリアであることを説明できる．⇨ 生物地理区，プレートテクトニクス，ウォレス線．

スラム花　= 短花柱花．

刷込み [imprinting]　**1**．発生の特定の時期にある限られたセットの刺激にさらすことで，若い動物に不変な行動のパターンを覚えこませること．**2**．⇨ 親による刷込み．

スルファチドリピドーシス [sulfatide lipidosis]　リソソームの酵素，アリルスルファターゼ A の産生の欠陥に起因するヒトの常染色体劣性遺伝病．病症は麻痺，失明，痴呆で，小児期に死亡する．

スルファニルアミド [sulfanilamide]　*p*-アミノ安息香酸に類似した化合物で，葉酸*の生合成に際し *p*-アミノ安息香酸と競合する．細菌の葉酸の生合成を阻害するため，化学療法剤として用いられる．

セ

ゼアチン［zeatin］ ⇨ サイトカイニン．

Zea mays トウモロコシ．植物の中では遺伝学的な情報が最も豊富な種．半数体の染色体数は10で，太糸期の染色体の細胞学的地図がつくられている．10の連鎖地図には200以上の遺伝子が含まれている．ゲノムサイズは2.5 Gbp. ⇨ 付録A（植物界，被子植物上綱，単子葉植物綱，イネ目），付録C（1909 Shull; 1928 Stadler; 1931, 1933, 1934, 1938 McClintock; 1938 Rhoades; 1950 McClintock; 1964 Mertz *et al.*; 1984 Pohlman *et al.*），トウモロコシ，ブタモロコシ．

世［epoch］ 地質年代の一つの紀の主要な細区分．⇨ 地質年代区分．

性［sex］ **1.** 広い意味で性とは，二つ以上の起源をもつ遺伝子を一つの生物個体の中で組換えること．原核生物における性には，二つの自立的細胞間あるいは自立的細胞（例：大腸菌）と非自立的なエピソーム（例：λファージ）の間での遺伝的組換えが含まれると考えられる．真核生物の性には，常に二つの自立的生物がかかわっており，半数体，二倍体細胞の交互の世代交代を伴う．減数分裂は，半数体の配偶子の形成をもたらし，これらが受精の過程で結合することによって，二倍体状態に復帰する．原核生物の性は30億年以上前の太古代に生じ，一方，減数分裂を伴う性は約10億年前の原生代後期に原生生物から生まれた．**2.** 産生された配偶子の種類による生物個体または生物個体の一部分の区分．大きく栄養分の多い配偶子は雌で，小さく栄養分の少ない配偶子は雄である．ある種の生物では形態上に区別できない同型配偶子が減数分裂により生じ，この場合性は任意に"プラス"と"マイナス"で定義される．雌雄両者の配偶子を生産する個体を，植物では雌雄同株，動物では雌雄同体という．

Sey =Small eye．

正位移植［orthotopic transplantation］ 移植片の向きも正常になるように同じ部位に移植する方法．

生育場所［habitat］ 生物の自然界における生息場所．

斉一説［uniformitarianism］ "現在は過去への鍵である"という地質学の理論．すなわち今日見られる火山活動，地殻の移動，浸食，氷河などの現象は，数十億年にわたる地球の歴史の中でずっと作用し続け，今日の地球の姿をつくる原動力となったということ．⇨ 天変地異説．

性因子［sex factor］ ⇨ 稔性因子．

成因的相同［homoplasy］ ホモプラジーともいう．平行もしくは収束進化．生物間の構造上の類似性が共通の祖先から遺伝したり，共通の基から発生したものでない場合をいう．

精液［semen］ 精子を含む生化学的にさまざまな栄養成分からなる液体．交尾の際に雌に移送される．

生化学遺伝学［biochemical genetics］ 遺伝学の一分野．遺伝決定因子の化学的性質と生物およびウイルスの生活環における作用機構を解明することを目的としている．⇨ 付録C（1909 Garrod; 1935 Beadle *et al.*）．

生活環［life cycle］ 受精から生殖，死に至るまでの間に生物が経過する一連の発生的変化．

生活史戦略［life history strategy］ 生物学的系譜上の進化的適応のうち，生殖時期，繁殖力，寿命などにかかわるもの．

制がん［carcinostasis］ がん増殖の抑制．

正規分布［normal distribution］ 統計学で最もよく使われる確率分布．正規曲線の式は

$$Y = \frac{1}{\sqrt{2\pi}\,\sigma} e^{-(X-\mu)/2\sigma^2}$$

ここでμは平均値，σは標準偏差，eは自然対数の底，$\pi = 3.1416$，Yは与えられたX値に対する縦軸の高さである．この式のグラフは正規曲線で，ラプラスまたガウス曲線ともいい，釣鐘状の形をしている．μの値は横軸上の曲線の位置を定め，σの値はその形を決定する．標準偏差が大きくなれば曲線も広がる．自然における大多数の連続分布は正規分布である．

正逆交雑［reciprocal cross］ 遺伝子型と表現型，またはそのいずれかが異なる個体（AおよびBとする）間での，A♀×B♂およびB♀×A♂なる交雑をいう．伴性*遺伝，母性遺伝*，細胞質遺伝*を検出するのに使う．

正逆雑種［reciprocal hybrid］ 異種の両親の正逆交雑によって得られた雑種第一代．

制御遺伝子［controlling gene］ 調節遺伝

(regulator gene) ともいう．離れた場所にある一つもしくはそれ以上の構造遺伝子*の転写を制御する能力をもつゲノム配列．

生気論［vitalism］　生命現象が物理的，化学的なものとは明らかに異なる特殊な力に起因するものであるとする思想．⇨ 機械的生命論．

静菌剤［bacteriostatic agent］　細菌を殺さずに増殖を抑える物質．

性クロマチン　=性染色質．

性決定［sex determination］　性を決定する機構．多くの種では，卵を受精させる精子の性質によって，受精時に性が決定される．Y染色体をもつ精子は雄の接合体を，X染色体をもつ精子は雌の接合体を形成する．ヒトにおいてY染色体は雄性化因子であり，雌化はY染色体が欠如するときにのみ起こる．⇨ 付録C（1902 McClung; 1925 Bridges）．クラインフェルター症候群，ターナー症候群，遺伝子バランス．

制　限［restriction］　細菌ファージが，ある細菌株には感染できるが別の株には感染できないこと．⇨ DNA制限酵素．

制限および修飾モデル［restriction and modification model］　細菌ファージの増殖が宿主により制限されていることを説明するためにW. Arberにより提唱された理論．このモデルによれば，細菌のDNAには細胞内の制限酵素により認識，切断される特異的な塩基配列が存在する．細菌は同時に，こうした配列をメチル化するメチラーゼをもつ．この化学修飾により細菌DNAは自己のエンドヌクレアーゼから保護される．ファージにより導入された外来性のDNAはメチル化されていないので分解を免れない．⇨ 付録C（1962 Arber; 1972 Kuhnlein, Arber）．

制限形質導入［restricted transduction, restrictive transduction］　⇨ 形質導入．

制限酵素［restriction endonuclease］　外来性DNA分子を特異的な認識部位で切断する酵素．制限対立遺伝子とよばれる遺伝子によりコードされる．制限酵素は，その酵素が単離された細菌種を示す記号により命名され，また同一の生物種から2種以上の酵素が得られている場合には発見の順序に従ってローマ数字がつけられる．いくつかの制限酵素について，単離された生物種と標的とする塩基配列を図に示す．矢印は切断部位を示す．BamHI, EcoRI がDNA鎖を4塩基離れた特異的な部位で切断するのに注目したい．このようなずれた切断により5'末端が突出したDNA断片が生じる．これらの末端は付着末端とよばれるが，これはこうした末端が互いに水素結合するからであり，結果としてEcoRIのような酵素により生じるDNA断片の末端は，同じ酵素による切断で生じた他の断片とアニーリングできる．この性質のために外来性の遺伝子を大腸菌のプラスミドに挿入することが可能となる．一方，HindⅡのような酵素は突出のない平滑末端をもつ断片を生じる．制限酵素は，目的とするDNA領域の地図作成に広く用いられる．⇨ 付録C（1962 Arber; 1968 Smith *et al.*; 1970 Smith, Wilcox; 1971 Dana, Nathans; 1972 Mertz, Davis; Hedgpeth *et al.*），ポリリンカー部位．

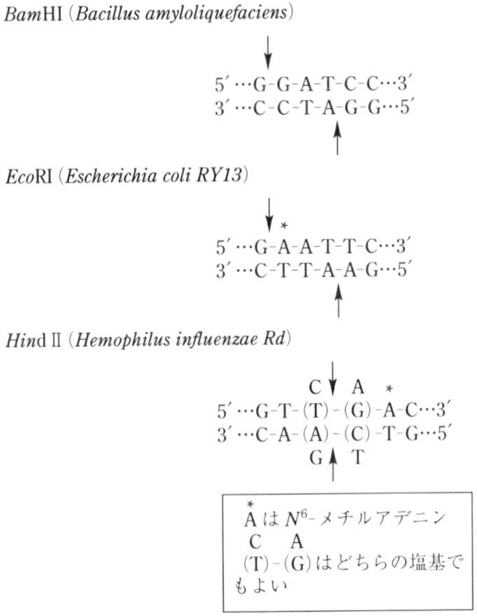

*Bam*HI (*Bacillus amyloliquefaciens*)

$$5'\cdots\text{G-G-A-T-C-C}\cdots 3'$$
$$3'\cdots\text{C-C-T-A-G-G}\cdots 5'$$

*Eco*RI (*Escherichia coli* RY13)

$$5'\cdots\text{G-A-A-T-T-C}\cdots 3'$$
$$3'\cdots\text{C-T-T-A-A-G}\cdots 5'$$

*Hind*Ⅱ (*Hemophilus influenzae* Rd)

$$\begin{array}{c}\text{C}\quad\text{A}\\5'\cdots\text{G-T-(T)-(G)-A-C}\cdots 3'\\3'\cdots\text{C-A-(A)-(C)-T-G}\cdots 5'\\\text{G}\quad\text{T}\end{array}$$

> *AはN^6-メチルアデニン
> C　A
> (T)-(G)はどちらの塩基でもよい

制限酵素断片［restriction fragment］　制限酵素により生じる，DNA分子断片．

制限酵素断片長多型［restriction fragment length polymorphism］　略号RFLP．特定の制限酵素によって生じたDNA断片の長さの差異．このような差異は，酵素の認識部位を新生するかあるいは消失させるような突然変異によって生じる．たとえば，ヒトのβヘモグロビンの構造遺伝子の制限酵素地図によると，鎌状赤血球突然変異の患者では異常な制限酵素断片が生じることが示されている．制限酵素解析は，羊水中の細胞から得られたDNAについても行えるため，現在では遺伝的欠陥の出生前診断に用いられている．突然変異がみられる家系のDNA試料について，その突然変異とともに分離するRFLPを探すことによって，遺伝子産物がたとえ未知であったとしても，ヒトの突然変異遺伝子をマップすることが可能である．⇨ 付録C（1978 Kan, Dozy; 1980

Botstein et al.），アルフォイド配列，DNA フィンガープリント法，縦列反復数変異座位．

制限酵素地図［restriction map］　ある DNA 断片について，単独あるいは複数の制限酵素により切断される部位を直線状に表したもの．

精原細胞［spermatogonia］　雄の動物の生殖腺中に存在する有糸分裂活性をもつ細胞．一次精母細胞の前駆細胞である．

制限条件［restrictive condition］　条件突然変異が生育できないか，あるいは突然変異表現型を発現するような環境条件（温度や宿主の種類など）．⇒ 温度感受性突然変異．

制限対立遺伝子［restriction allele］　⇒ DNA 制限酵素．

制限部位［restriction site］　特定の制限酵素によって切断される DNA 配列．

性　交　＝交尾．

生合成［biosynthesis］　生物による化学物質の合成．

精細管形成不全［seminiferous tubule dysgenesis］　クラインフェルター症候群*．

性細胞［sex cell］　＝配偶子（gamete）．

精細胞［spermatid］　雄における減数分裂で生じる四つの半数体細胞．これ以上分裂せず，精子へ分化する．この過程を精子完成*という．

生産的感染［productive infection］　増殖サイクルもしくは溶菌サイクルによって子孫を生産しうるウイルス感染．

生産力［productivity］　妊性，繁殖性ともいう．ショウジョウバエでは，交尾した雌親 1 匹当たり，ある一定期間内に産んだ子供のうち，成虫まで生存したものの数をさす．

精　子［sperm, spermatozoon］　減数分裂により生じる半数体の雄配偶子．⇒ 付録 C（1677 van Leeuwenhoek；1841 Kölliker；1877 Fol）．

静止核［resting nucleus］　分裂していない核．これらの核は代謝的にはきわめて活発な状態である．

精子完成［spermateleosis, spermiogenesis］　精母細胞から減数分裂により精細胞が生じ，精細胞が精子になること．

静止期　＝間期．

精子銀行［sperm bank］　ヒトの精液を液体窒素下 −196℃で保管する保管庫．必要な場合に解凍し，人工受精に用いることができる．

精子形成［spermatogenesis］　雄の減数分裂から精子完成までを表す術語．

精子減少［症］［oligospermia］　異常に低濃度の精子しか含まない精液．

静止細胞［resting cell］　分裂していない細胞．これらの細胞は代謝的にはきわめて活発な状態である．⇒ 細胞周期．

性指数［sex index］　ショウジョウバエにおける常染色体の組に対する X 染色体数の比（たとえば，雄 0.5，雌 1.0，亜雄 0.33，亜雌 1.5）．

精子多型［sperm polymorphism］　精子形成において正常な精子と異常な精子が生じること．正常な精子を常核精子，染色体数が少ないものを貧核精子，核が全くないものを無核精子という．貧核精子と無核精子は，カタツムリの一部（*Viviparus malleatus* など）やガの一部（カイコガなど）でつくられるが，こうした異常な配偶子の役割は不明である．

精子分配［sperm sharing］　ブラジルに生息する *Bioaphalaria* 属の淡水産カタツムリに見られる現象．このカタツムリの雌雄同体は以前の交尾の際に雌として受けとった精子を，今度は機能上雄として交尾の相手に与える．精子分配は種内でも種間でも起こりうる．精子交換という術語は，以前の交尾で得た外来性の精子とともに供与者自身の精子も与える場合に用いられる．⇒ 雌雄同体．

脆弱 X 染色体関連の精神遅滞［fragile X-associated mental retardation］　X 染色体長腕の q27 と q28 の境界に脆弱部位をもつ男性にみられる中程度の精神遅滞（IQ が 50 前後）．このようなヘミ接合の頻度は，1000 人中に 1.8 人程度．精神の発達に遅滞のみられる男性のおよそ 25％が，X 連鎖の精神遅滞によるものである．脆弱 X 部位は，ヒトの脳細胞で発現する一つの遺伝子を含んでいる．この遺伝子が *FMR-1*（fragile X mental retardation 1）と命名されており，657 個のアミノ酸からなるタンパク質をコードする 4.8 kb の mRNA を生成する．この遺伝子のコード領域の上流に，CGG トリプレットがおよそ 30 回繰返されている部分がみられる．CGG リピートの数が 50～200 まで増加すると，脆弱 X の表現型が細胞学的に検出可能になる．この X^F 染色体をもつ男性は正常な知能を示すが，伝達男性（transmitter）となる．この X^F を受け継いだ娘もやはり正常である．しかしながら，これが次の世代に伝達されると，X^F 内の CGG リピートの増幅が活性化される．この増幅は発生の初期に起こるため，F_2 の子供は遺伝的にモザイクとなる．その生殖細胞は母親に由来した反復数が 50～200 の X^F をもつが，それ以外の組織の細胞では反復数が何千にもなりうる．こういった状況下では，*FMR-1* 遺伝子が不活性化されることは明らかで，精神発達に障害を来すことになる．このような F_2 世代では，女性の 30％程度，また男性では 50％程度

が精神遅滞を示す．⇨付録C（1969 Lubs；1991 Verkerk *et al*.），CpGアイランド，DNAのメチル化，脆弱染色体部位，親による刷込み，トリヌクレオチドリピート．

脆弱X染色体症候群［fragile X syndrome］⇨脆弱X染色体関連の精神遅滞．

脆弱染色体部位［fragile chromosome site］染色体上の非染色性のギャップ．幅はさまざまであるが，通常両方の染色分体がかかわり，ある個体あるいはその血縁者の特定の染色体ではいつも，全く同じ場所でみられる．このような脆弱部位は共優性のメンデル遺伝を示し，脆弱性は無動原体染色体や染色体欠失を生じるといった形で表れる．ヒトの培養細胞では，葉酸またはチミジンが欠乏するか，あるいはメトトレキセートを培地に添加した場合に脆弱部位が発現する．⇨葉酸，脆弱X染色体関連の精神遅滞，http://www.fraxa.org

成熟分裂［maturation division］＝減数分裂（meiosis）．

正常化選択［normalizing selection］　安定化選択（stabilizing selection），求心性選択（centripetal selection）ともいう．集団の平均的表現型からの偏差を生じさせる対立遺伝子を，平均からはずれたすべての個体を除くことにより取り除くこと．そうした選択により，次世代での分散が減少することになろう．

星状体［aster］　⇨分裂装置．

生殖確率［reproduction probability］　遺伝病のない親の子供の平均数に対する特定の遺伝病をもつ親の子供の平均数の相対値．遺伝病の選択的不利の目安となる．⇨適応度．

生殖系細胞［germinal cell］　減数分裂によって配偶子を形成する細胞．雌の卵母細胞，雄の精母細胞のこと．

生殖原基［genital disc］　ショウジョウバエにおいて，生殖管系と外部生殖器が形成される成虫原基．

生殖細胞［germ cell］　性細胞もしくは配偶子．卵や精子のこと．受精の過程において異性の生殖細胞と融合し，単細胞接合体を形成する．

生殖細胞系［germ line］　配偶子を生じる細胞の系列をいう．種についていえば，体細胞とは異なり世代間の間隙を橋渡しするもの．

生殖細胞選択［germinal selection］　**1.** 家畜や栽培植物の後代を生産するために行われる生殖細胞の人為的選択．このような選択は人類に対してもかつて示唆されたことがある．**2.** 配偶子形成時に，突然変異をもつ細胞の増殖を遅らせるような誘発突然変異に対する選択．このような選択は生殖原細胞に誘発された突然変異の頻度の推定に誤差をもたらす．

生殖細胞選別［germinal choice］　生殖細胞を自発的に選択することによって人類の進化を進行させるというH. J. Mullerが提唱した概念．優秀な形質をもっていると認められた個人が寄贈した生殖細胞を凍結し，生殖細胞銀行に貯蔵する．後代において，これらの生殖細胞は，家族をつくるにあたって自分たちの生殖細胞よりはそれらを使用することを望む夫婦に利用される．これらの夫婦は"前"養父母とよばれる．

生殖細胞突然変異［germinal mutation］　生殖細胞になるように運命づけられている細胞で起こる遺伝的変化のこと．

生殖質［germ plasm］　生殖細胞を通して後代に伝わる遺伝物質．

生殖腺［gonad］　配偶子を形成する動物の器官．雄では精巣，雌では卵巣のことをいう．

生殖体［gonophore］　**1.** 定着腔腸動物においては，生殖型のクラゲを形成する芽．**2.** 高等動物においては，輸卵管や輸精管のようなすべての付属生殖器官．**3.** 植物においては，雄ずいと雌ずいを付ける花柄．

生殖致死　＝増殖死．

生殖的隔離［reproductive isolation］　異種間の交雑がないこと．⇨隔離機構．

生殖能［reproductive potential］　生物繁栄能力（biotic potential）ともいう．環境の制約を受けないときの集団の理論的対数増殖率．rと記される．⇨rとKの選択理論．

生殖母細胞［gametocyte］　配偶子母細胞ともいう．分裂によって配偶子を形成する細胞．すなわち精母細胞と卵母細胞のこと．

生殖力　＝繁殖力．

精神病［psychosis］　広範囲で長期にわたる行動異常の一般的呼称．⇨そううつ病．

青錐状体色素［cyanolabe］　⇨色覚異常．

性櫛［sex comb］　ショウジョウバエの雄の前肢にあるくしの歯状の剛毛列．⇨雌雄モザイク，プレパターン．

性腺刺激ホルモン［gonadotropic hormone］　ゴナドトロピン（gonadotropin）ともいう．LHやFSHなどの生殖腺を刺激するような下垂体ホルモンのこと．

性腺刺激ホルモン放出ホルモン［gonadotropin-releasing hormone］　略号GnRH．視床下部から分泌される神経性ホルモン．下垂体からの黄体形成ホルモン（LH）や濾胞刺激ホルモン（FSH）の分泌を誘導する．

性染色質［sex chromatin］　性クロマチンと

もいう．不活性化されたX染色体からなる凝縮した染色体の塊．哺乳類の核では余分な片方のX染色体が染色質を形成する．⇨バー小体，遅延複製X染色体．

正染色性色素［orthochromatic dye］　真正染色色素ともいう．異染性色素*とは異なり，組織を単色に染める色素のこと．

性染色体［sex chromosome］　相同染色体のうち，異型配偶子をもつ性で異なるもの．⇨X染色体，W，Z染色体，Y染色体．

性選択［sexual selection］　Charles Darwin が最初に提唱した説で，ある種の生物では交尾相手をめぐる雄間の競争が起こること，また，これに勝てるような特性をもつ個体は，生存競争における一般的な生存価とかかわりなく，有利であるとするもの．現在の文献では，性選択はふつう同性内選択と雌雄選択に分けられる．Darwin が念頭においたのは同性内選択であり，闘争において他の雄を打ち負かす力が関係する．雌雄選択の場合には，雌が積極的な選択の主体であり，自分と同じ種の遺伝的に多様な雄の中から選択を行う．雌雄選択の結果は，ある種の鳥の雄が示す複雑な性的誇示などにみることができる．特定のタイプの雄に対する性選択は種分化の第一段階となりうる．この種の性選択によって駆動された急速な種分化は，ハワイ諸島のショウジョウバエやアフリカのビクトリア湖に分布するカワスズメ科の魚（cichlid fish）で起こったことが示されている．⇨付録C（1871 Darwin; 1981 Lande; 1985 Carson），接合前隔離機構．

性線毛［sex pilus］　⇨F線毛．

精巣［testis, (pl.) testes］　雄の動物の配偶子産生器官．

精巣性女性化症［testicular feminization］　⇨アンドロゲン不応症候群（androgen insensitivity syndrome）．

生存価［survival value］　ある表現型の生物が将来の集団に子孫を残す効果の程度．

生存競争［struggle for existence］　食物あるいは生息や潜伏や繁殖のための場所などの環境資源をめぐる動物間の競争を記述するのにDarwinが用いた言葉．Darwin は"種の起原（On the Origin of Species）"のなかで，"私は生存競争（struggle for existence）という言葉を広く，比喩的な意味で用いるのであって，（この方がより重要であるが）単に個体が生きることのみならず，子孫を残すことに成功することも含めて用いる"と述べている．

生存度［viability］　ある特定の環境条件下における，ある表現型の一群の生存個体数と，対照とした別の表現型のそれとの相対的比率．

生態遺伝学［ecological genetics］　自然集団の遺伝や環境変動因子に対する集団の適応について研究する分野．

生態学［ecology］　生物と環境の関係について研究する学問．

生態型［ecotype］　ある環境に遺伝的に適応した品種．⇨付録C（1948 Clausen et al.）．

生態系［ecosystem］　ある局所的環境中の群集で，相互に関係しあう生物集団をひとまとまりとしてとらえたもの．小さな水たまりから大きな礁まで生態系にはさまざまな規模のものがある．⇨生物群系．

生体染色剤［vital stain］　生きている細胞を染色するために用いる染色剤（ヤヌスグリーン，メチレンブルー，トリパンブルーなど）．

生態地理学的法則［ecogeographic rule］　同一生物種内での地理的多様性のうち，気候その他の環境要因への適応と関連するものについての一般法則．たとえば，アレンの法則，ベルグマンの法則などがある．

生態地理的分岐［ecogeographical divergence］　一つの祖先種から，おのおのが異なる地理的領域で，またその生息地の地域的特性に適応した二つ以上の異なる種に進化すること．

生態的隔離［ecological isolation］　異なる種のメンバーが異なる生息場所に住んでいる（適応している）ため，めったに出会うことなく，交尾の機会がないという交尾前の生殖的隔離機構．

生態的地位［ecological niche］　環境の利用とほかの生物との避けられないつながりの両方に関して，ある植物あるいは動物が属する群集において占める地位．

生態的表現型［ecophenotype］　環境条件に基づいた非遺伝的な表現型の変化．⇨表現型可変性．

生体[の]［organic］　生物体（生死にかかわりなく）またはそれによってつくられる化学物質に関係する．

成虫原基［imaginal disc］　完全変態昆虫に見られる，中胚葉性細胞を含む表皮が陥入，肥厚したもの．蛹期間中に成虫原基は成虫の諸器官となり，ほとんどの幼虫器官は壊される．⇨成虫原基の in vivo 培養．

成虫原基の in vivo 培養［in vivo culturing of imaginal disc］　Hadorn によって開発された手法．ショウジョウバエの成熟幼虫の成虫原基を2等分し，その一つを若い幼虫に移植すると移植片が再生を始める．この宿主幼虫が成熟幼虫になったとき，移植片を再び取出し，2等分し，その一

つを再び若い幼虫に移植する．このような手法を繰返すことによって，その細胞は幼虫の体内環境下で異常に長い期間，細胞分裂と成長をつづける状態に置かれることになる．このようにして再生された成虫原基を最終的に変態させた場合，ほかの成虫原基の構造的特性を示す確率が異常に高くなる．たとえば，再生された生殖原基が触角になる場合もある．Hadorn は，このような分化を異常分化とよんだ．このような異常器官が生殖器をつくることが前もって決定されている細胞の子孫に生じることから，決定の変化が生じたものと考えられる．これを決定転換とよぶ．⇨ 付録 C (1963 Hadorn)．

成長因子［growth factor］ 細胞が増殖するうで，生育培地中に存在する必要がある特別な物質．

成長点［apical meristem］ ⇨ 分裂組織．

成長ホルモン［growth hormone］ 略号 GH．⇨ ヒト成長ホルモン．

成長ホルモン欠損症［growth hormone deficiency］ ⇨ 遺伝性成長ホルモン欠損症．

性的隔離［ethological isolation, sexual isolation］ 行動的隔離 (behavioral isolation) ともいう．近縁種または半種が，交尾行動が異なるために雑種の子孫をつくることができないこと．

性的拮抗遺伝子［sexually antagonistic gene］ ある性にとって有益だが，もう一方の性にとっては有害な表現型を生じる遺伝子．たとえば，魚の体側にカラフルな模様をつくる遺伝子は，雌を引きつける求愛誇示に役立つので，雄にとっては有用であるが，雌にとっては，捕食者に攻撃されやすいので，有害である．このような遺伝子が Y 染色体上に蓄積することで，雄だけで発現するようになり，雄で，X 染色体と Y 染色体の間で組換えが起こらないような仕組みを進化させた．

性的二型性［sexual dimorphism］ ⇨ 二型性．

性転換［sex reversal］ 一つの性から他の性への機能の変化．この変化は正常に起こる場合（⇨ 隣接的雌雄性）と，実験的または環境によって起こる場合がある．

静電結合［electrostatic bond］ イオン結合 (ionic bond) ともいう．ふつうの食塩 (NaCl) の結晶中のように，正に荷電した原子（カチオン）と負に荷電した原子（アニオン）の間の誘引力．古い文献では，塩結合とよばれることもある．タンパク質中では，正に荷電したリシンおよびアルギニンの側鎖が，負に荷電したアスパラギン酸およびグルタミン酸の側鎖と静電結合を形成し，これによってタンパク質分子の三次構造や四次構造が安定化される．⇨ アミノ酸，タンパク質の構造．

正突然変異［forward mutation］ 野生型（正常）対立遺伝子から突然変異（異常）対立遺伝子へと遺伝子が変化すること．

正二十面体［icosahedron］ 20 の正三角形面と 12 の頂点からなる幾何学的正多面体．球形真核生物ウイルスおよびバクテリオファージの多くは，正二十面体のキャプシドをもつ．⇨ ショープパピローマウイルス．

正の遺伝子制御［positive gene control］ プロモーター部位に特異的なエクスプレッサー分子が結合することにより，DNA の転写を上昇させる制御．たとえば，細菌においてグルコースが欠乏した場合，グルコース以外の糖の代謝に関与する遺伝子のプロモーターに CAP-cAMP 複合体が結合することにより，オペロンに RNA ポリメラーゼが結合しやすくなる．⇨ グルコース感受性オペロン，負の遺伝子制御．

正の干渉［positive interference］ 相同染色体間で染色体の交換が起きると，その近辺において交換が起きにくくなる交差染色体間の相互作用．⇨ 負の干渉，付録 C (1916 Muller)．

正の制御［positive control］ 調節タンパク質がオペレーターに結合することで転写が開始されるようになる制御．

正の超コイル［positive supercoiling］ ⇨ 超コイル．

正の同類交配［positive assortative mating］ ⇨ 同類交配．

正のフィードバック［positive feedback］ ある産物が生じた反応に対して，その産物自身が影響する効果によって，反応を高めたり増幅させたりすること．

正倍数体［euploid］ 染色体数が元の種の基本数の正確な倍数である倍数体．⇨ 倍数性．

性比［sex ratio］ 特定の年齢分布をもつ集団における雄と雌の相対比．

性比生物［sex ratio organism］ 略号 SRO．ある種のショウジョウバエの雄特異的致死の原因となるスピロプラズマ＊．SRO は卵細胞質中に伝達され，雄の胚を殺す．Y 染色体と SRO の感染による雄の致死性を結びつけるものはなく，X 染色体を 2 本もつ胚が感染に抵抗しうるものと考えられている．昔の文献では性比スピロプラズマは性比スピロヘータと記されていた．

生物学的効果比［relative biological effectiveness］ 略号 RBE．同じ生物学的効果を生じるのに必要な電離放射線の線量比．

生物学的種［biological species］ 自然に交配を行う集団で，他のこのような種から生殖的に隔離されているもの．

生物群系［biome］ バイオームともいう．生態系*を主要な陸上領域を占めるより大きなグループにまとめたもの（例：熱帯雨林生物群系，針葉落葉混合樹林生物群系）．

生物群集［biocoenosis］ 特定の生息場所にともに生息している植物と動物の一群．

生物型［biotype］ バイオタイプともいう．同じ種ではあるが生理学的に区別される系統．ある環境において生物型のある系統のみが占める場合，それは生態型*と同義である．

生物圏［biosphere］ 地球上で生命が存在するところ．

生物検定［bioassay］ バイオアッセイともいう．生物や細胞（たとえば培養細胞）集団への影響を適当な対照と比較しながら，薬やホルモンなどの物質の相対的な効能や効果を決定すること．

生物工学［biotechnology］ 生物学的システムの利用に関係する産業プロセスの総称．遺伝子組換え微生物を利用する産業もある．

生物進化［biological evolution］ ⇒進化．

生物新生説［neobiogenesis］ 生命は自然界で無機物から繰返し生じてきたという概念．

生物相［biota］ ある領域に住む生物の全体．

生物測定学［biometry］ 生物現象のための応用統計学．⇒付録 C（1889 Galton）．

生物地理学［biogeography］ 地球上における生物の分布とその分布を決定する法則を研究する学問．Alfred Russel Wallace によって創始された．⇒付録 C（1855, 1869 Wallace）．

生物地理区［biogeographic realm］ 世界の陸塊をその植物相および動物相の特色に基づいて区分けしたもの．p.193 の地図において，破線で示したインドネシアのボルネオ島（B）およびジャワ島（J）と，スラウェシ島（S）および小諸島の間を分ける線に注意．この線がウォレス線*（Wallace's line）に相当する．

生物時計［biological clock］ **1**．一定周期で特定の遺伝子を発現させるメカニズムの総称．**2**．体内リズムを制御する生理的因子．⇒体内時計突然変異．

生物発光［bioluminescence］ 生物による光の放出．

生物発生原則［biogenetic law］ ⇒反復発生．

生物発生説［biogenesis］ 親細胞から生きた細胞が生成すること．

生物繁栄能力［biotic potential］ ＝生殖能（reproductive potential）．

生物量 ＝バイオマス．

性分化［sexual differentiation］ 生殖器や性徴の適切な発生によって，性決定が表現型として発現される過程．

精母細胞［spermatocyte］ 減数分裂して四つの精細胞を形成する二倍体細胞．一次精母細胞は2回の減数分裂の1回目を行い，2個の二次精母細胞を生じる．これらの細胞はそれぞれ分裂して2個の半数体の精細胞となる．

性ホルモン［sex hormone］ 生殖腺の活動により生産されるホルモンおよび生殖腺の活動に影響を与えるホルモン．例として性腺刺激ホルモン，エストロゲン，アンドロゲンが挙げられる．性ホルモンはある種の二次性徴の発現（たとえば，男性のひげが生えたり，筋肉が発達するなど）に必要とされる．

生命情報科学［bioinformatics］ バイオインフォマティクスともいう．生物情報の把握，生成，処理，伝達に使われるツールで，概念を得るためにも，実用的な目的にも使われる，専門分野を越えた広域科学．⇒ゲノムの注釈付け．

生命発生［biopoesis］ 自然発生*．

生毛細胞［trichogen cell］ トリコーゲン細胞ともいう．昆虫の剛毛となる先の細い長い体毛を生やす大きな細胞．より小型の1個の窩生細胞が剛毛の基部を環状に囲み，キチン質のソケットを形成する．

生毛体 ＝毛基体．

セイヨウミツバチ［Apis mellifera］ 一般に飼育されているミツバチ．現在までに25の品種が知られているが，そのうちよく用いられるのはイタリア，コーカサス，カルニオラ，およびドイツ品種である．これらは一般にヨーロッパミツバチといわれ，アフリカミツバチ*と区別される．ミツバチは雄性産雌単為生殖*により繁殖する．文献では A. mellifica ともつづられている．

西洋ワサビペルオキシダーゼ ＝ホースラディッシュペルオキシダーゼ．

生卵器［oogonium］ 藻類および真菌類の雌性配偶子嚢．⇒造精器．

生理学［physiology］ 生きている生物の動的過程を研究する学問．

生理[的]食塩水［physiological saline］ 生きている細胞を一時的に維持するために使う等張の食塩水．

性連鎖形質 ＝従性形質．

ゼイン［zein］ トウモロコシの穀粒に存在するアルコール可溶性の一群の貯蔵タンパク質．これらのタンパク質は多重遺伝子族によりコードされており，内乳の発生に際して合成され，成熟した種子のタンパク質の50％以上を占める．⇒トウモロコシ．

セウォールライト効果［Sewall Wright effect］

遺伝的浮動*.

セカンドメッセンジャー [second messenger] 細胞膜の外表面上に存在する受容体にシグナル分子が結合するのに応答して,細胞質中に生産される低分子やイオン.大きく2種類に分類される.一方はcAMPを含むセカンドメッセンジャーであり,他方はカルシウムイオンとイノシトール三リン酸,ジアシルグリセロールの組合わせがかかわっている.⇒Gタンパク質.

石果 [drupe] 核果ともいう.一つの心皮に由来し,通常1個の種子をもつオリーブのような単純な多肉質の果実.

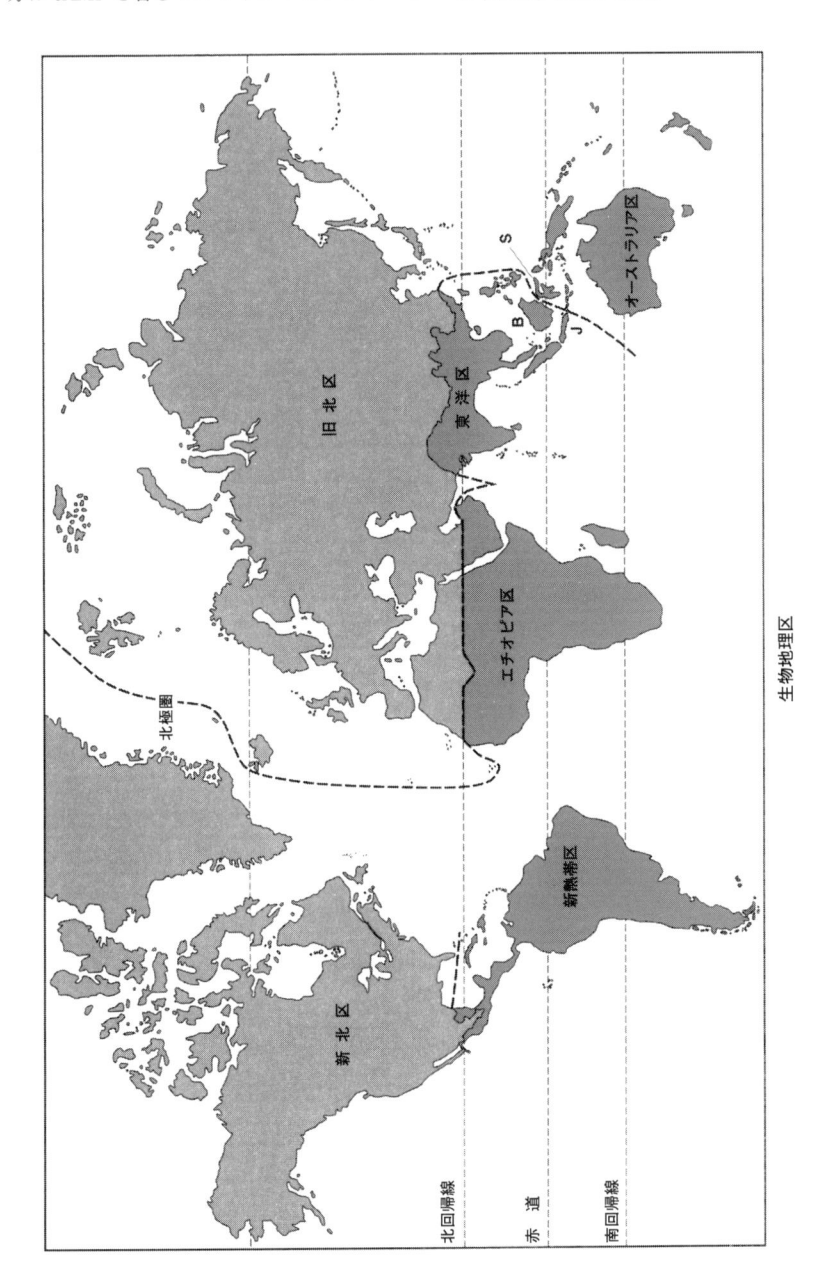

生物地理区

赤芽球症［erythroblastosis］ 造血組織から末梢血へ有核の赤血球が放出される貧血症.

脊索中胚葉［chordamesoderm］ 脊椎動物の胚発生において，のちに中胚葉ならびに脊索を形成する原口唇に由来する細胞層.脊索中胚葉は上側にある外胚葉へオルガナイザー（形成体）として作用し，神経構造の分化を誘起する.

脊索動物門［Chordata］ 発生のある時期に脊索，中空の背神経構造および鰓裂をもつ動物の門. ⇨ 付録A.

赤色色覚異常［protan］ ⇨ 色覚異常.

赤錐状体色素［erythrolabe］ ⇨ 色覚異常.

石炭紀［Carboniferous］ 大量の石炭が埋蔵された古生代の一紀.この時代には地上は広大な森林に覆われていた.種子シダ植物および球果植物が初めて出現した.両生類が多様化し，翅をもつ昆虫や爬虫類が誕生した.海の脊椎動物としては軟骨魚が優勢であった.層位学上の記録から石炭紀の層を便宜上，上層と下層に分けて考える北アメリカでは，代わりにペンシルベニア紀とミシシッピー紀と言い表されている. ⇨ 地質年代区分.

赤道板［equatorial plate］ ⇨ 有糸分裂.

セグメントポラリティー遺伝子［segment polarity gene］ ⇨ 接合体分節突然変異体.

セクレチン［secretin］ 膵液の分泌を促進するホルモン.十二指腸の上皮細胞が胃の酸性内容物により活性化され，分泌する.

セクロピアサン(蚕)［*Hyalophora cecropia*］ 体が大きいため，実験材料に用いられる. ⇨ 付録C（1966 Röller *et al.*）.

セシウム137［cesium-137］ ある種の核兵器の爆発中に生成される，約30年の半減期をもつセシウムの放射性同位体.放射性降下物からの放射能汚染のおもな線源の一つである.

世代交代［alternation of generation］ 単相と複相が交代する生活環.コケ植物および維管束植物において単相は配偶体で，複相は胞子体である.

世代時間［generation time］ T_gと書く.一つの細胞が1回の増殖周期を完了するのに必要な時間. ⇨ 倍加時間.

節間帯 ＝間縞帯.

積極的優生学［positive eugenics］ ⇨ 優生学.

セックスコーム ＝性櫛.

赤血球［erythrocyte, red blood cell］ 略号RBC.脊椎動物の血液に見られるヘモグロビンを含む細胞. ⇨ ヘモグロビン，鎌状赤血球貧血症.

赤血球凝集素［hemagglutinin］ 1.赤血球の特異的凝集に関与する抗体. 2.ある種のウイルス（例：インフルエンザウイルス）に感染した細胞の表面や，感染細胞から遊離したウイルス外被の表面に存在する糖タンパク質で，特定の種の赤血球を凝集させる. 3.レクチン*（ヘマグルチニン）.

赤血球産生［erythropoiesis］ 赤血球*の産生.

赤血球増加症 ＝多血球血症.

接合［conjugation］ 単細胞生物や菌糸が，

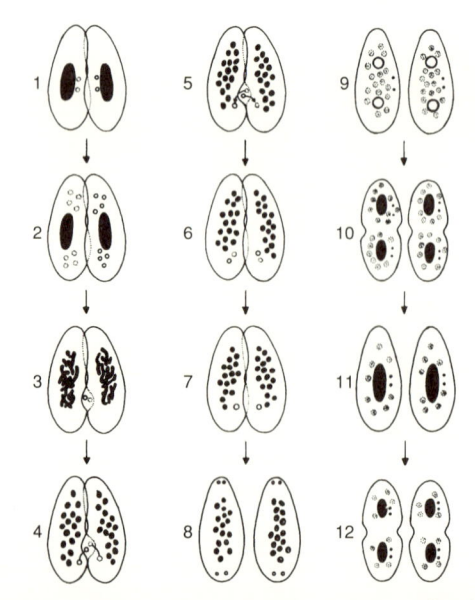

ヒメゾウリムシ（*Paramecium aurelia*）における接合に伴う核の変化.(1) 2匹の親，それぞれ1個の大核と2個の二倍体小核をもつ.(2) それぞれの接合体の小核から8個の半数体小核が形成される.(3) 8個の小核のうち7個が消失し，1個がパロラルコーンに局在化する.大核は壊れて断片化する.(4)〜(7) パロラルコーン中で小核は有糸分裂し，雌性および雄性配偶子核をつくる.雌性配偶子核はもとの親細胞へ，雄性配偶子核は相手方に取込まれる.雌性および雄性配偶子核が融合する.(8) それぞれの融合核は2回有糸分裂をする.(9) 形成された4個の核のうち2個は大核原基となり（白丸），他の2個は小核となる.(10)〜(12) それぞれの小核は分裂し，接合を解消した後，前後に分裂し，四つの個体になる((11)ではそのうち二つだけが示されている).親細胞の古い大核の断片は徐々に消失する.(12)では(11)でみられていた個体において分裂が始まる.

接　合

一時的に結合し，それによって一方の個体が，他方の個体から遺伝物質を受け取ること．**1**. 細菌においては，遺伝物質の交換は一方向的に"雄の"細胞から，受容菌である"雌の"細胞への染色体の一部もしくは全体を送り出すことによって起こる（⇒ F 因子）．**2**. ゾウリムシ（*Paramecium*）では，p.194 の図に見られるように，核全体の交換が起こる．**3**. 真菌類では，相異なる接合型の菌糸の間に接合が起き，異核共存体*を生じる．

接合管 [conjugation tube] ⇒ 線毛．

接合完了体 [exconjugant] **1**. ゾウリムシなどの繊毛虫がパートナーと接合体をつくり遺伝物質を交換したもの．**2**. Hfr 型の雄型供与菌と接合した後に分離した F⁻型の雌株受容菌．この受容菌には供与菌由来の DNA 断片が含まれている．

接合減数分裂 [zygotic meiosis] ⇒ 減数分裂．

接合後隔離機構 [postzygotic isolation mechanism] 遺伝的に離れた集団もしくは種間の交雑を減少させたり妨げる要因で，受精完了後に機能するもの．雑種死滅，雑種不妊性，雑種崩壊が含まれる．

接合糸期 [zygonema, zygotene stage] ⇒ 減数分裂．

接合前隔離機構 [prezygotic isolation mechanism, premating isolation mechanism] 遺伝的に異なる集団もしくは種に属する個体の間で交雑を起こりにくくする要因のうちで受精前に機能するもののすべて．生態学的，時間的，行動学的などの隔離要因．⇒ 性選択．

接合体 [zygote] 半数体の雌性および雄性配偶子の結合により生じる二倍体細胞．

接合体致死 [zygotic lethal] ショウジョウバエにおいて，胚，幼虫，成虫の各期で致死作用を及ぼす遺伝子．配偶子では致死作用をもたない．

接合体分節突然変異体 [zygotic segmentation mutant] キイロショウジョウバエの接合体において発現し，胚発生の位置パターンを決定する遺伝子の突然変異．クチクラ表面のパターンの異常により，突然変異は 3 種類に分類される．ギャップ遺伝子は胚の前後軸に沿った領域で発現し，各領域で体節決定を行う．ペアルール遺伝子は胞胚において体節一つおきの周期をもって縞状に発現される．セグメントポラリティー遺伝子は各体節内での空間的なパターンを決定する．⇒ 付録 C（1980 Nüsslein-Volhard, Wieschaus; 1989 Driever, Nüsslein-Volhard）．*hunchback*, 母性極性突然変異体．

接合誘発 [zygotic induction] 非溶原性の F⁻細菌が溶原菌と接合すると，プロファージの増殖型の複製が誘導され，溶菌が起こりファージが放出される現象．

接種源 [inoculum, (*pl.*) inocula] イノキュラム．新しく培養を始めるために使用した細胞の懸濁液．

接触阻害 [contact inhibition] ほかの細胞と接触することにより細胞の運動が停止すること．ペトリ皿上で自由に成長している細胞が互いに物理的に接触する際に，しばしば観察される．がん細胞はこの性質を失い，組織培養では積み重なってフォーカスとよばれる多重層を形成する．

節足動物門 [Arthropoda] 動物界で種の数が最も多い門．鋏角類や大顎類が含まれる．⇒ 付録 A．

絶対的 [obligate] 生存が特殊な条件に限られていること．たとえば，絶対寄生虫は宿主なしでは生存できない．⇒ 条件的[な]．

絶対平板培養効率 [absolute plating efficiency] 培養器に接種したときに，コロニーを形成する細胞の割合．⇒ 相対平板培養効率．

切断 [cut, scission] DNA 二本鎖が二本とも切り離されること．DNA の切断*の一つの型．⇒ ニック．

切断再結合 [breakage and reunion] 古典的な，一般的に受入れられている交差についてのモデル．減数分裂の際の物理的な切断と，切断された染色分体の十文字型の再結合によるというもの．⇒ ホリデイモデル．

切断再結合酵素 [breakage-reunion enzyme] すでに存在する末端を基質とするのではなく，DNA 分子の切れ目のない鎖を利用する酵素．DNA 二本鎖を切断，再結合する．切断によって放出されたエネルギーは酵素-DNA 共有結合中間体に蓄えられ，分子の再結合に利用される．

切断選択 [truncation selection] 量的形質が特定の値（切断点）を上回る個体，あるいは下回る個体のみを，繁殖のために選択する育種法．

切断-補修修復 [cut-and-patch repair] 損傷を受けた DNA 鎖から欠陥のある一本鎖 DNA 領域を切出し，新しい断片をそこに合成することで DNA を修復する機構．相補鎖を鋳型として用い，DNA ポリメラーゼによって正しい塩基を組込み，結合させる．DNA リガーゼがこうしてできた継ぎ当ての両端を切断された DNA 鎖に連結させることで，修復が完了する．⇒ AP エンドヌクレアーゼ，修復合成，チミン二量体．

切断-融合-架橋サイクル [breakage-fusion-bridge cycle] 架橋した二つの動原体をもつ染色体が分裂後期に，両極に向かって同時に引かれ

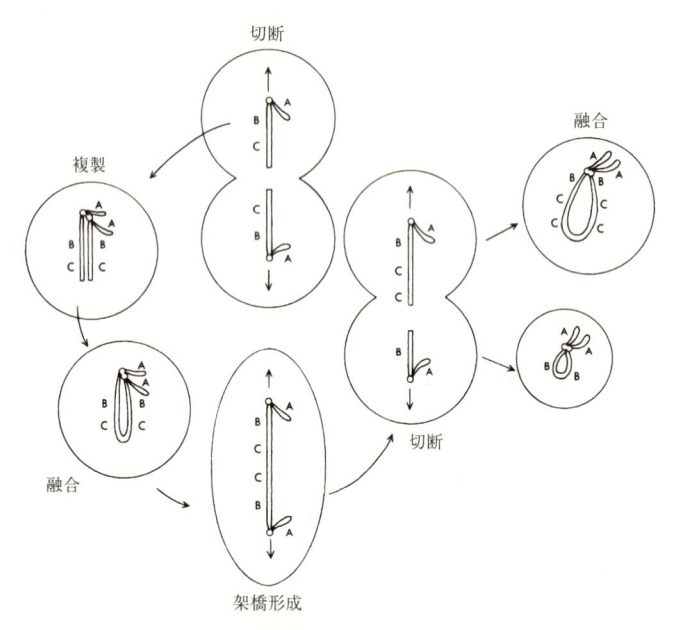

切断-融合-架橋サイクル

ることで始まるサイクル. 二動原体型の染色体は, 偏動原体逆位中での交換により生ずるか, あるいは放射線により誘発される. 二動原体型の染色体が切断されても, 切断された端は粘着性があるので, 複製の後に融合する結果, 別の二動原体型の染色体ができ, 分裂後期に切断されるサイクルが続き, 分裂するたびに新たに染色体の切断が起きる (上図参照). 続いて起きる切断は, 前に起きた場所とは違う場所で起きる可能性が高いので, 染色体上の遺伝子座は繰返し再編成され, 重複と欠失が生じる. ⇒ 付録C (1938 McClintock), 染色体橋.

接着斑 [macula adherens] = デスモソーム (desmosome).

接着分子 [adhesive molecule] 対をなす細胞表面分子で, 糖鎖とレクチン (タンパク質) のように, 互いに特異的に結合しあうことで, 細胞を互いに接着させる. 接着分子による現象としては, 細菌やウイルスの宿主への侵入, 種特異的な精子と卵子の合体, 胚発生時に起こる特定細胞の凝集が挙げられる. ⇒ 細胞親和性, 赤血球凝集素, P式血液型, セレクチン.

Z 原子番号. 中性原子の核内の陽子数.

ZR515 合成幼若ホルモン類似体の一種. JHと同様の効果をもつが, 昆虫の血リンパ中に通常存在するエステラーゼによる分解を受けにくい.

⇒ アラタ体ホルモン.

Zn 亜鉛.

Z染色体 [Z chromosome] 異型配偶子を生じる雌および同型配偶子を生じる雄のどちらにも存在する性染色体. ⇒ W, Z染色体.

Z, W染色体 [Z,W chromosome] ⇒ W, Z染色体.

Z DNA ⇒ デオキシリボ核酸.

ZPG [ZPG = zero population growth] 集団を構成する個体数のゼロ成長. 出生率と死亡率が等しい状態.

Zyg DNA [zygotene DNA] 減数分裂の接合糸期に複製されるDNA. DNAの約99.7%は減数分裂前のS期に複製されるが, 残りは接合糸期に複製され, 染色体の対合に関与している. ⇒ 付録C (1971 Hotta, Stern).

切片法 [microtomy] 顕微鏡下での研究に必要な組織切片を調製するための技法. ミクロトームを用いる.

絶滅 [extinction] ある進化の系統が子孫を残せずに死滅すること. 現存の対語. ⇒ 大量絶滅, 偽絶滅, 分類学的絶滅.

セピアプテリン [sepiapterin] ⇒ ショウジョウバエの眼の色素顆粒.

Cephalosporium カビの一属で, セファロスポリンを生産する.

セファロスポリン［cephalosporin］　ペニシリン*に類似した構造をもつ抗生物質．ペニシリンに対してアレルギー体質の患者でもアレルギー反応を起こさず，ペニシリナーゼ*によって分解されないという利点をもつ（下図参照）．⇨付録C（1964 Hodgkin）．

ゼブラフィッシュ［zebra fish］　*Danio rerio*（学名）．脊椎動物の発生の遺伝学的研究のモデル動物となった種．この魚のライフサイクルは3ヵ月で，大きく透明な胚ができる．大規模な突然変異誘発実験により，異常な表現型を示す多数の突然変異がつくられた．⇨付録A（脊索動物門，硬骨魚綱，新鰭亜綱，カダヤシ目），付録C（Mullins, Nüsslein-Volhard），付録E．

sevenless　ショウジョウバエの個眼*にある7番目の光受容細胞R7の分化を支配する遺伝子．*sevenless*の野生型遺伝子が存在しないと，R7はレンズをつくる円錐細胞に分化してしまう．この遺伝子がコードするタンパク質は膜結合型受容体であり，R7細胞がたどる分化の型を支配する位置情報を細胞内に伝達する役割を担っているらしい．⇨付録C（1986 Tomlinson, Ready）．

セミオ化学［semiochemistry］　異なる種に属する個体間の相互作用の媒体となる化学物質を研究する分野．⇨フェロモン．

ゼラニウム［*Pelargonium zonale*］　葉緑体突然変異株の非メンデル遺伝について古典的研究がなされた種．⇨付録C（1909 Correns, Bauer）．

セリシン［sericin］　絹*に見られるタンパク質．

セリン［serine］　略号 Ser．⇨アミノ酸．

セリンプロテアーゼ［serine protease］　活性部位にセリン残基を必要とする相同性のある一群の酵素．同じ触媒機構で作用すると考えられてい

る．これに含まれるものとしては消化酵素（トリプシン，キモトリプシン，エラスターゼ），血液凝固酵素（トロンビン），血栓溶解酵素（プラスミン），補体結合酵素（C1プロテアーゼ），痛覚受容（カリクレイン），受精に関与する酵素（先体酵素）がある．

セルラーゼ［cellulase］　セルロースを分解してグルコースにする酵素．

セルロース［cellulose］　植物細胞壁をつくっている複雑な構造の多糖類．β-D-グルコース分子が線状につながったものからなる（下図参照）．

セルロプラスミン［ceruloplasmin］　血漿のα_2グロブリンに存在する青色の銅タンパク質．ヒトの体内を循環している銅の約95%はセルロプラスミンと結合している．セルロプラスミンは分子量18,000のサブユニット8個からなる．⇨抗血友病因子．

セレクチン［selectin］　似かよった構造をもつレクチン*のファミリー．細胞間の選択的接触を仲介することから，この名がついた．セレクチンは糖タンパク質で，特定の細胞の膜に組込まれている．それぞれの分子のN末端は，レクチンドメインで，続いてEGFドメイン．次に短いコンセンサス配列が数回繰返され，最後に膜貫通ドメインが存在する．セレクチンは，その分子が合成される特定の細胞を示す頭文字で区別される（E, L, P; endothelial cell 内皮細胞，lymphocyte リンパ球，platelet 血小板）．⇨上皮成長因子．

セレブロシド［cerebroside］　スフィンゴシン，脂肪酸および糖からなる分子．神経細胞のミエリン鞘に多い．

セレラジェノミクス［Celera Genomics］　メリーランド州ロックビルにある会社で，300台のDNAシークエンサーが絶え間なく稼働し，遺伝

セファロスポリン

グルコース
セルロース

学的に興味深い種のゲノム配列決定が行われている．塩基配列は先端的なコンピュータシステムによってつなげられ，注釈付きのデータベースが有料で提供される．社長は J. Craig Venter. ⇨ 付録 C（1995 Venter et al.; 2000 Collins, Venter et al.），ハツカネズミ．

ゼロ式型［nulliplex］ ⇨ 同質四倍体．

ゼロ次反応速度論［zero-order kinetics］ 酵素反応において，反応生成物が時間とともに直線的に増加するもの．基質を追加しても速度は上昇しない．⇨ 一次反応速度論．

ゼロ染色体[の]［nullosomic］ 1 対の染色体の両方を欠いていること．

ゼロ点結合 DNA［zero time binding DNA］ DNA の再結合反応を開始する時点で，すでに二本鎖を形成している分子内反復をもつ DNA 鎖．

セロトニン［serotonin］ ある種の平滑筋を急速に収縮させ，毛細血管の透過性を増大させる環状有機化合物（5-ヒドロキシトリプタミン）．アナフィラキシーの病徴は肺の毛細血管層に蓄積する血小板から出るセロトニンによるものである．セロトニンは中枢神経系の代謝にも重要な役割を演じている．

ゼロ和仮定［zero sum assumption］ ある種が進化によって享受した有利な効果は，同じ群集に属する他のすべての種が被る不利益効果の総和と全く同等であるという赤の女王仮説*の見方．その系において利用しうる資源は一定であり，進化速度も一定であろうという考えから生まれた．

腺［gland］ 特定の化学物質（分泌物）を合成・分泌する器官．

cen ⇨ ヒトの細胞遺伝学上の記号．

繊維芽細胞［fibroblast］ 結合組織内においてコラーゲン*などの細胞外繊維を形成するのに関与している，紡錘形の細胞．

繊維状ファージ［filamentous phage］ M13 や fd などの，雄株特異的に感染し，繊維状のタンパク質外被中に一本鎖 DNA を含む細菌のウイルス．繊維状ファージの生活環には，二本鎖の複製型*を形成する時期がある．

線エネルギー付与［linear energy transfer］ 略号 LET．組織中を通過する電離放射線の 1 μm 当たりの eV で示したエネルギー損失をいう．

旋回性塩基置換［rotational base substitution］ 二重らせんを構成する 2 本の DNA 鎖上の相対する点で，放射線照射によって塩基と糖との結合が破壊されるように切断が起こると，二つの相補的な塩基は水素結合で結ばれたまま主鎖から遊離する．もし遊離塩基対が DNA 鎖内に再挿入される前に回転すると，塩基転換（トランスバージョン）型突然変異が生じる可能性がある．これを旋回性塩基置換という．

前 核［pronucleus］ 卵，精子，花粉粒の半数体核．⇨ 付録 C（1877 Fol）．

前核類 ＝ 原核生物超界．

全 割［holoblastic cleavage］ 等しい大きさの細胞を形成する卵割．

前還元分離 ＝ 還元前分離．

先カンブリア時代［Precambrian］ 顕生累代と冥王累代の間の時代（⇨ 地質年代区分）．この 32 億年の間に原生生物が出現，進化した．

前 期［prophase］ ⇨ 有糸分裂．

前胸腺［prothoracic gland］ エクダイソン*を分泌する昆虫の前胸部にある腺．⇨ 環状腺．

前胸腺刺激ホルモン［prothoracicotropic hormone］ 略号 PTTH．昆虫の脳背部にある神経分泌細胞でつくられるペプチドホルモン．前胸腺*を刺激し，エクダイソンの合成，分泌を促す．

先駆生物［pioneer］ 先住者のいない領域に最初に定着した植物もしくは動物．

線形回帰［linear regression］ 回帰直線*．

線形加速器［linear accelerator］ ⇨ 加速器．

線形四分子［linear tetrad］ 4 個の減数分裂産物が互いに隣接するように一列に並んでいるグループ．子嚢胞子は，真菌の子嚢内で核が互いに移動することを防ぐため，このような配列を示す．⇨ 子嚢．

前顕生期［prepatent period］ 病原体もしくは寄生生物が感染してから，通常の診断技術により病原体が検出されるまでの期間をいう．⇨ 潜伏期，顕生期．

前口動物［Protostomia］ 左右相称動物（Bilateria）のサブグループ．口が原口より生じるような動物．⇨ 付録 A（後口動物亜階）．

潜在遺伝子［cryptic gene］ 一つのヌクレオチドの置換によって発現を抑止されている遺伝子．集団中に高頻度に存在し，それらは 1 箇所の突然変異により再び発現が活性化される可能性をもつ．

潜在型プロファージ［cryptic prophage］ 溶菌型の生育や，感染粒子の産生に欠くことのできないある特定の機能を欠損したプロファージ．この欠損型のウイルスは，いくつかの機能遺伝子は

もっているので，組換えにより生存できる雑種をつくることで，近縁のバクテリオファージの突然変異を救済できる． ⇨ 大腸菌．

潜在サテライト [cryptic satellite] 密度勾配超遠心を用いても DNA の主要なバンドから分離できないようなサテライト DNA のこと．このようなサテライト DNA はサテライト中に含まれる高度反復配列の再結合が非常に早く起こることなど，サテライト配列特有の性質を利用して分離することができる．

前鰓亜綱 [Prosobranchiata] 軟体動物の腹足綱の三つの亜綱のうちの一つ． ⇨ 付録 A．

先住者優先の原理 [first-arriver principle] 新しい環境に最初に定着したもの，もしくはある特殊なニッチに最初に適応したものが，単にそれが最初にやってきたというだけの理由によって後から来たものに対して選択上有利であるという原理．お山の大将の原理 (king-of-the-mountain principle) ともいう．

染色糸 [chromonema, (pl.) chromonemata] 染色体の糸．

染色質 [chromatin] クロマチンともいう．核酸 (DNA と RNA) とタンパク質 (ヒストン系と非ヒストン系) の複合体で，真核生物の染色体を形成する． ⇨ 付録 C (1879 Flemming)．

染色質陰性 [chromatin-negative] 細胞核に性染色質を欠く個体 (通常は雄)．

染色質削減 [chromatin diminution] 胚発生の過程である特定の染色体または染色体の一部が体組織の細胞から削除されること．これらの染色体は生殖細胞では保持される．この過程は，繊毛虫類，線虫，ミジンコの仲間，昆虫で見られることがある．処分される DNA には，しばしば高度反復配列や，時にはリボソームタンパク質遺伝子が含まれる． ⇨ C 値パラドックス，ウマの回虫．

染色質陽性 [chromatin-positive] 細胞核に性染色質を含む個体 (通常は雌)． ⇨ バー小体，性染色質．

染色小粒 [chromomere] 連続した DNA 鎖の一部がコイル状になっているために染色体上に連続して一直線に並んで見える小粒．減数分裂*の細糸期と接合糸期のような染色体のほかの部分が比較的ほどけているときに最もよく見られる．多糸性染色体*では，染色小粒は重ね合わさっており，染色体に縞があるように見える．

染色体 [chromosome] 1. 原核生物においては，細胞の生命維持に必須な遺伝的指令の完全なセットを含む環状または線状の DNA 分子．2. 真核生物の核においては，染色質 (クロマチン)* からなる糸状の構造．遺伝情報が直線状に並んでいる． ⇨ 付録 C (1883 Roux; 1888 Waldeyer)．

染色体 RNA [chromosomal RNA] 分裂時 (たとえばプライマーとして) または間期 (たとえば転写中の転写産物として) に染色体に付着している RNA 分子．

染色体異常 [chromosomal aberration] 遺伝物質の欠失，重複あるいは再配列から生じる異常な染色体．染色体内異常とは同一染色体にのみ起こった変化を意味する．このような異常は染色体にある遺伝子座の数の減少や増加を生じる欠失や重複を含む．逆位および転位は遺伝子座の再配置を伴うが，数は変化しない．逆位の場合には，染色体断片が欠失し，180°回転して染色体の同じ位置に再び挿入する．その結果，この断片の遺伝子配列はそれ以外の部分の染色体の遺伝子配列に関して逆になる．転位の場合には，染色体断片が正常な位置から除去され，染色体の異なる部位に挿入する．染色体間異常は非相同染色体が切断された状態から生じ，その結果，生じた断片の間で相互交換が起こって転座を形成する． ⇨ 放射線誘発染色体異常．

染色体異常誘発物質 [clastogen] 染色体異常を誘発する物質．

染色体外遺伝 [extrachromosomal inheritance] ⇨ 核外遺伝．

染色体間異常 [heterosomal aberration] ⇨ 染色体異常．

染色体間転座 [interchromosomal translocation] ⇨ 転座．

染色体橋 [chromosome bridge] 染色体が動原体を 2 個もつ場合に，二つの動原体が反対の極に引かれるために，後期の染色体間に橋構造ができることをいう．偏動原体逆位ヘテロ接合体の反転したループ (⇨ 逆位) の中での 2 染色分体間または 3 染色分体間の二重交換によって，このような橋が形成される可能性がある．また，放射線誘発染色体異常*としても生じることがある．染色体橋ができると，必ず無動原体染色体断片が生じる． ⇨ 切断-融合-架橋サイクル．

染色体凝縮 [chromosome condensation] 真核生物の染色体が，細胞周期の前期に染色体鎖をコイル状やスーパーコイル状になっているため短く太くなる過程. ⇨ タイチン.

染色体組 [chromosome set] ゲノム*に相当する染色体のグループ．二倍体の種において体細胞に存在する染色体の各対の片方をすべて含む．

染色体骨格 [chromosome scaffold] 単離した中期染色体からヒストンを取り除き，電子顕微鏡用のグリッド上に遠心すると不規則な塊（骨格）から非常に長い DNA のループが突き出しているのがわかる．この塊は元の無傷の染色体とはほぼ同じ寸法である．

染色体彩色 [chromosome painting] FISH* (in situ 蛍光色素ハイブリダイゼーション) の応用で，各染色体の数多くの場所にハイブリダイズする．蛍光色素のタグをつけた DNA 断片を使用する．ヒト染色体をそれぞれ区別してマークするには，使用できる蛍光色素の種類が少なすぎるので，組合わせて使用する．色素の数を N とすると，組合わせの総数は，2^N-1 となるので，5色あれば，各染色体を識別できる十分な組合わせのプローブができる．蛍光色素は肉眼では識別できないが，一連のフィルターか干渉計とコンピュータをリンクさせて，各染色体に割り当てた，さまざまな色素の組合わせを解析する．MFISH (multicolor fluorescent in situ hybridization，多色 in situ 蛍光色素ハイブリダイゼーション) ともいわれる．

染色体再配列 [chromosome rearrangement] 染色体断片が新たに並び変わることによって起きる染色体異常．逆位，転座など．

染色体削減 [chromosome diminution, chromosome elimination] ⇨ 染色質削減.

染色体ジャンピング [chromosome jumping] ⇨ 染色体歩行.

染色体消失 [chromosome loss] 細胞分裂中に娘細胞の核に含まれるべき染色体が失われること．⇨ 後期遅滞.

染色体選別 [chromosome sorting] ⇨ フローサイトメトリー.

染色体多型 [chromosome polymorphism, chromosomal polymorphism] 同一の交配集団内において，一つないしは複数の染色体に2種類以上の異なる構造の型が存在する状態．

染色体置換 [chromosome substitution] 交配計画によって，一つあるいはそれ以上の染色体を，別系統の相同染色体または部分相同染色体と置換すること．同一種の異なる系統か，交雑が可能な近縁種が用いられる．⇨ 部分相同染色体，相同染色体.

染色体地図 [chromosome map] ⇨ 細胞遺伝地図，遺伝地図.

染色体突然変異 [chromosomal mutation] ⇨ 染色体異常.

染色体内異常 [homosomal aberration, intrachromosomal aberration] ⇨ 染色体異常，転座.

染色体内組換え [intrachromosomal recombination] ⇨ 姉妹染色分体交換.

染色体内転座 [intrachromosomal translocation] ⇨ 転座.

染色体の集合 [chromosome congression] 有糸分裂のとき赤道面へ染色体が移動すること.

染色体の分離 [segregation of chromosome] ⇨ 分離.

染色体パフ [chromosomal puff, chromosome puff] DNA または RNA の局部的な合成に基づく，多糸性染色体の特定部位の局部的膨張．非常に大きな RNA パフはバルビアニ環*とよばれる．⇨ 付録 C (1952 Beerman; 1959 Pelling; 1960 Clever, Karlson; 1961 Beerman; 1980 Gronemeyer, Pongs)，熱ショックパフ.

染色体微小管 [chromosomal tubule] 動原体のキネトコアから生じる紡錘体装置の微小管．染色体微小管は極微小管*と紡錘体上で互いに貫通し合っており，それらの間の架橋の形成と破壊によって，後期中に滑りを起こすと考えられている．

染色体不稔性 [chromosomal sterility] 雑種において親の染色体間の相同性の欠如から生じる不稔性.

染色体分染法 [chromosome banding technique] ヒトの染色体を染色するのに広く用いられている方法には4種類がある．G バンド法では，染色体を通常トリプシンで処理した後，ギムザで染色する．このような条件では，真正染色質の大部分は薄く，また異質染色質の大部分は濃く染色される．C バンドは，染色体をアルカリ処理し，緩衝塩溶液で加水分解をコントロールすることによって得られる．C バンド法は，動原体および多型的なバンド（特に減数分裂時の染色体）を染色し，強調するのにとりわけ有用である．Q バンド法では，染色体をキナクリンマスタードやキナクリン二塩酸塩などの蛍光色素で染色し，紫外光下で観察する．明るいバンドは C バンドで濃染されるバンドに対応する（一部の多型的バンドを除く）．Q バンド法は Y 染色体や，G バンド法では容易には判別できない多型を同定するのに特に有用である．R バンドはリン酸緩衝液中で染

色体を加熱処理することによって生じる．次にこれをギムザで染色すると，Gバンドとは逆（reverse）のパターンが得られる（Rはreverseから）ので，Gバンド法では薄く染まる末端のバンドを見きわめることが可能となる．これとは別に，染色体を緩衝液中で加熱した後，アクリジンオレンジで染める方法もある．紫外光下で観察すると，赤色，オレンジ，黄色，および緑色の色調の変化としてバンドが現れる．これをカラー写真として撮影することもできるが，白黒写真に焼くと，Rバンドはより明確になる．Qで濃染し，R陽性のバンドはAT：GC比が低く，SINE反復とAlu配列に富む．一方，Qで明るく染まり，Rが陰性のバンドは，AT：GC比が高く，LINE反復に富む．⇒付録C（1970 Casperson et al.；1971 O'Riordan et al.），反復DNA．

染色体歩行［chromosome walking］　1個のファージやコスミドベクターに入りきらないような大きな染色体領域にわたる，部分的に重なり合う制限酵素断片のクローンをつぎつぎと単離すること．この技術は，適当なプローブはないが，すでに同定・クローン化されている遺伝子と連鎖していることが知られている遺伝子座を単離するために用いられている．すでにクローン化されているDNA断片をプローブとして用いて遺伝子ライブラリをスクリーニングすると，プローブに対応するマーカー遺伝子を含むすべての断片が得られ，ついで得られた断片を並べ，マーカー遺伝子から両方向にそれぞれ最も離れた断片二つをつぎの段階のためにサブクローニングする．これらのプローブを用いて遺伝子ライブラリを再びスクリーニングし，塩基配列が重なるものを新たに選択する．この過程を繰返し，マーカー遺伝子からより遠い領域の塩基配列を同定していくと，やがて目的の遺伝子座までたどりつくことができる．ある特定遺伝子が移動した染色体異常を利用すれば，その遺伝子を同一染色体の別の位置や別の染色体上のマーカーとして利用でき，ゲノムの別の位置の染色体歩行を行うことができる．この種の実験で染色体異常を利用することを染色体ジャンピングという．⇒付録C（1978 Bender, Spierer, Hogness）．

染色体腕［chromosome arm］　染色体の二つの主要な分節で，おのおのの長さは動原体の位置によって決まる．⇒末端動原体，中部動原体，次中部動原体，末端部動原体．

染色中心［chromocenter］　ショウジョウバエの唾液腺細胞の核内にみられる不定形の集塊．染色中心はそれぞれの核の中にあるすべての染色体の動原体周囲の異質染色質要素が融合することによって生じたものであるため，遠位側の真正染色質は，体細胞対合した縞模様のある多糸染色体として染色中心から放射状に広がることになる．分裂している細胞では，動原体周辺の異質染色質要素は高度に反復したDNA配列に富む．多糸化＊に際して，これらの要素は複製されないので，染色中心にはその一部だけが表れることになる．⇒ショウジョウバエの唾腺染色体．

染色分体［chromatid］　クロマチドともいう．二つに分かれた染色体の2本の娘糸をいい，それらは1個の動原体によって結合している．動原体の分裂で，姉妹染色体は別の染色体となる．⇒減数分裂，有糸分裂．

染色分体干渉［chromatid interference］　2本，3本，および4本の染色分体がかかわる二重交差の頻度が，期待される1：2：1の比からずれることをいい，四分染色体の染色分体の連続する交差への参画がランダムでないことを意味する．

染色分体変換［chromatid conversion］　非メンデル比を示す真菌八分子中の同等な姉妹胞子対により明らかにされる遺伝子変換＊の一つの型．たとえば，＋×mの交配から生じた子嚢胞子の定序八分子が（＋＋）（＋＋）（＋＋）（mm）ならば，m型の親染色体の染色分体のうちの片方が＋に変換していると考えられる．半染色分体変換で，（＋＋）（＋＋）（＋m）（mm）という八分子は，m型の親染色体の染色分体の一つが半分変換されたことを示す．⇒定序四分子．

漸進主義［gradualism］　Charles Darwinによって提唱された主張をさらに押し進めた，進化機構を説明するモデル．このモデルによれば，生活環境に最も適応した遺伝特性をもつ個体が最も生き残りやすく，子孫に適応性の高い遺伝子を継承しやすい．その結果，時間の経過にしたがい，集団中で有利な遺伝子の頻度が上昇し，ついには進化しつつある集団と元の集団の間で遺伝子プールの構成が大きく異なることになり，新たな生物種の形成に至る．明白な進化的変化を生じるには有利な突然変異が集団全体にゆきわたる必要があるため，新種形成は漸進的で連続的な過程となる．⇒断続平衡．

鮮新世［Pliocene］　第三紀の最後の時期で，この間にヒト科の動物が出現した．北アメリカと南アメリカがつながり，進化した有胎盤哺乳類が南アメリカに移住し，多くの有袋類と原始的な有胎盤哺乳類を絶滅させた．⇒オーストラロピテクス，地質年代区分．

漸新世［Oligocene］　第三紀の3番目の時期．旧世界ザルおよび類人猿が進化した．さらなる大陸移動＊により，南米大陸は北米大陸から分離し

たままであり，オーストラリアはそれまで融合していた南極大陸から分離した．⇨ 地質年代区分，インドリコテリウム．

センスコドン［sense codon］　mRNA 中でアミノ酸に対応する 61 種のトリプレット．

センス鎖［sense strand］　⇨ 鎖の用語法．

前成説［preformation］　⇨ 後成説．

腺[性脳]下垂体［adenohypophysis］　脳下垂体の前葉，中葉および結節部のこと．胚期に口蓋の裏側から生じる．

腺[性脳]下垂体ホルモン［adenohypophysis hormone］　⇨ 成長ホルモン．

潜像［latent image］　光子またはイオン化した粒子を吸収したときに銀ハロゲン化物の表面に生じる変化のパターン．このパターンは化学的な処理によって写真像に現像される．

先祖返り［atavism］　ある形質が数世代後に再び現れること．この形質は劣性遺伝子あるいは補足遺伝子によって生じる．

先体［acrosome］　ゴルジ体から生じる精子頭部の頂端構造．受精するために卵表を消化する．

センダイウイルス［Sendai virus］　日本で初めて単離されたウイルスで，実験用マウスに重要な広範囲の感染をひき起こす．ミクソウイルスのパラインフルエンザ群に属する．細胞融合の研究に広く利用される．センダイウイルスは感染細胞の表面を変えて細胞融合しやすくする作用をもち，紫外線で殺したウイルスですら宿主細胞に吸着して細胞融合を促進する．⇨ 付録 C（1965 Harris, Watkins）．

全体論［holism］　全体は，ばらばらな各部の総和よりまさっているとする哲学．生物学において全体論者は，個々の構成要素を取り出して研究するだけでは（統一体としての）生物は説明できないと考える．⇨ 還元論．

選択［selection］　集団の増殖において，異なる遺伝子型の個体が果たす相対的な役割を決定する過程．ある遺伝子の選択に対する効果は，その遺伝子をもつ個体が繁殖する確率により定義される．⇨ アロプロコプティック選択，人為選択，平衡選択，方向性選択，分断選択，頻度依存性選択，群選択，血縁選択，正常化選択，r と K の選択理論，性選択，安定化選択．

選択圧［selection pressure］　ある集団の遺伝的構成を何世代もかかって変える自然選択の効果．

選択遺伝子［selector gene］　調節遺伝子の一部で，二者択一的な発生過程の選択を支配する遺伝子をいう．たとえば，ある細胞が，経路 B に入るシグナルを受取らない限り経路 A に沿って進むといったことである．このシグナルは選択遺伝子がコードするタンパク質である場合が多く，これがゲノムの特定の部位に結合し，新たな発生パターンに必要な一つもしくは複数の遺伝子を活性化する．⇨ アンテナペディア，apetala，バイソラックス，区画化，eyeless，Hox 遺伝子群，paired，SRY．

選択系［selective system］　特定の（たいてい頻度の低い）遺伝子型の検出と単離を容易にする実験技法．⇨ ペニシリン選択法．

選択係数［selection coefficient, coefficient of selection］　記号 s．ある遺伝子型の個体の次代への平均配偶子寄与の，他の遺伝子型（一般に最も適応しているもの）に対する相対的低下率．たとえば最も適応した遺伝子型が AA と Aa で選択を受けないならば，$s=0$ であり適応度は $(1-s)=1$ である．aa の遺伝子型の個体が残す子供の数が，集団中の他の遺伝子型の場合に比べて平均 80% であるなら，aa の個体に与えられる選択係数は 0.2 または 20% であり，適応度は $(1-0.2)=0.8$ である．

選択交配［nonrandom mating］　非無作為交配ともいう．⇨ 同類交配，同系交配，異系交配．

選択差［selection differential］　集団の全個体の量的質質の平均値と，選択を受けて次世代の親となる個体の平均値の差．⇨ 能力記録．

選択的スプライシング［alternative splicing］　一つの遺伝子から多数のアイソフォームタンパク質を生じる機構．遺伝子転写産物を加工する過程で隣りあっていないエクソンをつなぐ．このしくみを図に示す．五つのエクソンが $i^1 \sim i^4$ のイントロンでつながれている遺伝子を例示してある．これらのエクソンが図上側の点線で示したようにつながれると，五つのエクソンすべてを含む成熟転写産物ができる．このタイプのスプライシングは"構成的である"といわれる．図下側の点線のような選択的スプライシングが起こると，エクソン 4 を欠いた成熟転写産物が生じる．もし，各エクソンが 20 アミノ酸をコードすると，構成的なスプライシングでは 100 アミノ酸からなるポリペプチドが生じるし，エクソン 3 とエクソン 5 が互いにインフレームなら，選択的スプライシングで 80 アミノ酸のポリペプチドを生じる．二つのタンパク質のアミノ酸配列を比較すると，初めの 60 個と最後の 20 個は一致する．ショウジョウバエ，ニワトリ，ラット，マウス，ヒトを含む生物で，50 個以上の遺伝子が選択的スプライシング

によって多様なタンパク質を生じることが知られている．⇨ 付録 C（1977 Weber *et al.*），フィブロネクチン，ヒトゲノムプロジェクト，アイソフォーム，転写後プロセッシング，ミオシン遺伝子，RNA スプライシング，スプライセオソーム，トロポミオシン．

選択的中立 [selective neutrality] 適応度から見た場合に，ある突然変異対立遺伝子の表現型が，野生型の表現型と同等であるような状況．⇨ 沈黙突然変異．

選択的不活性化 [selective silencing] 一方の親に由来する細胞質遺伝子を，接合体において完全に排除する機構．ある種の藻類や植物の葉緑体や葉緑体 DNA が壊されたり，ある種の動物の精子のミトコンドリアが壊される例が知られている．

選択的変異体 [selective variant] 微生物遺伝学において，突然変異をもっていない普通の細胞がすべて死んでしまう条件下でも生存可能な突然変異体．選択的変異体の例としては，抗生物質に対する耐性を付与する突然変異や，培地中に欠如している必須代謝物の生合成能を付与する突然変異が挙げられる．

選択による進歩 [selective advance] （ある集団で選択された）量的形質の平均値の世代ごとの増加量をいい，通常は選択差に対する割合．⇨ 選択差．

選択の弛緩 [relaxation of selection] 実験状況下で選択を停止すること．

選択培地 [selective mediun] 特定の遺伝子型の細胞のみが増殖できるようにつくられた培地．⇨ 非選択培地．

選択平板培養 [selective plating] 組換え体を選択的に単離する方法．二つの異なる栄養要求性突然変異体を最少培地にまく．それぞれの突然変異の正常対立遺伝子を受けとった組換え体のみがこの条件下で増殖できる．

選択模写仮説 [copy-choice hypothesis] DNA の新生鎖は，複製のときに父方の DNA 鎖と母方の DNA 鎖が互い違いになるという仮説に基づいた遺伝子組換えの説．⇨ ベリングの仮説．

せん断 [shearing] 分子生物学においては，それにより DNA がほぼ同じサイズの断片に壊される過程（例：DNA をワーリングブレンダーで処理する）．

センチモルガン [centimorgan] ⇨ モルガン単位．

線虫 [*Caenorhabditis elegans*] 発生遺伝学の分野で広範な研究が行われている小型の線虫．体長およそ 1 mm．20 ℃で飼育すると，3.5 日で生活環が完了する．クチクラ層が透明なため，すべての細胞が観察可能である．成体は 816 個の体細胞をもち，そのうちの 302 個は神経細胞である．すべての細胞の系譜と運命が完全にわかっている．*C. elegans* は，通常，自家受精を行う雌雄同体として生殖するが，これは細胞当たり 2 本の X 染色体と 5 対の常染色体をもつ．減数分裂時の不分離によって 1 本の X 染色体が失われると，雄が生じる．このような雄は，雌雄同体の子の中におよそ 0.2％の頻度で出現する．雌雄同体個体と雄を交配することによって，遺伝学的な解析が可能になる．*C. elegans* のゲノムは，9700 万 bp からなり，タンパク質をコードする遺伝子が約 19,100 みられる．ゲノムの 24％をエクソンとイントロンが占め，一つの遺伝子は平均 5 個のイントロンをもつ．遺伝子のおよそ 1/4 は，オペロン*を構成する．リボソーム RNA および 5S RNA 遺伝子はそれぞれ，常染色体 I と V 上に，縦列配列として存在する．線虫の *sel-12* 遺伝子は，アルツハイマー病*感受性にかかわるヒトの遺伝子との相同性がみられる．⇨ 付録 A（動物界，擬体腔動物超門，線形動物亜門），付録 C（1974 Brenner；1977 Sulston, Horvitz；1981 Chalfie, Sulston；1983 Greenwald *et al.*；1988 *C. elegans* Sequencing Consortium），付録 E，アポトーシス，細胞系譜突然変異体，*daf-2*，Hox 遺伝子群，RNA 干渉，トランススプライシング，*Turbatrix aceti*，ジンクフィンガータンパク質，*Panagrellus redivivus*．

線虫データベース [*Caenorhabditis* databases] ⇨ 付録 E．

前適応 [preadaptation] ⇨ 外適応［形質］．

先天性異常 [inborn error] 代謝を阻害し，病的な影響を起こす代謝欠陥をもたらす，遺伝的に決定された生化学的な病気．⇨ 付録 C（1909 Garrod）．

先天性［の］ [congenital] 生まれたときから身に備えていること．先天的欠陥は遺伝子に起因するものとしないものがある．

尖度 [kurtosis] 同じ母数をもつ正規分布*よりも急な勾配，あるいはゆるい勾配の曲線を生じる統計学的分布の性質．

ぜん動 [peristalsis] 管状器官に沿って生じる筋肉収縮の波で，内容物を後方へ押しやる働きをもつ．

全動原体［の］ [holocentric] 分散動原体をもっている染色体．⇨ 動原体．

前途有望な怪物 [hopeful monster] ⇨ 跳躍進化．

セントラルドグマ [central dogma] DNA，

RNA およびタンパク質の間の機能的な相互関係を述べている概念．すなわち DNA はそれ自身の複製ならびに RNA の転写のための鋳型として働き，RNA はタンパク質に翻訳される．それゆえ，遺伝情報の伝達の方向は DNA → RNA →タンパク質である．レトロウイルス*ではこの流れに従わない．

セントリオール ＝中心粒．

全能サプレッサー［omnipotent suppressor］酵母におけるナンセンスサプレッサー*で，コドン特異性がなく，UAA および UAG 突然変異にのみ作用する．二つの相補群に分類されるが，tRNA のサプレッサー突然変異（これはコドン特異的である）ではなく，リボソーム構成要素の突然変異と考えられている．

全能性[の]［totipotent］　成体のすべての細胞に分化する能力をもつ細胞についていう．接合体は通常全能性であるが，発生が進むにつれて胚の細胞の大部分では，しだいにこの能力が限定される．⇨ 多能[の]，幹細胞．

潜伏期［latent period］　**1**．通常の方法では病原体が検出されない感染期間（たとえば，宿主細胞をファージなどに感染させたとき，細菌が溶菌され，子孫ファージが放出されるまでの期間）．前顕生期．⇨ 暗黒期，顕生期．**2**．感染から病気の症状がでるまでの間．⇨ 付録 C（1939 Ellis, Delbrück），一段増殖実験．

潜伏期間［incubation period］　感染してから最初の症状が現れるまでの期間．

潜伏持続［perdurance］　隠れているが持続している状態．遺伝学では，遺伝子が欠失したり不活化された後も，遺伝子産物の寿命が長いために，遺伝子の表現型発現が変化しないことをいう．

選別［sorting］　⇨ タンパク質選別．

選別シグナル［sorting signal］　タンパク質中の数個のアミノ酸からなる領域で，そのタンパク質を最終目的地へ向かわせる．たとえば，核移行シグナルは，4～8 アミノ酸の長さで，数個の塩基性アミノ酸と，通常 1 個以上のプロリンが含まれている．（タンパク質中の）位置は，核タンパク質によって，さまざまである．ペルオキシソーム移行シグナルは，タンパク質の C 末端付近にあり，三つのアミノ酸（セリン，リシン，ロイシン）を含む．特定のタンパク質を ER（小胞体）やゴルジ体に留めるシグナルや，リソソームに向かわせるシグナルも存在する．線虫やショウジョウバエのような動物では，全タンパク質の約 5%が，ミトコンドリアに向かわせるシグナルをもっている．しかし，シロイヌナズナのような植物では，核遺伝子にコードされたタンパク質の 25%近くが，葉緑体またはミトコンドリアに向かう．⇨ タンパク質選別．

漸変態類［Heterometabola］ ＝不完全変態上目（Hemimetabola）．

繊毛［cilia，(*sing*.) cilium］　繊毛虫の表面や繊毛上皮を構成する細胞の表面を覆っている繊細な運動性の突起の集団．個々の繊毛は細胞質の表層部にみられる基部小体から生じる．繊毛の動きによって繊毛虫は生息している水中で泳ぐことができる．繊毛上皮の繊毛の運動は，その表面の粘液層や液体を移動させるのに役立っている．⇨ 軸糸．

線毛［pilus，(*pl*.) pili］　ピリともいう．接合中の細菌の表面から伸びる中空の糸状付属物．大腸菌の線毛は，"雄"（F⁺および Hfr）細胞の DNA を受容菌の"雌"（F⁻）細胞に移送するための管としての役割をもつ．線毛はピリンとよばれる糖リン酸タンパク質から構成される．ピリン分子は直径約 2.5 nm の中心管の周りにらせん状に並ぶ．⇨ 雄性ファージ，F 因子，フィンブリエ．

繊毛虫［ciliate］　繊毛虫門（Ciliophora）に属する原生動物．⇨ 付録 A（原生生物界）．

前蛹期［prepupal period］　昆虫の囲蛹殻形成と成虫原基の反転期との間の期間をいう．

前養子関係の親［pre-adoptive parents］　⇨ 生殖細胞選別．

前葉体［prothallus, prothalium］　トクサ類やシダ類の独立配偶体．⇨ 付録 A（植物界，維管束植物門）．

線量計［dosimeter］　放射線の集積線量を測定する装置．

線量-作用曲線［dose-action curve］ ＝線量-反応曲線（dose-response curve）．

線量-反応曲線［dose-response curve］　線量-作用曲線（dose-action curve）ともいう．ある種の生物学的反応と照射した放射線線量との関係を示す曲線．

線量分割［dose fractionation］　一定の間隔で小線量の放射線を照射すること．

全腕転位［whole-arm transfer］　⇨ 動原体融合．

全腕融合［whole-arm fusion］ ＝動原体融合（centric fusion）．

ソ

相引, 相反配置 [coupling, repulsion configuration] 二つの非対立突然変異遺伝子が, ともに一方の相同染色体上に存在し, 他方の相同染色体には野生型対立遺伝子がある ($a\ b/++$) 場合に, それらの遺伝子は相引配置にあるという. 相反配置とは, それぞれの相同染色体に突然変異と野生型の遺伝子を含む ($a+/+b$) 場合をいう. ⇒ シス, トランス配置.

相加遺伝分散 [additive genetic variance] 一つの遺伝子座またはポリジーン形質を支配する多数の遺伝子座において, ある対立遺伝子をほかの対立遺伝子に置換することによって生じる平均的効果に起因する遺伝分散. この分散成分によって, 量的形質の選択に対する応答の速度を推定することができる. ⇒ 量的遺伝.

相加因子 [additive factor] 一群の非対立遺伝子の一つで, 同一の表現型形質に影響を与え, それぞれがその表現型におけるほかの非対立遺伝子の効果を強めるもの. ⇒ 量的遺伝.

走化性 [chemotaxis] 向化性 (chemotropism) ともいう. 細胞もしくは生物個体が拡散する化学物質に誘引されるか, あるいはそれから遠ざかること.

相加的遺伝子作用 [additive gene action] 1. 優劣のない対立遺伝子同士の作用形態. ヘテロ接合体は, 各対立遺伝子のホモ接合体の中間の表現型を示す. 2. ポリジーン形質に対する (上に示したような種類の) すべての遺伝子座の累積的寄与.

相関 [correlation] 統計学上の変数が相伴って変化する度合いのこと. それは相関係数によって測られ, 0 (相関がない) から -1 あるいは $+1$ (負あるいは正の完全相関) までの値をとる.

相関コイル [relational coiling] 2本の染色分体が, 互いにゆるくからみ合っていること. この2本の染色分体はねじれが完全に元に戻るまでは分離できない. ⇒ 撚糸型らせん.

増感剤 [sensitizing agent] 生物系に投与し, 続いて放射線を当てたときに, その線量のみによる生物系の損傷度よりも損傷度が高くなるような薬剤.

相関反応 [correlated response] 外見上は無関係な形質に対する選択に付随した結果としてある形質が変化すること. たとえば, ショウジョウバエにおいて, 剛毛数の増加に対する選択に伴って妊性が減少するということがある. ⇒ 多面発現.

双極子 [dipole] 双極分子ともいう. 両極に逆の電荷をもつ分子.

双極子イオン [dipolar ion] = 双性イオン (zwitterion).

双極分子 = 双極子.

総鰭(き)類 [crossopterygian] 葉状のひれのある硬骨魚. この魚の一群が両生類の先祖にあたる. ⇒ 生きた化石.

造血 [hematopoiesis, hemopoiesis] 赤血球の形成.

造血組織適合性 [hemopoietic histocompatibility] 略号 Hh. 近交系マウスおよびその雑種において, 骨髄移植に関し用いられる用語. 脾臓における移植骨髄細胞の生育からみると, 雑種受容者は親の移植骨髄を拒絶するのに対し, 親受容者は雑種の骨髄を受け入れるという, 特異的な移植遺伝学が適用されるようにみえる.

造血[の] [hematopoietic, hemopoietic] 赤血球形成に関すること.

相互組換え [reciprocal recombination] 二遺伝子雑種の配偶子において, 母親および父親の相同染色体のいずれとも異なる新しい連鎖配置が生じること. たとえば, 非対立突然変異 a, b が相引配置 AB/ab で存在する場合, 交差により同数の Ab, aB なる相互組換え配偶子が生じる.

相互交換 [interchange] 非相同染色体の間の分節の交換. これにより転座がひき起こされる.

相互交配 [intercross] ヘテロ接合体の交配 ($a/+ \times a/+$).

相互進化 = 共進化.

相互排除 [mutual exclusion] ある種の原生動物の繊毛抗原に見られる現象で, 一つの時点では, 1種類の血清型に対する一つの遺伝子座のみが活性をもつことをいう. たとえばゾウリムシ (*Paramecium primaurelia*), テトラヒメナ (*Tetrahymena pyriformis*) ではヘテロ接合体における血清型の相互排除が非対立遺伝子でも, 対立遺伝子でも起こる.

相互排除事象［mutually exclusive event］　ある時点において，一連の選択的事象のうちのどれか一つしか起こらないこと．

走査仮説［scanning hypothesis］　真核生物の翻訳開始を説明する理論．これによればリボソームの 40S サブユニットは mRNA のキャップあるいはキャップ付近に結合し，開始コドン AUG に到達するまで 3′ 方向に移動する．開始コドンに到達すると開始複合体が形成され，読み枠が確定したものとなる．

走査型電子顕微鏡［scanning electron microscope］　略号 SEM．⇒ 電子顕微鏡．

創始細胞［founder cell］　⇒ 区画化．

創始者効果［founder effect］　より大きな母集団の中のごく小さな集団が新たに孤立した存在として確立したときに，その集団のもつ遺伝子プールは母集団の遺伝子プールがもつ遺伝的多様性のごく一部しか保有していないという原理．したがって，それぞれの集団の置かれた異なる環境下の異なる進化的圧力が，異なる遺伝子プールに作用することになるため，元の集団とそれから派生した集団との進化上の運命は違った経路をたどることが多い．⇒ 付録 C (1980 Templeton).

爪膝蓋骨症候群［nail patella syndrome］　ヒトの遺伝病．この患者では，指の爪や膝蓋骨の奇形や欠損がみられる．9 番染色体上の優性遺伝子によるものである．

桑実胚［morula］　卵割により生じた割球が集合した胚．胞胚期の前にあたる．

相似[の]［analogous］　収束進化により生じた構造あるいはその過程を示す．相同[の]* の対語．相似構造は，進化的に起源は異なるが，似かよった機能をもつ．（例：チョウの翅とコウモリの翼）．⇒ 成因の相similar違．

双翅目［Diptera］　ユスリカ，カ，ハエが属している昆虫の目．⇒ 付録 A（動物界，節足動物門）．

早熟凝縮染色体［prematurely condensed chromosome］　実験的に急速染色体凝縮を起こさせて分裂中期の状態に移行させた間期の染色体．間期の細胞と分裂中の細胞を融合させることによりできる．間期の細胞は細胞分裂過程に入り，染色体も凝縮する．⇒ 付録 C (1970 Johnson, Rao).

総状花序［raceme］　ヒヤシンスのように花序軸から出た小花柄に花が付く花序．カラスムギ，イネ，コムギ，ライムギなどの枝分かれした総状花序は，円錐花序という．⇒ 穂状花序．

相乗作用［synergism］　二つの作用を組合わせて働かせると，個々の働きの和よりも効果が大きくなる現象．

層序学的時代区分［stratigraphic time division］　地質年代区分*．

増殖曲線［growth curve］　微生物学では生育培地上での細胞数の変化を，時間の関数として示した曲線．

増殖死［reproductive death］　生殖致死ともいう．本来無限に分裂するはずの細胞の増殖能が抑圧されること．⇒ 遺伝的死．

増殖状態［vegetative state］　ファージがまだ感染力をもたない状態で，ゲノムが活発に多重化し，宿主を制御して感染性粒子の生産に必要な物質を合成している状態．

草食動物［herbivore］　おもに植物を食べる動物．

双性イオン［zwitterion］　両性イオン，双極子イオン（dipolar ion）ともいう．アミノ酸は中性の pH の溶液中ではアミノ基が正電荷をもち（$-NH_3^+$），カルボキシル基が負電荷を帯びた（$-COO^-$）双性イオンであるといえる．

造精器［antheridium］　蔵精器ともいう．藻類，真菌類，コケ植物，シダ類の雄の配偶子嚢．

双生児［twins］　1 回の出産時に同時に 2 個体が出産されたもの．一卵性（MZ）は同一の核遺伝子のセットをもつ．一卵性双生児は卵割球の分離により生まれるもので，無性生殖によるクローンであるといえる．二卵性双生児（DZ）は，2 個の卵が放出され受精した結果生まれる．したがって二卵性双生児の遺伝子レベルでの類似はきょうだいと同等であり，平均して約半分の遺伝子が一致するにすぎない．ヒトの一卵性双生児の出生頻度は比較的一定で 240 の出生に対し 1 回の割合である．二卵性双生児の出生頻度は人種により異なるが，白人の場合一卵双生児の頻度の約 2 倍である．⇒ 付録 C (1869 Galton; 1874 Dareste; 1875 Galton; 1927 Bauer).

創造説［creationism］　宇宙や生命が進化のような自然の過程ではなく，聖書の記述にあるような神の特別な行為で創造されたという信念．創造科学の別の言い方．⇒ ファンダメンタリズム．

相対成長［allometry］　一個体の一部位の成長率と全体またはほかの部位の成長率との間の関係．等成長の場合は，個体が成長する際，個々の部位の相対的割合は変化しない．その他の場合はすべて，個体の大きさが増すにつれて，相対的割合は変化する．⇒ 不等成長．

双胎[の]［biparous］　1 回の出生で 2 個体が生じること．

相対分子質量［relative molecular mass］　記号 Mr．ダルトンに対応する分子の相対質量．Mr は無名数で，近年の化学関係の文献では分子量に

取って代わった．

相対平板培養効率［relative plating efficiency］対照の絶対平板培養効率の絶対値を 100 とした場合のコロニーを生じる接種細胞のパーセンテージ．⇒ 絶対平板培養効率．

増大母細胞［auxocyte］　ゴノトコント（gonotocont）ともいう．核が減数分裂前期に入ることになっている細胞．すなわち一次卵母細胞，一次精母細胞，大胞子母細胞や小胞子母細胞．

相同組換え［homologous recombination］　遺伝子工学で一般的に使用される用語．DNA の修復と複製にかかわる酵素を利用して体細胞の正常な対立遺伝子を人為的に改変した対立遺伝子に置き換えること．⇒ DNA 修復，遺伝子ターゲッティング．

相同性［homology］　相同である状態．分子生物学においては，核酸の塩基配列やタンパク質のアミノ酸配列を，遠く離れた種の間で比較する際に用いられる．このような場合，相同性よりも配列の同一性もしくは類似性とよぶのが望ましい．

相同染色体［homologous chromosome］　減数分裂期に対合する染色体．それぞれの相同染色体は，配偶子合体に際して，母親または父親から寄与された染色体の複製である．相同染色体の遺伝子は同じ直線的配列をもち，その結果，各遺伝子は重複して存在する．⇒ 対合複合体．

相同体［homolog, homologue］　**1**．分類学において一つのクレードを定義する形質．**2**．共通の祖先から進化したことによる，異種間で見られる類似した特性．**3**．⇒ 相同染色体．

相同［の］［homologous］　共通の祖先から進化したことにより，異なる生物の間で基本的な類似性を示す構造または過程についていう．相同な構造は，たとえばアザラシのひれ脚とコウモリの翼のように，その機能が大きく異なっていたとしても，同じ進化的起源をもつ．⇒ 相似［の］．

挿入［insertion］　DNA 分子中に 1 塩基対以上が付加されること．おもにアクリジン色素や可動挿入配列*によって誘発される突然変異の様式．

挿入器官［intromittent organ］　精子を雌に送入する雄の生殖器（たとえば陰茎）．

挿入剤［intercalating agent］　DNA 分子の塩基対間に入り込み，しばしば相補鎖間の塩基の配列や対合を妨害する物質（アクリジン色素など）．複製時に 1 塩基対またはそれ以上の挿入や欠失が起こるために，よく読み枠のずれ*がひき起こされる．

挿入失活［insertional inactivation］　遺伝子コード領域中に外来性 DNA 配列を挿入することによって，その遺伝子産物の機能を失活させること．遺伝子工学においては，これを利用して，外来性 DNA 配列が目的のプラスミドまたはほかの受容 DNA 分子中に組込まれたことを調べるのに用いられる．

挿入転座［insertional translocation］　⇒ 転座．

挿入突然変異誘発［insertional mutagenesis］トランスポゾン，ウイルス，トランスフェクション，受精卵への DNA 注入などにより，異常なヌクレオチド配列が挿入された結果起こる遺伝子の変化．このような突然変異は，遺伝子産物を部分的もしくは完全に失活させたり，タンパク質の合成量を変化させたりする．⇒ 挿入失活，挿入配列，遺伝子組換え動物．

挿入配列［insertion sequence］　IS 因子（IS element）ともいう．大腸菌の自然突然変異の原因として最初にみつかった転移因子*．これまでに研究されている IS 因子の大多数は 0.7〜1.8 kb の大きさをもつ．IS 因子の両末端には，およそ 10〜40 bp の逆方向反復配列がみられ，トランスポゼースの認識配列となると考えられている．また，IS 因子はトランスポゼースをコードする 1 個の遺伝子をもっている．1997 年に配列が決定された大腸菌株のゲノムは，10 種類の異なる挿入配列を含んでいたが，これらの大部分では染色体上の複数の部位にみられた．⇒ 付録 C（1969 Shapiro；1997 Blattner et al.）．

挿入ベクター［insertion vector］　⇒ λ クローニングベクター．

造嚢器［ascogonium］　真菌類において，造精器から単相の核を受取る雌性細胞．

造嚢糸［ascogenous hypha］　原形質融合*のあとに造嚢器の表面から発生する菌糸．それゆえこの菌糸は両交配型の核を含んでいる．かぎ状構造*形成のあとで，菌糸は子嚢を形成する．

創発的特性［emergent property］　階層的システムにおいて，より高次のレベルで初めて明白となる性質．より下位のレベルの単位が集合することにかかわる過程や量によって生じる．たとえば生態学的階層では，各個体がもっていない特性をそれらが構成する個体群が現し，各個体群がもたない特性を群集がもつようになる．

相反［repulsion］　⇒ 相引，相反配列．

増幅［amplification］　⇒ 遺伝子増幅．

相補 RNA［complementary RNA］　= cRNA．

相補遺伝子［complementary gene, reciprocal gene］　補足遺伝子ともいう．互いに補い合う非対立遺伝子．優性相補の場合には，ある形質の発現に二つ以上の優性対立遺伝子が必要とされ

る．劣性相補の場合には，各遺伝子の優性対立遺伝子がある形質の発現を抑制する（すなわち，二重劣性ホモ接合のもののみがその形質を示す）．

相補因子［complementary factor］ ⇨ 相補遺伝子．

相補群［complementation group］　同一シストロン中に存在する突然変異群．相補性検定で非相補的であるので非相補群とよぶ方が適切．

相補性［complementation］　一つの雑種二倍体や異核共存体において，二つの異なった突然変異を同時にもつ細胞または生物個体に野生型表現型が現れること．⇨ 相補性検定．

相補性決定部位［complementarity-determining region］　免疫グロブリンまたはT細胞受容体分子の可変領域の一部で，抗原との結合特異性を決定するアミノ酸残基を含む．⇨ パラトープ．

相補性検定［complementation test］　二つの突然変異が同じ遺伝子に起こっているかどうかを見るために，同一細胞中に2本の突然変異染色体を導入すること．二つの突然変異が対立遺伝子でない場合には，その雑種の遺伝子型は $(a + / + b)$ で表される．おのおのの染色体が互いに欠けている部分を補い合うので，野生型の表現型が現れる．⇨ 対立遺伝子相補性，シス-トランス検定．

相補地図［complementation map］　染色体の短い部位に存在する一連の突然変異の相補パターンを図形で表したもの．互いに相補的な突然変異は重複しない線分で示し，相補的でない突然変異は重複した線分によって表す．相補地図は一般に直線であり，相補地図と遺伝地図のうえの突然変異の位置は一致する．相補地図は，対象となっているDNA断片によりコードされているポリペプチド鎖中に導入された傷の位置を示していると考えられる．

相補 DNA［complementary DNA］　= cDNA．

相補的塩基対［complementary base pair］　= ヌクレオチド対（nucleotide pair）．

相補的塩基配列［complementary base sequence］　塩基対合則と合致したポリヌクレオ

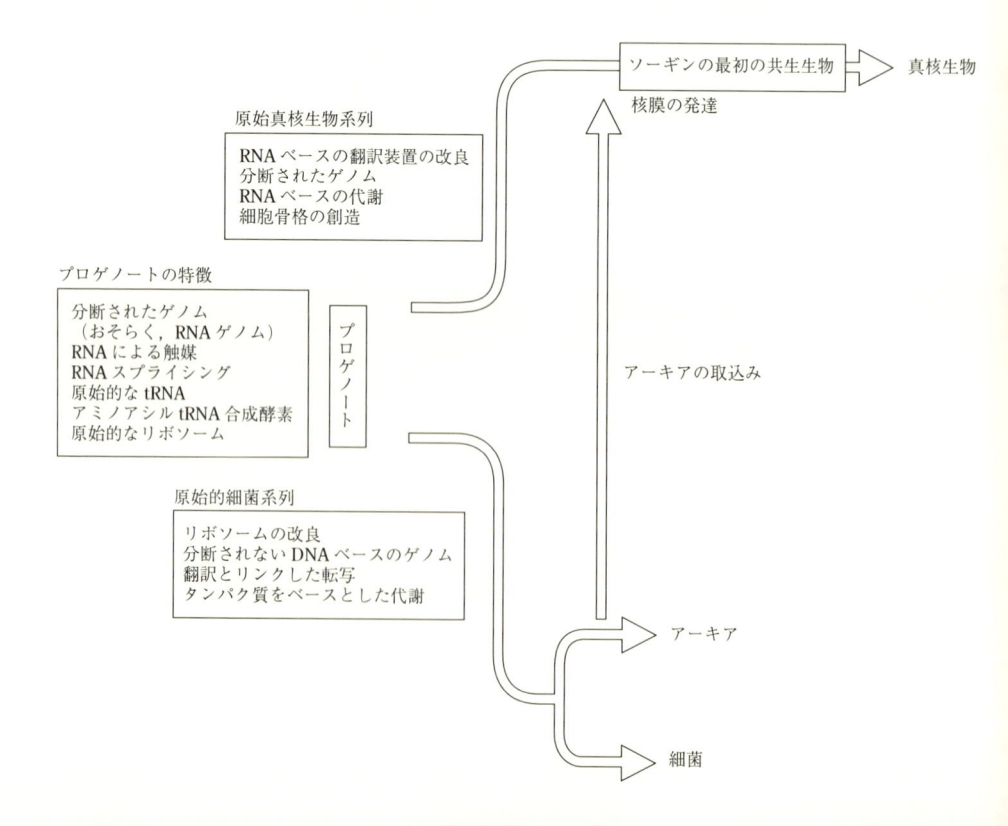

ソーギンの最初の共生生物

チド配列．たとえば，DNA の一方の鎖の配列 (5′) A-G-T は，他方の鎖の (3′) T-C-A と相補的である．配列が決まれば，その相補的配列も決まる．⇨ デオキシリボ核酸．

造雄腺 [androgenic gland] 軟甲類に属する大部分の甲殻類に見いだされる腺．成熟雌に移植すると，一次および二次性徴の雄性化をひき起こす．

造卵器 [archegonium] 苔類，蘚類，シダ類，大部分の裸子植物の雌性生殖器官．

相利共生 [mutualism] 両種とも利益を得るような共生関係．

ゾウリムシ属 [Paramecium] よどんだ池にみられる繊毛虫の属名．よく見られる種は P. aurelia, P. caudatum, P. bursaria である．これらは核と細胞質の相互作用の研究によく使われる．⇨ 付録 C (1976 Dippell)，収縮胞，普遍暗号説．

藻類 [alga, (pl.) algae] 単細胞から巨大な海草までをも含む，水生の葉緑素をもつ生物の大きなグループの総称．⇨ 付録 A (藍菌門，渦鞭毛藻門，ミドリムシ植物門，黄緑色植物門，珪藻植物門，褐藻植物門，紅藻植物門，接合藻植物門，緑藻植物門)．

早老症 [progeria] プロジェリア，ハッチンソン-ギルフォード症候群 (Hutchinson-Gilford syndrome) ともいう．ヒトの遺伝病．老化が早く起こり，通常 14 歳前に死に至る．早老症の患者から得た組織培養細胞は，極端に複製寿命が短く，損傷を受けた DNA を修復する能力も低い．

ソーギンの最初の共生生物 [Sogin's first symbiont] 真核生物の仮想上の祖先．前ページの図に概略を示したように，この生物は，代謝能力を補い合うような二つの原核生物が融合して生じた．最初の一つは，分断された RNA をベースとするゲノムをもっており，翻訳時に機能する RNA や細胞骨格タンパク質の合成の情報を担う．細胞骨格ができ上がると，この原核生物は，もう一つの微生物を取込むことが可能になる．この 2 番目の生物は，原始的なアーキアで，比較的分断されていない DNA をベースとしたゲノムをもち，ゲノムは代謝活性のあるタンパク質をコードしている．最初の生物が 2 番目の生物を取込むと，取込まれた生物はキメラ生物内で，核として機能するようになる．⇨ 付録 C (1991 Sogin)，連続共生説．

属 [genus, (pl.) genera] 共通の祖先から派生したことによって近縁と考えられる一つ以上の種を含む分類群．⇨ 階層．

族外婚 ＝異系交配．

ソクセイト　209

側系統[の] [paraphyletic] **1**. 分類において，不完全クレード，すなわち一つの完系統群に属する一つもしくはそれ以上のメンバーが除かれたものをいう．側系統群は，除去されたクレードを規定する相同性をもたないことにより認識される．たとえば図のグループ AB は側系統である．これは特徴 3 がない (特徴 1, 2 はグループ CD にもある) ことから定義されるからである．**2**. 進化において，単一の共通祖先からの子孫グループの一部が含まれていないような単系統群をいう．たとえば下の図でグループ AB は側系統である．しかし，グループ CD は共通祖先 1 の直接の子孫ではないので除かれる．

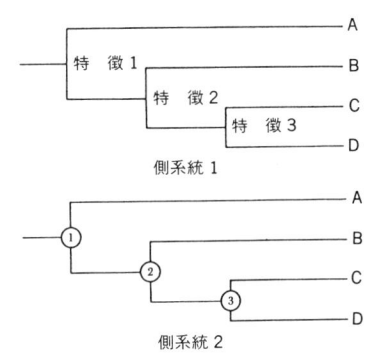

```
        ┌──────── A
  ┌特徴1─┤
  │     │    ┌─── B
  │     └特徴2┤
  │          │ ┌─ C
  │          └特徴3┤
  │              └─ D
         側系統 1

        ┌──────── A
  ┌─①──┤
  │    │    ┌─── B
  │    └─②─┤
  │         │ ┌─ C
  │         └③┤
  │            └─ D
         側系統 2
```

即時[型]過敏症 [immediate hypersensitivity] すでに感作された個体をアレルゲンもしくは抗原にさらすと数分以内に起こる抗体介在性過敏症反応．⇨ 遅延[型]過敏症．

側所的 [parapatric] 隣接した領域を占め，領域の重なった場所では交雑がふつうに行われているような集団あるいは種をいう場合に用いられる．

側所的種分化 [parapatric speciation, semi-geographic speciation] 半地理的種分化ともいう．漸新的種分化の一様式．生息域の重なった狭い部分で，その全過程を通じて遺伝的接触を維持した集団から新種が生じることをいう．⇨ 異所的種分化，異側所的種分化，縁生的種分化．

促進 [acceleration] ⇨ 異時性．

側心体 [corpus cardiacum] 被膜細胞で囲まれた軸索の中央束からなる昆虫の内分泌器官．側心体からの軸索はアラタ体に入る．側心体に連絡している大部分の軸索は脳間部に細胞体をもっている．被膜細胞と軸索の多くは，多数の神経分泌小球を含有している．

側生動物亜界 [Parazoa] 動物界の一区分．海綿動物のように，器官を構成する組織がなく，定まった形をもたない生物を含む．⇨ 付録 A．

速度論的複雑さ［kinetic complexity］　⇨ DNA の複雑度．

族内婚　＝同系交配．

側方遺伝子伝達［lateral gene transfer］　⇨ 水平伝達．

側面要素［lateral element］　⇨ 対合複合体．

組織［tissue］　同一の機能をもつ同種の細胞からなる集合体．

組織化学［histochemistry］　組織切片内の特定の分子の分布を，特異的な染色法によって研究する組織学．⇨ 付録 C（1825 Raspail）．

組織学［histology］　組織についての学問．

組織形成［histogenesis］　組織学的に識別可能な分化が生じること．

組織適合性遺伝子［histocompatibility gene］　主要組織適合性複合体（MHC）系およびその他多くのマイナー組織適合性複合体系に属する遺伝子．組織適合性抗原*の産生に関与する．⇨ 付録 C（1948 Snell）．

組織適合性検査［tissue typing］　移植の供与者と受容者の主要組織適合抗原を，術前に血清を用いた試験などで決定すること．移植片の拒絶反応の可能性を最小限にするには，供与者と受容者の ABO 式血液型が同じでなければならず，さらに H 抗原の一致度をできるだけ高めることが望ましい．⇨ 組織適合性分子．

組織適合性抗原［histocompatibility antigen］　遺伝的にコードされた細胞表面のアロ抗原で，それをもつ移植組織，細胞，腫瘍に対する拒絶反応をひき起こす．⇨ 付録 C（1937 Gorer）．

組織適合性分子［histocompatibility molecule］　遺伝的にコードされた細胞表面のアロ抗原であり，移植組織，細胞，それをもつがんに対する拒絶反応の原因となる．これらの細胞膜糖タンパク質は二つのクラスに分類される．クラス I 分子はすべての哺乳類細胞（栄養芽層と精子を除く）表面に見られる．$CD8^+$ サブグループの T リンパ球*は，非自己クラス I 組織適合性分子の抗原決定基を認識する．クラス II 組織適合性分子は B リンパ球*表面に多く存在する．$CD4^+$ サブグループの T リンパ球は，非自己クラス II 組織適合性分子の抗原決定基を認識する．これらの T 細胞はその後分裂し，B 細胞の増殖・分化に重要なリンフォカイン*を分泌する．クラス I 組織適合性分子は，重鎖（α）および軽鎖（β）の 2 種のポリペプチド鎖からなるヘテロダイマーである．クラス I 鎖は HLA 複合体*右部に存在する遺伝子群によりコードされている．α 鎖には多様な配列を示す領域があるが，β 鎖のアミノ酸組成は一定である．クラス II 組織適合性分子も重鎖 α と軽鎖 β からなる二量体であり，HLA 複合体左部の遺伝子群によりコードされている．クラス II 組織適合性分子の配列多様性領域は β 鎖の一部分に集中している．クラス II 組織適合性二量体は，多型性を示さない別のポリペプチド鎖と結合している．⇨ 付録 C（1937 Gorer；1987 Wiley et al.），主要組織適合性複合体．

組織培養［tissue culture］　細胞の構造や機能を保持するようにガラス器具内で組織細胞を維持あるいは生育させること．生体から直接分離した細胞を初代細胞という．組織をタンパク質分解酵素であるトリプシンで処理して解離させた細胞を，培養器上に高密度で植えることにより，生育する初代細胞が得られる．組織培養中で増殖した初代細胞から生じる培養細胞を継代細胞培養という．継代細胞の多くは有限回の細胞分裂の後に死ぬ．わずかの継代細胞だけがこの "臨界点" を超えて無限に増殖可能となり，連続継代性の細胞系統となる．細胞系統は染色体を余分にもち，また他の点でも異常を示すことが多い．これらの細胞の不死性は，がん細胞にも共通する特徴である．⇨ 付録 C（1907 Harrison；1965 Hayflick），テロメラーゼ．

組織発生［の］［histogenetic］　細胞性免疫により規定される抗原もしくは応答．

組織不適合性［histoincompatibility］　組織不和合性ともいう．移植した組織を受容しないこと．

組織不和合性　＝組織不適合性．

組織分解［histolysis］　組織の溶解．

阻止された読み枠［blocked reading frame］　⇨ 読み枠．

疎水結合［hydrophobic bonding］　水溶液において無極性基の集団が，互いに会合し水分子を排除しようとする傾向．

疎水性［hydrophobic］　水を反発すること．すなわち水にほとんど不溶性の分子または分子中の作用基（アルキル基のような）をさす．疎水性基の集団は，その表面に水反発性の膜をつくる．

祖先［progenitor］　ヒト・動物・植物が由来したヒトまたは生物．

祖先形質［の］［plesiomorphic］　**1**．分類学において，問題としているグループに生じているが，それ以外においても見られるような形質状態をいう．こうした特徴はそのグループを定義するのにも，またそのメンバーが共通の祖先に由来するものであることを示すのにも使用できない．**2**．進化学において，問題とするすべての分類群の祖先に生じたと考えられるもともとある原始的な特徴．⇨ 子孫形質［の］，分岐図．

Sordaria fimicola 遺伝子変換*の研究に用いられる．子嚢菌類の一種．

ソトモノアラガイ［*Lymnaea peregra*］ 淡水産カタツムリで，殻のらせんの方向を決める遺伝の古典的研究が行われた．この形質は遅滞型メンデル分離を示した．カタツムリのこの表現型は，雌親の遺伝子型によって決定されるためである．⇨ 付録 A（軟体動物門，腹足綱），付録 C（1923 Boycott, Diver, Sturtevant）．

ソマトクリニン［somatocrinin］ 成長ホルモン放出ホルモン．⇨ ヒト成長ホルモン．

ソマトスタチン［somatostatin］ 脳下垂体からの成長ホルモンの放出ならびに膵臓からのインスリンとグルカゴンの放出を促進するポリペプチドホルモン．この 14 個のアミノ酸からなるペプチドの遺伝子は，プラスミドにつながれて，大腸菌でクローニングされた．形質転換されたこの細菌はソマトスタチンを生産し，これがヒトの合成タンパク質としては初めて商業的な生産につながった．⇨ 付録 C（1977 Itakura *et al.*），ヒト成長ホルモン．

ソマトトロピン［somatotropin］ = ヒト成長ホルモン（human growth hormone）．

粗面小胞体［rough surfaced endoplasmic reticulum］ 略号 RER．エルガストプラズム（ergastoplasm）ともいう．⇨ 小胞体．

ソラマメ［*Vicia faba*, broad bean, fava bean, horse bean, Windsor bean］ 染色体が大きく，染色体数が小さい（$N=6$）ため，細胞遺伝学によく用いられる植物．DNA の複製の半保存的性質は，ソラマメの根端細胞の染色体を ^{3}H-チミジンで標識したオートラジオグラフィーの解析により初めて示された．⇨ 付録 C（1957 Taylor *et al.*），ソラマメ中毒症．

ソラマメ中毒症［favism］ ソラマメ（*Vicia faba*）の豆の摂取による溶血性反応．ソラマメを摂取した母親の母乳で育った乳幼児も発症する．ソラマメに含まれるさまざまな物質が，酵素によって加水分解されてキノン類になり，これから活性酸素が発生する．グルコース-6-リン酸デヒドロゲナーゼ*を欠損した赤血球は，酸化剤に対して著しい感受性を示し，活性酸素が多くなると溶血する．グルコース-6-リン酸デヒドロゲナーゼ欠損症*がふつうにみられる遺伝病である地中海文化では，ソラマメの毒性は何世紀も前から知られていた．ソラマメ中毒症はふつう，*Gd* 遺伝子の A$^-$ 対立遺伝子あるいは M 対立遺伝子に関してヘミ接合の男性が発症する．

ソラレン［psoralen］ 核酸の特異的な塩基対領域に作用する光感受性の架橋剤．⇨ トリメチルソラレン．

ソレノイド構造［solenoid structure］ 真核生物の核染色体が凝縮した状態で見られる DNA の超コイル構造．⇨ 付録 C（1976 Finch, Klug）．

ゾーン電気泳動［zonal electrophoresis］ 荷電した高分子を分離したり，電気泳動移動度を用いて分子の分析を行う手法．

タ

代 [era] 地質年代区分*で，累代中のおもな区分．

第一色弱 [protanomaly] ⇨色覚異常．

第一色盲 [protanopia] ⇨色覚異常．

第一分裂分離子嚢パターン [first-division segregation ascus pattern] 子嚢菌において，子嚢内での胞子の表現型の並びが4：4の直線的な配列になること．これは動原体と遺伝子座の間での交差が起こらなかったため，一対の対立遺伝子（たとえば色素沈着を制御する対立遺伝子の組など）が減数分裂第一分裂の際に分離したことを示している．⇨定序四分子．

体液性免疫 [humoral immunity] 免疫グロブリン（抗体）による免疫応答．

退化 [devolution] 退行的進化．

胎芽 [propagule] 栄養繁殖体あるいは栄養分体ともいう．通常，植物の増殖性の芽もしくはシュートを指し，これが分離することによって新たな個体をつくることができ，したがって種の増殖が起こる．より一般的には，種を増殖させる能力をもつ単細胞あるいは多細胞の生殖体のすべてをいう．

大核 [macronucleus] 栄養核 (vegitative nucleus) ともいう．繊毛虫類では大小二つの核があり，そのうちの大きい方をいう．大核には各遺伝子の多数のコピーがあり，転写が行われる．⇨付録C (1969 Ammermann)，小核，テトラヒメナ．

大顎類 [Mandibulata] 大腮類ともいう．触角と一対の下顎をもつ種を包括する節足動物のグループ．⇨付録A（動物界，節足動物門）．

台木 [stock] 接穂が接がれる植物の部分．一般に根系と茎の一部から成る．

第IX因子 [factor IX] ⇨血漿トロンボプラスチン成分．

体系学 [systematics] 系統分類学ともいう．分類体系に関する学問．進化的関係に基づいた分類学．

袋形動物門 [Aschelminthes] 前部に口，後部に肛門およびまっすぐな消化管をもつ擬体腔動物に含まれる門．⇨付録A．

退行 [retrogression] より複雑でない方向への進化．ある種の寄生生物に特徴的である．たとえば消化系を全くもたないサナダムシの類は消化系をもつ自由生活の扁形動物から退行したものと考えられている．

対合 [synapsis, pairing, syndesis] 減数分裂の接合糸期に相同染色体が対合複合体*を形成することにより対になること．⇨付録C (1901 Montgomery)．

対合依存性対立遺伝子相補 [synapsis-dependent allelic complementation] ⇨トランスベクション．

対向クロマト電気泳動 [counteracting chromatographic electrophoresis] 混合物から，特定の分子を精製する方法で二つの逆方向に作用する力を利用するものをいう．特に，分離用カラムを落下する溶質分子の流れと，溶媒分子の逆方向への泳動を利用したものをいう．

退行的進化 [regressive evolution] 複雑性が失われるような集団の遺伝的構造の変化．洞穴に住む動物の色素や目が退化していくのもその一例である．

体腔動物超門 [Coelomata] 中胚葉中に形成され，中胚葉によって囲まれた体腔をもつ動物の超門．⇨付録A．

対合複合体 [synaptonemal complex] 中心複合体と，それを囲んで並ぶ密度の大きい側方要素より成る三層構造．側方要素は太糸期の二価染色体の対合した相同染色体の中央軸に沿って位置する．中心複合体には側方要素と直交する指間突起状のタンパク質フィラメントの系があり，減数分裂時の対合に際し，側方要素を対合複合体の長軸と平行に保持する役割を果たす．⇨付録C (1956

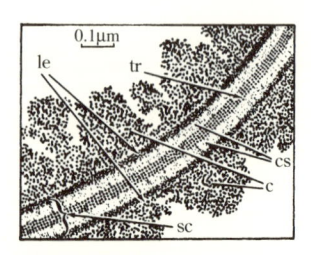

二価染色体の断面図．c: 染色質，cs: 中央のスペース，le: 側方要素，sc: 対合複合体，tr: 中心複合体の円柱の断面．

Moses, Fawcett), *Gowen's crossover suppressor*, 減数分裂.

対合分節［pairing segment］　対合し，交差を行う X および Y 染色体の分節．対合しない残りの部分は分化分節とよばれる．

太古代　＝始生代．

退行分化　＝脱分化．

太鼓ばち小体［drumstick］　ヒトの多形核白血球の核から出ている小突起．女性の白血球細胞の 3～5％ に認められるが，男性にはほとんどみられない．⇨ バー小体．

体細胞［somatic cell, soma］　真核生物の体を構成する細胞のうち，性細胞になる運命にあるもの以外の細胞．二倍体生物の体細胞の多くの染色体数は $2N$ であり，四倍体では $4N$ となる．

体細胞遺伝学［somatic cell genetics］　細胞融合，体細胞の分別，体細胞交差を利用した，無性的に増殖する体細胞の遺伝学的研究．⇨ 付録 C (1964 Littlefield; 1965 Harris, Watkins; 1967 Weiss, Green; 1969 Boon, Ruddle; 1985 Smithies *et al.*).

体細胞遺伝子工学［somatic cell genetic engineering］　遺伝子工学により体細胞の遺伝的欠陥を補うこと．たとえば，欠陥のある膵臓細胞にインスリンを生産する遺伝子を組込むといったことが挙げられる．このような変化は遺伝しない．

体細胞組換え［somatic recombination］　生殖細胞ではなく，体細胞で起きる遺伝の組換えで，通常，特殊な細胞で，特定の発生段階で起きる．たとえば，体細胞組換えは，発生中の B リンパ球＊で起きる．V(D)J 組換え＊により，Ig の多数の可変領域の遺伝子断片のいずれか一つと少数の定常領域の断片の一つが結合される．結果として生じた，抗体を産生するその細胞での（遺伝子の）並び方は，それ以外の体細胞，生殖細胞のいずれとも異なっている．⇨ 体細胞交差．

体細胞クローン変異［somaclonal variation］　組織培養されたカルスから再生した植物に新しい形質が現れること．変異のあるものは 1 塩基の変化が原因であり，また染色体の転座や消失，重複によるものもある．変異の多くは親植物のもっていた変異が表出した結果ではなく，組織培養の間に起こったものである．⇨ 配偶子クローン培養変異．

体細胞交差［somatic crossing over］　体細胞の有糸分裂中に起こる交差で，ヘテロ接合対立遺伝子の分離の原因となる．⇨ 付録 C (1936 Stern), 相同組換え，双子スポット.

体細胞雑種［somatic cell hybrid］　細胞融合＊により生じる雑種細胞．

体細胞対合［somatic pairing］　体細胞における相同染色体の結合で，双翅目昆虫に見られる現象である．ショウジョウバエの多糸染色体が体細胞対合をすることから染色体の再配列の同定や欠失の地図作成が可能となり，この結果，細胞の染色体上での遺伝子の位置が決定された．⇨ 双翅目，トランスベクション．

体細胞多倍数性［polysomaty］　個体が同じ組織中に二倍体細胞と倍数体細胞をもっていること．

体細胞突然変異［somatic mutation］　生殖細胞になる運命にある細胞以外の細胞に起こる突然変異．もし突然変異を起こした細胞が分裂をしつづけるならば，その個体は体の他の領域とは異なった遺伝子型をもつ組織を部分的に含むことになる．⇨ 配偶子突然変異．

体細胞倍加［somatic doubling］　二倍体の染色体組が倍加すること．この現象は有糸分裂をしている体細胞組織に，アルカロイドのコルヒチンを混和したラノリンペーストを塗布することによって実験的に誘導できる．

第三紀［Tertiary］　新生代の前期に区分される地質年代．⇨ 地質年代区分．

第三色弱［tritanomaly］　⇨ 色覚異常．

第三色盲［tritanopia］　⇨ 色覚異常．

胎児［fetus］　⇨ 胚．

胎児水腫［hydrops fetalis］　組織内の液体の蓄積，黄疸，ならびに低酸素状態による赤芽球症を特徴とする胎児の症候群．これは α ヘモグロビン遺伝子の欠失についてホモ接合 ($α^0/α^0$) の個体で起こる．母親はふつう東南アジアまたは地中海沿岸出身である．患者の幼児は妊娠 20～40 週の間に子宮内で死亡するか，あるいは出産直後に死亡する．産科学的な介助が得られない場合には，胎児水腫の胎児の母親の 20～50％ は致命的な合併症を起こす．⇨ サラセミア．

胎児性赤芽球症［erythroblastosis fetalis］　胎児とその母親との Rh 不適合による幼児の溶血性の病気．⇨ 付録 C (1939 Levine, Stetson), Rh 因子，RhoGAM.

代謝［metabolism］　生きた細胞を生産維持し，エネルギーを獲得するのに必要な物理的ならびに化学的過程の総和．⇨ 化学合成生物，解糖，ペントースリン酸回路，光リン酸化，光合成，光合成生物．

代謝回転［turnover］　生体または組織において，原子が総数は変わらずに動的に入れ替わる現象．⇨ 付録 C (1942 Schoenheimer).

代謝回転数［turnover number］　最適条件下

で単一の酵素分子によって1分間に変化させられる基質の分子数.

代謝拮抗物質［antimetabolite］ 拮抗物質あるいは代謝阻害剤として作用する分子のこと.

代謝経路［metabolic pathway］ ある前駆体基質が最終産物に変化するまでの一連の生化学的変化のステップ. 各ステップは一般にその反応に特異的な酵素によって触媒される.

代謝産物［metabolite］ 代謝によって生じる産物.

代謝阻害［metabolic block］ 代謝経路における反応機能の欠損. 反応を触媒する酵素の欠損（突然変異）などによって生じる.

代謝阻害剤［metabolic poison］ 代謝の進行を阻害する化合物. ⇨ ジニトロフェノール.

対照［control］ 比較するための標準.

対称的複製［symmetrical replication］ ＝二方向性複製（bidirectional replication）.

大臼類 ＝大顎類.

大進化［macroevolution］ ウマが *Eohippus* から *Equus* に進化したように, 地質年代を通じた大きな進化をいう. 大進化には, 種のレベル以上の分類群の変化や, 結果として新しい高次分類群の起源となる事象が含まれる. ⇨ 小進化.

ダイズ［*Glycine max*］ 中国原産の豆. ゲノムサイズは 1.1 Gbp. 産業界では, 油の原料として, またタンパク質は, ヒトの食料や家畜の飼料として使用される. やわらかいチーズのように固めたものは, 豆腐として知られている. ⇨ 付録A（植物界, 被子植物上綱, 双子葉植物綱, マメ目）.

大 豆［soybean］ ⇨ ダイズ.

対数期［logarithmic phase］ 生物が, ある決まった時間ごとに倍増していく成長期のこと.

耐性因子［resistance factor］ R 因子（R factor）ともいう. 抗生物質耐性を感受性細菌に与えるエピソームの一種. ⇨ R プラスミド.

耐性伝達因子［resistance transfer factor］ 略号 RTF. ⇨ R プラスミド.

胎生［の］［viviparous］ 1. 卵ではなく幼体を産むこと. 多くの哺乳類のように, 胚形成が母体内で起こる. 2. マングローブでみられるように, 果実内で発芽する種子を生じること.

タイセイヨウサケ属［*Salmo*］ タイセイヨウサケ（*S. salar*）, ニジマス（*S. gairdneri*）などの経済上重要な種を含む属名. ⇨ 付録A（脊索動物門, 硬骨魚綱, 新鰭亜綱, サケ目）.

体節決定遺伝子［segment identity gene］ ショウジョウバエの特定の体節の細胞が遂げる分化の型を決定する遺伝子. 発生においてこれらの遺伝子は, 接合体分節遺伝子よりも後で発現する. 分節遺伝子の突然変異が体の一部を欠失させ, 多くが致死であるのに対し, 体節決定遺伝子に突然変異が起きても突然変異体は生きることができ, 特定の体節で異常な構造の発生が見られる. たとえば, 突然変異により平均棍*が翅に変えられると, 四枚翅の異常なハエが生じる. 体節決定遺伝子は第3染色体右腕に二つのクラスター（*Antp* 複合体と *bx* 複合体）として存在する. ⇨ アンテナペディア, バイソラックス, ホメオティック突然変異, *Hox* 遺伝子群, 接合体分節突然変異体.

体節制［metamerism］ 環形動物や節足動物に共通の現象で, 体のおもな器官系の構成要素が前後軸に沿って繰返していること. この語は付属肢の前後軸に沿った同様の反復にも用いられる.

大腸菌［*Escherichia coli*］ 分子遺伝学的研究が最も進んでいる生物. その環状の連鎖地図上の遺伝子間の距離は, 中断交配実験*に基づいて, 分単位で測られる. 大腸菌はウイルスベクター, プラスミド, コスミドなど, 多様なベクターの宿主となることから, 組換え DNA 技術にとってきわめて重要である. グルコースと無機塩があれば, 大腸菌はその生命にとって必要なすべての化合物を合成することができる. その染色体は, 4,639,221 bp からなる環状 DNA 分子である. 4288 ほどの ORF が判明しているが, その 40% は機能不明である. 遺伝子間の平均距離は 118 bp. 一つの ORF がコードするタンパク質の平均サイズは, 317 アミノ酸である. 鞭毛合成にかかわる遺伝子の並びは, ネズミチフス菌（*Salmonella typhimurium*）のものとほとんど同一である. 遺伝子の機能群の中で最大のものは, 輸送および結合タンパク質をコードするもので, 281 個の遺伝子を含む. このうちの 54 個は ABC トランスポーター*である. 大腸菌の染色体は多くのプロファージや潜在性プロファージ*の宿主となっている. ⇨ 付録A（細菌亜界, プロテオバクテリア門）, 付録C（1946 Lederberg, Tatum; 1953 Hayes; 1956, 1958 Jacob, Wollman; 1961 Jacob, Monod; Nirenberg, Matthaei; 1963 Cairns, Jacob, Brenner; 1969 Beckwith *et al.*; 1972 Jackson *et al.*; 1973 Cohen *et al.*; 1997 Blattner *et al.*）, 付録E（個別のデータベース）, 挿入配列, λ ファージ, オペロン, サルモネラ属, 同所的種分化, 毒性プラスミド.

大腸菌群［coliform］ 大腸菌とこれに近縁なグラム陰性, ラクトース発酵性桿菌.

大腸菌ファージ［coliphage］ 大腸菌に寄生するウイルス（バクテリオファージ*）. ⇨ λ

ファージ.

タイチン［titin］ コネクチン（connectin）ともいう．既知のタンパク質中，最大の大きさをもつタンパク質．27,000個のアミノ酸からなる．分子は，1μm以上（脊椎動物横紋筋のM線からZ線まで）の間隔を越えて架る．タイチンはバネとして作用し，伸びた筋肉を引っ張って元の形に戻す．タイチンは，選択的スプライシング*により，さまざまなアイソフォームがつくられる．ヒトのタイチン遺伝子（*TTN*）は，2番染色体長腕に位置し，報告されている中では，最も多い178個のエクソンを含む．ショウジョウバエのタイチンは，3Lの末端にある．ショウジョウバエのタイチンは，筋肉のサルコメアに存在するが，染色体上にも存在する．おそらく，ここでタイチンは，染色体の高次構造を形づくり，弾力性をもたすのであろう．⇒付録 C（1995 Labeit, Kolmer）.

体内時計突然変異［clock mutant］ ある生物の正常な24時間周期のサーカディアンリズムに欠陥を生じた突然変異．ショウジョウバエの*period*＊とアカパンカビの*frequency*は最も詳しく研究された体内時計突然変異の例．

第二色弱［deuteranomaly］ ⇒色覚異常．

第二色盲［deuteranopia］ ⇒色覚異常．

第二点突然変異［second site mutation］ ⇒サプレッサー突然変異．

第二分裂分離子嚢パターン［second division segregation ascus pattern］ 子嚢菌類の胞子嚢の中で胞子の表現型が2-2-2-2または2-4-2の順序で直線に並ぶこと．こうしたパターンは，減数分裂第二分裂で一対の対立遺伝子（たとえば胞子の色を制御する遺伝子）が分離したことを示している．当該遺伝子座と動原体との間の交差により生じる．⇒定序四分子．

ダイニン［dynein］ ふつう二つのサブユニットからなる複合タンパク質で，軸糸*の9本の周辺微小管ダブレットのA微小管から腕のように突き出している．ダイニンはATPの結合と加水分解のサイクルを，機械的な結合と解離のサイクルに共役させることによって，軸糸中の微小管ダブレット相互の滑りを生じさせる機構を担っている．細胞質中にもダイニンが存在し，オルガネラの移動にかかわると考えられている．⇒付録 C（1963 Gibbons）.

第VIII因子［factor VIII］ ⇒抗血友病因子．

胎盤［placenta］ 胚組織と母体組織が形成する器官．胎生動物の胎児は胎盤を通じて栄養をもらう．

体表着生動物［epizoite］ ほかの動物に付着して生存する非寄生性で，定着性の原生生物や動物．

代表度［representation］ ＝アバンダンス（abundance）.

大分生子［macroconidia］ ⇒分生子．

大胞子［megaspore］ 被子植物の減数分裂時に大胞子母細胞から形成される4個の一倍体細胞の一つ．4個の大胞子のうち三つは退化し，残った一つが分裂して雌性配偶子すなわち胚嚢*を生成する．

大胞子形成［megasporogenesis］ 大胞子を形成すること．

大胞子嚢［megasporangium］ 大胞子を含む胞子嚢．

大胞子母細胞［megaspore mother cell, megasporocyte］ 胚珠にある二倍体大胞子細胞．減数分裂により一倍体大胞子になる．

大洋島［oceanic island］ 海の真ただ中にある島．⇒大陸島．

第四紀［Quaternary］ 新生代を構成する二つの地質年代のうち最も新しいもの．⇒地質年代区分．

大陸移動説［continental drift］ 世界中の大陸はかつては一塊で存在していたものが，その後現在の位置まで移動してきたのだという考え方．最近のプレートテクトニクス*の考えではこの大陸移動説をさらに推し進めて，大陸をさらに大きい地殻の部分構造（テクトニックプレート）の上にのったものとし，そのプレートが移動していると考えている．大陸移動は原生代に始まり，二畳紀の後半に大陸同士が衝突して，パンゲアとよばれる一つの巨大な陸塊を生じ，中生代になって再びばらばらに分かれたと考えられている．⇒付録 C（1912 Wegener；1927 du Toit），地質学的年代区分，海洋底拡大．

大陸島［continental island］ かつては大陸につながっていたと考えられる島．⇒大洋島．

対立遺伝子［allele, allelomorph］ ある遺伝子（シストロン*）における一連のとりうる形のうちの一つで，DNA配列が異なり，その単一の産物（RNAあるいはタンパク質）の機能に影響を及ぼすもの．もし集団中に3種類以上の対立遺伝子が存在するときは，その遺伝子座は複対立性を示すといわれる．⇒異質対立遺伝子，同質対立遺伝子，同類対立遺伝子，ヌル対立遺伝子，沈黙対立遺伝子．

対立遺伝子間相補性［interallelic complementation］ 遺伝子内相補性（intragenic complementation）ともいう．2種の異なった突然変異対立遺伝子によってコードされたサブユニット間の相互作用により起こる多量体タンパク質の性質

の変化（単一の突然変異対立遺伝子サブユニットよりなる多量体タンパク質と対比される）．混成タンパク質（ヘテロ多量体）はホモ多量体よりも，活性が高い場合（正の相補性）や低い場合（負の相補性）がある．

対立遺伝子型［allelotype］　繁殖集団における対立遺伝子の頻度．

対立遺伝子相補性［allelic complementation］　2種類の突然変異対立遺伝子をトランス配置でもっている生物（ヘテロ接合体）において，ほとんど正常な表現型が現れること．このような相補性は，しばしば細胞質において二つの対立遺伝子由来の不活性な産物から機能的なタンパク質が再構成されることから起こる．このような現象が，おのおのの対立遺伝子に関してホモ接合の個体からの抽出物を混合することによって証明できる場合には，*in vitro* 相補性という語が使われる．⇨ アルコールデヒドロゲナーゼ，トランスベクション．

対立遺伝子排除［allelic exclusion］　二倍体の核において，両親由来の対立遺伝子のどちらも転写可能であり，またそれらが同一であったとしても，両方が発現することはなく，父親由来あるいは母親由来のいずれか一方の対立遺伝子のみが発現する状況をいう．このような状況は，未成熟リンパ球内の分割された *Ig* 遺伝子内の組換えでみられる．個々のBリンパ球*では，軽鎖あるいは重鎖は母親由来もしくは父親由来のいずれの相同染色体からも合成可能であるが，両方から合成されることはない．⇨ 免疫グロブリン遺伝子，イソタイプ排除，体細胞組換え．

対立遺伝子頻度［allelic frequency］　遺伝子頻度（gene frequency）ともいう．集団の遺伝子プールにおける，ある遺伝子座の特定の対立遺伝子がすべての対立遺伝子に占める割合．たとえば，20*AA*，10*Aa*，5*aa* を含む集団では，*A* 対立遺伝子の割合は，{2(20)＋1(10)}/2(35)＝5/7＝0.714 である．

対立性検定［allelism test］　相補性検定*．

代理母［surrogate mother］　他の女性（哺乳類の雌）の胎児を移植された女性（雌）．

大量絶滅［mass extinction］　すべての化石の科の25〜50％が，地質学的時間では短期間に絶滅した地質記録上の区間．顕生代においては，カンブリア紀，オルドビス紀，デボン紀，二畳紀，三畳紀，および白亜紀それぞれの終わりに大量絶滅が起こった．科の数の50％の減少は，種の数では90％以上の減少に相当する．⇨ 地質年代区分，衝突説．

多因子仮説［multiple factor hypothesis］　⇨ 量的遺伝．

多因子性［の］［multifactorial］　ポリジーンの．

ダーウィン説［Darwinism］　生物学的な進化の機構は，適応的な変異体の自然選択によるという説．⇨ 漸進主義，種の起原．

ダーウィン選択［Darwinian selection］　＝自然選択（natural selection）．

ダーウィン適応度［Darwinian fitness］　＝適応値（adaptive value）．

ダーウィン的進化［Darwinian evolution］　⇨ ダーウィン説．

ダーウィンフィンチ［Darwin's finches］　ダーウィン（Charles Darwin）が1835年にガラパゴス諸島を訪れた際に，観察し，採集した一群のフィンチ類．全部で14種の鳥は，いずれも種子食であるが，地上性のガラパゴスフィンチ属（*Geospiza*）と樹上性の二つの属，ダーウィンフィンチ属（*Camarhynchus*）とキツツキフィンチ属（*Cactospiza*）に細分される．これらの種は，嘴の形態，羽毛の色彩，体の大きさ，生息場所の好みなどが異なる．これらの鳥の現在の集団が，単一の祖先種からの適応放散の産物であることを初めて示唆したのは Darwin であった．進化的多様性は，異なる集団が異なる島で異なる食物源を利用することによって，競争を避けるように適応した結果として生じた．この適応放散は，300万年以内に起こったものである．近年のDNA解析によれば，ダーウィンフィンチの祖先は，現在この諸島の多くの島に生息するムシクイフィンチ（*Certhidea olivacea*）と表現型的に似ていたことが示唆されている．⇨ 付録C（1835 Darwin；1999 Petren, Grant, Grant）．

ダウエックス［Dowex］　代表的なイオン交換樹脂の商標．

ダウン症候群［Down syndrome］　近年はダウン症とよばれることが多い．21番染色体のトリソミー（三染色体性）が原因となる精神遅滞の一種．患者の眼瞼開口が斜めに傾き，また眼瞼内角が蒙古ひだに覆われる場合があるために，蒙古症（mongolism）とよばれたこともある．表に示すように，このトリソミーの出生頻度は，母親の年齢が高くなるほど上昇する．ダウン症候群の患者の大多数は，21番染色体の完全なコピーを1本余分にもつが，表現型そのものは，主として21q22.2と22.3のバンドの間のダウン症候群染色体領域（DCR）とよばれる一領域による．この領域内には，ダウン症候群に重要であるとみられる5個の遺伝子が存在する．21番染色体と22番染色体は似たようなサイズで，どちらも末端動原

体染色体である. 21 番染色体は, 33.8 Mbp の DNA 分子上に 225 個の遺伝子をもつ. 一方, 22 番染色体は, 33.4 Mbp の DNA 分子上に 545 個の遺伝子がある. 21 番染色体上の遺伝子が比較的低密度であることは, 21 番トリソミーが生存可能であるのに対して, 22 番の場合は生存不能であるという観察事実と矛盾しない. ⇨ 付録 C (1959 Lejeune, Gautier, Turpin; 1968 Henderson, Edwards; 1999 Dunham et al.; 2000 Hattori et al.). アルツハイマー病, 転座型ダウン症候群. http://www.nads.org

母親の年齢	出産時1000人当たりのトリソミー数
16–24	0.58
25–29	0.91
30–34	1.30
35–39	4
40–44	12.5
>45	40

ダウンプロモーター突然変異 [down promoter mutation]　野生型に比べて転写開始頻度が低くなるようなプロモーター領域での突然変異. このような変異を受けたものを低頻度プロモーターもしくは弱いプロモーターという.

多栄養室型栄養卵巣 [polytrophic meroistic ovary]　⇨ 昆虫の卵巣の種類.

多　価 [multivalent]　相同部位において対合した 3 本以上の染色体の会合をいう (同質四倍体や転座ヘテロ接合体に見られる).

他家受精 [cross-fertilization]　異なる個体の産生した配偶子同士が結合すること. ⇨ 自家受精.

他家受粉 [cross-pollination]　遺伝子型の異なる花の花粉による受粉.

多化性 [multivoltine]　ある種の鳥や蛾でみられるように, 年に 2 回以上繁殖すること.

他感作用 [allelopathy]　二つの異なる種で, 一方の種が生成し外界に放った化学物質が, もう一方の種の成長や繁殖を抑制する作用.

多極紡錘体 [multipolar spindle]　多くの中心粒をもつ細胞に見られる複数の極をもつ紡錘体. このような細胞はめったに見られないが, 放射線照射により多数生じさせることができる. ⇨ 分裂装置.

多形核白血球 [polymorphonuclear leukocyte] = 顆粒球 (granulocyte).

多型種 [polytypic species]　多数の亜種に分けられる種.

多型性 [polymorphism]　同一の相互交配集団内に遺伝的に異なるクラスが複数存在すること (たとえばヒトの Rh(+) と Rh(-). 一過性の場合もあるし, 異なるクラスの比率が何世代にもわたって維持される場合もある. 後者のような現象を平衡多型 (balanced polymorphism) とよぶ. クラスが地理的に異なる領域に局在している場合, これを地理的多型性という. ⇨ 付録 C (1954 Allison; 1966 Lewontin, Hubby).

多形態[の] [pleomorphic]　2 種類以上の形態をもつこと.

多型的遺伝子座 [polymorphic locus]　集団において最も多い対立遺伝子の出現頻度が 0.95 に満たない遺伝子座. ⇨ 単型的遺伝子座.

多系統群 [polyphyletic group]　多元性群ともいう. 同じ群に分類されているが, そのうちいくつかは異なる祖先集団から生じたものを含む一群の種. ⇨ 単系統群.

多血球血症 [polycythemia]　赤血球増加症ともいう. 赤血球が過剰生産されるヒトの病気.

多元性群 = 多系統群.

多項分類群 [polythetic group]　多くの形質を共有する生物の一群をいう. ただし, 共有する形質のどれ一つをとってもその群のメンバーであるための必要条件でも十分条件でもない.

多糸化 [polytenization]　分裂間期の各染色体が継続して複製することで, 平行に並んだ, ケーブル様の構造をとる, 多重の染色分体からできあがった巨大染色体ができること. ⇨ 体細胞対合.

多糸仮説 [polyneme hypothesis]　新しくつくられた染色分体は 2 本以上の DNA 二本鎖を含んでいるという概念. ⇨ 単糸仮説.

多指症 [polydactyly]　手足の指の数が通常より多く生じること.

多事象曲線 [multiple-event curve]　相対的生存率の放射線量に対する関係を示す曲線で, 最初に平坦部分がみられるもの. このことはある線量が蓄積されるまでは生物学的影響がないこと, また生物学的に測定しうる効果を生じるためには, 標的に複数回命中する (あるいは, 複数の標的のそれぞれが破壊される) 必要があることを示唆する. ⇨ 単一事象曲線, 標的説.

多糸[性]染色体 [polytene chromosome]　巨大なケーブル様の染色体で, 多数の同じ染色分体が平行して並んでいる. 染色質は局部的に超らせんを巻いているが, 染色分体同士はぴったりと重なりあっているので染色体の長軸に対して縦縞のパターンが形成される. 多糸染色体が見られる生物は限られている. ある種の繊毛虫の大核原基, ある種の被子植物の胚珠の助細胞や反足細胞, お

よび双翅目昆虫のさまざまな組織に存在する．ショウジョウバエの唾腺染色体*は最もよく研究されている．⇒ 付録 C (1881 Balbiani; 1912 Rambousek; 1934 Bauer; 1952 Beermann; 1959 Palling; 1969 Ammermann; 1980 Gronemeyer, Pongs), ハマダラカ属, バルビアニ環, クロバエ, ユスリカ属, アカイエカ, *Glyptotendipes barbipes*, インシュレーター DNA, *otu* 突然変異, *Rhynchosciara*, クロキノコバエ属, *Smittia*.

多重暗号認識 [multiple codon recognition] ⇒ ゆらぎ仮説.

多重遺伝子族 [multigene family] 反復遺伝子族 (repeated gene family) ともいう. ある祖先遺伝子からの重複, 変異により生じた一群の遺伝子. このような遺伝子群は同じ染色体上に集まって存在する場合と異なる染色体上に分散する場合とがある. 多重遺伝子族の例としては, ヒストン, ヘモグロビン, 免疫グロブリン, 組織適合性抗原, アクチン, チューブリン, ケラチン, コラーゲン, 熱ショックタンパク質, 唾液接着タンパク質, 卵殻タンパク質, クチクラタンパク質, 卵黄タンパク質, ファセオリンがある. ⇒ アイソフォーム, 反復遺伝子.

多重感染 [multiple infection] 重感染 (superinfection) ともいう. 複数のファージが同時に細菌に侵入すること. 実験的には異なる遺伝子型のファージを多重感染させてファージの組換えを起こさせるのに使われる.

多重感染回復 [multiplicity reactivation] 突然変異原により誘発された致死性の突然変異により個々には増殖できないウイルス粒子が複数個, 同時に宿主細胞に感染することにより組換え型の子孫ファージを生産する現象.

多重産[の] [multiparous] 一度に複数の子を産むこと. ⇒ 出産経歴.

多重 PCR [multiplex PCR] マルチプレックス PCR ともいう. 大きな遺伝子の端からもう一方の端までさまざまな領域を得るのに使用するPCR*の一法. 実例として, X 染色体上の 200 万 bp 以上を占めるヒトジストロフィン遺伝子を解析するのに, 多重 PCR を使えば, 1 本の反応チューブ内で, 9 組のそれぞれ違ったプライマーセットを使って同時増幅できる. それぞれのプライマーは, ジストロフィン遺伝子の別々の場所で, 違った大きさの産物を生ずるように選ぶ. 増幅後, ゲル電気泳動により分離すると, 正常な男性では, 9 本のバンドが観察されるが, ジストロフィン遺伝子に欠失のある男性では, 1 本以上のバンドがなくなるはずである. ⇒ 筋ジストロフィー.

多重分岐染色体 [multiforked chromosome] マルチフォーク染色体ともいう. 複数の複製分岐をもつ細菌の染色体. 1 回目の複製周期が完了する前に 2 回目の複製が始まってしまうことが原因である.

多重膜貫通ドメインタンパク質 [multiple transmembrane domain protein] 数箇所の細胞膜に埋め込まれた領域を含むタンパク質分子. これらのドメインは, 細胞質側か細胞表層側の領域とつながっている. ロドプシン*や嚢胞性繊維症膜コンダクタンス制御因子は, 多重膜貫通ドメインタンパク質である. ⇒ 嚢胞性線維症, オプシン.

多所性[の] [polytopic] 複数の地理的に不連続な地域での亜種の分布に関していう.

多数回繁殖 [iteroparity] 個体の生存期間中に繁殖期が繰返されること. ⇒ 一回繁殖.

多精受精 [polyspermy] 受精時に一つの卵に複数の精子が入り込むこと.

唾腺押しつぶし標本 [salivary gland squash preparation] 1. 切片を作成せずに昆虫の多糸染色体を観察する簡易な顕微鏡用標本の作成法. 唾腺を染色液とともにスライドとカバーグラスの間で押しつぶすだけで標本が得られる. ⇒ 酢酸オルセイン. 2. *in situ* ハイブリダイゼーションにより特定の DNA 配列の染色体上の位置を決定する際に, 巨大多糸染色体を調製する方法. 幼虫の唾腺染色体を適当な固定剤とともに, スライドとカバーグラスの間で素早く押しつぶし, 凍結させ, カバーグラスを取り除く. つぎに押しつぶされた標本を脱水乾燥させ, 標識された DNA プローブとのハイブリダイゼーションを行う. ⇒ *in situ* ハイブリダイゼーション.

多染色体性 [polysomy] 一組の染色体の一部 (全部ではない) が正常な二倍体を超えて重複すること. ショウジョウバエの亜雌は多染色体 (X 染色体トリソミー) である.

唾腺染色体 [salivary gland chromosome] 双翅目幼虫の唾腺細胞の間期核に見られる多糸染色体. これらの染色体は完全な体細胞対合を行い, 成熟した唾腺染色体は側面同士で融合した 2 本の相同多糸染色体から成る. ⇒ 付録 C (1881 Balbiani; 1912 Rambousek; 1933 Painter; 1934 Bauer; 1935 Bridges).

多相性致死 [polyphasic lethal] 発生中, 致死となる時期が致死とはならない期間を挟んで複数あるような突然変異.

多足類 [myriapod] ヤスデ類またはムカデ類.

TATA ボックス [TATA box] ホグネスボックス*. "ターター" と発音する.

TATAボックス結合タンパク質〔TATA box-binding protein〕 略号TBP．真核生物RNAポリメラーゼⅠ，Ⅱ，Ⅲに必須の転写因子．TBPは，細菌にはないが，アーキア*は，真核生物TBPと似たアミノ酸配列のTBPをもつ．この事実も含め，データは，アーキアが，細菌よりも真核生物に，より近いことを示唆している．

多重複シストロン〔redundant cistron〕 1本の染色体上にいくつか重複して存在するシストロン．核小体形成体中のリボソームRNA分子をコードするシストロンはその例である．

脱アミノ〔deamination〕 アミノ酸などからNH_2基を酸化的に除去することをいい，その結果アンモニアが形成される．

***Taq* DNAポリメラーゼ**〔*Taq* DNA polymerase〕 好熱菌*Thermus aquaticus*が合成するDNAポリメラーゼ．この酵素は95℃以上でも安定なのでポリメラーゼ連鎖反応*（PCR）に用いられる．⇨リガーゼ連鎖反応．

脱重合〔depolymerization〕 有機化合物がより単純な構造の二つ以上の分子に分解すること．

脱炭酸〔decarboxylation〕 有機化合物からカルボキシル基を除去することで，CO_2が形成されること．

脱皮〔ecdysis〕 1. 節足動物が周期的にクチクラを脱ぎ捨てること．2. 渦鞭毛虫では殻膜層を脱ぎ捨てること．

脱皮型 ＝眠性．

脱皮ホルモン〔molting hormone〕 ＝エクダイソン（ecdysone）．

脱分化〔dedifferentiation〕 退行分化ともいう．脊椎動物の切断した四肢の芽体形成期のように，分化した状態が失われること．哺乳動物の再生中の肝臓では，細胞は部分的な脱分化を行い，重要な分化機能をすべて保持しつつ，再度細胞周期に入ることを可能にする．⇨分化，再生．

脱ホルミル酵素 ＝デホルミラーゼ．

脱落性〔の〕〔deciduous〕 永久歯と置き換わる歯，つまり乳歯についていう．

多糖〔polysaccharide〕 たくさんの単糖が重合してできた炭水化物．デンプン，セルロース，グリコーゲン*などがある．

多動原体染色体〔polycentric chromosome, polycentromeric chromosome〕 ⇨動原体．

ターナー症候群〔Turner syndrome〕 X染色体のモノソミーが原因のヒトの症候群．このような個体の表現型は女性であるが不妊．卵巣は痕跡的であるかあるいは欠損する．ターナー症候群の少女は知能的には正常であるが，行動的な問題をもつことが多い．これはX染色体がどちらの親に由来したかに関係するらしい．X染色体を父親から受け継いだ少女は，母親から受け継いだ場合に比べて，社会適応能力が有意に高い．この知見は，X染色体には社会適応能力を何らかの形で高める刷込みされた遺伝子が存在し，父親に由来する対立遺伝子のみが発現することを示唆する．⇨付録C（1959 Ford *et al.*；1997 Sukuse *et al.*），親による刷込み，http://www.turner-syndrome-us.org

Danio rerio ゼブラフィッシュ．以前は*Branchydanio rerio*とよばれた．よく知られた飼育しやすい淡水魚．⇨付録A（脊索動物門，新鰭亜綱，カダヤシ目）．

種雄〔sire〕 動物育種における雄の親．⇨種雌．

種雌〔dam〕 動物育種における雌の親．⇨種雄．

多年生〔の〕〔perennation, perennial〕 成長期からつぎの成長期へと，その間に生活活動の減退した時期を伴いながら植物が何年も生き残ること．

多能〔の〕〔pluripotent〕 発生運命の決定がまだ行われていないために，将来さまざまなものになる可能性をもっている胚組織をいう．⇨幹細胞，全能性〔の〕．

多胚形成〔polyembryony〕 初期の発生段階で分裂が起こり，1個の接合体から多くの胚が生じること．一卵性双生児は最も単純な多胚現象である．またアルマジロでは一卵性の四つ子がよく見られる．ある種の寄生蜂では，多胚現象により1個の接合体から2000もの胚が生じる．

タバコ〔tobacco〕 ⇨タバコ属．

タバコ属〔*Nicotiana*〕 およそ60種を含む属で，その多くが遺伝学的に詳しく研究されてきた．特定の種間雑種，たとえば*N. langsdorffi* × *N. glauca*の交配から得られる植物では腫瘍が高頻度で自然発生するという発見によって，多大な関心が寄せられてきた．産業的に最も重要な種は，たばこの原料である*N. tabacum*である．*N. tabacum*は異質四倍体であり，*N. sylvestris*と*N. tomentosiformis*が二倍体の両親である．chDNAとmtDNAの解析から，タバコはこれらの細胞質オルガネラを*N. sylvestris*から受け継いだことが示されている．タバコモザイクウイルス*に対する抵抗性を付与するタバコの遺伝子はトランスポゾン標識法*を用いてクローニングされ，配列が決定されている．⇨付録C（1761 Kölreuter；1925 Goodspeed, Clausen；1926 Clausen, Goodspeed；1986 Shinozaki *et al.*；1994 Whitham *et al.*）．

タバコモザイクウイルス[tobacco mosaic virus] 略号TMV. タバコの葉に病変を生じるウイルス. 感染した細胞はおよそ1000万個のウイルス粒子を含み, 感染したタバコの葉1kgから数グラムのTMVを得ることができる. これは初めて発見されたウイルスであり, 電子顕微鏡で観察された最初のウイルスであり, 規則的に配列されたサブユニットからつくられていることが初めて示されたウイルスであり, また, 感染性をもつ核酸が初めて得られたウイルスでもある. TMV粒子は, 直径18nm, 長さ300nmの硬い円筒である. この遺伝物質は一本鎖の(+)RNAであり, 6400ヌクレオチドからなる. 四つのORFがあり, 最初の二つは複製に関与し, 3番目はウイルスの細胞から細胞への移動を促進する. 4番目のORFは外殻タンパク質の158個のアミノ酸をコードする. RNAは直径がおよそ8nmのらせんに巻かれ, 2130個の外殻タンパク質分子が中心のらせんの周りに積み重なって防護殻を形成する. ⇨付録C(1892 Ivanovski; 1898 Beijerinck; 1935 Stanley; 1937 Bawden, Pirie; 1939 Kausche, Pfankuch, Ruska; 1955 Fraenkel-Conrat, Williams; 1956 Gierer, Schramm, Fraenkel-Conrat; 1959 Franklin, Caspar, Klug; 1982 Goelet et al.), タバコ属, リードスルー.

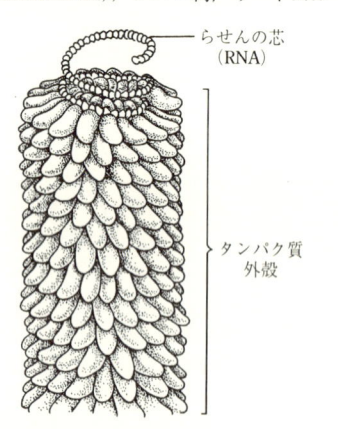

らせんの芯（RNA）
タンパク質外殻

多発情性哺乳動物[polyestrous mammal] ⇨発情周期.

多発性骨髄腫[multiple myeloma] ⇨骨髄腫.

多発性神経線維腫症[multiple neurofibromatosis] ⇨神経線維腫症.

多発性嚢胞腎[polycystic kidney disease] 最も一般的なヒト遺伝病の一つで, 1000人当たり約1人出現. PKDのおもな特徴は, 腎臓内に液体で満たされた嚢胞が発生することで, そのために腎臓の機能が損なわれたり, 破壊される. この病気は, 16番染色体短腕の13.3にマップされた遺伝子の優性突然変異による. 遺伝子(*PKD1*)は, 52kbの範囲に広がり, 転写産物は46個のエクソンを含む14,148塩基となる. 予測されたPKD1タンパク質, ポリシスチンは, 糖タンパク質で細胞質側に約225アミノ酸のC末端が突き出している. 続いて約1500アミノ酸からなる膜貫通ドメインがある. 細胞外のN末端は, 約2500アミノ酸からなり, 細胞外基質のさまざまなタンパク質や糖鎖と結合すると考えられる, いくつかのドメインに分かれている. ポリシスチンは, 細胞質側の部分を介して, 細胞シグナル伝達*に関与していると考えられている. ⇨付録C(1995 Hughes et al.).

Turbatrix aceti 自由生活性の線虫で, おもに*Caenorhabditis elegans*(線虫*)との比較を目的として, 発生遺伝学的研究が行われている. 細胞系譜が部分的に解明されている.

ダフィー血液型遺伝子[Duffy blood group gene] 特定の常染色体上に位置づけられた最初のヒトの遺伝子座で, 1番染色体短腕上の動原体の近くに位置する. 遺伝子は数箇所に膜貫通ドメインをもつ338個のアミノ酸からなるタンパク質をコードする. このタンパク質は各種サイトカイン*, ならびに三日熱マラリア原虫(*Plasmodium vivax*)のメロゾイトに対する受容体として機能する. 赤血球中でダフィー遺伝子の転写を抑制する突然変異についてホモ接合の人は, この種のマラリア寄生虫の侵入に対して抵抗性を示す. 西アフリカにおいては, 事実上全員がダフィーマイナスの血液型である. ⇨付録C(1968 Donahue et al.; 1976 Miller et al.; Chaudhuri et al.), Gタンパク質, マラリア, ヒトメンデル遺伝カタログ.

ダフィー血液型受容体[Duffy blood group receptor] 三日熱マラリア原虫(*Plasmodium vivax*)が合成する可溶性タンパク質で, ヒト赤血球上のダフィー受容体に結合する. 受容体タンパク質は1115アミノ酸からなり, 単一コピーの遺伝子にコードされている. 遺伝子はクローニングされている. ⇨付録C(1990 Fang et al.).

WHHLウサギ[WHHL rabbit = Watanabe-heritable hyperlipidemic rabbit] 肝臓細胞のLDL受容体活性が, 正常なウサギの5%以下のウサギ. WHHLウサギは, ヒト家族性高コレステロール血症*(FH)のホモ接合型のモデルとなる.

W, Z染色体[W, Z chromosome] 雌が異型配偶子性である動物(カイコガなど)の性染色体. この場合W染色体が雌性を決定し, 雄はZZ

である. ⇨ Bkm 配列.
　wt［wt＝wild type］　＝野生型.
　タマゴテングダケ［*Amanita phalloides*］　アマトキシンとファロトキシンを生成する毒キノコ. ⇨ アマトキシン, ファロトキシン, 付録 A（真菌界, 坦子菌門）.
　ターミナルトランスフェラーゼ［terminal transferase］　デオキシリボヌクレオチド転移酵素. 分子生物学では, ホモポリマーからなる末端を付加する目的で用いられている. たとえば, ベクター DNA の両末端にポリ A を付加し, 同様に挿入 DNA の末端にポリ T を付加することにより, 両者を相補的な末端でアニールさせ, つなぐことによりクローニングすることができる. ⇨ 付録 C（1972 Lobban, Kaiser）.
　ターミネーター［terminator］　転写を終結させる役割をもつ DNA 塩基配列. 終止コドンは翻訳を終結させる意味をもち, 二者は全く異なるものである. 図において下の DNA 鎖が左から右の方向に転写されたとする. DNA の下線部の領域から転写された RNA は, 2 箇所で相補的な塩基配列をもつためにヘアピン型のループを形成し, これにより DNA/RNA の二本鎖がほどけやすくなる. 隣接領域はポリ U とポリ A からなるが, 両者の結合は弱いので結果として mRNA はここで DNA と解離する. ⇨ アテニュエーター, エクソン.

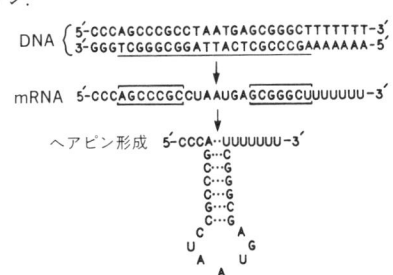

```
DNA   { 5'-CCCAGCCCGCCTAATGAGCGGGCTTTTTT-3'
        3'-GGGTCGGGCGGATTACTCGCCCGAAAAAA-5'
                                ↓
mRNA  5'-CCCAGCCCGCCUAAUGAGCGGGCUUUUUU-3'
                                ↓
ヘアピン形成   5'-CCCA・UUUUUU-3'
                    G-C
                    G-C
                    G-C
                    C-G
                    C-G
                    U  A
                     A A
```

　多面発現［pleiotropy, polypheny］　単一の遺伝子が一見して相互に関係がない多数の異なる表現型効果を示すこと.
　多面表現型性［pleiomorphism］　遺伝的に均一な生物群においてさまざまな表現型が出現すること. ⇨ 表現型可変性.
　多様化選択［diversifying selection］　⇨ 分断選択.
　多様性　1.［diversity］生態学で, 特定の生態単位中に分布する種もしくはその他の分類群数をいう. 2.［divergence］分子生物学では, 対応する二つの DNA 断片上のヌクレオチド配列間や二つのポリペプチド鎖上のアミノ酸配列間の差異

をパーセントで表したもの.
　多量体［multimer］　複数のポリペプチド鎖（それぞれは単量体という）から成るタンパク質分子. 多量体当たりの単量体の数が既知の場合は二量体, 三量体, 四量体, 五量体などの用語が使われる. ⇨ 単量体, オリゴマー, ポリマー.
　ダルトニズム［daltonism］　⇨ 色覚異常.
　ダルトン［dalton］　略号 Da. 水素原子の質量（1.67×10^{-24} g）に等しく, 原子質量尺度では 1.0000 に等しい単位. この単位名は, 物質の原子説を発展させたダルトン（John Dalton, 1766～1844）にちなんで付けられた.
　単位形質［unit character］　メンデルの法則により分離する形質. 遺伝学初期の用語.
　単為結実［parthenocarpy］　つぎのいずれかの原因による種子なし果実を, 自然にまたは人為的につくること. 1) 受粉の欠如, 2) 受精の欠如, 3) 発生初期の胚致死. ⇨ バナナ.
　単位進化時間［unit evolutionary period］　略号 UEP. 注目する系譜内の二つの分岐において, 最初同一であった塩基配列に 1％の相違が生じるのに要する時間を百万年単位で示した値. たとえばグロビン遺伝子族の UEP は 10.4 である.
　単為生殖［parthenogenesis］　単為発生ともいう. 卵が受精せずに発生すること. 異型配偶の真核生物の大部分では, 受精に先立って卵母細胞の中心粒が不活性化されることによって単為生殖が抑止されている. 細胞質分裂を開始させる中心粒は, 受精によって精子からもち込まれる. ⇨ 付録 C（1845 Dzierzon）, 雄性産生単為生殖, 人為単為発生, ヘテロゴニー, 幼生生殖, 有性生殖性［の］, 雌性産生単為生殖, 雌核発生.
　単一エネルギー放射線［monoenergetic radiation］　特定のタイプの放射線（α 線, β 線, 中性子線, γ 線）ですべての粒子あるいは光子が同じエネルギーをもつものをいう.
　単一コピープラスミド［single-copy plasmid］　宿主染色体当たり 1 個の比率で微生物細胞中に存在するプラスミド.
　単一事象曲線［single-event curve］　1 ヒット曲線. 放射線生物学において, 生存率の対数を放射線量に対して図示したとき, 直線関係を示す線量-反応曲線. ⇨ 多事象曲線, 標的説.
　単一対立遺伝子性［の］［monoallelic］　特定の遺伝子座の対立遺伝子がすべて同じである倍数体についていう. たとえば六倍体の $A_1A_1A_1A_1A_1A_1$.
　単為発生　＝単為生殖.
　単位膜［unit membrane］　原形質膜の切片を電子顕微鏡観察して見られる三重膜. 全体の厚さが約 75Å で, 約 35Å の厚さの明るい中間帯に

よって分けられる約20Åの二つの層からなっている. ⇨ 流動モザイクモデル.

端栄養性 [acrotrophic] ⇨ 有栄養室型.

端栄養室型卵巣 [telotrophic meroistic ovary] ⇨ 昆虫の卵巣の種類.

端黄卵 [telolecithal egg] 卵黄球が一方の半球に偏った卵. ⇨ 心黄卵, 等黄卵, 植物半球.

段階群 = 階.

単核細胞 = 単球.

単核白血球 [mononuclear leukocyte] ⇨ 無顆粒球.

炭化水素 [hydrocarbon] 炭素原子と水素原子からなる有機化合物.

短花柱花 [thrum] スラム花ともいう. 花柱が短くやくが高い花. サクラソウ属などの二型花柱花種にみられる. ⇨ 長花柱花.

単眼 [ocellus] 昆虫の複眼の近くにある単一の眼. 多くの無脊椎動物では眼点という.

短期記憶の固定 [short term memory consolidation] ⇨ CREB, 間隔をおいた訓練.

単球 [monocyte] 単核細胞ともいう. 血中に見られる最も大きな白血球. 食作用を行うアメーバ様の細胞である. ⇨ 無顆粒球, マクロファージ.

単型的遺伝子座 [monomorphic locus] 最も多い対立遺伝子がその集団の遺伝子プールに占める割合が0.95を超えるような遺伝子座. ⇨ 多型性遺伝子座.

単型的集団 [monomorphic population] 本来変化しうる形質のうちの1種類しかみられない集団. その形質を決定する遺伝子が一つの対立遺伝子型に固定されたことによる.

単系統群 [monophyletic group] 複数の種からなる自然分類群. 祖先種（既知のものでも仮定上のものでもよい）およびその子孫種のすべてを含む. 単系統群の構成員は姉妹分類群である. ⇨ 多系統群.

単型[の] [monotypic] 一つ下の階級に一つの分類群しか含まないような分類学上の群をいう. たとえば単型属は一つの種しか含まない. 単型種は区別できるようなサブグループ（品種, 亜種）をもたない.

単項分類群 [monothetic group] 体系学において, 一つの固有な特徴をもつことから分類される生物群で, その特徴が定義されたグループの構成員になるための必要かつ十分な条件であるものをいう. たとえば, 毛をもち, その子供を乳で保育するという特徴はすべての哺乳動物にあてはまり, かつ哺乳類にしかあてはまらない.

単孔類 [monotreme] カモノハシやハリモグラのような卵を産む哺乳動物.

ダンゴゴケ属 [Sphaerocarpos] コケの一属. 古典的な四分子分析はこの属の種が用いられた. ⇨ 付録A（植物界, 蘚類亜門）, 付録C（1939 Knapp, Schreiber）.

単婚 [monogamy] 一夫一婦制ともいう. 動物の生殖様式の一つ. 一繁殖周期あるいは一季節あるいは一生涯の間, 特定の雄と雌が排他的なつがいをつくること. ⇨ 複婚.

単細胞生物 [monad] 単一生物. 通常, 自由生活の単細胞で鞭毛のあるものをいう.

短趾 [brachydactyly] 手指または足指あるいはその両者が異常に短いこと. ⇨ Tボックス遺伝子.

単糸仮説 [unineme hypothesis] 新たに複製された染色分体は, 端から端まで伸びている1本のDNA二重らせんを含んでいるとする考え. ⇨ 多糸仮説, 付録C（1973 Kavenoff, Zimm）.

単式 [simplex] ⇨ 同質四倍体.

単雌系統 [isofemale line] 単一の受精雌から始まる遺伝系譜.

短日植物 [short-day plant] 光にさらされる時間が1日当たり12時間以下になると開花が促進される植物. ⇨ 光周性.

短周期散在 [short-period interspersion] 中程度の反復配列（それぞれ長さがおよそ300塩基対程度）が, 約1000 bpの非反復配列と交互に現れるゲノムのパターン.

単純配列DNA [simple-sequence DNA] ⇨ サテライトDNA.

短小化 [marginotomy] A. M. Olonikovによる造語. 鋳型よりも短い核酸が複製されること. テロメアは短小化を受ける. 体細胞系列が有糸分裂できる最大の回数は, テロメアの長さと複製のたびに短くなる割合とに相関している. ⇨ 付録C（1971 Olonikov）, ヘイフリックの限界.

単色光 [monochromatic light] 単一波長の光.

淡色効果 [hypochromic shift] 相補的な一本鎖DNAが二本鎖を形成することにより紫外吸収が減少すること. ⇨ 濃色効果.

淡色性貧血 [hypochromic anemia] ⇨ 貧血[症].

単色放射線 [monochromatic radiation] 単一波長の電磁波. 各光子が同じエネルギーをもつ.

単親性遺伝 [uniparental inheritance] ある交雑の結果生じる子供すべてが, 親の一方（多くは母親）の表現型を示し, もう一方の親の遺伝子型および表現型によらないこと. 単親性遺伝の多くは, 細胞質中に存在する巨大分子やオルガネラに

よる. ⇨ 限雄性.

単親性二染色体 [uniparental disomy] ⇨ 二染色体.

炭水化物 [carbohydrate]　一般式 $C_xH_{2x}O_x$ で表される化合物. グルコース*, セルロース*, グリコーゲン*, デンプン* などがある.

単性花 [unisexual flower]　雄ずいまたは心皮のみをもつ花. 1本の植物に単性花のいずれかがつく場合と, 両方がつく場合がある. ⇨ 花.

単精受精 [monospermy]　単一精子による受精.

男性様[の] [android] ⇨ 三倍体.

炭疽 [anthrax]　炭疽菌 *Bacillus anthracis* によって起こる病気. ウシ, ブタ, ヤギ, ウマ, ヒツジに見られる. ヒトでは当初, 羊毛選別者病 (wool-sorter's disease) とよばれ, 胞子を含むほこりの吸入が原因. 初めて成功した人工ワクチン*の生産は炭疽に対するものであった. ⇨ 付録A (細菌界, 内生胞子菌門), 付録C (1881 Pasteur).

炭素 [carbon]　三番目に量の多い生物学的に重要な元素.

原子番号	6
原子量	12.01
原子価	+4
最も多い同位体	^{12}C
放射性同位体	^{14}C

単相 [haplophase]　減数分裂から受精が起きるまでつづく生物の生活環における半数体の相.

単層 [monolayer]　表面上に増殖している一層の細胞.

単相化　**1.** [haplosis] 減数分裂により配偶子の染色体数が確立されること. **2.** [haploidization] ある種の菌類の擬似性周期の間に起こる現象で, 二倍体細胞が, 不分離によって一つつしだいに染色体を失い, 半数体細胞に変わること. 半数体化ともいう.

単相生物 [haplont]　半数体生物ともいう. 接合子のみが複相である生物 (たとえば藻類, 原生生物, 真菌類). 接合子は直ちに減数分裂に入り, 単相になる. ⇨ 単複相生物, 複相生物.

単相体細胞培養 [haploid cell culture] ⇨ やく培養.

単相単為生殖 [haploid parthenogenesis]　半数単為生殖ともいう. ミツバチのように, 半数体の卵が受精せずに発生する現象.

断続平衡 [punctuated equilibrium]　種の分化が比較的短期間に起こり, その後長期にわたり安定化していることを示す化石記録のパターンを表す用語. 漸進主義*のパターンと相容れないが, その説明に特に, 発生学的, 遺伝学的, 生態学的機構を必要としない. 漸進的パターンも断続移行平衡パターンも, ランダムな突然変異, 自然選択, 集団サイズの3項のみからなる数学方程式からシミュレーションすることができる. ⇨ 付録C (1972 Eldredge, Gould; 1985 Newman *et al.*).

担体 [carrier]　**1.** 化学的操作をするのに十分な量を得るために放射性同位体と混合した安定な同位体. **2.** ハプテン*が結合している免疫原分子 (たとえば外来タンパク質). これによって, ハプテンは免疫応答を誘発することができる.

タンデム重複　= 縦列重複.

タンデムリピート [tandem repeat] = 縦列重複 (tandem duplication).

タンパク質 [protein]　1本もしくはそれ以上のポリペプチド鎖からなる分子で, それぞれのポリペプチド鎖はペプチド結合によって共有結合したアミノ酸の直線状の鎖からなる. 大部分のタンパク質は 10～100 kDa の分子量をもつ. タンパク質はその分子量を kDa の単位で表した数字の記号で表されることが多い. p53 タンパク質はその一例である. ⇨ 付録C (1838 Mulder, Berzelius; 1902 Hofmeister, Fisher), 付録E (個別のデータベース), アミノ酸, ペプチド結合, タンパク質の構造, 翻訳.

タンパク質キナーゼ　= プロテインキナーゼ.

タンパク質工学 [protein engineering]　新しいタンパク質を生み出す生化学的技法. 以下の三つに分類される. 1) タンパク質の *de novo* 合成, 2) 異なる天然タンパク質から機能をもったユニットを取出して組立てる. 3) 天然タンパク質への小さな変化 (アミノ酸置換など) の導入. ⇨ 付録C (1965 Merrifield, Stewart).

タンパク質スプライシング [protein splicing]　前駆体タンパク質に切り出される領域があり, 切り出された後, N 末端と C 末端がつながる現象で, 酵母, 細菌, アーキアにみられる. 切り出される領域は, インテイン* (intein, *internal protein* sequence) とよばれ, つながったタンパク質は, N- および C-エクステイン (extein, *external protein* sequence) から構成される. インテインは, 元の分子から, それ自身を切り出し, 切り出される前は隣り合っていたエクステインを通常のペプチド結合でつなぐ. イントロン*が, DNA 断片を切り取るホーミングエンドヌクレアーゼ (homing endonuclease) をコードしていて, 切り

取られたDNAがゲノム上の別の場所に移ることがある．これと同様に，多くのインテインには，タンパク質スプライシングの領域の他に，"ホーミングエンドヌクレアーゼ"の領域がある．このようなインテインは，それ自身をコードするDNA領域を遺伝子から切出し，他の場所へ転送することができる．*Synechocystis**のDNAポリメラーゼは，いくつかの他の遺伝子に挟まれた二つの遺伝子領域にコードされており，それぞれの端は，インテイン遺伝子"split intein"の半ばで終わっている．それらのタンパク質生成物が接触すると，インテインが構造を変え，二つのDNAポリメラーゼの断片をつなぎ合わせる．⇨融合タンパク質，融合遺伝子，付録C（1990 Kane et al.），翻訳後プロセッシング．

タンパク質選別［protein sorting］ 新たに合成されたタンパク質を真核生物細胞の正しい区画に仕分けること．翻訳に共役した選別（cotranslational sorting）の場合，リボソームはシグナル認識粒子*を介して小胞体の膜に結合している．タンパク質は翻訳されながら，ER内腔に入る．そして，そのまま留まるか，ゴルジ体*を経由して，分泌小胞，リソソーム，あるいは原形質膜へ移動する．翻訳後選別（posttranslational sorting）の場合，タンパク質は，サイトソル*内のリボソームで合成される．その後，タンパク質は，ミトコンドリア，葉緑体，ペルオキシソームのようなオルガネラに向かうか，核膜孔を通って核に入る．⇨小胞体，受容体介在性トランスロケーション，選別シグナル，翻訳．

タンパク質データベース［protein database］ ⇨付録E．

タンパク質時計仮説［protein clock hypothesis］ タンパク質のファミリー（例：シトクロム，ヘモグロビン）に関し，アミノ酸置換が一定の速度で起こると仮定すると，2種間のアミノ酸配列の違いにより，共通祖先からの分岐以降に経過した時間を推定することができるという仮説．

タンパク質の構造［protein structure］ 一次構造：ポリペプチド鎖の数，アミノ酸配列，分子内，分子間ジスルフィド結合の位置．二次構造：分子内水素結合により生じる各ポリペプチド鎖の構造の型．三次構造：各ポリペプチド鎖の折りたたまれ方．四次構造：複数のポリペプチド鎖間の相互作用の仕方．⇨付録C（1951 Pauling, Corey；1955 Sanger et al.；1973 Anfinsen），αヘリックス，βプリーツシート．

タンパク質の三次構造［tertiary protein structure］ ⇨タンパク質の構造．

タンパク質のトランスロケーション［translocation of protein］ ⇨受容体介在性トランスロケーション．

タンパク質の二次構造［secondary protein structure］ ⇨タンパク質の構造．

タンパク質の四次構造［quaternary protein structure］ ⇨タンパク質の構造．

タンパク質分解酵素 ＝プロテアーゼ．

タンパク質分解[の]［proteolytic］ タンパク質をより単純な単位に分解すること．

単発情性哺乳動物［monestrous mammal］ ⇨発情周期．

短尾[奇形]［brachyury］ マウスの尾が短くなる突然変異表現型で，17番染色体上の遺伝子が原因．この突然変異がきっかけとなってT複合体が発見された．⇨Tボックス遺伝子．

端部 ＝遠位．

単複相減数分裂［haplodiplontic meiosis］ ⇨減数分裂．

単複相生物［diplo-haplont］ 減数分裂の産物が半数体の配偶体を形成し，配偶子をつくる（有胚植物のような）生物．受精の結果，二倍体の胞子を生じ，減数分裂が起こる．それゆえ二倍体の世代と一倍体の世代とが交代する．⇨複相生物，単相生物．

端部対合［acrosyndesis］ 減数分裂における，相同染色体のテロメア同士の対合．

端部動原体染色体［telocentric chromosome］ 動原体を末端部にもつ染色体．

単鞭毛性 ＝単毛性．

単毛性[の]［monotrichous］ 単鞭毛性ともいう．単一の鞭毛をもつ．

単量体［monomer］ モノマーともいう．単一反応の繰返しによって多量体を形成するような単純化合物．たとえば，ウリジン酸（U）は重合してポリウリジン酸（UUU…）を形成する．⇨多量体，オリゴマー，ポリマー．

断裂［plasmotomy］ 多核原生生物が二つ以上の多核の姉妹細胞に分裂すること（核分裂の有無は関係しない）．

チ

チアミン [thiamine]　ビタミン B_1. 抗脚気因子.

チアミンピロリン酸 [thiamine pyrophosphate]　カルボキシラーゼとアルデヒドトランスフェラーゼの補酵素.

地位　＝ニッチ.

地域集団 [local population]　同じ地域内に住み，その多くが域内交配する同種の集団. ディームやメンデル集団の同義語. ⇒ 分集団.

地域番号仮説 [area code hypothesis]　細胞が分化の段階を連続的に進んでいく際，なんらかの分子が細胞表面上に新しいパターンで分布し，最終的にその細胞がどの組織または器官に属するのかを示す一種の地域番号のような役割を果たすという仮説.

地位の締出し [niche preclusion]　⇒ 先住者優先の原理.

地衣類 [lichen]　真菌類（通常，子嚢菌類）に，光合成藻類もしくは藍菌が共生した複合生物. 真菌類の多くの異なる種が，同じ属の藻類や藍菌との共生関係を進化させた. そのため，地衣類の大部分は真菌類が属するグループによって分類される. ⇒ 付録 A（真菌界，子嚢菌門）.

チェイス [chase]　⇒ パルス-チェイス実験.

チェジアック-スタインブリンク-ヒガシ症候群 [Chédiak-Steinbrinck-Higashi syndrome]　白血球およびメラニン細胞でのリソソームの形成不全. 常染色体劣性遺伝である. この病気の患者は，髪の毛や眼の色素形成が減少し，感染しやすくなり，悪性リンパ腫ができやすくなる. 同様の症状はマウス，ウシ，ミンクでも起こる. マウスでは相同な突然変異によって，ナチュラルキラー細胞*の機能欠損が生じる. ⇒ アリューシャンミンク.

チェックポイント [checkpoint]　細胞周期中に何回かある時点. より適した条件が得られるまで，細胞が次の期に進むのをその時点で阻む. おもなチェックポイントの一つは，S期の始まる直前の G_1 で，もう一つは分裂期に入る直前の G_2 である. ⇒ 細胞周期, サイクリン, MPF.

遅延荷重 [lag load]　進化的遅延 (evolutionary lag) ともいう. ある種の局所的な適応のピークからの隔たりの尺度. 種の遅延荷重が大きければ大きいほどその種に対してより大きな選択圧がかかり，そのため，より急速な進化が起こるようになる. ⇒ 赤の女王仮説.

遅延[型]過敏症 [delayed hypersensitivity]　細胞性免疫反応の一つで，抗原にさらされて 24〜48時間後に皮膚の炎症反応として発現する. ⇒ 即時[型]過敏症.

遅延停止突然変異体 [slow stop mutant]　大腸菌の温度感受性 *dna* 突然変異株は，制限温度下に置かれたとき，その時点で進行中の DNA 複製は止めないが，その後の複製を開始できない.

遅延複製 X 染色体 [late-replicating X chromosome]　哺乳動物の体細胞核においては，X 染色体は 1 本を残してすべてコイル状に巻き，凝縮した塊状（バー小体または性染色質）となり，転写にかかわらない. このような X 染色体は転写の行われる X 染色体および常染色体よりも遅れて複製される. ⇒ バー小体, ライオンの仮説, 性染色質.

遅延複製 DNA [late-replicating DNA]　⇒ Zyg DNA.

チオグリコール酸処理 [thioglycolic acid treatment]　隣接するペプチド鎖間のジスルフィド架橋を壊す操作.

チオテパ [Thio-tepa]　トリエチレンチオホスホルアミドの商標名. 突然変異誘発剤，アルキル化剤として用いられる.

置換荷重 [substitutional load]　ある対立遺伝子が進化の過程で他の対立遺伝子に置換されるこ

とに伴い，集団に課せられる遺伝的死によるコスト．⇨ 遺伝的荷重．

置換部位［replacement site］　点突然変異により指定するアミノ酸が変化した遺伝子内の部位．

置換ベクター［replacement vector, substitution vector］　⇨ λクローニングベクター．

置換ループ［displacement loop］　=Dループ．

畜牛［cattle］　ウシ *Bos taurus* の多くの家畜品種．普及品種にはつぎのようなものがある．肉牛種：ヘレフォード（Hereford），ショートホーン（Shorthorn），アバディーンアンガス（Aberdeen-Angus），サンタガートルーディス（Santa Gertrudis），乳牛種：ホルスタインフリージアン（Holstein-Friesian），ジャージー（Jersey），ガーンジー（Guernsey），エアシャー（Ayrshire），ブラウンスイス（Brown Swiss）．

地溝［rift］　リフトともいう．地殻変動により，地球の表面に割れ目が生じた場所．海面下の地溝としては，ガラパゴス諸島の約380マイル北方のガラパゴスリフトがある．海底噴出孔群集*が，初めて発見された場所である．⇨ 付録C（1977 Corliss, Ballard）．

致死相当量［lethal equivalent value］　二倍体の生物集団の各個体がヘテロ接合体の状態でもっている劣性有害遺伝子の平均値と，おのおのの遺伝子がホモ接合体のとき，成熟前の死をもたらす平均確率との積．したがってそれぞれのホモ接合個体の50%が成熟前に死亡するような8個の劣性半致死遺伝子の遺伝的荷重は4致死相当量の荷重であると分類されよう．

地質年代学［geochronology］　地球の進化と関連した時間の測定を扱う科学．

地質年代区分［geologic time division］　p.227の表を参照．

致死突然変異［lethal mutation］　生物を成熟前に早死させる突然変異．優性致死突然変異はヘテロ接合体も殺す．一方，劣性致死突然変異はホモ接合体のみを殺す．⇨ 付録C（1905 Cuénot；1910 Castle, Little；1912 Morgan），無相性致死，一相性致死，多相性致死．

地図［map］　⇨ 遺伝地図．

地図関数［mapping function］　J.B.S. Haldaneにより開発された数式．組換え頻度と地図距離の関係を表す．関数をグラフに表すと図のようになる．これによると二つの遺伝子が染色体上でどんなに離れていても，組換え値が50%を超えることはない．また組換え頻度が10%未満の遺伝子間において，組換え頻度と地図距離は線形関係にある．

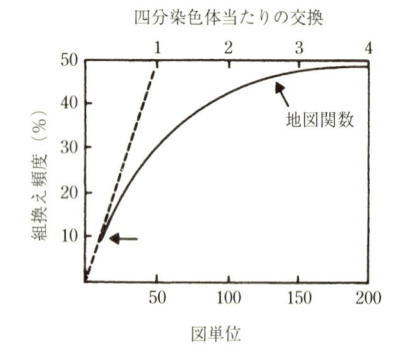

地図距離［map distance］　図単位あるいはセンチモルガン（cM）で表した遺伝子間の距離．

チーター［*Acinonyx jubatus*］　最も足の速い陸上動物と認められている肉食動物．ネコ科のほかのほとんどの種が10～20%のヘテロ接合性を示すのに対し，チーターは0%に近いことから遺伝学的興味がもたれる．高いホモ接合性は，繁殖能の低さ，幼獣の致死率の高さ，病気に対する抵抗性の低さと関係がある．

遅滞［lagging］　分裂後期に1本の染色体の赤道板から極への移動が遅れ，娘核から排除されてしまうこと．

父なし子［impaternate offspring］　雄親がその役割を果たさない単為生殖から生じた子孫．⇨ 単為生殖．

地中海性貧血症　=サラセミア．

窒素［nitrogen］　生物学的に重要な元素では4番目に多い．重同位元素は，1958年のMeselsonとStahlによる有名な実験に用いられた．⇨ 付録C（Meselson, Stahl）．

原子番号	7
原子量	14.01
原子価	-3, +5
最も多い同位体	^{14}N
重同位体	^{15}N

窒素固定［nitrogen fixation］　大気中の窒素を酵素反応により有機化合物に取込むこと．⇨ *nif*遺伝子．

窒素性塩基［nitrogenous base］　プリンまたはピリミジン．一般的には塩基性（水素受容体として）の芳香族の含窒素分子．

チトクローム　=シトクロム．

知能指数［intelligence quotient］　略号 IQ. 人間を標準知能テストの成績に基づいて"精神年齢"のグループに分ける．この精神年齢をその人

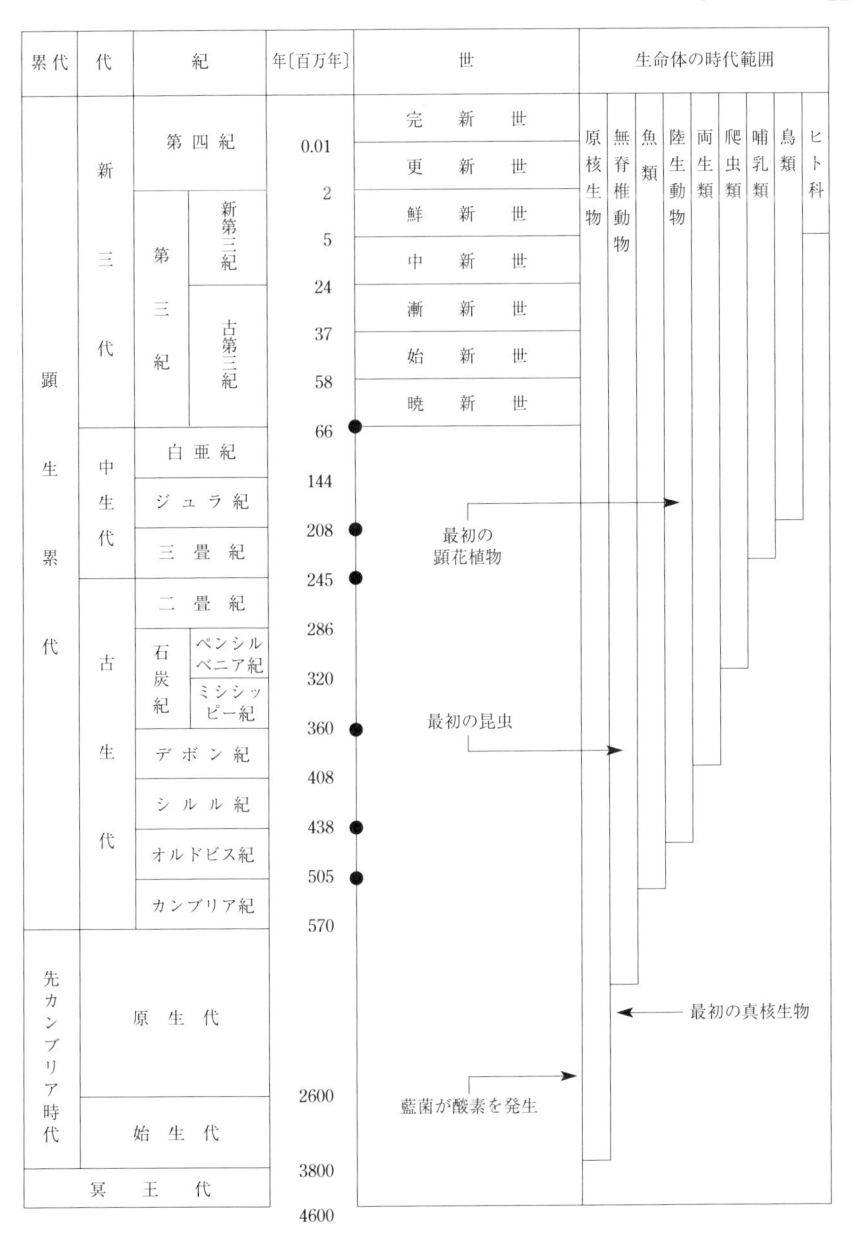

累代	代	紀		年〔百万年〕	世	生命体の時代範囲							
						原核生物	無脊椎動物	魚類	陸生動物	両生類	爬虫類	哺乳類	鳥類	ヒト科
顕生累代	新生代	第四紀		0.01	完新世									
				2	更新世									
		第三紀	新第三紀	5	鮮新世									
				24	中新世									
			古第三紀	37	漸新世									
				58	始新世									
				66 ●	暁新世									
	中生代	白亜紀		144										
		ジュラ紀		208 ●										
		三畳紀		245 ●										
	古生代	二畳紀		286										
		石炭紀	ペンシルベニア紀	320										
			ミシシッピー紀	360 ●										
		デボン紀		408										
		シルル紀		438 ●										
		オルドビス紀		505 ●										
		カンブリア紀		570										
先カンブリア時代	原生代			2600										
	始生代			3800										
	冥王代			4600										

最初の顕花植物
最初の昆虫
最初の真核生物
藍菌が酸素を発生

黒丸は大量絶滅が起こった時期を示す.

の暦年齢(実年齢)で割り，100を掛けたものがその人の知能指数である．

知能指数段階［intelligence quotient classification］　ビネー-シモン式分類に従って知能指数はつぎのように区分されている．天才140以上，最優秀120〜139，優秀110〜119，普通90〜109，やや劣る80〜89，境界線級70〜79，軽度の遅滞50〜69，中度の遅滞25〜49，重度の遅滞0〜24．

遅発メンデル分離［delayed Mendelian segregation］　⇒モノアラガイ．

遅発優性 [delayed dominance] ⇒ 優性.

チミジル酸 [thymidylic acid] ⇒ ヌクレオチド.

チミジル酸キナーゼ [thymidylate kinase] チミジル酸とチミジン二リン酸からそれぞれチミジン二リン酸，チミジン三リン酸へのリン酸化を触媒する酵素．

チミジン [thymidine] チミンを含むデオキシリボヌクレオシド．⇒ヌクレオシド．

チミジンキナーゼ [thymidine kinase] チミジンからチミジル酸へのリン酸化を触媒する酵素．

チミン [thymine] ⇒核酸塩基．

チミン二量体 [thymine dimer] 二つのチミン分子が，図に示したように，5位と6位の炭素間の結合によりつながったもの．このような二量体を形成する反応は，紫外線がDNAと相互作用することによって起こる．将来，DNAの複製を阻害することになるこれらの二量体は，切断-補修修復*によって除かれる．⇒付録C (1961 Wacker, Dellweg, Lodemann)，色素性乾皮症．

チモーゲン [zymogen] タンパク質分解酵素の前駆体で，触媒活性はもたない．一般にチモーゲンは翻訳後修飾により活性化される．たとえばチモーゲンであるペプシノーゲンは，特定のペプチド配列で開裂されてペプシンとなり，タンパク質分解酵素活性をもつようになる．

チモーゲン顆粒 [zymogen granule] 膵臓細胞でつくられるチモーゲンを含んだ分泌顆粒．

チャイニーズハムスター [*Cricetulus griseus*] この齧歯動物では，染色体数が少ない ($n=11$) ため，細胞遺伝学的研究用に好適である．およそ40の遺伝子座が特定の染色体に同定されている．⇒CHO細胞株．

着床 [implantation] 哺乳類の胚が子宮壁につくこと．

着床前遺伝子型判定 [preimplantation genotyping] 移植に先立って，体外受精させたヒト胚の遺伝子型を調べること．8細胞期の胚の1個の割球をサンプリングし，選んだ鋳型（DNA領域）をPCR*で増幅させる．この鋳型（DNA領域）に，問題とする遺伝子の突然変異が，みられるかどうかを調べる．欠陥のない胚を用いて，妊娠を開始させる．

チャバネゴキブリ [*Blatella germanica*, German cockroach] 遺伝学的な研究情報が最もよく得られている不完全変態昆虫．

虫瘿（えい）誘起原 [cecidogen] 虫瘿形成物質．

中央値 [median] 一群の数を大きさの順に配列したときに中央にくる数をいう．

中温菌 [mesophil] 至適生育温度が，20℃から45℃の範囲にある微生物．したがって，研究室での培養が容易にできる．

中核[の] [mesokaryotic] 渦鞭毛虫類の核のことをいう．一貫して染色体が凝集し，分離した状態にある．

中間径フィラメント [intermediate filament] 直径が8～12 nmの細胞質繊維で，多様な細胞骨格タンパク質を含む．一般に，中間径フィラメントのクラスは，発現細胞のタイプに特徴的である．たとえばケラチン繊維は上皮細胞に，ニューロフィラメントはニューロンに，ビメンチン繊維は繊維芽細胞に，デスミン繊維はグリア細胞に特異的である．

中間欠失 [intercalary deletion] ⇒欠失．

中間宿主 [intermediate host] ある寄生生物の生活史に不可欠な宿主であるが，その中では性成熟はしない．

中間帯 = 間縞帯．

中間代謝 [intermediary metabolism] 取込まれた栄養分子を細胞の成長に必要な分子に変える細胞内の化学反応．

中期 [metaphase] ⇒有糸分裂．

中期核板 [metaphase plate] 有糸分裂*の中期において紡錘体の赤道面に配置される染色体のこと．

中期停止 [metaphase arrest] 中期抑制ともいう．コルヒチン，コルセミド，その他の紡錘糸阻害剤で処理された細胞集団における有糸分裂中期像の蓄積．

中胸 [mesothorax] 昆虫の第二胸節．一対の脚があり，有翅昆虫類では一対の翅がある．

中胸背毛 [acrostical hair] ショウジョウバエの胸部背面に沿った一列またはそれ以上の小さな剛毛の列．

中期抑制 = 中期停止．

昼行性[の] [diurnal] 昼間に関していう．

中日性[の] [day-neutral] 植物の開花が光周期の影響を受けないこと．⇒フィトクロム．

注釈付け [annotation] ⇒ゲノムの注釈付け．

中心小体 = 中心粒．

中新世 [Miocene]　第三紀の4番目の時期．哺乳類のすべての科の代表が存在した．顕花植物の中で最も進化した科であるキク科（Compositae）や，鳴禽類，齧歯類などがこの時期に進化した．中新世の末にはチンパンジーとヒト科の系統が共通祖先から分岐した．⇨ 地質年代区分，チンパンジー属．

中心体 [centrosome]　中心粒を含んでいる分化した細胞質の領域．

中心複合体 [medial complex]　⇨ 対合複合体．

中心粒 [centriole]　中心小体ともいう．自己増殖性のオルガネラで，一般に9組の周辺微小管（それぞれは3本の微小管が融合したもの）が中心腔の周りに配置された短い円筒状の構造をなす．DNAと同様，中心粒も細胞分裂周期で1回だけ複製する．ただし，この場合は完全に新しい中心粒を形成することによる保存的な複製である．"娘"中心粒は"母"中心粒に対して常に直角に位置し，成熟サイズになるまで外側に向かって成長する．中心粒は移動能力をもち，分裂中の動物細胞ではいつも紡錘体の極領域に位置するように動く．中心粒のこの行動は，減数分裂の項に図示されている．後期の時期に，母と娘の中心粒は分かれ，互いに離れていき，ついにはパートナーの中心粒となる．中心粒は，動物の体細胞がG_1期からS期に進行するのに必要である．繊毛の基底小体は，中心粒と同一の微細構造をもつオルガネラである．高等植物の細胞には中心粒はみられない．⇨ 付録C（1888 Boveri），細胞周期，中心体，キネトソーム，微小管重合中心．

中性子 [neutron]　水素原子とほぼ同じ質量をもつ基本核子で電気的には中性である．質量は1.0087質量単位である．

中性子コントラストマッチング法 [neutron contrast matching technique]　さまざまな濃度の軽水および重水を含む溶液中で照射された粒子の中性子散乱密度を決定する技法．この技法はヌクレオソーム*に対して使用された．DNAからの中性子散乱が主要な反応である条件下の旋回半径は50Åであった．ヒストンタンパク質からの散乱が優勢な場合の半径は30Åであった．DNAに対する半径が大きいことから，DNAはヌクレオソームの表面に位置していることが証明された．⇨ 付録C（1977 Pardon et al.）．

中生代 [Mesozoic]　恐竜が誕生し，繁栄し，絶滅に到った1億8千万年にわたる時代．⇨ 地質年代区分．

中層 [middle lamella]　中葉ともいう．植物の細胞壁の最外層．これにより隣接する細胞壁同士が接触する．

中断交配実験 [interrupted mating experiment]　接合している細菌間の遺伝子移入の様式を研究するために，種々の時期に試料を取り，それにブレンダーの強いせん断力を与えて接合を中断させる遺伝実験．⇨ 付録C（1956 Jacob, Wollman），ワーリングブレンダー．

柱頭 [stigma]　一般に花柱の頂部にあたる受粉面で，適合した花粉が発芽する．

虫媒[の] [entomophilous]　昆虫によって受粉の媒介がなされること．

中胚葉 [mesoderm]　三胚葉動物において外胚葉と内胚葉の中間に形成される胚細胞層．中胚葉は筋肉，結合組織，血液，リンパ系組織，体腔の内層，内臓の漿膜，腸間膜，血管の上皮，リンパ管，腎臓，輸尿管，生殖腺，生殖器の導管，副腎皮質を形成する．⇨ 付録C（1845 Remak）．

中部動原体[の] [metacentric]　中央部に動原体がある染色体についていう．

中片 [midpiece]　精子の一部分．頭部の後ろで副核を含む．

中葉 = 中層．

中立突然変異 [neutral mutation]　**1**. 表現型が生物体の現在の環境条件に対する適応値*あるいは適応度*に変化をもたらさない遺伝的変化．**2**. 研究対象となっている問題の限りでは何の表現型も見られない突然変異．

中立平衡 [neutral equilibrium] = 受動平衡（passive equilibrium）．

チューブリン [tubulin]　微小管の主要なタンパク質成分．チューブリンは，分子量がいずれも55,000のαおよびβサブユニットから構成される二量体である．微小管は$\alpha\beta$二量体が重合することによってつくられる．コルヒチン*という薬剤は，$\alpha\beta$二量体に結合して，伸長する微小管へのサブユニットの付加を阻害する．αおよびβチューブリンのどちらにもアイソフォームが存在し，少なくともその一部は異なる遺伝子の産物である．たとえば，ショウジョウバエでは，αチューブリンをコードする異なる遺伝子が四つみつかっており，また，βチューブリンをコードする遺伝子も四つみられる．さらに，チューブリンのごくマイナーな分子種であるγチューブリンも存在する．γチューブリンは開放環構造を形成し，これが核となってαおよびβチューブリンが集まり，微小管を形成する．γチューブリン環複合体は中心粒周辺物質内に存在する．パン酵母ではγチューブリン遺伝子は12番染色体に位置づけられている．⇨ 付録C（1995 Zheng et al.; Moritz et al.），中心粒．

超遺伝子 [supergene]　交差が起こらない染

色体領域で，そのため世代から世代へと単一のレコンのように伝えられる．

超越変異 [transgressive variation] 両親にみられる表現型の範囲外の表現型をもつ子孫．ポリジーンの分離により起こることが多い．

超遠心機 [ultracentrifuge] 毎分 6 万回転以上の速度に達し，重力の 50 万倍の遠心力をも生じるような高速回転する遠心機．高分子物質を沈殿させるのに用いられる．⇨ 付録 C（1923 Svedberg）．遠心分離，遠心機，沈降係数．

超音波 [ultrasound] ヒトの聴覚の限界である 20,000 Hz を超えた振動数の音波．

超音波破砕[物] [sonicate] 生物試料を超音波で振動されることにより，細胞，生体高分子，膜を断片化すること．またはこのような処理をした生物試料．

長花柱花 [pin] ピン花ともいう．花柱が長く，やくが低い花の型．サクラソウ属などの二型花柱花種に見られる．⇨ 短花柱花．

超活性突然変異 [supervital mutation] 突然変異個体の生存力が野生型の水準以上に増強されるような突然変異．

超可変部位 ＝高頻度可変部位．

長期記憶 [long-term memory] ⇨ CREB，間隔をおいた訓練．

聴原性発作 [audiogenic seizure] 音によってひき起こされるけいれん発作．マウス，ラット，ウサギはこのような発作を起こしやすい．

超好熱菌 [hyperthermophile] きわめて高温で繁殖する原核生物．深海の高圧下で，太陽の光なしに生存するものもいる．噴火口の周辺の地殻変動の活発なリフト地帯で生息する．113 ℃という高温で生存するものもいる．このグループにはアーキアに属する，*Archaeoglobus fulgidus**，*Methanococcus jannaschii** や *Thermotoga maritima** のような細菌が含まれる．"分子系統樹*" の幹の最も近くに位置づけられている種は，すべて超好熱菌であり，この事実は，超好熱菌が，すべての原核生物の共通の祖先であることを意味しているのかもしれない．⇨ 極限環境微生物，プレートテクトニクス，海底噴出孔群集．

張細糸 [tonofilament] ケラチン繊維と同義．⇨ 中間径フィラメント，ケラチン．

超雌 [superfemale] ＝亜雌（metafemale）．

長日植物 [long-day plant] 1 日の日照時間が 12 時間以上になると開花期が始まり促進される植物．

長周期散在 [long period interspersion] 中程度の反復配列と非反復配列の長い DNA 断片が交互に現れるゲノム上のパターン．

調節 [regulation] 切除，移植など，実験的妨害にかかわらず正常ないしほぼ正常な胚発生や再生を続ける胚の能力．

調節遺伝子 [regulator gene] 離れて存在する他の遺伝子の発現を調節する遺伝子．調節遺伝子 ($_rG$) は抑制タンパク質（R）を合成し，オペレーター ($_oG$) に結合し，オペロンのスイッチを切る．図中の横線は染色体を表し，左端の遺伝子は他の三つの密接に連鎖した遺伝子とは離れている ($_rG$ は別の染色体に存在することもある）．遺伝子 $_sG_1$ と $_sG_2$ は構造遺伝子，すなわち特定の mRNA を合成し，タンパク質 P_1, P_2 を生成するシストロンである．リプレッサーはごく少量しか存在しない．リプレッサーにはオペレーターとエフェクター（E）に結合する二つの部位がある．いったん，E と結合すると，リプレッサーは変形し，もはやオペレーターに結合できない．$_sG_1$, $_sG_2$ によって生成される酵素の基質がエフェクターとして働く場合がある．この場合は誘導系である．というのは，P_1, P_2 の合成が E の存在下で初めて進行するからである．⇨ アロステリック効果，構成的突然変異，*cro* リプレッサー，抑制解除，誘導系，ラクトースオペロン，λ リプレッサー，オペロン，抑制系，選択遺伝子．

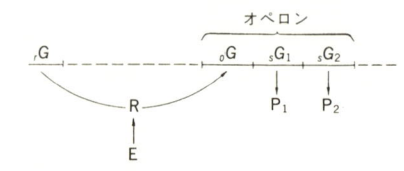

オペロン
$_rG$　　　　$_oG$　$_sG_1$　$_sG_2$
　　　　　　　　　　↓　　↓
　　　R　　　　　　P_1　P_2
　　　↑
　　　E

調節因子 [controlling element, regulator element] トウモロコシの *Ac/Ds* 系のような，標的遺伝子に不安定な過剰変異性を与える遺伝子の一群．これら遺伝子の中には，受容体因子と調節因子が含まれる．受容体因子は，可動遺伝子で，標的遺伝子に挿入すると標的遺伝子は不活性化される．調節因子はおそらく受容体因子を標的遺伝子からはずすことができ，それによって標的遺伝子の突然変異を不安定にし，野生型に戻す．⇨ 転移因子．

調節配列 [regulatory sequence] オペロン内の構造遺伝子の発現調節に関与する DNA 配列．アテニュエーター，オペレーター，プロモーターなど．⇨ 遺伝子，調節遺伝子．

調節発生 [regulative development] 胚のすべての部分の発生予定運命が受精前に決定されていない発生．調節発生では，切除部分は修復され，分離した割球でさえ一卵性双生児を形成しうる．⇨ モザイク発生．

チョウセンアサガオ [*Datura stramonium*

多染色体性に関する古典的な研究が行われた品種. ⇨ 付録A (植物界, 被子植物上綱, 双子葉植物綱, ナス目), 付録C (1920, 1922 Blakeslee et al.).

蝶つがい領域 =ヒンジ領域.

超微細構造 [ultrastructure] 微細構造 (特に細胞内) で, 高倍率の電子顕微鏡で観察可能なもの.

重複 [duplication] ⇨ 染色体異常.

重複暗号 [redundant code] =縮重暗号 (degenerate code).

重複逆位 [overlapping inversion] 以前に染色体逆位が起きた部分を含んで二度目の逆位が起こることによる複合的な染色体逆位.

重複受精 [double fertilization] 顕花植物を他の種子植物と区別する特徴となる受精の様式. 図に示すように, 花粉粒は発芽すると雄性配偶体を形成し, 鎌状の形をした2個の半数体の精核を雌性配偶体に注入する. 卵核と極核はいずれも半数体であり, 遺伝的に同一である. 精核のうちの1個と卵核との合体によって二倍体核がつくられ, これから胚が発生する. 2個の極核はもう1個の精核と融合し, 三倍体核を生じる. 胚乳*はこの3N核の有糸分裂活性によって発達する. ⇨付録A (植物界, シダ種子植物亜門, 被子植物上綱), 付録C (1898 Navashin), 穀粒, 花粉粒, 助細胞.

跳躍遺伝子 [jumping gene] 挿入配列やトランスポゾンのように移動する, あるいは"放浪する"遺伝子単位.

跳躍進化 [saltation] **1.** 大きな表現型効果をもつ一つないしはそれ以上の突然変異 (大突然変異) により, 新しい種が突如として生じるという理論. R. Goldschmidt により"前途有望な怪物"とよばれている. **2.** 非連続種分化*. ⇨ 進化.

跳躍複製 [saltatory replication] 染色体上のある領域だけが複製増幅して, 特定のDNA配列のコピー数が増大すること. ⇨ 遺伝子増幅, rDNA増幅.

超雄 [supermale] =亜雄 (metamale).

超優性 [overdominance, superdominant] ヘテロ接合体がホモ接合体よりも極端な表現型を示す現象. 一遺伝子雑種強勢. 一般に, 超優性は AA' 個体が AA または $A'A'$ 個体よりも適応度が高い状態をいう.

超抑制 [superrepression] 一般に以下の理由により, ある遺伝子が誘導されない状態をいう. 1) オペレーター領域に異常があるため, 正常なリプレッサータンパク質が結合できない. 2) 調節遺伝子内に変異が生じ, この遺伝子のコードするリプレッサータンパク質が誘導物質に非感受性となり, このため遺伝子を常にオフの状態にしてしまうような現象.

超抑制遺伝子 [supersuppressor] 染色体上の多数の異なる部位にある特定の突然変異対立遺伝子の発現を抑制するような突然変異で, 通常はナンセンスサプレッサーである.

直翅類 [orthopteran] バッタ, キリギリスなどの昆虫を含む不完全変態類の一目.

直立猿人 [*Pithecanthropus erectus*] 現在は *Homo erectus erectus* とよばれている.

貯精嚢 [spermatheca] 雌および雌雄同体の器官. 雄から放出された精子を受けとり貯える.

チラコイド [thylakoid] ⇨ 葉緑体.

地理的隔離集団 [geographical isolate] 何らかの地理的障害によって種の主集団から分離した集団.

地理的種分化 [geographic speciation] 異所的種分化 (allopatric speciation) ともいう. 親の集団が二つ以上の集団に地理的に隔離された結果, 2種以上の娘種に分かれること.

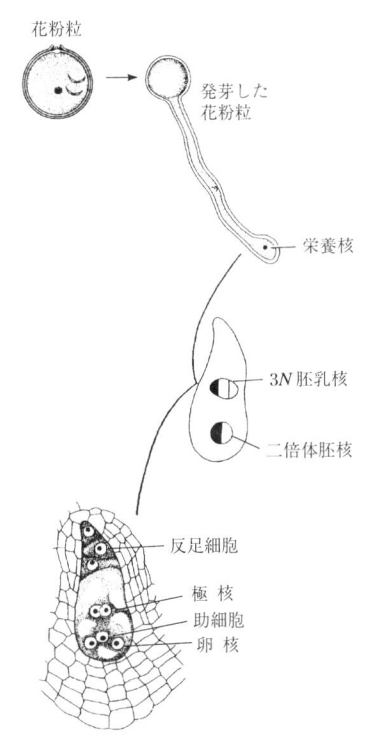

胚珠中の雌性配偶体

チリモ類［desmids］　一つの核を共有し，峡部で細胞質がつながっている細胞をもつ緑藻．⇨付録A（原生生物界，接合藻植物門，ミクラステリアス）．

チロキシン［thyroxine］　⇨甲状腺ホルモン．

チログロブリン［thyroglobulin］　⇨甲状腺ホルモン．

チロシナーゼ［tyrosinase］　チロシンを水酸化して，DOPAと略称されるジヒドロキシフェニルアラニン*にする過程を触媒する酵素．DOPAは自然に酸化されてDOPAキノンになり，この分子が重合してメラニンを形成する．ヒトのチロシナーゼは529個のアミノ酸からなり，1箇所のシグナルペプチド，2箇所の銅結合部位，および疎水性の膜貫通ドメイン領域をもつ．このタンパク質が銅と結合する能力を阻害するような突然変異は，すべて酵素の活性を失わせる．⇨白子．

チロシン［tyrosine］　略号 Tyr. ⇨アミノ酸．

チロシン血症［tyrosinemia］　p-ヒドロキシフェニルピルビン酸オキシダーゼの先天的欠損による遺伝病．

チロトロピン［thyrotropin］　⇨甲状腺ホルモン．

沈降係数［sedimentation coefficient］　記号 s. より密度の低い溶媒に懸濁した溶質分子が遠心力の場で沈降する率．単位遠心力場当たりの率である．大部分のタンパク質の s 値は $1\times10^{-13}\sim2\times10^{-11}$ 秒の範囲にある．沈降係数 1×10^{-13} がスベドベリ単位 S と定められているので，2×10^{-11} 秒という値は 200 S で表される．一定の溶媒と温度では，s 値は分子の質量，形および水和の程度で決まる．⇨付録C（1923 Svedberg）．

チンチラ［*Chinchilla lanigera*］　齧歯類動物で，毛皮の生産のために飼育されている．多くの毛色の突然変異が知られている．

チンパンジー［chimpanzee］　⇨チンパンジー属．

チンパンジー属［*Pan*］　チンパンジー（*P. troglodytes*）やボノボ（ピグミーチンパンジー，*P. paniscus*）を含む属．*Pan troglodytes* は現存の霊長類で遺伝学的に最もヒトに近い．チンパンジー属とヒト属は約 700 万年前に共通の祖先から分化した．*P. troglodytes* の半数体染色体数は 24 で，約 40 の遺伝子が 19 の連鎖群に分類されている．⇨付録C（1975 King, Wilson；1984 Sibley, Ahlquist）．

沈黙対立遺伝子［silent allele］　生成物が検出できない対立遺伝子．⇨ヌル対立遺伝子．

沈黙突然変異［silent mutation］　表現型レベルで何の影響ももたらさない遺伝子突然変異．すなわち，突然変異遺伝子のタンパク質産物が野生型遺伝子の産物と同等に機能するということである．これには機能的に同等なアミノ酸同士の置換（たとえば，ロイシンがイソロイシンなどの別の非極性アミノ酸に置換される）といった場合がありうる．⇨同義突然変異，同義コドン．

ツ

追加免疫応答 [booster response]　⇨　免疫記憶.

ツィンマーマンの細胞融合 [Zimmermann cell fusion]　Ulrich Zimmermann により開発された細胞融合法. 低いレベルの高周波電場にさらすことにより細胞を鎖状に並べ, 直流パルスを加えると, 細胞同士が接する細胞膜に小さな穴が開く. この穴を通じて細胞質が混合し, 最終的には細胞同士が融合する. この方法は原形質膜の透過性をも変化させるので, 遺伝子サイズの DNA 断片を細胞内に導入することもできる.

痛風 [gout]　プリン代謝に関する遺伝病で, 血液中に尿酸量が増加し, 急性関節炎の周期的な発作を特徴とする.

ツェツェバエ [Glossina]　胎生の双翅目の一属で, トリパノゾーマの媒介体となる. G. morsitans はアフリカツェツェバエとよばれる. ⇨ トリパノゾーマ属.

つがい形成 [pair bonding]　同種の雌雄動物間の親密で長く続く結びつき. 一般に子孫を共同して養育しやすいようにする.

接木雑種 [graft hybrid]　2 種類の遺伝的に異なる組織からできている植物. 接木をしたあと, 宿主と供与体の組織が融合することによる.

ツキミソウ [evening primrose]　= オオマツヨイグサ (Oenothera lamarckiana).

ツメガエル属 [Xenopus]　サハラ以南のアフリカに分布する水生の無尾類の一属で, ふつうアフリカツメガエルとよばれる. この属の 16 種のゲノムサイズは, $3.5 \times 10^9 \sim 1.6 \times 10^{10}$ の幅がある. サイズの違いは, おそらく過去 4000 万年の間に起こった染色体の倍加によるものである. この属の祖先種の染色体数は 18 本であったらしいが, 現在では 36 本, 72 本, および 108 本の染色体をもつ種が存在する. アフリカツメガエル ($X.$ $laevis$) とキタアフリカツメガエル ($X.$ $borealis$) の 2 種が分子遺伝学の研究に多用される. $X.$ $laevis$ の核小体突然変異の研究により, 核小体はおよそ 450 個の rRNA 遺伝子を含むことがわかった. このカエルは, 卵母細胞で転写される 5S rRNA の一つのクラスに加えて, 体細胞で転写されるもう一つのクラスをもつ. アフリカツメガエルのランプブラシ染色体中には, 卵母細胞の 5S rRNA 遺伝子が半数体ゲノム当たりおよそ 20,000 コピー存在し, これらが 18 本の二価染色体のうちの 15 本の長腕末端部に分布する. 体細胞 5S rRNA 遺伝子も 1300 コピー存在し, 染色体の末端部以外の場所に分布する. この種の二倍体の染色体数は 36 であることから, 進化的観点からは四倍体であるとされる. ⇨ 付録 A (脊索動物門, 両生綱, 無尾目), 付録 C (1966 Wallace, Birnsteil; 1967 Birnstein; 1968 Davidson, Crippa, Mirsky; 1973 Ford, Southern), カハール体, 協調進化, 倍数性, リボソーム RNA 遺伝子.

詰込み比 [packing ratio]　DNA を含む繊維の長さに対するたたみ込まれている DNA の長さの比.

テ

t ⇨ ヒトの細胞遺伝学上の記号.

t スチューデントの t 統計量で, 二つの標本間の平均値の差の検定に用いられる. ⇨ スチューデントの t 検定.

T チミンまたはチミジン

d ダルトンの単位.

2,4D [2,4D = 2,4-dichlorophenoxyacetic acid] = 2,4-ジクロロフェノキシ酢酸.

DIS *Drosophila Information Service** (ショウジョウバエの専門誌) のこと.

Ti プラスミド [Ti plasmid] 双子葉植物にクラウンゴール病を起こす細菌, アグロバクテリウム* (*Agrobacterium tumefaciens*) 中にみられる腫瘍誘発性 (tumor-inducing: 略号はこれから) のプラスミド. 植物の遺伝子工学においてベクターとして用いられる. 野生型のプラスミドは腫瘍細胞をつくるが, これを改変して, 受容細胞を腫瘍化することなく外来遺伝子を細胞内に運び込めるようにすることができる. 腫瘍の誘発に際して, T-DNA (transferred DNA) とよばれる Ti プラスミドの特定領域が宿主植物の核 DNA 中に組込まれる. Ti プラスミドを介した腫瘍形成は, 異なる界に属する細胞の間で DNA を伝達する水平可動因子*の最初のケースである. ⇨ 付録 C (1974 Zaenen *et al*.; 1981 Kemp, Hall).

tRNA = 転移 RNA (transfer RNA).

dRNA DNA 様 RNA. rRNA や tRNA の部類には属さない RNA 分子. dRNA の大部分は分子量が大きく, 寿命が短く, 核を離れない.

tRNA 遺伝子 [tRNA gene] tRNA に転写される遺伝子. 多くの tRNA 遺伝子は多コピーで存在している. たとえば半数体ゲノム当たりの各 tRNA 遺伝子種の平均反復頻度は酵母, ショウジョウバエ, ヒト, アフリカツメガエルでそれぞれ 5, 10, 15, 200 と推定されている.

tRNA 合成酵素認識部位 [tRNA synthetase recognition site] アミノアシル tRNA 合成酵素と結合する tRNA 上の部位. 酵母のフェニルアラニン tRNA では, この認識部位はジヒドロウリジンループに近接して存在するヌクレオチド配列である. ⇨ 付録 C (1971 Dudock *et al*.), アミノ酸活性化, 転移 RNA.

tRNA サプレッサー [tRNA suppressor] ⇨ ナンセンスサプレッサー.

tRNA 修飾酵素 [tRNA-modifying enzyme] tRNA 転写一次産物を改変する酵素. リボースの 2′位の OH にメチル基を付加するのが一般的である. 大腸菌には少なくとも 45 種類の tRNA 修飾酵素が存在し, これをコードする遺伝情報は全ゲノムの約 1% に相当する. ⇨ 微量塩基, 転移 RNA.

Trp [Trp = tryptophan] = トリプトファン. ⇨ アミノ酸.

DEAE セルロース [DEAE-cellulose = diethyl-aminoethyl-cellulose] ジエチルアミノエチルセルロース. ビーズ型のセルロース置換性の誘導体. 等電点よりも高い pH 値で酸性もしくは弱塩基性タンパク質のクロマトグラフィーに用いられる.

TEM [TEM = triethylene melamine] = トリエチレンメラミン. アジリジン系突然変異原*である.

TEM [TEM = transmission electron microscope] = 透過型電子顕微鏡. ⇨ 電子顕微鏡.

D_1 トリソミー症候群 [D_1 trisomy syndrome] = パトー症候群 (Patau syndrome).

daf-2 線虫の寿命決定遺伝子. ⇨ インスリン様成長因子-1, -2.

TSH [TSH = thyroid-stimulating hormone] = 甲状腺刺激ホルモン.

dsDNA 二本鎖 (double-stranded) DNA.

ts **突然変異** [*ts* mutation] = 温度感受性突然変異 (temperature sensitive mutation).

Thr [Thr = threonine] = トレオニン. ⇨ アミノ酸.

DHFR [DHFR = dihydrofolate reductase] = ジヒドロ葉酸レダクターゼ. ⇨ アンプリコン.

Thy-1 抗原 [Thy-1 antigen] 胸腺細胞*の

細胞膜上にある抗原．胸腺細胞を他のリンパ球から区別するのに用いられる．

DNアーゼ［DNase］ ＝デオキシリボヌクレアーゼ (deoxyribonuclease)．DNAase とも書く．

DNアーゼプロテクション［DNase protection］ ＝DNAアーゼプロテクション (DNAase protection)．

DNA ＝デオキシリボ核酸 (deoxyribonucleic acid)．⇨ 乱交雑 DNA．

DNAアーゼ［DNAase］ ＝デオキシリボヌクレアーゼ (deoxyribonuclease)．

DNAアーゼプロテクション［DNAase protection］ タンパク質と相互作用している DNA の領域（たとえば転写の最中の RNA ポリメラーゼが DNA に占める領域など）の大きさを推定する手法．タンパク質を DNA に結合させた後，エンドヌクレアーゼを加えると相互作用領域の外側の DNA の大半はモノヌクレオチドもしくはジヌクレオチドに分解される．⇨ ジメチル硫酸プロテクション．

DNA-RNA ハイブリッド［DNA-RNA hybrid］ DNA の鎖の 1 本と，それに相補的な RNA 鎖とが水素結合を形成することによってできた二重らせん．免疫グロブリンの一つの遺伝子からつくられるある種の RNA 分子は，その遺伝子と結合したままになっており，重鎖クラススイッチ*の際に，免疫グロブリンの定常部（Y 基部）をコードする他のすべての遺伝子が DNA 切断酵素によって除かれた後もそれを保存するようにする．⇨ 付録 C（1961 Hall, Spiegelman）．

DNA アレイ［DNA array］ ⇨ DNA チップ．

DNA 依存性 RNA ポリメラーゼ［DNA-dependent RNA polymerase］ RNA ポリメラーゼ*のこと．⇨ RNA 依存性 DNA ポリメラーゼ．

DNA 塩基配列決定法［DNA sequencing technique］ **1.** F. Sanger と A. R. Coulson により 1975 年に開発された方法で，プラスマイナス法，プライマー合成法などとして知られている．放射性標識し，特定の種類の塩基の位置で反応を特異的に停止させるように DNA を in vitro で合成する．この試料を変性後，電気泳動によって DNA 断片の長さにしたがって分画し，オートラジオグラフィーにより泳動パターンを同定する．プラスの方法では，^{32}P 標識したプライマーの伸長反応に 1 種類のデオキシリボヌクレオシド三リン酸 (dNTP) しか用いることができない．マイナスの方法では，4 種の dNTP のうちの 1 種類を欠いた状態にしておくか，伸長反応停止剤として特異的な塩基類似体（2′,3′-ジデオキシリボヌクレオシド三リン酸*）を加えておく．**2.** 1977 年に A. M. Maxam と W. Gilbert によって開発された方法で，化学的方法ともよばれる．二本鎖 DNA 由来の，5′末端を ^{32}P で標識した一本鎖 DNA を，ある特定の塩基の一方の端で選択的に鎖を切断するような化学物質（ジメチル硫酸ヒドラジン）で切断する．こうしてできた断片をサイズにしたがってアクリルアミドゲル電気泳動によって分画し，そのパターンをオートラジオグラフィーによって同定する．

DNA-寒天法［DNA-agar technique］ 異なる起源の核酸分子の間の相同性を試験するための手法．ある起源からの放射性標識した核酸の断片を，寒天ゲルの中に埋めたほかの起源の放射性標識しない核酸と反応させて調べる．寒天ゲル中の核酸と相補性を示す放射性標識された核酸断片がゲル中に残る．⇨ 付録 C（1963 MaCarty, Bolton），雑種二本鎖分子．

DNA 駆動ハイブリダイゼーション［DNA-driven hybridization］ 大過剰の DNA に放射活性をもつ RNA トレーサーを加え，再結合反応を行わせること．コット (Cot) 解析によって該当するゲノム配列中の反復頻度を調べるのに用いられる．⇨ 再結合反応速度論．

DNA グリコシラーゼ［DNA glycosylase］ DNA 中で変化した塩基を各種類ごとに認識し，糖-リン酸ジエステル結合からなる骨格からその塩基を加水分解によって遊離させる一群の酵素．⇨ AP エンドヌクレアーゼ．

DNA クローン［DNA clone］ ウイルスベクターもしくはプラスミドベクターを用いて宿主細胞に挿入された DNA 断片で，ベクターとともに複製され多くのコピーを生じる．

DNA 結合モチーフ［DNA-binding motif］ DNA への結合を促すタンパク質上の部位．⇨ ヘリックス-ターン-ヘリックスモチーフ，ホメオボックス，ロイシンジッパー，POU 遺伝子群，T ボックス遺伝子，ジンクフィンガータンパク質．

DNA 鎖置換［strand displacement］ ある種のウイルスで使われている DNA 複製機構で，DNA が新しく合成されるにしたがい DNA 鎖の 1 本が新鎖により置換される．

DNA 弛緩酵素［DNA relaxing enzyme］ ⇨ トポイソメラーゼ．

DNA ジャイレース［DNA gyrase］ ⇨ ジャイレース．

DNA 修飾［DNA modification］ ⇨ 修飾．

DNA 修復［DNA repair］ 突然変異や修飾（メチル化など）を起こした DNA 分子のヌクレオチド配列を元に戻す機構．⇨ 切断-補修修復，誤りがちな修復，ミスマッチ対合，光回復酵素，

プルーフリーディング，組換え修復，SOS応答，チミン二量体．

DNA 制限酵素［DNA restriction enzyme］　大腸菌などの細菌の多くの株に存在する特異的なエンドヌクレアーゼ*の総称．外来性 DNA を識別し，分解する．これらのヌクレアーゼは制限遺伝子とよばれている遺伝子の指令で形成される．修飾遺伝子とよばれる別の遺伝子は，細胞内の DNA のメチル化パターンを決定する．DNA が制限酵素によって攻撃されるか否かを決定するのが，このメチル化パターンである．⇒修飾メチラーゼ，制限酵素．

DNA 繊維のオートラジオグラフィー［DNA fiber autoradiography］　トリチウム化したチミジンで標識した DNA 分子を，ミリポアフィルター上に付着させた，光学顕微鏡的オートラジオグラフィー技術．1963 年に Cairns が大腸菌の DNA 複製を研究する際に初めて用い，後に 1968 年に Huberman と Riggs が哺乳類の染色体上にある多重レプリコンを視覚化するのに応用された．

DNA タイピング［DNA typing］　⇒DNA フィンガープリント法．

DNA チップ［DNA chip］　親指の爪かそれより小さいガラスまたはシリコンのシートで，数百～数百万のフィーチャー（feature）とよばれる場所があり，それぞれに数百万コピーの一本鎖 DNA（プローブ*）が，しっかりと付着している．調べたい一本鎖の遺伝試料を，蛍光標識して，DNA チップに塗布する．標識 DNA は，相同な DNA のある場所にくっつき（ハイブリダイズし），非相同 DNA 試料は洗い流される．ハイブリダイズした場所だけが，顕微鏡下で蛍光を発する．この技術は，感度がよいので，1 ヌクレオチドの対合のミスも検出できる．DNA チップ（DNA アレイ）により，ウイルス，酵母，細菌，ミトコンドリアの全ゲノムについて，きわめて多数の遺伝子上の突然変異を同時に検出することができる．メッセンジャー RNA も DNA チップ上の相同 DNA とハイブリダイズさせることができるので，遺伝子の活性つまり発現の程度を定量的に解析することができる．DNA チップ技術の使用例として，倍数化による酵母ゲノムの応答を調べた最近の研究がある．大半の遺伝子の発現は，核内の倍数性レベルに直接比例するが，少数の遺伝子については，倍数性レベルが上昇しても，その転写速度の増加の程度は比例しないか，逆に減少する．⇒付録 C（1999 Galitski *et al*.）．

DNA 時計仮説［DNA clock hypothesis］　ある種がもつゲノム全体を平均して見た場合，DNA 中のヌクレオチドの置換の速度は一定して

いるという仮説．それにより，2 種類の生物の間でのヌクレオチド配列の相違の度合は両者の間の分岐節*を推定するのに用いることができる．⇒ΔT50H．

***dna* 突然変異**［*dna* mutaion］　DNA 複製に関与する大腸菌の突然変異．*dna* A，*dna* B，*dna* C 突然変異は複製開始点に作用するタンパク質に欠陥のある突然変異である．*dna* E，*dna* X，*dna* Z 遺伝子は DNA ポリメラーゼⅢのサブユニットをコードしており，*dna* G 遺伝子はプライマーゼ*をコードしている．⇒DNA ポリメラーゼ，修復合成，レプリコン．

DNA トポイソメラーゼ［DNA topoisomerase］⇒トポイソメラーゼ．

DNA 二重鎖［DNA duplex］　二重らせん DNA．⇒デオキシリボ核酸．

DNA の複雑度［DNA complexity］　ある DNA 試料を特徴づける，非反復配列の量を示す値．再結合反応速度論*に従った実験で求めた全ユニーク DNA の長さをヌクレオチド対として表現したもの．進化的に後から生じてきた生物種の DNA は原始的な種の DNA に比べてより複雑度が大きい．

DNA の溝［DNA groove］　DNA の二重らせんの縦方向に沿って 2 本の溝がみられる．主溝は幅が 12 Å であり，副溝の幅は 6 Å である．溝の幅が異なるのは，糖-リン酸バックボーンへの塩基対の結合が非対称であるためである．その結果，主溝では塩基対の端の幅が，副溝に比べて広くなる．それぞれの溝には，水素結合の供与体や受容体となりうる原子が並んでおり，特定の DNA 配列を認識する DNA 結合タンパク質と相互作用する．たとえば，エンドヌクレアーゼは二重らせん DNA の副溝と静電気的に結合する．図には，ヘリックス-ターン-ヘリックスモチー

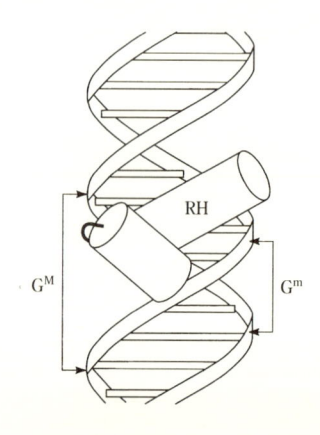

フ*が結合した DNA 領域を示した．副溝，主溝，および認識ヘリックスをそれぞれ，G^m，G^M，および RH で表してある．⇨ アンテナペディア，デオキシリボヌクレアーゼ．

DNA のループ形成［DNA looping］　タンパク質が DNA の特異的な配列に結合する一方で互いに結合する結果，DNA がループを形成する現象．この結果，ループはそれに続く遺伝子の転写を活性化もしくは抑制する．エンハンサー*配列が DNA のループに含まれる可能性がある．

DNA ハイブリダイゼーション［DNA hybridization］　一本鎖 DNA もしくは RNA のある特定された断片を，ニトロセルロースフィルター*上に固定された相補的一本鎖 DNA と塩基対合を介して選択的に結合させる技術．1. DNA-DNA ハイブリッド形成は，異なる種の DNA 相互の配列相同性を決定するために用いられる．2. DNA-RNA ハイブリッド形成は，雑多な RNA 分子の集団の中から，ある特定の DNA に相補的な RNA 分子を選別するときに用いられる．⇨ 付録 C (1960 Doty et al.; 1963 McCarty, Bolton; 1972 Kohne et al.), in situ ハイブリダイゼーション，再結合反応速度論．

DNA パフ［DNA puff］　⇨ 染色体パフ．

TNF［TNF = tumour necrosis factor］　= 腫瘍壊死因子．

DNA フィンガープリント法［DNA fingerprint technique］　ヒトゲノム中に分散して存在する単純な縦列反復配列を利用した技術で，DNA タイピング (DNA typing) とよぶのがより適切．これらの領域の長さにはかなりの多型がみられるが，その中には 10〜15 塩基の共通するコア配列を含んでいる．別々の個体から得られたヒト DNA を，それぞれ酵素処理によって切断し，ゲル上で DNA 断片のサイズごとに分画する．さらに先のコア配列を含むハイブリダイゼーション用のプローブを用いて，そのコア配列に相補的な DNA 断片を標識する．各ゲル上に得られるパターンは個人ごとに特徴的なものになる．この技術は，血縁関係についての争議の際，家族関係を確定することに利用されてきた．暴力犯罪においては，加害者の血液や毛髪，精子やその他の組織がしばしば犯行現場に残される．法廷から依頼を受けた科学者は，これらをもとに DNA フィンガープリント法を用いて真犯人を同定することができる．⇨ 付録 C (1985 Jeffries et al.), アルフォイド配列，フィンガープリント法，制限酵素断片長多型，縦列反復数変異座位．

DNA 付加物［DNA adduct］　⇨ 付加物．

DNA 複製［replication of DNA］　DNA の複製の際には，二本鎖分子の 2 本の鎖は分かれて，複製フォークを形成する．ついで，DNA ポリメラーゼ*が 3′ 末端に相補的なヌクレオチドを順次付加する．このようにして連続的に複製される鎖はリーディング鎖とよばれる．もう一方の鎖は短い断片として不連続に複製される．岡崎フラグメントは 1000〜2000 ヌクレオチドの長さで，それぞれのフラグメントはおよそ 10 塩基の長さのプライマー RNA を伸張することによってつくられる．伸長は 5′ から 3′ に向かって進行する．この領域の合成は次々に起こるため，図の左側の岡崎フラグメントが最後に合成されたものである．その後，RNA プライマーが除かれて，残ったギャップは埋められ，さらに DNA リガーゼ*によってニックがふさがれる．最終的には，ラギング鎖が鋳型鎖の 3′ 端に到達するまで伸長が続くことになる．最後の RNA プライマーが除去されると，3′ 末端には突出（オーバーハング）が残ることになる．その結果，複製の周期ごとに遺伝情報が失われることになるであろう．これを防ぐために，染色体は反復する非コード DNA によってふたがされている．⇨ 付録 C (1968 Okazaki et al.; 1970 Schnös, Inman), プライマーゼ，レプリコン，テロメラーゼ，テロメア，Zyg DNA．

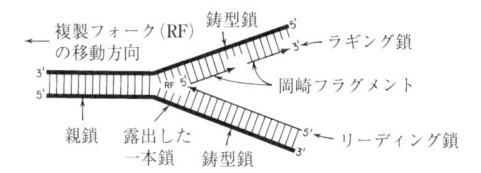

DNA プローブ［DNA probe］　⇨ プローブ．

DNA ベクター［DNA vector］　プラスミドやバクテリオファージのような一つの複製単位で，分子クローニング実験の際に，外来性の DNA を宿主に導入し，継続的に増殖できるようにするのに用いられる．⇨ λ クローニングベクター，プラスミドクローニングベクター．

DNA ヘリカーゼ［DNA helicase］　⇨ ヘリカーゼ．

DNA ポリメラーゼ［DNA polymerase］　一本鎖 DNA を鋳型にして，デオキシリボヌクレオシド三リン酸から DNA を合成する過程を触媒する酵素．大腸菌からは 3 種類の異なる DNA ポリメラーゼ (pol I, pol II, および pol III) が分離されている．この細菌では，pol III が細胞 DNA の複製を担う主要な酵素である．残りの二つの酵素はおもに DNA 修復に働く．真核生物は，染色体の複製，修復，交差に加えて，ミトコンドリア

の複製にかかわるさまざまなポリメラーゼをもっている．哺乳動物では，DNA レプリカーゼαはラギング鎖のプライミングと合成に働き，レプリカーゼδはリーディング鎖の合成を触媒する．すべての DNA ポリメラーゼは，DNA の 3′ OH 末端に，一度に1個ずつヌクレオチドを付加することによって鎖を伸長する．付加されるそれぞれの塩基は，鋳型鎖上に存在する次のヌクレオチドと相補的である必要がある．DNA ポリメラーゼによる複製の開始にはプライマー RNA 分子を必要とする．この分子が鋳型の DNA 分子と結合し，酵素に 3′ OH 開始点を提供する．⇨ 切断‐補修修復，クレノー断片，ポリメラーゼ連鎖反応，DNA 複製，レプリコン．

DNA マイクロアレイ［DNA microarray］ ⇨ DNA チップ．

DNA 巻戻しタンパク質［DNA unwinding protein］ 複製や組換えの最中に一本鎖 DNA の領域に結合して，DNA 二重らせんの巻戻しを促進するタンパク質．⇨ 遺伝子 32 タンパク質．

DNA メチラーゼ［DNA methylase］ ⇨ メチルトランスフェラーゼ．

DNA メチル化［DNA methylation］ DNA 分子上の特定の位置にメチル基を付加すること．動物細胞 DNA では，2～7％のシトシンがメチル化されており，メチルシトシンは，連続した CG（CG ダブレット，CpG アイランドとよばれることが多い）に存在する．下図の構造のように，短い回文構造（パリンドローム）のどちらの鎖の C もメチル化されることが多い．

5′*CpG *CpG 3′
3′ GpC* GpC*5′

図で，*印は，メチル化部位を表す．遺伝子の発現を制御する上流の配列には，CG ダブレットの繰返しがみられるが，これらはメチル化されていたり，いなかったりする．メチル化されていない場合，転写が起こり，メチル化により，遺伝子は不活性化する．メチル化は，複製直後に起きる．シトシンのメチル化により転写が阻害されるが，これは，トランスポゾンや利己的 DNA*の類による転写を抑制する機構の一つだと考えられてきた．⇨ 付録 C（1997 Yoder, Walsh, Bestor; 2000 Bell, Felsenfeld），*H19*, 5‐メチルシトシン，メチルトランスフェラーゼ，親による刷込み，テロメアサイレンシング．

DNA ライブラリ［DNA library］ ⇨ ゲノムライブラリ．

DNA リガーゼ［DNA ligase］ DNA 中の隣接する 3′‐OH 基と 5′‐リン酸基末端との間のホスホジエステル結合の形成を触媒する酵素．DNA 修復の際，DNA 二本鎖中の隣接するヌクレオチド間の一本鎖になっているニックを埋める役割を果たす．⇨ 付録 C（1966 Weiss, Richardson）．平滑末端連結反応，付着末端連結反応，切断‐補修修復，DNA 複製．

DNA ワクチン［DNA vaccine］ ⇨ ワクチン．

Tn5 細菌のトランスポゾンで，宿主から切り出され，別の宿主へ転移する際の，転移因子の両端の DNA 標的配列とトランスポーゼタンパク質の三次元的相互作用の研究によく使われる．

Tn5 転移中間体［Tn5 transposition intermediate］ Tn5 と2分子のトランスポーゼの間に形成されるヘアピン型をした複合体．トランスポーゼは，Tn5 因子が宿主染色体から離れた後，Tn5 因子の両端の認識配列にそれぞれ結合している．この中間体は，次の宿主染色体上の標的配列に付着し，そこで，配列の再組込み反応を触媒する．⇨ 付録 C（2000 Davies *et al.*）．

DNP［DNP＝dinitrophenol］ ＝ジニトロフェノール．

低エネルギーリン酸化合物［low‐energy phosphate compound］ 加水分解に際し，比較的少ないエネルギーしか発生しないリン酸化合物．

d.f.，D/F ＝自由度（degree of freedom）．

T_m ＝融解温度（melting temperature）．

TMV［TMV＝tobacco mosaic virus］ ＝タバコモザイクウイルス．

TLC［TLC＝thin layer chromatography］ ＝薄層クロマトグラフィー．⇨ クロマトグラフィー．

低温感受性突然変異体［cold‐sensitive mutant］ 常温では正常に機能するが，低温では機能しない遺伝子をもつ突然変異体．

低温保持装置［cryostat］ クリオスタットともいう．凍結組織の切片をつくるときのように調節された条件下で操作を行うため，低温環境を提供するように設計された装置．

低活性突然変異［subvital mutation］ 生存力を明らかに低下させるが，成熟前の致死率は 50% 以下であるような遺伝子．⇨ 半致死突然変異．

低血糖症［hypoglycemia］ 血清中の糖含量が減少すること．

***t* 検定**［*t* test］ ⇨ スチューデントの *t* 検定．

T 抗原［T antigen］ ポリオーマなどの発がん性ウイルスが感染した細胞，およびこれらのウイルスによりトランスフォームされた細胞の核に存在する腫瘍抗原．ウイルスのシストロンによりコードされたタンパク質であると考えられている．

定向進化［orthogenesis］ 近縁な生物のグ

ループの進化過程における変化が一定方向に起こるという概念．たとえば，ウマ科 (Equidae) の化石記録について，より新しい種と祖先種を比べると，成体のサイズが大きくなる傾向がみられる．かつては，この種の傾向は進化が神秘的な力により望ましい目的に向かって促進されることの証拠として用いられた．定向進化の時系列を示した図は側枝を欠いた直線で表される．祖先種が新たな種へと進化し，祖先種と子孫種が時間的に重ならないためである．その後のより詳細な研究により，ウマの進化系統樹には何十もの側枝があり，新しい種の多くがその直接の祖先種と共存していたことが示されている．⇒ 付録 C (1951 Simpson)，アケボノウマ属，分岐進化．

抵抗性遺伝子 [resistance gene]　ある特定の病原体に対して抵抗性を与える植物の遺伝子．このような遺伝子の最初の例は，トマトの R 遺伝子でプロテインキナーゼ*をコードしている．これにより，シュードモナス*のある種に対し抵抗性を生じる．

定向選択 [orthoselection]　ある系譜に属するメンバーに対して，一定方向への継続的な進化をひき起こすように働く選択が，長期間にわたり持続すること．この結果，進化傾向に"推進力"もしくは"慣性"があるような印象を与える．

T 細胞 [T cell]　= T リンパ球 (T lymphocyte)．⇒ リンパ球．

T 細胞受容体 [T cell receptor]　略号 TCR. T リンパ球*の表面にあって，組織適合性分子*を特異的に認識するタンパク質のヘテロマー．2本の異なるポリペプチド鎖のジスルフィド結合により構成され，カルボキシル末端が細胞質中に，アミノ末端が細胞外に突出した形で細胞膜に存在している．膜貫通領域でいくつかの CD3 抗原と複合体を構成し，CD3 抗原は T 細胞受容体が抗原と結合しているか否かといった情報を，細胞外から細胞内へ伝達する．T 細胞受容体は外来性細胞の組織適合性抗原を非自己として認識し，また自己の組織適合性抗原とともに，呈示されれば低分子中の抗原部位も認識する．⇒ 免疫グロブリンドメインスーパーファミリー．

T 細胞受容体遺伝子 [T cell receptor gene]　T 細胞受容体*の構成要素をコードする遺伝子．T 細胞受容体には α 鎖と β 鎖を含む型と，δ 鎖と γ 鎖を含む型の 2 種類がある．ヒトでは α 鎖と γ 鎖が 14 番染色体長腕上の遺伝子にコードされている．β 鎖遺伝子が 7 番染色体長腕，γ 鎖遺伝子が 7 番染色体短腕上にある．免疫グロブリンの場合と同様に，T 細胞受容体のポリペプチド鎖をコードする遺伝子領域は，前駆細胞の分化の過程で再編成される．これらのポリペプチド鎖をコードする遺伝子がまだ発現していない胸腺細胞の段階でこうした再配列が起こる．その結果，T 細胞受容体は 10^7 種類ものアミノ酸配列をもつことになる．⇒ 付録 C (1984 Davis, Mak), V(D)J 組換え．

テイ-サックス病 [Tay-Sachs disease]　ヘキソサミニダーゼ A の欠損による致命的な遺伝病．この欠損により，主要な基質 (GM_2 ガングリオシド) が貯留する．この物質の蓄積が進むと発達が遅滞し，さらに麻痺，精神機能の低下，ならびに失明に至る．患者の大部分は 3 歳までに死亡する．ヘキソサミニダーゼ A の α 鎖は 15 番染色体長腕のバンド 22 と 25 の間にある遺伝子，*HEXA* によってコードされる．アシュケナージ系のユダヤ人のおよそ 2% は欠陥型 *HEXA* 対立遺伝子についてヘテロ接合である．まれな突然変異対立遺伝子の外に，2 種類のよくみられる突然変異が存在する．ヘキソサミニダーゼ A の β 鎖は 5 番染色体上の遺伝子，*HEXB* によってコードされる．*HEXB* の突然変異対立遺伝子についてホモ接合の人はガングリオシドの貯留に苦しむことになる．この病気は，サンドホフ病といい，症状はテイ-サックス病に似る．*HEXA* および *HEXB* のいずれも 14 個のエクソンをもち，単一の祖先遺伝子から生じたものと信じられている．⇒ 付録 C (1935 Klenk), アシュケナージ，ガングリオシド，ヘキソサミニダーゼ，リソソーム蓄積症．

T サプレッサー細胞 [T suppressor cell]　= サプレッサー T 細胞.

TCR [TCR = T cell receptor]　= T 細胞受容体．

TCA [TCA = trichloroacetic acid]　= トリクロロ酢酸．

TCA サイクル [TCA cycle]　= クエン酸回路 (citric acid cycle, citrate cycle).

Tc1/マリナー因子 [Tc1/mariner element]　全長 1300〜2400 bp で，トランスポゼース*をコードする遺伝子一つをもつ転移因子．この DNA の特徴は末端の逆方向反復配列．このトランスポゾンファミリーの名は，最も研究の進んだ二つのメンバーである，線虫の *Tc1* トランスポゾンと *Drosophila mauritiana* のマリナートランスポゾンに基づく．⇒ マリナー因子，トランスポゾン．

底質 [substratum]　生物が歩行，匍伏，付着する地表またはその他の物質の表面．

底質品種 [substrate race]　生息場所と同じ配色をもつという性質のために自然選択された生物の地方品種．

定住性[の] [philopartric]　誕生し，育った場所に留まる傾向のある生物を表す．

定常期 [stationary phase]　微生物の培養や細胞の組織培養において指数増殖期*に続く，ほとんどあるいは全く増殖しない時期．

定常状態系 [steady-state system]　物質の出入りの速度が同じであるため，構成要素が不変に見える系．

定常部 [constant region]　⇨ 免疫グロブリン．

定序四分子 [ordered tetrad]　真菌の子嚢の中で，減数分裂で生じた四つの半数体細胞（もしくは減数分裂後の分裂によって生じた四つの半数体細胞のそれぞれのペア）の直線的配列をいう．この物理学的な配置より，交差に関与した染色分体の同定が可能である．図Aより，子嚢胞子の着色を制御する対立遺伝子についてヘテロ接合の四分子では，この遺伝子と動原体の間で1回交差が起こると2-2-2-2および2-4-2の分離型を示す胞子が生じることがわかる．また図Bではアカパンカビについてそのようなパターンが観察される（ただし，4-4分配を示す非組換え子嚢も観察される）ことを示している（下図参照）．

定所的種分化 [stasipatric speciation]　祖先種の地理上の生息範囲のある特定の場所で，染色体の再配列の結果，より適応したホモ接合体が生じ，これが分散して種分化が起こること．

定序八分子 [ordered octad]　⇨ 定序四分子．

ティゼリウス装置 [Tiselius apparatus]　電気泳動装置．

停滞 [stasis]　進化学において，地質学的年代を通じて大きな変化を受けずに種が存続すること．

定着 [fixing]　写真を現像したあとに，不変のハロゲン化物を除去すること．チオ硫酸ナトリウム（ハイポ）の水溶液を使用する．

T-DNA　Tiプラスミド*中にあり，宿主植物の腫瘍化に際して宿主の核DNAに組込まれる七つの遺伝子（まとめて transferred DNA という）．T-DNAは植物のクラウンゴールの細胞に常に存在する．⇨ アグロバクテリウム．

DDT [DDT = dichlorodiphenyltrichloroethane] = ジクロロジフェニルトリクロロエタン．

DDBJ [DDBJ = DNA Data Bank of Japan]　日本DNAデータバンク．⇨ 付録E．

T24がん遺伝子 [T24 oncogene]　ヒト膀胱がん由来の細胞系から単離された遺伝子．このがん遺伝子はハーベイマウス肉腫ウイルス*のがん遺伝子の相同遺伝子にあたると考えられる．T24がん遺伝子の活性化をもたらす変化は，1塩基の置換によるものである．⇨付録C(1982 Reddy et al.)．

デイノコッカス [*Deinococcus radiodurans*]　赤色色素をもつ，非運動性，好気性グラム陽性菌で，DNAに損傷を与えるもの（電離放射線，紫外線，過酸化水素）に対してきわめて高い抵抗性を示す．*D. radiodurans* は，300万ラドの電離放射線（ヒトの致死線量は，約500ラド）に耐える．*D. radiodurans* のゲノムは，4個の環状分子，すなわち染色体1（2649 kb），染色体2（412 kb），メガプラスミド（177 kb），プラスミド（46 kb）から構成されている．ゲノムには平均サイズ937 kbのORF 3187個が含まれ，全体の91%を占める．この種は，約40遺伝子からなるきわめて効率的なDNA修復システムをもち，修復遺伝子の多くは多コピーである．⇨ 付録A（細菌亜界，デイノコッカス門），付録C（1999 White

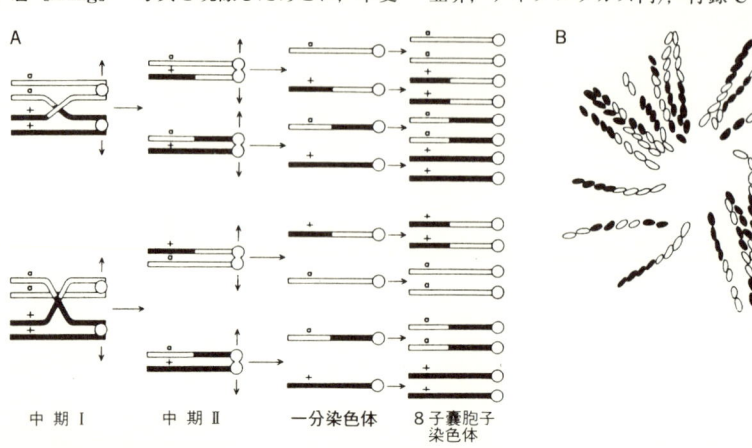

定序四分子

et al.).

低倍数体［hypoploid］　基本数の整数倍の染色体数をもつ倍数体より1本以上少ない染色体をもつ細胞や個体をいう.

DPN　［DPN＝diphosphopyridine nucleotide］＝ジホスホピリジンヌクレオチド.

DBM ペーパー［DBM paper］　ジアゾニウム基との共有結合によって一本鎖 DNA や RNA, タンパク質などを結合できる沪紙. ジアゾベンジルオキシメチル化加工がされている. ニトロセルロースフィルターによるブロッティングの使用が技術的に難しい場合などに用いられる. ⇨ 付録 C（1977 Alwine *et al*.).

TP53　p53*タンパク質をコードするがん抑制遺伝子. *TP53* は, 11個のエクソンからなり, 遺伝子座は, 17p13.3. ヒトのがんの約半数では, *TP53* に突然変異が起きている. 小細胞肺がんでは, 常に *TP53* が突然変異しており, リーフラウメニ症候群（多くの組織でがんになりやすい, まれな遺伝病）では, *TP53* の突然変異が原因である. ヒトのがん由来の培養細胞に導入すると, *TP53* は, 増殖を抑える. DNA に障害が起きると *TP53* の転写が誘導される. ⇨ 付録 C（1990 Baker *et al*.), がん抑制遺伝子.

TBP　[TBP＝TATA box-binding protein]＝TATA ボックス結合タンパク質.

TΨC ループ［TΨC loop］　tRNA 分子の 3′ 末端近くに存在するヘアピンループ構造. 修飾塩基であるプソイドウリジン（Ψ）を含む. このループはリボソーム RNA と相互作用すると考えられている. ⇨ 転移 RNA.

T ファージ［T phage］　大腸菌や他の腸内細菌を攻撃する毒性ウイルス. 染色体は大きなタンパク質のカプセルに包まれ, 中空の管状の尾を通して宿主に注入される. T 偶数系ウイルス（T2, T4, T6）は 80×110 nm の頭部をもつが, T 奇数系ファージ（T1, T3, T5, T7）は, 直径およそ 60 nm の多面体の頭部をもつ. T2, T4, および T6 ファージは, これらが結合する細胞壁の受容体が異なる. これらのファージの二本鎖 DNA は線状の循環順列配列であり, 末端は重複する. この DNA はシトシンの代わりに 5-ヒドロキシメチルシトシン*を含む. T2 は電子顕微鏡下で観察された最初のファージであり（1942 Luria, Anderson), 有名な Hershey-Chase の実験（1952）で用いられた. 166 kbp のゲノムをもつ T4 は, すべての T ファージの中でも最もよくわかっている. この 300 個ほどの遺伝子の性質が調べられている. ファージがコードする 43 種類のタンパク質のうち, 16 種類は頭部に, また 27 種類は尾部を構築するのに使われる. T4 ファージは, Benzer（1955), Crick *et al*.（1961), および Edgar, Wood（1966）の古典的な研究の材料となった. ⇨ 付録 C（1949 Hershey, Rotman; 1961 Rubenstein, Thomas, Hershey), バクテリオファージ, 循環順列配列, rII, トリプレット暗号.

T 複合体［T complex］　マウスの 17 番染色体上の一領域で, 尾の長さに影響する遺伝子を含む. 機能をもつ遺伝子を一つだけもつヘテロ接合個体では, 尾が短くなるかあるいは消失する. ホモ接合（T/T^-）個体は, 中胚葉に由来する組織の欠陥のために, 胚の段階で死ぬ. ⇨ T ボックス遺伝子.

Diplococcus pneumoniae　肺炎連鎖球菌（*Streptococcus pneumoniae*）の旧称. 細菌性肺炎の原因. ⇨ 連鎖球菌属.

定方向減数分裂［oriented meiotic division］　ショウジョウバエなどに見られる卵母細胞の減数分裂の様式. 紡錘体は, 長軸が卵表面に垂直になるよう一列に配向される. 卵表面から最も遠くに位置する核は卵母細胞前核となり, 他の核へ分配された染色体は除去される.

低ホスファターゼ症［hypophosphatasia］　アルカリホスファターゼの欠如から生じるヒトの遺伝病.

T ボックス遺伝子［T box gene］　DNA 結合部位をコードする, 保存されたモチーフを含む遺伝子. マウス, 両生類, および魚類のこのような遺伝子は, 中胚葉構造の発生に必要である. ショウジョウバエでは, T ボックス遺伝子は, 眼の発生時に発現する. ⇨ 付録 C（1990 Hermann *et al*.; 1994 Bollag *et al*.), 短尾［奇形］, DNA 結合モチーフ, T 複合体.

低密度リポタンパク質受容体［low-density lipoprotein receptor］　略号 LDLR. ⇨ 家族性高コレステロール血症.

ディーム［deme］　ある種のなかで, 地理的に局在する集団のこと.

低優性［underdominance］　ヘテロ接合個体の生存力や妊性などの形質が, いずれのタイプのホモ接合体よりも低い特殊な状況. たとえば, マウスの New Zealand Black（NZB）系統では, ヒトの紅斑性狼瘡*に似た病気が自然発生する. New Zealand White（NZW）系統はこの点に関して正常であるが, 二つの近交系を交配した雑種（NZB×NZW）では, NZB 系統よりさらに重篤な病気を発症する.

T4 RNA リガーゼ［T4 RNA ligase］　T4 ファージから単離された酵素. ATP の加水分解

と共役してオリゴリボヌクレオチドの5'位のリン酸基と3'位のヒドロキシル基間に共有結合を形成させる.

T4細胞, T8細胞 [T4 cell, T8 cell]　T4細胞はヘルパーT細胞, T8細胞はサプレッサーT細胞の一種で, それぞれ抗T4, 抗T8のモノクローナル抗体と反応する抗原マーカーにより特徴づけられる. ⇨リンパ球.

T4 DNAポリメラーゼ [T4 DNA polymerase]　大腸菌のT4ファージがコードする酵素. 5'から3'方向へのDNA合成を触媒し, また3'から5'方向へのエキソヌクレアーゼ活性をもつ. デオキシリボヌクレオチド三リン酸の非存在下でDNAをT4 DNAポリメラーゼとともにインキュベートすると, DNAはエキソヌクレアーゼ活性により部分分解されるが, これに4種のdNTPを加えると分解されたDNA鎖はポリメラーゼ活性により再合成される. 加えるヌクレオチドのα位のリン酸を^{32}Pでラベルすると, 高い放射活性をもつ産物が得られ, ニックトランスレーション*に代わる手法として用いられる.

T4 DNAリガーゼ [T4 DNA ligase]　大腸菌のT4ファージがコードする酵素. 二本鎖DNAのニックを閉じるばかりでなく, 完全に塩基が対合した平滑末端をもつDNA分子同士をも結合するというユニークな活性ももつ. 後者の性質は組換えDNAの反応に利用される.

低リン酸血症 [hypophosphatemia]　血清中の無機リン酸の濃度が減少する.

Tリンパ球 [T lymphocyte]　T細胞 (T cell) ともいう. 移植片拒絶反応などの細胞性免疫に関与するリンパ球で, T細胞受容体をもつことで容易に特徴づけられる. Tリンパ球は胸腺の中で分化し, 成熟すると組織適合性分子のあるクラスを認識できるかどうかにより2種類 (CD4とCD8) に分類される. CD4$^+$細胞はクラスIIの組織適合性分子を認識し, ヘルパーTリンパ球*として機能する. CD8$^+$細胞はクラスIの組織適合性分子を認識し細胞傷害性Tリンパ球*として機能する. ⇨組織適合性分子, V(D)J組換え, Bリンパ球.

Dループ [D loop]　1. 環状あるいは線状の二本鎖DNAの複製初期に形成される置換ループで, 一方の側は未複製の親の一本鎖, もう一方の側は親鎖の1本がリーディング鎖*と対合した二本鎖の分枝からなる. リーディング鎖が未複製の親鎖を置換する (displace) ことから, この複製の"泡"もしくは"眼"は, 置換ループ (displacement loop) もしくはDループとよばれる. 2. 脊椎動物のmtDNA上の一領域で, 非コード領域であるが, プロモーターとmtDNAの複製開始点を含む. 複製開始後まもなく, DNAの伸長が一時的に停止することによって置換ループが形成される. このDループは, 制御領域の一方の鎖が複製され, もう一方が置換されてできた複製の泡である. 系統樹をつくる際に, 配列の比較を行うための標的領域としてDループが用いられてきた. ⇨ネアンデルタール人.

Tyr [Tyr = tyrosine]　= チロシン. ⇨アミノ酸.

Ty因子 [Ty element]　パン酵母のレトロポゾン*. Tyは酵母 (yeast) とトランスポゾン (transposon) の頭文字からとったものである. Ty因子は酵母の半数体ゲノム当たり30〜35コピー存在し, それぞれ約5.6 kbのDNA配列の両端に約330 bpの同方向反復配列をもつ. ⇨付録C (1979 Carmeron et al.; 1985 Boeke et al.).

デオキシアデニル酸 [deoxyadenylic acid]　⇨ヌクレオチド.

デオキシグアニル酸 [deoxyguanylic acid]　⇨ヌクレオチド.

デオキシシチジル酸 [deoxycytidylic acid]　⇨ヌクレオチド.

デオキシリボ核酸 [deoxyribonucleic acid] DNA, すなわち遺伝の分子的基礎. DNAは糖-リン酸バックボーンからプリンとピリミジンが突出したものが多数重合してできている. バックボーンは, リン酸分子と隣り合ったデオキシリボース分子の3位の炭素および5位の炭素の間の結合によって形成される. 窒素含有塩基は個々の糖の1位の炭素に結合する. ワトソン-クリックモデルでは, 特定の塩基の対の間 (チミンとアデニン, およびシトシンとグアニン) の水素結合によって二重らせんを形成する. 二重らせんのそれぞれの鎖の塩基配列は, 相手の鎖と相補的である. 図は, 2本の鎖が反対方向を向いて並ぶことを示している. チミンとグアニンは3'→5'方向につながっており, デオキシリボースの酸素原子は下を向いている. 一方, アデニンとシトシンは, 5'→3'方向につながり, 五炭糖の酸素原子は上を向いている. 逆平衡の2本の鎖は, 10ヌクレオチド対ごとに1回転する右巻きのらせんを形成する. DNA分子は生物学的活性をもつ既知の分子の中では最大のものであり, 分子量は1×10^{8}ダルトン以上である. p.243の図には, はしご状のDNAの5個の塩基対だけが示されている. はしごの"支柱"は, 交互に表れるリン酸 (P) とデオキシリボース糖 (S) からできている. はしごの"横木"はプリンとピリミジンの塩基の対が, 水素結合 (ここでは点線で示されている) によりつながっている. A, T, G, およびC

テオキシリ 243

デオキシリボ核酸

はそれぞれ，アデニン，チミン，グアニン，およびシトシンを表す．AT 対の結合は GC 対よりも弱いことに注意．実際には，このはしごはねじれて右巻きの二重らせんとなり，それぞれの塩基対は，隣りの塩基対に対して 36° 回転している．分子量が 2.5×10^7 ダルトンの DNA 分子は，およそ 40,000 ヌクレオチド対からなる．ここで述べたタイプの DNA は B 型といい，水和条件下で形成され，生体内における主要な構造であると考えられている．A 型は水和の程度がより低い条件で生じる．B 型と同様，A 型も右巻きらせんであるが，よりコンパクトであり，らせんの 1 巻き当たり 11 個の塩基対が含まれる．A 型の塩基は垂直軸から 20° 傾き，2 分子の軸に対して外側に移動する．Z 型 DNA は左巻きの二重らせんである．これはらせんの 1 巻き当たり 12 個の塩基対を含み，ジグザグ状の構造をとる（Z の名前は zigzag から）．B 型 DNA とは違い，Z 型 DNA は抗原性をもつ．⇨ 付録 C（1951 Wilkins；1952 Franklin；1953 Watson, Crick；1973 Rosenberg *et al.*），逆平行，DNA の溝，水素結合，乱交雑 DNA，鎖の用語法，Zyg DNA．

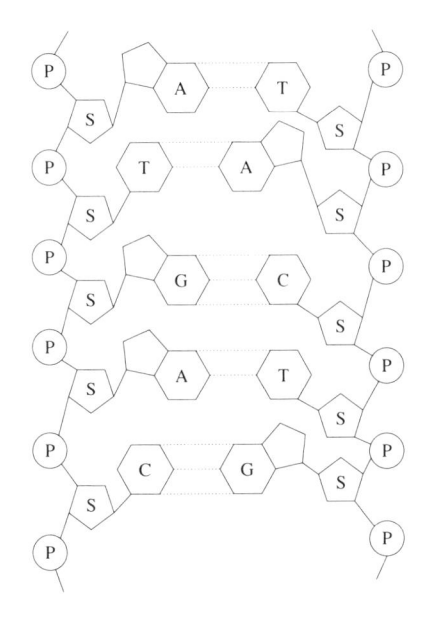

デオキシリボース［deoxyribose］　DNA にある糖．

デオキシリボヌクレアーゼ　［deoxyribonuclease］　DNA アーゼ（DNAase），DN アーゼ（DNase）ともいう．DNA をオリゴヌクレオチド断片に分解する酵素．⇨ エンドヌクレアーゼ，

エキソヌクレアーゼ，制限酵素．

デオキシリボヌクレオシド ［deoxyribonucleoside］　デオキシリボースにプリンもしくはピリミジンを結合した分子．

デオキシリボヌクレオチド ［deoxyribonucleotide］　デオキシリボースとプリンまたはピリミジン塩基からなる化合物で，さらにそれらが順次リン酸基と結合している．

テオブロミン ［theobromine］　突然変異誘発性のあるプリン類似体．チョコレート中にある主要なアルカロイド系の興奮剤である．

適応 ［adaptation］　**1.** 特定の環境でより完全に機能できるように生物が行う修正の過程．**2.** 生物の発生，行動，解剖学ならびに生理学的な特性で，その環境下で生存し，子孫を残すチャンスを向上させるもの．

適応規格 ［adaptive norm］　一つの種の特定集団がもっている一連の（環境に適合した）遺伝子型．

適応酵素 ［adaptive enzyme］　外部の刺激に反応して生物体内で生成される酵素．誘導酵素*という言葉に取って代わられた．適応酵素の発見によって，遺伝子転写スイッチのしくみが解明された．⇒付録C（1937 Karström），調節遺伝子．

適応値 ［adaptive value］　ダーウィン適応度（Darwinian fitness）ともいう．特定の環境下において，特定の遺伝子型が生物の適応度*に与える特性で，他の遺伝子型に対する相対値．

適応地形図 ［adaptive landscape, adaptive surface, adaptive topography］　おのおの2種の対立遺伝子型（図では aA と bB ）として存在する二つの遺伝子の頻度を，ある一定の環境下における平均適応度に対してプロットした三次元のグラフ．あるいは，2遺伝子座以上に適用できるように多次元空間に概念的にプロットしたもの．

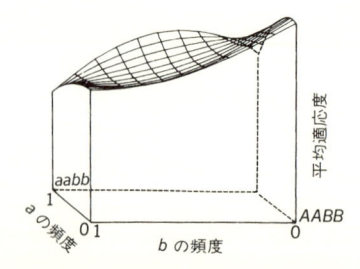

適応度 ［fitness］　生物が生存し，その遺伝子を次代に伝達する相対的な能力．

適応のピーク ［adaptive peak］　適応地形図*における一つないしは複数の極大値．この部分から平面に沿ってどちらの方向に向かっても（つまり遺伝子頻度を変化させると），平均適応度は低くなる．

適応放散 ［adaptive radiation］　単一の一般的な祖先種から，それぞれが異なった生活様式に適応した多様な種が進化すること．⇒ダーウィンフィンチ

適合性テスト ［compatibility test］　供与予定者の血液または組織が免疫拒絶を起こさずに輸血あるいは移植できるかどうかを調べるための血清分析．⇒交差凝集試験，主要組織適合性複合体．

適者生存 ［survival of the fittest］　ダーウィンの自然選択説からの帰結．すなわち環境に適応しない個体が自然選択によって排除され，最後に残存する個体が最もその環境に適応しているというもの．

デキストラン ［dextran］　ある種の乳酸菌がつくる，D-グルコースの繰返し単位からなる多糖類．

敵対行動 ［agonistic behavior］　同種の構成員間の闘争，威嚇，懐柔，退却などの社会的相互作用．

滴定量 ［titer］　滴定においてある結果を生じるのに必要な標準試薬の量．

テクチン ［tektin］　精子尾部の周縁微小管に結合しているタンパク質．テクチンフィラメントは，直径2 nm，全長50 nmで，外側の2連微小管（A，Bサブファイバーの連結したもの）の壁に沿って，縦方向に並んでいる．⇒軸糸，Y染色体．

テストステロン ［testosterone］　精巣の間質細胞から分泌される雄性化ステロイドホルモン．

デストラクションボックス ［destruction box］　⇒サイクリン．

デスフェラール ［Desferal］　鉄キレート剤である．デスフェリオキサミンの商標名．赤血球の寿命が短い遺伝病の子供は，頻繁に輸血を受け

る．その結果，鉄イオンが過剰になり，心臓や肝臓に障害を与える．このような子供には，静脈注射用のデスフェラールポンプを装着させることが多い．キレート剤の注入により，過剰の鉄が体外へ排出される．⇨ サラセミア．

デスミン［desmin］　分子量 51,000 の細胞骨格タンパク質．中間径フィラメントに属し，グリア細胞や筋細胞で認められる．

デスモソーム［desmosome］　接着斑（macula adherans）ともいう．細胞間接着に働く構造体．相対する細胞表面に存在する二つの密な斑状のものからなる不連続なボタン状の構造体で，約 25 nm の幅の細胞間間隙によって隔てられている．互いに対称なデスモソームの片方の細胞に属する部分では，高密度の物質からなる薄い膜構造が細胞膜の内側を覆い，細い細胞質性フィラメントの束がこの密な構造物の上に集約し，そこに端を発している．

デソキシリボ核酸［desoxyribonucleic acid］　デオキシリボ核酸のこと．古い文献に見られるが，今は使われない旧名．

鉄［iron］　生物学的には微量物質．

原子番号	26
原子量	55.85
原子価	+2，+3
最も多い同位体	^{56}Fe
放射性同位体	^{59}Fe
半減期	46 日
放射線	β 線

テッセラ［tessera］　それぞれ特有の酵素をもち，機能的に異なる小胞体上の小区分．

テトラサイクリン［tetracycline］　放線菌属のさまざまな種がつくる抗生物質のファミリー．テトラサイクリンは原核生物のリボソームの 30S サブユニットに結合し，アミノアシル tRNA が A 部位に正常に結合するのを妨げる．典型的なテトラサイクリンの構造を図に示す．⇨ シクロヘキシミド，リボソーム，オルガネラのリボソーム，翻訳．

テトラタイプ［tetratype］　⇨ 四分子分離型．
テトラヒドロ葉酸［tetrahydrofolate］　⇨ 葉酸．

テトラヒメナ［Tetrahymena］　遺伝学的情報が最も豊富な T. pyriformis や UAA と UAC が終止コドンではなくグルタミンをコードすることがわかった T. thermophila を含む属．これらの繊毛虫は接合後*に核の再構成が起こるので，テロメアならびにこれに働く酵素の豊かな供給源となる．新たな大核の再生の際に，小核の DNA は特定の部位で分断されて何十万もの断片になるが，新しく生じた末端には新たなテロメアが合成され，それぞれの染色体断片は多数回の複製を行うためである．テトラヒメナの大核はなんと 20,000～40,000 ものテロメアを含むのである．T. thermophila では，個々の大核は発現遺伝子のそれぞれをおよそ 45 コピーもち，これによって細胞の表現型が決まる．転写活性を示さない小核は，5 対の中部動原体染色体を含んでいる．⇨ 付録 A（原生生物界，繊毛虫門），遺伝暗号，テロメラーゼ，テロメア．

テトラミン［tetramine］　アジリジン系突然変異原*．

テナガザル属［Hylobates, gibbon］　9 種のテナガザルを含む霊長類の一属．クロテナガザル（H. concolor）が遺伝的観点から最もよく知られている．単相の染色体数は 26 であり，20 の遺伝子が 10 のシンテニー群に帰属されている．

de novo　**1.** 未知の原因から生じること．**2.** 非常に単純な前駆体からの特殊な分子の合成を表す．すでに複雑な分子に側鎖を付加したり，除去したりすることによる分子の形成ではないこと．

***de novo* 経路**［*de novo* pathway］　遊離の塩基を用いた再利用経路による合成系ではなく，ホスホリボシルピロリン酸やアミノ酸，二酸化炭素，アンモニアなどを用いてリボヌクレオシド一リン酸を合成する経路のこと．

テパ［tepa］　アジリジン系突然変異原*．

デホルミラーゼ［deformylase］　脱ホルミル

酵素ともいう．原核生物の酵素で，アミノ末端側のアミノ酸からホルミル基を脱離する．fMet（ホルミルメチオニン）は活性をもつポリペプチド中ではアミノ末端基として保持されない．⇒開始コドン．

デボン紀 [Devonian]　古生代の一時期で，この間に軟骨魚類と硬骨魚類が進化した．陸上では，ヒカゲノカズラ類，楔葉類，シダ類などの植物が豊かであり，動物では両生類および無翅昆虫類が最も多くみられた．この紀の終わりに大量絶滅が起こった．⇒地質年代区分．

デュシェンヌ型筋ジストロフィー [Duchenne muscular dystrophy]　⇒筋ジストロフィー．

デュラムコムギ [durum wheat, macaroni wheat]　*Triticum durum* ($N = 14$)．古代エジプト時代以来栽培されているコムギ．現代ではマカロニの製造に使用されている．マカロニコムギ（Macaroni wheat）ともいう．⇒コムギ．

テラトカルシノーマ [teratocarcinoma]　奇形がん腫ともいう．有羊膜類の卵黄嚢および生殖腺に由来する胚性腫瘍．さまざまな種類の細胞に分化でき，胚発生の制御機構を研究するのに用いられる．⇒付録C (1975 Mintz, Illmensee).

テラトーマ [teratoma]　奇形腫ともいう．異なった種類の組織が複雑に混合している腫瘍．

デルタ [Delta]　分子生物学では，大文字のギリシャ文字（Δ）が，ポリペプチド鎖中の1個以上のアミノ酸の欠失を示すのに使われる．⇒嚢胞性線維症（CF）．

δ鎖 [δ chain]　ヘモグロビンA_2の成分．⇒ヘモグロビン．

δ線 [δ ray]　電離粒子が検出用の媒体，特に写真乳剤を通過するときに原子核から放出される電子の飛跡．

ΔT50H　二本鎖の50％が解離する温度のホモ二本鎖DNAとヘテロ二本鎖DNAの間の差をいう．この統計量はしばしば2種以上のヌクレオチド配列の遺伝学的関係を見るのに用いられる．もし化石による記録により独立に年代推定をすることができれば，ΔT50H値を絶対的な時間間隔に変換することができる．霊長類では，ΔT50H値が1のとき，それは約1100万年に相当する．DNA中から反復配列が除かれていれば，ΔT50H値が1のとき，単コピー遺伝子に約1％の相違が試料間にあることを意味する．⇒DNA時計仮説，再結合反応速度論．

テレスタビリティー　＝遠隔安定性作用．

テロメア [telomere]　真核生物の染色体の両端にみられる特別なDNA配列．テロメアの配列が最初に決定されたのはテトラヒメナの一種，*Tetrahymena thermophila* である．このテロメアの一方の鎖はA_2C_4配列を，もう一方はT_2G_4配列を含み，これらが縦列におよそ60回反復する．その後に研究されたすべての種で，これと同じパターンがみられた．つまり，一方の鎖がGに富み，他方がCに富む短いDNA配列が，縦列に多数反復するというものである．これらのテロメア特異的な配列により，テロメア同士の融合によって生じた染色体を同定することができる．細胞分裂のたびに，染色体の末端からヌクレオチドが失われることから，テロメアの短縮は細胞に対して有糸分裂の時計を提供することになる．テロメラーゼ*が染色体の末端に一度に1塩基ずつ付加することによって，テロメア配列を元に戻すことが可能である．細胞が，複製による老化を免れ，増殖を続けるためにはテロメアを維持することが必要である．ヒトの白血球の場合，生後4年間は年に1000 bpの割合でテロメアが短縮する．その後，およそ20年間にわたって約12 kbpの長さのテロメアが維持される．それ以降，老齢期を通じて少しずつ（700 bp/年）失われる．染色体の末端では，二本鎖DNAの3′の突出はそれ自身で折りたたまれ，テロメアループ（tループ）を形成する．tループ内に隔離された末端は，それを分解する酵素から保護される．ショウジョウバエの染色体は通常のテロメアをもたない．その代わりに，正常な染色体の両端にはテロメアに特異的なレトロトランスポゾンの多数のコピーが存在し，これらのレトロポゾンが転移することによって末端の欠けた染色体を修復する．⇒付録C (1938 Muller; 1971 Olonikov; 1972 Watson; 1978 Blackburn, Gall; 1990 Biessman *et al.*; 1991 Ijdo *et al.*; 1998 Frenck, Blackburn, Shannon)，付録E，動原体融合，グアニン四重鎖モデル，ヘイフリックの限界，短小化，テロメアに先導された染色体運動，テトラヒメナ，組織培養．

テロメアサイレンシング [telomeric silencing]　テロメアに近接したDNAの転写が，テロメアにより抑制されること．テロメアは，また，テロメアの内側染色質がDNAメチラーゼによる修飾を受けにくくするようである．⇒DNAメチラーゼ．

テロメアに先導された染色体運動 [telomere-led chromosome movement]　減数分裂前期に見られる染色体の動きで，すべての染色体が，テロメア部分で会合する．そうすることで，相同染色体が対合し交差しやすい位置を確保する．⇒付録C (1994 Chikashige *et al.*)，ヌクレオポリン．

テロメラーゼ [telomerase]　テロメア反復の鋳型となるRNA分子を含む逆転写酵素の一種．テロメラーゼは最初テトラヒメナ*から分離され

た．これはおよそ 500 kD の大きなリボ核タンパク質である．テトラヒメナのテロメラーゼの RNA は 159 ヌクレオチドからなるが，その二次構造を図に示した．9個の特別なヌクレオチドが鋳型ドメインを形成しており，テロメア*の G に富む鎖と相補性がある．テロメラーゼの機能は分裂中の胚細胞と生殖母細胞で活性化されるらしい．分化した体細胞ではテロメラーゼ機能は抑制されているが，がん細胞では活性が回復している．ヒトのテロメラーゼの鋳型ドメインは，5′-CUAACCCUAAC-3′ であり，テロメア反復は，(TTAGGG)$_n$ である．テロメラーゼと結合するように設計されたアンチセンス RNA により，ヒーラ細胞*は 23 回〜26 回の分裂後に死滅した．⇒ 付録 C（1985 Greider, Blackburn; 1994 Kim et al.; 1995 Feng et al.）．RNA 依存性 DNA ポリメラーゼ．

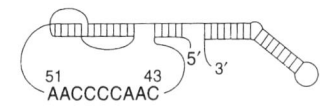

転 移 1．[metastasis] 悪性腫瘍細胞が体内の他の部分に拡散すること．2．[transposition] 転移因子が複製し，染色体上の他の部位にも新たに挿入されること．⇒ Tn5, 転位．

転 位 [transposition] 染色体の一部が同じ染色体上の他の位置へ移動したり，相互に染色体を交換せずに異なる染色体上へ移動すること．

転移 RNA [transfer RNA] 略号 tRNA. 翻訳*に際して，伸長するポリペプチド鎖にアミノ酸を転移する RNA 分子．転移 RNA は生物学的活性をもつ核酸の中では，最も小さいものの一つである．たとえば，酵母から分離されたアラニン転移 RNA は 77 個のヌクレオチドからなり，それ自身で折り返されて，G と C，A と U という特徴的な塩基対の形成によって "クローバー葉" の形が保たれる．すべての tRNA は 3′ 末端でそのアミノ酸に付着するが，最末端はアデニン酸であり，その前に 2 個のシチジル酸が存在する．5′ 末端は常にグアニル酸で終わる．P（1 の近く）および OH（77 の近く）は 5′ 末端および 3′ 末端のリン酸基とヒドロキシル基を示す．tRNA は他の RNA ではふつうみられないいくつかのプリンおよびピリミジンを含んでいる．これらの微量塩基*は転写後に生成されたものである．前もってつくられた RNA 上の特定の塩基を修飾することが可能な酵素が核内にみられる．tRNA 合成酵素の認識部位は，ジヒドロウリジンループに隣接する頸の部分（矢印で示す）にあると考えられてい

る．アンチコドンは 36〜38 番目の位置を占める．図中の A, U, C, G は通常の意味で用いられており，微量塩基は以下の記号で表されている: ψ = プソイドウリジル酸; T^r = リボチミジル酸; U^d = ジヒドロウリジル酸; G^m = メチルグアニル酸; I = イノシン酸; I^m = メチルイノシン酸. ⇒ 付録 C (1958 Crick; Zamecnik; 1965 Holley et al.; 1969, 1971 Dudock et al.; 1970 Khorana et al.; 1973 Kim et al.), コドンの偏り, イニシエーター tRNA, イソ受容 tRNA, 微量塩基．

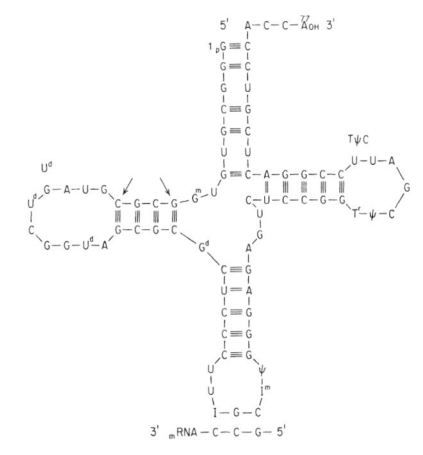

転移因子 [transposable element] 染色体の一つの場所から別の場所に移動する DNA 配列．転移因子は，McClintock がトウモロコシの活性化-解離因子系*を解析している際に発見された．続いて，転移因子は細菌の挿入因子（IS1, IS2 などの記号で表される）として検出された．その後，細菌の転移因子の中に，転移に必要な機能の領域に加えて，抗生物質に対する抵抗性を付与する遺伝子をもつものが発見された．これらのトランスポゾンは，Tn1, Tn2 といったように表記される．次に，酵母でみつかった転移因子は Ty 因子*とよばれる．キイロショウジョウバエの P 因子*はトランスポゾン*であることが確認された．また，マリナー因子*は他の多くの昆虫に存在することが示されている．線虫（Caenorhabditis elegans）で最初にみつかった転移因子は Tc1 とよばれる．Tc1 とマリナーの同族体は単系統的起源をもつと考えられ，自然界の DNA トランスポゾンでは最大のグループを構成するスーパーファミリーに入れられる．Tc1/ マリナースーパーファミリーに属するトランスポゾンは，真菌類，植物，繊毛虫類に加えて，線虫，節足動物，魚類，カエル，およびヒトを含む動物でみられる．⇒ 付録 C（1950 McClintock; 1969 Shapiro;

1974 Hedges, Jacob; 1979 Cameron *et al.*; 1982 Bingham *et al.*; 1983 Bender *et al.*; 1984 Pohlman *et al.*; 1985 Boeke *et al.*; 1988 Kazazian *et al.*; 1994 Whitham *et al.*)，シロイヌナズナ，コピア因子，C値パラドックス，*Dotted*，溶原変換，ミノス因子，R因子，レトロポゾン，部位特異的組換え，Tn5転移中間体，トランスポゼース．

転移酵素［transferase］　トランスフェラーゼともいう．供与体から受容体へ官能基を転移させる酵素．転移される基としては，アミノ基，アシル基，リン酸基，グリコシル基が代表的である．

電解質［electrolyte］　水に溶かしたときに電流を通す物質．

電気泳動［electrophoresis］　電場をかけた溶液中での荷電分子の移動．溶液は沪紙や酢酸セルロース（レーヨン），デンプンもしくはアガロースゲル，アクリルアミドゲルといった多孔質の支持体に保持される．ゲル材の特性によって，分子の正味の電荷や大きさ，立体構造に応じて，混合物中から分子が分離される．SDS-PAGE法では，タンパク質分子を負の荷電をもつ界面活性剤であるドデシル硫酸ナトリウム（SDS）中で，ポリアクリルアミドゲル電気泳動（PAGE）によって分離する．タンパク質分子がSDSと結合すると非共有性結合がすべて壊され，分子はランダムコイル状になり，メルカプトエタノールを加えておけばさらにジスルフィド結合も切断される．ランダムコイルが単位時間当たりに移動する距離は物質の分子量を含む数式に従うので，そこから分子量が計算できる．⇒付録C（1933 Tiselius），パルスフィールド勾配ゲル電気泳動，ゾーン電気泳動．

電気泳動図［electropherogram］　電気泳動によって分離した試料分子を吸着させた支持媒体のこと．支持体には厚みよりも幅と長さを大きくとったシート状のものを用い，アガロースゲルなどを利用する．

電極［electrode］　電気装置の端子．

転座［translocation］　染色体異常の一種で，

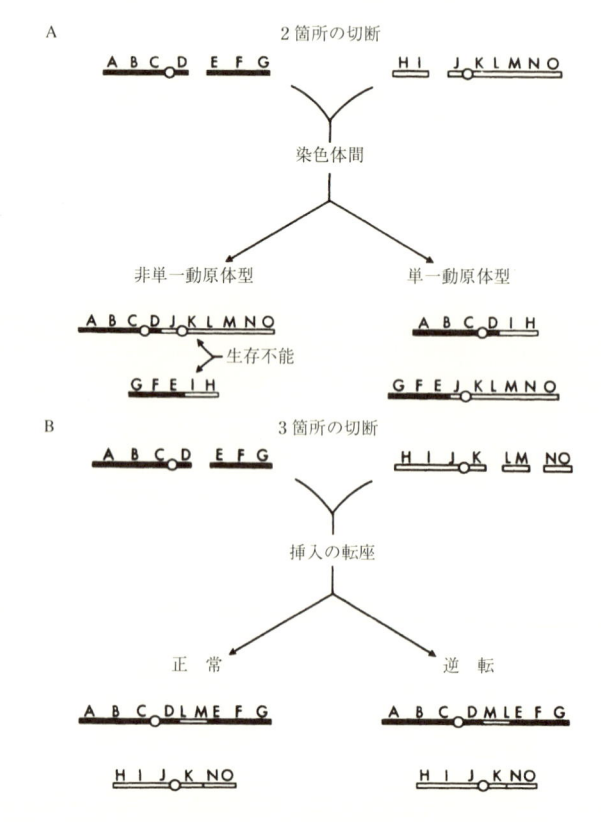

転座

染色体の一領域のゲノム内における位置が変化するが，遺伝子の全体数は変化しないものをいう．さまざまなタイプの転座を p.248 に図示した．染色体内転座は 3 箇所の切断による異常で，一つの染色体分節が同一染色体内の別の領域に移動する．このような異常は転位（shift）とよばれることも多い．染色体間転座は非相同染色体の間の相互交換を伴う．相互転座あるいは正動原体転座（eucentric translocation）は，2 箇所の切断による異常で，2 本の非相同染色体の分節間の正確な相互交換により，単一動原体をもつ 2 本の転座染色体を生じる（図 A の右側）．非相互転座あるいは異動原体転座（aneucentric translocation）は，2 箇所の切断による異常で，二動原体および無動原体の 2 本の転座染色体を生じる（図 A の左側）．3 箇所の切断による染色体間転座は，1 本の欠失染色体と非相同染色体の分節が挿入された受容染色体 1 本を生じうる（図 B）．これは挿入転座とよばれる．⇨ 付録 C（1923 Bridges），バーキットリンパ腫，キャタナックの転座，動原体融合，フィラデルフィア染色体．

転座型ダウン症候群［translocation Down syndrome］　21 番染色体を 3 コピーもつことに起因する家族性ダウン症候群．2 コピーが独立の染色体として存在し，1 コピーが他の染色体（多くは 14 番染色体）に転座した形で存在する．片親が転座のヘテロ接合体である場合，ダウン症候群の子供が生まれる確率は 0.33 である．⇨ 付録 C（1960 Polani et al.）.

転座地図作成［translocation mapping］　転座染色体をマーカーとして遺伝子をマッピングすること．構造的な転座ヘテロ接合体にしばしばみられる半致死性は，転座の切断点の，他のより伝統的なマーカーに対する位置を決めるときに用いられうる表現型マーカーである．

転座ヘテロ接合体［translocation heterozygote］　2 対の相同染色体のそれぞれの対のうちの 1 本の間で，非相同領域が相互に交換されている個体または細胞．染色体の対は，相同的な部分（転座されない正常な部分）と非相同的な部分（転座された部分）から成る．すなわち，1 本の正常な染色体と 1 本の転座染色体からなる．転座ヘテロ接合体では太糸期（⇨ 減数分裂）に四価染色体の対合が見られ，その後の染色体分離は動原体の方向により決まる．隣接分離の場合には，娘細胞は正常な染色体と転座染色体とを 1 本ずつ受けとる．このような細胞から生じる配偶子では，ある遺伝子は重複しており，また別の遺伝子は欠失しており生存できない．隣接分離には 2 種類が知られている．隣接 1 型分離では細胞分裂終期に相同な動

原体が異なる極へ移動するのに対し，隣接 2 型分離では同じ極へ移動する．交互分離の場合には転座染色体が両方とも娘細胞の一方に分配され，他方に正常な染色体のみが分配される．この結果生じる配偶子はすべての遺伝情報をもつので生存可能である．

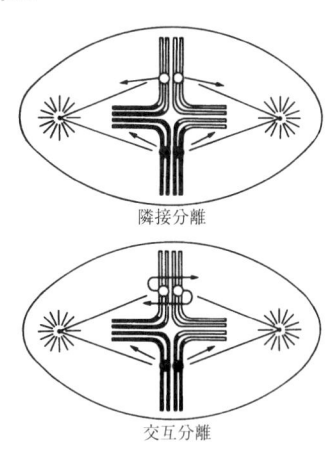

隣接分離

交互分離

電子［electron］　すべての中性原子の構成要素である負電荷粒子．質量は 0.000549 原子質量単位である．⇨ 陽電子．

テンジクネズミ［*Cavia porcellus*］　モルモット（guinea pig）ともいう．飼育されている齧歯類動物の一種であり，実験用動物として用いられている．多くの毛色や毛の形態の突然変異が知られている．

電子顕微鏡［electron microscope］　真空中で一連の磁気レンズによって電子ビームの焦点を結び，光学顕微鏡の何百倍もの解像度を実現した顕微鏡．おもに 2 種類のタイプの電子顕微鏡が用いられている．透過型電子顕微鏡（transmission electron microscope＝TEM）では，試料切片を通過した電子のつくる像を観察する．もう一方の走査型電子顕微鏡（scanning electron microscope＝SEM）では，切片から反射される電子の結ぶ像を観察する．したがって，TEM は旧来の光学顕微鏡と同じく，切片の断面を観察するのに用いられ，SEM は双眼解剖顕微鏡に似て，生物試料の表面を観察するのに用いられる．⇨ 付録 C（1932 Knoll, Ruska；1963 Poter, Bonneville）.

電子顕微鏡技術［electron microscope technique］　⇨ フリーズエッチング，フリーズフラクチャー，クラインシュミット法，ネガティブ染色法．

電子担体［electron carrier］　フラボタンパク質やシトクロムのような，電子を可逆的に得たり

失ったりすることのできる酵素.

電子対結合 [electron pair bond]　共有結合.

電子伝達鎖 [electron transport chain]　ミトコンドリアの中にあって，水素および電子の受容体として作用している分子の鎖．特定の基質に由来する電子を O_2 に受渡す機能をもつ．放出されたエネルギーは ADP のリン酸化に使用される．⇨ シトクロム系．

デンシトメーター [densitometer]　濃度計ともいう．試料を通過する光量を測定し，濃度を決める．クロマトグラムや電気泳動図のスキャニングや，写真用フィルムの黒点計測などに用いられる．

電子ボルト [electron volt]　記号 eV．1 ボルトの電位差を通過する電子によって得られるエネルギー量に等しいエネルギーの単位．

電子密度標識 [electron dense label]　⇨ フェリチン．

転　写 [transcription]　DNA を鋳型として，相補的塩基の対合により RNA を合成すること．RNA ポリメラーゼ*が触媒する．

転写一次産物 [primary transcript]　DNA から転写されたばかりの RNA 分子．真核細胞では，成熟型の RNA 分子には見られないイントロン*を含んでいる．⇨ 転写後プロセッシング．

転写因子 [transcription factor]　染色体に結合し，特定の遺伝子の転写を制御する．DNA 結合部位をもつことが特徴のタンパク質．シロイヌナズナは，ショウジョウバエや線虫で同定された転写因子の 3 倍以上の転写因子をもつ．この種で進化してきた 29 種類のクラスの転写因子のうち，16 種類は植物特有のものである．動物や真菌類では，亜鉛を含む転写因子が多数を占める．たとえば，ショウジョウバエ，線虫，酵母では，それぞれ，51％，64％，56％である．しかし，シロイヌナズナの転写因子の 80％は，亜鉛を欠く．⇨ ジンクフィンガータンパク質．

転写酵素 [transcriptase]　RNA ポリメラーゼ*．⇨ 逆転写酵素．

転写後プロセッシング [posttranscriptional processing]　核内プロセッシング（nuclear processing）ともいう．mRNA が核から出る前にプレメッセンジャー RNA に加えられる修飾をいう．三つのエクソン（E_1, E_2, E_3）と二つのイントロン（I_1, I_2）をもつ遺伝子を図に示した．RNA ポリメラーゼ II が，遺伝子の 3′-5′ 鎖を転写し，5′-3′ RNA 転写一次産物を生成する．次に，転写一次産物の 5′ 端にメチル化キャップ（MC）が付加され，3′ 端にはポリ A 鎖が付加される．最後に，スプライセオソーム内で起こる反応によって，イントロンが除去され，エクソン同士がつなぎ合わされた後，成熟 mRNA として核外に出る．⇨ 選択的スプライシング，カハール体，シススプライシング，ジストロフィン，エクソン，ヘモグロビン遺伝子，ヘテロ核 RNA，イントロン，メチル化キャップ，ポリアデニル化，RNA 編集，RNA スプライシング，核内低分子 RNA，スナーポソーム，スプライセオソーム，トランスクリプトソーム．

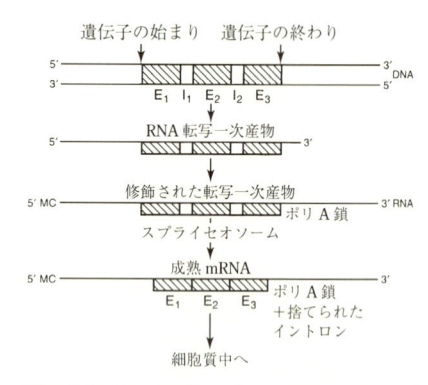

転写されるスペーサー [transcribed spacer]　rRNA 前駆体のうち，リボソーム*中で機能する RNA を生成する際に除去される領域．

転写産物 [transcript]　DNA または RNA の鋳型から，転写された RNA または DNA．

転写速度 [transcription rate]　RNA ポリメラーゼが，リボヌクレオチドを RNA 鎖に取込む速度．細菌の mRNA 分子の転写速度は，37 ℃で，2500 ヌクレオチド/分（約 14 コドン/秒）．この転写速度は，細菌の翻訳速度*に，ほぼ等しい．⇨ 複製速度．

転写単位 [transcription unit]　RNA ポリメラーゼによる転写の開始点と終結点との間の DNA 領域．転写単位内には二つ以上の遺伝子が存在する場合もある．ポリシストロン性メッセージはそのまま翻訳され，翻訳産物は後に 2 本以上の機能を有するポリペプチド鎖に切断される．RNA は遺伝子の鋳型鎖より 5′→3′ の方向に転写される．しかし，ある特定の遺伝子の塩基配列を記述する際には慣習として，RNA 転写産物の塩基配列でウリジンをチミジンに置換したものが用いられる．転写開始部位より左にある要素を，遺伝子の "5′ 側" あるいは "上流" にあるといい，右にある要素を "3′ 側" あるいは "下流" にあるという．各ヌクレオチドは開始部位を起点として右側に正の番号，左側に負の番号がつけられる．このように，特定の遺伝子について，

RNAポリメラーゼIIの結合部位は-80から-5を含み,また,最初のイントロンは+154から+688のヌクレオチドを含むといったことになる. ⇨ 付録C (1967 Taylor *et al.*), コード鎖, ミラー樹, ポリタンパク質, RNAポリメラーゼ, 鎖の用語法.

転写と翻訳の共役［coupled transcription-translation］ 原核生物における特徴の一つ. mRNA分子上では転写が完了する以前に翻訳反応が開始される.

填 充［intussusception］ 1. 栄養分を原形質へ転換することによる生物の成長. 2. 植物細胞壁の微小繊維の間への物質の沈積. 3. 伸長していく膜に存在する分子の間に新しい分子が挿入することによって,原形質膜の表層部位が増大すること.

伝達遺伝学［transmission genetics］ 親から子孫への遺伝子の伝達の機構について研究する遺伝学の一分野.

伝達因子［transfer factor］ 感作Tリンパ球の抽出物の透析外液中に存在し,ある種の細胞性免疫を動物個体間で伝達しうるようなリンフォカイン.

伝達免疫［transferred immunity］ ⇨ 養子免疫.

デントコーン［dent corn］ ⇨ トウモロコシ.

点突然変異［point mutation］ 1. 古典遺伝学において,細胞学的に検出されるような染色体異常がなく,染色体の交差に影響することなく(したがって逆位ではない),近傍の致死突然変異を相補する(したがって欠失ではない)突然変異. 2. 分子遺伝学においては,1塩基の置換によって生じる突然変異をいう. ⇨ 旋回性塩基置換.

天然痘ウイルス［smallpox virus］ ヒトの天然痘の原因DNAウイルス. ウイルスの学名は, *Poxvirus variolae*.

デンハルト溶液［Denhardt's solution］ フィコール,ポリビニルピロリドン,ウシ血清アルブミンをおのおの0.02% (w/v)含む溶液. 核酸を吸着したフィルターをこの溶液中であらかじめ処理することで一本鎖DNAプローブの非特異的な結合を防止することができる.

デンプン［starch］ 植物の貯蔵多糖類. α-D-グルコース分子の重合体(下図参照).

天変地異説［catastrophism］ 地球は大規模な激しい突発的なできごと(例:世界的レベルの洪水,彗星との衝突など)によって形づくられてきたとする地理学の説. ⇨ 斉一説.

電離箱［ionization chamber］ 電離放射線の量を一定の体積中に生成したイオンによる電荷として測定する装置.

電離放射線［ionizing radiation］ 物質中にエネルギーを放出する際に,イオン対を生成する電磁放射線または粒子線.

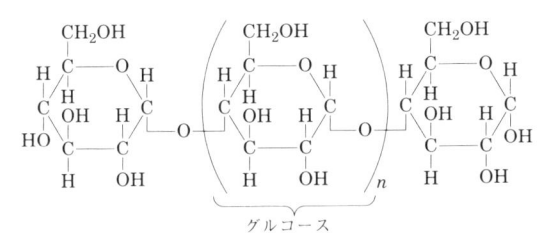

デンプン

ト

糖 [sugar] ⇒ 炭水化物, グルコース.
銅 [copper] 生物学的微量元素の一つ.

原子番号	29
原子量	63.55
原子価	+1, +2
最も多い同位体	^{63}Cu
放射性同位体	^{64}Cu
半減期	12.8 時間
放射線	γ線, 電子線, 陽電子線

等位遺伝子 [autarchic gene] モザイク生物において等位遺伝子は遺伝的に異なる隣接組織から拡散されてくる遺伝子産物によってその表現型が影響を受けない. 一方, 下位遺伝子の場合, その発現は阻止される.

等イオン点 [isoionic point] ＝等電点.

同位染色体 [isochromosome] 同腕染色体ともいう. 有糸分裂および減数分裂の際に, 動原体が縦でなく横に分裂することにより形成される中部動原体染色体. このような染色体の腕は長さが等しく遺伝的に同一である. しかし遺伝子座の配列順は 2 本の腕で逆転している.

同位染色分体切断 [isochromatid break] 両姉妹染色分体の同じ遺伝子座における切断を伴う異常で, 側方融合によって二動原体染色体と無動原体染色体断片を生じる.

同位体 [isotope] 一つの化学元素のいくつかの型の一つ. 異なる同位体は, 陽子および電子の数は同一であるが原子核中の中性子の数が異なる. そのため化学的性質は同一だが原子量が異なる. ⇒ 付録 C (1942 Schoenheimer), 放射性同位体.

同位体希釈法 [isotopic dilution analysis] 混合物の成分の化学的な分析法. この方法では混合物に既知の量の既知比活性の放射性核種で標識した成分を加え, ついで, その成分の一定量を分離し, 放射能を測定する.

同位体濃縮物質 [isotopically enriched material] 一種以上の同位体の量が相対的に増加している構成成分をもつ物質.

同一配列種 [homosequential species] 同一の核型をもつ種で, ハワイ諸島に固有のショウジョウバエの各種に見られる.

同位標識 [isolabeling] トリチウム標識チミジン中での 1 回の複製の後の 2 回目の中期において娘染色分体の両方ないし両方の一部が標識されていること. 姉妹染色分体交換により生じる. 姉妹染色分体の交換がない場合には, 1 回目の中期では両方の娘染色分体が標識されているが, 2 回目の中期では一方のみしか標識されない.

等黄卵 [isolecithal egg] 卵黄が細胞質中に一様に分布する卵. ⇒ 心黄卵, 端黄卵.

透過型電子顕微鏡 [transmission electron microscope] 略号 TEM. ⇒ 電子顕微鏡.

同化[作用] [anabolism] より簡単な前駆体から複雑な分子を合成する代謝過程. ふつうは, エネルギーの消費と特異的な同化酵素を必要とする. 異化[作用]*の対語.

透過性 [permeability] 分子が特定の膜を通過できる度合.

同株他花受粉 [close pollination] 隣花受粉ともいう. 同じ植物の別の花の花粉による受粉.

トウガラシ属 [Capsicum] C. annum (トウガラシ, アマトウガラシ), C. frutescens (シシトウガラシ) を含む属.

同義遺伝子 [multiple gene] ⇒ ポリジーン, 量的遺伝.

同義コドン [synonymous codons] 同じ意味をもつコドン. たとえば, UUU と UUC は, ともにフェニルアラニンをコードする. ⇒ 縮重暗号, 遺伝暗号.

同義突然変異 [samesense mutation, isocoding mutation] 沈黙突然変異 (silent mutation) ともいう. 一般にコドンの三文字目に起こる点突然変異. コドンが変化しても対応するアミノ酸が不変のもの. ⇒ 縮重暗号.

同居生活[動物]の [inquiline] 別種動物の生息地に同居する動物.

同系移植片 [isograft, syngraft] 受容者の受ける移植片が, 一卵性双生児や高度近交系内の他個体など, 遺伝学的に同一の供与者からのものであるとき, これを指す. ⇒ 同種[異系]移植, 自家移植, 異種間移植.

統計学 [statistics] データの収集, 分析, 提示に関する科学分野. データの分析は確率論の応

用による．統計学的推定は観察に基づく計算結果に従い，多数の選択肢の中から一つの結論を出すことである．統計分析におけるパラメトリック法はデータが確率分布（たとえば，正規分布*，二項分布*，ポアソン分布*）に従うと仮定したもので，データがそのような分布をする場合にのみ計算結果は有効である．スチューデントの t 検定*はパラメトリック法の一例である．ノンパラメトリック法は確率分布の形に従うと仮定する必要がない．Mann-Whitney の順位和検定や符号検定はノンパラメトリック法の例である．⇨ 分散分析，χ^2 検定，ガウス曲線，帰無仮説法，スチューデントの t 検定．

統計学的過誤 [statistical error] "第1種"統計学的過誤は，純粋にランダムな変動をプラスの効果の証拠として採用したときに起きる．この手の"擬陽性"過誤は，ギリシャ文字の α で表される．"第2種"統計学的過誤は，効果があるにもかかわらず検出できない場合に生じる．この手の"擬陰性"を生ずるリスクは，ギリシャ文字の β で表される．擬陰性過誤は，きわめて手痛い場合が多いので，α を非常に低く設定するが，そうすることで，第2種の過誤のリスクが増大する．⇨ 信頼限界，帰無仮説法，結果の有意性．

同系交配 1. [endogamy] 族内婚ともいう．小さな同族グループ中から配偶者を選択すること．近親交配．⇨ 異系交配．2. [inbreeding] 近親交配ともいう．近縁の植物や動物同士を交配すること．

同系内[の] [isogeneic, isologous] 遺伝的に同一な供与者および受容者間の移植をさす．

同形二価染色体 [homomorphic bivalent] 同じ形態の相同染色体からなる二価染色体．⇨ 異形二価染色体．

同系[の] [syngeneic] 一卵性双生児や，高度近交系統などのように遺伝学的に同一の生物であることをいう．同系動物は組織抗原が同一であるので，皮膚や組織の移植交換が可能である．⇨ 同種[異系]間移植，類遺伝系統．

同型配偶 [isogamy] 大きさおよび形態が類似しているが交配型が反対の性細胞がかかわる有性生殖の様式．⇨ 異型配偶．

同型配偶子性 [homogametic sex] すべての配偶子が同一の性染色体を1種類のみもつ性．たとえば哺乳類の雌の卵は X 染色体のみをもつ．⇨ 異型配偶子性．

同形胞子形成 [homospory] 接合型もしくは性によらず，植物が同じ大きさの減数胞子を産生すること．⇨ 同型配偶．

統計量 [statistic] ある母集団からの標本における量的特性値．⇨ 母数．

凍結乾燥 [freeze-drying] 水分を急速に凍結させることによって，細胞や溶液を脱水させる方法．凍結状態の固形物質を真空下において乾燥させ，氷を直接水蒸気へ昇華させることにより収縮を最少限に抑えられる．

凍結乾燥する [lyophilize] 凍結乾燥*．

動原体 [centromere] 有糸分裂および減数分裂において，紡錘体の牽引糸が付着する染色体上の領域．動原体の位置の違いによって，染色体が後期に極に向かって移動する際に，棒状，V字状，あるいは J 字状にみえる．ごく少数の腫では，牽引糸が染色体の全長にわたって付着するようにみえる．このような染色体は，多動原体染色体（polycentric chromosome），あるいは分散型動原体（diffuse centromere）をもつといわれる．複製された染色体は，動原体領域で結合した2本の姉妹染色分体から構成される．前期の遅い時期に，紡錘体の両極に面した動原体の二つの表面上にキネトコアが発達する．p.254 の図に示したように，牽引糸の微小管はキネトコアに付着する．古い文献では，動原体とキネトコアは同義語として扱われていた．しかし，現在では，キネトコアは動原体 DNA と結合し，紡錘体の二つの極の一方から伸びる微小管を捕捉する複数のタンパク質からなる複雑な構造と定義される．中期染色体の動原体は，末端側の領域と比べると細くなっていることから，一次染色体狭窄（primary chromosome constriction）とよばれる．動原体にはふつう反復 DNA* を含む異質染色質（ヘテロクロマチン）が隣接しており，複製は遅れる．構造からみると，動原体は2種類の主要なタイプに分けられる．染色体 DNA のごく小さい領域（～200 bp）を占めるものと，大きな領域（40 kb～5 Mb）にわたるものである．出芽酵母（*Saccharomyces cerevisiae*）の動原体は前者のタイプ（点動原体）である．酵母の染色体は，高等真核生物の染色体の 1/100 程度しかないことから，このような小さい動原体は予想できる．動原体は染色体に特異的ではなく，配列が逆転しても，また染色体間で入れ替えても正常に機能する．機能をもつ最小の動原体は，わずか 112 bp ほどであり，B 型 DNA でおよそ 40 nm を占めるにすぎない．これは三つの要素から構成される．中心の要素は 88 bp で，およそ 93% が AT である．両側の要素はおよそ 80% が AT からなる保存された配列をもつ．特定のタンパク質が両側の要素に結合して複合体を形成し，これが染色体を1本の紡錘体微小管に付着させる．より大型の染色体は局所動原体（regional centromere）をもち，30～40 本の微小

管が同時に結合する．たとえば，ショウジョウバエの動原体は，単純反復 DNA 領域からなる 420 kb の DNA を含むが，これは動原体における特殊な染色体構造の形成に必要である．さらに，AT に富む領域も存在し，これは微小管を結合する機能をもつとみられる．キイロショウジョウバエの第 2 染色体の動原体中には転写活性をもつ四つの遺伝子がマップされている．シロイヌナズナ*の動原体は 1.4～1.9 Mb の範囲であり，染色体 DNA のおよそ 7% に当たる．5 本の染色体のすべてで，動原体領域には 180 bp の配列が何百回も繰返されている．動原体領域には，レトロポゾン*に類似した配列が豊富に存在する．動原体内では，交差は劇的に抑制される．シロイヌナズナの動原体中にはおよそ 200 の遺伝子が含まれるが，その多くは不活性化されているらしい．しかし，少なくとも 50 個の遺伝子は転写活性をもつ．⇒付録 C (1903 Waldeyer; 1980 Clark, Carbon; 1999 Copenhaver et al.)．スズメノヤリ属，減数分裂，微小管，有糸分裂，酵母人工染色体．

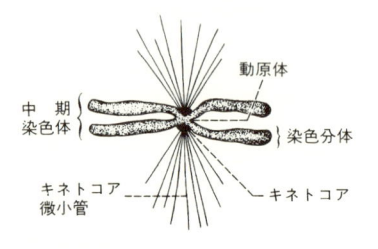

（図：中期染色体，動原体，染色分体，キネトコア微小管，キネトコア）

動原体干渉［centromere interference］　動原体近辺の染色体部位で交差が抑制されること．

動原体誤分裂［centromere misdivision］　⇒同位染色体．

動原体指数［centromeric index］　染色体全長に対して短腕が占めるパーセント．たとえば，ヒトの中期の体細胞では，1 番染色体と 13 番染色体の動原体指数はそれぞれ 48，17 である．つまり，1 番染色体は中部動原体型で短腕が染色体全長の 48% を占める．13 番染色体は末端動原体型で短腕が染色体全長の 17% を占める．

動原体融合［centric fusion］　ロバートソン［型］転座（Robertsonian translocation）あるいは全腕融合（whole-arm fusion）ともよばれる．2 本の末端動原体染色体のきわめて短い腕が切断され，長い部分同士が融合して 1 本の染色体になったもの．2 個の短い断片はふつう消失する．動原体融合は，新生児 1 万人に 1 人の割合でみられる．21/21，13/14，および 14/21 の転座がきわだって多い．動原体融合は単親性二染色体（uniparental disomy）の重要な原因である．ヒトの 2 番染色体は，祖先の類人猿がもっていた 2 本の末端動原体染色体の動原体融合によって生じたものである．この結果，大型類人猿に特徴的な 24 対の染色体数が，現生人類の 23 対に減少した．⇒付録 C (1911 Robertson; 1960 Polani et al.; 1991 Ijdo et al.)．二染色体性，テロメア．

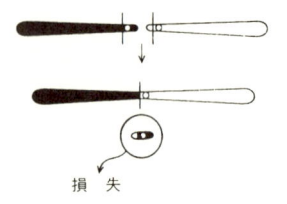

（図：損失）

糖原病［glycogenosis］　グリコーゲン蓄積病（glycogen storage disease）ともいう．組織のなかにグリコーゲンが異常に多量に蓄積するか，あるいはごく少量にしか蓄積しないかのどちらかの特徴をもっている先天的な家族性の一群の病気の総称．アンダーソン病*，フォンギールケ病*，ヘルス病*，フォーブス病*，ポンペ病*，マッカードル病*などはその例である．

統合失調症［schizophrenia］　幻覚，妄想，思考力および集中力の低下，不可解な行動などの症状をまとめた病名．全人口の約 1% に発病し，遺伝性の高い病気と考えられている．

トウゴマ［Ricinus communis］　性決定の遺伝学的研究に広く用いられている．

糖鎖修飾［glycosylation］　一つ以上の糖を，脂質やタンパク質のような糖以外の分子に付加すること．修飾された分子は，糖脂質，糖タンパク質とよばれる．糖タンパク質は，真核生物の細胞では普遍的にみられるが，細菌では，まれか全くみられない．タンパク質の糖鎖修飾は，糖転移酵素により小胞体（ER）の内腔側で起きる．つぎに，クラスリンに覆われた小胞によって，ゴルジ体へ輸送され，いくつかの糖が除かれた後，新たに糖が付加される．この糖鎖修飾の最後の段階を末端糖鎖修飾（terminal glycosylation）とよび，ER で行われるコア糖鎖修飾（core glycosylation）と区別する．ほとんどの糖タンパク質で，糖鎖は，セリンまたはトレオニンのヒドロキシ基（O 結合型糖鎖）か，アスパラギンのアミドの窒素原子（N 結合型糖鎖）に付加される．細胞質や核のタンパク質のほとんどは，糖鎖修飾を受けない．⇒オリゴ糖．

等差数列［arithmetic progression］　各項の数がその前の項の数より一定の値ずつ大きい（あるいは小さい）数列．

同時遺伝子変換［coconversion］　遺伝子変換

において二つの部位が同時に修正されること．

同時形質転換［cotransformation］　**1**. 二つ以上の細菌遺伝子が同時に形質転換されること．形質転換DNA断片は短いので，同時形質転換される遺伝子は相互に密接に連鎖していると推定される．二重形質転換ともいう．**2**. 分子生物学では，物理的に全く連鎖していない二つの遺伝子の組を細胞へ導入することをいう．この場合，一方の遺伝子は選択マーカーをコードしている．この技術は，選択マーカーをコードしていない遺伝子によって形質転換された細胞の単離が困難な動物細胞の取扱いに有用である．

同時形質導入［cotransduction］　形質導入因子が複数の遺伝子座位を含むために二つ以上の遺伝子が同時に形質導入されること．

糖脂質［glycolipid］　糖を含有する脂質．

同質遺伝子個体群　＝シンゲン．

同質遺伝子細胞株［isologous cell line］　一卵性双生児あるいは高度の近交系動物から得られた細胞株．

同質遺伝子[の]［isogenic］　遺伝的に同一であること(性以外は)．同一個体もしくは同一近交系の別個体に由来する．

同質対立遺伝子［homoallele］　同一のミュートン部位が異なる対立遺伝子．同質対立遺伝子間での遺伝子内組換えは起こりえない．⇒ 異質対立遺伝子．

同質対立遺伝子[の]［homoallelic］　同じ部位に突然変異をもつ対立突然変異遺伝子をさす．同質対立遺伝子間の遺伝子内組換えによって，機能的シストロンは生じない．⇒ 異質対立遺伝子[の]．

同質倍数体［autopolyploid］　一組の染色体の基本セットの増加によって生じた倍数体．⇒ 同質四倍体．

同質四倍体［autotetraploid］　類似のゲノムを4組もつ同質倍数体．ある遺伝子に二つの対立遺伝子型 A と a が存在するとすれば，その同質四倍体には5種類の遺伝子型，すなわち $AAAA$（四重式 quadruplex），$AAAa$（三重式 triplex），$AAaa$（複式 duplex），$Aaaa$（単式 simplex），$aaaa$（ゼロ式 nulliplex）ができる．

同種[異系]移植［allograft］　ある遺伝子型をもつ供与者の組織片を同種だが異なる遺伝子型の宿主に移植すること．

同種異系間移植［allogeneic graft］　同じ種で，特に，アロ抗原*に関して遺伝的に異なる構成員間の組織移植．⇒ 同種移植，異種間移植．

同種[異系]抗原　＝アロ抗原．

同種移植［homeoplastic graft, homoeoplastic graft, homograft］　同一種の1個体からほかの個体への組織の移植．

同種キャプシドウイルス［isocapsidic virus］　⇒ 分節ゲノム．

同種凝集素［isoagglutinin］　同じ種の赤血球表面の抗原部位に対する抗体で凝集をひき起こす．

同種凝集素原［isoagglutinogen］　細胞表面の抗原因子で，同種のいくつかの個体に対して，相同な抗体（同種凝集素）の形成を誘導することができる．

同種血球凝集素［isohemagglutinin］　＝同種凝集素．

同種抗体［isoantibody］　接種される動物と同じ種の個体に由来する組織成分に対する免疫反応によってつくられた抗体．

同種[の]［conspecific］　同一種に属していること．

同種免疫　**1**．［homoimmunity］溶原菌（プロファージ*が寄生している）が，プロファージと同種のファージの重感染に対し抵抗力をもつこと．プロファージが産生した過剰のリプレッサー分子が，感染したDNA分子のオペレーターにも結合し，その転写を抑制する．**2**．［isoimmunization］同種の抗原に対する反応による抗体の形成．

同種免疫病［allogeneic disease］　⇒ 移植片対宿主反応．

同所種［sympatric species］　分布域が一致または重複している種．

同所性［sympatry］　同じ地域に生息すること．⇒ 異所性．

同所的種分化［sympatric speciation］　同じ地理的範囲（少なくとも部分的には）に分布する集団に生殖的隔離が生じることをいい．多細胞真核生物ではまれな過程である．しかしながら，限定的な生態的地位を占める新たな細菌の出現と定義される細菌の同所的種分化は比較的ふつうにみられる．これは適応的な遺伝子をもつ水平可動因子*の取込みの結果として起こる．大腸菌では，100万年当たり31 kbpのDNAを水平可動因子から受取ってきたと推定されている．⇒ 付録C (1997 Lawrence, Ochman），浸透交雑．

糖新生［gluconeogenesis］　糖原性アミノ酸，乳酸，クエン酸サイクルの中間産物のような炭水化物以外の前駆体から，グルコースや，グリコーゲンのような他の炭水化物をつくること．糖新生は，飢餓状態や炭水化物の摂取量が少ないときに哺乳類の肝臓で起きる．

同親対合［autosyndesis］　⇒ 異親対合．

同親対合性異質倍数体［isosyndetic alloploid］

対合が同一種の相同染色体に限られている異質倍数体. ⇨ 両親対合性異質倍数体.

同姓結婚 [isonymous marriage]　同じ姓をもつ人の間の結婚. 同姓結婚は集団遺伝学における血縁関係の指標とされる.

等成長 [isauxesis]　⇨ 相対成長, 不等成長.

同性内選択 [intrasexual selection]　⇨ 性選択.

透析 [dialysis]　多孔性の膜を通した拡散性の相違を利用して, 異なる大きさの分子の混合物から特定の分子を分別する方法. 平衡透析として知られる方法では, 同じ大きさの可溶性分子は半透膜の両側で等濃度になる. 平衡状態において, もしもある分子が膜の片側で多い分布を示しているならば, それは膜の一方にだけ分布しているその他のもっと大きい分子 (たとえばリプレッサー, タンパク質, 輸送タンパク質, 抗体など) と結合しており, その結果, 膜上の穴を通り過ぎるには全体として大きすぎたのだと考えられる. 免疫学ではハプテン-抗体間反応の結合定数の決定にも用いられる.

同族 tRNA [cognate tRNA]　同じアミノアシル tRNA シンテターゼによって認識される tRNA 分子.

糖タンパク質 [glycoprotein]　少量の炭水化物 (通常は4%以下) を含有するタンパク質. ⇨ ムコタンパク質.

同調 [entrainment]　サーカディアンリズム* に関して, 12時間の明期 (あるいは暖期) と12時間の暗期 (あるいは寒期) といった外界の手がかりによって, 体内時計を正確に24時間に合わせることをいう.

等張液 [isotonic solution]　浸透圧が生きている生物の血液や細胞中の液体の浸透圧と等しい溶液のこと.

同調的酵素　= 協調的酵素.

等電点 [isoelectric point]　等イオン点 (iso-ionic point) ともいう. タンパク質上の正電荷と負電荷の総和が0になるような pH.

導入遺伝子　= トランスジーン.

糖尿病 [diabetes mellitus]　グルコース不耐性を特徴とするヒトの病気で, 2種類のタイプに分けられる. 1型あるいはインスリン依存性糖尿病 (IDDM) は, 若年発症糖尿病ともよばれる. 2型あるいはインスリン非依存性糖尿病 (NIDDM) は通常, 20歳以降に発症する. こちらの方が多く, 世界の人口のおよそ5%にみられる. 1型糖尿病はふつう, インスリン*を分泌する膵臓の β 細胞の自己免疫性の破壊によって起こる. 1型はまた, インスリン遺伝子のコード領域における突然変異や, コード領域の上流にみられる14から15個のヌクレオチドを単位とする縦列反復数の変異によっても起こる. この縦列反復領域はインスリン mRNA の転写速度の制御にかかわるらしい. マウスの遺伝子 *obese** のホモ接合個体では, 体重が正常な個体の2倍になる. このマウスはまた, 2型の糖尿病を発症する. レプチンを注射すると, 体重, 体脂肪率, 摂食量, ならびに血清中のグルコースとインスリンの濃度の低下がみられる.

等表現型線 [isophene]　地理的勾配を示す一つの遺伝形質について, 同一の発現がみられる地点を結んだ地図上の線.

同腹　= 時期別産子群.

動物界 [Animalia]　動物 (胚胞から発生する従属栄養生物) を含む界. ⇨ 付録A (4界; オピストコンタ).

動物極 [animal pole]　細胞質の大部分を含み, 卵黄の最も少ない卵の極.

動物行動学 [ethology]　自然条件下での動物行動について科学的に研究する学問.

動物相 [fauna]　ファウナともいう. 特定の区域または時代に生息する動物の全種類をいう.

動物地理学 [zoogeography]　動物の地理的分布を研究する学問.

動物地理区 [zoogeographic realm]　動物相の特徴により全世界の大陸を区分したもの. ⇨ 生物地理区.

頭部[の] [cephalic]　動物の頭部または前端部.

同胞 [sibling, sib]　兄弟姉妹. 同じ両親から生まれた子供.

同胞群 [sibship]　一つの家族内の兄弟姉妹.

同胞交配 [sibmating]　兄弟と姉妹の間で行われる交配.

同方向反復配列 [direct repeat]　同じ DNA 分子に, 相同もしくはきわめて類似した DNA 塩基配列が同じ方向性を保ったまま, 2コピー以上存在することをいう. この場合, その配列が隣接して並んでいるとは限らない.

同胞種 [sibling species]　= 隠ぺい種 (cryptic species).

等方性[の] [isotropic]　⇨ 異方性[の].

同密度[の] [isopycnic]　同一の密度をもつこと. 類似した浮遊密度をもつ細胞構成成分. ⇨ 遠心分離.

冬眠 [hibernate]　冬期眠っていること. 多くの哺乳動物, 爬虫類, 両生類, およびある種の無脊椎動物は冬眠する. ⇨ 夏眠.

透明質 [hyaloplasm]　= サイトソル (cytosol).

透明帯［zona pellucida］ 哺乳類の卵を包む膜層の一つ．同種の精子を誘引するさまざまな物質をつくり，異種の精子の侵入や多精受精*を防ぐ．

トウモロコシ［corn, maize, Indian corn］ 学名 Zea mays．コムギ，コメ，ジャガイモと並んで世界の四大作物の一つ．穀粒の形態に基づき五つの商業種に分類される．デントコーン（var. indentata）：最もふつうのトウモロコシ．穀粒の頂点のデンプンが乾燥して収縮することから，ぎざぎざになっている．硬粒種（var. indurata）：フリントコーン．穀粒は角質層で完全に囲まれており，それゆえになめらかで硬く，成熟するのが最も速い．甘味種（var. saccharata）：スイートコーン．ヒトの食用として栽培される．穀粒が硬化する前に，乳液で満たされているときに摘む．爆裂種（var. everta）：ポップコーン．穂は固い外被に囲まれ，小さな穀粒でいっぱいであり，熱すると含有した湿気が蒸気に変わり，穀粒がはじける．粉トウモロコシ（var. amylacea）：穂にやわらかい，デンプン質の穀粒が含まれる．長い成長期を必要とし，おもに熱帯で栽培される．⇨ 複交雑，雑種トウモロコシ，皮付きトウモロコシ，ブタモロコシ，Zea mays．

東洋区（の）［Oriental］ 六つの生物地理区*のうちの一つ．ペルシャ湾以東のアジアの南海岸，ヒマラヤ以南のインド半島，東インド，南中国，スマトラ，カリマンタン（ボルネオ），ジャワ，スラウェシ（セレベス），フィリピンが含まれる．⇨ ウォレス線．

同類交配［assortative mating］ 雄と雌の交配が無作為でなく，特定の種類の雄に対し特定の種類の雌が交配する傾向のある有性生殖．もし両親のペアが偶然に期待されるより遺伝子型が似ているならば正の同類交配が起こり，異なるなら負の同類交配が起こる．

同型対立遺伝子［iso-allele］ 特別のテストによって初めて正常な対立遺伝子と識別できうる対立遺伝子．たとえば，二つの＋対立遺伝子，$+^1$ と $+^2$ が区別できないとする（すなわち $+^1/+^1$, $+^2/+^2$ および $+^1/+^2$ の個体は表現型としては野生型である）．しかしながら突然変異の対立遺伝子 a と組合わせると，$+^1$ と $+^2$ の違いがわかる（すなわち $a/+^1$ と $a/+^2$ の個体は異なってみえる）．

同齢集団［cohort］ コホートともいう．集団内の近い年齢の個体のグループ．

等腕逆位［homobrachial inversion］ 偏動原体逆位*．

同腕染色体 ＝同位染色体．

トキソイド［toxoid］ 類毒素ともいう．抗原性を変えないで毒性を減少させた毒性タンパク質．

ドキソルビシン［doxorubicin］ ＝アドリアマイシン（adriamycin）．

特異性［specificity］ 酵素と基質，ホルモンと細胞表面の受容体，抗原と抗体などの物質間の選択的反応性．

特異性因子［specificity factor］ RNAポリメラーゼのコア酵素に一時的に結合して，RNAポリメラーゼが結合するプロモーターを認識するタンパク質（たとえばσ因子*）．

特異的免疫抑制［specific immune suppression］ 最初に特定の抗原を投与された生物が，その後に投与された別の抗原に対しては正常に応答するにもかかわらず，最初と同じ抗原に対しては応答する能力を失うこと．⇨ 免疫寛容．

トクサ類［sphenophytes］ 有節植物ともいう．デボン紀に生じた1群の植物で，今日では，トクサ属（Equisetum）に代表される．石炭紀の森林では，15mの高さに成長した．

特殊形質導入［specialized transduction］ ⇨［形質］導入．

毒性［virulence］ 病気をひき起こす相対的能力．

毒性ファージ［virulent phage］ ビルレントファージともいう．宿主細菌の溶菌をひき起こすようなファージ．⇨ 溶原性ファージ．

毒素［toxin］ 微生物，キノコ，植物，動物などでつくられる毒性のある物質．αアマニチン*が例として挙げられる．

独立栄養生物［autotroph］ アンモニアや二酸化炭素のような非常に単純な分子から必要とする巨大分子を合成できる生物．独立栄養生物には，可視光線を化学エネルギーに転換できる光合成細菌，原生生物，植物などがある．さらに，化学独立栄養細菌は光を用いずに CO_2 から有機分子を合成できる．それらは，生合成のエネルギー源として，水素，アンモニア，硫化水素などの酸化を利用している．⇨ 従属栄養生物．

独立確率［independent probability］ 複数の事象において，どの事象もほかの事象の確率に全く影響を及ぼさずに起こること．たとえば減数分裂第一分裂の中期核板上の，ある一組の相同染色体の配置は，ほかの組の配置に影響を与えないこと．⇨ 独立組合わせ．

独立組合わせ［independent assortment］ 異なる染色体上に位置する遺伝子が配偶子にランダムに配分されること．遺伝子型 AaBb の個体は4

種類の配偶子（AB, Ab, aB, ab）を同数生じるであろう. ⇨ メンデルの法則.

トゲイモリ属[*Pleurodeles*] この属に属する2種のイモリ, *P. waltlii* と *P. poireti* は遺伝学的また細胞学的に研究されている. 両種の卵母細胞のランプブラシ染色体地図がつくられている.

α-トコフェロール[α-tocopherol] ビタミンE*.

土地固有[の][endemic] ある地域に本来存在するもので, 外部からもち込まれてきたものでないもの. 疫学では, ある特定地域に起こる病気を風土病という.

ドッキングタンパク質[docking protein] ⇨ 受容体介在性トランスロケーション.

突然変異[mutation] 1. 遺伝子の構造変化をひき起こす過程. 2. 1により変化した遺伝子. 3. 1の表現型を明らかに示す個体. ⇨ 付録C (1901 de Vries), 同義突然変異, 点突然変異.

突然変異圧[mutation pressure] 突然変異により対立遺伝子が絶え間なくつくられること.

突然変異育種[mutation breeding] 農業の生産性を高める新しい品種を開発するために, 突然変異原により突然変異をひき起こすこと.

突然変異解剖[mutational dissection] ⇨ 遺伝学的解剖.

突然変異荷重[mutational load] 繰返し起きた突然変異により生じた有害遺伝子の蓄積のために, 集団が保有する遺伝的障害.

突然変異距離[mutation distance] あるDNA配列から別の配列へ至るのに要する最少突然変異数.

突然変異原[mutagen] 自然突然変異率以上に突然変異の頻度を高める物理的または化学的作用剤.

突然変異事象[mutation event] 時間的, 空間的な突然変異の実際の起源. その何世代か後に現れる可能性のある形質発現と対比される.

突然変異体[mutant] 表現型として現れる突然変異遺伝子をもつ生物.

突然変異探索[mutant hunt] ある過程を支配する遺伝子の突然変異解剖を行うため, その過程に影響を与える突然変異体を多数分離, 蓄積すること. たとえば, 大腸菌にファージ耐性を賦与する突然変異の選択など.

突然変異のホットスポット[mutational hot spot] ⇨ ホットスポット.

突然変異頻度[mutation frequency] 集団における突然変異体の割合.

突然変異誘発遺伝子[mutator gene] 他の遺伝子の自然突然変異率を増加させる突然変異遺伝子. トウモロコシの *Dotted** 遺伝子は最初に報告された突然変異誘発遺伝子である. ⇨ 付録C (1938 Rhoades).

突然変異誘発性[の][mutagenic] 突然変異をひき起こす.

突然変異率[mutation rate] 単位時間（例：一細胞世代）, 遺伝子当たりに生じる突然変異事象の数.

突然変異を誘発する[mutagenize] 突然変異誘発原にさらすこと.

Dotted トウモロコシの9番染色体上の遺伝子で, 記号は *Dt*. この遺伝子は *a* から *A* への突然変異率に影響を及ぼす. *A* は3番染色体上の遺伝子で, 穀粒*中の糊粉*層細胞における色素の生成能力を調節する. 色素の生産を回復した細胞のクローンは, 穀粒上に図に示したような斑点を生じる. *Dt* は, 後に McClintock によって解析された活性化因子（*Activator*）とは別の転移因子ファミリーの一員である. ⇨ 付録C (1938 Rhoades; 1989 Brown *et al.*), 活性化-解離因子系, 転移因子.

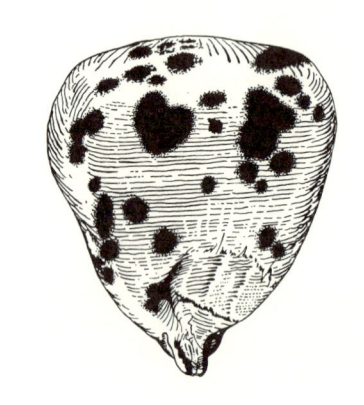

ドットハイブリダイゼーション[dot hybridization] 混合物中の核酸の相対的含量や, 相同配列間の類似性の度合を測るための半定量的技法. 等量のDNA試料を1枚のニトロセルロースフィルター上に同じ直径の点としてスポットし, 未知量の当該配列を含む放射活性プローブ（たとえばRNAやDNAの混合物）とハイブリダイズさせる. 同じようにスポットした放射活性な標準試料の点と視覚的に比較すれば, ハイブリダイゼーションの程度が半定量的に把握できる.

ドットブロット[dot blot] ⇨ ドットハイブリダイゼーション.

ドットマトリックス解析[dot-matrix analysis] ヌクレオチド配列またはアミノ酸配列を比較する

グラフ方式で，相同性が不明な，二つの似通った分子を区切って比較する．たとえば，二つの異なる動物種 (A, B) の既知遺伝子のエクソンを比較することができる．縦軸を A の遺伝子，横軸を B の遺伝子として，点 (ドット) を打った図表がつくられる．四角形のマスの中に，両方の配列が一致した点ごとにドットが打たれる．この手法では，すべての対が同時に比較でき，類似配列の領域が一連のドットとして表示される．相同性がない場合，ドットはランダムなパターンとなる．ドットが対角線上に並べば，二つの遺伝子のエクソンは類似の配列をもち，同方向に並んでいる．

突破個体 [breakthrough] ブレークスルー，エスケーパー (escaper) ともいう．遺伝子型の有害な作用をまぬがれる個体．ある劣性致死遺伝子に対しホモ接合である個体の集団において，ほとんどの個体は発生の限られた時期で死ぬ．この時期を通過して発生するものを突破個体という．

ドデシル硫酸ナトリウム [sodium dodecyl sulfate] $CH_3(CH_2)_{11}OSO_3Na$. 略号 SDS．ラウリル硫酸ナトリウム (sodium lauryl sulfate) ともいう．タンパク質分画法の SDS-PAGE 法で陰イオン性界面活性剤として用いられる．⇒ 電気泳動．

トノサマバッタ [*Locusta migratoria*] 東半球の"害虫"バッタ．

ドーパ [DOPA = dihydroxyphenylalanine] = ジヒドロキシフェニルアラニン．

ドバト [*Columba livia*] 野生のハトで，*C.l. domestica* (イエバト) の祖先．⇒ 付録 A (鳥綱，ハト目)．

トポイソメラーゼ [topoisomerase] DNA のトポロジカルな異性体間の相互変換を促す酵素．環状 DNA 二本鎖の巻数を変化させたり，連結型と鎖状型との相互変換を行うことにより，DNA のトポロジーを変化させる．トポイソメラーゼは，以前には DNA 弛緩酵素，巻き戻し酵素，切断-再結合酵素などとよばれた．トポイソメラーゼは二つのクラスに分類される．I 型は二本鎖の一方の鎖を一時的に切断する．一方，II 型は両鎖の一時的切断をひき起こす．トポイソメラーゼ I 型による DNA の弛緩の過程で，二重らせんの非切断鎖が相補鎖上の切断点を通り抜ける．

トポロジカル異性体 [topological isomer] ⇒ リンキング数．

トマト [*Lycopersicon esculentum*, tomato] 栽培されているトマト．半数体の染色体数は 12 である．太糸期の染色体の細胞学的地図ならびに染色体の連鎖地図がよく研究されている．⇒ 付録 A (被子植物上綱，双子葉植物綱，ナス目)．

ドメイン [domain] **1.** 相同性をもつ単位．たとえば，免疫グロブリン重鎖にみられる 3, 4 箇所の相同領域は，明らかに重複によって進化し，突然変異によって多様化したものである．**2.** ポリペプチド鎖上において，それぞれが特定の機能を担うと想定される連続領域．**3.** タンパク質の中で，特定の三次元構造をとる 100 アミノ酸程度からなる比較的短い配列．モジュールともいう．**4.** 他のドメインとは独立にスーパーコイルを形成する染色体の領域．**5.** エンドヌクレアーゼによる分解に対して高い感受性を示す，発現遺伝子を含む DNA の広範な領域．

トラフアゲハ [*Papilio glaucus*] アゲハチョウの一種．隔離機構*について広く研究されている．

トラフグ [*Fugu rubripes*] 脊椎動物で最も小さなゲノムをもつ．フグのゲノムは 400 Mb しかなく，ヒトゲノムの約 7.5 分の 1 である．どちらの種の ORF の数も似たようなものであるが，フグのイントロンは小さく，また遺伝子間の配列も短く，DNA 反復配列も少ない．⇒ 付録 A (脊索動物門，硬骨魚綱，新鰭亜綱，フグ目)，ハンチントン病．

トランジション [transition] 塩基転位ともいう．⇒ 塩基対置換．

トランス [trans] ⇒ シス-トランス配置．

トランスクリプトソーム [transcriptosome] RNA 転写産物の合成と加工にかかわる因子を含む粒子．Gall *et al.* のモデルによると，三つのクラスのトランスクリプトソームがあり，含まれる RNA ポリメラーゼ*の種類によって，名前が付けられている．Pol I トランスクリプトソームには，RNA-P I が含まれ，核小体形成体の rDNA を対象として，rRNA を転写し，それをリボソームに組込む．Pol III トランスクリプトソームには，RNA-P III が含まれ，tRNA, 5S RNA, その他いくつかの RNA が転写される遺伝子を対象とする．Pol II トランスクリプトソームは，最も詳細に研究された．Pol II トランスクリプトソームには，不活性型 RNA-P II が含まれ，mRNA が転写される遺伝子を対象とする．Pol II トランスクリプトソームは，mRNA の転写後プロセッシング*に必要な酵素や，その他のタンパク質をもつ．Pol II トランスクリプトソームはスナーポソーム*の主要な構成成分でもある．⇒ 付録 C (1999 Gall *et al.*)，カハール体．

トランスクリプトーム [transcriptome] ある時点で，一つの細胞が産生している全 mRNA．⇒ プロテオーム．

トランスクリプトン [transcripton] 遺伝学

上の転写の単位.

トランス作用遺伝子座 [trans-acting locus]
遺伝子産物が拡散して,他の遺伝子の活性に作用を及ぼすような遺伝子.調節遺伝子*は代表例である.トランス作用遺伝子は,制御する遺伝子と別の DNA 分子上にあってもよい. ⇨ シス作用遺伝子座.

トランスジーン [transgene] 導入遺伝子ともいう.受精卵への注入により動物に取込まれた外来遺伝子.注入された受精卵から発生した個体は外来遺伝子をゲノム中にもち,その遺伝子は子孫に遺伝しうる.

トランススプライシング [trans-splicing] 一つの遺伝子のエクソンを別の遺伝子のエクソンと連結すること.トリパノゾーマでは,トランススプライシングはすべての mRNA の 5′ 末端に 39 ヌクレオチドからなる短い配列を付加することを含む.トランススプライシングを行うことになるプレメッセンジャー RNA の 5′ 末端にあるこのイントロン様の配列は,アウトロンと名付けられている.扁形動物と線虫の例外を除いて,多細胞真核生物では植物からヒトに至るすべてのプレメッセンジャー RNA のスプライシングには,シススプライシング部位がかかわる.線虫 *Caenorhabditis elegans* のほとんどすべての遺伝子がイントロンをもつが,これらは通常のシススプライシングによって除かれる.ポリシストロン性メッセージの場合には,個々のシストロンの先頭にあるアウトロンに,トランススプライシングされた供与体を付加することによってプロセッシングされる.このような方法によって,多重遺伝子メッセージが単一の遺伝子単位にプロセッシングされる.この遺伝子クラスターは,最も 5′ 側にある遺伝子の上流にあるプロモーターによって制御,転写される. ⇨ シススプライシング,エクソンシャッフリング,オペロン,トリパノゾーマ属.

トランスフェクション [transfection] ウイルスから単離した DNA または RNA を,細胞や原形質体に取込ませた後,ウイルス粒子を産生させること.本来の意味と異なり,培養した真核細胞を裸の DNA の存在下に置き,外来 DNA を取込ませる場合にも用いられている.こうしたトランスフェクション実験は,細菌を用いて行われる形質転換(transformation)実験と類似している.しかしこの場合トランスフォーメーションではなくトランスフェクションが用語として使われる.というのは動物培養細胞を用いた研究では,トランスフォーメーションが他の意味(たとえば正常細胞が,がんウイルスにより無制限に増殖し始める)でも使われるためである.

トランスフェクトーマ [transfectoma] 免疫グロブリンの野生型遺伝子あるいは *in vitro* で改変した遺伝子を,トランスフェクションし,発現させた骨髄腫細胞.この手法を用いれば新しいキメラ免疫グロブリンの産生が可能であり,たとえば H 鎖と L 鎖を独自に組合わせたり,可変領域をさまざまな定常領域と組合わせることが(種内または種間で)できる. ⇨ ハイブリドーマ,免疫グロブリン.

トランスフェラーゼ =転移酵素.

トランスフェリン [transferrin] ⇨ 血漿トランスフェリン.

トランスフォーメーション [transformation] 形質転換ともよばれる.がんウイルス*あるいはがん抑制遺伝子*の突然変異によって,正常な動物細胞が無制限に増殖する状態に変化すること.このようなトランスフォーメーションは一般的に,細胞の形の変化,抗原特性の変化,および接触阻害*の喪失を伴う.細胞形質転換あるいはトランスフェクションともいう. ⇨ 付録 C (1980 Capecchi).

トランスベクション [transvection] ショウジョウバエの位置効果*の一つで,ある遺伝子の対立遺伝子が,もう一方の相同染色体上の対立遺伝子の活性に影響を及ぼすには,これら二つの遺伝子座が対合している必要がある場合をいう.たとえば a^1/a^1 および a^2/a^2 の個体は,どちらも突然変異型の表現型を示すにもかかわらず,a^1/a^2 雑種は野生型のように見える.しかし a^1 と a^2 の対合を妨げるような再配列が起きると,突然変異型の表現型が現れる.このため,この現象は,対合依存性対立形質相補ともよばれる.トランスベクションを説明するモデルでは,遺伝子は,制御因子(RE)と近傍の転写単位(TU)で構成されていると仮定する.a^1 では,制御因子は機能しているが転写単位は不完全.a^2 では,その逆.雑種(図)では,相同染色体が対合することで,RE と TU が近づくため,a^1 の制御遺伝子が,a^2 の転写単位を活性化でき,遺伝子の正常な活性が回復する. ⇨ 付録 C (1945 Lewis),シス-トランス配置,体細胞対合.

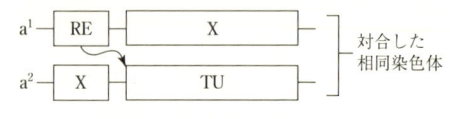

a^1	RE	X		対合した
a^2	X	TU		相同染色体

(X=ヌル突然変異)

トランスポゼース [transposase] 転移因子*の一領域がコードする酵素.トランスポゼースは,転移因子の宿主染色体からの切り出しと,そ

れに続く別の部位への再組込みの両方を仲介する．トランスポゼースは一般に，N末端近くにDNA結合ドメインをもち，さらに，核認識シグナルと触媒ドメインをもつ．核認識シグナルは，宿主細胞の受容体介在性輸送機構をうまく利用して，トランスポゼースが核内に入れるようにする．触媒ドメインはDNAの切断と結合反応を担い，トランスポゾンを一つの場所から切り出して，宿主ゲノム中の別の部位に再度組込む．⇒ *RAG-1*, *RAG-2*, Tn5転移中間体.

トランスポゾン［transposon］ Tnと表す．原核生物と真核生物の両方に存在する転移因子の一種で，両端に逆向きの反復配列をもち，さらにその外側には同方向反復配列がある．トランスポゾン上には挿入のために必要な遺伝子以外に，薬剤耐性や糖発酵などの他の遺伝子が存在するのが一般的である．広義には転移因子一般．⇒ 付録 C (1974 Hedges, Jacob)，インテグロン，レトロポゾン．

トランスポゾン標識法［transposon tagging］対象遺伝子へのトランスポゾンの挿入で起きた突然変異を単離する手法．突然変異は，遺伝子が不活性化されて生じた表現型の変化により同定する．染色体上の突然変異の位置は，挿入された配列を，トランスポゾンに相補的なポリヌクレオチドプローブを使ったハイブリダイゼーションで同定することができる．ショウジョウバエでは，P因子*が，トウモロコシなどでは，活性化因子を始めとするトウモロコシのトランスポゾンが標識として使用された．⇒ 付録 C (1994 Whiteman *et al.*)，活性化-解離因子系，タバコモザイクウイルス．

トランス面［trans face］ ⇒ ゴルジ体．

トランスロカーゼ［translocase］ GTPおよびリボソームと複合体を形成するタンパク質．ペプチジルtRNAのA部位からP部位への転移の際にはGTPがGDPへ加水分解され，トランスロカーゼが遊離される．⇒ 延長因子，翻訳．

トランスロケーション［translocation］ 翻訳*の際に，mRNAがリボソーム中を移動すること．それぞれのトランスロケーションごとに，mRNA上の一つのコドンがA部位内で露出し，tRNAのアンチコドンと塩基対合を形成できるようになる．

トランスロコン［translocon］ 小胞体*の中にあるオルガネラで，リボソームで合成されたタンパク質を細胞質側から，ERの内腔側に移動させる．哺乳類のトランスロコンは，少数の特定のタンパク質からなり，あるものは，酵母の分泌タンパク質突然変異体の遺伝的スクリーニングによりすでに同定されたタンパク質と相同である．リボソームに結合した状態で，トランスロコンを貫通する水を通す孔は，直径約5 nmになると推定される．トランスロコンは，リボソームが離れた後もバラバラにはならないが，コンホメーションが変わり，孔の直径は，約2 nmに縮小する．⇒ 付録 C (1975 Blobel, Dobberstein; 1991 Simon, Blobel)，受容体介在性トランスロケーション．

ドリー［Dolly］ 最も有名なヒツジ．⇒ クローニング，ヒツジ．

トリエチレンチオホスホルアミド［triethylenethiophosphoramide］ ⇒ チオテパ．

トリエチレンメラミン［triethylene melamine］ 略号 TEM*.

ドリオピテクス［*Dryopithecus*］ 約2500万年前に，類人猿やヒトがそれから派生してきたと思われる化石霊長類の一種．

トリカルボン酸回路［tricarboxylic acid cycle］ = クエン酸回路 (citric acid cycle)，クレブス回路 (Krebs cycle).

トリクロロ酢酸［trichloroacetic acid］ 略号 TCA．生化学的な抽出の際にタンパク質を沈殿させるために広く用いられる化合物．

$$Cl-\underset{\underset{Cl}{|}}{\overset{\overset{Cl}{|}}{C}}-COOH$$

トリコーゲン細胞 = 生毛細胞．

トリ骨髄芽細胞腫ウイルス［avian myeloblastosis virus］ 略号 AMV．腫瘍誘発RNAウイルス．

トリスケリオン［triskelion］ ⇒ 受容体介在性エンドサイトーシス．

トリチウム［tritium］ 記号は ^{3}H．水素の放射性同位元素で，半減期は12.46年．トリチウム標識されたチミジンおよびウリジンはそれぞれ，新しく合成されたDNAおよびRNAを標識するのによく用いられる．トリチウムの放射性崩壊ではきわめて微弱なβ線を放射することから，オートラジオグラフィーに適している．単位密度の媒体中では，トリチウムの平均的なβ線はわずか1 μmしか透過しない．したがって，トリチウム標識された細胞のオートラジオグラフでは，感光乳剤中の銀粒子は崩壊原子から1 μm以内に局在することになる．トリチウムはTaylor, Woods, Hughes (⇒ 付録 C) による古典的な実験で，初めてオートラジオグラフィーに使用された．

トリチウム標識ウリジン［tritiated uridine］ ⇒ トリチウム．

トリチウム標識チミジン［tritiated thymidine］

⇨ トリチウム.

トリヌクレオチドリピート［trinucleotide repeat］ いくつかのヒト遺伝子に見られる不安定な DNA 配列. 普通は, トリプレットが縦列に 5～50 回繰返されているが, 正常な範囲を超えて, その数が増えると病気の症状が現れる. 増大するトリプレットは, C に始まり, G で終わる. 表に例を示す. トリプレットリピート (triplet repeat) ともよばれる.

トリ白血病［avian leukosis］ ⇨ 白血病.

トリパノソーマ属［*Trypanosoma*］ 哺乳類とツェツェバエを宿主とする生活環をもつ真正鞭毛虫類の一属. *Trypanosoma brucii* はヒトのアフリカ睡眠病の病原である. ⇨ 付録 A (原生生物界, 真正鞭毛虫門), 抗原型変換, ツェツェバエ, キネトプラスト, RNA 編集, トランススプライシング.

トリプシン［trypsin］ ペプチド鎖をリシンおよびアルギニンのカルボキシル末端側で特異的に切断するタンパク質分解酵素. トリプシンは最初に膵臓で不活性型のトリプシノーゲンとして合成され, 腸内に分泌されるエンテロキナーゼにより活性化されトリプシンになる. ⇨ 付録 C (1876 Kühne).

トリプトファン［tryptophan］ 略号 Trp. ⇨ アミノ酸.

トリプトファン合成酵素［tryptophan synthetase］ インドールとセリンを結合させてトリプトファンを合成する酵素. 大腸菌のトリプトファン合成酵素は, 2 本の α 鎖と 2 本の β 鎖とから成る四量体構造をとる. ⇨ 付録 C (1948 Mitchell, Lein).

トリプレット［triplet］ DNA または RNA 上の連続する三つの塩基から成る単位で, 特定のアミノ酸をコードする. ⇨ アミノ酸, 遺伝暗号, 翻訳.

トリプレット暗号［triplet code］ 三つのヌクレオチドの組が特定のアミノ酸を指定する暗号. ⇨ 付録 C (1961 Crick et al.), アミノ酸, 遺伝暗号, 読み枠, 翻訳.

トリプレットリピート［triplet repeat］ ⇨ トリヌクレオチドリピート.

トリメチルソラレン［trimethylpsoralen］ 平面状分子構造をもつ低分子量化合物で, ピリミジン環と光化学反応する. DNA 二重らせんにインターカレーションし, 紫外線を照射するとピリミジンと共有結合することにより, 付加生成物や DNA 鎖間の架橋とが形成される. タンパク質とは反応しない.

トリヨードチロニン［triiodothyronine］ ⇨ 甲状腺ホルモン.

トルイジンブルー［toluidine blue］ 細胞化学に用いられる塩基性の異染性色素.

トレオニン［threonine］ 略号 Thr. ⇨ アミノ酸.

トレーサー［tracer］ ⇨ 放射性同位体, 標識化合物.

トレーラー配列［trailer sequence］ mRNA の 3′ 末端側にある翻訳終了の暗号以後の非翻訳領域で, ポリ A 尾部を除いた部分. トレーラー上にはポリアデニル化酵素の結合部位がある. mRNA の中にはトレーラー中に特定のヌクレオチド配列をもつものがあり, この配列により細胞中の特定領域に局在する受容体と結合する. ⇨ 付録 C (1988 Macdonald, Stuhl), ビコイド, エクソン, リーダー配列, ポリアデニル化.

***Drosophila* Information Service** DIS と略す. その年の *Drosophila* に関するすべての出版物, おもな研究室の保存系統表, *Drosophila* 研究者の住所, 新しい突然変異体と遺伝的手法の記述, 研究覚え書および新しい教育実習を記録した年報. ⇨ 付録 D.

***Drosophila* データベース**［*Drosophila* databases］ ⇨ 付録 E.

ドロソプテリン［drosopterin］ ⇨ ショウジョウバエの眼の色素顆粒.

ドロの法則［Dollo's law］ 特定の系譜における進化は, 本質的に非可逆的であるという説. た

トリヌクレオチドリピートの例

染色体上の遺伝子座	トリヌクレオチドリピート	リピート数の正常範囲	発症する範囲	遺伝病
Xq21.3	CAG	13–30	30–62	球脊髄性筋萎縮症
Xq27.3	CGG	6–54	50–1500	脆弱 X 症候群
4p16.3	CAG	9–37	37–121	ハンチントン病
19q13.3	CTG	3–37	44–3000	筋緊張性ジストロフィー

とえば，現生の哺乳類は，その祖先型であった哺乳類様爬虫類とあらゆる点で同一であるような型に逆進化することはできない．

トロポミオシン［tropomyosin］　分子量35,000のサブユニットから成る二量体タンパク質で，横紋筋中にアクチンと結合して存在する．Ca^{2+}イオンによる筋収縮の制御に関与する．トロポミオシンは多種のアイソフォーム*として存在し，一般にアミノ酸配列の違いはタンパク質分子内の短い領域に限られる．ショウジョウバエではトロポミオシンのアイソフォームは，選択的スプライシング*により生じることが知られている．

トロンビン［thrombin］　⇨ 血液凝固．

貪食　＝食作用．

ナ

ナイアシン［niacin］ ニコチン酸の当初の名前．

内因性 ＝内在性．

内温動物［endotherm］ 恒温動物ともいう．ヒトや鳥類のように，体内に具わった機能によって体温を調節する脊椎動物のこと．⇨ 外温動物．

内骨格［endoskeleton］ 脊椎動物における骨の骨格の場合のような内部の骨格．

内在性［endogenous］ 内因性ともいう．生物体内に起源があること．

内在性ウイルス［endogenous virus］ 宿主細胞の染色体上に組込まれている不活性のウイルス．垂直伝達*する．

内在性ゲノム断片［endogenote］ エンドゲノートともいう．部分接合体において外在性ゲノム断片*と相同なもとからある染色体の部分．

ナイジェリシン［nigericin］ ⇨ イオノフォア．

内翅類［Endopterygota］ 完全変態上目*．

ナイスタチン［nystatin］ ポリエン抗生物質*の一種．

内毒素［endotoxin］ 多くのグラム陰性菌の細胞壁の裏打ちを構成する複合リポ多糖で，細胞が損傷を受けたときにのみ放出される．ある種の免疫反応を非特異的に誘導することができる．⇨ 外毒素．

ナイトロジェンマスタード［nitrogen mustard］ ジ(2-クロロエチル)メチルアミン．強力な突然変異誘発剤，染色体破壊剤，アルキル化剤*．⇨ サルファマスタード．

内胚葉［endoderm, entoderm］ 初期胚において原腸を構成する細胞層．腸の上皮層および腸の派生体のすべて（鰓嚢およびえら，喉頭，気管および肺，扁桃腺，甲状腺，胸腺，肝臓，胆嚢および胆管，膵臓，膀胱および隣接する泌尿生殖系の一部）を形成する．⇨ 付録 C（1845 Remak）．

内部共生説［endosymbiont theory］ 真核生物のオルガネラのうち自己複製能力をもつものは，本来自由生活していた原核生物が原始的な有核細胞と融合することから生じたものだとする仮説．⇨ 付録 C（1972 Pigott, Carr；1981 Margulis），連続共生説．

内部放射線［internal radiation］ 体組織中に蓄積された放射性元素による電離放射線を浴びること．

内分泌系［endocrine system］ ホルモン*の合成および血流中への放出を通して代謝を支配する無導管腺の系．⇨ 自己分泌．

ナイルブルー［Nile blue］ 二つの色素（ナイルブルー A は水溶性の塩基性色素；ナイルレッドはナイルブルー A の自然酸化による脂溶性色素）の混合物（例：変色*）．

ナイルブルー A

↓

ナイルレッド

長い末端反復配列［long terminal repeat］ 略号 LTR．組込まれたレトロウイルスの両末端にみられる数百 bp のドメイン．個々のレトロウイルスは逆転写酵素によってコピーされ，続いて DNA 鎖が複製されて，二本鎖 DNA が形成される．哺乳動物の宿主細胞の染色体に組込まれるのはこの DNA 分節である．LTR はウイルス DNA の複製とその組込みの両方に必要となる．

投げ縄構造［lariat］ 転写後プロセッシング*の過程で形成される RNA 中間体．切り出される過程で，イントロンは，まず供与部位側の継ぎ目で，切断される．切断されたイントロンの左端の 5′端は，受容部位側の継ぎ目の約 30 塩基上流のアデノシンと結合する．イントロンが付着する配

列は，枝分かれ部位（branch site）とよばれる．次に，イントロンは受容部位側の継ぎ目で切断され，わなのような形をした分子が遊離する．左右のエクソンはつながり，投げ縄状のイントロンは，完全に開いて分解される．

ナシ状果［pome］　リンゴやナシのように果肉に富んだ，種の多い果実．肥大した花托の先端に多量の果肉がつくられる．

ナチュラルキラー細胞［natural killer cell］　NK細胞（NK cell）ともいう．大きな白血球で，血中（血中における総リンパ球の約10%を占める），脾臓，リンパ節に見いだされる．インターフェロン*により活性化され，前もって免疫処理を行わないでも腫瘍細胞を攻撃する．NK細胞はBリンパ球やTリンパ球とは異なるものである．

ナトリウム［sodium］　組織中に少量存在する元素．

原子番号	11	
原子量	22.99	
原子価	+1	
最も多い同位体	^{23}Na	
放射性同位体	^{24}Na	^{22}Na
半減期	15時間	2.6年
放射線	β線，γ線	陽電子，γ線

ナノメーター［nanometer］　nm. 10億分の1（10^{-9}）m. 超微細構造の大きさを表すのによく使われる長さの単位（例：直径15 nmのリボソーム）．ナノメーターは，同じ長さを表すミリミクロン（mμ：古い文献にみられる）に代わって使用されるようになった．

波うち縁［ruffled edge］　⇨ 葉状仮足．

ナメクジウオ［*Amphioxus*］　⇨ ナメクジウオ属．

ナメクジウオ属［*Branchiostoma*］　一般には*Amphioxus*とよばれているナメクジウオの属．*B. lanceolatum*は頭索類の例である．⇨ 付録A（動物界，脊索動物門），*Hox*遺伝子群．

ナリジキシン酸［nalidixic acid］　細菌のDNA複製を阻害する抗生物質．大腸菌のDNAジャイレースを特異的に阻害する．

なわばり［territory］　1個体または複数の個体群が占有する生息領域．同種の他の個体がなわばりに入ると，この個体は侵入者として攻撃される．

なわばり性［territoriality］　1個体もしくは複数の動物が，その生息領域を同種の他の個体から防御すること．

軟 骨［cartilage］　細胞間の空間に，タンパク質のコラーゲン，多糖類，コンドロイチン硫酸を含む基質を分泌する細胞群によって形成される骨格性の結合組織．

軟骨発育不全症＝軟骨無形成症．

軟骨無形成症［achondroplasia］　遺伝性の小人症で，長骨の成長の遅滞による．ヒトの小人症の中では最も多くみられる型である（出生15,000人に1人）．常染色体優性遺伝．ホモ接合は幼時に死亡する．原因遺伝子は4番染色体4p16.3にマップされている．*ACH*遺伝子は線維芽細胞成長因子受容体として機能するタンパク質をコードし，成長中の骨の軟骨細胞で遺伝子発現がみられる．⇨ ウシ軟骨無形成症，ニワトリ軟骨無形成症．

ナンセンスコドン［nonsense codon］　終止コドン*の別名．

ナンセンスサプレッサー［nonsense suppressor］　アンチコドンに突然変異をもつためナンセンス（終止）コドンを認識できるtRNAをコードする遺伝子．ナンセンスサプレッサーにより終止コドンを通り越してポリペプチドの伸長が行われる．⇨ 付録C（1969 Abelson *et al.*），アンバーサプレッサー，オーカーサプレッサー，リードスルー．

ナンセンス突然変異［nonsense mutation］　アミノ酸をコードしていたコドンが終止コドンになったり，あるいはその逆の現象が生じる突然変異．その結果，翻訳産物のポリペプチドが異常に短くなったり長くなったりして，別の機能をもつようになってしまうのが一般的である．⇨ ミスセンス突然変異体．

二

二異型ずい花種［distylic species］　2種類の異なる花をもつ個体からなる植物．

二遺伝子--ポリペプチド鎖［two genes-one polypeptide chain］　免疫グロブリンのように特定の1本のポリペプチド鎖が2個以上の遺伝子によって，コードされること．⇨免疫グロブリン遺伝子，一遺伝子--ポリペプチド仮説．

二遺伝子雑種［dihybrid］　二つの遺伝子座のヘテロ接合体のこと．Mendelは2種類の互いに関係のない形質について異なる純系のエンドウ同士をかけ合わせると遺伝的に均一な二遺伝子雑種のF_1が生じることを発見した．F_1二遺伝子雑種同士をかけ合わせると親と同型のものと組換え型の子孫がF_2に現れた．

二回転対称［twofold rotational symmetry］　DNA二重らせんの一方のDNA鎖の塩基配列と，相補鎖を同じ方向（たとえば，5′→3′）で読んだ配列とが一致するような構造．たとえば，エンドヌクレアーゼの一つ$EcoRI^*$は，二回転対称な6 bpのDNA部位を認識する．⇨パリンドローム．

二価[の]［bivalent］　対合した一対の相同染色体．⇨減数分裂．

二機能ベクター［bifunctional vector］　＝シャトルベクター（shuttle vector）．

肉腫［sarcoma］　結合組織などの中胚葉性の組織の悪性腫瘍．⇨ラウス肉腫ウイルス，サル肉腫ウイルス．

肉食動物［carnivore］　肉を食物とする動物．食虫植物をさすこともある．

二型集団［bimodal population］　ある形質の測定値が，二つの値の周辺にかたまっている集団．

二型性［dimorphism］　一つの種を2群に区別することができるような形態上の差異があること．性的二型性により雄と雌は区別される．

二ゲノム性半数体［dihaploid］　1個の半数体細胞から染色体の倍化によって生じた二倍体の細胞，組織，生物体のこと．

二項分布［binomial distribution］　ある事象が$n, n-1, n-2, \cdots, 0$回起こるかまたは起こらない確率が二項展開式$(a+b)^n$における一連の係数で与えられる関数．aとbはそれぞれ起こる場合と起こらない場合の確率であるので，その和は1に等しい．与えられた二項展開式の係数はパスカルのピラミッドから見いだすことができる．

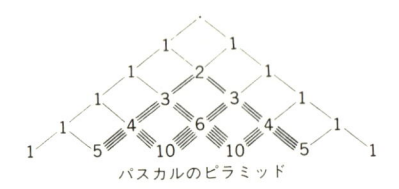

パスカルのピラミッド

この図でおのおのの水平の行は連続したnの値に対する係数から成っている．nが1, 2, 3, 4, 5に等しい展開式を次に示す．

$(a+b)^1 = 1a + 1b$
$(a+b)^2 = 1a^2 + 2ab + 1b^2$
$(a+b)^3 = 1a^3 + 3a^2b + 3ab^2 + 1b^3$
$(a+b)^4 = 1a^4 + 4a^3b + 6a^2b^2 + 4ab^3 + 1b^4$
$(a+b)^5 = 1a^5 + 5a^4b + 10a^3b^2 + 10a^2b^3 + 5ab^4 + 1b^5$

三角形の各項の数は上の行の左右の数を加えると求められることに注意．このような二項分布は，家族の中で，ある比率の個体がある表現型を示す頻度を計算するのに用いられる．たとえば，4人の子供のある家族における女の子の頻度と男の子の頻度を知ろうとして，男の子の頻度をaとし，女の子の頻度をbとするならば，公式$(a+b)^4$を用いて，その分布は，全員が男の子である頻度は1/16，3人が男で1人が女である頻度は4/16，2人が男で2人が女である頻度6/16，1人が男で3人が女である頻度4/16，全員が女の子である頻度は1/16であると結論する．

ニコチン［nicotine］　タバコ（*Nicotiana tabacum*）の葉に存在する毒性の揮発性アルカロイド．喫煙の影響の多くはこれによる．植物体内では，強力な殺虫剤として機能している．

ニコチンアミドアデニンジヌクレオチド［nicotinamide-adenine dinucleotide］　略号NAD．以前には，ジホスホピリジンヌクレオチド（diphosphopyridine nucleotide, DPN）または補酵素1（coenzyme 1）と称したもので，酵素による多くの酸化-還元反応における電子担体としての役割をもつ補酵素．

ニコチンアミドアデニンジヌクレオチド
（NAD）　　R＝H
ニコチンアミドアデニンジヌクレオチドリン酸
（NADP）　R＝PO(OH)$_2$

ニコチンアミドアデニンジヌクレオチドリン酸〔nicotinamide-adenine-dinucleotide phosphate〕略号 NADP．以前には TPN または補酵素2（coenzyme 2）といわれた電子担体．酸化型は NADP$^+$，還元型は NADPH と略記される．⇨クエン酸回路，シトクロム系．

ニコチン酸〔nicotinic acid〕ビタミンBの一つで，古い文献ではナイアシン（niacin）といわれたもの．

濁りプラーク　＝混濁プラーク．
二酸化炭素感受性〔carbon dioxide sensitivity〕⇨ σウイルス．
二次狭窄〔secondary constriction〕染色体の付随体と染色体本体をつなぐ細い繊維構造の染色体．
二次種分化〔secondary speciation〕地理的に隔離されていた二つの種が交雑して融合種が形成され，自然選択を通じて新しい適応規格を確立すること．
二次生殖母細胞〔secondary gametocyte〕⇨ 減数分裂．
二次性徴〔secondary sexual character〕配偶子を生産する器官以外に両性間で異なる特徴（乳腺，枝角，外部生殖器など）．⇨ 一次性徴．
二次性比〔secondary sex ratio〕出生時の雌個体数に対する雄個体数の比．受精時の性比である一次性比と対比される．
二次的 DNA〔secondary DNA〕⇨ 骨格 DNA 仮説．
二次不分離〔secondary nondisjunction〕XXY の個体における性染色体の不分離で，XX，X，Y，XY の染色体をもつ配偶子が生じる．
二次免疫応答〔secondary immune response〕⇨ 免疫応答．
21 トリソミー症候群〔trisomy 21 syndrome〕＝ダウン症候群（Down syndrome）．
二重 X〔double X〕ショウジョウバエにおいて放射線誘発異常として生じる末端動原体性の2倍の長さのX染色体．Y染色体との交差によって壊れることがないので，中部動原体性の付着X染色体*よりハエの系統保存手段として優れている場合が多い．⇨ 解離 X．
二重拡散法〔double diffusion technique〕＝オクタロニー法（Ouchterlony technique）．
二重感染〔double infection〕遺伝的に異なる2種類のファージが1個の細菌に感染すること．
二重形質転換〔double transformation〕⇨ 同時形質転換．
二重交換〔double exchange〕一つの四分染色体の中で切断と交換が2回起こることをいい，2〜4本の染色分体がかかわる．
二重交差〔double crossovr〕⇨ 二重交換．
二重鎖 DNA〔duplex DNA〕ワトソン-クリックモデルに記述されているような DNA 分子．すなわち，3'-5' の方向性の異なった，ねじれて結合した2本のポリヌクレオチド鎖をもつ．
二重認識〔dual recognition〕T細胞には二つの受容体が存在し，細胞の活性化のためにはその両者が同時に特異的な分子と結合する必要があるという免疫学的なモデル仮説．受容体の一方は抗原と結合し，もう一方は主要組織適合性複合体*の自己分子を認識していると考えられている．会合認識の一形態である．
二重のふるい機構〔double-sieve mechanism〕アミノ酸の間違ったアシル化がほとんど起こらないという事実を説明するためのモデル．本来の基質であるアミノ酸よりも大きいアミノ酸分子は tRNA 合成酵素の活性中心にはまりこむには大き

すぎるためほとんど活性化されず（これを第一のふるいと考える），また，同じ合成酵素の加水分解活性中心は正しい相手のアミノ酸にとっては小さすぎるため，本来のアミノ酸よりも小さいアミノ酸分子のみが加水分解によって除去される（これを第二のふるいと考える）という考え．

二重らせん［double helix］　ワトソン-クリックモデルのDNA構造．水素結合で結びつけられた2本のポリヌクレオチド鎖がコイルを巻き，逆平行*な各鎖はねじれて右巻きらせんの構造をとっている．⇨デオキシリボ核酸．

二畳紀［Permian］　ペルム紀ともいう．古生代の最後の時期．哺乳類の特徴をもつものを含む爬虫類が繁栄した．昆虫の種は増加したが，両生類は減少した．ソテツ類やイチョウ類が進化し，森林を形成した．二畳紀は最大規模の大量絶滅とともに終わったが，この間に，すべての種の95％以上が死に絶えた．また，すべての三葉虫が絶滅した．⇨大陸移動説，地質年代区分．

二色性［dichroism］　⇨円偏光二色性．

二親性接合体［biparental zygote］　**1**. 二倍体接合体の核遺伝子の通常の状態で，父親，母親から同等の遺伝的寄与を受けている．**2**. 二倍体接合体の細胞質遺伝子のまれな状態で，両親からのDNAをもつ（例：クラミドモナスの葉緑体DNA）．

二生［の］［digenetic］　扁形動物門の吸虫綱・二生亜綱に属する生物についていう．言葉の由来は"二つの起源"ということで，これは寄生世代と自由生活世代が交代する生活環を指す．二生類は吸虫の仲間でも最も大きなグループを形成し，医学的，経済的に最も重要である．この仲間はすべてその生活環の中で2種類以上の宿主に内部寄生する．ふつうそのうちの最初の宿主は軟体動物である．二生類に属する吸虫には吸血性の吸虫や住血吸虫が含まれ，これらはヒトに寄生するもののうち最も深刻な寄生虫である．⇨住血吸虫症．

二染色体［disomy］　細胞内に，特定の染色体が対で存在する状態．二倍体細胞の正常な状態は，ヘテロ二染色体で，各常染色体の片方は，母方から，もう一方は父方から由来する．両方の染色体を同じ親から受け継いでいる場合，単親性二染色体という．7番染色体が2本とも，ヘテロ接合の母親に由来するCF遺伝子をもつ嚢胞性線維症*の子供の例が報告されている．不分離*によって生じた二染色体性の卵子が，正常な精子と受精し，三染色体性ができたが，発生の早い時期に父親由来の7番染色体が失われ，二染色体性の二倍体細胞系列のみが生き残ったと考えられている．

二染色分体間二重交換［two-strand double exchange］　⇨逆位．

二対立遺伝子［の］［diallelic］　一つの遺伝子座に2種類の異なる対立遺伝子が存在する倍数体をいう．四倍体における $A_1A_1A_2A_2$ や $A_1A_2A_2A_2$ などがその例である．

ニチニチソウ［Vinca rosea］　ビンカアルカロイドの原料となる植物．

ニッカーゼ［nickase］　二本鎖DNAに一本鎖切断点をつくる酵素で，これによりDNAが巻戻せるようになる．

ニック［nick］　核酸化学において二本鎖DNAの一方の鎖において，隣接したヌクレオチド間のホスホジエステル結合が欠如していること．⇨切断．

ニック結合酵素［nick-closing enzyme］　⇨トポイソメラーゼ．

ニックトランスレーション［nick translation］　試験管内で対象となるDNAを均一に高い比活性で放射能標識するために用いられる手法．まずエンドヌクレアーゼ（3′-OH端を生じる）で未標識DNAにニックを導入する．つぎに大腸菌DNAポリメラーゼI*を用いてニックの3′-OH端に放射性残基を付加し，一方では5′側からヌクレオチドを取除く．その結果，二本鎖に沿ってニックが移動しているが元と同一のDNA分子が生じる．⇨鎖特異的ハイブリダイゼーションプローブ．

日周［の］［diurnal］　1日の周期を繰返す．

ニッチ［niche］　地位ともいう．⇨生態的地位．

二点交雑［two-point cross］　連鎖した二つの遺伝子の遺伝の組換え実験．

二動原体型［の］［dicentric］　動原体を2個もっている染色体あるいは染色分体．

ニトロセルロースフィルター［nitrocellulose filter］　一本鎖DNAと選択的に強く結合するが，二本鎖DNAもしくはRNAとは結合しないニトロセルロース繊維から成る非常に薄いフィルター．ssDNAは糖-リン酸の主鎖に沿って結合するので，塩基は標識されたssDNAやRNAプローブ中の相補的な塩基と自由に結合することができる．⇨DNAハイブリダイゼーション．

***o*-ニトロフェニルガラクトシド**［*o*-nitrophenyl galactoside］　=ONPG．

二年生［biennial］　生活環（種子の発芽から種子の形成および死にいたるまで）を完結するのに2年間を要する植物をいう．1年目の生育季節に栄養成長し，2年目に開花する．

二倍体［diploid, diploidy］　二倍性，複相性と

もいう．細胞や生物個体が，その生活環において，母親由来と父親由来の2組の染色体をもつ状態をいう．二倍性は半数体の卵核と半数体の精核の融合によって生じる．⇨ 常染色体，C 値，部分接合体，N，倍数性，性染色体，配偶子合体．

二胚葉性[の][diploblastic] 腔腸動物のように，体が二つの細胞層（内胚葉と外胚葉）だけからできていること．

***nif* 遺伝子**[*nif* gene] この遺伝子をもつ細菌は大気中の窒素を固定することができる．一般に根粒細菌のプラスミドに担われており，ニトロゲナーゼという酵素をコードしている．⇨ リゾビウム属．

二分染色体[dyad] 1. 姉妹染色分体*の一組．2. 減数分裂第一分裂における四分染色体の分離によって生じるもので，第二次生殖母細胞の核内に存在する．⇨ 減数分裂．

二分裂[binary fission] 原核細胞が横方向に分裂し，ほぼ同じ大きさの娘細胞ができる無糸無性分裂．⇨ 中隔分裂．

二方向性遺伝子[bidirectional gene] 同じ DNA 二本鎖上の一対のオープンリーディングフレーム．一つはプラス鎖に，もう一つはマイナス鎖にあって，ある程度重なっている．⇨ オーバーラップ遺伝子．

二方向性複製[bidirectional replication] 対称的複製（symmetrical replication）ともいう．DNA の複製機構．二つの複製フォークが同じ複製開始点から反対方向に進む．

ニーマン-ピック病[Niemann-Pick disease] 脾臓および肝臓が肥大し，スフィンゴミエリン*などの脂質が体全体に蓄積するヒトの病気．常染色体劣性遺伝子によるもので，リソソームのスフィンゴミエリナーゼの欠損が原因である．羊水穿刺および胎児の細胞をスフィンゴミエリナーゼ活性について検査することにより，危険のある妊娠を監視することができる．ヘテロ接合体は，白血球中のスフィンゴミエリナーゼ活性が正常の約60%になるので同定可能である．

二[命]名法[binomial nomenclature] リンネの二命名法（Linnean system of binary nomenclature）ともいう．動物および植物の種を科学的に命名する現行の方法．その名称は，1) それが属している属を示す属名と，2) その新種に特有な種小名の二つの部分から成る．大文字で始まる属名を最初に書き，種小名はつぎに通常小文字で書かれ，どちらもイタリック体を使用する（さらに大きな分類は大文字で始まり，通常のローマン体で書く）．その種を命名し，記載した著者の名はさらにそのつぎに書く（例: *Drosophila melano-*

ニョウサン 269

gaster Meigen）．しかし分類学の論文以外では，著者名は省略される．

乳がん感受性遺伝子群[breast cancer susceptibility genes] 突然変異が生じたとき，ヘテロ接合の女性の乳がん感受性を著しく高める遺伝子群．最初に同定された遺伝子 *BRCA1* は，17q21 にある．1994 年にクローニングされ，1863 アミノ酸からなるタンパク質をコードしていることが示された．*BRCA2* は，13q12-13 にあり，1995 年にクローニングされ，3418 アミノ酸からなるタンパク質をコードしていることが知られている．*BRCA1*，*BRCA2* ともに，大半の遺伝性乳がんの原因遺伝子である．*BRCA1* は子宮がんのリスクも高めるが，*BRCA2* は関係しない．*BRCA1* タンパク質は，二つのジンクフィンガードメインをもつので転写因子として機能すると考えられている．⇨ 付録 C（1994 Miki *et al.*; 1995 Wooster *et al.*），がん抑制遺伝子，ヒトメンデル遺伝カタログ，ジンクフィンガータンパク質．

乳がん誘発原[mammary tumor agent] 略号 MTA．しかるべき遺伝子型をもつマウスに乳がんを誘発する乳汁ウイルス．⇨ 付録 C（1936 Bittner），レトロウイルス．

乳酸デヒドロゲナーゼ[lactate dehydrogenase] 略号 LDH．⇨ アイソザイム．

乳腺刺激ホルモン[lactogenic hormone, somatomammotropin] 略号 LTH．プロラクチン（prolactin）ともいう．哺乳動物の乳の産生や鳥類の就巣性を刺激する脳下垂体前葉から分泌されるタンパク質ホルモン．⇨ ヒト成長ホルモン．

乳頭腫 = いぼ．

乳頭状模様[papillary pattern] 指先や手掌の真皮の隆起模様．

ν ボディー[ν body] 間期の染色体に沿って並び，紐についたビーズのような粒子．ネガティブ染色したミラー展開*の電子顕微鏡写真で明瞭に観察できる．ν ボディーはヌクレオソーム*に相当する．

ν 粒子[ν particle] ⇨ ヌクレオソーム．

ニューロフィブロミン[neurofibromin] ⇨ 神経線維腫症．

ニューロン[neuron] 神経単位ともいう．神経細胞．

尿酸[uric acid] 哺乳類における核酸の異

尿素［urea］ ⇒ オルニチン回路.

尿崩症［diabetes insipidus］ 略号 DI. 正常な尿を過剰に排泄する病気で，バソプレッシン*あるいはその受容体の産生の異常が原因. ヒトでは，常染色体優性の DI は，バソプレッシン前駆タンパク質をコードする遺伝子に生じた突然変異による. X連鎖劣性として遺伝する DI は，バソプレッシン受容体をコードする遺伝子の突然変異が原因. この受容体は G タンパク質共役受容体ファミリーに属する. ⇒ G タンパク質.

尿膜［allantois］ 爬虫類，鳥類，哺乳類の胚の後腸の腹側にある袋状の膨出. 尿膜は大きく，早熟性の膀胱の役目をする.

二卵性双生児［dizygotic twins, fraternal twins］ ⇒ 双生児.

二量体［dimer］ 二つの単量体サブユニットの会合により生じる化学物質のこと. たとえば，二つのポリペプチド鎖の会合によって活性のある酵素ができる. もし二つのサブユニットが同一の物質ならばホモ二量体，別種のサブユニットならばヘテロ二量体を形成する. ヘキソサミニダーゼ*はヘテロ二量体酵素の一種である.

ニワトリ［*Gallus domesticus*］ 家禽化されたニワトリで，鳥類では最も多くの遺伝学的情報が得られている. 半数体染色体数は 39. 雌は異型配偶子性（ZW）であり，雄は同型配偶子性（ZZ）. 200 を超える遺伝子がマップされている. 品種のリストは，家禽品種*の項を参照. 推定ゲノムサイズは，1.125×10^9 bp. ⇒ 付録 A（脊索動物門，鳥綱，キジ目）. 鶏冠型，羽毛色素形成遺伝子.

ニワトリ軟骨無形成症［fowl achondroplasia］ ニワトリの一部の品種（スコットランド，ダンピー，日本チャボ）にみられる遺伝性の軟骨無形成症で，常染色体優性として遺伝. ホモ接合個体は胎児で死ぬ. ⇒ 軟骨無形成症.

ニワトリ白血病［fowl leukosis］ ⇒ 白血病.

任意組合わせ［random assortment］ ⇒ 組合わせ.

任意交配［random mating, panmixis, panmixia］ どの雄性配偶子も平等に雌性配偶子と受精しうるような集団交配系. 雌雄同体の場合は同一個体由来の配偶子も含む.

任意交配指数［panmictic index］ 記号 P. 相対的なヘテロ接合性の尺度. $1-P=F$ はライトの近交係数*という.

任意交配単位［panmictic unit］ 完全な任意交配が行われている地域集団.

人間改造学［euphenics］ 遺伝的に欠陥のある個体に，生活環のなかのある時期に効果的な処理を行って遺伝子型の不適応を改良すること.

人間中心主義［anthropocentrism, anthropomorphism］ **1**. 自然の現象や過程を人間にとっての価値という観点から説明すること. **2**. 人間を全宇宙の中心，究極の創造物と考えること. **3**. 人間以外の生物に擬人的性質を押しつけること.

認識タンパク質［recognition protein］ ⇒ サイクリン.

妊娠期間［gestation period］ 胎生動物において，妊娠から出産までの期間.

妊娠中絶［abortion］ ヒトの妊娠を意図的に終わらせること. ほとんどの場合，妊娠 28 週以内に処置される.

妊 性 ⇒ 稔性.

ニンヒドリン［ninhydrin］ アミノ酸に反応して発色する有機物. クロマトグラム上にニンヒドリン溶液を散布すると分離されたアミノ酸やポリペプチドがニンヒドリン陽性のスポットとして観察される.

ヌ

ヌクレアーゼ［nuclease］ 核酸分解酵素ともいう．核酸を分解する酵素．

ヌクレイン［nuclein］ Miescher によってヒト白血球細胞から単離されたリンに富んだ酸性物質．現在では，核酸とタンパク質混合物であることがわかっている．⇨ 付録 C（1871 Miescher）．

ヌクレオカプシド［nucleocapsid］ ウイルス核酸とそれを取囲むカプシド．⇨ キャプソメア．

ヌクレオシダーゼ［nucleosidase］ ヌクレオシドを塩基とペントースに分解する酵素．

ヌクレオシド［nucleoside］ リボースまたはデオキシリボースに結合したプリンまたはピリミジン塩基をいう．DNA や RNA に見られるヌクレオシドは，シチジン，シトシンデオキシリボシド，チミジン，ウリジン，アデノシン，アデニンデオキシリボシド，グアノシン，グアニンデオキシリボシドである．チミジンは，デオキシリボシドであり，シチジン，ウリジン，アデノシン，グアノシンはリボシドである．⇨ 微量塩基，イノシン．

ヌクレオソーム［nucleosome］ 真核生物の染色体におけるビーズ状の構造．ヒストン 8 分子（H2A, H2B, H3, H4 タンパク質が各 2 分子ずつ）から成るコアに長さ約 150 bp の DNA 断片が巻きついており，それが約 50 bp の "リンカー" DNA 配列により隣りのヌクレオソームとつながっている．⇨ 付録 C（1974 Kornberg; 1977 Pardon et al.; Leffak et al.），クロマトソーム，ヒストン．

ヌクレオチド［nucleotide］ DNA または RNA 重合体を構成するモノマー単位．プリンもしくはピリミジンとペントース，リン酸基からなる．DNA を構成するヌクレオチドはデオキシアデニル酸，チミジル酸，デオキシグアニル酸，デオキシシチジル酸である．RNA でこれらに相当するヌクレオチドはアデニル酸，ウリジル酸，グアニル酸，シチジル酸である．

ヌクレオチド対［nucleotide pair］ 相補的塩基対（complementary base pair）ともいう．DNA 二重らせん分子の相対する鎖におけるプリン-ピリミジンヌクレオチド塩基の水素結合による対合．通常，アデニンはチミンと対合し，グアニンはシトシンと対合する．⇨ シャルガフの法則，デオキシリボ核酸．

ヌクレオチド対置換［nucleotide pair substitution］ あるヌクレオチド対が異なるヌクレオチド対に置き換わること．ふつう，トランジション*，トランスバージョンによる．

ヌクレオチドのイミノ型［imino form of nucleotide］ ⇨ 互変異性体．

ヌクレオチドのエノール型［enol form of nucleotide］ ⇨ 互変異性転位．

ヌクレオチドのケト型［keto form of nucleotide］ ⇨ 互変異性体．

ヌクレオチド配列データベース［nucleotide sequence database］ ⇨ 付録 E．

ヌクレオプラズム［nucleoplasm］ 核質（karyoplasm），核液（karyolymph）ともいう．核内に含まれる原形質液．

ヌクレオポリン［nucleoporin］ 略号 Nup．核膜孔複合体（NPC）*に存在する 100 種類以上の異なるタンパク質群．そのうちのあるものはこのオルガネラの構造をつくる素材で，それ以外は，タンパク質や RNA の NPC 透過にかかわる．ヌクレオポリンの中には，テロメア*を核膜につなぎ止める役割をするものもある．

ヌードマウス［nude mouse］ 研究用マウスで，11 番染色体にマップされる劣性突然変異 *nu* のホモ接合体である．このようなマウスは，体毛および胸腺が全く見られない．ヌードマウスは T リンパ球*をもたないが，ナチュラルキラー細胞*と B リンパ球*をもっており，同種移植片を拒絶することがない．免疫に対する胸腺喪失の影響に関する研究で，モデル系として利用されている．⇨ 拒絶．

ヌル対立遺伝子［null allele］ 機能をもった産物を生産しないために，遺伝学的に劣性となることが多い対立遺伝子．たとえば，ヒトの ABO 式血液型の系では劣性対立遺伝子（*i*）は，ホモ接合の状態（血液型 O）でも対立遺伝子 I^A（血液型 A）や I^B（血液型 B）とのヘテロ接合の状態でも検出可能な抗原を生産していない．

ネ

ネアンデルタール人［Neanderthal, Neandertal］　更新世の中期から後期（30万年～3万年前）にかけて，ヨーロッパ，北アフリカ，中近東，イラク，および中央アジアを転々としたヒト属の一種．この化石は最初に発見された西ドイツの渓谷の名前をとって命名された．*Homo neandelthalensis* と *Homo sapiens* の分布は，ヨーロッパでは何千年間か重なったが，交雑はほとんど起こらなかったらしい．ネアンデルタール人の化石化した骨から得られたmtDNAのDループ*領域の配列と現代のヒトとの比較からは，ネアンデルタール人がそのmtDNAの痕跡を現代のヒトに残すことなく絶滅したことが示されている．⇒付録C（1997 Krings *et al.*），ヒト属．

ネオダーウィニズム　＝新ダーウィン説．

ネオテニン［neotenin］　＝アラタ体ホルモン（allatum hormone）．

ネオマイシン［neomycin］　*Streptomyces fradiae* によって生成される抗生物質．

ネオモルフ［neomorph］　野生型対立遺伝子とは異なる，質的に新しい機能を示す突然変異遺伝子．

ネガティブコントラスト法［negative contrast technique］　⇒ネガティブ染色［法］．

ネガティブ染色［法］［negative staining］　ウイルスを高分解能電子顕微鏡で見るための染色技法．ウイルス懸濁液をリンタングステン酸溶液と混ぜ，噴霧器に入れる．その混合液をカーボンフィルムであらかじめコートしておいた電子顕微鏡用のグリッド上に噴霧する．リンタングステン酸は標本の輪郭に入りこむので標本は黒い背景に対して白く抜けて見える．⇒付録C（1959 Brenner, Horne）．

ネギ属［*Allium*］　これに属する *A. cepa*（タマネギ），*A. porrum*（ニラネギ），*A. sativum*（ニンニク），*A. schoenoprasum*（セイヨウアサツキ）などは，有糸分裂の染色体の細胞学的研究に用いられた．

ネグレリア属［*Naegleria*］　鞭毛虫に転換しうる土壌アメーバの属．この属の種は鞭毛の形態形成の研究材料としてよく使われる．

ネコ［cat, *Felis catus*］　家畜化されているネコ．半数体染色体数は19．およそ500の遺伝子がマップされている．普及品種にはつぎのようなものを含む．

短毛種：ドメスティックショートヘア（Domestic Shorthair），シャム（Siamese），ビルマ（Burmese），アビシニアン（Abyssinian），ロシアンブルー（Russian Blue），ハバナブラウン（Havana Brown），マンクス（Manx），レックス（Rex）．

長毛種：ペルシャ（Persian），アンゴラ（Angora），ヒマラヤン（Himalayan）．

ネコ鳴き症候群［cat cry syndrome, cri du chat syndrome］　ヒトの5番染色体の短腕の欠失に伴う多様な先天性奇形．この症状をもつ幼児は，ネコの鳴き声のように聞こえる独特な泣き声をあげる．

ネコ白血病ウイルス［feline leukemia virus］　腫瘍誘発RNAウイルス．

ネズミカンガルー［*Potorous tridactylus*, rat kangaroo］　染色体の数が少なく，特徴のある構造をしているので研究に用いられる有袋類．

ネズミ［の］［murine］　マウスおよびラットを含む齧歯目の科に属するという意．

熱ショック応答［heat shock response］　細胞を短時間高温にさらすことにより，染色体上のいくつかの遺伝子座において誘導される転写活性．これと同時に，熱ショック前には活性の高かったほかの遺伝子座の転写が止まる．この現象はショウジョウバエ，テトラヒメナ，ウニ胚，大豆，ニワトリ繊維芽細胞などで観察されることから普遍的なものであると考えられる．⇒ユビキチン．

熱ショックタンパク質［heat-shock protein］　ショウジョウバエの細胞内で，熱ショック後15分以内に合成されるタンパク質．これらのタンパク質はキロダルトン単位の分子量によって命名される．Hsp70はショウジョウバエの高温耐性とかかわる主要なタンパク質である．類似したタンパク質は，細菌類，真菌類，原生生物，鳥類，およびヒトを含む哺乳類で分離されている．現在では，熱ショックタンパク質は，高温下では標的となるタンパク質と組合わさって，その凝集や変成を防ぎ，細胞が通常の温度条件に復帰すると，標的タンパク質が正常な折りたたみ構造に戻るのを促進する機能をもつと考えられている．広範な生

物から得られた熱ショックタンパク質をコードする遺伝子の塩基配列の比較からは，これらの遺伝子が進化を通じて高度に保存されていることが示されている．⇨ 付録 C (1974 Tissiers *et al*.; 1975 McKenzie *et al*.)，シャペロン．

熱ショックパフ［heat shock puff］　ショウジョウバエ幼虫を高温（例：37 ℃で 40 分間）にさらしたときに誘発される染色体上の一連の特異的なパフ．キイロショウジョウバエでは 9 箇所，*D. hydei* では 6 箇所の熱誘導パフが存在する．熱ショックにより多糸染色体でパフが形成される遺伝子から特異的な一連の mRNA が転写される．培養系でも，ショウジョウバエ細胞に熱ショックを与えると同一の mRNA が転写され，特異的な熱ショックタンパク質が合成される．⇨ 付録 C (1962 Ritossa)．

熱帯熱マラリア［falciparum malaria, subtertian malaria］　⇨ マラリア．

熱中性子［thermal neutron］　ウランの核分裂によって生じる高速の中性子で，黒鉛のような減速体との弾性衝突により，減速され，室温でのガス分子のエネルギー（約 0.025 eV）と同等なエネルギーに達したもの．熱中性子の生物学的影響は捕獲および崩壊に伴う放射による．生物材料では $^1H(n, \gamma)^2H$ と $^{14}N(n, p)^{14}C$ の反応は組織のイオン化の最も重要な供給源である．それらの反応の相対的重要度は生体の大きさによる．たとえばショウジョウバエの大きさ程度の生体では熱中性子が生物学的影響の主要な原因となる．

ネナガノヒトヨタケ［*Coprinus radiatus*］　担子菌類の一種で，二核体や，二倍体の系統が得られるため，遺伝学的に重要である．

粘液腫症［myxomatosis］　ウサギの致命的ウイルス病．このウイルスはオーストラリアで野生のウサギ群の数を制御する手段として導入された．

撚糸型らせん［plectonemic spiral］　2 本の平行な糸が同じ方向に互いに巻きついていて，巻き戻さないと引き離すことができないようならせんをいう．DNA の二重らせんは撚糸型らせんである．⇨ 平行らせん，相関コイル．

稔性（植物），**妊性**（動物）［fertility］　生存可能な子供を生じるという意味で，生物個体もしくは集団を生産する能力．繁殖期における雌の一個体から生じる子供の数を示すためにも用いられる．人類遺伝学でいう有効妊性とは，ある遺伝病をもつ個体から生じた子供の数の平均値を，該当する遺伝病形質をもたずそれ以外は非常に似かよった個体から生じた子供の平均数と比較したものである．すなわち有効妊性はその遺伝病の選択的不利の程度を表現するものである．⇨ 繁殖力．

稔性因子［fertility factor］　⇨ 環状連鎖地図，F 因子，F' 因子，Hfr 株，MS2．

稔性回復因子［fertility restorer］　トウモロコシの優性核遺伝子で，細胞質性の雄性不稔因子を無効にするもの．

粘弾性分子量決定法［viscoelastic molecular weight determination］　粘度計を用いて，溶液中に存在する最大分子の分子量を決定する方法．きわめて長い DNA の分子量を決定する場合，単離操作により DNA 分子のかなりの部分が分断化されてしまうので，この方法は有用である．⇨ 付録 C (1973 Kavenoff, Zimm)．

粘着末端　＝付着末端．

年齢依存性選択［age-dependent selection］　異なる遺伝子型の相対適応度が個人の年齢とともに変化することに基づく選択．

ノ

ノイズ［noise］　制御されていない効果に起因する実験上の変動．通常，実験誤差とよばれる分散を伴う．

ノイラミン酸［neuraminic acid］　生体に広く分布する九炭アミノ糖．真正細菌では細胞壁にノイラミン酸が存在するのに対し，古細菌ではみられない．動物ではムコ脂質，ムコ多糖，糖タンパク質にノイラミン酸が見いだされる．ノイラミン酸を含む膜構成物はウイルス粒子が動物細胞に付着し，浸透するのに関与する．⇨ガングリオシド．

```
        COOH
        C-OH
        CH₂
  O     CHOH
   H₂N-C-H
        C-H
        H-C-OH
        H-C-OH
        CH₂OH
```

脳下垂体［pituitary gland, hypophysis］　脊椎動物の頭蓋内の脳床下にある主要な内分泌腺．⇨腺［性脳］下垂体，ヒト成長ホルモン，視床下部，神経下垂体．

脳間部［pars intercerebralis］　昆虫の前脳中央部で，神経分泌細胞がある．

農業上重要な種［agriculturally important species］　⇨付録B．

濃色効果［hyperchromic shift］　DNA分子が熱やアルカリ性条件などにさらされると，DNA溶液の紫外吸収が増加すること．この効果は，二本鎖DNA間の水素結合が切断されて一本鎖構造を形成することによる．

脳電図［electroencephalogram］　脳波ともいう．EEGと略記．脳の電位の変化の記録．

能動免疫［active immunity］　抗原にさらされ反応した結果，生物に獲得された免疫．病原となるものに対する免疫には抗原性病原体を殺すか，毒性を減じた形で投与する．⇨受動免疫．

能動輸送［active transport］　濃度あるいは電気化学的勾配に逆らって細胞膜を透過するイオン・分子の動き．この過程には，特定の酵素とATPにより供給されるエネルギーが必要である．

濃度計　＝デンシトメーター．

囊胚　＝原腸胚．
囊胚形成　＝原腸形成．
囊胞性線維症［cystic fibrosis］　略号CF．白人の中では最も多い遺伝病．米国では，ホモ接合の患者は2000人に1人の割合でみられるが，ヘテロ接合の保因者は人口の5％を占める．CFは粘稠な粘膜分泌物のために肺や消化器官が詰まることによる全身性の多臓器疾患である．この病気は常染色体劣性遺伝であり，7q31-32にある遺伝子の突然変異がその原因．CF遺伝子の全長はおよそ250 kbで，27個のエクソンが1480アミノ酸からなるタンパク質をコードする．このタンパク質は，囊胞性線維症膜コンダクタンス制御因子（CFTR）と命名されている．CF遺伝子は主として，気管支の粘膜下腺，唾液腺，汗腺，膵臓，精巣，小腸など，粘液分泌性の上皮細胞で発現する．CFTRは塩素イオンのチャンネルとして機能する．粘液を薄めて粘液分泌線から下流に流すのには，塩素の適切な輸送が必要である．この病気の患者からは，フレームシフト，ミスセンス，ナンセンスの各突然変異や，RNAスプライシング突然変異が分離されている．最も多くみられる突然変異はΔF508である．この略号は，508番目のフェニルアラニン（F）が欠失（Δ）していることを示す．この突然変異は，北米の白人にみられるCF染色体の60〜70％にみられる．ヨーロッパの家系におけるΔF508染色体の研究によれば，この突然変異は，旧石器時代に，現在のバスク人＊に似た集団で生じたことが示唆されている．27℃では塩素イオンチャンネルは正常であるが，37℃ではCFTRの小胞体から細胞膜への輸送が全く起こらない．CFTRの図は，ΔF508突然変異が，2箇所にあるヌクレオチド結合ドメイン（NBD）の最初の方に起こっていることを示す．制御ドメイン（RD）はCFTRのプロテインキナーゼ＊に対する応答を調節する領域である．膜貫通ドメイン（TMD）が2箇所にあり，そこではタンパク質が細胞膜の脂質二重層を6回折返している．正に荷電したアルギニンとリシンの分子（図では＋で示す）は，陰イオンが小孔を通過するのに不可欠である．これらのアミノ酸を中性のアミノ酸に置換するようなミスセンス突然変異もやはりCFの原因となる．CFのヘテロ接合個体

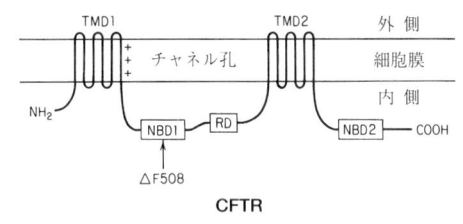

```
        TMD1              TMD2         外側
    ┌──┬┬┬┬──────────┬┬┬┬──┐
    │  ││││  チャネル孔 ││││  │  細胞膜
    │  ││││++      ++││││  │
    └──┴┴┴┴──────────┴┴┴┴──┘ 内側
   NH2   │          │
         └─[NBD1]─[RD]─┘   [NBD2]──COOH
              ↑
            ΔF508
              CFTR
```

はコレラに耐性をもつらしい．このことが，ΔF508のような突然変異がヒト集団中に保持されてきた理由を説明するのかも知れない．⇒付録C（1989 Tsui et al.; 1993 Tabcharani et al.; 1994 Morral et al.; Gabriel et al.），ABCトランスポーター，細胞シグナル伝達，コレラ，遺伝子，http://www.cff.org

嚢胞性線維症膜コンダクタンス制御因子 [cystic fibrosis transmembrane-conductance regulator] 略号CFTR．⇒嚢胞性線維症．

脳ホルモン [brain hormone] 前胸腺刺激ホルモン*．

能力記録 [record of performance] 経済的に重要な形質に関する動物の記録．家畜育種家によって人為選択や改良品種の開発に使われる．

のぎ ＝芒（ぼう）．

ノーザンブロッティング [northern blotting] ⇒サザンブロッティング．

ノゼマ病微胞子虫 [Nosema] ⇒微胞子虫．

ノックアウト [knockout] 研究したい遺伝子のヌル対立遺伝子をもつ突然変異体生物（一般には，マウス）の作成を表す用語．特定の野生型対立遺伝子を突然変異型の対立遺伝子に置き換えるように，遺伝子工学的に改変するのが一般的である．⇒遺伝子ターゲッティング，相同組換え．

Notch キイロショウジョウバエのX染色体上の一連の重複する欠失．欠失のすべてが3C7のバンドを欠き，欠失ヘテロ接合の雌では翅の端に切り欠きが入る．ヘミ接合体の雄は胚期に致死となる．Notchの野生型対立遺伝子は外胚葉の適切な分化に不可欠である．Notch遺伝子座の突然変異は，皮下構造を犠牲にして，胚の神経系の肥大をもたらす．N^+は，2703個のアミノ酸からなる膜貫通タンパク質をコードする．この分子中に

は36箇所のEGFリピートが存在し，これらのいくつかはカルシウムを結合するが，残りはNotchタンパク質の二量体形成を促進する．⇒付録C（1938 Slizynska），上皮成長因子．

ノトバイオーシス [gnotobiosis] 無菌状態，または研究者にとって既知の微生物のみが存在する実験動物の飼育．

ノトバイオタ [gnotobiota] ノトバイオーシス*における実験動物のもっている既知の微生物のこと．

ノパリン [nopaline] ⇒オパイン．

ノブ [knob] 細胞遺伝学では，目印となるような濃染される染色体のこぶをいい，特定の染色体は容易に同定される．トウモロコシでは，ノブをもつ染色分体は，大胞子形成の際，直線状に並んだ4個の大胞子の外側の細胞に入る傾向があり，そのため，卵核に入る確率が高くなる（⇒減数分裂分離ひずみ）．ノブに近い遺伝マーカーはノブから離れたものよりも，配偶子中に現れやすい傾向がある．

ノボビオシン [novobiocin] Streptomyces niveusによって生産される抗生物質（下図参照）．

ノマルスキー微分干渉顕微鏡 [Nomarski differential interference microscope] 位相差顕微鏡と同様に生きた細胞内の透明な構造を見ることができる光学装置．被写界深度が非常に浅いので，焦点面の上下の構造による位相の乱れが少ない．この観察手法は極度の斜角照明を用いたものに匹敵するもので，標本が浮彫りに見える．

乗換え ＝交差．

ノルアドレナリン [noradrenaline] ＝ノルエピネフリン（norepinephrine）．

ノルエピネフリン [norepinephrine] ノルアドレナリン（noradrenaline）ともいう．副腎髄質ホルモンの一つ．血管収縮をひき起こし血圧を上昇させる．

ノボビオシン

ハ

場 [field] ⇨ プレパターン.

バー =棒眼.

胚 [embryo] 発生初期の卵からふ化前まで，すなわち栄養を卵黄に依存している時期をいう．発生中のヒトでは，妊娠3カ月の初めまでを胚という．体型が基本的に形成されたあとは，胎児という術語が使用される．

配位子 [ligand] リガンドともいう．ある構造の中で相補的な部位に結合する分子．たとえば，酸素はヘモグロビンの配位子であり，酵素の基質は酵素分子の特異的配位子である．

胚移植 [embryo transfer] 本来の母体もしくは代理の母体の輸卵管や子宮に，初期胚を人為的に導入すること．たとえば，輸卵管閉塞の女性でも in vitro で受精させ，生じた胚を子宮に移植することができる．優良な乳牛や肉牛の場合，多くの卵子を同時に人為的に排卵させることができ（過剰排卵），これを輸卵管から取出して in vitro で受精させた後，各胚を異なる代理母体に導入して発育させることができる．

ハイイロガン [Anser anser] 動物の行動とその遺伝成分の研究によく用いられる実験動物．

灰色植物 [glaucocystophyte] 原生生物の一グループで，シアネラ*の助けを借りて，光合成独立栄養的に生きられる．すべて淡水生物で，自然界ではまれにみられる．最も多くみられる種は，Glaucocystis 属（図）と Cyanophora 属の種である．シアネラ DNA のデータは，C. paradoxa に

ついて得られた．このような種は，共生により真核生物細胞が進化したとする学説を支持するという点で，興味深い．⇨ 付録A（原生生物界，灰色植物門），連続共生説．

肺炎球菌性肺炎 [pneumococcal pneumonia] 肺炎連鎖球菌（Streptococcus pneumoniae）のある株によって起きる肺の炎症（古典的な肺葉性肺炎）．

肺炎連鎖球菌の形質転換 [pneumococcal transformation] ⇨ 形質転換．

バイオアッセイ =生物検定．

バイオインフォマティクス =生命情報科学．

バイオタイプ =生物型．

バイオトロン [biotron] 一つあるいはいくつかの環境要因を組合わせて制御するように設計された部屋のこと．均一な実験生物をつくったり，実験のために制御された条件を供するために使用する．

バイオマス [biomass] 生物量ともいう．ある試料，領域，栄養レベルなどにおける有機物の総量．地球の乾燥生物量は約 3×10^{15} kg と見積もられている．

バイオーム =生物群系．

バイオリズム [biorhythm] 睡眠と覚醒の日周期のように生物の生理あるいは機能にみられる周期的な繰返し．ヒトの一生で起きる，生理的，感情的あるいは精神的活動の周期的なパターン．⇨ サーカディアンリズム．

媒介動物 [vector] マラリア蚊のように，寄生生物を一つの宿主から別の宿主に移す生物．

倍加時間 [doubling time] 一つの集団における細胞数が倍加するのにかかる平均時間．倍加時間は，1) その集団におけるすべての細胞が2個の娘細胞を形成することができ，2) すべての細胞が同一の平均世代時間をもっており，3) 細胞の溶解がない場合にのみ世代時間（T_g）*に等しい．一般には倍加時間は世代時間より長い．

倍加線量 [doubling dose] 実験対象とする生物種の自然突然変異の発生率が2倍になる放射線量のこと．

倍加半数体 [double haploid] すべての遺伝子座が完全にホモ接合体になっているような植物のこと．半数体生殖細胞を組織培養によって生育

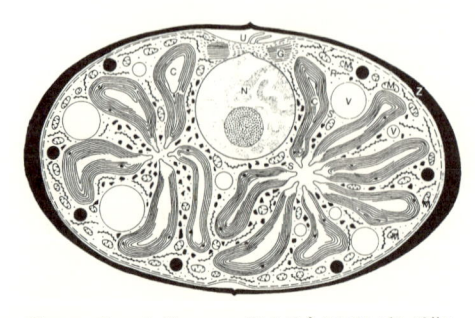

Glaucocystis nostochinearum. C: シアネラ；G: ゴルジ体；M: 管状のクリステをもつミトコンドリア；N: 核；R: 小胞体；S: デンプン粒；U: 対になった短い波動毛；V: 液胞；Z: 細胞壁

させると，染色体の組が倍加する．⇨ やく培養．

配偶子［gamete］　性細胞（sex cell）ともいう．半数体の生殖細胞．⇨ 付録 C（1883 van Beneden）．

配偶子合体［syngamy］　＝ 核合体（karyogamy）．

配偶子クローン培養変異［gametoclonal variation］　やく（葯）その他の生殖質由来の組織培養で生育した半数体植物に新たな形質が出現すること．二倍体の体細胞組織由来の体細胞クローン性変異＊と対比される．

配偶子形成［gametogenesis］　配偶子がつくられるまでの過程．

配偶子減数分裂［gametic meiosis］　⇨ 減数分裂．

配偶子数［gametic number］　半数体の染色体数のことで，Nで表す．種を特徴づける数．

配偶子生殖［gamogony］　一連の細胞分裂もしくは核分裂で，最終的に配偶子形成に至るもの．

配偶子接合［gametogamy］　配偶子細胞またはその核が融合すること．

配偶子突然変異［gametic mutation］　配偶子になる運命の細胞に生じた突然変異．したがって，遺伝する可能性がある．⇨ 体細胞突然変異．

配偶子嚢［gametangium］　配偶子が形成される器官．造精器，生卵器．

配偶子不平衡性［gametic disequilibrium］　任意交配集団において，異なる遺伝子座にある対立遺伝子の配偶子中への分配がランダムでないこと．ランダムでない分配が起こるのは，問題としている遺伝子座の連鎖や，適応度への影響に関して遺伝子座間の相互作用が存在することによる．⇨ 連鎖不平衡．

配偶子母細胞　＝生殖母細胞．

配偶体［gametophyte］　世代交代を経る植物の生活環のうちの単相の生物体のこと．この期間に有糸分裂によって配偶子が形成される．⇨ 胞子体．

胚軸突然変異体［embryo polarity mutant］　⇨ 母性極性突然変異体．

胚珠［ovule］　種子植物に見られる構造で，中の卵細胞が受精した後，種子に発達する．

排出ポンプ［efflux pump］　薬剤（抗生物質など）や，外界からの毒素を細胞から排出する細胞の仕組み．

排除反応［exclusion reaction］　ファージに感染した細菌が，外膜を強くし，さらなるファージの侵入を防ぐ反応．

倍数性［polyploidy］　染色体組の数が 2 を超える状況をいう．一組の染色体の数をNとすると，体細胞は$2N$（二倍体），$3N$（三倍体），$4N$（四倍体），$5N$（五倍体），$6N$（六倍体），などになりうる．倍数体細胞は，二倍体に比べて一般的に大きく，代謝活性もより高い．大部分の遺伝子は同じ相対的レベルで発現し続ける．しかし，少数の遺伝子は遺伝子量の増加を感知し，その転写レベルを適切に増減させる．被子植物の進化において，倍数性は主要な役割を果たしており，すべての種の 50％が倍数体である．シダ植物やコケ植物でも，倍数性は広くみられる．⇨ 付録 A（植物界），付録 C（1917 Winge; 1937 Blakeslee, Avery; 1999 Galitski et al.），異質倍数体，同質倍数体，バナナ，コルヒチン，DNA チップ，正倍数体，半数体・半数性，タバコ属，──倍体，ラファノブラシカ，コムギ．

倍数体［polyploid］　3 組以上の染色体をもつ個体．

胚腺［germarium］　昆虫の卵巣管の前端のソーセージ型の部位をいう．胚腺内で，シスト細胞の分裂が起こり，シスト細胞のクラスターが汚胞細胞のまわりを取囲むようになる．⇨ 昆虫の卵巣の種類，卵黄巣．

バイソラックス［bithorax］　キイロショウジョウバエの遺伝地図で 3-58.8，唾液染色体地図では 89E に存在する遺伝子．bx 遺伝子は，胸部第 2 節の後半から腹部第 8 節までの体節に含まれる細胞の分化のタイプを指定する三つの遺伝子の集団の中の一つ．バイソラックス複合体（bithorax complex）の三つの遺伝子はホメオドメインをもつ DNA 結合タンパク質をコードする．⇨ 付録 C（1978 Lewis; 1983 Bender et al.），アンテナペディア，ホメオティック突然変異，Hox 遺伝子群，Polycomb，体節決定遺伝子．

バイソン［Bison］　B. bison（アメリカ野牛）および B. bonasus（ヨーロッパ野牛）が含まれる属．後者は同系交配の影響の研究に使用されている．

──倍体［──ploid］　16 倍体，32 倍体などのように，生物の染色体組数を示す言葉で，遺伝学や細胞学で使われる．

排他律［exclusion principle］　二つの種が同一の生態的要求をもっているならば，この 2 種は同一の場所に共存できないという原理．

培地［medium］　実験室において生物の生育のために与える栄養物質．

胚乳［endosperm］　母方の胞子体から養分を受取り，後に自身の種子内で発生中の胚によって消化される顕花植物の組織．胚乳は重複受精＊によって形成された三倍体核から発達する．胚乳

細胞の個々の核は，随伴する胚への雄親からの遺伝的寄与分のコピーの一つと，雌親からの寄与分のコピーを二つもつ．⇒穀粒，親による刷込み．

胚囊［embryo sac］ 被子植物の雌配偶体．半数体の大胞子核の分裂によって形成された数個の半数体の核を含んでいる．⇒助細胞．

ハイパードンティア［hyperdontia］ 1本以上の歯が遺伝的に余分に存在していること．

ハイパーモルフ［hypermorph］ 標準型または野生型の遺伝子と，その作用は同じであるが，より大きな効果のある突然変異遺伝子．

胚盤 1．［blastodisc］鳥類や爬虫類のような多量の卵黄を含む卵の卵割によって形成された円盤型をした表面の細胞層．胚盤内での有糸分裂により胚を生じる．2．［scutellum］イネ科植物の胚の単子葉に相当する器官．

胚盤胞［blastocyst］ 子宮壁に着床する時期の哺乳動物の胚．

胚盤葉［blastoderm］ 胞胚葉ともいう．昆虫の胚の中の細胞層で，内部の卵黄を完全に包み込んでいる．多核性胚の核が卵細胞膜のくびれでできた膜によって仕切られて細胞性胚盤葉となる．

背腹決定遺伝子群［dorsoventral genes］ 発現している胚細胞で，背，腹のパターン決定プログラムを指定する遺伝子群．*decapentaplegic* 遺伝子は，ショウジョウバエでは，背となるよう指定するが，マウスのホモログである *BMP4* は，腹になるよう指定する．ショウジョウバエで，*short gastulation* 遺伝子は，腹となるよう指定するが，マウスホモログの *chordin* は背となるよう指定する．⇒サンチレール仮説．

ハイブリダイゼーション［hybridization］ 相補的な RNA および DNA 鎖が対合し，RNA-DNA 雑種を形成すること．また，相補的な一本鎖 DNA が対合し，DNA-DNA 雑種を形成すること．

ハイブリッド ＝雑種．

ハイブリッドジェネシス［hybridogenesis］ 雑種発生ともいう．種間雑種のクローン生殖の一様式で，配偶子が一方の親に由来する核ゲノムのみをもつ．たとえばカエルの雑種である *Rana esculenta* は，*R. lessonae* および *R. ridibunda* の交配から生じるが，その配偶子には *ridibunda* の染色体（と *lessonae* のミトコンドリア）のみが観察される．

ハイブリッドディスジェネシス ＝交雑発生異常．

ハイブリドーマ［hybridoma］ 融合雑種細胞ともいう．抗体産生形質細胞（Bリンパ球）とミエローマ（骨髄腫）細胞の融合により生じた細胞．このような雑種細胞は，組織培養あるいは動物腫瘍として維持しうるクローンを産生し，そのクローンは単一種の抗体のみを分泌する．このようなモノクローナル抗体は，ウエスタンブロット実験あるいは抗原の組織化学的局在性の研究において，プローブとして用いられる．⇒付録 C (1975 Köhler, Milstein; 1980 Olson, Kaplan). 免疫蛍光，トランスフェクトーマ．

ハイポ［hypo］ ⇒定着．

胚胞［germinal vesicle］ 卵核胞ともいう．卵黄形成期の一次卵母細胞の二倍体核．この核は一般に減数分裂前期の対合後の段階で止まっている．⇒付録 C (1825 Purkinje).

ハイポモルフ［hypomorph］ 正常な表現型の発現が低い対立遺伝子．たとえば，突然変異対立遺伝子がコードする酵素が不安定であるといった場合である．一方，機能をもつ酵素は十分量つくられるが，反応の進行が遅いといった場合もある．遺伝的な遮断が不完全であることから，ハイポモルフは"漏出遺伝子"とよばれることもある．

Bipolaris maydis 米国のトウモロコシ収穫高に数十億ドルの損害を及ぼすトウモロコシごま葉枯れ病の大流行の原因となる真菌．かつては *Helminthosporium maydis* とよばれた．⇒細胞質性雄性不稔．

バイモ属［*Fritillaria*］ ユリ科の一属名．この属に含まれる種は細胞遺伝学の研究に広く用いられている．

胚誘導［embryonic induction］ ⇒誘導．

胚葉［germ layer］ 3層からなる始原細胞の層で，そこから，あらゆる組織と器官が生ずる．⇒付録 C (1845 Remak). 外胚葉，内胚葉，中胚葉．

培養期間［incubation period］ 細胞などが保温・培養されている期間．

排卵［ovulation］ 哺乳類の卵胞から成熟卵が放出されること．多くの場合脳下垂体ホルモンの刺激による．

配列［決定］［sequence］ タンパク質，DNA などの分子中でのアミノ酸，ヌクレオチド残基の並び順．または並び順を決定すること．

配列タグ部位［sequence tagged site］ 配列標識部位ともいう．略号 STS．ゲノム上の位置がすぐわかり，PCR 法で増幅できる DNA の短い配列で，ゲノム上のただ1箇所の物理的な位置を同定できるもの．発現配列タグ（EST）は，cDNA*由来の STS．⇒物理地図．

配列標識部位　＝配列タグ部位．
ハウスキーピング遺伝子［housekeeping gene］すべての細胞に必要な活性を維持するため，全細胞で発現していると考えられる構成的遺伝子座．解糖系およびクレブス回路に関与する酵素をコードする遺伝子群がその例である．

Haemanthus katherinae アフリカヒガンバナ．分裂胚乳細胞の微速度撮影によく用いられる．

バーキットリンパ腫［Burkitt lymphoma］ Bリンパ球の単一クローンからなる悪性腫瘍．おもにあごと顔の骨に影響を与える．1958年に中央アフリカの子供たちにこの病気を発見したDenis Burkittにちなんで名づけられた．アフリカ人に発生するバーキットリンパ腫の多くは，エプスタイン-バーウイルス*（EBV）をもち，またこのウイルスは，カ（蚊）によって媒介されると考えられている．アメリカ合衆国とヨーロッパの患者はEBVをもたない．バーキットリンパ腫細胞では必ず相互転座が起こっている．相互転座は8番染色体の長腕と14番染色体間，あるいはより低い頻度では22番染色体または2番染色体との間で起こっている．8番染色体上の切断点は*myc*がん遺伝子*の近傍に位置している．他方の染色体上の切断点は，免疫グロブリン遺伝子の近傍に位置している．つまり14番（重鎖），22番（λ軽鎖）または2番（κ軽鎖）である．*myc*は転座した状態になると，活性化され，がん化が起こる．⇨免疫グロブリン鎖．

パキテン期　＝太糸期．

波及位置効果［spreading position effect］ 転座あるいは逆位の近傍における多数の遺伝子が同時に不活性化される状態．⇨付録C（1963 Russell）．

バキュロウイルス［baculovirus］ 節足動物，特に昆虫に感染する一群のウイルス．バキュロウイルスは宿主昆虫の細胞の合成機構を利用して，ウイルス粒子をコートするタンパク質，ポリヘドリンを合成する．ポリヘドリンの遺伝子はきわめて強力な転写プロモーターをもつので，これに外来の遺伝子をつなぐことによって，その発現を促進させることができる．こうしてつくられたバキュロウイルス発現ベクター（BEV）は，基礎研究をはじめ，バイオテクノロジー関連企業において，ワクチン，治療薬，診断薬などの生産にも使われている．バキュロウイルスは，しかるべき遺伝子挿入技術により，HIV*の外皮タンパク質のような外来タンパク質を合成するようにつくり変えられている．

バキュロウイルス発現ベクター　［baculovirus expression vector］ 略号BEV．⇨バキュロウイルス．

白亜紀［Cretaceous］ 中生代の最後の時期で，恐竜の多様化が続いていた．最初の被子植物が白亜紀の後期に出現し，昆虫との花粉媒介関係が発達した．また，最初の有袋類と有胎盤哺乳類が誕生した．白亜紀の終わりに，規模としては二番目に大きい大量絶滅が起こった．動物の科のおよそ半数が一掃され，恐竜のすべてが絶滅した．パンゲアから形成された大陸も，すでに遠くに分かれていた．⇨大陸移動説，地質年代区分，衝突説．

白化［chlorosis］ クロロシスともいう．葉緑素の生成がうまくいかないこと．

白色体［leukoplast］ 塊茎，胚乳，子葉中にある無色の色素体．

白色プリマスロック［white plymouth rock］ ⇨羽毛色素形成遺伝子．

白色レグホン［white leghorn］ ⇨羽毛色素形成遺伝子．

薄層クロマトグラフィー［thin layer chromatography］ 略号TLC．⇨クロマトグラフィー．

白痴［idiocy］ 知能の遅れが最も強度な状態．2歳児以下の知能程度のものをいう．

ばくち経路［sweepstakes route］ 種が広がるのに困難を伴うルート．このルートに沿った新しい地域で繁殖するには，偶然によるところが大きい．たとえば嵐にまきこまれた鳥の群が海に飛ばされ，偶然洋上の島に不時着し，そこで繁殖することがあるかもしれない．しかし，こうしたことが同じ種について再び起こるとは考えにくい．

バクテリオクロロフィル［bacteriochlorophyll］ ⇨葉緑素．

バクテリオシン［bacteriocin］ 感受性細菌に吸着して毒性を示すタンパク質．種々の細菌によって合成される．バクテリオシンに抵抗性であることとバクテリオシンを合成する能力はプラスミドによって支配されるものもある．大腸菌が産生するバクテリオシンをコリシン*といい，緑膿菌（*Pseudomonas aeruginosa*）が産生するバクテリオシンをピオシンという．

バクテリオファージ［bacteriophage］ 細菌を宿主とするウイルス．通常はファージ（phage）とよばれる．宿主細菌とファージの例を示す．

大腸菌 （*Escherichia coli*）	P1, P2, P4, λ, μ1, N4, φX174, R17, T1～T7．
ネズミチフス菌 （*Salmonella typhimurium*）	P22

ジフテリア菌　　　β
　　(Corynebacterium diphtheriae)
枯草菌　　　　　　SP82, φ29
　　(Bacillus subtilis)
赤痢菌　　　　　　P1, P2, P4
　　(Shigella dysenteriae)

細菌ウイルス遺伝子の大きさは実に多様である．たとえば，RNA ファージ R17 のゲノムの大きさは，分子量 1.1×10^6 だが，DNA ファージ T4 は 130×10^6 である．⇒ 付録 C (1915 Twort; 1917 d'Herelle; 1934 Schlesinger; 1934 Ellis, Delbrück; 1942 Luria, Anderson; 1945 Luria; 1949 Hershey, Rotman; 1952 Hershey, Chase; 1953 Visconti, Delbrück; 1966 Edger, Wood; 1973 Fries et al.) 付録 F (バクテリオファージ)，MS2, φX174, λファージ, P1 ファージ, P22 ファージ, Qβ ファージ, T ファージ, [形質]導入，繊維状ファージ，プラーク，溶原性ファージ，毒性ファージ．

バクテリオファージパッケージング [bacteriophage packaging] パッケージング (packaging) ともいう．バクテリオファージλの DNA もしくは組換え DNA をファージの頭部および尾部タンパク質を生成する大腸菌抽出液と反応させ，感染性のあるバクテリオファージ粒子をつくること．

バクテロイド [bacteroid] 根粒菌ともいう．マメ科植物の根粒に見られる細胞内窒素固定共生生物．リゾビウム属* (Rhizobium) の非共生性の種から派生した．⇒ レグヘモグロビン．

バーシコン [bursicon] 脱皮後に体液中に現れ，新しいクチクラの着色と硬化に必要な昆虫ホルモン．

播種効率 [seeding efficiency] 付着効率 (attachment efficiency) ともいう．培養において，ある特定の時間内に培養器に付着した細胞の率．

バショウ科 [Musaceae] 重要な食料生産植物であるバナナやプランテーン（料理用バナナ）を含む単子葉植物の科．調理という点では，バナナは，そのまま食べる果物，プランテーンは，調理して食べる果物をさす．⇒ バナナ．

バー小体 [Barr body] 雌の哺乳動物の体細胞核に見られる凝縮した1本の X 染色体．⇒ 付録 C (1949 Barr, Bertram)，遺伝子量補正，太鼓ばち小体，遅延複製 X 染色体，ライオンの仮説，性染色質．

パスカルの三角形 [Pascal's pyramid] ⇒ 二項分布．

バスク人 [Basque] ピレネー山脈の西側に住むヒト集団．およそ 900,000 人は，スペインに，残りの 80,000 人はフランスに住む．使用する言語は，インド-ヨーロッパ語に属するどの言語とも関係がなく，旧石器時代にさかのぼる部族の直系の子孫と考えられている．⇒ 囊胞性線維症，Rh 因子．

Basc 染色体 [Basc chromosome] ⇒ M5 法．

PAS 法 [PAS procedure = periodic acid Schiff procedure] = 過ヨウ素酸シッフ法．

派生的[な] [derived] 進化系譜において，より新しい段階あるいは状態をいう．原始的 (primitive) の対語．

バソプレッシン [vasopressin] 抗利尿ホルモン (antidiuretic hormone) ともいう．視床下部から分泌され，神経下垂体に貯蔵されるペプチドホルモン．細動脈を収縮させ，腎小管による水分再吸収を促進する．

ハタネズミ属 [Microtus] 細胞遺伝学の研究に広く用いられるハタネズミを含む属．M. agrestis（キタハタネズミ）は巨大な性染色体をもつ．

八分子 [octad] 八つの直線状に並ぶ子囊胞子が入った真菌の子囊．ある種の子囊菌類で，減数胞子の四分子が減数分裂に続いて有糸分裂を経ることによりつくられる．⇒ 定序四分子．

Bacillus anthracis ⇒ 炭疽．

バチルス属 [Bacillus] 桿菌の一属．枯草菌 (B. subtilis) はグラム陽性で，胞子を形成する土壌桿菌．合成培地上で容易に増殖し，形質転換や形質導入*による遺伝子の交換を行う．このゲノムは 4,214,810 bp からなる．およそ 4100 のタンパク質をコードする遺伝子があり，その 53% は単一コピーとして存在する．しかし，ゲノムの 25% は重複した遺伝子のファミリーによって占められる．ファミリーの一つは，ABC トランスポーター*をコードする 77 個の遺伝子を含んでいる．ゲノムはまた，少なくとも 10 個のプロファージを宿しており，このことは，進化の過程で，バクテリオファージ感染による遺伝子の水平伝達が行われてきた可能性を示唆する．巨大菌 (Bacillus megaterium) は，溶原周期*の謎が解明された種である．B. thuringiensis は，胞子形成の際に殺虫効果をもつ結晶性の沈着物をつくるが，これは脊椎動物には無害である．この結晶中に含まれる有毒タンパク質をコードする遺伝子がみつかっており，染色体外のプラスミド上にあることが判明している．このような"殺虫遺伝子"を，農業上重要な植物の染色体に挿入するという試みはある程度成功している．⇒ 付録 A（細菌亜界，内生胞子菌門），付録 C (1950 Lwoff, Gutman; 1997 Kunst et al.)，ABC トランスポーター，水平伝達，

プロファージ．

発育不全 1. [ateliosis] 倭小ではあるが身体各部の均整はとれているというヒトの成長遅滞．このような小人では，一般に脳下垂体の成長ホルモンの顕著な欠乏がみられる．⇨下垂体性小人症．2. [abortion] 種子・果実などの器官の発生が止まること．

発エルゴン反応 [exergonic reaction] 自発的に起こり，周囲へエネルギーを放出する反応．

白化[症] [albinism] 1. 植物における有色体の欠如．2. チロシナーゼの欠損により，眼，皮膚，毛髪でメラニン*が形成できないこと．ヒトでは常染色体劣性遺伝．チロシナーゼ (TYR) はメラニン合成に必須の酵素であり，チロシナーゼ遺伝子 (*tyr*) の突然変異のいくつかは眼皮膚白皮症 (OCA) の原因となる．TYR遺伝子は11q14-21に位置する．この遺伝子は，五つのエクソンを含み，mRNAは2384ヌクレオチドからなる．90以上の突然変異がみつかっているが，大部分はミスセンス突然変異である．これらの突然変異の一つでは，422番目のコドンがグルタミンからアルギニンに置換されている．変化した酵素は温度感受性になるため，マウス，ウサギ，その他の種で知られているヒマラヤン品種の温度感受性酵素に類似する．⇨ヒマラヤン突然変異，眼白子症，温度感受性突然変異，チロシナーゼ．

発芽阻害物質 [germination inhibitor] 種子に存在し，発芽に必須の過程を阻害し，休眠の原因となる物質．

ハツカネズミ [*Mus musculus*] 実験用マウス．半数体の染色体数は20で，19本の常染色体とX染色体について広範な遺伝地図がつくられている．神経学的な突然変異，発がん性ウイルス（特にレトロウイルス）と関連する遺伝子座，酵素をコードする遺伝子座，組織適合性遺伝子座などを含む数多くの系統のコレクションが存在する．マップされている遺伝子の数はおよそ7000に及ぶ．世界中の研究室で維持されているマウスは，三つの亜種に由来する．これらはすべて約90万年前にインド北部から移住を始めた元の集団から派生したものである．マウスのゲノムは2.9 GbのDNAを含んでいる．2001年4月，セレラジェノミックス社は3種類の異なる近交系に属するマウスの全ゲノム配列を決定したと発表した (http://www.celera.com/mouse)．DNAの比較から，250万の一塩基多型*が見いだされている．⇨付録A（脊索動物門，哺乳綱，齧歯目），付録C (1905 Cuénot; 1909, 1914 Little; 1936 Bittener; 1940 Earle; 1942 Snell; 1948 Gorer *et al*.; 1953 Snell; 1967 Mintz; 1975 Mintz, Illmensee; 1976 Hozumi, Tonegawa; 1980 Gordon *et al*.; 1987 Kuehn *et al*.; 1988 Mansour, Thomas, Capecchi)．付録E (*Encyclopedia of the Mouse*)．*Hox*遺伝子群，マウス近交系，オンコマウス．

発がん因子 [carcinogen] がんを誘発する物理的あるいは化学的要因．

発がん性[の] [carcinogenic] がんを誘発しうること．

バックグラウンド遺伝子型 [background genotype] 残余遺伝子型（residual genotype）ともいう．対象としている表現型の原因となる遺伝子座以外の遺伝子型．

バックグラウンド構成的合成 [background constitutive synthesis] スニーク合成 (sneak synthesis) ともいう．発現が抑制されているオペロン内の遺伝子がまれに合成されること．リプレッサーが一瞬解離すると，RNAポリメラーゼ分子がプロモーターに結合し，転写を開始する．

バックグラウンド放射線 [background radiation] 測定対象の試料以外の線源からくる電離放射線．宇宙線および自然放射線に起因するものは常時存在する．人工の汚染物質による放射線に起因する場合もある．

***Pax*遺伝子** [*Pax* gene] *paired*ドメイン (*Paired*ボックス) をもつ遺伝子．略称*Pax*．⇨*paired*．

バックボーン [backbone] 生化学では，重合体の支柱となる構造を指す．側鎖はバックボーンから伸びている．ポリヌクレオチド鎖では，糖-リン酸分子の繰返しが，バックボーンを形成する．

パッケージング [packaging] ＝バクテリオファージパッケージング (bacteriophage packaging)．

白血球 [leukocyte, leucocyte] 白血球細胞．

白血球減少症 [leukopenia] 白血球数の減少する病気．

白血症 [leukosis] 白血球を造成する組織の増殖．⇨白血病．

白血病 [leukemia] 白血球の過剰生産，あるいは未熟白血球の相対的な過剰生産による致命的な病気．ヒトだけでなくウシ，イヌ，ネコ，マウス，テンジクネズミ，ニワトリにおいてもみられる．ウイルスによって誘発される多種の白血病がマウスやニワトリにおいて知られている．⇨骨髄性白血病，レトロウイルス．

発現配列タグ [expressed sequence tag] 略号EST．⇨STS．

発現ベクター [expression vector] 挿入遺伝

子の発現を促進するようにデザインされたクローニングベクター。一般には，ある遺伝子の調節配列をもつ制限酵素断片を，調節配列を欠いた遺伝子の制限酵素断片を含むプラスミドに試験管内で連結する．DNA 配列の新たな組合わせをもつこのプラスミドを，調節配列の制御下でその遺伝子の発現が促進されるような環境の元で選び出す．

発　酵 [fermentation]　嫌気的条件下でみられる細菌や酵母による糖分子の酵素的分解．エネルギーが産生される．⇨ 付録 C (1861 Pasteur)．

発散転写 [divergent transcription]　中央から反対の方に向かっている異なる DNA 領域の転写の方向．

発　情 [heat, rut]　さかり，交尾期ともいう．生殖生物学において哺乳類の雌が，性周期の間で交尾の機会を与える期間．

発情期 [estrus]　**1**．生殖活動期．**2**．発情周期．

発情周期 [estrous cycle]　内分泌因子による生殖活動の季節的周期．年に1回の発情期をもつならば，単発情性といい，1回より多ければ，多発情性という．

発色団 [chromophore]　**1**．色素の一部で，呈色する部分．**2**．光を吸収して発色する受容体分子で，タンパク質と複合体を形成していることが多い．フィトクロム*は，発色団として働く線状につながったテトラピロール分子と，発色団を形質膜の内表面につなぎとめ，シグナルをシグナル伝達系に伝えるタンパク質の部分から構成されている．レチナール*とそのオプシン*の場合も同様．⇨ クロマトホア．

発　生 [development]　生物系における順序だった漸進的な変化により，生物系の複雑性が増大すること．⇨ 決定，分化，形態形成．

発生遺伝学 [developmental genetics]　形質遺伝学 (phenogenetics)，後成学 (epigenetics) ともいう．正常な遺伝子がどのように成長，形態，行動などを制御しているのかを理解するために，発生異常を生じる突然変異を研究する学問．

発生型 [epigenotype]　成体が形成されるまでに通過する一連の相互関係のある発生過程．

発生上の相同性 [developmental homology]　発生学的に共通の起源をもつことによる解剖学的な類似性．たとえば，ハエの平均棍は，発生学的にはガの後翅と相同である．

発生制御遺伝子 [developmental control gene]　主として発生の決定を調節する遺伝子．発生過程において細胞の運命を制御しているこれらの遺伝子はことに線虫* (Caenorhabditis elegans) でよ

く研究されてきた．たとえば，線虫のもつ特定の細胞群は陰門を形成するか，子宮の一部を形成するかの異なる分化方向を選択することができる．lin-12 遺伝子産物はこの細胞運命に影響する二方向性のスイッチの役割を果たす．この遺伝子が高活性を示すと腹部側子宮前駆細胞となり，一方，活性が低いと陰門形成を支配するアンカー細胞となる．⇨ 付録 C (1983 Greenwald et al.)，細胞系譜突然変異体，eyeless，花器官決定突然変異，Hox 遺伝子群．

発生的恒常性 [developmental homeostasis]　⇨ 道づけ．

発生の感受期 [sensitive developmental period]　遺伝的な機能不全により正常発生が阻害される頻度の高い発生の一時期．ショウジョウバエの感受期は胚，幼虫，蛹，成虫の発生開始期に一致する．多くの新しいシステムが分化し，それが直ちに試される時期である．原腸形成*は両生類の感受期である．

発生不全 [dysgenesis]　⇨ 交雑発生異常．

ハッチンソン-ギルフォード症候群 [Hutchinson-Gilford syndrome]　= 早老症 (progeria)．

HAT 培地 [HAT medium]　ヒポキサンチン (hypoxanthine)，アミノプテリン (aminopterine)，チミジン (thymidine) を含む組織培養培地．チミジンキナーゼ欠損突然変異細胞 (TK^-) とヒポキサンチン-グアニン-ホスホリボシルトランスフェラーゼ欠損突然変異細胞 ($HGPRT^-$) は，アミノプテリンがプリンおよびピリミジンの新生 (de novo) 合成を阻害するために，HAT 培地上では生育できない．通常の TK^+HGPRT^+ 細胞は，培地中のヒポキサンチンとチミジンを用いて再利用経路*によりヌクレオチドを合成し生育することができる．HAT 培地は，TK^+HGPRT^- ミエローマ (骨髄腫) 細胞と抗原刺激を受けた TK^-HGPRT^+ 脾臓細胞を混合することで現れるハイブリドーマ*を選択するのに用いられてきた．HAT 培地で生育する TK^+HGPRT^+ 雑種細胞は，免疫抗原に特異的なモノクロナール抗体を産生しているかどうかについて調べられる．⇨ 付録 C (1964 Littlefield; 1967 Weiss, Green)．

ハーディー-ワインベルグの法則 [Hardy-Weinberg law]　交配が無作為に行われ，選択，移住ならびに突然変異のない無限に大きな交配集団において，遺伝子頻度および遺伝子型頻度のいずれも代々一定であるという法則．一対の対立遺伝子 (A と a) を考え，A と a をもつ生殖細胞の頻度はそれぞれ p および q とする．平衡状態で，遺伝子型の階級の頻度は $p^2(AA)$，$2pq(Aa)$，$q^2(aa)$ で

ある．⇨付録C（1908 Hardy, Weinberg）．

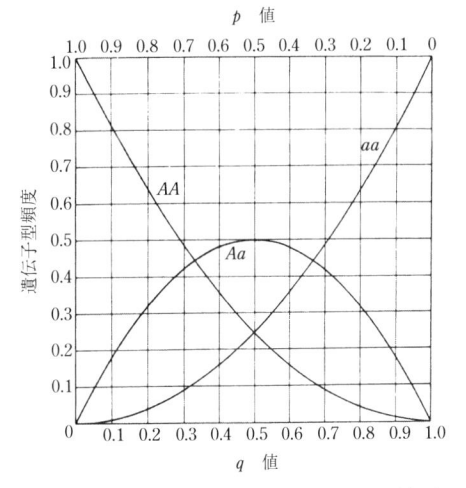

ハーディー-ワインベルクの法則から予測される遺伝子Aまたはaの頻度と遺伝子型AA, Aa, aaの頻度との関係

ハト［pigeon］ 伝書バト．飼育品種には次のようなものがある: carneaux, dragoon, white Maltese, white king, fantail, pouter, tumbler, roller, Jacobin, barb, carrier pigeon, ptarmigan. *Columbia livia domestica* の種に属する．

波動毛［undulipodium］ 11本の微小管を含む円筒形のシャフトで囲まれた細胞の突起．2本の微小管を中心として9本の周辺小管が囲んでいる．周辺小管はダブレットから構成される．繊毛や鞭毛*が例として挙げられる．⇨軸糸．

波動毛の起源に関する共生説［symbiotic theory of the origin of undulipodia］ 波動毛の獲得は，真核生物の祖先とスピロヘータとの運動性共生の結果である，とする説でL. Margulisにより提唱された．

パトー症候群［Patau syndrome］ ヒトの13番染色体が1本過剰になることに起因する一連の明確な先天異常．13トリソミー症候群（trisomy 13 syndrome）あるいはD_1トリソミー症候群（D_1 trisomy syndrome）ともよばれる．⇨ヒトの有糸分裂染色体．

花［flower］ 被子植物*の分化した生殖器官．完全花は雌ずいと雄ずいの両者をそなえ，不完全花は雌ずいか雄ずいのどちらかをもつ．機能的な雄花または雌花のみをもっている植物を雌雄異株という．両性の不完全花をもつ植物（例：トウモロコシ），完全花をもつ植物（例：エンドウ），さらには雄花，雌花および完全花をもつ植物（例：アメリカハナノキ）などを雌雄同株という．⇨

雌雄両花具有［の］．

Panagrellus redivivus 自由生活をする線虫で，発生遺伝学の研究が進められている．主として *Caenorhabditis elegans* と比較される．*Caenorhabditis*とは異なり，XXが雌，XOが雄である．すでに細胞系譜*が部分的に知られている．

花束状配列［bouquet configuration］ ⇨減数分裂．

バナナ［banana］ 熱帯地方の多年性巨大草本．二倍体の種子のできる（稔性の）種 *Musa acuminata* と *M. balbisiana* のゲノムは，AAおよびBBと表記されることがある．栽培種の大半は，種子のできない（不稔性の）三倍体で無性的（栄養的）に繁殖する．三倍体（AAA, ABB, AAB）では，花粉が形成できず，受粉されなかった子房は，生長して，種のない食べられる果肉をもつ果実となる．単為結実は，三倍体内の少なくとも三つの優性の相補的遺伝子の存在により促進される．⇨バショウ科，単為結実．

パパイン［papain］ パパイヤ果実の乳液から分離されたタンパク質分解酵素．

パフ［puff］ ⇨染色体パフ．

ハプテン［hapten］ 不完全抗原．それ自身では抗体形成を誘発できないが，より大きな担体分子（例：タンパク質）と結合されることにより抗体を形成しうる物質．複合ハプテンは特異的抗体と反応し沈降物を生じさせ得るのに対し，単純ハプテンは血清学的沈降物を生じさせることができない一価物質である．

ハプトグロビン［haptoglobin］ 血漿糖タンパク質で，ヘモグロビンと安定な複合体を形成してヘム鉄の再利用を助ける働きをもつ．ヒトではこのタンパク質は，16番染色体上の遺伝子にコードされている．

バブル［bubble］ 二本鎖DNAの複製のために，鎖がほどけた部位に見られる構造．

ハプロ［haplo-］ 特定の染色体を示す記号がうしろにある場合の接頭語のハプロは，体細胞にその示した染色体対の1本を欠いている個体をさす．ショウジョウバエにおいて，ハプロ-IVは第4染色体のモノソミーであることを意味する．

ハプロタイプ［haplotype］ 関連遺伝子のクラスターにおける連鎖した対立遺伝子の特定の組合わせを表す．haploid genotypeを縮めた言葉．特定の個体の1本の染色体上にある主要組織適合性複合体*の，対立遺伝子の組合わせを表すのによく用いられる．⇨表現型群．

Haplopappus gracilis 染色体数が最少（$N=2$）で，細胞学者によって研究されている顕

花植物. ⇨ 付録A（双子葉植物綱，キク目）．

ハーベイマウス肉腫ウイルス [Harvey murine sarcoma virus] 11番染色体上の細胞性がんプロトオンコジーンである c-ras^H に相同ながん遺伝子 v-ras^H をもったウイルス．⇨ T24 がん遺伝子．

パポーバウイルス [papovavirus] ウサギ，イヌ，ウシ，ウマ，ヒトの乳頭腫の原因となる動物 DNA ウイルスの一群（SV40，ポリオーマを含む）．

ハマダラカ属 [Anopheles] カの約150種を含む属で，その多くは医学的に重要である．A. gambiae はアフリカにおける主要なマラリア媒介昆虫である．ほかに，A. funestus, A. quadrimaculatus, A. atroparvus, A. nili, A. moucheti および A. pharoensis も媒介昆虫である．多糸性染色体は幼虫の唾液腺および成虫の卵巣の哺育細胞に生じる．同胞種は多糸性染色体のバンドパターンの差異によって区別できることが多い．⇨ マラリア，マリナー因子，ミノス因子．

パーミアーゼ [permease] 細菌の膜結合タンパク質．特定の物質を細胞の外側または内側へ輸送する働きをもつ．輸送タンパク質（transport protein）とよばれることもある．大腸菌では，ラクトースパーミアーゼはラクトースを能動的に細胞内に取込む．

vermilion 遺伝子記号 v．キイロショウジョウバエの伴性劣性眼色突然変異．これは生化学的に解明されたショウジョウバエの突然変異の最初の例である．vermilion 遺伝子は，トリプトファンをホルミルキヌレニン*に変換する酵素，トリプトファンオキシゲナーゼをコードする．これはショウジョウバエの眼の褐色色素であるキサントマチンに至る一連の反応の第一段階にあたる．v の突然変異対立遺伝子をもつ幼虫の培地中に，ホルミルキヌレニンを添加してやると，発生する成虫は正常な眼色を示す．最初に分離された vermilion 突然変異はトランスポゾン*の挿入によって生じたものである．⇨ 付録C（1935 Beadle, Ephrussi），ショウジョウバエの眼の色素顆粒．

バーミリオンプラス物質 [vermilion plus substance] ホルミルキヌレニンのこと．キイロショウジョウバエにおける，この化合物の合成が vermilion のプラス（+）型，すなわち野生型対立遺伝子に支配されていることに由来している．

ハミルトンの社会行動についての遺伝理論 [Hamilton's genetical theory of social behavior] W. D. Hamilton によって提唱された説で，利他行動が血縁者の適応度を上げることによって進化しうることを説明する．この説は，社会行為が行為者の包括適応度を上昇させるならば，自然選択に有利に働くと主張する．包括適応度は，個体自身の適応度のみならず，その個体が遺伝的に近縁な個体の適応度に及ぼす効果も含む．この着想は，形質を発現している個体自身の生殖に及ぼす効果ではなく，その個体が血縁者の生殖に及ぼす効果によって集団中の対立遺伝子の頻度が変化することにある．このために，Hamilton の説は"血縁選択"とよばれることも多い．たとえば，不妊の働きバチが飢えた自分自身ではなく，妊性をもつ女王バチに餌を与えるように行動させる突然変異は，働きバチ自身の適応度は低下させるにもかかわらず，その行為が近親者の適応度を上昇させるために，働きバチの包括適応度を上昇させることになろう．

Bam HI ⇨ 制限酵素．

ハムスター [hamster] 一般的な実験用齧歯類．⇨ チャイニーズハムスター，ゴールデンハムスター．

速い成分 [fast component] 1. 再結合反応速度論では，高度反復 DNA 配列を含む最初に会合する画分のこと．2. 電気泳動では，一定時間内に泳動開始点から遠いところまで移動する分子をいう．

パラクリン ＝ 傍分泌．

Paracentrotus lividus 分子発生遺伝学に広く使われている一般的なウニ．⇨ 棘皮動物．

バラ属 [Rosa] 広範に交雑されたバラを含む属名．園芸用に栽培される種として R. centifolia, R. damascena, R. multiflora がある．

パラダイム [paradigm] 科学論文でさまざまな意味で使われる用語．広い意味ではモデル，仮説，理論の同義語として使われる．最も一般的には，より一般的な現象に対してモデルあるいは原型となるような既知の事例を指すのに用いられる．より狭い意味では，ほかのすべてにとって代わるような有力モデルをいう．自然選択による進化というダーウィンの理論はそのようなパラダイムの例である．新しい発見とモデルを適合させるために，パラダイムが訂正されることもありうる．その例としては，一遺伝子-一酵素から一遺伝子-一ポリペプチドへのパラダイムの変更が挙げられる．

パラトープ [paratope] エピトープと特異的に相互作用する，免疫グロブリン Fab 内の部位をいう．

パラフィン切片 [paraffin section] パラフィンに包埋し，ミクロトームで切断した組織切片のこと．顕微鏡による研究用の組織の調製に使われる古典的手法．⇨ 付録C（1860 Klebs）．

パラメトリック統計学［parametric statistics］⇨統計学．

パラログ［paralog］　同じ種に二つ以上ある遺伝子で，塩基配列がよく似ていることから，同一の祖先遺伝子から生じたと考えられるもの．ヒトヘモグロビンのα鎖とδ鎖の遺伝子座は，パラログ遺伝子の例である．パラロガス（paralogous）という形容詞は，一つの種の反復DNAの塩基配列の比較についていうのに用いられる．たとえば，Aという種の異なる染色体上のrRNA遺伝子は，配列構造上，均一であり，Bという種についても同様であるかもしれない．これは，パラロガスな比較である．しかし，AとBという種のrDNAを比較した場合には，より不均一であるかもしれない．これは，オルソロガスな比較である．⇨オルソログ．

Variola major　天然痘ウイルス．

バリノマイシン［valinomycin］⇨イオノフォア．

バリン［valine］　略号 Val．⇨アミノ酸．

パリンドローム［palindrome］　相補鎖上で5′→3′方向に同じ配列が存在するようなデオキシリボヌクレオチド塩基対の配列．縦列逆方向反復配列のこと．

例：5′AATGCGCATT3′
　　3′TTACGCGTAA5′

パリンドロームは制限酵素，RNAポリメラーゼなどの酵素の認識部位となっている．⇨十字型構造．

バルザーのフリーズフラクチャー装置［Balzer freeze-fracture apparatus］⇨フリーズエッチング．

Bal31 エキソヌクレアーゼ［Bal31 exonuclease］　線状二本鎖DNA断片を両端から消化するヌクレアーゼ．この酵素は，*in vitro*で制限酵素断片を短くするのに用いられる．短くなった断片をDNAリガーゼ*によってつなぎ，欠失突然変異をつくることができる．⇨制限酵素．

パルス–チェイス実験［pulse-chase experiment］　巨大分子の前駆体を放射性標識し，細胞に短時間さらした後（パルス），標識されていない前駆体のみを含む培地で培養することで標識された前駆体の代謝を追跡する（チェイス）実験技法．

パルスフィールド勾配ゲル電気泳動［pulsed-field gradient gel electrophoresis］　直角方向の電場を交互にパルス状にかけることでDNA分子を分離する技法．酵母のゲノムを40〜1800 kbにわたる大きさに染色体のまま分離することができ

る．⇨付録C（1984 Schwartz, Cantor）．

バルビアニ環［Balbiani ring］　幼虫発生のかなりの期間にわたって唾腺細胞の多糸染色体に見られる巨大なRNAパフ．最も大きく，最も詳しく研究されているバルビアニ環は，ユスリカの一種，*Chironomus tentans*の4番染色体上のものである（図参照）．これらのパフの一つであるBR2の転写産物は75S RNAで，唾液中の巨大なポリペプチド鎖のmRNAをコードしている．バルビアニ環は，何千ものDNAループをもち，そこでmRNAが転写されている．これらのmRNAは，タンパク質と結合してRNP粒子（バルビアニ環粒子）を形成し，核孔を通って細胞質に移動する．

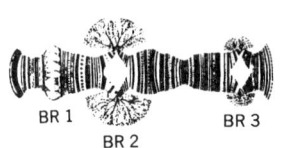

*Chironomus tentans*の唾腺4番染色体．（上）パフ形成していないBR2．（下）パフ形成期のBR2．BR2の位置は矢印で示してある．

バルビアニ染色体［Balbiani chromosome］多糸染色体．このような縞模様の染色体は，1881年に E. G. Balbiani がユスリカ（*Chironomus*）の幼虫で最初に発見した．

ハーレキン染色体［harlequin chromosome］⇨5-ブロモデオキシウリジン．

ハロゲン［halogen］　フッ素（F），塩素（Cl），臭素（Br），ヨウ素（I）．

ハロゲン化物［halide］　フッ化物，塩化物，臭化物，ヨウ化物．

パロラルコーン［paroral cone］　接合中の繊毛虫の口部にある突起物．相手の体内にまで突き出されている．パロラルコーン内の半数体核は生き残るが，ほかはすべて退化する．⇨接合．

汎下垂体機能低下［症］［panhypopituitarism］⇨下垂体性小人症．

半価層［half-value layer］　略号 HVL．放射線の線量を半減する特定の物質の厚さ．

盤割［discoidal cleavage］　大きな卵黄のかたまりの表面で起こる卵割．

パンクレオザイミン［pancreozymin］　十二指腸より分泌されるホルモン．膵臓の消化酵素の

分泌を促す.

パンゲア [Pangaea] ⇨ 大陸移動説.

パンゲネシス [pangenesis] パンゲン説ともいう. Darwin の時代に人気があったが現在ではすたれてしまった, 発生に関する理論. 体のさまざまな部分から微粒子（パンゲン）がにじみ出て配偶子に入ることで, 両親の特徴が子孫で混ざり合うということを提唱した.

半減期 [half-life] 1. 生体が, 投与された物質のうち半分の量を排出するのに要する時間. この時間はどの元素においても, 安定同位体と放射性同位体の間で差はない. 2. 放射性物質のうち半分の量が崩壊して別の物質になるのに要する時間. 放射性核種はそれぞれ特有の半減期をもつ.

パンゲン説 = パンゲネシス.

半合成抗生物質 [semisynthetic antibiotic] 天然に存在する抗生物質に化学的に修飾を施し, 安定性を高めたもの.

パン酵母 [Saccharomyces cerevisiae] 醸造およびパンの製造に用いられる出芽酵母の一種. 醸造用と製パン用の酵母は特別な性質をもつ. パン用の酵母は醸造用酵母よりも5倍も早くパンを膨らませるが, ビールには好ましくない酵母特有の香りがし, 沈殿しにくい. 栄養分が十分ある場合, 野生型のパン酵母は二倍体細胞として増殖する. 飢餓状態では, 減数分裂を行って半数体の胞子を形成する. これらの胞子は後に発芽し, 半数体細胞として増殖するか, さもなければ融合して二倍体に復帰する. パン酵母は全ゲノムの配列が決定された最初の真核生物である. ゲノムは 12,068,000 bp からなり, 17本の染色体に分かれている. 5885 個の ORF がゲノムのおよそ70%を構成する. 遺伝子のたった4%だけがイントロン*をもつ. 分裂酵母 Schizosaccharomyces pombe の遺伝子の40%がイントロンをもつことからみて, これは異例である. パン酵母では, 140個の rRNA 遺伝子が, 12番染色体上に大きな縦列配列として存在する. snRNA の40個の遺伝子と tRNA の 275 個の遺伝子は, すべての染色体に散在する. パン酵母は, 細胞周期の進行の遺伝的制御を研究するのにとりわけよく用いられる. ⇨ 付録A（真菌界, 子嚢菌門）, 付録C（1949 Ephrussi et al.; 1973 Hartwell et al.; 1974 Dujon et al.; 1979 Cameron et al.; 1980 Clark, Carbon; 1992 Oliver et al.; 1996 Goffeau et al.; 1999 Galitsky et al.）, 付録E（個別のデータベース）, 芽, カセット, 動原体, 遺伝暗号, ミトコンドリア DNA, 全能サプレッサー, オーファン, プチ, Ty 因子, 普遍暗号説, 酵母人工染色体（YAC）.

半四分子分析 [half-tetrad analysis] ショウジョウバエにおける付着X染色体の場合のように, 四分染色体の4本の染色分体のうちの2本が回収できる場合の組換え分析.

半種 [semispecies] 発端種.

晩熟性[の] [altricial] 脊椎動物に見られる個体発生の型. いっぺんにたくさんの子を生むこと, 懐胎期間が短いこと, 比較的発生が進んでいない未熟な形で生まれることなどが特徴である.

繁殖 [breeding] 飼育ともいう. 植物および動物を人為的に繁殖させること.

繁殖規模 [breeding size] 集団中の実際に生殖に関与する個体数.

繁殖性 = 生産力.

繁殖成功度 [reproductive success] ある個体について, 生き残って生殖しうる子供の数. ⇨ 適応度.

繁殖力 [fecundity] 産卵力, 生殖力ともいう. 繁殖能力, もしくは反復受精能力. ことに, ある一定期間中に1個体が生産することのできる配偶子数, 特に卵の数をいう. ⇨ 稔性.

半翅類 [hemipteran] ナンキンムシなど多くの半翅類昆虫が属する目. ⇨ 付録A.

半数体・半数性 [haploid, haploidy] 細胞または生物が生活環の中で, 染色体を1セットもつ状態や段階をさす. N は, ある種について, 正常な半数体染色体の数をいい, C は, 半数体のDNA量をいう. ⇨ 常染色体, 染色体組, 二倍体, 部分接合体, 性染色体.

半数体化 = 単相化.

半数体生物 = 単相生物.

半数単為生殖 = 単相単為生殖.

半数致死線量 [median lethal dose] 略号 MLD. 一定期間内に生物集団の50%の個体を殺すのに要する放射線量. LD50と同義.

伴性 [sex linkage] ある表現型（一次性徴, 二次性徴と関係のない表現型であることも多い）を支配する遺伝子が, X染色体上にある場合の連鎖の型. この連鎖のため, ある種の交配ではこの表現型の特徴は異型配偶子性の個体でのみ観察され, 正逆交雑*による差が見られる. また同型配偶子性の個体にはこうした特徴はまれにしか見られない. Y染色体上に遺伝子がある場合には, 異型配偶子性の個体にのみ影響する. ⇨ 付録C（1820 Nasse; 1910, 1911 Morgan）, 性染色体.

伴性導入 [sexduction] 細菌の遺伝物質の一部が性因子 F によって別の細菌に移行する過程.

Hansenula wingei 交配型*の遺伝的支配に関する情報を提供してきた酵母.

半染色分体変換 [half-chromatid conversion] ⇨ 染色分体変換.

ハンセン病病原菌[leprosy bacterium] ハンセン病を起こす *Mycobacterium leprae* の種。ハンセン病病原菌と結核菌*(*Mycobacterium tuberculosis*)は、共通の祖先から進化した。ゲノムの比較を下に示す。

特徴	M. leprae	M. tuberculosis
ゲノムサイズ（Mbp）	3.2	4.4
タンパク質をコードする遺伝子	1604	3942
偽遺伝子	1116	0

M. leprae のゲノムの約27%は、偽遺伝子*であるが、*M. tuberculosis* の相当する遺伝子は、機能をもっている。1604個の *M. leprae* の活性のある遺伝子のうち1440個は、*M. tuberculosis* にも存在する。*M. leprae* は、*M. tuberculosis* に比べて、はるかに縮小進化*をとげたといえる。

反足細胞[antipodal] 大胞子形成期に形成される3個の単相核の一つをいう。トウモロコシでは有糸分裂的に分裂し、最終的には20〜40個の反足細胞群を形成する。これらの細胞は若い胚の栄養補給を促進する。⇨ 重複受精。

半致死突然変異[semilethal mutation] 突然変異をもつ遺伝子型の個体の50%以上が致死となるが、全個体には致死作用が及ばないような突然変異。

hunchback ショウジョウバエのこの突然変異は、分節化遺伝子のうちギャップクラスに属し、母性極性遺伝子 *bicoid*（*bcd*）と相互作用する。*bcd* がコードするタンパク質は、染色体上の *hb* 転写開始点上流に結合し機能する。この部位に結合が起こると *hb* 遺伝子が活性化され、その産物は頭部および胸部に存在する特定細胞の発生を促進する。⇨ 付録C(1989 Driever, Nüsslein-Volhard), 接合体分節突然変異体, ビコイド。

反跳エネルギー[recoil energy] 原子の放射性変換の際に生じた正電荷をもつイオンに付与されるエネルギー。高エネルギー β 粒子が同時に放出される。

半地理的種分化 ＝側所的種分化。

ハンチントン病[Huntington disease] 略号HD。手足や顔面の筋肉の不規則なけいれん性不随意運動、精神機能の低下、ならびに発症後通常20年以内の死亡を特徴とするヒトの神経系疾患。HDは常染色体優性の遺伝病で、浸透度は100%である。症状はふつう、患者が35歳から40歳になるまで現れない。HDの遺伝子は、4番染色体の p16.3 に位置する。この遺伝子は、機能不明のタンパク質、ハンチンチン（huntingtin）をコードする 10 kb の転写物をつくる。突然変異は、この遺伝子の 5′ 末端にある多型的な CAG リピート内に起こる。この CAG リピートは不安定で、HD 患者では拡大する。発病年齢はこの反復の長さと反比例する。ヒトの HD と相同な遺伝子は、マウスおよびフグでみつかっている。ヒトの HD が 170 kb の長さであるのに対し、フグの HD 遺伝子はゲノム DNA で 13 kb を占めるにすぎないが、67 のエクソンのすべてが保存されている。これらのエクソンの大きさは、フグとヒトで似ているが、イントロンの大きさはフグの方がずっと小さい。ヒトのイントロンの大きさは 131 bp〜12,286 bp であるのに対し、フグでは 47 bp〜1476 bp の範囲である。⇨ 付録 C（1979 Wexler et al.; 1993 MacDonald; 1995 Baxendale et al.), トラフグ、親による刷込み、トリヌクレオチドリピート。

反転ループ対合[reverse loop pairing] ⇨ 逆位。

バンド[band] 1. 電気泳動図*では、染色、オートラジオグラフィー、免疫蛍光などによって可視化された、特定の大きさの分子の集合を含むゲル上の領域をいう。2. 染色体研究においては、体細胞対合した染色体束内で、多数の相同染色体が同じ位置で特異的に結合することによって生じた多糸染色体上の縦縞をいう。⇨ バルビアニ環、欠失ループ、ショウジョウバエの唾腺染色体、ヒト染色体バンドの名称。

半同胞交配[half-sib mating] 片親が同じきょうだい間の交配。

半透膜[semipermeable membrane] 分子を選択的に透過させる膜。

パントテン酸[pantothenic acid] 補酵素 A* のサブユニットとして機能する水溶性ビタミン。

$$HO-CH_2-\underset{\underset{CH_3}{|}}{\overset{\overset{CH_3}{|}}{C}}-\underset{\underset{}{|}}{\overset{\overset{OH}{|}}{CH}}-\overset{\overset{O}{\|}}{C}-NH-(CH_2)_2-COOH$$

パンネットのスクエア[法][Punnett square] パンネットの方形ともいう。両親に由来する配偶子間の融合によってつくられる接合体のタイプを求めるのに広く使われる方法で、碁盤目状の表を用いる。この結果から、遺伝子型や表現型の比が計算できる。この表は、R. C. Punnett が 1911 年に出版した "Mendelism" と題する教科書の中で初めて使われた。

反応規格[norm of reaction] ある特定の遺伝子型から生じる表現型が、その種の自然に生息する環境下、あるいは標準的な培養、実験条件下で示す多様性。⇨ 適応規格。

万能供血者［universal donor］　O型血液をもつ個体．O型，A型，B型，AB型の受血者に血液を与えられる．⇨血液型．

万能受血者［universal recipient］　AB型血液をもつ個体．AB型，A型，B型，O型のいずれの輸血者からの血液も受けられる．⇨血液型．

半倍数体［haplodiploidy］　ミツバチなどいくつかの動物でみられる遺伝システム．雄は未受精卵から発生し，半数体（一倍体）であるが，雌は受精卵から発生し，二倍体である．

半反応時間［half reaction time］　＝コット値（cot value）．

板皮類［placoderm］　顎のある最初の脊椎動物を代表する軟骨魚類．化石は後期シルル紀に出現し，前期二畳紀までの間残存している．

反復［repeat］　短い縦列反復*のこと．

反復遺伝子［repetitive gene, reiterated gene］　特定の染色体上に多数のコピーがクラスターを形成して，存在する遺伝子．リボソームRNA遺伝子，tRNA遺伝子，ヒストン遺伝子は縦列反復遺伝子族の例である．⇨多重遺伝子族．

反復遺伝子族［repeated gene family］　＝多重遺伝子族（multigene family）．

反復エピトープ［repeated epitope］　⇨スポロゾイト．

反復親［recurrent parent］　＝戻し交雑親（backcross parent）．

反復危険率　＝再発危険率．

反復単位［repeating unit］　縦列反復において繰返し存在する塩基配列の長さ．

反復DNA［repetitious DNA］　繰返しDNAともいう．染色体DNA中に繰返し出現するヌクレオチド配列．たとえば，カンガルーネズミでは，そのゲノムの50%以上が3種類の配列-AAG，TTAGGG，およびACACAGCGGG-で占められ，それぞれが10～20億回も繰返されている．この種の配列は高頻度反復とよばれる．縦列に並んだこのような高頻度反復配列は局在する場合がある．たとえば，*Drosophila nasutoides* では，このような反復配列は4本の染色体のうちの1本に限られる．高頻度反復配列はまた構成異質染色質*内にも局在する．散在性の高頻度反復配列には，短散在因子（short interspersed element）と長散在因子（long interspersed element）の2種類のクラスがあり，それぞれSINEおよびLINEと略記される．SINEは通常500 bp以下で，10^5～10^6コピー存在する．ヒトのAluファミリー*はSINEの一種である．LINEは5 kb以上の長さのDNAで，ゲノム当たり少なくとも10^4コピーみられる．ヒトゲノムはLINEの一つのファミリー（L1）を含んでいる．このファミリーにはレトロトランスポゾン*がみられる．中間反復DNA（middle repetitive DNA）は100～500 bpからなり，100～10,000回反復する．このクラスの反復DNAは，rRNAやtRNAに転写される遺伝子を含む．⇨付録C（1966 Waring, Britten; 1968 Britten, Kohne; 1970 Pardue, Gall; 1978 Finnegan *et al.*; 1988 Kazazian *et al.*）．C値パラドックス，カンガルーネズミ，X染色体の不活性化．

反復発生［recapitulation］　発生過程にある個体の各ステージは代々の先祖の成体（成熟個体）に似た形を経由するという説．Ernst Haeckelにより提唱された．この概念は，"個体発生は系統発生を繰返す" という言葉で言い表され，"生物発生原則" とよばれることもある．

反復頻度［repetition frequency］　あるDNA配列の，半数体当たりに存在するコピー数．

半不稔性，半不妊性［semisterility］　マツヨイグサの交配でヘテロ接合体のみが継代される場合のように，接合体の半分以上が致死になること．⇨平衡致死系．

半不連続的複製［semidiscontinuous replication］　DNA複製の一様式で，新しいDNA鎖の一方が連続的に合成され，もう一方が岡崎フラグメントを介し不連続的に合成される．⇨DNA複製．

半保存的複製［semiconservative replication］　DNA複製の機構．DNA二重らせんが1本ずつに分かれた後，それぞれが保存されて新しいDNA鎖合成の際の鋳型となる．⇨付録C（1957 Taylor *et al.*; 1958 Meselson, Stahl; 1963 Cairns; 1964 Luck, Reich），保存的複製．

ハンマーヘッド型リボザイム［hammerhead ribozyme］　タバコ輪点ウイルスなど，植物RNAウイルスのゲノム上に発見されたRNAの折りたたみ構造．ウイルスはローリングサークル機構によって複製し，コンカテマー分子を生ずる．この分子は，ハンマーヘッド型の構造をとることで，自動的に切断され，1単位のゲノム分子を生ずる．⇨ヘアピン型リボザイム，ローリングサークル，ウイロイド．

汎民族的［panethnic］　さまざまな民族集団に見られる遺伝病をいうときに用いる．

繁茂［luxuriance］　種間の交雑においてしばしばみられる高度の栄養成長．雑種強勢*の特殊な特徴の一つ．

半優性［semidominance］　部分優性（partial dominance）ともいう．ある遺伝子についてヘテロ接合の個体が中間的な表現型を示すこと．⇨

不完全優性.

汎流行性[の][pandemic] 世界各地のヒトの集団に同時に流行する病気を表すときに用いる.

半わい性[の][semidwarf] 純粋に遺伝学的興味の対象である極端に背の低いわい性コムギと農業上重要な突然変異体を区別するための用語. 半わい性コムギは高さでは標準品種の1/2〜2/3程度であるが収穫は多い.

ヒ

p 1. ヒト染色体の短い方の腕. ⇨ ヒトの細胞遺伝学上の記号. 2. タンパク質を表す記号. この後ろに数字が付いている場合，そのタンパク質の相対分子量をキロダルトン単位で表したものになる. ⇨ p53. 3. プラスミドを表す記号. たとえば，pBR322*.

P 1. 確率. 2. リン. 3. リン酸塩（ADP，ATP のような略号に用いられる). 4. 任意交配指数*.

pI 等電点*の略号.

P$_i$ 無機リン酸.

PIR データベース [PIR databases = Protein Information Resources databases] ⇨ 付録 E.

Pro [Pro = proline] = プロリン. ⇨ アミノ酸.

BRCA1，BRCA2 ⇨ 乳がん感受性遺伝子群.

PRD ドメイン，PRD リピート [PRD domain, PRD repeat] ⇨ *paired*.

BrdU [BrdU = 5-bromodeoxyuridine] = 5-ブロモデオキシウリジン.

ヒアルロニダーゼ [hyaluronidase] ヒアルロン酸を分解する酵素.

ヒアルロン酸 [hyaluronic acid] 卵のゼリー層や結合組織の細胞間質に多量に存在するムコ多糖類. グルコサミン，グルクロン酸からなる重合体である.

D-グルコサミン　　D-グルクロン酸

PER *period**という遺伝子がコードするタンパク質.

P$_1$ F$_1$ 世代の両親を表す記号. P$_1$ からさかのぼる場合，P$_2$ および P$_3$ は，それぞれ祖父母および曾祖父母を示す. この遺伝学的記号は W. Bateson によって考案された. ⇨ 付録 C (1902-1909 Bateson).

B$_1$，B$_2$，B$_3$ 戻し交雑の第一代，第二代，第三代. いずれか一方の親または親と同一の遺伝子型をもっている個体との交雑（1 回目の戻し交雑）により生じた子を B$_1$ 世代という. B$_1$ 個体をさらに 1 回目の戻し交雑の親と同一の遺伝子型の個体と交配させることにより 2 回目の戻し交雑が行われる.

P1 ファージ [P1 phage] 大腸菌の形質導入実験に広く使われる溶原性ファージ. ゲノムは約 90 kb の線状二本鎖 DNA 分子で，末端が重複した繰返し構造をとる. ⇨ 循環順列配列.

非遺伝学的継承 [exogenic heredity] 情報がヒトの知識や精神に由来するさまざまな産物（書物や法律，発明など）として世代から世代へ受け継がれていくこと.

非遺伝的性決定 [phenotypic sex determination] 非遺伝的刺激による生殖腺の発達の制御. たとえば，ある種のカメでは受精卵の孵卵温度により性的発生のタイプが決定される.

BEV [BEV = baculovirus expression vector] = バキュロウイルス発現ベクター. ⇨ バキュロウイルス.

P 因子 [P element] ショウジョウバエの転移因子で，一つのタイプの交雑発生異常*の原因となる. P 因子は大腸菌のプラスミドにクローニングされている. P 因子をもつ DNA 分子をショウジョウバエの胚に注入すると，P 因子のいくつかが生殖細胞系の染色体に組込まれ，子孫に伝達される. 活性をもつ自律性の P 因子は全長が 2.9 kb で，両端に 31 bp の逆方向反復配列をもつ. P 因子には四つのエクソン（ORF0, 1, 2, 3 で表される）がある. 四つのエクソン全体で，87 kDa のトランスポゼースをコードし，最初の三つのエクソンは 66 kDa のリプレッサーを指定する. P 因子はキイロショウジョウバエで発見されたが，この姉妹種にはみられない. *Drosophila willistoni* やその近縁種では P 因子はふつうにみられる. キイロショウジョウバエの P 因子は，1950 年代に *D. willistoni* から受取ったものと信じられている. この水平伝達は外部寄生性のダニによって行われたらしい. ⇨ 付録 C (1982 Bingham *et al*.; 1991 Houck *et al*.; 1994 Clark *et al*.). 水平可動因子，乱交雑 DNA，転移因子，トランスポゾン標識法.

P因子形質転換 [P element transformation] 外来の DNA 断片をもつ転移性 P 因子を使って，ショウジョウバエの生殖系列細胞に特定の DNA 断片を導入すること． ⇒ 付録 C (1982 Spradling, Rubin)．

PAGE [PAGE = polyacrylamide gel electrophoresis] = ポリアクリルアミドゲル電気泳動． ⇒ 電気泳動，ポリアクリルアミドゲル．

Phe [Phe = phenylalanine] = フェニルアラニン． ⇒ アミノ酸．

Pfu DNA ポリメラーゼ [Pfu DNA polymerase] 細菌 Pyrococcus furiosus の DNA ポリメラーゼ．その $3' \to 5'$ エキソヌクレアーゼ活性は，読み誤りを正す機能をもつので，市販の耐熱性 DNA ポリメラーゼの中で，エラーが最も低い．Taq DNA ポリメラーゼ* は，複製物の末端に余分に A を一つ付加するが，この DNA ポリメラーゼにより合成された複製物の末端は，平滑末端である． ⇒ 極限環境微生物．

P-M 交雑発生異常 [P-M hybrid dysgenesis] ⇒ 交雑発生異常，M 系統，P 系統．

非塩基性染色体タンパク質 [nonbasic chromosomal protein] 染色体に結合する酸性または中性のタンパク質（したがってヒストン* ではない）．例：DNA ポリメラーゼなどの酵素．

ピオシン [pyocin] ⇒ バクテリオシン．

ビオチン [biotin] カルボキシル化を触媒する酵素の補因子として作用するビタミン．抗生物質ストレプトアビジン* はこのビタミンに高い親和性をもつ．

ビオチン化 DNA [biotinylated DNA] ビオチンでラベルした DNA プローブ．ビオチン化されたデオキシウリジン三リン酸はニックトランスレーション* によって分子に取込むことができる．プローブは，たとえばスライド上の変性多糸染色体などの標本のハイブリダイゼーションに用いられる．ビオチンの位置は，発色剤と結合したストレプトアビジン分子と複合体をつくらせることによって可視化できる．この技術はオートラジオグラフィーより時間がかからず，解像度がよい． ⇒ 付録 C (1981 Langer et al.)．

Biomphalaria glabrata ⇒ 住血吸虫症．

POU 遺伝子群 [POU genes] 互いに似た DNA 結合タンパク質をコードする遺伝子群．このファミリーは大きく，中枢神経系で発現している多くの遺伝子が含まれる．DNA 結合ドメインは，上流側にホメオボックス*，下流側に約 80 アミノ酸の POU 特異的ドメインから構成されている．POU という名前は，このファミリーに属することが初めて示された遺伝子（Pit-1, Oct-1, unc-86）の頭文字からとられた．Pit-1 は，マウス胚の脳下垂体，Oct-1 は，発生中，成体いずれにおいても，多くの組織で発現する．unc-86 遺伝子は，線虫において，ある特定の胚細胞の神経細胞への分化を促す． ⇒ 線虫，付録 C (1988 Herr et al.)．選択遺伝子．

光（ひかり） 光（こう）もみよ．

光活性化による架橋 [photoactivated crosslinking] 核酸（例：tRNA）と機能的に結合しているポリペプチド鎖（例：tRNA に対応する合成酵素）を架橋する技術．たとえば合成酵素-tRNA 複合体に紫外線を照射することにより行われる．この技術は，二つの分子の間で密接に接触している部分を調べるのに用いられる． ⇒ RN アーゼプロテクション．

光修復 [light repair] ⇒ 暗回復，光回復．

ヒキガエル属 [Bufo] この属の種の野生集団は集団遺伝学者によって広く研究されている．

Bq [Bq = becquerel] = ベクレル．

非球状赤血球性溶血性貧血 [nonspherocytic hemolytic anemia] ⇒ グルコース-6-リン酸デヒドロゲナーゼ欠損症．

非極性 [の] [nonpolar] アミノ酸の疎水性側鎖のような水に不溶の残基をいう．

非許容細胞 [nonpermissive cell] ⇒ 許容細胞．

非許容条件 [nonpermissive condition] 条件致死突然変異体が生存できないような環境設定．

ビークル [vehicle] = ベクター (vector)．

pK 解離定数* の略号．

P 系統 [P strain] ショウジョウバエでみられる P-M 交雑発生異常において父方として作用する系統．ゲノム中にいくつもの P 因子を含んでいる点で M 系統と遺伝的に異なる． ⇒ 交雑発生異常，M 系統，P 因子．

Bkm 配列 [Bkm sequence] GATA と GACA の繰返し構造をもつサテライト DNA で，アマガサヘビから初めて単離された．この種やほかの多くのヘビでは，この配列は W 染色体に集中している．Bkm 配列は鳥の W 染色体にもある． ⇒ W, Z 染色体．

ヒゲカビ属 [Phycomyces] Mucor（ケカビ属）や Rhizopus（クモノスカビ属）と同じ科に

含まれる属．*P. nitens* と *P. blakesleeanus* は遺伝学的研究によく用いられる．

PKU［PKU＝phenylketonuria］＝フェニルケトン尿症．

ビコイド［bicoid］　ショウジョウバエの突然変異で，母性極性遺伝子の前部クラスに属する．bc^+ 対立遺伝子は，卵形成中に卵母細胞の前端に局在する mRNA を転写する．この局在化は mRNA のトレーラー配列による．*bc* のタンパク質産物は，胚の前後軸に沿って指数関数的な濃度勾配で分布する．このタンパク質は，特定の DNA 配列に結合する一つのホメオボックス*をもち，頭部の構造を指定するいくつかの遺伝子の転写を活性化する．さらに，卵の中で均一に分布し，標的細胞の尾部の構造への分化を指定する母性 mRNA（caudal mRNA）が存在する．bicoid タンパク質のホメオドメインは，*caudal* の mRNA とも結合でき，その転写を阻害する．したがって，bicoid タンパク質の濃度が最も高い前部では，caudal タンパク質の翻訳は起こらないことになる．⇨ 付録 C（1988 Macdonald, Struhl; Driever, Nüsslein-Volhard），*hunchback*，母性極性突然変異，トレーラー配列．

B 抗原［B antigen］　⇨ A 抗原，B 抗原．

p53　細胞増殖を抑制するタンパク質．393 個のアミノ酸からなり，分子量は 53 kDa．ほとんどの正常組織で発現しており，進化の過程で高度に保存されている．p53 タンパク質は細胞が細胞周期の S 期に入るところを制御したり，転写調節やアポトーシス*の誘導にかかわる．このタンパク質は，四量体として DNA に結合し，サイクリン依存性キナーゼの抑制因子をコードする遺伝子の発現を促進する．⇨ サイクリン，*TP53*．

非コード[の]［noncoding］　ペプチド配列の産生を指令しない核酸分子内の区画についていう．⇨ DNA 骨格仮説．

ピコルナウイルス［picornavirus］　ごく小さな RNA ウイルスの一群．この名称は，pico（小さい）＋RNA＋virus から由来している．ポリオウイルスのグループに属する．

微細構造遺伝地図の作成［fine-structure genetic mapping］　ヌクレオチドのレベルまで下げた遺伝子内組換えの高度な分解能による分析．

B 細胞［B cell］　B リンパ球．⇨ リンパ球．

^{32}P　リンの放射性同位元素で，核酸を標識するのに汎用される．強い β 線を出し，半減期は 14.3 日．^{32}P は，1952 年の Hershey と Chase による有名な実験に用いられた．⇨ 付録 C（1952 Hershey, Chase）．

^{32}P 自殺法［^{32}P suicide］　ファージの DNA に取込まれた放射性リンの崩壊によるファージの不活化のこと．

pg　ピコグラム．⇨ ゲノムサイズ．

PCR［PCR＝polymerase chain reaction］＝ポリメラーゼ連鎖反応．

P 式血液型［P blood group］　ヒトの血液型の一種で，優性遺伝子 *P* によって指定される糖脂質抗原によって同定される．P 抗原はある種の系統の大腸菌のフィンブリエに結合する．このため，ヌル P 対立遺伝子についてホモ接合の人は，P 陽性の人に比べて感染を受けにくい．⇨ フィンブリエ．

被子植物［angiosperm］　顕花植物．被子植物上綱（⇨ 付録 A．植物界）に属する種の総称で，子房で包まれた種子をもつことが特徴．農業上重要な植物（針葉樹を除く）のほとんどすべてが被子植物上綱に属する．

非自生昆虫［anautogenous insect］　卵成熟のために餌を食べなければならない雌の成虫．⇨ 自生昆虫．

微絨毛［microvillus］　細胞の原形質膜が指のように突起したものをいう．

微小管［microtubule］　枝分かれのない細長い円柱状物質．外径は約 24 nm，中空になっており，その直径は約 15 nm，長さは最低でも数 μm はある．プロトフィラメントとよばれる鎖から成り，通常 13 本が含まれる．各プロトフィラメントはサブユニットの線状配列から成り，そのサブユニットは α チューブリン一つと β チューブリン一つから成る二量体である．微小管は細胞分裂，分泌，細胞内輸送，形態形成，繊毛および鞭毛運動において中心的な役割を担っている．⇨ 軸糸，チューブリン．

微小管重合中心［microtubule organizing center］　微小管形成中心ともいう．略号 MTOC．微小管を配置させる構造もしくは中心．生物によっては，中心粒とキネトソームが MTOC として機能する．また，単に繊維と顆粒の無定形な集合からなる MTOC をもつ生物もある．MTOC は RNA を含み，その増殖には RNA の複製を伴う．

微小欠失［microdeletion］　光学顕微鏡下では，検出できないほど微小な染色体の欠失．正常と欠失した DNA の塩基配列を比較することで検出できる．

微小繊維［microfilament］　マイクロフィラメントともいう．細胞内に伸びている直径 5～7 nm の繊維で，重合型のアクチンを含み，細胞構造の保持や移動に関与すると考えられている．

微小体［microbody］　真核細胞の細胞質中にみられる，直径が通常 1 μm 以下のオルガネラ．

微小体は，何種類かの機能的に関連する酵素を膜性の嚢内に含んでいる．微小体の例としては，グリコソーム，グリオキシソーム，およびペルオキシソームがある．

微小担体 [microcarrier] デキストランやその他の物質でできた極微小なビーズもしくは球体．細胞増殖に先立ってどこかに接着しなければならないような細胞を引寄せ，保持する目的で組織培養の際に用いる．⇨ 足場依存性細胞．

微小柱格子 [microtrabecular lattice] 細胞骨格の三つの主要な要素（微小管，微小繊維，中間径繊維）と互いに連絡している細いフィラメントがつくる網目構造．この三次元格子構造はフリーズエッチング法による試料調製により電子顕微鏡下で見ることができる．

微小ビーム照射 [microbeam irradiation] 顕微鏡レベルの直径のビームを使って細胞の部分へ選択的に電離放射線，紫外線を照射する．

ビスコンティ-デルブリュックの仮説 [Visconti-Delbrück hypothesis] ファージの組換えに関する仮説．それによると，バクテリオファージは，宿主に入ると増殖し，繰返し交差を行う．交差は任意の相手と対になって起こり，交差の過程で，一方の親ファージ由来の遺伝物質の断片が他の親由来の遺伝物質と交換され組換え体が生じる．⇨ 付録 C（1953 Visconti, Delbrück）．

ヒスチジン [histidine] 略号 His．⇨ アミノ酸．

ヒスチジンオペロン [histidine operon] ヒスチジン合成に関与する 9 個の遺伝子からなる *Salmonella typhimurium*（ネズミチフス菌）のポリシストロン性オペロン．

ヒスチジン血症 [histidinemia] ヒスチダーゼの欠如から生じるヒトの遺伝病．

ヒストグラム [histogram] 棒グラフ．

ヒストン [histone] 小型の DNA 結合タンパク質．塩基性アミノ酸に富み，リシンとアルギニンの相対量によって分類される．ヒストンは進化過程を通じて保存されている．たとえば，ウシの胸腺の H4 とエンドウの間では 2 箇所しか違わない．ヌクレオソーム*は，H2A，H2B，H3，および H4 をそれぞれ 2 分子ずつ含む．ヌクレオソームのコアとコアの間の DNA 領域には，H1 の単一分子が結合する．ヒストン H1 はヌクレオソームを互いに引きつけ，30 nm 繊維を形成する役割をもつ．核を溶解し，その内容物を電子顕微鏡で観察した際にみえるのはこの繊維である．精子の頭部が成熟する際には，ヒストンは分解され，プロタミン*で置き換えられる．⇨ 付録 C（1884 Kossel; 1974 Kornberg; 1977 Leffak *et al.*），クロマトソーム，ヒストン遺伝子，核タンパク質，ヌクレオソーム，ユビキチン．

ヒストン遺伝子 [histone gene] ウニとショウジョウバエのどちらにおいても，ヒストン遺伝子は反復し，集合している．ウニの一種 *Strongylocentrotus purpuratus* では，H4, H2B, H3, H2A, および H1 の遺伝子が一列に並んでいる．これらは同一の DNA 鎖から転写され，ポリシストロン性 mRNA を生じるが，それぞれは同じような長さのスペーサー DNA で仕切られている．ショウジョウバエでは，およそ 110 コピーのヒストン遺伝子があり，2 番染色体の 4 本バンドの一区画に位置する．遺伝子の並びは，H3, H4, H2A, H2B, H1 の順である．遺伝子の二つは 1 本の DNA 鎖から転写され，三つはもう一方の鎖から転写される．アフリカツメガエルの遺伝子の並びはショウジョウバエと同じである．ヒトでは，遺伝子の集合度は低く，さまざまな染色体（1, 6, 12, 22 番）上に位置する．ブチイモリ*（*Notophthalmus viridescens*）は 600〜800 コピーのヒストン遺伝子反復をもつ．転写中のヒストン遺伝子は，ランプブラシ染色体の 2 番と 6 番にある特定の遺伝子座におけるループ内で検出されている．大部分のヒストン遺伝子はイントロン*を欠く．⇨ 付録 C（1972 Pardue *et al.*; 1981 Gall），*Strongylocentrotus purpuratus*．

微生物 [microorganism] 肉眼では観察できない小さな生物．

尾節 [telson] 節足動物の最後部の体節．消化管の最後部末端が開口している．⇨ 母性極性突然変異体．

非線形四分子 [nonlinear tetrad] 子嚢内にラ

ヒストン

ヒストンの同義語	分子量〔Da〕	アミノ酸総数	%リシン	%アルギニン	200 bp の DNA 当たりの相対量
H1 = I = F1	21,000	207	27	2	1
H2A = IIb1 = F2A2	14,500	129	11	9	2
H2B = IIb2 = F2B	13,700	125	16	6	2
H3 = III = F3	15,300	135	10	15	2
H4 = IV = F2A1	11,300	102	10	14	2

ンダムに配置された四つの減数分裂産物のグループをいう．⇨ 線形四分子．

B染色体［B chromosome］　正常な，すなわちA染色体を構成している基本染色体のどのメンバーの複製でもない員数外染色体．B染色体は構造遺伝子をもたない．減数分裂時に，A染色体と対をつくらず，不規則な非メンデル的遺伝パターンを示す．顕花植物の間に広く分布しており，ライムギやトウモロコシで広く研究されてきた．B染色体がなくならずに広がるのは，A染色体より速く複製されるからだと考えられている．⇨ 付録C（1928 Randolph）．

非選択培地［nonselective medium］　組換えや突然変異の実験で用いられ，どんな遺伝子型のものでも増殖することのできる増殖培地．⇨ 選択培地．

非相互組換え［nonreciprocal recombination］ ⇨ 不等交差．

非相互転座［nonreciprocal translocation］ ⇨ 転座．

非相同染色体［nonhomologous chromosome］減数分裂時に対合しない染色体．

非相同（の）　＝ヘテロロガス．

微速度顕微映画法［time-lapse microcinematography］　生きている細胞を位相差顕微鏡の下で，映画撮影用カメラを用いて，任意の時間間隔（たとえば，1分間に1コマ）で撮影し，そのフィルムをより速い速度（たとえば，1秒間に24コマ）で映写する技術．この方法で時間は1500倍程度にスピードアップされ，細胞の行動のダイナミックな過程が明確に理解される．

肥大［auxesis, hypertrophy］　構成している細胞の容積が増加したために組織または器官の大きさが増大すること．⇨ 過形成．

非対合　＝不対合．

非ダーウィン進化［non-Darwinian evolution］自然選択とは異なる作用によって集団内に生じる遺伝的変化．通常，進化についての中立説的な観点と結びつけられる．⇨ 分子進化の中立突然変異浮動説．

PWS［PWS＝Prader-Willi syndrome］　＝プラダー-ウィリ症候群．

ビタミン［vitamin］　生体の正常な発育のため食物中に微量に含まれている必要のある有機化合物．しばしば補酵素として機能する．

ビタミンE［vitamin E］　α-トコフェロール．抗酸化作用をもつビタミン．

ビタミンA［vitamin A］　レチナール*およびレチノイン酸*の前駆体として機能する脂溶性ビタミン．ビタミンAはβ-カロテン分子が2分子のビタミンAに分割されることにより合成される（下図参照）．⇨ カロテノイド．

ビタミンH［vitamin H］　ビオチン*．

ビタミンC［vitamin C］　アスコルビン酸*．原形質の酸化還元状態の制御に重要な役割を果たす．

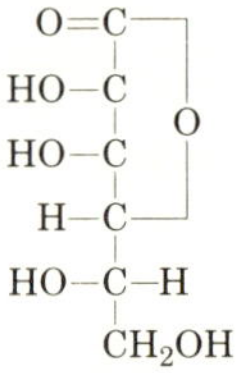

ビタミンD［vitamin D］　カルシフェロール．ヒトでくる病予防のために必要な脂溶性ビタミ

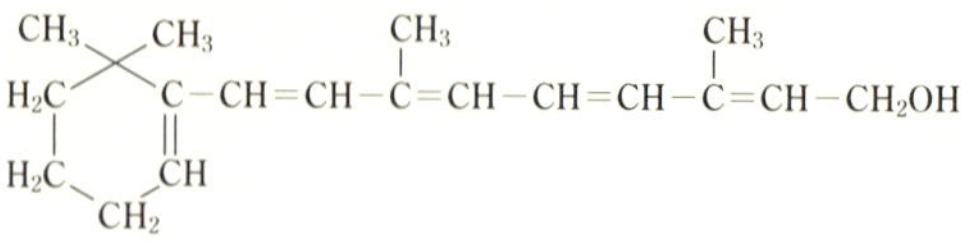

ビタミンA

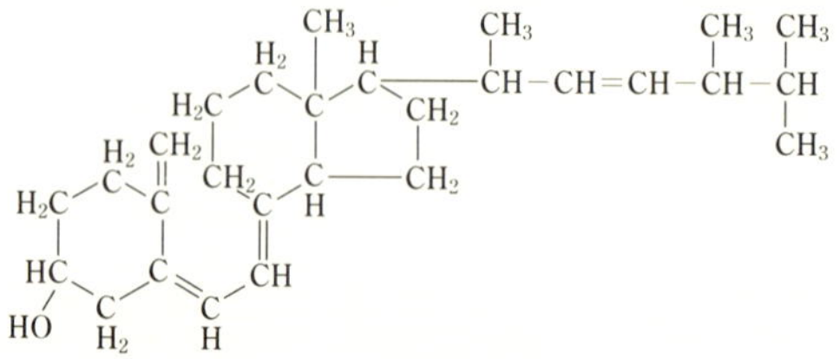

ビタミンD

ン，カルシウムとリン酸の吸収と沈積に効果を有する．

ビタミンD受容体［vitamin D receptor］　略号 VDR．ヒト12番染色体長腕上の遺伝子にコードされるタンパク質．遺伝子は九つのエクソンからなり，ビタミンDへの結合は，エクソン 7, 8, 9 にコードされるタンパク質領域による．エクソン 2, 3 は，それぞれ，ジンクフィンガードメインをコードし，この領域に突然変異が起きると，このタンパク質の DNA 結合能を失う．したがって，VDR は，核のステロイドホルモン受容体ファミリーに属する．⇒ アンドロゲン受容体，ジンクフィンガータンパク質．

ビタミンD抵抗性くる病［vitamin D-resistant ricket］　食物中から適量のビタミンDを摂取しているにもかかわらず，血中のカルシウム，リンの濃度が低下し，くる病特有の骨格の異常を呈する遺伝病．常染色体の劣性の型のものは，ビタミンD受容体（VDR）をコードする遺伝子上の突然変異による．

ビタミンB複合体［vitamin B complex］　水溶性ビタミンの一族．チアミン（B_1），リボフラビン（B_2），ニコチン酸，パントテン酸，ピリドキシン（B_6），コバラミン（B_{12}）を含む．

非弾性衝突［inelastic collision］　⇒ 衝突．

羊　＝緬羊（めんよう）．

ヒツジ［*Ovis aries*］　家畜の緬羊．この種における血液型は詳しく研究されている．半数体の染色体数は 27 で，およそ 250 の遺伝子がマップされている．

ヒツジキンバエ［*Lucilia cuprina*］　オーストラリアにおける牧羊産業の主要な害虫（ハエ）．蛹の生毛細胞*から多染色体のよい試料が得られ，染色体の再配列に関する細胞遺伝学に大いに役立った．その子孫が不妊になるように染色体を変えた系統を野外に導入することによって害虫を制御しようとする構想がこの種を用いて試されてきた．

必須アミノ酸［essential amino acid］　ある生物種において，体内で合成できないために，食物から摂取する必要があるアミノ酸．この種の正常個体が合成可能な非必須（可欠）アミノ酸と対比される．⇒ アミノ酸．

ピッチ［pitch］　DNA 二重らせんが 1 回転する間の塩基対の数．⇒ 巻き数．

ヒッチハイキング［hitchhiking］　ある中立対立遺伝子が，有利な別の対立遺伝子と密接に連鎖しているために，後者が選択を受け頻度を増すにつれて，前者も集団中に広がること．

ビットナーマウスミルクウイルス　［Bittner mouse milk virus］　⇒ 乳がん誘発原．

PTC　［PTC = phenylthiocarbamide, plasma thromboplastin component］　フェニルチオカルバミド*もしくは血漿トロンボプラスチン成分*の略号．

PDGF　［PDGF = platelet-derived growth factor］＝血小板由来成長因子．

非定序四分子［unordered tetrad］　⇒ 非線形四分子．

PTTH　［PTTH = prothoracicotropic hormone］＝前胸腺刺激ホルモン．

ビテロゲニン［vitellogenin］　雌の卵黄形成に際して合成され，発生中の卵母細胞の卵黄側の半球に取込まれるタンパク質．アフリカツメガエルでは肝臓で合成され，キイロショウジョウバエでは腹部および胸部の脂肪体，卵母細胞を囲む円柱沪胞細胞で合成される．⇒ リポビテリン，ホスビチン．

比電離能［specific ionization］　一定の媒体における電離放射線の通過する単位長さ当たり（たとえば，組織 1 μm 当たり）のイオン対の数．

ヒト［*Homo sapiens*］　人間が属する種．学名は，Linné による造語．ゲノムサイズは，3.2×10^9 bp と推定されている．⇒ 付録A（脊索動物門，哺乳綱，霊長目），付録C（1735 Linné; 1966 McKusick; 1991 Ijdo *et al*.），ヒト類，ヒト上科［の動物］，ヒト染色体バンドの名称，ヒト遺伝子地図，ヒト遺伝子データベース，ヒトゲノムプロジェクト，ヒトの有糸分裂染色体，ヒトの細胞遺伝学上の記号．

ヒト遺伝子地図［human gene map］　ヒトの全ゲノムは 3.2 Gbp の DNA を含み，このうち 2.95 Gbp が真正染色質*で占められる．mRNA に転写される遺伝子はおよそ 31,000，またそれ以外の RNA をコードする遺伝子が少なくとも 750 みられる．たとえば，tRNA 遺伝子はおよそ 500 種類存在する．これらの遺伝子は 22 対の常染色体と性染色体に分配されている．常染色体のサイズは，1 番染色体の 263 Mbp から 21 番染色体の 50 Mbp の範囲にわたる．X 染色体と Y 染色体はそれぞれ，164 Mbp と 59 Mbp の大きさをもつ．遺伝子の密度が最も高いのは 19 番染色体（23 遺伝子/Mbp）で，最も低いのは 13 番染色体と Y 染色体（どちらも 5 遺伝子/Mbp）である．遺伝子（あるいは，少なくともそのコード領域）は，ゲノムの 1～2% を占めるにすぎない．タンパク質をコードする遺伝子の 40% 強で，ショウジョウバエおよび線虫にオルソログがみられる．何百ものヒトの遺伝子が，脊椎動物の進化のどこかの時点での細菌からの水平伝達にその起源をもつ．ゲ

ノムの半分以上が反復DNA*からなる．ゲノムのおよそ45%は転移因子*に由来する．ヒトのゲノムは，ショウジョウバエや線虫のおよそ2倍の遺伝子しかもたないが，ヒトの遺伝子はより複雑であり，選択的スプライシング*によって多数の転写産物をつくり出すものも多い．突然変異した場合に，特定の疾病をひき起こすような遺伝子が1000以上マップされ，OMIM*に収載されている．ヒトのミトコンドリア染色体は25番染色体あるいはMとよばれる．この環状染色体は，16,569 bpからなり，およそ40個の遺伝子をもつ．⇨付録C（2000 Collins, Venter et al.; 2001 Nature/Scienceのゲノム地図），遺伝子，ゲノムの注釈付け，水平伝達，ミトコンドリアDNA．

ヒト遺伝子データベース [human genetic database] ⇨付録E．

ヒト遺伝病 [human genetic disease] ヒトゲノムの欠陥による疾病．単一遺伝子病は，一つの突然変異遺伝子により生じる（例：血友病，テイ-サックス病）．染色体異常は，染色体全体，あるいはその一部が過剰に存在あるいは欠損することで起きる発達障害（例：ダウン症）．染色体異常は，その効果がきわめて有害か，致死であるので，家族性ではないのが普通である．1000の出生につき，約7例にみられ，また妊娠初期3ヵ月に起きる流産の約半数の原因になる．多[因子]遺伝子病は，それぞれの遺伝子の影響は小さいが，多数の遺伝子座の作用が組合わさって生じる．単一遺伝子病はオンラインのデータベースにまとめられている．⇨付録E（個別のデータベース），シロイヌナズナ，線虫，キイロショウジョウバエ，OMIM．

ヒト偽常染色体領域 [human pseudoautosomal region] ヒトのX染色体とY染色体の短腕の末端部に存在するDNA領域で，相同な遺伝子を共有する．これらの領域は減数分裂の際に対応し，強制的な交差が起こる．このために，この領域の遺伝子は，X連鎖やY連鎖を示さず，常染色体上の遺伝子座と同様に分離する．MIC2*遺伝子はこの領域内に位置する．マウスでは，ステロイドスルファターゼ遺伝子（Sts）が偽常染色体領域にある．偽常染色体領域で起こるきわめて高頻度の交差によって，減数分裂第一分裂におけるX染色体とY染色体の適切な分離が保証される．⇨XG

ヒトゲノムプロジェクト [Human Genome Project] ヒトの全遺伝子のマッピングと進化，機能の解明をめざす，国際的な科学者組織の活動．⇨付録C（2001 Nature/Scienceゲノム地図），付録E（個別のデータベース）．

ヒト絨毛性性腺刺激ホルモン [human chorionic gonadotropin] 略号hCG．⇨絨毛性性腺刺激ホルモン．

ヒト上科[の動物] [hominoid] 霊長目，ヒト上科（Hominoidea）の構成員．現存する種は，ヒト，チンパンジー2種，ゴリラ，オランウータン，テナガザル9種．⇨付録C（1967 Sarich, Wilson），オナガザル上科．

ヒト成長ホルモン [human growth hormone] 略号hGH．ソマトトロピン（somatotropin）ともいう．脳下垂体前葉にある細胞から分泌されるタンパク質．hGH分子はそれ自身で折りたたまれ，2箇所のジスルフィド橋で連結される．hGHの構造に類似したホルモンがこれ以外に二つ存在する．その一つは，絨毛性乳腺刺激ホルモン（human chorionic somatomammotropin; hCS）である．hGHとhCSはいずれも191個のアミノ酸からなり，hCSもhGHと同じ位置に二つのジスルフィド橋をもつ．hGHとhCSのアミノ酸配列の間には85%の同一性がみられる．二番目のホルモンはプロラクチン（hPRL）である．これは199個のアミノ酸からなり，配列の同一性は低い（hGHとは35%，hCSとは13%）．視床下部*では，hGHの分泌を調節する2種類のホルモンがつくられる．hGHの分泌は，成長ホルモン放出ホルモン（GHRH）という名前の44個のアミノ酸からなるポリペプチドによって促進され，成長ホルモン抑制因子（GHIF）という14アミノ酸のポリペプチドによって抑制される．GHRHとGHIFはそれぞれ，ソマトクリニンとソマトスタチンともよばれる．下垂体性小人症*を治療するためのhGHの臨床使用は，死体から抽出されるホルモンの供給の限界のために限りがあった．この問題は，組換えDNAでつくられたhGHの出現によって克服された．⇨付録C（1979 Goeddel et al.），ヒト成長ホルモン受容体．

ヒト成長ホルモン遺伝子 [human growth hormone gene] 17q21に位置する遺伝子．すべての霊長類で，五つの似通った構造の遺伝子が縦に並んでいる．ヒトの配列は，5'-GH1-CSHP1-CHS1-GH2-CSH2-3'．GH1は，脳下垂体から分泌されるhGHをコードしている．他の四つの遺伝子は，胎盤で発現する．GH2は，偽遺伝子*で，正常なGHと13個のアミノ酸が異なり，活性のないhGHをコードしている．CHS1とCSH2は，hCSをコードし，CSHP1は，hCSの変異型をコードしている．五つの遺伝子のそれぞれは5個のエクソンをもち，同じ位置にある小さなイントロンで分断されている．どの遺伝子も，プロモーターおよびポリA付加位置は似かよっ

ている．この五つの遺伝子は，おそらく一つの共通の祖先遺伝子の重複により生じ，その後，コドンに突然変異が生じたのであろう．⇒遺伝性成長ホルモン欠損症，下垂体性小人症．

ヒト成長ホルモン受容体［human growth hormone receptor］　略号 hGHR．成長ホルモン（GH）の結合により活性化され，筋肉，骨，軟骨細胞の成長と代謝を促進する受容体タンパク質．二つの受容体タンパク質の細胞外ドメインに，1分子の GH が結合する．hGHR タンパク質は，5番染色体の短腕 12-13.1 の領域にある遺伝子によりコードされている．この遺伝子の突然変異により，常染色体性劣性の遺伝性発育不全である，ラロン型小人症を生じる．

ヒト染色体バンドの名称［human chromosome band designation］　ヒト中期染色体は，キナクリンおよびギムザ染色によりそれぞれ特徴的なバンドのパターンを示す．各染色体の特異的パターンを表すのに標準的な方法が用いられてきた．図に X 染色体のバンドの名称を示した．図中の黒いバンドは，キナクリンにより蛍光を発しギムザ染色で濃く染まる部分である．短腕（p）および長腕（q）はそれぞれ二つの領域に分けられている．より長い常染色体の場合には，q 腕は 3〜4 領域に，p 腕は 3 領域に分割される．主要領域内部では，濃淡バンドに順に番号がつけられている．この方法に従って位置づけられた遺伝子座の例を挙げると，G6PD 遺伝子は q28 に指定されるが，これは q 腕領域 2 のバンド 8 を示す．色覚異常遺伝子は両方とも q27-qter に位置付けられる．これは，両遺伝子が q27 の初めから長腕末端までのどこかに位置していることを示す．⇒付録 C（1970 Casperson, Zech, Johansson; 1971 O'Riordan et al.），ヒトの有糸分裂染色体．

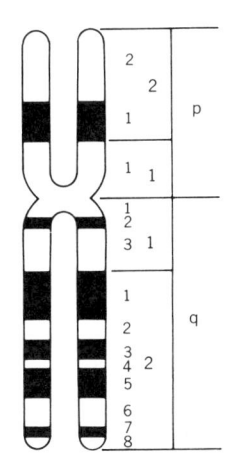

ヒト属［*Homo*］　ヒトを含む属．250万年前から150万年前まで生存した *H. habilis*，および150万年前から30万年前に生存した *H. erectus* の2種の化石種を含む．第三の化石種，ネアンデルタール人（*H. neanderthalensis*）はおよそ3万年前に絶滅した．この種は，およそ30万年前に誕生し，今日に至るヒト（*Homo Sapiens*）＊と重なっていた．⇒ネアンデルタール人．

一粒系コムギ［einkorn wheat］　*Triticum monococcum*（N＝7）．小穂当たり1個の種子をもつためにこのようによばれる．石器時代以来栽培されているコムギ．⇒コムギ．

ヒトの細胞遺伝学［human cytogenetics］　⇒ヒトの細胞遺伝学上の記号，ヒトの有糸分裂染色体．

ヒトの細胞遺伝学上の記号［symbols used in human cytogenetics］

　　A〜G：染色体群
　　1〜22：常染色体の番号
　　X, Y：性染色体
　　p：染色体短腕
　　q：染色体長腕
　　ace：無動原体（acentric）
　　cen：動原体（centromere）
　　dic：二動原体（dicentric）
　　inv：逆位（inversion）
　　r：環状（ring）染色体
　　t：転座（translocation）
　　＋，－：常染色体番号または染色体群の記号の前に記された場合は個々の染色体が過剰であるか欠損していることを示す．染色体腕のあとに記された場合は腕が普通より長いか短いことを示す
　　／：モザイクを示すときの細胞の分画線
　例：45, XX, －C　45本の常染色体，XX 性染色体，C 群の染色体の欠損
　　　46, XYt（Bp－, Dq＋）　男性における B 群染色体の短腕と D 群染色体の長腕間の相互転座
　　　inv（Dp＋q－）　D 群染色体が関係する挟動原体逆位
　　　2p＋　2番染色体の短腕の長さの増加
　　　46, XXr　一つの環状 X 染色体を有する女性
　　　45, X/46, XY　2種類の細胞の型のモザイクで，一方は45本の染色体と1本の X 染色体をもち，もう一方は46本の染色体と XY 性染色体をもつ．

⇨ ヒトの有糸分裂染色体.

ヒトの有糸分裂染色体[human mitotic chromosome] 一般につぎのような細胞学的基準に従って七つの組（A〜G）に分類される.
A群（1〜3番染色体）：ほぼ中央部に動原体がある大きな染色体.
B群（4, 5番染色体）：大型の次中部動原体染色体.
C群（6〜12番染色体とX染色体）：中型の次中部動原体染色体.
D群（13〜15番染色体）：中型の末端動原体染色体. 13番染色体は短腕上に目立つ付随体をもつ. 14番染色体は短腕の上に小さな付随体をもっている.
E群（16〜18番染色体）：やや小型の中部動原体（16番染色体において）もしくは次中部動原体染色体.
F群（19, 20番染色体）：ほぼ中央部に動原体のある小型の染色体.
G群（21, 22番染色体とY染色体）：ごく小型の末端動原体染色体.
⇨ 付録C（1956 Tjio, Levan；1971 O'Riordan；1981 Harper, Saunders), ヒト染色体バンドの名称, ヒトの細胞遺伝学上の記号.

ヒト白血球抗原[human leukocyte antigen] 略号HLA*.

一腹の子[litter] 同一の母体から一度に産まれた子供の一群.

一腹卵[clutch] クラッチともいう. 一巣または一腹の卵.

ヒトミトコンドリアDNA[human mitochondrial DNA] mt染色体は, 16,560 bpの環状DNA分子. ゲノムはきわめてコンパクトである. コード配列は, 全ゲノムの93%で, すべての遺伝子は, イントロンを欠く. 37個の遺伝子のうち, 28個は重鎖に, 9個は軽鎖にコードされている. 2個のrRNA遺伝子, 22個のtRNA遺伝子, およびATP合成酵素のサブユニットとして機能するタンパク質をコードする13個の遺伝子が含まれる. 最初のDNA配列は, 1981年に報告され, ケンブリッジ基準配列とよばれる. この配列には, 誤りがあり1999年に訂正された. 10箇所について1 bpの訂正がされた後のケンブリッジ基準配列修正版は, ヨーロッパ人ハプログループHに相当する. ⇨ 付録C（1981 Anderson et al.; 1991 Andrews et al.), ミトコンドリアDNA, ミトコンドリア, mtDNA系譜.

ヒト免疫不全ウイルス[human immunodeficiency virus] 略号HIV*. ⇨ エイズ.

ヒトメンデル遺伝カタログ[Mendelian Inheritance in Man] 略号MIM. Victor McKusickによりつくられたヒト遺伝病のカタログ. MIMは, 現在では第12版となり, 電子版も利用できる. 各遺伝子には, 6桁のMIM番号がつけられ, その下に4桁の番号で対立遺伝子の変異体が記載されている. たとえば, アシュケナージユダヤ人に一般にみられる BRCA1 突然変異は, 113705.0003. 突然変異が生じたときに遺伝病をひき起こす遺伝子の他に, MIMには, 病気に対する抵抗性を示す多型も記載されている. マラリアに対して抵抗性を示す, ダフィー血液型遺伝子*[110700.0001]は, その一例である. ⇨ 付録C（1966 McKusick), 乳がん感受性遺伝子群, ヒト遺伝病, OMIM.

ヒト類[hominid] ヒト科に属する生物で, ヒトおよび近縁な化石人類種を含む. オーストラロピテクス（Australopithecus）とヒト（Homo）の2属が知られている. ⇨ ヒト属, ヒトの有糸分裂染色体.

ヒドロキシアパタイト[hydroxyapatite] 二本鎖DNAと結合するリン酸カルシウムの一種.

ヒドロキシキヌレニン[hydroxykynurenine] ⇨ ショウジョウバエの眼の色素顆粒.

ヒドロキシ尿素[hydroxyurea] 半保存的DNA複製を阻害するが, 修復合成は阻害しない化合物.

5-ヒドロキシメチルシトシン[5-hydroxymethylcytosine] T-偶数大腸菌ファージのDNAにシトシンの代わりに見いだされるピリミジン. 5-ヒドロキシメチルシトシンはグアニンと対をなす. 宿主DNAを分解するこのファージに特有なDNアーゼはシトシンを含むDNA分子に対し特異的であると考えられている. ⇨ Tファージ.

ヒドロキシルアミン[hydroxylamine] NH$_2$-OH. シトシンのNH$_2$-をNHOHに変える突然変異原. この変化したシトシンはアデニンとのみ対合する.

ヒドロキノン[hydroquinone] ⇨ キノン.

ヒドロペルオキシラジカル[hydroperoxyl radical] HO$_2$・のことで, 電離放射線と酸素を含有する水との間の相互作用により形成される酸化剤. ⇨ 遊離基.

ヒドロラーゼ ＝加水分解酵素.

P22バクテリオファージ[P22 bacteriophage]

= P22 ファージ.

P22 ファージ［P22 phage］ サルモネラ菌に感染する溶原性ファージ．プロファージは宿主染色体の特定の部位 (pro A と pro C の間) に挿入される．挿入は，ファージが指定するインテグラーゼ*が触媒する．形質導入は，P22 プロファージをもつネズミチフス菌 (*Salmonella typhimurium*) で発見された．⇒ 付録 C (1952 Zinder, Lederberg).

ビネー-シモン式分類［Binet-Simon classification］ ⇒ 知能指数段階.

ピノサイトーシス = 飲作用.

ピノソーム［pinosome］ 膜に包まれた細胞質小胞で，原形質膜が局所的に陥入し，分離してつくられる．飲作用により取込まれた液は細胞内でいくつかのピノソームとして隔離される．

非配偶体［agamete］ 無性親の減数分裂で生じる半数体 (一倍体) で無性の生殖細胞．分散して生殖母細胞*になる.

非反復 DNA［nonrepetitive DNA］ ユニーク DNA (unique DNA) ともいう．コット解析により分類される DNA の一グループでゲノム中に 1 回だけしか出現しない DNA．⇒ 再結合反応速度論.

bp［bp = base pair］ = 塩基対.
PP 無機ピロリン酸を表す記号.
pBR322 大腸菌の緩和調節下で増殖するプラスミドクローニングベクター．アンピシリンおよびテトラサイクリン耐性遺伝子や，いくつかの制限酵素認識部位をもっている．⇒ 付録 C (1979 Sutcliffe).

PPLO［PPLO = pleuropneumonia-like organism］ = 牛肺疫菌様微生物.

非必須アミノ酸［nonessential amino acid］ ⇒ 必須アミノ酸.

Viviparus malleatus 貧核精子*を形成する前鰓類の巻貝．⇒ 精子多型性.

pp60c-src 正常な細胞中で，c-*src* 遺伝子がコードする 60 kDa のプロテインキナーゼ．

pp60v-src ラウス肉腫のウイルスのがん遺伝子がコードするタンパク質．分子量 60,000 のリン酸化タンパク質ということから pp60 とよばれる．v-*src* はウイルス遺伝子 *src* (viral gene *src*) にコードされていることを示す．この分子はプロテインキナーゼ*で，細胞タンパク質，特に細胞膜の接着部分を形成するタンパク質のチロシン残基をリン酸化する．⇒ 付録 C (1978 Collett, Erickson), pp60c-src.

pv. ⇒ 病原型.
P 部位［P site］ ⇒ 翻訳.

被覆ピット［coated pit, coated vesicle］ ⇒ 受容体介在性エンドサイトーシス.

皮膚紋理学［dermatoglyphics］ 手掌，手指，足裏，足指にある皮膚の紋の形に関する学問.

非分離型プチ［vegetative petite］ ⇒ プチ.

微胞子虫［microsporidia］ 微胞子虫門に属する寄生性の生物 (⇒ 付録 A 原生生物界). *Nosema* 属の微胞子虫はカイコ，ミツバチ，ショウジョウバエに寄生する．捕食期の微胞子虫は小さな有核アメーバからなり，ミトコンドリアをもたない．これは既知の真核細胞のうちで最も単純なものである．休眠期にある単細胞性の胞子はコイル状の極繊維とよばれるゴルジ体由来の特殊な生産物である中空のチューブをもつが，これは微胞子虫に特有なものである．感染時に極繊維は表裏裏返って中空のチューブを形成し，それを通じて胞子の感染性の部分が新たな宿主に侵入する．微胞子虫は真核生物に特徴的な大きなリボソーム (18S と 28S RNA を含む 80S リボソーム) の代わりに，細菌と同様の 16S と 23S の rRNA を含む 70S リボソームをもっている．そのため最も原始的な真核生物と考えられている．⇒ リボソーム.

比放射能［specific activity］ 同種の非放射性原子 (または分子) に対する放射性原子 (または分子) の比率．安定同位体 100 万原子に対する放射性同位体の原子数で表されることがある．また 1 モル当たりのキュリー (Ci) で表示される.

ヒポキサンチン［hypoxanthine］ 6-ヒドロキシプリン．⇒ プリン.

ヒポキサンチン-グアニン-ホスホリボシルトランスフェラーゼ［hypoxanthine-guanine-phosphoribosyl transferase］ 核酸合成のうち，再利用経路*に関与する酵素．5-ホスホリボシル 1-ピロリン酸のホスホリボシル基をヒポキサンチンおよびグアニンの 9 位に転移し，イノシン一リン酸およびグアノシン一リン酸を生成する反応を触媒する酵素．略号 HPRT または HGPRT．レッシュ-ナイハン症候群*は HPRT の欠損によりひき起こされる．⇒ 付録 C (1987 Kuehn et al.), HAT 培地.

ヒマラヤン突然変異体［Himalayan mutant］ 白子 (アルビノ) 遺伝子座の対立遺伝子の一つで，マウス，ラット，ウサギ，モルモット，ハムスター，ネコで知られている．体幹部の色素がたいへん薄くなるが，先端部はやや色が濃いような表現型を与える．この遺伝子がコードするチロシナーゼは温度感受性であり，通常は体温の低い先端部でしか正常に機能しない．このような動物を低温にさらすとより濃い体色を示す．⇒ 白化［症］，温度感受性突然変異，チロシナーゼ.

肥満細胞　＝マスト細胞．
非無作為交配　＝選択交配．
ヒメゾウリムシ [*Paramecium aurelia*]　葉巻の形をした多数の繊毛をもつ原生生物で，長さは100〜150 μm．静水もしくは流水中に生息している．*Paramecium aurelia* は 14 のグループの同質遺伝子個体群（シンゲン）から成る．各シンゲンは他のシンゲンとは遺伝的に隔離されており，生化学的にも独特なものである．しかしシンゲンはすべて形態学的によく似ているため個々に種名をつけられていない．おのおののシンゲンには二つの接合型がある．最初に接合型が発見されたのはシンゲン 1 である．⇨ 付録 A（原生生物界，繊毛虫門），付録 C（1937 Sonneborn；1971 Kung），接合，キラーゾウリムシ．

ビメンチン [vimentin]　繊維芽細胞に見られる分子量 55,000 の細胞骨格系タンパク質．グリア細胞では分子量 50,000 の酸性タンパク質と共重合し，筋細胞ではデスミン＊と結合している．

非メンデル比 [non-Mendelian ratio]　交雑の子孫において，メンデルの法則＊に従わない通常と異なる表現型の割合．これは遺伝子変換＊などの異常な機構があることを示唆するものである．

百万年前 [megaannum]　略号 Ma．
Pu [Pu = purine]　プリン（アデニン，グアニン）の記号．⇨ R3．

非優性学的[な] [dysgenic]　遺伝的に有害な．

非誘導酵素 [noninducible enzyme]　構成的酵素＊．

BUDR [BUDR = 5-bromodeoxyuridine]　＝5-ブロモデオキシウリジン．

ピューロマイシン [puromycin]　構造がアミノアシル化した tRNA の末端アミノアシルアデノシン基に似ているため，ポリペプチド鎖に取込まれ，ピューロマイシン残基を末端にもった不完全なポリペプチドをリボソームから遊離する抗生物質．

病因学 [etiology]　病因の研究をする学問．

表形図 [phenogram]　フェノグラムともいう．さまざまな形質に着目して，全体の類似性を評価し，分類群をつなげた枝状図．形質が原始的なものか派生的であるかは問わない．

表形的分類学 [phenetic taxonomy]　＝数量分類学（numerical taxonomy）．

病原型 [pathovar]　細菌種の病原性変異体．pv. で表される．たとえば，かんきつ類のかいよう病は *Xanthomonas campestris* pv. *citri* による．

表現型 [phenotype]　生物の観察可能な特性をいい，遺伝子型と環境との共同作用によって形成される．より限定的な意味での表現型は，ある遺伝子の産物がその遺伝子をもつ生物の形態に及ぼす影響に関して，突然変異対立遺伝子と対比していう．遺伝子の中には生物の行動を制御するものがあり，その結果として生物体外に造作物がつくられることがある．R. Dawkins はこういった造作物（たとえば，クモの巣，鳥の巣，ビーバーのつくるダムなど）を指すのに"延長された表現型"（extended phenotype）という言葉を用いた．⇨ 付録 C（1909 Johannsen）．

表現型可変性 [phenotypic plasticity]　異なる環境下で，ある遺伝子型が，1 形質あるいは形質群に関して異なる表現型を示すこと．遺伝子型-環境相互作用＊による．⇨ 反応規格．

表現型群 [phenogroup]　血液型システムにおいて，抗原性によって検出でき，単一の単位として遺伝するグループをいう．一つの表現型群の抗原は一つの遺伝子座の対立遺伝子によってコードされる．ウシの B および C 血液型は，二つの表現型群の例である．⇨ 付録 C（1951 Stormont et al.），ハプロタイプ．

表現型混合 [phenotypic mixing]　遺伝子型と対応しない表現型をもつウイルスが生じること．ウイルスの集合の際，核酸とタンパク質成分は，二つのプールから任意に取出される．突然変異株と野生型ウイルスに同時に感染した宿主では，子孫のファージは核酸コアにある遺伝子と，コート成分の適合性に関係なく集合する．このような相違はときどき起こり，ゲノムに規定されないコートタンパク質をもつウイルスが生じる．⇨ 偽ウイルス粒子，再集合ウイルス．

表現型多型 [polyphenism]　いくつかの表現型が個体間の遺伝的差異によらず，集団中に出現すること．

表現型分散 [phenotypic variance]　ある形質

でみられる全分散.　⇒ 遺伝分散，分散.
　表現型模写［phenocopy］　表現型が発育中の栄養要因や環境ストレスにより，特定の遺伝子によってつくられる表現型を模倣した型に変化すること．ビタミンD欠乏による"くる病"は，ビタミンD抵抗性くる病の表現型模写と考えられる．
　病原性[の]［pathogenic］　病気または毒性症候を誘発するという意味．
　病原性プラスミド［virulence plasmid］　サルモネラ菌のさまざまな種と，ある特定の大腸菌がもつ遺伝的に似かよったプラスミドで，細菌が小腸細胞に侵入できるようにする．
　表現促進［anticipation］　⇒ 遺伝的表現促進．
　表現遅延［phenotypic lag, phenomic lag］　新しく獲得した形質の発現が遅れること．突然変異原で処理した後，数世代して細菌集団に突然変異が現れる．表現遅延はつぎのいずれかの理由によるものと考えられる.
　1) 突然変異原が，遺伝子をただちに不活性化するが，それ以前につくられた生成物が十分な程度に希釈されるまではこの不活性化は明らかにならない．したがって，これらの生成物の濃度がある臨界レベルに下がるまでに何回もの細胞分裂が起こる．
　2) "突然変異原"自体は不活性だが，一連の反応が起きることで真の突然変異誘発要因となる化合物を生じる場合がある．潜在期は，それらの反応が起こるのに必要な時間と考えることができる．
　3) 突然変異原が遺伝子を不安定にさせる場合．その後しばらくして遺伝子は安定な野生型に戻るかあるいは突然変異状態になる．
　4) 微生物が多核で，かつ突然変異がただ一つの核に起こる場合．潜伏期は核の分離に必要な時間と考えることができる．⇒ 潜伏持続．
　表現度［expressivity］　ある遺伝子型が，特定の環境条件もしくはある範囲の環境条件の下で示す表現型の範囲．たとえば，ショウジョウバエの *eyeless* 突然変異のホモ接合体は，全く眼がないものからほとんど正常な目を形成するものまで多様な表現型を示すが，通常は明らかに正常より眼の小さい表現型を示す．
　標識（重元素による）［label］　ある分子に導入された重同位体元素で，それ以外の点では全く同一の普通の同位体を含む分子から標識された分子を分離することを容易にする．⇒ 付録C (1958 Meselson, Stahl).
　描写器［drawing tube］　複合顕微鏡に付属している装置．像と描写面を同時に見ることができ，その結果被験物が正確に描写される．

　標準化石［index fossil］　示準化石ともいう．比較的限定された地質年代期間の岩石にのみ見られる化石.
　標準型［standard type］　生物で最もふつうにみられる型.
　標準誤差［standard error］　記号 SE, S.E.. 平均値の母集団における変異の尺度.

$$SE = \frac{s}{\sqrt{N-1}}$$

ただし N は標本における測定値の数，s は標準偏差である．
　標準配列［canonical sequence］　コンセンサス配列（consensus sequence）ともいい，あらゆる変異体を比較する際の原型となる配列．注目する DNA 領域において，最も頻繁に出現するヌクレオチドを示す配列である．たとえば，プリブナウボックスとホグネスボックスの標準配列はそれぞれ，TATAAT と TATAAAA である．14 個のヌクレオチドのコンセンサス配列，CCGTNTGYAARTGT の場合，11 個のヌクレオチドは調べたすべての集団を通じて共通する．しかし，5 番目の位置（N）にはいかなるヌクレオチドも存在しうる．また，8 番目（Y）にはピリミジンのどちらか，11 番目（R）にはプリンのどちらかが出現しうる．⇒ プロモーター．
　標準偏差［standard deviation］　記号 s, SD. 測定値の母集団における変異の尺度．標本の標準偏差 s は

$$s = \sqrt{\frac{\Sigma(x-\bar{x})^2}{N-1}}$$

の式で与えられる．ただし N は標本における測定値の数であり，$\Sigma(x-\bar{x})^2$ は平均値からの差の平方和である．
　標的遺伝子組換え　= 遺伝子ターゲッティング.
　標的器官［target organ］　ホルモンが作用を及ぼす受容器官．
　標的数［target number］　⇒ 外挿数．
　標的説［target theory］　放射線照射の生物的効果を細胞内のきわめて小さな感受性部位に起こるイオン化に基づいて説明する学説．効果が現れるには有効容積内において，1 ないし数個の"ヒット"すなわちイオン化が必要であると主張する．⇒ 付録C (1936 Timofeyeff-Ressovsky, Delbrück), 外挿数．
　標的組織［target tissue］　**1**. 抗体産生の対象となった組織．**2**. あるホルモンに対し特異的に反応する組織．
　表皮水疱症［epidermolysis bullosa］　通常，常染色体性優性遺伝をする疾患群．皮膚と粘膜の脆弱性により生ずる水疱を特徴とする．水疱は，

表皮組織と，その下の真皮の分離により生ずる．単純型表皮水疱症では，組織の分離は，表皮の基底層内で起き，12q11-13 上の遺伝子の突然変異により生ずる．この遺伝子は基底層のケラチノサイトで合成されるケラチンをコードする．接合部型表皮水疱症では，分離は透明層の基底膜帯内で起き，欠陥は 1q25-31 上の遺伝子の突然変異により生ずる．この遺伝子は基底膜の構成タンパク質であるラミニンをコードする．栄養障害型表皮水疱症では，分離は真皮乳頭層内の，透明層と真皮をつなぐ繊維（係留繊維）のところで起きる．欠陥は 3p21 上の遺伝子の突然変異により生じ，遺伝子は，係留繊維の主成分であるコラーゲンのある型をコードしている．

標本誤差 [sampling error] 標本の数が限られていることによる変動．

標本スクリーン [specimen screen] 銅または金製の網の円板で，電子顕微鏡下で切片を観察するための支持体．

表面依存性細胞 [surface-dependent cell] ＝ 足場依存性細胞（anchorage-dependent cell）．

日和見種 [opportunistic species] 広範囲に分散する能力があり，なおかつ高い繁殖能をもつために，新しく開放された生息地の利用に特化した種．

日和見主義 [opportunism] **1.** いかなる潜在的な存在様式もいつかは何者かにより試されるだろうし，いかなる潜在的なニッチ（生態学的地位）もいつかは占められるだろうとする説．**2.** 生物は，歴史的条件が許容するように進化するのであって，それが理論的にベストであるとは限らないとする説．

ヒーラ細胞 [HeLa cell] ヒトの上皮様細胞の異数性株からなる樹立細胞系*で，1951 年以来，組織培養で維持されている．この元は，Henrietta Lacks という名前の患者の子宮頚がんの組織標本に由来する．この患者は結局はがんのために亡くなったが，彼女のがん細胞は世界中の研究室で継代培養されている．これらの細胞の重量を全部合わせると，今や彼女の成人時の体重の 400 倍にも達すると推定されている．ヒーラ細胞は，細胞周期*の研究，ポリオワクチンの開発，宇宙空間におけるヒト細胞の挙動の研究などに用いられてきた．不注意な継代培養により，世界中の多くの研究室で，ヒーラ細胞が他の細胞株に混入しているという．⇨ 付録 C（1951 Gey; 1968 Gartler）．

period 概日時計を制御することが初めて示された遺伝子．*per* 遺伝子座の突然変異により，羽化リズムと成虫の運動活動が変化する．この伴性遺伝子は，ショウジョウバエ（*Drosophila melanogaster, pseudoobscura, virilis*）でクローニングされ，塩基配列が決定された．ヌル突然変異（*per⁰*）は，羽化リズムを全く示さず，成虫の運動活動のリズムもみられない．ミスセンス突然変異では，リズムが短くなるか（*perˢ*），リズムが長く（*perᴸ*）なる．*per⁺* 遺伝子は，正常な成虫の神経系で発現し，約 1200 個のアミノ酸からなる PER タンパク質をコードする．タンパク質の発現レベルは，大変低く，DNA 結合ドメイン，シグナル因子，膜貫通領域のような構造上のモチーフをもたない．この遺伝子は，求愛"歌"のパルス間の間隔も制御する．求愛歌は，雄の翅の伸展と振動により生じ，雌の交尾行動を高める．歌は，種特異的であり，*D. simulans* の *per* 遺伝子クローンを *D. melanogaster perᵒ* 突然変異体に導入した実験から，*per* が種特異的な歌を指令していることが示されている．⇨ 付録 C（1971 Konopka, Benzer; 1984 Bargiello, Young; 1991 Wheeler *et al*.），*frequency*．

ビリオン ＝ウイルス粒子．

ピリドキサールリン酸 [pyridoxal phosphate] アミノ酸デカルボキシラーゼおよびトランスアミナーゼの補酵素．

ピリドキシン [pyridoxine] ビタミン B_6．

ピリミジン [pyrimidine] ⇨ 核酸塩基．

ピリミジン二量体 [pyrimidine dimer] DNA の紫外線照射により形成される化合物．ポリヌクレオチド鎖中で隣接して存在する二つのチミジン残基，あるいは二つのシトシン残基，あるいは一つのチミジン残基と一つのシトシン残基が共有結合したもの．⇨ チミン二量体．

P 粒子 [P particle] ⇨ κ 共生者．

微量塩基 [rare base] 転移 RNA に見られるアデニン，グアニン以外のプリン，シトシン，ウラシル以外のピリミジン（次ページの図参照）．⇨ 核酸塩基．

非両親型ダイタイプ [nonparental ditype] ⇨

四分子分離型.

ビリルビン [bilirubin] ヘムタンパク質のヘム成分の分解産物として形成されるオレンジ色の色素. 特に細網内皮系により破壊された赤血球から放出されるヘモグロビンから形成される. 細網内皮系によって循環系に放出されたビリルビンは肝臓で吸収され胆汁に放出される. 血漿や組織にビリルビンが蓄積すると黄疸が生じる. ⇨ クリグラー-ナジャー症候群.

ピリン [pilin] ⇨ 線毛.

Bリンパ球 [B lymphocyte] 免疫グロブリンを産生するリンパ球に属する細胞. 骨髄（哺乳類）またはファブリキウス嚢（鳥類）中で成熟する. この時期にBリンパ球で産生された免疫グロブリンは細胞表面に移動する. Bリンパ球に抗原分子が結合すると, 何回かの有糸分裂を行うが, その間に細胞表面から免疫グロブリンが消滅する. 生じた形質細胞は免疫グロブリンを合成し, 血中に分泌する. しかし, ある種のBリンパ球は形質細胞に分化せず膜結合型の免疫グロブリンをもち続ける. これらの記憶Bリンパ球は同じ抗原と後に再び出会ったときそれに応答する働きをする. ⇨ リンパ球, V(D)J組換え.

ビルハルツ住血吸虫症 [bilharziasis] ＝ 住血吸虫症（schistosomiasis）.

ビルレントファージ ＝ 毒性ファージ.

ピレトリン [pyrethrin] 植物組織で見つかったジテルペン殺虫物質. 除虫菊（シロバナムシヨケギク）の花から最初に抽出された.

ピレノイド [pyrenoid] ある種の藻類や苔類の葉緑体内に埋まっているデンプン粒に囲まれた小さな円形のタンパク顆粒.

非連続形質変異 [meristic variation] 剛毛, 葉, 鱗などの数のように計数できる形質の変異.

非連続種分化 [quantum speciation] 新種が急速に進化すること. 通常, 創始者効果と遺伝的浮動が重要な働きをする小さな周辺隔離集団で起きる. ⇨ 進化.

ピロチナス [pillotinas] シロアリの後腸に生息している共生性の大きなスピロヘータ. このスピロヘータは微小管をもっており, スピロヘータにおける微小管の存在が波動毛の起源に関する共生説を支持することから関心がよせられている. ⇨ 運動共生.

ピロニンY [pyronin Y] 細胞化学で用いられる塩基性色素. pH 5.7, 2 M 塩化マグネシウムの存在下で未分解RNAのみを染める. ⇨ メチルグリーン.

微量塩基

ヒロハノマンテマ［*Melandrium album*］　Y染色体によって雄性が決定されるヒトと同様の性決定法をもつ雌雄異株の植物.

ピロリ菌［*Helicobactor pylori*］　先進国の60歳以上の成人の半数以上の胃粘膜に感染していると考えられる細菌.胃壁への付着は,粘膜細胞表層の受容体に細菌が結合して起きる.A抗原,B抗原*をもつ人は,O型の人よりも胃潰瘍にかかりにくい.⇨ルイス血液型.

ピロール分子［pyrrole molecule］　ポルフィリン*の構成成分で,一つのNと四つのC元素を含む環状化合物.

Py［Py＝pyrimidine］　ピリミジン(チミン,シトシン,ウラシル)の記号.⇨Y.

ビンカアルカロイド［vinca alkaloid］　*Vinca rosea*(ニチニチソウ)から単離される有糸分裂阻害剤.

貧核精子［oligopyrene sperm］　⇨精子多型.

ビンカロイコブラスチン［vincaleukoblastine］　ビンカアルカロイド*の一種.

ビンキュリン［vinculin］　アクチン繊維を細胞膜の内側に固定する役目を果たす繊維状タンパク質.付着板(adhesion plaque)とよばれるパッチ状の部分に局在し,付着板は細胞間相互作用に関与していると考えられている.ラウス肉腫ウイルス*はビンキュリンのチロシン残基のリン酸化に関係するキナーゼを産生する.ビンキュリンのリン酸化の結果,アクチンとの結合が不安定化し(トランスフォームした細胞の形状を丸くし),細胞間の接着が弱められる(転移がひき起こされる)と考えられている.

ビンクリスチン［vincristine］　ビンカアルカロイド*の一種.

貧血(症)［anemia］　血液中のヘモグロビンの減少によって特徴づけられる病気.溶血性貧血の場合には赤血球の崩壊があり,低色素性貧血の場合には赤血球のヘモグロビン含量の減少がある.

品種　**1.**［race］表現型的にないしは地理的にはっきりと異なる亜種のグループで,ある特定の地理的ないしは生態学的領域に生息し,別の類似のグループと区別しうる特徴的な表現型および遺伝子頻度をもつ個体からなる.ある一種の中で区別される品種のグループ数は恣意的であるが,研究目的には適している.⇨生態型,亜種.**2.**［breed］遺伝学的研究と栽培・飼育化のためにつくられた共通祖先に由来する人為的な交配群.

ヒンジ領域［hinge region］　蝶つがい領域ともいう.⇨免疫グロブリン.

頻度依存性選択［frequency-dependent selection］　頻度依存性適応度*による選択.⇨付録C(1937 L'Heritier, Teissier; 1951 Petit).少数者有利.

頻度依存性応度［frequency-dependent fitness］　遺伝子型の適応値が対立遺伝子の頻度の変化に応じて変化する現象.ベーツ型擬態では,擬態者の適応度は,モデルの数に対する相対比が低いほど高くなる.⇨擬態.

ピン花　＝長花柱花.

ビンブラスチン［vinblastine］　ビンカアルカロイド*の一種.

フ

φX174 ウイルス［φX174 virus］　大腸菌ファージの一種で，ゲノムは5286ヌクレオチドからなる環状の一本鎖(+)DNA．オーバーラップ遺伝子*はこのウイルスで発見された．⇨ 付録 C（1959 Sinsheimer; 1967 Goulian et al.; 1977 Sanger et al.）．

ファイトトロン［phytotron］　再現性のある制御された環境条件の下で植物を成長させるための施設．

ファウナ ＝動物相．

ファゴサイトーシス ＝食作用．

ファゴソーム［phagosome］　食胞ともいう．原形質膜の局所的陥入部の出芽分離により生じ，膜で区切られた細胞質粒子．貪食した粒子は細胞中でファゴソーム内に隔離される．

ファゴリソソーム［phagolysosome］　ファゴソーム*とリソソーム*の融合により形成されるオルガネラ．

ファージ［phage］　バクテリオファージ*の省略形で，細菌を攻撃するウイルスをいう．同一の種の1個またはそれ以上のウイルス粒子をさす場合は，phage という単語を用いる．したがって，1個の細胞には1個あるいは多数の λ phage が感染しうるといった使い方をする．異なる種のファージを指すときは phages を用いる．λ と T4 はいずれも phages であるなどという．

ファージのかけ合わせ［phage cross］　一つの細菌に，一つ以上の遺伝子座位が異なるファージを多重感染させることにより，宿主内で組換えが起こり，溶菌時に両方の親ファージから由来する遺伝子をもった組換え娘ファージが回収される．この手法をファージのかけ合わせという．⇨ ビスコンティ-デルブリュックの仮説．

ファージ変換［phage conversion］　⇨ プロファージ介在性変換．

ファージ誘導［phage induction］　プロファージを増殖状態に入るよう刺激すること．溶原細胞を紫外線照射することで行われる．過酸化水素，X 線，ナイトロジェンマスタード*も誘導を起こす．⇨ 接合誘発．

ファストグリーン［Fast Green］　細胞化学に用いる酸性染料（下図参照）．

ファセオリン［phaseolin］　インゲンマメ（*Phaseolus vulgaris*）の子実に貯えられるタンパク質の50％を占める糖タンパク質．約10の遺伝子群によりコードされている．⇨ 付録 C（1981 Kemp, Hall）．

Fab　免疫グロブリンをパパインによって分解して得られる断片．一つの抗原結合部位を含み，1本の軽鎖の全部と1本の重鎖の一部からなる．⇨ 免疫グロブリン．

F(ab)₂ 断片［F(ab)₂ fragment］　免疫グロブリンのペプシン分解で得られる断片．2本の重鎖の一部と2本の軽鎖全体からなり，二つの抗原結合部位を含む．⇨ 免疫グロブリン．

ファブリキウス嚢［bursa of Fabricius］　鳥類

ファストグリーン

の消化管後部とつながっている袋状の構造．Bリンパ球が成熟して免疫グロブリン（抗体）を分泌する形質細胞になる主要な部位である．哺乳類における同等の器官が何であるかは明確ではないが，多くの証拠から骨髄である可能性が高い．

ファブリー病［Fabry disease］　ヒトのスフィンゴ糖脂質代謝に関する遺伝病の一つ．X染色体上にある，リソソームの α-ガラクトシダーゼA遺伝子の突然変異によって起こる．この酵素の失活により，血管のリソソーム中へのスフィンゴ糖脂質の蓄積が起き，血管の機能障害をもたらす．ファブリー病は，XY型の胎児の羊膜細胞の α-ガラクトシダーゼAの活性欠損により出生前に確認できる．女性のヘテロ接合体については，培養皮膚繊維芽細胞のクローニングにより，正常細胞群と酵素活性を欠損している細胞群とが生じることで確認できる（⇨遺伝子量補正）．ヘミ接合体でも性的成熟段階にまで発育することができるため，ヘテロ接合体とヘミ接合体のいずれからも，突然変異は子孫へ伝達される．男性における出生率は4万分の1．

ファーミング［pharming］　家畜に医薬品をつくらせる遺伝子工学．

ファーレンホルツの法則［Fahrenholz's rule］　永久寄生生物の仲間では，寄生生物の分類はそれぞれの宿主の自然類縁関係に直接的に対応しているという仮説．たとえば，哺乳類の近縁種には近縁なシラミの種が寄生する．この法則は，寄生生物が宿主と密接な関係を得るためには，宿主との調和のもとに進化し，種分化しなくてはならないという仮説に基づいている．この共進化の結果によって，宿主の種分化や分散のパターンはそのまま寄生生物に対してもち込まれることになる．ファーレンホルツの法則の背景には，全く関係のない宿主同士の間では寄生生物の拡散が起こらないという仮定がある．⇨資源追跡．

ファロイジン［phalloidin］　タマゴテングダケによりつくられる最も一般的なファロトキシン．環状ヘプタペプチドで，(1) アラニン，(2) d-トレオニン，(3) システイン，(4) ヒドロキシプロリン，(5) アラニン，(6) トリプトファン，(7) γ-δ-ジヒドロキシロイシンより成る（下図参照）．

ファロトキシン［phallotoxin］　アマトキシン*と並んで，タマゴテングダケ*によりつくられるおもな毒性化合物．ファロイジンはおもなファロトキシンの一つだが，繊維状アクチンと強固な複合体を形成する．⇨ローダミンファロイジン．

ファンコーニ貧血［Fanconi anemia］　脆弱染色体（壊れやすい腕をもった染色体）が形成される遺伝病として最初に見いだされたもの．循環血液中の赤血球，白血球の全タイプ，血小板の著しい減少を特徴とする．染色体異常が広くみられ，通常非相同染色体が関係する．ブルーム症候群*では多くの染色体交換は相同染色体間にみられる．病因はDNA修復に関する酵素の細胞質から核への移行が阻害されていることによると思われる．

ファンダメンタリズム［fundamentalism］　保守的な宗教イデオロギーで，生命の起源や多様性は神のつくったものだとする考え．聖書の創世記の記述を文字通り解釈することを基盤とする．

不安定突然変異［unstable mutation］　高頻度で復帰突然変異を起こす突然変異．こうした突然変異は調節因子の挿入により生じ，この消失により復帰する可能性がある．

不安定平衡［unstable equilibrium］　一時的な環境の変化により，集団内である対立遺伝子の平衡値が変動すること．たとえば，このような環境変化により，その対立遺伝子が突然選択で有利になったり，あるいは不利になることがある．また

ファロイジン

集団の大きさが大幅に縮小した結果，遺伝的浮動によりある遺伝子の平衡値が以前の値から変動することもある.

ファンデルワールス力［van der Waals force］ さまざまな双極子の相互作用により原子間，分子間に生じる引力. 比較的弱く，作用範囲も狭い.

ファントム［phantom］ 密度および放射線に対する有効原子量が生体組織に近い，一定体積の物質. 放射線量の計測をファントムの内部もしくは表面で行い，得た値を同じ照射条件における生体内部もしくは表面での放射線量を決定する手段として用いている.

部位［site］ シストロン内の突然変異の占める位置.

V 遺伝子［V gene］ 免疫グロブリン鎖の可変領域（N 末端）をコードする多数（何百かの）の遺伝子.

Val［Val = valine］ ＝バリン. ⇨ アミノ酸.

VNTR 座位［VNTR locus］ ＝縦列反復数変異座位（variable number of tandem repeats locus）.

v-src 遺伝子［v-src gene］ ⇨ ラウス肉腫ウイルス.

v-sis 遺伝子［v-sis gene］ ⇨ サル肉腫ウイルス.

フィーダー細胞［feeder cell］ 培地に加えられた，代謝能力はあるが分裂能力のない放射線照射された細胞. 放射線照射されていない細胞の成長を助ける.

不一致[の]［discordant］ 双生児の一方にある形質が発現し，もう一方では発現しないとき，その双生児は不一致であるという.

VDR［VDR = vitamine D receptor］ ＝ビタミン D 受容体.

V(D)J 組換え［V(D)J recombination］ ほとんどの脊椎動物において，リンパ系細胞の発生中に，免疫グロブリン（Ig）と T 細胞受容体（TCR）の遺伝子の編成を行う仕組み. 生殖細胞では，Ig および T 細胞受容体ヘテロ二量体の可変領域をコードする遺伝子は，V（variable），J（joining），場合によっては D（diversity）断片に分断されている. 未熟なリンパ系細胞では，それぞれの断片が結合しあって，V-J あるいは，V-D-J 融合体をつくる. V(D)J 組換えには，トランスポゼース*のように働く因子によって触媒される DNA の切断が含まれる. この因子は，*RAG-1*＊，*RAG-2*＊の二つの遺伝子の産物である. ⇨ 対立遺伝子排除，B リンパ球，免疫グロブリン鎖，免疫グロブリン遺伝子，体細胞組換え，T 細胞受容体遺伝子，T リンパ球.

フィトキニン［phytokinin］ ＝サイトカイニン（cytokinin）.

部位特異的組換え［site-specific recombination］ 特定の二本鎖 DNA の短い配列間の交差で，これによって溶原性ウイルスあるいはトランスポゾン由来の外来 DNA の宿主染色体への組込みが可能になる. λバクテリオファージ＊の場合，大腸菌染色体上の att^λ とよばれる特定の部位で組込みが起こる. ⇨ 交差, 転移因子.

部位特異的突然変異誘発［site-specified mutagenesis］ 目的とする遺伝子の特定の位置の特定の塩基配列に，ヌクレオチドの置換を導入する方法. ⇨ オリゴヌクレオチドによる突然変異導入.

フィトクロム［phytochrome］ 開花の光周性制御に関係する分子. 日中，近赤外光を吸収する型のフィトクロムが植物内に蓄積する. この型は，短日植物＊では開花を阻害し，長日植物＊では開花を刺激する. 暗所に置くと，この分子は赤色光吸収型へと変化し，これは短日植物では開花を刺激し，長日植物では開花を阻害する. ある植物が短日性か長日性かは遺伝的に制御されている.

フィードバック［feedback］ ある過程の結果が，その過程の機能に影響を及ぼすこと.

フィードバック阻害［feedback inhibition］ ＝最終産物阻害（end product inhibition）.

Phytophthora infestans ジャガイモに壊滅的被害を与える疫病の原因である卵菌. この病気は 1843〜1847 年にアイルランドでジャガイモの不作による飢饉の原因となり，アイルランド人が米国へ移住する主要な要因となった. *P. infestans* は，昔の文献では，誤って菌類とよばれていた. ⇨ 付録 A（原生生物界，卵菌門）.

フィトヘマグルチニン［phytohemagglutinin］ 植物性凝集素ともいう. インゲンマメ（*Phaseolus vulgaris*）から抽出されたレクチン*. ヒト赤血球を凝集させ，リンパ球が有糸分裂を行うのを刺激する. ⇨ 付録 C（1960 Nowell）.

フィブリノーゲン［fibrinogen］ ⇨ 血液凝固.

フィブリリン［fibrillin］ 直径約 10 nm のミクロフィブリルに付着している 2871 アミノ酸からなる糖タンパク質. 皮膚，腱，骨，筋肉，肺，腎臓，血管，レンズの堤靭帯に見いだされる. フィブリリンには，49 個の EGF ドメインがある. ⇨ 上皮成長因子，マルファン症候群.

フィブリン［fibrin］ ⇨ 血液凝固.

フィブロイン［fibroin］ 絹＊の主要構成タンパク質.

フィブロネクチン［fibronectin］ 二つの似か

よったタンパク質ユニットからなる二量体タンパク質。各ユニットは分子量 250,000 で、互いにジスルフィド結合によって結合している。このタンパク質は機能的にはモジュール構造をしており、おのおの特異的な結合性を示す一連のドメインから構成されている。すなわち、アクチン特異的結合ドメイン、コラーゲン特異的結合ドメイン、原形質膜に埋め込まれた特定の受容体タンパク質特異的に結合するドメインなどが別個に存在している。フィブロネクチンはコラーゲン性の基質と細胞との結合を仲介するほか、ストレスファイバーの形成に関与したり、細胞間接着を促進したりする。フィブロネクチン遺伝子は一連のエクソンを含むが、各エクソンとタンパク質結合ドメインは一対一に対応している。フィブロネクチンには多くのアイソフォームが存在するが、それらの多くは選択的スプライシング*によって生ずる。

v-myc(ブイミック)　⇨ *myc*.

フィムブリリン [fimbrillin]　⇨ フィンブリエ.

フィラデルフィア染色体 [Philadelphia choromosome]　略号 Ph^1. ペンシルバニア大学の研究者たちによって初めて観察され、その発見がなされた都市の名前から名付けられた異常染色体。この染色体は、骨髄由来のいくつかの細胞系譜が異常増殖する骨髄性白血病の患者でみられることが多い。Ph^1は通常、9 番染色体と 22 番染色体の相互転座であり、9q34 と 22q11 に切断部位をもつ。この転座により、22 番染色体上の一つの遺伝子の調節要素と、9 番染色体上にあるプロトオンコジーン*の ORF の大部分とからなる融合遺伝子が形成される。⇨ 付録 C (1971 O'Riordan *et al.*)、バーキットリンパ腫.

斑入り　**1**. [variegation] ウイルス感染、突然変異を起こした色素体と正常な色素体の分離、染色体の切断-融合-架橋サイクル、転移因子などの原因により、植物の組織の着色が不規則になること。**2**. [variegation] X 染色体の不活性化、胚発生時のメラニン細胞の移動の欠如、局所的な生理作用、有糸分裂時の組換えなどの原因により、動物組織の着色や、毛、羽などの着色が不規則になること。⇨ 三毛ネコ. **3**. [albomaculatus] 不規則に分布した白色部位と緑色部位からなる植物。遺伝子または色素体が細胞分裂の際に分離したことから生じたものである。

斑入り型位置効果 [variegated position effect] ⇨ 位置効果.

フィルター経路 [filter route] ごく少数の種のみが容易に分散できるような移住経路.

フィルターハイブリダイゼーション [filter hybridization] ニトロセルロースフィルター上に固定した変性 DNA を放射活性標識した DNA もしくは RNA の溶液にさらした後洗浄すると、ハイブリッドを形成した二本鎖分子のみがフィルター上に残るという操作。⇨ 液体ハイブリダイゼーション.

フィロコード [PhyloCode] 伝統的なリンネの分類に使用される、共通した体の特徴に基づいた分類上の階層 (属、科、目) ではなく、進化的関係 (クレード*) に基づいて、系統学上の命名法を定めた一連の公式規約。フィロコードでは、それぞれのクレード名は、系統樹*の分岐点を参照する。2001 年 4 月の時点では、フィロコードに基づく種の命名規約は決まっていない。このシステムの提案者は、リンネの分類による科、綱、目の大半は分類法が変わっても残り、今と同じ一連の生物を含むであろうと考えている。リンネの分類とは違い、新しいフィロコードによる定義は、クレード名や他の生物の名を変えずに、ある生物をクレードに加えたり、はずしたりすることができる。フィロコードシステムでは、名称は変わらないかもしれないが、名称の意味するところは、新しい進化学的研究によりさまざまなクレードの構成員があるクレードから別のクレードに移動することで変化するという批判もある。フィロコードシステムがどの程度広範にとり入れられるかには、問題が残る。⇨ 付録 C (1735 Linné)、付録 E (フィロコードウェブサイト).

フィンガープリント法 [fingerprinting technique] 生化学においては、類似したタンパク質の間のアミノ酸配列の違いを決定するのに用いられる方法をいう。まず問題とするタンパク質を酵素的に切断して、一群のポリペプチド断片にする。ついで、これらの断片を二次元に展開する。最初は沪紙電気泳動によって、ペプチドの正味の電荷に基づいて分別し、ついで、分配クロマトグラフィーによって、ペプチドの極性 (高い極性をもつ水和セルロースとの親和性) の違いで分別する。この結果、二次元のスポットの配列、すなわちフィンガープリント (指紋) が得られ、これを標準のフィンガープリントと比較する。Hb^S と Hb^A のフィンガープリントの場合、一つのスポットの位置の違いから、正常なヘモグロビンと突然変異ヘモグロビンの違いが 1 箇所のアミノ酸置換によることが発見された。⇨ 付録 C (1957 Ingram; 1965 Sanger *et al.*; 1985 Jeffries *et al.*)、DNA フィンガープリント法.

フィンブリエ [fimbria, (*pl.*) fimbriae] 微生物の表層から伸びている細い繊維で、細胞同士の接着や、基底への接着に必要。フィンブリエは一

つの細胞に多数ある．接合に使われる線毛（pili）と混同してはならない．グラム陰性菌や，ある種の真菌類にみられる．フィンブリエは，フィンブリリンとよばれるタンパク質が直線状に繰返しつながってできている．

封じ込め［containment］　組換え DNA 技術による生産物の研究者への感染，ならびに生産物が研究室外へ流出するのを防止すること．研究室内での特殊な環境でしか生育できないように基本的な機能（たとえば，成長，DNA 複製，伝達，感染，増殖など）に遺伝的改変を加えた細菌やファージ，プラスミドを利用することで，"生物学的封じ込め" が実現できる．また，"物理的封じ込め" は，入室制限や安全フード，エアロゾール制御，防護服，ピペット装置などの特殊な施設や実験室規約を設定し，利用することで実現される．

風媒［anemophily］　風によって受粉の媒介がなされること．

フェオプラスト［pheoplast, phaeoplast］　褐藻，珪藻類，渦鞭毛虫類の褐色の色素体．

フェオメラニン［phaeomelanin］　哺乳類の外皮に見られる色素．チロシンの代謝に由来するもので通常の色は黄色である．この色素が毛に取込まれる量は，量的にも質的にも *agouti* 遺伝子座により制御される．⇒ メラニン．

フェニルアラニン［phenylalanine］　略号 Phe．⇒ アミノ酸．

フェニルケトン尿症［phenylketonuria］　ヒトのアミノ酸代謝の遺伝的障害で，常染色体劣性として遺伝する．ホモ接合個体は，肝臓の酵素であるフェニルアラニン水酸化酵素の欠損のために，フェニルアラニンをチロシンに変換できない，この病気に特徴的な脳の機能障害は，幼少時のファニルアラニンの摂食制限によって防ぐことができる．出現率は 1/11,000．PKU と略される．フェニルケトン尿症は，1934 年にこの背景となる代謝障害を発見した A. Følling の名前から，フェリング病（Følling's disease）とよばれることもある．PKU 遺伝子は 12 番染色体長腕のバンド 22 と 24.1 の間に位置する．この遺伝子は 13 個のエクソンをもち，450 個のアミノ酸からなるフェニルアラニン水酸化酵素をコードする．白人の中で最も多くみられる突然変異対立遺伝子は，mRNA のスプライシングの際にエクソン 12 をスキップしてしまうような塩基置換である．⇒ 付録 C（1954 Bickel, Gerrard, Hickmans; 1961 Guthrie），遺伝子，ガスリー試験，母性 PKU．

フェニルチオカルバミド［phenylthiocarbamide］　略号 PTC．フェニルチオ尿素（phenylthiourea）ともいう．ヒトの味覚感度の試験に用いる化合物．⇒ 味盲．

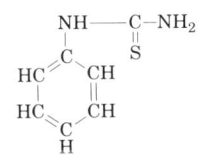

$$\begin{array}{c} NH\text{———}C\text{–}NH_2 \\ | \quad\quad \| \\ C \quad\quad S \\ HC \diagup \quad \diagdown CH \\ \| \quad\quad \| \\ HC \diagdown \quad \diagup CH \\ C \\ | \\ H \end{array}$$

フェニルチオ尿素［phenylthiourea］　＝フェニルチオカルバミド（phenylthiocarbamide）．

フェノグラム　＝表形図．

フェノン［phenon］　数量分類学*の方法によりまとめられた生物群をいう．

フェリチン［ferritin］　肝臓や脾臓で見られる鉄貯蔵タンパク質．全重量の 20% 相当の鉄と結合している．アポフェリチンとよばれるタンパク質因子と水酸化第二鉄-リン酸第二鉄のコロイドミセルからなる．フェリチンは免疫グロブリンのようなタンパク質としばしば結合するため，鉄原子のもつ大きな電子散乱性を利用して電子顕微鏡下での抗体の組織内分布を同定することが可能である．⇒ 付録 C（1959 Singer）．

フェリチン標識抗体［ferritin-labeled antibody］⇒ フェリチン．

フェリング病［Følling disease］　＝フェニルケトン尿症（phenylketonuria）．

フェロモン［pheromone］　生物が発する化学信号のうちで，低濃度で，多くの場合同種の他個体において無害な反応をひき起こすことができるものをいう．フェロモンの例としては，性誘引物質，警告物質，集合促進物質，縄張り標識，昆虫の道しるべ物質などがある．性誘引物質として機能するフェロモンは，真菌類や藻類でも知られている．

フォイルゲン法［Feulgen procedure］　シッフ試薬*を染料として用いた組織化学的染色法．DNA が特異的に染色される．⇒ 付録 C（1923 Feulgen, Rossenbeck; 1950 Swift; 1951 Chiba; 1959 Chevremont *et al.*）．

フォイルゲン陽性［Feulgen-positive］　フォイルゲン法により染色されること．DNA を含む．

フォーカス［focus, (*pl.*) foci］　**1．**組織培養中で一重層をなして分布する正常細胞の上に盛り上がって形成された細胞塊．増殖する腫瘍細胞が分布する領域．**2．**発生途上にあるニワトリ胚の漿尿膜上にヘルペスウイルスなどのある種のウイルスが感染したときに形成される不透明なくぼみ．

フォーカス地図［focus map］　ある種のモザイクの発生頻度から推測された，ショウジョウバエ胞胚葉上で将来成虫の構造を形成する領域の予

定運命図*のこと.

フォトリアーゼ［photolyase］ ⇨ 光回復酵素.

フォーブス病［Forbes disease］ グリコーゲン貯蔵に関するヒトの遺伝病. アミロ-1,6-グルコシダーゼの欠損によって起こる. 常染色体劣性の遺伝を示し, 罹患率は 1/100,000 である.

フォールドバック DNA［foldback DNA］ ヘアピン DNA (hairpin DNA) ともいう. 逆方向反復配列が同一鎖上の配列同士で再会合した一本鎖 DNA 領域のこと.

フォンギールケ病［von Gierke disease］ グルコース-6-ホスファターゼの欠陥により, グリコーゲンが蓄積する遺伝病. 常染色体劣性として遺伝し, 発病率は10万分の1である.

フォンビルブランド因子の遺伝子［von Willebrand factor gene］ ヒト12番染色体短腕の端に位置する遺伝子で, フォンビルブランド因子 (vWF) をコードする. 遺伝子は, 長さ 178 kb で, 52のエクソンからなる. 最初の17個のエクソンは, シグナルペプチドとポリペプチド前駆体をコードしており, 残りの35個のエクソンは, 成熟型サブユニットと mRNA 前駆体の 3′ 非コード領域を含む. ほとんどのフォンビルブランド病の患者は, 正常な vWF 遺伝子と ORF 内にミスセンスまたはナンセンス突然変異の生じた遺伝子を一つずつもつ. 通常の vWF 量の半量程度をつくり, 症状は穏やかである. このようなヘテロ接合体は, 1000人に8人の頻度で生ずる. ホモ接合体は, きわめてまれで (100万人に1人以下), 傷ついたときに, 出血が止まらない. http://mmg2.im.med.umich.edu/VWF/

フォンビルブランド病［von Willebrand disease］ ヒトの血液凝固疾患の中では最も多くみられる遺伝病. 内皮細胞および巨核球でつくられるフォンビルブランド因子 (vWF) の欠損が原因. vWF は, 2050個のアミノ酸からなる単量体を構成単位とする多量体からなる. vWF は最初, 2813個のアミノ酸を含む前駆体分子として合成される. 抗血友病因子*(AHF)は, タンパク質分解をきわめて受けやすい. 血漿中では, vWF は AHF と結合し, それを安定化する. vWF 遺伝子に深刻な損傷が生じることによって vWF が減少すると, AHF も顕著に減少する. ⇨ 血液凝固, 血友病.

フォンレックリングハウゼン病［von Recklinghausen disease］ ⇨ 神経線維腫症.

不活性 X 染色体説［inactive X hypothesis］ ⇨ ライオンの仮説 (Lyon hypothesis).

不活性化中心［inactivation center］ マウス X 染色体のランダムな不活性化の際に, X 染色体に転座した常染色体遺伝子の不活性化の程度を支配する X 染色体の部位. ⇨ キャタナックの転座, ライオンの仮説.

付加物［adduct］ 比較的大きな受容分子への小さな化学基の付加をひき起こす化学反応産物. たとえば, アルキル化剤のエチルメタンスルホン酸*エステルは DNA のグアニン分子をエチル化する. このようなエチル化グアニンは DNA 付加物の例である.

不完全花［imperfect flower］ ⇨ 花.

不完全抗原［incomplete antigen］ ⇨ 抗原.

不完全周縁キメラ［mericlinal chimera］ 一方が他方の一部を取囲むようにしてできた2種の遺伝的に異なる組織からなる生物もしくは器官.

不完全除去［imperfect excision］ DNA 分子から遺伝因子 (挿入配列やプロファージなど) が遊離する際に, 自己以外の部分を含んだりあるいは自己の一部を欠いたりすること.

不完全稔性種 =集合種.

不完全伴性［incomplete sex linkage］ 一つの遺伝子が X および Y 染色体の相同領域の両方に遺伝子座をもつまれな現象. ⇨ XY 相同性.

不完全変態［incomplete metamorphosis］ ⇨ 不完全変態上目.

不完全変態上目［Hemimetabola］ 漸変態類 (Heterometabola) ともいう. 不完全変態する原始昆虫の上目 (カゲロウ, トンボ, カワゲラ, ゴキブリなど). 外翅類*と同義. ⇨ 付録A.

不完全変態［の］［hemimetabolous］ 変態が単純で漸進的な昆虫を示す. 個々の昆虫は, 成長の段階で何回か脱皮を繰返しながら, 徐々に翅が生えてくる. 未成熟体は, 陸生ならニンフ (nymph), 水生であればナイアッド (naiad) とよばれる. ⇨ 完全変態［の］.

不完全優性［incomplete dominance］ 優性および劣性対立遺伝子をもつ生物において, 優性表現型の発現が完全でないこと. その結果, 優性および劣性ホモ接合体の中間にあたる表現型を示すようになる. ⇨ 半優性.

不完全連鎖遺伝子［incompletely linked gene］ 交差により組換えの起こりうる同一染色体上に存在する遺伝子.

副核［nebenkern］ 精虫の尾の基部を囲んでいる2本のひもからなるらせん状構造. 凝集したミトコンドリアに由来する.

複眼［compound eye］ 多数の個眼が集合した昆虫の眼. ショウジョウバエでは, おのおのの複眼に約 800 個の個眼をもっている.

複屈折［birefringence］ ⇨ 異方性.

複合 X［compound X］ ⇨ 付着 X 染色体.

複合座 [complex locus]　機能的に関連のある遺伝子群が密接に連鎖したクラスターを形成したもの．たとえば，ヒトのヘモグロビン遺伝子複合体やショウジョウバエのバイソラックス遺伝子座などがある．⇒偽対立遺伝子．

複交雑 [double cross]　トウモロコシの雑種種子をつくるのに用いられる方法．四つの異なる近交系 (A, B, C, D) を使用する．A×B → AB 雑種，C×D → CD 雑種．単交雑雑種 (AB と CD) を交配し，ABCD 種子が商業生産トウモロコシに使用される．

副甲状腺ホルモン [parathyroid hormone]　副甲状腺細胞により合成され，カルシウムおよびリンのバランスを制御するホルモン．

複合トランスポゾン [composite transposon]　挿入配列*によって両端を挟まれているDNA断片のこと．挿入配列の一方もしくは両方によって，断片全体の転移が可能となっている．

複婚 [polygamy]　一雌多雄や一雄多雌をいう．⇒単婚．

複雑度 [complexity]　分子生物学においては，特定の試料中の異なったDNA配列の全長．再結合反応速度論から決定される．通常，塩基対数で表現されるが，分子量やその他の質量単位で表現されることもある．

複糸期 [diplonema, diplotene]　⇒減数分裂．

複式 [duplex]　⇒同質四倍体．

複染色体 [diplochromosome]　複製異常から生じる染色体で，動原体が分裂できず，娘染色体が離れることができない．その結果，この染色体は 4 本の染色分体をもっている．

副皮質刺激ホルモン [adrenocorticotropic hormone]　コルチコトロピン (corticotropin) ともいう．ACTH と略記．副腎皮質による分泌を刺激する 39 のアミノ酸からなる単鎖ペプチドホルモン．脊椎動物の腺下垂体によって産生される．

副腎皮質ホルモン [adrenocortical hormone]　副腎皮質でつくられるステロイドホルモンのファミリー．30 種類以上あり，副腎皮質刺激ホルモン*の刺激を受けた皮質細胞によってコレステロールから合成される．

複数選択交配 [multiple choice mating]　2 種類以上の遺伝的に異なった交尾相手を，テスト生物が選べるようにした行動遺伝学の実験計画法．

複数標的生存曲線 [multitarget survival curve]　⇒外挿値．

フーグスティーン型塩基対 [Hoogsteen base pair]　⇒水素結合．

複製 [replication]　ある分子と同一の分子がつくられるのに際し，鋳型を必要とする場合，この過程を複製とよぶ．

複製因子　=レプリケーター．

複製開始点 [replication origin, origin of replication]　DNA 合成が開始される塩基配列．ori 部位とよばれる．原核生物の環状ゲノムには一箇所の ori 部位が存在するのに対し，真核生物の染色体にはそれぞれ多数の ori 部位がある．⇒レプリコン．

複製眼 [replication eye]　複製の泡 (replication bubble) ともいう．複製中のDNA部分を電子顕微鏡でみた様子．複製フォークが複製開始点から両方向に伸びるにつれて，眼の形をした領域が形成される．⇒D ループ，DNA 複製．

複製型 [replicative form]　略号 RF．一本鎖 DNA ウイルスや RNA ウイルスの複製時に見られる二本鎖の核酸．

複製欠損ウイルス [replication-defective virus]　感染・増殖の生活環に必要な遺伝子に欠陥をもつウイルス．

複製後修復 [postreplication repair]　複製フォークが通りすぎた後のDNA領域もしくは非複製DNAの修復．

複製速度 [replication rate]　複製フォークで，デオキシリボヌクレオチドが，DNA ポリメラーゼにより重合される速度．大腸菌では，一つの複製フォークで，複製速度は，1 分当たり 50,000 bp (1 秒当たり約 833 bp) である．⇒転写速度，翻訳速度．

複製の泡 [replication bubble]　=複製眼 (replication eye)．

複製フォーク [replication fork]　複製分岐ともいう．⇒DNA 複製．

複製分岐　=複製フォーク．

副染色体 [accessory chromosome]　⇒B 染色体．

複相 [diplophase]　生活環の中で，接合体の形成と減数分裂の間の二倍体の時期．

複相性　=二倍性．

複相生物 [diplont]　複相体ともいう．生活環において，減数分裂の産物が配偶子として機能することを特徴とする生物．単複相生物*や単相生物*のような一倍体の多細胞期はない．

複相体　=複相生物．

複相胞子生殖 [diplospory]　植物の無配偶生殖の一つの型で，胞子形成細胞の有糸分裂により二倍体の配偶体が形成される．

複素環式 [heterocyclic]　炭素環の中に少なくとも一つの炭素以外の元素を含むような有機化

合物．複素環式アミノ酸の例は，プロリン，ヒドロキシプロリン，トリプトファン，ヒスチジンである（⇨アミノ酸）．プリンおよびピリミジンも複素環式化合物である（⇨核酸塩基）．ヘムのポルフィリン部分は複素環で構成されている（⇨ヘム）．

腹足綱［Gastropoda］ 巻貝類が属する軟体動物門の綱．⇨付録A．

複対立性［multiple allelism］ ⇨対立遺伝子．

複二倍体［amphidiploid］ ＝異質四倍体（allotetraploid）．

腹膜鞘［peritoneal sheath］ 吻合した筋肉繊維網．昆虫の卵巣にある卵巣管をまとめている．

房かつぎ［lophophore］ 有触手動物（Tentaculata）に属する動物の口を取囲む繊毛のある触手をもった二重らせん形の環列を担う台座．付録A（動物界，体腔動物超門）．

ふさ毛 ＝雄穂．

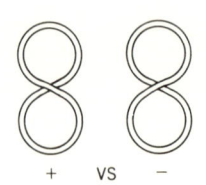

節［node］ **1**．維管束植物においては，茎のやや膨らんだ部分をいい，ここから葉や芽が生じ，また枝の起点となる．**2**．環状DNAの高次らせんでは，8の字の接点．8の字の上側で左側の鎖が，節（ノード）において観察者に最も近い場合には，正（＋）のノードとよばれる．8の字の上側で左側の鎖が，ノードで他の鎖の後ろ側になる場合には，負（－）のノードとよばれる．**3**．分岐図*においては，1本の枝がもう一方から分かれる点．それぞれの節（ノード）は，一つの共通祖先を表し，枝はそれに由来する系統である．分岐節ともよばれる．⇨フィロコード．

＋ VS －

不死化遺伝子［immortalizing gene］ がんウイルスのもつ遺伝子で，培養哺乳類細胞に無限に分裂増殖する能力を与え，ヘイフリックの限界*を超えさせる．

フシジン酸［fusidic acid］ 延長因子Gに作用することによってタンパク質の翻訳過程を阻害する抗生物質．

プシロフィトン類 ＝古生マツバラン類．

付随体［satellite］ サテライトともいう．染色体の一部で，二次狭窄とよばれる細い繊維構造で染色体本体から隔てられた末端節．

ブスルファン［busulfan］ 突然変異誘発性のアルキル化剤．

$$CH_3-\underset{\underset{O}{\|}}{\overset{\overset{O}{\|}}{S}}-O-(CH_2-CH_2)_2-O-\underset{\underset{O}{\|}}{\overset{\overset{O}{\|}}{S}}-CH_3$$

父性遺伝［paternal inheritance］ 雄親からのみ子に伝わる遺伝子または自己増殖性オルガネラにより決まる遺伝的形質．たとえば，雌雄の動物胚の中心粒は，受精にかかわった精子がもっていた中心粒に由来する．性決定と精子形成にかかわるY染色体上の遺伝子は，雄親から雄の子に伝わる．⇨母性遺伝，Y染色体．

父性X染色体不活性化［paternal-X inactivation］ 有袋類に見られる遺伝子量補正の方法で，雌の体細胞において父方のX染色体が不活性化される現象をいう．⇨無作為X不活性化．

腐生植物［saprophyte］ 生物の死体や分解物などの上で生活し，それを栄養源とする植物．

腐生生物[菌]［saprobe］ 死んだ有機物上に生息し，そこから栄養を摂取する生物．多くは真菌類．

不染色像［achromatic figure］ 分裂装置*．

プソイドウリジン［pseudouridine］ シュードウリジン，5′-リボウラシル（5′-ribouracil）ともいう．⇨微量塩基．

斧足綱［Pelecypoda］ 二枚貝軟体動物を含む綱．経済的重要性から，ある種では細胞遺伝学や量的遺伝学が研究された．アメリカガキ（*Crassostrea virginica*），ホンビノスガイ（*Mercenaria mercenaria*），ムラサキイガイ（*Mytilus edulis*），ジェームスホタテ（*Pecten jacobaeus*）などがある．

ブタ［*Sus scrofa*］ 家畜化されたブタは，ふつう亜種名*domestica*が付けられる．半数体染色体数は19で，およそ350の遺伝子がマップされている．ヒトとの解剖学的，生理学的類似性や大量繁殖が可能であることから，臓器の機能の維持が不可能な人に対する代替器官の供給源としてブタは最も有望である．残念ながら，ヒトに移植されたブタの器官は受容者の免疫系によって急激な拒絶を受ける．この拒絶の問題は，遺伝子操作されたブタを作出することによっていずれは克服されるであろう．⇨付録A（脊索動物門，哺乳綱，偶蹄目），遺伝子組換え動物，異種間移植．

豚［pig, porcine, swine, hog］ イノシシ科に属するもの．特に家畜種*Sus scrofa*をさす．*Sus scrofa*（イノシシ）の家畜化された多くの品種．一般的な品種にはバークシャー（Berkshire），チェスターホワイト（Chester White），デュロック（Duroc），ハンプシャー

(Hampshire), ヘレフォード (Hereford), オハイオインプルーブドチェスター (Ohio Improved Chester), ポーランドチャイナ (Poland China), スポッテドポーランドチャイナ (Spotted Poland China), タムワース (Tamworth), ヨークシャー (Yorkshire) の各種がある.

付帯核 [accessory nucleus]　小さい核に類似した小体で，ほとんどの膜翅目の卵母細胞およびいくつかの半翅目・鞘翅目・鱗翅目・双翅目の卵母細胞に存在する．輪状の孔をもつ二重膜で覆われている．もともとは卵母細胞核に由来するが，後では付帯核の無糸分裂によっても形成される．

不対合 [asynapsis]　非対合ともいう．減数分裂において相同染色体が対合をしないことをいう． ⇨ 無対合．

双子スポット [twin spot]　生物の発生の過程でヘテロ接合の遺伝子型をもった個体における体細胞交差により生じた，互いに異なった遺伝子型をもち，またバックグラウンドの遺伝子型とも異なる一対のパッチ状の組織．図に示したショウジョウバエの場合には，$y+/+sn$ の遺伝子型の雌で双子スポットが生じる．このような個体においては胸部，腹部のほとんどに野生型の色素が存在し，黒く長い剛毛が生えているが，これに隣接して黄色の組織と先端が縮れた短い剛毛 (sn の表現型) の生えた組織とがまだらに存在する．これらの双子スポットは，剛毛の質をコードする遺伝子 (sn) と動原体との間での相互交差によって生じた染色体をもつ細胞に由来する組織である．

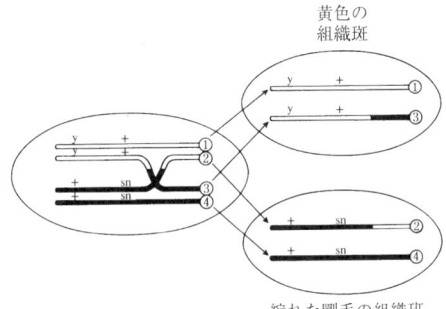

フタツブコムギ = エンマーコムギ．

フタマタタンポポ [*Crepis*]　核型*の進化に関して多くの研究がなされている一属．

ブタモロコシ [teosinte]　テオシントともよばれる．学名は *Zea mays mexicana* で，トウモロコシに最も近縁な野生種．ブタモロコシとトウモロコシの雑種は完全な稔性をもつことから，トウモロコシはブタモロコシの栽培型とみなすことができる． ⇨ 付録C (1939 Beadle).

プチ [petite]　パン酵母 (*Saccharomyces cerevisiae*) の小型のコロニー．このような酵母はミトコンドリアに影響を及ぼす突然変異のために，成長が遅れる．分離型プチはミトコンドリアに欠陥をもたらす核遺伝子の突然変異をもつ．分離型プチの野生型対立遺伝子は *PET* と，また，突然変異対立遺伝子は *pet* と表記される．*PET* 遺伝子の突然変異は，215の相補群に分かれる．非分離型プチもしくは細胞質型プチの場合，異常があるのはミトコンドリアのゲノムである．野生型系統は p^+ の記号で表される．突然変異体 (p^-) の大部分では，mtDNA が正常なゲノムの1/3以下になっている．いくつかの系統 (p^0) ではすべての mtDNA が失われている．このような場合には，酵母はプロミトコンドリアを形成する．プロミトコンドリアの外膜は正常であるが，内膜のクリステはほとんど発達しない．このようなオルガネラは酸化的リン酸化の機能はもたないにもかかわらず，DNA および RNA ポリメラーゼ，クエン酸回路のすべての酵素，多くの膜内タンパク質など，核にコードされるタンパク質はもっている． ⇨ 付録C (1949 Ephrussi *et al.*).

ブチイモリ [*Notophthalmus viridescens*]　アメリカ東部に分布するまだら模様のあるイモリ．この種の卵母細胞を使った rDNA の増幅がよく研究されている． ⇨ 付録A (脊索動物門，両生綱，有尾目)，ヒストン遺伝子，ランプブラシ染色体，ヨーロッパイモリ属．

付着X染色体 [attached X chromosome]　2本のX染色体に相当するが単一の動原体しかない染色体．付着X染色体をもつショウジョウバエの雌は，通常Y染色体ももっている．この雌からXXおよびYをもった卵が生じるので，X染色体上の遺伝子に関して傾父遺伝の雄 (X染色体を父から，Y染色体を母から受けとる) と傾母遺伝の雌 (2本のX染色体を母から，Y染色体を父から受けとる) が生じる．このタイプの異常染色体には，二重X，複合Xという用語も用いられる． ⇨ 付録C (1922 Morgan), 解離X．

付着効率 [attachment efficiency]　= 播種効率 (seeding efficiency).

付着点 [attachment point]　略号 ap. クラミドモナスの葉緑体DNA上にある動原体ではないかと考えられている部位．葉緑体染色体上で遺伝子は，付着点との位置関係によってマップされている．

付着板 [adhesion plaque]　⇨ ビンキュリン．

付着末端 [sticky end, cohesive end]　粘着末端ともいう．DNA二本鎖の両末端あるいは異なった二本鎖の末端に存在する相補的な一本鎖の

突出．組換え DNA 実験においては，付着末端を用いて異なる DNA を結合することができる．多くの制限酵素*はパリンドローム構造をもつ制限部位において，付着末端切断*を行う．⇨ 付録 C (1970 Smith, Wilcox).

付着末端切断［staggered cut］　多くの制限酵素*の作用に見られるように，二本鎖 DNA の 2 本の DNA 鎖が近接した異なる位置で切断されること．

付着末端部位［cohesive end site］　＝コス部位 (cos site).

付着末端連結反応［cohesive-end ligation］　相補的な付着末端をもつ二本鎖 DNA を DNA リガーゼを用いて結合すること．付着末端の塩基が互いに対をつくり，3′-OH と 5′-P が結合する．⇨ 平滑末端連結反応．

普通系コムギ［vulgare wheat］　⇨ コムギ．

復　帰［reversion］　⇨ 復帰突然変異．

復帰突然変異［reverse mutation, back mutation］　突然変異遺伝子を変化させ，機能するタンパク質を産生する能力を回復させるようにする突然変異．

復帰突然変異体［revertant］　1．復帰突然変異が起こった対立遺伝子．2．上記の対立遺伝子をもつ生物個体．

復帰棒眼［reverted Bar］　⇨ 棒眼．

復　旧［restitution］　実験的に誘発された染色体切断が，自然の再結合をすること．

復旧核［restitution nucleus］　1．有糸分裂の装置が正常に機能できないために，期待される染色体数の倍の染色体をもつ核．2．減数分裂で染色体数が減数しない核．減数分裂第一分裂または第二分裂の失敗により生じる二倍体の核．⇨ 減数分裂．

フッ素［fluorine］　生物学的微量元素の一つ．

原子番号	9
原子量	19.00
原子価	−1
最も多い同位体	^{19}F

フットプリント法［footprinting］　タンパク質によって覆われたリン酸ジエステル結合はエンドヌクレアーゼの攻撃から保護されるという原理を利用して，あるタンパク質が相互作用する DNA 断片上の領域を特定する技術．対照実験用の純粋な DNA 分子と，タンパク質と結合させた DNA 断片をともにエンドヌクレアーゼで処理し，残った DNA 断片をゲル電気泳動によって長さごとに分離する．すべての切断可能な結合の位置には対応したバンドが対照用のサンプルにも存在する．タンパク質結合 DNA のゲルではいくつかのバンドが消失し，それによりタンパク質結合領域の長さが同定される．

物理的地図［physical map］　制限酵素切断部位，配列タグ部位，ORF，その他，染色体 DNA 上で同定可能な目標の並び順を示した地図．目標間の距離は常に遺伝的組換え以外の方法（たとえば，ヌクレオチドの配列決定，多糸染色体における重複する欠失，ヘテロ二重鎖 DNA の電子顕微鏡写真など）で決められる．最も低い解像度の物理的地図は，染色されたそれぞれの染色体の横縞を示したものであろう．最も高い解像度の地図は，ゲノムの全染色体の完全なヌクレオチド配列を示したものである．⇨ 遺伝地図，連鎖地図．

不定期 DNA 合成［unscheduled DNA synthesis］　細胞周期の S 期以外に起こる DNA 合成．多くは，損傷した DNA の修復である．⇨ 間期，修復合成．

不定胚形成［adventitious embryony］　配偶体世代を経ずに，胞子体の組織から有糸分裂によって新たな胞子体胚ができること．

不適合性［incompatibility］　免疫学において，拒絶反応をひき起こすような供与組織と受容組織の間の遺伝的および抗原的差異．

不適正塩基対合［mispairing, mismatch］　DNA 二重らせんの一方の鎖のヌクレオチドとそのヌクレオチドに対応する位置にある他方の鎖のヌクレオチドとが相補的でないことをいう．

プテリジン［pteridine］　⇨ ショウジョウバエの眼の色素顆粒．

プテロイルグルタミン酸［pteroylglutamic acid］　＝葉酸 (folic acid).

太　糸［pachynema］　⇨ 減数分裂．

太糸期［pachytene stage］　パキテン期，厚糸期ともいう．⇨ 減数分裂．

浮　動［drift］　⇨ 遺伝的浮動．

不等交差［unequal crossing over］　組換えの位置がずれた組換え事象をいい，非相互組換え染色体が生じる．この現象はショウジョウバエの棒眼*(Bar) 遺伝子座で発見された．この場合，重複した染色体分節の不適正な対合の結果，不等交差が起こる．これにより生じる交差型染色分体には，この分節を 1 コピーもつものと，3 コピーもつものが 1 本ずつみられることになる．重複した DNA 分節の集合が存在するヒトの染色体の多くの部位において，不等交差は重複や欠失を生じる原因となっている．⇨ 付録 C (1925 Sturtevant)，錐状体色素遺伝子，ヘモグロビンリポール，絹，サラセミア，トリヌクレオチドリピート．

不等成長［heterauxesis］　成長している生物

の一部の成長率の，全体またはほかの部分の成長率に対する関係．問題としている器官がその生物全体より急速に成長するならば，それは優成長を示す．より遅ければ，劣成長を示し，同率であるならば，等成長を示す．⇒ 相対成長．

舞踏病 [chorea] 手足および顔面の筋肉の異常な不随意運動によって特徴づけられる神経病．⇒ ハンチントン病．

不等腕逆位 [heterobrachial inversion] ＝狭動原体逆位（pericentric inverscon）．

不妊雄放飼法 [sterile male technique] 害虫防除法の一種．人工飼育された多数の雄に，致死的ではないが不妊化させる程度の電離放射線を照射した後，野外に放す．これらの雄が天然に生息する雄の数を上回り，雌のほとんどがこれらの雄により受精されれば，受精卵は生存できず，新しい世代が生じることがない．

不稔化（植物），**不妊化**（動物）[sterilization] 生殖能力をとり除くこと．

不稔[形質]導入 [abortive transduction] 感染したエキソゲノート（外在性ゲノム断片）が宿主染色体に組込まれずに，クローンのただ一つの細胞内に複製できない粒子として存在する場合をいう．⇒ [形質]導入．

不稔[の]（植物），**不妊[の]**（動物）[sterile] 生殖能力がないこと．

負の遺伝子制御 [negative gene control] 特異的な制御因子が DNA と結合することにより，遺伝子発現を抑制すること．たとえば，細菌のオペロン（誘導性あるいは抑制性のもの）で，オペレーターへのリプレッサータンパク質の結合によりそのオペロンの構造遺伝子の転写が抑えられる．⇒ 調節遺伝子，正の遺伝子制御．

負の干渉 [negative interference] 併発係数が 1 より大きい場合をいう．そのような場合，相同染色体の間で 1 箇所の交差が起こるとその近傍での別の交差が起こりやすくなる．

負の相補性 [negative complementation] 多量体タンパク質の一つの野生型サブユニットの活性が，突然変異対立遺伝子のサブユニットにより抑制されること．

負の超コイル [negative supercoiling] ⇒ 超コイル．

負の調節 [negative regulation] ⇒ 負の遺伝子制御．

負のフィードバック [negative feedback] ある効果の抑制もしくは低下が，それをもたらした過程そのものに対する影響によること．

負の優生学 [negative eugenics] ⇒ 優生学．

部分異質倍数体 [segmental alloploid] ⇒ 異親対合．

部分交換 [segmental interchange] 転座．

部分接合体 [merozygote] F^+ 菌から供与された染色体断片をもつ細菌の部分的二倍体のこと．外在性ゲノム断片は形質導入あるいは伴性導入によっても導入される．⇒ 内在性ゲノム断片，外在性ゲノム断片．

部分接合体形成 [meromixis] 細菌における部分ゲノムの一方的移動を含む遺伝的交換．⇒ F 因子．

部分相同染色体 [homoeologous chromosome, homeologous chromosome] 部分的に相同である染色体．このような染色体はもともと相同染色体であったと思われる祖先の染色体から生じた．進化により分化が進んで，部分相同染色体の対合親和性が低下した．⇒ 付録 C（1958 Okamoto），差別的親和性，両親対合性異質倍数体．

部分二倍体 [partial diploid] ⇒ 部分接合体．

部分変性 [partial denaturation] DNA 二重らせんが部分的にほどけること．A-T 間には二つの水素結合しか形成されないが G-C 間には三つ形成される．この結果，GC に富む領域は温度による分断に対してより高い抵抗性を示す．⇒ デオキシリボ核酸．

部分優性 [partial dominance] ＝半優性（semi-dominance）．

部分卵割 [meroblastic cleavage] 卵黄が片寄って分布しているため，生じる細胞のいくつかが他より大きくなる卵割．

不分離 [nondisjunction] 相同染色体（減数分裂 I における一次不分離の場合）または姉妹染色分体（減数分裂 II における二次不分離または有糸分裂時の不分離の場合）がうまく分離できず，互いに反対の極へと移動できないこと．不分離の結果，その染色体の両方が入った娘細胞とどちらも入っていない娘細胞とが生じる．⇒ 付録 C（1914 Bridges）．

不平衡 [disequilibrium] ⇒ 配偶子不平衡，連鎖不平衡．

普遍暗号説 [universal code theory] 遺伝暗号があらゆる生命体で例外なく用いられているとする仮説．以下に挙げるいくつかの例外を除けば，この説は正しい．酵母のミトコンドリアでは CUA はロイシンの代わりにトレオニンをコードし，ヒトのミトコンドリアでは AUA はイソロイシンの代わりにメチオニンを，AGA と AGG はアルギニンの代わりに終止コドンをコードする．また両者のミトコンドリアにおいて UGA は終止コドンの代わりにトリプトファンをコードする．*Tetrahymena thermophila*, *Stylonychia lemnae*,

Paramecium primaurelia, *P. tetraurelia* の 4 種の繊毛虫では UAA と UAG は終止コドンとして働かず, グルタミンをコードする. *Mycoplasma capricolum* ではミトコンドリアと同様に UGA は終止コドンではなくトリプトファンをコードする. ⇨ 付録 C (1961 von Ehrenstein, Lipmann; 1979 Barrell *et al.*; 1985 Horowitz, Gorowsky, Yamao), 遺伝暗号.

普遍形質導入［generalized transduction］ ⇨ ［形質］導入.

浮遊培養［suspension culture］ *in vitro* での培養法の一種で, 細胞を液体培地に懸濁して増殖させる. ⇨ 足場依存性細胞.

浮遊密度［buoyant density］ 密度勾配中の特定の分子が, 一定の位置を占める平衡密度. ⇨ 遠心分離.

フューゾーム［fusome］ チューブ状のゼラチン質の塊で, シスト細胞の分裂期に形成される環状管を通って伸びている. ⇨ ポリフューゾーム, 環状管.

プライマー RNA［primer RNA］ プライマーゼにより鋳型鎖から合成される短い RNA 配列. DNA 複製時に必要なプライマーとして働き, DNA ポリメラーゼⅢによりデオキシリボヌクレオチドが付加されていく. その後, プライマーは酵素により除かれ, 生じたギャップは DNA ポリメラーゼⅠにより埋められる. 残ったニックはリガーゼが封じる. ⇨ プライマーゼ, DNA 複製.

プライマーウォーキング［primer walking］ DNA のある 1 箇所に結合する約 18 塩基の合成プライマーを使用する実験法. 酵素を使って伸長させ, 標的 DNA に相補的な数百塩基を合成. プライマーから伸長した DNA の配列を決定し, 標的 DNA 上を進む次のステップのプライマー用に, 端の配列を選ぶ. 端の配列に相補的な, 別の 18 塩基のプライマーを合成し, そこから, 次の伸長反応を進める.

プライマーゼ［primase］ 大腸菌では *dnaG* 遺伝子の産物をさす. 不連続複製のラギング鎖において前駆体断片の合成開始に関与している. プライマーゼは RNA プライマーをつくり, DNA ポリメラーゼⅢがこれを伸長する. 大腸菌のプライマーゼは分子量 60,000 のポリペプチド鎖 1 本から成る. RNA ポリメラーゼと異なり, リファンピシン*による阻害は受けず, また *in vitro* でリボヌクレオチドと同様にデオキシリボヌクレオチドを重合させることができる. ⇨ *dna* 突然変異, DNA ポリメラーゼ, DNA 複製, レプリコン.

プライマー DNA［primer DNA］ **1.** DNA ポリメラーゼⅢによる複製の際に, プライマー RNA* に加えて必要な一本鎖 DNA. **2.** ポリメラーゼ連鎖反応*に用いるために, 遺伝子合成機*によって合成される一本鎖 DNA のオリゴヌクレオチド.

プライマーを用いた合成法［primed synthesis technique］ ヌクレオチド配列決定手法の一種. プライマーの DNA 鎖を酵素を用いて伸長させる. ⇨ DNA 塩基配列決定法.

プライモソーム［primosome］ 真核生物の DNA 複製において, おのおのの岡崎フラグメントの合成を開始させるプライミング反応に必要なタンパク質複合体 (プライマーゼを含む). この複合体からプライマーゼを除いたものをプレプライモソームとよぶ. ⇨ DNA 複製.

フライングスポットサイトメーター［flying spot cytometer］ DNA の測定に用いられるサイトメーターを用いた装置. 核内のフォイルゲン染色が不均一なため, 透過光の 1 回の測定で核結合性色素量を測定すると分布に伴う誤差を生じる. フライングスポットサイトメーターでは特定の顕微領域を数千回も計測しながら走査する. これらの結果を備え付けのコンピュータによって解析して得られる各点の吸収測定値の総和は標本の真の吸収強度に比例した値となる. ⇨ フォイルゲン法, 顕微分光光度計.

Fragaria chiloensis イチゴの栽培種の大半は, この種に由来している.

プラーク［plaque］ 細菌の場合, 溶菌斑ともいう. 毒性ウイルスが細胞 (あるいは細菌) を溶かし組織培養細胞 (あるいは細菌) の不透明層にできる透明な円形の領域. たとえばペトリ皿に寒天培地をまき, 表面を細菌で覆う. ふつうは 1×10^8 の細菌と少数のファージを含む軟寒天層を底寒天層の上に広げる. こうして生じる穴はファージ粒子があった場所を示す. 最初のファージ粒子は細菌に取込まれ, しばらくしてその細菌を溶菌して新しいファージを放出させる. この新たなファージは近くの細菌を攻撃してより多くのファージを生み出す. この過程を穴が肉眼で見えるようになるまで続けさせる. 場合によってはプラークの形でファージの種類を見分けることもで

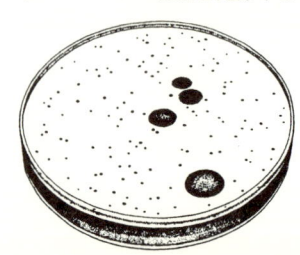

きる．図の小さなプラークは T6 バクテリオファージによるものであり，4 個の大きなプラークは T7 ファージによるものである．動物ウイルスも，ペトリ皿上の動物細胞の単層培養層を攻撃できるので，プラークの計数によりウイルスの力価を同様にして求めることができる．⇒ 付録 C (1932 Ellis, Delbrück ; 1952 Dulbecco).

プラーク形成細胞［plaque-forming cell］ 免疫学において，赤血球の細胞層上に，補体の援助により溶血性のプラークを生じる抗体分泌細胞．この用語はまた，プラークを生じる細胞死の原因が抗体ではなく，細胞によるようなアッセイ系でも用いられる．

プラーク検定［plaque assay］ 培養時の完全な感染ファージを計数するための技法．それぞれの宿主細胞に感染できるファージが 1 個以下になるようにファージ液を希釈して，細菌叢上にできたプラークの数を数える．

フラクションコレクター［fraction collector］ 多孔性の物質をつめたカラムを通過してきた液体試料を連続的に集める自動的な装置．

Bracon hebetor 寄生バチの一種．⇒ *Microbracon hebetor*.

フラジェリン［flagellin］ 原核生物の鞭毛の主要な構成成分であるタンパク質ファミリー．アーキア（古細菌）でみられるフラジェリンは，その組成や組立てが細菌のものとは明確に異なる．

プラスチド ＝色素体．

BLAST（ブラスト）［BLAST = Basic Local Alignment Search Tool］ このアルゴリズムは，データベース中の核酸間やタンパク質間の配列類似性の決定に広く使われる．

ブラストキニン［blastokinin］ ＝ウテログロビン（uteroglobin）.

プラストキノン［plastoquinone］ 葉緑体で光合成の電子伝達に関与する一群のキノン*.

プラストーム［plastome］ 色素体（プラスチド）のゲノム．

プラストーム-ゲノム不和合性［plastome-genome incompatibility］ 色素体の発生に影響する遺伝的機能不全の様式．種間雑種において，一方の親から由来した色素体が，核の遺伝的背景により，色素が十分に形成されない例があげられる．

プラズマ［plasma］ ＝血漿（blood plasma）.

プラズマイナス法［plus and minus technique］ ⇒ DNA 塩基配列決定法．

プラズマ細胞 ＝形質細胞．

プラズマレンマ ＝形質膜．

プラスミド［plasmid］ さまざまな細菌種に見られる染色体外遺伝子．一般に宿主細胞に進化的利益を供与する（たとえば，抗生物質耐性やコリシンの生産能など）．プラスミドは 1〜200 kb の大きさをもつ環状の二本鎖 DNA である．複製が宿主と共役するために細菌当たり数個しか存在しないようなプラスミドは緊縮調節下にあるといわれ，一方，緩和調節下にある場合は宿主細胞当たりのプラスミドの数は 10〜100 に及ぶ．⇒ 付録 C（1952 J.Lederberg），R プラスミド，コレラ菌，毒性プラスミド．

プラスミド供与［plasmid donation］ 非接合性プラスミドが接合性プラスミドの接触機能を用いて，供与細胞から受容細胞に転移する過程．たとえば大腸菌の Col E1 プラスミドは有効な接触のための遺伝子をもたないが，同じ細胞に F プラスミドがあれば，その接合性を利用し，転移することができる．

プラスミドクローニングベクター［plasmid cloning vector］ 外来 DNA の受容体として組換え DNA の実験に使われるプラスミド．一般に小さく，緩和的に複製される（細胞当たりのコピー数が多い）．マーカーとなる抗生物質耐性遺伝子をもち，またプラスミドの複製には必須でない領域に制限酵素の認識部位を含んでいる．かつて広く使われたプラスミドクローニングベクターとしては pBR322* がある．⇒ 付録 C（1973 Cohen et al.），Ti プラスミド．

プラスミド工学［plasmid engineering］ ⇒ 組換え DNA 技術．

プラスミド導入［plasmid conduction］ 接合性プラスミドが非接合性プラスミドを補助して供与細胞から受容細胞に伝達する過程．非可動性プラスミドは伝達のための DNA を整えることはできないが，接合性プラスミドとの組換えによって，伝達可能な単一の DNA 分子を形成することで動けるようになる．⇒ プラスミド供与，弛緩複合体．

プラスミド融合［plasmid fusion］ ⇒ レプリコン融合．

プラスミノーゲン［plasminogen］ 血液中の酵素前駆体．アルギニン-バリンペプチド結合が 1 箇所切断されると，活性型酵素プラスミン* となる．

プラスミン［plasmin］ プラスミノーゲンが切断を受けてできる酵素で，フィブリンを加水分解する．⇒ 血液凝固．

プラスモジウム属［*Plasmodium*］ ⇒ マラリア．

プラスモン［plasmon］ すべての染色体外遺伝子を集合的にさす場合に用いる．

プラダー-ウィリ症候群 [Prader-Willi syndrome] 略号 PWS. ヒト 15 番染色体（q11-13）の遺伝子欠失による症候群．この病態は，15 番染色体の同じ領域に欠失がみられるアンジェルマン症候群（AS）と関連して論議される．PWS 患者と AS 患者では，非常に異なった表現型を示す．PWS の場合，欠失した 15 番染色体が父親由来であるのに対し，AS では，欠失した染色体は，母親由来である．ヒト 15 番染色体には，*SNRPN*, *IPW*, *UBE3A* の遺伝子が，1,2,3 の順で並んでいる．ある欠失では，三つの遺伝子がいずれも欠損している．遺伝子 1 と 2 は父親の刷込み，遺伝子 3 は母親の刷込みを受けている．図では，接合体の染色体が，父親由来か母親由来かを雄と雌の記号で示してある．メチル化された不活性遺伝子は，○のそばに m と記載．活性のある遺伝子は，産物 P_1, P_2, P_3 をつくる．PWS 症候群の患者は，正常では父親の刷込みを受ける遺伝子の産物がつくれない．同じ欠失により，正常な状況では母親の刷込みを受ける *UBE3A* を母親から受け取れないと，AS 症候群の原因となる．*UBE3A* は，女性の脳の限局された場所で活性を示し，ユビキチン-プロテインリガーゼをつくる．PWS は，*SNRPN*, *IPW* または，図のもっと左方の父親由来の発現遺伝子の欠損によるのだろう．*SNRPN* のすぐ左が，刷込みの中心で，母親由来の染色体でメチル化され，父親由来の染色体ではメチル化されない CpG アイランドのあることが知られている．15q11-13 を欠失していない PWS または，AS 症候群の患者では，この刷込みの中心に突然変異をもつことが多い．⇒ DNA メチル化，親による刷込み．

Brachydanio rerio ⇒ ゼブラフィッシュ．

プラティ [*Xiphophorus maculatus*] これらの淡水魚の実験系を用いて色素細胞および性決定の遺伝が研究されてきた．⇒ 付録 A（脊索動物門，硬骨魚綱，新鰭亜綱，カダヤシ目）．

フラビンアデニンジヌクレオチド [flavin adenine dinucleotide] 略号 FAD. リボフラビンリン酸とアデニル酸からなる補酵素．FAD は $_D$-アミノ酸オキシダーゼやキサンチンオキシダーゼのような酵素の補欠分子族を形成する（下図参照）．

フラビンモノヌクレオチド [flavin mononucleotide] 略号 FMN. リボフラビンリン酸（riboflavin phosphate）ともいう．$_L$-アミノ酸オキシダーゼやシトクロム c レダクターゼを含む多数の酵素の補酵素である（下図参照）．

フラボタンパク質 [flavoprotein] 機能上 FMN または FAD を必要とするタンパク質．

フラビンアデニンジヌクレオチド

フラビンモノヌクレオチド

ブランチマイグレーション［branch migration］ブリッジマイグレーション（bridge migration）ともいう．⇨ホリデイモデル．

プランテーン［plantain］ ⇨バショウ科．

ブリオフィルム属［*Bryophyllum*］ 開花の光周反応の遺伝的支配に関して研究された多肉植物の一属．⇨フィトクロム．

プリオン［prion］ 神経変性症を起こす感染性の病原体で，ヒトのクロイツフェルト-ヤコブ病，ヒツジのスクレイピー，およびウシ海綿状脳症（"狂牛病"）の原因となる．プリオンはウイルスの1/100以下の大きさで，特定のタンパク質のみからなる伝染性の粒子である．プリオンタンパク質（PrPは宿主の染色体遺伝子がコードする．正常な細胞タンパク質（PrP^C）は正常なニューロン中にみられる構成成分で，40%がαヘリックスからなり，βシートはごくわずかになるような構造に折りたたまれる．スクレイピーを発症した動物から得られる変異タンパク質（PrP^{Sc}）では，αヘリックスが30%，βシートが45%を占める．したがって，病原タンパク質は正常なPrPの折りたたみの誤りであるとみなせる．PrP^{Sc}が鋳型として働き，PrPの誤った折りたたみを起こすために，病原性プリオンの産生が増幅されると考えられている．⇨付録C（1982, 1997 Prusiner），シャペロン．

frequency アカパンカビの生物時計を制御する遺伝子の中で，最もよく研究された遺伝子．*frq*遺伝子の突然変異により，分生子形成の間隔が短くなったり，長くなったりする．*frq*遺伝子はクローニングされており，少なくとも2種類の転写産物を生ずる．長い転写産物は，2364 bpのORFを生じる．予測アミノ酸配列は，全体としては既知のタンパク質と類似性を示さないが，50アミノ酸の領域で，ショウジョウバエの*per*遺伝子と類似性を示す．⇨*period*．

ブリージング ＝ゆらぎ．

フリーズエッチング［freeze-etching］ 電子顕微鏡観察のための生物試料の処理法．生きた標本もしくは固定済みの標本をフレオンや液体窒素などの液体ガス中で凍結させ，バルザーのフリーズフラクチャー装置に装塡する．この装置上で凍結試料を真空中で切片にし，表面をエッチングするためにわずかに昇華させると，細胞内構成物の種類と分布に応じてできあがる試料表面の凹凸を反映することができる．ひき続いてこの表面のレプリカを取り，電子顕微鏡下で観察する．この方法で得られた試料からは細胞の脂質膜内に包埋されているタンパク質粒子の三次元構造に関する情報が得られる．

フリーズフラクチャー［freeze fracture］ 電子顕微鏡観察用の試料の調製法．凍結した試料をナイフを用いて割り，その表面に対する相補的な面の型を金属粒子を蒸着することによりとる．⇨付録C（1961 Moor *et al.*）．

Frizzle ニワトリの羽毛の突然変異．*FF*個体は，簡単に抜ける逆立った羽毛を有し，"極端なちぢれ毛"である．一方，*Ff*個体は，正常に近い巻き毛の"ゆるいちぢれ毛"である．ちぢれ毛ケラチンは不完全に配列した結晶構造を示し，アミノ酸組成が異常である．

ブリッジマイグレーション［bridge migration］ ＝ブランチマイグレーション（branch migration）．⇨ホリデイモデル．

プリブナウボックス［Pribnow box］ 原核生物の構造遺伝子の上流にあり，RNAポリメラーゼのσサブユニットが結合するDNA断片．6 bpの長さでTATAATが最もよく見られるヌクレオチド配列である．⇨付録C（1975 Pribnow），標準配列，ホグネスボックス，プロモーター．

プリマキン感受性［primaquine-sensitivity］ ⇨グルコース-6-リン酸デヒドロゲナーゼ欠損症，マラリア．

フリーマーチン［freemartin］ 双胎の胎児の血液循環が連続している場合，雄の胎児のホルモンによって雌の胎児の雄性化が起こることによる哺乳動物の間性．

不良実生［rogue］ 標準品種から生じた変異で，通常は劣ったものをいう．

フリーラジカル ＝遊離基．

プリン［purine］ ⇨核酸塩基．

ブル［bull］ 畜牛，象，アメリカヘラジカ，オオジカなどを含むさまざまな動物の成熟した雄．

フルオレセイン［fluorescein］ 赤橙色の物質で紫外線を照射すると青緑色の蛍光を発する．特定の抗体と結合させることで，蛍光顕微鏡下において細胞中での抗原の局在を確認することができる．

フルクトース［fructose］ レブロース（levulose）ともよばれる六炭糖で，ショ糖の構成成

分の一つ.

フルクトース不耐症［fructose intolerance］
常染色体劣性遺伝性の炭水化物代謝異常. 患者はフルクトース-1,6-ジホスファターゼを欠損する. 食物中のフルクトースを制限することで症状は治まる.

ブルドッグ牛［bull-dog calf］ ⇨ ウシ軟骨無形成症.

プルーフリーディング［proofreading］ 編集（editing）ともいう. 分子生物学では，複製，転写，翻訳中に生じた誤りを修正する機構をいう. ヌクレオチドやアミノ酸が鎖に付加された後，それが正しいものか否かをモニターする. ⇨ RNA 編集.

ブルーム症候群［Bloom syndrome］ 小人症，がんや糖尿病の発症傾向，太陽光線に対する過敏性を示すまれな遺伝病. 培養細胞株では染色体の脆弱性がみられる. 遺伝子は 15q26.1 のバンドに位置し，ヘリカーゼ*をコードする.

プレイバック実験［playback experiment］
RNA で飽和させた DNA 鎖（⇨ RNA 駆動ハイブリダイゼーション）を回収し，ついで再結合反応により，そのコット値*が非反復 DNA から予想されたものに相当することを示す実験.

ブレークスルー ＝突破個体.

プレセニリン（PS1, PS2）［presenillins (PS1 and PS2)］ ⇨ アルツハイマー病.

プレーティング［plating］ 培養皿などに入った半固形培地の表面に細胞を広げたり，接種したりすること.

プレート［plate］ **1**. 細菌培養用に寒天培地を入れる平たい丸皿（ペトリ皿）. **2**. 地質学における地殻の大きな断片. ⇨ プレートテクトニクス.

プレートテクトニクス［plate tectonics］ 現在の造山運動，火山活動，ならびに地震活動の地球規模の分布が一連の線状の帯沿いにみられることを説明する理論. この理論では，地球表面の固い外殻である岩石圏は，より高温で半可塑性の岩流圏の上にあると想定する. もろい岩石圏は一連の構造プレートに分断され，地球表面上を水平に移動する. これと同時にプレートは押し合いになり，隣り合ったプレートによって制約されることになる. あたかも隙間を埋めるたびに形を変え，変化し続けるモザイクタイルのようなものである. 造山運動や，火山ならびに地震活動が起こるのはプレートの境界である. 今日の大陸は構造プレートの一部であり，マグマが表面に上がってくると受動的にそれに乗り，海底が広がるにつれて横に移動する. 対流の駆動機構は地核中にある放射性元素の崩壊によって発生する熱による. 長い時間の間に，マントル中の岩石は液体のように形を変え，年に数 cm の速度で移動する. 構造プレートは少なくとも 6 億年にわたって移動を続けており，植物や動物の生物地理学的な分布を説明できる場合もある. ⇨ 付録 C（1968 Morgan, McKenzie, Le Pinchon），生物地理区，大陸移動説，海洋底拡大，スラウェシ.

プレニル化［prenylation］ タンパク質に，イソプレノイド脂質*が共有結合すること. C 末端のシステインに結合するのが一般的. プレニル化することで，タンパク質の疎水性が高まり，膜の脂質と相互作用しやすくなる.

プレパターン［prepattern］ 二次元に配列した細胞集団に重ね合わされた形態学的パターン. 特定のタイプの分化が限定された範囲にあるいくつかの細胞で起こる. ⇨ 付録 C（1961 Tokunaga）.

プレプライモソーム［preprimosome］ ⇨ プライモソーム.

フレームシフト突然変異［frame shift mutation］ ＝読み枠のずれ（reading frame shift）.

プレメッセンジャー RNA［premessenger RNA］ 構造遺伝子から転写されたばかりの巨大 RNA 分子. 転写後プロセッシング*を受けた後，核外に放出される.

プレリボソーム RNA［preribosomal RNA］ リボソーム RNA 前駆体（precursor ribosomal RNA）ともいう. リボソーム RNA 遺伝子*より転写された巨大 RNA 分子. ショウジョウバエでは 38S，ツメガエルでは 40S，ヒーラ細胞では 45S である. 転写後，何回か切断を受け，リボソームの構成要素となる 5.8S, 18S, 28S rRNA が生じる.

不連続複製［discontinuous replication］ ⇨ DNA 複製.

不連続分布［discontinuous distribution］ 自然数として記録されたデータの集合をいい，それゆえに，値が連続的に分布しないことをいう. たとえば，植物の集団における植物当たりの葉の数のようなもの. ⇨ 連続分布.

不連続変異［discontinuous variation］ 二つ以上の重複しないクラスに分類される変異.

フレンド白血病ウイルス［Friend leukemia virus］ マウスとラットに白血病を起こすウイ

ルス.

プロインスリン［proinsulin］ 膵臓のβ細胞で合成され,修飾されるタンパク質.30 アミノ酸から成る C ペプチドを介してインスリン*の A, B 両方のペプチドをもつ.特異的プロテアーゼにより 2 箇所切断されて C ペプチドとインスリン分子を生じる.

フロイントアジュバント［Freund's adjuvant］ 広く用いられているアジュバントで,水と油の乳濁液中の油相に殺菌,乾燥したマイコバクテリアを含んでいる.

プロウイルス［provirus］ 1. 宿主細胞の染色体中に組込まれていて,宿主細胞を溶解せずに次世代の細胞に伝達されるウイルス.2. 狭義には,真核細胞の染色体中の（RNA レトロウイルスのゲノムに相当する）二本鎖 DNA 配列で,宿主細胞の溶解を起こさずに次世代の細胞に伝達される.このようなプロウイルスはしばしば,細胞のがん状態へのトランスフォーメーションを伴う.

プロクトドン［proctodone］ 昆虫の前部消化管の細胞から分泌されると考えられているホルモンで休眠*を終了させる.

プログラム細胞死［programmed cell death］ ⇒ アポトーシス.

プロクロロン［Prochloron］ 緑色植物に含まれるクロロフィル*a,b をもつ藍菌の属.それゆえ,プロクロロンは,葉緑体*進化の失われた環である,生きた化石*とよばれることもある.この属の基準種である P. didemni は,ホヤと共生している.⇒ 藍菌門,連続共生説.

プロゲスチン［progestin］ ＝プロゲストゲン（progestogen）.

プロゲステロン［progesterone］ 子宮内壁に卵が着床できるようにするため,黄体*から分泌されるステロイドホルモン.その後胎盤*からも分泌されるようになる.妊娠の維持に必須である.

プロゲストゲン［progestogen］ プロゲスチン（progestin）ともいう.プロゲステロン様の活性をもつ物質の総称.⇒ プロゲステロン.

プロゲノート［progenote］ アーキア,細菌,真核生物の仮想上の共通祖先.⇒ ソーギンの最初の共生生物.

プロ酵素［proenzyme］ 酵素前駆体ともいう.チモーゲン*.

フローサイトメトリー［flow cytometry］ 蛍光色素で染色し,懸濁された粒子を含んだ液滴（粒子/液滴≦1）を絞り込んだレーザービーム中を一列に通過させる装置.レーザーが色素を励起した結果,放出される蛍光シグナルは電気的に増幅され,コンピュータに伝送される.コンピュータはある特定の特性をもった粒子を含む液滴を収集室に選別して回収するようにプログラムされている.この技術を用いることで,ヒトの分裂期染色体は 90% の純度で回収できる.

プロジェリア ＝早老症.

プロスタグランジン［prostaglandin］ 天然に存在し,化学構造の類似した長鎖脂肪酸の一群.多種多様な生理的作用を示す（平滑筋の収縮,血圧低下,ある種のホルモンに対する拮抗作用など）.前立腺（prostate gland）から初めて単離されたことから命名されたが,現在では多くの組織でつくられていることが知られている.

プロセッシブ酵素［processive enzyme］ 触媒反応が繰返されている間,特定の基質に結合したままでいる酵素.

プロセッシング［processing］ 1. 転写一次産物の転写後修飾.2. マクロファージによる抗原の部分分解（場合によっては RNA と共役している）.マクロファージの細胞膜上に分解された抗原の一部が提示され,同類のリンパ球に刺激を与える.

プロセッシングされた遺伝子［processed gene］ レトロ遺伝子（retrogene）ともいう.真核生物に見られる偽遺伝子*.イントロンがなく,3′末端近くにポリ A 領域がついている.このことから,プロセッシングを受けた核内 RNA の逆転写により二本鎖 DNA となったために生じたと考えられる.

プロセテリー［prothetely］ 実験的に誘導される発生異常で変態の部分的な阻害のため,ある器官が正常発生よりも早い時期に出現する.たとえば,幼虫における蛹の触角形成など.

プロター［proter］ 原生動物の横断分裂により生じた前部側の娘生物.

プロタミン［protamine］ 精子の染色体 DNA に結合する高塩基性のタンパク質群.精子形成*の過程で,ヌクレオソームのヒストンは分解され,プロタミンに置き換わる.プロタミンはより短く,単純なタンパク質で,アルギニンにきわめ

て富み，リシンはごく少ないかあるいは全くみられない．システイン残基は分子上の比較的保存された位置にみられる．プロタミンがDNAに結合するとαらせん*を形成する．プロタミン遺伝子は，雄のみで，しかも精巣に限って発現する．プロタミンは精細胞の遅い時期に，貯蔵されたmRNAから翻訳される．

ブロッティング［blotting］　電気泳動やクロマトグラフィーで分離したRNA，DNA，タンパク質を，支持体（たとえばゲル）から，固定用フィルターや膜基質へ移す方法の総称．ブロッティングには以下の二つの主要な方法がある．1) 毛管現象により分子を移すキャピラリーブロッティング（例：サザンブロッティング*，ノーザンブロッティング）．2) 電気泳動により分子を移すエレクトロブロッティング．

プロテアーゼ［protease］　タンパク質分解酵素．

プロテアソーム［proteasome］　プロテオソーム（proteosome）ともいう．多数のタンパク質が筒状に配列した構造物で，脂質やリポ多糖と結合することで，細胞質から隔離されている．プロテアソームには，ユビキチン化により分解の目印がつけられたタンパク質を消化するタンパク質分解中心がある．プロテアソームは，原核生物，真核生物を問わず，さまざまな種に存在する．⇨サイクリン，ユビキチン．

プロテインキナーゼ［protein kinase］　タンパク質キナーゼあるいはタンパク質リン酸化酵素ともいう．ATPのリン酸基をタンパク質中のセリン，トレオニン，もしくはチロシン分子に転移させるタンパク質ファミリーの一員をいう．プロテインキナーゼは，カルシウムイオン，環状AMP，分裂促進因子などの特定の化学シグナルに応答して活性化される．基質タンパク質のリン酸化は，細胞内においてシグナルを増幅する働きをもつ．ラウス肉腫ウイルスが合成する発がん性タンパク質はチロシンプロテインキナーゼの一種である．上皮細胞の塩素チャンネルは，プロテインキナーゼと囊胞性線維症膜貫通制御因子との間の反応によって活性化される．⇨ 付録C（1959 Krebs, Graves, Fischer; 1978 Collett, Erickson; 1991 Knighton *et al*.; 1992 Krebs, Fischer），細胞シグナル伝達，サイクリン，囊胞性線維症，上皮成長因子，pp60v-*src*.

プロテオーム［proteome］　ある時点で，細胞が産生しているすべてのタンパク質．細胞のゲノムは通常，変わることがないが，細胞のつくるタンパク質の種類や量は，発生段階，年齢，病気，薬剤などの要因により変動する．⇨ 連続遺伝子発現解析法，トランスクリプトーム．

プロテノイド［proteinoid］　分子量約1万のアミノ酸の重合体．リン酸と18種のアミノ酸の乾燥混合物を70℃で熱し，"偽始原条件"下で生成される．タンパク質分解酵素感受性で，細菌の栄養にはなるが，抗原性はない．

プロトオンコジーン［proto-oncogene］　がん原遺伝子ともいう．正常な細胞の増殖分化を制御する遺伝子．1) 既知のウイルスがん遺伝子（*onc*）と塩基配列を共有しているか，2) 突然変異あるいはきわめて効率のよいプロモーターの作用による過剰活性化によって，発がん性を示す．プロトオンコジーンの中にはc-*src*のように細胞の特定のタンパク質のチロシンをリン酸化するプロテインキナーゼをコードしているものもあるし，またc-*ras*のようにグアニンヌクレオチド結合能をもち，GTPアーゼ活性を有するタンパク質をコードしているものもある．成長因子やその受容体をコードしているものもある．⇨ フィラデルフィア染色体，血小板由来増殖因子．

プロトトロフ　＝原栄養株．
プロトプラスト　＝原形質体．
プロトマー［protomer］　多量体タンパク質を構成する個々のポリペプチド鎖．
プロトミトコンドリア　［protomitochondria］　⇨ プチ．
プロトロンビン［prothrombin］　トロンビンの不活性型．⇨ 血液凝固．
プロトン　＝陽子．
プロナーゼ［pronase］　放線菌属から分離した酵素で，ムコタンパク質を分解する．
プロパージン経路［properdin pathway］　⇨ 補体．

プローブ［probe］　分子生物学では，放射性同位体などで生化学的に標識して同定を容易にするものをいう．遺伝子，遺伝子産物，タンパク質の同定，単離に用いられる．放射性標識したmRNAは自身の遺伝子DNAの一本鎖にハイブリダイズする，cDNAは染色体の相補領域にハイブリダイズする，モノクローナル抗体は特異的なタンパク質に結合するなど．⇨ cDNAライブラリ，ハイブリドーマ，鎖特異的ハイブリダイゼーションプローブ．

プロファージ［prophage］　溶原菌においてファージの生産に必要な遺伝情報を担い，宿主に特定の遺伝的性質を付与する構造．⇨ 付録C（1950 Lwoff, Gutman），潜在型プロファージ，λバクテリオファージ．

プロファージ介在性変換　［prophage-mediated conversion］　溶原化によって細菌が新しい性質

を獲得すること．たとえば，プロファージにより宿主細菌が，近縁ファージの感染に対する免疫を獲得すること．溶原化により細菌の抗原性や産生する毒素に変化が生じる場合もある．⇒付録C（1951 Freeman），ジフテリアトキシン．

プロファージ付着部位［prophage attachment site］ 挿入されたプロファージの両側にある付着部位．すなわちファージDNAが挿入し，プロファージを形成するのに必要な細菌染色体上の塩基配列．

プロファージ誘導［prophage induction］ ⇒誘導．

プロフラビン［proflavin］ アクリジン色素の一種．読み枠のずれ*を起こす突然変異原．

プロミトコンドリア［promitochondria］ 嫌気的条件下で発育した酵母に特異的にみられる異常なミトコンドリア．内膜が不完全で，ある種のシトクロムが欠如している．⇒プチ．

5-ブロモウラシル［5-bromouracil］ ピリミジン類似体で，突然変異誘発作用がある．

プロモーター［promoter］ 1. DNA分子上の一領域で，RNAポリメラーゼがここに結合して転写を開始する．オペロンでは，プロモーターはオペレーター側の端に位置し，オペレーターとは隣接するものの，その外側にある．プロモーターのヌクレオチド配列は，それに結合する酵素の性質ならびにRNA合成の速度の両方を規定する．⇒付録C（1975 Pribnow），アルコールデヒドロゲナーゼ，ダウンプロモーター突然変異，ホグネスボックス，プリブナウボックス，調節遺伝子，アッププロモーター突然変異．2. それ自身では発がん性を示さないが，発がん物質に曝された細胞における悪性腫瘍の生成を増進するような化学物質．

5-ブロモデオキシウリジン［5-bromodeoxy-uridine］ 略号BUDR，BrdU．チミジンの類似体．複製時にDNAに取込まれる．この置換はDNAの構造に大きく影響する．二本鎖ともBUDRで置換されると，片方だけの場合より染色分体の染色は弱くなる．よってBUDRの存在下で細胞を増殖させ2回複製させると，2本の染色分体の染色性に差が生じ，それらをハーレキン染色体とよぶ．したがって，BUDRラベル法は姉妹染色分体交換を見分けるのに用いることができる．BUDRは異質染色質（ヘテロクロマチン）の豊富な染色体部分に切断をひき起こす．⇒付録C（1972 Zakharov, Egolina）．

フロラ ＝植物相．

プロラクチン［prolactin］ ⇒ヒト成長ホルモン．

プロリン［proline］ 略号Pro．⇒アミノ酸．

分化［differentiation］ 生物の細胞の構造と機能の漸進的な多様化に伴う変化の全体をいう．特定の細胞系譜についてみると，分化はそれぞれの細胞で起こりうる転写の型を次第に限定することになる．⇒発生，形態形成，決定．

分解代謝産物 ＝異化代謝産物．

分解能［resolving power］ ものを拡大してみるシステムの解像能力．二つの線や点が不鮮明な単一物ではなく二つのものとして分解されうる最小距離として測定される．光学顕微鏡の最大分解能は約0.2 μmで，電子顕微鏡では約0.5 nmである．

分化抗原［differentiation antigen］ 発生学的な分化の特定段階においてのみ発現する細胞表層抗原のこと．

分割線量照射［fractionated dose］ 突然変異誘発のために放射線の短照射を生物に繰返し与える処理のこと．

分化分節［differential segment］ ⇒対合分節．

分岐学［cladistics］ 2種間で共有される派生形質のみを強調して，それらの系統関係を明らかにしようと試みる分類の方法．このような解析の結果を図で表したものが分岐図*．⇒付録C（1950 Hennig），子孫形質［の］．

分岐進化［cladogenesis, cladistic evolution］ クラドゲネシスともいう．一つの系譜が二つ以上の系譜に分かれること．⇒定向進化，系統進化．

分岐図 [cladogram] 系統樹状図ともいう。分類群間で共有する形質状態をもとにそれらの関係を示した樹状の図で，進化の過程における祖先型分類群からの真の系統分岐を示そうとするもの．図では，すでに絶滅した種Aが祖先の種であるとする．Aは，分類上重要な六つの表現型の形質（a～f）をもつ．この系統に種分化（1～4）が起こり，五つの現存する種B～Fが形成された．f以外の各形質は祖先形質から派生形質へ1回だけ変化を起こしている．系統内で変化の起きた時間と場所は文字にダッシュ（′）をつけて示してある．最も近い共通の祖先をもつEとFが，最も離れた共通の祖先をもつ種同士よりも多くの共通した派生形質をもつことに注目してほしい．いくつかの種によって祖先の性質が共有されていることを，祖先形質共有といい，2種以上によって派生形質が共有されていることを，派生形質共有という．それゆえ，形質fはすべての種の共有祖先形質であり，形質c′は，E，Fの共有派生形質である．⇨節．

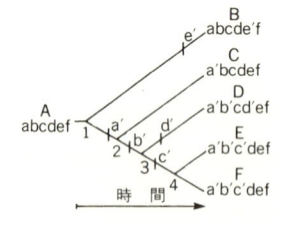

```
                    B
                e' abcde'f
               ╱
              ╱    a'bcdef
             ╱    ╱
        A   ╱    ╱    D
      abcdef ╲ ╱    a'b'cd'ef
            1 a'  ╱
             ╲  b'╱    E
              2  ╲    a'b'c'ef
               c'╱
                3   F
                   a'b'c'def
                4
        時  間 →
```

分岐節 [divergence node] 系統樹の分岐点のこと．共通の祖先から二つの系譜が分かれているところ．

分げつ枝 [tiller] 茎の基部から伸びる側枝．

吻合 [anastomosis] 細胞突起や管状組織の管が複数結合することによって分岐系を形成すること．

分光光度計 [spectrophotometer] 光を吸収する媒体の前後で，特定波長の光束強度を比較するのに用いられる光学機器．⇨顕微分光光度計．

分散 [variance] 母集団のすべての値が母平均からの正と負の偏差で表される場合，偏差の平方値の平均．

分散型動原体 [diffuse centromere, diffuse kinetochore] ⇨動原体．

分散機構 [dispersal mechanism] ある種が生息域を拡大するためにとる手段のこと．たとえば，粘着性の種子は動物に付着して別の地域に移動しうる．

分散的複製 [dispersive replication] 元のDNA鎖と新たに複製した娘DNA分子とが事実上ランダムに散在するというDNA複製に関する古い考え方．

分散分析 [analysis of variance] 実験において観察された全分散を，いくつかの統計学的に独立な分散要因に分割する統計学的手法．これらの要因の中には処理の効果，配置の効果および実験誤差がある．処理に基づく効果の有無をチェックすることが，しばしば求められる．処理に効果がないという仮説の統計学的な検定としてF検定（分散比検定）がある．処理の平均平方の誤差の平均平方に対する比が，ある有意水準における二つの平均平方のそれぞれの自由度に依存したある一定値を超えた場合に，その処理は有効であったと推定される．分散分析は，処理の効果を検定するうえで，実験で統制されていない分散要因のうちのどれが許容されるべきかを判断するのにとりわけ有用である．

分子 [molecule] 化合物を構成する最小単位で，それ自身単独で存在し，その化合物の化学的性質をそなえているものをいう．

分子遺伝学 [molecular genetics] 遺伝子の構造および機能を分子レベルで研究する遺伝学の一領域．

分子擬態 [molecular mimicry] ⇨隠れた抗原．

分子クローニング [molecular cloning] ⇨遺伝子クローニング，組換えDNA技術．

分子系統樹 [universal tree of life] さまざまな原核生物と真核生物のリボソーム小サブユニットRNAの塩基配列を比較してつくられた系統樹（次ページ図）．分岐の高さは，その系統が，最も近い系統から分岐後に生じた，塩基配列中の変化数に比例．系統樹の大半は，微生物でつくり上げられた．動物界，植物界，および真菌界は，23の系譜のうち三つの系譜のみである．すべての現存生物は，細菌，アーキア，真核生物の3グループに分類される．真核生物は，細菌よりアーキアにより近い．樹の根元の共通の祖先は，細菌とアーキアの間に位置する．この原核生物は，おそらく超好熱菌*であろう．⇨付録A（原核生物超界，真核生物超界），付録C（1977 Woese, Fox; 1980 Woese et al.），リボソーム，16S rRNA．

分子進化の中立突然変異浮動説 [neutral mutation-random drift theory of molecular evolution] 進化の過程におけるヌクレオチドの置換の大半は，中立突然変異もしくはそれに近いものがランダムに固定された結果であって，積極的なダーウィン的選択の結果ではないとする理論．タンパク質の多型の多くは選択的に中立であり，突然変異による投入と無作為な消滅との均衡により集団内で維持されている．中立突然変異では機能は失

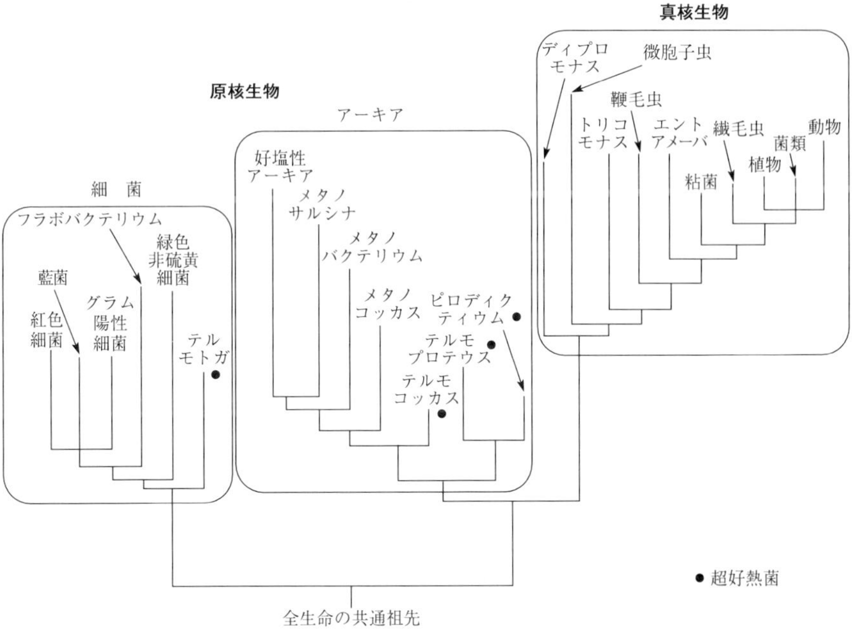
真核生物
原核生物
アーキア
細菌
ディプロモナス
微胞子虫
鞭毛虫
トリコモナス
エントアメーバ
繊毛虫
動物
菌類
植物
粘菌
好塩性アーキア
メタノサルシナ
メタノバクテリウム
メタノコッカス
ピロディクティウム
テルモプロテウス
テルモコッカス
フラボバクテリウム
緑色非硫黄細菌
藍菌
グラム陽性細菌
紅色細菌
テルモトガ
全生命の共通祖先
● 超好熱菌

分子系統樹

われておらず，その生物の生存および生殖の促進に関していえば，祖先の対立遺伝子と同等の効果を有している．しかしながら，各世代で生産される莫大な供給源から相対的に少数の配偶子しかサンプル抽出されず，それは次世代のわずかの個体でしかないので，そのような中立突然変異が偶然に集団に広まる可能性がある．⇨ 付録 C（1968 Kimura）．

分子生物学［molecular biology］ 分子レベルで生物現象を説明する近代生物学の一つ．分子生物学者は遺伝学的問題の研究に生化学的，物理学的技法を用いる．

分子時計［molecular clock］ ⇨ DNA 時計仮説，タンパク質時計仮説．

分子ハイブリダイゼーション［molecular hybridization］ 異なる起源をもつ DNA 鎖間での塩基対の形成．あるいは DNA 鎖と RNA 鎖による塩基対の形成．

分子ふるい［molecular sieve］ 結晶アルミノケイ酸塩の固形物．ガス混合物や有機溶媒から水，二酸化炭素，硫化水素などの気体を除くために使われる．イオン交換体として使われることもある．

分子モーター［molecular motor］ トルクまたは他分子を動かす力を生ずる分子．最小の分子モーターとして知られているのは，細菌の鞭毛の回転を起こす ATP アーゼである．触媒機能を発揮するために回転する必要のある酵素成分として唯一知られているのは，ミトコンドリアの膜を貫通している ATP 合成酵素（ホロ酵素）のサブユニットの F_1-ATP アーゼである．F_1-ATP アーゼの大きさは，細菌鞭毛を動かすのに必要なモーターの 1/10 に満たない．⇨ モータータンパク質．

分集団［subpopulation］ 大きな集団や種の中で，相互間の移動に明らかな制約がある繁殖群．

分子量［molecular weight］ 分子を構成するすべての原子の原子量の総和．相対分子質量*に同じ．

分生子［conidium,（*pl.*）conidia］ 気中菌糸から出てくる無性的な単相の胞子．*Neurospora*（アカパンカビ）では，二つの型の分生子が認められる．すなわち，多核で卵形の大分生子と，より小さく球形で単一核の小分生子である．適当な培地で培養すると，分生子が発芽して新しい菌糸体を形成する．

分節状ゲノム［segmented genome］ 2 本以上のヌクレオチド鎖に断片化されたウイルスのゲノム．たとえばアルファルファモザイクウイルス

は4種の異なるRNA分節をもち、それぞれが異なるウイルス粒子に詰め込まれている。したがってウイルスが正常に感染するには、4種のRNAのそれぞれが細胞内に入らなければならず、こうしたウイルスをヘテロキャプシド型という。分節状ゲノムの断片がすべて一つのウイルス粒子中にある（たとえばインフルエンザウイルス）なら、このウイルスをイソキャプシド型という。

分断遺伝子［split gene, interrupted gene］コード領域（エクソン）が非コード領域（イントロン）により分断された遺伝子。こうした遺伝子の構造はほとんどの真核生物遺伝子やある種の動物ウイルスのゲノムに特徴的である。原核生物にはイントロンはない。⇒付録C（1977 Roberts, Sharp）.

分断選択［disruptive selection］ 集団における両極端の表現型への選択。何世代か後には、二つの不連続な系統が得られる。たとえば育種家が集団の中で最も長い穂と最も短い穂のトウモロコシからとった種子を何世代もの間選抜するといったこと。⇒方向性選択.

分断分布［vicariance distribution］ かつて連続した生息範囲をもっていた生物が、不連続な生物地理学的分布を示すこと。分布の隔たりは地質学的あるいは、気候上の外因によると考えられる。

分配対合［distributive pairing］ 染色体の娘細胞への適切な配分に導びく減数分裂の中期Ⅰにおける対合。対合複合体はこの種の型の染色体の会合には機能を果たさない。

分 泌［secretion］ 細胞や腺の内部で合成された化合物が外に放出される過程.

分泌型遺伝子［*Secretor* gene］ ヒトの常染色体上の優性対立遺伝子で、血液のA型とB型の抗原の水溶性型を唾液や体液に分泌させる。この遺伝子(*Se*)はI遺伝子座とは連鎖していない。⇒A抗原、B抗原.

分泌小胞［secretory vesicle］ 分泌物を含む小胞。たとえば、膵臓の腺房細胞中の分泌小胞には、消化酵素の前駆体が（ER中の200倍の濃度に）濃縮されている。分泌されるタンパク質は、分泌小胞へタンパク質を向かわせる選別シグナル*をもつ。⇒ゴルジ体.

分 娩［parturition］ 出産のこと.

分 離［disjunction］ 有糸分裂後期および減数分裂後期に染色体が分かれること.

分離荷重［segregational load］ 適応度の高いヘテロ接合体から適応度の低いホモ接合体へ遺伝子が分離することにより、集団中に保有される遺伝障害.

分離型プチ［segregational petite］ ⇒プチ.

分離遅延［segregational lag］ 多核様体細菌の1個の核様体に起こった突然変異の表現型としての発現が遅れること。遅延期間は親が分裂して突然変異を起こした染色体のみを含む細胞をつくるに要する時間に相当する.

分離ひずみ［segregation distortion］ 略号SD. ある対立遺伝子をもつ配偶子における機能障害や致死作用のため、メンデルの法則から期待される分離比に生じるひずみ。この型の減数分裂分離ひずみ*の代表的なものに、ショウジョウバエの第2染色体上の分離ひずみ突然変異（SD）がある。SD/sd^+ のヘテロ接合型の雄は SD と sd^+ の精子をつくるが、SD をもつ精子のみが機能する。だが SD のホモ接合体は致死なので、SD が固定することはない.

分離比のひずみ［segregation ratio distortion］ ヘテロ接合体における1:1の分離比に起こるひずみ。Aa 個体が A, a の各遺伝子をもつ配偶子を同数つくれなくなるような減数分裂の異常か、各配偶子が接合体を形成するときに同等に寄与しないことによる.

分 類［classification］ 1. 生物を、共通する性質またはそれらの系統あるいはその両方に基づいて種類分けすること。2. 1の過程に従って、生物をグループに分類した結果。Linnaeは生物を二つの界（植物界と動物界）に分類した。Whittakerは生物を五つの界（細菌、原生生物、真菌類、植物界、動物界）に分類し直した。最近用いられている分類を付録Aに示す。T. Cavalier-Smithは七つの界に分類するシステムを提唱している。このシステムでは、5界のうち原生生物を原始真核生物、原生生物、クロミスタの三つの界（付録A参照）に分類し直している.

分類学［taxonomy］ 生物の分類に関する学問。古典分類学は形態に基づく記載、命名、分類に関するものであった。近年の分類学者は、生物がどのように進化したかを知るための変異パターンの分析、進化単位の同定、およびそうした単位間の遺伝学的相互関係の実験的決定に関心を示している。⇒付録C（1735 Linné）、フィロコード.

分類学者［taxonomist］ 分類学*の専門家.

分類学的一致［taxonomic congruence］ ある分類法で同一のグループに属する生物が、他の分類法でも同一のグループに分類される度合。比較される分類法が異なる情報源（独立したデータ群）に基づくのであれば、このような一致は、さまざまな証拠を考慮しているので、分類の安定度を評価する際の尺度として用いることができる.

分類学的階級［taxonomic category］　分類の階層構造の中で，ある分類群の階級を示す．⇨ 分類．

分類学的絶滅［taxonomic extinction］　ある分類群が絶滅または偽絶滅*のために，生存していない状態．

分類群［taxon，(*pl.*) taxa］　階級によらず，分類されたグループを指す一般的術語．

分　裂［fission］　1. 二分裂*のこと．2. 核分裂*のこと．

分裂間期［interkinesis］　減数分裂の第一分裂と第二分裂の間の時期．分裂間期には DNA の複製は起こらない．

分裂溝　＝卵割溝．

分裂酵母［*Schizosaccharomyces pombe*］　真菌の一種で，形は単一の球形細胞から円筒状細胞に変化し，中隔分裂*によって増殖する．有糸分裂紡錘体は G_2 期に形成され，染色体の凝縮も起こる．しかし，核膜はそのまま残る．*S. pombe* はまた，真性菌糸*を形成することもできる．有性生殖は半数体の細胞が融合して接合体を形成することによって起こる．この接合体は減数分裂を行って，4 個の半数体子嚢胞子を含む子嚢を形成する．これらの子嚢胞子は発達して増殖性細胞となる．パン酵母*（*Saccharomyces cerevisiae*）の遺伝子との比較から，分裂酵母の遺伝子はイントロンをもつものがはるかに多いことが判明した．分裂酵母は細胞周期の進行の遺伝的制御を研究するのによく用いられる．⇨ 付録 A（真菌界，子嚢菌門），付録 C（1994 Chikashige *et al.*）．

分裂指数［mitotic index］　ある試料中で分裂細胞の占める割合を示す．

分裂小体産生［merogony］　断裂*を行うことなく，核の複製を行う無性生殖の一形態で，同時に 2 ないしそれ以上のメロゾイトを生じる．メロゾイトを生じるシゾゴニー*の一種．

分裂装置［mitotic apparatus］　1) 中心体の周囲に形成される星状体，2) ゼラチン状の紡錘体，3) 染色体の動原体をそれぞれの中心体につなげるけん引糸の三つの要素から成るオルガネラ．⇨ 付録 C（1952 Mazia, Dan），有糸分裂，多極紡錘体．

分裂促進因子［mitogen］　マイトジェンともいう．細胞を刺激して有糸分裂をひき起こす作用をもつ化合物．⇨ 上皮成長因子．

分裂組織［meristem］　有糸分裂活性をもつ未分化の植物組織．根やシュートの先端の分裂組織は長端分裂組織とよばれる．⇨ 花器官原基．

分裂中心［mitotic center］　有糸分裂の後期において染色体が移動するための極を決定するもの．多くの動物細胞では中心粒が分裂中心として機能する．無性有糸分裂を行う植物では分裂中心の本体は不明である．

分裂毒　＝有糸分裂毒．

へ

paired キイロショウジョウバエの第2染色体左腕に位置する劣性致死突然変異. *paired* 遺伝子は，接合体分節突然変異体*のペアルールクラスに属する．この遺伝子は複数の DNA 結合領域をもつタンパク質（PRD）をコードする．その一つは，"ペアードドメイン"（paired domain）とよばれ，27番目から154番目までのアミノ酸配列からなる．213番目から272番目までのアミノ酸配列はホメオドメインである．PRD タンパク質の C 末端の近くには，ヒスチジンとプロリンに富む領域が存在する．この"PRD 反復"は胚発生の初期に発現する他のショウジョウバエ遺伝子にもみられる．マウスやヒトの胚発生に重要な役割を果たしている遺伝子は，ペアードドメインをもつタンパク質をコードしており，これらの遺伝子は，ペアードボックス（*Pax*）ファミリーに分類される．⇨ 付録 C（1986 Noll *et al.*），*Aniridia*, *eyeless*, 遺伝子のネットワーク形成，ホメオボックス，*Small eye*.

ヘアピン型リボザイム [hairpin ribozyme] タバコ輪点（病）ウイルスの359塩基のサテライト RNA*（−）鎖の触媒中心．50塩基の触媒部位と14塩基の基質をふくむ．触媒 RNA は，切断反応の際，閉じた輪を形成するところから，ヘアピン型リボザイム（HR）と名付けられた．HR は，特定の外来性 RNA に結合して，切断するよう改変された．その一例は，複製に必要な，HIV-1 ウイルス遺伝子の転写産物である．適切に細工されたリボザイムは，将来，AIDS 治療に重要な役割を果たすであろう．⇨ AIDS, HIV, ウイルスの（+）鎖と（−）鎖，リボザイム．

ヘアピン DNA [hairpin DNA] ＝フォールドバック DNA (foldback DNA).

ヘアピンループ [hairpin loop] 同一鎖上に隣接した逆向きの相補的配列間の塩基対形成によりつくられる DNA または RNA の二重らせん領域．⇨ パリンドローム，ターミネーター．

ペアルール遺伝子 [pair rule gene] ⇨ 接合体分節突然変異体．

閉花受粉[の] [cleistogamous] 開花しない花の中で受精が起こる植物．したがって必然的に自家受粉のみが起こる．⇨ 開花受粉[の]．

平滑末端 [blunt end] ⇨ 制限酵素.

平滑末端連結反応 [blunt end ligation] DNA リガーゼ*を用いて平滑末端断片をつなぐこと．⇨ 付着末端連結反応．

平均棍 [halteres] 双翅目の後胸から伸びている棍棒状の一対の付属器．自身の振動面からのずれを感知するジャイロスコープ様感覚器官の役割をもつ．平均棍は進化的に，ほかの昆虫の後翅に相当する．ショウジョウバエでは，特定のホメオティック突然変異*により平均棍が翅に変化する．

平均自由行路 [mean free path] 原子粒子がある衝突からつぎの衝突までに進む距離の平均値．

平均寿命 [average life] 核物理学では，特定放射性物質の全原子のうちの個々の寿命の平均値．放射性半減期*の1.443倍．

平均値 [mean] 一群のデータの総和をその個数で割った値．

平均平方 [mean square] 分散．

閉経 [menopause] ヒトの女性で，月経周期が停止することをいう．ふつう，50〜60歳ぐらいの間に起こる．

平衡遠心分離 [equilibrium centrifugation] ⇨ 遠心分離．

平衡系統 [balanced stock] ヘテロ接合ではあるが，特別な選択をせずに代々の世代を維持することのできる遺伝的系統．このような系統は平衡致死遺伝子を含んでいる場合もあるし，ホモ接合の雌を不妊にするような劣性遺伝子とヘミ接合の雄を殺す別の遺伝子座の劣性致死遺伝子の組合わせからなる場合もある．⇨ M5 法．

平衡集団 [equilibrium population] 世代間で，遺伝子プール中の各対立形質の頻度が変化しないような集団のこと．選択圧と突然変異圧が均衡することによって，進化の推進力が相殺されたり，あるいは，進化の推進力が欠けることにより平衡が成立しうる．⇨ ハーディー‐ワインベルグの法則．

平行進化 [parallel evolution] 独立した2種以上の系譜において同じあるいは似たような傾向が生じることをいう．このような系譜は，必然的ではないが，互いに関連しているのがふつうである．

平衡選択［balanced selection］　ヘテロ接合体に有利な選択で，平衡多型*を生じる．

平衡多型［balanced polymorphism］　注目する対立遺伝子についてヘテロ接合の個体の適応値が，両方のホモ接合個体より高いことにより，集団中で遺伝的多型が保持されること．⇨付録C (1954 Allison)．

平衡致死系［balanced lethal system］　相同染色体のそれぞれに非対立劣性致死遺伝子をもつ生物の系統．系統内の相互交配により，純系の子孫を生じるかのようにみえる．これは，子供の1/2はいずれか一方の致死遺伝子についてホモ接合となり，検出前に致死となるため．生き残った子はその親と同様，両方の致死遺伝子についてヘテロ接合である．⇨付録C (1918 Muller; 1930 Cleland, Blakeslee)．

平衡転座［balanced translocation］　相互転座 (reciprocal translocation) ともいう．⇨転座．

平衡透析［equilibrium dialysis］　⇨透析．

平行らせん［paranemic spiral］　反対方向に巻かれた2本の平行の糸よりなるらせん．その2本の糸は，巻き戻さなくても容易に分離できる．⇨撚糸型らせん，相関コイル．

閉鎖[症]［atresia］　正常な通路が先天的に欠如していること．正常な通路が先天的に欠如していること．正常ならば開口している腔が欠損していること．

閉鎖卵［cleidoic egg］　気体のみが透過できる殻に囲まれている卵．

並体結合の双生児［parabiotic twins］　2個体の動物を外科的に結合させた，人工の"シャム双生児"のことで，その血液循環は吻合するので，両個体間の体液因子の伝達に関する研究ができる．

併発係数［coefficient of coincidence］　二重交差の観察数を理論数で割った実験値．

平板効率［plating efficiency］　コロニー形成率ともいう．⇨絶対平板効率，相対平板効率．

平板反復法　＝レプリカ平板法．

平伏[の]［procumbent］　植物の茎の全長またはそのほとんどが地上をはっている状態 (例：つる植物)．⇨匍匐枝．

ヘイフリックの限界［Hayflick limit］　正常動物細胞の分裂回数の実験的限界値．マウスおよびヒトの細胞は，危機期*に至るまでに30〜50回分裂する．⇨付録C (1965 Hayflick)，短小化，継代数，テロメラーゼ．

ペイリーの時計［Paley's watch］　時計は偶然によってつくられたにしては複雑すぎる．したがってその存在はそれが意図的につくられたものであることを自ら示しているのだという常識観念に基づき，神の存在について William Paley (1743〜1805) によって展開された議論．この議論は，創造論信奉者によって生物に適用されている．

ペカン属［Carya］　C. ovata（ヒッコリー），C. pecan（ペカン）を含む属．

ヘキソサミニダーゼ［hexosaminidase］　ガングリオシド*の異化に関与する酵素．ヘキソサミニダーゼはαおよびβ鎖からなりその遺伝子はそれぞれ15番および5番ヒト常染色体上にコードされている．この遺伝子座の突然変異は，テイ-サックス病*やサンドホフ病*をひき起こす．

ヘキソースーリン酸側路［hexose monophosphate shunt］　⇨ペントースリン酸回路．

北京原人［Sinanthropus pekinensis］　中国北京の近くで発見された，絶滅した原人の一群．現在では独立した種とは考えられておらず，Homo erectus に属している．

ベクター［vector］　ビークル (vehicle) ともいう．宿主細胞の間で DNA 領域を伝達する自己複製 DNA 分子．⇨DNAベクター，λクローニングベクター，マリナー因子，プラスミドクローニングベクター，シャトルベクター．

ペクチン［pectin］　細胞壁および中層中にある多糖体．多くの COOH 基がメチル化されたペクチン酸から成る．

ペクチン酸［pectic acid］　ガラクツロン酸サ

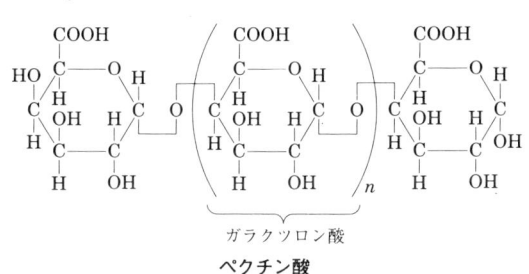

ガラクツロン酸

ペクチン酸

ブユニットから成る重合体.
Pecten irradians ⇨ 斧足綱.
ベクレル [becquerel] 略号 Bq. 放射性物質の活性を示す単位. 1 Bq＝1 崩壊／秒.
PEST 配列 [PEST sequence] プロリン (P), グルタミン酸 (E), セリン (S), トレオニン (T) に富んだタンパク質のドメイン. アミノ酸の 1 文字表記から命名. PEST 配列は, 寿命の短いタンパク質にみつかるので, 分解シグナルと考えられている.
β カロテン [β carotene] ⇨ カロテノイド, レチネン.
β 鎖 [β chain] 成人のヘモグロビンに見いだされる 2 種類のポリペプチドのうちの一つ.
β_2 ミクログロブリン [β_2 microglobulin] ⇨ 主要組織適合性複合体.
β プリーツシート [β pleated sheet] タンパク質によく見られる, 規則的に繰返される二つの構造のうちの一つ (⇨ α ヘリックス). β シートを形成するポリペプチド鎖は十分伸び切っていて, 同じポリペプチド鎖内や異なるポリペプチド鎖の NH 基と CO 基間の水素結合により安定化されている. 隣接するポリペプチド鎖は, 同方向に向かうか (平行 β シート), 反対方向に向かう (逆平行 β シート). たとえば, 絹フィブロインは, 逆並行 β シートからできている. ⇨ 付録 C (1951 Pauling, Corey), 絹.
β ラクタマーゼ [β lactamase] ⇨ ペニシリナーゼ.
β 粒子 [β particle] 放射性崩壊している原子核から放射される高エネルギー電子.
ベッカー型筋ジストロフィー [Becker muscular dystrophy] ⇨ 筋ジストロフィー.
ベーツ型擬態 [Batesian mimicry] ⇨ 擬態.
ペッカム型擬態 [Peckhammian mimicry] ⇨ 擬態.
ヘット [het] 部分的にヘテロのファージ.
pet, PET プチ.
ヘッドフル機構 [headful mechanism] ファージ頭部 (例: T4) への DNA のパッケージングに関する機構. コンカテマー DNA は, 特定の位置ではなく頭部が DNA で満たされたときに切断される. この機構で T4 における末端重複および循環順列配列を説明できる.
ヘテロ核 RNA [heterogeneous nuclear RNA] 略号 hnRNA. 核内に見られる染色体外 RNA 分子の集団で, 転写一次産物や部分修飾された転写産物, 切取られたイントロン RNA, 核内低分子 RNA から構成される. 転写一次産物またはその修飾産物のみを示すことが多い. ⇨ 付録 C (1961 Georgiev, Mantieva), スプライセオソーム, Usn RNA.
ヘテロ核型[の] [heterokaryotypic] 染色体異常をヘテロ接合の状態でもっている個体をさす.
ヘテロカリオシス [heterokaryosis] 異なる型の菌糸の無性的な融合の結果として, 真菌類の菌糸が異なる遺伝子型の複数の半数体核をもっている状態.
ヘテロカリオン ＝異核共存体.
ヘテロキャプシドウイルス [heterocapsidic virus] ⇨ 分節状ゲノム.
ヘテロクロマチン ＝異質染色質.
ヘテロゴニー [heterogony] 周期性単為生殖. 通常, 年に 1 度, 有性生殖に変わり, 単為生殖が 1 世代から数世代行われる. アブラムシ, タマバチ, ワムシなどがヘテロゴニーを行う動物の例である.
ヘテロジェノート ＝ヘテロ部分接合体.
ヘテロシス ＝雑種強勢.
ヘテロ受精 [heterofertilization] 被子植物の重複受精で, 胚乳と卵が遺伝的に異なる精核から生じる場合をさす.
ヘテロ接合性 [heterozygosity, heterozygosis] 一対以上の異質の対立遺伝子をもっている状態.
ヘテロ接合体 [heterozygote] 二倍体または倍数体の個体で, 一つ以上の遺伝子座において, 異なる対立遺伝子をもっているもの. つまり, 純系ではない. ⇨ 付録 C (1902〜1909 Bateson), ホモ接合体.
ヘテロ接合優勢 [heterozygote advantage] ヘテロ接合体が, どちらのホモ接合体よりも高い適応度をもつような状況をいう. ⇨ 嚢胞性線維症, グルコース-6-デヒドロゲナーゼ欠損症. 血色素症, *Indy*, 超優性, 鎌状赤血球形質.
ヘテロタリック菌 [heterothallic fungus] 異なる菌体から由来した遺伝的に異なる核が融合して, 有性胞子を形成する真菌類. ⇨ ホモタリック菌.
ヘテロ多量体タンパク質 [heteromultimeric protein] ＝ヘテロポリメリックタンパク質 (heteropolymeric protein).
ヘテロ二染色体 [heterodisomy] ⇨ 二染色体.
ヘテロ二本鎖 [heteroduplex] 1. 遺伝的組換えにより生成する DNA で, 異なる親の二本鎖由来の相補的一本鎖同士が塩基対を形成したもの. 2. 由来が異なり完全に相補的ではない, 2 種の鎖からなる二本鎖核酸. たとえば, *in vitro* アニーリングによる真核生物の mRNA と DNA の雑種分子などである. ⇨ 付録 C (1969 West-

moreland et al.), Rループマッピング.

ヘテロ二量体[heterodimer]　アミノ酸配列が異なる2本のポリペプチドからなるタンパク質.

ヘテロ配偶[heterogamy]　両性生殖と単為生殖が交互に起こること.

ヘテロ部分接合体[heterogenote, heterogenotic merozygote]　ヘテロジェノートともいう. 部分的にヘテロ接合の細菌で, 外在性ゲノム断片上の対立遺伝子が内在性ゲノム断片とは異なるものをいう.

ヘテロプラズミー[の]　[heteroplasmic]　細胞質遺伝子の一つまたは複数がヘテロ接合である細胞または生物の状態をいう. ⇨ 異質細胞質性.

ヘテロポリメリックタンパク質　[heteropolymeric protein]　ヘテロ多量体タンパク質(heteromultimeric protein)ともいう. 2種以上のポリペプチドからつくられているタンパク質(たとえば, ヘモグロビン).

ヘテロマー[の][heteromeric]　⇨ ヘテロポリメリックタンパク質.

ヘテロミキシス[heteromixis]　真菌類における交配の一形式. それぞれが異なる菌体に由来する遺伝的に異なる核の融合を伴う交配. ⇨ ホモミキシス, 付録C (1904 Blakeslee).

ヘテロロガス[heterologous]　非相同[の]ともいう. **1.** 免疫学においては, 互いに結合しない抗原と抗体を指し, どちらか一方をもう一方に対してヘテロロガスであるという. **2.** 移植実験においては, 移植片が受容者とは異なる種に属する供与者に由来することをいう. **3.** 核酸の研究においては, 他とは異なる起源をもつDNAをいう. マウスの遺伝子ライブラリ中のヘモグロビン遺伝子を検出するのに用いたウサギのヘモグロビン遺伝子はヘテロロガスということになる. **4.** トランスポゾン標識法*では, 一つの種からのトランスポゾンを用いて, 別の種の遺伝子を標識することをいう. たとえば, トウモロコシの活性化因子を用いて, タバコに耐病性を付与する遺伝子を標識し, クローニングするといったことである.

ペトリ皿[Petri dish]　円形の底の浅い, ふた付きのガラス容器. 微生物や増殖中の真核細胞を栄養を含んだゲル(ふつう寒天)上で培養する場合に用いる. ⇨ プラーク, poky.

ペニシリナーゼ[penicillinase]　⇨ ペニシリン.

ペニシリン[penicillin]　*Penicillium notatum* (アオカビ)やその近縁種から分離された一群の抗生物質. 細菌の細胞壁の合成を阻害することにより細胞壁を弱くし溶解させると一時期考えられていた. 現在では, ペニシリンをはじめほとんどすべての抗生物質は, 細胞の溶解にかかわる酵素(自己溶解酵素)を間接的に活性化するという証拠が存在する. 種々のペニシリンはつぎの構造式のRで示す側鎖が異なる. 本来の分子ではR=C_6H_5CO-である. アンピシリンはペニシリン誘導体であるが, ほかのペニシリンより多くの種類のグラム陰性菌に有効である($R=C_6H_5CH(NH_2)-CO-$). ペニシリン耐性菌はペニシリナーゼを合成している. この酵素は$β$-ラクタム環を攻撃し, ペニシロン酸が生じる. これにはもはや殺菌活性はない. ⇨ 付録C (1929 Fleming; 1940 Florey et al.).

$$\begin{array}{c} O & S & CH_3 \\ R-C-NH-CH-CH & \diagdown C \diagup \\ & & CH_3 \\ O=C-N-CH-C-OH \\ & & O \end{array}$$

ペニシリン

↓ ペニシリナーゼ

$$\begin{array}{c} O & S & CH_3 \\ R-C-NH-CH-CH & \diagdown C \diagup \\ & & CH_3 \\ O=C\ \ \ N-CH-C-OH \\ OH & & O \end{array}$$

ペニシロン酸

ペニシリン選択法[penicillin selection technique]　最少培地にペニシリンを加えることにより, 野生型細菌から栄養素要求突然変異体を分離する方法. ペニシリンは細胞壁合成を阻害し, 増殖中の野生型細胞を破裂させる. しかし, 増殖しない栄養素要求突然変異型細胞は殺されずに生き残る. 1時間後, 野生型細胞の約99%が溶菌し, 代謝物を培地中に流出させる. 栄養素要求突然変異体がその代謝物を利用して増殖するとペニシリンの作用により溶菌してしまうので, 培養物を沪過して代謝物を取り除かなければならない. その際, 沪過でペニシリンも除く, あるいは酵素ペニシリナーゼを用いてペニシリンを壊してもよい. つぎに, 生き残った栄養素要求株を富栄養培地に移し, 生じたコロニーを回収する. ⇨ 付録C (1948 Lederberg, Zinder; Davis).

ペニシリン濃縮法[penicillin enrichment technique]　⇨ ペニシリン選択法.

ペニシロン酸[penicilloic acid]　⇨ ペニシリ

ン．

pH ⇨ 水素イオン濃度．

ペーパークロマトグラフィー [paper chromatography] ⇨ クロマトグラフィー．

ペプシン [pepsin] 胃粘膜のタンパク質分解酵素．低 pH で機能する．

ペプチジル-RNA 結合部位 [peptidyl-RNA binding site] ⇨ 翻訳．

ペプチジルトランスフェラーゼ [peptidyl transferase] ⇨ 翻訳．

ペプチダーゼ [peptidase] ペプチド結合*の加水分解を触媒する酵素．

ペプチド [peptide] 二つ以上のアミノ酸から成る化合物．

ペプチド結合 [peptide bond] 二つのアミノ酸の間で，一方のアミノ基と他方のカルボキシル基が縮合して生じる共有結合．⇨ 付録 C (1902 Hofmeister, Fischer)，アミノ酸，翻訳．

ヘミ接合遺伝子 [hemizygous gene] 単量である遺伝子．半数体生物における遺伝子，異型配偶子性における伴性遺伝子，欠失ヘテロ接合体の該当する染色体領域の遺伝子をいう．

ヘム [heme] 鉄を含むポルフィリン分子で，ヘモグロビンの酸素結合部位を形成する．ヘムを含むタンパク質は，細菌やアーキア (古細菌) でもみられ，結合した酸素に応答して信号を発生する．この信号は，おそらくこれらの微生物にとって適応的な意味をもつと考えられる．⇨ ビリルビン，ヘモグロビン．

ヘムパ [hempa] アジリジン系突然変異原*．

ヘメル [hemel] アジリジン系突然変異原*．

ヘモグロビン [hemoglobin, haemoglobin] 赤血球細胞の酸素運搬分子 (分子量 64,500 ダルトン)．個々のヘモグロビン分子は，大きさが $50 \times 55 \times 65$ Å の球状である．赤血球細胞内では，ヘモグロビンの濃度はきわめて高く，分子の間は 10 Å しか離れていない．にもかかわらず，分子は回転可能で，流動性もある．ヘモグロビンは，4 本の独立したアミノ酸鎖と，4 個の鉄含有環式化合物 (ヘム基) からなる複合タンパク質である．成人のヘモグロビン (HbA) のタンパク質鎖には 2 対，すなわち α 鎖 1 対と β 鎖 1 対がみられる．個々の α 鎖は 141 個のアミノ酸からなり，β 鎖は 146 個のアミノ酸からなる．正常な成人はこの外に，A_2 とよばれる微量 (2%) のヘモビン成分ももつ．このヘモグロビンは，2 本の α 鎖と，2 本の δ ペプチド鎖をもつ．δ 鎖は，β 鎖と同数のアミノ酸からなり，アミノ酸配列の 95% が β 鎖と一致する．胎児のヘモグロビン (HbF) は，2 本の α 鎖と 2 本の γ 鎖よりなる．個々の γ 鎖はやはり 146 個のアミノ酸を含む．$G\gamma$ と $A\gamma$ という 2 種類のタイプが存在するが，これは 136 番目のアミノ酸がそれぞれ，グリシンであるかアラニンであるかの違いでしかない．初期胚のヘモグロビンの四量体は，2 本の ζ 鎖 (α に類似) と 2 本の ε 鎖 (β に類似) から構成される．妊娠 8 週目頃から，ζ と ε 鎖は α と γ 鎖で置き換えられ，出産直前には γ 鎖が β 鎖に置き換えられるようになる．⇨ 付録 C (1960 Perutz et al.; 1961 Dintzis, Ingram; 1962 Zuckerkandle, Pauling)，レグヘモグロビン．

ヘモグロビン遺伝子 [hemoglobin gene] ヒトのヘモグロビンをコードする遺伝子は，11 番染色体と 16 番染色体上に位置する．図に示したように，11 番染色体上には，ε 鎖遺伝子，二つの γ 鎖遺伝子 ($G\gamma$ と $A\gamma$)，δ 鎖遺伝子，および β 鎖遺伝子がある．16 番染色体上には，ζ 鎖遺伝子と二つの α 鎖遺伝子 (α_1 と α_2) がある．また，発現するヘモグロビン遺伝子と構造的に類似した DNA 領域も存在する．これらの偽遺伝子はおそらく，かつては機能していたが，現在は突然変異のために産物をつくることができなくなってい

る．図の中で黒く塗りつぶした部分は偽遺伝子を表している．16番染色体上のグロビン遺伝子（α類似遺伝子群）と11番染色体上の遺伝子（β類似遺伝子群）は，およそ4億5千万年前に，単一の祖先遺伝子が重複することによって生じたものと考えられている．表にはグロビン遺伝子の転写単位（TU）の分節構成を示してある．いずれも，5′末端と3′末端領域（翻訳されない），三つのエクソン（E_1, E_2, E_3），および成熟mRNAでは切り取られる二つのイントロン（I_1, I_2）を含んでいる．数字は塩基対の数を表す．二つの遺伝子群の主要な相違点は，β類似遺伝子群の第2イントロンが，α類似遺伝子群に比べて，およそ6倍の数の塩基対をもつことである．転写は，E_1の上流40ないし50 bpから始まり，E_2の下流およそ100 bpで終了する．その後，5′末端にはメチル化されたキャップ*が付加され，また3′末端のおよそ25個のヌクレオチドが失われ，代わりに50個あるいはそれ以上のアデニル酸の尾部が付加される．⇨付録C（1976 Efstratiadis et al.; 1977 Tilghman et al.; 1979 Fritsch et al.），遺伝子，遺伝性高胎児ヘモグロビン症，ミオグロビン遺伝子，ポリアデニル化，転写後プロセッシング，鎌状赤血球貧血症，サラセミア，転写単位．

| 11番染色体 | 5′ | ε | | Gγ | Aγ | | δ | β | 3′ |
| 16番染色体 | 5′ | ζ | | | | $α_2$ | $α_1$ | | 3′ |

グロビン転写単位	5′末端	E_1	I_1	E_2	I_2	E_3	3′末端
α	37	93	113	204	141	129	112
β	50	93	130	222	850	126	132
γ	53	93	122	222	886	126	87

ヘモグロビンS [hemoglobin S] β鎖の6番目のアミノ酸であるグルタミン酸がバリンに置換されたヘモグロビン．この置換によって荷電残基が疎水性残基に変わる結果，分子の表面に疎水性の区画が生じる．この区画は隣り合ったヘモグロビンSのポケットにぴったり納まるため，隣接する分子がつながって繊維を形成し，細胞を変形させる．分子のこのような集積は脱酸素状態でのみ起こり，ヘテロ接合の細胞ではその程度は弱い．静脈中の赤血球の変形は，鎌状赤血球貧血症*の診断に用いられる特徴となる．⇨付録C（1949 Pauling; 1957 Ingram; 1973 Finch et al.），遺伝子．

ヘモグロビンH [hemoglobin H] ⇨ヘモグロビンホモ四量体，サラセミア．

ヘモグロビンケニヤ [hemoglobin Kenya] ⇨ヘモグロビン融合遺伝子．

ヘモグロビンコンスタントスプリング [hemoglobin Constant Spring] 異常なα鎖をもつヒトのヘモグロビンで，アミノ酸が通常の141個から172個に増えている．ナンセンス突然変異により，終止コドンがアミノ酸のコドン（この場合はグルタミン）に置換してしまうことで生じる．余分な30個のアミノ酸は，正常では転写されないか，もしくは転写されても翻訳されない隣接塩基配列にコードされている．

ヘモグロビンC [hemoglobin C] 異常なβ鎖をもつヘモグロビンで，6番目のグルタミン酸がリシンに置換している．⇨ヘモグロビンS．

ヘモグロビンバート [hemoglobin Bart's] ⇨ヘモグロビン融合遺伝子．

ヘモグロビンホモ四量体 [hemoglobin homotetramer] 四つの同一ポリペプチド鎖からなる異常なヘモグロビン．ヘモグロビンバート（γ鎖のみ）やヘモグロビンH（β鎖のみ）がその例である．

ヘモグロビン融合遺伝子 [hemoglobin fusion gene] 相同塩基配列をもつ二つの遺伝子間の不等交差により生じた異常なヘモグロビン遺伝子．たとえばヘモグロビンケニヤはγ-β融合遺伝子が非α鎖を，またヘモグロビンリポール*では多様なδ-β融合遺伝子が非α鎖をそれぞれコードしている．

ヘモグロビンリポール [hemoglobin Lepore] イタリアのLepore家で最初に発見されたことから命名された異常ヘモグロビン．そのタンパク質は一対の正常なα鎖と，それぞれの鎖が146個のアミノ酸からなる一対の異常な鎖とをもっている．異常な鎖は，N末端にδ鎖の左端に特有な配列を，C末端にβ鎖の右端に特有な配列をもつ雑種分子であるらしい．ヘモグロビンリポールはδ-シストロンとβ-シストロン間の対合ミスによる不等交差に起因するものと考えられる．

ヘモサイト [hemocyte] 昆虫のアメーバ状の血液細胞．哺乳動物の白血球に類似している．

ペラグラ [pellagra] ナイアシン欠乏による病気．

ペラルゴニジンモノグルコシド [pelargonidin monoglucoside] ある遺伝子型のトウモロコシの穀粒の糊粉層を赤色にする色素．⇨アントシ

(G=グルコース)

アニン．

ヘリカーゼ［helicase］　二重らせんを巻き戻す機能をもつDNA結合タンパク質．このような巻き戻しは，複製フォークにおいて，DNAポリメラーゼが一本鎖上を進行できるようにするのに必要である．切断-補修修復の際にも巻き戻しは必要である．⇨ ブルーム症候群，ウェルナー症候群，色素性乾皮症．

Helix　エスカルゴが属している腹足類の一属．この属の種は軟体動物の発生の解析に用いられる．

ヘリックス-ターン-ヘリックスモチーフ［helix-turn-helix motif］　ある種のDNA結合タンパク質に特徴的な領域の三次元構造を指す用語．λリプレッサーや *cro* リプレッサーなどの調節タンパク質はその例である．このタンパク質は，二つの連続するαらせんが，4個のアミノ酸からなる折り返し点で，互いに直角になるように曲がる．二つのらせんの一つはDNAの主溝をまたぐ形で位置する．もう一方のらせんは主溝内に入り込み，特定の配列をもつDNAのヌクレオチドとの接触が可能となる．この"認識らせん"が結合した遺伝子の発現を調節する．⇨ アンテナペディア，DNAの溝，モチーフ．

ペリフェリン［peripherin］　⇨ 色素性網膜炎．

ベリングの仮説［Belling's hypothesis］　交差には切断と再結合を必要としないということを推論した仮説．この説によれば，最初に遺伝子が複製され，つぎに遺伝子間の連結が隣接した新しく合成された遺伝子間に形成される．まれに，母方由来と父方由来の遺伝子間が連結される．この機構によって生じる交差は，新しく合成された遺伝子間にのみ起こる．ベリングの仮説は選択模写仮説*の先鞭となったものである．⇨ 切断再結合．

ヘリンの多胎出産の法則［Hellin's rule of multiple birth］　双生児の生まれる観測頻度から，三つ子や四つ子などの生まれる予想頻度を計算する規則．双生児の観測頻度を n とすると，三つ子や四つ子の予想頻度はそれぞれ n^2，n^3 となる．この規則は自然に起こる多胎出産のみにあてはまり，クロミフェン*やホルモンなど多重排卵をひき起こす物質による人為的な多胎には適用できない．

ペルオキシソーム［peroxisome］　膜で区画されたオルガネラで，過酸化水素の代謝にかかわる酵素を少なくとも4種もっており，それらは，プリン分解，光呼吸，グリオキシル酸回路に重要と考えられている．ペルオキシソームはDNAをもたない．⇨ 微小体，タンパク質選別，選別シグナル．

ベルグマンの法則［Bergmann's rule］　温血動物の一つの種の地理的品種は，温暖な分布域では小型の体型をもち，寒冷な分布域ではより大型になるという一般則．

ペルゲル核異常［Pelger nuclear anomaly］　多形核白血球の核の形態に関連したヒトの遺伝病．同様の症状はウサギにも起こり，そのホモ接合体は軟骨形成異常症を示すが，これはヒトには見られない．

ペルゲル-ヒュエ異常［Pelger-Huet anomaly］　⇨ ペルゲル核異常．

ヘルス病［Hers disease］　肝臓のホスホリラーゼの欠如から生じるヒトの遺伝的なグリコーゲン蓄積病．常染色体劣性で20万分の1の出生率．

ヘルパーウイルス［helper virus］　介助ウイルスともいう．欠陥ウイルスがすでに感染している細胞にさらに重感染させることによって，欠陥ウイルスの機能を補い増殖可能にするウイルス．

ヘルパーTリンパ球［helper T lymphocyte］　Bリンパ球，ヘルパー以外のTリンパ球およびマクロファージの活性を増幅させるTリンパ球．ヘルパーTリンパ球は抗原を認識すると分裂し，各種のリンフォカイン*の産生・分泌を開始する．これらがBリンパ球の分裂と形質細胞への分化を促し，不活性なT細胞前駆体を細胞傷害性リンパ球へ分化させ，マクロファージを動員し，活性化をひき起こす．⇨ 細胞傷害性Tリンパ球，Tリンパ球．

ヘルペスウイルス［herpes virus］　正二十面体のキャプシド内に1分子の二本鎖DNAをもつ動物ウイルスのグループ．大きさは180～250 nmで，宿主細胞内で核間封入体を形成する．1型単純ヘルペスは口唇ヘルペスの原因となる．2型単純ヘルペスは生殖器に病変を生じる性感染症を起こす．1型，2型のいずれもヒトのある種のがんとの関連が示唆されている．水痘帯状疱疹ウイルスは，水痘（水疱瘡）と帯状疱疹の原因となる．エプスタイン-バーウイルス（EBV）やサイトメガロウイルス（CMV）もヘルペスグループに属する．ヒトサイトメガロウイルス（HCMV）は，200以上の遺伝子をもつ巨大なウイルスである．これに対して，単純ヘルペスウイルス（HSV）では84個の遺伝子しか知られていない．HCMVは，新たに感染した宿主細胞内でウイルスゲノムの転写が始まる前のウイルス粒子中に，DNAとRNAが共存することが初めて発見されたDNAウイルスである．HCMVウイルス粒子中には，少なくとも4種類のmRNAがパッケージされていることが知られており，これらのいくつかはウイルス遺伝子の効率的な転写に不可欠であるとみら

れる. ⇨ 付録C (2000 Bresnahan, Shenk).
Helminthosporium maydis ⇨ *Bipolaris maydis*.
ペルム紀 ＝二畳紀.
ベール-ランバートの法則 ［Beer-Lambert law］ 溶液を通過する光の吸収は溶質濃度の関数であるという法則. 一般に光度の測定で用いられる関係式

$$E = \log_{10}\left(\frac{I_0}{I}\right) = kcb$$

が成り立つ. ここで, E は光学密度, I_0 は入射単色光の強度, I は透過光の強度, k は溶媒と波長および温度によって決まる係数, c は吸収物質のモル濃度, b は光が通過した溶液の厚さを cm で示したものである.
Bellevalia romana 少数（$N=4$）の大きな染色体をもっているために, 細胞学に用いられるユリの一種.
ペロミクサ属 ［Pelomyxa］ 根足虫綱の一属. *P. carolinensis* は核移植によく使われる種である. *P. palustris* はミトコンドリアをもたないが, 代わりに嫌気細菌を永久共生関係で宿している点で関心がよせられている. ⇨ 連続共生説.
変異 ［variation］ ある集団の個体間の多様性, 特に年齢, 性, 地位などの相違によらない個体間の差異をいう. 進化的に意味のある変異は, 遺伝子に支配された表現型の差異で適応的な意味をもつものである.
変異体 ［variant］ その種の標準型（一般に野生型）と異なる個体. 必ずしも突然変異によるものとは限らない. たとえば, 出生時に欠陥をもつ変異体の多くは, 発生過程での障害や周囲の環境により生じたものである. ⇨ 表現型模写.
変温動物 ＝外温動物.
片害作用 ［amensalism］ 一方の種のみに悪い影響を与える種の相互作用.
変換 ［conversion］ ⇨ 遺伝子変換.
変形菌門 ［Myxomycota］ 変形粘菌を含む門. 多核の変形体をつくる. 変形体は食作用により栄養をとり, 真菌類のような茎状の子実体を形成する. モジホコリ（*Physarum polycephalum*）が遺伝学的に最もよく知られている.
変形体 ［plasmodium］ 内部に細胞の境界がない多核の細胞質のかたまり. 胞子虫門*の生活環のアメーバ期や変形菌門*の成長期に見られる.
変更遺伝子 ＝モディファイヤー.
偏光顕微鏡 ［polarization microscope］ 物体の異方性を調べたり, 物体の光学異方性を利用して物体を見るために用いる複合光学顕微鏡.
偏差 ［deviation］ いくつかの観測結果から得られたある量の期待値（一般には一連の量の平均値）からのずれ.
変種 ［variety, var］ ⇨ 系統.
編集 ［editing］ ＝プルーフリーディング (proofreading). ⇨ RNA編集.
変色 ［allochromacy］ 溶液中で不安定な色素がほかの色に変わること. 例：ナイルブルー*.
ペンシルベニア紀 ［Pennsylvanian］ ⇨ 石炭紀.
ベンス-ジョーンズタンパク質 ［Bence-Jones protein］ イギリスの内科医 Henry Bence-Jones によって 1847 年に同定されたタンパク質. このタンパク質は抗体分泌細胞が悪性腫瘍化している患者の尿中に分泌される. 免疫グロブリン鎖の二量体からなり, 同一の細胞集団（クローン）によって合成されるので, アミノ酸配列決定に十分な量の単一のペプチド鎖が生成される. 免疫グロブリン*の化学構造の解析に決定的な役割を果たした.
変性 ［denaturation］ 熱処理, pH 値の変化, 化学的処理などによって, 巨大分子が本来の構造を失ってしまうこと. 一般にその物質の生理的機能の失活を伴う. タンパク質の変性はポリペプチド鎖の折りたたみを崩し, 分子の水溶性を低下させる. DNA の変性では, 粘性, 光散乱, 光学的濁度などを含む物理的特性の変化が見られる. この現象は, 狭い温度幅の中で起こり, 二本鎖がそれぞれの相補鎖に解離することを示している. この相転移の中間点は融解温度とよばれている. ⇨ 融解温度.
変性タンパク質 ［denatured protein］ ⇨ 変性.
変性地図 ［denaturation map］ クラインシュミット法*を用いた電子顕微鏡観察から得られた, DNA 分子中の解離ループの位置を示す地図. DNA 分子を加熱し二本鎖断片中の AT 結合領域は解離し GC 塩基対領域では二本鎖を保持するような温度にすることで得られる. ホルムアルデヒドは不可逆的に塩基と反応し, 水素結合形成を阻害することで分子の再アニーリングを防ぐ. したがって, ホルムアルデヒドを添加した後には DNA 分子は冷却後も解離ループを保持するようになる. 変性地図は異なる DNA 分子を識別するための手段となる. アルカリ変性によってもつくれる.
変性 DNA ［denatured DNA］ ⇨ 変性.
ベンゼン ［benzen］ 最も単純な芳香族有機

化合物.

変態 [metamorphosis] 幼虫から成虫に転換する過程のこと.

変調コドン [modulating codon] まれに存在するtRNAに対応する特異なトリプレット. 変調コドンに出会うことにより, mRNA分子の翻訳速度が遅くなる.

偏動原体逆位 [paracentric inversion] 動原

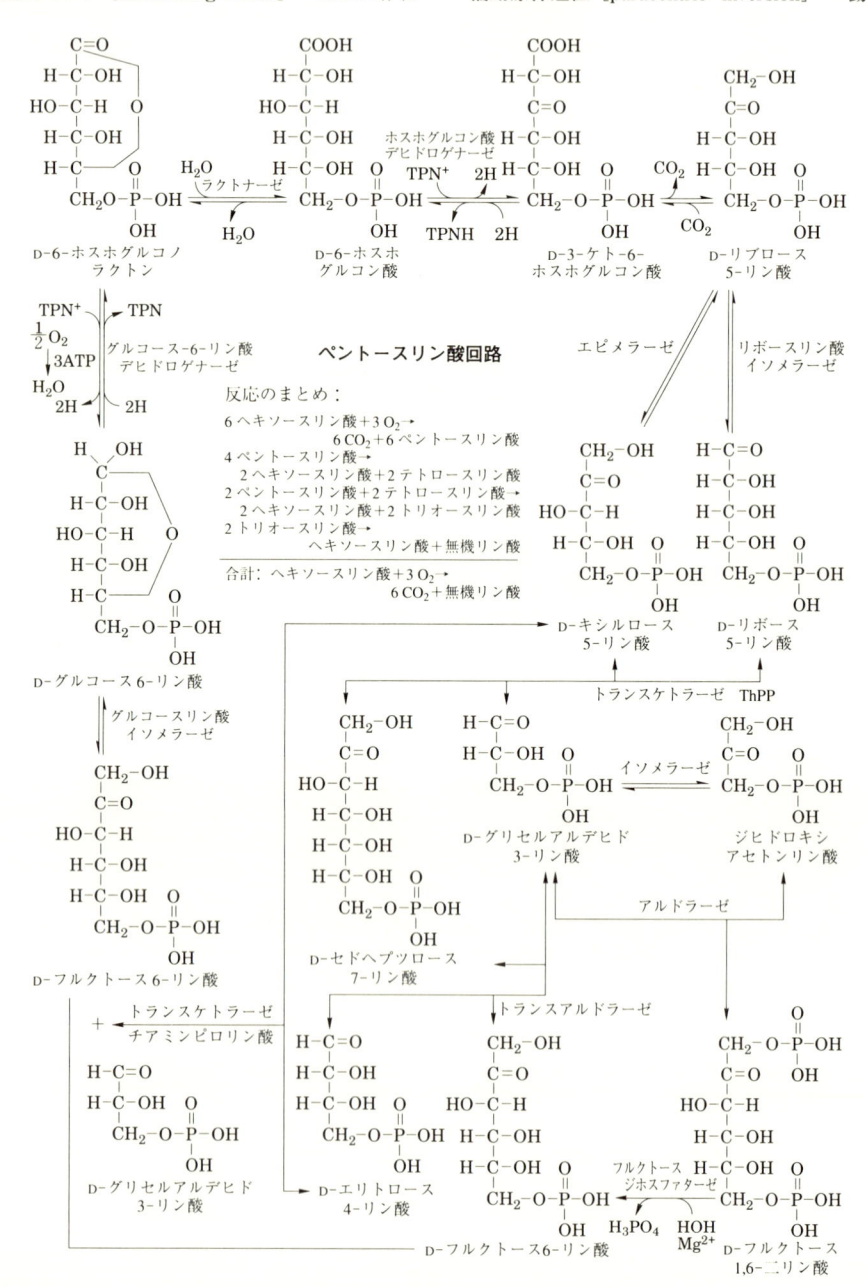

ペントースリン酸回路

反応のまとめ：
6 ヘキソースリン酸 + 3 O_2 →
　　6 CO_2 + 6 ペントースリン酸
4 ペントースリン酸 →
　　2 ヘキソースリン酸 + 2 テトロースリン酸
2 ペントースリン酸 + 2 テトロースリン酸 →
　　2 ヘキソースリン酸 + 2 トリオースリン酸
2 トリオースリン酸 →
　　ヘキソースリン酸 + 無機リン酸
合計：ヘキソースリン酸 + 3 O_2 →
　　6 CO_2 + 無機リン酸

体を含まない逆位*.

ペントースリン酸回路 [pentose phosphate pathway] 解糖-クエン酸回路*系とは別のヘキソース酸化の代謝経路．この経路では三炭糖〜七炭糖のリン酸および糖ラクトンや糖酸の相互転換が行われて，グルコースを完全に酸化して CO_2, H_2O にし，36分子のATPを生成する(p.336, 図参照)．

鞭　毛 [flagellum, (*pl.*) flagella] **1**. 原核生物のいくつかの種の体表にみられる鞭状の運動器官．細菌の鞭毛の長さは 2〜20 nm の範囲である．鞭毛を1本だけもつ細菌は単毛性（monotrichous）であるという．一方の端に房状の鞭毛をもつものは，房毛性（lophotrichous）という．また，体表全体が鞭毛で覆われている場合は，周毛性（peritrichous）であるといわれる．鞭毛がもつ抗原はH抗原とよばれる．⇨ 線毛．**2**. 真核生物の鞭毛は，原形質が糸状に伸張したもので，微小管軸糸*を含み，鞭毛虫や精子の運動に使われる．鞭毛は繊毛*と同じ基本構造をもつが，細胞の大きさに対してより長く，また数もずっと少ない（大部分の精子は単毛性）．近年の文献では，鞭毛は原核生物の運動器官に限定して用いられ，真核生物の鞭毛は波動毛*という用語に置き換えられている．

鞭毛虫 [flagellate] 真正鞭毛虫門もしくはミドリムシ植物門に属する原生生物．⇨ 付録A.

片利共生 [commensalism] 共生の一形態．共生者の片方が何らかの生活上の利益を受け，他方は利益も不利益も受けていない状態をいう．これらの種は同一の殻または穴に住んでいるか，あるいは一方が他者に付着しているか，または一方が他者の内部に住んでいる．⇨ 寄生，共生．

ホ

ポアソン分布［Poisson distribution］　ある特定されたできごとが全く起こらない確率，1回起こる確率，2回起こる確率，…を与える関数．ポアソン分布に従うできごとは完全にランダムに起こる．ある限定された時空間における互いにオーバーラップしないサブ領域で起こるできごとを観察するとしよう．領域全体で観察された事象数がポアソン分布を示すということはサブ領域で生じた事象が互いに影響しないことを意味する．そのできごとが正（集中）または負（相互反発）の相関関係にあるなら，ポアソン分布は成立しない．ポアソン分布は観察1回当たりの事象の平均数によって特定され，その平均と分散は等しい．関数の公式は

$$P_i = \frac{m^i e^{-m}}{i!}$$

m は事象の平均数，$i!$ は i の階乗で $i\cdot(i-1)\cdot(i-2)\cdots 2\cdot 1$，$e$ は自然対数の底，i は確率 P_i が与えられる事象数である．たとえば，$m=1.2$ のときの分布はつぎのようになる．

観察数	確率	観察数	確率
0	0.3012	5	0.0062
1	0.3614	6	0.0012
2	0.2169	7	0.0002
3	0.0867	7〜	0.0002
4	0.0260		

多くの自然事象の分布はポアソン分布に従う．（例：一定期間における放射性同位体の崩壊数とか，一定量の海水中でプランクトンネットを牽引して捕獲される特定の無脊椎動物種の幼虫数など）．

哺育細胞［nurse cell］　保育細胞ともいう．昆虫の卵巣内の細胞で，卵母細胞に栄養を供給する機能をもつ．キイロショウジョウバエでは，15個の哺育細胞が存在し，その核は核内分裂＊を行う．何回かのDNA複製によって生じた染色分体はばらばらになって，もつれあった塊をつくるため，細胞学的な研究には適さない．しかしながら，otu 突然変異の中には，卵巣の哺育細胞中に縞模様をもつ多糸染色体がみられ，細胞学的なマッピングに適したものもある．哺育細胞の染色体はさまざまな RNA 分子の転写活性をもち，これらの RNA は細胞質中に移行し，最終的には卵母細胞中に移送される．哺育細胞は，その細胞質のほとんどすべてを卵母細胞に供給した後に退化する．⇒ シスト細胞分裂，昆虫の卵巣の種類．

補因子　＝コファクター．

保因者［carrier］　一つの劣性遺伝子についてヘテロ接合の個体．

芒（ぼう）［awn］　のぎともいう．牧草および穀類の花穎に生じる堅い剛毛状の付属器官．

苞穎（ほうえい）［glume］　もみがらのような苞のことで，何対かの苞穎がイネ科植物の小穂の根元を囲んでいる．

包括適応度［inclusive fitness］　⇒ ハミルトンの社会行動についての遺伝理論．

棒眼［Bar］　バーともいう．キイロショウジョウバエの伴性優性突然変異．複眼中の個眼の数が減少する．この突然変異（B と記す）は，X 染色体バランサーをつくる際にマーカーとしてよく用いられる．元来の突然変異は，染色体分節 16A の重複による．不等交差＊によって野生型に戻る．16A の重複は現在ではトランスポゾンによって誘発された再配列であると考えられている．Bar 突然変異はホメオボックス遺伝子の転写異常に起因していると考えられている．棒眼の解析により位置効果＊が発見された．⇒ 付録 C（1925 Sturtevant），M5 法，転移因子．

ほうこう（彷徨）**試験**［fluctuation test］　Luria と Delbrück によって最初に用いられた統計的分析．バクテリオファージ抵抗性細菌のような選択的変異体＊が，選択剤（この場合バクテリオファージ）を作用させる以前に生じた自然突然変異によることを証明した．彼らは，細菌の突然変異がまれに，不連続かつランダムに起こる事象であるならば，ある時点で，少量の接種から増殖した多数の独立の培養に存在する抵抗性変異種の数は著しく変動するはずだと推論した．早い時期に生じた1個の突然変異体が分裂して増えた多数の変異体を含む培養や，突然変異が増殖後期に生じたため，小数の変異体を含む培養があり，試料当たりの変異体の数は，ばらつくはずである．逆に，同一条件下で接種した一つの培養から取った別々の試料では，突然変異体の数の変動は非常に

少ないはずである．しかし，選択剤が突然変異を誘発させるならば，試料のどの集団の突然変異体の数の分布も，その培養以前の状態とは独立なはずである．実際には試料を同一の培養から取ったときよりも，それぞれ独立の培養から取ったときの方が，分散が大きいということがわかったので，自然突然変異がその変異体の起源であると結論された．⇨ 付録C（1943 Luria, Delbrück）．

方向性選択［directional selection］ 指向性選択ともいう．集団の平均値を育種家が望む方向や自然選択がより適応の高い方向へと変化させる選択．たとえば，育種家は集団の中で最も長い穂をつけるトウモロコシの種子を何世代も選抜する．⇨ 分断選択．

芳香族［aromatic］ ベンゼン*のように，炭素環をもつ化合物．芳香族アミノ酸であるフェニルアラニン，チロシンはその一例である．⇨ アミノ酸．

胞子［spore］ 1. 植物や真菌類の有性胞子：減数分裂により生じる半数体細胞．2. 真菌類の無性胞子：親の体外に分離されて新しい半数体個体に成長したり，配偶子としての役割を果たす体細胞．3. ある種の微生物は増殖に不利な条件に対処して，有利な条件になるまで胞子期に入る．このような胞子は代謝的に不活性であり，熱，乾燥，凍結，有毒化学物質，放射線などの致死的な効果に対し顕著な抵抗性を示す．

胞子形成［sporogenesis, sporulation］ 1. 細菌胞子の形成．2. 真菌類や他の真核生物における減数胞子の形成．

胞子体［sporophyte］ 胞子を形成する$2N$の個体．高等植物では我々の目にふれる植物体は胞子体であるが，コケ類などの下等植物では配偶体が優勢で我々の目にふれる世代である．⇨ 世代交代．

胞子虫綱［Sporozoa］ アピコンプレクサ門に属する寄生性原生生物の一綱．世代交代*を伴う有性生殖を行う．半数体および二倍体のいずれもシゾゴニー*により感染性の小さな胞子を生じる．マラリア原虫は全種が胞子虫綱に属する．⇨ 付録A，マラリア．

胞子嚢［sporangium］ 無性胞子を内生する構造．

胞子母細胞［spore mother cell］ 減数分裂により4個の半数体胞子を生じる二倍体細胞．

放射［radiation］ 媒質や空間を波として通過するエネルギーの発散と伝播をいう．通常，放射は電磁波（ラジオ波，赤外線，可視光線，紫外線，X線，γ線）をさすが，拡大して，電離粒子をさすこともある．⇨ 微小ビーム照射，放射線単位，反跳エネルギー．

放射化系列 ＝放射性崩壊系列．

放射化分析［activation analysis］ 中性子放射化によって生じる特徴的な放射性核種の検出に基づく非常に感度の高い分析法．

放射性降下物［fallout］ 大気中を運ばれて降下し，地表を汚染する核兵器から生じた放射性同位体．

放射性同位体［radioactive isotope］ 不安定な原子核をもつ同位体で電離放射線を放出することによって安定化する．生物学における放射性同位体の利用は，1943年に米国のオークリッジ研究所のX-10原子炉が商業生産を始めたときにさかのぼる．⇨ オートラジオグラフィー，標識化合物，ラジオイムノアッセイ，トリチウム．

放射性トレーサー［radiotracer］ ⇨ 放射性同位体，標識化合物．

放射性崩壊［radioactive decay］ 不安定核種の原子核が崩壊すること．その際荷電粒子と光子（またはそのいずれか）が同時に放出される．

放射性崩壊系列［radioactive series］ 放射化系列ともいう．安定な核種になるまで，放射性崩壊によってつぎのものに変わっていく系列．

放射性崩壊生成元素［radiogenic element］ 別の元素から放射性崩壊により生じた元素．

放射線遺伝学［radiation genetics］ 放射線が遺伝子や染色体に与える影響を研究する学問．ショウジョウバエやトウモロコシを使ってX線が有害な突然変異を起こすことが示されたことから始まった．

放射線キメラ［radiation chimera］ 造血細胞のみが他の器官とは異なる遺伝子型をもつように実験的に作成された動物．受容個体を放射線照射して骨髄幹細胞および分化した造血組織の大部分を殺す．その後すぐに放射線照射していない供与体から，骨髄もしくは胎児肝細胞を静脈接種する．注入された幹細胞は受容個体の血中を循環して骨髄の部分へ移動，定着し，最終的には受容個体の造血組織と置き換わるようになる．

放射線吸収線量［radiation absorbed dose］ ⇨ rad.

放射線写真［radiograph］ 電離放射線作用によって生じる感光乳剤上の映像．像は電離放射線が対象物を通過中に起こる放射線の減衰の違いによる．胸部X線ネガフィルムはその例である．

放射線生物学［radiobiology］ 放射線が生物系に与える影響を取扱う生物学の一領域．放射線遺伝学*を含む．

放射線単位［radiation unit］ ⇨ グレイ，ラド，レム，レントゲン，レントゲン等価物理量，シー

ベルト.

放射線調査 [radiological survey] 特定条件下で放射性物質または他の放射線源を生産, 使用, 保有することで起こりうる放射線障害 (危険度) を評価すること.

放射線抵抗性 [radioresistance] 放射線の傷害作用に対する細胞, 組織, 器官または生体の相対的抵抗性. たとえば, 紫外線抵抗性細菌では紫外線によって誘導されるチミン二量体を DNA 鎖から切取ることができる. ⇨ デイノコッカス.

放射線免疫検定法 ＝ラジオイムノアッセイ.

放射線誘発染色体異常 [radiation-induced chromosomal aberration] 電離放射線による破壊によって生じた染色体異常*. 下の表は照射による染色体の破損部 (短い斜線のところ) と有糸分裂時の種々の染色体異常の様相を示す.

放射線量 [radiation dosage] ⇨ 線量, ファントム.

放射線類似作用化学物質 [radiomimetic chemical] 核酸に損傷を与える点で放射線と同じ作用をもつ化学物質. サルファマスタード*, ナイトロジェンマスタード*, エポキシド*などがある.

放射相称動物 [Radiata] クラゲやサンゴのポリプなど放射相称動物の属する真正後生動物の一区分. ⇨ 付録 A.

放射能 [radioactivity] α 粒子, β 粒子, γ 線などの放射線の放出を伴った原子核の自然崩壊.

放射能症 [radiation sickness] 致死線量の電離放射線被爆に伴う症候群. 吐き気, 嘔吐, 下痢, 憂うつ感, そして致死. 人体に対する半致死線量は 400〜500 R で, この線量を被曝すると増殖性細胞の約 0.5% しか分裂を続けることができない. 生き残った各細胞は生理的には正常に機能し続けるのですぐに死ぬことはない. 障害は分裂速度の速い組織 (例: 骨髄の血液細胞形成組織) で最初に現れる. 生き残った細胞が分裂能力を回復できず生存に不可欠なさまざまな組織の生理機能の維持に必要な細胞数を欠くと死に至る.

膨出 [evagination] エバギネーション, 外反ともいう. 外方へ向かって突出すること.

放出数 [burst size] 1 個の溶菌宿主から遊離したバクテリオファージの平均数. ⇨ 付録 C (1939 Ellis, Delbrück).

紡錘糸 [spindle fiber] 紡錘体を構成する微小管繊維.

紡錘糸付着領域 [spindle attachment region, spindle fiber attachment region, spindle fiber locus] 動原体*.

紡錘体 [spindle] 真核生物の染色体の複製

放射線誘発染色体異常

後に，その移動にかかわる微小管の集合．⇨ 動原体，中心体，真菌，減数分裂，微小管重合中心，有糸分裂，紡錘体極体．

紡錘体極体［spindle pole body］　酵母では，核と細胞質の微小管から紡錘体をつくるオルガネラ．真菌類では，動物の中心体*と同等の機能をもつ．酵母が分裂するときには，核膜は分解されず，紡錘体極体は，核内に埋め込まれたまま残る．⇨ チューブリン．

紡錘体阻害剤［spindle poison］　⇨ コルヒチン．

紡錘体中部の伸長［midspindle elongation］　有糸分裂後期における紡錘体中央部の伸長．けん引糸に沿った染色体の運動が終わると，この伸長により染色体が極に向かって引張られる．

放線菌属［Streptomyces］　土壌中に生息する腐生菌の一属．多くの種はストレプトマイシンやテトラサイクリンなどの有用な抗生物質を産生する．最もよく研究された S. coelicolor ではおよそ100個の遺伝マーカーが確認されている．⇨ 放線菌類，ストレプトアビジン，ストレプトニグリン．

放線菌類［actinomycete］　放線菌門に属するすべての原核生物（⇨ 付録A）．そのうちの放線菌属は非常に多種の抗生物質を産生する．アクチノマイシンD*はその一例である．

胞　胚［blastula］　細胞の中空の球からなる動物の初期胚．

胞胚葉　＝胚盤葉．

傍分泌［paracrine］　パラクリンともいう．⇨ 自己分泌．

飽和ハイブリダイゼーション［saturation hybridization］　in vitro でのハイブリダイゼーションにおいて，1種類のポリヌクレオチド鎖成分を大過剰に用い，これと相補的な他方のポリヌクレオチド鎖成分が完全に二本鎖を形成するようにすること．⇨ DNA駆動ハイブリダイゼーション，RNA駆動ハイブリダイゼーション．

飽和密度［saturation density］　培養器での細胞数の上限．固形培地上の cm^2 当たりの細胞数，液体培地中での cm^3 当たりの細胞数により表される．

poky　アカパンカビのミトコンドリアの最も有名な突然変異．生育速度が遅く，呼吸に障害がある．この突然変異をもつカビでは，リボソームの数が減少する．これはrRNA合成を低下させるような mtDNA の欠失によるものである．⇨ プチ．

ホグネスボックス［Hogness box］　真核生物構造遺伝子の，RNAポリメラーゼⅡが結合する（転写）開始点より 19～27 bp 上流の領域をさす．この領域は 7 bp よりなり，TATAAAA という配列が最も多い．発見者である David Hogness にちなんでこの名がついた．⇨ 標準配列，プリブナウボックス，プロモーター，TATA ボックス結合タンパク質．

母系遺伝［matrilinear inheritance］　細胞質粒子が雌系にのみ伝達されること．

補欠分子族［prosthetic group］　補欠分子団ともいう．複合タンパク質の非タンパク質部をいう．通常，補欠分子族はそのタンパク質の活性部位である．ヘモグロビンのヘムはその一例である．

補欠分子団　＝補欠分子族．

補酵素［coenzyme］　ある酵素の活性化に必要な有機分子．一般に原子団の供与体または受容体として基質に付加されたり，遊離されたりする．よく知られている補酵素には NAD，NADP，ATP，FAD，FMN，補酵素A がある．いくつかの補酵素はビタミンの誘導体である．

補酵素1［coenzyme 1］　＝ニコチンアミドアデニンジヌクレオチド（nicotinamide-adenine dinucleotide）.

補酵素A［coenzyme A］　CoA．アデノシン二リン酸，パントテン酸およびメルカプトエチルアミンからなる補酵素．この補酵素のアセチル化型はクエン酸回路において中心的な役割を果たす.

*RがHのとき（補酵素A）
*Rが$C-CH_3$のとき（アセチルCoA）

補酵素Q［coenzyme Q］　CoQ．電子伝達

鎖*において水素の受容体および供与体として作用する分子. ⇨ シトクロム系.

補酵素2［coenzyme 2］ ＝ニコチンアミドアデニンジヌクレオチドリン酸（nicotinamide-adenine-dinucleotide phosphate）.

ポジショナルクローニング［positional cloning］ 位置クローニングともいう. 人類遺伝学で, ヒトゲノム上の位置情報から病気の原因遺伝子を同定する方法. このような情報は, 遺伝病の家系の連鎖解析から得られる. まず, ゲノム情報のわかった分子マーカーを探す. 最も近いマーカーを使って, 染色体歩行*を開始する. ポジショナルクローニングでは, 遺伝子産物に関する情報はなくてよい. ポジショナルクローニングによって同定された遺伝病遺伝子として, 囊胞性線維症, デュシェンヌ型筋ジストロフィー, 脆弱X症候群, ハンチントン病などがある. ポジショナルクローニングは, 機能によるクローニング*で用いられる "forward"（機能から遺伝子へ）の方法と対比させて, 逆遺伝学*（"reverse genetics"）とよばれることもある. ⇨ 位置的候補遺伝子探索法.

ポジトロン ＝陽電子.

母数［parameter］ 母集団における量的特性値. たとえば, ピグミー族の20歳以上の全男性の平均身長といったこと. ⇨ 統計量.

ホスビチン［phosvitin］ 分子量 35,000 のリンタンパク質. 両生類の卵黄小板の基本サブユニットは, ホスビチン2分子とリポビテリン1分子で構成されている. ⇨ ビテロゲニン.

ホスホジエステラーゼI［phosphodiesterase I］ 5′エキソヌクレアーゼの一種. 加水分解によりオリゴヌクレオチドの3′-OH末端から5′ヌクレオチドを取り除く働きがある.

ホスホジエステル［phosphodiester］ 図のような結合様式をもつ分子の総称. ここでR, R′は炭素を含む基, Oは酸素, Pはリンである. この型の化学共有結合は, RNAまたはDNA鎖において, 一つのペントース（リボースもしくはデオキシリボース）の5′炭素と, 隣のペントースの3′炭素の間で形成される. ⇨ デオキシリボ核酸.

$$\text{R—O—}\overset{\overset{\text{O}}{\|}}{\underset{\underset{\text{O}^-}{|}}{\text{P}}}\text{—O—R′}$$

ホースラディッシュペルオキシダーゼ［horseradish peroxidase］ 西洋ワサビペルオキシダーゼともいう. 最も広範に研究されたペルオキシダーゼで, さまざまな基質の脱水素反応に, 過酸化水素を酸化剤として利用. 反応は, $AH_2 + H_2O_2 \rightarrow A + 2H_2O$（Aは基質）. ホースラディッシュペルオキシダーゼは, いろいろな有機試薬と反応して, 呈色産物をつくるので, この酵素をレポーター抗体と共有結合させておくと, 産生する色素の位置や量によって, 抗原の存在する場所や量を決めることができる. ⇨ 酵素結合免疫吸着検定法.

母性遺伝［maternal inheritance］ 染色体外遺伝（extrachromosomal inheritance）, 細胞質遺伝（cytoplasmic inheritance）, 核外遺伝（extranuclear inheritance）ともいう. 母親由来の細胞質中の遺伝因子（ミトコンドリア, 長寿 mRNA, ウイルス, 葉緑体）により支配される表現型の違い.

補正遺伝子［compensator gene］ ショウジョウバエの伴性遺伝子で, この遺伝子が雌（2倍の遺伝子量をもつ）に存在すると, 2倍量の伴性主遺伝子の活性が減少し, 雄（主遺伝子および補正遺伝子の両者とも1倍）で見られる表現型と全く同等な表現型となる.

母性極性突然変異体［maternal polarity mutant］ キイロショウジョウバエの突然変異. 母性遺伝され, 胚発生の極性決定に影響を与えるものをいう. このような遺伝子は卵形成時に転写され, 卵に前後のパターンを刻みこむ. 表現型の上で, 前部遺伝子群（頭および胸の構造に影響する）, 後部遺伝子群（腹部に影響する）, 末端遺伝子群（アクロン, 尾節の発生に影響する）の三つに分類される. ⇨ 付録C（1987 Nüsslein-Volhard et al.; 1988 Driever, Nüsslein-Volhard）, ビコイド, 接合体分節突然変異体.

母性効果［maternal effect］ 子供の表現型に, 母親の遺伝子型もしくは表現型が一時的に及ぼす影響（卵に蓄えられた物質やF_1により翻訳された母親由来のmRNAの表現型効果）.

母性PKU［maternal PKU］ 母親由来のフェニルケトン尿症で, PKU遺伝子についてホモ接合の母親から生まれた幼児にみられる症候群. 高濃度のフェニルアラニン（PA）が, 発達中の脳に障害を与え, 90%以上の幼児が, その遺伝子型によらず, PAの豊富な子宮内環境で不可逆的に精神遅滞を起こす. PKUの女性が, 低フェニルアラニン食をやめている場合, 妊娠したら, 低フェニルアラニン食に戻ることが絶対に必要である. ⇨ 付録C（1954 Bickel, Gerrard, Hickmans）, フェニルケトン尿症.

補足遺伝子 ＝相補遺伝子.

補足作用［complementary interaction］ 二つの遺伝子が互いに影響し合うことによって独立に生じる効果とは異なる効果を生じること.

保存的組換え［conservative recombination］

DNA 合成なしに，すでに存在している DNA 鎖上に起きる切断再結合．

保存的置換［conservative substitution］ ポリペプチド中のあるアミノ酸が，それと同じ性質をもつほかのアミノ酸に置き換わること．そのような置換においてはポリペプチド鎖の形状の変化は起こりにくいと考えられる．たとえば，ある疎水性のアミノ酸が，ほかの疎水性アミノ酸に置き換わるといったことをいう．

保存的複製［conservative replication］ 分裂した細胞の一方に親細胞のポリヌクレオチド二本鎖がそっくり受け継がれ，もう一方には新たに合成されたポリヌクレオチド二本鎖すべてが受け継がれるという，DNA 複製についての古いモデルの一つ．⇒ 半保存的複製．

保存配列［conserved sequence］ 遺伝物質中のヌクレオチド配列あるいはポリペプチド鎖中のアミノ酸配列で，進化の過程を通じて全く変化しないか，あるいはほんのわずかの変化しか生じなかったようなものをいう．一般的に，保存配列は重要な機能に関与しているために進化の過程を通じて選択的に保存されてきたと考えられている．

補体［complement］ 脊椎動物の血清中に見られる少なくとも 9 種類のタンパク質のグループ（C1, C2, …, C9）で，免疫的（免疫グロブリン IgG または IgM 抗体）または別の経路（プロパージン経路）により非免疫的（細菌リポ多糖およびほかの物質）に活性化される．この系の活性化には一連の酵素前駆体の活性化が関係する．これは血液凝固系におけるフィブリンの形成過程に類似している．活性化された補体成分はさまざまな作用をもつ．1）食作用の増進（オプソニン活性）．2）抗原-抗体-補体複合体に粘着性をもたせ，内皮組織や血液細胞への付着をひき起こす（血清接着または免疫接着）．3）好塩基性白血球または組織マスト細胞から血管に作用するアミンの分泌を促進する（アナフィロトキシン）．4）細菌の溶解（溶菌）を促進する．⇒ HLA 複合体，免疫応答．

ボーダー細胞［border cell］ ショウジョウバエの卵形成において，卵門器官を形成する移動性の沪胞細胞．

ボタンインコ属［*Agapornis*］ 小さなオウムの一属．さまざまな種およびその雑種の巣づくり行動から，行動パターンの遺伝的支配に関する情報が得られる．

Hox 遺伝子群［*Hox* genes］ ホメオボックス*をもつ遺伝子．ほとんどの動物の *Hox* 遺伝子群は，次の三つの性質をもつ．(1) 遺伝子群は，染色体上に沿って，縦に並んでいる．(2) 染色体上に並んだ順に遺伝子が発現する．(3) 遺伝子が活性化される順序は，その遺伝子が発現する組織

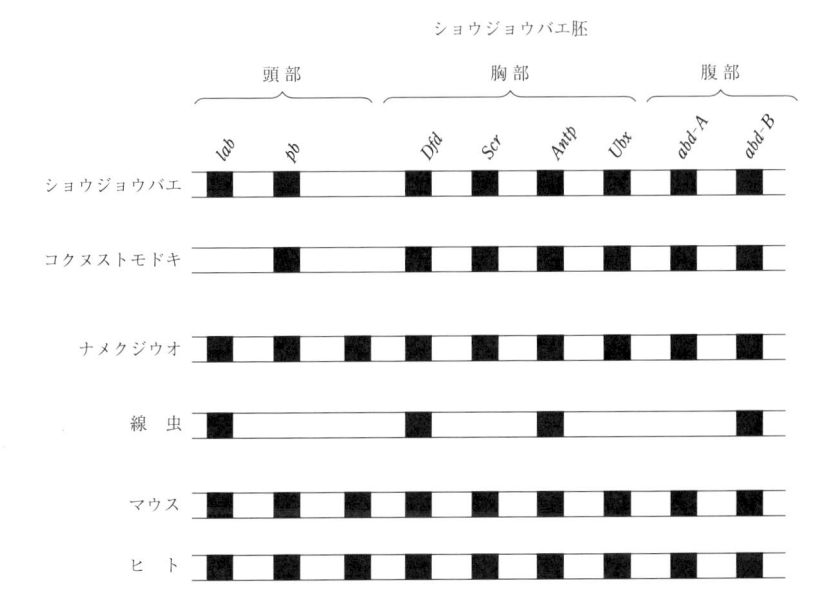

Hox 遺伝子群

が生物の主要な前後軸上に占める相対的な順序に一致する．左右相称性を示すいくつかの動物種について，その様子を図示．⇨付録A（真正後生動物亜界，左右相称動物階）．Hox遺伝子群の発見されたショウジョウバエには，八つの遺伝子が，いずれも第3染色体に存在する．*lab, pb, Dfd, Scr, Antp* 遺伝子は，アンテナペディア複合体に属し，バイソラックス複合体（*Ubx, abd-A, abd-B*）は，染色体上，ずっと下流に位置する．胚の前後軸上で遺伝子が活性を示す組織の位置を，図の一番上に示した．Hox遺伝子群は，コクヌストモドキ*，ナメクジウオ*，線虫*の特定の染色体上でも同様な順序で並んでいる．実験用マウスやヒトのような哺乳類では，四つの異なる染色体に38または39個のHox遺伝子群がクラスターとして存在する．マウス11番染色体上のHox-2複合体の九つの遺伝子の位置を，ハエの相同遺伝子の下に示した．発生が進むにつれてHox-2複合体の遺伝子は左から右へ順番に発現していく．ヒト7番染色体上には，九つの遺伝子からなる，Hox-1クラスターがあり，それぞれの遺伝子は，マウスのHox-2クラスターの並んだ遺伝子と相同である．⇨付録C（1978 Lewis; 1983 Hafen, Levine, Gehring; 1984 McGinnis *et al.*），アンテナペディア，ビコイド，バイソラックス，花器官決定突然変異，体節決定遺伝子，選択遺伝子，ホメオティック突然変異．

発端者［propositus, proband, index case, (*female*) proposita］　人類遺伝学において，特に関心がもたれる家系図を発見する糸口になった臨床症状を示す人をいう．

発端者法［proband method］　人類遺伝学における手法．1人の発端者が特定の形質を示す家族の子供の中での割合を，単一遺伝子による遺伝であるとして予想した割合と比較する．たとえば，両親がある劣性遺伝子に関してともにヘテロ接合で，2人の子供をもつ一群の家族を考えた場合，その形質を示す子供の割合が57%であって25%ではない．これは，まず第一にその家族が形質を示す子供をもつという点で選ばれており，また形質を示す子供がたまたま現れなかった家族はすべて除かれているからである．したがって，その特徴を選択する結果に重きが置かれるような確認誤差が生じる．⇨付録C（1910 Weinberg）．

ホットスポット［hot spot］　**1**．自然突然変異や組換えが同一シストロン内のほかの部位よりも著しく高頻度で起こる部位．T4ファージの*rII*遺伝子や，大腸菌の*lacZ*および*trpE*遺伝子内にその例がみられる．**2**．特定の突然変異原処理に対し，それに特異的に突然変異頻度が上昇するような染色体上の部位．⇨付録C（1961 Benzer），5-メチルシトシン，筋ジストロフィー．

ポップコーン［popcorn］　⇨トウモロコシ．

ボツリヌス中毒［botulism］　ボツリヌス菌（*Clostridium botulinum*）によって合成される外毒素*による中毒．この菌は腐敗している食物中に見いだされる．

Podospora anserina　糞生菌類の一種．半数体染色体数は7で，七つの連鎖群が確立されている．また，有性および無性生殖の遺伝子制御もこの種で研究が行われている．

ポドフィリン［podophyllin］　薬用植物ハッカクレンの一種（*Podophyllum peltatum*）から単離された有糸分裂阻害剤．

ボトルネック効果［bottleneck effect］　瓶首効果ともいう．ある大きな生物集団が一度縮小したために，遺伝的浮動*によって遺伝子プールが変化（通常，遺伝的変異が減少する）したものが，再び大きくなる際に起こる遺伝子頻度の変動．

匍匐（ほふく）枝［runner］　次世代の植物体をつくる根を出した平伏枝．匍匐枝の腐朽とともに新しい植物体は親から離れる．匍匐枝は胎芽としての役割を果たす．⇨モジュール生物．

bobbed　剛毛が短小となる表現型を示すキイロショウジョウバエの遺伝子（*bb*）．*bb*の遺伝子座は動原体のごく近くで，*bb*はX染色体とY染色体の両方に対立遺伝子をもっていることが知られている唯一の遺伝子である．*bb*の野生型対立遺伝子は核小体形成体であり，多くのハイポモルフ対立遺伝子は，リボソームDNAの部分的な欠失を示す．⇨付録C（1966 Ritossa, Atwood, Spiegelman）．

ホムンクルス［homunculus］　初期の生物学者が精子中に存在すると想像した小さな個体．

ホメオシス［homeosis, homoeosis］　＝異質形成（heteromorphosis）．

ホメオスタシス［homeostasis, homoeostasis］　恒常性ともいう．変動のない状態．⇨発生的恒常性．

ホメオティック突然変異［homeotic mutation］　ある発生パターンが，それとは別であるが，相同なパターンと置き換わるような突然変異．ショウジョウバエのホメオティック突然変異では，一つの器官の分化に異常を起こし，隣接する体節に特徴的な相同器官を形成する．このような突然変異を下に図示する．(A) 正常な頭部の正面図．(B) *aristapedia*とよばれる突然変異の肢状の触角．(C) *proboscipedia*とよばれる突然変異の口吻から突き出た肢状の構造．(D) 平均棍が翅状の付

属器官に変化したbithoraxの雄．bithoraxは最初に発見されたホメオティック突然変異である．後に，ホメオティック遺伝子は体節の特徴性を制御することが示され，ホメオボックス*とよばれる保存された領域をもつことが明らかになった．植物では，一つの花器官が別のものに置き換わったホメオティック突然変異が生じる．⇒付録C（1915 Bridges；1978 Lewis；1983 Hafen, Levine, Gehring；1984 McGinnis et al.；1996 Krizek, Meyerowitz.），シロイヌナズナ，花器官決定突然変異．

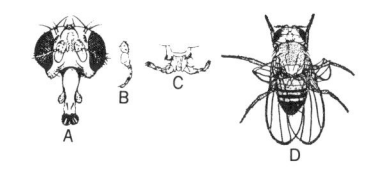

ホメオドメイン［homeodomain］ ＝ホメオボックス．

ホメオボックス［homeobox］ ホメオドメイン（homeodomain）ともいう．ある種のホメオティック遺伝子の3′末端近くにみられるおよそ180 bpの配列．ホメオボックスがコードする60アミノ酸の領域は，ヘリックス-ターン-ヘリックスモチーフ*をもつDNA結合ドメインである．ホメオボックスタンパク質はホメオボックス応答配列（HRE）をもつ遺伝子に結合でき，その転写を調節する．また，ホメオボックスタンパク質は，HREをもつmRNAにも結合し，その翻訳を調節することができる．⇒付録C（1984 McGinnis et al.；1984 Shepard et al.；1989 Qian et al.；1990 Malicki et al.；1996 Dubnau, Struhl；Rivera-Pomar et al.），アンテナペディア，apetala，ビコイド，バイソラックス，ホメオティック突然変異，Hox遺伝子群，RAG-1，RAG-2．

ホモ遺伝子接合体［homogenote］ ホモジェノートともいう．供与体（外在性ゲノム断片）の染色体領域が，受容細胞の染色体（内在性ゲノム断片）と同一の対立遺伝子をもつような部分二倍体（部分接合体）の細菌．

ホモ核型[の]［homokaryotypic］ 染色体異常をホモ接合の状態でもっている個体をさす．

ホモカリオン［homokaryon, homocaryon］ 同一の遺伝子型の核をもっている二核性の菌糸体．

ホモゲンチジン酸［homogentisic acid］ 2,5-ジヒドロキシフェニル酢酸（2,5-dihydroxyphenylacetic acid）ともいう．アミノ酸のチロシンの代謝分解から生じる化合物．⇒アルカプトン尿症．

ホモジェノート ＝ホモ遺伝子接合体．

ホモシスチン尿症［homocystinuria］ シスタチオンβ合成酵素の欠如から生じるヒトの遺伝病．

ホモ接合性［homozygosity］ 相同な染色体領域の一つまたはそれ以上の遺伝子座に同じ対立遺伝子をもっている状態．

ホモ接合体［homozygote］ ホモ接合性により特徴づけられる個体もしくは細胞．⇒付録C（1902～1909 Bateson）．

ホモ接合[の]［homozygous］ 相同染色体の対応する遺伝子座に，同一の対立遺伝子をもっていること．同じ子孫を生じる純系．⇒ホモ接合性．

ホモタリック菌［homothallic fungus］ 同一菌体から由来した遺伝的に異なる核が融合して有性胞子を形成する真菌類．⇒ヘテロタリック菌．

ホモ多量体［homomultimer］ ⇒ホモポリマー．

ホモ二量体［homodimer］ 一対の同一のポリペプチドからなるタンパク質．

ホモプラジー ＝成因的相同．

ホモポリマー［homopolymer］ 同一の単量体単位からなる重合体（たとえば，ポリU）．

ホモポリマー末端領域［homopolymer tail］ DNA鎖の3′末端に同種のデオキシリボヌクレオチドが反復して配列している領域．⇒付録C（1972 Lobban, Kaiser），ターミナルトランスフェラーゼ．

ホモミキシス［homomixis］ 菌類の交配系で，一つの菌体から由来した遺伝的に類似した核の融合を伴う有性生殖．

ホモメリックタンパク質［homomeric protein］ 2本以上の同一ポリペプチド鎖からなるタンパク質．たとえばβ-ガラクトシダーゼ*は四つの同一ポリペプチドの集合体である．

ポラロン［polaron］ 遺伝子変換により極性遺伝子組換えが起こる染色体上の断片．

ポーランドコムギ［Polish wheat, Triticum polonicum］ ⇒コムギ．

ポリアクリルアミドゲル［polyacrylamide gel］

単量体（アクリルアミド）と架橋剤（N,N'-メチレンビスアクリルアミド）を重合剤存在下で混合して調製するゲル．単量体鎖から不溶性三次元網目構造が形成される．水中ではこの網目構造は水和する．成分の相対比率を変えることでさまざまなサイズの孔をもつゲルを調製できるのでタンパク質などの生体分子を分離するのに使われる．

ポリアクリルアミドゲル電気泳動 [polyacrylamide gel electrophoresis] 略号 PAGE. ⇒ 電気泳動.

ポリアデニル化 [polyadenylation] RNA 転写一次産物が核から細胞質へ輸送される前に行われるプロセッシング過程の一部．mRNA 分子の 3' 末端に数十〜数百のアデニンヌクレオチドが酵素により付加される．付加された断片はポリA鎖とよばれる．ヒストン mRNA にはポリA鎖がない．⇒ 付録C（1971 Darnell *et al.*），転写後プロセッシング．

ポリA鎖 [poly-A tail] ⇒ ポリアデニル化．

ポリエチレングリコール [polyethylene glycol] ハイブリドーマ*の作成など，組織培養細胞を融合させる化学物質．

ポリエン抗生物質 [polyene antibiotic] 真菌類に対して効くが，細菌類には効かない抗生物質（たとえば，ニスタチンやオリゴマイシン）．

ポリオーマウイルス [polyoma virus] マウス，ラット，ハムスターの新生児に腫瘍を誘発し，またマウスやラットの培養細胞をトランスフォームする．このウイルスのゲノムは超らせん環状二本鎖 DNA 分子で約 5300 bp から成る．⇒ 付録C（1983 Rassoulzadegan *et al.*），がんウイルス，トランスフォーメーション．

ポリグルコサン [polyglucosan] グリコーゲンのように，グルコースを単位とした鎖から成る重合体．

ポリクローナル [polyclonal] 複数のクローンから生じる細胞や分子を表す形容詞．たとえば，抗原はよく精製されたものでも，さまざまな免疫グロブリン分子の合成をひき起こす．こうした抗体は複雑な抗原分子のさまざまな部分に特異的に反応する．したがって，こうした抗原からつくられた抗体標品はポリクローナル，すなわちBリンパ球の異なるクローンによって合成される免疫グロブリンを含んでいることを意味する．

ポリクローン [polyclone] ⇒ 区画化．

Polycomb ショウジョウバエの染色体 3L の基部領域にある遺伝子．ポリコーム遺伝子 *Pc* のコードするタンパク質は，アンテナペディア複合体やバイソラックス複合体の遺伝子のリプレッサーとして働く．免疫化学的染色により巨大多糸染色体上でリプレッサーの結合状態を見ることができる．⇒ 付録C（1989 Zink, Paro），*Hox* 遺伝子群．

ポリコンプレックス [polycomplex] ある種の昆虫の卵母細胞の核内で観察される構造．複糸期の染色体から分離した対合複合体*の構成成分が融合することにより形成される．

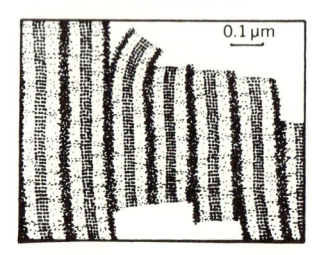

ポリシストロン性 mRNA [polycistronic mRNA] 2種類以上のタンパク質をコードする mRNA．この mRNA が後に切断されて個別の mRNA になり，それぞれが1種類のタンパク質に翻訳される場合もあるし，巨大なポリペプチド鎖に翻訳された後に切断され，個々のタンパク質が生じる場合もある．ポリシストロン性 mRNA は，原核生物では広くみられる．たとえば，大腸菌のラクトースオペロン*はポリシストロン性 mRNA をつくる．⇒ モノシストロン性 mRNA, ヒストン遺伝子，ポリタンパク質，レトロウイルス，転写単位，トランススプライシング，ユビキチン．

ポリジーン [polygene] 量的形質を制御する遺伝子群．⇒ 付録C（1941 Mather），オリゴジーン，量的遺伝．

ポリジーン形質 [polygenic character] 多数の遺伝子の相互作用により量的に変動する表現型．

ポリソーム [polysome] ポリリボソーム (polyribosome) ともいう．1分子の mRNA にいくつかのリボソームが結合した複合構造．⇒ 付録C（1962 Warner *et al.*）．

ポリタンパク質 [polyprotein] 一つのシストロン産物だが，翻訳後に切断を受けていくつかの独立したタンパク質になるもの．たとえばエンケファリン前駆体タンパク質は6コピーのMet-エンケファリンと1コピーの Leu-エンケファリンを含む．⇒ エンケファリン，レトロウイルス．

ホリデイ中間体 [Holliday intermediate] ⇒ ホリデイモデル．

ホリデイモデル [Holliday model] 2本の相同染色体の間の交差の際に起こる一連の切断および再結合を説明するモデル．p.347に図で示す．(a)

では，四分染色体のうちの2本の非姉妹二本鎖DNA分子が正確に重なって並ぶ．したがって後に起こる染色体の交換によって，遺伝情報の欠落や重複は生じない．(b)において，同じ方向性の鎖に同一箇所でニックが入る．(c)で，切断された鎖はもとの相補鎖から離れ，反対側の二本鎖のうち切断されていない鎖と対を形成する．(d)において，リガーゼによる再結合の結果，内部に分枝点が形成される．分枝点は左右に回転自由であり位置を変えることが可能である．この動きは分枝点移動とよばれ，(e)では右側に移動している．(f)はそれぞれの腕を引き離した図であり，(g)はaおよびbの領域を，AおよびBの領域に対して180°回転させたものである．その結果X型配置が形成され，分枝点には4箇所の一本鎖DNA領域が認められる．この構造を2本の二本鎖に分離するためには，分枝点の一本鎖部分に切断が起こらなくてはならない．切断が水平に起きたのが(h)，垂直に起きたのが(i)である．水平の場合，分離した二本鎖は(j)のようになり，ニックが結合した結果(k)に見られるように，二本鎖は両方とも片方の鎖につぎ(置換した部分)をもつ．垂直の場合では，分離した二本鎖は(l)のようになり，ニックが結合すると，二本鎖は(m)のように両方ともつぎはぎの状態になる．単一交差染色分体(AbおよびaB)が形成されるのは，この場合のみである．(g)に示したような構造は電子顕微鏡でも観察され，ホリデイ中間体とよばれる．⇒付録C (1964 Holliday), χ構造．

ポリヌクレオチド [polynucleotide]　20もしくはそれ以上のヌクレオチドが線状に連なった配列．⇒オリゴヌクレオチド．

ポリヌクレオチドキナーゼ [polynucleotide kinase]　エンドヌクレアーゼ*によって生じた5′-OH端をリン酸化する酵素．

ポリヌクレオチドホスホリラーゼ [polynucleotide phosphorylase]　ポリリボヌクレオチドホスホリラーゼ (polyribonucleotide phosphorylase) ともいう．核酸合成に関与する酵素として最初に単離された．この酵素はリボヌクレオチドをランダムにつなげるので，人工mRNA分子を作成するのに使われる．⇒付録C (1955 Grunberg-Manago, Ochoa).

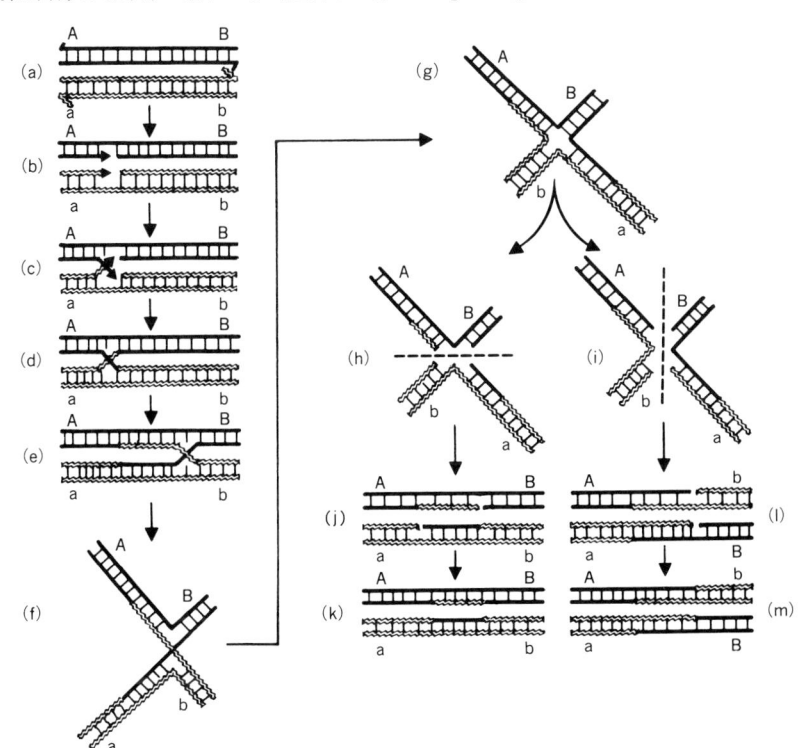

ホリデイモデル

ポリプ［polyp］ 1. 腔腸動物が着生生活をするときの形. 2. 粘膜表面から突出している小さな細長い腫瘍（たとえば，腸のポリプ）.

ポリフューゾーム［polyfusome］ ショウジョウバエのシスト細胞が連続的に分裂した場所で，近接したフューゾーム*の融合によりできたゼラチン様の塊. 図は，8 細胞が分裂して 16 細胞になる途中のシスト細胞クローンのポリフューゾームを示している. 細胞 1 は，上に重なった細胞のため見えない. それ以外の七つのどの細胞でも，1 個の紡錘体と 1 個の環状管*がみえる. 対になった中心体が，紡錘体極に存在. ポリフューゾームは，それぞれの環状管から突き出して，紡錘体の一方の極に接触している. こういう向きをとるので，分裂中の一方の細胞が，すでに形成されたすべての環状管を保持するが，もう一方の細胞は，環状管を受取らない. シスト細胞分裂*サイクル中の，このような紡錘体とフューゾームの並び方によって，互いにつながった細胞の枝分かれした鎖ができる. 常に，二つの中心の細胞が存在し，どちらも四つの環状管をもつ，卵巣腫瘍を特徴とする雌不妊突然変異では，ポリフューゾームが正しく形成されないことが多く，その結果環状管のパターンが異常になる. ⇨ otu 突然変異, 始原卵母細胞.

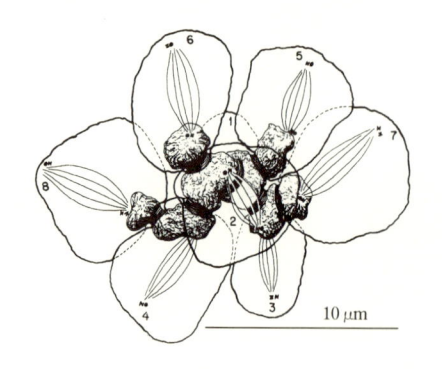

ポリヘドリン［polyhedrin］ ⇨ バキュロウイルス.

ポリペプチド［polypeptide］ アミノ酸がペプチド結合*によって連なった重合体. ⇨ アミノ酸, ペプチド結合.

ポリマー［polymer］ 重合体ともいう. 同じような化学反応を繰返すことにより，サブユニットや単量体が共有結合により繰返し連なってできた巨大分子. DNA の各鎖はヌクレオチド単量体が線状につながった重合体である. また線状のポリペプチド鎖はアミノ酸単量体の重合体である.

ポリメラーゼ［polymerase］ デオキシリボヌクレオチドやリボヌクレオチドからそれぞれ DNA や RNA 分子を生成するのを触媒する酵素の総称（例：DNA ポリメラーゼ, RNA ポリメラーゼ）.

ポリメラーゼ連鎖反応［polymerase chain reaction］ 略号 PCR. 一連のサイクルを通して標的 DNA の各鎖に対する相補鎖を同時に複製していき，標的 DNA を必要量得るための方法. まず，標的領域に隣接する DNA に相補的な塩基配列をもつプライマーを合成する. 鋳型 DNA を加熱処理して二本鎖を分離し，その後，冷却して隣接配列にプライマーを結合させる. 熱に安定な DNA ポリメラーゼを加え，一連の複製サイクルを開始させる. 複製サイクル 20 回で 100 万倍，30 回で 10 億倍に増幅する. ⇨ 付録 C（1985 Saiki, Mullis et al.）, リガーゼ連鎖反応, Taq DNA ポリメラーゼ.

ポリリボソーム［polyribosome］ ＝ポリソーム（polysome）.

ポリリボヌクレオチドホスホリラーゼ［polyribonucleotide phosphorylase］ ＝ポリヌクレオチドホスホリラーゼ（polynucleotide phosphorylase）.

ポリリンカー部位［polylinker site］ 特定の制限酵素*の切断部位を複数もつよう設計された DNA 断片.

pol I, II, III ⇨ DNA ポリメラーゼ.

ホールデンの法則［Haldane's rule］ 異種（系統）間の雑種において，一方の性を欠くか，数が少ないか，または不妊である場合，その性は異型配偶子をもつ性であるという一般則. ホールデンの法則は哺乳類，鳥類，昆虫の各種において広く適用できることが知られている. ショウジョウバエとハツカネズミでは，精子形成の際，X 染色体と Y 染色体が相互作用し，Y が X 上の特定の遺伝子の転写を抑制する. X および Y 染色体が異なる種由来であれば，おそらくこのような調節が起こらず不妊となる. したがってホールデンの法則は，雑種における X および Y 上の妊性遺伝子が調和的に作用しあわないことで説明できるのかもしれない.

ポルフィリン［porphyrin］ 4 個のピロール核が環状につながり，金属（鉄，マグネシウムなど）と結合した有機化合物. ヘモグロビン, シトクロム, 葉緑素の一部を形成している. ⇨ ヘム.

ホルマリン［formalin］ 一般に固定液として使用されるホルムアルデヒド*の水溶液. タンパク質分子を架橋結合させる作用がある.

ホルミルキヌレニン［formylkynurenine］ キ

イロショウジョウバエにおけるバーミリオンプラス物質*. ⇨ ショウジョウバエの眼の色素顆粒.

$$\text{HC}\begin{array}{c}\text{H}\\|\\\text{C}\end{array}\begin{array}{c}\text{O}\\||\\\text{C}-\text{CH}_2-\end{array}\begin{array}{c}\text{NH}_2\\|\\\text{CH}-\text{COOH}\end{array}$$
$$\text{HC}\begin{array}{c}\\\\\text{C}\\|\\\text{H}\end{array}\begin{array}{c}\\\\\text{C}-\text{NH}-\text{C}=\text{O}\\|\\\text{H}\end{array}$$

N-ホルミルメチオニン［N-formylmethionine］末端アミノ基にホルミル基がついている修飾メチオニン分子. 遊離アミノ基がないために合成中のポリペプチド鎖に取込まれることがないという意味で, このようなアミノ酸は"ブロックされている"という. N-ホルミルメチオニンは, 細菌のすべてのポリペプチド合成において開始アミノ酸となっている. ⇨ 付録C (1966 Adams, Cappecchi), イニシエーター tRNA, 開始コドン.

$$\begin{array}{c}\text{O}\\||\\\text{H}-\text{C}-\text{NH}-\text{CH}-\text{COOH}\\|\\\text{CH}_2-\text{CH}_2-\text{CH}_2-\text{S}-\text{CH}_3\end{array}$$

ホルムアミド［formamide］ アデニンの遊離アミノ基と結合する有機小分子で, AT 塩基対の形成を阻害する. したがって二本鎖 DNA の変性を起こす. ⇨ ストリンジェンシー.

$$\begin{array}{c}\text{O}\\||\\\text{H}-\text{C}-\text{NH}_2\end{array}$$

ホルムアルデヒド［formaldehyde］ CH_2O で示される. 常温では無色の気体で, 水によく溶ける. 突然変異原として作用する. ⇨ 付録C (1946 Rapoport), ホルマリン.

ホルモン［hormone］ 生物のある部分で生成され, ほかの部分に運ばれ強い効果を及ぼす有機化合物. 哺乳動物のホルモンにはつぎのようなものがある. 副腎皮質刺激ホルモン (ACTH), エピネフリン (アドレナリン), 泸胞刺激ホルモン (FSH), グルカゴン, 成長ホルモン (GH), 黄体形成ホルモン (LH), インスリン, インテルメジン, オキシトシン, プロゲステロン, プロラクチン, セクレチン, チロキシン, バソプレッシン. ⇨ アラタ体ホルモン, 内分泌系, 植物成長制御物質.

ホロ酵素［holoenzyme］ アポ酵素*とそれに特異的な補酵素*によって形成される機能的複合体.

ポロサイト［polocyte］ ＝ 極体 (polar body).

ホロテリー進化［horotelic evolution］ ⇨ 進化速度.

ホロリプレッサー［holorepressor］ ⇨ アポリプレッサー.

本能［instinct］ 学習によらない動物の行動.

Bombardia lunata 四分子分析に用いられる子嚢菌.

ホンビノスガイ［*Mercenaria mercenaria*］ ⇨ 斧足綱.

ボンベイ血液型［Bombay blood group］ ヒトの ABO 式血液型における珍しい変種 (インドのボンベイで初めて発見された). A, B, O のどの抗原ももたない. 常染色体劣性対立遺伝子のホモ接合体 (h/h) の個体は, A, B 抗原を形成するための前駆体 H 物質をつくることができない. これは, 人類遺伝学における劣性上位性の古典的な例である. というのは対立遺伝子 H の産物がないと, ABO 遺伝子座の産物ができないからである. ボンベイ血液型は, 通常の A または B 抗原に対する抗体の検査では O 型のように見える. しかしボンベイ型表現型を示す個体の中には, A あるいは B 抗原の遺伝子をもっているがそれが発現しないという場合もありうる. ボンベイ型の人は, A, B または O の人には見られない抗 H を生成する. それゆえ, もし両親とも O 型であるようにみえたとしても, どちらか一方がボンベイ型表現型で A または B あるいは両方の抗原の遺伝子をもっている場合, その子供が A または B 型になる可能性はある. ⇨ A抗原, B抗原.

ポンペ病［Pompe disease］ ヒトの遺伝性グリコーゲン蓄積病. リソソームに存在する α-1,4-グルコシダーゼの酵素欠損により生じる. 17番染色体上の劣性遺伝子によるもので, 出生率は 1/100,000.

翻訳［translation］ 特定の mRNA 分子に従ったタンパク質の合成. 翻訳はリボソーム上で起こる. リボソームに mRNA の 5′ 末端が結合することにより翻訳が開始される. テープレコーダーのヘッドがテープを通過するように, mRNA がリボソームを通過するにつれ, 伸長されたポリペプチド鎖がつくられていく. mRNA テープの 5′末端が最初のリボソームから出てくると, つぎのリボソームが結合可能となり, 第二の同一ポリペプチドの合成が始められる. mRNA の 3′ 末端がリボソームを通過し終えると, 新しく合成されたタンパク質は解離し, 空となったリボソームは新しい別のセットの mRNA の翻訳に利用される. アミノ酸のポリペプチドへの結合は, ペプチド鎖のアミノ末端 (N 末端) で始まり, カルボキシル末端 (C 末端) で終わる. リボソームには tRNA の結合部位が二つある. P 部位 (ペプチジル-tRNA 結合部位) には, 伸長中のポリペプチ

ド鎖の C 末端に付着した tRNA が結合し，A 部位（アミノアシル-tRNA 結合部位）にはつぎにつくべきアミノ酸が付加された tRNA が入る．このとき，リボソームを通過する mRNA 上のコドンと tRNA のアンチコドンが近接し，相補的な塩基対が形成される．図は mRNA がリボソームにより翻訳される様子を模式的に示したものである．T_0 ではコドン 5 が P 部位を，コドン 6 が A 部位を占めるが，約 0.5 秒後には mRNA は 1 コドン分左に進む．伸長するポリペプチド鎖の 5 残基目のアミノ酸は tRNA I と離れ，アミノ酸 6 と結合する．図ではこの変化にかかわる原子が太文字で示されている．この反応はリボソーム中に存在するペプチジルトランスフェラーゼ活性の作用による．tRNA I はリボソームから除かれ，tRNA II が P 部位に入り，6 残基のアミノ酸から成るペプチド鎖がリボソームから伸長した状態となる．つぎのコドンに対応する tRNA（tRNA III）は空いた A 部位に結合する．図では文字は原子，丸で囲まれた文字は分子（ヌクレオチドやアミノ酸残基）を表す．⇨ 付録 C（1959 McQuillen *et al.*; 1961 Dintzis; 1963 Okamoto, Takanami, Noll *et al.*; 1964 Gilbert; 1974 Shine, Dalgarno; 1976 Pelham, Jackson），アミノ酸，延長因子，開始因子，リーダー配列ペプチド，N-ホルミルメチオニン，ペプチド結合，受容体介在性トランスロケーション，開始コドン．

翻訳延長因子［translation elongation factor］アミノアシル tRNA をリボソームに運び，リボソームによる選択にかかわるタンパク質で，あらゆる生物がもつ．翻訳延長因子は，原核生物では EF-Tu，真核生物では，EF-1 と表記される．いろいろな原核生物および真核生物の翻訳延長因子の特定の領域のアミノ酸配列を比較したところ，

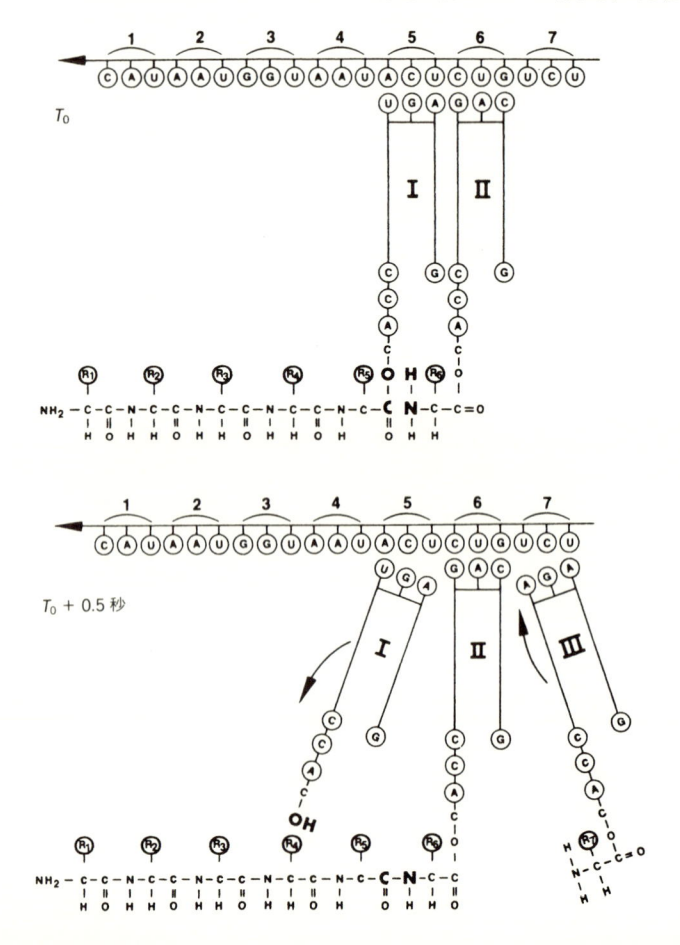

今まで知られているタンパク質の中で，最も進化速度が遅いことがわかった．そこで生命の初期進化における重要な段階を決定するための系統樹をつくるのに，EFの特定の配列が用いられてきた． ⇨ 核共生説，オピストコンタ．

翻訳後選別［posttranslational sorting］ ⇨ タンパク質選別．

翻訳後プロセッシング　［posttranslational processing］　ポリペプチド鎖が合成された後に起きる改変．例：細菌におけるメチオニンからのホルミル基の除去，アセチル化，ヒドロキシル化，リン酸化，糖または補欠分子族の付加，システインの酸化によるジスルフィド結合の形成，特定領域の切断による酵素前駆体から酵素への転換など． ⇨ シスチン，N-ホルミルメチオニン．

翻訳増幅［translational amplification］　mRNAの分解を遅らせることにより大量のポリペプチドを合成する機構．たとえば，ニワトリのオボアルブミン遺伝子はゲノム当たりに1コピーしかないが，輸卵管では翻訳増幅により大量のオボアルブミンが産生される．

翻訳速度［translation rate］　リボソーム上で，アミノ酸がポリペプチド鎖に取込まれる速度．細菌の翻訳速度は，37℃で，1秒当たり，約15アミノ酸．真核生物の翻訳速度は，ずっと遅い（たとえば，*in vitro* の赤血球で，1秒当たり，2アミノ酸）． ⇨ 複製速度，転写速度．

翻訳調節［translational control］　特定のmRNAの翻訳効率を調節することにより，遺伝子の発現を制御すること．

翻訳と共役した選別［cotranslational sorting］ ⇨ タンパク質選別．

マ

mer ⇨ mers.

マイクロアレイ法［microarray technology］
⇨ DNA チップ.

マイクロパイル ＝珠孔.

マイクロフィラメント ＝微小繊維.

マイクロマニピュレーター ＝顕微操作器.

マイクロメーター［micrometer］ μm, 10^{-6} m. 細胞の大きさを表すのに適した長さの単位. 昔の文献で使用されたミクロン (μ) に相当する長さ. ⇨ ナノメーター.

マイコスタチン［Mycostatin］ ニスタチン*の登録商標.

マイコプラズマ属［Mycoplasma］ 細菌の一属で, 細胞壁を欠くことが特徴. M. capricolum は, UGA が終止コドンではなく, トリプトファンをコードするという点で興味ある種である. M. genitalium は, ヒトの生殖器と呼吸器の寄生生物であるが, 最近, たった 580,070 bp のゲノムしかもたないことがわかった. これは自由生活生物で知られている最も小さいゲノムの一つなので, そのオープンリーディングフレーム (ORF) の数は, 独立生活に必要とされる最低限の遺伝子セットを示すことになる. 遺伝子の数はたった 470 (平均サイズ 1040 bp) で, ゲノムの 88% を占める. 近縁種の M. pneumoniae はこれより大きいゲノム (820 kb) をもち, 679 の ORF が存在する. 前者の 470 の ORF のすべてが, 大きい方の細菌中にもみられ, タンパク質配列の 67% は同一である. ⇨ 付録 A (原核生物超界, アフラグマ菌門), 付録 C (1985 Yamao; 1995 Fraser; Venter et al.), 牛肺疫菌様微生物, 普遍暗号説.

マイトジェン ＝分裂促進因子.

マイトマイシン［mitomycin］ *Streptomyces caespitosus* から産生される一群の抗生物質. マイトマイシン C は DNA 二重らせんの相補鎖を架橋することによって DNA の複製を阻害する.

Minute ショウジョウバエの優性突然変異. ホモ接合は致死である. ヘテロ接合体では発生が遅れ, その成体は小さく半不妊で, 剛毛は細く短く, 複眼の個眼の並びが不規則であり, 背板には切込みが入っており, 翅脈が異常になっている. Minute の多くは小さな欠失である. 少なくとも約 60 の異なる Minute 遺伝子座がゲノム全体に分散しており, そのうちいくつかはリボソームタンパク質をコードする遺伝子である.

マイマイガ［*Lymantria dispar*］ ジプシーモス. 性決定に関する古典的な研究がこの種についてなされた. ⇨ 付録 A (節足動物門, 昆虫亜綱, 鱗翅目), 付録 C (1915 Goldschmidt).

マイレラン ＝ミレラン.

マウス［mouse］ ⇨ ハツカネズミ, オンコマウス.

マウス遺伝子データベース［mouse genetic databases］ ⇨ 付録 E.

マウス L 細胞［mouse L cell］ 組織培養で継代される繊維芽細胞様の細胞. 雄の C3H マウスの皮下の疎性および結合組織に由来する. ⇨ 付録 C (1940 Earle).

マウス近交系［mouse inbred line］ マウス同系繁殖系ともいう. 研究用のマウスの系統. 何世代にもわたる同胞交配により繁殖させたもので, 高度にホモ接合であり遺伝的に均一である. ある系統では 40 年にもわたって同系交配がなされている. albino (A, Ak, BALB, R_{III}), black (C57 black, C58), black agouti (CBA, C3H), brown (C57brown), brown (DBA/2), dilute brown piebald (I) の諸系統がある. ⇨ 付録 C (1909 Little; 1942 Snell).

マウスサテライト DNA［mouse satellite DNA］ マウスの各種組織より分離した DNA の約 10% に相当する DNA. マウスの DNA を CsCl 平衡密度勾配遠心したとき, 主ピークよりわずかに離れてバンドを形成する (⇨ 遠心分離). マウスサテライト DNA はゲノム当たり約 100 万コピー存在する. 約 400 bp の配列からなる. *in situ* ハイブリダイゼーション実験によりこの DNA の大半は動原体周辺の異質染色質に局在していることが示さ

れている．⇨付録C（1970 Pardue, Gall）．
マウス同系繁殖系　＝マウス近交系．
マウス乳がんウイルス［murine mammary tumor virus］　RNAがんウイルスの一つ．⇨乳がん誘発原．
マーカー［marker］　1．表現型が明瞭で染色体上の位置も知られている遺伝子．新しい突然変異をマッピングする際の基準点として使われる．2．抗原マーカー．細胞の型を区別するのに有用である．3．マーカーDNA, RNA, タンパク質．サイズや性質がわかっており電気泳動の際の目安として使われる．
マーカー救済　＝マーカーレスキュー．
マガモ［Anas platyrhynchos］　アヒル（A. p. domestica）の先祖．
マーカーレスキュー［marker rescue］　細菌が遺伝マーカーをもった2種のファージ（ただし一方だけ照射されている）の混合感染を受けたときの現象．子孫ファージは圧倒的に非照射型になるが，中には照射型の親由来の遺伝子によって標識された組換え体もある．このような遺伝子は組換えによって"救済"された．マーカー救済ともいう．
マキシ細胞　＝マキシセル．
マキシサークル［maxicircle］　⇨RNA編集．
マキシセル［maxicell］　マキシ細胞ともいう．強い紫外線照射により染色体DNAが破壊された細菌細胞．損傷を受けたDNAは鋳型としての機能を失っているので，このような細胞では複製，転写は行われない．しかしマキシ細胞が多コピーのプラスミドをもっている場合，UV傷害を受けていないプラスミド分子は複製および遺伝子産物を転写し続ける．したがってマキシ細胞では，宿主ゲノムによる産物が最小限に抑えられた条件において，プラスミドにコードされた機能を解析することができる．⇨ミニ細胞．
巻き数［twisting number］　DNA二重らせんの全塩基数を，らせん一巻き当たりの塩基数で割った値．
巻戻し酵素［untwisting enzyme］　⇨トポイソメラーゼ．
巻戻しタンパク質［unwinding protein］　複製フォークの進行に先立って，DNA二重らせんに結合し，らせんの不安定化と巻戻しを行うタンパク質．⇨付録C（1970 Alberts, Frey），遺伝子32タンパク質．
膜［membrane］　1．細胞学　細胞の原形質＊を包む脂質二重層（形質膜＊），細胞を形態および機能の違いから区画に区分する脂質二重層（葉緑体＊，ミトコンドリア＊，リソソーム＊，ペル

オキシソーム＊の膜，小胞体＊およびゴルジ体＊の腔）．⇨脂質二重層モデル．2．解剖学：動植物の表層を覆ったり，領域，構造，器官を分離あるいは結合する，薄くてしなう組織．内耳基底膜，胚体外膜，心臓の胸心膜，体腔を裏打ちする胸膜腹膜，関節の滑膜など．3．生物工学：ナイロン，ニトロセルロース，ポリフッ化ビニリデン（PVDF）など，ブロッティング法に使用される非脂質性の膜．⇨ノーザンブロッティング，サザンブロッティング，ウエスタンブロッティング．
マクサム-ギルバート法［Maxam-Gilbert method］　⇨DNA塩基配列決定法．
膜翅類［の］［hymenopteran］　膜翅目に属する昆虫（ミツバチ，アリ，スズメバチなどを含む）．⇨付録A．
マグネシウム［magnesium］　少量だが組織に普遍的に存在する元素．⇨リボソーム．

原子番号	12
原子量	24.31
原子価	+2
最も多い同位体	^{24}Mg
放射性同位体	^{28}Mg
半減期	21時間
放射線	β線

マクロ突然変異［macromutation］　⇨進化．
マクロファージ［macrophage］　組織中に見られる食作用をもつ大きな単核の白血球．しかし，由来は血液中の単球である．マクロファージは結合組織では組織球，肝臓ではクッパー細胞，皮膚ではライディッヒ細胞，神経系ではミクログリア細胞，肺では肺胞マクロファージとよばれる．免疫反応を起こすためには，多くの抗原はマクロファージにより加工され，自己Ia分子とともに，リンパ球の表面に提示される必要がある．⇨ゴーシェ病，主要免疫遺伝子複合体．
マクロファージ活性化因子［macrophage activation factor］　マクロファージを活性化するリンフォカイン＊．
mers　オリゴヌクレオチドポリマー中に含まれる塩基数を示す単位．たとえば，15もしくは17ヌクレオチドから成るオリゴヌクレオチドのことをそれぞれ15 mers, 17 mersなどという．
マスクされたmRNA［masked mRNA］　タンパク質との会合などにより不活化され，ヌクレアーゼによる消化から守られているために，大量に蓄えられたmRNA．ウニ卵ではこのマスクされた型によってmRNAが蓄えられている．
マスタードガス［mustard gas］　サルファマ

スタード*．毒ガスの一種．

マスチゴネマ [mastigoneme]　細長い中空のタンパク質構造で，ある種の波動毛から側方向に延びて，毛の形にするもの．遊泳中の細胞の進行方向を保つ役割をしている．⇨クロミスタ．

マスト細胞 [mast cell]　肥満細胞ともいう．リンパ節，脾臓，骨髄，結合組織，皮膚に多く存在する組織細胞．血液の好塩基球に相当するものと考えられているが，血液およびリンパ液ともマスト細胞を含んでいない．マスト細胞の細胞質にはヘパリン，セロトニン，ヒスタミンに富んだ顆粒が存在する．マスト細胞は IgE 分子の受容体をもち，抗原がマスト細胞に結合した抗体に結合すると，上述の血管作働性のアミンが放出されてアレルギー反応をひき起こす．

またいとこ [second cousin]　⇨いとこ．
またまたいとこ [third cousin]　⇨いとこ．
まだら動物 [piebald]　黒と白などの異なる色の斑紋がある動物．ことに馬をさす．

マチュラーゼ [maturase]　エクソン-イントロンの組合わせによりコードされるタンパク質で自身の転写一次産物からイントロンを除くのを助ける．マチュラーゼは，イントロンの除去やエクソンのスプライシングを触媒する酵素ではなく，あらかじめ存在しているスプライシング酵素の特異性を変化させる因子と考えられている．

マッカードル病 [McArdle disease]　ヒトの遺伝性グリコーゲン蓄積病．発病率は 1/500,000．11 番染色体上の遺伝子にコードされる骨格筋グリコーゲンホスホリラーゼ欠損による．

末端　＝遠位．
末端化 [terminalization]　細胞学では，減数分裂時の複糸期から移動期への進行に際して，キアズマが元の位置からより遠位側に移動すること．⇨付録C（1931 Darlington）．
末端キアズマ [terminal chiasma]　末端化の結果，相同染色体の腕部が末端同士で会合すること．
末端欠失 [terminal deletion]　⇨欠失．
末端重複 [terminal redundancy]　DNA の両端に同じ塩基配列が重複した状態．
末端動原体[の] [acrocentric]　末端に動原体がある染色体または染色分体についていう．⇨末端部動原体．
末端標識 [end labeling]　^{32}P などの放射活性物質を DNA の 3′ もしくは 5′ 末端に結合させること．
末端分類群 [terminal taxa]　分岐図の枝の最後にあるグループ．
マッハコムギ [macha wheat]　*Triticum macha*（$N=21$）．

間引く [cull]　育種している集団から劣悪な動植物を選び出し，除去すること．

繭 [cocoon]　1．昆虫の幼虫によって分泌される絹状の繊維の覆いで，その中で幼虫は蛹となる．絹は，カイコ（*Bombyx*）の繭に由来する．2．いくつかの種の卵の周囲に分泌される粘液の保護被い．

マラーのラチェット [Muller's ratchet]　有害な突然変異の蓄積が無性生物集団の絶滅をもたらしうる．H. J. Muller は，1964 年に，無性生殖をする種では，突然変異が最も少ないゲノムをもつ個体がランダムに失われるので，突然変異が蓄積する傾向にあると指摘した．復帰突然変異がない場合，この過程は不可逆的である．突然変異が正常な遺伝子にとって代わると，よい遺伝子に戻ることは決してないので，この過程は，一方向にしか回転しないラチェット機構付きの歯車に似ている．Muller は，性が誕生したのは，異なる突然変異をもった両親の相同染色体間に交差が起こりうるからだという考えを提唱した．組換え体の子孫には突然変異のないゲノムをもつものが生じ，歯車の動きを止めることができるであろう．マラーのラチェットという用語は 1974 年に J. Felsenstein によってつくられた．

マラリア [malaria]　ヒトの伝染病のうち最も危険なもので，年間約 2 億人に伝染し，約 200 万人が死亡する．病原体は原生動物住血胞子虫類プラスモジウム属（*Plasmodium*）のマラリア原虫で，ハマダラカ属（*Anopheles*）の雌の力によってヒトに伝播される．*P. falciparum*（熱帯熱マラリア原虫），*P. vivax*（良性三日熱マラリア原虫），*P. malariae*（四日熱マラリア原虫）の 3 種類があり，最も危険なのは *P. falciparum* である．サルのマラリアである *P. knowlesi*，齧歯類のマラリアである *P. berghei* は研究室でよく用いられている．⇨付録C（1954 Allison；1983 Godson *et al*.），ダフィー血液型，グルコース-6-リン酸デヒドロゲナーゼ欠損症，メロゾイト，鎌状赤血球形質，ミノス因子．

マリナー因子 [mariner element]　昆虫の多くの種でみられる転移因子*のファミリー．*Drosophila mauritiana* から単離されたマリナー因子は，短く（1286 bp），28 bp の逆方向反復配列をもつ．反復配列の間に，345 アミノ酸のトランスポゼース遺伝子がある．マリナー様転移因子（MLTE, mariner-like transposable element）は，ハマダラカ（マラリアを媒介する蚊）にあり，ヒトの病気を媒介する蚊の集団に，寄生生物抵抗性遺伝子を挿入するベクターとして期待されてい

る．MLTE は，昆虫を介して，無脊椎動物や脊椎動物に水平伝達してきたらしい．ヒトにおける MLTE の一例は，17 番染色体短腕上の 11.2 と 12 の間に見いだされる．この領域は組換えのホットスポットでもある．⇨ 水平伝達，ホットスポット，マラリア，ミノス因子，TC1/マリナー因子．

マーリン［merlin］　⇨ 神経線維腫症．

マルサス経済学派［Malthusian］　英国の社会経済学者 T. R. Malthus が発表した理論，"人口論 (An Essay on the Principle of Population)"（1798）に共鳴する人をいう．世界の人口は食料の供給よりも早く増加する傾向にあり，これは戦争，飢きんなどによって抑制されなければ貧富の格差が大きくなるという理論．

マルサス係数［Malthusian parameter］　ある年齢分布と出生・死亡率をもつ集団が増加する割合．

マルチフォーク染色体　= 多重フォーク染色体．

マルチプレックス PCR　= 多重 PCR．

マルハナバチ属［*Bombus*］　マルハナバチを含む属．

マルピーギ管［Malpighian tubule］　マルピギー管ともいう．昆虫の後腸の前部に開孔する排泄管．

マルファン症候群［Marfan syndrome］　クモ状指趾症（arachnodactyly）ともいう．ヒトの常染色体優性遺伝病．この病気の出現率は 1/20,000 で，15 番染色体長腕のバンド 21 にあるフィブリリン遺伝子（*FBN1*）の突然変異が原因．マルファン症候群患者の主要な死因は大動脈破裂であるが，これは大動脈中のエラスチンの基質となるフィブリリンの欠陥と直接関連する．*FBN1* は比較的大きく，110 kb を占め，65 個のエクソンを含む．エクソンのうちの 42 個は，カルシウムを結合する機能をもつシステインに富んだ EGF ドメインをコードする．⇨ 付録 C（1993 Pereira *et al.*），エラスチン，上皮成長因子，フィブリリン，http://www.marfan.org

マレウリン酸［maleuric acid］　$C_5H_6N_2O_4$．有糸分裂阻害剤．

ミ

ミエリン鞘［myelin sheath］ 軸索をとり巻く絶縁体．シュワン細胞の原形質膜によって形成される．

ミオグロビン［myoglobin］ 単量体ヘム*タンパク質で，脊椎動物の筋肉中で酸素を貯蔵する．ミオグロビン遺伝子は，ヘモグロビン*遺伝子と共通の祖先遺伝子から直接由来したと考えられている．この祖先遺伝子は，重複によってヘモグロビンのα鎖遺伝子へと進化したORFをつくり出した．ミオグロビンとα鎖の遺伝子は6～8億年前に分岐した．ヒトのミオグロビンは152個のアミノ酸からなる．⇨ 付録C (1960 Kendrew et al.)，遺伝子スーパーファミリー，ヘモグロビン遺伝子．

ミオグロビン遺伝子［myoglobin gene］ ミオグロビンをコードする遺伝子．メッセージをコードする領域が全体の構造の5%未満であることが注目されている．αおよびβヘモグロビン遺伝子族はすべて二つのイントロンで隔てられた三つのコード領域から成る．ミオグロビン遺伝子は四つのエクソンと三つのイントロンから成り，各イントロンはヘモグロビン遺伝子に見られるイントロンと比べてずっと長い．

ミオシン［myosin］ アクチン*と相互作用してATP加水分解から生じたエネルギーを筋収縮力へと変換する六量体タンパク質．アクチンは構造タンパク質としても酵素としても機能する．ミオシン1分子は1秒間に5～10分子のATPを加水分解しうる．各ミオシン分子は細長いステム部分（長さ約135 nm）と球状の頭部部（約10 nm）から成る．ミオシン分子はおのおの約2000のアミノ酸から成る二つの同等な重鎖から成り立っている．尾部領域では重鎖がからみあってαらせんを形成しており，そこから二つの球状の頭部が突き出ている．C末端は頭部の反対側にあたる．A₁（190アミノ酸），A₂（148アミノ酸）という二つの軽鎖が各重鎖の球状頭部に付着している．軽鎖タンパク質はカルシウム結合部位をもつ．球状頭部はATPアーゼ活性を有しており，一時的にアクチンに結合してアクトミオシンとよばれる複合体を形成する．鳥類および哺乳類では，ミオシン重鎖，軽鎖ともに多くのアイソフォームが筋組織や非筋組織より単離されている．

ミオシン遺伝子［myosin gene］ ミオシン重鎖および軽鎖のアイソフォームをコードする遺伝子．ショウジョウバエでは二つのミオシン重鎖遺伝子が同定されており，一つは筋肉のミオシン (*Mhc*) を，一つは細胞質のミオシン (*Mhc-c*) をコードしている．*Mhc*の転写単位は22 kbで19の異なるエクソンを含んでおり，選択的スプライシング*によりさまざまな転写産物が生じる．二つの軽鎖に関してもいくつかの遺伝子が知られている．哺乳類では筋肉のミオシン重鎖アイソフォームは少なくとも10の遺伝子を含むファミリーによりコードされている．

ミカエリス定数［Michaelis constant］ 記号 K_m．ある酵素の反応速度が最大反応速度の1/2の値を示すときの基質濃度．つまり，反応溶液中の酵素分子の半分が活性中心に基質を結合しているときの基質濃度．

ミカン属［*Citrus*］ ミカン科 (Rutaceae) の一属．*C. aurantium*（ダイダイ），*C. aurantifolia*（ライム），*C. paradisi*（グレープフルーツ），*C. limon*（レモン），*C. reticulata*（タンジェリン），*C. sinensis*（スイートオレンジ）を含む．ネーブルオレンジはスイートオレンジの栽培品種*である．⇨ 付録A（植物界，被子植物上綱，双子葉植物綱）．

ミキシス［mixis］ ＝両性混合．

ミキシス[の]［mictic］ 二親性の有性生殖が可能な生物あるいは種をさす．

Micrasterias thomasiana 皮層の分化の研究に頻用されてきた平盤形の単細胞のチリモ．

Micrographia 細胞の最初の記述をしたR. Hooke (1665) の書物．

ミクロコッカスヌクレアーゼ［micrococcal nuclease］ ヌクレオソームの間を切るエンドヌクレアーゼの一種．真核生物の染色質を切断するのに用いられる．

ミクロソーム分画［microsome fraction］ 細胞破砕物を遠心分離して得られる細胞質成分．リボソームや小胞体の裂片から成っている．⇨ 付録C (1943 Claude).

ミクロトーム［microtome］ パラフィンに包埋した組織を1～10 μmの厚さに切断する装置．この切片を染色し，顕微鏡観察を行う．⇨ 付録

C（1870 His）．ウルトラミクロトーム．

Microbracon hebetor　初期の遺伝学の文献には Habrobracon juglandis または Bracon hebetor と記載されたハチ．性決定の遺伝的支配の解明に用いられた雄性産生単為生殖種． ⇨ 付録 A（節足動物門，昆虫亜綱，膜翅目）．

三毛ネコ［tortoiseshell cat, calico cat］　橙色と黒色のパッチ状の体毛をもつネコ．性染色体上にある O 遺伝子がユーメラニンからフェオメラニンへの変換に関与し，それにより体毛が橙色になる．O 遺伝子は，体毛を黒および灰色にする常染色体上の遺伝子に対し上位である．O 遺伝子についてヘテロ接合の雌では，発生の過程で体細胞の X 染色体の一方がランダムに不活性化されるので，三毛の表現型が出る．キャラコ（calico）という語は，さらに白い毛のパッチをもつ雌の三毛ネコに用いられる．このような雌は，パッチをつくる優性の S 遺伝子ももつ．

Mycobacterium leprae　 ⇨ ハンセン病病原菌．

ミシシッピー紀［Mississippian］　 ⇨ 石炭紀．

ミスセンス突然変異体［missense mutant］　コドンに変化が生じて異なるアミノ酸を取込むようになった突然変異体．こうした置換により不活性な産物や不安定な産物が生じる場合がある． ⇨ ナンセンス突然変異．

ミスチャージ tRNA［mischarged tRNA］　誤ったアミノ酸が付けられた tRNA 分子．

ミスマッチ修復［mismatch repair］　誤対合修復ともいう．切断‐補修修復*によりヌクレオチドの不適正塩基対合を修正すること．

ミセル［micelle］　両親媒性分子群が非極性末端側で炭化水素性の微小粒を形成し，極性の頭部からなる外殻でそれを覆うように配向してできる球状の会合体のこと．

溝［groove］　 ⇨ DNA の溝．

道づけ［canalization］　キャナライゼーションともいう．遺伝的あるいは環境による撹乱にもかかわらず，標準的な表現型へと導いていく発生経路が存在することをいう．

道づけされた形質［canalized character］　生物が環境的要因の変化や突然変異にさらされてもその変異が狭い範囲に限られる形質．

道づけ選択［canalizing selection］　発生途上の個体を環境の変化に対して敏感にするような遺伝子型を除去する選択．

ミチューリン学説［Michurinism］　ロシアの園芸家 I. V. Michurin によって展開された遺伝理論．特に接木法による接ぎ穂の遺伝構成の変更について扱った．その後ミチューリン理論はルイセンコ学説*に取入れられた．

myc　ニワトリのがんウイルス，MC29 トリ骨髄球症ウイルスで最初に発見された遺伝子．相同遺伝子はヒトの 8 番染色体長腕に存在する．ウイルス遺伝子は v-*myc*，細胞性遺伝子は c-*myc*（シーミックと読む）と略記される． ⇨ バーキットリンパ腫，がん遺伝子．

ミッシングリンク　 ＝失われた鎖．

密度依存性選択［density-dependent selection］　相対的適応度が集団の密度に依存して決まるような選択．

密度依存要因［density-dependent factor］　個体群が大きくなるにつれて個体数の増加を抑制するのに寄与するような生態学的因子（たとえば食物など）．

密度勾配ゾーン遠心分離［density gradient zonal centrifugation］　 ⇨ 遠心分離．

密度勾配平衡遠心分離［density gradient equilibrium centrifugation］　 ⇨ 遠心分離．

密度非依存要因［density-independent factor］　個体群の大きさの変動と相関を示さない生態学的因子（たとえば温度）．

ミツバチ［bee］　 ⇨ セイヨウミツバチ，アフリカミツバチ．

ミツバチダンス［bee dance］　巣の仲間に，情報（新しい食物源の位置など）を教えるために働きバチが行う回転運動および振動運動（円形ダンスと尻振りダンス）．

ミトコンドリア［mitochondrion, (*pl*) mitochondria］　自己増殖する半自律性のオルガネラで，大部分の真核生物では，すべての細胞の細胞質中に存在する．しかし，真核生物の中にも微胞子虫*のようにミトコンドリアを欠くものもある．個々のミトコンドリアは，二重の境界膜に包まれる．内側の膜は著しく陥入しており，その突出部はクリステとよばれる．大部分の真核生物では，クリステは平板状であるが，ある種の原生生物（繊毛虫，胞子虫，珪藻，黄金色植物）は管状のクリステをもつ．ミトコンドリアは酸化的リン酸化*の反応の場であり，それにより ATP を生成する．ミトコンドリアは，独自のリボソーム，tRNA，アミノアシル tRNA シンテターゼ，延長因子，および終結因子をもっている．ミトコンドリアは必須の mRNA の多くを細胞核内の遺伝子に依存する．細胞質内でこれらの mRNA から翻訳されたタンパク質はオルガネラ中に移送される．ミトコンドリアは原始真核生物と共生関係を樹立した好気性細菌に起源したと信じられている． ⇨ 付録 C（1890 Altman; 1898 Benda; 1952 Palade; 1964 Luck, Reich; 1996 Burger *et* *al.*），クロラムフェニコール，クエン酸回路，電子伝達鎖，内部共生説，解糖，キネトプラスト，リーダー配列ペプチド，副核，プチ，タンパク質選別，リボソーム，*Rickettsia prowazekii*，連続共生説，選別シグナル．

ミトコンドリア・イブ［mitochondrial Eve］⇨ mtDNA 系譜．

ミトコンドリア症候群［mitochondrial syndrome］　ミトコンドリアゲノムの機能不全突然変異によって生じたヒトの疾患．この病気は，両性に現れるが，患者の母親からのみ伝わる．

ミトコンドリア DNA［mitochondrial DNA］　略号 mtDNA．ミトコンドリアのゲノムは環状二本鎖 DNA からなり，オルガネラ当たり，ふつう 5〜10 コピー存在する．ヒトミトコンドリア DNA* は 16.6 kb の環状分子である．植物の mtDNA はこれよりずっと大きく（シロイヌナズナの mtDNA は 367 kb），真菌類は中間の大きさ（出芽酵母では 75 kb）である．酵母のミトコンドリア遺伝子にはイントロンがみられるが，哺乳類ではみられない．ミトコンドリアの遺伝暗号は，普遍遺伝暗号とは少し異なる．2 種類の配偶子のうち，卵細胞のみがかなりの数のミトコンドリアを接合体に供給するために，mtDNA は母性遺伝する．ミトコンドリアゲノムの突然変異率は核ゲノムに比べて高いことから，ごく近縁な種間の進化的差異を明らかにする上で，核遺伝子よりも高い検出力をもつ．さらに，mtDNA は遺伝的組換えを行わないので，その配列は，突然変異で変化する場合以外は，世代を通じて同一のままである．ミトコンドリア DNA は，死後長時間経った標本中で存続する唯一の DNA のタイプである場合が多い．これは量的に多いことがおもな理由である（二倍体細胞の核 DNA が細胞当たり 2 コピーであるのに対し，mtDNA は 500〜1000 コピー）．⇨ 付録 C（1959 Chevremont *et al.*；1966 Nass；1968 Thomas, Wilkie；1974 Dujon *et al.*；Hutchson *et al.*；1979 Avise *et al.*，Barrell *et al.*；1981 Anderson *et al.*；1999 Andrews *et al.*），mtDNA 系統樹，ネアンデルタール人，乱交雑 DNA，RNA 編集，普遍暗号説．

ミドリムシ属［*Euglena*］　分子遺伝学や発生遺伝学の研究にしばしば用いられている単細胞鞭毛虫類の一属．⇨ 付録 A（ミドリムシ植物門），付録 C（1971 Manning, Richards）．

ミニクロモソーム［minichromosome］　ある種のウイルスに見られるビーズ状の DNA 構造．真核細胞の染色質に特徴的なビーズ状ヌクレオソーム構造に類似している．パポーバウイルス*の環状二本鎖 DNA には複製サイクル全体を通じて H1 を除く宿主のヒストンが結合している．

ミニ細胞　＝ミニセル．

ミニサークル［minicircle］　⇨ RNA 編集．

ミニジーン［minigene］　染色体上のセグメントで免疫グロブリン重鎖および軽鎖の可変領域をコードするものをいう．このようなセグメントは数百存在するが，B リンパ球が分化する間に，ただ一つのミニジーンが定常領域をコードする遺伝子セグメントに付けられる．⇨ 付録 C（1965 Dreyer, Bennett），免疫グロブリン遺伝子．

ミニセル［minicell］　ミニ細胞ともいう．細菌の異常な細胞分裂により生じる小さな無核体．大腸菌のある突然変異株では多数のミニセルが生じる．ミニセルは遺伝担体（染色体）をもたないが数コピーの親細胞由来のプラスミドを含んでいることがある．このことを利用して宿主ゲノムおよびその産物がない状態でのプラスミド DNA あるいはプラスミドがコードする産物の解析が行われる．⇨ マキシセル．

ミノス因子［Minos element］　カスリショウジョウバエ（*Drosophila hydei*）のトランスポゾンで，転移因子*の Tc1 ファミリーに属する．外来性の遺伝子をもつミノス因子は，ハマダラカの一種 *Anopheles stephensi* の生殖系列に実験的に導入された．この蚊は，インド亜大陸の都市部で，マラリア*の主要な媒介者である．ミノス因子を使用した遺伝子組換え蚊の生産が成功したことで，いずれ，マラリア寄生生物の感染に抵抗性の，遺伝子工学的に改変された系統を構築できるだろう．⇨ 付録 C（2000 Catteruccia *et al.*），ハマダラカ属，マリナー因子，プラスモジウム属．

味盲［taste blindness］　ヒトにみられる化学物質フェニルチオカルバミド（PTC）に対する味覚能力の欠如．味盲個体は常染色体上の劣性遺伝子についてホモ接合である．優性の対立遺伝子をもつ人は PTC に苦味を感じる．⇨ 付録 C（1931 Fox）．

ミュートン［muton］　突然変異を生じうる DNA の最小単位（一つのヌクレオチド）．⇨ 付録 C（1955 Benzer）．

μ ファージ［μ phage］　遺伝物質が挿入配列のようなふるまいをするファージの一種．転移，挿入，および宿主遺伝子の不活化を起こすことができ，また宿主染色体の再配列を生じさせる．

ミュラー型擬態［Mullerian mimicry］　⇨ 擬態．

ミラー樹［Miller tree］　サンショウウオの卵母細胞において，染色体外核小体中の増幅された rRNA をミラー展開することによって初めて観察された転写中の rRNA 遺伝子．個々の rRNA 転写

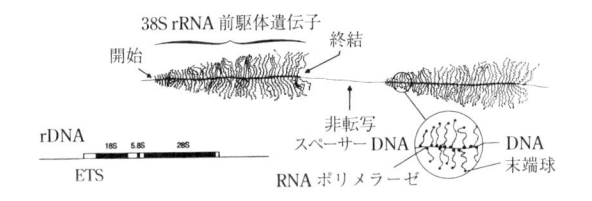

```
開始 ──→  38S rRNA 前駆体遺伝子
                        終結
rDNA  ──18S─5.8S──28S──   非転写         DNA
      ETS              スペーサー DNA     末端球
                        RNA ポリメラーゼ
```

ミラー樹

単位（rTU）の長さはおよそ2.5 μmで，8000 bp に相当する．染色質繊維に付着したrRNA分子のために，rTUはクリスマスツリーのような形になる．rTUは縦列に並び，繊維を欠くスペーサーによって区切られている．それぞれの新生転写産物の遠位側末端は一つの末端球で終わる．これはrRNAの5′-外部転写スペーサー（ETS）領域が，特定のポリペプチド群と相互作用することによって形成されたプロセッシング複合体を表すものである．⇨ 付録C（1968 Miller, Beatty；1976 Chooi），プレリボソームRNA，リボソームRNA遺伝子，5.8S rRNA.

ミラー展開［Miller spread］ 電子顕微鏡用の染色体全体の展開法．O. L. Millerにより開発された．この手法では核を破壊させて得た染色体を10%ホルマリンの0.1 Mショ糖溶液を通じて被膜グリッド上に遠心する．このグリッドを，表面張力を下げる試薬で処理して，乾燥させる．これをリンタングステン酸で染めれば電子顕微鏡での観察ができる．

ミリポアフィルター［Millipore filter］ 一定の細孔をもつ円盤状の合成フィルター．高圧殺菌できない栄養液などから微生物を除去するときに使う．0.005〜8 μmの細孔がある．

ミリミクロン［millimicron］ ⇨ ナノメーター．

ミレラン［Myleran］ マイレランともいう．ブスルファン*の登録商標．

ミンク［mink］ ⇨ イタチ属．

眠性［moltinism］ 脱皮型ともいう．ある種の幼虫の眠数（脱皮の回数）に関する多型性．たとえば，カイコガ（*Bombyx mori*）では3眠，4眠，5眠の系統がある．

ム

無栄養室型卵巣［panoistic ovary］ ⇨ 昆虫の卵巣の種類.

無核精子［apyrene sperm］ ⇨ 精子多型.

無核[の]［anucleate］ 核のない状態.

無カタラーゼ血症［acatalasemia］ 無カタラーゼ症（acatalasia）ともいう．ヒトにおけるカタラーゼ*の遺伝的欠損．常染色体劣性遺伝である．

無カタラーゼ症［acatalasia］ ＝無カタラーゼ血症（acatalasemia）．

無顆粒球［agranulocyte］ 細胞質にほとんどあるいは全く顆粒がなく，非葉状の核をもつ白血球細胞．リンパ球，単球などを含む単核白血球．

無関節動物［Inarticulata］ 体節がない真体腔類の前口動物を含む無脊椎動物．星口動物や軟体動物など．⇨ 付録A.

無γグロブリン血症［agammaglobulinemia］ ある種の免疫グロブリンの合成が不能なヒトの病気．通常，伴性劣性遺伝である．形質細胞を欠く．⇨ 抗体．

無機栄養生物［lithotroph］ 無機物質をエネルギー源として利用する原核生物．たとえば，エネルギーを，H_2，NH_3，硫黄，硫化物，チオ硫酸塩，Fe^{2+}の酸化で得る．無機栄養生物の代謝は，光に依存しない．光合成無機栄養生物は，光合成の電子供与体として無機物質を利用する．⇨ 化学合成無機独立栄養生物．

無菌[の]［sterile］ 微生物がいないこと．

無限花序［indeterminant inflorescence］ 総状花序*のように，最初は根元の花から開花を始め，その後つぎつぎと上部の若い花が開花する花序．

無構造部分［pars amorpha］ ⇨ 核小体．

無呼吸（薬剤誘発性）［apnea, drug-induced］ 偽コリンエステラーゼの欠損により生じるヒトの遺伝病．

ムコ多糖［mucopolysaccharide］ 糖およびアミノ糖やウロン酸のような糖誘導体から成る多糖．⇨ コンドロイチン硫酸．

ムコタンパク質［mucoprotein］ 炭水化物を4％以上含むタンパク質．⇨ 糖タンパク質．

無細胞抽出液［cell-free extract］ 細胞を破壊し，顆粒状物，膜，破壊されていない細胞を除いて得られた液体．細胞の可溶性分子の大部分を含む．タンパク質や核酸が生成される無細胞抽出液の調製は，生化学分析における画期的な技術である．⇨ 付録C（1955 Hoagland；1961 Nirenberg, Matthaei；1973 Roberts, Preston）．

無作為標本［random sample］ 集団中のすべての項目が確率的に均等に含まれるように選ばれた標本．

無作為標本抽出誤差［random sampling error］ ⇨ 実験誤差，標本誤差．

虫癭［gall］ 植物組織の異常発育したもの．

無翅昆虫類［apterygote］ シミ目（シミ）およびハサミコムシ目（ナガコムシとハサミコムシ）が含まれる無翅昆虫類（Apterygota）に属する原始昆虫．このグループの種には翅がなく，腹部に刺状構造がある．⇨ 付録A.

無歯[症]［anodontia, hypodontia］ 先天的に歯がないこと．

無糸分裂［amitosis］ 分裂装置なしに収縮のみで核が二つに分裂すること．付帯核*は無糸分裂によって増える．

無償性インデューサー［gratuitous inducer］ 代謝されないが，インデューサーとして作用する自然には存在しない化合物．⇨ IPTG, ONPG.

娘細胞［daughter cell］ 1個の細胞の分裂から生じた二つの細胞．子孫細胞（offspring cell）ともいう．

娘虫 ＝メロゾイト．

無性芽［gemma, (pl.) gemmae］ 芽や植物体の断片などの，多細胞からなる無性生殖器官．

無精子症［azoospermia］ 射精液に運動精子のないこと．

無性親［agamont］ アガモントともいう．原生生物の二倍体の親．生活史内に半数体（一倍体）の成虫世代ももつ．減数分裂を行い，非配偶体*をつくる．⇨ 生殖母細胞．

無性生殖［asexual reproduction］ 性的過程によらない生殖；栄養繁殖．⇨ 二分裂，出芽，クローニング，分生子，有糸分裂，一卵性双生児，単為生殖．

無星性有糸分裂［anastral mitosis］ 高等植物に特徴的にみられる有糸分裂の形態．紡錘体は形成されるが，中心粒や星状体はみられない．

無性繁殖体［apomict］　無配偶生殖によって生じた個体．

無脊椎動物［invertebrate］　脊椎のない動物．脊椎動物以外の動物の総称．

無相性致死［aphasic lethal］　発生中の任意の過程で死ぬ致死突然変異．

無対合［desynapsis］　太糸期には正常に対合していた相同染色体が，複糸期になり対合を維持できなくなること．一般にキアズマ形成の失敗により生じる．⇨ 不対合．

無体腔動物［Acoelomata］　表皮と消化管の間隙が，細胞柔組織で占められている種が属している前口動物の超門．⇨ 付録 A．

無担体放射性同位体［carrier-free radioisotope］　キャリアフリーアイソトープともいう．安定同位体によって希釈されていない放射性同位体．

無動原体（の）［acentric, akinetic］　動原体をもたない染色分体や染色体についていう．⇨ 染色体橋．

無頭類［Acraniata］　真正の頭蓋をもたない種が属している脊索動物の一亜門．⇨ 付録 A．

無配偶子生殖［agamogony］　無性親を形成するための一連の細胞あるいは核の分裂．

無配偶生殖［apomixis］　減数分裂，受精を伴わない生殖．よって片親の遺伝子のみが子孫に受け継がれる（例：無融合種子形成，雌性産生単為生殖）．⇨ アミキシス，両性混合．

無フィブリノーゲン血症［afibrinogenemia］　フィブリノーゲンの合成不能を特徴とするヒトの血液凝固系の遺伝病．常染色体劣性遺伝である．

無胞子生殖［apospory］　植物において，珠心あるいは外被細胞の体細胞分裂による二倍体の胚嚢の発生．無融合種子形成*の一形式．

無法者遺伝子［outlaw gene］　同じ生物の他の遺伝子と調和しない効果をもつにもかかわらず，選択的に有利な遺伝子．⇨ 減数分裂分離ひずみ．

無名 DNA［anonymous DNA］　染色体上の位置が決まっているが，遺伝子内容は未知の DNA 部分．

無毛症［atrichia］　毛のないこと．家畜のイヌでは，常染色体優性遺伝である．ホモ接合は死産となる．

無融合種子形成［agamospermy］　受精なしに胚を形成すること．雄性配偶子は，存在していても，接合体の分裂を刺激することだけに働く．⇨ 無配偶生殖．

ムラサキイガイ［*Mytilus edulis*］　⇨ 斧足綱．

ムラトー［mulatto］　黒人と白人の間の混血児．

メ

芽［bud］　**1**. *Saccharomyces cerevisiae* などの出芽酵母の分裂過程でつくられる同胞細胞．娘細胞は母細胞の細胞壁から突出するかたちでできる．母細胞は古い細胞壁成分を保持するが，芽は新たに合成された細胞壁材でつくられる（隔壁分裂と対比される）．核は芽の首の部分に移動する．ここで核膜を残したまま有糸分裂が起こり，終期の染色体の一組がそれぞれの細胞に分配される．**2**. 未発達の植物のシュートで，密に重なり合った未成熟な葉をもつ短い茎からなる．

冥王代［Hadean］　地球が誕生した約45億年前から最初の岩石が生成した約38億年前までを示す地質年代．⇒地質年代区分．

名祖［eponym］　人物もしくは場所に由来する命名のこと．法則や現象などを発見した人物への敬意を表して付けられる．セウォール-ライト効果などの命名がそれである．また，ある技術の考案者の名前が付けられることもある．ミラー展開法などがその例である．遺伝病ではしばしばそれについて最初に記述した医師の名前が付けられたり（テイ-サックス病など），珍しいケースでは患者の名前が付けられることもある（クリスマス病など）．地名が遺伝学的表現として用いられることもある（ボンベイ血液型など）．

メイトキラー［mate killer］　μ 粒子をもつ *Paramecium aurelia*（ヒメゾウリムシ）をいう．このような系統は接合した相手が感受性系統の場合，それを殺すか傷つける性質をもつ．ゾウリムシの体内に μ 粒子が存在すると他のメイトキラーの作用から保護される．

迷路［maze］　経路網から成る実験装置．実験動物はこの経路網を通って目標までの道を見いださなければならない．

迷路学習能力［maze-learning ability］　動物が迷路を通る道を見いだす速度．

メガベース［megabase］　DNA分子の長さの単位で，100万ヌクレオチド．略称 Mb, Mbp（塩基対を表す場合）．

メキシコアホロートル［Mexican axolotl］　＝メキシコサンショウウオ（*Ambystoma mexicanum*）．

メキシコサンショウウオ［*Ambystoma mexicanum*］　メキシコアホロートル（Mexican axolotl）ともいい，実験生物として広く用いられる．有尾目両生類の中では最も多くの遺伝情報が得られている．巨大なランプブラシ染色体*が初めて観察されたのはこの種の卵母細胞の核内であった．⇒付録C（1882 Flemming），幼形成熟．

　めしべ　　＝雌ずい．
　めしべ群　＝雌ずい群．
　雌馬［mare］　メスの馬．
　雌の記号［female symbol］　ローマ神話の愛と美の女神ヴィーナスを表す十二宮の記号♀．鏡を表している．

Mesostigma viride　プラシノ藻綱に属する単細胞の緑藻植物．リボソーム小サブユニットRNAのヌクレオチド配列から推定された系統樹によると，プラシノ藻は，緑藻植物門の基部に位置する．*M. viride* 葉緑体の全ゲノム配列が決定され，118,360 bp であることが示された．chDNA（葉緑体DNA）には，135個のORFが含まれているが，この遺伝子数は，報告されているどの陸上植物や藻類のchDNAよりも多い．*Mesostigma* 葉緑体の遺伝子構成は，陸上植物葉緑体の遺伝子構成と非常によく似ている．この種は，それゆえ，8億年前に生息していた生物に近い類似性を示し，緑藻と陸上植物の共通の祖先である，生きた化石*といえよう．⇒付録A（原生生物界，緑藻植物門），付録C（2000 Lemieux, Otis, Turmel），緑藻植物，葉緑体DNA．

メソソーム［mesosome］　ある種の細菌に見られる構造で，細胞膜の陥入部と考えられる管状または二重膜状構造のもの．DNA分子が付着している．

メダカ［*Oryzias latipes*, medaka］　日本，韓国，中国でよく見られる淡水魚．研究室での維持が容易で，メンデルの法則の妥当性が示された最初の魚である．Y連鎖遺伝はメダカとグッピーで初めて実証された．⇒付録A（脊索動物門，硬骨魚綱，新鰭亜綱）．

Methanococcus jannaschii　地熱をもった海底堆積物中の高温，高圧下で生育する嫌気性のメタン細菌．このアーキアは化学合成無機独立栄養*で，$4H_2 + CO_2 \rightarrow CH_4 + 2H_2O$ の反応によりエネルギーを得る．染色体は1,644,976 bpの環状DNA分子で，1682個のORFを含む．他に二つ

の遺伝子をもち，大きな方は 44 個の ORF を含む 58,407 bp, 小さな方は，12 個の ORF を含む 16,550 bp の環状である．*M. jannaschii* とインフルエンザ菌 (*H. influenzae*) のゲノムサイズは，ほぼ同じであるが，機能未知の遺伝子数が異なる．インフルエンザ菌は，22% の URF, メタン産生アーキアは，62% の URF をもつ．転写，翻訳，複製にかかわるメタン産生アーキアの遺伝子は，細菌よりも真核生物のそれに似ている．⇒ 付録 A（アーキア亜界，ユーリアーキオータ門），付録 C (1996 Bult *et al*.), 古細菌，*Archaeoglobus fulgidus*, 超好熱菌．

メタロチオネイン [metallothionein] 重金属と結合することで，細胞への有毒な影響を防ぐ小分子のタンパク質．メタロチオネインをコードする遺伝子は，その産物が結合するのと同じ金属イオンによって発現が活性化される．

メタン細菌 [methanogen] アーキア（古細菌）のユーリアーキオータ門に属する原核生物（⇒ 付録 A）．これらの生物は，無酸素環境に生息し，二酸化炭素を還元してメタンを生成する．⇒ *Methanococcus jannaschii*.

メチオニン [methionine] 新たに形成されるタンパク質の先頭のアミノ酸となる分子．タンパク質の多くでは，この分子はアミノペプチダーゼで除かれるため，2 番目のアミノ酸が N 末端となる．真核生物においては，メチオニンを指定するコドン (AUG) は，それが mRNA の先頭にあるかあるいは中間にあるかによって，異なる特定の tRNA によって認識される．⇒ アミノ酸，イニシエーター tRNA.

メチルアデニン [methyladenine] ⇒ 5-メチルシトシン．

メチルイノシン [methyl inosine] ⇒ 微量塩基．

メチル化（核酸の） [methylation of nucleic acid] メチル基 ($-CH_3$) を DNA もしくは RNA に付加すること．⇒ DNA メチル化，制限および修飾モデル，親による刷込み．

メチル化キャップ [methylated cap] 真核生物の mRNA 末端部分に存在する修飾されたグアニンヌクレオチドのこと．転写の後，mRNA の 5' 末端のヌクレオチドにグアニンヌクレオチドが 5' 末端で結合し，この末端グアニンの 7 位にメチル基が付加されてキャップが形成される．末端グアニンの付加はグアニリルトランスフェラーゼによって触媒される．末端グアニンの 7 位へのメチル基付加はそれとは別の酵素である．グアニン-7-メチルトランスフェラーゼによってなされる．単細胞真核生物ではこの単一のメチル基付加によってキャップができ上がる（キャップ 0）．多細胞真核生物では，さらに別のメチル基がそのつぎの塩基に対して 2'-O 位に 2'-O-メチルトランスフェラーゼによって付加されていることの方が多い（キャップ 1）．もっと頻度は少ないが，さらに 3 番目の塩基に対しても 2'-O 位にメチル基付加が起こるものもあり，これはキャップ 2 タイプとよばれる．キャッピングは転写開始の直後に，切出しやスプライシングに先立って起こる．キャップの機能は明らかでないが，ヌクレアーゼによる分解から mRNA を保護したり，リボソーム結合部位を構成しているのかも知れない．⇒ 転写後プロセッシング．

メチルグアノシン [methyl guanosine] ⇒ 微量塩基．

メチルグリーン [methyl green] 細胞化学において DNA を検出するのに頻用される塩基性色素．2 モルの塩化マグネシウム溶液 (pH 5.7) 中でメチルグリーンは未分解 DNA のみを染める．⇒ ピロニン Y.

メチルコラントレン [methylcholanthrene] 発がん性炭化水素（図参照）．

5-メチルシトシン [5-methylcytosine] 略号 5-mCyt. DNA 中の修飾塩基の一つで，原核生物と真核生物のどちらにもみられる．植物や動物では，5-mCyt のみがみられるが，原核生物の DNA には，N_6-メチルアデニンも含まれる．5-mCyt は，特定のメチルトランスフェラーゼ* によって生成されるが，これは活性化されたメチル基を供与分子（S-アデノシルメチオニン）か

```
         Met      Met           Met
                                —C—G—
  —C—G—  —C—G—   —C—G—         —G—C—
  —G—C—  —G—C—   —G—C—
                    Met                    新しい鎖
  メチル化                              —C—G—
  されていない ヘミメチル化 完全メチル化    —G—C—
  シトシン                                Met
```

メチルトランスフェラーゼ

らDNA中の特定のシトシンに転移する．哺乳動物の染色体では，5-mCyt の大部分は単純反復DNA配列中にみられるが，全配列を通じて存在する．大腸菌とそのウイルスでは，特定の遺伝子がメチル化されたシトシンをもつ．この修飾されたピリミジンは自然に脱アミノされ，5-メチルシトシンからチミンに変換される．この結果，これらの領域では塩基置換が高い頻度で起こることになり，突然変異のホットスポット*の原因となる．⇨ 付録 C（1961 Benzer；1978 Coulonder et al.），DNA メチル化．

メチルトランスフェラーゼ［methyl transferase］ プリンまたはピリミジンにメチル基を付加する酵素．メチル基は，通常グアニンまたはシトシンに付加される．上図に示すように，完全にメチル化されたDNA領域は，複製によりヘミメチル化する．メチル化部位が有糸分裂サイクルを繰返す限り，メチルトランスフェラーゼが，ヘミメチル化部位を認識して，その部位を完全にメチル化する機構が存在するはずである．⇨ 付録 E，アキレスの踵切断，核酸塩基，DNA メチル化，メチル化キャップ，5-メチルシトシン，親による刷込み，翻訳後プロセッシング，制限および修飾モデル，テロメアサイレンシング．

滅 菌［sterilization］ 試料中に生きているすべての微生物を殺すこと，またはとり除くこと．

メッセンジャー RNA［messenger RNA］ mRNA．翻訳*過程で生成するポリペプチド中のアミノ酸配列を特定する機能を担った RNA 分子のこと．真核生物においては核内でプレメッセンジャー RNA* から mRNA が生じる．⇨ 付録 C（1961 Jacob, Monod；Brenner et al.；Gros et al.；1964 Marbaix, Burny；1967 Taylor et al.；1969 Lockard, Lingrel），エクソン，イントロン，ポリアデニル化，ポリソーム，転写後プロセッシング．

methuselah ショウジョウバエの遺伝子で，突然変異により寿命が延びる．正常なハエは，平均 60 日生存するが，*methuselah* 突然変異体は，80 日生存する．⇨ 付録 C（1998 Lin, Serounde, Benzer），早老症．

メトトレキセート［methotrexate］ アメトプテリン（amethopterin）ともいう．葉酸の拮抗剤で，ジヒドロ葉酸レダクターゼの酵素活性を阻害し，核酸合成を停止させることで細胞を殺す作用をもつ．したがって哺乳動物細胞はジヒドロ葉酸レダクターゼをコードする遺伝子を増幅することによってメトトレキセート耐性を得ることができる．⇨ 付録 C（1978 Schimke et al.），葉酸．

メビウスの帯［Möbius strip］ ドイツの天文学者 A. F. Möbius にちなんで名付けられたトポロジーモデル．長い長方形の帯を 180°ねじって両端をつなぎ合わせて輪にしたものである．メビウスの帯を縦に切るともとの 2 倍の大きさをもつ輪ができる．2 回ねじった輪を縦に切ると二つのからみあった輪ができる．メビウスの帯によりねじれた環状染色体が複製しようとするときの様子が説明された．

メラニン［melanin］ 皮膚や毛髪の着色，網

膜の色素顆粒沈着などに関与する暗褐色ないし黒色の色素顆粒．インドール 5,6-キノンと 5,6-ジヒドロキシインドール-2-カルボン酸のポリマーから成る巨大分子で，チロシンやトリプトファンの酵素的酸化によって形成される．構造の一部を示した． ⇨ アグーチ，白子，ユーメラニン，フェオメラニン．

メラニン細胞［melanocyte］ メラニン粒子を含む色素細胞．

メラニン細胞刺激ホルモン［melanocyte-stimulating hormone］ 略号 MSH. ＝インターメジン（intermedin）．

メラノソーム［melanosome］ メラニン細胞にみられるチロシナーゼ集塊を含むオルガネラ．

Melanoplus femurrubrum 減数分裂の細胞学的研究に広く用いられるバッタの一種．

メラノーマ［melanoma］ 黒色腫ともいう．メラニン細胞*から成るがん．

メルカプトエタノール［mercaptoethanol］ SHCH$_2$CH$_2$OH で表される化学物質．有糸分裂阻害剤．

メルカプトプリン［mercaptopurine］ 合成プリン類似体の一種で，がん細胞の成長を抑制することが判明した最初の DNA 合成阻害剤の一つ．免疫抑制剤としても機能し，これによってヒトの臓器移植が初めて成功した． ⇨ アザチオプレン．

メルテンス型擬態［Mertensian mimicry］ ⇨ 擬態．

メルファラン［melphalan］ 突然変異を誘発するアルキル化剤．

メロゾイト［merozoite］ 娘虫ともいう．マラリア病原虫の生活環のうち，ヒトの赤血球に侵入する時期をいう．病原虫は赤血球細胞中で増殖して溶血をひき起こし，10～20 のメロゾイトを放出，それらがさらに赤血球細胞に侵入していく．メロゾイトは免疫のおとりタンパク質を産生する． ⇨ マラリア，スポロゾイト．

免疫［immunity］ 1. 免疫系（T および B リンパ球と，それぞれの産物であるリンフォカインおよび免疫グロブリン）の媒介によって，特定の病気に対し抵抗性をもつ状態．能動免疫は個体が抗原に対し免疫応答することにより生じる．一方，受動免疫はほかの個体から抗体もしくは免疫細胞を受容することで獲得される．2. 同種のファージの溶原化細胞への感染を阻害するプロファージの能力．3. 宿主細胞内に，同種のほかのプラスミドが共存するのを妨げるプラスミドの能力．4. 同一 DNA 分子に，同種のほかの因子が転移するのを阻害するある種のトランスポゾンの能力（トランスポゾン免疫）．5. ファージ耐性菌は通常，特定のファージに対し"免疫がある"という．これはファージの宿主域を決定する細胞表面受容体が，その菌に欠如しているからである．

免疫遺伝学［immunogenetics］ 免疫反応によってのみ検出できる遺伝形質の研究の場合のように，免疫学的手法と遺伝学的手法を組合わせた研究． ⇨ 付録 C（1948 Snell; 1963 Levine *et al.*; 1972 Benacerraf, McDevitt）．

免疫遺伝子［immunogene］ 免疫特性に影響を与えるすべての遺伝子座をさす．免疫応答遺伝子*，免疫グロブリン遺伝子*，主要組織適合性複合体*がその例である．

免疫応答［immune response］ 抗原による免疫系の活性化から始まる生理的応答．病原性微生物に対する有益な免疫のほかに，自己抗原に対する自己免疫，アレルギー，移植片拒絶などの害をおよぼす免疫も含まれる．免疫応答に関与するおもな細胞は，T および B リンパ球とマクロファージである．T 細胞はリンフォカイン*を産生してほかの宿主細胞の活性に影響を与え，B 細胞は成熟して免疫グロブリン*すなわち抗原と反応する抗体を産生する．マクロファージは抗原を免疫原単位に"加工"し，これが B リンパ球を刺激して抗体産生形質細胞に分化させるとともに，T 細胞を刺激してリンフォカインを産生させる．補体*は一般的な血清タンパク質群であり，抗原抗体反応の結果，活性化されることによって，免疫を補助する．抗原との最初の接触により動物は"感作"され，一次免疫応答が起こる．感作された動物を再び同一抗原と接触させると，二次免疫応答（追加免疫あるいは既往反応）とよばれる，より素早く強い反応が起こる．この反応は血清中を循環する抗体量を調べれば最も容易に示される．免疫応答は血清あるいは細胞を通して，感作された動物からされていない動物へ伝達されうる．免疫応答は刺激抗原に対して高い特異性をもち，通常外来性物質に対してのみ作用する． ⇨ アデノシンデアミナーゼ欠損症．

免疫応答遺伝子［immune response gene］　Ir遺伝子ともいう．リンパ球が特異的抗原に対し免疫応答を起こす能力を決定する，すべての遺伝子をさす．マウスの主要組織適合性複合体（H-2複合体）において，I領域はIr遺伝子のほかに，B細胞や一部のT細胞およびマクロファージに見られるIa抗原をコードしている．ヒトにおいては，HLA D（DR）領域がマウスH-2 I領域と相同である．⇒付録C（1948 Snell; 1963 Levine et al.; 1972 Benacerraf, McDevitt）．

免疫おとりタンパク質［immune decoy protein］　⇒スポロゾイト．

免疫化［immunization］　免疫処置ともいう．免疫応答をひき起こさせる目的で抗原を投与すること．

免疫化学検定法［immunochemical assay］　抗原-抗体反応を利用して，ある特定の抗体または抗原物質の局在を知ったり，相対量を決める手法．⇒酵素結合免疫吸着検定法，蛍光抗体法．

免疫学［immunology］　免疫，血清学，免疫化学，免疫遺伝学，過敏性および免疫病理学に関する科学．⇒付録C（1778 Jenner; 1900 Ehrlich; 1930 Landsteiner）．

免疫［学的］記憶［immunological memory］　免疫系が特定の抗原に対し，最初の接触時の一次応答よりも，2回目の接触時により素早く強い応答（追加免疫応答，既往応答）を示す能力．

免疫監視説［immunological surveillance theory］　細胞性免疫系は元来，自然発生するがん性細胞や外来の病原体を含む細胞を常に監視し，それらを破壊するために進化したとする説．

免疫寛容［immunological tolerance］　通常は免疫応答をひき起こすと考えられる物質に対して反応しない状態．特定の外界の抗原に対する寛容性は，鳥類や哺乳類において，胎児期あるいは新生児期（種により異なる）に外界抗原との接触があると誘発される．成体における寛容性は（通常，持続期間は前者より短い），抗原を特別な方法で投与したり，抗原に反応し増殖する細胞に対して特異的に作用する薬剤を投与することで得られる．その機構は，反応性リンパ球が実際に欠如したり，免疫抑制により不活化されることが関与すると考えられる．⇒付録C（1945 Owen; 1953 Billingham et al.）．

免疫グロブリン［immunoglobulin］　略号Ig．形質細胞とよばれる成熟リンパ球から分泌される抗体．免疫グロブリンは，重（H）鎖とよばれる比較的長いポリペプチド鎖2本と，軽（L）鎖とよばれる，これより短いポリペプチド鎖2本から構成される四量体分子で，Y字状の形をしている．Y字型構造のそれぞれの腕は特異的な抗原結合特性をもち，抗原結合フラグメント（Fab）とよばれる．Y字型構造の尾の部分は結晶可能フラグメント（Fc）という．H鎖は，その抗原構造に基づいて5種類のクラスに分けられる．免疫グロブリンG（IgG）は血清中に最も多く存在し，免疫学的な"記憶"と関係する．IgMクラスは初回の抗原暴露で最も早く出現する抗体である．IgAクラスは，上皮組織を通じて分泌され，呼吸器や消化器の感染に対する抵抗性にかかわると考えられている．免疫アレルギーと関連する抗体はIgEのクラスに含まれる．IgDの機能についてはあまりよくわかっていない．IgG, IgD，およびIgEの各クラスの抗体の分子量は15万〜20万ダルトン（7S）の範囲である．血清中のIgAは7Sの単量体であるが，分泌性のIgAは二量体（11.4S）である．IgMは7S様の単量体5個から構成される五量体（19S; 90万ダルトン）である．p.367の図を参照．

IgGの場合，重鎖のそれぞれはほぼ同じ大きさの四つの"ドメイン"から構成される．アミノ（N）末端にある可変（V_H）ドメインは，同一のH鎖クラス内であっても，免疫グロブリンごとに異なるアミノ酸配列をもつ．これ以外の三つのドメインには相同領域が多くみられ，遺伝子重複による共通起源と突然変異による多様化を示唆する．これらの"定常"ドメイン（C_H1, C_H2, C_H3）は，特定のH鎖クラス内では基本的に不変である．L鎖はH鎖のおよそ半分の長さをもつ．そのアミノ末端には可変領域（V_L）が，またカルボキシル末端には定常領域（C_L）がある．FabフラグメントはL鎖とH鎖のFd領域（$V_H + C_H1$）から構成される．四量体の免疫グロブリン分子内では，2本のL鎖は同一であり，また2本のH鎖も同一である．Fcフラグメントは2本のH鎖のカルボキシル末端側の半分（$C_H2 + C_H3$）からなる．C_H1とC_H2の間の領域は，球状というよりは直線状で，ヒンジ領域とよばれる．ヒトIgGの結晶学的研究からは，C_H2領域に結合したオリゴ糖鎖が，これらの領域同士の結合とFab単位への結合のための表面を提供していることが示されている．抗体を合成している成熟形質細胞のそれぞれは，単一の種類の免疫グロブリンを産生し，すべて同一のL鎖とH鎖をもつ．⇒付録C（1939 Tiselius, Kabat; 1959 Edelman; 1962 Porter; 1965 Hilschmann, Craig; 1969 Edelman et al.），アブザイム，Bリンパ球，糖鎖修飾，ハイブリドーマ，IgA, IgM，免疫応答，モノクローナル抗体，オリゴ糖，V(D)J組換え．

免疫グロブリン遺伝子［immunoglobulin gene］

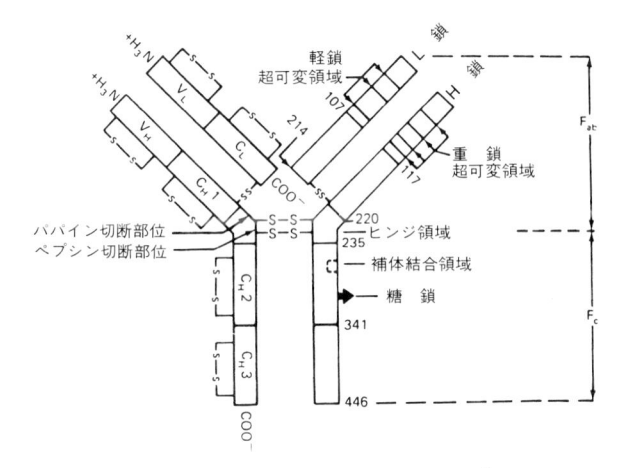

典型的な IgG 分子の図. 免疫グロブリン分子の中で, 2 本の L 鎖および 2 本の H 鎖はそれぞれ同一である. 各鎖に示した数字は, N 末端からのおよそのアミノ酸残基数を表す.

免疫グロブリンの重鎖および軽鎖をコードする遺伝子群. これらの遺伝子は, B リンパ球が成熟する際に再編成された領域から構成されているという点で著しい特徴がある. 軽鎖を構成する領域は, L-V, J および C と略記される. V すなわち可変領域が軽鎖の初めの 95 アミノ酸をコードし, C すなわち定常領域が 108〜214 番目のアミノ酸をコードしている. 結合領域すなわち J は 96〜107 番目のアミノ酸をコードする. L は 17〜20 アミノ酸からなるリーダー配列をコードする. この配列は分子が形質膜を透過する際に機能し, この過程で切り離される. 軽鎖遺伝子当り約 300 の L-V 領域が存在し, それぞれの V 領域は異なる塩基配列をもつ. κ 遺伝子には, 塩基配列の異なる六つの J 領域と一つの C 領域が存在する. 特定の B リンパ球幹細胞が分化する際に, L-V, J, C 領域をそれぞれ一つずつ含む免疫グロブリン遺伝子が構築され, そのリンパ球およびそのすべての子孫細胞で, この遺伝子が転写される. λ 遺伝子もまた約 300 の L-V 領域をもつが, 六つの J 領域はそれぞれ隣接する C 領域をもつ. 重鎖遺伝子は 10 万ヌクレオチドを超える長さで, L-V, D, J, C_μ, C_δ, C_{γ_3}, C_{γ_1}, $C_{\gamma_2 b}$, $C_{\gamma_2 a}$, C_ε, C_α と略記される一連の領域を含んでいる. L-V 領域が約 300, D 領域が 10〜50, J 領域が四つ, そして C 領域がそれぞれ一つずつ存在する. D 領域はそれぞれ約 10 アミノ酸をコードしている. 分化の際に領域の再編成が起こる結果, 重鎖の可変部位は, L-V, D, J を一つずつ含む領域によりコードされることになる. 遺伝子はまた, μ, δ, γ, ε および α のサブセグメントをもっており, このうちどれが転写されるかで抗体の属するクラスが決定される. ⇒ 付録 C (1965 Dreyer, Benntt; 1976 Hozumi, Tonegawa). 対立遺伝子排除, 重鎖クラススイッチ, 免疫グロブリン鎖, トランスフェクトーマ, V(D)J 組換え.

免疫グロブリン鎖 [immunoglobulin chain] ヘテロポリマーである免疫グロブリン分子の構成要素. 重鎖には五つのグループ〔γ (IgG), μ (IgM), ε (IgE), α (IgA), δ (IgD)〕が存在し, それぞれクラスを特徴づけている. 免疫グロブリン重鎖をコードする遺伝子はすべてヒト 14 番染色体上に位置している. いずれの重鎖も, 定常領域が分子のうち 3/4 を占めており, 定常部をコードする遺伝子はヒトおよびマウスの両方において, μ, δ, γ, ε, α の順に配列している. 軽鎖には二つのグループが存在し, そのうち κ 鎖はヒト 2 番染色体上の遺伝子に, λ 鎖は 22 番染色体上の遺伝子によってそれぞれコードされている. ⇒ 免疫グロブリン遺伝子.

免疫グロブリンドメインスーパーファミリー [immunoglobulin domain superfamily] ある種の細胞の膜表層に埋め込まれている糖タンパク質のグループで, 免疫グロブリンドメインを一つ以上もつ. 各ドメインは, 約 100 個のアミノ酸配列で, それ自身, 折り返して, 二つの β シートが, ジスルフィド結合でつながったサンドイッチ構造をとっている. スーパーファミリーは, 免疫グロブリン*（分子当り, 12 ドメイン以下）, T 細

胞受容体*，MHC 受容体*（分子当たり，2ドメイン），CD4，CD8 受容体（それぞれ，4ドメイン，1ドメイン）．このようなタンパク質群の遺伝子は，一つの共通の祖先遺伝子から何億年もかけて進化したとされる．

免疫系［immune system］　免疫（異物に対する防御）にかかわる，器官（例：胸腺，リンパ節，脾臓），組織（例：骨髄の造血組織，粘膜および皮膚のリンパ組織），細胞（例：胸腺細胞，血液および組織リンパ球，マクロファージ），分子（例：補体，免疫グロブリン，リンフォカイン）．

免疫蛍光［immunofluorescence］　ある特定の抗原の細胞や組織内外における存在および分布を，ローダミンやフルオレセインなどの蛍光分子を結合した抗体を用いて可視化して調べる方法．直接法では対象の抗原に直接蛍光プローブを結合させるのに対し，間接法では2種の抗体を順次使用する．最初に対象抗原に特異的な抗体を用い，つぎに一次抗体に反応する二次抗体を組織に加える．二次抗体にあらかじめ蛍光色素を結合させておくと，複合体が可視化できる．間接法が用いられることの方が多いのは以下の理由による．複数の抗原の局在を調べたい場合でも，一次抗体が同種の動物由来だとすると，蛍光標識した抗原は一度に1種類しか用いることができない．一方，蛍光二次抗体は一般に市販されている．⇒ 付録 C（1941 Coons et al.）．

免疫原［immunogen］　免疫応答をひき起こす物質．外来のタンパク質および糖タンパク質は最も強い免疫原となる．⇒ 抗原．

免疫原性［immunogenic］　免疫応答を刺激しうること．

免疫処置　= 免疫化．

免疫選択［immunoselection］　主要免疫遺伝子複合体抗原のような，ある特定の抗原を欠損した細胞株変異体を選別する方法．細胞を特異的抗血清および補体で処理すると，ほとんどの細胞は死ぬが，わずかに変異細胞が自然発生することがある．これらの細胞は対応する抗原を発現していないために生き残るので単離できる．変異体のほとんどは，後成的変化や有糸分裂交差によるものではなく，欠失突然変異により生じていると思われる．⇒ 抗原転換．

免疫担当細胞［immunocompetent cell, immune competent cell］　適当な刺激に対して免疫機能を果たすことが可能な細胞．

免疫電気泳動［immunoelectrophoresis］　異なるタンパク質の集合体を，最初にゲル電気泳動で分離し，つぎに特異的抗血清と反応させて沈降曲線を形成させる方法．したがってタンパク質は電気泳動移動度と抗原性によって同定される．⇒ 付録 C（1955 Grabar, Williams）．

免疫物質［immunity substance］　プロファージと同じ型のバクテリオファージによる感染を妨げ，さらにプロファージの栄養的な複製をも妨げる溶原菌中に生産される細胞質性の因子．

免疫優性［immunodominance］　複雑な免疫原分子の中で，つぎのいずれかの能力をもつ特定の要素をさす．1）免疫応答の際に最も高い抗体力価を与える．2）多価抗血清に対し，分子内のどの要素よりも多くの抗体と結合する．たとえば糖タンパク質抗原においては，ある特定の単糖が分子全体の中で最も抗原性の高い要素である場合，分子内のほかの要素に対し免疫優性を示すという．

免疫抑制［immunological suppression］　ある個体において，ほとんどもしくはすべての抗原に対する免疫系の応答能力が損なわれた，遺伝的あるいは誘導された状態．

免疫抑制剤［immunosuppressive drug］　免疫応答を抑制する化合物．⇒ アザチオプレン，メルカプトプリン．

メンデリズム［Mendelism］　= メンデル遺伝学（Mendelian genetics）．

メンデル遺伝学［Mendelian genetics］　メンデリズム（Mendelism）ともいう．染色体を後代に分配する法則に従って染色体上の遺伝子が遺伝すること．

メンデル形質［Mendelian character］　メンデルの法則に従う遺伝様式をもつ形質．

メンデル集団［Mendelian population］　共通の遺伝子プールを共有する生物の交配集団のこと．

メンデルの法則［Mendel's law］　**1**．分離の法則：一対の形質の要素は分離される．現代的な用語では，この法則は二倍体の親生物がもつ各対立遺伝子の対のそれぞれが異なる配偶子に分かれる，つまり別の子供に分かれることをいう．**2**．独立組合わせの法則：異なる要素の対は独立に組合わさる．現代の用語にいい換えれば，異なる対立遺伝子対が別の染色体上にあるとすれば，それぞれのメンバーは配偶子形成に際して独立に配偶子に仕分けられ，またそれに続く雌雄の配偶子の組合わせはランダムに起こることをいう．⇒ 付録 C（1856, 1865, 1866 Mendel; 1900 de Vries, Correns, Tschermak; 1902 Sutton; 1990 Bhattacharyya et al.）．

メンデレーエフ表［Mendeleev's table］　化学元素周期表．

緬羊(めんよう)[sheep] 主要な品種としては以下のものがある．メリノ (Merino)，ランブイエ (Rambouillet)，ドーセット (Dorset)，ドゥブイエ (Debouillet)，リンカーン (Lincoln)，ライセスター (Leicester)，コッツワルド (Cotzwold)，ロムニー (Romney)，コリデール (Corridale)，コロンビア (Columbia)，ロメルデール (Romeldale)，パナマ (Panama)，モンタデール (Montadale)，ポルワース (Polwarth)，タージー (Targee)，ハンプシャー (Hampshire)，シュロップシャー (Shropshire)，サウスダウン (Southdown)，サフォーク (Suffolk)，チェビオット (Cheviot)，オックスフォード (Oxford)，チュニス (Tunis)，ライランド (Ryeland)，ブラックフェイスハイランド (Blackface Highland)．種名は *Ovis aries*．成体細胞からの核移入によってクローニングされた最初の哺乳動物がヒツジのドリー (Dolly) である．したがって，ドリーの染色体は核を提供した体細胞のものと全く同一である．核は6歳の雌ヒツジの乳腺上皮細胞から得られたものである．ドリーが2歳半になった時点でテロメアの長さが調べられた．その長さは，ドリーの暦年齢ではなく，核の提供者の年齢に相当するものであった．ドリーのクローニングは，二倍体の核をもつ体細胞を除核した卵と融合させることによって行われた．電気パルスを用いて供与細胞と受容細胞の膜の透過性を増すことにより細胞の融合を促進した．後になって，成体のドリーは受容体の卵に由来する mtDNA のみをもつことが明らかになったことから，実際には遺伝的キメラ*ということになる．この細胞は体細胞起源の核 DNA をもつが，ミトコンドリアは卵細胞質由来である．⇨ 付録 A (脊索動物門，哺乳綱，偶蹄目)，付録 C (1997 Wilmut *et al.*)，クローニング，ミトコンドリア DNA，核移入，テロメア．

モ

毛基体［blepharoplast］　生毛体ともいう．鞭毛の基底小体．

蒙古症［mongolism］　＝ダウン症候群（Down syndrome）．

蒙古ひだ［epicanthus］　蒙古系人種に特有な眼の内眼角を覆う皮膚のしわ．内眼角ぜい（贅）皮ともいう．

網糸期［dictyotene stage］　卵黄形成期の卵母細胞にみられる減数分裂の伸びた複糸期．長命の種においては，すでに交差を行った染色体が数ヵ月間〜数年間もこの期のままでいることもある．

毛序［chaetotaxy］　昆虫の剛毛のパターンの分類学的研究．

網状進化［reticulate evolution］　一連の近縁異質倍数体に見られる網目様の系統関係．網目の交差箇所は交雑が起こり，異質四倍体が生じた点を示す．網状進化は植物では一般的に見られる．

網状赤血球［reticulocyte］　赤血球の幼若型で，ヘモグロビンの合成を行っている．

毛胞［trichocyst］　多くの繊毛虫類の外部原形質に存在する，射出性の紡錘形をした小さいオルガネラ．

網膜［retina］　眼球の内部を覆う精巧で，多層構造をもつ光感受性の膜．視神経を介して脳につながっている．最も深部の網膜細胞はメラニン*を含む．この色素は，上層の光受容体内で散乱し，神経シグナルを混乱させる光を吸収する．光受容体細胞は，色素層を覆う視覚上皮に存在する．光受容細胞は，繊毛が変化したもので，外節には何百という薄膜がコインが積み重なるように配置されている．光感受性の色素は，この薄膜に結合している．光受容体細胞には，形態的に異なる2種類がある．全体の95％は，桿状体細胞（右図）で，特に光の強度が低い場合，光を感じる．錐状体細胞は，波長の異なる光に反応し，色覚をつかさどる．光感受性色素と外節のディスクは絶え間なく補給される．新しいディスクは外節の基部でつくられ，末端部の使い古されたディスクは色素層の細胞により食作用を受ける．⇨色覚異常，錐状体色素遺伝子，眼白子症，オプシン，色素性網膜炎，ロドプシン．

網膜芽細胞腫［retinoblastoma］　未分化の網膜細胞からなる悪性新生物で，通常3歳以下の幼児でみられる．網膜芽細胞腫には遺伝性のものと非遺伝性のものがある．遺伝性の網膜芽細胞腫の場合，患者はふつう両眼が冒される．関係する遺伝子（*RB*）は，13番染色体長腕のバンド14に位置する．正常遺伝子は27個のエクソンをもつ．*RB*遺伝子の産物は，核内リンタンパク質（pRB）で，リン酸基は通常セリンおよびトレオニン残基に付加されている．pRBのDNA結合はリン酸化の程度に依存する（リン酸化の程度の低い分子のみが結合する）．*RB*遺伝子の突然変異対立遺伝

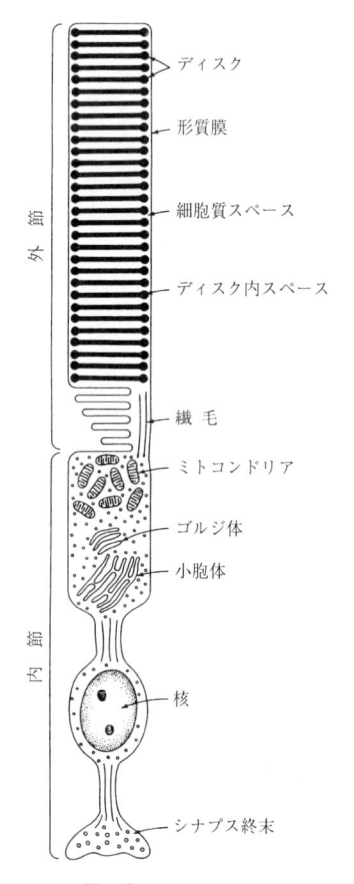

ディスク
形質膜
細胞質スペース
ディスク内スペース
外節
繊　毛
ミトコンドリア
ゴルジ体
小胞体
内節
核
シナプス終末

網　膜

子は，網膜芽細胞腫以外のヒトのがんでもみつかっている．このような突然変異は，しばしばエクソン 13-17 の中に欠失をもつ．このような腫瘍細胞中に野生型の *RB* 遺伝子を導入すると，制御不能な増殖が抑制される．⇨ 付録 C (1971 Knudson; 1989 Hong et al.; 1990 Bookstein et al.), p53.

網膜色素変性症 ＝色素性網膜炎．

目的因論 [finalism]　進化はある合理的な力によって，一つの究極的到達点へ向かって指向されたものであるとする考え．⇨ 目的論，定向進化．

目的論 [teleology]　進化などの現象を，その目的あるいは目標により説明すること．目的論的な説明は一般に超自然的な力をもち出すものであり，非科学的である．

モザイク [mosaic]　異なる遺伝子あるいは染色体構成をもつ複数の細胞系譜から成る個体．キメラとは異なりいずれの細胞系譜も同じ接合体から派生したものである．⇨ 付録 C (1962 Beutler, Yeh, Fairbanks), 遺伝子量補正，ライオニゼーション，三毛ネコ．

モザイク進化 [mosaic evolution]　体の一部分のみが，進化を起こすこと．たとえば，恐竜から鳥類が進化したとき，羽毛の出現は，特殊な骨格（例：竜骨）や強力な飛翔筋が発達するずっと以前に起こっていた．

モザイク発生 [mosaic development]　胚のすべての部位の予定器官は受精時あるいはそれ以前にすでに決定されているという発生の様式．したがって，胚の部分的切除を行うと，後にその部位の器官が欠損する．⇨ 調節発生．

模式標本 ＝基準標本．

モジホコリカビ [*Physarum polycephalum*]　⇨ 変形菌門．

モジュール体生物 [modular organism]　単位またはモジュールの集団から成る生物．個々のモジュールは分離されても独立して成長，繁殖することが可能である．たとえばイチゴのような植物では枝分かれした根系を元株から切り離すとそこから新しい植物が生えてくる．このような生物では分裂組織細胞に生じた突然変異が，突然変異クローンから生じたモジュールのその後の成長の際に発現し，ついには卵または花粉中に取込まれる可能性がある．したがって，Weismann による細胞体と生殖細胞の区別はモジュール体生物にはあてはまらない．モジュール種における進化的変化は生殖系および体細胞系両方の突然変異により起こりうる．⇨ 付録 C (1883 Weismann).

モータータンパク質 [motor protein]　ATP と結合し，特定の微小繊維や微小管に接触してから，ATP の加水分解に伴い横方向に動くタンパク質．

モチーフ [motif]　タンパク質や，DNA 分子上の際立った特徴のある配列で，結合による相互作用が起こるような三次元構造をもつ．⇨ ヘリックス-ターン-ヘリックスモチーフ，ロイシンジッパー，ジンクフィンガータンパク質．

モディファイヤー [modifier]　変更遺伝子ともいう．非対立遺伝子の形質発現を変更する作用をもつ遺伝子．

戻し交雑 [backcross]　子と親の一方，または親と遺伝的に全く同一の個体との交配．

戻し交雑親 [backcross parent]　反復親 (recurrent parent) ともいう．雑種とその親を交配したり，繰返し交配した場合の雑種の親．戻し交雑では，親自身の代わりに親と同一の遺伝子型の個体も使われる．

モネラ界 [Monera]　界レベルでの分類で，すべての細菌が属する原核生物界に相当する．⇨ 付録 A.

モノクローナル抗体 [monoclonal antibody]　単一の形質細胞のクローンに由来する免疫グロブリン．特定の形質細胞（もしくはそのクローン）によって生産される免疫グロブリンは化学的にも構造的にも同一なので，これらの抗体は純粋で特異性の高い抗原結合能をもつ．⇨ HAT 培地，ハイブリドーマ．

モノシストロン性 mRNA [monocistronic mRNA]　1 本のポリペプチド鎖をコードする mRNA. 真核細胞の典型的な mRNA である．⇨ ポリシストロン性 mRNA.

モノソミー [monosomy]　一染色体性ともいう．一対の染色体の片方が失われている状態．一染色体性二倍体は正常な二倍体染色体数より 1 本少ない ($2N-1$). XO ショウジョウバエは性染色体についてモノソミーである．⇨ 付録 C (1921 Bridges; 1926 Goodspeed, Clausen).

モノソーム [monosome]　一つの mRNA-リボソーム複合体．⇨ ポリソーム．

モノマー ＝単量体．

モリブデン [molybdenum]　生体に微量に存在する元素．

原子番号	42
原子量	95.94
同位体	^{92}Mo, ^{94}Mo, ^{95}Mo, ^{96}Mo, ^{97}Mo, ^{98}Mo
放射性同位体	^{99}Mo
半減期	67 時間
放射線	β 線

モル［mole］　物質の分子量と数値的に等しいグラム単位の重量をもつ物質量．グラム分子量またはグラム分子ともよばれる．⇨ モル濃度．

モルガン単位［Morgan unit］　染色体上の遺伝子間の相対距離の単位．1モルガン（M）は100％の交差価を表す．したがって，交差価10％は1デシモルガン（dM），1％は1センチモルガン（cM）などとなる．Thomas Hunt Morgan の名にちなんでつけられた．

モル濃度（体積モル濃度）［molar］　溶質1 mol を1 l の溶媒中に含む溶液．⇨ 質量モル濃度．

モルフ［morph］　多型的集団に属する任意の個体．表現型上または遺伝子型上の変異体．

モルフォゲン［morphogen］　発生中の生体において局所的に生産され，拡散して濃度勾配を形成し，それを受容した細胞に変化を起こして特定の発生経路へ入らせる化合物の総称．⇨ レチノイン酸．

モルモット［guinea pig］　⇨ テンジクネズミ．

モロニーマウス白血病ウイルス［Molony murine leukemia virus］　略号 MoMLV．リンパ性の白血病を起こすマウスのウイルスで，感染した雌親から新生仔に母乳を通して感染する．MoMLV は遺伝子伝達実験によく使われる．まず，複製可能なウイルスの産生に必要なウイルス遺伝子を，伝達したい望みの遺伝子と置き換える．ウイルスが投与されると，宿主細胞に結合して内部に入りこみ，ベクター上の遺伝子は，宿主染色体上にランダムに組込まれる．伝達効率はよく，組込まれた遺伝子は安定である．⇨ 付録C（1983 Mann, Mulligan, Baltimore）．遺伝子治療，レトロウイルス．

門［phylum］　⇨ 分類．

モンゴロイド［Mongoloid］　淡黄色の皮膚，蒙古ひだ，薄い体毛，黒く真直ぐの頭髪を特徴とする人種．

門 葉　＝間充織．

ヤ

焼きなまし =アニール．

やく［anther］ 花粉嚢をもつ雄ずいの末端部．

薬剤耐性プラスミド［drug-reisitance plasmid］ = Rプラスミド（R plasmid）．

約 数［aliquot］ ある整数を剰余なく除しうる整数．6は2の3倍であるから，2は6の約数である．意味を拡大して割合や一部分を意味する．

やく培養［anther culture］ やくまたは花粉細胞を用いて，半数体の組織培養あるいは植物個体までつくる技術．⇨ 付録C（1973 Debergh, Nitsch）．

薬理遺伝学［pharmacogenetics］ 薬物反応に関する遺伝的変異を扱う生化学的遺伝学の分野．

野生化［した］［feral］ 以前は家畜であったものが，現在野生の状態で生活している動物をいう．

野生型［wild type］ 最も頻繁に見られる表現型．または任意に正常と指定された表現型．

野生型遺伝子［wild-type gene］ 自然界で最も普遍的に見られるか，任意に正常と指定された対立遺伝子．

ヤブカ属［*Aedes*］ 700種以上の種を含むカの属で，その中の数種はヒトに重要な病気を媒介する．*A. aegypti*（ネッタイシマカ）は黄熱病を媒介するが，二倍体染色体数は6，三つの連鎖群の中に約60の突然変異の位置が特定されている．これらの遺伝子の中にDDTやピレトリンなどの殺虫剤抵抗性に関与する遺伝子がある．⇨ ピレトリン．

ヤマゴボウ分裂促進因子［pokeweed mitogen］ ヨウシュヤマゴボウ（*Phytolacca americana*）の根茎から抽出されるレクチン*．リンパ球，特にマウスのTおよびBリンパ球の増殖を刺激する．

ユ

U 1. ウラシルまたはウリジン．2. ウラン．

URF［URF＝unidentified reading frame］　未同定の読み枠．対象とした種のDNAで見つかった読み枠（ORF）は，全生物種の既知のORFを格納した大きなデータベース中のORFと照合される．新しく見つかったORFのうち，かなりの数が既知のタンパク質をコードする遺伝子と類似性がないまま残されている．これらのORFは，URFでもある．このような遺伝子は，オーファンとよばれることもある．

UEP［UEP＝unit evolutionary period］＝単位進化期間．

有栄養室型[の]［meroistic］⇒昆虫の卵巣の種類．

融解［melting］　核酸の研究で二本鎖DNAが一本鎖に変性すること．

融解温度［melting temperature］　T_mと表す．二重らせんの50％が変性する温度．すなわち，DNAの変性する温度領域の中点．⇒変性．

融解曲線［melting profile］　二本鎖DNA／DNAまたはDNA/RNAの鎖の一定時間における解離度を温度の関数として示す曲線．二本鎖の安定性はその分子量の関数であるから，融解曲線は鎖が長くなるにしたがって右側に移動する．

融解タンパク質［melting protein］＝らせん不安定化タンパク質（helix-destabilizing protein）．

有核精子［eupyrene sperm］⇒精子多型．

雄核発生［androgenesis］　1. 配偶子合体の前に雌親由来の核が崩壊した受精卵からの発生．生じる個体は，父親由来の染色体のみをもつ半数体になる．2. 父親の染色体を二倍体のセットとしてもつ胚を，核移入*によって作成すること．⇒雌核発生．

雄核発生体［androgenote］　雄核（雄性）発生により生ずる細胞または胚．⇒雌核発生．

雄花性[の]［androecious］　雄花のみをもつ植物についていう．

有関節動物［Articulata］　体節を有し，体腔をもつ前口動物が含まれる無脊椎動物．⇒付録A．

有機[の]［organic］　炭素鎖または炭素環を基にした化合物をいう．他に酸素，水素，窒素など さまざまな元素も含むことがある．

優境学［euthenics］　人類の改良のために物理的，生物学的ならびに社会的環境の管理を研究する学問．

雄菌特異的ファージ［androphage］　F線毛の表面に特異的に吸着する"雄特異的"ファージ．MS2*，R17*，Qβ*．⇒F因子．

有限花序［determinate inflorescence］　花房の先端もしくは内部で最初の花が開花し，それから徐々に残りの花が下方へもしくは花房の外側へ向かって咲いて行くこと．

融合遺伝［blending inheritance］　1. 子供のある種の形質は両親からの液状の生殖質に支配されるため，両親の形質の平均になるという遺伝に関する時代遅れの理論．もし遺伝形質がこのような方法で伝えられると後代において分離しないであろう．2. 共優性形質，優性のない遺伝子，相加遺伝子作用などに誤って用いられた用語．

融合遺伝子［fusion gene, fused gene］　1. 二つの別な遺伝子から構成される雑種遺伝子で，二つの連鎖した遺伝子の間の染色体領域の欠失，もしくは不等交差によって生じたもの．ヘモグロビンリポール*は，このような融合遺伝子の一例である．⇒錐状体色素遺伝子（CPG）．2. 一つの遺伝子の制御要素と別の遺伝子の構造要素を人為的に組合わせてつくられた遺伝子．遺伝子組換え動物*は融合遺伝子をもつ場合が多い．

融合核［synkaryon, syncaryon］　1. 二つの生殖細胞の融合により生じる接合核．2. 細胞遺伝学的実験により体細胞の核を融合させたもの．

融合極核［polar fusion nucleus］　植物でみられる二つの極核が融合した産物．雄核と融合した後，三倍体の内乳核を生じる．⇒重複受精．

融合細胞［syncytium］　合胞体ともいう．2個またはそれ以上の核をもつ細胞をいい，（精子の発生のように）減数分裂あるいは有糸分裂の際に相互に完全に分離しないか，あるいは（合胞体栄養細胞とよばれる胎児と母親の接合部のように）二次的に融合したもの．

融合雑種細胞＝ハイブリドーマ．

融合体構造［cointegrate structure］　コインテグレート構造，共挿入体構造ともいう．二つのレプリコンが融合して生じた環状分子．レプリコ

ンのうち一つはトランスポゾン（転移に必要な配列）をもち，もう一つはもたない．融合体構造ではトランスポゾンのコピーが二つあり，おのおのが各レプリコン結合部位に同じ向きに位置している．融合体構造は，転移の過程に必須の中間体と考えられている．供与分子（トランスポゾンをもつ）は，特異的な酵素によって，トランスポゾンの末端部位の反対側の鎖にニックが入る．受容分子の標的部位に互い違いのニックが入る．供与鎖と受容鎖はニックで結合する．各トランスポゾンは標的部位から突き出しているおのおのの一本鎖と結合し，二つの複製フォークが生じる．複製が完了すると，同じ方向を向いたトランスポゾン2コピーをもつ融合体構造が形成される．この構造の形成に必要な酵素をトランスポゼースという．融合体構造は，供与単位と受容単位に分離することができ，おのおのはトランスポゾンを1コピーずつもっている．この過程を融合体構造の"解離"といい，解離はトランスポゾンのコピー間の組換えにより生じる．解離に関与する酵素をリゾルベースという．

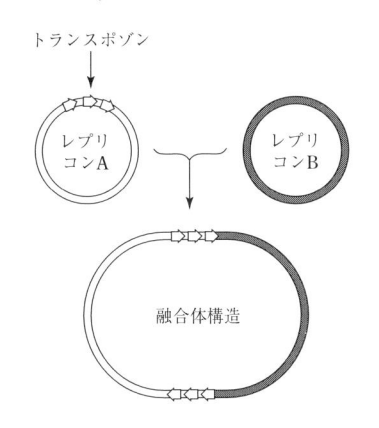

融合タンパク質 [fused protein]　目的の遺伝子を組換え DNA 技術によって担体プラスミドに挿入し，プラスミドの遺伝子の終止コドンを置換することにより得られる雑種タンパク質のこと．融合タンパク質はプラスミドのタンパク質配列の一部から始まり，目的遺伝子のタンパク質産物で終わる．⇒ポリタンパク質，付録 C（1970 Yourno et al.）．

有効致死期 [effective lethal phase]　ある致死遺伝子がそれをもっている生物の死を生じさせる発生上の時期．

有効稔性 [effective fertility]　⇒稔性．

有効容積 [sensitive volume]　**1.** 電離箱中で，通過する放射線を感知する部分．**2.** 突然変異のような特定の効果を生じるためには，内部で電離が起こる必要がある生物学的容積．⇒標的説．

有糸核分裂 [karyokinesis]　細胞質分裂*の対語で，核分裂のことをいう．

有軸仮足 [axopodia]　有軸仮足虫類に属する種に見られ，大部分が微小管でできた固い線状の細胞性突起である．⇒付録 A（原生生物界）．

有翅昆虫類 [pterygote]　翅のある昆虫をすべて含む区．有翅昆虫類の中にはノミのように翅をもたないものもあるが，これらは祖先が翅をもっていたものと考えられている．⇒無翅昆虫類，付録 A．

有糸分裂 [mitosis]　体細胞分裂ともよばれる．有糸分裂あるいは核分裂は一般に次の四つの段階に区分される：前期，中期，後期，および終期．

有糸分裂前期では，中心粒は分裂し，互いに離れて行く．染色体はコイルし連続する密な渦巻きを形成するため，核内でみえるようになる．個々の染色体は，動原体領域を除いて，縦方向に二重になっており，それぞれの複製糸は染色分体とよばれる．核小体と核膜は崩壊する．中期では，染色体は紡錘体内を動き回り，究極的には紡錘体の赤道領域に並ぶ．2本の染色分体は分離し，牽引糸の働きによって両極に向かって移動できる状態にある．後期では，動原体領域の DNA 複製を妨げていた障壁が除かれ，動原体は機能的に二重になる．染色分体は独立した染色体に変わり，分かれて反対側の極へと移動する．終期には，紡錘体は消失し，子孫染色体の二つのグループの周囲には核膜が再構築される．核膜が形成されると，染色体は伸びた状態に戻り，核小体が再び出現する．

ついで，細胞質分裂が起こり，動物細胞の場合には分裂溝によって，また植物の場合には細胞板によって，細胞質が二分される．有糸分裂と細胞質分裂の結果，全く等しい核内容物と，ほぼ等しい量の細胞質をもつ2個の娘細胞がつくられる．紡錘体装置の構築と分解がそれぞれの有糸分裂ごとに起こる植物や動物の場合とは対照的に，真菌類では染色体と動原体が付着した紡錘体が細胞周期を通じて存続する．⇒付録 C（1873 Schneider; 1879, 1882 Flemming），動原体，中心体，チェックポイント，サイクリン，核内分裂，MPF，隔膜形成体，紡錘体極体，減数分裂．

有糸分裂組換え [mitotic recombination]　体細胞交差．

有糸分裂交差 [mitotic crossover]　体細胞交差．

有糸分裂染色体［mitotic chromosome］ ⇨ ヒトの有糸分裂染色体.

有糸分裂阻害剤［antimitotic agent］ ＝ 有糸分裂毒（mitotic poison）.

有糸分裂促進因子［mitosis promoting factor］ ⇨ MPF.

有糸分裂毒［mitotic poison］ 有糸分裂阻害剤（antimitotic agent），分裂毒ともいう．有糸分裂を阻害する化合物．⇨ コルヒチン，マレウリン酸，メルカプトエタノール，ポドフィリン，ビンカロイコブラスチン．

有糸分裂分離［mitotic segregation］ 遺伝的に異なるオルガネラをもつ真核生物で，有糸分裂中にオルガネラがランダムに分離し，突然変異型あるいは非突然変異型のみのオルガネラをもつ細胞が生ずること．⇨ サイトヘット，プチ．

有色体［chromoplast］ 熟した果実や花を色づけるカロテノイド含有色素体．

雄ずい［stamen］ おしべ．被子植物の花粉をもつ器官．末端のやくと花糸から成る．⇨ 花．

雄ずい群［androecium］ おしべ群ともいう．一つの花にあるおしべ全体．

優性［dominance］ ヘテロ接合体や異核共存体，ヘテロ部分二倍体などの状態で，その表現型を完全に示すような対立遺伝子．これに対し，優性対立遺伝子によって表現型の発現が隠されてしまうものを劣性対立遺伝子という．優性対立遺伝子にはしばしば発生上の遅い時期になってから発現を示すものがある（たとえばハンチントン病*など）が，その場合，この対立遺伝子のことを遅発優性であるという．⇨ 共優性，不完全優性，半優性．

優性遺伝子［dominant gene］ ⇨ 劣性遺伝子．

優生学［eugenics］ 望ましい遺伝子をもっていると思われる者の生殖を助けること（正の優生学），また望ましくない遺伝子をもっていると思われる者の生殖を阻止すること（負の優生学）によって遺伝的組成を変えることによる人類の改良．

雄生産生単為生殖［arrhenotokous parthenogenesis, arrhenotoky］ 未受精卵から単相の雄を生じ，受精卵からは複相の雌を生じる現象．

有性生殖［sexual reproduction］ 減数分裂により生じる半数体配偶子の核の融合による生殖．

有性生殖性［の］［sexuparous］ 有性生殖により子孫をつくること．この言葉は単為生殖と有性生殖を交互に行う種の，有性生殖期を述べるのに用いられる．こうした現象はたとえばアリマキに見られる．

雄性前核［male pronucleus］ 雄性配偶子の生殖核をいう．

雄性先熟［protandry］ 1．雌雄同株の植物において，花粉をつくる器官が雌性器官よりも早く成熟すること．2．動物における隣接的雌雄同体現象で，雄のステージが雌のステージに先行するものをいう（⇨ 雌性先熟）．3．繁殖期に雌の動物よりも雄の動物の方が早く現れることをいう．

優性相補性［dominant complementarity］ ⇨ 相補遺伝子．

優成長［tachyauxesis］ ⇨ 不等成長．

誘性的［な］［epigamic］ 求愛行動において異性を魅惑したり，刺激したりするもの．

雄性配偶体［male gametophyte］ ⇨ 花粉粒．

雄性両性異株［androdioecy］ 両性個体と雄性個体をもつ植物の性的二型．

雄性両性同株性［andromonecy］ 雄花（結実しない）と両性花の両方が発生する植物の性的状態．

有節植物 ＝ トクサ類．

優先結合［preferential association］ 特定のウイルス抗原が主要な免疫遺伝子複合体のうち，特定の対立遺伝子産物と強く結合するという免疫学の理論．これにより，ウイルスはより強い免疫原として働き，相互作用の強い対立遺伝子産物をもつ宿主は相互作用の弱い対立遺伝子産物をもつものよりもウイルス感染に対し高い免疫能をもつことができる．

有窓板［annulate lamellae］ いく重にも積み重ねられた対をなす膜で，核膜に見られるような環帯をもつ．核内の物質を核膜の複製によって細胞質に運ぶために使われるかもしれない．また，初期の胚発生における細胞質分化のために使われる遺伝子由来の情報を保存しておく機構かもしれない．昆虫の卵形成の際に哺育細胞の核と卵核胞に沿って生じる．卵細胞質に多くみられる．

遊走阻止因子［migration inhibition factor］ in vitro の培養条件下でのマクロファージの運動を阻害するリンフォカイン.

有袋類［の］［marsupial］ カンガルーやオポッサムなどのように，雌が幼児を運んだり養うための腹袋をもつ一群の原始的哺乳動物．⇨ 付録A．

有蹄類［ungulate］ ひづめを有する哺乳類．奇蹄目と偶蹄目を合わせたもの．⇨ 付録A．

誘導［induction］ 誘発ともいう．1．ある部分の発生の運命がほかの部分によって決められること．その形態的効果は反応する組織に働く喚起因子によってもたらされる．2．溶原菌を刺激し，感染性ファージを産生すること．3．特定のインデューサーに応答して酵素の合成を刺激する

誘導系［inducible system］ 調節遺伝子の産物（リプレッサー）が働き，オペロンの転写を阻止する制御系．エフェクター（インデューサー）はリプレッサーを不活化し，それにより mRNA 合成が起こる．したがってエフェクター分子が存在するときにのみ転写が起こる． ⇨ 調節遺伝子，抑制系．

誘導原［inductor］ 形成体（オルガナイザー）＊と同様の誘導力をもつ物質．

誘導酵素［inducible enzyme］ インデューサーにのみ反応して合成される酵素． ⇨ 調節遺伝子，適応酵素．

有頭動物［Craniata］ 真正の頭蓋をもっている種が属している脊索動物の亜門． ⇨ 付録 A．

誘導[発育]期［lag growth phase］ 生物集団の増殖の一時期で，その数がほとんどあるいは全く増加しない時期．誘導発育期のあとに指数増殖期＊が続く．

誘発 ＝誘導．

誘発適合性［aptitude］ 微生物遺伝学において，誘発要因の作用を受けると感染バクテリオファージを産生することができる溶原菌の特定の生理学的状態．

誘発突然変異［induced mutation］ 突然変異原との接触によりひき起こされる遺伝的変化． ⇨ 自然突然変異．

誘発物質 ＝インデューサー．

雄穂［tassel］ ふさ毛ともいう．トウモロコシの雄花の花序．

幽門狭窄［pyloric stenosis］ 胃と腸の間の開閉部の狭窄のことで，高い遺伝率をもつ先天性の病気．

有羊膜類［amniote］ 胚に羊膜と尿膜をもっている陸生の脊椎動物（爬虫類，鳥類，哺乳類）．

遊離基［free radical］ フリーラジカルともいう．不対電子をもち，不安定で非常に反応性に富む分子のこと．不対電子は DNA を初めとする多様な有機分子を非特異的に攻撃する．電離放射線と水分子との相互作用からヒドロキシル基とヒドロペルオキシ基が生じ，このヒドロペルオキシ基は酸化剤として働く遊離基である． ⇨ スーパーオキシドアニオン．

遊離基捕捉剤 ＝ラジカルスカベンジャー．

Usn RNA 核内低分子 RNA＊の中で，U クラスとよばれるもの．60〜216 ヌクレオチドから成り，ウリジンに富む．U_1, U_2, U_4, U_6 の 5 種の Usn RNA について詳細な研究が行われている．U_1〜U_5 は 5′末端にトリメチルグアノシンのキャップ構造をもつ．Usn RNA の多くは 7 種のタンパク質と結合しており，その中には 5 種の RNA に共通なものと U_1, U_2 に特異的なものがある．こうした snRNP はスプライセオソームの全質量の 3 分の 1 を占め，スプライセオソーム上での RNA の切除およびスプライシングの反応に際し機能している． ⇨ カハール体，エクソン，イントロン，紅斑性狼瘡，転写後プロセッシング，スプライス部位．

UH2A ⇨ ユビキチン．

ユークロマチン ＝真正染色質．

油浸対物レンズ［oil-immersion objective］ 光学顕微鏡で最も高い分解能が得られる対物レンズ系．観察する試料にかぶせたカバーグラスと対物レンズの間をガラスと等しい屈折率をもつ油で満たすものである．

ユスリカ属［Chironomus］ 幼虫期を池やゆるやかな流れの中で過ごす原始的なハエの属．種々の幼虫組織からの核は巨大多糸染色体を含んでいる．C. thummi と C. tentans から得られた唾腺染色体は地図が作成されており，いくつかのバルビアニ環＊で起こる転写の過程は詳しく研究されている． ⇨ 付録 C（1881 Balbiani；1952 Beermann；1960 Clever, Karlson）．

ユダヤ人［Jews］ 古代中東のヘブライ族，すなわち古代のイスラエル人に属する人々，また，家系上あるいはユダヤ教への改宗によってその祖先を古代イスラエル人までたどれる人々．最近，ヨーロッパ，北アフリカ，アラビア半島に住むさまざまなユダヤ人とイスラム教徒の集団に属する男性の Y 染色体マーカーについて分析が行われた．その結果，地理的に分散しているユダヤ人の集団同士だけでなく，パレスチナ人，シリア人，レバノン人とも似ていることがわかった．この分析により，すべての集団は，約 4000 年前の中東に居住していた共通の祖先一族から派生していることが示唆された． ⇨ 付録 C（2000 Hammer et al.），アシュケナージ．

UDPG［UDPG＝uridine diphosphate glucose］＝ウリジン二リン酸グルコース．

ユニーク DNA［unique DNA］ ＝非反復 DNA（nonrepetitive DNA）．

ユビキチン［ubiquitin］ 原核生物と真核生物の細胞に遍在する（ubiquitous presence）ことから名付けられた酸性タンパク質．ユビキチンは，細胞タンパク質の中で進化的に最も保存的なものの一つである．たとえば，酵母とヒトのユビキチンの間には，76 個のアミノ酸からなる分子中，わずか 3 箇所の違いしかない．ユビキチンは細胞内におけるタンパク質の分解に重要な役割を果たしている．ユビキチン結合酵素は，特定の分解シ

グナルをもつタンパク質にユビキチンを付加する．続いて，当初のユビキチンにさらにユビキチンが付加されて，ポリユビキチン鎖が形成される．プロテアソームがこれを認識し，標的タンパク質を切断して，断片化する．ユビキチンmRNA の転写は，熱ショックにさらされた細胞では著しく増加する．ユビキチンは染色質（クロマチン）の構造にも何らかの役割を果たしている．ヌクレオソーム中の H2A ヒストン分子のおよそ 10％がユビキチン化されているからである．ユビキチン遺伝子の中には，ユビキチンをコードする要素が縦列に反復し，イントロンで分断されていないという変わった構造をもつものがある．このような反復単位から転写される mRNA は，ポリユビキチンに翻訳され，これが後に切断されて遊離のユビキチン単量体となる．⇨ サイクリン，熱ショック応答，ヒストン，ヌクレオソーム，ポリシストロン性 mRNA，プロテアソーム．

ユビキチンリガーゼ［ubiquitin ligase］ ⇨ サイクリン．

ユビキノン［ubiquinone］ 補酵素 Q*．

UV 紫外線*．

UV 誘起二量体［UV-induced dimer］ ⇨ チミン二量体．

***u* 方向**［*u* orientation］ ⇨ *n* 方向．

ユーメラニン［eumelanin］ 哺乳類において，外皮や色素が沈着した網膜上皮に存在する色素顆粒分子．チロシンの代謝産物の誘導体で，一般に黒色であるが厳密な色彩は多くの遺伝子の突然変異によって影響される．⇨ メラニン．

ゆらぎ［breathing］ ブリージングともいう．分子遺伝学では DNA 二本鎖の一部分が周期的に開き，一本鎖"バブル"をつくることをいう．塩基間の水素結合が切れたり，できたりする．

ゆらぎ仮説［wobble hypothesis］ 1 種類の tRNA が 2 種類のコドンを認識する機構を説明するための仮説．各 tRNA のアンチコドンは塩基のトリプレットであるが，mRNA 上のコドンの 5′ 側の二つの塩基とは相補的に塩基対を形成する．だがアンチコドン上の 5′ 側の塩基は一定の"あそび"または"ゆらぎ"をもち，コドンの 3′ 側の塩基として複数の種類の塩基と塩基対を形成する．たとえばアンチコドンの 5′ 末端の U は A または G を認知し，アンチコドン UUC は，GAA，GAG の 2 種のコドンに結合する．⇨ 付録 C (1966 Crick)．

輸卵管 ＝卵管．

ユリ属［*Lilium*］ *L. longiflorum*（テッポウユリ）や *L. tigrinum*（オニユリ）を含む属．減数分裂の細胞学的，生化学的研究によく使われる．

ヨ

陽イオン [cation] 正に荷電したイオンで，負に荷電した陰極に誘引される．陰イオン*の対語．

溶液ハイブリダイゼーション [solution hybridization] 液体ハイブリダイゼーション．

蛹化 [pupation] 昆虫の変態の段階で成虫原基の反転が起こる．

溶解 [lysis] ⇨細胞溶解．

蛹期 [pupal period] 蛹化から羽化までの発生期間をいう．

陽極 [anode] 陰イオンがひき寄せられる電極．陰極*の対語．

溶菌 [lysis] ⇨細胞溶解．

溶菌ウイルス [lytic virus] 細胞内の増殖が宿主細胞の溶解をひき起こすウイルス．

溶菌液 [lysate] 溶菌周期に宿主細胞から放出されたファージ粒子の集団．

溶菌応答 [lytic response] 毒性ファージに感染した後に起こる溶菌．⇨溶原化応答．

溶菌周期 [lytic cycle] 毒性ファージの増殖生活環で，子孫ファージが産生され，宿主が溶菌される．溶原性ファージ*は宿主細胞にとって成長条件が良いときにはプロファージになるが，宿主にとって成長条件が悪いときには，溶菌周期に入る．⇨*cro* リプレッサー．

溶菌斑 ⇨プラーク．

幼形進化 [paedomorphosis] 子孫種の成体形が祖先種の未成熟形に似ているような進化現象をいう．子孫種の初期段階が祖先種の成体期に似ているという反復発生とは逆の現象である．幼形進化は性的発達が速まることによるかあるいは身体の発達が遅れることによるものと考えられている．⇨異時性．

幼形成熟 [neoteny] 幼態成熟ともいう．幼生期に生殖が起こり，幼生の特性が生涯にわたって保持されること．たとえば，メキシコサンショウウオは，えら呼吸をする水生の幼生イモリが肺呼吸をする陸生の成体型へと変態せずに，性的に成熟し生殖能をもつ．

溶血 [hemolysis] 血球が破裂すること．

溶血性貧血 [hemolytic anemia] ⇨貧血．

溶原化 [lysogenization] 溶原性ファージを感受性細菌に感染させ，実験的に溶原菌をつくること．

溶原化応答 [lysogenic response] 非溶原菌に溶原性ファージが感染した後に起こる反応．感染ファージは増殖することなくプロファージとして挙動する．⇨溶菌応答．

溶原菌 [lysogenic bacterium, lysogenized bacterium, lysogen] 溶原性ウイルスをプロファージの状態で保有する細菌．

溶原周期 [lysogenic cycle] 溶原性ファージの再生産の方法で，ファージのゲノムは宿主の染色体中にプロファージとして組込まれ，宿主染色体に同調して複製する．特殊な状況下（たとえば，宿主の増殖条件の悪化）では，ファージが染色体を離れ（脱組込みあるいは切り出し），子ファージを生産する増殖型あるいは溶菌周期に入る．λバクテリオファージ*では，ゲノムの O_R 領域が溶菌性と溶原性の生活環を切り替える遺伝的スイッチとして働く．O_R は，λリプレッサー*をコードする C_I 遺伝子と *cro* リプレッサー*をコードする *cro* 遺伝子のオペレーター部位を含んでいる．どの時点においても，ウイルスがとる発生過程は，これらのリプレッサーの相対濃度に依存する．⇨付録 C (1950 Lwoff, Gutman)，λファージゲノム．

溶原性 [lysogeny] ウイルスの遺伝物質とその宿主細胞が統合される現象．

溶原性ウイルス [lysogenic virus] プロファージになることができるウイルス．

溶原性ファージ [temperate phage] 感染はするが，まれにしか溶菌を起こさない非毒性の細菌ウイルス．プロファージとなって宿主を溶原化する．

溶原変換 [lysogenic conversion] 溶原性に伴う，細菌の表現型（特に形態と合成機能）の変化．溶原化された細胞は，プロファージの状態にあるファージと同じファージによる重複感染に対する免疫性を示す．ジフテリア菌による毒素の産生は，βファージが溶原化されている株においてのみ見られる．

溶原免疫性 [lysogenic immunity] すでに細胞内にあるプロファージが，同種の別ファージの感染を妨げる現象．

溶原リプレッサー [lysogenic repressor] プ

ロファージの維持と溶原免疫性に関与するファージタンパク質.

養蚕［sericulture］　絹糸の生産を目的としたカイコの飼育.

葉酸［folic acid］　プテロイルグルタミン酸（pteroylglutamic acid）ともいう. 抗悪性貧血ビタミン. プテリジン*, p-アミノ安息香酸, グルタミン酸の三つの物質から構成される. テトラヒドロ葉酸の形をとることで葉酸は活性化される. この分子は5位と8位の窒素原子, 6位と7位の炭素原子に水素原子が付加されている. ジヒドロ葉酸レダクターゼはこの付加反応の一部を触媒する. テトラヒドロ葉酸はチミジル酸生合成の上で必須の補酵素である. このため, 葉酸の類似体であるアミノプテリンやメトトレキセートなどは核酸合成を阻害する（下図参照）.

陽子［proton］　プロトンともいう. 電子の陰性電荷と数値的に等しい陽性電荷をもつ原子核の重要な粒子で, 質量数は1.0073である.

養子免疫［adoptive immunity, adoptive transfer］　免疫活性をもつ細胞もしくは免疫担当細胞の移入により, 一つの個体から別の個体へ免疫機能を移すこと.

幼若ホルモン［juvenile hormone］　略号JH. ⇨ アラタ体ホルモン.

葉状仮足［lamellipodia］　波うち縁（ruffled edge）ともいう. 繊維芽細胞のような真核細胞の固体表面への接着に関与する広がった層状の細胞突起. マクロファージのような移動細胞の前端に見られる.

羊水穿刺［amniocentesis］　出生前に胎児の病気を診断するために羊水を試料としてとること. 中空の針を母親の腹部の皮膚, 筋肉を通し, さらに子宮を通し, 胎児を取囲む羊膜まで突き刺す. 胎児から落ちた細胞が羊水のなかに浮遊している. 試料中の細胞を約3週間培養し, 染色体の解析や生化学的な分析が可能になる数まで増やす. 羊水穿刺は妊娠16週間を過ぎるまでは行うことができない. それまでは胚を含む羊膜が, 羊水を安全に抜きとれるほど大きくなっていないからである. ⇨ 付録C（1967 Jacobson, Barter），絨毛膜絨毛サンプリング.

羊水穿刺細胞［amniocyte］　羊水穿刺*によって得られた細胞.

幼生［larva］　幼虫ともいう. 成熟個体になる前の状態で, 動物によっては卵から孵化したものをいう. 幼生は食物を摂取するが, 一般に成体とは違った食物をとり, 生殖能力はない.

幼生生殖［paedogenesis, pedogenesis］　ある種の動物の幼生期に起こる性的早熟の一タイプ. 幼生生殖の雌の卵は単為発生する.

ヨウ素［iodine］　微量生元素の一つ. ヨウ素

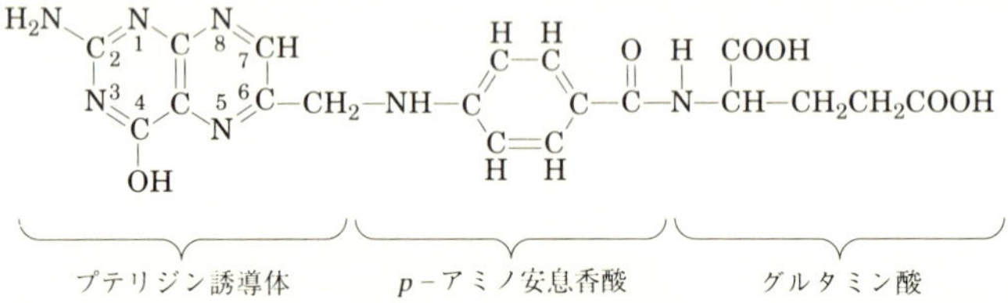

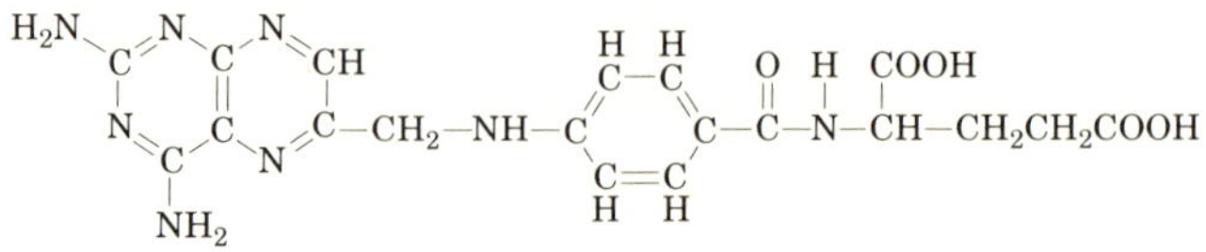

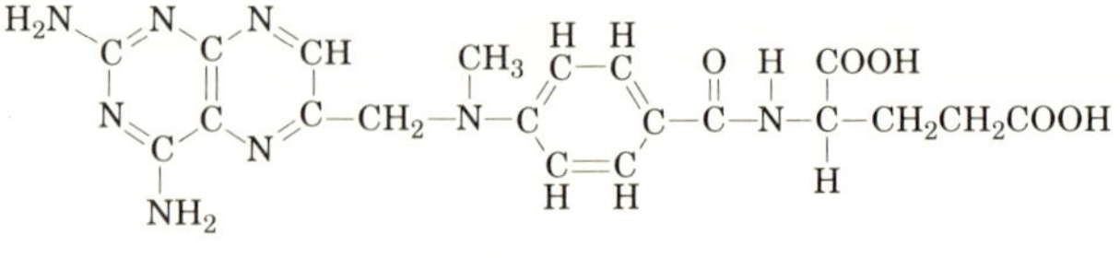

葉酸とその類似体（⇨ 葉酸）

の放射性同位元素はラジオイムノアッセイ*に広く用いられる.

原子番号	53
原子量	126.9
原子価	-1
最も多い同位体	^{127}I
放射性同位体	^{131}I
半減期	8.0 日
放射線	β 線, γ 線

幼態成熟 ＝幼形成熟.

幼虫 ＝幼生.

幼虫産出性[の][larviparous] 卵ではなく幼虫を産むこと．受精卵は体内で幼虫期まで成長し，これらの幼虫が産下される．アオバエなどで見られる．

陽電子[positron] ポジトロンともいう．原子核の粒子で，電子と等しい質量をもち，電子と等しいが逆の（すなわち正の）電荷をもつ．

羊 膜[amnion] 爬虫類，鳥類，哺乳類の胚は液体で満ちた嚢の中で発生する．この嚢の壁は2層の上皮をもっている．この壁の内側の上皮が羊膜である．ときにはこの嚢全体をさす．外側の上皮は通常漿膜とよばれる．嚢内の羊水により胚は液体中ですごす．

幼葉鞘 ＝子葉鞘.

葉緑素[chlorophyll] クロロフィルともいう．光合成に関与する一群の色素．植物の葉緑体に見られる緑色の色素で，葉緑素 a と葉緑素 b を含む．葉緑素 a の分子構造式およびポルフィリン環とフィトール鎖のおおよその大きさを下図に示した．葉緑素 b では葉緑素 a の CH_3 基の一つが CHO 基に変わっている．他に，葉緑素 c（褐藻類および紅藻類の一部），葉緑素 d（紅藻類），

バクテリオクロロフィル（緑色硫黄細菌）などがある．⇨ 藍菌門.

葉緑組織[chlorenchyma] 葉緑体をもっている組織.

葉緑体[chloroplast] クロロプラストともいう．葉緑素（クロロフィル）を含み，光合成を行う植物のオルガネラ．葉緑体は内共生した藍菌（シアノバクテリア）に由来すると考えられている．典型的な葉緑体の図を下に示す．個々の葉緑体は二重の膜に囲まれており，内部にチラコイドの膜系をもつ．これらの膜は，グラナとよばれる平たい円盤の層状構造をつくり，ここに葉緑素分子が埋め込まれている．葉緑体は DNA をもち，増殖能力がある．葉緑体 DNA の複製は細胞周期を通じて起こる．葉緑体は 70S リボソームをもつという点で，植物の細胞質中のリボソームよりは細菌のものに類似する（⇨ リボソーム）．葉緑体の増殖ならびに機能は，核とオルガネラの両方の遺伝子の支配下にある．葉緑体は，二重膜で囲まれた小型のオルガネラである原色素体（protoplastid）から発達する．内側の膜から薄い内部膜系が生じ，それからチラコイドが発達する．葉緑体はふつう単親性遺伝を示す．被子植物の大部分は母性遺伝であるが，裸子植物の大部分では父性遺伝を示す．⇨ 付録 C（1837 von Mohl; 1883 Schimper; 1909 Correns, Bauer; 1951

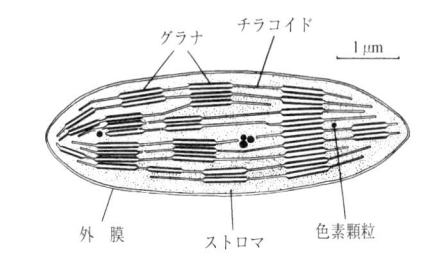

葉緑素

Chiba; 1953 Finean *et al.*; 1962 Ris, Plaut; 1971 Manning, Richards; 1981 Steinbeck *et al.*), コナミドリムシ, 葉緑体 DNA, 小胞体型葉緑体, シアネレ, プロクロロン, RuBisCO, タンパク質の選別, 連続共生説, 5S RNA, *Synecocystis*.

葉緑体 DNA ［chloroplast DNA］ 略号 cpDNA, ctDNA, chDNA. 葉緑体 DNA はミトコンドリア DNA と同様, 環状であるが, 何倍も大きい. オルガネラ当たり, 40～80 個の DNA 分子が存在. DNA 分子は, ストロマ内で, クラスターを形成し, 内膜に結合していると考えられている. DNA にはヒストンはない. 葉緑体ゲノムは, 翻訳に必要なすべての rRNA と tRNA のほか, 約 50 種類のタンパク質をコードしている. RNA ポリメラーゼ, リボソームタンパク質, チラコイド膜を構成するタンパク質, 酸化還元反応に使われるタンパク質群である. 葉緑体遺伝子の中には, イントロンを含むものもある. 葉緑体ゲノムにはトランスポゾンはなく, 葉緑体 DNA は, 一方の親から由来するのが普通なので, 組換えの起きる機会もない. 葉緑体のタンパク質をコードする遺伝子の進化速度が, 植物の核遺伝子に比べ, 約 5 倍遅いのは, こうした事実によるのかもしれない. こういう理由で, 葉緑体 DNA の変異は, 植物の系統を再構築するのに広く使用されてきた. ⇒ 付録 C (1986 Ohyama *et al.*; 1986 Shinozaki *et al.*; 1987 Wolfe, Li, Sharp), *Mesostigma viride*.

抑制 **1.** ［repression］ リプレッサータンパク質が DNA 上のオペレーター領域あるいは mRNA 上の特異的な部位に結合することにより起こる転写および翻訳の阻害. **2.** ［repression］ 酵素反応の最終産物が臨界濃度に達すると, この反応を触媒する一つまたはそれ以上の酵素の合成が停止されること. **3.** ［suppression］ 免疫学において, 免疫系を抗原特異的または非特異的に脱感作の状態にすること. ⇒ 免疫抑制, サプレッサー T 細胞. **4.** ［suppression］ 遺伝的な機能の消失または異常からの回復. ⇒ サプレッサー突然変異.

抑制解除 ［derepression］ リプレッサーと, 該当するオペロンのオペレーター部位との相互作用を阻止することによって, 遺伝子産物の合成が高率に起こることをいう. 誘導酵素系の場合には, インデューサーがオペロンの抑制を解く. リプレッサーの合成を阻止する調節遺伝子の突然変異や, 正常なリプレッサーに非感受性になったオペレーターの突然変異も抑制解除を起こす. ⇒ 調節遺伝子.

抑制系 ［repressible system］ 調節遺伝子の産物（リプレッサー）がエフェクター分子（抑制代謝産物）と結合すると, オペロンからの転写を抑制するように働く調節系. すなわち mRNA の合成はエフェクターの非存在下においてのみ起こる. ⇒ 調節遺伝子, 誘導系.

抑制酵素 ［repressible enzyme］ 特定の代謝物質の細胞内濃度が増加すると, 合成速度が減少する酵素.

抑制性代謝産物 ［repressing metabolite］ ＝コリプレッサー（corepressor）.

抑制突然変異 ＝サプレッサー突然変異.

予後 ［prognosis］ 病気の経過および結末についての予測.

予定意義 ［prospective significance］ 正常発生の初期における胚の各部域の運命.

予定運命図 ［fate map］ 発生初期における胚の地図のこと. 予定意義は標識法によって確立された.

予定運命［の］ ［presumptive］ 発生学において, 正常発生における胚組織の運命を表す. たとえばある組織が"予定神経管"であるという場合, そこは正常発生中に神経管組織となることを意味する.

読み違い ［reading mistake］ タンパク質合成の過程でポリペプチド鎖に誤ったアミノ酸が挿入されること.

読みとり ［reading］ mRNA の配列をアミノ酸の配列（ポリペプチド鎖）に解読（翻訳）していく過程.

読み枠 ［reading frame］ 開始コドンから始まり, 以降のヌクレオチドをアミノ酸をコードするトリプレットごとに区切り, 終止コドンで終わるヌクレオチドの配列. 開始コドンと終止コドンの間をオープンリーディングフレーム（ORF）とよぶ. 開始コドンのすぐ後に終止コドンが現れる場合, 読み枠は"ブロック"されているという.

読み枠のずれ ［reading frame shift］ フレームシフト突然変異（frame shift mutation）ともいう. ある種の突然変異原（たとえばアクリジン色素）は DNA 二重らせんに挿入され, その状態で複製が行われると, 新しくつくられる相補鎖では塩基の付加または欠損が起こることがある. このようなシストロンは読み枠のずれた mRNA に転写される. 翻訳時には, 欠失（挿入）の起きたところまでは, 正しく翻訳されるが, 異常の起こった箇所から後ろのコドンは誤ったアミノ酸を指示することになる（場合によっては終止コドンも生じる）. ⇒ 翻訳, ナンセンス突然変異, アミノ酸, アクリジンオレンジ, アクリフラビン.

ヨーロッパイモリ属［*Triturus*］　ランプブラシ染色体*の研究に用いられるサンショウウオの一種. *T. alpestris*, *T. cristatus*, *T. helveticus*, *T. italicus*, *T. marmoratus*, *T. vulgaris* の各種では染色体地図がつくられている. 同様によく用いられる種として *T. viridescens* があるが, この種は *Notophthalmus viridescens* （ブチイモリ*）と改名されている. ⇨ 付録A（脊索動物門, 両生綱, 有尾目）.

ヨーロッパブナ［*Fagus sylvatica*］　ヨーロッパ産のブナ.

弱い相互作用［weak interaction］　イオン結合, 水素結合, ファンデルワールス力などの原子間力. 共有結合*より弱い.

四価[の]［quadrivalent, tetravalent］　減数分裂時に4本の相同染色体が対合している状態.

四染色体性［tetrasomic］　全染色体の中で, ある染色体がすべての核において4本存在すること.

四対立遺伝子[の]［tetra-allelic］　同一遺伝子座に四つの異なる対立遺伝子をもつ倍数体に関する術語. 四倍体での $A_1 A_2 A_3 A_4$ がその一例である.

四倍体［tetraploid］　核内に半数体染色体のセットを4組もつこと. ⇨ 異質四倍体, 同質四倍体, 倍数性.

四量体［tetramer］　四つのサブユニットからなる構造. サブユニットがすべて同一であればホモ四量体であり, 同一でなければヘテロ四量体である.

ラ

ライオニゼーション [lyonization]　あたかも伴性劣性遺伝子についてヘミ接合体であるかのような表現型を示すヘテロ接合体の雌を特徴づける用語．一例としては血友病でない男児を産む血友病の母親を挙げることができる．ライオンの仮説に従えば，ある特定の組織をつくるすべての細胞において正常型対立遺伝子をもつ方のX染色体が不活性化される場合が考えられる．このような雌のヘテロ接合体の表現型は突然変異型の雄の表現型に類似している．⇨顕性ヘテロ接合体．

ライオンの仮説 [Lyon hypothesis]　哺乳動物における遺伝子量補正*は，雌の体細胞中のX染色体の中の1本をランダムに不活性化することによって起こるという仮説．⇨付録C (1961 Lyon, Russell; 1962 Beutler et al.)，XIST．

ライゲーション [ligation]　同一の核酸 (DNAあるいはRNA) 鎖内の隣接したヌクレオチドを結合させるためにリン酸ジエステル結合を形成すること．

ライジング数 [writhing number]　DNA分子が超らせんをつくるときに，二重らせんの軸が自身と交差する回数．

ライディッヒ表皮細胞 [Leydig epidermal cell]　表皮に見られるマクロファージの特徴をもつ細胞．

ライトの近交係数 [Wright's inbreeding coefficient]　記号F．接合体の二つの対立遺伝子が，両親の共通祖先の一つの遺伝子に由来した確率．またある個体の全遺伝子座の中で，ホモ接合の遺伝子座の占める比率を表す．

ライトの同系交配係数　＝ライトの近交係数．

ライトの平衡則 [Wright's equilibrium law]　近親 (同系) 交配がある程度行われた集団内での，ある遺伝子型の接合体の比率の求め方を示したもの．対立遺伝子Aとaの遺伝子頻度がそれぞれp, qであるとき，接合体の遺伝子型の比率は $AA = p^2 + Fpq$，$Aa = 2pq(1 - F)$，$aa = q^2 + Fpq$ と予想される．ここでFはライトの近交係数*であり，ハーディー‐ワインベルグの法則*はライトの平衡則で $F=0$ とした特殊な場合である．

ライトのポリジーン推定値 [Wright's polygene estimate]　量的遺伝*の場合，分離しているポリジーンの数 (n) を，F_1およびF_2の集団に対して計算された分散から推定することができる．それぞれを$s_{F1}{}^2$，$s_{F2}{}^2$と表し，親世代 (P_1) のうち高い系統の平均値をX_h，低い系統の平均値をX_lとすると，

$$n = \frac{(X_h - X_l)}{8(s_{F2}{}^2 - s_{F1}{}^2)}$$

と表される．⇨量的遺伝．

ライブラリ [library]　⇨ゲノムライブラリ．

ラウシャー白血病ウイルス [Rauscher leukemia virus]　白血病マウスの血漿から単離されたレトロウイルス．⇨レトロウイルス．

ラウス肉腫ウイルス [Rous sarcoma virus]　略号RSV．最初に発見されたがんウイルス．RNAウイルスの一種で，ニワトリに腫瘍を誘発する．逆転写酵素はラウス肉腫ウイルス粒子から初めて分離された．すべてのレトロウイルスに特徴的な遺伝子，*gag*, *pol*, および*env*もこのウイルスで最初に発見された．RSVゲノムはこの外に，がん遺伝子*src*ももっているが，この名前は肉腫 (sarcoma) を誘発することからきている．*src*遺伝子はプロテインキナーゼの一種，pp60v-src*をコードするが，これは形質膜に局在する．脊椎動物の細胞中には*src*遺伝子と相同な遺伝子が一つみられる．これら2種類の遺伝子を区別するため，ウイルスの遺伝子はv-*src*，また細胞の遺伝子はc-*src*と略記される．これら2種類の遺伝子の違いは，v-*src*が中断されないコード配列をもつのに対し，c-*src*は6箇所のイントロンで分断された7個のエクソンをもつことである．c-*src*はプロトオンコジーンの一つである．⇨付録C (1910 Rous; 1970 Baltimore, Temin; 1975 Wang et al.; 1978 Collett, Erickson; 1981 Parker, Varmus, Bishop; 1989 Bishop, Varmus)．がん遺伝子仮説，レトロウイルス．

ラウリル硫酸ナトリウム [sodium lauryl sulfate]　＝ドデシル硫酸ナトリウム (sodium dodecyl sulfate)．

ラギング鎖 [lagging strand]　連結された岡崎フラグメント*を含む，不連続的に合成されたDNA鎖．⇨リーディング鎖，DNA複製．

RAG-1, **RAG-2**　共同して，V(D)J組換え*を活性化する遺伝子．顎口類脊椎動物では，

二つの遺伝子は隣接しており，協調して発現するが，発現はリンパ組織*に限られる．ORFにイントロンがないのが一般的である．ヒトでは，RAG-1, RAG-2は，11番染色体短腕にある．RAG-1, RAG-2の協調した発現は，RAG-2遺伝子の5'側の遺伝因子により制御されている．RAG-1, RAG-2のコードするタンパク質は，複合体を形成し，リンパ球の核の周辺に存在する．複合体は，IgおよびTCR遺伝子のV, D, J領域に隣接する組換えシグナルを認識して結合する．組換えシグナルは，7塩基の特殊な並び（CACAGTC），スペーサー，9塩基の並び（ACAAAAACC）で構成されている．スペーサーは12または23塩基だが，配列に特徴はない．RAG-1タンパク質には，ホメオボックス*があり，そこを介して，組換えシグナルに結合する．RAGトランスポゾンは，供与DNA断片を切り出し，それを成熟しつつあるIgの融合産物に挿入する．顎口類脊椎動物では，IgおよびTCR遺伝子が，発現する前に組換えが済んでいる必要があり，RAG-1およびRAG-2タンパク質は，Bリンパ球とTリンパ球*でしか転写されない．無顎類脊椎動物と無脊椎動物には，RAG-1およびRAG-2タンパク質がなく，抗原特異的なリンパ球は形成されない．以上のことから，顎のある脊椎動物と，顎のない脊椎動物が分岐した直後に，トランスポゾンが顎口類脊椎動物の祖先の生殖細胞系列に挿入し，このトランスポゾンがRAG-1, RAG-2の元となったことを示唆する．⇒ 付録A（脊索動物門，有頭動物亜門，無顎類，顎口類），付録C（1990 Oettinger et al.; 1996 Spanopoulou et al.），免疫グロブリン遺伝子，体細胞組換え，T細胞受容体遺伝子，Tc1/マリナー因子．

ラクダ属［*Camelus*］ *C. bactrianus*（フタコブラクダ），*C. dromedarius*（ヒトコブラクダ）を含む．

ラクタマーゼ［lactamase］ ⇒ ペニシリン．

ラクトース［lactose］ 4-(β-D-ガラクトシド)-D-グルコース．β-ガラクトシド結合で結合した二つの六炭糖から成る二糖．β-ガラクトシダーゼによりガラクトースとグルコースに分解される．ラクトースはガラクトースとグルコースが1-4結合で結合されている．一方，アロラクトースは1-6結合である点がラクトースと異なる．ラクトースは哺乳動物のミルク中に豊富に存在する．⇒ ラクトースオペロン．

ラクトースオペロン［lac operon］ 大腸菌DNAの一領域で，一つのオペレーター配列と構造遺伝子 *lac Z, lac Y*, および *lac Z* を含むおよそ6000 bpの長さからなる．これらの構造遺伝子はそれぞれ，β-ガラクトシダーゼ，β-ガラクトシドパーミアーゼ，およびβ-ガラクトシドトランスアセチラーゼをコードする．これら三つの構造遺伝子は，オペレーターの左側に位置する一つのプロモーターから単一のmRNAとして転写される．このmRNAが転写されるか否かは，24 bpの調節配列であるオペレーターにリプレッサータンパク質が結合しているか否かによる．リプレッサータンパク質は，*lac*プロモーターの左側に位置する遺伝子，*lac I*がコードする．β-ガラクトシダーゼ*は，ラクトース*をグルコースとガラクトースに加水分解する反応を触媒する．グルコースとガラクトースが生成された後，副反応によってアロラクトースが形成され，これがラクトースオペロンのスイッチを入れるインデューサーとなる．これはインデューサーがリプレッサーに結合することによって，リプレッサーを不活性化するためである．⇒ 付録C（1961 Jacob, Monod; 1969 Beckwith et al.），IPTG，ラクトースリプレッサー，ONPG，ポリシストロン性mRNA，調節遺伝子，レポーター遺伝子．

ラクトースリプレッサー［lac repressor］ 大腸菌のラクトースオペロンを調節するタンパク質．このタンパク質は，*lac I*遺伝子の産物であり，インデューサー分子に応答する分子スイッチとして働く．1個の大腸菌がもつラクトースリプレッサーは10～20分子にすぎない．それぞれは分子量 154,520 のホモテトラマーである．この単量体サブユニットは，360個のアミノ酸を含み，図に示したような構造をしている．これは四つの機能ドメインから構成される．頭部（HP），コアドメイン1および2（CD1とCD2），ならびに尾部（TP）である．HPはN末端（NT）にあり，四つのαらせん（丸数字1～4）を含み，DNAに結合する機能をもつ．コアドメイン全体では12のβシート（四角で囲んだA～L）が9箇所のαらせん（丸数字5～13）の間に挟まれている．尾部はタンパク質のC末端（CT）近くにある一つのαらせん（丸数字14）を含んでいる．平均的なαらせんは11個のアミノ酸を含み，また平均的なβシートは4あるいは5個のアミノ酸を含む．図に示すように，リプレッサー分子はV字型をしており，対になった二量体がVの字のそ

れぞれの腕を形成するが，4本の鎖はすべてC末端部で結合している．インデューサー分子は＊で示したコア部分に結合する．その結果，リプレッサーの形が変化して，頭部がDNA結合部位から外れるため，RNAポリメラーゼによるオペロンの構造遺伝子の転写が可能になる．⇒付録C (1966 Gilbert, Müller-Hill; 1996 Lewis *et al*.).

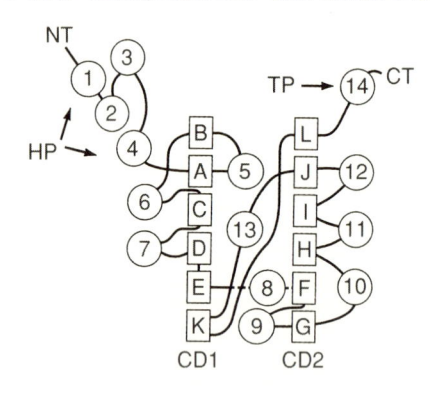

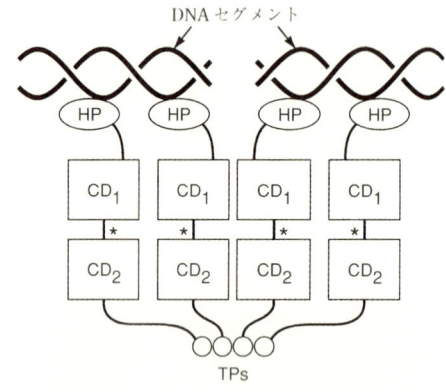

照射の前に生物系に加えておくと，防護剤として働く．

裸子植物［gymnosperm］　針葉樹やソテツ，イチョウなどの，種子が剥き出しのままになっている原始的な植物の種類．

らせん［helix］　円柱や円錐の表面に沿って一定の角度で切るような曲線．特に正円柱上の環状らせんに用いられる．ボルトのねじ山に似ている．

らせん不安定化タンパク質［helix-destabilizing protein］　弛緩タンパク質（relaxation protein），融解タンパク質（melting protein）ともいう．ゆらぎ＊などにより二本鎖DNA上に形成された一本鎖領域に結合し，らせんを巻戻すタンパク質．ヘリカーゼ＊がその例である．

らせん卵割［spiral cleavage］　環形動物や軟体動物のような無脊椎動物に見られる胚発生の型．接合体の第一，第二分割は垂直面にあるが，互いに90°の角度をなし，四つの割球をつくる．つぎの分割は水平に四つの割球を切る．しかし，それぞれの4割球は互いに少しずれ，らせん状に見える胚を形成する．らせんの方向は遺伝的に決定されている．

ラット［rat］　⇒クマネズミ属．

ラテン方格［Latin square］　ローマ方格（Roman square）ともいう．同一の記号がいずれの列および行にも2度現れないように碁盤目状に配列された一組の記号．ラテン方格は長い間数学的に興味をもたれていたが農学的実験の際，土地を分割する方法として有用であることがわかった．この方法を用いれば土壌の状態が区域によって異なるかも知れない場合でも栽培する植物に対する各種の実験的処理の影響を調べることができる．土地を格子状に細区分し，実験の処理を各区に対して連続的な間隔をもって一様に実施する．区分がA，B，CおよびDであれば実験処理は以下のようになる．

処理	1日	2日	3日	4日
1	A	B	C	D
2	B	C	D	A
3	C	D	A	B
4	D	A	B	C

落葉性[の]［deciduous］　常緑樹とは異なり，生育期の終わりに落葉する木．落葉樹のこと．

ラジオイムノアッセイ［radioimmunoassay］　略号RIA．放射免疫検定法ともいう．ホルモンなどの微量成分を定量するために抗原活性を利用する高感度な技法．放射性標識した抗原と特定の抗体との結合に対する阻害効果を未知量の標識されていない抗原と既知の標準物質について比較することで濃度を決定する．⇒付録A (1957 Berson, Yalow), ヨウ素．

ラジオオートグラフ［radioautograph］　＝オートラジオグラフ（autoradiograph）．

ラジカルスカベンジャー［radical scavenger］　遊離基捕捉剤ともいう．遊離基に対して強い親和性をもつ分子．ラジカルスカベンジャーを放射線

rad［rad＝radiation absorbed dose］　放射線吸収線量の単位．物体の電離放射線からの吸収エネルギーが0.01 J/kgとなるような線量の単位．rad＝0.01 Gy.

ラドン［radon］　原子番号86の元素名．多くの同位体が存在する．水に易溶の不活性ガスである．同位体はすべて短半減期の放射性同位体で

α粒子*を放出する．放出されたα粒子は皮膚を透過できないが，飲みこんだり吸入したりすると非常に危険である．ラドンは長い半減期をもつウランやトリウム（ある種の鉱物に存在する）の崩壊によって常につくられているので天然にも存在する．人間のまわりの環境において最もよく見られるのは ^{222}Rn で，3.8 日の半減期をもつ．ラドンからの放射線は，人体が電離放射線から受ける平均被曝量の半分以上を占める．

ラ バ［mule］ ⇨ ウマ-ロバ雑種．

ラファノブラシカ［Raphanobrassica］ ダイコン（Raphanus sativus）とキャベツ（Brassica oleracea）との交雑から得られた稔性をもつ異質四倍体の古典的な例． ⇨ 付録 C（1927 Karpechenko）．

ラプラス曲線［Laplacian curve］ ⇨ 正規分布．

ラブル配向［Rabl orientation］ 分裂間期の核にみられることがある染色体の配置で，中心体が一方の極近くに集まり，テロメアがすべて反対側の極を向いている．この配置は，この現象を 1885 年に初めて報告した C. Rabl にちなんで命名された． ⇨ ショウジョウバエの唾腺染色体．

ラマルク説［Lamarckism］ 種は体の各部の用不用の累積効果とともに，自分自身の必要に合わせようという絶え間ない努力により徐々に新しい種に変わることができるという説．歴史的な意義はあるが，現在では信用されていない．そのようなすべての獲得形質は，おのおのの遺伝形質となり，子孫に遺伝することができると考えられた． ⇨ 獲得形質の遺伝，付録 C（1809 Lamarck）．

ラミート［ramet］ 動植物から分離しうる芽体．遺伝的に互いに同一で親とも同一の子孫が無性生殖的に生産される．単一の祖先生物（オルテット）から無性出芽により生じた特殊な子孫を表す場合にも使われる． ⇨ モジュール体生物．

ラミニン［laminin］ 繊維状の糖タンパク質で，基底膜の主要成分を構成し，上皮細胞に対する接着面となる．ラミニン遺伝子の突然変異は，ヒトでは遺伝性の水疱症の原因となる． ⇨ 表皮水疱症，インテグリン．

λクローニングベクター［λ cloning vector］ 組換え DNA 実験で外来 DNA 断片の受容体として働くように遺伝子操作でつくられた λファージ．外来 DNA が挿入される標的部位を一つもつベクターを，挿入ベクターとよび，外来 DNA 断片と交換される DNA 断片の両端に一対の部位をもつものを，置換ベクターとよぶ． ⇨ 付録 C（1977 Tilghman et al.）．

λdgal　ガラクトース発酵に関与する遺伝子（gal）をもち，ファージ機能の一部が不完全な（通常は尾部を形成する遺伝子が欠けている）λファージ．

λバクテリオファージ［λ bacteriophage］ 大腸菌に感染する二本鎖 DNA ウイルス．ウイルスの頭部には，48,514 bp の線状の DNA 分子が含まれている．しかし細胞の中に入ると，DNA 分子の両端は共有結合し，環状になる．いったん宿主細胞の中に入ってしまうと，ウイルスは溶菌周期か，溶原周期かのどちらかに入る．どちらの周期に入るかのスイッチは特定のリプレッサーが制御する．溶原周期が選ばれると，ウイルスは大腸菌染色体の特定の位置に組込まれる． ⇨ 付録 C（1950 Lederberg; 1961 Meselson, Weigle; 1965 Rothman; 1969 Westmoreland et al.; 1974 Murray, Murray），cro リプレッサー，λクローニングベクター，λリプレッサー，溶原周期，溶菌周期，プロファージ，部位特異的組換え．

λファージゲノム［λ phage genome］ この溶原性バクテリオファージの染色体は，溶菌と溶原化への経路を制御する遺伝子（C_1, cro）を時計の 12 時の位置とした環で表される．溶菌周期に必要な遺伝子群は，時計回りに右方に位置する．これらの遺伝子には，DNA 複製に必要な遺伝子，宿主の溶菌を起こす酵素類をコードする遺伝子，ウイルスの頭部，および尾部をつくるタンパク質の遺伝子が含まれる．溶原周期に必要な遺伝子群は，反時計回りに左方に並んでいる．これらの遺伝子は，組換えにかかわるタンパク質とインテグラーゼ*をコードしている． ⇨ cro リプレッサー，λリプレッサー，溶原周期．

λリプレッサー［λ repressor］ λバクテリオファージ*の制御遺伝子 C_1 のコードするタンパク質．この DNA 結合タンパク質は，溶菌状態を促進するのに必要な遺伝子群の転写を抑制し，したがってウイルスを溶原状態に保つ．C_1 のプロモーターは，この遺伝子のすぐ右にあり，翻訳の間，宿主の転写酵素は左の方へ進む．この酵素の動きは，cro リプレッサー*が，C_1 プロモーターと重なっているオペレーターに結合することによって阻止される．λリプレッサーは，二量体を形成し，ヘリックス-ターン-ヘリックスモチーフ*を介して DNA に結合する． ⇨ 付録 C（1966 Ptashne; 1987 Anderson, Ptashne, Harrison），調節遺伝子．

Lampyris　ホタル科の一属．雄のホタルによって送られるシグナルは，目に見える生殖的隔離機構*になっている．

ラロン型小人症［Laron dwarfism］ 下垂体成長ホルモンに対する応答性を欠くことによる発育

不全. ⇨ ヒト成長ホルモン受容体.
卵 [egg] 雌の配偶子. 卵子のこと. ⇨ 付録 C (1651 Harvey; 1657 de Graaf; 1827 von Baer).
卵黄 [yolk] 受精に先立って卵母細胞に蓄積される高分子および低分子栄養物の複合体. ⇨ リポビテリン, ホスビチン, ビテロゲニン.
卵黄形成 [vitellogenesis] 卵黄の形成.
卵黄形成ホルモン [vitellogenic hormone] ⇨ アラタ体ホルモン.
卵黄巣 [vitellarium] 昆虫の胚腺の後方の卵巣小管の部分. 卵室は卵黄巣内で完全に発達する.
卵黄膜 [vitelline membrane] 卵細胞を囲む膜. ショウジョウバエでは卵母細胞膜のすぐ上にある膜で, 卵母細胞とそれを取囲む円柱状の沪胞細胞との間の分泌物が融合して形成される膜.
卵殻 [chorion] 昆虫の卵殻. コリオンともいう.
卵殻付属器官 [chorionic appendage] ショウジョウバエの卵の前部, 背面の突起で, 卵が水中に沈んだときに呼吸管として働く.
卵核胞 ＝胚胞.
卵割 [cleavage] 受精卵の細胞分裂によって生物体のすべての細胞が生じる過程. 種によって卵割が一定のパターンを示し, 細胞系譜の追跡が可能である場合 (決定的卵割) と最初の 2〜3 回の細胞分裂の後はパターンがわからなくなる場合がある. ⇨ 収縮環, 盤割, らせん卵割.
卵割溝 [cleavage furrow] 分裂溝ともいう. ⇨ 収縮環.
卵管 [oviduct] 輸卵管ともいう. 卵巣から子宮に卵を運ぶ管.
卵吸収 [ovisorption] 卵母細胞の再吸収.
藍菌門 [Cyanobacteria] 藍色細菌あるいはシアノバクテリアともいう. 真正細菌界の1門

(⇨ 付録 A). 図には, 淡水の池にふつうにみられる糸状藍菌のアナベナ (*Anabaena*) を示した. 膜状のチラコイドは葉緑素 a を含む. カルボキシソームは RuBisCO* を蓄積している. 藍菌は酸素ガスを発生するという点で, 他の光合成細菌とは異なる. 古い文献では, これらの細菌は誤って藍藻類と分類され, 藍色植物門 (Cyanophyta) に入れられていた. 現在の藍菌類の祖先は, 原生代においては支配的な生命体であり, これらが光合成によって生成した酸素によって, およそ 20 億年前に地球の大気が還元性から酸化性へと変化した. 連続共生説* によれば, 葉緑体は藍菌に由来したという. ⇨ 葉緑素, シアネレ, 光合成, プロクロロン, ストロマトライト, *Synechocystis*.
卵形成 [oogenesis, ovogenesis] 卵の形成過程をさし, 卵母細胞の減数分裂, 卵黄形成, 卵膜形成を含む.
ランゲルハンス島 [islets of Langerhans] 脊椎動物の膵臓に分布するホルモン分泌細胞の集団. 2種の細胞が知られており, α 細胞はグルカゴン* を分泌し, β 細胞はインスリン* を分泌する.
卵原細胞 [oogonium] 動物の分裂のさかんな生殖細胞で, 卵母細胞の源である. p.155 に示した幹細胞が卵原細胞である.
乱交雑 DNA [promiscuous DNA] ミトコンドリアや葉緑体などのオルガネラの間や, あるいはミトコンドリアゲノムから宿主の核ゲノムへと移動した DNA 領域をいい, 何百万年も前に起こった転移によるものである. この一例はウニの一種 *Strongylocentrotus purpuratus* の核ゲノム中に存在するミトコンドリア DNA の領域にみられる. この用語はまた, 多様な種の宿主の間で DNA を水平伝達する能力をもつプラスミドを指すのにも用いられる. この例としてはマリナー因子* や Ti プラスミド* がある. ⇨ 付録 C (1983 Jacob *et al.*).
卵細胞核 [ootid nucleus] 一次卵母細胞の減数分裂によってつくられる 4 個の半数体核の一つ. 三つの核は極核として消失し, 他の一つは雌の前核 (生殖核) として機能する. ⇨ 定方向減数分裂, 極体.
卵細胞質 [ooplasm] 卵母細胞の細胞質.
卵細胞膜 [oolemma] 卵子の原形質膜.
卵子 [ovum] 未受精卵細胞.
卵室 [egg chamber] 昆虫の卵胞. ショウジョウバエでは, 単層の沪胞細胞で囲まれた互いに連結した 16 個のシスト細胞群からなる. 卵母細胞は最後部のシスト細胞である. 残りの 15 個のシスト細胞は哺育細胞* として機能する.

卵成熟促進因子 [maturation promoting factor] ⇒ MPF.

卵精巣 [ovotestis] 卵巣と精巣の両方の機能をもつ雌雄同体動物の器官.隣接的雌雄性*のみられる動物の生殖腺.

卵生 [の] [oviparous] 卵を産み,母体外で胚が発生,ふ化すること.⇒卵胎生 [の],胎生 [の].

藍藻 [blue-green algae, blue-green bacteria] ⇒ 藍菌門.

卵巣 [ovary] 動物の雌の生殖腺.

卵巣管 [ovariole] 昆虫の卵巣を構成している数本の卵管の一つ.

藍藻植物 [Cyanophyta] ⇒ 藍菌門.

卵巣摘出 [ovariectomy] 一方または両方の卵巣を外科的に切除すること.

卵胎生 [の] [ovoviviparous] 卵膜で母体と隔てられてはいるが,母体中の卵から発生して幼生の形で産み出されるものをいう.卵胎生は多くの魚類,爬虫類,軟体動物,昆虫でみられる.⇒卵生 [の],胎生 [の].

ランダム X 不活性化 [random-X inactivation] 多くの真獣類の哺乳動物に見られる遺伝子量補正*の方法.⇒父方 X 染色体不活化.

ランダムプライマー [random primer] ランダムにつくられたオリゴデオキシヌクレオチド.そのうちのあるものは鋳型核酸の相補鎖とアニールして逆転写反応などの際にプライマーとして働く.

ラント病 [runting disease] 幼若期の実験動物に GVH 反応*をひき起こす同種他個体の免疫細胞を接種したときにみられる病理症状.

ランプブラシ染色体 [lampbrush chromosome] 略号 LBC.脊椎動物の一次卵母細胞に特徴的な染色体.サンショウウオの卵母細胞中にみられるランプブラシ染色体は,これまでに知られている最大の染色体であり,一般に複糸期の染色体について研究される.低倍率の光学顕微鏡で観察すると,毛羽立ったようにみえることから,初期の細胞学者たちは灯油ランプのほやを掃除するのに使われるブラシに見立てた.それぞれの染色体の中心軸から,何百本もの対になったループが外側に伸び,それぞれのループ上を多数のRNA ポリメラーゼⅡが一列縦隊になって進み,mRNA 前駆体を転写する.これらの転写産物は,ループの DNA 軸から側方に伸びている.ループはまた,スプライシングにかかわる snRNA に対する抗体によって強く染色されることから,mRNA が転写されしだい,さまざまなプロセッシングを受けることがわかる.アフリカツメガエルの胚胞中に精子の染色体を注入してやると,数時間以内に転写活性をもつ LBC に変化する.しかし,精子の LBC は未複製の染色分体であり,予想されるように,ループは単一で,決して対になることはない.ランプブラシ染色体はまた,ショウジョウバエのいくつかの種の雄で,一次精母細胞の Y 染色体*中にみられる.⇒付録 C (1882 Flemming; 1958 Callen, MacGregor; 1963 Gall; 1968 Davidson et al.; Hess, Meyer; 1977 Old et al.; 1993 Pisiano et al.; 1998 Gall, Murphy),メキシコサンショウウオ,転写後プロセッシング,ヨーロッパイモリ属,ツメガエル属.

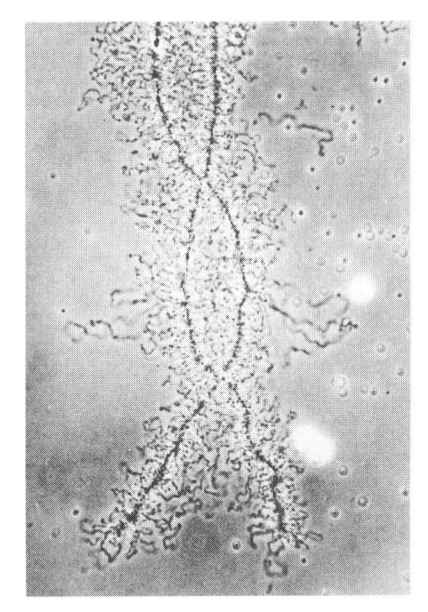

ブチイモリ (*Notophthalamus viridescens*) の卵母細胞のランプブラシ染色体

ランブル鞭毛虫 [*Giardia lamblia*] 原生生物の一種.普段は動物宿主の腸粘膜に付着して生活しているが,実験室内での飼育も可能である.この寄生虫は二つの核と数本の鞭毛をもつが,原核生物と同様にミトコンドリアやゴルジ体,粗面小胞体などをもたない.16S 様 RNA の配列を比較した結果,*Giardia* は真核生物の系統で最も早い時期に分岐した系統であることがわかった.⇒付録 A(原生生物界,古原生生物門),リボソーム.

卵片発生 [merogony] 実験的に作成した雄もしくは雌由来の一倍体核,もしくは二倍体核を含む卵片を,卵片発生体とよばれる小さな胚に発

生させること.
卵母細胞［oocyte］　減数分裂を経て卵を形成する細胞.

卵 門［micropyle］　昆虫卵の精子が侵入する卵膜にある孔.

リ

リアーゼ［lyase］　原子団の二重結合への付加あるいはその逆反応を触媒する酵素.

リウマチ因子［rheumatoid factor］　慢性関節リウマチ患者の血清に共通して存在する特殊なγグロブリン.

リガーゼ［ligase］　ATPの分解を伴う縮合反応によってC-C, C-S, C-O, C-N結合を形成する酵素. ⇨ DNAリガーゼ.

リガーゼ連鎖反応［ligase chain reaction］　略号LCR. DNAのある特定領域について, 突然変異をスクリーニングする手法. 調べたい領域を変性後, 4種類のオリゴヌクレオチドのセットとアニールさせる. それぞれの鎖について, 2組の相捕的なオリゴヌクレオチドを以下のようにデザインする. 二つ並んだオリゴヌクレオチドが, 一方の右端と, もう一方の左端の間にギャップを残すようにする. このギャップがDNAリガーゼでつながると, 完全な鎖となって, 基質となり, オリゴヌクレオチド対が, またアニールでき, つながる. サイクルを繰返すと, つながったオリゴヌクレオチド対が増幅する. サーマルサイクラーを利用して反応液の加熱と冷却を交互に行えば, 最初の分離と相捕的な分子の結合ができる. *Thermus aquaticus**から単離された耐熱性リガーゼをつなぎ用試薬として利用できる. こうして, 調べたい領域に塩基の変化があるかどうかを調べることができる. オリゴヌクレオチドの塩基対形成ができないような突然変異があれば, その領域に結合させたとき, 二つの分子の右端と左端をつなぐことができないので, 増幅されない. したがって, 増幅できなければ, その領域に, ライゲーションにとって必要なオリゴヌクレオチドの部位にマッチしない塩基配列があることがわかる. LCRは, 遺伝病の患者について, 調べたい遺伝子の突然変異対立遺伝子を素早く正確にスクリーニングする方法となっている. ⇨ 付録C (1990 Barany).

リガンド　＝配位子.

リーキー遺伝子　＝漏出遺伝子.

リーキータンパク質　＝漏出タンパク質.

リケッチア属［*Rickettsia*］　プロテオバクテリア門の一つの属. グラム陰性で, 楕円形ないし桿状の形態をもち, 運動性を欠く絶対寄生性の原核生物. ⇨ 付録A (原核生物, プロテオバクテリア門).

Rickettsia prowazekii　シラミが媒介する伝染病の発疹チフスを起こす細菌. ゲノムサイズは1,111,523 bpで, 自由生活をする大腸菌の4300 ORFに対し, 834 ORFしかない. 寄生するという性質からリケッチアは, 縮小進化*をとげた. たとえば, 糖の代謝や, アミノ酸およびヌクレオチドを合成する酵素を失っている. リボソームの小サブユニットのrRNAの塩基配列から, この細菌がミトコンドリアの祖先に最も近いことがわかった. ⇨ 付録A (細菌亜界, プロテオバクテリア門), 付録C (1998 Anderson *et al.*), ミトコンドリア, 連続共生説.

利己的オペロン［selfish operon］　細菌において, 似かよった機能をもち, ある条件下で発現する遺伝子クラスターの起源を説明するモデル. 遺伝子産物が, あまり起こらないような条件下でのみ使用される遺伝子は, しだいに突然変異を起こして不活性な遺伝子になる. 失われた遺伝子産物が必要とされる条件が再び生じた場合, 細菌は活性型遺伝子の水平伝達が起きない限り死ぬ. エピソームによって伝達されるのは小さなDNA断片のみなので二つ以上の遺伝子が同時に必要とされる場合, 互いに近傍に存在する遺伝子が選択的に有利になる. また, 共転写される遺伝子も, 宿主が, ただ一つのプロモーターを認識できればすむので, 新しい宿主内で適応して機能しやすい. こうして水平伝達する転移因子*によるDNAの伝播は, しだいにオペロンとして機能する遺伝子クラスターを形成させるようになる. ⇨ 付録C (1996 Lawrence, Roth), 同所的種分化.

利己的DNA［selfish DNA］　ジャンクDNAあるいは寄生性DNAともいう. 1. 機能をもたないDNA領域で, 必須の機能をもつ残りの染色体領域と一緒に複製されるものをいう. これらの例としては偽遺伝子*や機能をもたないようにみえるが不等交差*によって蓄積する縦列あるいは散在性の反復DNA領域があげられよう. 2. この用語は, 宿主を遺伝的に操作して宿主細胞の自然界における生存能力を向上させるような寄生性DNAに関しても用いられる. この例としては, Rプラスミド*やTiプラスミド*がある. ⇨ 付録C (1980 Doolittle, Spienza; Orgel, Crick), C

値パラドックス，DNA メチル化，反復 DNA．

リコンビネーター［recombinator］　隣接領域の遺伝的組換えを促進するヌクレオチド配列の総称．大腸菌染色体のχ配列*など．

リーサス因子［Rhesus factor］　= Rh 因子（Rh factor）．

リシン［lysine］　略号 Lys．⇨ アミノ酸．

リソスフェア［lithosphere］　⇨ プレートテクトニクス．

リソソーム［lysosome］　膜に包まれた細胞内小胞で，すべての真核生物の細胞内消化の主要な構成要素として働く．ホスファターゼ，グリコシダーゼ，プロテアーゼ，スルファターゼ，リパーゼ，ヌクレアーゼを含め，少なくとも 50 種類の加水分解酵素を有することが知られている．したがって，リソソームはあらゆる種類の高分子を加水分解することができる．⇨ 付録 C（1955 de Duve et al.），タンパク質選別，選別シグナル，ウォールマン病．

リソソーム蓄積症［lysosomal storage disease］　リソソーム酵素の欠損による異常な脂質の蓄積を特徴とする遺伝病．代謝中間産物が蓄積することで，このような化合物分子が細胞質にも蓄積する．蓄積された物質は，無数の同心円状の層構造内にたまることが多く，ある種の細胞の細胞質全体に蓄積する．たとえば，テイ－サックス病*では，標的は神経節細胞であるが，ゴーシェ病*では，マクロファージが蓄積場所となる．⇨ アシュケナージ，リソソーム．

リゾチーム［lysozyme］　ムコ多糖類を消化する酵素．溶菌作用をもつリゾチームは涙や卵白など多様な物質から単離される．一つの重要なリゾチームは，ファージの指令に基づいて合成される酵素で，内部から宿主細胞の細胞壁を消化し，ファージの子孫を宿主から脱出させる．リゾチームは X 線結晶解析によって三次元構造が決定された初めての酵素である．⇨ 付録 C（1967 Blake et al.）．

リゾビウム属［Rhizobium］　マメ科植物の根粒に共生する窒素固定細菌の属．最もよく研究されている種は R. meliloti と R. trifoli である．宿主の特異性，根粒形成，窒素固定に関する遺伝子は大きなプラスミド上にある．共生に重要な遺伝子がコードされている領域については制限酵素地図が作成されている．⇨ 付録 C（1981 Hombrecher et al.），バクテロイド，nif 遺伝子，プラスミド，制限酵素地図．

リゾルベース［resolvase］　融合体構造*（コインテグレート構造）において，同方向反復配列として存在する二つのトランスポゾン間の部位特異的組換えを触媒する酵素．

Liturgusa　カマキリ科の一属．この属において核型の進化が広範に研究された．

利他現象［altruism］　他の個体に利益を与える個体の行動．"他者"と利他現象を示す側との血縁関係の程度次第で，このような行動は実際には適応の表現の一種となりうる．⇨ 包括適応度．

リーダータンパク質［leader protein］　⇨ リーダー配列ペプチド．

リーダー配列［leader sequence］　mRNA 分子の 5′ 末端から構造遺伝子の開始コドンまでの領域．リーダー配列は，リボソーム結合部位を含み，遺伝子の翻訳の開始を促進する．真核生物では，通常，リーダー配列は翻訳されない．原核生物の場合，リーダー配列内にアテニュエーター*領域が含まれることがあり，これは翻訳される．これから生じるペプチドは，RNA ポリメラーゼがオペロンの最初の構造遺伝子に到達する前に，転写を終結させる機能をもつ．⇨ エクソン，トレーラー配列．

リーダー配列ペプチド［leader sequence peptide］　シグナル配列（signal sequence）ともいう．真核生物のタンパク質の N 末端に存在する 16～20 の一連のアミノ酸で，最終的なタンパク質の行き先を決める．サイトソルでつくられ，機能するタンパク質は，リーダー配列を欠いている．特別なオルガネラに向かうタンパク質はおのおのの器官に相当するシグナル配列を必要とする．粗面小胞体に入るタンパク質のリーダー配列は脂質二重膜に埋込まれる疎水性アミノ酸を常に含み，新生タンパク質を膜孔にある受容体タンパク質へと誘導する．いったんタンパク質が孔を通って小胞体内腔に入ると，リーダーペプチドはタンパク質から切り出される．たとえば，インターフェロンタンパク質のリーダー配列ペプチドは，細胞からインターフェロンを分泌させるが，分泌過程で成熟分子から除かれる．これまで研究されたミトコンドリアタンパクのリーダー配列はすべて非常に塩基性に富んでいるが，ほかの点では共通点をもたない．リーダー配列ペプチドはシグナルペプチド*としても知られている．⇨ 抗血友病因子，受容体介在性トランスロケーション．

立体異性体［stereoisomer］　同じ構造式をもつが，共通の原子に異なる化学基が結合し，空間的配列を異にする分子．

立体化学的構造［stereochemical structure］　分子内の原子の三次元的配列．

リーディング鎖［leading strand］　岡崎フラグメント*の連結により合成されるラギング鎖*とは対照的に，連続的に合成される DNA 鎖．ラ

ギング鎖は複製フォークの移動と逆向きの5′→3′方向に合成されるがリーディング鎖は複製フォークの移動と同一方向の5′→3′方向に合成される．⇒ DNA複製．

リードスルー［readthrough］　読み過ごし．1. DNAの通常のターミネーター配列を越えて転写されること．RNAポリメラーゼが転写終結シグナルを認識できなかったり，ターミネーター配列から転写終結因子（細菌のρ因子など）が一時的に解離してしまったことによる．2. ナンセンスサプレッサー*tRNAによりmRNAの終止コドンを越えて翻訳が行われること．

リパーゼ［lipase］　脂肪をグリセロールと脂肪酸に分解する酵素．

リファマイシン［rifamycin］　*Streptomyces mediterranei*の生産する抗生物質．原核生物RNAポリメラーゼのβサブユニットに作用して，転写の開始を阻害する．⇒ RNAポリメラーゼ．

リファンピシン［rifampicin］　リファマイシン*の一種で，最もよく用いられる．

リフト　=地溝．

リー-フラウメニ症候群［Li-Fraumeni syndrome］　⇒ p53.

リフリップ［RFLP = restriction fragment length polymorphism］=制限酵素断片長多型．

リプレッサー［repressor］　調節遺伝子によって合成され，オペレーター領域に結合して，オペロンの転写を阻害するタンパク質．⇒ *cro*リプレッサー，ラクトースリプレッサー，λリプレッサー，調節遺伝子．

リブロース-1,5-ビスリン酸カルボキシラーゼ-オキシゲナーゼ［ribulose-1,5-bisphosphate carboxylase-oxygenase］　略号 RuBisCO．事実上すべての光合成においてCO_2固定をつかさどる酵素．葉緑体*のチラコイド膜のストロマ側の表面にある．RuBisCOは，おそらく生物圏で最も存在量の多い（緑色の葉の約40％）タンパク質であろう．RuBisCOは，次の反応を触媒する．

D-リブロース-1,5-ビスリン酸 + CO_2 →
2,3-D-グリセロリン酸

酵素は八つの大サブユニット（分子量 56,000）と八つの小サブユニット（分子量 14,000）からできている．⇒ シアネレ，藍菌門，*rbc*遺伝子群．

リボ核酸［ribonucleic acid］　RNA．糖成分としてリボースを，ピリミジンとしてウラシルを含むことを特徴とするポリヌクレオチドの総称．RNA分子は一本鎖であり，DNAよりも低分子量である．RNAには1）メッセンジャー RNA（mRNA），2）リボソーム RNA（rRNA，⇒ リボソーム），3）転移 RNA*（tRNA）の3種類の主

要なグループがある．⇒ 付録C（1941 Brachet, Caspersson），水素結合，ウイルスの(+)鎖と(−)鎖．

リボ核タンパク質［ribonucleoprotein］　リボヌクレオプロテインともいう．RNPと略す．RNAとタンパク質を含む複合巨大分子．

リボザイム［ribozyme］　触媒活性をもつRNA分子．この一例としては，テトラヒメナの一種，*Tetrahymena thermophila*にみられる自己スプライシング RNAがある．26S rRNAの遺伝子は413 bpからなるイントロンを一つもっている．この遺伝子から転写される前駆体rRNA分子は，この介在配列を1コピーもっており，RNAスプライシングによって取り除く必要がある．このプレリボソーム RNAを，ある種の陽イオンおよびグアノシンとともに試験管内で保温すると，介在配列は除去されて，成熟配列に連結される．リボヌクレアーゼP*はリボザイムのもう一つの例である．おそらく，原初の生物圏ではリボザイムが最初の酵素として機能した．生命が進化するにつれて，タンパク質が触媒反応を微調整するようになり，ついには酵素としてリボザイムに置き換わった．試験管内の選択実験によって，自己アルキル化反応を触媒する能力をもつリボザイムがつくられている．この知見は，RNAが広範な触媒活性をもちうることを示唆する．⇒ 付録C（1981 Cech *et al.*; 1989 Cech, Altman; 1995 Wilson, Szostak），ヘアピン型リボザイム，ハンマーヘッド型リボザイム，*in vitro*進化．

5-リボシルウラシル［5-ribosyluracil］　=プソイドウリジン（pseudouridine）．微量塩基．

リボース［ribose］　五炭糖．⇒ リボ核酸．

$$\begin{array}{c} \text{HOCH}_2 \quad O \quad H \\ \underset{4}{C} \quad \underset{1}{C} \\ H \quad H \quad H \quad H \\ \underset{3}{C} - \underset{2}{C} \quad OH \\ OH \quad OH \end{array}$$

リボソーム［ribosome］　リボ核タンパク質粒子の一つで，直径が10〜20 nmの翻訳の場．リボソームは，大きさの異なる二つのサブユニットが，マグネシウムイオンによって結合したものである．それぞれのサブユニットは，おおむね等量のRNAとタンパク質から構成される．個々のリボソームサブユニットは，1分子のリボソームRNAに，これより小型のタンパク質分子が20〜30個非共有結合したものから組立てられ，コンパクトで固くコイルした粒子を形成する．真核生物の細胞質リボソームのrRNAは，染色体中の核小体形成体領域に存在するシストロンによっ

原核生物と真核生物のリボソームの沈降特性

リボソーム源	リボソーム	大サブユニット	小サブユニット	大サブユニット rRNA	小サブユニット rRNA
細菌	70S	50S	30S	23S (2904 nt) 5S (120 nt)	16S (1542 nt)
哺乳類細胞	80S	60S	40S	28S (4718 nt) 5.8S (160 nt) 5S (120 nt)	18S (1874 nt)

てつくられる．動物のリボソームは5.8S rRNA も含むが，これは 28S rRNA と水素結合しており，28S rRNA と同じ中間前駆体に由来する（表参照）．⇨ 付録 C（1956 Palade, Siekevitz; 1959 McQuillen et al.; 1961 Littauer, Waller, Harris; 1964 Brown, Gurdon; 1965 Sabatini et al.; 1980 Woese et al.; 2001 Yusupov et al.），シクロヘキシミド，プレリボソーム RNA，受容体介在性トランスロケーション，オルガネラのリボソーム，16S rRNA，翻訳．

リポソーム［liposome］　リン脂質の二重層で囲まれた人工の小胞．細胞膜のモデルとして用いられるほか，治療目的の送薬システムとして薬剤をリポソーム中に封入したものが用いられる．遺伝的形質転換の実験では，裸の DNA 分子を保護し，組織培養された動物細胞や，植物や細菌の原形質体（protoplast）中に送り込むのに人工小胞が用いられる．この技術は，リポソーム仲介遺伝子導入とよばれる．

リボソーム RNA［ribosomal RNA］　= rRNA．⇨ リボソーム．

リボソーム RNA 遺伝子［ribosomal RNA gene］　真核細胞の染色体上では，rRNA 遺伝子は縦列反復単位を形成し，核小体形成体領域に存在する．各単位は，転写されないスペーサーにより隔てられている．それぞれの単位には 28S，18S，5.8S rRNA をコードする三つのシストロンが含まれており，転写の方向は 5′-18S-5.8S-28S-3′ である．リボソーム RNA 遺伝子は rDNA と記されることが多い．⇨ ミラー樹，プレリボソーム RNA，rDNA 増幅，RNA ポリメラーゼ．

リボソーム RNA 前駆体［precursor ribosomal RNA］　= プレリボソーム RNA（preribosomal RNA）．

リボソーム結合部位［ribosomal binding site］　⇨ シャイン-ダルガーノ配列．

リボソームタンパク質［ribosomal protein］　⇨ リボソーム．

リボソーム DNA［ribosomal DNA］　= rDNA．

リボソーム DNA 増幅［ribosomal DNA amplification］　= rDNA 増幅（rDNA amplification）．

リボソームの途中停止［ribosomal stalling］　⇨ アテニュエーション．

リポ多糖［lipopolysaccharide］　多くのグラム陰性菌の細胞壁に結合した細菌内毒素の活性成分．ある種の動物に存在する B 細胞分裂促進物質．

リボチミジン［ribothymidine］　⇨ 微量塩基．

リボヌクレアーゼ［ribonuclease］　リボ核酸を加水分解する酵素．

リボヌクレアーゼ A［ribonuclease A］　124 個のアミノ酸からなる酵素で，最初ウシの膵臓から分離された．リボヌクレアーゼ A は，ピリミジンを 3′-リン酸基で加水分解し，隣接するヌクレオチドの 5′-リン酸結合を解裂する．消化の最終産物は，ピリミジン 3′-リン酸およびピリミジン 3′-リン酸を末端にもつオリゴヌクレオチドになる．リボヌクレアーゼ A は可逆的な化学的改変が加えられた最初のタンパク質であり，これによってアミノ酸の線状の配列がタンパク質の三次元構造を決定することが示された．⇨ 付録 C（1961 Anfinsen et al.）．

リボヌクレアーゼ T1［ribonuclease T1］　グアニン塩基を特異的に認識し，3′-5′リン酸結合を切断するエンドリボヌクレアーゼ．加水分解の結果，グアノシン 3′-リン酸と，末端にグアノシン 3′-リン酸をもつオリゴヌクレオチドが生じる．

リボヌクレアーゼ P［ribonuclease P］　触媒活性が RNA 分子にある細菌酵素で，歴史的には真に酵素としての性質を示す（すなわち触媒として働き，反応で変化を受けたり消費されることがない）ことが見いだされた最初の RNA である．この酵素は tRNA 前駆体を切断して，成熟した tRNA をつくる．リボヌクレアーゼ P はタンパク質と質量にしてその約 5 倍以上の RNA とから構成され，タンパク質だけでは触媒能をもたないのに対し，RNA 部分だけで触媒能をもつ．この酵素は大腸菌と枯草菌で発見されている．⇨ 付録 C（1983 Guerrier-Takada et al.; 1989 Cech, Altman），リボザイム．

リボヌクレオチド［ribonucleotide］　プリン

塩基またはピリミジン塩基がリボースと結合し，リボースにリン酸基がエステル結合した構造をもつ有機化合物.

リボヌクレオプロテイン ＝リボ核タンパク質.

リポビテリン [lipovitellin]　両生類の卵黄小板中に見いだされた分子量15万のリポタンパク質. ⇒ホスビチン.

リボフラビン [riboflavin]　ビタミンB_2. フラビンアデニンジヌクレオチドやフラビンモノヌクレオチドのサブユニットを構成する.

$$CH_3-C-C-N-CH_2-CH-CH-CH-CH_2OH$$
（リボフラビン構造式）

リボフラビンリン酸 [riboflavin phosphate] ＝フラビンモノヌクレオチド (flavin mononucleotide).

流産 [abortion]　自然の原因により，個体として生存できるようになる前に，子宮からヒト胎児が娩出されること. 自然流産とよばれることもある.

流産胎児 [abortus]　人工妊娠中絶の場合，自然流産の場合を問わず，未熟のまま死産した胎児をいう.

粒子遺伝 [particulate inheritance]　Mendelによる遺伝理論. 遺伝情報は世代間を個別の単位として伝えられる. したがって子供が生物学的に受け継ぐのは，親からの情報が混じりあった溶液ではないとする理論.

粒子による遺伝子導入 [particle-mediated gene transfer]　選択したDNA分子を直径1～3 μmの金やタングステンの粒子に定量的にまぶし，細胞の多重な層を貫通できるような力を加えて，植物や動物の組織に打ち込む技術. 遺伝子銃に直結したタンク内のヘリウムガスを高圧で吹きつけることで，粒子を加速する動力とする. 標的とする動物組織は，体細胞（皮膚，肝臓，膵臓）であるのが一般的で，すでに多数のレポーター遺伝子と治療に役立つ可能性のある遺伝子が標的細胞内で発現している. 遺伝子銃は，経済的に重要な遺伝子組換え植物の作製に，より効果的に使われている.

流動モザイクモデル [fluid mosaic concept]　細胞膜は高度に配向した脂質二重膜よりなる粘性のある液体の二次元的な広がりであるとするモデル. 脂質膜の一方もしくは両方に陥入する形でタンパク質分子が組込まれているため，この膜は一様ではない. ⇒付録C (1972 Singer, Nicholson), 脂質二重層モデル.

量 [dose]　1. 遺伝子量. ある遺伝子の一つの細胞の核内に存在するコピー数. 2. 放射線量. 組織の特定部位もしくは個体に照射された放射線の量. 線量単位として，グレイ (Gray)，レントゲン (Roentgen)，ラド (rad)，レム (rem)，シーベルト (Sievert) などがある.

両親型ダイタイプ [parental ditype] ⇒四分子分離型.

両親対合性異質倍数体 [isoanisosyndetic alloploid]　両種由来のいくつかの染色体が部分相同であり，部分的に対合する異質倍数体. ⇒同親対合性異質倍数体.

両親の平均値 [midparent value]　ある特定の交雑において，ある量的形質に関する両親の値の平均をいう. ⇒量的遺伝.

両親媒性[の] [amphipathic]　明確な極性部位と非極性部位をもつ分子（例: 膜リン脂質）.

両性イオン ＝双性イオン.

両性化合物 [amphoteric compound, ampholyte]　酸としても塩基としても作用しうる物質. タンパク質は等電点のアルカリ性側で陽子を失い等電点の酸性側で陽子を得る傾向があるので両性化合物である.

両性具有[の] [androgynous]　外見上や行動からは，男女の区別ができない状態.

両性混合 [amphimixis]　ミキシス (mixis) ともいう. 両性配偶子の合体による有性生殖. ⇒アミキシス，無配偶生殖.

両性混合[の] [amphimictic]　両性混合に関係する形容詞. 両性混合集団.

両性産生単為生殖 [deuterotoky]　雄と雌の両方がつくられる単為生殖.

両性[の] [bisexual]　1. 雌雄の個体からなる種. 2. 卵巣と精巣の両者をもっている動物，または雄ずいと雌ずいの両者をもっている花（両性花）.

良性[の] [benign] ⇒新生物.

[良性]三日熱マラリア [benign tertian malaria] ⇒マラリア.

量的遺伝 [quantitative inheritance]　量的な性質で連続分布を示す表現型を量的形質*という. 量的形質の遺伝は，典型的なメンデルの法則に従った比率のようにわかりやすいはっきりとした分離はしない. トウモロコシの穂の長さは，量的遺伝の例としてよく挙げられるが，図にヒストグラムとして示した. 穂の長さが著しく異なる二

系統由来の個体を交配させると，子供は中間の長さを示す．F_1 個体同士の交配によって生じた F_2 集団は，F_1 個体の平均値とよく似た平均値を示すが，中には，最初の世代と同じように，長い穂や短い穂をもつ個体も現れる．このような結果は，多因子仮説すなわち，量的形質は多くの遺伝子（ポリジーン）の累積作用によるもので，各遺伝子は，別々の染色体上にあって，それぞれが単位効果を示すと考えることで説明される．トウモロコシの例で，それぞれ2個の対立遺伝子をもつ3組の遺伝子を使って簡単なモデルをたててみよう．大文字の遺伝子はそれぞれが3単位の，また小文字の遺伝子は1単位の"成長力"を示すものとする．同じ表現型を示すという意味では，大文字同士は互換性があるといえる．小文字についても同様である．長い穂，短い穂をもつ個体の遺伝子型を，それぞれ AABBCC と aabbcc とすると，F_1 の遺伝子型は AaBaCa となる．F_1 個体間のばらつきがほとんどないのは，遺伝子型が同じであることからわかる．F_2 集団では27種類の異なった遺伝子型に分離するが，各遺伝子の累積作用によって，表現型としては7種類となる．最も多い遺伝子型（全体の1/8を占める）は AaBbCc で F_1 と同じである．AABBCC, aabbcc といった遺伝型もそれぞれ全体の1/64の割合で出現するが，これは，最初の世代と表現型も遺伝子型も同じである．ほかに中間型として，さまざまな遺伝子型（AABBCc, aabbcC, AAbbcc など）が出現するため，F_2 集団の平均値は，F_1 の平均値に等しくなるが，分離した対立遺伝子の数によって，各個体の長さはさまざまである．F_1 と F_2 集団の分散の程度から形質に関係する遺伝子の数を推定することができる．⇒付録C(1889 Galton; 1909 Nilsson Ehle), ライトのポリジーン推定値.

量的形質 [quantitative character]　量的遺伝をする形質（牛の肉や乳の生産量，鶏の産卵数，ショウジョウバエのDDT抵抗性，ヒトの身長や体重，皮膚の色など）．

緑色蛍光タンパク質 [green fluorescent protein]　略号GFP．オワンクラゲ（*Aequorea victoria*）の産生するタンパク質．238アミノ酸残基からなり，青色光による励起により，緑色を発する．この緑色の蛍光は安定で，光によって退色しにくい．GFPは，細胞学の優れた手法となる．GFPの読み枠に合わせて外来性の遺伝子をつなげば，そのタンパク質産物の局在を知ることができる．この融合タンパク質は，機能的にも完全であることが多く，正常な状態での細胞内の局在を，その緑色の蛍光で観察できる．⇒ルシフェラーゼ．

緑色色覚異常遺伝子 [deutan]　⇒色覚異常．

緑錐状体色素 [chlorolabe]　⇒色覚異常．

緑藻植物 [chlorophyte]　緑藻植物門に属する原生生物．この門には，生活環の中で波動毛をもつ時期がある緑藻が含まれる．緑色陸上植物は，おそらく緑藻植物の系統から生じた．⇒ *Mesostigma viride*, 波動毛．

リリーサー [releaser]　解発因ともいう．動物行動学*では，動物の身体的特性や行動のうち，他の動物を刺激して特定の反応をひき起こすものをいう．

リン [phosphorus]　組織中に少量存在する元素．核酸の構成成分である．

原子番号	15
原子量	30.97
原子価	+5
最も多い同位体	^{31}P
放射性同位体	^{32}P

隣花受粉　=同株他花受粉．

リンカーDNA [linker DNA]　**1.** 特定の制限酵素の認識部位を含む，短い合成二本鎖DNA．このようなリンカーは，ほかの何らかの酵素によって切断されたDNA断片の端に結合することができる．**2.** ヒストンH1が結合したDNA断片．このようなリンカーは，染色体の隣り合ったヌクレオソームを結合させる．

リンキング数 [linking number]　閉環状の二重らせん分子の二本鎖が互いにからまりあっている数をいう．弛緩環状DNAの巻き数（T）はら

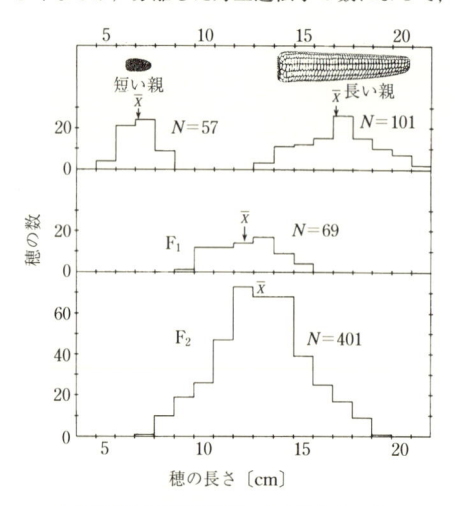

トウモロコシの量的遺伝．トムサムポップコーンとブラックメキシカンスイートコーンの間の交配での両親，F_1, F_2 世代での穂の長さの分布

せん一巻き当たりの塩基対の数で，分子中の全塩基数を割った値である．B型の弛緩DNAのリンキング数は分子中の塩基対の数を10で割った値．ねじれ数（W）は，DNA分子の軸が超らせんによってねじれている回数である．リンキング数（L）は $L = W + T$ で決定される．弛緩分子では $W = 0$，$L = T$．閉環DNA分子のリンキング数は鎖の破壊や再結合の場合を除いては変わらない．リンキング数の有用性は，DNAのトポロジーを変化させる酵素的な切断，再結合と関連していることにある．リンキング数の変化はすべて整数で表されることになっている．リンキング数以外は同じDNA分子のことをトポロジー異性体という．

リングフィンガー［RING finger］　ユビキチン*をタンパク質に結合し，分解の目印を付けるのに働くタンパク質上のモチーフ．リングフィンガーは，進化的に保存された構造で，200以上のタンパク質にみられる．アミノ酸の二つのループが，2個の亜鉛と結合する8個のシステインまたはヒスチジンによって基部で引き寄せられている．⇨メタロプロテイン．

鱗茎［bulb］　球根ともいう．肉質のうろこ状の葉で包まれた多くの短い地下茎から成る変形したシュート．これは栄養生殖の器官として働く．タマネギ，スイセン，チューリップ，ヒアシンスは鱗茎を形成する．

リンゲル［ringer］　＝リンゲル液．

リンゲル液［Ringer solution］　ナトリウム，カリウム，塩化カルシウムを含む生理食塩水．生理学の実験においてガラス器具内で細胞や組織を短時間生かしておくために使用される．単にリンゲル（ringer）ということがある．

りん光［phosphorescence］　⇨ルミネセンス．

リン酸化［phosphorylation］　リン酸がある化合物に結合すること．

リン酸結合エネルギー［phosphate bond energy］　1モルのリン酸化合物が加水分解して遊離のリン酸を生じるときに放出されるエネルギー．

リン脂質［phospholipid］　グリセロールやスフィンゴシンのリン酸エステルを含む脂質．

隣接遺伝子症候群［contiguous gene syndrome］　近傍の遺伝子群が同時に欠失しているために，二つ以上の遺伝病を同時に患う患者の状態．古典的な例としては，Xp21に欠失のある，不運な少年にみられ，連続した遺伝子群が失われていたため，デュシェンヌ型筋ジストロフィー*（DMD）と色素性網膜炎*に罹患していた．この患者のDNAが提供され，DMD遺伝子がクローニングされ，さらにジストロフィンが単離された．⇨付録C（1987 Hoffman, Brown, Kunkel）．

隣接DNA［flanking DNA］　注目する配列の両側にあるヌクレオチド配列．たとえばトランスポゾン*の特徴は，両端に逆方向反復配列が隣接し，さらに同方向反復配列がそれに隣接することである．

隣接的雌雄性［consecutive sexuality］　一つの種の大部分の個体が，若い時期に機能的な雄相を経験し，のちに過渡的な時期を経て機能的な雌相に変わる現象．このような現象はある種の軟体動物では一般的である．

隣接分離［adjacent disjunction, adjacent segregation］　⇨転座ヘテロ接合体．

Rhynchosciara　クロキノコバエ科（Sciaridae）に属する原始的なハエの属名．*R. angelae* と *R. hollaenderi* の2種は実験室で飼育され，幼虫のさまざまな組織（唾腺，マルピーギ管，中腸前部など）の巨大多糸染色体について幅広く研究されている．

リンネの二命名法［Linnean system of binary nomenclature］　二名法ともいう．⇨付録C（1735 Linné）

リンパ芽球［lymphoblast］　抗原刺激を受けたTリンパ球から分化した，大きく，細胞質に富んだ細胞．

リンパ球［lymphocyte］　リンパ節，脾臓，胸腺，骨髄，血液中に見られる直径約 $10\,\mu m$ の球形の細胞．体内に最も多い細胞で，二つのクラスに分けられる．B細胞は抗体を産生し，T細胞は移植片拒絶反応を含むさまざまな免疫学的反応に関与している．⇨付録C（1962 Miller, Good *et al.*; Warner *et al.*）．Bリンパ球，細胞傷害性Tリンパ球，ヘルパーTリンパ球，免疫グロブリン，リンフォカイン，Tリンパ球，腫瘍壊死因子．

リンパ腫［lymphoma］　リンパ組織のがん．

リンパ組織［lymphatic tissue］　リンパ球が産生され，成熟する組織で，胸腺，脾臓，リンパ節，血管，ファブリキウス嚢*がある．

リンフォカイン［lymphokine］　一つの同種抗原と接触した後にTリンパ球から放出される不均質な糖タンパク質（分子量 10,000〜200,000）のグループ．抗原と直接反応するよりは，むしろほかの宿主細胞に作用する．リンフォカインのおもな機能はつぎのようなものである．1) まだ運命の決まっていないT細胞の動員，2) T細胞やマクロファージを抗原との反応部位に保持する，3) "動員された" T細胞を増すこと，4) 保持された細胞を活性化させ，リンフォカインの放出を

促すこと，5) 外来性抗原（外来組織移植片やがん細胞を含む）をもつ細胞に対する細胞毒性効果．試験管内での抗原刺激によりT細胞により産生されたリンフォカインの例には，つぎのようなものがある．マクロファージの移動を阻止するマクロファージ遊走阻止因子（MIF），標的細胞を殺すリンフォトキシン（LT），リンパ球の分裂を促進する分裂促進因子（MF），Tヘルパー活性化に要求されるインターロイキン2（IL2），抗ウイルス性免疫を促進するインターフェロン（IFN），好中球・好酸球・好塩基球を誘引する走化性因子，マクロファージを刺激するマクロファージ活性化因子（MAF）．⇨ 組織適合性分子．

ル

類遺伝子系統［congenic strain］　コンジェニック系統ともいう．互いに染色体上のわずかな部分のみに差をもつ系統．数系統のコンジェニックマウスでは，主要もしくは非主要組織適合性抗原遺伝子座位のみが異なっている．⇨ 同質遺伝子［の］．

類型学的思考［typological thinking］　ある集団の個体を，仮想上の類型の複製もしくは変異として捉えること．

類似体［analog, analogue］　生物学的に重要な分子と似ているが少しだけ異なった構造をもつ化合物．たとえば，アミノ酸（⇨ アザセリン），ピリミジンやプリン（⇨ 塩基類似体），あるいはホルモン（⇨ ZR515）などの類似体がある．

類人猿［anthropoid］　テナガザル，オランウータン，ゴリラ，チンパンジーなどが含まれるショウジョウ（オランウータン）科の大型の猿．

ルイス血液型［Lewis blood group］　ヒトの血液型の一つで，19番染色体上の遺伝子 Le を指定する抗原によって決定される．ルイス抗原は赤血球だけでなく，上皮の表面でも発現する．ルイス遺伝子は，フコース転移酵素をコードするが，この酵素は，ABO 血液型遺伝子がコードする糖転移酵素の標的と同じヘテロ糖鎖にフコースを付加する．胃潰瘍の原因となる細菌は，フコースを含む受容体と結合することによって胃粘膜に付着する．このため，粘膜表面にルイス抗原をもつ人は胃潰瘍になりやすい．⇨ ABO 抗原，血液型，ピロリ菌，ルセラン血液型．

ルイセンコ主義［Lysenkoism］　1932年から1965年にかけて，ソビエト連邦において全盛をきわめた疑似科学の一学派．この学説は，ルイセンコ（T. D. Lysenko；1898〜1976）によって唱えられたもので，彼は遺伝子の概念を受け入れず，獲得形質の遺伝を信じた．ルイセンコはスターリンの支持を得て，ソビエト農業における実力者となった．ルイセンコがその後を継いだ偉大な遺伝学者でソビエト農業の指導者であったバビロフ（N. V. Vavilov）は，後に"ソビエト科学へのサボタージュ"の罪で逮捕，投獄され，1943年にそこで餓死した．⇨ 付録 C（1926 Vavilov）．

累　代［eon］　地質年代区分の最も包括的な単位．⇨ 地質年代区分．

類毒素　＝トキソイド．

ルケウイルス［Luckévirus］　カエルの腎臓のがんを生じさせるウイルス．

ルーシー［Lucy］　⇨ オーストラロピテクス．

ルシフェラーゼ［luciferase］　ホタルの一種（$Photinus\ pyralis$）の腹部で産生される酵素．標的遺伝子が植物ゲノムに挿入されたかどうかを知るために使用された．酸素，ATP，ルシフェリンとよばれる基質の存在下で，ルシフェラーゼ遺伝子を遺伝子工学的に組込まれた植物は，暗所で光を放つ．⇨ 緑色蛍光タンパク質．

ルセラン血液型［Lutheran blood group］　ヒトの19番染色体上の Lu 遺伝子によって指定される赤血球の抗原によって決められるヒトの血液型．ヒトの常染色体の連鎖は，Lu と Le の間で初めて証明された．⇨ 血液型，ルイス血液型．

ルテオトロピン［luteotropin］　＝乳腺刺激ホルモン（lactogenic hormone）．

ルートウィッヒ効果［Ludwig effect］　古くに確立された繁殖領域の中心ではその縁辺部よりも形態学的にも染色体的にも多様化（多型化）する傾向があるということ．1950年に，W. Ludwig によって一般化された．

RuBisCO　［RuBisCO＝ribulose-1,5-bisphosphate carboxylase-oxygenase］　＝リブロース-1,5-ビスリン酸カルボキシラーゼ-オキシゲナーゼ．

ルミネセンス［luminescence］　発光体の温度には起因しない光の放射をいう．放射される光のエネルギーは発光体の内部で起きる化学反応から生じるか，あるいは外部から入る発光体へのいくつかの形態でのエネルギーの流れによって生じる．室温におけるリンの遅い酸化は前者の例である．水銀蒸気ランプにおけるガス状原子の電子衝撃から生じる発光は後者の例である．蛍光（fluorescence）は励起エネルギー源を遮断したあともつづく発光放射として定義する．この残光は温度依存性ではない．りん光（phosphorescence）の場合には，残光の期間は温度が高くなるとともに短くなる．

レ

齢［instar］　昆虫の脱皮から脱皮までの期間.

lazy　つる植物のように地面をはって成長する茎を特徴とするトウモロコシの突然変異.

霊長類［primate］　ヒト，類人猿，猿を含む霊長目（Primates）に属する哺乳動物. ⇨付録A.

レオウイルス［reovirus］　respiratory and enteric orphan の頭文字を名前の由来とするウイルス. ヒトでも発見されているが，病気との関連については不明である. orphan という語は病原性がないウイルスに用いられる. このウイルスは二本鎖 RNA をもつ数少ないウイルスである.

レギュロン［regulon］　同一の調節タンパク質の支配下にあるオペロンのグループをいう. 一つの例には，DNA の損傷により誘導される SOS レギュロンがある. SOS レギュロンは，LexA 遺伝子がコードするリプレッサータンパク質によって制御される. LexA タンパク質は四つのオペロン（RecA, UvrA, UvrB, および UvrC を指定する）を抑制するが，これらはいずれも組換えと DNA 修復に関係する. ⇨ RecA タンパク質，SOS ボックス.

レクチン［lectin］　ある種の細胞，特に赤血球表面に存在する特定の糖受容体に結合することにより，これらの細胞を凝集することができるタンパク質. その凝集様式は，抗原抗体反応と似ているが，免疫学的な反応とは異なる. 植物の種子から抽出されたレクチンは，フィトヘマグルチニンとよばれている. またレクチンは，細菌，カタツムリ，カブトガニ，ウナギなどからも単離されている. ⇨ コンカナバリン A，フィトヘマグルチニン，ヤマゴボウ分裂促進因子.

レグヘモグロビン［leghemoglobin］　マメ科植物の根粒中に見いだされた酸素親和性タンパク質. 脊椎動物のミオグロビンやヘモグロビンと構造的，機能的に類似している. レグヘモグロビンのヘム部分はリゾビウム属のバクテロイドにより合成されるが，タンパク質は植物ゲノムによりコードされている. 根粒中では，バクテロイドは酸素を供給するレグヘモグロビンの溶液に浸っている.

レーザー［laser］　周波数と位相がそろった細くかつ極端に強い光ビームをつくり，増幅する装置. *l*ight *a*mplification by *s*timulated *e*mission of *r*adiation の頭文字をとったもの. マイクロレーザー光線は，細胞分裂や形態形成の実験に用いられることもある.

レーザーミクロプローブ［laser microprobe］　生物組織の一部分を気化させるために，顕微鏡によって集光したレーザー光線を用いる技術. その蒸気を分光学的に分析する.

レコン［recon］　組換えが可能な DNA の最小単位（シス位置にある隣接するヌクレオチド対に相当する）. ⇨付録 C（1955 Benzer）.

レセプトソーム［receptosome］　⇨ 受容体介在性エンドサイトーシス.

レチナール［retinal］　光を吸収するカロテノイド色素で，ビタミン A* の誘導体. 光子を吸収すると，この発色団* は，星印を付けた炭素原子とこれに結合している 4 本の炭素鎖の回転により構造変化を起こす. これが，視覚興奮の第一段階で，究極的には神経インパルスを起こす.

$$\begin{array}{c}CH_3\\|\\H_3C-C\end{array}\begin{array}{c}CH_3\\|\\C\end{array}-CH=CH-C=CH-CH=CH\overset{*}{-}C=CH-C\begin{array}{c}H\\||\\O\end{array}$$

レチノイン酸［retinoic acid］　四足類動物の肢芽に沿って濃度勾配を形成し，肢や指の発生を促進する形態形成活性物質. ビタミン A* の末端の CH_2OH が COOH 基で置換されたものである.

レチノール［retinol］　ビタミン A* のこと.

裂開性[の]［dehiscent］　熟したときに，種子を放出するために果皮の裂ける果実をいう.

レック［lek］　ある種の動物，特に鳥類の雄が雌への求愛誇示のために集まる場所.

RecA タンパク質［RecA protein］　大腸菌の *recA* 遺伝子座の産物. このタンパク質は事実上すべての細菌にみられることから，きわめて古い起源をもつとみられる. RecA 単量体は 352 個のアミノ酸からなる. この単量体は 1 巻き当たり 6 個の単量体が詰め込まれた右巻きのらせんを形成する. このらせん糸は深い溝をもち，DNA 鎖を最大 3 本収容することができる. RecA タンパク質は DNA 依存性 ATP アーゼであり，遺伝的組

換え過程でATPが加水分解される．⇨付録C（1965 Clark；1992 Story, Weber, Steitz）．

Lex Aリプレッサー［Lex A repressor］　⇨SOS応答．

rec⁻ 突然変異体［rec⁻ mutant］　組換え機構に欠陥のある突然変異体．こうした突然変異体は放射線感受性であり，そのことは，自然に生じた切断や減数分裂に伴う交差を特徴づける再結合にかかわる酵素が突然変異原により生じた損傷を修復している可能性を示唆する．

レッシュ-ナイハン症候群［Lesch-Nyhan syndrome］　ヒトのX染色体長腕上の劣性遺伝子による先天性プリンヌクレオチド代謝異常症．患者（ヘミ接合体）はヒポキサンチン-グアニン-ホスホリボシルトランスフェラーゼ*を欠く．この疾患の症状は，尿酸の過剰生産，発育および精神の発達遅滞，性成熟前の死亡により特徴づけられる．ランダムなX染色体の不活性化（⇨遺伝子量補正）の結果，ヘテロ接合体の女性はモザイクとなる．それらの繊維芽細胞のクローンの60%はHGPRT活性を示したが，40%では活性が検出されなかった．この疾患はヘテロ接合体の母親から伝達される．罹患率は男性の1/10,000である．

劣性遺伝子［recessive gene］　二倍体生物において，ホモ接合状態でのみ形質を表現する対立遺伝子．優性対立遺伝子の存在下では，表現型が現れない．優性対立遺伝子は機能的産物を産生するが，劣性対立遺伝子は産生しないのが普通である．したがって，正常の（野生型の）表現型は優性対立遺伝子が核当たり一つまたは二つ存在すれば出現し，突然変異の表現型は野生型（優性）の対立遺伝子が存在しない（劣性遺伝子がホモ接合である）ときのみ出現する．優性，劣性という言葉は拡大して異核共存体，部分接合体に対しても同様に使われる．

劣性相補性［recessive complementarity］　⇨相補遺伝子．

劣性致死［recessive lethal］　ホモ接合あるいはヘミ接合の状態で細胞や個体を殺す対立遺伝子．⇨致死突然変異．

劣成長［bradyauxesis］　⇨不等成長．

レトロ遺伝子［retrogene］　＝プロセッシングされた遺伝子（processed gene）．

レトロウイルス［retrovirus］　生活環の中で逆転写酵素を用いるRNAウイルス．この酵素は，ウイルスゲノムをDNAに転写することを可能にする．レトロウイルスという名前は，この"逆方向"の転写からきている．転写されたウイルスDNAは宿主ゲノム中に組込まれ，宿主染色体の遺伝子と一緒に複製される．したがって，レトロウイルスの複製過程はセントラルドグマ*に反することになる．大部分のレトロウイルスは，直線状の一本鎖(+)RNAを2コピーもっており，これらが水素結合でつながっている．ほとんどのレトロウイルスは，gag，pol，およびenvの三つの遺伝子をもつ．gag遺伝子はキャプシドの構造タンパク質をコードし，envはウイルス膜のエンベロープ上のスパイクを形成する糖タンパク質をコードする．pol領域は，プロテアーゼ，逆転写酵素，およびインテグラーゼ*をコードする．レトロウイルスゲノムの転写によってポリシストロン性mRNAがつくられる．これが一つのポリタンパク質に翻訳され，さらにウイルスのプロテアーゼによって切断されることによって，機能をもつサブユニットになる．現在のAIDSの蔓延の原因となるウイルスは，レトロウイルスの一種のHIV*である．レトロウイルスはがん遺伝子をもっていることもあり，その場合には宿主細胞ががん細胞にトランスフォームされる．がんウイルスには，ラウス肉腫ウイルスのように鳥に感染するもののほか，齧歯類（モロニーおよびラウシャー白血病ウイルス，乳がん誘発原），食肉類（ネコの白血病および肉腫ウイルス），霊長類（サル肉腫ウイルス）などに感染するものがある．⇨逆転写，ウイルス．

レトロポゾン［retroposon］　RNA中間体を経由して転移する転移因子*．宿主染色体中の個々のDNA断片はRNAに転写された後に，逆転写酵素*によってDNA断片に逆転写される．このDNA断片は宿主ゲノムの，通常は新たな部位に再挿入される．最もよくわかっているレトロポゾンは，HIV*のようなレトロウイルス*である．レトロポゾンはレトロトランスポゾンの省略形で，文献中では後者の表現もみられる．⇨付録C（1990 Biessmann et al.），動原体．コピア因子，反復DNA，テロメア，Ty因子．

レナー複合体［Renner complex］　一つの単位として世代から世代へと伝えられる染色体群（およびその上にある遺伝子群）．こうした複合体はたとえばOenothera（マツヨイグサ）属，Rhoeo（ムラサキオモト）属の種に見いだされ，そこでは染色体の全セットが一連の相互交換にかかわっている．減数分裂第一分裂中期において，独立の四分染色体ではなく二価の環状染色体が観察される．

lev　左旋性（levorotatory）の短縮形．⇨光異性体．

rep［rep = roentgen equivalent physical］　＝レントゲン等価物理量．

repタンパク質［rep protein］　大腸菌のrep

突然変異株で同定されたヘリカーゼ*で，ATPを加水分解しながらDNAの二重らせんをほぐす．

レプチン [leptin]　脂肪組織で合成される循環性ホルモン．レプチンは *obese** (*ob*) 遺伝子にコードされているので，OBタンパク質と表記されることもある．

レプチン受容体 [leptin receptor]　OB-R. 894アミノ酸のタンパク質で，肥満遺伝子 *ob* の産物であるレプチンの受容体と思われる．膜結合型受容体としての性質を備えている．OB-R mRNAは，マウス脳の脳下垂体（エネルギーバランスを制御する領域）を初めとする領域で発現している．OB-Rタンパク質は，マウス4番染色体上の遺伝子にコードされており，ヒトの相同遺伝子も同定されている．ob^+ 対立遺伝子をもつ，非常に肥満した人の脂肪細胞で，レプチンmRNAの量の上昇がみられる．このような個体は，OB-Rを欠損しているのであろう．⇒付録C (1995 Tartaglia *et al.*)，糖尿病．

rep DNA = 反復DNA (repetitious DNA).

レプリカーゼ [replicase]　DNAあるいはRNAを複製するヌクレオチドポリメラーゼをいう．自然界では，DNAレプリカーゼはRNAのプライマーを必要とする．RNAレプリカーゼはプライマーを必要としないことから，最初の複製分子がDNAではなく，RNAであったと推測される理由の一つとなっている．⇒DNAポリメラーゼ，ポリメラーゼ連鎖反応，プライマー RNA，DNA複製，RNA依存性RNAポリメラーゼ．

レプリカ平板法 [replica plating]　平板反復法ともいう．何枚かのシャーレ培地上に，細菌のコロニーを同一の位置パターンで増殖させるのに用いられる手法．細菌のコロニーの生えたシャーレ培地を逆さにして，ビロード布に覆われた円柱状の台に押しつける．このとき各コロニー中の10～20％の細菌が布面に移される．つぎに無菌状態の寒天培地を逆さにしてビロード布に押し当て，コロニー標品を移し取る．このようにして1枚の布から約8枚のレプリカをプリントすることができる．コロニーを移す平板培地の内容を変えれば，数百の異なるクローンについて，同時にいくつかの試薬に対する性質を調べることができる．⇒付録C (1952 Lederberg, Lederberg).

レプリケーター [replicator]　複製開始点*を含むDNA領域をいう．

レプリコン [replicon]　DNA複製を自律的に行う遺伝子単位．細菌では染色体が1個のレプリコンとして機能するのに対し，真核生物の染色体は数百のレプリコンが連結したものである．レプリコンのおのおのには，特殊なRNAポリメラーゼが結合する領域とDNA複製が開始するレプリケーター部位が存在し，上記のRNAポリメラーゼはイニシエーターとよばれるRNAプライマーを合成する．⇒付録C (1963 Monod, Brenner; 1968 Huberman, Riggs)，DNA繊維のオートラジオグラフィー，*ori* 部位，プライマーゼ．

レプリコン融合 [replicon fusion]　トランスポゾンを介して二つの独立な複製単位が結合すること．二つのプラスミド（一方のプラスミド上にトランスポゾンが存在する）が結合する場合には，この過程はプラスミド融合とよばれる．

レプリソーム [replisome]　DNA合成が開始する際，細菌染色体の複製フォークに構築される複合体で，DNAポリメラーゼおよびその他の酵素より成る．

レブロース [levulose]　= フルクトース (fructose).

レーベル遺伝性視神経症 [Leber's hereditary optic neuropathy]　略号LHON．青少年に発症する母性遺伝の疾患で，視神経の死により失明する．LHONの大半はmtDNAのミスセンス突然変異による．この塩基置換は重要な呼吸系の酵素の遺伝子内に起きる．⇒付録C (1988 Wallace *et al.*).

レポーター遺伝子 [reporter gene]　(1)可視化しやすい産物をつくり，(2)別の遺伝子に対する制御シグナルに反応する遺伝子 (R)．注目する遺伝子 (X) があるが，その活性を示す便利な方法がない場合に，遺伝子 R に遺伝子 X への制御シグナルを代わりに受け取らせることによって遺伝子 X の組織特異的な発現をモニターできる．R は産物を合成し，X が活性化された組織と場所を"レポート"する．大腸菌の *lacZ* 遺伝子は，レポーターとして広範に使用されてきた．産物は，β-ガラクトシダーゼ．この酵素は本来，ラクトースを分解するが，実験にはラクトース誘導体が使用される．この化合物 (5-ブロモ-4-クロロ-インドリル-β-D-ガラクトシド) は，β-ガラクトシダーゼで切断され，5-ブロモ-4-クロロ-インジゴという青色色素を生じる．発生段階のある組織での青色色素の産生は，研究対象遺伝子の活性化状態を表している．⇒エンハンサートラップ，ラクトースオペロン．

レム [rem = roentgen equivalent man]　電離放射線の線量単位．1 rad の X 線と同等の生体への効果を与える線量当量．rad（放射線吸収線量）× RBE（生物学的効果比）により与えられる．⇒シーベルト．

レリーフ [relief]　起伏ともいう．写真などにおいて，陰影を利用するなど，二次元画像に三

次元の効果をつくり出すこと. ⇨ シャドウイング法.

連繫群 [Rassenkreis]　種環ともいう. ⇨ 環状重複, 多型種.

連結する [catenate]　2個以上の環状物を連結すること.

連結生活体 [coenobium]　共通の膜によって囲まれた単細胞の真核生物の群体.

連合超優性 [associative overdominance]　中立遺伝子座が選択的に維持される多型との連鎖により, そのヘテロ接合性を増すこと. ⇨ ヒッチハイキング.

連合認識 [associative recognition]　免疫応答の開始において, Tリンパ球が, 抗原とほかの構造を同時に認識する必要があること. ほかの構造とはふつう, 主要組織適合性複合体にコードされている細胞表面アロ抗原である.

連　鎖 [linkage]　二つ以上の非対立遺伝子が独立組合わせから期待より高い確率で一緒に遺伝すること. 遺伝子が同一染色体にあるため連鎖している. ⇨ 付録C (1906 Bateson, Punnett; 1913 Sturtevant; 1915 Haldane et al.; 1951 Mohr).

連鎖遺伝子 [linked gene]　⇨ 連鎖.

連鎖球菌属 [Streptococcus]　グラム陽性細菌の属で, さまざまな動物種特に肺や小腸に寄生したり病原体となる. 細菌性の肺炎は, *Streptococcus pneumoniae* (肺炎連鎖球菌) により起こり, この生物から, 肺炎連鎖球菌の形質転換の原因物質が単離された. *Streptococcus pyogenes* は, ヒトに限定された病原体で, 他の細菌種に比べて, これが原因となる病気の種類が多い. とびひ, リウマチ熱, 猩紅熱, 敗血症, 溶連菌性咽頭炎, 中毒性ショック症候群などである. ゲノムは環状で, 1,852,442 bp. 1752個のORFの10%は, プロファージのもの. *S. pyogenes* は, 少なくとも40種の病原性因子を産生する. ⇨ 付録A (細菌亜界, プロテオバクテリア門), 付録C (1928 Griffith; 1944 Avery et al.; 1964 Fox, Allen; 2001 Ferretti et al.), 形質転換.

連鎖群 [linkage group]　同一染色体上に遺伝子座をもつ遺伝子のグループ. ⇨ 付録C (1919 Morgan).

連鎖地図 [linkage map]　特定の種の染色体上に複数の既知遺伝子の相対的位置を示した染色体地図.

連鎖反応 [chain reaction]　生物, 分子, 原子の反応過程で, 生じる生成物またはエネルギーが, その過程の継続や拡大の手段となる反応.

連鎖不平衡 [linkage disequilibrium]　同一染色体上の対立遺伝子群の配偶子への不均等な配分. 最も簡単な例は, 二つの遺伝子座のそれぞれに1対の対立遺伝子が存在する場合であろう. もし, 対立遺伝子の組合わせがランダムであるとすれば, 任意交配集団中でのおのおのの配偶子型の頻度は, そこに含まれている対立遺伝子の頻度の積に等しくなるであろう. そのようなランダムな組合わせ, すなわち平衡に近づく率は, 連鎖によって減じられ, それゆえ, 連鎖は不平衡を生じさせるといわれている. ⇨ 配偶子不平衡性.

連続遺伝子発現解析法 [serial analysis of gene expression]　略号SAGE. 多数の転写産物を定量的かつ同時に解析可能な方法. 短い特徴的な配列タグを組織 (例: 膵臓) から取出し, 連結させてクローン化する. 多数 (1000程度) のタグの塩基配列を決定すると, 組織の機能に特徴的な遺伝子の発現パターンがわかる. ⇨ プロテオーム, トランスクリプトーム.

連続共生説 [serial symbiosis theory]　真核生物は, 先祖となる原核生物から一連の共生関係により進化したとする理論. 最新の理論によれば, 今日の真核生物のミトコンドリアおよび微小管形成系の起源は, 真菌類や動物の祖先にあたる単細胞真核生物の系統に共生していた細菌やスピロヘータであると推測されている. こうした原生生物から派生した系統が続いて藍菌との内部共生を始め, この内部共生体が葉緑体に進化して, 藻類や植物の系統が発生する起源になったと考えられている. ⇨ 付録C (1978 Schwartz, Dayhoff; 1981 Margulis; 1986 Shih et al.), クリプトモナス, シアネラ, 内部共生説, ペロミクサ属, リボソームのオルガネラ, *Rickettsia prowazekii*, 共生発生.

連続相同性 [serial homology]　ある生物において, 直線的に配列された一連の構造 (たとえば脊椎) の間にみられる類似性.

連続分布 [continuous distribution]　分布が連続した値を生じるデータの集合. たとえば, 植物の茎丈や果実の重量を小数以下1桁以上で測定したもの. ⇨ 不連続分布.

連続変異 [continuous variation]　一方の端から他方の端まで, わずかずつ変化することで生じる量的形質の表現型の変異. ヒトの集団でいえば, 体重や体高, 知能などの表現型が連続変異を示す. ⇨ 不連続変異, 量的遺伝.

連続[紡錘]糸 [continuous fiber]　紡錘体の両極を連結する微小管. 動原体糸および星状糸とは異なる. ⇨ 分裂装置.

レントゲン [Roentgen]　0℃, 760 mmHgでの空気 1 cm^3 当たり 2.083×10^9 のイオン対を遊

離させる，あるいはタンパク質（密度 1.35）などの物質 1 μm³ 当たり約 2 対のイオン対を遊離させる電離線量．γ 線を 1 レントゲン照射した 1 g の組織は約 93 erg を吸収する．

レントゲン等価物理量 ［roentgen equivalent physical］ 略号 rep．組織 1 g 当たり 93 erg を吸収するのに相当する電離線量．

ロ

ロイコウイルス［leukovirus］ ⇨ レトロウイルス．

ロイシン［leucine］ 略号 Leu. ⇨ アミノ酸．

ロイシンジッパー［leucine zipper］ 7残基ごとにロイシン残基の周期的な繰返しをもつ，約30アミノ酸残基にわたる DNA 結合タンパク質にみられる領域．繰返しを含む領域は α ヘリックスを形成し，ロイシン残基はそのヘリックスの片面に並んでいる．そのようなヘリックスは二つのヘリックスが平行に並んだ状態で安定な二量体を形成する傾向がある．ロイシンジッパーは，多数の転写調節因子中に見いだされている．⇨ 付録 C（1988 Landschulz et al.），ヘリックス-ターン-ヘリックスモチーフ，ジンクフィンガータンパク質．

ρ 因子［ρ factor］ オリゴマーを形成して働く大腸菌のタンパク質．大腸菌 DNA の特定の部位に結合して転写終結を補助する．

老化［aging］ 遺伝的な要因が含まれる，年をとる過程．早老を起こすヒトの遺伝病や，老化を早めたり，遅らせたりする突然変異が酵母，線虫，ショウジョウバエで知られている．⇨ 付録 C（1994 Orr, Sohal；1995 Feng et al.），抗酸化酵素，アポトーシス，daf-2，老化のフリーラジカル仮説，Indy，methuselah，早老症，SGS1，テロメラーゼ，老化，ウェルナー症候群．

老化のフリーラジカル説［free radical theory of aging］ 老化は，反応性の高い酸素のフリーラジカルが，細胞のオルガネラ，特に DNA に分子上の障害を与えることで起きる．時間とともに，このような障害が蓄積し，しだいに生存力が低下する．⇨ 抗酸化酵素．

漏出遺伝子［leaky gene］ リーキー遺伝子ともいう．ハイポモルフ遺伝子（野生型対立遺伝子と比較して活性が低くなった突然変異対立遺伝子）．

漏出タンパク質［leaky protein］ リーキータンパク質ともいう．生物学的活性が正常値より低い値をもつ突然変異型タンパク質．

老年学［gerontology］ 老化現象を研究する学問．

沪過濃縮［filtration enrichment］ 真菌類の遺伝学における栄養素要求突然変異体の単離法．突然変異を起こさせた胞子を最少培地にまく．正常な胞子は発芽し，広範囲な菌糸体網を生じる．これらのコロニーを沪過して除去し，わずかに菌糸体が生じている残りの発芽した胞子を，栄養を補った培地上で生育させる．これらはそこで十分な菌糸体を生じ，増殖と研究が可能になる．

RhoGAM Rh 溶血症の予防に用いられる抗 Rh γ グロブリンの登録商標．⇨ 付録 C（1964 Gorman et al.），Rh 因子．

六倍体［hexaploid］ 6組（$6n$）の染色体もしくはゲノムをもつ倍数体．たとえばパンコムギは，三つの異なった種の間の雑種形成により，二つずつゲノムがもち込まれた結果生じた異質六倍体であると考えられる．⇨ コムギ．

ローズ培養器［Rose chamber］ 位相差顕微鏡の視野下で移植細胞を長時間観察できる密閉培養管．培養液は細胞の成長を妨げることなく定期的に取換えることができる．

ローダミン B［rhodamine B］ 特異的に細胞内の成分に結合する物質を標識するのに汎用される蛍光色素．⇨ ローダミンファロイジン．

ローダミンファロイジン［rhodaminylphalloidin］ ファロイジンの蛍光化合物で，細胞体中のアクチン繊維を特異的に染めるのに用いられる．⇨ 蛍光顕微鏡法，ファロトキシン．

$R_0 t$ RNA 駆動ハイブリダイゼーションにおける，RNA 濃度と反応時間の積．DNA 駆動ハイブリダイゼーションを解析するのに用いるコット値に対応する．

lod［lod = logarithm of the odds favoring linkage］ lod スコア法は，連鎖の統計学的解析に使用される．この計算では，系図を解析して，二つの遺伝子が指定された組換え価（r）を示す尤度すなわち確率（Pr）を決定する．次にその遺伝子が独立組合わせであると仮定して，尤

度（Pi）を計算する．lod スコアは，$Z=\log_{10}(Pr/Pi)$．対数を使用すると，新しい系図から得られたスコアを，それまでに得られた Z の値に加算できるという利点がある．Z スコアが $+3$ であれば，連鎖があると見なされる．LIPED のようなコンピュータプログラムを使えば，手間のかかる手計算は不要になり，複雑な系図の解析に一般的に使用される．⇨ 付録 C（1955 Morton；1974 Ott）．

ロドプシン［rhodopsin］ 略号 RHO．網膜の桿状体細胞中にみられる感光性の色素タンパク質．ロドプシンはオプシン*タンパク質とレチナール*から構成される．視覚興奮の第一段階の事象として，ロドプシン（視紅ともよばれる）は脱色されて黄色の化合物になる．ヒトでは，RHO をコードする遺伝子は 3q21.3-24 に位置する．RHO は多重膜貫通ドメインタンパク質*である．錐状体色素遺伝子*と RHO の間にはかなりの配列類似性がみられる．⇨ 色覚異常，色素性網膜炎．

ロドプラスト［rhodoplast］ 紅藻類にみられる紅色色素体．

ロバ［donkey，*Equus asinus*］ 馬の近縁種である．雌ロバを jennet，雄ロバを jack とよび慣わす．⇨ ウマ-ロバ雑種．

ロバートソン［型］転座［Robertsonian translocation］ ＝動原体融合（centric fusion）．

ρ 非依存性ターミネーター［ρ-independent terminator］ ρ 因子の非存在下において，RNA ポリメラーゼによって転写終結シグナルとして認識される大腸菌 DNA 配列．

沪胞刺激ホルモン［follicle-stimulating hormone］ 略号 FSH．卵巣の沪胞の生育とエストロゲンの分泌を刺激する糖タンパク質ホルモン．このホルモンは脊椎動物の腺性脳下垂体でつくられる．卵胞刺激ホルモンともいう．

Romalea microptera 減数分裂の研究に頻用されるバッタ．

ローマン方格［Roman square］ ＝ラテン方格（Latin square）．

ローリングサークル［rolling circle］ DNA 分子の複製機構のモデルの一つで，成長点が環状の鋳型鎖の周りを回転するかのように想像されることからこのようによばれる．環状 DNA を図では A で示した．B では，1 本の鎖の 1 箇所にニックが入り，遊離した 3′-OH 末端が DNA ポリメラーゼによって伸長される．新たに合成された鎖が伸びるにつれて，元の親鎖に置き換わる（C，D）．E では，ポリメラーゼが 1 回目の周回を完了し，F では 2 回転している．この結果，三つの単位ゲノム，つまり古い単位を一つと新しい単位を二つ含む 1 本の分子が生じることになる．押しのけられた鎖は，ついで相補鎖合成のための鋳型となりうる．この機構は二本鎖分子のコンカテマー（たとえば，λファージや両生類の卵母細胞中の増幅された rDNA など）を生成するのに用いられる．このタイプの DNA 複製は，σ 型複製（σ replication）とよばれることもある．ローリングサークルでつくられる構造がギリシャ文字の σ に似ているためである．ローリングサークル機構はウイロイド*でもみられる．この場合，感染したウイロイドの（＋）RNA が RNA ポリメラーゼの鋳型となり，相補的な（−）鎖のコンカテマーがつくられる．次に，これが鋳型となって（＋）RNA コンカテマーが合成された後，ゲノム単位に切断され，環状に連結される．⇨ 付録 C（1968 Gilbert, Dressler），ハンマーヘッド型リボザイム，ウイルスの（＋）鎖と（−）鎖，θ 型複製．

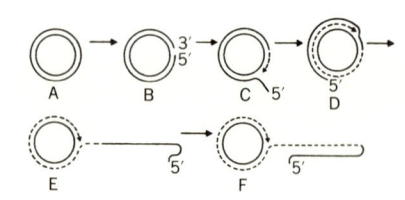

ワ

Y ピリミジンを示す一文字表記．⇨ Py．

YAC [YAC = yeast artificial chromosome] = 酵母人工染色体．

ワイスマン説 [Weismannism] August Weismann が唱え，一般に容認されている概念で，獲得形質は遺伝せず，生殖質の変化のみが世代から世代へと伝えられるとするもの．⇨ 付録 C (1883 Weismann)．

Y 染色体 [Y chromosome] 異型配偶子性にのみみられる性染色体．キイロショウジョウバエ* (*Drosophila melanogaster*) では，Y 染色体はほぼ全体が異質染色質*からなる．ショウジョウバエの多くの種の精母細胞の核内で，Y 染色体は目立ったランプブラシループを発達させる．このループは DNA の 1 本を軸とし，転写された RNA の繊維が付着したものからなる．この RNA は大量のタンパク質を伴っている．ループに随伴する転写物はオープンリーディングフレームを欠いている．また，テクチン*などのタンパク質が特定のループに結合している．しかし，テクチンは Y 連鎖遺伝子によってコードされているわけではない．したがって，Y のループに随伴する RNA は，精子の軸糸の組立てに用いられる特定の外来性タンパク質と結合するものと考えられる．ヒト Y 染色体は，異質染色質に富み，X 染色体のおよそ 1% の遺伝子しかもっていない．これらの一つの *SRY* * は，発生の経路を男性に切り替えるのに関与する．⇨ 付録 C (1968 Hess, Meyer; 1987 Page et al.; 1993 Pisano et al.)，ヒト遺伝子地図，ユダヤ人．

Y フォーク [Y fork] DNA の複製が進行している地点．親鎖 DNA が 2 本の鋳型鎖に分離して Y 字形の腕の部分となり，未複製の二本鎖 DNA が Y 字形の基部を形成する．⇨ DNA 複製．

Y 抑圧致死 [Y-suppressed lethal] XO 型のキイロショウジョウバエ (♂) を殺すが，正常な雄 (XY 型) の生存は許す伴性劣性致死．

Y 連鎖 [Y linkage] Y 染色体上の遺伝子が限雄性遺伝すること．⇨ メダカ．

ワクシニアウイルス [vaccinia virus] 痘瘡のワクチン接種に用いられた牛痘 DNA ウイルス．⇨ 付録 C (1798 Jenner)．

ワクチン [vaccine] 動物の体内に注射した場合に，特定の感染性因子（細菌，ウイルス，寄生性の原生生物など）やこれらの生物の有害な産物（たとえば，細菌がつくる毒素）に対抗する能動免疫の発達を促進する物質をいう．大部分のワクチンは抗原性物質からできているが，これらには生物全体（多くの異なる抗原を含む）のこともあるし，生物の特定の抗原部分（ウイルスの外殻など）であることもある．生物全体からつくられるワクチンの場合，生きているもの，死んでいるかまたは不活性化されたもの，あるいは弱毒化されたものが用いられる．このような種類のワクチンは免疫応答（抗体の生産およびリンパ球の活性化）を誘発し，免疫抗原を直接攻撃すると同時に，その後に動物宿主に感染する可能性のある生物の同一（時にはごく近縁な）抗原をも攻撃する．この一般化の例外は，DNA ワクチンの場合にみられる．この場合，病原体となりうる生物の一つあるいはそれ以上の特定の遺伝子をもつプラスミド*を遺伝子工学によってつくる．これを宿主細胞に人為的に導入してやると，挿入された遺伝子が活性化され，そのタンパク質産物がつくられる可能性がある．これらのタンパク質が宿主細胞に固有な"自己タンパク質"（たとえば，ヒト HLA のクラス II 抗原）と組合わされ，細胞表面に提示されると，キラー T 細胞によって異種抗原として認識されることになる．キラー T 細胞はこのような感染細胞を攻撃して殺し，病原性生物のさらなる増殖を抑止する．このように，DNA ワクチンに対する免疫応答は，ワクチンそのものに向けられるのではなく，プラスミドの遺伝子の異種タンパク質産物に対するものである．⇨ 付録 C (1798 Jenner; 1881 Pasteur)，抗体，抗原，ジフテリア毒素，組織適合性分子，免疫応答，免疫グロブリン，リンパ球．

綿 [cotton] ⇨ ワタ属．

ワタ属 [*Gossypium*] 約 50 種の二倍体と四倍体よりなる属．2 種の四倍体，*G. hirsutum* と *G. barbadense* は綿の生産に栽培される．これらの種の比較遺伝学はよく研究されている．

ワックス [wax] 脂肪酸と高級モノヒドロキシアルコールのエステル．

ワトソン-クリックモデル [Watson-Crick model] ⇨ デオキシリボ核酸．

ワーリングブレンダー［Waring blender］ 混合物を均質化するための台所用家電製品（ミキサー）であるが，実験室においては接合している細菌を分離したり，バクテリオファージやファージの外被を宿主細菌の表面から脱離させたり，試料組織をホモジナイズするのに用いられる. ⇨ 中断交配実験. せん断.

waltzer 実験用マウスの神経系突然変異. ホモ接合体は聴覚を失い，周回したり頭を振ったりする特有の行動を示す.

ワールンド効果［Wahlund effect］ 遺伝子頻度の違う多くの小さな任意交配集団からなる集団において，すべてのサブグループの平均遺伝子頻度を用いてハーディー-ワインベルグの式から出した期待値よりもヘテロ接合体の頻度が低く，ホモ接合体の頻度が高くなる傾向を示すこと. S. Wahlund によって発見されたこの現象は，各サブグループ内の同系交配の結果である.

付　録

A. 分　　類 …………………………411
B. 有用な動植物 ……………………417
C. 遺伝学年表 ………………………420
D. 遺伝学，細胞学，分子生物学関係の
　　定期刊行物 ……………………475
E. インターネットのサイト ………490
F. ゲノムサイズと遺伝子数 ………498

付録 A 分 類

　分類について：生物を進化的階層のグループに細分すること．正式な階層は，最大のグループから最小のグループの順に，界，門，綱，目，科，属，および種である．さらに細かい区分を割り当てるため，界と門の間に"階"あるいは"部門"が置かれることがある．また，門と綱の間には"枝"が，綱と目の間には"区"が，科と属の間には"族"がそれぞれ置かれる．さらに，どのグループの名称の場合でも，その頭に"上（または超）"および"亜"という接頭辞がつけられる場合がある．

生物の分類

超界　原核生物* Prokaryotes
1界　原核生物 Prokaryotae
亜界　アーキア Archaea （以前の古細菌 Archaebacteria）

- 門　ユーリアーキオータ（メタン生成菌および好塩菌）Euryarchaeota　（ハロバクテリウム，メタノコッカス）
- 門　クレンアーキオータ（硫黄依存性好熱菌）Crenarchaeota　（アーケオグロバス，スルフォロバス）

亜界　細菌 Bacteria　（以前の真正細菌 Eubacteria）

- 門　プロテオバクテリア　Proteobacteria　（アグロバクテリウム，大腸菌，インフルエンザ菌，シュードモナス，根粒菌，リケッチア，サルモネラ菌，セラチア菌，コレラ菌）
- 門　スピロヘータ Spirochaetae　（スピロヘータ，トレポネマ）
- 門　藍菌（シアノバクテリア）Cyanobacteria　（アナベナ，プロクロロン，シネコシシスティス）
- 門　サプロスピラ Saprospirae　（サプロスピラ）
- 門　クロロフレクサス Chloroflexa　（クロロフレクサス）
- 門　クロロビ Chlorobia　（クロロビウム）
- 門　アフラグマ菌 Aphragmabacteria　（マイコプラズマ，スピロプラズマ）
- 門　内生胞子菌 Endospora　（枯草菌，連鎖球菌）
- 門　ピレルラ Pirellulae　（クラミジア）
- 門　放線菌 Actinobacteria　（アクチノミセス，結核菌，ストレプトミセス）
- 門　デイノコッカス Deinococci　（デイノコッカス，ブドウ球菌，テルムス）
- 門　テルモトガ Thermotogae　（テルモトガ）

超界　真核生物* Eukaryotes
2界　原生生物* Protoctista

- 門　古原生生物 Archaeprotista　（バルブラニンファ，ランブル鞭毛虫）
- 門　微胞子虫 Microspora　（微粒子病原虫）
- 門　灰色植物 Glaucocystophyta　（グラウコシスティス，シアノスポラ）
- 門　カリオブラステア Caryoblastea　（ペロミクサ）
- 門　渦鞭毛虫 Dinoflagellata　（ゴニオラクス）
- 門　根足虫 Rhizopoda　（アメーバ）
- 門　黄金色植物 Chrysophyta　（オクロモナス）
- 門　ハプト植物 Haptophyta　（プリムネシウム）
- 門　ミドリムシ植物 Euglenophyta　（ミドリムシ）
- 門　クリプトモナス Cryptomonada　（クロオモナス，クリプトモナス(カゲヒゲムシ)，ロドモナス）
- 門　真正鞭毛虫 Zoomastigina　（動物性鞭毛虫類，トリパノゾーマ）
- 門　黄緑色植物 Xanthophyta　（フシナシミドロ）
- 門　ユースチグマト植物 Eustigmatophyta　（ヴィスケリア）
- 門　珪藻植物 Bacillariophyta　（珪藻類，イタケイソウ）

門　褐藻植物 Phaeophyta　(褐藻類，ヒバマタ，ジャイアントケルプ)
門　紅藻植物 Rhodophyta　(紅藻類，イトグサ)
門　接合藻植物 Gamophyta　(接合性緑藻類およびチリモ類，アオミドロ，ミクラステリアス)
門　緑藻植物 Chlorophyta　(鞭毛をもつ配偶子を形成する緑藻類，カサノリ，クラミドモナス(コナミドリムシ)，クロレラ，メソスチグマ，ボルボクス(オオヒゲマワリ))
門　有軸仮足虫 Actinopoda　(放散虫類および太陽虫類，アカンソシスティス，スチコロンケ)
門　有孔虫 Foraminera　(フズリナ，タマウキガイ)
門　繊毛虫 Ciliophora　(繊毛虫類，ゾウリムシ，スチロニキア，テトラヒメナ)
門　アピコンプレクサ Apicomplexa　(胞子虫類，マラリア原虫)
門　ラビリンツラ Labyrinthulomycota　(粘子類，ラビリンツラ)
門　アクラシス Acrasiomycota　(細胞性粘菌類，タマホコリカビ，ムラサキカビモドキ)
門　変形菌 Myxomycota　(真正粘菌類，ハリホコリ，モジホコリ)
門　ネコブカビ Plasmodiophoromycota　(ネコブカビ)
門　サカゲツボカビ Hyphochytridiomycota　(サカゲツボカビ)
門　ツボカビ Chytridiomycota　(コウマクノウキン)
門　卵菌 Oomycota　(エキビョウキン，ミズカビ)

3 界　真　菌* Fungi

門　接合菌 Zygomycota　(接合菌類，ケカビ，ヒゲカビ，ミズタマカビ，クモノスカビ)
門　担子菌 Basidiomycota　(キノコ類，ハラタケ，テングタケ，さび病菌，スエヒロタケ，クロボキン)
門　子嚢菌 Ascomycota　(子嚢をもつ菌類，コウジカビ，アカパンカビ，アオカビ，パン酵母，分裂酵母，ソルダリア(フンタマカビ))

4 界　動　物* Animalia

亜界　側生動物* Parazoa

門　板形動物 Placozoa　(センモウヒラムシ)
門　海綿動物 Porifera　(海綿類，カイロウドウケツ)

亜界　中生動物* Mesozoa

門　中生動物 Mesozoa　(ニハイチュウ)

亜界　真正後生動物* Eumetazoa

階　放射相称動物* Radiata
　門　刺胞動物*(腔腸動物) Cnidaria　(Coelenterates)
　　綱　ヒドロ虫 Hydrozoa　(ヒドロ虫類，ヒドラ)
　　綱　鉢虫 Scyphozoa　(クラゲ類，カツオノエボシ)
　　綱　花虫 Anthozoa　(サンゴおよびイソギンチャク類，ヒダベリイソギンチャク)
　門　有櫛動物 Ctenophora　(クシクラゲ類，ツノクラゲ)
階　左右相称動物* Bilateria
　亜階　前口動物(旧口動物)* Protostomia
　　超門　無体腔動物* Acoelomata
　　　門　扁形動物 Platyhelminthes
　　　　綱　渦虫 Turbellaria　(プラナリア類)
　　　　綱　吸虫 Trematoda　(吸虫類，住血吸虫)
　　　　綱　条虫 Cestoda　(サナダムシ類)
　　　門　紐形動物 Nemertina　(Rhynchocoela)(ヒモムシ類)
　　　門　顎口動物 Gnathostomulida
　　超門　偽体腔動物* Pseudocoelomata
　　　門　鉤頭動物 Acanthocephala　(コウトウチュウ類)
　　　門　内肛動物 Entoprocta　(スズコケムシ類)
　　　門　袋形動物* Aschelminthes
　　　　亜門　輪虫動物 Rotifera　(ワムシ類)
　　　　亜門　腹毛動物 Gastrotricha　(イタチムシ類)
　　　門　胴甲動物 Loricifera　(コウラムシ類)
　　　　亜門　動吻動物 Kinorhyncha　(トゲカワムシ類)
　　　　亜門　鰓曳動物 Priapulida　(エラヒキムシ類)
　　　　亜門　線形動物 Nematoda　(線虫，カイチュウ，*Caenorhabiditis*)
　　　　亜門　類線形動物 Nematomorpha (Gordiacea)　(ハリガネムシ類)
　　超門　体腔動物* Coelomata

A. 分　類　413

部門　有触手動物 Tentaculata
　門　箒虫動物 Phoronida　（ホウキムシ類）
　門　外肛動物 Ectoprocta　（コケムシ類）
　門　腕足動物 Brachiopoda　（シャミセンガイ）
部門　無関節動物* Inarticulata
　門　星口動物 Sipunculoides　（ホシムシ類）
　門　軟体動物 Mollusca　（軟体動物類）
　　綱　双神経（有針）Amphineura　（ヒザラガイ類）
　　綱　堀足 Scaphopoda　（ツノガイ類）
　　綱　腹足 Gastropoda　（巻貝類，アメフラシ，オウシュウマイマイ，モノアラガイ）
　　綱　斧足（二枚貝）Pelecypoda　（二枚貝類，マガキ，イガイ）
　　綱　頭足 Cepharopoda　（イカ，タコ，オウムガイ）
部門　有関節動物* Articulata
　門　ユムシ動物 Echiuroidea　（ユムシ類）
　門　環形動物 Annelida
　　綱　多毛 Polychaeta　（ゴカイ類）
　　綱　貧毛 Oligochaeta　（ミミズ類）
　　綱　ヒル Hirudinea　（ヒル類）
　門　緩歩動物 Tardigrada　（クマムシ類）
　門　有爪動物 Onychophora　（カギムシ）
　門　舌形動物（五口動物）Pentastomida　（シタムシ類）（寄生性生物）
　門　節足動物 Arthropoda
　　枝　鋏角類 Chelicerata
　　　綱　カブトガニ（節口）Merostomata　（カブトガニ類）
　　　綱　ウミグモ（皆脚）Pycnogonida　（ウミグモ類）
　　　綱　クモ形（蛛形）Arachnida　（サソリ，ザトウムシ，ダニ，クモ）
　　枝　大顎類 Mandibulata
　　　綱　甲殻 Crustacea
　　　　目　ミジンコ（鰓脚）Branchiopoda　（カブトエビ，ミジンコ）
　　　　目　貝形虫 Ostracoda　（カイムシ類）
　　　　目　カイアシ（橈脚）Copepoda　（カイアシ類）
　　　　目　フジツボ（蔓脚）Cirripedia　（フジツボ類）
　　　　目　エビ（軟甲）Malacostraca　（エビおよびカニ）
　　　綱　多足 Myriapoda
　　　　目　ヤスデ（倍脚）Diplopoda　（ヤスデ類）
　　　　目　ムカデ（唇脚）Chilopoda　（ムカデ類）
　　　綱　六脚 Hexapoda
　　　　亜綱　内顎（内腮）Entognatha
　　　　　目　トビムシ（粘管）Collembola　（トビムシ類）
　　　　　目　カマアシムシ（原尾）Protura　（カマアシムシ類）
　　　　　目　コムシ（双尾）Diplura　（ナガコムシ）
　　　　亜綱　昆虫 Insecta
　　　　　区　無翅昆虫類 Apterygota　（元来翅を欠く昆虫）
　　　　　　目　イシノミ（古顎）Archaeognatha　（イシノミ類）
　　　　　　目　シミ Zygentoma　（シミ）
　　　　　区　有翅昆虫類 Pterygota
　　　　　　亜区　旧翅類 Paleoptera　（広がった翅をもつ）
　　　　　　　目　カゲロウ Ephemeroptera　（カゲロウ類）
　　　　　　　目　トンボ Odonata　（トンボ類）
　　　　　　亜区　新翅類 Neoptera　（蝶番のある翅をもつ）
　　　　　　　上目　不完全変態 Hemimetabola　（蛹の段階を欠く）
　　　　　　　　目　シロアリモドキ（紡脚）Embioptera　（シロアリモドキ類）
　　　　　　　　目　ナナフシ（竹節虫）Phasmida　（ナナフシ類）
　　　　　　　　目　バッタ（直翅）Orthoptera　（バッタ類）
　　　　　　　　目　ガロアムシ（欠翅）Grylloblattodea　（ガロアムシ類）
　　　　　　　　目　網翅 Dictyoptera　（ゴキブリ類，チャバネゴキブリ）
　　　　　　　　目　ハサミムシ（革翅）Dermaptera　（ハサミムシ類）
　　　　　　　　目　チャタテムシ（嚙虫）Psocoptera　（チャタテムシ）
　　　　　　　　目　シラミ Phthiraptera　（シラミ）

　　　　　　　　　　目　半翅 Hemiptera　（カメムシ類）
　　　　　　　　　　目　カワゲラ（積翅）Plecoptera　（カワゲラ類）
　　　　　　　　　　目　アザミウマ（総翅）Thysanoptera　（アザミウマ類）
　　　　　　　　　上目　完全変態 Holometabola
　　　　　　　　　　目　鞘翅（甲虫）Coleoptera　（カブトムシ類，コクヌストモドキ）
　　　　　　　　　　目　ラクダムシ Raphidioptera　（ラクダムシ類）
　　　　　　　　　　目　広翅 Megaloptera　（ヘビトンボ類）
　　　　　　　　　　目　脈翅 Neuroptera　（カゲロウ類）
　　　　　　　　　　目　膜翅 Hymenoptera　（ミツバチ，コマユバチ，キョウソヤドリコバチ）
　　　　　　　　　　目　トビケラ（毛翅）Trichoptera　（トビケラ類）
　　　　　　　　　　目　鱗翅 Lepidoptera　（蛾類，カイコガ，マダラメイガ，マイマイガ）
　　　　　　　　　　目　シリアゲムシ（長翅）Mecoptera　（シリアゲムシ類）
　　　　　　　　　　目　ノミ（隠翅）Siphonaptera　（ノミ類）
　　　　　　　　　　目　ハエ（双翅）Diptera　（シマカ，ハマダラカ，ユスリカ，イエカ，ショウジョウバエ，
　　　　　　　　　　　　　　セボリユスリカ，キンバエ，イエバエ，*Rhynchosciara*，クロバネキノコバエ）
亜階　後口動物（新口動物）* Deuterostomia
　門　棘皮動物 Echinodermata
　　綱　ウミユリ Crinoidea　（ウミユリ類）
　　綱　ヒトデ Asteroidea　（ヒトデ類）
　　綱　クモヒトデ Ophiuroidea　（クモヒトデ類）
　　綱　ウニ Echinoidea　（ウニ類，キタムラサキウニ）
　　綱　ナマコ Holothuroidea　（ナマコ類）
　門　毛顎動物 Chaetognatha　（ヤムシ類）
　門　有鬚動物 Pogonophora　（ヒゲムシ類）
　門　脊索動物 Chordata　（脊索をもつ動物）
　　亜門　無頭動物* Acraniata
　　　枝　半索動物 Hemichordata　（ギボシムシ，フサカツギ）
　　　枝　尾索動物 Urochordata　（ホヤ類）
　　　枝　頭索動物 Cephalochordata　（ナメクジウオ類）
　　亜門　有頭動物* Craniata
　　　枝　無顎類 Agnatha　（顎をもたない脊椎動物）
　　　　綱　円口 Cyclostomata　（ヤツメウナギ類）
　　　枝　顎口類 Gnathostoma　（顎をもつ脊椎動物）
　　　　綱　軟骨魚 Chondrichthyes　（サメ，エイの類）
　　　　綱　硬骨魚 Osteichthyes
　　　　　亜綱　旧鰭 Palaeopterygii　（古代の魚類）
　　　　　　目　チョウザメ Acipenseriformes　（チョウザメ類）
　　　　　　目　セミオノタス（ガーパイク）Semionotiformes　（ガーパイク類）
　　　　　亜綱　新鰭 Neopterygii　（近代の魚類）
　　　　　　目　サケ Salmoniformes　（サケ）
　　　　　　目　ウナギ Anguilliformes　（ウナギ類）
　　　　　　目　コイ Cypriniformes　（コイ，フナ）
　　　　　　目　カダヤシ Cyprinodontiformes　（ゼブラフィッシュ，マミチョグ，グッピー）
　　　　　　目　スズキ Perciformes　（ティラピア，シクリッド類）
　　　　　　目　ナマズ Siluriformes　（ナマズ類）
　　　　　　目　カライワシ Elopiformes　（イセゴイ）
　　　　　　目　ニシン Clupeiformes　（ニシン類）
　　　　　　目　トゲウオ Gasterosteiformes　（ヨウジウオ類）
　　　　　　目　カレイ Pleuronectiformes　（カレイ類）
　　　　　　目　フグ Tetraodontiformes　（トラフグ）
　　　　　亜綱　総鰭（シーラカンス）Crossopterygii　（シーラカンス類，シーラカンス）
　　　　綱　両生類 Amphibia
　　　　　目　無足 Apoda　（アシナシイモリ類）
　　　　　目　有尾 Urodela　（サンショウウオ類，トラフサンショウウオ，ブチイモリ，ユーロッパイモリ）
　　　　　目　無尾 Anura　（カエルおよびヒキガエル類，アカガエル，アフリカツメガエル）
　　　　綱　爬虫類 Reptilia　（カメ類，ワニ類，ヘビ類）
　　　　綱　鳥類 Aves　（鳥）
　　　　　亜綱　古顎 Palaeognathae　（飛べない鳥類，ダチョウ，エミュー）
　　　　　亜綱　新顎 Neognathae　（近代の鳥類）

A. 分類　415

　　　　　目　カモ　Anseriformes　（カモ類，マガモ）
　　　　　目　キジ　Galliformes　（ウズラ，シチメンチョウ，ニワトリ）
　　　　　目　ハト　Columbiformes　（ハト類，カワラバト）
　　　　　目　オウム　Psittaciformes　（オウム）
　　　　　目　スズメ　Passeriformes　（鳴禽類）
　　綱　哺乳類　Mammalia
　　　　亜綱　前獣　Protheria　（卵を産む哺乳類）
　　　　亜綱　後獣　Metatheria　（有袋類，ネズミカンガルー）
　　　　亜綱　真獣（正獣）Eutheria　（有胎盤哺乳類）
　　　　　目　食虫　Insectivora　（モグラ類，トガリネズミ類）
　　　　　目　翼手　Chiroptera　（コウモリ類）
　　　　　目　貧歯　Edentata　（ナマケモノ類）
　　　　　目　齧歯　Rodentia　（齧歯類，テンジクネズミ（モルモット），チンチラ，カンガルーマウス，ゴールデンハムスター，ハツカネズミ，シロアシマウス，クマネズミ）
　　　　　目　ウサギ　Lagomorpha　（ウサギ類，アナウサギ）
　　　　　目　食肉　Carnivora　（食肉類，イヌ，ネコ，キツネ，イタチ）
　　　　　目　クジラ　Cetacea　（クジラ類）
　　　　　目　長鼻　Proboscidea　（ゾウ類）
　　　　　目　鰭脚　Pinnipedia　（アザラシ類）
　　　　　目　奇蹄　Perissodactyla　（奇数の蹄をもつ有蹄類，ウマ）
　　　　　目　偶蹄　Artiodactyla　（偶数の蹄をもつ有蹄類，ウシ，ラクダ，ヒツジ，イノシシ）
　　　　　目　霊長　Primates　（キツネザル，メガネザル，サル類，類人猿，ヒト）

　　　　　　　　　5 界　植　物　Plantae

門　コケ植物*　Bryophyta
　亜門　苔類　Hepaticae　（ゼニゴケ類，ダンゴゴケ）
　亜門　ツノゴケ　Anthocerotae　（ツノゴケ類）
　亜門　蘚類　Musci　（コケ類）
門　維管束植物　Tracheophyta　（維管束をもつ植物）
　亜門　プシロフィトン（裸茎植物）Psilophyta　（マツバラン）
　亜門　ヒカゲノカズラ　Lycopodophyta　（カゲノカズラ類およびミズニラ類）
　亜門　トクサ　Sphenopsida　（スギナ）
　亜門　シダ種子植物　Pteropsida　（シダ類および種子植物）
　　上綱　シダ植物　Filicinae　（シダ類）
　　上綱　裸子植物　Gymnospermae　（球果をつける種子植物）
　　　綱　種子シダ植物　Pteridospermophyta　（種子をつけるシダ植物）
　　　綱　ソテツ　Cycadophyta　（ソテツ類）
　　　綱　イチョウ　Ginkgophyta　（イチョウ）
　　　綱　球果植物（針葉樹）Coniferophyta　（針葉樹）
　　　綱　マオウ（グネツム）Gnetophyta　（グネツム類）
　　上綱　被子植物　Angiospermae　（顕花植物）
　　　綱　双子葉植物　Dicotyledoneae
　　　　　目　モクレン　Magnoliales　（モクレン類）
　　　　　目　バラ　Rosales　（バラ，リンゴ，プラム，イチゴなど）
　　　　　目　マメ　Leguminales　（ダイズ，エンドウ，インゲンマメ）
　　　　　目　ヤナギ　Salicales　（ヤナギ類）
　　　　　目　ブナ　Fagales　（ブナ，カシなど）
　　　　　目　フウロソウ　Geraniales　（ゼラニウム，アマ（亜麻））
　　　　　目　サボテン　Cactales　（サボテン類）
　　　　　目　ゴマノハグサ　Scrophulariales　（キンギョソウ，コリンシア）
　　　　　目　キンポウゲ　Ranales　（キンポウゲ類，スイレン，キンポウゲ）
　　　　　目　フトモモ　Myrtales　（ギンバイカ，ユーカリ，マツヨイグサ）
　　　　　目　アブラナ　Cruciales　（キャベツ，カブ，シロイヌナズナ）
　　　　　目　ウリ　Cucurbitales　（カボチャ，キュウリ）
　　　　　目　ナデシコ　Caryophyllales　（カーネーション）
　　　　　目　リンドウ　Gentianales　（リンドウ類）
　　　　　目　サクラソウ　Primulales　（サクラソウ）
　　　　　目　アオイ　Malvales　（ワタ，シナノキ）
　　　　　目　アカネ　Rubiales　（コーヒー，キナ）

目　ユキノシタ　Saxifragales　（スグリ，フサスグリ）
　　目　セリ　Umbellales　（ニンジン，パースニップ（アメリカボウフウ））
　　目　ムクロジ　Sapindales　（トチノキ，カエデ）
　　目　ナス　Solanales　（チョウセンアサガオ，トマト，タバコ，ナス）
　　目　ニシキギ　Celastrales　（ニシキギ，ツゲ）
　　目　ムラサキ　Boraginales　（ヘリオトロープなど）
　　目　シソ　Lamiales　（ラベンダー，ハッカなど）
　　目　キク　Asterales　（キク科植物，ハプロパップス）
　綱　単子葉植物　Monocotyledoneae
　　目　ヤシ　Palmales　（ヤシ類）
　　目　イネ　Graminales　（イネ科植物，オオムギ，イネ，コムギ，トウモロコシ）
　　目　ユリ　Liliales　（ユリ類，チューリップ，アマリリス，アヤメ，イヌサフラン）
　　目　ツユクサ　Commelinales　（ムラサキツユクサ）
　　目　サトイモ　Arales　（オランダカイウ（カラー），サトイモ類）

参 考 文 献

Lynn Margulis, "The Classification and Evolution of Prokaryotes and Eukaryotes. Handbook of Genetics", Vol. 1, 1〜14, Plenum Press, New York（1974）.

Lynn Margulis, Karlene V. Schwartz, "Five Kingdoms: An Illustrated Guide to the Phyla of Life on Earth", 3rd Ed., W. H. Freeman, New York（1998）.

付録 B　有用な動植物

　栽培植物や家畜などは，人間と生活をともにし，人間に役立つように適応させた生物であり，農作物，家畜，ペット，実験動物などが含まれる．以下の表には，経済的に重要なさまざまな栽培植物や家畜などについて，一般名と学名を並記した．辞典中の項目として取り上げた種（たとえば，オオムギ，ニワトリ，トウモロコシ）はこの表からは除いてある．

アイビー（セイヨウキヅタ）	*Hedera helix*	カカオ	*Theobroma cacao*
麻	*Cannabis sativa*（大麻），*Agave sisalana*（サイザル麻）	カキ（牡蠣）（アメリカガキ†）	*Crassostrea virginica*
アサガオ（マルバアサガオ†）	*Ipomoea purpurea*	カキ（柿）	*Diospyros kaki*
		カシ	*Quercus suber*（コルクガシ），*Q. alba*（ホワイトオーク）
アスパラガス	*Asparagus officinalis*	カシューナッツ	*Anacardium occidentale*
アニス	*Pimpinella anisum*	ガチョウ（シナガチョウ†）	*Cygnopsis cygnoid*（= *Anser cygnoides*）
アブラナ(ナタネ)	*Brassica campestris*	カナリア	*Serinus canaria*
アボカド	*Persea americana*	カーネーション	*Dianthus caryophyllus*
アマ（亜麻）	*Linum usitatissimum*	カブ	*Brassica campestris*
アマリリス	*Amaryllis belladonna*	カポック（パンヤノキ）	*Ceiba pentandra*
アメリカサイカチ	*Gleditsia triacanthos*		
アーモンド	*Prunus amygdalus*	カラシナ（シロカラシ†）	*Brassica hirta*
アヤメ（ブルーフラッグ†）	*Iris versicolor grandiflorum*	カリフラワー	*Brassica oleracea botrytis*
アルパカ	*Lama pacos*	カルダモン	*Elettaria cardamomum*
アルファルファ	*Medicago sativa*	キク	*Chrysanthemum morifolium*
アンズ	*Prunus armeniaca*	キノコ類	*Agaricus bisporus*（マッシュルーム，ツクリタケ）），*Volvariella volvacea*（フクロタケ），*Lentinus edodes*（シイタケ）
イエローパーチ（北米産淡水魚）	*Perca flavescens*		
イチゴ（オランダイチゴ）	*Fragaria ananassa*		
イチジク	*Ficus carica*	キミガヨラン(ユッカ)	*Yucca brevifolia*（ブレビフォリア，ジョシュアツリー）
エンダイブ（キクヂシャ）	*Cichorium endivia*	キャッサバ	*Manihot esculenta*
オオクチバス	*Micropterus salmoides*	キャベツ（カンラン）	*Brassica oleracea capitata*
オクラ	*Hibiscus esculentus*（= *Abelmoschus esculentus*）	キングサリ	*Laburnum anagyroides*
		キンレンカ（ナスタチウム）	*Tropaeolum majus*
オコジョ	*Mustela erminea*		
オリーブ	*Olea europaea*	グアバ（バンジロウ）	*Psidium guajava*
オレンジ	*Citrus aurantium*（ビターオレンジ），*C. sinensis*（スイートオレンジ；ネーブルオレンジはこの種の栽培品種）	グラジオラス	*Gladiolus communis*（何百もある種の一つ）
		クラブアップル（マルス）	*Pyrus ioensis*（= *Malus ioensis*）
カイエンペッパー（シマトウガラシ，キダチトウガラシ）	*Capsicum frutescens*	クランベリー（オオミノツルコケモモ）	*Vaccinium macrocarpon*
		クリ	*Castanea sativa*

訳注：和名については，標準和名にとらわれず，竹やヤナギなどのように，日本人にとってなじみ深い一般名称を用いるようにした．このため，学名で示された種の標準和名とは異なる場合があるが，これらについてはかっこ内に示した別名に†を付けてわかるようにした．

クルミ(テウチグルミ†)	Juglans regia	セコイア	Sequoia gigantea(ジャイアントセコイア), S. sempervirens(センペルセコイア, レッドウッド)
グレープフルーツ	Citrus paradisi		
クロイチゴ	栽培品種はおもにキイチゴ属(Rubus)の3種, R. argutus, R. alleghenicnsis, R. frondosus に由来	ゼラニウム	Pelargonium graveolens
		セロリー	Apium graveolens
		セントポーリア(アフリカスミレ)	Saintpaulia ionantha
クロッカス	Crocus susianus (= C. angustifolius)	ゾウ(アジアゾウ†)	Elephas maximus
クローバー	Trifolium pratense(アカツメクサ), T. repens(シロツメクサ)	ソバ	Fagopyrum sagittatum (= F. sculentum)
クローブ(チョウジ)	Syzygium aromaticum	ソルガム(モロコシ)	Sorghum bicolor
ケシ	Papaver somniferum(アヘン用)	ダイオウ(大黄)	Rheum officinale
		ダイコン	Raphanus sativus
コイ	Cyprinus carpio	タイム(タチジャコウソウ)	Thymus vulgaris
コクタン	Diospyros ebenum		
コケモモ	Vaccinium vitis-idaea	ダグラスファー(アメリカトガサワラ)	Pseudotsuga menziesii
ココナッツ(ココヤシ)	Cocos nucifera		
コショウ(ブラックペッパー)	Piper nigrum	竹(ダイサンチク†)	Bambusa vulgaris
		タチアオイ	Alcea rosea
コーヒー	Coffea arabica	チェインピッケレル(クサリカワカマス; 北米産淡水魚)	Esox niger
ゴマ	Sesamum indicum		
ゴム(パラゴムノキ†)	Hevea brasiliensis		
コリアンダー	Coriandrum sativum	チーク	Tectona grandis
サクランボ(オウトウ)	Prunus cerasus(スミノミザクラ), P. avium(セイヨウミザクラ)	チモシー(オオアワガエリ)	Phleum pratense
		チャ	Camellia sinensis(= Thea sinensis)
ササゲ	Vigna sinensis		
サツマイモ	Ipomoea batatas	チャイブ(エゾネギ)	Allium schoenoprasum
サトイモ	Colocasia esculenta	チューリップ	Tulipa gesneriana
サトウキビ	Saccharum officinarum	チョウセンアザミ(アーティチョーク)	Cynara scolymus
ジギタリス	Digitalis purpurea		
シダーウッド(エンピツビャクシン)	Juniperus virginiana	ツバキ	Camellia japonica
		ディル(イノンド)	Anethum graveolens
シチメンチョウ	Meleagris gallopavo	テン(アメリカテン†)	Martes americana
シナモン(セイロンニッケイ)	Cinnamomum zeylanicum	テンサイ(サトウダイコン)	Beta vulgaris
シャクヤク(セイヨウシャクヤク†)	Paeonia officinalis	トウガラシ	Capsicum annuum
		トウゴマ(ヒマ)	Ricinus communis
ジャコウウシ	Ovibos moschatus	トウジンビエ(ミレット)	Pennisetum glaucum
ジャスミン	Jasminum officinalis		
ショウガ	Zingiber officinale	トウヒ(コロラドトウヒ†)	Picea pungens
シラカンバ(アメリカシラカンバ†)	Betula papyrifera		
		トケイソウ(パッションフルーツ)	Passiflora edulis
スイカ	Citrullus vulgaris (= C. lanatus)	トナカイ(カリブー)	Rangifer tarandus
スイギュウ(アジアスイギュウ†)	Bubalus bubalis	ナガハグサ	Poa pratensis
		ナシ(セイヨウナシ†)	Pyrus communis
スイセン(クチベニズイセン†)	Narcissus poeticus	ナス	Solanum melongena esculentum
スナネズミ	Meriones unguiculatus	ナツメヤシ	Phoenix dactylifera
スペアミント(オランダハッカ)	Mentha spicata	ニンジン	Daucus carota sativa
		ネバリノギク(ニューイングランドアスター)	Aster novae-angliae
スモモ(セイヨウスモモ†, プラム†)	Prunus domestica		
セイヨウネズ(ジュニパーベリー)	Juniperus communis	ノーザンパイク(キタカワカマス; 淡水魚)	Esox lucius
セキセイインコ	Melopsittacus undulatus	パイナップル	Ananas comosus

ハクサイ	Brassica rapa	マカダミアナッツ	Macadamia integrifolia
ハシバミ (ヘーゼルナッツ)	Corylus americana(米国種)	マガモ	Anas platyrhynchos
ハス(キバナハス†)	Nelumbo lutea	マス	Salvelinus fontinalis(ブルックトラウト，カワマス)，
パースニップ (アメリカボウフウ)	Pastinaca sativa		Salvelinus namaycush(レイクトラウト)，Salmo
ハナズオウ(アメリカハナズオウ†)	Cercis canadensis		gairdneri(=Oncorhynchus mykiss; ニジマス)
バナナ	Musa 属の植物	松(ナガミマツ†, サトウマツ†)	Pinus lambertiana
バニラ	Vanilla planifolia		
パパイア	Carica papaya	マホガニー	Swietenia mahagoni
バラ	Rosa 属の多くの種が栽培されるが，最も一般的には，R. centifolia, R. damascena, および R. multiflora	豆	Vicia faba(ソラマメ)， Phaseolus limensis(ライマメ)，P. aureus(ケツルアズキ)，P. vulgare(インゲンマメ)
パンノキ	Artocarpus communis	マリーゴールド	Tagetes erecta
ヒアシンス	Hyacinthus orientalis	マルメロ	Cydonia oblonga
ヒイラギ	Ilex opaca(アメリカヒイラギ)， I. aquifolium(セイヨウヒイラギ)	マンゴー	Mangifera indica
		ムギワラギク (ヘリクリサム)	Helichrysum bracteatum
ピーカン	Carya illinoensis		
ビクーナ(ビクーニャ)	Vicugna vicugna	メキャベツ (コモチカンラン)	Brassica oleracea gemmifera
ピスタチオ	Pistacia vera		
ヒッコリー	Carya ovata	メロン(カンタループメロン†)	Cucumis melo cantalupensis
ヒマワリ	Helianthus annuus		
ビャクダン (サンダルウッド)	Santalum album	モミ(バルサムモミ†)	Abies balsamea
		モモ	Prunus persica
ヒャクニチソウ	Zinnia elegans	ヤギ	Capra hircus
ヒョウタン	Lagenaria siceraria	ヤク	Bos grunniens
ヒヨコマメ	Cicer arietinum	ヤナギ (シダレヤナギ†)	Salix babylonica
フィロデンドロン (観葉植物)	Philodendron cordatum		
		ヤムイモ(ダイジョ)	Dioscorea alata
フダンソウ(ビート)	Beta vulgaris cicla	ユリノキ	Liriodendron tulipifera
ブドウ	Vitis vinifera	ライチ(レイシ)	Litchi chinensis
ブナ	Fagus grandifolia(アメリカブナ)，F. sylvatica(ヨーロッパブナ)	ライム	Citrus aurantifolia
		ライムギ	Secale cereale
		ラズベリー(キイチゴ)	Rubus occidentalis(ブラックラズベリー)，R. idaeus (ラズベリー)
ブラジルナッツ	Bertholletia excelsa		
ブラックハックルベリー	Gaylussacia baccata		
		ラッカセイ(ナンキンマメ，ピーナッツ)	Arachis hypogaea
ブルーベリー	Vaccinium corymbosum		
フロックス(クサキョウチクトウ)	Phlox drummondii	ラッパズイセン	Narcissus pseudo-narcissus
		ラベンダー	Lavandula officinalis
ブロッコリー	Brassica oleracea italica	ラマ(リャマ)	Lama glama
ベイツガ(ウエスタンヘムロック)	Tsuga heterophylla	リコリス(甘草)	Glycyrrhiza glabra
		リュウゼツラン	Agave cantala(繊維用)， Agave atrovirens(プルケ酒用)
ベゴニア(レックスベゴニア†)	Begonia rex		
ペパーミント (セイヨウハッカ)	Mentha piperita	リンゴ	Malus domestica
		ルタバガ (スウェーデンカブ)	Brassica napus
ポインセチア	Euphorbia pulcherrima		
ホウキモロコシ	Sorghum vulgare technicum	レタス	Lactuca sativa
ホウレンソウ	Spinacia oleracea	レモン	Citrus limon
ホップ(カラハナソウ)	Humulus lupulus	レンズマメ(ヒラマメ)	Lens culinaris
ホワイトアッシュ (アメリカトネリコ)	Fraxinus americana	ワイルドライス (アメリカマコモ†)	Zizania aquatica
ポンカン(マンダリン，タンジェリン)	Citrus reticulata		

付録 C　遺伝学年表

　遺伝学，細胞学および進化生物学は関連分野ばかりでなく全く異なる領域の科学からも刺激を受けてきた．多くの場合，特殊な理科学機器や技術の発達によって輝かしい発見がつぎつぎと生まれた．遺伝学，細胞学，進化生物学は同一歩調で発展してきたわけではないので，それぞれの歩んだ道筋を厳密に歴史的見地から明らかにすることはむずかしい．そうはいっても，これらの科学に関係したできごとが，どのような順に起きたのか，その道筋を知ることは学生にとって必要なことだ．以下の年表は，遺伝学の専門家にとってはできごとの取捨選択に不満があるかも知れないが，この目的には十分と思う．また最近の発見の中には今から10年もすればあまり目立たなくなってしまうものもあるかもしれない．この年表を通読するとき，学生はつぎのことに留意してほしい．つまり，科学においては，偉大な統一的概念は一人の個人の頭脳から完成品として飛び出してくるものではなく，時が熟したころには，多数の専門家が解釈しようと模索しており，たぶん全員が解答に手が届く状態にあるということである．しかし，一人の人間が初めて統一的概念を明確な形で示すことが多いので，便宜上，その一人が先覚者として記録されるのである．

　近年は，科学者の国際的なチームによる研究結果を報告した論文がしだいに多くなってきた．たとえば，1989年から1996年までの欄には，ヒトの異なる遺伝子のクローニングを報告した14編の論文があげられているが，それぞれの論文の著者は平均23名にも及ぶ．また，1995年から2001年までの欄にあげられている，13種類の異なる原核生物のゲノムに関して報告した論文の著者は平均38名である．1998年に発表された線虫ゲノムの研究共同体には407名の研究者が参加している．限られたスペースの中では，それぞれの項目について4人以上の著者名をあげることはできなかった．このため，このようなチームによるプロジェクトに参加した研究者の多くの名前が落ちてしまい，しかるべき評価がなされていないことを遺憾に思う．

1590	Z. Janssen, H. Janssen	筒に2枚の両凸レンズを組合わせ，最初の複合顕微鏡をつくる．
1651	W. Harvey	すべての生物(ヒトを含む)は卵から始まるという概念を提唱．
1657	R. de Graaf	ヒトの卵巣において沪胞を発見するが，卵と解釈を誤まる．
1665	R. Hooke	"Micrographia" を著し，細胞を初めて記載．
1668	F. Redi	ウジの自然発生説を論破．
1673	A. van Leeuwenhoek	手製の顕微鏡による観察結果を報告したシリーズの第一報をロンドン王立協会に送る．この報告は50年間にわたって続いた，"微小動物"（細菌と原生生物）およびヒトや他の哺乳類の赤血球を初めて観察．後に，ヒトの精子の他，節足動物，軟体動物，魚類，鳥類，および他の哺乳類の精子についても記載した．
1694	J. R. Camerarius	初期の受粉実験を行い，顕花植物に性が存在することを報告．
1735	C. V. Linné（現在ではラテン語つづり Linnaeus として知られる）	"Systema Naturae" の第1版を著す．その生涯にこの分類学の著作を，16版完成した．第10版（1753年出版）は，彼の植物に関する著作 "Species Plantarum" とともに動物の現代の科学的命名の出発点となった．Linné は今日用いられている二名式命名法の "リンネシステム" を創始した．種の不変性と客観的分類という Linné の主張は，種の起源の方式に関して問題を提起した．Linné は，今日でも用いられているおよそ7700種の植物ならびにヒト（*Homo sapiens*）を含む4400種の動物の種を命名した．

C. 遺伝学年表

1761 ～67	J. G. Kölreuter	各種のタバコ (*Nicotiana*) 間の交雑を実施. 雑種の外観上の形質は量的に両親の中間で, 正逆交雑も差がないことを知り, 両親は次代の形質に均等に影響すると考えた.
1769	L. Spallanzani	栄養培地中の微生物の"自然発生"は容器を密閉し, 30 分以上, 沸騰水中で処理すれば防げることを示す. 1780 年には両生類を使って人工受精実験を行い, 受精と発生には, 卵と精液の物理的接触が必要であると報告.
1798	T. R. Malthus	"人口論 (An Essay on the Principle of Population)" を匿名で著す. この論文は後に, Charles Darwin ならびに Alfred Russel Wallace の考え方に影響を与え, 自然選択の概念をもたらすことになった.
〃	Edward Jenner	"イングランド西部の一部, 特にグロスターシャーにおいて発見され, 牛痘の名で知られる病気, Variolae Vaccinae の原因と影響に関する調査"を著す. この中で牛痘によるワクチンが天然痘の予防に有効であることを初めて示し, 能動免疫の原理を確立し, 科学としての免疫学を創始した.
1809	J. B. de Monet Lamarck	適応形質のたゆまぬ強化と完成によって種は徐々に新しい種へと変化しうる, また獲得形質が子孫に伝えられることを提唱.
1818	W. C. Wells	アフリカに住むヒトの集団は, 風土病に対する抵抗性の程度に応じて選択されてきたことを示唆. 自然選択の原理を初めて明確に述べる.
1820	C. F. Nasse	ヒトの血友病の遺伝は伴性であると記述.
1822	E. G. Saint-Hilaire	脊索動物の体制プランは, 節足動物に似た祖先生物から, その背腹軸を逆転することによって生じたことを示唆.
1822 ～24	T. A. Knight, J. Goss, A. Seton	おのおの独自にマメ科植物の交雑実験を行い, F_1 に優性形質が現れ, F_2 において種々の遺伝形質が分離することを観察したが, 分離比や後代検定は研究しなかった.
1825	F. V. Raspail	デンプンのヨウ素反応実験を行い, 組織化学の基礎を築く.
〃	J. E. Purkinje	鳥の卵で胚胞を発見.
1827	K. E. von Baer	ヒトの卵子について初めて正確に記述.
1830	G. B. Amici	花粉管が花柱内を伸び, 胚珠に達することを示す.
1831	R. Brown	細胞内の核を記述.
〃		12 月 27 日, ビーグル号が世界一周航海のためにプリマス港を出航. この艦には 22 歳の博物学者 Charles Darwin が乗船していた.
1835		9 月 15 日, ビーグル号はガラパゴス諸島に到着. Darwin は動植物の生活を調査するために 5 週間を費す.
1837	C. Darwin	Darwin 自身や他の専門家によるガラパゴス諸島の採集調査から, 多くの種がさまざまな島に固有であることに気づく. このことは, 少数の種が本土からこの諸島に移住し, そこで提供された多くの新しい環境のそれぞれに特化した新しい種がこれらから進化したことを示唆する. この結論に刺激されて, Darwin は自然選択による進化の理論を支持するデータを集め始める.
〃	Hugo von Mohl	葉緑体を, 緑色植物の細胞中に存在するはっきりとした構造体として初めて記載.
1838	G. J. Mulder	化学論文にタンパク質 (protein) という語を初めて使う. ただしこの用語は J. J. Berzelius がつくったものである.
1838 ～39	M. J. Schleiden, T. Schwann	細胞説を展開. Schleiden は核内に核小体があることを発見.
1839	J. E. Purkinje	"原形質" (protoplasm) という用語をつくる.
1841	A. Kölliker	精子は精巣内の細胞から変化した性細胞であることを示す.

年	人物	内容
1845	J. Dzierzon	ミツバチでは雄バチは未受精卵から，働きバチと女王バチは受精卵からふ化することを報告．
〃	R. Remak	脊椎動物の原腸胚形成の初期に起こる細胞の再配置によって3種類の特別な組織層，すなわち外胚葉，中胚葉，および内胚葉が形成されると結論．
1855	A. R. Wallace	マレー諸島の動物相の研究を通じて地理的種分化を示唆する証拠を集める．種が不変であるというドグマに疑問をもつようになり，Darwinと同じ進化論を展開し始める．
〃	R. Virchow	新しい細胞は既存の細胞の分裂によってのみ生じるという原理を記述．
1856	Gregor Mendel	オーストリアのBrünn（現チェコ共和国 Brno）にあるオーグスチン修道院でエンドウ（*Pisum sativum*）の交配実験を始める．
1858	C. Darwin, A. R. Wallace	ロンドンのリンネ協会で自然選択に基づく進化論を共同発表．
1859	C. Darwin	"種の起原（On the Origin of Species）"を著す．
1860	T. A. E. Klebs	パラフィン包埋法を導入．
1861	L. Pasteur	ある種の微生物は酸素がなくても増殖できること，また中には酸素が有害であるものすらいることを発見．後に，発酵は酵母のような微生物が嫌気的条件下で糖類からエネルギーを獲得する手段であろうと推論した．
1864	L. Pasteur	空気中の顕微鏡的な細菌やカビの胞子が無菌栄養培地を汚染することを示す．"自然発生"を反証した論文は細菌学に新たな時代を切り開いた．
1865	G. Mendel	2月8日と3月8日に行われたBrünnの自然科学研究会の月例会でエンドウの遺伝学的研究の結果と解釈を報告．
1866	G. Mendel	"植物雑種の研究（*Versuche über Pflanzenhybriden*）"を著したが無視される．
〃	E. Metchnikoff	昆虫の胚の極細胞が卵母細胞および哺育細胞の前駆細胞であると提唱．
1868	T. H. Huxley	始祖鳥の最初の標本の研究から，これが爬虫類に最も近い鳥であり，羽毛をもつ飛べない鳥と恐竜をつなぐものであると結論．
1869	D. I. Mendeleev	元素の周期表の最も初期のものを作成．
〃	F. Galton	"Hereditary Genius"を著し，ヒトの家系を科学的に研究し，ヒトの知能が遺伝すると結論．
〃	A. R. Wallace	"The Malay Archipelago, the Land of the Orangutan and the Bird of Paradise"を著す．この中で，マレー群島の動物は二つのグループに分かれること，西側の種はインドでみられる動物に類似し，東側の種はオーストラリアでみられる動物に類似することを明らかにした．
1870	W. His	ミクロトームを発明．
1871	F. Miescher	核の単離方法を発表し，ヌクレイン（現在では核酸とタンパク質の混合物として知られる）の発見を報告．
〃	C. Darwin	"The Descent of Man and Selection in Relation to Sex"を著す．この中で性選択説が初めて明確に述べられた．
1872	J. T. Gulick	オアフ島の谷間に生息する陸生巻貝の自然集団の殻の色の変異を記載．このような動物の小集団が地理的に隔離されることが新種の形成の必要条件であることを示唆．
1873	A. Schneider	有糸分裂を初めて記述．
1874	C. Dareste	一卵性と二卵性双生児の違いについて研究．
1875	F. Galton	行動に及ぼす遺伝と環境の相対的影響を知るのに，双生児の研究が有用であることを示す．
〃	O. Hertwig	ウニの生殖に関する研究から，動植物ともに受精は雌雄の親由来の二つの核の物理的結合であると結論．

C. 遺伝学年表

1875	E. Strasburger	植物の細胞分裂を記載.
1876	O. Bütschli	繊毛虫類の核の二型性を記述.
〃	W. F. Kühne	膵液中のトリプシンを発見し,"酵素"(enzyme) という用語をつくる.
1877	H. Fol	ヒトデの精子が卵内に侵入することを観察し, 精子核がそのまま壊れずに卵内に入り, 雄性前核になることを報告.
〃	E. Abbe	顕微鏡光学の原理に関する重要な貢献を公表し始める.
〃	R. Koch	細菌の純粋培養を得るために今日も用いられている方法を開発.
〃	L. Pasteur	共同研究者たちとともに, 特定の細菌やウイルスが, 家畜やヒトのさまざまな病気の主要な原因であることを証明する実験を行う.
1879	W. Flemming	サンショウウオの尾びれ上皮の有糸分裂の研究を行い, 核分裂は染色体の縦分裂と, 生じた姉妹染色分体の娘核への移動によりなることを示す. また, 染色質 (chromatin) という術語をつくりだす.
1880	C. L. A. Leveran	マラリアに罹った兵士の赤血球中でマラリア寄生虫を観察. 単細胞真核生物が病気の原因であることが判明した最初のケース.
1881	E. G. Balbiani	ユスリカ (*Chironomus*) の幼虫で唾腺細胞中に "横縞のあるひも状のもの" を発見したが, 多糸性染色体であることには気づかなかった.
〃	L. Pasteur	ウシ, ヒツジ, ならびにヒトの致命的な病気である炭疽病に対する人為的につくられた最初のワクチンを開発.
1882	W. Flemming	ランプブラシ染色体を発見し, 有糸分裂 (mitosis) という術語をつくりだす.
〃	R. Koch	ヒトの結核の原因であることを自ら証明した細菌, *Mycobacterium tuberculosis* (結核菌) の顕微鏡下の構造について記載.
1883	E. van Beneden	回虫の一種 *Ascaris* (幸運にも, この種の染色体数は $2n=4$ であった) の減数分裂を研究. 配偶子は体細胞の染色体の半数を含み, 受精によって再び固有の体細胞染色体数に戻ることを示す. また哺乳類の受精についても記述.
〃	R. Koch	コレラの原因細菌である *Vibrio cholerae* (コレラ菌) を分離. その顕微鏡的構造を記載.
〃	W. Roux	核内の塩基性色素で染まるひも状のものが遺伝要因の担い手であることを示唆.
〃	A. Weismann	動物の体細胞と生殖細胞の違いを指摘し, 生殖細胞における変化のみが後の世代に伝達されることを強調.
〃	A. F. W. Schimper	葉緑体が分裂可能であること, 緑色植物の起源は葉緑素を含む生物と無色の生物との共生関係に発していることを提案.
1884	A. Kossel	ガチョウの赤血球の核から塩基性タンパク質を分離. "ヒストン" (histone) と命名.
〃	H. C. Gram	細菌をグラム陰性とグラム陽性のカテゴリーに分別するための染色法を開発.
1887	A. Weismann	染色体数の周期的な減数がすべての有性生物に起こることを推察.
1888	W. Waldeyer	Roux (1883) の記載したひも状のものに対し, 染色体 (chromosome) という新語をつくる.
〃	T. Boveri	中心粒 (centriole) を記載.
1889	F. Galton	"Natural Inheritance" を著す. 集団における計量形質の定量的測定について述べ, 生物測定と変異の統計学的研究の基礎をつくる.
1890	R. Altmann	細胞中に "バイオブラスト" の存在を報告し, 細胞内共生生物として生き, 宿主の生命活動を担っている原始的な生物であると結論. 後に 1898 年になって, C. Benda によりこのオルガネラはミトコンドリアと命名された.

1890	E. von Behring	あらかじめ免疫しておいた動物から得た血清には，免疫するのに用いた生物を特異的に殺す因子が含まれていることを示す．このような因子は，現在では抗体とよばれる．
1892	D. I. Ivanovsky	タバコモザイク病の病原体が，細菌を通さないような小さな孔の沪過器を通過できること，光学顕微鏡ではみることができないこと，また，細菌用の培地では育たないことを示す．
1896	E. B. Wilson	"The Cell in Development and Heredity" を著す．この論文は，Schleiden と Schwann が細胞説を提唱してから半世紀の間に得られた細胞学に関する情報の真髄を記したもので，大きな影響を及ぼした．
1898	T. Boveri	ウマのカイチュウ（*Parascaris equorum*）における染色体削減を記述．
〃	R. C. Ross	インドで行われた実験によって，ハマダラカ（*Anopheles*）が鳥にマラリアを伝達することを示す．
〃	M. W. Beijerinck	タバコモザイク病の病原体が宿主細胞内でのみ増殖することを示す．これが感染植物の絞り汁に溶解した分子であって，複製能力はもつものの，宿主細胞が提供する機構の助けによってのみそれが可能であると提唱．
〃	C. Golgi	軸索と樹状突起を選択的に染める組織学的手法を開発．神経組織の観察中に，現在，われわれがその名前にちなんでゴルジ体（Golgi apparatus）とよぶオルガネラを発見．
〃	S. G. Navashin	種子植物でみられる重複受精を発見し，胚乳細胞が三倍体であると結論．
1899	G. Grassi	イタリアで行われた実験により，ヒトのマラリアはハマダラカ（*Anopheles*）が媒介することを示す．
1900	H. de Vries；C. Correns；E. Tschermak	独立に Mendel の論文を再発見．de Vries と Correns は，数種の植物を用いて Mendel が以前に行った研究に相当する交配実験から，独立に，同様の解釈に至る．このために，Mendel の論文を読んで，彼らはその重要性を即座に理解した．また，W. Bateson もロンドン王立協会における演説で Mendel の貢献の重要性を強調した．
〃	K. Pearson	χ^2 検定法を確立．
〃	K. Landsteiner	ヒトの血液凝集反応を発見．
〃	P. Ehrlich	抗原と抗体が互いに結合するのは相補的な構造をしているためであると提唱．
1901	H. de Vries	オオマツヨイグサ（*Oenothera*）の遺伝物質に自然かつ突然に起こる大きな変化に対して，"突然変異"（mutation）という用語を用いる．
〃	T. H. Montgomery	半翅類の多くの種における精子形成を研究し，減数分裂のとき母親由来の染色体は父親由来の染色体とのみ対合すると結論．
〃	K. Landsteiner	ヒトは3種類の血液型（A，B，C）に分類できることを示す．C 型は，後に O 型とよばれるようになった．
〃	E. von Behring	血清療法の研究により，ノーベル賞を受賞．
1902	C. E. McClung	各種昆虫においては，"副染色体"（X 染色体）をもつものと，もたない精子が同数つくられること，この余分な染色体が性を決定すること，性は，受精時に決定されることを論ずる．これはヒトも含め，他の生物にも共通のことを示唆．
〃	T. Boveri	ウニの一倍体，二倍体，異数体の胚の発生を研究し，正常発生のためには完全な染色体組の存在が必要であり，各染色体は異なる遺伝決定要因を保持していると結論した．
〃	W. S. Sutton	遺伝子対の独立組合わせが減数分裂の際の染色体の対合の挙動により生ずるという染色体説を展開．ある二価染色体の相同染色体の分離は，他の二価染色体の分離とは独立に起きるので，染色体に含まれる遺伝子もまたそれぞれ独立に分配される．

1902	F. Hofmeister, E. Fischer	タンパク質はアミノ酸がペプチド結合を規則的に繰返して生成されることを提唱.
1902〜09	W. Bateson	遺伝学 (genetics), 対立遺伝子 (allelomorph), ホモ接合体 (homozygote), ヘテロ接合体 (heterozygote), F_1, F_2, 上位 (epistatic) 遺伝子などの術語を導入.
1903	W. Waldeyer	動原体は, 有糸分裂中に紡錘糸が付着する染色体の領域であると定義.
1904	A. F. Blakeslee	真菌類においてヘテロミキシスを発見.
1905	L. Cuénot	毛色を黄色にする遺伝子をもつマウス同士の交配を行ったところ, その子には常に黄色の毛色とアグーチ (野ネズミ色) の毛色のものが 2:1 の比で出現したことから, 黄色のマウスはヘテロ接合であると結論. W. E. Castle と C. C. Little は, 1910 年, 黄色のホモ接合体は出生前に死亡することを示した. アグーチ遺伝子座のこの優性対立遺伝子 (A^y) はホモ接合で致死となることが示された最初の遺伝子となった.
1906	W. Bateson, R. C. Punnett	スイートピーについて連鎖の最初の例を報告.
1907	R. G. Harrison	カエルの中枢神経系の断片を体液中で培養し, 神経突起の伸展を観察. 組織培養を発明.
〃	E. F. Smith	特定の細菌, アグロバクテリウム (*Agrobacterium tumefaciens*) がクラウンゴール病の原因であることを示す.
1908	G. H. Hardy, W. Weinberg	それぞれ独立に研究し, 集団遺伝学におけるハーディ-ワインベルグの法則を公式化した.
1909	G. H. Shull	種子トウモロコシの生産に自家受精系統の使用を推奨. その結果として雑種トウモロコシ生産計画は数十億ドルにも達する食料の増産をもたらした.
〃	A. E. Garrod	"Inborn Errors of Metabolism" を出版. ヒト (あるいは他のすべての種) で最初の生化学遺伝学を論じた. 代謝病のアルカプトン尿症がメンデル的な意味でまれな劣性形質であると結論.
〃	F. A. Janssens	非姉妹染色分体間の交換がキアズマをつくることを示唆.
〃	C. C. Little	マウスの最初の近交系をつくる繁殖計画を開始 (この系統は現在 DBA とよばれている).
〃	W. Johannsen	マメ科植物の自殖系を使って種子の大きさの遺伝を研究し, 生物の外見とその遺伝子構成を区別する必要から, 表現型 (phenotype) および遺伝子型 (genotype) という術語をつくる. また, 遺伝子 (gene) という用語もつくる.
〃	C. Correns, E. Bauer	オシロイバナ (*Mirabilis jalapa*) やゼラニウム (*Pelargonium zonale*) のような斑入り植物における葉緑体の欠陥の遺伝を研究. 健全な葉緑体を形成できない性質は非メンデル遺伝を示す場合があることを見いだした.
〃	H. Nilsson Ehle	コムギの種皮の色の量的遺伝の説明に多因子仮説を提唱.
1910	T. H. Morgan	ショウジョウバエにおいて白色眼のハエを発見し, その結果として伴性遺伝を発見. ショウジョウバエの遺伝学が始まる.
〃	W. Weinberg	ヒトの家系データについて, 少数家族からのデータに適用される異なる種類の確認法のもとで, メンデル分離に対する期待値を修正するのに用いる方法を開発.
〃	C. Mereschkowsky	細胞内のある種のオルガネラは共生生物起源であると提唱. この過程を記述するのに "共生発生" (symbiogenesis) という用語をつくる.
〃	P. Rous	ニワトリ肉腫の無細胞沪過液の注射により, 新たに肉腫が誘発されることを示す.
1911	T. H. Morgan	ショウジョウバエの白色眼, 黄体色, および小翅の遺伝子がいずれも X 染色体に連鎖していることを示す.

付録

1911	W. R. B. Robertson	直翅目の一つの種の中部動原体染色体は別種の 2 本の末端動原体染色体に相当する可能性を指摘し, 進化の過程で 2 本の末端動原体染色体が融合して中部動原体染色体が生じたと結論. 全腕の融合は発見者に敬意を表してロバートソン転座とよばれる.
1912	A. Wegener	大陸移動説を提案.
〃	F. Rambousek	ハエの幼虫の唾液腺細胞内にみられる "横縞のあるひも状のもの" は染色体であると示唆.
〃	T. H. Morgan	キイロショウジョウバエの雄では交差が起こらないことを示す. また伴性致死を初めて発見.
1913	Y. Tanaka	異型配偶子性であるカイコガの雌では交差が起こらないことを報告.
〃	W. H. Bragg, W. L. Bragg	結晶の三次元原子構造を決定するため X 線回折の解析を利用できることを示す.
〃	A. H. Sturtevant	ショウジョウバエの連鎖概念に実験的基礎を与え, 遺伝地図を初めてつくる.
1914	C. B. Bridges	ショウジョウバエにおいて減数分裂不分離現象を発見.
〃	C. C. Little	マウスに移植された腫瘍が受けいれられるか拒絶されるかには遺伝的な基盤が存在すると想定.
1915	F. W. Twort	細菌につく濾過性ウイルスを始めて分離.
〃	R. B. Goldschmidt	マイマイガ (*Lymantria dispar*) の特定の品種間の交配によって生じる異常な性型を表現するために間性 (intersex) という術語を提唱.
〃	J. B. S. Haldane, A. D. Sprunt, N. M. Haldane	脊椎動物 (マウス) における連鎖の最初の例を報告.
〃	T. H. Morgan, A. H. Sturtevant, H. J. Muller, C. B. Bridges	"The Mechanism of Mendelian Heredity" を出版し, ショウジョウバエの初期の研究を総括.
〃	C. B. Bridges	ショウジョウバエの最初のホメオティック突然変異である *bithorax* を発見.
1916	H. J. Muller	ショウジョウバエにおいて干渉を発見.
1917	F. d'Herelle	ネズミチフス菌 (*Salmonella typhimurium*) に感染するウイルスを発見. バクテリオファージ (bacteriophage) という術語を提唱し, ウイルスの力価検定法を開発.
〃	O. Winge	高等植物の進化において倍数体の役割の重要性を説く.
〃	C. B. Bridges	ショウジョウバエで初めて染色体の欠失を発見.
1918	H. Spemann, H. Mangold	生きた胚の一部が, 他の部分に刺激を与え, 形態分化をもたらすことを示し (胚の誘導), この部分を形成体 (オルガナイザー) と命名.
〃	H. J. Muller	ショウジョウバエにおいて平衡致死現象を発見.
1919	T. H. Morgan	キイロショウジョウバエにおいて連鎖群の数と染色体の単相数は同じであることに着目.
〃	C. B. Bridges	ショウジョウバエで染色体の重複を発見.
1920	A. F. Blakeslee, J. Belling, M. E. Farnham	チョウセンアサガオ (*Datura stramonium*) でトリソミー (三染色体性) を記載.
1921	F. G. Banting, C. H. Best	インスリンを分離し, その生理学的特性を研究.
〃	H. J. Muller	細菌ウイルスと遺伝子の類似性について注意を喚起し, ファージの研究は遺伝子の分子的実体について洞察を与えるであろうと予測.
〃	C. B. Bridges	ショウジョウバエで最初のモノソミー (第 4 染色体が 1 本) を発見.

C. 遺伝学年表

1922	L. V. Morgan	ショウジョウバエで付着X染色体を発見.
〃	A. F. Blakeslee ほか3名	半数性のチョウセンアサガオ (*Datura*) を発見.
1923	C. B. Bridges	ショウジョウバエで染色体の転座を発見.
〃	R. Feulgen, H. Rossenbeck	DNAの所在の確認とC値の決定に現在最も広く用いられている細胞化学的検定法を記述.
〃	T. Svedberg	超遠心機を初めてつくる.
〃	A. E. Boycott, C. Diver	モノアラガイ (*Limnea peregra*) の殻の渦巻きの方向を支配する遅発性メンデル遺伝を報告.
〃	A. H. Sturtevant	モノアラガイ (*Limnea peregra*) の殻の渦巻きの方向は母親の遺伝子型による卵の細胞質の性状によって決定されることを示唆.
〃		雌雄異株植物の性決定機構がXX-XY型であることがいくつかの植物で示される. J. K. Santos がコカナダモ (*Elodea*) で, H. Kihara と T. Ono がスイバ (*Rumex*) で, また O. Winge がホップ (*Humulus*) でそれぞれ報告.
1925	C. B. Bridges	三倍体のショウジョウバエから得られた異数性の子孫の細胞遺伝学的解析を完了し, 性の表現型を決定するのは性染色体と常染色体の比であることを明確にする.
〃	A. H. Sturtevant	ショウジョウバエの *Bar* 遺伝子座における高率の復帰突然変異が不等交差によることを証明. また, 位置効果現象の存在も明らかにした.
〃	F. Bernstein	ABO式血液型グループが一連の対立遺伝子により決定されると示唆.
〃	T. H. Goodspeed, R. E. Clausen	タバコ (*Nicotiana*) の複倍数体を作出.
1926	E. G. Anderson	ショウジョウバエのX染色体の動原体が *yellow* の遺伝子座の反対側の末端にあることを決定.
〃	S. S. Chetverikov	ショウジョウバエの野生集団の遺伝学的解析を開始.
〃	J. B. Sumner	酵素 (ウレアーゼ) を初めて結晶の形で分離し, これがタンパク質であることを示す.
〃	A. H. Sturteveant	ショウジョウバエで初めて逆位を発見.
〃	R. E. Clausen, T. H. Goodspeed	植物 (タバコ) で最初のモノソミー (一染色体性) の解析を報告.
〃	N. I. Vavilov	"Origin and Geography of Cultivated Plants" を出版. この中で起源の中心仮説を展開.
1927	K. M. Bauer	一卵性双生児の一方からもう一方へ皮膚移植した場合には拒絶は起こらないことを報告.
〃	A. L. Du Toit	南アメリカ東岸と南アフリカ西岸の地質学的類似性のパターンから, 両大陸がかつては並置していたと結論. この結果は大陸移動説の最初の証拠となった.
〃	J. Belling	減数分裂における環状構造の形成は非相同染色体間の相互交換が原因であることを指摘.
〃	J. B. S. Haldane	各種の齧歯類や食肉類にみられるある種の毛の色を支配することが知られている遺伝子は進化的に相同であることを示唆.
〃	J. Belling	押しつぶした染色体の酢酸カーミン染色法を導入.
〃	B. O. Dodge	アカパンカビ (*Neurospora*) の遺伝学的研究を開始.
〃	G. D. Karpechenko	ダイコン (*Raphanus sativa*) とキャベツ (*Brassica oleracea*) の異質四倍体雑種であるラファノブラシカ (*Rhaphanobrassica*) を作出.
〃	H. J. Muller	ショウジョウバエで, X線による人為突然変異の誘発を報告.

1928	L. J. Stadler	トウモロコシの人為突然変異誘発について報告し，線量-頻度曲線が直線であることを報告.
〃	F. Griffith	肺炎連鎖球菌（*Streptococcus pneumoniae*）の型転換を発見．これは Avery, MacLeod, McCarty (1944) の研究の基礎となる．
〃	L. F. Randolph	植物細胞の正常染色体と過剰染色体の識別を行い，正常染色体を"A染色体"とし，過剰染色体を"B染色体"と名づけた．
〃	E. Heitz	真正染色質（euchromatin）および異質染色質（heterochromatin）という術語を導入．
1929	A. Fleming	*Penicillium* 属のカビが，ある種の細菌の生育を阻害する物質を分泌することを報告．この抗菌性物質をペニシリンと命名する．
〃	C. D. Darlington	キアズマは，減数分裂前期Iで相同染色体同士をつなぎ止めておくことによって，後期Iにおいて相同染色体を確実に対極に分配できるようにする役割をもつことを示唆．
〃	R. C. Tryon	ラットの迷路学習能力に対する選抜に成功．
1930〜32	R. A. Fisher; J. B. S. Haldane; S. Wright	集団遺伝学の数学的基礎についての書籍や論文を出版．
1930	R. E. Cleland, A. F. Blakeslee	オオマツヨイグサ（*Oenothera*）のさまざまな品種でみられる遺伝子群の奇妙な伝達パターンは，平衡致死系と相互転座複合体の系によることを示す．
〃	K. Landsteiner	免疫学の研究でノーベル医学生理学賞を受賞．
1931	C. Stern; H. B. Creighton, B. McClintock	それぞれ独自に，交差の細胞学的証拠を示す．
〃	C. D. Darlington	キアズマが染色体の切断を伴わずに二価染色体の末端に移動しうることを示唆．この過程は"末端化"とよばれるが，現在ではこれがみられる種も，みられない種もあることがわかっている．
〃	B. McClintock	染色体の一領域が逆転している場合，このような逆位についてヘテロ接合の個体の太糸期では逆転した対合がしばしばみられることをトウモロコシで示す．
〃	A. L. Fox	フェニルチオカルバミド（現在はフェニルチオ尿素）を合成．この物質を苦いと感じる人と全く感じない人がいることを観察．
1932	M. Knoll, E. Ruska	現代の電子顕微鏡の原型を発明．
1933	T. S. Painter	ショウジョウバエの唾腺染色体の細胞遺伝学的研究を開始．
〃	H. Hashimoto	カイコガの性決定における染色体支配の問題を解決．
〃	A. W. K. Tiselius	電気泳動によって帯電した分子を分離する装置の開発を報告．
〃	B. McClintock	トウモロコシの偏動原体逆位ヘテロ接合体の逆位ループ内における単一交換によって，無動原体および二動原体染色分体が生じることを示す．
〃	T. H. Morgan	遺伝子説の展開によりノーベル医学生理学賞を受賞．
1934	M. Schlesinger	ある種のバクテリオファージがDNAとタンパク質から成ると報告．
〃	P. L'Héritier, G. Teissier	何世代も集団飼育箱で飼育したキイロショウジョウバエの集団から有害な遺伝子が消失することを実験的に示す．
〃	H. Følling	フェニルケトン尿症を発見．精神遅滞の原因となる遺伝性代謝障害としては最初のもの．
〃	H. Bauer	ハエ幼虫の唾腺細胞の巨大染色体は多糸染色体であると提起．
〃	B. McClintock	トウモロコシの核小体形成体は転座によって分断され，それぞれの断片が別々の核小体を形成しうることを示す．これは後に(1965年)リボソームRNA遺伝子が多コピー存在するという発見の土台を築いたことになる．

C. 遺伝学年表

1935	J. B. S. Haldane	ヒトの一つの遺伝子について，自然突然変異率を初めて算出.
〃	E. Klenk	テイ-サックス病患者の脳に蓄積する糖脂質をガングリオシドと同定.
〃	F. Zernicke	位相差顕微鏡の原理を述べる.
〃	G. W. Beadle, B. Ephrussi；A. Kuhn, A. Butenandt	それぞれショウジョウバエとコナマダラメイガ（*Ephestia*）について，眼の色素形成の生化遺伝学的研究を行う.
〃	W. M. Stanley	タバコモザイクウイルスの単離と結晶化に成功．これが純粋なタンパク質であると誤解した.
〃	C. B. Bridges	キイロショウジョウバエの唾腺染色体地図を発表.
〃	H. Spemann	胚誘導に関する研究によりノーベル医学生理学賞を受賞.
1936	J. Schultz	ショウジョウバエにおける遺伝子のモザイク発現とその異質染色質との位置関係について報告.
〃	N. V. Timofeyeff-Ressovsky, M. Delbrück	標的理論に基づく計算によって遺伝子の容量を推定.
〃	T. Caspersson	細胞の化学的構成要素の定量的研究に細胞分光測定法を使用.
〃	J. J. Bittner	マウスの乳がんは，母乳を通じて伝達されるウイルス様因子が原因である可能性を示す.
〃	A. H. Sturtevant, T. Dobzhansky	逆位を利用して染色体の系統樹を作成した最初の報告を発表.
〃	C. Stern	ショウジョウバエの体細胞における交差を発見.
〃	R. Scott-Moncrieff	植物色素の遺伝について総説を発表．内容の主要な部分はイギリスのJohn Innes Horticultural Institute の遺伝学者のグループによる研究であり，これらの初期の研究者たちは，遺伝子の置換がある種のフラボノイドやカロチノイド色素に化学的変化をもたらすことを明らかにしていた.
1937	T. Dobzhansky	"Genetics and the Origin of Species"を出版．進化遺伝学にとって画期的なものとなる.
〃	A. F. Blakeslee, A. G. Avery	コルヒチンによる倍数性誘発を報告.
〃	T. M. Sonneborn	ゾウリムシにおいて，交配型を発見.
〃	F. C. Bawden, N. W. Pirie	タバコモザイクウイルスは少量（約5%）のRNAを含むタンパク質であると発表.
〃	P. A. Gorer	実験用マウスで最初の組織適合性抗原を発見.
〃	H. Karström	ある種の細菌の酵素は，培地にこれらの酵素が作用する基質を加えておくと，酵素合成の上昇が見られることを見いだす．彼はこのような酵素を適応酵素と命名し，培地の組成によらずいつも合成されている酵素を構成的酵素とよんで区別した.
〃	P. L' Héritier	実験室で維持されているキイロショウジョウバエ集団の突然変異体の頻度依存性選択を示す.
〃	E. Chatton	細菌と藍藻を含む生物のグループを原核生物（prokaryotes）と名づけ，その他すべての生物を真核生物（eukaryotes）と名づけた．両者の間には根本的な違いがあることを強く主張.
1938	B. McClintock	トウモロコシの切断された染色体の挙動を記述するのに"切断-融合-架橋環"（breakage-fusion-bridge cycle）という用語を用いる.
〃	T. M. Sonneborn	ゾウリムシのキラー因子を発見.
〃	M. M. Rhoades	トウモロコシの突然変異誘発遺伝子 *Dt* を報告.
〃	H. J. Muller	染色体の両端を封印する機能的な遺伝子として"テロメア"（telomere）を定義．染色体はこのような特殊な染色小粒によって封印されない限り永続できないと指摘.

1938	H. Slizynska	キイロショウジョウバエのX染色体上の重複した Notch 欠失数種類について，唾腺染色体の細胞学的解析を行い，w および N 遺伝子のバンドの位置を決定.
1939	E. L. Ellis, M. Delbrück	現代のファージ研究の端緒となる大腸菌ファージの増殖に関する研究を行う．彼らは，"一段階増殖"実験法を考案し，ファージが細菌に吸着した後"潜伏期間"中に細菌内で増殖し，最後に子孫ファージが"一気に"細菌から放出されることを示した.
〃	G. A. Kausche, E. Pfankuch, H. Ruska	ウイルス（タバコモザイク病ウイルス）の最初の電子顕微鏡写真を発表.
〃	A. A. Prokofyeva-Belgovskaya	異質染色質化（heterochromatization）現象を発見.
〃	P. Levine, R. E. Stetson	父親から遺伝した新規の血液型抗原をもつ胎児による母親への免疫付与を発見．その後，この抗原は胎児赤芽球症の原因となるヒト Rh 血液型であると判明した.
〃	A. W. K. Tiselius, E. A. Kabat	抗体は血清のγグロブリンに属することを示す.
〃	E. Knapp, H. Schreiber	紫外線のダンゴゴケの一種 Sphaerocarpos donnelli に突然変異を誘発する効果が，核酸の吸収スペクトルに一致することを示す.
〃	G. W. Beadle	トウモロコシはブタモロコシ（テオシント）の栽培型であると提唱．5個足らずの遺伝子の突然変異によってブタモロコシからトウモロコシへの形態的な変化を説明できることを示唆.
1940	W. Earle	C3H 系マウスから細胞系統 L 株を樹立.
〃	H. W. Florey, E. Chain ほか5名	ペニシリンの抽出と精製に成功．マウスを使って実験し，細菌感染に対する化学療法剤としてその当時知られていた中で格段に優れていることを示す.
1941	G. W. Beadle, E. L. Tatum	アカパンカビの生化学的遺伝学に関する古典的研究を出版し，一遺伝子-一酵素説を公表.
〃	J. Brachet; T. Caspersson	それぞれ独立に，RNA は核小体および細胞質内に局在すること，また細胞の RNA 含量はタンパク質合成能力と直接関連するとの結論に達する.
〃	C. Auerbach, J. M. Robson	マスタードガスがショウジョウバエに突然変異を誘発することを，Muller の ClB 法を用いて証明．第二次世界大戦中は毒ガスに関する研究は機密扱いであったため，化学突然変異原の分野を切り開いたこの結果は1946年まで発表されなかった.
〃	A. J. P. Martin, R. L. M. Synge	分配クロマトグラフィー法を開発し，タンパク質加水分解産物のアミノ酸の同定に応用.
〃	A. H. Coons, H. J. Creech, R. N. Jones	免疫蛍光法を開発し，特定の細胞の抗体反応性部位の存在を示す.
〃	K. Mather	"ポリジーン"（polygene）という用語をつくり，さまざまな生物のポリジーン形質を記載.
1942	R. Schoenheimer	"The Dynamic State of Body Constituents" を出版し，代謝の研究に同位体標識化合物の使用を記述．細胞内における有機化合物の代謝プールと代謝回転の概念を導入.
〃	S. E. Luria, T. F. Anderson	細菌ウイルスの電子顕微鏡写真を初めて発表．T2 は1個の多面体の頭部と1個の尾部からできていることを示す.
〃	G. D. Snell	移植の拒絶反応にかかわる遺伝子を研究するため，高度に同系交配を繰返した系統（近交系）の開発にとりかかる.
1943	A. Claude	ミクロソーム分画を分離，命名し，細胞の RNA の大部分がこの中に含まれることを示す.

C. 遺伝学年表　431

年	人物	内容
1943	S. E. Luria, M. Delbrück	細菌で自然突然変異が起こることを明確に示し，細菌遺伝学の分野を創始．
1944	O. T. Avery, C. M. MacLeod, M. McCarty	肺炎連鎖球菌の形質転換素因について記述．これがDNAに富むという事実は，遺伝化学物質がタンパク質ではなくDNAであることを示唆する．
〃	T. Dobzhansky	ショウジョウバエ，*Drosophila pseudoobscura* と *D. persimilis* の第3染色体の遺伝子配列について系統学的研究を報告．
〃	E. L. Tatum, D. Bonner, G. W. Beadle	アカパンカビ（*Neurospora crassa*）の突然変異系統を用いて，トリプトファン合成の中間代謝を研究．
1945	R. R. Humphrey	有尾目両生類の雌は異型配偶子をもつ性であることを示す．
〃	M. J. D. White	"Animal Cytology and Evolution" を出版．動物の進化細胞遺伝学における進歩をまとめた初めての専門書である．
〃	S. E. Luria	細菌ウイルスに突然変異が生じることを示す．
〃	E. B. Lewis	ショウジョウバエで安定した位置効果現象を報告．
〃	R. D. Owen	ウシの二卵性双生児は，両者の赤血球の安定な混合物を，しばしば一生を通じて保有することを報告．このキメラは，胎児の絨毛膜内の血管の吻合によって生じたものであるが，免疫寛容の最初の例を提供した．
〃	A. Fleming, E. B. Chain, H. W. Florey	ペニシリンの発見，精製およびその化学的性質の解明により，ノーベル賞を受賞．
1946	A. Claude	分画遠心法に基づく細胞の分画法を導入し，各分画を生化学的に調べる方法を確立．
〃	M. Delbrück, W. T. Bailey, A. D. Hershey	バクテリオファージの遺伝的組換えを立証．
〃	J. Lederberg, E. L. Tatum	細菌の遺伝的組換えを立証．
〃	J. A. Rapoport	ホルムアルデヒドがショウジョウバエの突然変異原であることを示す．
〃	J. Oudin	その名前からオーディン法とよばれるゲル拡散抗原抗体沈殿法を開発．
〃		ノーベル賞が H. J. Muller の放射線遺伝学への貢献，J. B. Sumner の酵素の結晶化，W. M. Stanley のウイルスの純化と化学的性質に関する研究に対して授与される．
1947	A. M. Mourant	最も初期のヨーロッパの集団は Rh^- であったこと，また Rh^- の頻度が現在のバスク人で最大であるのは，隔離によって旧石器時代の祖先の遺伝的特性が維持されているためであることを示唆．
1948	A. Boivin, R. Vendrely, C. Vendrely	ウシの何種類かの組織から得た核懸濁液について DNA を解析．体細胞核当たりの DNA 量は同じであり，精子核の量の2倍であることを確認．細胞当たりの DNA 量は一定であり，それぞれの種によって異なると予想．
〃	H. K. Mitchell, J. Lein	アカパンカビでトリプトファンシンテターゼが欠けている突然変異株を発見．この発見は一遺伝子-一酵素仮説の最初の直接の証拠となる．
〃	P. A. Gorer, S. Lyman, G. D. Snell	マウスの主要組織適合性抗原の遺伝子座を発見．17番染色体上にあり，H-2 と命名．
〃	O. Ouchterlony	その名前からオクタロニー法とよばれる二重拡散抗原抗体沈殿法を開発．
〃	H. J. Muller	遺伝子量補正（dosage compensation）という用語をつくる．
〃	J. Lederberg, N. Zinder; B. D. Davis	それぞれ独立に，生化学的に欠損のある細菌突然変異体を単離するためにペニシリン選択法を開発．
〃	J. Clausen, D. D. Keck, W. M. Hiesey	カリフォルニア州シエラネバダ山脈の標高に沿ったトランセクト上の草本の生態型について，その遺伝的構造を記載．
〃	G. D. Snell	組織適合性遺伝子（histocompatibility gene）という用語を導入し，移植の受入れ，拒絶の法則を系統だてて述べる．

1949	B. Ephrussi, H. Hottinger, A. M. Chimenes	酵母の細胞質性プチ突然変異を発見.
〃	A. D. Hershey, R. Rotman	T2バクテリオファージの三つの連鎖群からなる遺伝地図を作成. その後の研究により, これら三つの連鎖群は循環順列配列をもつ1本の線状分子に統合されることが判明した.
〃	M. M. Green, K. C. Green	ショウジョウバエの *lozenge* 遺伝子座は三つの部分に細分できることを示す.
〃	A. Kelner	潜在的な紫外線損傷の可視光線による光回復を酵母で発見.
〃	J. V. Neel	鎌状赤血球貧血症が単純なメンデルの常染色体性劣性として遺伝することの遺伝的証明を行う.
〃	L. Pauling ほか3名	H^S 遺伝子が異常なヘモグロビンをつくることを示す.
〃	M. L. Barr, E. G. Bertram	ネコの雄と雌の神経細胞で性染色質が形態的に異なっていることを証明.
1950	B. McClintock	トウモロコシの転移因子の *Ac*, *Ds* 系を発見.
〃	W. Hennig	"Grundzüge einer Theorie der phylogenetischen Systematik" を出版. 生物のグループ間の系統的関係を明らかにするための基準を示す. 大幅に改定された英語訳が "Phylogenetic Systematics" のタイトルで1966年に出版されることになる. これは英語圏の科学者たちの分岐学への入門書となる.
〃	H. Swift	マウス, カエル, および昆虫のさまざまな組織について, フォイルゲン顕微分光測定法により, 個々の核のDNA量を決定. Boivin, Vendrely, Vendrely (1948) の予想通り, DNA量はC値として定義される半数体値の整数倍のクラスに分かれた.
〃	E. Chargaff	分析化学的研究により核酸の構造研究の基礎をつくる. DNAについてアデニンとチミン残基の数は常に同数であり, グアニンとシトシン残基も同様であることを証明する. これらの発見は後にWatson と Crick に, DNA は A と T の間, および G と C の間が水素結合によって結ばれた2本のポリヌクレオチド鎖により構成されていることを気づかせた.
〃	A. Lwoff, A. Gutman	巨大菌 (*Bacillus megaterium*) の溶原株について研究し, 個々の菌が非感染型のウイルスを宿しており, これによって, 外部のバクテリオファージの介入なしに新たなファージを生成する能力が宿主に付与されることを示す. この非感染性ファージに対して, 彼らは"プロファージ"という用語を提唱. Lwoff は L. Siminovitch, および N. Kjeldgaard とともに, プロファージが紫外線によって誘導され, 感染性ウイルスをつくる能力をもつことを示す.
〃	H. Latta, J. F. Hartmann	超薄切片作成にガラスナイフを導入.
〃	E. M. Lederberg	λファージを発見. 大腸菌の初めてのウイルス性エピソーム.
1951	G. Gey	ヒトのヒーラ (HeLa) 不死化細胞系統を樹立.
〃	J. Mohr	ヒトの常染色体の連鎖 (ルイス血液型およびルセラン血液型を決定する遺伝子の間) を初めて示す.
〃	C. Stormont, R. D. Owen, M. R. Irwin	複対立遺伝子をもつウシのBおよびC血液型システムにおいて, 血清学的交差反応を報告.
〃	Y. Chiba	細胞化学的手法を用いて葉緑体にDNAの存在を証明.
〃	N. H. Horowitz, U. Leupold	大腸菌やアカパンカビの遺伝子の何%が不可欠の機能を果たしているかを知るために, 温度感受性突然変異体の大集団をつくる. 得られた値はそれぞれ23%と46%であった.
〃	C. Petit	キイロショウジョウバエ集団における少数派遺伝子型の優位性の存在について報告し, この現象が頻度依存性選択と安定な多型をもたらしうることを指摘.

1951	G. G. Simpson	ウマ科の系統発生を発表，進化系統樹には複数の側鎖があることを示す．初期の古生物学者たちは，ウマの進化を定向進化の例として誤って用いた．
〃	L. Pauling, R. B. Corey	大部分のタンパク質は，2種類の二次構造，α らせんと β シートのどちらか一方あるいは両方を形成すると提唱．
〃	V. J. Freeman	特定のバクテリオファージが，その宿主であるジフテリア菌 *Corynebacterium diphtheriae* にジフテリア毒素の生産能力を付与すると報告．
〃	M. H. F. Wilkins	DNA を X 線結晶解析用に調製することが可能であると報告し，A 型 DNA の初めての X 線写真を提示．
1952	G. E. Palade	ミトコンドリアの最初の高解像度電子顕微鏡写真を公表．このオルガネラは外膜と，棚状に陥入する内膜をもつ．彼はこの陥入を"ミトコンドリアクリステ"(cristae mitochondriales) とよんだ．
〃	R. E. Franklin	DNA が高湿度条件下では A 型から B 型構造に転換することを発見．彼女は後に，DNA はリン酸基を外側にしたらせん構造であると結論．
〃	R. Dulbecco	細菌ウイルス学の手法を動物ウイルスの研究に適用．ニワトリ胚から得られた細胞の単層上で，西部ウマ脳脊髄炎ウイルスによって形成されたプラークの数を数えた．
〃	D. Mazia, K. Dan	ウニの細胞分裂装置を分離し，その生化学的性質に関する研究を開始．
〃	N. D. Zinder, J. Lederberg	ネズミチフス菌 (*Salmonella typhimurium*) における形質導入を報告．形質導入ファージは P22．
〃	J. Lederberg	プラスミドを発見，命名．
〃	J. Lederberg, E. M. Lederberg	レプリカ平板法を発明．
〃	J. T. Patterson	"Evolution in the Genus Drosophila" を著す．ハエの中で最もよく研究されている属の染色体の進化に関する情報を百科事典的にまとめたもの．
〃	A. H. Bradshaw	イギリスの鉱山入り口付近に生えている草の集団の中には，高濃度の重金属（銅，鉛，亜鉛）に耐性であるものがあることを報告．これは耐性遺伝子型が近年自然選択されたことを示す証拠である．
〃	W. Beermann	多糸染色体のパフのパターンの発生段階および組織特異性を観察し，これが遺伝子活性の違いを表現型として反映したものであることを示唆．
〃	A. D. Hershey, M. Chase	ファージの DNA だけが宿主内に入り，タンパク質のほとんどは取り残されることを示す．
〃	D. M. Brown, A. Todd	DNA と RNA は 3′-5′ で連結したポリヌクレオチドであることを証明．
〃	G. Pontecorvo, J. A. Roper	*Aspergillus nidulans* における疑似有性的生活環を報告．
〃	A. J. P. Martin, R. L. M. Synge	クロマトグラフィーによる分離技術の改良により，ノーベル化学賞受賞．
1953	J. D. Watson, F. H. C. Crick	互いにらせん状に巻き付いた 2 本の鎖が，プリンとピリミジンの間の水素結合で結びついた DNA のモデルを提唱．
〃	R. E. Franklin, M. H. F. Wilkins	ワトソン-クリックのモデルを支持する改良された X 線写真を得て，生きた細胞中でみられる DNA は B 型であると結論．
〃	C. C. Patterson	放射能年代測定法（ウラン-鉛時計）を用いて地球の年齢を 46 億年と決定．
〃	K. R. Porter	組織培養された動物細胞の電子顕微鏡写真を撮影．小胞体 (endoplasmic reticulum) を発見し，命名．細胞質の好塩基性の原因であると同定．
〃	C. C. Lindegren	酵母で遺伝子変換を発見．
〃	A. Howard, S. R. Pelc	植物の細胞分裂周期には，有糸分裂後の DNA 合成を行わない G_1 期，核内 DNA 含量が倍増される DNA 合成期 (S)，第二次成長期 (G_2) があり，ついで有糸分裂が起こることをオートラジオグラフィーで証明．

1953	W. Hayes	細菌の組換えにおける偏った挙動を発見. 大腸菌のHfr H株を分離し, 特定の遺伝子はHfrからF⁻菌に容易に移行するが, 他の遺伝子は容易には移行しないことを示す.
〃	R. E. Billingham, L. Brent, P. B. Medawar	免疫寛容を実験的にひき起こしうることを示す.
〃	Porter-Blum, Sjöstrand	ウルトラミクロトームを商品化.
〃	J. B. Finean, F. S. Sjöstrand, E. Steimann	葉緑体切片の電子顕微鏡写真を初めて発表.
〃	G. D. Snell	マウスの主要組織適合性複合体 (H-2) は複数の遺伝子座からなることを発見.
〃	N. Visconti, M. Delbrück	バクテリオファージの遺伝的組換えを説明する仮説を発表.
1954	A. J. Dalton, M. D. Felix	ゴルジ体の超顕微構造を初めて詳細に記述.
〃	A. C. Allison	鎌状赤血球遺伝子についてヘテロ接合の人は三日熱様マラリアに感染しにくいという証拠を提示. これはヒトの集団で報告された遺伝的平衡多型現象の最初の例.
〃	H. Bickel, J. Gerrard, E. M. Hickmans	フェニルケトン尿症の幼児に, フェニルアラニンを減らした人工食を食べさせることによって, 精神発達や行動能力に著しい改善がみられることを報告.
〃	J. Dausset	何回も輸血を受けた一部の患者は, 他の個体の白血球にみられる抗原に対する抗体をつくるが, 自分自身の細胞の抗原に対してはつくらないことを観察. これらの抗体によりHLA抗原の存在が初めて明らかになり, ヒトの組織適合系が明確になった.
〃	E. S. Barghoorn, S. A. Tyler	20億年以上前の堆積岩に繊維状と球状の微生物の化石を発見したと報告. この発見により, 原生代に生命が存在したことが判明.
〃	E. Mayr	縁生的種分化の概念を発展させる.
1955	M. B. Hoagland	細胞を含まないタンパク質合成系を得る.
〃	F. Sanger ほか5名	タンパク質の一次構造を初めて決定. インスリンがジスルフィド橋でつながった2本のポリペプチド鎖を含むことを示す.
〃	S. Benzer	大腸菌のT4-ファージのrⅡ部位の微細構造に関する研究を完成し, シストロン (cistron), レコン (recon), ミュートン (muton) などの術語をつくる.
〃	H. Frankel-Conrat, R. C. Williams	異なる起源をもつ核酸とタンパク質から "雑種" タバコモザイクウイルスを再構成.
〃	O. Smithies	デンプンゲル電気泳動を用いて血漿タンパク質の多型を同定.
〃	N. K. Jerne	抗体産生の自然選択説を発表. この説によると, 抗体分子はすでに宿主に存在し, 胎児のうちに分化している. 侵入してきた外来性の抗原は提供された抗体分子の中で最もよく合うものを選んで, 結合する. この複合体が, 選ばれた抗体の産生を促す. このような概念は, 後にクローン選択説に取入れられる.
〃	M. Grunberg-Manago, S. Ochoa	ポリヌクレオチドホスホリラーゼを単離. 核酸の合成にかかわる酵素としては初めてのもの.
〃	N. E. Morton	家系データから連鎖を推定するロッドスコア法 (lod score method) を開発.
〃	R. H. Pritchard	*Aspergillus* のアデニン要求性突然変異の一連の対立遺伝子について, その直線配置を研究. 突然変異が遺伝子内の異なる部位に生じた場合には, 同一遺伝子の異なる対立遺伝子間で交差が起こりうると結論.
〃	C. de Duve ら	加水分解酵素を含む細胞内小胞について述べ, リソソームと命名.

C. 遺伝学年表　　435

1955	F. Jacob, E. L. Wollman	大腸菌の接合過程を実験的に中断させ，供与菌のDNAの小片が受容菌に挿入されることを示す．
〃	P. Grabar, C. A. Williams	免疫泳動法を用いて，抗原分子の混合物を分析．
1956	S. Ochoa, A. Kornberg ら	それぞれ，リボヌクレオチドとデオキシリボヌクレオチドのポリマー（RNAとDNA）を試験管内で酵素的に合成することに成功．
〃	J. H. Tjio, A. Levan	ヒトの二倍体染色体数が46本であることを示す．
〃	C. O. Miller ほか4名	加水分解したニシンの精子DNAから，植物の組織培養細胞の分裂を促進する物質を得る．その分子構造を決定し，カイネチン（kinetin）と命名．
〃	B. C. Heezen, M. Ewing	地球を取り巻く海底の山脈と地溝帯からなる構造である中央海嶺（Mid Ocean Ridge）を発見．
〃	T. T. Puck, S. J. Cieciura, P. I. Marcus	ヒトの細胞のクローンを *in vitro* で増殖させることに成功．
〃	G. E. Palade, P. Siekevitz	リボソームを単離．
〃	M. J. Moses；D. Fawcett	それぞれ独立に精母細胞で対合複合体を観察．
〃	A. Gierer, G. Schramm；H. Fraenkel-Conrat	化学的に純粋なタバコモザイクウイルスRNAは感染性を示し，遺伝的な能力をもつことをおのおの独立に証明．
1957	S. A. Berson, R. S. Yalow	ラジオイムノアッセイを用いて，外来性インスリンの投与に応答して患者によってつくられた抗体を検出．
〃	J. H. Taylor, P. S. Woods, W. L. Hughes	トリチウム標識されたチミジンを用いた初めての高解像度オートラジオグラフィーを試み，ソラマメの染色体複製における半保存的な標識の分布を示す．
〃	E. W. Sutherland, T. W. Rall	環状AMP（cAMP）を単離，アデニンリボヌクレオチドであることを示す．
〃	V. M. Ingram	正常ヘモグロビンと鎌状赤血球ヘモグロビンの違いが1個のアミノ酸の置換によることを報告．遺伝子突然変異がタンパク質のアミノ酸配列に異常をもたらすことを初めて実証した．
〃	A. Todd	ヌクレオシドとヌクレオチドの構造に関する研究により，ノーベル化学賞を受賞．
1958	F. Jacob, E. L. Wollman	大腸菌の単一の連鎖群が環状であることを示す．異なるHfr株でみられる連鎖群の違いは，環の開裂を決定する要因が環状連鎖群の異なる部位に挿入された結果であることを示唆．
〃	F. H. C. Crick	タンパク質合成において，アミノ酸がヌクレオチドを含むアダプター分子によって鋳型に運ばれること，アダプターがRNAの鋳型に合う部分であることを示唆．CrickはtRNAの発見を予言したわけである．
〃	P. C. Zamecnik ら	アミノ酸とtRNAの複合体の特性を明らかにする．
〃	H. G. Callan, H. G. MacGregor	両生類ランプブラシ染色体中の染色分体の直線的な統合性を保持するのはDNAであって，タンパク質ではないことを示す．
〃	M. Okamoto；R. Riley, V. Chapman	独自に，コムギの同祖染色体の対合を支配する遺伝子を発見．
〃	F. C. Steward, M. O. Mapes, K. Mears	*Daucus carota*（野生のニンジン）の根の二次師部より生じた1個の二倍体細胞から性的に成熟した植物を育てあげることに成功し，多細胞生物の個々の細胞は完全な生物体の形成に必要なすべての要素をもつと結論．
〃	M. Meselson, F. W. Stahl	平衡密度勾配遠心法を用いて，大腸菌のDNA複製中の密度標識の分布が半保存的であることを証明．
〃	G. W. Beadle, E. L. Tatum, J. Lederberg	遺伝学における貢献により，ノーベル賞受賞．
〃	F. Sanger	タンパク質化学における貢献により，ノーベル賞受賞．

1959	J. Lejeune, M. Gautier, R. Turpin	ダウン症候群が，小型の末端動原体染色体のトリソミー（三染色体性）が関係する染色体異常であることを示す．
〃	C. E. Ford ほか4名	ターナー症候群の女性は XO 型であることを発見．
〃	P. A. Jacobs, J. A. Strong	クラインフェルター症候群の男性は XXY 型であることを示す．
〃	S. J. Singer	フェリチンを免疫グロブリンに結合させ，電子顕微鏡下で容易に検出される標識された抗体分子をつくる．
〃	R. L. Sinsheimer	大腸菌のバクテリオファージ ϕX174 は一本鎖 DNA 分子をもつことを示す．
〃	E. G. Krebs, D. J. Graves, E. H. Fischer	プロテインキナーゼ（タンパク質リン酸化酵素）を初めて単離，精製．
〃	F. M. Burnet	抗体産生に関する Jerne の選択説を改良．抗原は，それに相補的な抗体を合成するように遺伝的にプログラムされた細胞に限って，その増殖を促進することを示唆．
〃	G. M. Edelman	免疫グロブリンを重鎖と軽鎖に分離．
〃	R. E. Franklin, D. L. D. Casper, A. Klug	タバコモザイク病ウイルスの三次元構造を示すモデルを構築．
〃	A. Lima-de-Faria	異質染色質が真正染色質より後に複製されることをオートラジオグラフィーによって証明．
〃	M. Chèvremont, S. Chèvremont-Comhaire, E. Baeckeland	オートラジオグラフィーとフォイルゲン染色法の併用によってミトコンドリアの DNA を証明．
〃	K. McQuillen, R. B. Roberts, R. J. Britten	リボソームがタンパク質合成の起こる場であることを大腸菌において証明．
〃	E. Freese	突然変異が DNA の単一塩基対の変化によって起こりうることを提唱．"トランジション"（塩基転位；transition）および"トランスバージョン"（塩基転換；transversion）という用語をつくる．
〃	C. Pelling	多糸染色体を [^{3}H] ウリジンを含む培養液で培養すると，染色体のパフ化した部位が選択的に標識されることを見いだす．
〃	R. H. Whittaker	生物を五界（細菌，真核微生物，動物，植物，菌類）に分類．
〃	S. Brenner, R. W. Horne	細胞内粒子の電子顕微鏡観察のために，ネガティブ染色法を開発．
〃	S. Ochoa, A. Kornberg	試験管内における核酸合成に関する研究により，ノーベル医学生理学賞を受賞．
1960	P. Nowell	フィトヘマグルチニン（植物性血球凝集素）を発見．ヒト白血球培養において，有糸分裂を促進することを示す．
〃	P. Siekevitz, G. E. Palade	分泌タンパク質が膜結合リボソーム上で合成されることを報告．
〃	P. Doty ほか3名	DNA 分子の相補鎖を分離し，再結合させることが可能であることを示す．
〃	P. E. Polani ほか4名	ロバートソン転座が原因となったダウン症候群を初めて記載．
〃	T. Watanabe, T. Fukasawa	細菌の接合によって R プラスミドが伝達される抗生物質抵抗性の機構を報告．
〃	G. Barski, S. Sorieul, F. Cornefert	哺乳類細胞の試験管内雑種形成に初めて成功．
〃	U. Clever, P. Karlson	ユスリカ（*Chironomus*）の幼虫にエクダイソンを注射することによって，多糸染色体上の固有なパフのパターンを実験的に誘導．
〃	J. C. Kendrew ほか6名	ミオグロビンの三次元構造を 2Å の解像度で決定．
〃	H. H. Hess	海洋底拡大説を提唱．

C. 遺伝学年表　437

1960	M. F. Perutz ほか 5 名	ヘモグロビンの三次元構造を 5.5Å の解像度で決定.
〃	P. B. Medawar, F. M. Burnet	免疫寛容に関する研究により，ノーベル医学生理学賞を受賞.
1961	F. Jacob, J. Monod	"Genetic regulatory mechanisms in the synthesis of proteins" を発表し，オペロン説を展開.
〃	F. Jacob, J. Monod	リボソームはアミノ酸の配列順を決める鋳型をもたず，DNA シストロンが，アミノ酸配列の情報をそのヌクレオチド配列中にもつ，寿命の限られた RNA 分子の合成をひき起こし，この分子がリボソームと一時的に会合し，所定のタンパク質を合成する能力をリボソームに与えると提唱. 数ヵ月後には，S. Brenner，F. Jacob，M. Meselson および F. Gros ほか 5 名により，特定の mRNA が大腸菌で発見された.
〃	M. F. Lyon; L. B. Russell	哺乳類では，ある胚細胞とその子孫細胞では X 染色体のどちらか 1 本が不活性化しており，別の細胞ではもう一方の X 染色体が不活性化していること，したがって哺乳類の雌は X 染色体のモザイクであることを示す証拠を独立に提示.
〃	S. Benzer	大腸菌の T4 ファージ染色体の rII 領域内で，例外的に高い自然突然変異率を示す 2 箇所の部位を発見，"ホットスポット" (hot spot) とよぶ.
〃	J. Josse, A. D. Kaiser, A. Kornberg	DNA らせんの相補鎖は極性が違っており，一方の鎖の糖はもう一方の鎖の糖と反対の方向を向いていることを示す.
〃	V. M. Ingram	遺伝子重複と転座によって，単一の原始的なミオグロビン様ヘムタンパク質から既知の 4 種類のヘモグロビン鎖が進化したという説を提唱.
〃	B. D. Hall, S. Spiegelman	相補的な塩基配列をもつ一本鎖 DNA と 1 分子の RNA からなる雑種分子が形成されることを立証. この技術は mRNA を分離し，その特徴を明らかにする道を開いた.
〃	S. B. Weiss, T. Nakamoto	RNA ポリメラーゼを分離.
〃	G. von Ehrenstein, F. Lipmann	ウサギの網状赤血球から抽出した mRNA とリボソームと大腸菌由来のアミノ酸-tRNA 複合体を組合わせた無細胞系では，ウサギヘモグロビンと同様のタンパク質を合成することを発見. このことから遺伝暗号は共通であると結論.
〃	F. H. C. Crick ほか 3 名	遺伝の言語は 3 文字の単語から構成されることを示す.
〃	W. Beermann	ユスリカの多糸染色体のパフ部位はメンデル遺伝することを示す.
〃	A. Wacker, H. Dellweg, E. Lodemann	DNA に紫外線を照射するとチミン二量体が形成されることを示す.
〃	M. W. Nirenberg, J. H. Matthaei	鋳型 RNA を加えるとアミノ酸がタンパク質に取込まれる大腸菌の無細胞系を開発する. 彼らは合成ポリヌクレオチド，ポリウリジル酸がポリフェニルアラニンに似たタンパク質の合成を指令することを示す.
〃	M. Meselson, J. J. Weigle	組換えは染色体の切断と再結合を伴うが，複製は起こらないことを λ ファージで示す.
〃	H. Dintzis	ヘモグロビン分子の合成方向は，アミノ末端からカルボキシル末端に進むことを示す.
〃	H. Moor ほか 3 名	フリーズフラクチャー法 (凍結割断法) を開発. 通常の切片作製法では不可能であった超微細胞構造の観察が可能になる.
〃	U. Z. Littauer	リボソーム中の高分子量 RNA 分子種はわずか 2 種類であることを示す. 沈降係数は，細菌では 16S と 23S，また動物では 18S と 28S.
〃	I. Rubenstein, C. A. Thomas, A. D. Hershey	バクテリオファージ T2 の頭部に含まれる DNA は単一の染色体を構成することを示す.
〃	C. B. Anfinsen ほか 3 名	アミノ酸の直線的な配列がタンパク質の固有の三次元構造を決定することをリボヌクレアーゼ A で示す.

1961	R. Guthrie	フェニルケトン尿症の血液スクリーニング法を開発. 1年後に, マサチューセッツ州で全新生児を対象とするスクリーニングが始まることになる.
〃	C. Tokunaga	キイロショウジョウバエの *engrailed* 遺伝子は, ある発生のプレパターンを別の関連のあるプレパターンへと変化させることを示す.
〃	J. P. Waller, J. I. Harris	細菌のリボソームは多数の異なったタンパク質を含んでいることを発見.
1962	H. Ris, W. Plaut	葉緑体がDNAを含むことを電子顕微鏡で示す.
〃	E. Zuckerkandl, L. Pauling	真核生物の進化において共通の祖先から異なるヘモグロビンが派生してくるおおよその時間を計算.
〃	F. M. Ritossa	ヒョウモンショウジョウバエ (*Drosophila busckii*) の唾腺染色体で, 熱ショックに応答してパフが形成されることを報告.
〃	E. Beutler, M. Yeh, V. E. Fairbanks	グルコース-6-リン酸デヒドロゲナーゼ (G6PD) 欠損症についてヘテロ接合の女性の赤血球を調べた結果, 正常赤血球とG6PD欠損赤血球の混合集団であることがわかり, ヒトの成人女性は, 母親由来もしくは父親由来のX染色体が不活性化した細胞のモザイクであると結論.
〃	S. Cohen	上皮成長因子をマウスの唾液腺から単離.
〃	J. F. A. P. Miller, R. A. Good ら	Tリンパ球とBリンパ球の違いを実験的に証明.
〃	R. R. Porter	酵素を使って免疫グロブリンを切断. 各分子は二つの抗原結合部位 (Fab) と, 抗原に結合しない結晶化可能領域 (Fc) とからなることを示す. 重鎖と軽鎖は1:1で存在することを示し, 四本鎖モデルを示唆.
〃	D. A. Rodgers, G. E. McClearn	マウスの系統間で, アルコールの好みに差のあることを発見.
〃	U. Henning, C. Yanofsky	トリプレット内の交差によってアミノ酸の置換が起こりうることを示す.
〃	J. B. Gurdon	腸細胞由来の核を除核卵に注入することにより, 正常な繁殖力をもつカエルを作成する. この実験は, 体細胞の核と生殖細胞の核が質的には変わらないことを証明.
〃	A. Gierer; J. R. Warner, A. Rich, C. E. Hall; T. Staehelin, H. Noll	ポリリボソームが三つの研究室で独立に発見される.
〃	A. M. Campbell	エピソームの宿主染色体への組込みが, 真核生物ですでに知られていた環状染色体と線状染色体の間の対合による交換と同様な交差によって起こることを提唱.
〃	W. Arber	制限修飾モデルを提唱し, 制限エンドヌクレアーゼ (制限酵素) の存在を予想.
〃	J. D. Watson, F. H. C. Crick, M. H. F. Wilkins	DNAの構造に関する研究により, ノーベル医学生理学賞を受賞.
〃	M. F. Perutz, J. C. Kendrew	ヘモグロビンとミオグロビンの三次元構造に関する研究により, ノーベル化学賞を受賞.
1963	B. B. Levine, A. Ojida, B. Benacerraf	モルモットの免疫応答遺伝子についての最初の論文を発表.
〃	R. Rosset, R. Monier	5S rRNAを発見, リボソームの構成要素であると結論. 彼らは後に, これがリボソームの大サブユニットの一部分であることを示す.
〃	T. Okamoto, M. Takanami	RNAがリボソームの小さい方のサブユニットに結合することを示す.
〃	H. Noll, T. Staehelin, F. O. Wettstein	タンパク質合成のテープ機構を明らかにする.
〃	J. G. Gall	ランプブラシ染色分体が単一のDNA二重らせんを含むことを立証.

C. 遺伝学年表　439

1963	B. J. McCarthy, E. T. Bolton	多様な生物種間の遺伝的類縁性を測定するために DNA 寒天法を使用.
〃	E. Hadorn	ショウジョウバエの培養成虫原基が異なる器官に分化すること示す.
〃	F. Jacob, S. Brenner	レプリコン（複製単位）のモデルを発表.
〃	R. Sager, M. R. Ishida	クラミドモナスの葉緑体 DNA を単離.
〃	K. R. Porter, M. A. Bonneville	電子顕微鏡写真集を解説文付きで出版. 異なる細胞のタイプの超微細構造に関する最初の地図帳となる.
〃	F. J. Vine, D. H. Matthews	海洋底の拡大速度は，海洋底の磁界の向きが異なる平行した岩帯の年代決定によって計算可能であることを示す.
〃	J. Cairns	大腸菌の遺伝担体（染色体）が環状であり，半保存的複製の際には，Y字状の複製フォークが1箇所の出発点から反対方向に進行し，二つの環状の子孫遺伝担体を生成することをオートラジオグラフィーによって証明.
〃	E. Margoliash	多様な種について，シトクロム c のアミノ酸配列を決定．特定の遺伝子産物について初めて系統樹をつくる.
〃	L. B. Russell	常染色体の転座領域をもつマウスのX染色体が体細胞で不活性化される場合，切断点に最も近接する常染色体遺伝子も不活性化されることを示す．つまり，Xの不活性化は付着した常染色体領域まで拡散する.
〃	E. Mayr	"Animal Species and Evolution" を発表. この本は種分化に関する現代的な考えを集大成したもので，この分野の研究者に大きな影響を与える.
〃	I. R. Gibbons	繊毛軸糸の微小管上の腕状の部分からダイニンを単離.
1964	R. B. Setlow, W. L. Carrier, R. P. Boyce, P. Howard-Flanders	独立に，細菌における除去修復の機構を報告.
〃	A. S. Sarabhai ほか3名	大腸菌のT4ウイルスの頭部を被覆するタンパク質の遺伝子とタンパク質産物の共直線性を証明.
〃	C. Yanofsky ほか4名	大腸菌のトリプトファンシンテターゼの場合について，遺伝子とタンパク質産物の共直線性を証明.
〃	M. S. Fox, M. K. Allen	肺炎連鎖球菌（*Streptococcus pneumoniae*）の形質転換では，受容菌のDNA中に一本鎖の供与DNAの一部が取込まれることを示す.
〃	E. T. Mertz, L. S. Bates, O. E. Nelson	トウモロコシの突然変異（*opaque-2*）が成熟した胚乳のアミノ酸組成を変化させ，トウモロコシの種子の栄養価が顕著に改良されることを立証.
〃	J. G. Gorman, V. J. Freda, W. Pollack	Rh^- の母親の感作が最初の Rh^+ の子供の出産直後に Rh 抗体を投与することにより阻止できることを立証.
〃	D. J. L. Luck, E. Reich	アカパンカビからミトコンドリア DNA を単離．後に，この DNA が古典的な半保存的機構により複製することを証明（1966）.
〃	G. Marbaix, A. Burny	マウスの網状赤血球から 9S RNA を単離し，それが mRNA であることを示唆.
〃	R. Holliday	相同染色体の DNA 分子の間の交差に際して起こると考えられる一連の切断と再結合の意味を明確にするモデルを提唱.
〃	J. W. Littlefield	HGPRT$^-$ および TK$^-$ 繊維芽細胞は HAT 培地で培養することによって，体細胞雑種を選択する方法を開発.
〃	D. D. Brown, J. B. Gurdon	核小体形成体の欠失についてホモ接合のアフリカツメガエルのオタマジャクシでは，18S と 28S リボソーム RNA の合成が起きないことを示す.
〃	W. D. Hamilton	社会行動の遺伝学的な理論を提唱.
〃	W. Gilbert	合成されたばかりのタンパク質は tRNA のようにリボソームの大きい方のサブユニットに結合していることを発見.

1964	D. M. C. Hodgkin	X線結晶構造解析の先駆的な研究により，ノーベル化学賞を受賞．コレステロール，ペニシリン，セファロスポリン，コバラミン，およびインスリンの三次元構造の決定は，オックスフォード大学の彼女の研究室でなされたものである．
1965	R. B. Merrifield, J. Stewart	合成樹脂製の固体支持体上でポリペプチド鎖を自動的に合成する方法を開発．同様の自動化の原理は後に遺伝子合成機とよばれる機器によって自動的に核酸を合成する際，採用された．
〃	D. D. Sabatini, Y. Tashiro, G. E. Palade	リボソームの大きい方のサブユニットは小胞体に付着していることを示す．
〃	L. Hayflick	組織培養されたヒトの二倍体細胞のガラス器内における寿命は，およそ50回の分裂が限度であることを発見．
〃	R. W. Holley ら	酵母から分離したアラニン tRNA の完全なヌクレオチド配列を決定．
〃	N. Hilschmann, L. Craig	免疫グロブリン分子のカルボキシル末端領域のアミノ酸組成は一定であるが，アミノ末端領域では変動することを報告．この発見は，一つの遺伝子が，アミノ酸組成が変動するタンパク質の部分をどのようにしてコードできるのかという問題を提起する．
〃	P. Karlson ほか4名	エクダイソンの完全な分子構造を決定．
〃	S. Spiegelman ほか4名	自己増殖する感染性 RNA（大腸菌の Qβ バクテリオファージ）の精製酵素（Qβ レプリカーゼ）を用いた in vitro 合成に成功．
〃	S. Brenner, A. O. W. Stretton, S. Kaplan	UAG と UAA が伸長するポリペプチドの停止を指示するコドンであると推論．
〃	F. M. Ritossa, S. Spiegelman	ショウジョウバエのリボソーム RNA を生成する複数の転写単位が X および Y の染色体上の核小体形成領域に位置することを示す．
〃	H. Harris, J. F. Watkins	ヒトとマウスの体細胞を融合するためにセンダイウイルスを用い，人工的に種間の異核共存体をつくる．
〃	A. J. Clark	産物が遺伝的交差に機能する大腸菌の最初の遺伝子（recA）を発見．
〃	F. Sanger, G. G. Brownlee, B. G. Barrell	部分的に加水分解した RNA を用いたフィンガープリンティング法（得られたオリゴヌクレオチドを指紋にみたてた）を報告．
〃	R. Rothman	λファージが，大腸菌染色体上に特定の付着部位をもつことを示す．
〃	W. J. Dreyer, J. C. Bennett	抗体の軽鎖は，可変領域と定常領域に対応する2種類の異なる DNA 配列によってコードされることを提唱．定常領域は1種類のみであるが，可変領域は何百もの異なるミニ遺伝子を含むことを示唆．
〃	F. Jacob, J. Monod, A. Lwoff	細菌遺伝学に対する貢献により，ノーベル医学生理学賞を受賞．
1966	B. Weiss, C. C. Richardson	DNA リガーゼを分離．
〃	M. M. K. Nass	ミトコンドリアの DNA は環状二本鎖分子であると報告．
〃	F. H. C. Crick	遺伝暗号にみられる縮重の一般的なパターンを説明するために，ゆらぎ仮説を提唱．
〃	J. Adams, M. Cappecchi	N-ホルミルメチオニル-tRNA が，細菌のリボソーム上で形成されるポリペプチド鎖のイニシエーターとして機能することを示す．
〃	W. Gilbert, B. Müller-Hill	大腸菌のラクトースリプレッサーはタンパク質であることを示す．
〃	M. Ptashne	λファージリプレッサーはタンパク質で，DNA に直接結合することを示す．
〃	F. M. Ritossa, K. C. Atwood, S. Spiegelman	ショウジョウバエの bobbed 突然変異はリボソーム DNA の部分欠失であることを示す．
〃	H. Röller ほか3名	セクロピアサン（Hyalophora cecropia）の幼若ホルモンの構造式を決定．

1966	M. Waring, R. J. Britten	脊椎動物のDNAは反復ヌクレオチド配列を含むことを示す.
〃	R. S. Edgar, W. B. Wood	T4バクテリオファージの形態形成における遺伝的支配を分析.
〃	E. Terzaghi ほか5名	T4ファージのリゾチームは, mRNA中の決まった点から始まり, 3塩基ずつ読まれ, 翻訳されることを確認.
〃	V. A. McKusick	ヒトの1487種類の遺伝病を収載したカタログである1巻からなる"Mendelian Inheritance in Man"を出版. 3巻からなる第12版が刊行された1998年の時点で認定された遺伝病は8600まで増加した.
〃	H. Wallace, M. L. Birnstiel	アフリカツメガエル (*Xenopus laevis*) の核小体欠如突然変異体ではrDNAが99%以上欠損していることを示す.
〃	R. C. Lewontin, J. L. Hubby	電気泳動法を用いて, ウスグロショウジョウバエ (*Drosophila pseudoobscura*) の自然集団中の遺伝的に支配されるタンパク質の変異体を調査した. 彼らは, 平均的な個体のゲノム中の全遺伝子座の8〜15%がヘテロ接合であることを明らかにした. 同様な手法によって, H. Harrisは, ヒト集団中に広範な酵素多型がみられることを明らかにした.
〃	P. Rous	がんウイルスに関する研究により, ノーベル医学生理学賞を受賞.
1967	S. Spiegelman, D. R. Mills, R. L. Peterson	試験管内における進化実験の結果, これまでに知られている中で最小の自己増殖性分子が生み出されたことを報告.
〃	H. G. Khorana ら	遺伝暗号を解読するため, 既知のジヌクレオチドおよびトリヌクレオチド配列の繰返しをもつポリヌクレオチドを用いる.
〃	K. Taylor, Z. Hradecna, W. Szybalski	λファージの転写が, 同一染色体上の異なる遺伝子で, 反対方向に進行することを示す. したがって, 同じ二重らせんのプラス鎖とマイナス鎖に存在する転写単位からmRNAが生じうる.
〃	B. Mintz	異形質マウスを用い, 毛皮の色を決めるメラニン細胞が胚形成初期に認められる34個の細胞に由来することを立証.
〃	J. B. Gurdon	異なった発生段階のカエルの卵に体細胞の核を移植すると, 移植核のRNAおよびDNA合成は宿主細胞の合成の特徴に変化する.
〃	L. Goldstein, D. M. Prescott	アメーバの核移植を行い, 細胞質から核に移動する特殊なタンパク質があって, それが核の核酸代謝を支配するであろうことを示した.
〃	C. B. Jacobson, R. H. Barter	遺伝的欠陥の出生前診断と管理の目的で, 羊水穿刺の利用を報告.
〃	C. C. F. Blake ほか4名	リゾチームの三次元構造を2Åの解像度で公表. 酵素分子がどのようにして基質と合うように形づくられているかを初めて示唆するものである.
〃	M. Goulian, A. Kornberg, R. L. Sinsheimer	生物学的な活性をもつDNAの試験管内合成に成功したことを報告. 精製された大腸菌のDNAポリメラーゼに対して, φX174の一本鎖DNAを鋳型として供給したものである.
〃	M. L. Birnstiel	アフリカツメガエルから純粋のrDNAを分離.
〃	T. O. Diener, W. B. Raymer	ジャガイモのやせいも病がウイロイドによって起きることを示す.
〃	M. C. Weiss, H. Green	HAT選択法を使って, チミジンキナーゼの遺伝子の位置を決める. ヒトの遺伝子の位置を決めるのに, 体細胞遺伝学を使用した初めての例.
〃	V. M. Sarich, A. C. Wilson	アルブミンタンパク質の免疫学的特性をチンパンジー, ゴリラ, およびヒトの間で比較. アフリカの類人猿とヒトは400〜600万年前の祖先を共有したと結論.
1968	R. Okazaki, T. Okazaki ら	新しく合成されたDNAは多数の断片を含んでいることを示す. これらの断片は, 短鎖DNAで不連続に合成された後, 互いに連結される.
〃	W. Gilbert, D. Dressler	DNA複製のローリングサークルモデルを提唱.

1968	J. Morgan, D. P. McKenzie, X. Le Pinchon	大陸移動を説明するためプレートテクトニクスの概念を展開.
〃	J. G. Gall; D. D. Brown, I. B. Dawid	両生類の卵形成の際の rDNA 遺伝子の差別的な合成を報告.
〃	M. Kimura	分子進化の中立遺伝子説を提唱.
〃	H. O. Smith, K. W. Wilcox, T. J. Kelley	特定の制限酵素 ($Hind$ II) を初めて単離, 性質を調べる.
〃	D. Y. Thomas, D. Wilkie	酵母ミトコンドリア遺伝子の組換えを明らかにする.
〃	R. P. Donahue ほか3名	ヒトのダフィー血液型遺伝子座を1番染色体上に特定. これは特定の常染色体に位置づけられた最初の遺伝子.
〃	S. M. Gartler	ヒーラ (HeLa) 細胞が, 他の起源をもつ多くの培養細胞株に混入していることを報告. その後の研究により, このような汚染は広範にみられ, これらの汚染株を使用した研究から得られた結論が無効になる場合も多いことが示されている.
〃	J. A. Huberman, A. D. Riggs	哺乳類の染色体は一続きに配置された, 独立して複製する長さ約 30 μm の単位を含むことを示す.
〃	S. Wright	四巻からなる "Evolution and the Genetics of Populations" の第一巻を刊行. 最終巻は 10 年後に完結した.
〃	E. H. Davidson, M. Crippa, A. E. Mirsky	アフリカツメガエル ($Xenopus\ laevis$) の卵形成期に標識された RNA の 60% 以上がランプブラシ期に合成され, 残りの何ヵ月かの卵成熟の間貯蔵されることを示す. この RNA はおそらく, 初期胚発生に用いるために貯えられる長寿命 mRNA であろう.
〃	O. Hess, G. Meyer	さまざまなショウジョウバエの種における Y 染色体の構造変化に関する広範な研究を報告. Y 染色体が精原細胞内でランプブラシのループを生じる領域をもつことを示す. これらのループは精子形成の特定段階で必要.
〃	S. A. Henderson, R. G. Edwards	マウスの母親の加齢に伴って, 卵細胞当たりのキアズマ数が減少し, 一価染色体数は増加することを立証. もし同様のことがヒトにもあるのならば, (実際に示されているように) 母親の年齢の上昇に伴って異数体の子供の出現が増加することが予測される.
〃	J. E. Cleaver	色素性乾皮症の患者では DNA の修復複製に欠陥があることを示す.
〃	R. J. Britten, D. E. Kohne	Cot 曲線を使って, 異なる種のゲノムの反復 DNA 配列と非反復 DNA 配列の相対的な量が決定できることを示す.
〃	R. W. Davis, N. Davidson	ヘテロ二本鎖 DNA 分子を実験的につくり, バクテリオファージ λ の欠失突然変異を視覚化.
〃	R. W. Holley, H. G. Khorana, M. W. Nirenberg	遺伝暗号の解読とタンパク質合成における役割に関する発見により, ノーベル医学生理学賞を受賞.
1969	J. Abelson ほか6名	チロシン tRNA 突然変異のヌクレオチド配列を決定し, ナンセンスサプレッション機構の存在を証明.
〃	J. G. Gall, M. L. Pardue; H. John, M. L. Birnstiel, K. W. Jones	特定のヌクレオチド配列の細胞学的局在を明らかにする $in\ situ$ ハイブリッド形成法を開発した.
〃	B. C. Westmoreland, W. Szybalski, H. Ris	λファージの遺伝子を物理的にマッピングするための電子顕微鏡的手法を開発. 一方の親のマイナス鎖と, 欠失, 挿入, 置換, あるいは逆位をもつもう一方の親のプラス鎖をアニールすることによって得られたヘテロ二本鎖 DNA 分子の電子顕微鏡写真を撮るというもの.
〃	B. Dudock ほか3名	tRNA が三次元のクローバー葉状に折りたたまれることを示す.
〃	R. Burgess ほか3名	RNA ポリメラーゼ σ 因子を分離同定.

C. 遺伝学年表

1969	H. Harris ほか 4 名	細胞融合実験により，がん抑制遺伝子が実在することを示す．
〃	O. L. Miller, B. R. Beatty	両生類の遺伝子で転写途上にある RNA 分子の電子顕微鏡写真を発表．
〃	J. R. Beckwith ほか 5 名	大腸菌から純粋の lac オペロン DNA を分離したと報告．
〃	G. M. Edelman ほか 5 名	ヒトの γ-G_1 免疫グロブリンの完全なアミノ酸配列を初めて発表．
〃	Y. Hotta, S. Benzer; W. L. Pak, J. Grossfield	各グループ独立に，ショウジョウバエの神経系突然変異体を誘発し，生理学的な特性を明らかにする．
〃	C. Boon, F. Ruddle	ヒトとマウスの染色体を含む雑種体細胞系から特定の染色体が失われることと特定の表現形質が失われることの相関関係を示し，特定の遺伝子座をヒトのいくつかの染色体に割り当てること可能にした．
〃	R. E. Lockard, J. B. Lingrel	マウスの網状赤血球のポリソームから得た 9S RNA 分画を純化，それがマウスのヘモグロビン β 鎖の合成を指令することを示し，Marbaix と Burny (1964) の考えを確認する．
〃	A. Ammermann	棘毛類繊毛虫の *Stylonychia mytilus* 大核原基では核内分裂による DNA 複製が起き，多糸染色体が形成される．その後その多くは破壊され，大核 DNA の 90% が分解され培地中に分泌されることを報告．
〃	R. I. Huebner, G. I. Todaro	がん遺伝子説を発表．
〃	H. A. Lubs	ヒト X 染色体上の脆弱部位を報告，この部位が精神遅滞の男性に存在することを示す．その後の研究により，この遺伝子座 (Xq27) は X 染色体に連鎖した精神遅滞に共通して見られることが示される．
〃	J. A. Shapiro	挿入配列によりひき起こされた大腸菌のラクトースオペロンの突然変異を検出．
〃	M. Delbrück, S. E. Luria, A. D. Hershey	ウイルス遺伝学に対する貢献により，ノーベル医学生理学賞を受賞．
1970	B. M. Alberts, L. Frey	T4 ファージの遺伝子 32 のタンパク質産物を単離し，このタンパク質が一本鎖 DNA に協調的に結合することを証明．彼らは 32 タンパク質が DNA 分子を巻き戻し，DNA 複製が開始できるようにしていると示唆．
〃	H. G. Khorana ほか 12 名	酵母のアラニン tRNA 遺伝子の全合成を報告．
〃	M. Mandel, A. Higa	大腸菌に DNA を導入する一般的な方法を開発．細胞を低温の塩化カルシウム溶液で処理することで核酸が透過できるようになることを示す．
〃	J. Yourno, T. Kohno, J. R. Roth	細菌の 2 種の酵素を結合させて，両者の機能をもつ大きな一つのタンパク質分子をつくる．ネズミチフス菌のヒスチジンオペロンにおける *his* D と *his* C 遺伝子を，一対のフレームシフト突然変異により融合させることによって成功．
〃	D. Baltimore, H. M. Temin	2 種の RNA がんウイルス（ラウシャー白血病ウイルスとラウス肉腫ウイルス）において，RNA 依存性 DNA ポリメラーゼの存在を報告．
〃	J. L. Kermicle	トウモロコシの *R* 遺伝子が親による刷込みを示すことを報告．
〃	M. L. Pardue, J. G. Gall	動原体周辺の異質染色質は反復性 DNA に富むことを示す．
〃	D. E. Wimber, D. M. Steffensen	キイロショウジョウバエの第 2 染色体の右腕上に 5S RNA シストロンを位置付ける．
〃	T. Caspersson, L. Zech, C. Johansson	キナクリン染色を染色体細胞学に用い，ヒトの染色体上の固有な蛍光バンドパターンを示す．
〃	R. Sager, Z. Ramanis	非メンデル性遺伝子の遺伝地図を初めて報告する．この 8 個の遺伝子のグループはクラミドモナスの葉緑体の染色体上に位置する．
〃	R. T. Johnson, P. N. Rao	有糸分裂活性をもつ細胞を試験管内で間期の細胞と融合させることにより，早熟染色体凝縮を誘導．

1970	M. Schnös, R. B. Inman	バクテリオファージλの染色体複製の研究に変性マッピング法を使用．複製が特定の複製開始点から始まり，二つの複製フォークが反対方向に進んで環状分子になることを示す．
〃	H. O. Smith, K. W. Wilcox	ある種の制限酵素は，両端に一本鎖が突出したDNA末端を一段階で生成することを発見．
〃	M. Rodbell, L. Birmbaumer	ホルモンによるアデニルシクラーゼの活性化にはGTPが必要であることを発見．このことは，GTP結合タンパク質がシグナル伝達にかかわることを示唆する．
1971	A. M. Olonikov	DNAの末端の削減が，体細胞クローンの有糸分裂能力を限定することを示唆．
〃	M. L. O'Riordan ほか3名	塩酸キナクリンで染色するとヒトの22対の常染色体が視覚的に識別しうることを報告．彼らはフィラデルフィア染色体が異常な22番染色体であることを立証．
〃	Y. Hotta, H. Stern	ユリにおいて，減数分裂前期に合成されるDNAの特質を明らかにする．接合糸期における合成は，それに先立つS期に複製されなかったDNAの一部の遅延合成であること，また太糸期のDNA合成は修復複製の特徴をもつことなどが明らかとなる．
〃	S. H. Howell, H. Stern	ユリの小胞子に存在する一種のエンドヌクレアーゼの濃度は，交差が起きると考えられている太糸期の初期に最高になることを示す．
〃	C. A. Thomas	"C値パラドックス"という言葉を用いる．
〃	A. G. Knudson	網膜芽細胞腫の正常な遺伝子座は優性のがん抑制遺伝子として機能することを提唱．
〃	J. E. Darnell ほか3名	RNA前駆体の転写後修飾中に，ポリアデニル酸断片が付加され，このポリA部分によって（機構は不明だが）mRNAが安定化されると示唆．
〃	S. Altman, J. D. Smith	大腸菌からRNアーゼPを単離，これがtRNA前駆体分子から5'リーダー配列を除去するリボヌクレオタンパク質であることを示す．
〃	H. Klenow	現在はクレノー断片とよばれるDNAポリメラーゼの断片を分離，その性質を調べる．
〃	B. Dudock ほか3名	フェニルアラニンtRNAシンテターゼの認識部位がジヒドロウリジン環の近傍にあることを立証．
〃	C. R. Merril, M. R. Geier, J. C. Petricciani	ガラクトース血症患者からの培養繊維芽細胞にラクトースオペロンをもつ形質導入λファージを感染させると，その細胞は失っていたトランスフェラーゼを合成し，非感染細胞よりも長期間生存することを報告．
〃	R. J. Konopka, S. Benzer	ショウジョウバエで誘発された体内時計突然変異の分離を報告．
〃	D. T. Suzuki, T. Grigliatti, R. Williamson	ショウジョウバエの温度感受性麻痺突然変異を分離．
〃	J. E. Manning, O. C. Richards	ユーグレナの葉緑体溶解物中に環状DNAを検出．
〃	C. Kung	ゾウリムシ（*Paramecium aurelia*）の行動異常変異体を誘導，単離し，多くの突然変異体は原形質膜の電気生理学的な異常を伴うことを示す．
〃	K. Dana, D. Nathans	SV40の環状DNAを制限酵素によって一連の断片に切断し，その物理的な順序を推定．
〃	E. W. Sutherland	環状AMPおよびそれをつくる酵素，アデニルシクラーゼの発見により，ノーベル賞を受賞．
〃	P. Lobban, A. D. Kaiser	パッセンジャーDNAとベクターDNA分子の双方の末端にターミナルトランスフェラーゼを使って相補的なホモポリマー部分を付加することにより，どのようなDNA分子も結合させられるという一般的な方法を開発．

C. 遺伝学年表　445

1972	A. F. Zakharov, N. A. Egolina	ハーレキン染色体を生じる BUDR 標識法を開発.
〃	J. D. Watson	一連の複製周期の間に, DNA 分子は短縮し, ついには生存不能になるに違いないと指摘. 各複製周期において, DNA 分子がその 5′ 末端まで完全にコピーされないためである. テロメア (1978) およびテロメラーゼ (1983) の構造と機能の解明によって, Watson のジレンマに対する解答が与えられた.
〃	G. H. Pigott, N. G. Carr	藍菌のリボソーム RNA はユーグレナ (*Euglena gracilis*) の葉緑体 DNA とハイブリッドを形成することを示す. 遺伝子の相同性が見られるということは, 葉緑体が内在性共生生物であった藍菌の子孫であることを強く支持するものである.
〃	S. J. Singer, G. L. Nicholson	細胞膜構造の流動モザイクモデルを提出.
〃	B. Benacerraf, H. O. McDevitt	マウスの *Ir* 遺伝子は, H-2 複合体に連鎖していることを示す.
〃	N. Eldredge, S. J. Gould	種の進化の断続平衡モデルを提唱.
〃	Y. Suzuki, D. D. Brown	カイコガから絹フィブロインの mRNA を分離, 同定した.
〃	Y. Suzuki, L. P. Gage, D. D. Brown	フィブロイン遺伝子を解析.
〃	D. D. Brown, P. C. Wensink, E. Jordan	2 種のアフリカツメガエルにおいて, rRNA 遺伝子ファミリーの協調進化を報告.
〃	R. Silber, V. G. Malathi, J. Hurwitz	RNA リガーゼを発見.
〃	D. A. Jackson, R. H. Symons, P. Berg	SV40 DNA を大腸菌 λ ファージ DNA に結合. 異種生物由来の DNA を *in vitro* で初めて結合させたことになる.
〃	M. L. Pardue ほか 3 名	キイロショウジョウバエのヒストン遺伝子が第 2 染色体に座乗することを示す.
〃	P. S. Carlson, H. H. Smith, R. D. Dearing	疑似有性的な方法により植物の種間雑種の生成に成功.
〃	J. Hedgpeth, H. M. Goodman, H. W. Boyer	特定のエンドヌクレアーゼによって認識される大腸菌ファージ λ DNA のヌクレオチド配列を同定.
〃	S. N. Cohen, A. C. Y. Chang, L. Hsu	大腸菌は環状プラスミド DNA を取込むこと, 細菌集団中の形質転換体はプラスミド上の薬剤耐性遺伝子を利用して, 同定, 選択できることを明らかにする.
〃	U. Kuhnlein, W. Arber	大腸菌ファージの認識部位突然変異を単離. 宿主によるウイルスの増殖制限を説明するために, Arber (1962) が提出した制限と修飾による仮説を確かなものにした.
〃	J. Mertz, R. W. Davis	制限酵素 *Eco*R I による DNA の切断は, 付着末端を生じることを示す.
〃	D. E. Kohne, J. A. Chisson, B. H. Hoyer	DNA-DNA ハイブリッド形成のデータを用いて霊長類の進化を研究. ヒトに最も近い生物はチンパンジーであると結論.
〃	G. M. Edelman, R. R. Porter	抗体の化学構造に関する研究により, ノーベル医学生理学賞を受賞.
1973	D. R. Mills, F. R. Kramer, S. Spiegelman	自己複製する最短の RNA 分子である 218 ヌクレオチドからなる配列を報告. この分子 (MDV-1) は Qβ ファージの RNA に由来する変異体で, 試験管内で進化を遂げたものである.
〃	S. H. Kim ほか 7 名	酵母のフェニルアラニン-tRNA の三次元構造を示す.

1973	J. T. Finch ほか3名	鎌状赤血球貧血症患者の赤血球を変形させる長い繊維が，直径およそ17 nm の管であることを示す．これらは脱酸素化されたヘモグロビンS分子の糸からなる6本のより糸でつくられる中空のケーブルである．
〃	L. H. Hartwell ほか3名	酵母（*Saccharomyces cerevisiae*）の細胞分裂周期中の特定の連続した段階に必須の産物をコードする32個の遺伝子を明らかにする．
〃	R. Kavenoff, B. H. Zimm	各種ショウジョウバエの細胞から取出したDNA分子の分子量測定に新しい粘弾性法を用いた．染色体はDNAの一つの長い分子を含み，動原体部分で中断されないと結論．
〃	P. Debergh, C. Nitsch	小胞子から直接半数体トマトの培養に成功．
〃	W. G. Hunt, R. K. Selander	ハツカネズミの2亜種の交雑帯について，ゲル電気泳動により解析し，その境界を追跡する．
〃	P. J. Ford, E. M. Southern	アフリカツメガエル卵母細胞では，体細胞では見られない，別種の5S RNA遺伝子群が転写されていることを示す．
〃	W. Fiers ほか3名	タンパク質をコードする遺伝子の配列を初めて決定（大腸菌のRNA ファージMS2の外殻タンパク質）．
〃	B. E. Roberts, B. M. Patterson	小麦胚芽の無細胞系を調製し，実験的に加えられたmRNAの試験管内翻訳を報告．
〃	A. Garcia-Bellido, P. Ripoll, G. Morata	ショウジョウバエの翅の成虫原基において，発生過程による区画化を報告．
〃	S. N. Cohen ほか3名	異なるプラスミド由来の制限酵素断片を *in vitro* で結合させ，初めて，生物学的に機能をもった細菌の雑種プラスミドをつくる．
〃	J. M. Rosenberg ほか5名	二重らせんの一領域について，X線結晶構造を原子の解像度で初めて決定．プリンとピリミジンの対合が，WatsonとCrickが20年前に彼らのDNA モデルで提唱したタイプであることを実証．
〃	C. B. Anfinsen	ノーベル賞受賞講演において，タンパク質の三次元構造がそのアミノ酸配列によって規定されると結論される根拠を要約．
1974	J. Shine, L. Dalgarno	大腸菌16S rRNAの3'末端に，多くの大腸菌ファージmRNAのリボソーム結合部位と相補的な，短い塩基配列のあることを示す．16S RNAのこの領域が塩基対を形成することで，mRNA上でのタンパク質合成の停止と開始にかかわっていることを示唆する．
〃	I. Zaenen ほか4名	クラウンゴール（根頭がん腫症）細菌の腫瘍形成をひき起こすプラスミドを発見．
〃	K. M. Murray, N. E. Murray	λファージDNA上に制限酵素認識部位を導入することにより，外来DNA の制限酵素断片を組込めるようにした．λファージが，クローニングベクターとなる．
〃	A. Tissieres, H. K. Mitchell, U. M. Tracy	ショウジョウバエに熱ショックを与えることにより，6種類の新たなタンパク質が合成されることを発見．これらのタンパク質は多糸染色体をもたない組織でもつくられる．
〃	B. Dujon, P. P. Slonimski, L. Weill	酵母（*Saccharomyces cerevisiae*）のミトコンドリアゲノムの組換えと分離のモデルを提唱．それによると，mtDNA分子は接合体細胞中に複数のコピーとして存在する．これらはランダムに対を形成し，接合周期のどこでも，一方の親に由来する領域を別の親のmtDNA由来の領域と交換することができ，組換え体単位を生じるという．
〃	R. D. Kornberg	染色質（クロマチン）は，200 bpのDNAと，H2A, H2B, H3, H4 とよばれるヒストン各2分子から成る単位の繰返し構造から構成されていると提唱．このような構造は，後に，ヌクレオソームとよばれるようになり，M. Noll, A. L. Olinsにより単離され，D. E. Olinsはヌクレオソーム構造を示す，核由来の染色質の電子顕微鏡写真を発表．
〃	B. Ames	突然変異原性で，かつ発がん物質でもある可能性がある化合物を迅速にスクリーニングする方法を開発．

C. 遺伝学年表　447

1974	S. Brenner	線虫の一種 Caenorhabditis elegans の突然変異の誘発，単離，マッピングの方法を記述．
〃	R. W. Hedges, A. E. Jacob	大腸菌において，DNA の相同性を示さないプラスミド間でアンピシリン抵抗性遺伝子が伝達されうることを発見．これは可動 DNA 配列によって仲介されたものであり，これに対して"トランスポゾン"という名称を与えた．
〃	J. Ott	lod スコアを効率よく計算する最初のコンピュータプログラム（LIPED）を開発．
〃	C. A. Hutchison ほか 3 名	ウマとロバの雑種において，ミトコンドリア DNA が母性遺伝することを示す．
〃	A. Claude, C. de Duve, G. Palade	細胞生物学に対する貢献によりノーベル賞受賞．
1975	G. Köhler, C. Milstein	マウスの細胞を用いた実験により，体細胞雑種を利用することによって，モノクローナル抗体を産生する連続継代"ハイブリドーマ"細胞株がつくれることを示す．
〃		分子生物学者が世界中からカリフォルニア州アシロマに集まり，組換え DNA 実験を行うにあたっての研究指針を決めた歴史的規定書を作成．
〃		NIH 組換え DNA 委員会は，組換え DNA 研究に伴う潜在的な危険性を排除，または最小限にすることを目的とした指針を発表．
〃	J. L. Goldstein, M. S. Brown	正常な繊維芽細胞は，低密度リポタンパク質に対する結合部位をもっているが，高コレステロール血症遺伝子についてホモ接合の人に由来する繊維芽細胞は，このような結合部位を欠いていることを示す．
〃	M. Grunstein, D. S. Hogness	特定の DNA 断片や遺伝子を含むクローン化された DNA を単離する方法として，コロニーハイブリッド形成法を開発．
〃	D. Pribnow	バクテリオファージ T7 の二つの異なるプロモーターの塩基配列を決定し，既知の他のプロモーターの配列と比較することにより，プロモーターの構造と機能についてモデルを作成．
〃	E. M. Southern	DNA 断片を，アガロースゲルからニトロセルロースフィルターへ移す方法を記載．つぎにフィルターを，放射性同位体で標識された RNA とハイブリダイズさせ，できたハイブリッドをオートラジオグラフィーによって検出する．
〃	W. D. Benton, R. W. Davis	λgt ファージの組換え体のプラークを迅速かつ直接に検出する方法を記述．ファージ DNA をニトロセルロースフィルターに移し，標識した相補配列をもつ核酸とのハイブリッド形成により，特定の DNA を検出する．
〃	F. Sanger, A. R. Coulson	プライマーを結合させた DNA から，DNA ポリメラーゼによって，DNA 合成を行わせることにより，塩基配列を決定する，プラスマイナス法を開発．
〃	M. C. King, A. C. Wilson	ヒトならびにチンパンジーで研究されたタンパク質の 99% は同一のアミノ酸配列をもつことを指摘．これら 2 種間の違いは，主として制御遺伝子の突然変異によるもので，構造遺伝子によるものではないと結論．
〃	G. Morata, P. A. Lawrence	ショウジョウバエの engrailed 突然変異では，後部の翅の区画の細胞が，前部の区画の細胞と混じりあうことを示す．つまり，この遺伝子の正常な機能は，発生中の翅の区画間の境界を決定することである．
〃	B. Mintz, K. Illmensee	マウスの悪性奇形がん由来の XY 二倍体細胞をマウスの胚盤胞内に注入し，代理母マウスに移植．生まれた F_1 雄の何匹かで，体細胞と生殖細胞の両方にがん細胞由来の細胞が出現した．この雄を交配して得られた F_2 雄の中には，がん細胞由来のマーカー遺伝子をもつものがみられた．この実験は，奇形がん細胞の核が，何百世代もの移植の間，悪性がんの中で機能してきたにもかかわらず，その発生的全能性を保持していたことを示すものである．

1975	S. L. McKenzie, S. Henikoff, M. Meselson	熱ショックタンパク質に対するmRNAを単離し，このmRNAが，ショウジョウバエ多糸染色体の特定のパフとハイブリダイズすることを示す．
〃	L. H. Wang ほか3名	ラウス肉腫ウイルスのRNAゲノム中に，発がん活性にかかわる領域を見いだす．
〃	G. Blobel, B. Dobberstein	シグナル仮説を発表．
〃	R. Dulbecco, H. Temin, D. Baltimore	がんウイルスに関する研究でノーベル賞受賞．
1976	H. R. B. Pelham, R. J. Jackson	ウサギ網状赤血球溶解液を用いて，簡便で効率のよいmRNAに依存した in vitro 翻訳系を報告．
〃	W. Fiers ほか11名	MS2のRNAの解析を完了．これはゲノムの配列が始めから終わりまで決定された最初のウイルスとなった．
〃	R. V. Dippell	ゾウリムシのキネトソームは，DNAでなくRNAを含み，キネトソームの増殖には，DNAでなくRNA合成が伴うことを示す．
〃	N. Hozumi, S. Tonegawa	免疫グロブリン鎖の可変領域と定常領域をコードしているDNA領域は，マウス胚から単離した染色体上では互いに遠く隔たっているが，マウスの形質細胞腫から分離された染色体上では，隣接していることを示す．彼らは，Bリンパ球の分化の過程で，体細胞組換えが起こり，定常領域と可変領域に対応する遺伝子が，互いに近づいたと結論．
〃	Y. W. Kan, M. S. Golbus, A. M. Dozy	DNA組換え技術を臨床レベルで初めて使用．分子レベルのハイブリッド形成技術を利用した α サラセミアの胎児診断法を開発．
〃	M. F. Gellert ら	DNAジャイレースが閉環状リラックスDNA分子を負の超らせん型に変換する酵素であることを発見．
〃	Y. W. Chooi	ラットのリボソームから単離したタンパク質に対する抗体をフェリチンで標識したものが，ショウジョウバエ卵の哺育細胞から単離したミラー樹から伸びている繊維の末端のノブに結合することを示す．このことは，ミラー樹が，rRNAの転写単位であることの証明であり，少なくとも，リボソームタンパク質の中には，転写が完了する以前に，rRNA前駆体分子に結合しているものがあることを示している．
〃	B. G. Barrell, G. M. Air, C. A. Hutchison	ファージ ϕ X174では，遺伝子が部分的に重なりあっていることを報告．
〃		米国立衛生研究所（NIH）が，組換えDNAにかかわる研究を規制する公式の指針を発表．
〃		遺伝子工学の会社（Genentech）が，初めて設立された．
〃	A. Efstratiadis ほか3名	真核生物の遺伝子断片を in vitro で初めて酵素合成．ウサギのヘモグロビン α 鎖と β 鎖に対するmRNAに転写されるDNA配列を含む二本鎖DNAを合成．
〃	J. T. Finch, A. Klug	断片化した染色質（クロマチン）の電子顕微鏡写真に見られる300Åの糸はDNA-ヌクレオソームの繊維がソレノイド状にたたみ込まれてつくられたものであると提唱．
〃	L. H. Miller ほか3名	ダフィー血液型抗原（Fy^{a}およびFy^b）は，三日熱マラリア原虫（*Plasmodium vivax*）のメロゾイト（娘虫）の受容体であり，Fy$^-$/Fy$^-$の個体の赤血球はこの受容体を欠くため，この原虫の感染に対して抵抗性をもつと結論．
1977	A. Knoll, E. S. Barghoorn	34億年前の岩石中で，分裂中の細胞であると解釈される微化石を発見．この発見により，地球上の生命の起源は始生代前期までさかのぼることになった．
〃	J. B. Corliss, R. D. Ballard	深海潜水艇アルビン号（Alvin）に搭乗し，ガラパゴスリフトにおいて，超好熱細菌，ハオリムシ，二枚貝その他の生物群集を発見．

C. 遺伝学年表

1977	E. M. Ross, A. G. Gilman	アデニルシクラーゼがGTPを結合したタンパク質によって制御されることを示す．3年後に，このGタンパク質が精製され，ヘテロ三量体であることが判明した．
〃	K. Itakura ほか6名	ヒトのソマトスタチン遺伝子を化学的に合成し，大腸菌で発現させる．これが最初のヒトの人工タンパク質，ソマトスタチンの商業生産につながった．
〃	S. M. Tilghman ほか8名	λファージをベクターとして用い，タンパク質をコードする遺伝子（マウスのβグロビン）を初めてクローニング．
〃	C. Jacq, J. R. Miller, G. G. Brownlee	アフリカツメガエル卵母細胞の5S DNAクラスター中に"偽遺伝子"の存在を報告．
〃	J. C. Alwine, D. J. Kemp, G. R. Stark	DBMペーパーを調製し，電気泳動により分離したRNAのバンドをアガロースゲル上からDBMペーパーに移す方法を記述．放射性同位体で標識されたDNAプローブを用いたハイブリッド形成，そのオートラジオグラフィーによって，特定のRNA分子が検出される．この方法はSouthern (1975) によって述べられた方法と逆で，DNAではなくRNAが固体の支持体に移されることから"ノーザンブロッティング"として知られるようになった．
〃	F. Sanger ほか8名	ϕX174のDNAゲノムの全塩基配列を報告．
〃	E. W. Silverton, M. A. Navia, D. R. Davies	ヒトの免疫グロブリン分子の三次元構造を決定．
〃	M. Leffak, R. Grainger, H. Weintraub	DNA複製中に"古い"ヒストン八量体はそのまま残り，"新しい"八量体は複製の直前に合成されたタンパク質のみから成ることを示す．
〃	C. Woese, G. E. Fox	新たに発見されたある種の微生物の16S rRNAの塩基配列に関する研究から，他の細菌とは別のドメイン（アーキア）に分類すべきであると結論．
〃	W. Gilbert	非細菌性の有用なタンパク質（インスリン，インターフェロン）を細菌で合成させる．
〃	A. M. Maxam, W. Gilbert	DNA塩基配列決定の"化学的方法"を公表．
〃	R. J. Robert, P. A. Sharp	アデノウイルス2型で分断された遺伝子を発見．
〃	L. Chow, S. Berget	Rループマッピングにより，イントロンループの位置を示す．次いで，介在性の非コード領域は，動物のタンパク質をコードする遺伝子，すなわちウサギのβグロビン遺伝子 (A. Jeffreys, R. A. Flavell) およびニワトリのオボアルブミン遺伝子 (R. Breathnach, J. L. Mandel, P. Chambon) でも報告される．
〃	J. Weber, W. Jelinek, J. E. Darnell	アデノウイルス-2のゲノム中に，離れて存在するDNA断片から選択的スプライシングによって，複数の種類のmRNAがつくられることを報告．
〃	J. F. Pardon ほか5名	中性子コントラストマッチング法を用いて，ヌクレオソーム中では，ヒストン八量体に結合しているDNA断片は粒子の外側にあることを示す．
〃	J. Sulston, H. R. Horvitz	線虫 C. elegans の後胚期の細胞系譜を完成．
〃	J. Collins, B. Holm	DNAの大きな断片をクローニングするためコスミドを開発．
〃	R. S. Yalow	ラジオイムノアッセイの開発によりノーベル賞を受賞．
1978	R. M. Schwartz, M. O. Dayhoff	進化上，広範囲にわたる原核生物，真核生物，ミトコンドリア，葉緑体由来のさまざまなタンパク質と核酸の配列データを比較．コンピュータ解析によってつくられた進化の系統樹により，真核生物の祖先型が，ミトコンドリアや葉緑体と共生生活に入った年代を特定（それぞれ，2億年および1億年前）．
〃	W. Gilbert	イントロンおよびエクソンという用語をつくる．
〃	T. Maniatis ほか7名	遺伝子の単離法を開発．真核生物DNAの遺伝子ライブラリのつくり方，特異的な核酸プローブとのハイブリッド形成によって個々の配列をライブラリからスクリーニングする方法を含む．

1978	M. S. Collett, R. L. Erickson	ラウス肉腫ウイルスの *src* 遺伝子の産物がプロテインキナーゼであると報告.
〃	W. Bender, R. Spierer, D. Hogness	"染色体歩行"とよばれる遺伝子の配列決定法を報告.
〃	E. B. Lewis	*bithorax* 複合遺伝子座の各遺伝子は，ショウジョウバエの体節化にかかわる関連した機能をもち，少数の祖先遺伝子の重複と特異化によって進化してきたものだと結論.
〃	C. Coulondre ほか3名	大腸菌の突然変異ホットスポットであることが同定された部位は，修飾されたピリミジンの5-メチルシトシンを含むことを示す.
〃	V. B. Reddy ほか8名	SV40の全塩基配列を発表し，塩基配列とウイルスの既知の遺伝子とmRNAを対応づける.
〃	Y. W. Kan, A. M. Dozy	鎌状赤血球貧血症の出生前診断のための連鎖マーカーとして，制限酵素断片長多型を用いることの有用性を示す.
〃	C. A. Hutchison ほか5名	DNA分子の特定の場所に特定の突然変異を導入することが可能であることを示す.
〃	E. H. Blackburn, J. G. Gall	テトラヒメナ（*Tetrahymena pyriformis*）のテロメアは短いDNA配列（一方の鎖がAACCCC，もう一方がTTGGGG）が縦列に30〜70回繰返していることを示す.
〃	R. T. Schimke ほか3名	メトトレキセートで処理したマウスの培養細胞は，この薬剤の標的となる酵素をコードしている遺伝子の増幅によって抵抗性を獲得する.
〃	W. Arber, H. O. Smith, D. Nathans	制限酵素を利用した遺伝的システムの構成を研究する技術の開発により，ノーベル賞受賞.
1979	J. G. Sutcliffe	クローニングベクタープラスミドpBR322の4362塩基の全配列を決定.
〃	J. C. Avise, R. A. Lansman, R. O. Shade	自然集団中のミトコンドリアDNAの塩基配列の類縁関係を制限酵素を利用して解明することに成功.
〃		米国国立衛生研究所（NIH）は，ウイルスDNAの研究ができるように組換えDNAに関する指針を緩和.
〃	S. Perdrix-Gillot	カイコガ（*Bombyx mori*）の絹糸腺細胞で，100万倍体を超える巨大核を報告.
〃	B. G. Barrell, A. T. Bankier, J. Drouin	ヒトミトコンドリアの遺伝暗号には，普遍暗号にあてはまらない特有なものがあることを報告.
〃	E. F. Fritsch, R. M. Lawn, T. Maniatis	ヒトグロビン遺伝子の染色体上での配置と構造を，組換えDNA技術を利用して決定.
〃	J. R. Cameron, E. Y. Loh, R. W. Davis	酵母の転移因子を発見.
〃	N. Wexler ら	ベネズエラの共同研究者たちとともに，マラカイボ湖畔の三つの漁村に住む先住民の研究を開始．この集団ではハンチントン病が高率でみられ，最終的には11,000人以上を網羅した8世代にわたる家系図がつくられた．このグループのDNA試料の解析から，*HD* 遺伝子の位置が突き止められ，ついにはMacDonaldら（1993）によってその配列が決定されるに至る.
〃	D. V. Goeddel ほか9名	組換えDNA技術を用い，ヒト成長ホルモン（HGH）をコードする遺伝子を構築．合成された遺伝子は，大腸菌内でラクトースプロモーターの制御下に発現され，HGHの性質を示すポリペプチドが合成された.
〃	M. R. Lerner, J. A. Steitz	snRNP（small nuclear ribonucleoprotein）を発見したと報告.
1980	L. Olsson, H. S. Kaplan	実験室培養で純粋な抗体を生産するヒトハイブリドーマを初めてつくる.
〃		米国最高裁判所は，遺伝的に改変された微生物に特許権を認める判決を下す．ゼネラルエレクトリック社は，A. Chakrabartyに代わって，油膜を分解する能力をもつ遺伝子組換え微生物の特許を取得.

C. 遺伝学年表

1980	J. W. Gordon ほか4名	受精卵前核にクローン化した遺伝子を直接注入することにより，初めて遺伝子組換えマウスをつくる．
〃	M. R. Capecchi	哺乳類培養細胞にガラスのマイクロピペットを使用して，DNA を直接顕微注入（マイクロインジェクション）し，効率よく形質転換を起こさせる方法を報告．
〃	C. Woese ほか10名	16S リボソーム RNA の二次構造を報告．
〃	D. Botstein ほか3名	ヒトゲノムの遺伝学的連鎖地図の作成に制限酵素断片長多型を利用する方法を発表．
〃	W. F. Doolittle, C. Spienza; L. E. Orgel, F. H. C. Crick	あらゆる種のゲノムには，その種の適応度にはなんら寄与せず，単に効率の良い自己複製子であるという理由だけで存続する DNA 領域が散在することを，それぞれ独立に指摘．著者たちは，このような DNA をまとめて"利己的 DNA" (selfish DNA) とよび，これが究極的な寄生者であることを示唆した．
〃	H. Gronemeyer, O. Pongs	キイロショウジョウバエ唾腺染色体上で，エクダイソンによって誘発されるパフの生じる位置に，β-エクダイソンが直接結合することを示す．
〃	C. Nüsslein-Volhard, E. Wieschaus	キイロショウジョウバエの体節化にかかわる突然変異を単離し，性質を調べる．
〃	L. Clark, J. A. Carbon	酵母の3番染色体の動原体に相当する遺伝子をクローニング．
〃	A. R. Templeton	創始者原理による種分化に関して，新しい理論的枠組みを提唱．
〃	G. D. Snell, J. Dausset, B. Benacerraf	免疫遺伝学に対する貢献により，ノーベル医学生理学賞を受賞．
〃	P. Berg, W. Gilbert, F. Sanger	DNA の実験的操作に対する貢献により，ノーベル化学賞を受賞．
1981	R. C. Parker, H. E. Varmus, J. M. Bishop	ラウス肉腫ウイルスの腫瘍化を起こす性質は，v-*src* 遺伝子によってコードされるタンパク質によるものであることを示す．種々の脊椎動物由来の細胞は，相同遺伝子 c-*src* をもっている．二つの遺伝子の違いは，v-*src* では，翻訳領域が分断されていないのに対し，c-*src* では，7個のエクソンが6個のイントロンにより分断されていることである．
〃	L. Margulis	"Symbiosis in Cell Evolution" を出版．この本の中で，ミトコンドリア，葉緑体，キネトソームのようなオルガネラが，現在の真核生物の祖先に内部共生体として住みついた原核生物が進化したものだとする説の根拠についてまとめている．
〃	R. Lande	ポリジーン形質に対する性選択に基づく種分化の新しいモデルを提唱．このモデルは，性選択に対する関心を復活させることになる．
〃	J. D. Kemp, T. H. Hall	クラウンゴールを形成する細菌，アグロバクテリウム（*Agrobacterium tumefaciens*）のプラスミドを介して，種子の主要貯蔵タンパク質（ファセオリン）の遺伝子を，豆 (bean) からヒマワリ (sunflower) に移し，"sunbean" をつくる．
〃	T. R. Cech, A. J. Zaug, P. J. Grabowski	テトラヒメナ（*Tetrahymena thermophila*）において，それ自身でスプライシングを行う（自己スプライシング）rRNA を発見したと報告．これは，タンパク質以外の高分子が，生物触媒として機能することを初めて示したものである．
〃	W. F. Anderson ほか3名	*cro* リプレッサーの三次元立体構造を 2.8 Å の解像度で決定．
〃	G. Hombrecher, N. J. Brewin, A. W. B. Johnson	根粒菌（*Rhizobium*）がマメ科植物に根粒をつくり，空気中の窒素を固定する能力は，プラスミド上の遺伝子によるものであることを示す．
〃	P. R. Langer, A. A. Waldrop, D. C. Ward	相補 DNA と正常にハイブリッド形成するビオチン化 DNA の合成法を開発．これはストレプトアビジンに連結させた発色システムに対するアンカーとなる．

1981	S. Anderson ほか13名	ヒトのミトコンドリアゲノムの全塩基配列と遺伝子構成の決定.
〃	H. Sakano ほか3名	マウスの免疫グロブリン重鎖遺伝子の2箇所の領域に,体細胞DNAリコンビナーゼの認識部位を発見.
〃	M. E. Harper, G. F. Saunders	改良された in situ ハイブリッド形成法を用いて,単一コピー遺伝子をヒト染色体上にマップできることを示す.
〃	J. Banerji, S. Rusconi, S. Schaffner	彼らが"エンハンサー配列"と名づけたSV40の特定の塩基配列を,βグロビン遺伝子に連結すると,その転写が何百倍も上昇することを示す.
〃	J. G. Gall ほか4名	サンショウウオの卵母細胞のランプブラシ染色体上で転写されるヒストンmRNAの場所を特定.
〃	M. Chalfie, J. Sulston	線虫 (Caenorhabditis elegans) の触覚非感受性突然変異の中から,6個の感覚神経細胞から成る特定のセットに影響する5個の遺伝子を同定.
〃	K. E. Steinbeck ほか3名	ホナガアオケイトウ (Amaranthus hybridus) のトリアジン系除草剤に対する抵抗性が,除草剤が結合するタンパク質をコードしている葉緑体の遺伝子によって制御されていることを示す.抵抗性系統は,トリアジンが結合できないように変化した遺伝子産物を産生する.
1982		Eli Lilly International Corporation は組換え DNA 技術を用いて製造した医薬品を初めて販売.ヒトインスリンで,"ヒューマリン (Humulin)"という商品名で売られる.
〃	E. P. Reddy ほか3名	ヒトの膀胱がん細胞の系統がもつがん遺伝子の活性化をもたらす遺伝的変化は,この遺伝子内に生じた単一の塩基置換によることを報告.その結果,このがん遺伝子がコードするタンパク質の12番目のアミノ酸としてリシンの代わりにバリンを取込む.
〃	P. Goelet ほか5名	タバコモザイク病ウイルスのRNAゲノムの全塩基配列を決定.
〃	P. M. Bingham, M. G. Kidwell, G. M. Rubin	ショウジョウバエのP系は,ゲノム中に30〜50コピーの転移性P因子を含む.これが交雑発生異常の原因となる.A. C. Spradling と Rubin は,P因子をクローン化し,ショウジョウバエの胚に顕微注入すると,生殖細胞の染色体に組込まれることを示し,P因子がショウジョウバエ生殖細胞へ任意のDNAを導入するベクターとして使用できる可能性を示した.
〃	E. R. Kandel, J. G. Schwartz	アメフラシ (Aplysia) のえら引っ込め反射を利用して,記憶形成の分子的制御を研究.その後,感覚ニューロンの長期促通には cAMP 応答性記憶遺伝子の活性化が必要であることを示すことになる.
〃	S. B. Prusiner	スクレイピーの感染性病原体がタンパク質であることを示し,プリオンと命名.
〃	A. Klug	ウイルス粒子,tRNA,ヌクレオソームのような生物学的に重要な意味をもつものの結晶構造の解析への貢献により,ノーベル賞を受賞.
1983	E. A. Miele, D. R. Mills, F. R. Kramer	Qβ という小さな細菌ウイルスのRNAゲノムに,合成した外来性のデカアデニル酸を Qβ レプリカーゼにより挿入し,組換えRNAの作製に初めて成功.
〃	H. J. Jacobs ほか6名	ウニで乱交雑DNAの存在を報告.
〃	T. Evans ほか4名	ウニの卵に含まれる雌親由来の mRNA がコードするタンパク質が,受精後に合成され,卵割分裂の間に周期的に分解,再合成されることを示す.彼らはこのタンパク質を"サイクリン"(cyclin) と命名.
〃	I. S. Greenwald, P. W. Sternberg, H. R. Horvitz	線虫 C. elegans の lin-12 突然変異は,発生を制御する遺伝子であることを示す.
〃	S. D. Gillies ほか3名	免疫グロブリン重鎖遺伝子の最初のイントロン内に,組織特異的エンハンサーが存在することを示す.
〃	W. Bender ほか7名	ショウジョウバエの bithorax 複合体遺伝子の塩基配列を決定し,bx, Ubx, および bxd の自然突然変異が転移因子の挿入を伴っていることを示す.

C. 遺伝学年表　　453

1983	M. P. Scott ほか 6 名	ショウジョウバエの体節決定遺伝子のもう一つのグループである *Antennapedia* 遺伝子座の塩基配列を決定し，遺伝子の構成を明らかにする．
〃	G. N. Godson ほか 4 名	マラリア原虫 (*Plasmodium knowlesi*) のスポロゾイトを囲むタンパク質をコードする遺伝子をクローニング．このタンパク質には宿主の免疫系に対するおとりとして働くエピトープが繰返されていることを示す．
〃	C. Guerrier-Takada ほか 4 名	RN アーゼ P は一つのタンパク質と一つの RNA のサブユニットからなり，後者が触媒サブユニットであることを示す．
〃	L. Montagnier ら（フランス）；R. Gallo ら（米国）	エイズ (AIDS) の原因となるウイルスの発見を，それぞれ独立に発表．
〃	M. Kimura, T. Ohta	ヒト，酵母，細菌の 5S rRNA の塩基配列の比較研究により，真核生物と原核生物は，18 億年前に分岐したと推定．
〃	M. Rassoulzadegan ほか 6 名	ラットの胚由来の培養繊維芽細胞を不死化するポリオーマウイルスから組換え DNA クローンを分離．ウイルスの遺伝子がコードするタンパク質のアミノ末端のみが不死化にかかわることを示す．
〃	R. F. Doolittle ほか 6 名	SV40 のがん遺伝子，v-*sis* は，血小板由来増殖因子 (PDGF) 遺伝子由来であることを示す．
〃	E. Hafen, M. Levine, W. J. Gehring	凍結組織切片中の RNA 転写産物と，標識した DNA プローブとの in situ ハイブリッド形成法を開発．発生中のショウジョウバエ胚の特定領域に，ホメオティック遺伝子の転写産物が局在することを示す．
〃	R. Mann, R. C. Mulligan, D. Baltimore	モロニーマウス白血病ウイルス (M-MLV) を遺伝子操作することによって，哺乳動物における遺伝子移入のためのベクターとして安全に利用できるようにする．
〃	B. McClintock	転移性遺伝因子の発見によりノーベル賞を受賞．
1984	D. C. Schwartz, C. R. Cantor	パルスフィールド勾配電気泳動法により，2000 kb の大きさをもつ DNA 分子が分離可能であることを示す．この方法により，これよりずっと小さい分子 (50 kb 以下) しか分離できないアガロースゲル電気泳動法の限界を越えることができた．
〃	J. Gitschier ほか 8 名	ヒトの抗血友病因子の遺伝子をクローニング．
〃	C. G. Sibley, J. E. Ahlquist	DNA-DNA 雑種分子形成のデータに基づいて，ヒト上科の中ではチンパンジーがヒトに最も近縁であることを示し，両種は 5～6 百万年前に分化したと推定．
〃	R. F. Pohlman, N. V. Fedoroff, J. Messing	トウモロコシの転移因子 *Activator* の塩基配列を決定．
〃	F. S. Collins ほか 4 名	γ グロビン遺伝子の上流に，この遺伝子を成人で発現させる突然変異を同定．
〃	W. McGinnis ほか 6 名	ショウジョウバエのホメオティック遺伝子の中に保存された配列を発見，"ホメオボックス" (homeobox) と名づける．また，マウスにも分節化に影響する遺伝子がみられ，やはりホメオボックスをもつことを見いだす．
〃	J. C. W. Shepherd ほか 4 名	酵母の交配型を制御するタンパク質がホメオボックスを含むことを示す．
〃	T. A. Bargiello, M. W. Young	生物時計を制御することがわかった最初の遺伝子，*period* のクローニングと配列の決定を行う．
〃	M. Davis, T. Mak	T 細胞受容体の遺伝子を同定，クローニング．
〃	N. K. Jerne, G. Köhler, C. Milstein	免疫学に対する貢献によりノーベル医学生理学賞を受賞．
〃	R. B. Merrifield	自動ペプチド合成の研究によりノーベル化学賞受賞．
1985	J. R. Miller, A. D. McLachlan, A. Klug	アフリカツメガエル卵母細胞より，ジンクフィンガータンパク質を単離，性質を調べる．このタンパク質は，5S RNA 遺伝子に結合し，その転写を調節する．

1985		遺伝暗号は普遍であるという考えが修正される．"普遍暗号"に従えば，終止コドンに相当するコドンが，ある種の繊毛虫や細菌では，アミノ酸をコードしている．たとえば，繊毛虫の一種, *Stylonychia lemnae* では UAA および UGA がグルタミンを（S. Horowitz, M. A. Gorovsky）またマイコプラズマの一種, *Mycoplasma capricolum* では UGA はトリプトファンを（F. Yamao）をコードしている．
〃	C. M. Newman, J. E. Cohen, C. Kipnis	化石記録にみられる種分化の断続平衡パターンは，伝統的な観点から予想されることであり，これを説明する特別な機構を必要としないことを数学的に証明．
〃	C. W. Greider, E. H. Blackburn	テトラヒメナ（*Tetrahymena pyriformis*）からテロメラーゼを単離．
〃	O. Smithies ほか 4 名	βグロビン遺伝子座における相同組換えによって，ヒトの組織培養細胞に DNA 配列を挿入することに成功．
〃	J. D. Boeke ほか 3 名	酵母（*Saccharomyces*）で初めてレトロトランスポゾンを発見．
〃	S. M. Mount, G. M. Rubin	ショウジョウバエのコピア因子の全塩基配列を決定し，これがレトロポゾンであると結論．
〃	A. J. Jeffries, V. Wilson, S. L. Thien	DNA フィンガープリント法を開発し，法医学における応用について指摘．
〃	R. K. Saiki, K. B. Mullis ほか 5 名	ポリメラーゼ連鎖反応を用いて，βグロビン遺伝子の特定の断片を試験管内で酵素的に増幅できたことを報告．
〃	H. L. Carson	性選択が，ハワイ産ショウジョウバエの形態的ならびに行動的進化の基礎であることを示す．
〃	M. S. Brown, J. L. Goldstein	低密度リポタンパク質受容体経路の同定ならびに家族性高コレステロール血症が，この経路の遺伝的欠陥によるものであることを示したことによりノーベル賞を受賞．
1986	M.-C. Shih, G. Lazar, H. M. Goodman	高等植物葉緑体のグリセルアルデヒド-3-リン酸デヒドロゲナーゼをコードする核遺伝子は，葉緑体となった共生生物の遺伝子から直接由来したことを示す．その後の進化の過程で，これらの遺伝子は葉緑体から核ゲノムに移行した．
〃	A. Tomlinson, D. F. Ready	ショウジョウバエの突然変異 *sevenless* を発見．この遺伝子は，個眼を形成する特定の細胞の発生運命を制御している．
〃	A. G. Amit ほか 3 名	抗原-抗体複合体の三次元構造を 2.8 Å の解像度で決定．
〃	F. Costantini, K. Chada, J. Magram	欠陥のあるサラセミア遺伝子を正常な遺伝子で置換可能なことをマウスの実験で示す．彼らは，サラセミアの受精卵内に，クローン化された正常遺伝子を注入．これから発生したマウスは，正常なβグロビン鎖を合成可能な赤血球をもっていた．これらの遺伝子組換えマウスは，その能力を子孫に伝達．
〃	J. Nathans, D. Thomas, D. S. Hogness	ヒトの視覚色素遺伝子を単離し，性質を調べる．
〃	M. Noll ほか 4 名	DNA 結合部位（*paired* ドメイン）をもつ遺伝子，*paired* を同定．このドメインは，後に哺乳動物の調節遺伝子内にもみつかった．Noll のグループは，調節遺伝子が複数の保存されたドメインをもつ場合が多いことを示し，これらのドメインを一つ以上共有する遺伝子は，多細胞生物の初期発生をプログラムするネットワークのファミリーを形成することを示唆．
〃	R. Benne ほか 5 名	トリパノゾーマで RNA 編集を発見．
〃	H. M. Ellis, H. R. Horvitz	特定の細胞にプログラム細胞死を起こす遺伝子を線虫（*Caenorhabditis elegans*）から単離．
〃	K. Ohyama ほか 12 名；K. Shinozaki ほか 22 名	2種類の植物で，葉緑体の染色体の全塩基配列ならびに遺伝子構成が決定される．ゼニゴケ（*Marchantia polymorpha*）の場合，ゲノムのサイズは 121 kbp（Ohyama ら）．また，タバコ（*Nicotiana tabacum*）では 155 kbp（Shinozaki ら）．葉緑体遺伝子のいくつかはイントロンをもつ．

C. 遺伝学年表　455

1986	V. F. Semeshin ほか 5 名	転移因子が挿入されたショウジョウバエの多糸染色体で，新たなバンドおよび間縞帯を観察．
〃	R. Levi-Montalcini, S. Cohen	成長因子に関する研究により，ノーベル医学生理学賞を受賞．
〃	E. Ruska	初めて電子顕微鏡を設計したことによりノーベル物理学賞受賞．
1987	M. R. Kuehn ほか 4 名	ヒトの遺伝子をマウスに導入し，便利な実験動物で研究できるようにする．彼らは，レトロウイルスをベクターとして用い，HPRT をコードする遺伝子の突然変異対立遺伝子をマウス胚の培養生殖細胞に挿入した．これらの細胞をマウスの胚に移植することによってキメラをつくった．これらのキメラからヒトの遺伝子をもつマウスの系統が得られた．
〃	C. Nüsslein-Volhard, H. G. Frohnhöfer, R. Lehmann	ショウジョウバエの少数の母性効果遺伝子が胚発生の極性パターンを制御することを示す．
〃	E. P. Hoffman, R. H. Brown, L. M. Kunkel	筋ジストロフィー遺伝子座にコードされているタンパク質ジストロフィンを単離．
〃	D. C. Wiley ほか 5 名	ヒトのクラス I 組織適合抗原分子 HLA-A2 の三次元構造を決定．
〃	D. C. Page ほか 8 名	精巣の分化に影響する因子をコードする遺伝子を含む Y 染色体の一領域をクローニング．この Y 染色体の断片中には，ジンクフィンガータンパク質をコードするとみられる 1.2 kb の ORF が存在する．
〃	R. L. Cann, M. Stoneking, A. C. Wilson	地理的に異なるヒト集団に属する個体の mtDNA の配列にみられる変異の程度を比較．すべての mtDNA の共通祖先が，アフリカの一人の女性までさかのぼれることを示唆する系統樹が得られる．
〃	C. J. O'Kane, W. J. Gehring	エンハンサートラップを用いて，特定の遺伝子の転写を活性化する因子のショウジョウバエ胚上の位置を決めることに成功．
〃	D. T. Burke, G. F. Carle, M. V. Olson	酵母人工染色体を用いて，外来 DNA の大きな分節をクローニングする方法について報告．
〃	R. E. Dewey, D. H. Timothy, C. S. Levings	トウモロコシの細胞質雄性不稔が，ミトコンドリアゲノムにコードされる遺伝子によることを示す．
〃	K. H. Wolf, W. H. Li, P. M. Sharp	さまざまな植物において，chDNA（葉緑体 DNA）の塩基置換速度は，平均して核遺伝子の 5 分の 1 であると報告．
〃	J. E. Anderson, M. Ptashne, S. C. Harrison	バクテリオファージのリプレッサー-オペレーター複合体の三次元構造を示す．
〃	S. Tonegawa	抗体の多様性をつくり出す遺伝的機構について明らかにしたことによりノーベル賞受賞．
1988	W. Driever, C. Nüsslein-Volhard	bicoid 遺伝子は，胚の前後軸沿いに指数関数的濃度勾配に従って分布するタンパク質をコードすることを示す．
〃	P. M. Macdonald, G. Struhl	母性極性遺伝子 bicoid の mRNA のトレーラー部分に存在する 625 bp の断片が，ショウジョウバエ卵母細胞中で，この mRNA が前部に局在化するのに必要であることを示す．
〃	W. H. Landschulz, P. F. Johnson, S. L. McKnight	ロイシンジッパーを発見．DNA 結合部位として機能していることを提唱．
〃	W. Herr ほか 10 名	ホメオティック遺伝子の一つのファミリーがコードする新しい DNA 結合ドメイン（POU ドメイン）を発見．多くの POU 遺伝子は神経系においてのみ発現する．
〃	R. R. Brown ほか 7 名	ヒトのアンドロゲン受容体遺伝子をクローニング．この遺伝子内の突然変異が遺伝性アンドロゲン不応症候群の原因であることを示す．

1988	D. C. Wallace ほか7名	ヒトの母性遺伝病の一つ，レーベル遺伝性視神経症の原因がミトコンドリアDNAの突然変異であることを報告．
〃	H. H. Kazazian ほか5名	不完全な転移因子の挿入が原因の血友病Aを2例発見．彼らは後に，これらの挿入の一つについて，その起源とみられる完全な転移因子を分離し，これが22番染色体に位置すること，また，これと相similarな因子がチンパンジーとゴリラのゲノム中の同一部位にみられることを示した．このことは，ヒト，チンパンジー，およびゴリラが700万年前に分岐して以来，この因子が染色体上の同じ部位を占めてきたことを示唆する．
〃	V. Sorsa	ショウジョウバエ多糸染色体に関する百科事典的記述と，唾腺染色体の電子顕微鏡地図とからなる全二巻の書物を著す．
〃		遺伝的に改変した動物に対して，初めて米国特許が認められる．ハーバード大学は，P. LederとT. Stewartが作成したオンコマウスに対する特許を取得．
〃	S. L. Mansour, K. R. Thomas, M. R. Capecchi	実験用マウスを用いた遺伝子ターゲッティングの一般的方法を報告．
1989	W. Driever, C. Nüsslein-Volhard	ショウジョウバエの *bicoid* 遺伝子がコードするタンパク質は，体節分化遺伝子 *hunchback* のスイッチを入れる働きももつことを示す．
〃	B. Zink, R. Paro	抗体染色法により，*Polycomb* (*Pc*) 遺伝子産物が，ショウジョウバエ多糸染色体の限られた部位に結合すること，結合部位の中には，*Antennapedia* 複合遺伝子座や *bithorax* 複合遺伝子座が含まれることを示す．これらの遺伝子座は *Pc* によって抑制されることが知られている．
〃	J. J. Brown ほか3名	トウモロコシの"*Dotted*"トランスポゾンの構造を決定．
〃	L.-C. Tsui ほか24名	囊胞性線維症の遺伝子を同定し，産物のアミノ酸配列を推定．最もよく見られる突然変異対立遺伝子の示す性質を調べる．
〃	J. R. Williamson, M. K. Raghuraman, T. R. Cech	テロメア構造のグアニン四重鎖モデルを提唱．
〃	D. B. Kaback, H. Y. Steensma, P. De Jonge	酵母の最も短い染色体上の交差の頻度は，ゲノム全体の平均より2倍高いことを示す．彼らは，これによってどの二価染色体でも最低1回の交差が確実に起こるようにし，減数分裂第一分裂において相同染色体が適切に分離するようにしていると結論．
〃	Y. Q. Qian ほか5名	"*Antennapedia*"ホメオボックスタンパク質は，ヘリックス-ターン-ヘリックスモチーフによってDNAと結合することを示す．
〃	F. D. Hong ほか7名	網膜芽細胞腫遺伝子(*RB*)の構造を決定．RB転写産物は，ゲノムDNAの200 kbpにわたって分散する27個のエクソンによってコードされる．
〃	M. Horowitz ほか5名	ヒトのグルコセレブロシダーゼ遺伝子の構造を決定．また，近傍にある一つの偽遺伝子の配列も決定．機能をもつ遺伝子に生じた突然変異は，ゴーシェ病の原因となる．
〃	J. M. Bishop, H. E. Varmus	レトロウイルスのがん遺伝子の研究により，ノーベル医学生理学賞を受賞．
〃	T. R. Cech, S. Altman	ある種のRNAが酵素活性をもつことを明らかにしたことにより，ノーベル化学賞受賞．
1990	W. French Anderson	ヒトの遺伝子治療の最初の成功例を報告．アデノシンデアミナーゼ欠損症の4歳の少女から取出した白血球を培養し，その後，欠損した酵素をコードする正常遺伝子をもつレトロウイルスベクターと一緒に培養する．形質転換された細胞を患者に再注入すると，細胞は増殖し，病気が治るというもの．
〃	M. K. Bhattacharyya ほか4名	G. Mendelが古典的な実験に使用した突然変異の一つ（しわのある豆）は，エンドウの胚のデンプンの含有量を制御する酵素遺伝子内にトランスポゾンが挿入されたことによることを示す．

C. 遺伝学年表　457

1990	S. J. Baker ほか 4 名	野生型の *p53* を導入することによって，ヒトのがん細胞の増殖が抑制されることを示す．
〃	R. Bookstein ほか 4 名	ヒトの一部の前立腺がんの細胞は，突然変異した網膜芽細胞腫遺伝子 (*RB*) をもつこと，これに *RB* の野生型対立遺伝子を導入すると，無制限な増殖が抑制されることを示す．
〃	B. Blum, N. Bakalara, L. Simpson	RNA 編集が，ガイド RNA 分子によって行われることを提唱．
〃	B. G. Herrmann ほか 4 名	マウスの中胚葉の形成に必要な，*T* 遺伝子をクローニング．
〃	F. Yamamoto ほか 4 名	ABO 血液型システムの分子的基礎を解明．
〃	J. Malicki, K. Schughart, W. McGinnis	マウスのホメオボックス遺伝子の一つをショウジョウバエの胚に導入，これが *Antennapedia* 遺伝子によって生じるものと類似した相同異質形成 (homeotic transformation) をひき起こすことを観察．したがって，何億年も独立に進化してきた動物の遺伝子が，機能的に互換性をもつ産物を生成することを示す．
〃	D. Malkin ほか 10 名	リー-フラウメニ症候群の原因となる欠陥が *p53* 遺伝子の突然変異であることを示す．その後の研究により，ヒトのすべてのがんのおよそ半数で *p53* の突然変異がみられることが判明した．
〃	F. Barany	リガーゼ連鎖反応を発明．選択した DNA 配列中の突然変異を検出する迅速なスクリーニング法となる．
〃	X. Fang ほか 3 名	三日熱マラリア原虫 (*Plasmodium vivax*) のダフィー受容体をコードする遺伝子をクローニング．
〃	H. Biessmann ほか 6 名	特別なレトロトランスポゾンが，ショウジョウバエの染色体の壊れた末端に転移し，それを"治す"ことができることを示す．
〃	M. A. Oettinger ほか 3 名	*RAG-1* および *RAG-2* 遺伝子を同定．この産物は V(D)J 組換えを触媒する．
〃	P. M. Kane ほか 5 名	酵母でタンパク質スプライシングを発見．
1991	S. M. Simon, G. Blobel	小胞体中のトランスロコンは親水性の孔をもっており，リボソーム上でつくられたタンパク質はここを通って細胞質から小胞体内腔に入ることを示す．
〃	M. L. Sogin	真核生物の祖先は，複数の原核生物が代謝能力を補完し合うように融合してできたキメラであったと提唱．
〃	M. A. Houck ほか 3 名	ショウジョウバエの P 因子の種間の伝達が，ダニによって行われた可能性を示唆．
〃	D. A. Wheeler, J. C. Hall ほか 5 名	クローン化されたオナジショウジョウバエ (*Drosophila simulans*) の *per* 遺伝子を，不活性な *per* 対立遺伝子をもつキイロショウジョウバエのゲノム中に導入することに成功．形質導入された雄は，オナジショウジョウバエの求愛歌を"歌う"．
〃	J. W. Ijdo ほか 4 名	2 本の棒状の祖先染色体を，現代のヒトの V 字型の 2 番染色体に転換したテロメア同士の融合部位を示す特別な塩基配列を，ヒトの 2 番染色体のバンド q13 で同定．この結果，染色体対の数は，チンパンジー，ゴリラ，およびオランウータンに特徴的な 24 対から，23 対に減少することになった．
〃	A. J. M. H. Verkerk ほか 20 名	ヒト X 染色体の脆弱部位で *FMR-1* 遺伝子を発見．脆弱 X 関連精神遅滞の患者では，この遺伝子内の CGG トリプレット反復が伸長していることを示す．
〃	D. R. Knighton ほか 6 名	真核生物で知られているすべてのプロテインキナーゼに共通する触媒コアの三次元構造を決定．

1992	G. C. Oliver ほか146名	ヨーロッパの35の研究機関から構成された研究共同体が，真核生物の1本の染色体の全塩基配列を初めて発表．パン酵母（*Saccharomyces cerevisiae*）の3番染色体で，3番目に小さい染色体である．この染色体は，315,357 bpの長さで，182のORFを含むが，このうちの117（80%）のORFは，それまでに配列が決定されていた酵母のどの遺伝子とも有意な相同性を示さない．
〃	R. M. Story, I. T. Weber, T. A. Steitz	大腸菌の交差ならびにDNA修復において中心的な役割を果たすタンパク質，RecAの三次元構造を決定．
〃	M. C. Rivera, J. A. Lake	さまざまな原核生物および真核生物から分離された翻訳延長因子について，系統学的な研究を行う．アミノ酸配列の比較から，アーキアの一部のグループが真核生物ととごく近縁であること，したがって，核の起源であることが判明．
〃	D. Haig	親による刷込みの進化を説明する"親子間対立説"を提唱．
〃	E. G. Krebs, E. H. Fischer	プロテインキナーゼの発見と，そのシグナル伝達における役割の解明により，ノーベル賞を受賞．
1993	M. C. Mullins, C. Nüsslein-Volhard	ゼブラフィッシュで，何百もの発生突然変異体を作成し，脊椎動物の発生の遺伝的制御に関する研究の新時代を開く．
〃	A. Chaudhuri ほか5名	ダフィー血液型因子の遺伝子をクローニング．338個のアミノ酸からなるタンパク質で，赤血球の原形質膜に付着しており，ある種のマラリア原虫の侵入に必要．
〃	S. L. Baldauf, J. D. Palmer	いくつかの遍在するタンパク質の配列データを組合わせた系統学的研究から，動物と真菌類は互いに最も近縁であると結論．
〃	G. Maroni	特定の真核生物の遺伝子の比較形態学に関する最初のアトラスを刊行．この本には，317〜4749 bpのmRNAとして転写されるショウジョウバエの90種類の遺伝子が図示されている．
〃	C. Pisano, S. Bonaccorsi, M. Gatti	ショウジョウバエの精母細胞のY染色体上にみられる特定の巨大なランプブラシループに，Y連鎖遺伝子によってコードされないタンパク質が結合することを報告．このタンパク質は精子の尾の一成分である．精母細胞中のYループに，外来の特定のタンパク質が結合することによって，軸糸の組立てが促進されると示唆．
〃	L. Pereira ほか6名	*FBN1*遺伝子の構成を決定．この遺伝子は，フィブリリンをコードし，その突然変異はマルファン症候群の原因となる．
〃	M. E. MacDonald ほか56名（ハンチントン病研究グループ）	ハンチントン病遺伝子をクローニングし，配列を決定．この病気の患者では，不安定なトリヌクレオチド反復が伸長していることを示す．
〃	J. A. Tabcharani ほか6名	囊胞性線維症膜コンダクタンス制御因子（CFTR）は，複数の陰イオンを透過する能力をもつチャンネルとして機能することを証明．CFTRタンパク質の膜貫通ドメインの6番目の膜ヘリックス内にある正に荷電したアミノ酸が，ハロゲンの輸送に必要であることを示す．
〃	R. J. Roberts, P. A. Sharp	分断された遺伝子の発見により，ノーベル医学生理学賞を受賞．
〃	M. Smith, K. B. Mullis	それぞれ，部位特異的突然変異誘発法およびポリメラーゼ連鎖反応の発明により，ノーベル化学賞を受賞．
1994	N. Morral ほか30名（ヨーロッパの19の研究室）	ヨーロッパのさまざまな地域における囊胞性線維症の家系について，囊胞性線維症遺伝子のΔF508突然変異と関連するマイクロサテライト配列を研究．この突然変異が，少なくとも5万年前にヨーロッパ南西部で生じたと結論．
〃	S. E. Gabriel ほか4名	囊胞性線維症膜コンダクタンス制御タンパク質の腸管細胞内の量と，コレラ毒素によって誘発される液体の分泌量の間に正の相関がみられることを発見．囊胞性線維症遺伝子のヘテロ接合体がコレラに対して抵抗性をもつこと，ヒト集団にこの遺伝子が高頻度でみられるのは，この選択的有利性のためであることを提唱．

C. 遺伝学年表　459

1994	W. C. Orr, R. S. Sohal	カタラーゼおよびスーパーオキシドジスムターゼ遺伝子のコピーを過剰にもつショウジョウバエの遺伝子組換え体を作成．これらのハエでは老化プロセスが遅くなる．
〃	M. E. Gurney, T. Siddique ほか12名	突然変異型のスーパーオキシドジスムターゼをコードするヒト遺伝子をもつ遺伝子組換えマウスを作成．これらのマウスは，突然変異型の酵素をつくり，ヒトの家族性筋萎縮性側索硬化症と同様の麻痺を起こす．
〃	N. W. Kim ほか9名	テロメラーゼ活性の高感度測定法を開発．これを用いて，ヒトの分化した組織の体細胞はテロメラーゼ活性を欠くこと，一方，さまざまな種類のがん細胞は活性のあるテロメラーゼを保有することを示す．正常な卵巣および精巣にもテロメラーゼ活性がみられた．
〃	Y. Chikashige ほか6名	分裂酵母（*Schizosaccharomyces pombe*）の減数分裂前期における染色体の動きを蛍光顕微鏡法により観察．テロメアが一緒に集まっていることを報告し，染色体の動きを先導すると想定．
〃	T. Tully ほか8名	ショウジョウバエの記憶の形成を制御する遺伝子群を分離．
〃	Y. Zhang ほか5名	マウスの *obese* 遺伝子をクローニングし，その構造を決定．この遺伝子の産物は，体脂肪の貯蔵サイズを調節する分泌タンパク質らしい．
〃	R. J. Bollag ほか5名	マウスの *T* 遺伝子群が，DNAに結合するタンパク質モチーフの一つ（Tボックス）をコードすることを示す．Tボックスは，両生類，魚類，および昆虫の発生に重要な役割を果たす遺伝子にもみられる．
〃	S. Whitham ほか5名	トウモロコシの転移因子，*Activator* を用いて，タバコの病気抵抗性遺伝子の一つを標識し，クローニングする．
〃	Y. Miki ほか44名	ヒトのがん抑制遺伝子の一つ，*BRCA1* をみつける．この遺伝子に突然変異が起こると，乳がんおよび卵巣がん感受性となる．
〃	D. Arendt, K. Nübler-Jung	1822年に Saint-Hilaire が提唱した仮説を支持する証拠を提示．胚細胞の背腹パターンを制御する相同遺伝子の比較研究の結果，ハエとマウスの遺伝子が正反対の効果をもつことが示された．ショウジョウバエの背側化遺伝子はマウスでは腹側化をひき起こすが，ハエで腹側化を起こす遺伝子は，マウスでは背側のパターンを指定する．
〃	J. B. Clark, W. P. Maddison, M. G. Kidwell	ショウジョウバエ属の中で，P因子の水平伝播が少なくとも2回起こったことを示す系統学的な研究を報告．
〃	M. Rodbell, A. G. Gilman	Gタンパク質の発見と細胞シグナル伝達におけるその役割の解明により，ノーベル賞を受賞．
1995	G. Halder, P. Callaerts, W. J. Gehring	キイロショウジョウバエの *eyeless* 遺伝子が，眼の形態形成を制御するマスター遺伝子であることを示す．
〃	C. Wilson, J. W. Szostak	試験管内進化実験により，自己アルキル化反応を触媒する能力をもつRNAが生成されたと報告．
〃	J. Hughes ほか7名	ポリシスチン（polycystin）の4320個のアミノ酸からなる配列を発表．これは *PKD1* 遺伝子の産物で，この遺伝子の突然変異はポリシスチン性嚢胞腎疾患の原因となる．
〃	J. Feng ほか15名	ヒトのテロメラーゼの鋳型ドメインと反対のメッセージをもつアンチセンスRNAを添加することにより，ヒーラ（HeLa）細胞に老化を誘導．
〃	S. Baxendale ほか10名	ハンチントン病遺伝子をヒトとフグの間で比較．ヒトの遺伝子は7倍以上大きいこと，これはエクソンの違いではなく，イントロンが大きいためであることを示す．
〃	R. Wooster ほか40名	*BRCA2* 遺伝子を発見．
〃	R. D. Fleischmann, J. C. Venter ほか38名；C. M. Fraser, J. C. Venter ほか27名	Fleischmann らは，自由生活生物としては最初の全塩基配列を発表（インフルエンザ菌 *Haemophilus influenzae*）．その数ヵ月後，Fraser らはマイコプラズマの一種，*Mycoplasma genitalium* の全塩基配列を報告．

1995	R. Sherrington, P. H. St. George-Hyslop ほか31名；G. D. Shellenberg ほか21名	若年性の家族性アルツハイマー病の症例の80%の原因となる14番染色体上の遺伝子を単離し，その性質を調べる（Sherringtonら）．その2ヵ月後，Shellenbergらは，14番染色体のアルツハイマー病遺伝子の産物とアミノ酸配列がよく似た遺伝子を1番染色体に位置づけたことを報告．1番染色体の遺伝子の突然変異は，若年性の家族性アルツハイマー病の残りの20%の原因となる．これらの遺伝子の産物は，プレセニリン1および2（presenilin 1および2）とよばれる．
〃	S. Labeit, B. Kolmer	心臓のタイチン（titin）のcDNAをクローニング．これまでに知られているタンパク質の中で最大のものであり，平均的なタンパク質の50倍もある．
〃	K. Zhao, C. M. Hart, U. K. Laemmli	ショウジョウバエのインシュレーターDNAに結合するタンパク質を精製．免疫染色法により，このタンパク質が多糸染色体上の何百箇所もの間縞帯および多くのパフの境界に付着することを示す．
〃	A. W. Kerrebrock ほか3名	*mei-S332* 遺伝子をクローニングし，これがコードするタンパク質の性質を調べ，減数分裂第一分裂の間，姉妹染色分体同士を結合する機能をもつことを示す．mei-S332 タンパク質をGFPに融合し，ショウジョウバエ第一精母細胞の染色体の動原体領域に緑色蛍光が局在することをみた．
〃	S. Horai ほか4名	3人の女性（日本人，ヨーロッパ人，アフリカ人）および4種の類人猿の雌について，ミトコンドリアの全ゲノムを比較．この解析の結果は，ヒトのすべてのmtDNA分子は，およそ14万年前にアフリカに住んでいた一人の女性に由来するという説を支持する．
〃	L. A. Tartaglia ほか18名	レプチン受容体をコードする*OB-R*遺伝子を同定．この膜結合型タンパク質のmRNAが視床下部で転写されることを示す．
〃	M. Moritz, Y. Zheng, B. Alberts ほか5名	γチューブリンを含む環状複合体を中心体中に発見．これが微小管重合の核となる部位として機能することを示す．
〃	E. B. Lewis, E. Wieschaus, C. Nüsslein-Volhard	ショウジョウバエの胚発生と変態過程における細胞分化の遺伝学的機構の解析により，ノーベル医学生理学賞を受賞．
1996	G. D. Penny ほか4名	X染色体が不活性化するためには，そのX染色体上にある*Xist*遺伝子が転写活性をもつ必要があることを，遺伝子ターゲッティング法により証明．
〃	C. Bult ほか39名	メタン産生アーキア（古細菌），*Methanococcus jannaschii*のゲノムを構成する遺伝子の大部分は，他の生物に該当する遺伝子がみられないことを示す．
〃	J. Dubnau, G. Struhl；R. Rivera-Pomar ほか4名	ホメオボックスタンパク質は特定のmRNA上の個別の標的配列に結合し，その翻訳を制御しうることを示す．
〃	J. G. Lawrence, J. R. Roth	細菌の遺伝子クラスターの進化の説明に，利己的オペロンモデルを提唱．
〃	M. Lewis ほか7名	オペレーターDNAあるいは誘導物質と複合体を形成したラクトースオペロンのリプレッサータンパク質の結晶構造を決定．
〃	A. Goffeau ほか15名	酵母のゲノム構造の総説，"Life with 6,000 Genes" を発表．酵母 *Saccharomyces cerevisiae* の16本の染色体の全塩基配列の決定は，北米，ヨーロッパおよび日本の600名の研究者の総力によって成し遂げられ，真核生物のゲノムとしては最初のものとなった．
〃	E. Spanopoulou ほか5名	*RAG-1*遺伝子がコードするタンパク質はホメオボックスをもち，ここを介してV(D)J組換えの際にリンパ球DNAに結合することを示す．彼らは，*RAG-1/RAG-2*複合体が，線虫のトランスポゼースのようにふるまうことを指摘．
〃	G. Burger ほか3名	ミトコンドリアのリボソームタンパク質の構造の比較研究から，すべての真核生物のミトコンドリアは単系統起源であると結論．
〃	T. Kaneko ほか23名	藍菌*Synechocystis*の全ゲノムの配列を決定．3000のORFについて，その位置を決定．これらの遺伝子の多くが，後に光合成をする光合成原生生物および陸上植物の葉緑体中に見いだされる．

1996	B. A. Krizek, E. M. Meyerowitz	シロイヌナズナ (*Arabidopsis*) の花器官の発生において，ホメオティック突然変異によってもたらされる変化を説明するモデルを提唱．
1997	F. R. Blattner ほか 16 名	大腸菌 (*Escherichia coli*) のゲノムの配列を決定．遺伝因子の機能解明を始める．
〃	F. Kunst ほか 150 名	枯草菌 (*Bacillus subtilis*) の全ゲノムの塩基配列を決定．その遺伝子構成を報告．
〃	H-P. Klenk ほか 50 名	クレンアーキオータの一種, *Archaeoglobus fulgidus* のゲノム構造を決定し，配列データが存在するもう一種のアーキア, *Methanococcus jannashii* と比較．両者の間には驚くような質的相違がみられる．*Methanococcus* ではタンパク質スプライシングを可能にする遺伝子が多数みられるが，*Archaeoglobus* にはみられない．
〃	I. Wilmut ほか 4 名	哺乳動物のクローニングに成功．ヒツジのドリー (Dolly) は妊娠中の雌の乳房細胞に由来する染色体をもつ．成熟年齢に達したドリーは健康な仔ヒツジを出産するが，この子供は通常の交尾と妊娠の結果である．
〃	M. Krings ほか 5 名	ネアンデルタール人の化石の骨から mtDNA の断片を分離し，配列決定に成功．現代人の相同領域と比較した結果，ネアンデルタール人は *Homo sapiens* とは別の種であると結論．
〃	J. G. Lawrence, H. Ochman	細菌の大部分がモザイク状のゲノムをもつことを示唆．大腸菌のような種では，ゲノムの 15～30% が水平可動因子によって別の種からもたらされたものであることを示す．
〃	J. A. Yoder, C. P. Walsh, T. H. Bestor	DNA のメチル化は，利己的 DNA の影響を抑制する機構として進化したことを示唆．
〃	D. H. Skuse ほか 9 名	X 染色体上の刷込みを受ける遺伝子が，社会行動に影響を及ぼすことを，ターナー症候群の少女から得られた証拠で示す．
〃	S. B. Prusiner	プリオンの分子構造の解明により，ノーベル医学生理学賞を受賞．
1998	S. T. Cole ほか 41 名	結核菌の DNA の配列を決定．その遺伝子構造を明らかにする．
〃	S. G. Anderson ほか 9 名	発疹チフスの病原体, *Rickettsia prowazekii* の塩基配列を決定．この寄生性細菌が縮小進化 (reductive evolution) を遂げたと結論．彼らはさらに，ミトコンドリアとこれらの細菌の間にみられる 16S RNA の類似性を強調．
〃	The *C. elegans* Sequencing Consortium	サンガーセンター (The Sanger Centre; 英国, ケンブリッジ) およびワシントン医科大学 (米国, ミズリー州セントルイス) と関係する 407 名の研究者によって，多細胞生物としては初めて，線虫 *Caenorhabditis elegans* の塩基配列および遺伝子構成が決定される．
〃	R. W. Frenck, E. H. Blackburn, K. M. Shannon	ヒトの高齢化に伴ってテロメアが短縮することを末梢白血球で示す．しかし，テロメアの消失速度は生後 4 年間が最も早く，25 歳から 80 歳にかけては漸滅していく．
〃	Y. J. Lin, L. Serounde, S. Benzer	ショウジョウバエの寿命を延ばす遺伝子, *methuselah* を単離．続いて，この遺伝子がコードするタンパク質の特性を明らかにする．
〃	M. Lyon	哺乳動物の X 染色体上の *LINE-1* 因子とよばれる DNA 配列が, *XIST* RNA と相互作用することで，この RNA が染色体上に拡散するのを助け，遺伝子のサイレンシングを促進する可能性を提唱．
〃	E. S. Belyaeva ほか 5 名	ショウジョウバエの多糸染色体における異質染色質の過小複製を制御する遺伝子を発見．
〃	J. G. Gall, C. Murphy	アフリカツメガエルの除膜した精子の頭部を，アフリカツメガエルあるいはブチイモリ (*Notophthalmus*) の卵母細胞核内に注入すると，膨潤して染色体を放出し，さらに転写活性をもつランプブラシの形状を呈するようになることを示す．
〃	K. Petren, B. R. Grant, P. R. Grant	ダーウィンフィンチの系統関係について，ガラパゴスの近縁種におけるマイクロサテライト DNA の長さの変異に基づいて明らかにする．

1999	T. Galitski ほか4名	酵母 *Saccharomyces cerevisiae* の異なる倍数性系統（1N, 2N, 3N, 4N）において，ほとんどの遺伝子は同じ相対的なレベルで発現を継続するが，一部の遺伝子の発現は倍数性のレベルの上昇とともに著しく増大もしくは減少することを示す．
〃	K. E. Nelson ほか28名	テルモトガ菌（*Thermotoga maritima*）のゲノム配列を決定．この超好熱菌は細菌に属するが，そのゲノムのかなりの部分が，アーキア（古細菌）からの遺伝子の水平伝播によって獲得されたものであると結論．
〃	R. M. Andrew ほか5名	ヒトの mtDNA の塩基配列を再度決定．彼らは，Anderson ら（1981）が使用した元の DNA 試料とヒーラ（HeLa）細胞の mtDNA を解析した結果，いくつかの誤りを発見．ケンブリッジ大学の基準配列を訂正し，mtDNA 系譜上の位置を明確にした．
〃	G. P. Copenhaver ほか13名	シロイヌナズナ（*Arabidopsis thaliana*）の動原体をヌクレオチドレベルで解析．転写可能な遺伝子が含まれることを示す．
〃	M. J. Beaton, T. Cavalier-Smith	細胞の容積が10倍ずつ異なるクリプトモナスの一群の種について，核とヌクレオモルフのゲノムサイズは異なる比率で増えることを示す．大型の細胞の核はより多くの DNA をもつが，ヌクレオモルフはそうではない．この知見は，非コード DNA が真核生物の核において骨格としての機能をもつという仮説を支持する．
〃	O. White ほか31名	放射線抵抗性細菌デイノコッカス（*Deinococcus radiodurans* R1）のゲノム配列および遺伝子構成を決定．
〃	I. Dunham ほか216名	ヒト染色体の塩基配列を初めて決定．最も小型の染色体（22番染色体）が，33.4 Mbp の DNA 分子中に 545 個の遺伝子を含むことを示す．
〃	The MHC Sequencing Consortium（8箇所の国際センターの28名からなる）	ヒトの主要組織適合性複合体の遺伝子座の地図を発表．
〃	J. G. Gall ほか3名	RNA の合成と転写後プロセッシングにかかわる多くのタンパク質と RNA が，カハール体（Cajal body）に集合していることを示し，核内の染色質間にみられる顆粒の集まりはカハール体に由来するトランスクリプトソームであると提唱．
〃	G. Blobel	新たに合成されたタンパク質を，小胞体やその他のオルガネラに向けて仕分けるのに細胞が用いている方法の解明により，ノーベル賞を受賞．
2000	W. V. Ng ほか42名	アーキア（古細菌）のハロバクテリウム（*Halobacterium species NRC1*）のゲノム配列および遺伝的構成を決定．
〃	*Arabidopsis* Genome Initiative（152名の研究者からなる国際チーム）	植物としては初めて，シロイヌナズナ（*Arabidopsis thaliana*）のゲノム配列を発表．25,500 個の遺伝子の 70% は重複しており，異なる遺伝子の実数は 15,000 であると結論．
〃	C. Lemieux, C. Otis, M. Turmel	緑藻の一種，*Mesostigma viride* の葉緑体ゲノムの配列を決定．この chDNA は，緑藻類と緑色植物が分岐したおよそ8億年前より古い構成をもつと結論．
〃	A. C. Bell, G. Felsenfeld	DNA 結合タンパク質の一つ，CTCF は刷込みを受ける遺伝子（*Igf2*）をそのエンハンサーから隔絶する働きをもつことを示す．
〃	M. Hattori ほか63名	ヒトの21番染色体の塩基配列を決定．ほぼ同じサイズの22番染色体に比べて，40%の遺伝子しかもたないことを示す．
〃	F. Catteruccia ほか6名	ミノス（*Minos*）トランスポゾンを利用して，外来遺伝子をマラリア蚊に導入する方法を開発．
〃	D. R. Davies ほか3名	Tn5 トランスポゼースと，トランスポゾンの境界となる認識配列との複合体の三次元構造を決定し，ヘアピン状の転移中間体であるシナプス複合体が関与する転移の機構を提唱．

C. 遺伝学年表

2000	M. D. Adams ほか 189 名	キイロショウジョウバエ（*Drosophila melanogaster*）の真正染色質のゲノム配列を報告．このゲノムは 13,600 個の構造遺伝子を含むと推定．
〃	G. M. Rubin ほか 54 名	酵母，線虫，ハエ，およびヒトについて，百科全書的な視野からの比較ゲノム科学的解析を発表．たとえば，ショウジョウバエの構造遺伝子の少なくとも 30％ は，線虫にそのオルソログがみられること，また，ヒトの病気に関係する 289 個の遺伝子の 61％ は，ショウジョウバエにオルソログがあることなどを見いだした．
〃	F. Collins ら（Human Genome Project）；C. Venter ら（Celera Genomics）	ヒトゲノムの配列決定を完了．このできごとは，6 月 26 日，クリントン大統領主催のホワイトハウスでの式典で公表された．
〃	A. G. Fraser ほか 5 名	RNA 干渉を利用し，線虫（*Caenorhabditis elegans*）の 1 番染色体上の遺伝子の 90％ について，その表現型を決定．この手法によって，配列が決定された遺伝子でその表現型が判明したものが，70 から 378 に増加．
〃	J. F. Heidelberg ほか 31 名	コレラ菌（*Vibrio cholerae*）の 2 本の染色体の DNA 配列および遺伝子構成を決定．
〃	M. F. Hammer ほか 11 名	ユダヤ人と中東の非ユダヤ人の集団が，Y 染色体上のマーカーを共有することを示す．
〃	E. Kandel	長期記憶の分子的解明に対する貢献により，ノーベル賞を受賞．
2001		ヒトゲノムの注釈付きの地図が，*Nature* 409 巻（2 月 15 日発行）ならびに *Science* 291 巻（2 月 16 日発行）の誌上で発表される．
〃	M. M. Yusupov ほか 6 名	細菌の 70S リボソームの三次元構造を 5.5Å の解像度で決定．リボソームは好熱菌の一種からとられた
〃	J. J. Ferretti ほか 22 名	連鎖球菌の一種，*Streptococcus pyogenes* のゲノム配列と遺伝子構造を決定．病原性にかかわる 40 の異なる遺伝子の場所を突き止める．

年表に掲載されている科学者名の索引

ここにはさまざまな発見をした科学者の名前と，その人たちの重要な論文が発表された年がアルファベット順にリストされている．年代的に先に行われた研究の項目の中で，後に行われた研究が参照されている場合には，両方の年を入れてある．たとえば，Benda, 1890 (1898) の場合，Benda の 1898 年の論文が 1890 年の項（Altmann のバイオブラストに関する項）で言及されていることを示す．同一著者による複数の論文が，同じ年で引用されている場合には，Jacob, F., ...1961(3) といったように，項目の数をかっこ内に示した．この索引はノーベル賞の項目も入っており，遺伝学者や分子生物学者に賞が授与された年がわかるようになっている．

A

Abbe, E., 1877
Abelson, J., 1969
Adams, J., 1966
Adams, M. D., 2000
Ahlquist, J. E., 1984

Air, G., M., 1976
Alberts, B. M., 1970,1995
Allen, M. K., 1964
Allison, A. C., 1954
Altman, S., 1971,1989
Altmann, R., 1890
Alwine, J. C., 1977
Ames, B., 1974
Amici, G. B., 1830

Amit, A. G., 1986
Ammermann, A., 1969
Anderson, E. G., 1926
Anderson, J. E., 1987
Anderson, S., 1981
Anderson, S. G., 1998
Anderson, T. F., 1942
Anderson, W. F., 1981
Anderson, W. French, 1990

Andrews, R. M., 1999
Anfinsen, C. B., 1961,1973
Arabidopsis Genome Initiative, 2000
Arber, W., 1962,1972,1978
Arendt, D., 1994
Atwood, K. C., 1966
Auerbach, C., 1941
Avery, A. G., 1937
Avery, O. T., 1944
Avise, J. C., 1979

B

Baeckeland, E., 1959
Bailey, W. T., 1946
Bakalara, N., 1990
Baker, S. J., 1990
Balbiani, E. G., 1881
Baldauf, S. L., 1993
Ballard, R. D., 1977
Baltimore, D., 1970,1975,1983
Banerji, J., 1981
Bankier, A. T., 1979
Banting, F. G., 1921
Barany, F., 1990
Barghoorn, E. S., 1954,1977
Bargiello, T. A., 1984
Barr, M. L., 1949
Barrell, B. G., 1965,1976,1979
Barski, G., 1960
Barter, R. H., 1967
Bates, L. S., 1964
Bateson, W., 1900,1902-1909, 1906
Bauer, E., 1909
Bauer, H., 1934
Bauer, K. M., 1927
Bawden, F. C., 1937
Baxendale, S., 1995
Beadle, G. W., 1935,1939,1941, 1944,1958
Beaton, M. J., 1999
Beatty, B. R., 1969
Beckwith, J. R., 1969
Beermann, W., 1952,1961
Beijerinck, M. W., 1898
Bell, A. C., 2000
Belling, J., 1920,1927
Belyaeva, E. S., 1998
Benacerraf, B., 1963,1972,1980
Bender, W., 1978,1983
Benne, R., 1986
Bennett, J. C., 1965
Benton, W. D., 1975
Benzer, S., 1955,1961,1969,1971, 1998
Berg, P., 1972,1980

Berget, S., 1977
Bernstein, F., 1925
Berson, S. A., 1957
Bertram, E. G., 1949
Berzelius, J. J., 1838
Best, C. H., 1921
Bestor, T. H., 1997
Beutler, E., 1962
Bhattacharyya, M. K., 1990
Bickel, H., 1954
Biessmann, H., 1990
Billingham, R. E., 1953
Bingham, P. M., 1982
Birnbaumer, L., 1970
Birnstiel, M. L., 1966,1967,1969
Bishop, J. M., 1981,1989
Bittner, J. J., 1936
Blackburn, E. H., 1978,1985,1998
Blake, C. C. F., 1967
Blakeslee, A. F., 1904,1920,1922, 1930,1937
Blattner, F. R., 1997
Blobel, G., 1975,1991,1999
Blum, B., 1990
Boeke, J. D., 1985
Boivin, A., 1948
Bollag, R. J., 1994
Bolton, E. T., 1963
Bonaccorsi, S., 1993
Bonner, D., 1944
Bonneville, M. A., 1963
Bookstein, R., 1990
Boon, C., 1969
Bostein, D., 1980
Boveri, T., 1888,1898,1902
Boyce, R. P., 1964
Boycott, A. E., 1923
Boyer, H. W., 1972
Brachet, J., 1941
Bradshaw, A. H., 1952
Bragg, W. H., 1913
Bragg, W. L., 1913
Breathnach, R., 1977
Brenner, S., 1959,1963,1965,1974
Brent, L., 1953
Brewin, N. J., 1981
Bridges, C. B., 1914,1915,1917, 1921,1923,1925,1935
Britten, R. J., 1959,1966,1968
Brown, D. D., 1964,1968,1972 (2)
Brown, D. M., 1952
Brown, J. J., 1989
Brown, M. S., 1975,1985
Brown, R., 1831
Brown, R. H., 1987
Brown, R. R., 1988
Brownlee, G. G., 1965,1977
Bult, C., 1996
Burger, G., 1996

Burgess, R., 1969
Burke, D. T., 1987
Burnet, F. M., 1959,1960
Burny, A., 1964 (1969)
Butenandt, A., 1935
Bütschli, O., 1876

C

Cairns, J., 1963
Callaerts, P., 1995
Callan, H. G., 1958
Camerarius, J. R., 1694
Cameron, J. R., 1979
Campbell, A. M., 1962
Cann, R. L., 1987
Cantor, C. R., 1984
Capecchi, M. R., 1980,1988
Cappecchi, M., 1966
Carbon, J. A., 1980
Carle, G. F., 1987
Carlson, P. S., 1972
Carr, N. G., 1972
Carrier, W. L., 1964
Carson, H. L., 1985
Caspar, D. L. D., 1959
Caspersson, T., 1936,1941,1970
Castle, W. E., 1905 (1910)
Catteruccia, F., 2000
Cavalier-Smith, T., 1999
Cech, T. R., 1981,1989 (2)
C. elegans Sequencing Consortium, 1998
Chada, K., 1986
Chain, E.B., 1940,1945
Chakrabarty, A., 1980
Chalfie, M., 1981
Chambon, P., 1977
Chang, A. C. Y., 1972
Chapman, V., 1958
Chargaff, E., 1950
Chase, M., 1952
Chatton, E., 1937
Chaudhuri, A., 1993
Chetverikov, S. S., 1926
Chèvremont-Comhaire, S., 1959
Chèvremont, M., 1959
Chiba, Y., 1951
Chikashige, Y., 1994
Chimenes, A. M., 1949
Chisson, J. A., 1972
Chooi, W. Y., 1976
Chow, L., 1977
Cieciura, S. J., 1956
Clark, A. J., 1965
Clark, J. B., 1994
Clark, L., 1980
Claude, A., 1943,1946,1974

C. 遺伝学年表

Clausen, J., 1948
Clausen, R. E., 1925,1926
Cleaver, J. E., 1968
Cleland, R. E., 1930
Clever, U., 1960
Cohen, J. E., 1985
Cohen, S., 1962,1986
Cohen, S. N., 1972,1973
Cole, S. T., 1998
Collet, M. S., 1978
Collins, F. S., 1984,2000
Collins, J., 1977
Coons, A. H., 1941
Copenhaver, G. P., 1999
Corey, R. B., 1951
Corliss, J. B., 1977
Cornefert, F., 1960
Correns, C., 1900,1909
Costantini, F., 1986
Coulondre, C., 1978
Coulson, A. R., 1975
Craig, L., 1965
Creech, H. J., 1941
Creighton, H. B., 1931
Crick, F. H. C., 1953,1958,1961,
    1962,1966,1980
Crippa, M., 1968
Cuénot, L., 1905

D

Dalgarno, L., 1974
Dalton, A. J., 1954
Dan, K., 1952
Dana, K., 1971
Dareste, C., 1874
Darlington, C. D., 1929,1931
Darnell, J. E., 1971,1977
Darwin, C., 1831,1835,1837,1858,
    1859,1871
Dausset, J., 1954,1980
Davidson, E. H., 1968
Davidson, N., 1968
Davies, D. R., 1977,2000
Davis, B. D., 1948
Davis, M., 1984
Davis, R. W., 1968,1972,1975,
    1979
Dawid, I. B., 1968
Dayhoff, M. O., 1978
Dearing, R. D., 1972
Debergh, P., 1973
de Duve, C., 1955,1974
de Graaf, R., 1657
De Jonge, P., 1989
Delbrück, M., 1936,1939,1943,
    1946,1953,1969
Dellweg, H., 1961

de Vries, H., 1900,1901
Dewey, R. E., 1987
d'Herelle, F., 1917
Diener, T. O., 1967
Dintzis, H., 1961
Dippell, R. V., 1976
Diver, C., 1923
Dobberstein, B., 1975
Dobzhansky, T., 1936,1937,1944
Dodge, B. O., 1927
Donahue, R. P., 1968
Doolittle, R. F., 1983
Doolittle, W. F., 1980
Doty, P., 1960
Dozy, A. M., 1976,1978
Dressler, D., 1968
Dreyer, W. J., 1965
Driever, W., 1988,1989
Drouin, J., 1979
Dubnau, J., 1996
Dudock, B., 1969,1971
Dujon, B., 1974
Dulbecco, R., 1952,1975
Dunham, I., 1999
Du Toit, A. L., 1927
Dzierzon, J., 1845

E

Earle, W., 1940
Edelman, G. M., 1959,1969,1972
Edgar, R. S., 1966
Edwards, R. G., 1968
Efstratiadis, A., 1976
Egolina, N. A., 1972
Ehrlich, P., 1900
Eldredge, N., 1972
Ellis, E. L., 1939
Ellis, H. M., 1986
Ephrussi, B., 1935,1949
Erickson, R. L., 1978
Evans, T., 1983
Ewing, M., 1956

F

Fairbanks, V. E., 1962
Fang, X., 1990
Farnham, M. E., 1920
Fawcett, D., 1956
Fedoroff, N. V., 1984
Felix, M. D., 1954
Felsenfeld, G., 2000
Feng, J., 1995
Ferretti, J. J., 2001
Feulgen, R., 1923
Fiers, W., 1973,1976

Finch, J. T., 1973,1976
Finean, J. B., 1953
Fischer, E., 1902
Fischer, E. H., 1959,1992
Fisher, R. A., 1930
Flavell, R. A., 1977
Fleischmann, R. D., 1995
Fleming, A., 1929,1945
Flemming, W., 1879,1882
Florey, H. W., 1940,1945
Fol, H., 1877
Følling, H., 1934
Ford, C. E., 1959
Ford, P. J., 1973
Fox, A. L., 1931
Fox, G. E., 1977
Fox, M. S., 1964
Fraenkel-Conrat, H., 1955,1956
Franklin, R. E., 1952,1953,1959
Fraser, A. G., 2000
Fraser, C. M., 1995
Freda, V. J., 1964
Freeman, V. J., 1951
Freese, E., 1959
Frenck, R. W., 1998
Frey, L., 1970
Fritsch, E. F., 1979
Frohnhöfer, H. G., 1987
Fukusawa, T., 1960

G

Gabriel, S. E., 1994
Gage, L. P., 1972
Galitski, T., 1999
Gall, J. G., 1963,1968,1969,
    1970,1978,1981,1998,1999
Gallo, R., 1983
Galton, F., 1869,1875,1889
Garcia-Bellido, A., 1973
Garrod, A. E., 1909
Gartler, S. M., 1968
Gatti, M., 1993
Gautier, M., 1959
Gehring, W. J., 1983,1987,1995
Geier, M. R., 1971
Gellert, M. F., 1976
Gerrard, J., 1954
Gey, G., 1951
Gibbons, I. R., 1963
Gierer, A., 1956,1962
Gilbert, W., 1964,1966,1968,
    1977,1978,1980
Gillies, S. D., 1983
Gilman, A. G., 1977,1994
Gitschier, J., 1984
Godson, G. N., 1983
Goeddel, D. V., 1979

Goelet, P., 1982
Goffeau, A., 1996
Golbus, M. S., 1976
Goldschmidt, R. B., 1915
Goldstein, J. L., 1975,1985
Goldstein, L., 1967
Golgi, C., 1898
Good, R. A., 1962
Goodman, H. M., 1972,1986
Goodspeed, T. H., 1925,1926
Gordon, J. W., 1980
Gorer, P. A., 1937,1948
Gorman, J. G., 1964
Gorowsky, M. A., 1985
Goss, J., 1822-24
Gould, S. J., 1972
Goulian, M., 1967
Grabar, P., 1955
Grabowski, P. J., 1981
Grainger, R., 1977
Gram, H. C., 1884
Grant, B. R., 1999
Grant, P. R., 1999
Grassi, G., 1899
Graves, D. J., 1959
Green, H., 1967
Green, K. C., 1949
Green, M. M., 1949
Greenwald, I. S., 1983
Greider, C. W., 1985
Griffith, F., 1928
Grigliatti, T., 1971
Gronemeyer, H., 1980
Gros, F., 1961
Grossfield, J., 1969
Grunberg-Manago, M., 1955
Grunstein, M., 1975
Guerrier-Takada, C., 1983
Gulick, J. T., 1872
Gurdon, J. B., 1962,1964,1967
Gurney, M. E., 1994
Guthrie, R., 1961
Gutman, A., 1950

H

Hadorn, E., 1963
Hafen, E., 1983
Haig, D., 1992
Haldane, J. B. S., 1915,1927,1930,
　　　　　　　　1935
Haldane, N. M., 1915
Halder, G., 1995
Hall, B. D., 1961
Hall, C. E., 1962
Hall, J. C., 1991
Hall, T. H., 1981

Hamilton, W. D., 1964
Hammer, M. F., 2000
Hardy, G. H., 1908
Harper, M. E., 1981
Harris, H., 1965,1966,1969
Harris, J. I., 1961
Harrison, R. G., 1907
Harrison, S. C., 1987
Hart, C. M., 1995
Hartmann, J. F., 1950
Hartwell, L. H., 1973
Harvey, W., 1651
Hashimoto, H., 1933
Hattori, M., 2000
Hayes, W., 1953
Hayflick, L., 1965
Hedges, R. W., 1974
Hedgpeth, J., 1972
Heezen, B. C., 1956
Heidelberg, J. F., 2000
Heitz, E., 1928
Henderson, S. A., 1968
Henikoff, S., 1975
Hennig, W., 1950
Henning, U., 1962
Herr, W., 1988
Herrmann, B. G., 1990
Hershey, A. D., 1946,1949,1952,
　　　　　　　　1961,1969
Hertwig, O., 1875
Hess, H. H., 1960
Hess, O., 1968
Hickmans, E. M., 1954
Hiesey, W. M., 1948
Higa, A., 1970
Hilschmann, N., 1965
His, W., 1870
Hoagland, M. B., 1955
Hodgkin, D. M. C., 1964
Hoffman, E. P., 1987
Hofmeister, F., 1902
Hogness, D. S., 1975,1978,1986
Holley, R. W., 1965,1968
Holliday, R., 1964
Holm, B., 1977
Hombrecher, G., 1981
Hong, F. D., 1989
Hooke, R., 1665
Horai, S., 1995
Horne, R. W., 1959
Horowitz, M., 1989
Horowitz, N. H., 1951
Horowitz, S., 1985
Horvitz, H. R., 1977,1983,1986
Hotta, Y., 1969,1971
Hottinger, H., 1949
Houck, M. A., 1991
Howard, A., 1953
Howard-Flanders, P., 1964

Howell, S. H., 1971
Hoyer, B. H., 1972
Hozumi, N., 1976
Hradecna, Z., 1967
Hsu, L., 1972
Hubby, J. L., 1966
Huberman, J. A., 1968
Huebner, R. I., 1969
Hughes, J., 1995
Hughes, W. L., 1957
Humphrey, R. R., 1945
Hunt, W. G., 1973
Hurwitz, J., 1972
Hutchison, C. A., 1974,1976,1978
Huxley, T. H., 1868

I

Ijdo, J. W., 1991
Illmensee, K., 1975
Ingram, V. M., 1957,1961
Inman, R. B., 1970
Irwin, M. R., 1951
Ishida, M. R., 1963
Itakura, K., 1977
Ivanovsky, D. I., 1892

J

Jackson, D. A., 1972
Jackson, R. J., 1976
Jacob, A. E., 1974
Jacob, F., 1955,1958,1961(3),
　　　　　　　　1963,1965
Jacobs, H. J., 1983
Jacobs, P. A., 1959
Jacobson, C. B., 1967
Jacq, C., 1977
Janssen, H., 1590
Janssen, Z., 1590
Janssens, F. A., 1909
Jeffreys, A., 1977
Jeffreys, A. J., 1985
Jelinek, W., 1977
Jenner, E., 1798
Jerne, N. K., 1955,1984
Johannsen, W., 1909
Johansson, C., 1970
John, H., 1969
Johnson, A. W. B., 1981
Johnson, P. F., 1988
Johnson, R. T., 1970
Jones, K. W., 1969
Jones, R. N., 1941
Jordan, E., 1972
Josse, J., 1961

K

Kaback, D. B., 1989
Kabat, E. A., 1939
Kaiser, A. D., 1961,1972
Kan, Y. W., 1976,1978
Kandel, E. R., 1982,2000
Kane, P. M., 1990
Kaneko, T., 1996
Kaplan, H. S., 1980
Kaplan, S., 1965
Karlson, P., 1960,1965
Karpechenko, G. D., 1927
Karström, H., 1937
Kausche, G. A., 1939
Kavenoff, R., 1973
Kazazian, H.H., 1988
Keck, D.D., 1948
Kelley, T. J., 1968
Kelner, A., 1949
Kemp, D. J., 1977
Kemp, J. D., 1981
Kendrew, J. C., 1960,1962
Kermicle, J. L., 1970
Kerrebrock, A. W., 1995
Khorana, H. G., 1967,1968,1970
Kidwell, M. G., 1982,1994
Kihara, H., 1923
Kim, N. W., 1994
Kim, S. H., 1973
Kimura, M., 1968,1983
King, M. C., 1975
Kipnis, C., 1985
Kjeldgaard, N., 1950
Klebs, T. A. E., 1860
Klenk, E., 1935
Klenk, H-P., 1997
Klenow, H., 1971
Klug, A., 1959,1976,1982,1985
Knapp, E., 1939
Knight, T. A., 1822-24
Knighton, D. R., 1991
Knoll, A., 1977
Knoll, M., 1932
Knudson, A. G., 1971
Koch, R., 1877,1882,1883
Köhler, G., 1975,1984
Kohne, D. E., 1968,1972
Kohno, T., 1970
Kölliker, A., 1841
Kolmer, B., 1995
Kölreuter, J. G., 1761-67
Konopka, R. J., 1971
Kornberg, A., 1956,1959,1961,
              1967
Kornberg, R. D., 1974
Kossel, A., 1884

Kramer, F. R., 1973,1983
Krebs, E. G., 1959,1992
Krings, M., 1997
Krizek, B. A., 1996
Kuehn, M. R., 1987
Kuhn, A., 1935
Kühne, W. F., 1876
Kuhnlein, U., 1972
Kung, C., 1971
Kunkel, L. M., 1987
Kunst, F., 1997

L

Labeit, S., 1995
Laemmli, U. K., 1995
Lake, J. A., 1992
Lamarck, J. B. de Monet, 1809
Lande, R., 1981
Landschulz, W. H., 1988
Landsteiner, K., 1900,1901,1930
Langer, P. R., 1981
Lansman, R. A., 1979
Latta, H., 1950
Lawn, R. M., 1979
Lawrence, J. G., 1996,1997
Lawrence, P. A., 1975
Lazar, G., 1986
Leder, P., 1988
Lederberg, E. M., 1951,1952
Lederberg, J., 1946,1948,1952(3),
              1958
Leffak, M., 1977
Lehmann, R., 1987
Lein, J., 1948
Lejeune, J., 1959
Lemieux, C., 2000
Le Pinchon, X., 1968
Lerner, M. R., 1979
Leupold, U., 1951
Levan, A., 1956
Leveran, C. L. A., 1880
Levi-Montalcini, R., 1986
Levine, B. B., 1963
Levine, M., 1983
Levine, P., 1939
Levings, C. S., 1987
Lewis, E. B., 1945,1978,1995
Lewis, M., 1996
Lewontin, R. C., 1966
L'Héritier, P., 1934
Li, W. H., 1987
Lima-de-Faria, A., 1959
Lin, Y. J., 1998
Lindegren, C. C., 1953
Lingrel, J. B., 1969
Linné, C. V. (Linnaeus), 1735
Lipmann, F., 1961

Littauer, U. Z., 1961
Little, C. C., 1905,1909,1914
Littlefield, J. W., 1964
Lobban, P., 1972
Lockard, R. E., 1969
Lodemann, E., 1961
Loh, E. Y., 1979
Lubs, H. A., 1969
Luck, D. J. L., 1964
Luria, S. E., 1942,1943,1945,1969
Lwoff, A., 1950,1965
Lyman, S., 1948
Lyon, M. F., 1961,1998

M

MacDonald, M. E., 1993
Macdonald, P. M., 1988
MacGregor, H. G., 1958
MacLeod, C. M., 1944
Maddison, W. P., 1994
Magram, J., 1986
Mak, T., 1984
Malathi, V. G., 1972
Malicki, J., 1990
Malkin, D., 1990
Malthus, T. R., 1798
Mandel, J. L., 1977
Mandel, M., 1970
Mangold, H., 1918
Maniatis, T., 1978,1979
Mann, R., 1983
Manning, J. E., 1971
Mansour, S. L., 1988
Mapes, M. O., 1958
Marbaix, G., 1964 (1969)
Marcus, P. I., 1956
Margoliash, E., 1963
Margulis, L., 1981
Maroni, G., 1993
Martin, A. J. P., 1941,1952
Mather, K., 1941
Matthaei, J. H., 1961
Matthews, D. H., 1963
Maxam, A. M., 1977
Mayr, E., 1954,1963
Mazia, D., 1952
McCarthy, B. J., 1963
McCarty, M., 1944
McClearn, G. E., 1962
McClintock, B., 1931,1933,1934,
              1938,1950,1983
McClung, C. E., 1902
McDevitt, H. O., 1972
McGinnis, W., 1984,1990
McKenzie, D. P., 1968
McKenzie, S. L., 1975

McKnight, S. L., 1988
McKusick, V. A., 1966
McLachlan, A. D., 1985
McQuillen, K., 1959
Mears, K., 1958
Medawar, P. B., 1953,1960
Mendel, G., 1856,1865,1866
Mendeleev, D. I., 1869
Mereschkowski, C., 1910
Merrifield, R. B., 1965,1984
Merril, C. R., 1971
Mertz, E. T., 1964
Mertz, J., 1972
Meselson, M., 1958,1961(2), 1975
Messing, J., 1984
Matchnikoff, E., 1866
Meyer, G., 1968
Meyerowitz, E. M., 1996
Miele, E. A., 1983
Miescher, F., 1871
Miki, Y., 1994
Miller, C. O., 1956
Miller, J. F. A. P., 1962
Miller, J. R., 1977,1985
Miller, L. H., 1976
Miller, O. L., 1969
Mills, D. R., 1967,1973,1983
Milstein, C., 1975,1984
Mintz, B., 1967,1975
Mirsky, A. E., 1968
Mitchell, H. K., 1948,1974
Mohr, J., 1951
Monier, R., 1963
Monod, J., 1961 (2), 1965
Montagnier, L., 1983
Montgomery, T. H., 1901
Moor, H., 1961
Morata, G., 1973,1975
Morgan, J., 1968
Morgan, L. V., 1922
Morgan, T. H., 1910,1911,1912, 1915,1919,1933
Moritz, M., 1995
Morral, N., 1994
Morton, N. E., 1955
Moses, M. J., 1956
Mount, S. M., 1985
Mourant, A. E., 1947
Mulder, G. J., 1838
Muller, H. J., 1915,1916,1918, 1921,1927,1938,1946,1948
Müller-Hill, B., 1966
Mulligan, R. C., 1983
Mullins, M. C., 1993
Mullis, K. B., 1985,1993
Murphy, C., 1998
Murray, K. M., 1974
Murray, N. E., 1974

N

Nakamoto, T., 1961
Nass, M. M. K., 1966
Nasse, C. F., 1820
Nathans, D., 1971,1978
Nathans, J., 1986
Navashin, S. G., 1898
Navia, M. A., 1977
Neel, J. V., 1949
Nelson, K. E., 1999
Nelson, O. E., 1964
Newman, C. M., 1985
Ng, W. V., 2000
Nicholson, G. L., 1972
Nilsson Ehle, H., 1909
Nirenberg, M. W., 1961,1968
Nitsch, C., 1973
Nobel Prizes, 1930,1935,1945, 1946,1957,1959,1960,1962,1964, 1966,1968,1969,1971,1972,1974, 1975,1977,1978,1980,1982,1983, 1984,1985,1986,1987,1989, 1992,1993,1994,1995,1997, 1999,2000
Noll, H., 1962,1963
Noll, M., 1974,1986
Nowell, P., 1960
Nübler-Jung, K., 1994
Nüsslein-Volhard, C., 1980,1987, 1988,1989,1993, 1995

O

Ochman, H., 1997
Ochoa, S., 1955,1956,1959
Oettinger, M. A., 1990
Ohta, T., 1983
Ohyama, K., 1986
Ojida, A., 1963
Okamoto, M., 1958
Okamoto, T., 1963
O'Kane, C. J., 1987
Okazaki, R., 1968
Okazaki, T., 1968
Olins, A. L., 1974
Olins, D. E., 1974
Oliver, G. G., 1992
Olonikov, A. M., 1971
Olson, M. V., 1987
Olsson, L., 1980
Ono, T., 1923
Orgel, L. E., 1980
O'Riordan, M. L., 1971
Orr, W. C., 1994

Otis, C., 2000
Ott, J., 1974
Ouchterlony, O., 1948
Oudin, J., 1946
Owen, R. D., 1945,1951

P. Q

Page, D. C., 1987
Painter, T. S., 1933
Pak, W. L., 1969
Palade, G. E., 1952,1956,1960, 1965, 1974
Palmer, J. D., 1993
Pardon, J. F., 1977
Pardue, M. L., 1969,1970,1972
Parker, R. C., 1981
Paro, R., 1989
Pasteur, L., 1861,1864,1877,1881
Patterson, B. M., 1973
Patterson, C. C., 1953
Patterson, J. T., 1952
Pauling, L., 1949,1951,1962
Pearson, K., 1900
Pelc, S. R., 1953
Pelham, H. R. B., 1976
Pelling, C., 1959
Penny, G. D., 1996
Perdrix-Gillot, S., 1979
Pereira, L., 1993
Perutz, M. F., 1960,1962
Peterson, R. L., 1967
Petit, C., 1951
Petren, K., 1999
Petricciani, J. C., 1971
Pfankuch, E., 1939
Pigott, G. H., 1972
Pirie, N. W., 1937
Pisano, C., 1993
Plaut, W., 1962
Pohlman, R. F., 1984
Polani, P. E., 1960
Pollack, W., 1964
Pongs, O., 1980
Pontecorvo, G., 1952
Porter, K. R., 1953,1963
Porter, R. R., 1962,1972
Prescott, D. M., 1967
Pribnow, D., 1975
Pritchard, R. H., 1955
Prokofyeva-Belgovskaya, A. A., 1939
Prusiner, S. B., 1982,1997
Ptashne, M., 1966,1987
Puck, T. T., 1956
Punnett, R. C., 1906
Purkinje, J. E., 1825,1839

Qian, Y. Q.,　1989

R

Raghuraman, M. K.,　1989
Rall, T. W.,　1957
Ramanis, Z.,　1970
Rambousek, F.,　1912
Randolph, L. F.,　1928
Rao, P. N.,　1970
Rapoport, J. A.,　1946
Raspail, F. V.,　1825
Rassoulzadegan, M.,　1983
Raymer, W. B.,　1967
Ready, D. F.,　1986
Reddy, E. P.,　1982
Reddy, V. B.,　1978
Redi, F.,　1668
Reich, E.,　1964
Remak, R.,　1845
Rhoades, M. M.,　1938
Rich, A.,　1962
Richards, O. C.,　1971
Richardson, C. C.,　1966
Riggs, A. D.,　1968
Riley, R.,　1958
Ripoll, P.,　1973
Ris, H.,　1962,1969
Ritossa, F. M.,　1962,1965,1966
Rivera, M. C.,　1992
Rivera-Pomar, R.,　1996
Roberts, B. E.,　1973
Roberts, R. B.,　1959
Roberts, R. J.,　1977,1993
Robertson, W. R. B.,　1911
Robson, J. M.,　1946
Rodbell, M.,　1970,1994
Rodgers, D. A.,　1962
Röller, H.,　1966
Roper, J. A.,　1952
Rosenberg, J. M.,　1973
Ross, E. M.,　1977
Ross, R. C.,　1898
Rossenbeck, H.,　1923
Rosset, R.,　1963
Roth, J. R.,　1970,1996
Rothman, R.,　1965
Rotman, R.,　1949
Rous, P.,　1910,1966
Roux, W.,　1883
Rubenstein, I.,　1961
Rubin, G. M.,　1982,1985,2000
Ruddle, F.,　1969
Rusconi, S.,　1981
Ruska, E.,　1932,1986
Ruska, H.,　1939
Russell, L. B.,　1961,1963

S

Sabatini, D. D.,　1965
Sager, R.,　1963,1970
Saiki, R. K.,　1985
Saint-Hilaire, E. G.,　1822
Sakano, H.,　1981
Sanger, F.,　1955,1958,1965,1975,
　　　　　　　　1977,1980
Santos, J. K.,　1923
Sapienza, C.,　1980
Sarabhai, A. S.,　1964
Sarich, V. M.,　1967
Saunders, G. F.,　1981
Schaffner, S.,　1981
Schimke, R. T.,　1978
Schimper, A. F. W.,　1883
Schleiden, M. J.,　1838-39
Schlesinger, M.,　1934
Schneider, A.,　1873
Schnös, M.,　1970
Schoenheimer, R.,　1942
Schramm, G.,　1956
Schreiber, H.,　1939
Schughart, K.,　1990
Schultz, J.,　1936
Schwann, T.,　1838-39
Schwartz, D. C.,　1984
Schwartz, J. G.,　1982
Schwartz, R. M.,　1978
Scott, M. P.,　1983
Scott-Moncrieff, R.,　1936
Selander, R. K.,　1973
Semeshin, V. F.,　1986
Serounde, L.,　1998
Setlow, R. B.,　1964
Seton, A.,　1822-24
Shade, R. O.,　1979
Shannon, K. M.,　1998
Shapiro, J. A.,　1969
Sharp, P. A.,　1977,1993
Sharp, P. M.,　1987
Shellenberg, G. D.,　1995
Shepherd, J. C. W.,　1984
Sherrington, R.,　1995
Shih, M.-C.,　1986
Shine, J.,　1974
Shinozaki, K.,　1986
Shull, G. H.,　1909
Sibley, C. G.,　1984
Siddique, T.,　1994
Siekevitz, P.,　1956,1960
Silber, R.,　1972
Silverton, E. W.,　1977
Siminovitch, L.,　1950
Simon, S. M.,　1991
Simpson, G. G.,　1951

Simpson, L.,　1990
Singer, S. J.,　1959,1972
Sinsheimer, R. L.,　1959,1967
Sjöstrand, F. S.,　1953
Skuse, D. H.,　1997
Slizynska, H.,　1938
Slonimski, P. P.,　1974
Smith, E. F.,　1907
Smith, H. H.,　1972
Smith, H. O.,　1968,1970,1978
Smith, J. D.,　1971
Smith, M.,　1993
Smithies, O.,　1955,1985
Snell, G. D.,　1942,1948,1953,1980
Sogin, M. L.,　1991
Sohal, R. S.,　1994
Sonneborn, T. M.,　1937,1938
Sorieul, S.,　1960
Sorsa, V.,　1988
Southern, E. M.,　1973,1975
Spallanzani, L.,　1769
Spanopoulou, E.,　1996
Spemann, H.,　1918,1935
Spiegelman, S.,　1961,1965,1966,
　　　　　　　　1967,1973
Spienza, C.,　1980
Spierer, R.,　1978
Spradling, A. C.,　1982
Sprunt, A. D.,　1915
Stadler, L. J.,　1928
Staehelin, T.,　1962,1963
Stahl, F. W.,　1958
Stanley, W. M.,　1935,1946
Stark, G. R.,　1977
Steensma, H. Y.,　1989
Steffensen, D. M.,　1970
Steinbeck, K. E.,　1981
Steimann, E.,　1953
Steitz, J. A.,　1979
Steitz, T. A.,　1992
Stern, C.,　1931,1936
Stern, H.,　1971
Sternberg, P. W.,　1983
Stetson, R. E.,　1939
Steward, F. C.,　1958
Stewart, J.,　1965
Stewart, T.,　1988
St. George-Hyslop, P. H.,　1995
Stoneking, M.,　1987
Stormont, C.,　1951
Story, R. M.,　1992
Strasburger, E.,　1875
Stretton, A. O. W.,　1965
Strong, J. A.,　1959
Struhl, G.,　1988,1996
Sturtevant, A. H.,　1913,1915,
　　　　　　　1923,1925,1926,1936
Sulston, J.,　1977,1981
Sumner, J. B.,　1926,1946

T

Sutcliffe, J. G., 1979
Sutherland, E. W., 1957,1971
Sutton, W. S., 1902
Suzuki, D. T., 1971
Suzuki, Y., 1972
Svedberg, T., 1923
Swift, H., 1950
Symons, R. H., 1972
Synge, R. L. M., 1941,1952
Szostak, J. W., 1995
Szybalski, W., 1967,1969

T

Tabcharani, J. A., 1993
Takanami, M., 1963
Tanaka, Y., 1913
Tartaglia, L. A., 1995
Tashiro, Y., 1965
Tatum, E. L., 1941,1944,1946, 1958
Taylor, J. H., 1957
Taylor, K., 1967
Teissier, G., 1934
Temin, H. M., 1970,1975
Templeton, A. R., 1980
Terzaghi, E., 1966
Thien, S. L., 1985
Thomas, C. A., 1961,1971
Thomas, D., 1986
Thomas, D. Y., 1968
Thomas, K. R., 1988
Tilghman, S. M., 1977
Timofeyeff-Ressovsky, N. V., 1936
Timothy, D. H., 1987
Tiselius, A. W. K., 1933,1939
Tissieres, A., 1974
Tjio, J. H., 1956
Todaro, G. I., 1969
Todd, A., 1952,1957
Tokunaga, C., 1961
Tomlinson, A., 1986
Tonegawa, S., 1976,1987
Tracy, U. M., 1974
Tryon, R. C., 1929
Tschermak, E., 1900
Tsui, L.-C., 1989
Tully, T., 1994
Turmel, M., 2000
Turpin, R., 1959
Twort, F. W., 1915
Tyler, S. A., 1954

V

van Beneden, E., 1883
van Leeuwenhoek, A., 1673
Varmus, H. E., 1981,1989
Vavilov, N. I., 1926
Vendrely, C., 1948
Vendrely, R., 1948
Venter, J. C., 1995
Verkerk, A. J. M. H., 1991
Vine, F. J., 1963
Virchow, R., 1855
Visconti, N., 1953
von Baer, K. E., 1827
von Behring, E., 1890,1901
von Ehrenstein, G., 1961
von Mohl, H., 1837

W

Wacker, A., 1961
Waldeyer, W., 1888,1903
Waldrop, A. A., 1981
Wallace, A. R., 1855,1858,1869
Wallace, D. C., 1988
Wallace, H., 1966
Waller, J. P., 1961
Walsh, C. P., 1997
Wang, L. H., 1975
Ward, D. C., 1981
Waring, M., 1966
Warner, J. R., 1962
Watanabe, T., 1960
Watkins, J. F., 1965
Watson, J. D., 1953,1962,1972
Weber, I. T., 1992
Weber, J., 1977
Wegener, A., 1912
Weigle, J. J., 1961
Weill, L., 1974
Weinberg, W., 1908,1910
Weintraub, H., 1977
Weismann, A., 1883,1887
Weiss, B., 1966
Weiss, M. C., 1967
Weiss, S. B., 1961
Wells, W. C., 1818
Wensink, P. C., 1972
Westmoreland, B. C., 1969
Wettstein, F. O., 1963
Wexler, N., 1979
Wheeler, D. A., 1991
White, M. J. D., 1945

White, O., 1999
Whitham, S., 1994
Whittaker, R. H., 1959
Wieschaus, E., 1980,1995
Wilcox, K. W., 1968,1970
Wiley, D. C., 1987
Wilkie, D., 1968
Wilkins, M. H. F., 1951,1953,1962
Williams, C. A., 1955
Williams, R. C., 1955
Williamson, J. R., 1989
Williamson, R., 1971
Wilmut, I., 1997
Wilson, A. C., 1967,1975,1987
Wilson, C., 1995
Wilson, E. B., 1896
Wilson, V., 1985
Wimber, D. E., 1970
Winge, O., 1917,1923
Woese, C., 1977,1980
Wolf, K. H., 1987
Wollman, E. L., 1955,1958
Wood, W. B., 1966
Woods, P. S., 1957
Wooster, R., 1995
Wright, S., 1930,1968

Y

Yalow, R. S., 1957,1977
Yamamoto, F., 1990
Yamao, F., 1985
Yanofsky, C., 1962,1964
Yeh, M., 1962
Yoder, J. A., 1997
Young, M. W., 1984
Yourno, J., 1970
Yusupov, M. M., 2001

Z

Zaenen, I., 1974
Zakharov, A. F., 1972
Zamecnik, P. C., 1958
Zaug, A. J., 1981
Zech, L., 1970
Zernicke, F., 1935
Zhang, Y., 1994
Zhao, K., 1995
Zheng, Y., 1995
Zimm, B. H., 1973
Zinder, N., 1948,1952
Zink, B., 1989
Zuckerkandl, E., 1962

参 考 文 献

ここには，年表中で取り上げた画期的な書籍，偉大な遺伝学者に対する好意的評論，重要な科学論文を集めた論文集，いくつかの科学的発見の歴史などの参考文献が上げられている．これらの文献を体系的に読むことは，年表で提供された骨格を肉付けすることになるであろう．

Adelberg, E. A.(ed), "Papers on Bacterial Genetics.", Little, Brown, Boston（1960）.
Allen, G. E., "Thomas Hunt Morgan: The Man and His Science.", Princeton University Press, Princeton, NJ（1978）.
Angier, N., "Natural Obsessions: The Search for the Oncogene.", Houghton Mifflin, Boston（1988）.
Babcock, E. B., "The Development of Fundamental Concepts in the Science of Genetics.", American Genetics Assoc., Washington, D. C（1950）.
Bearn, A. G., "Archibald Garrod and the Individuality of Man.", Oxford University Press, Oxford, England（1993）.
Blunt, W., "The Compleat Naturalist: A Life of Linnaeus.", Viking Press, New York（1971）.
Bowler, P. J., "Evolution: The History of an Idea.", Harvard Universtiy Press, Cambridge, MA（1984）.
Boyer, S. H.(ed), "Papers in Human Genetics.", Prentice Hall, Englewood Cliffs, NJ（1963）.
Brock, T.(ed), "Milestones in Microbiology.", Prentice Hall, Englewood Cliffs, NJ（1961）.
Brosseau, G. E., "Evolution: A Book of Readings.", W. C. Brown Publishers, Dubuque, IA（1967）.［この論文集には，Lamarck, Malthus, Wallace, Allison, Kettlewell, その他による論文が収載されている］
Browne, J., "Charles Darwin: Voyaging. Volume 1 of a Biography.", Knopf, New York（1995）.
Cairns, J., Stent, G., Watson, J. D., "Phage and the Origins of Molecular Biology.", Cold Spring Harbor Laboratory Press, Plainview, NY（1966）.
Carlson, E. A., "The Gene: A Critical History.", W. B. Saunders, Philadelphia（1966）.
Carter, G. S., "A Hundred Years of Evolution.", Macmillan, New York（1957）.
Clark, R. W., "The Survival of Charles Darwin: A Biography of a Man and an Idea.", Random House, New York（1984）.
Corwin, H. O., Jenkins, J. B.(eds), "Conceptual Foundations of Genetics: Selected Readings.", Houghton Mifflin, Boston（1976）.
Crick, F., "What Mad Pursuit: A Personal View of Scientific Discovery.", Weidenfeld and Nicholson, New York（1988）.
Dampier, W. C., "A History of Science.", Cambridge University Press, Cambridge, England（1943）.
Darwin, C., "Journal of Researches into the Natural History and Geology of the Countries Visited by HMS Beagle, Under the Command of Captain Fitzroy, R. N. from 1832 to 1836.", Henry Colburn, London（1839）.
Darwin, C., "The Origin of Species by Means of Natural Selection or the Preservation of Favoured Races in the Struggle for Life"（1859）.［1998年にOxford University Pressから刊行された版には，Gillian Beerによる序文，注釈，ならびに用語集が含まれている］
Darwin, C., Wallace, A. R., "Evolution by Natural Selection.", Cambridge University Press, Cambridge, England（1958）.［この論文集には，1858年7月1日，ロンドンのリンネ協会の会合の席上，著者が不在のままで発表されたDarwinとWallaceの共著論文が収載されている］
Dawes, B., "A Hundred Years of Biology.", Duckworth, London（1952）.
Dawkins, R., "The Selfish Gene.", Oxford University Press, New York（1976）.［1989年の版では，新たに二つの章および巻末の注が付け加えられ，参考文献も更新されている］
Dawkins, R., "The Extended Phenotype: The Long Reach of the Gene.", Oxford University Press, New York（1982）.
Dawkins, R., "The Blindwatchmaker.", W. W. Norton, New York（1986）.
Dawkins, R., "Unweaving the Rainbow: Science, Delusion, and the Appetite for Wonder.", Houghton Mifflin, Boston（1998）.
de Beer, G., "Charles Darwin.", Doubleday, New York（1964）.
de Kruif, P., "Microbe Hunters.", Harcourt Brace Jovanovich, New York（1926）.
Dennett, D. C., "Darwin's Dangerous Idea: Evolution and the Meanings of Life.", Simon & Schuster, New York（1995）.
Desmond, A., Moore, J., "Darwin.", Michael Joseph Publishers, London（1991）.
Dobell, C., "Antony van Leeuwenhoek and His "Little, Animals" Being Some Account of the Father of Protozoology and Bacteriology and His Multifarious Discoveries in These Disciplines.", Staples Press Ltd., London（1932）.
Dobzhansky, T., "Genetics and the Origin of Species.", Columbia University Press, New York（1951）.
Dobzhansky, T., "Genetics and the Evolutionary Process.", Columbia University Press, New York（1970）.
Dubos, R. J., "Louis Pasteur, Free Lance of Science.", Little, Brown, Boston（1950）.
Dunn, L. C.(ed), "Genetics in the 20th Century.", Macmillan, New York（1951）.
Dunn, L. C., "A Short History of Genetics", McGraw-Hill, New York（1965）.
Fischer, E. P., Lipson, C., "Thinking About Science: Max Delbrück and the Origins of Molecular Biology.", W. W. Norton, New York（1988）.

Fisher, R. A., "The Genetical Theory of Natural Selection.", Oxford University Press, Oxford, England (1930).
Fruton, J. S., "Molecules and Life. Historical Essays on the Interplay of Chemistry and Biology.", 2nd Ed., Wiley-Interscience, New York (1999).
Futuyma, D. J., "Science on Trial: The Case for Evolution.", 2nd Ed., Sinauer, Sunderland, MA (1995).
Gabriel, M. L., Fogel, S.(eds), "Great Experiments in Biology.", Prentice Hall, Englewood Cliffs, NJ (1955).
Gall, J. G., Porter, K. R., Siekevitz, P., 'Discovery in Cell Biology.', *Cell Biol.*, **91**, number 3, Part 2 (1981).
Galton, F., "Hereditary Genius.", Macmillan, London (1869).
Gardner, E. J., "History of Life Science.", Burgess, Minneapolis, MN (1960).
Garrod, A. E., "Inborn Errors of Metabolism." (1909). [H. Harrisによる復刻版あり: Harrisを参照]
Glass, B., Temkin, O., Straus, Jr. W. L., "Forerunners of Darwin, 1745-1859.", Johns Hopkins University Press. Baltimore, MD (1959).
Goldschmidt, R. B., "Portraits from Memory.", University of Washington Press, Seattle (1956).
Goldstein, L., "Cell Biology.", W. C. Brown, Dubuque, IA (1966). [細胞学の古典的論文集]
Grant, P. R., "Ecology and Evolution of Darwin's Finches,", 2nd Ed., Princeton University Press, Princeton, NJ (1999).
Grant, V., 'The Development of Theory of Heredity.', *Am. Sci.*, **44**, 158~179 (1956).
Haldane, J. B. S., "The Causes of Evolution.", Harper and Row, New York (1923).
Hall, S. S., "Invisible Frontiers: The Race to Synthesize a Human Gene.", Atlantic Monthly Press, New York (1987).
Hamburger, V., "The Heritage of Experimental Embryology: Hans Spemann and the Organizer.", Oxford University Press, New York (1988).
Harris, H., "Garrod's Inborn Errors of Metabolism.", Oxford University Press, London (1963).
Henig, R. M., "The Monk in the Garden: The Lost and Found Genius of Gregor Mendel, the Father of Genetics.", Houghton Mifflin Company Boston (2000).
Hennig, W., "Phylogenetic Systematics.", University of Illinois Press, Urbana (1966). [1950年に最初ドイツ語で出版された本を, D. D. Davisと R. Zangerlが英語に翻訳したもの]
Hsu, T. C., "Human and Mammalian Cytogenetics: An Historical Perspective.", Springer-Verlag, New York (1979).
Hughes, A., "A History of Cytology.", Abelard-Schuman, New York (1959).
Ingram, V. M., "The Hemoglobins in Genetics and Evolution.", Columbia University Press, New York (1963).
Irvine, W., "Apes, Angels, and Victorians.", McGraw-Hill, New York (1955).
Judson, H. F., "The Eighth Day of Creation: Makers of the Revolution in Biology.", Expanded Ed., Cold Spring Harbor Laboratory Press, Plainview, NY (1996).
Keller, E. F., "A Feeling for the Organism: The Life and Work of Barbara McClintock.", W. H. Freeman, San Francisco (1983).
Kelves, D. J., "In the Name of Eugenics: Genetics and the Uses of Human Heredity.", Harvard University Press, Cambridge, MA (1985).
Kimura, M., "The Neutral Theory of Molecular Evolution.", Cambridge University Press, Cambridge, England (1983).
Kittredge, M., "Barbara McClintock.", Chelsea House Publishers, New York (1991).
Koerner, L., "Linnaeus: Nature and Nation.", Harvard University Press, Cambridge, MA (1999).
Kohn, D.(ed), "The Darwinian Heritage.", Princeton University Press, Princeton, NJ (1986).
Lack, D., "Darwin's Finches.", Cambridge University Press, Cambridge, England (1983).
Larson, E. J., "Summer for the Gods: The Scopes Trial and America's Continuing Debate over Science and Relgion.", Harvard University Press, Cambridge, MA (1997).
Larson, E. J., "Evolution's Workshop: God and Science on the Galapagos Islands.", Basic Books, New York (2001).
Levine, L.(ed), "Papers on Genetics: A Book of Readings.", C. V. Mosby, St. Louis, MO (1971).
Lewis, E. B.(ed), "Selected Papers of A. H. Sturtevant on Genetics and Evolution.", W. H. Freeman, San Francisco (1961).
Lwoff, A., Ullman. A., "Origins of Molecular Biology: A Tribute to Jacques Monod.", Academic Press, New York (1979).
MacFadden, B. J., "Fossil Horses: Systematics, Paleobiology, and Evolution of the Family Equidae.", Cambridge University Press, Cambridge, England (1992).
Manger, L. N., "A History of the Life Sciences.", Marcel Dekker, New York (1979).
Margulis, L., "Symbiosis in Cell Evolution.", W. H. Freeman, San Francisco (1981).
Margulis, L., Schwartz, K. V., Dolan, M., "Diversity of Life.", 2nd Ed., Jones and Bartlett Publishers, Sudbury, MA (1999).
Maroni, G., "An Atlas of Drosophila Genes: Sequences and Molecular Features.", Oxford University Press, New York (1993).
Mayr, E., "Animal Species and Evolution.", Harvard University Press, Cambridge, MA (1963).

McCarty, M., "The Transforming Principle: Discovering That Genes Are Made of DNA.", W. W. Norton, New York (1983).
McKusick, V. A., "Mendelian Inheritance in Man.", 12th Ed., 3 vols., Johns Hopkins University Press, Baltimore, MD (1998).
McMurray, E. J., "Notable Twentieth-Century Scientists.", Gale Research Inc., New York (1995).
Medvedev, Z. A., "The Rise and Fall of T. D. Lysenko.", Translated by I. Michael Lerner, Columbia University Press, New York (1969).
Moore, J. A.(ed), "Readings in Heredity and Development.", Oxford University Press, New York (1972).
Moore, J. A.(ed), "Genes, Cells and Organisms: Great Books in Experimental Biology.", vol. 17. The collected papers of Barbara McClintock. The Discovery and Characterization of Transposable Elements. Garland, New York (1987).
Moore, R., "The Coil of Life. The Story of the Great Discoveries in Life Sciences.", Knopf, New York (1961).
Morange, M., "A History of Molecular Biology.", Translated by M. Cobb, Harvard University Press, Cambridge, MA (1998).
Morgan, T. H., "The Theory of the Gene.", Yale University Press, New Haven, CT (1926).
Muller, H. J., "Studies in Genetics.", Indiana University Press, Bloomington, IN (1962).
Müller-Hill, B., "The Lac Operon: A Short History of a Genetic Paradigm.", Walter de Gruyter, Berlin (1996).
Nathan, D. G., "Genes, Blood, and Courage: A Boy Called Immortal Sword.", Harvard University Press, Cambridge, MA (1995).
National Academy of Sciences of the USA, "Biographical Memoirs.", Columbia University Press, New York.［定期的に刊行．1987年に第57巻が出版された］
Neel, J. V., "Physician to the Gene Pool: Genetic Lessons and Other Stories.", Wiley, New York (1994).
"Nobel Lectures (Including Presentation Speeches and Laureates' Biographies). Physiology or Medicine.", ed. by Jan Lindsten, vol. 1 (1971-1980), vol. 2 (1981-1990), World Scientific, River Edge, NJ.
Nordenskjöld, E., "The History of Biology. A Survey", Knopf, New York (1928).
Olby, R., "The Path to the Double Helix: The Discovery of DNA.", Dover Publications, New York (1994).
Oppenheimer, J., "Theodor Boveri: The Cell Biologists' Embryologist.", *Quart. Rev. Biol.*, **38**, 245〜249 (1963).
Orel, V., "Mendel.", Oxford University Press, Oxford, England (1984).
Patterson, J. T., Stone, W. S., "Evolution in the Genus Drosophila.", Macmillan, New York (1952).
Perutz, M. F., "I Wish I'd Made You Angry Earlier: Essays on Science, Scientists, and Humanity.", Cold Spring Harbor Laboratory Press, Plainview, NY (1998).［Jacob, Pauling, Delbrück, Luria, Crick，ならびにWatsonの人柄について，有益な洞察を与えるエッセー集］
Peters, J. A.(ed), "Classical Papers in Genetics.", Prentice Hall, Englewood Cliffs, NJ (1961).
Porter, K., Bonneville, M. A., "An Introduction to the Fine Structure of Cells and Tissues.", Lea and Febiger, Philadelphia (1963).
Portugal, F. H., Cohen, J. S., "A Century of DNA: A History of the Discovery of the Structure and Function of the Genetic Substance.", MIT Press, Cambridge, MA (1977).
Provine, W. B., "The Origins of Theoretical Population Genetics.", University of Chicago Press, Chicago (1971).
Provine, W. B., "Sewall Wright and Evolutionary Biology.", University of Chicago Press, Chicago (1986).
Punnett, R. C., "The Early Days of Genetics.", *Heredity*, **4**, 1〜10 (1950).
Royal Society, "Biographical Memoirs of Fellows of the Royal Society.", Burlington House, Picadilly, London.［定期的に刊行．1995年に第41巻が出版された］
Schoenheimer, R., "The Dynamic State of Body Constituents.", Harvard University Press, Cambridge, MA (1942).
Schopf, J. W., "Cradle of Life: The Discovery of Earth's Earliest Fossils.", Princeton University Press, Princeton, NJ (1999).
Shipman, P., "Taking Wing: Archaeopteryx and the Evolution of Bird Flight.", Simon & Schuster, New York (1998).
Simpson, G. G., "Horses: The Story of the Horse Family in the Modern World and Through Sixty Million Years of History.", Oxford University Press, New York (1951).
Singer, C., "A History of Biology.", Abelard-Schuman, New York (1959).
Sorsa, V., "Chromosome Maps of Drosophila.", Vols. 1 and 2, CRC Press, Boca Raton, FL (1988).
Srinivasan, P. R., Fruton, J. S., Edsall, J. T.(eds), "The Origin of Modern Biochemistry.", *Ann N. Y. Acad. Sci.*, **325**, 1〜375 (1979).
Stansfield, W. D., "Death of a Rat: Understandings and Appreciations of Science.", Prometheus Books, Amherst, NY (2000).
Stebbins, G. L., "Flowering Plants, Evolution above the Species Level.", Harvard University Press, Cambridge, MA (1974).
Stent, G. S.(ed), "Papers on Bacterial Viruses.", Little, Brown, Boston (1960).
Stent, G. S.(ed), "The Double Helix: A Personal Account of the Discovery of the Structure of DNA by James D. Watson. Text, Commentary, Reviews and Original Papers.", W. W. Norton, New York (1981).

Stern, C., Sherwood, E. R., "the Origin of Genetics, A Mendel Source Book.", W. H. Freeman, San Francisco (1966). [メンデルの論文の翻訳を含む]

Stubbe, H., "History of Genetics from Prehistoric times to the Rediscovery of Mendel's Laws.", Translated from the Revised Second German edition of 1965 by T. R. W. Walters. MIT Press, Cambridge, MA (1972).

Sturtevant, A. H., "A History of Genetics.", Harper and Row, New York (1965).

Taylor, J. H.(ed), "Selected Papers on Molecular Genetics.", Academic Press, New York (1965).

Terzaghi, E. A., Wilkins, A. S., Penny, D.(eds), "Molecular Evolution: An Annotated Reader.", Jones and Bartlett, Boston (1984).

Thomas, L., "The Lives of a Cell: Notes of a Biology Watcher.", Bantam, New York (1975).

Thomas, L., "The Medusa and the Snail.", Viking, New York (1979).

Van Oosterzee, R., "Where Worlds Collide: The Wallace Line.", Cornell University Press, Ithaca, NY (1997).

Vavilov, N. I., "Origin and Geography of Cultivated Plants.", Translated from Russian to English by D. Löve. Cambridge University Press, Cambridge, England (1992).

Voeller, B. R.(ed), "The Chromosome Theory of Inheritance: Classic Papers in Development and Heredity.", Appleton-Century-Crofts, New York (1968).

Ward, H., "Charles Darwin: The Man and His Welfare.", Bobbs-Merrill, Indianapolis, IN (1927).

Waterson, A. P., Wilkinson, L., "An Introduction to the History of Virology.", Cambridge University Press, Cambridge, England (1978).

Watson, J. D., Tooze, J., "The DNA Story: A Documentary History of Gene Cloning.", W. H. Freeman, San Francisco (1981).

Weiner, J., "Time, Love, Memory: A Great Biologist and His Quest for the Origins of Behavior.", Alfred A. Knopf, New York (1999). [Seymour Benzerの伝記]

Wexler, A., "Mapping Fate: A Memoir of Family, Risk, and Genetic Research.", Random House, New York (1995). [ある家族のハンチントン病との闘い]

White, M. J. D., "Animal Cytology and Evolution," 3rd Ed., Cambridge University Press, Cambridge, England (1973).

Williams, T. I.(ed), "A Biographical Dictionary of Scientists,", 3rd Ed., Wiley, New York (1982).

Williams-Ellis, A., "Darwin's Moon: A Biography of Alfred Russel Wallace.", Blackie & Son Ltd., Glasgow (1966).

Willier, B. J., Oppenheimer, J. M.(eds), "Foundations of Experimental Embryology.", Prentice Hall, Englewood Cliffs, NJ (1964).

Willis, C., "Exons, Introns and Talking Genes: The Science behind the Human Genome Project.", Basic Books, New York (1991).

Wilson, E. B., "The Cell in Development and Heredity.", 3rd Ed., Macmillan, New York (1925).

Wright, S., 'Evolution in Mendelian Populations.', *Genetics*, **16**, 97〜159 (1931).

Wright, S., "Evolution and the Genetics of Populations.", University of Chicago Press, Chicago (1968). [第2巻, 第3巻, および第4巻は, それぞれ1969年, 1977年, 1978年に刊行]

Zubay, G. L., Marmur, J.(eds), "Papers in Biochemical Genetics.", 2nd Ed., Holt, Rinehart and Winston, New York (1973).

付録 D 遺伝学，細胞学，分子生物学関係の定期刊行物

雑誌名・出版社または発売元の住所のリストである．多数の雑誌を発刊している出版社の住所は末尾にまとめた．

Acta Cytologica
    Science Printers & Publishers
    2 Jaclynn Court
    St. Louis, Missouri 63132
Acta Medica Auxologica
    Centro Axologico Italiano DePiancavallo
    Corso Magenta, 42
    Milano 20123, Italy
Acta Paediatrica Scandinavica
    Almqvist and Wiksell Periodical Co.
    P.O. Box 638
    S101 28 Stockholm, Sweden
Acta Virologica
    Academic Press
Advanced Drug Delivery Reviews
    Elsevier Science Publishers
Advances in Agronomy
    Academic Press
Advances in Applied Microbiology
    Academic Press
Advances in Biological and Medical Physics
    Academic Press
Advances in Biophysics
    University of Tokyo Press
    7-3-1, Hongo
    Bunkyo-ku
    Tokyo, Japan
Advances in Cell and Molecular Biology
    Academic Press
Advances in Cell Biology
    Appleton-Century-Crofts
Advances in Clinical Chemistry
    Academic Press
Advances in Enzymology
    John Wiley and Sons
Advances in Experimental Medicine and Biology
    Plenum
Advances in Genetics
    Academic Press

Advances in Genome Biology
    JAI Press
    55 Old Post Rd, No. 2
    Greenwich, Connecticut 06836
Advances in Human Genetics
    Plenum
Advances in Immunology
    Academic Press
Advances in Metabolic Disorders
    Academic Press
Advances in Microbial Physiology
    Academic Press
Advances in Morphogenesis
    Academic Press
Advances in Pediatrics
    Year Book Medical Publishers
Advances in Protein Chemistry
    Academic Press
Advances in Radiation Biology
    Academic Press
Advances in Teratology
    Academic Press
Advances in Viral Oncology
    Raven Press
Advances in Virus Research
    Academic Press
Agri Hortique Genetica
    Plant Breeding Institute
    Weibullsholm
    Landskrona, Sweden
Agronomy Abstracts
    American Society of Agronomy
Agronomy Journal
    American Society of Agronomy
AIDS Research and Human Retroviruses
    Mary Ann Liebert Inc. Publishers
American Journal of Diseases of Children
    American Medical Association

American Journal of Human Genetics
   University of Chicago Press
American Journal of Medical Genetics
   Wiley Interscience
   Wiley-Liss
American Journal of Mental Deficiency
   Boyd Printing
   49 Sheridan Avenue
   Albany, New York 12216
American Naturalist
   University of Chicago Press
Analytical Biochemistry
   Methods in the Biological Sciences
   Academic Press
Animal Breeding Abstracts
   Commonwealth Agricultural Bureaux
Animal Cell Biotechnology
   Academic Press
Animal Genetics
   Blackwell Scientific
Animal Production
   Longman
Annales d'Embryologie et de Morphogenese
   Centre National de la Recherche Scientifique
   15 Quai Anatole France
   Paris (7e), France
Annales de Génétique
   Expansión Scientifique Française
   15 Rue Saint-Benoit
   75278 Paris Cedex 06, France
Annales de Génétique et da Sélection Animal
   Institut National de la Recherche Agronomique
Annales de l'Institut Pasteur
   Elsevier, Paris
Annals of Human Biology
   Taylor and Francis
   4 John Street
   London WC IN 2ET, England
Annals of Human Genetics
   Cambridge University Press
Annual Review of Biochemistry
   Annual Reviews
Annual Review of Biophysics and Biomolecular Structure
   Annual Reviews
Annual Review of Cell and Developmental Biology
   Annual Reviews
Annual Review of Ecology and Systematics
   Annual Reviews
Annual Review of Entomology
   Annual Reviews
Annual Review of Genetics
   Annual Reviews
Annual Review of Immunology
   Annual Reviews
Annual Review of Medicine
   Annual Reviews
Annual Review of Microbiology
   Annual Reviews
Annual Review of Neuroscience
   Annual Reviews
Annual Review of Plant Physiology and Plant Molecular Biology
   Annual Reviews
Antisense & Nucleic Acid Drug Development
   Mary Ann Liebert, Inc., Publishers
Applied Cytogenetics
   (*Journal of the Association of Cytogenetic Technologists*)
   Barbara J. Kaplan
   Suite 100E
   Golf Course Plaza
   11480 Sunset Hills Road
   Reston, VA 22090
Arabidopsis Information Service
   Dr. G. Röbbelen
   Institute of Agronomy
   University of Göttingen
   Göttingen 3H, Germany
Archiv für Genetik
   Orell Fussli Arts Graphiques S. A.
   Imprimeries "Au Froschauer"
   Dietzingerstrasse 3
   8022 Zürich, Switzerland
Archives d'Anatomie Microscopique et de Morphologie Experimentale
   Masson et Cie
Archiv für Mikroskopische Anatomie und Entwicklungsmechanik
   Springer-Verlag
Archives of Biochemistry and Biophysics
   Academic Press
Archives of Disease in Childhood
   British Medical Association
Archives of Insect Biochemistry and Physiology
   Wiley-Liss
Archives of Microbiology
   Springer-Verlag
Archives of Virology
   Springer-Verlag
Aspergillus Newsletter
   Dr. J. A. Roper
   Department of Genetics
   University of Sheffield
   Sheffield S102 Tn, England
Atti Associazioni Genetica Italiana
   Dipartimento di Biologia
   Via Trieste, 75
   35100, Padua, Italy
Australian Journal of Agricultural Research
   Commonwealth Scientific and Industrial Research Organization

D. 遺伝学，細胞学，分子生物学関係の定期刊行物

Australian Journal of Biological Sciences
    Commonwealth Scientific and Industrial Research Organization
Bacteriological Proceedings
    American Society for Microbiology
Bacteriological Reviews
    American Society for Microbiology
Barley Newsletter
    Dr. D. R. Metcalfe
    Canada Agriculture Research Station
    25 Dafue Road
    Winnipeg 19
    Manitoba, Canada
Behavior Genetics
    Plenum
Bibliographia Genetica
    Martinus Nijhoff
Biken Journal
    Osaka University
    Research Institute for Microbial Diseases
    3 Dojima Nishimachi
    Kita-ku
    Osaka, Japan
Biochemical and Biophysical Research Communications
    Academic Press
Biochemical Genetics
    Plenum
Biochemical Medicine and Metabolic Biology
    Academic Press
Biochemistry and Cell Biology
    National Research Council of Canada
Biochimica et Biophysica Acta
    Elsevier Science
Biocytologia
    Masson et Cie.
BioEssays
    Wiley Interscience
Biological Bulletin
    Woods Hole Oceanographic Institution
    Woods Hole, MA 02543
Biological Reviews of the Cambridge Philosophical Society
    Cambridge University Press
Biology of the Cell
    Elsevier, Paris
Biomedical Ethics Reviews
    Human Press
    Cresent Manor
    P.O. Box 2148
    Clifton, NJ 07015
Biometrics
    Biometrics
    Suite 401
    1429 Duke Street
    Alexandria, VA 22314
Biophysical Journal
    Rockefeller University Press

Biophysik
    Springer-Verlag
Biopolymers
    John Wiley and Sons, Inc.
BioSystems
    Elsevier/North Holland
Biotechniques
    Eaton Publishing
    197 West Central Street
    Natick, MA 01760
Biotechnology and Bioengineering
    John Wiley and Sons
Biotechnology and Genetic Engineering News
    Intercept
    P.O. Box 402
    Wimborne, Dorsett BH 229TZ, England
Blood
    W. B. Saunders
    Curtis Center
    Independence Square West
    Philadelphia, PA 19106
Blut
    Springer-Verlag
Botanical Review
    New York Botanical Garden
Brain, Behavior and Evolution
    S. Karger AG
British Journal of Cancer
    Churchill Livingstone
British Journal of Haematology
    Blackwell Scientific
British Medical Bulletin
    Longman Group
British Poultry Science
    Longman Group
Brookhaven Symposia in Biology
    Brookhaven National Laboratory
    Biology Department
    Upton, NY 11973
Canadian Journal of Microbiology
    National Research Council of Canada
Cancer Gene Therapy
    Appleton and Lange
    P.O. Box 120041
    Stamford, CT 06912-0041
Cancer Genetics and Cytogenetics
    Elsevier Science
Carcinogenesis
    IRL Press
Carlsburg Research Communications
    Springer-Verlag
Carnivore Genetics Newsletter
    Carnivore Genetics Research Center
    Post Office Box 5
    Newtonville, MA 02160

Caryologia
  Journal of Cytology, Cytosystematics, and Cytogenetics
  Via Lamarmora 4
  Florence, Italy
Cell
  Cell Press
Cell and Tissue Kinetics
  Blackwell Scientific
Cell and Tissue Research
  Springer-Verlag
Cell Biology International Reports
  Academic Press
Cell Regulation
  American Society for Cell Biology
  9650 Rockville Pike
  Bethesda, MD 20814
Cell Stress & Chaperones
  Churchill Livingstone
Cellular and Molecular Biology
  Pergamon Press
Cellular Immunology
  Academic Press
Cellular Microbiology
  Blackwell Science
la Cellule
  S. A. Vander
  Munstraat 10, B-3000
  Louvain, Belgium
Chinese Journal of Genetics
  Allerton Press
  150 5th Avenue
  New York, NY 10011
Chromosomes Today
  Plenum
Chromosoma
  Springer-Verlag
Clinical Genetics
  Munksgaard Forlag
Clinical Immunology and Immunopathology
  Academic Press
Clinical Pediatrics
  J. B. Lippincott
Cold Spring Harbor Symposia on Quantitative Biology
  Cold Spring Harbor Laboratory
Comparative and Functional Genomics
  Wiley Interscience
Comparative Biochemistry and Physiology
  Pergamon Press
CRC Critical Reviews in Biochemistry and Molecular Biology
CRC Critical Reviews in Biotechnology
CRC Critical Reviews in Immunology
CRC Critical Reviews in Microbiology
  Chemical Rubber Company Press
  2000 NW Corporate Blvd.
  Boca Raton, FL 33431

Critical Reviews in Oncology/Hematology
  Elsevier Science
Crop Science
  Crop Science Society of America
  677 South Segoe Road
  Madison, WI 53711
Current Biology
  Cell Press
Current Genetics
  Springer-Verlag
Current Opinion in Biotechnology
  Elsevier Science
Current Opinion in Cell Biology
  Elsevier Science
Current Opinion in Genetics and Development
  Elsevier Science
Current Opinion in Microbiology
  Elsevier Science
Current Problems in Pediatrics
  Year Book Medical Publishers
Currents in Modern Biology
  Elsevier Science
Current Topics in Cellular Regulation
  Academic Press
Current Topics in Developmental Biology
  Academic Press
Current Topics in Microbiology and Immunology
  Springer-Verlag
Current Topics in Radiation Research
  Elsevier Science
Cytobios
  Faculty Press
  88 Regent St.
  Cambridge, England
Cytogenetics
  (superseded by *Cytogenetics and Cell Genetics*)
Cytogenetics and Cell Genetics
  S. Karger AG
Cytologia (Tokyo)
  Botanical Society of Japan
  c/o The Toyo Bunko
  Honkomagome 2-chome
  28–21, Bunkyo-ku
  Tokyo 113, Japan
Cytology and Genetics (Russia)
  See *Tsitologiya i Genetika*
Cytopathology
  Blackwell Scientific
Development
  Company of Biologists Ltd.
Developmental and Comparative Immunology
  Pergamon Press
Developmental and Cell Biology
  Cambridge University Press
Developmental Biology
  Academic Press

Developmental Genetics
    Wiley-Liss
Development Genes and Evolution
    Springer-Verlag
Development, Growth and Differentiation
    Maruzen
    PO Box 605
    Tokyo Central
    Tokyo, Japan
Differentiation
    Springer-Verlag
Disease Markers
    Wiley-Liss

Dissertation Abstracts
    University Microfilms
    Xerox Company
    300 North Zeeb Road
    Ann Arbor, MI 48106
DNA - A Journal of Molecular and Cellular Biology
    Mary Ann Liebert Inc. Publishers
DNA and Cell Biology
    Mary Ann Liebert, Inc., Publishers
DNA and Protein Engineering Techniques
    Wiley-Liss
DNA Repair Reports
    Elsevier Science
DNA Sequence: The Journals of DNA Sequencing and Mapping
    Harwood Academic

Drosophila Information Service
    Dr. P. W. Hedrick
    Division of Biological Sciences
    University of Kansas
    Lawrence, KS 66045

Drug Resistance Updates
    Churchill Livingstone
Dysmorphology and Clinical Genetics
    Wiley-Liss

Egyptian Journal of Genetics and Cytology
    Egyptian Society of Genetics
    Department of Genetics
    Faculty of Agriculture
    Alexandria University
    Alexandria, Egypt

Electron Microscopy Reviews
    Pergamon Press
EMBO Journal
    IRL Press at Oxford University Press
Endeavor
    Pergamon Press
Endocrine Journal
    Macmillan Journals
Environmental and Molecular Mutagenesis
    Wiley Interscience

Environmental Mutagen Society Newsletter
    Dr. F. J. deSerres
    P.O. Box Y
    Oak Ridge National Laboratory
    Oak Ridge, TN 37830

Enzyme
    S. Karger AG
Euphytica
    Netherlands Journal of Plant Breeding
    Lawickse Allee 166
    Waageningen, Holland

European Journal of Biochemistry
    Springer-Verlag

European Journal of Cell Biology
    Wissenschaftliche Verlagsgesellschaft

European Journal of Human Genetics
    S. Karger AG
European Journal of Immunology
    Academic Press

Evolution
    Society for the Study of Evolution
    Entomology Department
    University of Kansas
    Lawrence, KS 66045

Evolutionary Biology
    Appleton-Century-Crofts

Experimental and Molecular Pathology
    Academic Press
Experimental Cell Biology
    S. Karger AG
Experimental Cell Research
    Academic Press
Extremophiles: Life under Extreme Conditions
    Springer

FASEB Journal
    Federation of American Societies for Experimental Biology
    9650 Rockville Pike
    Bethesda, MD 20814

Federation of European Biochemical Societies, Symposia
    Elsevier Science

Fungal Genetics Newsletter
    Fungal Genetics Stock Center
    Department of Microbiology
    University of Kansas Medical School
    Rainbow Boulevard at 39th Street
    Kansas City, KS 66103

Gene
    Elsevier Science
Gene Analysis Techniques
    Elsevier Science
Gene Function & Disease
    Wiley Interscience

Genen en Phaenen
    Journal of the Dutch Genetical Society
    Institute of Genetics
    State University of Utrecht
    Opaalweg 20
    Utrecht, Holland
Genes and Development
    Cold Spring Harbor Laboratory
Genes and Function
    Blackwell Scientific
Genes & Genetic Systems
    Japan Publications Trading Co.
Genes, Chromosomes and Cancer
    Wiley Interscience
GeneScreen: An International Journal of Medical Genomes
    Blackwell Science
Genesis: The Journal of Genetics and Development
    Wiley Interscience
Genes to Cells
    Blackwell Scientific
Gene Therapy
    Stockton Press
    345 Park Avenue
    New York, NY 10010
Genetica
    Kluwer Academic
Genetica Agraria
    Isitituto Sperimantale per la Cerealicoltura
    Via Cassia 176
    00191, Rome, Italy
Genética Ibérica
    Sectión de Distribución de Publicaciones
    Consejo Superior de Investigaciones Cientificas
    Vitrubio, 8
    Madrid 6, Spain
Genetical Research
    Cambridge University Press
Genetica Polonica
    Institute of Plant Genetics
    Polish Academy of Science
    ul, Wojsha Polskiego 71c
    Poznan, Poland
Genetic Engineering
    Academic Press
Genetic Engineering: Principles and Methods
    Plenum Press
Genetic Epidemiology
    Wiley Interscience
    Wiley-Liss
Genetics
    Genetics
    428 East Preston Street
    Baltimore, MD 21202
Genetic Stocks Inventory
    National Seed Storage Laboratory
    Fort Collins, CO 70521

Genetic Testing
    Mary Ann Liebert, Inc., Publishers
Gene Therapy
    Stockton Press
Genetik
    Gustav Fischer Verlag
Genetika
    Mezhdunarodnaya Kniga
Genetika i Selekcija
    Academy of Agricultural Sciences of Bulgaria
    Bul. Dragon Cankov 6
    Sofia, Bulgaria
Genome
    National Research Council of Canada
Genome Research
    Cold Spring Harbor Laboratory Press
Genomics
    Academic Press
Glia
    Wiley-Liss
Growth Factors
    Harwood Academic Publishers
Harvey Lectures
    Academic Press
Héreditas
    J. D. Törnqvists Bokhandel AB
    Landskrona, Sweden
Heredity
    Blackwell Scientific
Histochemical Journal
    Chapman and Hall
    11 New Fetter Lane
    London EC4P 4EE, England
Histochemistry
    Springer-Verlag
Hoja Genetica
    Sociedad Rioplatense de Genetica
    Colonia, Uruguay
Human Biology
    Wayne State University Press
    5959 Woodward Ave.
    Detroit, MI 48202
Human Gene Therapy
    Mary Ann Leibert Inc. Publishers
Human Genetics
    Springer-Verlag
Human Heredity
    S. Karger AG
Human Molecular Genetics
    Oxford University Press
Human Mutation
    Wiley Interscience
Hybridoma
    Mary Ann Liebert Inc. Publishers
Immunity
    Cell Press

D. 遺伝学，細胞学，分子生物学関係の定期刊行物　481

Immunobiology
　Gustav Fischer Verlag
Immunochemistry
　Pergamon Press
Immunogenetics
　Springer-Verlag
Immunological Communications
　Marcel Dekker
　270 Madison Avenue
　New York, NY 10016
Immunological Reviews
　Munksgaard Förlag
Immunology
　Blackwell Scientific
Immunology Letters
　Elsevier Science
Immunology Today
　Elsevier/North-Holland
Indian Journal of Agricultural Sciences
　Indian Council of Agricultural Research
　Business Manager
　Krishi Bhavan
　New Delhi, India
Indian Journal of Biochemistry and Biophysics
　Council of Scientific and Industrial Research
　Public Information Directorate
　Hillside Road
　New Delhi 12, India
Indian Journal of Genetics and Plant Breeding
　Indian Agricultural Research Institute
　New Delhi 12, India
Indian Journal of Poultry Science
　Indian Poultry Science Association
　Krishi Bhavan
　New Delhi, India
Infection and Immunity
　American Society for Microbiology
Information Newsletter of Somatic Cell Genetics
　Dr. R. A. Roosa
　Wistar Institute
　36th Street at Spruce
　Philadelphia, PA 19101
International Journal of Biochemistry and Cell Biology
　Elsevier Science
International Journal of Insect Morphology and
　Embryology
　Pergamon Press
International Journal of Invertebrate Reproduction and
　Development
　Elsevier Science
International Journal of Peptide and Protein Research
　Munksgaard Förlag
International Journal of Radiation Biology
　Taylor and Francis
　4 John Street
　London, WC1N 2ET, England

International Review of Cytology
　Academic Press
International Society for Cell Biology, Symposia
　Academic Press
Intervirology
　S. Karger AG
In Vitro
　Williams and Wilkins
Jackson Laboratory, Annual Report
　The Jackson Laboratory
　Bar Harbor, ME 04609
Japanese Journal of Breeding
　Japanese Society of Breeding
　c/o Faculty of Agriculture
　University of Tokyo
　Bunkyo-ku
　Tokyo 113, Japan
Japanese Journal of Developmental Biology
　Yamashiro Publishing
　Ogawa-Nishiiru
　Teranouchidori, Kamikyo-ku
　Kyoto, Japan
Japanese Journal of Human Genetics
　Institute of Medical Genetics
　Tokyo Medical and Dental University
　Yushima 1-5, Bunkyo-ku
　Tokyo, Japan
Japanese Journal of Microbiology
　Japan Bacteriologists and Virologists
　Department of Microbiology
　Keio University School of Medicine
　Shinanomachi, Shinjuku
　Tokyo, Japan
Journal de Génétique Humaine
　Institute of Medical Genetics
　8, Chemin Thury
　1205 Geneva, Switzerland
Journal de Microscopie
　Société Française de Microscopie
　Electronique
　Ecole Normale Supérieure
　Laboratorie de Botanique
　4, Rue Lhomond
　Paris 5e, France
Journal of Agricultural Research
　U.S. Department of Agriculture
　14th Street & Independence Avenue
　S.W.
　Washington, DC 20250
Journal of Agricultural Science
　Cambridge University Press
Journal of Animal Breeding and Genetics
　Paul Parey Scientific Publishers
　35-37 West 38th Street
　New York, NY 10018
Journal of Applied Bacteriology
　Academic Press

Journal of Bacteriology
    American Society for Microbiology
Journal of Biochemistry
    Japanese Biochemical Society
    Department of Biochemistry
    Faculty of Medicine
    University of Tokyo
    Tokyo, Japan
Journal of Biochemistry, Molecular Biology and
    Biophysics
    Harwood Academic Publishers
Journal of Biological Chemistry
    Williams and Wilkins
Journal of Biosocial Science
    Blackwell Scientific
Journal of Cell Biology
    Rockefeller University Press
Journal of Cell Science
    Company of Biologists Ltd.
Journal of Cellular Physiology
    Wiley-Liss
Journal of Chemical Technology and Biotechnology
    Elsevier/North-Holland
Journal of Chronic Diseases
    Pergamon Press
Journal of Cytology and Genetics
    Banaras Hindu University
    Varanasi, India
Journal of Dairy Research
    Cambridge University Press
Journal of Dairy Science
    American Dairy Science Association
    113 North Neil Street
    Champaign, IL 61820
Journal of Experimental Biology
    Company of Biologists
Journal of Evolutionary Biology
    Berkhäuser Verlag AG
    P.O. Box 133
    CH-4010 Basel, Switzerland
Journal of Experimental Zoology
    Wiley-Liss
Journal of Gene Medicine
    Wiley Interscience
Journal of General and Applied Microbiology
    Journal Press
Journal of General Microbiology
    Cambridge University Press
Journal of General Virology
    Cambridge University Press
Journal of Genetic Counseling
    Plenum
Journal of Genetic Psychology
    Journal Press

Journal of Genetics
    Indian Academy of Sciences
    P.B. 8005
    Bangalore 560080, India
Journal of Heredity
    Oxford University Press
Journal of Histochemistry and Cytochemistry
    Elsevier Science
Journal of Horitcultural Science
    Headley Brothers
    The Invicta Press
    Ashford, Kent, England
Journal of Human Evolution
    Academic Press
Journal of Immunogenetics
    Blackwell Scientific
Journal of Immunological Methods
    Elsevier Science
Journal of Immunology
    Williams and Wilkins
Journal of Inherited Metabolic Disease
    Kluwer Academic
Journal of Insect Physiology
    Pergamon Press
Journal of Mammalian Evolution
    Plenum
Journal of Medical Genetics
    BMJ Publishing Group
    Box No. 560 B
    Kennebunkport, ME 04046
Journal of Medical Primatology
    Wiley-Liss
Journal of Medical Virology
    Wiley-Liss
Journal of Mental Deficiency Research
    Blackwell Scientific
Journal of Molecular and Applied Genetics
    Raven Press
Journal of Molecular Biology
    Academic Press
Journal of Molecular and Cellular Immunology
    Springer-Verlag
Journal of Molecular Evolution
    Springer-Verlag
Journal of Molecular Medicine
    Springer
    P.O. Box 311340
    D-10643
    Berlin, Germany
Journal of Molecular Modeling
    Springer-Verlag Electronic Media
    (the first fully electronic journal in chemistry;
    accessible on the World Wide Web)
    Tiergartenstr. 17
    D-69121
    Heidelberg, Germany

D. 遺伝学，細胞学，分子生物学関係の定期刊行物　483

Journal of Morphology
    Wiley-Liss
Journal of Neurogenetics
    Harwood Academic
Journal of Obstetrics and Gynaecology of the British
  Commonwealth
    Royal College of Obstetricians and Gynecologists
    27 Sussex Place
    Regents Park
    London N.W. 1, 4RG, England
Journal of Pediatrics
    C. V. Mosby
Journal of Submicroscopic Cytology
    Editrice Compositori Bologna
    Viale XII Giugno 3
    40124 Bologna, Italy
Journal of the Australian Institute of Agricultural Science
    Australian Institute of Agricultural Science
    191 Royal Parade
    Parkville, Victoria 3052, Australia
Journal of the European Society for Animal Blood
  Group Research
    listed under *Animal Blood Groups and Biochemical Genetics*
Journal of the National Cancer Institute
    National Cancer Institute
    Bethesda, MD 20892
Journal of Theoretical Biology
    Academic Press
Journal of the Sericultural Science of Japan
    National Institute of Agrobiological Sciences
    1-2 Oowashi, Tsukuba,
    Ibaraki 305-8634
    Japan
Journal of Ultrastructure and Molecular Structure
  Research
    Academic Press
Journal of Virology
    American Society for Microbiology
Kihara Institute for Biological Research, Reports
    Kihara Institute for Biological Research
    Yokohama City University
    641-12 Maioka, Totsuka-ku, Yokohama
    244-0813
    Japan
Laboratory Primate Newsletter
    Dr. A. M. Schrier
    Psychology Department
    Brown University
    Providence, RI 02912
Lancet
    Lancet Ltd.
    46 Bedford Square
    London WCl8 3SL, England
Life Sciences
    Pergamon Press

Maize Genetics Corporation Newsletter
    Dr. M. M. Rhoades
    Botany Department
    Indiana University
    Bloomington, IN 47401
Mammalian Chromosome Newsletter
    D. T. C. Hsu
    Section of Cell Biology
    M.D. Anderson Hospital
    Houston, TX 77025
Mammalian Genome
    Springer-Verlag
Mankind Quarterly
    American Philosophical Society
    Library
    105 South 5th St.
    Philadelphia, PA 19106
Mechanisms of Development
    Elsevier Science
Medical Genetics
    Pergamon Press
Metabolism
    Grune and Stratton
Methods in Cell Biology
    Academic Press
Methods in Cell Physiology
    Academic Press
Methods in Enzymology
    Academic Press
Methods in Immunology and Immunochemistry
    Academic Press
Methods in Medical Research
    Year Book Medical Publishers
Methods in Molecular and Cellular Biology
    Wiley-Liss
Methods in Virology
    Academic Press
MGGI
    (see *Molecular & General Genetics*)
Microbial Genetics Bulletin
    Dr. H. Adler
    P.O. Box Y
    Oak Ridge National Laboratory
    Oak Ridge, TN 37830
Microbiological Reviews
    American Society for Microbiology
Microbiological Sciences
    Blackwell Scientific
Mikrobiologiya
    Mezhdunarodnaya Kniga
Modern Cell Biology
    Wiley-Liss
Molecular and Cellular Biochemistry
    Kluwer Academic
Molecular and Cellular Biology
    American Society for Microbiology

Molecular and Cellular Neuroscience
    Academic Press
Molecular and Cellular Probes
    Academic Press
Molecular and Developmental Evolution
    John Wiley & Sons
Molecular and General Genetics
    Springer-Verlag
Molecular Biology and Evolution
    University of Chicago Press
Molecular Biology and Medicine
    Academic Press
Molecular Biology Reports
    Kluwer Academic
Molecular Biology SSSR
    Mezhdunarodnaya Kniga
Molecular Carcinogenesis
    Wiley-Liss
Molecular Cell
    Cell Press
Molecular Diagnostics
    Churchill Livingstone
Molecular Ecology
    Blackwell Scientific
Molecular Genetic Medicine
    Academic Press
Molecular Human Reproduction
    Oxford University Press
Molecular Immunology
    Pergamon Press
Molecular Medicine
    Blackwell Scientific
Molecular Microbiology
    Blackwell Scientific
Molecular Microbiology and Medicine
    Academic Press
Molecular Pharmacology
    Academic Press
Molecular Phylogenetics and Evolution
    Academic Press
Molecular Psychiatry
    Stockton Press

Molecular Reproduction and Development
    Wiley-Liss
Molekulyarnaya Biologiya
    See *Molecular Biology SSSR*.
Molekulyarnaya Genetika, Mikrobiologiya i Virusologiya
    Nauchnii Proezed, 6
    117819 Moscow GSP7, Russia
Monatshefte für Chemie
    Springer-Verlag
Monatsschrift für Kinderheilkunde
    Springer-Verlag
Monographs in Human Genetics
    S. Karger AG

Mosquito News
    American Mosquito Control Association
    Box 278
    Selma, California 93662
Mouse Genome
    Oxford University Press
Mutagenesis
    IRL Press at Oxford University Press
Mutation Research
    Elsevier Science
Mycologia
    New York Botanical Garden
National Institute of Genetics (Mishima), Annual Report
    National Institute of Genetics
    Yata 1, 111 Mishima
    Sizuoka-ken 411, Japan
Nature
    Nature America
Nature Biotechnology
    Nature America
Nature Cell Biology
    Nature America
Nature Genetics
    Nature America
Nature Medicine
    Nature America
Nature Neuroscience
    Nature America
Nature Structural Biology
    Nature America
Naturwissenschaften
    Springer-Verlag
NCI Monographs
    Superintendent of Documents
    U.S. Government Printing Office
    Washington, DC 20402
Neuron
    Cell Press
Nucleic Acids Research
    IRL Press at Oxford University Press

Nucleosides & Nucleotides
    Marcel Dekker, Inc.
    P.O. Box 5005
    185 Cimarron Road
    Monticello, NY 12701-5185
The Nucleus
    Cytogenetics Laboratory
    Department of Botany
    University of Calcutta
    35, Ballygunge Circular Rd.
    Calcutta 19, India
Oak Ridge National Laboratory Symposia
    (supplements to the *Journal of Cell Physiology*)
    Wistar Institute Press

Oat Newsletter
  Dr. J. A. Browning
  Department of Botany
  Iowa State University
  Ames, IA 50010
Obstetrics and Gynecology
  Elsevier Science
Oncogene
  Macmillan Journals
Oncogene Research
  Harwood Academic
Ontogenez
  Interperiodica Publishers
  Vavilov Street, 26
  117808 Moscow, Russia
Origins of Life
  Kluwer Academic
Oxford Surveys in Evolutionary Biology
  Oxford University Press
Oxford Surveys on Eukaryotic Genes
  Oxford University Press
Paleobiology
  Harwood Academic
Pasteur Institute
  (see Annales de l'Institut Pasteur)
Pathologia et Microbiologia
  S. Karger AG
Pediatric Research
  Williams and Wilkins
Pediatrics
  American Academy of Pediatrics
  P.O. Box 927
  Elk Grove Village, IL 60007
Perspectives in Biology and Medicine
  University of Chicago Press
Pharmacogenetics
  Kluwer Academic
Philosophical Transactions of the Royal Society of London, Series B, Biological Sciences
  The Royal Society
  6 Carlton House Terrace
  London SW1Y 5AG, England
Photochemistry and Photobiology
  Pergamon Press
Physiological Genomics
  www.physiologicalgenomics.org
Phytochemistry
  Pergamon Press
Pisum Newsletter
  Weibullsholm Plant Breeding Institute
  Landskrona, Sweden
Planta
  Springer-Verlag
Plant Breeding Abstracts
  Commonwealth Agricultural Bureaux
Plant Molecular Biology
  Kluwer Academic
Plasmid
  Academic Press
Poultry Science
  Poultry Science Association
  Texas A & M University
  College Station, TX 77843
Prenatal Diagnosis
  Wiley Interscience
Proceedings of the National Academy of Sciences of the United States of America
  National Academy of Sciences
  2101 Constitution Avenue
  Washington, DC 20418
Proceedings of the Royal Society of Edinburgh, Section B (Biological Sciences)
  Royal Society of Edinburgh
  22 George St.
  University of Edinburgh
  Edinburgh EH 2–2 PQ, Scotland
Proceedings of the Royal Society of London, Series B, Biological Sciences
  Royal Society of London
  6 Carlton House Terrace
  London SW1Y SAG, England
Progress in Biophysics and Molecular Biology
  Elsevier Science
Progress in Histochemistry and Cytochemistry
  Gustav Fischer Verlag
Progress in Medical Genetics
  Grune and Stratton
Progress in Medical Virology
  S. Karger AG
Progress in Nucleic Acid Research and Molecular Biology
  Academic Press
Progress in Theoretical Biology
  Academic Press
Protein, Nucleic Acid, and Enzyme
  Kyoritsu Shippan Co.
  4-6-19 Kohinata
  Bunkyo-ku Tokyo, Japan
Protein Science
  Cambridge University Press
Proteins; Structure, Function and Genetics
  Wiley-Liss
Protoplasma
  Springer-Verlag
Quarterly Review of Biology
  Stony Brook Foundation
  State University of New York
  Stony Brook, NY 11790
Quarterly Reviews of Biophysics
  Cambridge University Press

Radiation Botany
　　Pergamon Press
Radiation Research
　　Academic Press
Recent Progress in Hormone Research
　　Academic Press
Reports of the Tomato Genetics Cooperative
　　c/o Professor C. M. Rich
　　Department of Vegetable Crops
　　University of California
　　Davis, CA 95616
Resumptio Genetica
　　Martinus Nijhoff
Revista Brasileira de Genetica
　　Sociedade Brasileira de Genetica
　　Departamento de Genetica
　　Faculdade de Medicina de Ribeirao Preto
　　14100 Ribeirao Preto, S.P., Brazil
Revue Suisse de Zoologie
　　Revue Suisse de Zoologie
　　Muséum d'Histoire Naturelle
　　Geneva, Switzerland
RNA
　　Cambridge University Press
Science
　　American Association for the Advancement of Science
　　1515 Massachusetts Ave. N.W.
　　Washington, DC 20005
Scientific Agriculture
　　Agricultural Institute of Canada
　　151 Slater Street
　　Ottawa, Ontario, Canada
Scientific American
　　415 Madison Ave.
　　New York, NY 10017
Seiken Ziho
　　Kihara Institute for Biological Research
　　Yokohama City University 641-12 Maioka,
　　Totsuka-ku Yokohama 244-0813
　　Japan
Sequence: The Journal of DNA Mapping and Sequencing
　　Harwood Academic
Sexual Plant Reproduction
　　Springer-Verlag
Silvae Genetica
　　J. P. Sauerlander's Verlag
　　Fruhenofstrasse 21
　　6 Frankfurt am Main, Germany
Social Biology
　　University of Chicago Press
Society for Developmental Biology, Symposia
　　Princeton University Press
　　Princeton, NJ 08540
Society for Experimental Biology, Symposia
　　Cambridge University Press

Society for General Microbiology, Symposia
　　Cambridge University Press
Somatic Cell and Molecular Genetics
　　Plenum
Soviet Genetics
　　(an English translation of Genetika)
　　Plenum
Stadler Genetics Symposia
　　University of Missouri Press
　　Columbia, MO 65201
Stain Technology
　　Williams and Wilkins
Studies in Drosophila Genetics
　　See University of Texas Publications.
Sub-Cellular Biochemistry
　　Plenum
Symposia Genetica
　　Istituto di Zoologia
　　Piazza Botta
　　Pavia, Italy
Teratology
　　Wiley Interscience
Theoretical and Applied Genetics
　　Springer-Verlag
Theoretical Population Biology
　　Academic Press
Tissue and Cell
　　Longmans Group
Tissue Antigens
　　Munksgaard Förlag
Traffic (intracellular transport)
　　http://www.traffic.dk
Transactions of the British Mycological Society
　　Cambridge University Press
Transactions of the New York Academy of Sciences
　　New York Academy of Sciences
Transgenic Research
　　Chapman and Hall
Transgenics
　　Harwood Academic
Transplantation
　　Williams and Wilkins
Transplantation Proceedings
　　Grune and Stratton
Transplantation Reviews
　　Williams and Wilkins
Trends in Biochemical Sciences
　　Elsevier Trends Journals
Trends in Biotechnology
　　Elsevier Trends Journals
Trends in Cell Biology
　　Elsevier Trends Journals
Trends in Ecology and Evolution
　　Elsevier Trends Journals
Trends in Genetics
　　Elsevier Trends Journals

D. 遺伝学，細胞学，分子生物学関係の定期刊行物

Trends in Microbiology
  Elsevier Trends Journals
Trends in Neuroscience
  Elsevier Trends Journals
Trends in Plant Science
  Elsevier Trends Journals
Tribolium Information Bulletin
  Dr. A. Sokoloff
  Natural Sciences Division
  California State College
  San Bernadino, CA 92407
Trudy Instituta Genetiki i Selektsii
  Biblioteka Akademia Nauk SSR
  Birgevaja Lenaja 1
  Leningrad, B-164, Russia
Tsitologiya/Cytology
  Distributed in U.S. by
  Victor Kamkin, Inc.
  4956 Boiling Brook Parkway
  Rockville, MD 20852
Tsitologiya i Genetika/Cytology and Genetics
  Akademiya Nauk/Ukrainy
  Ulitza Repina, 3
  Kiev 25601, Ukraine
Tumor Targeting
  Stockton Press
Twin Research
  Stockton Press
UCLA Symposia on Molecular and Cellular Biology
  Wiley-Liss
Ultrastructure in Biological Systems
  Academic Press
University of Texas, M. D. Anderson Hospital and Tumor Institute—Symposia on Fundamental Cancer Research
  Texas Medical Center
  Houston, TX 77025
University of Texas Publications (Studies in the Genetics of Drosophila, Studies in Genetics)
  University Station
  Austin, TX 78712
Vector Genetics Information Service
  Vector Biology and Control Unit
  World Health Organization
  Avenue Appia
  Geneva, Switzerland
Virology
  Academic Press
Virus Research
  Elsevier Science
Wheat Newsletter
  Dr. E. G. Heyne
  Agronomy Dept.
  Kansas State University
  Manhattan, KS 66502

World's Poultry Science Journal
  National Poultry Tests Ltd.
  Eaton, Godalming
  Surrey, England
Yearbook of Obstetrics and Gynecology
  Year Book Medical Publishers
Yearbook of Pediatrics
  Year Book Medical Publishers
Yeast
  John Wiley and Sons
Zeitschrift für Immunitätsforschung
  Gustav Fischer Verlag
Zeitschrift für Naturforschung
  Verlag der Zeitschrift für Naturforschung
  Uhlandstrasse 11, P.O. Box 2645
  D7400 Tübingen, Germany

多数の雑誌を発行している出版社の住所

Academic Press, 1250 Sixth Avenue, San Diego, CA 92101
American Medical Association, 535 North Dearborn Street, Chicago, IL 60610
American Society of Agronomy, 677 South Segoe Road, Madison, WI 53711
American Society for Microbiology, 1913 I Street N. W., Washington, DC 20006
Annual Reviews, Inc., 4139 El Camino Way, Palo Alto, CA 94303-0139
Appleton-Century-Crofts, 440 Park Avenue South, New York, NY 10016
Blackwell Science, Osne Mead, Oxford OX2 0EL, UK
Blackwell Scientific Publications Inc., 238 Main Street, Cambridge, MA 02142
British Medical Association, Tavistock Square, London WC1H 9JR, England
Chapman and Hall, 29 West 35th Street, New York, NY 10001-2291
Cold Spring Harbor Laboratory, P.O. Box 100, Cold Spring Harbor, NY 11724
Cambridge University Press, 40 West 20th Street, New York, NY 10011
Cambridge University Press (Journals on Line), http://www.journals.cup.org
Cell Press, 1100 Massachusetts Avenue, Cambridge, MA 02138
Chapman & Hall, Subscription Department RSP, 400 Market Street, Suite 750, Philadelphia, PA 19106
Churchill Livingstone, 1–3 Baxter's Place, Leith Walk, Edinburgh, EH1 3AF, URL: rsh.pearson-pro.com, in North America: Department DK, 650 Avenue of the Americas, New York, NY 10011

Commonwealth Agricultural Bureaux, Farnham Royal, Bucks, England

Commonwealth Scientific and Industrial Research Organization, 314 East Albert Street, East Melbourne, Victoria 3002, Australia

Company of Biologists Ltd., Department of Zoology, University of Cambridge, Downing Street, Cambridge CB23EJ, England

Current Biology Ltd., 20 North Third Street, Philadelphia, PA 19106-2199

C. V. Mosby Co., 11830 Westline Industrial Drive, St. Louis, MO 63141

Elsevier, 29 Rue Buffon, 75005 Paris, France

Elsevier Science, 655 Ave. of the Americas, New York, NY 10010-5107

Elsevier Trends Journals, P.O. Box 882, Madison Square Station, NY 10159

Grune and Stratton Inc., 111 Fifth Avenue, New York, NY 10003

Gustav Fischer Verlag, P.O. Box 7-20143, Stuttgart, Germany

Harper and Row Publishers, 2350 Virginia Avenue, Hagerstown, MD 21740

Harwood Academic Publishers, P.O. Box 786, Cooper Station, New York, NY 10276, http://www.gbhap.com/

Institut National de la Recherche Agronomique, Service des Publication, Route de Saint Cyr, 78-Versailles, France

IRL Press at Oxford University Press, 198 Madison Avenue, New York, NY 10016

Japan Publications Trading Co. Ltd., 175 Fifth Avenue, New York, NY 10010

J. B. Lippincott Co., East Washington Square, Philadelphia, PA 19105

John Wiley and Sons, 605 Third Avenue, New York, NY 10158

Journal Press, 2 Commercial Street, Provincetown, MA 02657

Kluwer Academic Publishers, P.O. Box 358 Accord Station, Hingham, MA 02018-0358

Longman Group Ltd., 43–45 Annandale Street, Edinburgh, Scotland

Macmillan Journals Ltd., 4 Little Essex Street, London, WC2R 3LF, England

Martinus Nijhoff, P.O. Box 269, The Hague, Holland

Mary Ann Liebert Inc., Publishers, 2 Madison Avenue, Larchmont, NY 10538

Masson et Cie., 120 Boulevard Saint Germain, F75280, Paris 6e, France

Mezhdunarodnaya Kniga, 39 Dimitrova Ulitza, 113095 Moscow, Russia

Munksgaard Förlag, 35 Norre Sogade, DK 1016, Copenhagen K, Denmark

National Research Council of Canada, Research Journals Publishing Dept., Ottawa 2, Ontario, Canada K1OR6

Nature America, Subscription Department, P.O. Box 5054, Brentwood, TN 37024-5054 www.nature.com

New York Botanical Garden, Bronx, NY 10458

Oliver and Boyd Ltd., Tweeddale Court, 14 High Street, Edinburgh EH1 1YL, Scotland

Oxford University Press, 198 Madison Avenue, New York, NY 10016

Oxford University Press (Journals on Line), URL: www.hmg.oupjournals.org

Pergamon Press, Maxwell House, Fairview Park, Elmsford, NY 10523

Plenum Publishing Co., 233 Spring Street, New York, NY 10013

Raven Press, 1140 Avenue of the Americas, New York, NY 10036

Rockefeller University Press, 1230 York Avenue, New York, NY 10021

S. Karger AG, 26 West Avon Road, P.O. Box 529, Farmington, CT 06085

Springer-Verlag, 175 Fifth Avenue, New York, NY 10010

Stockton Press, Houndmills, Basingstoke Hants, RG21, 6XS, UK, http://www.stockton-press.co.uk, in North America: 345 Park Avenue South, New York, NY 10010

University of Chicago Press, 5720 South Woodlawn Avenue, Chicago, IL 60637

Wiley Interscience (Journals on Line), www.interscience.wiley.com

Wiley-Liss, 605 Third Avenue, New York, NY 10158-0012

Williams and Wilkins Co., East Preston Street, Baltimore, MD 21202

Wissenschaftliche Verlagsgesellschaft GMBH, P.O. Box 40, D-7000 Stuttgart 1, Germany

Wistar Institute Press, 3631 Spruce Street, Philadelphia, PA 19104

Year Book Medical Publishers, Inc., 35 East Wacker Drive, Chicago, IL 60601

D. 遺伝学，細胞学，分子生物学関係の定期刊行物

科学雑誌名によく使われる各国語

D = Dutch; F = French; G = German; I = Italian;
J = Japanese; L = Latin; R = Russian; Sp = Spanish; Sw = Swedish

Abbildung (G) figure
Abhandlung (G) dissertation, transaction, treatise, paper
Abstammungslehre (G) theory of descent, origin of species
Abteil, Abteilung (G) division
Acta (L) chronicle
allgemein (G) general
angewandt (G) applied
Annalen (G) annals
Anzeiger (G) informer
Arbeiten (G) work
Atti (I) proceedings
Band (G) volume
Beiheft (G) supplement
Bericht (G) report
Bokhandel (Sw) bookstore
Boktryckeri (Sw) press
Bunko (J) library
Bunkyo (J) education
Buchbesprechung (G) book review
Comptes Rendus (F) proceedings
Daigaku (J) university
Doklady (R) proceedings
Entwicklungsmechanik (G) embryology
Ergänzungshefte (G) supplement
Ergebnis (G) conclusion
Folia (L) leaflet, pamphlet, journal
Förlag (Sw) publisher
Forschung (G) research
Fortbildung (G) construction
Forstgenetik (G) forestry genetics
Fortschritt (G) advance, progress
gesamt (G) general
Gesellschaft (G) association, society
hebdomadaire (F) weekly
Hefte (G) number (of a periodical)
Helvetica (L) Swiss
Hoja (Sp) paper, pamphlet, record, journal
Iberica (L) referring to Spain and Portugal
Idengaku (J) genetics
Inhalt (G) contents
Jahrbuch (G) yearbook, annual
Kenkyusho (J) research institute
Kniga (R) book

Kunde (G) science
Lebensmittel (G) nutrition
Lehrbuch (G) textbook
Mezhdunarodnaya (R) international
Monatsblätter (G) monthly journal
Nachrichten (G) news
Naturwissenschaft (G) natural science
Nauk (R) science
Österreich (G) Austria
Planches (F) plates
real (Sp) royal
Recueil (F) collection
Rendiconti (I) account
Resumptio (D) review
Revista (Sp) review
Rundschau (G) overview, survey
Sammlung (G) collection
Säugetier (G) mammal
Schriften (G) publication
Schweizerische (G) Swiss
Scripta (I) writing
Séance (F) session, meeting
Seibutsugaku (J) biology
Seiken (J) biological institute
Shokubutsugaku (J) botany
Shuppan (J) publication
Silvae (L) forest
sperimentale (I) experimental
Teil (G) part
Tierärtliche Medizin (G) veterinary medicine
Tijdschrift (D) magazine, periodical
Tome (F) volume
Toyo (J) East, Orient
Travaux (F) work
Trudy (R) works, reports
Untersuchungen (G) research
Vererbungslehre (G) genetics
vergleichen (G) comparative
Verhandlung (G) proceeding, transaction
Verlag (G) publishing house
Verslag (D) report, account
Vorbericht (G) preliminary report
Wissenschaft (G) science
Wochenschrift (G) weekly publication
Zasshi (J) magazine
Zeitschrift (G) periodical, journal, magazine
Zeitung (G) newspaper
Zellforschung (G) cytology
Zentralblatt (G) overview or survey
Ziho (J) journal
Züchtung (G) breeding, culturing, rearing

付録E　インターネットのサイト

　インターネット（World Wide Web）は，研究者，教員，生命科学技術者，学生，ならびに一般人が利用可能な膨大な量の情報を含んでいる．この知識の貯蔵庫のアドレス（Universal Resource Locator; URL）のいかなるリストも，完璧ということはあり得ない．多くのウェブサイトは定期的に更新されているし，中にはリストが印刷，公表される前に消滅してしまうサイトすらある．このリストは，2001年7月の時点で集められたものである．最初のリストは，"マスター"ウェブサイトの見本として，おもに遺伝学，分子・細胞生物学，進化，およびバイオテクノロジーの分野におけるさまざまな話題について，比較的多くのリンクを含んでいるという理由から選んだものである．それぞれのサイトからリンクされている内容のいくつかについて短い説明がなされているが，大部分のサイトはここで上げられたものよりもずっと多くの内容を含んでいる．2番目のリストは，より特殊なコンテンツを含む個別のウェブサイトの見本であり，他の有用なサイトへのリンクを含むものも，含まないものもある．3番目のリストには，この辞典にでてくる生物種の多くについて，URLを示した．

■マスターウェブサイト■

All the virology on the WWW
電子顕微鏡写真と生体高分子の画像，免疫学，実験法，情報リソースおよびデータベース，分類学および系統学，ゲノム配列データ，新興ウイルスの情報と研究，特定のウイルスに関するサーバーと情報，エイズに関する情報と研究，植物ウイルスに関するサーバーと情報，ウイルス病，ワクチンおよび治療法，ウイルス学関連の組織およびグループ，教育資源，ウイルス学に関する一般情報およびニュース，ウイルス研究者向けのインターネット資源．
http://www.tulane.edu/~dmsander/garryfavwebindex.html

DEAMBULUM: Genomes and Organisms
配列データバンク，ゲノム，構造，辞書，モデル生物，ミトコンドリア，代謝，比較ゲノムデータベース，系統学および分類学，微生物学，ウイルス学，寄生虫学，連鎖および遺伝学的マッピング，ゲノムのBLAST比較．
http://www.infobiogen.fr/deambulum/menu.php?page=genomes&lg=en

Genetics Virtual Library（Oak Ridge National Laboratory, Department of Energy）
生物索引（遺伝子組換え生物，線虫，ウシ，粘菌，ショウジョウバエ，魚，真菌類，ウマ，微生物，カ（蚊），寄生虫，植物，ニワトリ，ネズミ，ヒツジ，ブタ，酵母）；ヒトゲノムプロジェクト（米国の研究拠点，ヒトの染色体専門のサイト）．
http://www.ornl.gov/sci/techresources/Human_Genome/genetics.shtml
http://public.ornl.gov/hgmis/external/

National Center for Biotechnology Information (NCBI), National Library of Medicince, National Institute of Health
がんゲノム分析プロジェクト，オルソロガスグループ．電子 PCR，遺伝子と病気，ヒトゲノムリソース，ヒト/マウス相同性地図，マラリアの遺伝学とゲノミクス，ORF ファインダー，レトロウイルス資源，遺伝子発現の連続分析．
http://www.ncbi.nlm.nih.gov/index.html

Nature Genome Gateway
ヒトおよびヒト以外のゲノムプロジェクトおよびリソース，研究機関，ゲノム研究を行っている企業，ゲノム関連出版物，および倫理．Albert Einstein Genome Center, Cardio Genomics PGA, Center for Law and Genetics, Compugen, Double Twist, Euchromatin Network, Functional Genomics, Genmap 99, Genome Database, Genoplante, Human Genome Central, Incyte Genomics, National Human Genome Research Institute, National Laboratory for Genetics of Israeli Populations, Mosquito Genomics WWW server, NCBI Human Genome Resources, Parasite Genome, BATMAP, UmanGenomics, Whitehead Institute, Wormbase, その他多くのサイトへのリンク．
http://www.nature.com/genomics/index.html

Rockfeller University Computing Services; Miscellaneous Scientific Servers List
http://cs.rockefeller.edu/index.php3?page=toolkit

TIGR8 (The Institute for Genomic Reserch) CMR (Comprehensive Microbial Resource) Rockville, MD
http://www.tigr.org/tigr-scripts/CMR2/CMRHomePage.spl

Weisman Institute of Science, Israel
自然科学のウェブサイトの一般的なリスト．
http://bip.weizmann.ac.il/

WWW Resources for Molecular Genetics (Washington University in St. Louis)
データベース（文献，配列/構造，系統発生．注釈付きタンパク質ファミリー，配列検索，タンパク質モチーフ/ドメイン検索，），ゲノムプロジェクト情報（米国内，国際），モデル生物の ACEDB データベース．
http://www.genetics.wustl.edu/bio5491/bio5491.html

■個別のデータベース■

Cancer Genome Anatomy Project (CGAP)
国立衛生研究所国立がん研究所によって設立．
http://cgap.nci.nih.gov/

Celera Genomics
http://www.celera.com

CMS Molecular Biology Resource
http://restools.sdsc.edu/

DNA Data Bank of Japan (DDBJ)
http://www.ddbj.nig.ac.jp

ショウジョウバエ関連サイト

Berkeley Drosophila Genome Project（BDGP）
http://www.fruitfly.org/

The Bloomington Drosophila Stock Center
http://flystocks.bio.indiana.edu/

Drosophila Genetic Resource Center（DGRC, Kyoto）
http://www.dgrc.kit.ac.jp/en/index.html

The WWW Virtual Library: Drosophila
http://www.ceolas.org/fly/index.html

FlyBase
http://flybase.bio.indiana.edu/

Fly View, A Drosophila Image Database
http://flyview.uni-muenster.de/

FlyChip. Functional Genomics for Drosophila
http://www.flychip.org.uk/

Interactive Fly, a cyberspace guide to Drosophila genes and their role in development
http://www.sdbonline.org/fly/aimain/1aahome.htm

Szeged Drosophila Stock Centre
http://expbio.bio.u-szeged.hu/fly/index.php

EcoCyc, Encyclopedia of *Escherichia coli* K12 Genes and Metabolism
http://ecocyc.pangeasystems.com/

EMBL Nucleotide Sequence Database
ヨーロッパ分子生物学研究所（EMBL）の支所，ヨーロッパ生物情報学研究所（EBI）．
http://www.ebi.ac.uk/embl/

Ensemble
EMBL-EBI およびサンガー研究所によるゲノム情報の共同プロジェクト．
http://www.ensembl.org/index.html

ENZYME
酵素名データベース．
http://ca.expasy.org/enzyme/

ERGO
公的および私的ゲノム DNA 情報の管理されたデータベースで，類似性，機能，経路，機能モデル，クラスター，その他多くが統合されている．このシステムは，これらのデータを WWW リンクの相互接続として提供するが，検索や比較も可能．利用者は，遺伝子や経路に注釈やコメントを付けることができるが，配列を編集することは今のところできない．現在利用可能なこのような統合情報としては，これが最も広範なものであり，Integrated Genomics Inc.（米国シカゴ）によって積極的に開発中である．
http://wit.integratedgenomics.com/

GDB Human Genome Database
http://www.gdb.org/

GenBank
国立生物工学情報センター（National Center for Biotechnology Information; NCBI）．
http://www.ncbi.nlm.nih.gov/Genbank/index.html

GenProtEC
大腸菌 K12 株の遺伝子とタンパク質．
http://genprotec.mbl.edu/

Hereditary Disease Foundation
http://www.hdfoundation.org/index.html
http://www.hdfoundation.org/links.htm

Human Gene Mutation Database
カーディフ大学遺伝医学研究所，ウェールズ，英国．
http://www.hgmd.org/

Human Genome Project Information
米国エネルギー省．
http://www.ornl.gov/sci/techresources/Human_Genome/home.shtml

Human Genome Resources
国立生物工学情報センター（National Center for Biotechnology Information; NCBI）．
http://www.ncbi.nlm.nih.gov/genome/guide/human/

Image Library of Biological Macromolecules
分子生物工学研究所．イエナ．ドイツ．
http://www.imb-jena.de/IMAGE.html

KEGG: Kyoto Encyclopedia of Genes and Genomes
遺伝子を生化学的経路と連結．
http://www.genome.ad.jp/kegg/

Little People of America
http://www.lpaonline.org/

March of Dimes Birth Defects Foundation
http://www.marchofdimes.com/

MIPS（Munich Information Center for Protein Sequences）
タンパク質配列のデータベース，相同性データ，酵母ゲノム情報．
http://mips.gsf.de/

MITOMAP: A human mitochondrial genome database
ヒトのミトコンドリア DNA の多型と突然変異の概要．
http://www.mitomap.org/

Molecular Probe Data Base（MPDB）
およそ 4300 種類の合成オリゴヌクレオチドについて，100 塩基対以下の配列を含む情報．
http://www.biotech.ist.unige.it/interlab/mpdb.html

National Center for Biotechnology Information
http://www.ncbi.nlm.nih.gov/

National Human Genome Research Institute
http://www.genome.gov/

National Newborn Screening and Genetic Resource Center (NNSGRC)
http://genes-r-us.uthscsa.edu/

Online Mendelian Inheritance in Man: OMIM
ヒトの遺伝病のカタログ.
http://www3.ncbi.nlm.nih.gov/entrez/query.fcgi?db=OMIM

PhyloCode Website
http://www.ohiou.edu/phylocode

Proweb: Protein families database network
http://www.proweb.org/

Proteim Information Resource (PIR); The PIR International Protein Sequence Database
http://pir.georgetown.edu/home.shtml

ProtoMap
SWISSPROT および TrEMBL データベースのすべてのタンパク質について, 自動的に生成された階層分類.
http://protomap.cornell.edu/

Radiation Hybrid Database
http://corba.ebi.ac.uk/RHdb/

Rare Human Diseases, National Institutes of Health
http://rarediseases.info.nih.gov/

REBASE: The Restriction Enzyme Database
制限酵素およびメチラーゼ.
http://rebase.neb.com/rebase/rebase.html

Ribosomal Database Project (RDP)
http://rdp.cme.msu.edu/index.jsp

Sanger Center
http://www.sanger.ac.uk/

SBASE
タンパク質ドメインライブラリー. 200,000 以上の配列について, タンパク質の構造, 機能, リガンド結合, および立体構造形成にかかわる領域について注釈. 主要な配列データベースおよび配列パターンコレクションのすべてを相互参照.
http://hydra.icgeb.trieste.it/sbase/

Signal Recognition Particle Database（SRPDB）
http://psyche.uthct.edu/dbs/SRPDB/SRPDB.html

Single Nucleotide Polymorphisms（SNPs）
http://www.ncbi.nlm.nih.gov/SNP/

SWISS‐PROT
タンパク質配列データバンク．
http://www.expasy.org/

Telomere Database（TelDB）
ワシントン大学医学部，セントルイス．
http://www.genlink.wustl.edu/teldb/index.html

TRRD: Transcription Regulatory Regions Database
http://www.mgs.bionet.nsc.ru/mgs/gnw/trrd/

Universal Virus Database
ウイルス分類国際委員会（ICTV）の公式カタログ．
http://phene.cpmc.columbia.edu/

Yeast Protein Database（YPD）
http://www.proteome.com/

■生物種のウェブサイトアドレス■

アカパンカビ（*Neurospora crassa*）
http://www.genome.ou.edu/fungal.html

イヌ（*Canis familiaris*）
http://mendel.berkeley.edu/dog.html

イネ（*Oryza sativa*）
http://rgp.dna.affrc.go.jp/

インフルエンザ菌（*Haemophilus influenzae*）
http://www.tigr.org/tigr-scripts/CMR2/GenomePage3.spl?database=ghi

ウシ（*Bos taurus*）
http://www.tigr.org/tigr-scripts/tgi/T_index.cgi?species=cattle

ウマ（*Equus caballus*）
http://www.vgl.ucdavis.edu/~lvmillon/

エンドウ（*Pisum sativum*）
http://hermes.bionet.nsc.ru/

化膿レンサ球菌（*Streptococcus pyogenes*）
http://www.genome.ou.edu/strep.html

ガンビエハマダラカ（*Anopheles gambiae*）
http://klab.agsci.colostate.edu/gambiae/gambiae.html

キイロショウジョウバエ（*Drosophila melanogaster*）
http://flybase.bio.indiana.edu/

キイロタマホコリカビ（*Dictyostelium discoideum*）
http://dictybase.org/

クラミドモナス（*Chlamydomonas reinhardi*）
http://jupiter.biology.duke.edu/

結核菌（*Mycobacterium tuberculosis*）
http://www.tigr.org/tigr-scripts/CMR2/GenomePage3.spl?database=gmt

好熱性硫黄細菌（*Archaeoglobus fulgidus*）
http://www.tigr.org/tigr-scripts/CMR2/GenomePage3.spl?database=gaf

枯草菌（*Bacillus subtilis*）
http://genolist.pasteur.fr/SubtiList/

コムギ（*Triticum aestivum*）
http://www.genoscope.cns.fr/externe/English/Projets/Projet_LE/organisme_LE.html

コレラ菌（*Vibrio cholerae*）
http://www.tigr.org/tigr-scripts/CMR2/GenomePage3.spl?database=gvc

ジャガイモ（*Solanum tuberosum*）
http://www.tigr.org/tigr-scripts/tgi/T_index.cgi?species=potato

出芽酵母（パン酵母）（*Saccharomyces cerevisiae*）
http://www.yeastgenome.org/

シロイヌナズナ（*Arabidopsis thaliana*）
http://www.arabidopsis.org/

ゼブラフィッシュ（*Danio rerio*）
http://zfin.org/cgi-bin/webdriver?MIval=aa-ZDB_home.apg

線虫（*Caenorhabditis elegans*）
http://www.sanger.ac.uk/Projects/C_elegans

大腸菌（*Escherichia coli*）
http://cgsc.biology.yale.edu/top.html

デイノコッカス（放射線抵抗性細菌）（*Deinococcus radiodurans*）
http://www.tigr.org/tigr-scripts/CMR2/GenomePage3.spl?database=gdr

テトラヒメナ（*Tetrahymena pyriformis*）
http://www.lifesci.ucsb.edu/~genome/Tetrahymena/

テルモトガ（好熱細菌）（*Thermotoga maritima*）
http://www.tigr.org/tigr-scripts/CMR2/GenomePage3.spl?database=btm

トウモロコシ（*Zea mays*）
http://www.maizegdb.org/

トラフグ（*Fugu rubripes*）
http://fugu.hgmp.mrc.ac.uk/

ニワトリ（*Gallus domesticus*）
http://poultry.mph.msu.edu/

ネコ（*Felis catus*）
http://www.thearkdb.org/browser?species=cat

熱帯熱マラリア原虫（*Plasmodium falciparum*）
http://www.sanger.ac.uk/Projects/P_falciparum

ハンセン菌（*Mycobacterium leprae*）
http://www.sanger.ac.uk/Projects/M_leprae/

ヒツジ（*Ovis aries*）
http://www.projects.roslin.ac.uk/sheepmap/front.html

ヒト（*Homo sapiens*）
http://www.ncbi.nlm.nih.gov/entrez/query.fcgi?db=OMIM

ピロリ菌（*Helicobacter pylori*）
http://www.tigr.org/tigr-scripts/CMR2/GenomePage3.spl?database=ghp

ブタ（*Sus scrofa*）
http://www.projects.roslin.ac.uk/pigmap/pigmap.html

マイコプラズマ・ゲニタリウム（*Mycoplasma genitalium*）
http://www.tigr.org/tigr-scripts/CMR2/GenomePage3.spl?database=gmg

マイコプラズマ・ニューモニエ（マイコプラズマ肺炎の原因菌）（*Mycoplasma pneumoniae*）
http://www.zmbh.uni-heidelberg.de/M_pneumoniae/genome/Results.html

メタン生成アーキア（*Methanococcus jannaschii*）
http://www.tigr.org/tigr-scripts/CMR2/GenomePage3.spl?database=arg

ラット（ドブネズミ）（*Rattus norvegicus*）
http://www.broad.mit.edu/rat/public/

藍菌（シネコシスティス）（*Synechocystis* PCC6803）
http://www.kazusa.or.jp/cyano/cyano.html

ワタ（*Gossypium hirsutum*）
http://cottondb.tamu.edu/

付録F　ゲノムサイズと遺伝子数

	生物名	ゲノムサイズ [bp]	ORFの合計数	説明
1	MS2	3.6×10^3	4	RNAバクテリオファージ
2	Qβ	4.2×10^3	3	RNAバクテリオファージ
3	SV40	5.2×10^3	8	サルウイルス40
4	φX174	5.4×10^3	9	一本鎖DNAバクテリオファージ
5	TMV	6.4×10^3	4	タバコモザイク病ウイルス(RNA)
6	HIV	9.3×10^3	10	エイズウイルス（RNA）
7	ミトコンドリア	16.6×10^3	40	ヒトのミトコンドリア
8	アデノウイルス2型	35.9×10^3	11	ヒトアデノウイルス
9	λファージ	48.5×10^3	50	溶原性バクテリオファージ
10	葉緑体	118×10^3	135	Mesostigma viride のもの
11	T4ファージ	169×10^3	300	大腸菌のDNAウイルス
12	マイコプラズマ (Mycoplasma genitalium)	580×10^3	470	細菌，アフラグマ細菌
13	リケッチア (Rickettsia prowazekii)	1.11×10^6	834	細菌，プロテオバクテリア
14	メタン生成菌 (Methanococcus jannaschii)	1.64×10^6	1,682	アーキア．ユーリアーキオータ
15	インフルエンザ菌 (Haemophilus influenzae)	1.83×10^6	1,743	細菌，プロテオバクテリア
16	化膿レンサ球菌 (Streptococcus pyogenes)	1.85×10^6	1,752	細菌，プロテオバクテリア
17	好熱細菌 (Thermotoga maritima)	1.86×10^6	1,877	細菌，テルモトガ
18	好熱性硫黄細菌 (Archaeoglobus fulgidus)	2.18×10	2,436	アーキア，クレンアーキオータ
19	ハロバクテリウム (Halobacterium NRC-1)	6	2,682	アーキア，クレンアーキオータ
20	デイノコッカス (Deinococcus radiodurans)	2.57×10^6	3,187	細菌，デイノコッカス
21	藍菌 (Synechocystis PCC6803)	3.26×10^6	3,168	細菌，シアノバクテリア
22	コレラ菌 (Vibrio cholerae)	3.57×10^6	3,885	細菌，プロテオバクテリア
23	結核菌 (Mycobacterium tuberculosis)	4.03×10^6	3,924	細菌，放線菌
24	枯草菌 (Bacillus subtilis)	4.41×10^6	4,100	細菌，内生胞子菌
25	大腸菌 (Escherichia coli)	4.21×10^6	4,288	細菌，プロテオバクテリア
26	緑膿菌 (Pseudomonas aeruginosa)	4.64×10^6	5,570	細菌，プロテオバクテリア
27	出芽酵母 (Saccharomyces cerevisiae)	6.26×10^6	5,885	真核，子嚢菌類
28	線虫 (Caenorhabditis elegans)	12.07×10^6	19,100	動物，線虫類
29	シロイヌナズナ (Arabidopsis thaliana)	97×10^6	25,500	植物，被子植物
30	キイロショウジョウバエ (Drosophila melanogaster)	120×10^6	13,000	節足動物，昆虫亜綱双翅目
31	ヒト (Homo sapiens)	165×10^6	31,000	哺乳綱，霊長目

この辞典に出てくる生物あるいは細胞オルガネラのゲノムサイズと遺伝子数の範囲．5種類を除くすべての生物のゲノムは二本鎖DNA分子なので，ゲノムサイズは塩基対で示す．例外はRNAウイルス (1, 2, 5, 6) および一本鎖DNAウイルス (4) である．最初の11種類の生物は絶対共生体もしくは寄生性生物であり，12〜26の生物は原核生物，残りの5種類の生物は真核生物．

外国語索引

外国語索引凡例

1. 見出し語に付された外国語を収録した．
2. 配列は原則としてアルファベット順とした．
3. 二語以上からなる語は，語の区切りを無視して一語として読んで配列した．
4. 数字で始まる語，語中に数字を含む語は，数字を無視して配列した．
5. ウムラウト（¨），アクサン（´）などは無視して配列した．
6. 化合物の異性体や結合位置を表す D-, L-, *cis*-, *trans*-, *o*-, *m*-, *p*-, N-, O-, S-, α-, β-, γ- などは無視して配列した．
7. ギリシャ文字の接頭記号をもつ語のうち，ギリシャ文字を無視すると意味をなさない語については下記の読み換えに従い，そのアルファベットの最初に配列した．また，ギリシャ文字を語中に含む語についても同様の読み換えに従って配列した．

α	β	γ	δ	ε	ζ	η	θ	κ	λ	μ	ν	π	ρ	σ	τ	Φ, φ, φ	χ	Ψ, ψ	Ω, ω
A	B	G	D	E	Z	E	T	K	L	M	N	P	R	S	T	P	C	P	O

8. 略号には，（ ）内に原語を示し，原語のページを付した．
9. ページの数字の後に付した a, b は a が左段，b が右段にあることを示す．

A

英語	日本語	頁
α amanitin	αアマニチン	18a
α chain	α鎖	18a
α fetoprotein	αフェトプロテイン	18a
α-galactosidase	α-ガラクトシダーゼ	80b
α helix	αらせん	18b
α particle	α粒子	18b
α-tocopherol	α-トコフェロール	258a
A		46a
A_2		53b
A23187		53b
AA-AMP		46b
A,B antigens	A抗原，B抗原	48b
ABC model	ABCモデル	54a
ABC transporter	ABCトランスポーター	54a
aberration	異常	26a
ABM paper	ABMペーパー	54a
ABO blood group system	ABO式血液型	54b
abortion	妊娠中絶	270b
abortion	発育不全	281a
abortion	流産	395a
abortive transduction	不稔[形質]導入	315a
abortus	流産胎児	395a
abscisic acid	アブシジン酸	9a
abscission	器官脱離	89b
absolute plating efficiency	絶対平板培養効率	195b
absorbance	吸光	95a
absorbancy	吸収	95a
abundance	アバンダンス	8b
abzyme	アブザイム	9a
acatalasemia	無カタラーゼ血症	360a
acatalasia	無カタラーゼ症	360a
acceleration	促進	209b
accelerator	加速器	77b
acceptor splicing site	受容スプライス部位	169b
acceptor stem	アクセプターステム	3b
accessory chromosome	副染色体	311b
accessory nucleus	付帯核	313a
Ac, Ds system	Ac/Ds系	49a
ace		49a
acentric	無動原体[の]	361a
Acer	カエデ	71b
Acetabularia	カサノリ属	76b
Acetobacter	アセトバクター属	6b
aceto-carmine	酢酸カーミン	143a
aceto-orcein	酢酸オルセイン	143a
acetylcholine	アセチルコリン	6b
acetylcholinesterase	アセチルコリンエステラーゼ	6b
acetyl-coenzyme A	アセチル補酵素A	6b
N-acetyl serine	N-アセチルセリン	6b
achaete-scute complex	achaete-scute複合体	3a
achiasmate	キアズマ不成	88a
Achilles' heel cleavage	アキレスの踵切断	3a
achondroplasia	軟骨無形成症	265b
achromatic figure	不染色像	312b
A chromosome	A染色体	50a
acid fuchsin	酸性フクシン	147b
acidic amino acid	酸性アミノ酸	147b
acidic dye	酸性色素	147b
Acinonyx jubatus	チーター	226b
Acoelomata	無体腔動物	361a
acquired immunodeficiency syndrome	後天性免疫不全症候群	126b
Acraniata	無頭類	361a
acrasin	アクラシン	4b
Acrasiomycota	アクラシス門	4a
acridine dye	アクリジン色素	4b
acridine orange	アクリジンオレンジ	4a
acriflavin	アクリフラビン	4b
acritarch	アクリターク	4b
acrocentric	末端動原体	354a
acromycin	アクロマイシン	5a
acron	アクロン	5a
acrosome	先体	202a
acrostical hair	中胸背毛	228b
acrosyndesis	端節対合	224b
acrotrophic	端栄養室性	222a
acrylamide	アクリルアミド	5a
ACTH (adrenocorticotropic hormone)	副腎皮質刺激ホルモン	311a
actidione	アクチジオン	3b
actin	アクチン	3b
actin-binding protein	アクチン結合タンパク質	4a
actin gene	アクチン遺伝子	4a
actinomycete	放線菌類	341a
actinomycin D	アクチノマイシンD	3b
activated macrophage	活性マクロファージ	79a
activating enzyme	活性化酵素	79a
activation analysis	放射分析	339b
activation energy	活性化エネルギー	78b
activator	活性化因子	78b
Activator-Dissociation system	活性化-解離因子系	78b
active center	活性中心	79a
active immunity	能動免疫	274a
active site	活性部位	79a
active transport	能動輸送	274a
actomyosin	アクトミオシン	4a
acute transfection	アキュートトランスフェクション	3a
acylated tRNA	アシル化tRNA	6a
AD (Alzheimer's disease)	アルツハイマー病	16b
adaptation	適応	244a
adaptive enzyme	適応酵素	244a
adaptive landscape	適応地形図	244a
adaptive norm	適応規格	244a
adaptive peak	適応のピーク	244b
adaptive radiation	適応放散	244b
adaptive surface	適応地形図	244a
adaptive topography	適応地形図	244a
adaptive value	適応値	244a
adaptor	アダプター	7a
adaptor hypothesis	アダプター仮説	7a
ADCC (antibody-dependent cellular cytotoxicity)	抗体依存細胞性細胞傷害	126a
additive factor	相加因子	205a
additive gene action	相加的遺伝子作用	205a
additive genetic variance	相加遺伝分散	205a
adduct	付加物	310b
adenine	アデニン	7b
adenine deoxyriboside	アデニンデオキシリボシド	7b

adenohypophysis 腺[性脳]下垂体	202a	agouti アグーチ	3b
adenohypophysis hormone 腺[性脳]下垂体ホルモン	202a	agranulocyte 無顆粒球	360a
		agriculturally important species 農業上重要な種	274a
adenosine アデノシン	8a	*Agrobacterium tumefaciens* アグロバクテリウム	5a
adenosine deaminase deficiency アデノシンデアミナーゼ欠損症	8a	*Agropyron elongatum* カモジグサ	80b
		AHC(Achilles' heel cleavage) アキレスの踵切断	7b
adenosine diphosphate アデノシン二リン酸	8a	AHF(antihemophilic factor) 抗血友病性因子	122a
adenosine monophosphate アデノシン一リン酸	8a	AI(artifical insemination) 人工受精	177b
adenosine phosphate アデノシンリン酸	8a	AIA(anti-immunoglobulin antibody) 抗免疫グロブリン抗体	128a
adenosine triphosphate アデノシン三リン酸	8a	AID	46a
S-adenosylmethionine S-アデノシルメチオニン	49a	AIDS(acquired immunodeficiency syndrome) エイズ	46a
adenovirus アデノウイルス	7b	AIH	46a
adenylate cyclase アデニル酸シクラーゼ	7b	akinetic 無動原体[の]	361b
adenyl cyclase アデニルシクラーゼ	7b	Ala(alanine) アラニン	14a
adenylic acid アデニル酸	7b	alanine アラニン	14a
ADH(alcohol dehydrogenase) アルコールデヒドロゲナーゼ	16b	albinism 白化[症]	281a
adhesion plaque 付着板	313b	albino 白子	175a
adhesive molecule 接着分子	196a	albomaculatus 斑入り	308a
adjacent disjunction 隣接分離	397b	albumin アルブミン	18b
adjacent segregation 隣接分離	397b	alcaptonuria アルカプトン尿症	15b
adjuvant アジュバント	6a	alcohol アルコール	16b
adoptive immunity 養子免疫	380a	alcohol dehydrogenase (ADH) アルコールデヒドロゲナーゼ	16b
adoptive transfer 養子免疫	380a	aldehyde アルデヒド	17b
ADP(adenosine diphosphate) アデノシン二リン酸	8a	aldosterone アルドステロン	17b
adrenocortical hormone 副腎皮質ホルモン	311a	aleurone 糊粉	132a
adrenocorticotropic hormone 副腎皮質刺激ホルモン	311a	aleurone grain 糊粉粒	132a
adriamycin アドリアマイシン	8b	Aleutian mink アリューシャンミンク	14a
adventitious embryony 不定胚形成	314b	alga, (*pl.*)algae 藻類	209a
Aedes ヤブカ属	373b	algorithm アルゴリズム	16b
Aegilops エギロプス属	47b	alien addition monosomic 外来付加モノソミー	71b
aerobe 好気[性]生物	122a	alien substitution 外来置換	71b
aestivate 夏眠	80b	aliphatic 脂肪族[の]	161a
afferent 求心性	95a	aliquot 約数	373a
affinity 親和性	179b	alkaline earth metal アルカリ土類金属	16a
affinity chromatography アフィニティークロマトグラフィー	9a	alkaline metal アルカリ金属	16a
		alkaline phosphatase アルカリホスファターゼ	16a
afibrinogenemia 無フィブリノーゲン血症	361a	alkaloid アルカロイド	16a
aflatoxin アフラトキシン	9b	alkapton アルカプトン	15b
AFP(α fetoprotein) αフェトプロテイン	18a	alkaptonuria アルカプトン尿症	15b
African bee アフリカミツバチ	9b	alkylating agent アルキル化剤	16a
African Eve アフリカのイブ	9b	alkyl group アルキル基	16a
African green monkey アフリカミドリザル	9b	allantois 尿膜	270a
agamete 非配偶体	299a	allatum hormone アラタ体ホルモン	13b
agammaglobulinemia 無γグロブリン血症	360a	allele 対立遺伝子	215b
agamogony 無配偶子生殖	361a	allelic complementation 対立遺伝子相補性	216a
agamont 無性親	360b	allelic exclusion 対立遺伝子排除	216a
agamospermy 無融合種子形成	361a	allelic frequency 対立遺伝子頻度	216a
agamous	3a	allelism test 対立性検定	216a
Agapornis ボタンインコ属	343b	allelomorph 対立遺伝子	215b
agar 寒天	86b	allelopathy 他感作用	217a
agarose アガロース	3a	allelotype 対立遺伝子型	216a
agar plate count 寒天平板培養計数	86b	Allen's rule アレンの法則	19b
age-dependent selection 年齢依存性選択	273a	allergen アレルゲン	19b
agglutination 凝集[反応]	96a	allergy アレルギー	19b
agglutinin 凝集素	96a	allesthetic trait アレステティック形質	19b
agglutinogen 凝集原	96a	*Allium* ネギ属	272a
aggregation chimera 凝集キメラ	96a	alloantibody アロ抗体	19b
aging 老化	405a	alloantigen アロ抗原	19b
agonistic behavior 敵対行動	244b		

外 国 語 索 引

allochromacy　変色 …… 335b
allocycly　異周期性 …… 25b
allogeneic disease　同種免疫病 …… 255b
allogeneic graft　同種異系間移植 …… 255a
allograft　同種[異系]移植 …… 255a
allolactose　アロラクトース …… 20a
allometry　相対成長 …… 206b
allomone　アロモン …… 20a
alloparapatric speciation　異側所的種分化 …… 27b
allopatric speciation　異所的種分化 …… 26b
allopatry　異所性 …… 26b
allophene　依存形質 …… 28a
allophenic mice　異質性マウス …… 24b
alloplasmic　異質細胞質性 …… 25a
alloploid　異質倍数体 …… 25b
allopolyploid　異質倍数体 …… 25b
alloproctic selection　アロプロコプティック選択 …… 20a
allosteric effector　アロステリックエフェクター …… 19b
allosteric enzyme　アロステリック酵素 …… 19b
allosteric protein　アロステリックタンパク質 …… 19b
allosteric site　アロステリック部位 …… 19b
allostery　アロステリック性 …… 19b
allosyndesis　異親対合 …… 26b
allotetraploid　異質四倍体 …… 25b
allotype　アロタイプ …… 20a
allotype suppression　アロタイプ抑制 …… 20a
allotypic differentiation　異常分化 …… 26a
allozygote　アロ接合体 …… 20a
allozyme　アロザイム …… 19b
alphoid sequence　アルフォイド配列 …… 18b
alteration enzyme　修飾酵素 …… 165a
alternate disjunction　交互分離 …… 123a
alternate segregation　交互分離 …… 123a
alternation of generation　世代交代 …… 194b
alternative splicing　選択的スプライシング …… 202b
altricial　晩熟性[の] …… 286b
altruism　利他現象 …… 392b
Alu family　Alu ファミリー …… 18a
Alzheimer's disease　アルツハイマー病 …… 16b
Amanita phalloides　タマゴテングダケ …… 221a
amatoxin　アマトキシン …… 10b
amaurosis　黒内障 …… 129a
amber codon　アンバーコドン …… 21b
Amberlite　アンバーライト …… 22a
amber mutation　アンバー突然変異 …… 21b
amber suppressor　アンバーサプレッサー …… 21b
Ambystoma mexicanum　メキシコサンショウウオ …… 362a
amensalism　片害作用 …… 335a
Ames test　エイムズ試験 …… 46a
amethopterin　アメトプテリン …… 13a
amino acid　アミノ酸 …… 11a
amino acid activation　アミノ酸活性化 …… 11b
amino acid attachment site　アミノ酸付着部位 …… 12a
amino acid sequence　アミノ酸配列 …… 12a
amino acid side chain　アミノ酸側鎖 …… 11b
aminoaciduria　アミノ酸尿症 …… 11b
aminoacyl adenylate　アミノアシルアデニル酸 …… 10b
aminoacyl site　アミノアシル部位 …… 11a
aminoacyl-tRNA　アミノアシル tRNA …… 10b
aminoacyl-tRNA binding site　アミノアシル tRNA 結合部位 …… 10b

aminoacyl-tRNA synthetase　アミノアシル tRNA シンテターゼ …… 10b
p-aminobenzoic acid　*p*-アミノ安息香酸 …… 11a
amino group　アミノ基 …… 11a
aminopeptidase　アミノペプチダーゼ …… 12b
aminopterin　アミノプテリン …… 12a
aminopurine　アミノプリン …… 12b
amino terminal end　アミノ末端 …… 13a
Amish　アーミッシュ …… 10b
Amitochondriates …… 10b
amitosis　無糸分裂 …… 360b
amixis　アミキシス …… 10b
amniocentesis　羊水穿刺 …… 380b
amniocyte　羊水穿刺細胞 …… 380b
amnion　羊膜 …… 381a
amniote　有羊膜類 …… 377a
Amoeba proteus　アメーバ …… 13a
amoeboid movement　アメーバ運動 …… 13a
amorph　アモルフ …… 13b
AMP (adenosine monophoshate)　アデノシン一リン酸 …… 8a
amphidiploid　複二倍体 …… 312a
amphimictic　両性混合[の] …… 395b
amphimixis　両性混合 …… 395b
Amphioxus　ナメクジウオ …… 265a
amphipathic　両親媒性[の] …… 395b
ampholyte　両性化合物 …… 395b
amphoteric compound　両性化合物 …… 395b
ampicillin　アンピシリン …… 22b
amplicon　アンプリコン …… 22b
amplification　増幅 …… 207b
AMV (avian myeloblastosis virus)　トリ骨髄芽細胞腫ウイルス …… 261b
amylase　アミラーゼ …… 13a
amyloid-β peptide (AβP)　アミロイド β ペプチド …… 13a
amyloid plaque　アミロイド斑 …… 13a
amyloid-β precursour protein (AβPP)　アミロイド β 前駆体タンパク質 …… 13a
amyloplast　アミロプラスト …… 13a
amyotrophic lateral sclerosis　筋萎縮性側索硬化症 …… 99a
anabolism　同化[作用] …… 252b
anaerobe　嫌気[性]生物 …… 117a
anagenesis　向上進化 …… 124a
analog, analogue　類似体 …… 399a
analogous　相似[の] …… 206a
analysis of variance　分散分析 …… 325a
anamnestic response　既往応答 …… 89b
anaphase　後期 …… 122a
anaphase lag　後期遅滞 …… 122a
anaphylaxis　アナフィラキシー …… 8b
Anas platyrhynchos　マガモ …… 353a
anastomosis　吻合 …… 324a
anastral mitosis　無星性有糸分裂 …… 360b
anautogenous insect　非自生昆虫 …… 292b
anchorage-dependent cell　足場依存性細胞 …… 5b
Anderson disease　アンダーソン病 …… 20b
androdioecy　雄性両性異株 …… 376b
androecious　雄花性[の] …… 374b
androecium　雄ずい群 …… 376a
androgen　アンドロゲン …… 21a
androgenesis　雄核発生 …… 374a

androgenic gland　造雄腺……………………209a
androgen insensitivity syndrome　アンドロゲン不応症
　　候群…………………………………………………21b
androgenote　雄核発生体……………………374a
androgen receptor　アンドロゲン受容体………21b
androgen receptor gene　アンドロゲン受容体遺伝子
　　……………………………………………………21b
androgynous　雌雄両花具有[の]……………167a
androgynous　両性具有[の]…………………395b
android　男性様[の]……………………………223a
andromonecy　雄性両性同株性………………376b
androphage　雄菌特異的ファージ……………374a
anemia　貧血[症]………………………………304b
anemophily　風媒………………………………309a
anergy　アネルギー………………………………8b
aneucentric　異数付着糸[の]……………………27a
aneuploidy　異数性………………………………26b
aneurin　アノイリン………………………………8b
aneusomy　異数染色体性…………………………27a
Angelman syndrome　アンジェルマン症候群……20a
angiosperm　被子植物…………………………292b
Ångstrom unit　オングストローム単位………67a
Animalia　動物界………………………………256b
animal pole　動物極……………………………256b
anion　陰イオン……………………………………38a
Aniridia……………………………………………8b
anisogamy　異型配偶……………………………24b
anisotropy　異方性………………………………38a
ankylosing spondylitis　強直性脊椎炎………126b
anlage　原基……………………………………116b
anneal　アニール…………………………………8b
annidation　すみわけ…………………………185b
annotation　注釈付け…………………………228b
annulate lamellae　有窓層板…………………376b
annulus　環帯……………………………………86b
anode　陽極……………………………………379a
anodontia　無歯[症]……………………………360b
anonymous DNA　無名DNA……………………361b
Anopheles　ハマダラカ属………………………284a
Anser anser　ハイイロガン……………………276a
antagonist　拮抗体………………………………90b
antagonistic pleiotropy　拮抗の多面発現……90b
antenatal　出生前[の]…………………………168b
antennae　触角…………………………………174b
Antennapedia　アンテナペディア……………21a
anther　やく……………………………………373a
anther culture　やく培養………………………373a
antheridium　造精器……………………………206b
anthesis　開花期…………………………………68a
anthocyanin　アントシアニン…………………21a
anthrax　炭疽……………………………………223a
anthropocentrism　人間中心主義……………270b
anthropoid　類人猿……………………………399a
anthropometry　人体測定学…………………178a
anthropomorphism　人間中心主義……………270b
antiauxin　抗オーキシン………………………121b
antibiotic　抗生物質……………………………125a
antibiotic resistance　抗生物質抵抗性………125a
antibiotic tolerance　抗生物質耐性…………125a
antibody　抗体…………………………………126a
antibody-antigen reaction　抗体抗原反応…126a
antibody-dependent cellular cytotoxicity　抗体依存細胞
　　性細胞傷害……………………………………126a
anticipation　表現促進…………………………301a
anticlinal　垂層[の]……………………………180b
anticoding strand　アンチコード鎖……………20b
anticodon　アンチコドン…………………………20b
antidiuretic hormone　抗利尿ホルモン………128a
antigen　抗原……………………………………122b
antigen-antibody reaction　抗原抗体反応……122b
antigenic conversion　抗原転換………………122b
antigenic determinant　抗原決定基…………122b
antigenic mimicry　抗原擬態…………………122b
antigenic modulation　抗原変調………………123a
antigen variation　抗原変異……………………122b
antihemophilic factor　抗血友病因子…………122a
anti-immunoglobulin antibody　抗免疫グロブリン抗体
　　……………………………………………………128a
antimetabolite　代謝拮抗物質…………………214a
antimitotic agent　有糸分裂阻害剤…………376a
antimongolism　逆蒙古症…………………………94a
antimorph　アンチモルフ………………………20b
antimutagen　抗突然変異原……………………126b
anti-oncogene　がん抑制遺伝子…………………86b
antioxidant enzyme　抗酸化酵素……………124a
antiparallel　逆平行………………………………94a
antipodal　反足細胞……………………………287a
antirepressor　アンチリプレッサー……………20b
Antirrhinum majus　キンギョソウ……………99a
antisense RNA　アンチセンスRNA……………20b
antisense strand　アンチセンス鎖………………20b
antiserum　抗血清………………………………122a
anti σ factor　抗σ因子…………………………124a
antitermination factor　アンチターミネーション因子
　　……………………………………………………20b
antitoxin　抗毒素………………………………126b
anucleate　無核[の]……………………………360a
anucleolate　核小体欠失…………………………74b
anucleolate mutation　核小体欠失突然変異……75a
ap(attachment point)　付着点………………313b
AP endonuclease　APエンドヌクレアーゼ……54a
apetala……………………………………………9b
aphasic lethal　無相性致死……………………361a
apholate　アホレート……………………………10a
apical meristem　成長点………………………191a
Apicomplexa　アピコンプレクサ………………9a
apicoplast　アピコプラスト………………………9a
Apis mellifera　セイヨウミツバチ……………192b
Apis mellifera scutellata　アフリカミツバチ……9b
aplasia　欠如症…………………………………114b
Aplysia　アメフラシ属…………………………13b
apnea, drug-induced　無呼吸(薬剤誘発性)…360a
apoenzyme　アポ酵素……………………………10a
apoferritin　アポフェリチン……………………10a
apoinducer　アポインデューサー………………9b
apomict　無性繁殖体…………………………361a
apomixis　無配偶生殖…………………………361a
apomorphic　子孫形質[の]……………………157b
apoptosis　アポトーシス…………………………10a
aporepressor　アポリプレッサー………………10a
aposematic coloration　警告色………………110b
apospory　無胞子生殖…………………………361b

apostatic selection	異端選択	28a
a posteriori	帰納的	92a
a priori	演繹的	58a
aptamer	アプタマー	9a
aptation	アプテーション	9a
apterygote	無翅昆虫類	360b
aptitude	誘発適合性	377a
apyrene sperm	無核精子	360a
AR(androgen receptor)	アンドロゲン受容体	21b
Arabidopsis thaliana	シロイヌナズナ	175b
Arachnida	クモ形綱	104a
arachnodactyly	クモ状指趾症	104a
Araldite	アラルダイト	14a
Araneae	真正クモ目	177b
arbovirus	アルボウイルス	19a
Archaea	アーキア亜界	3a
archaean	アーキア	3a
Archaebacteria	古細菌	129b
Archaeoglobus fulgidus		3a
archaeon	アーキア	3a
Archaeozoa	原真核生物界	117b
Archaopteryx	始祖鳥	157a
Archean	始生代	156b
archegonium	造卵器	209a
archenteron	原腸	120a
area code hypothesis	地域番号仮説	225a
Arg(arginine)	アルギニン	46a
arginine	アルギニン	16a
arginine-urea cycle	アルギニン-尿素回路	16a
arithmetic mean	算術平均	147b
arithmetic progression	等差数列	254b
aromatic	芳香族	339a
Arrhenius plot	アレニウスプロット	19b
arrhenotokous parthenogenesis	雄性産生単為生殖	376b
arrhenotoky	雄性産生単為生殖	376a
ARS(automonsly replicating sequence)	自律複製配列	175a
arthritis	関節炎	86a
Arthropoda	節足動物門	195b
Articulata	有関節動物	374a
artifact	人為構造	175b
artificial chromosome	人工染色体	177b
artificial insemination	人工受精	177b
artificial parthenogenesis	人為単為発生	176a
artificial selection	人為選択	176a
AS(Angelman syndrome)	アンジェルマン症候群	20a
Ascaris megalocephala	ウマの回虫	44b
ascertainment bias	確認誤差	75b
Aschelminthes	袋形動物門	212a
Ascobolus immersus		6a
ascogenous hypha	造嚢糸	207b
ascogonium	造嚢器	207b
ascomycete	子嚢菌	160a
ascorbic acid	アスコルビン酸	6a
ascospore	子嚢胞子	160a
ascus	子嚢	159b
asexual reproduction	無性生殖	360b
Ashkenazi	アシュケナージ	6a
A site	A 部位	54a
A-site-P-site model	A 部位-P 部位モデル	54a
Asn(asparagine)	アスパラギン	6a
Asp(aspartic acid, aspartate)	アスパラギン酸	6b
asparagine	アスパラギン	6a
Asparagus officinalis		6a
aspartate	アスパラギン酸	6b
aspartic acid	アスパラギン酸	6b
Aspergillus	アスペルギルス属	6b
asRNA(antisense RNA)	アンチセンス RNA	20b
association	関連	87b
associative overdominance	連合超優性	403a
associative recognition	連合認識	403a
assortative mating	同類交配	257a
assortment	組合わせ	103a
aster	星状体	189a
asthenosphere	アセノスフェア	6b
asynapsis	不対合	313a
Atabrine	アテブリン	8a
atavism	先祖返り	202a
Atebrin	アテブリン	8a
ateliosis	発育不全	281a
(A+T)/(G+C)ratio	(A+T)/(G+C)比	55b
atom	原子	117a
atomic mass	原子質量	117b
atomic mass unit	原子質量単位	117b
atomic number	原子番号	117b
atomic weight	原子量	117b
ATP(adenosine triphosphate)	アデノシン三リン酸	8a
atresia	閉鎖[症]	329a
atrichia	無毛症	361b
attached X chromosome	付着 X 染色体	313b
attachment efficiency	付着効率	313b
attachment point	付着点	313b
attenuation	アテニュエーション	7a
attenuator	アテニュエーター	7a
att site	att 部位	53b
audiogenic seizure	聴原性発作	230a
aureomycin	オーレオマイシン	67b
Australian	オーストラリア区	62b
Australopithecine	オーストラロピテクス	62b
autapomorphic character	固有子孫形質	133b
autarchic gene	等位遺伝子	252a
autocatalysis	自己触媒	153b
autochthonous	原地性[の]	120a
autocrine	自己分泌	154a
autofertilization	自家受精	150b
autogamy	自家生殖	150b
autogenous control	自己制御	153b
autogenous insect	自生昆虫	156b
autograft	自家移植	150a
autoimmune disease	自己免疫疾患	154a
automimic	自己擬態者	153b
automimicry	自己擬態	153b
automixis	オートミキシス	63b
automutagen	自家突然変異原	151a
autonomous controlling element	自律調節因子	175a
autonomously replicating sequence	自律複製配列	175a
autophagic vacuole	自家食胞	150b
autophene	自律表現	175a
autopoiesis	オートポイエシス	63b
autopolyploid	同質倍数体	255a
autoradiograph	オートラジオグラフ	63b

autoradiographic efficiency　オートラジオグラフの効率 ……63b
autoradiography　オートラジオグラフィー ……63b
autoregulation　自己制御 ……153b
autoselection　自己選択 ……154a
autosexing　オートセクシング ……63a
autosome　常染色体 ……172b
autosyndesis　同親対合 ……255b
autotetraploid　同質四倍体 ……255a
autotroph　独立栄養生物 ……257b
autozygote　オート接合体 ……63a
auxesis　肥大 ……294a
auxin　オーキシン ……62a
auxocyte　増大母細胞 ……207a
auxotroph　栄養素要求体 ……46b
Avena　カラスムギ属 ……81a
Avena test　アベナテスト ……9b
average life　平均寿命 ……328b
avian leukosis　トリ白血病 ……262a
avian myeloblastosis virus　トリ骨髄芽細胞ウイルス ……261b
avidity　結合力 ……113b
Avogadro's number　アボガドロ数 ……9b
awn　芒 ……338b
axenic　純粋な ……171a
axolotl　アホロートル ……10a
axon　軸索 ……152a
axoneme　軸糸 ……152a
axoplasm　軸索原形質 ……152a
axopodia　有軸仮足 ……375b
5-azacytidine　5-アザシチジン ……5b
azaguanine　アザグアニン ……5a
azaserine　アザセリン ……5b
azathioprene　アザチオプレン ……5b
aziridine mutagen　アジリジン系突然変異原 ……6a
azoospermia　無精子症 ……360b
Azotobacter　アゾトバクター属 ……6b
azure B　アズールB ……6b

B

β carotene　βカロテン ……330a
β chain　β鎖 ……330a
β-galactosidase　β-ガラクトシダーゼ ……80b
β lactamase　βラクタマーゼ ……330a
$β_2$ microglobulin　$β_2$ミクログロブリン ……330a
β particle　β粒子 ……330a
β pleated sheet　βプリーツシート ……330a
B_1, B_2, B_3 ……290a
Bacillus　バチルス属 ……280b
Bacillus anthracis ……280b
backbone　バックボーン ……281b
backcross　戻し交雑 ……371b
backcross parent　戻し交雑親 ……371b
background constitutive synthesis　バックグラウンド構成的合成 ……281b
background genotype　バックグラウンド遺伝子型 ……281b
background radiation　バックグラウンド放射線 ……281b
bacterial transformation　細菌形質転換 ……138b
bacteriochlorophyll　バクテリオクロロフィル ……279b
bacteriocin　バクテリオシン ……279b
bacteriophage　バクテリオファージ ……279b
bacteriophage packaging　バクテリオファージパッケージング ……280b
bacteriostatic agent　静菌剤 ……187b
bacteroid　バクテロイド ……280b
baculovirus　バキュロウイルス ……279a
baculovirus expression vector　バキュロウイルス発現ベクター ……279a
balanced lethal system　平衡致死系 ……329a
balanced polymorphism　平衡多型 ……329a
balanced selection　平衡選択 ……329a
balanced stock　平衡系統 ……328b
balanced translocation　平衡転座 ……329a
Balbiani chromosome　バルビアニ染色体 ……285b
Balbiani ring　バルビアニ環 ……285b
Bal31 exonuclease　Bal31エキソヌクレアーゼ ……285a
Balzer freeze-fracture apparatus　バルザーのフリーズフラクチャー装置 ……285a
Bam HI ……284b
banana　バナナ ……283b
band　バンド ……287b
B antigen　B抗原 ……292a
Bar　棒眼 ……338b
Barr body　バー小体 ……280a
basal body　基底小体 ……91a
basal granule　基底小体 ……91a
Basc chromosome　*Basc*染色体 ……280b
base analogue　塩基類似体 ……58b
basement membrane　基底膜 ……91a
base pair　塩基対 ……58a
base-pairing rule　塩基対合則 ……58b
base-pair ratio　塩基対比 ……58b
base-pair substitution　塩基対置換 ……58b
bases of nucleic acid　核酸塩基 ……74a
base stacking　塩基スタッキング ……58a
basic amino acid　塩基性アミノ酸 ……58a
basic dye　塩基性色素 ……58a
basic number　基本数 ……92b
basikaryotype　基本核型 ……92a
basophilic　好塩基性 ……121a
Basques　バスク人 ……280a
Batesian mimicry　ベーツ型擬態 ……330a
B cell　B細胞 ……292a
B chromosome　B染色体 ……294a
Becker muscular dystrophy　ベッカー型筋ジストロフィー ……330a
becquerel　ベクレル ……330a
bee　ミツバチ ……357b
bee dance　ミツバチダンス ……357b
Beer-Lambert law　ベール-ランバートの法則 ……335a
behavioral isolation　行動的隔離 ……126b
behavior genetics　行動遺伝学 ……126b
Bellevalia romana ……335a
Belling's hypothesis　ベリングの仮説 ……334a
Bence-Jones protein　ベンス-ジョーンズタンパク質 ……335b
benign　良性[の] ……395b
benign tertian malaria　[良性]三日熱マラリア ……395b
benzen　ベンゼン ……335b
Bergmann's rule　ベルグマンの法則 ……334a

外国語索引　507

BEV (baculovirus expression vector)　バキュロウイルス発現ベクター……279a
bicoid　ビコイド……292a
bidirectional gene　二方向性遺伝子……269a
bidirectional replication　二方向性複製……269a
biennial　二年生……268b
bifunctional vector　二機能ベクター……266a
bilateral symmetry　左右相称……146b
Bilateria　左右相称動物……146b
bilharziasis　ビルハルツ住血吸虫症……303b
bilirubin　ビリルビン……303a
bimodal population　二型集団……266a
binary fission　二分裂……269a
Binet-Simon classification　ビネー-シモン式分類……299a
binomial distribution　二項分布……266a
binomial nomenclature　二[命]名法……269b
bioassay　生物検定……192a
biochemical genetics　生化学遺伝学……186b
biocoenosis　生物群集……192a
biogenesis　生物発生説……192a
biogenetic law　生物発生原則……192a
biogeographic realm　生物地理区……192a
biogeography　生物地理学……192a
bioinformatics　生命情報科学……192b
biological clock　生物時計……192a
biological evolution　生物進化……192a
biological species　生物学的種……191b
bioluminescence　生物発光……192a
biomass　バイオマス……276b
biome　生物群系……192a
biometry　生物測定学……192a
Biomphalaria glabrata……291a
biopoesis　生命発生……192b
biorhythm　バイオリズム……276b
biosphere　生物圏……192a
biosynthesis　生合成……188a
biota　生物相……192a
biotechnology　生物工学……192a
biotic potential　生物繁栄能力……192a
biotin　ビオチン……291a
biotinylated DNA　ビオチン化 DNA……291a
biotron　バイオトロン……276b
biotype　生物型……192a
biparental zygote　二親性接合体……268a
biparous　双胎［の］……206b
Bipolaris maydis……278b
birefringence　複屈折……310b
birth defect　出生異常……168b
bisexual　両性［の］……395b
Bison　バイソン……277b
bithorax　バイソラックス……277b
Bittner mouse milk virus　ビットナーマウスミルクウイルス……295b
bivalent　二価［の］……266a
Bkm sequence　Bkm 配列……291b
blackwater fever　黒水熱……129a
BLAST……317a
blast cell transformation　芽球化……73a
blastema　芽体……78b
blastocyst　胚盤胞……278b
blastoderm　胚盤葉……278b
blastodisc　胚盤……278a
blastokinin　ブラストキニン……317a
blastomere　割球……78b
blastoporal lip　原口唇……117a
blastula　胞胚……341a
Blatella germanica　チャバネゴキブリ……228b
blending inheritance　融合遺伝……374b
blepharoplast　毛基体……370a
blocked reading frame　阻止された読み枠……210b
blood clotting　血液凝固……113a
blood group chimerism　血液型キメラ現象……112b
blood group　血液型……112b
bloodline　血統……115a
blood plasma　血漿……114a
blood typing　血液型判定……112b
Bloom syndrome　ブルーム症候群……320a
blotting　ブロッティング……322a
blue-green algae　藍藻……389a
blue-green bacteria　藍藻……389a
blunt end　平滑末端……328a
blunt end ligation　平滑末端連結反応……328b
B lymphocyte　B リンパ球……303a
bobbed……344b
Bombardia lunata……349b
Bombay blood group　ボンベイ血液型……349b
Bombus　マルハナバチ属……355b
Bombyx mori　カイコガ……68b
bond energy　結合エネルギー……113a
booster response　追加免疫応答……233a
border cell　ボーダー細胞……343b
Bos　ウシ属……43b
bottleneck effect　ボトルネック効果……344b
botulism　ボツリヌス中毒……344b
bouquet configuration　花束状配列……283b
bovine　ウシ……43b
bovine achondroplasia　ウシ軟骨無形成症……43b
bp (base pair)　塩基対……299a
Bq (becquerel)　ベクレル……291b
brachydactyly　短趾……222b
Brachydanio rerio……318a
brachyury　短尾［奇形］……224b
Bracon hebetor……317a
bradyauxesis　劣成長……401a
bradytelic　緩進化的……86b
bradytelic evolution　緩進化……86a
bradytely　緩進化……86a
Brahman　インド牛……40a
brain hormone　脳ホルモン……275a
Branchiostoma　ナメクジウオ属……265a
branch migration　ブランチマイグレーション……318a
branch site　枝分かれ部位……50a
BRCA1, BRCA2……290a
BrdU (5-bromodeoxyuridine)　5-ブロモデオキシウリジン……290a
breakage and reunion　切断再結合……195b
breakage-fusion-bridge cycle　切断-融合-架橋サイクル……195b
breakage-reunion enzyme　切断再結合酵素……195b
breakthrough　突破個体……259a
breast cancer susceptibility genes　乳がん感受性遺伝子群……269b

breathing　ゆらぎ････････････････････････378b
breed　品種････････････････････････････304b
breeding　繁殖････････････････････････286b
breeding size　繁殖規模････････････････286b
breeding true　純粋繁殖････････････････171a
bridge migration　ブリッジマイグレーション･･････319a
bridging cross　架橋交配････････････････73a
bristle organ　剛毛器官････････････････128a
broad bean　ソラマメ･･････････････････211a
broad heritability　広義の遺伝率･･････････122a
5-bromodeoxyuridine　5-ブロモデオキシウリジン
　･･････････････････････････････････323a
5-bromouracil　5-ブロモウラシル･････････323a
brood　時期別産子群･･････････････････152a
broodiness　就巣性･････････････････････165b
Bryophyllum　ブリオフィルム属･････････319a
Bryophyta　コケ植物･･････････････････129b
bubble　バブル････････････････････････283b
bud　芽･････････････････････････････362a
budding　出芽･････････････････････････168b
BUDR(5-bromodeoxyuridine)　5-ブロモデオキシウリジン･･････････････････････････････323a
buffer　緩衝液････････････････････････85a
buffering　緩衝作用････････････････････85a
Bufo　ヒキガエル属･･････････････････291b
bulb　鱗茎････････････････････････････397a
bull　ブル･･･････････････････････････319b
bull-dog calf　ブルドッグ牛･･･････････････320a
buoyant density　浮遊密度･･････････････316a
Burkitt lymphoma　バーキットリンパ腫･････279a
bursa of Fabricius　ファブリキウス嚢･･･････305b
bursicon　バーシコン･･････････････････280a
burst size　放出数････････････････････340b
busulfan　ブスルファン････････････････312a

C

χ sequence　χ配列････････････････････71a
χ structure　χ構造･･････････････････････68b
χ² test　χ²検定･･････････････････････････69a
C ･･･････････････････････････････････149a
¹⁴C ･････････････････････････････････149a
CAAT box　CAAT(キャット)ボックス･･････94b
cadastral gene　境界設定遺伝子･････････95b
cadherin　カドヘリン･･････････････････79a
Caenorhabditis databases　線虫データベース･･203b
Caenorhabditis elegans　線虫･･････････203a
caffeine　カフェイン･･････････････････79b
Cairns molecule　ケインズ分子･･････････112b
Cajal body　カハール体････････････････79b
calciferol　カルシフェロール･････････････82a
calcium　カルシウム･･････････････････81b
calico cat　三毛ネコ････････････････････357a
Calliphora erythrocephala　クロバエ･････107b
callus　カルス････････････････････････82a
calmodulin　カルモジュリン･････････････82a
calyx　がく･･････････････････････････73a
CAM(cell-cell adhesion mole-cule)　細胞間接着分子
　･･････････････････････････････････140b
cambium　形成層････････････････････111b

Cambrian　カンブリア紀････････････････86b
Camelus　ラクダ属･･････････････････385a
cAMP(cyclic AMP)　環状AMP･････････84b
Campbell model (of λ integration)　キャンベルモデル(λファージ組込みの)･･････････94b
canalization　道づけ･･････････････････357a
canalized character　道づけされた形質････357a
canalizing selection　道づけ選択･････････357a
cancer　がん････････････････････････82b
Canis familiaris　イヌ･･･････････････37b
canonical sequence　標準配列･･･････････301b
cap　キャップ･･･････････････････････94b
CAP(catabolite activator protein)　カタボライト活性化タンパク質････････････････････････78a
capacitation　受精能獲得･･････････････168a
capon　去勢鶏･･････････････････････98b
capped 5' end　5'末端キャップ･･････････132b
capping　キャップ形成････････････････94b
Capsicum　トウガラシ属･･････････････252b
capsid　キャプシド･･････････････････94b
capsomere　キャプソメア･･････････････94b
Carassius auratus　キンギョ･･････････99a
carbohydrate　炭水化物･････････････････223a
carbon　炭素････････････････････････223a
3' carbon atom end　3'炭素原子末端････148b
5' carbon atom end　5'炭素原子末端････132b
carbon dioxide sensitivity　二酸化炭素感受性････267a
Carboniferous　石炭紀････････････････194a
carbonyl group　カルボニル基･･････････82a
carboxyl group　カルボキシル基･････････82a
carboxyl terminal　カルボキシル末端･････82a
carboxypeptidase　カルボキシペプチダーゼ････82a
carboxysome　カルボキシソーム･････････82a
carcinogen　発がん因子････････････････281b
carcinogenic　発がん性[の]････････････281b
carcinoma　がん腫･･････････････････84a
carcinostasis　制がん････････････････186b
carnivore　肉食動物･･････････････････266a
carotenoid　カロテノイド･･････････････82a
carpel　心皮････････････････････････178b
carrier　担体････････････････････････223b
carrier　保因者･･････････････････････338b
carrier-free radioisotope　無担体放射性同位体････361a
carrying capacity　環境収容力･･･････････83b
cartilage　軟骨･･････････････････････265b
Carya　ペカン属････････････････････329b
caryonide　カリオナイド･･････････････81b
caryopsis　えい果･･････････････････････46a
cassette　カセット････････････････････77a
cassette mutagenesis　カセット突然変異誘発････77a
caste　カースト･･････････････････････77a
cat　ネコ･･････････････････････････272a
catabolism　異化[作用]･･････････････････24a
catabolite　異化代謝産物････････････････24a
catabolite activator protein　カタボライト活性化タンパク質
catabolite gene activator protein　カタボライト遺伝子活性化タンパク質･･･････････････････････78a
catabolite repression　カタボライトリプレッション･･78a
catalase　カタラーゼ････････････････････78b
catalyst　触媒････････････････････････174b

外 国 語 索 引　509

catarrhine　狭鼻［猿］類［の］ 97a
catastrophism　天変地異説 251b
cat cry syndrome　ネコ鳴き症候群 272b
category　カテゴリー 79a
catenane　カテナン 79a
catenate　連結する 403a
cathepsin　カテプシン 79a
cathode　陰極 38a
cation　陽イオン 379a
Cattanach's translocation　キャタナックの転座 94a
cattle　畜牛 226a
caudal 130b
Cavia porcellus　テンジクネズミ 249b
C banding　Cバンド法 160a
cc (cubic centimeter) 154a
cccDNA (covalently closed, circular DNA) 154a
$^{13}C/^{12}C$ ratio　$^{13}C/^{12}C$ 比 154b
CD99 158b
$CD4^+$ cell　$CD4^+$ 細胞 159a
$CD8^+$ cell　$CD8^+$ 細胞 159a
cdc kinase (cell division cycle kinase)　cdc キナーゼ 159a
cdk (cyclin-dependent kinase) サイクリン依存性キナーゼ 158b
cDNA (complementary DNA) 158b
cDNA clone　cDNA クローン 158b
cDNA library　cDNA ライブラリ 158b
CD3 protein　CD3 タンパク質 158b
CD4, CD8 receptor　CD4, CD8 受容体 159a
Ceboidea　オマキザル上科 65a
cecidogen　虫瘿誘起原 228b
Celera Genomics　セレラジェノミクス 197b
cell　細胞 140a
cell affinity　細胞親和性 142a
cell-cell adhesion molecule　細胞間接着分子 140b
cell culture　細胞培養 142b
cell cycle　細胞周期 141b
cell determination　細胞決定 141a
cell differentiation　細胞分化 142b
cell division　細胞分裂 142b
cell division cycle kinase　細胞分裂周期キナーゼ 142b
cell-driven viral transformation　細胞駆動性ウイルストランスフォーメーション 140b
cell fractionation　細胞分画 142b
cell-free extract　無細胞抽出液 360a
cell fusion　細胞融合 142b
cell hybridization　雑種細胞形成 143b
cell interaction gene　細胞相互作用遺伝子 142a
cell line　細胞系 140b
cell lineage　細胞系譜 140b
cell lineage mutant　細胞系譜突然変異体 141a
cell lysis　細胞溶解 142b
cell-mediated immunity, cellular immunity　細胞［性］免疫 142a
cell-mediated lympholysis　細胞性リンパ球溶解 142a
cell plate　細胞板 142b
cell strain　細胞株 140b
cell theory　細胞説 142a
cellular signal transduction　細胞シグナル伝達 141a
cellular transformation　細胞性トランスフォーメーション 142b
cellulase　セルラーゼ 197b

cellulifugal　細胞体遠心性［の］ 142b
cellulose　セルロース 197b
cell wall　細胞壁 142b
cen 198a
cenospecies　集合種 164b
Cenozoic　新生代 178a
center of origin　起源の中心 89b
center of origin hypothesis　起源の中心説 89b
centimorgan　センチモルガン 203a
central dogma　セントラルドグマ 203b
centric fusion　動原体融合 254a
centrifugal　遠心性 58b
centrifugal selection　遠心性選択 58b
centrifugation separation　遠心分離 59a
centrifuge　遠心機 58b
centriole　中心粒 229a
centripetal selection　求心性選択 95a
centrolecithal egg　心黄卵 176a
centromere　動原体 253b
centromere interference　動原体干渉 254a
centromere misdivision　動原体誤分裂 254a
centromeric index　動原体指数 254a
centrosome　中心体 229a
Cepaea　オウシュウマイマイ属 61a
cephalic　頭部［の］ 256b
cephalosporin　セファロスポリン 197a
Cephalosporium 196b
Cercopithecoidea　オナガザル上科 63b
Cercopithecus aethiops　アフリカミドリザル 9b
cereal　穀類 129b
cerebroside　セレブロシド 197b
certation　受精競争 168a
ceruloplasmin　セルロプラスミン 197b
cesium-137　セシウム 137 194b
cesium chloride gradient centrifugation　塩化セシウム密度勾配遠心分離法 58a
cetripetal　求心性 95a
CF (cystic fibrosis)　嚢胞性線維症 274b
CFTR (cystic fibrosis transmembrane-conductance regulator) 150a
CG (chorionic gonadotropin)　絨毛性性腺刺激ホルモン 154a
CGA protein (catabolite gene activator protein)　カタボライト遺伝子活性化タンパク質 154a
C gene　C 遺伝子 149b
chaeta　剛毛 128a
chaetotaxy　毛序 370a
Chagas disease　シャガス病 162b
chain reaction　連鎖反応 403a
chain termination codon　終止コドン 165a
chain terminator　鎖終結因子 143b
chalcone　カルコン 81b
Chambon's rule　シャンボーンの法則 163a
chaperone　シャペロン 162b
character　形質 110b
character displacement　形質置換 110b
character state　形質状態 110b
Chargaff's rule　シャルガフの法則 163a
charged tRNA　アミノ酸結合型 tRNA 11b
Charon phage　カロンファージ 82b
chase　チェイス 225a

外国語索引	
chasmogamous 開花受粉[の]	68a
chDNA (chloroplast DNA) 葉緑体 DNA	382a
cheating genes いかさま遺伝子	24a
checkpoint チェックポイント	225a
Chédiak-Steinbrinck-Higashi syndrome チェジアック-スタインブリンク-ヒガシ症候群	225a
chelating agent キレート剤	99a
chelation キレート化	99a
Chelicerata 鋏角類	96a
chemical bonds 化学結合	71b
chemiosmotic theory 化学浸透説	72a
chemoautotrophy 化学独立栄養	72a
chemokine ケモカイン	116a
chemolithoauto-troph 化学合成無機独立栄養生物	71b
chemostat ケモスタット	116a
chemotaxis 走化性	205a
chemotherapy 化学療法	72a
chemotroph 化学合成生物	71b
chemotropism 向化性	122a
chiasma, (pl.) chiasmata キアズマ	88a
chiasma interference キアズマ干渉	88a
chiasmata, (sing.) chiasma キアズマータ	88a
chiasmatype theory キアズマ型説	88a
chimera キメラ	92b
chimpanzee チンパンジー	232b
Chinchilla lanigera チンチラ	232b
chiral キラル	98b
Chironomus ユスリカ属	377b
chitin キチン	90b
Chlamydomonas reinhardi コナミドリムシ	131a
chlorambucil クロラムブシル	109a
chloramphenicol クロラムフェニコール	108b
Chlorella クロレラ属	109a
chlorenchyma 葉緑組織	381b
chlorine 塩素	59a
chlorolabe 緑錐状体色素	396b
chloromycetin クロロマイセチン	109a
chlorophyll 葉緑素	381a
chlorophyte 緑藻植物	396b
chloroplast 葉緑体	381b
chloroplast DNA 葉緑体 DNA	382a
chloroplast ER 小胞体型葉緑体	174a
chlorosis 白化	279b
CHO cell line CHO 細胞株	149a
cholecystokinin コレシストキニン	135a
cholera コレラ	135b
cholesterol コレステロール	135a
cholinesterase コリンエステラーゼ	134a
chondriome コンドリオーム	136b
chondriosome コンドリオソーム	136b
chondroitin sulfuric acid コンドロイチン硫酸	136b
chordamesoderm 脊索中胚葉	194a
Chordata 脊索動物門	194a
chorea 舞踏病	315a
chorioallantoic grafting 漿尿膜移植	173a
chorion 卵殻	388b
chorion 漿膜	174a
chorionic appendage 卵殻付属器官	388b
chorionic gonadotropin 絨毛性性腺刺激ホルモン	166b
chorionic somatomammotropin 絨毛性乳腺刺激ホルモン	166b
chorionic villi sampling 絨毛膜絨毛サンプリング	166b
Christmas disease クリスマス病	105b
chromatid 染色分体	201b
chromatid conversion 染色分体変換	201b
chromatid interference 染色分体干渉	201b
chromatin 染色質	199a
chromatin diminution 染色質削減	199a
chromatin-negative 染色質陰性	199a
chromatin-positive 染色質陽性	199a
chromatograph クロマトグラフ	108a
chromatography クロマトグラフィー	108a
chromatophore クロマトホア	108a
chromatosome クロマトソーム	108a
chromatrope クロマトロープ	108a
Chromista クロミスタ	108a
chromocenter 染色中心	201a
chromomere 染色小粒	199a
chromonema, (pl.) chromonemata 染色糸	199a
chromoneme クロモニーム	108b
chromophore 発色団	282a
chromoplast 有色体	376b
chromosomal aberration 染色体異常	199b
chromosomal mutation 染色体突然変異	200b
chromosomal polymorphism 染色体多型	200a
chromosomal puff 染色体パフ	200b
chromosomal RNA 染色体 RNA	199b
chromosomal sterility 染色体不稔性	200b
chromosomal tubule 染色体微小管	200b
chromosome 染色体	199a
chromosome arm 染色体腕	201a
chromosome banding technique 染色体分染法	200b
chromosome bridge 染色体橋	199b
chromosome condensation 染色体凝縮	200a
chromosome congression 染色体の集合	200b
chromosome diminution 染色体削減	200a
chromosome elimination 染色体削減	200a
chromosome jumping 染色体ジャンピング	200a
chromosome loss 染色体消失	200a
chromosome map 染色体地図	200b
chromosome painting 染色体彩色	200a
chromosome polymorphism 染色体多型	200a
chromosome puff 染色体パフ	200b
chromosome rearrangement 染色体再配列	200a
chromosome scaffold 染色体骨格	200a
chromosome set 染色体組	200a
chromosome sorting 染色体選別	200a
chromosome substitution 染色体置換	200a
chromosome theory of heredity 遺伝の染色体説	36a
chromosome walking 染色体歩行	201a
chromotrope クロモトロープ	108b
chronic exposure 緩照射	85a
chronocline 時間勾配	151a
chronospecies 時種	154a
chrysalis クリサリス	105b
chymotrypsin キモトリプシン	92b
Ci	149a
cichlid fishes カワスズメ	82b
cilia, (sing.) cilium 繊毛	204b
ciliate 繊毛虫	204b
circadian rhythm サーカディアンリズム	143a
circular dichroism 円偏光二色性	60b

外国語索引		
circular linkage map 環状連鎖地図	85b
circular overlap 環状重複	85b
circumsporozoite protein スポロゾイト周囲タンパク質	185a
cis-acting locus シス作用遺伝子座	155a
cis dominance シス優性	156b
cis face シス面	156b
cisplatin シスプラチン	156a
cis-splicing シススプライシング	155a
cisterna, (pl.) cisternae シスターナ	155a
cis, trans configuration シス, トランス配置	156a
cis-trans test シス-トランス検定	155b
cistron シストロン	156a
citrate cycle クエン酸回路	101b
citric acid cycle クエン酸回路	101b
citrullinuria シトルリン尿症	159b
Citrus ミカン属	356b
clade クレード	107a
cladistic evolution 分岐進化	323b
cladistics 分岐学	323b
cladogenesis 分岐進化	323b
cladogram 分岐図	324a
class 綱	121a
classification 分類	326b
class switching クラススイッチ	104b
clastogen 染色体異常誘発物質	199b
clathrin クラスリン	104b
ClB technique ClB法	150a
cleavage 卵割	388b
cleavage furrow 卵割溝	388b
cleidoic egg 閉鎖卵	329a
cleistogamous 閉花受粉[の]	328a
cline 勾配	127a
cline クライン	104a
clock mutant 体内時計突然変異	215a
clomiphene クロミフェン	108b
clonal analysis クローン解析	109b
clonal selection theory クローン選択説	109b
clone クローン	109a
cloned DNA クローン化DNA	109b
cloning クローニング	107b
cloning vector クローニングベクター	107b
cloning vehicle クローニングビークル	107b
clonotype クロノタイプ	107b
close pollination 同株他花受粉	252b
Clostridium クロストリジウム属	107b
club wheat クラブコムギ	104b
clutch 一腹卵	298a
cM (centimorgan) センチモルガン	203a
C-meiosis C-減数分裂	153a
C-metaphase C-中期	158a
CMI (cell-mediated immunity) 細胞[性]免疫	142a
C-mitosis C-有糸分裂	165a
CMS (cytoplasmic male sterility) 細胞質性雄性不稔	141b
c-myc	161b
Cnidosporidia 刺嚢胞子虫類	98a
coadaptation 共適応	97a
coated pit 被覆ピット	299b
coated vesicle 被覆ピット	299b
coat protein 外殻タンパク質	68a
cobalamin コバラミン	131b
cobalt コバルト	131b
coconversion 同時遺伝子変換	254b
cocoon 繭	354b
code 暗号	20a
code degeneracy 暗号縮重	20a
coding strand コード鎖	131a
coding triplet 暗号トリプレット	20a
codominant 共優性[の]	97b
codon コドン	131a
codon bias コドンの偏り	131a
coefficient of coincidence 併発係数	329a
coefficient of consanguinity 親縁係数	176a
coefficient of inbreeding 近交係数	99a
coefficient of kinship 親縁係数	176a
coefficient of parentage 親縁係数	176a
coefficient of relationship 近縁係数	99a
coefficient of selection 選択係数	202b
coelacanth シーラカンス	175a
coelenterate 腔腸動物	126b
Coelomata 体腔動物超門	212b
coenobium 連結生活体	403b
coenzyme 補酵素	341b
coenzyme 1 補酵素1	341b
coenzyme 2 補酵素2	342a
coenzyme A 補酵素A	341b
coenzyme Q 補酵素Q	341b
coevolution 共進化	96b
cofactor コファクター	132a
cognate tRNA 同族tRNA	256a
cohesive end 付着末端	313b
cohesive-end ligation 付着末端連結反応	314a
cohesive end site 付着末端部位	314a
cohort 同齢集団	257a
coilin コイリン	121a
cointegrate structure 融合体構造	374b
coisogenic コアイソジェニック	121a
coitus 交尾	125b
Colcemid コルセミド	134b
colchicine コルヒチン	135a
Colchicum イヌサフラン属	37b
cold-sensitive mutant 低温感受性突然変異体	238b
coleoptile 子葉鞘	171b
col factor コリシン因子	134a
colicin コリシン	134a
coliform 大腸菌群	214b
colinearity 共直線性	97a
coliphage 大腸菌ファージ	214b
collagen コラーゲン	134a
collagenase コラゲナーゼ	134a
collenchyma 厚角組織	122a
Collinsia コリンシア属	134a
colony コロニー	136a
colony bank コロニーバンク	136a
colony hybridization コロニーハイブリダイゼーション	136a
color blindness 色覚異常	151a
Columba livia ドバト	259a
column chromatography カラムクロマトグラフィー	81a
combinatorial association 組合わせ会合	103a

combinatorial translocation 組合わせ転座 …… 103a	conifer 針葉樹 …… 178b
combining ability 組合わせ能力 …… 103a	conjugation 接合 …… 194b
comb shape 鶏冠型 …… 110a	conjugation tube 接合管 …… 195a
commaless genetic code 句読点なしの遺伝暗号 …… 103a	conjugon コンジュゴン …… 136b
commensalism 片利共生 …… 337b	connectin コネクチン …… 131b
community 群集 …… 109a	conodonts コノドント …… 131b
compartmentalization 区画化 …… 101b	consanguinity 血縁関係 …… 113a
compatibility test 適合性テスト …… 244b	consecutive sexuality 隣接的雌雄性 …… 397b
compensator gene 補正遺伝子 …… 342b	consensus sequence コンセンサス配列 …… 136b
competence 受容能 …… 170a	conservative recombination 保存的組換え …… 342b
competition 競争 …… 96b	conservative replication 保存的複製 …… 343a
competitive exclusion principle 競争[的]排除則 …… 97a	conservative substitution 保存的置換 …… 343a
complement 補体 …… 343a	conserved sequence 保存配列 …… 343a
complementarity-determining region 相補性決定部位 …… 208a	conspecific 同種[の] …… 255b
complementary base pair 相補の塩基対 …… 208b	constant region 定常部 …… 240a
complementary base sequence 相補の塩基配列 …… 208b	constitutive enzyme 構成の酵素 …… 125a
complementary DNA 相補 DNA …… 208b	constitutive gene 構成の遺伝子 …… 125a
complementary factor 相補因子 …… 208a	constitutive gene expression 構成の遺伝子発現 …… 125a
complementary gene, reciprocal gene 相補遺伝子 207b	constitutive heterochromatin 構成異質染色質 …… 124b
complementary interaction 補足作用 …… 342b	constitutive mutation 構成の突然変異 …… 125a
complementary RNA 相補 RNA …… 207b	constriction 狭窄 …… 96a
complementation 相補性 …… 208a	contact inhibition 接触阻害 …… 195b
complementation group 相補群 …… 208a	containment 封じ込め …… 309a
complementation map 相補地図 …… 208b	contig コンティグ …… 136b
complementation test 相補性検定 …… 208a	contiguous gene syndrome 隣接遺伝子症候群 …… 397a
complete dominance 完全優性 …… 86b	continental drift 大陸移動説 …… 215b
complete linkage 完全連鎖 …… 86b	continental island 大陸島 …… 215b
complete medium 完全培地 …… 86a	continuous distribution 連続分布 …… 403b
complete metamorphosis 完全変態 …… 86a	continuous fiber 連続[紡錘]糸 …… 403b
complete penetrance 完全浸透 …… 86a	continuous variation 連続変異 …… 403b
complete sex linkage 完全伴性 …… 86a	contractile ring 収縮環 …… 165a
complexity 複雑度 …… 311a	contractile vacuole 収縮胞 …… 165a
complex locus 複合座 …… 311a	control 対照 …… 214a
composite キク科植物 …… 89b	controlled pollination 管理受粉 …… 87a
composite transposon 複合トランスポゾン …… 311a	controlling element 調節因子 …… 230b
compound eye 複眼 …… 310b	controlling gene 制御遺伝子 …… 186b
compound X 複合 X …… 310b	convergence 収束 …… 165b
Compton effect コンプトン効果 …… 137b	convergent evolution 収束進化 …… 165b
conA (concanavalin A) コンカナバリン A …… 136a	conversion 変換 …… 335a
concanavalin A コンカナバリン A …… 136a	conversion factors for RNA and protein molecules RNAとタンパク質分子の変換係数 …… 15a
concatemer コンカテマー …… 136a	Cooley anemia クーリー貧血 …… 105b
concatenation コンカテマー形成 …… 136a	coordinated enzyme 協調的酵素 …… 97a
conception 受精 …… 168a	Cope's "law of the unspecialized" コープの"非特殊型の法則" …… 132b
concerted evolution 協調進化 …… 97a	Cope's rule コープの法則 …… 132b
concordant 一致 …… 29b	copia element コピア因子 …… 131b
conditional gene expression 条件遺伝子発現 …… 171a	copolymer コポリマー …… 133a
conditional mutation 条件突然変異 …… 171b	copper 銅 …… 252a
conditional probability 条件付き確率 …… 171a	*Coprinus radiatus* ネナガノヒトヨタケ …… 273a
conditioned dominance 条件優性 …… 171b	copulation 交尾 …… 127a
cone 球果 …… 95a	copy-choice hypothesis 選択模写仮説 …… 203a
cone 錐状体 …… 180a	copy DNA コピー DNA …… 132a
cone pigment gene, CPG 錐状体色素遺伝子 …… 180a	copy error 写し違い …… 44a
confidence limits 信頼限界 …… 178b	cordycepin コルジセピン …… 134a
confocal microscopy 共焦点顕微鏡 …… 96a	core コア …… 121a
confusing coloration 錯乱色 …… 143a	core DNA コア DNA …… 121a
congenic strain 類遺伝子系統 …… 399a	core granule 核顆粒 …… 73a
congenital 先天性[の] …… 203b	core particle コア粒子 …… 121a
congression 集合 …… 164a	corepressor コリプレッサー …… 134a
congruence 一致度 …… 29b	corm 球茎 …… 95a
conidium, (*pl.*) conidia 分生子 …… 325b	

外国語索引　513

corn　トウモロコシ	257a
corpus allatum　アラタ体	13b
corpus cardiacum　側心体	209b
corpus luteum　黄体	61a
correction　修正	165b
correlated response　相関反応	205a
correlation　相関	205a
corridor　回廊	71b
corticosterone　コルチコステロン	134b
corticotropin　コルチコトロピン	134b
Corynebacterium diphtheriae　ジフテリア菌	160b
COS cell　COS 細胞	130a
cosmic rays　宇宙線	44a
cosmid　コスミド	130a
cos site　コス部位	130a
cotransduction　同時形質導入	255a
cotransformation　同時形質転換	255a
cotranslational sorting　翻訳と共役した選別	351b
cotton　綿	407b
Coturnix coturnix japonica　ウズラ	43b
cot value　コット値	130b
cotyledon　子葉	171a
counteracting chromatographic electrophoresis　対向クロマト電気泳動	212b
countercurrent distribution apparatus　向流分配装置	128a
counterselection　逆選択	93a
coupled reaction　共役反応	97b
coupled transcription-translation　転写と翻訳の共役	251a
coupling, repulsion configuration　相引, 相反配置	205a
courtship ritual　求愛儀式	94b
cousin　いとこ	36b
covalent bond　共有結合	97b
covariance　共分散	97a
cpDNA(chloroplast DNA)　葉緑体 DNA	160a
CpG island　CpG アイランド	160a
Craniata　有頭動物	377a
Crassostrea virginica　アメリカガキ	13b
creationism　創造説	206b
CREB(cyclic AMP response element binding protein)	107a
Creeper	105b
Crepis　フタマタタンポポ	313a
Cretaceous　白亜紀	279b
cretinism　クレチン病	106b
cri du chat syndrome　ネコ鳴き症候群	272b
Cricetulus griseus　チャイニーズハムスター	228a
Crigler-Najjar syndrome　クリグラー-ナジャー症候群	105a
crisis period　危機時期	89b
criss-cross inheritance　十字遺伝	164b
cristae　クリスタ	105b
CRM(cross-reacting material)　交差反応物質	123b
cRNA(complementary RNA)	149a
Cro-Magnon man　クロマニヨン人	108a
cro repressor　*cro* リプレッサー	109a
cross　交配	126b
cross-agglutination test　交差凝集試験	123b
crossbreeding　交雑	123b
cross-fertilization　他家受精	217a
cross hybridization　交差ハイブリダイゼーション	123b
cross-induction　交差誘発	123b
crossing over　交差	123a
crossing over within an inversion　逆位領域中での交差	93a
cross-linking　架橋	73a
cross-matching　交差試験法	123b
crossopterygian　総鰭類	205b
crossover fixation　交差固定	123b
crossover region　交差域	123a
crossover suppressor　交差抑制因子	124a
crossover unit　交差単位	123b
cross-pollination　他家受粉	217a
cross-reacting material　交差反応物質	123b
cross reactivation　交差回復	123b
crown gall disease　クラウンゴール病	104a
crozier　かぎ状構造	73b
CRP(cyclic AMP receptor protein)　環状 AMP 受容体タンパク質	84b
cruciform structure　十字型構造	164b
cryostat　低温保持装置	238b
cryptic coloration　隠蔽色	41b
cryptic gene　潜在遺伝子	198b
cryptic prophage　潜在型プロファージ	198b
cryptic satellite　潜在サテライト	199a
cryptic species　隠蔽種	41b
cryptogam　隠花植物	38a
cryptomonad　クリプトモナス	105b
Cryptozoic　陰生代	39a
crystallin　クリスタリン	105b
c-src	154a
CTCF protein　CTCF タンパク質	158b
ctDNA(chloroplast DNA)　葉緑体 DNA	159a
C-terminus　C 末端	161b
C-type particle　C 型粒子	150b
Cucumis　ウリ属	44b
Cucurbita　カボチャ属	80a
Culex pipiens　アカイエカ	2b
cull　間引く	354b
cultigen　栽培型植物	140a
cultivar　栽培品種	140a
curie　キューリー	95b
cut　切断	195b
cut-and-patch repair　切断-補修修復	195b
cuticle　クチクラ	102b
Cu Zn SOD	168b
C value　C 値	157b
C value paradox　C 値パラドックス	158a
CVS(chorionic villi sampling)　絨毛膜絨毛サンプリング	160a
cyanelle　シアネレ	149a
Cyanobacteria　藍菌門	388a
cyanocobalamin　シアノコバラミン	149a
cyanogen bromide　臭化シアン	163b
cyanolabe　青錐状体色素	189b
cyanophage　シアノファージ	149a
Cyanophyta　藍藻植物	389a
cyclically permuted sequence　循環順列配列	170b
cyclical selection　周期的選択	163b
cyclic AMP　環状 AMP	84b
cyclic AMP receptor protein　環状 AMP 受容タンパク質	84b

cyclin　サイクリン　138a
cyclin-dependent kinase　サイクリン依存性キナーゼ　138a
cycloheximide　シクロヘキシミド　152b
cyclophosphamide　シクロホスファミド　152b
cyclorrhaphous diptera　環縫群双翅類　86b
cyclosis　細胞質環流　141b
cyclotron　サイクロトロン　138b
Cys(cysteine)　システイン　155a
cysteine　システイン　155a
cystic fibrosis　嚢胞性線維症　274b
cystic fibrosis transmembrane-conductance regulator　嚢胞性線維症膜コンダクタンス制御因子　275a
cystine　シスチン　155a
cystoblast　シストブラスト　155b
cystocyte division　シスト細胞分裂　155b
cytidine　シチジン　158a
cytidylic acid　シチジル酸　158a
cytochalasin B　サイトカラシン B　140a
cytochrome　シトクロム　159a
cytochrome system　シトクロム系　159b
cytogamy　サイトガミー　140a
cytogenetic map　細胞遺伝地図　140b
cytogenetics　細胞遺伝学　140a
cytohet　サイトヘット　140a
cytokine　サイトカイン　139b
cytokinesis　細胞質分裂　141b
cytokinin　サイトカイニン　139b
cytological hybridization　細胞学的ハイブリダイゼーション　140b
cytological map　細胞学的地図　140b
cytology　細胞学　140b
cytolysis　細胞溶解　142b
cytophotometry　細胞測光法　142a
cytoplasm　細胞質　141b
cytoplasmic inheritance　細胞質遺伝　141b
cytoplasmic male sterility　細胞質雄性不稔　141b
cytoplasmic matrix　細胞質マトリックス　141b
cytoplast　細胞質体　141b
cytosine　シトシン　159b
cytosine deoxyriboside　シトシンデオキシリボシド　159b
cytoskeleton　細胞骨格　141a
cytosol　サイトソル　140a
cytostatic　細胞増殖抑制性［の］　142a
cytotaxis　細胞整復　142a
cytotoxic T lymphocyte　細胞傷害性 T リンパ球　142a

d

δ chain　δ 鎖　246a
δ ray　δ 線　246a
ΔT50H　246a
d　234a
2,4D (2,4-dichlorophenoxyacetic acid)　234a
daf-2　234b
dalton　ダルトン　221b
daltonism　ダルトニズム　221b
dam　種雌　220a
Danaus plexippus　オオカバマダラ　61b

Danio rerio　220a
dark-field microscope　暗視野顕微鏡　20a
dark reactivation　暗回復　20a
Darwinian evolution　ダーウィン的進化　216b
Darwinian fitness　ダーウィン適応度　216b
Darwinian selection　ダーウィン選択　216b
Darwinism　ダーウィン説　216b
Darwin's finches　ダーウィンフィンチ　216b
Dasypus　ココノオビアルマジロ属　129b
Datura stramonium　チョウセンアサガオ　230b
dauermodification　持続変異［修飾］　157a
daughter cell　娘細胞　360b
day-neutral　中日性［の］　228a
DBM paper　DBM ペーパー　241a
DDBJ (DNA Data Bank of Japan)　240b
DDT (dichlorodiphenyltrichloroethane)　ジクロロジフェニルトリクロロエタン　153a
DEAE-cellulose (diethylaminoethyl-cellulose)　DEAE セルロース　234b
deamination　脱アミノ　219a
decarboxylation　脱炭酸　219a
decay of variability　遺伝的変異性の減少　36a
deciduous　脱落性［の］　219a
deciduous　落葉性［の］　386a
decoy protein　おとりタンパク質　63b
dedifferentiation　脱分化　219a
defective virus　欠陥ウイルス　113a
deficiency　欠失　113b
deficiency loop　欠失ループ　114a
defined medium　合成培地　125a
definitive host　終宿主　165a
deformylase　デホルミラーゼ　245b
degenerate code　縮重暗号　167b
degrees of freedom　自由度　166a
dehiscent　裂開性［の］　400b
Deinococcus radiodurans　デイノコッカス　240b
delayed dominance　遅発優性　228a
delayed hypersensitivity　遅延［型］過敏症　227b
delayed Mendelian segregation　遅発メンデル分離　227b
deletion　欠失　113b
deletion mapping　欠失地図作成　113b
deletion method　欠失法　114a
deletion-substitution particle　欠失-置換型ファージ粒子　113b
Delta　デルタ　246a
deme　ディーム　241b
denaturation　変性　335b
denaturation map　変性地図　335b
denatured DNA　変性 DNA　335b
denatured protein　変性タンパク質　335b
dendrite　樹状突起　168a
Denhardt's solution　デンハルト溶液　251b
de novo　245b
de novo pathway　de novo 経路　245b
densitometer　デンシトメーター　250a
density-dependent factor　密度依存要因　357b
density-dependent selection　密度依存性選択　357b
density gradient equilibrium centrifugation　密度勾配平衡遠心分離　357b
density gradient zonal centrifugation　密度勾配ゾーン遠心分離　357b

density-independent factor 密度非依存要因	357b
dent corn デントコーン	251a
deoxyadenylic acid デオキシアデニル酸	242b
deoxycytidylic acid デオキシシチジル酸	242b
deoxyguanylic acid デオキシグアニル酸	242b
deoxyribonuclease デオキシリボヌクレアーゼ	243b
deoxyribonucleic acid デオキシリボ核酸	242b
deoxyribonucleoside デオキシリボヌクレオシド	244a
deoxyribonucleotide デオキシリボヌクレオチド	244a
deoxyribose デオキシリボース	243b
dependent differentiation 依存分化	28a
depolymerization 脱重合	219a
derepression 抑制解除	382a
derived 派生的[な]	280b
dermatoglyphics 皮膚紋理学	299b
Desferal デスフェラール	244b
desmids チリモ類	232a
desmin デスミン	245a
desmosome デスモソーム	245a
desoxyribonucleic acid デソキシリボ核酸	245a
destruction box デストラクションボックス	244b
desynapsis 無対合	361a
detached X 解離X	71b
determinant 決定基	114b
determinant cleavage 決定性卵割	114b
determinate inflorescence 有限花序	374b
determination	114b
deutan 緑色覚異常遺伝子	396b
deuteranomaly 第二色弱	215a
deuteranopia 第二色盲	215a
deuterium 重水素	165b
deuteron 重陽子	167a
Deuterostomia 後口動物	123a
deuterotoky 両性産生単為生殖	395b
developer 現像液	120a
development 発生	282a
developmental control gene 発生制御遺伝子	282a
developmental genetics 発生遺伝学	282a
developmental homeostasis 発生の恒常性	282b
developmental homology 発生上の相同性	282a
deviation 偏差	335a
devolution 退化	212a
Devonian デボン紀	246a
dex 右旋性	43b
dextran デキストラン	244b
dextrorotatory 右旋性	43b
d.f., D/F	238b
DHFR(dihydrofolate reductase) ジヒドロ葉酸レダクターゼ	160a
diabetes insipidus 尿崩症	270a
diabetes mellitus 糖尿病	256a
diakinesis 移動期	36b
diallelic 二対立遺伝子[の]	268b
dialysis 透析	256a
2,6-diaminopurine 2,6-ジアミノプリン	149a
diapause 休眠	95b
diaspora 国外移住	129a
diastereomer ジアステレオマー	149a
diauxy ジオーキシー	150a
dicentric 二動原体型[の]	268b

外国語索引　515

dichlorodiphenyltrichloroethane ジクロロジフェニルトリクロロエタン	153a
2,4-dichlorophenoxyacetic acid 2,4-ジクロロフェノキシ酢酸	153a
2,6-dichlorophenoxyacetic acid 2,6-ジクロロフェノキシ酢酸	153a
dichogamous 雌雄異熟[の]	163a
dichroism 二色性	268a
dictyosome ジクチオソーム	152a
Dictyostelium discoideum キイロタマホコリカビ	89a
dictyotene stage 網糸期	370a
2′,3′-dideoxynucleoside triphosphate 2′,3′-ジデオキシヌクレオシド三リン酸	159a
diethylaminoethyl-cellulose ジエチルアミノエチルセルロース	149b
differential affinity 差別的親和性	146a
differential segment 分化分節	323a
differential splicing 差次的スプライシング	143b
differentiation 分化	323b
differentiation antigen 分化抗原	323b
diffuse centromere 分散型動原体	324a
diffuse kinetochore 分散型動原体	324a
diffusion 拡散	74a
digenetic 二生[の]	268a
dihaploid 二ゲノム性半数体	266a
dihybrid 二遺伝子雑種	266a
dihydrofolate reductase ジヒドロ葉酸レダクターゼ	160a
dihydrouridine ジヒドロウリジン	160a
2,5-dihydroxyphenylacetic acid 2,5-ジヒドロキシフェニル酢酸	160a
dihydroxyphenylalanine ジヒドロキシフェニルアラニン	160a
dimer 二量体	270a
dimethylguanosine ジメチルグアノシン	161b
dimetyl sulfate protection ジメチル硫酸プロテクション	161b
dimorphism 二型性	266a
dinitrophenol ジニトロフェノール	159b
dioecious 雌雄異株[の]	163a
diphosphopyridine nucleotide ジホスホピリジンヌクレオチド	161a
diphtheria toxin ジフテリア毒素	160b
diploblastic 二胚葉性[の]	269a
diplochromosome 複糸染色体	311b
Diplococcus pneumoniae	241b
diplo-haplont 単複相生物	224b
diploid 二倍体	268b
diploidy 二倍体	268b
diplonema 複糸期	311b
diplont 複相生物	311b
diplophase 複相	311b
diplospory 複相胞子生殖	311b
diplotene 複糸期	311a
Dipodomys ordii カンガルーネズミ	83a
dipolar ion 双極子イオン	205b
dipole 双極子	205b
Diptera 双翅目	206a
directional selection 方向性選択	339a
direct repeat 同方向反復配列	256b
DIS	234a

discoidal cleavage 盤割	285b
discontinuous distribution 不連続分布	320b
discontinuous replication 不連続複製	320b
discontinuous variation 不連続変異	320b
discordant 不一致[の]	307a
disequilibrium 不平衡	315b
disjunction 分離	326a
disomy 二染色体	268a
dispersal mechanism 分散機構	324a
dispersive replication 分散的複製	324a
displacement loop 置換ループ	226a
disruptive selection 分断選択	326a
disseminule 散布体	148b
Dissociation–Activator system 解離因子–活性化因子	71b
distal 遠位	58a
distributive pairing 分配対合	326a
distylic species 二異型ずい花種	266a
disulfide linkage ジスルフィド結合	156b
diurnal 昼行性[の]	228b
diurnal 日周[の]	268b
divergence 多様性	221a
divergence node 分岐節	324a
divergent transcription 発散転写	282a
diversifying selection 多様化選択	221a
diversity 多様性	221a
dizygotic twins 二卵性双生児	270a
D loop Dループ	242a
DNA	236a
DNA adduct DNA 付加物	237a
DNA-agar technique DNA-寒天法	235b
DNA array DNA アレイ	235b
DNAase DNA アーゼ	235a
DNAase protection DNA アーゼプロテクション	235a
DNA-binding motif DNA 結合モチーフ	235b
DNA chip DNA チップ	236a
DNA clock hypothesis DNA 時計仮説	236a
DNA clone DNA クローン	235b
DNA complexity DNA の複雑度	236b
DNA-dependent RNA polymerase DNA 依存性 RNA ポリメラーゼ	235b
DNA-driven hybridization reaction DNA 駆動ハイブリダイゼーション	235b
DNA duplex DNA 二重鎖	236b
DNA fiber autoradiography DNA 繊維のオートラジオグラフィー	236a
DNA fingerprint technique DNA フィンガープリント法	237a
DNA glycosylase DNA グリコシラーゼ	235b
DNA groove DNA の溝	236b
DNA gyrase DNA ジャイレース	235b
DNA helicase DNA ヘリカーゼ	237b
DNA hybridization DNA ハイブリダイゼーション	237a
DNA library DNA ライブラリ	238a
DNA ligase DNA リガーゼ	238a
DNA looping DNA のループ形成	237b
DNA methylase DNA メチラーゼ	238a
DNA methylation DNA メチル化	238a
DNA microarray DNA マイクロアレイ	238a
DNA modification DNA 修飾	235b
dna mutaion *dna* 突然変異	236b
DNA polymerase DNA ポリメラーゼ	237b
DNA probe DNA プローブ	237b
DNA puff DNA パフ	237a
DNA relaxing enzyme DNA 弛緩酵素	235b
DNA repair DNA 修復	235b
DNA restriction enzyme DNA 制限酵素	236a
DNA-RNA hybrid DNA-RNA ハイブリッド	235a
DNase DN アーゼ	235a
DNase protection DN アーゼプロテクション	235a
DNA sequencing technique DNA 塩基配列決定法	235a
DNA topoisomerase DNA トポイソメラーゼ	236b
DNA typing DNA タイピング	236a
DNA unwinding protein DNA 巻戻しタンパク質	238a
DNA vaccine DNA ワクチン	238b
DNA vector DNA ベクター	237b
DNP(dinitrophenol) ジニトロフェノール	159b
docking protein ドッキングタンパク質	258a
dog 犬	36b
Dollo's law ドロの法則	262b
Dolly ドリー	261b
domain ドメイン	259b
dominance 優性	376a
dominant complementarity 優性相補性	376b
dominant gene 優性遺伝子	376b
donkey ロバ	406a
donor splicing site スプライシング供与部位	184b
DOPA(dihydroxyphenylalanine) ジヒドロキシフェニルアラニン	160a
dorsoventral genes 背腹決定遺伝子群	278a
dosage compensation 遺伝子量補正	34a
dose 量	395b
dose-action curve 線量-作用曲線	204a
dose fractionation 線量分割	204b
dose-response curve 線量-反応曲線	204b
dosimeter 線量計	204b
dot blot ドットブロット	258b
dot hybridization ドットハイブリダイゼーション	258b
dot-matrix analysis ドットマトリックス解析	258b
Dotted	258b
double cross 複交雑	311a
double crossovr 二重交差	267b
double diffusion technique 二重拡散法	267b
double exchange 二重交換	267b
double fertilization 重複受精	231a
double haploid 倍加半数体	276b
double helix 二重らせん	268a
double infection 二重感染	267b
double-sieve mechanism 二重のふるい機構	267b
double transformation 二重形質転換	267b
double X 二重 X	267b
doubling dose 倍加線量	276b
doubling time 倍加時間	276b
Dowex ダウエックス	216b
down promoter mutation ダウンプロモーター突然変異	217b
downstream 下流	81b
Down syndrome ダウン症候群	216b
doxorubicin ドキソルビシン	257b
DPN(diphosphopyridine nucleotide) ジホスホピリジンヌクレオチド	161a
drawing tube 描写器	301a

drift 浮動	314b
dRNA	234a
Drosophila ショウジョウバエ属	171b
Drosophila databases *Drosophila* データベース	262b
Drosophila eye pigment ショウジョウバエの眼の色素顆粒	172b
Drosophila Information Service	262b
Drosophila melanogaster キイロショウジョウバエ	88b
Drosophila salivary gland chromosome ショウジョウバエの唾腺染色体	172a
drosopterin ドロソプテリン	262b
drug-resistance plasmid 薬剤耐性プラスミド	373a
drumstick 太鼓ばち小体	213a
drupe 石果	193b
Dryopithecus ドリオピテクス	261b
dsDNA	234b
D₁ trisomy syndrome D₁トリソミー症候群	234b
dual recognition 二重認識	267b
Duchenne muscular dystrophy デュシェンヌ筋ジストロフィー	246a
Duffy blood group gene ダフィー血液型遺伝子	220b
Duffy blood group receptor ダフィー血液型受容体	220b
duplex 複式	311a
duplex DNA 二重鎖DNA	267b
duplication 重複	231a
durum wheat デュラムコムギ	246a
dwarf 小人症	132a
dyad 二分染色体	269a
dynein ダイニン	215a
dysgenesis 発生不全	282b
dysgenic 非優生学的[な]	300a
dysploidy 異数性	27a
dystrophin ジストロフィン	156a

E

E₁, E₂, E₃	23a
early gene 初期遺伝子	174a
EBV(Epstein-Barr virus) エプスタイン-バーウイルス	55a
ecdysis 脱皮	219a
ecdysone エクダイソン	48a
echinoderm 棘皮動物	98b
eclipsed antigen 隠れた抗原	76a
eclipse period 暗黒期	20a
eclosion 羽化	43b
ecodeme エコディーム	49a
ecogeographical divergence 生態地理的分岐	190b
ecogeographic rule 生態地理学的法則	190b
E. coli	25a
ecological genetics 生態遺伝学	190b
ecological isolation 生態的隔離	190b
ecological niche 生態的地位	190b
ecology 生態学	190b
ecophenotype 生態的表現型	190b
ecosystem 生態系	190b
ecotype 生態型	190b
ectoderm 外胚葉	71a
ectopic pairing 異所対合	26b
ectoplasm 外質	69a

ectotherm 外温動物	68a
editing 編集	335b
EDTA(ethylene diaminetetraacetic acid)	30a
Edwards syndrome エドワーズ症候群	53b
EEG(electroencephalogram) 脳電図	274a
Ef-1α	23a
effective fertility 有効稔性	375a
effective lethal phase 有効致死期	375a
effective population size 集団の有効な大きさ	166a
effector エフェクター	54b
effector	121b
effector cell 効果細胞	122a
effector molecule エフェクター分子	54b
efferent 遠心性	58b
efflux pump 排出ポンプ	277a
EGF(epidermal growth factor) 上皮成長因子	173a
egg 卵	388a
egg chamber 卵室	388b
Ehlers-Danlos syndrome エーラース-ダンロス症候群	57a
einkorn wheat 一粒系コムギ	297b
ejaculate 射精	162b
elaioplast エライオプラスト	57a
elastin エラスチン	57a
electroblotting エレクトロブロッティング	58a
electrode 電極	248b
electroencephalogram 脳電図	274a
electrofusion エレクトロフュージョン	58a
electrolyte 電解質	248b
electron 電子	249b
electron carrier 電子担体	249b
electron-dense 高電子密度[の]	126b
electron dense label 電子密度標識	250a
electron microscope 電子顕微鏡	249b
electron microscope technique 電子顕微鏡技術	249b
electron pair bond 電子対結合	250a
electron transport chain 電子伝達鎖	250a
electron volt 電子ボルト	250a
electropherogram 電気泳動図	248b
electrophoresis 電気泳動	248b
electroporation エレクトロポレーション	58a
electrostatic bond 静電結合	191a
element 元素	120a
ELISA(enzyme-linked immunosorbent assay) 酵素結合免疫吸着検定法	126a
Ellis-van Creveld(EvC)syndrome エリス-ファンクレフェルト(EvC)症候群	57a
Elodea canadensis カナダモ	79b
elongation factor 延長因子	59a
emasculation 除雄	175a
EMB agar EMB寒天	23a
Embden-Meyerhof-Parnas pathway エムデン-マイヤーホフ-パルナス経路	56b
EMBL Data Library(European Molecular Biology Laboratory Data Library) EMBLデータライブラリ	23a
embryo 胚	276a
embryonic induction 胚誘導	278b
embryo polarity mutant 胚軸突然変異体	277a
embryo sac 胚嚢	278a
embryo transfer 胚移植	276a

emergent property 創発的特性	207b
emmer wheat エンマーコムギ	60b
EMS(ethyl methane sulfonate) エチルメタンスルホン酸	50b
encapsidation キャプシド形成	94b
endemic 土地固有[の]	258a
endergonic reaction 吸エルゴン反応	95a
end labeling 末端標識	354a
endocrine system 内分泌系	264b
endocytosis エンドサイトーシス	59b
endocytotic vesicle エンドサイトーシス小胞	59b
endoderm 内胚葉	264a
endogamy 同系交配	253a
endogenote 内在性ゲノム断片	264a
endogenous 内在性	264a
endogenous virus 内在性ウイルス	264a
endokaryotic hypothesis 核共生説	73b
endometrium 子宮内膜	152a
endomitosis 核内分裂	75b
endomixis 自家混合	150b
endonuclease エンドヌクレアーゼ	59b
endoplasmic reticulum 小胞体	173b
endopolyploidy 核内倍数性	75b
Endopterygota 内翅類	264b
endoreduplication cycle 核内倍加サイクル	75a
endorphin エンドルフィン	59b
endoskeleton 内骨格	264a
endosperm 胚乳	277b
endosymbiont theory 内部共生説	264a
endotherm 内温動物	264a
endotoxin 内毒素	264a
end product 最終産物	138b
end product inhibition 最終産物阻害	138b
end product repression 最終産物抑制	138b
energy-rich bond 高エネルギー結合	121a
Engystomops pustulosus	58b
enhancer エンハンサー	59b
enhancer trap エンハンサートラップ	60a
enkephalin エンケファリン	58b
enol form of nucleotide ヌクレオチドのエノール型	271a
enrichment method for auxotrophic mutant 栄養素要求性突然変異体濃縮法	46b
enterovirus エンテロウイルス	59a
entoderm 内胚葉	264a
entomophilous 虫媒[の]	229b
entrainment 同調	256a
enucleate 除核	174a
environment 環境	83b
environmental variance 環境分散	83b
enzyme 酵素	125b
enzyme-linked immunosorbent assay 酵素結合免疫吸着検定法	126a
eobiogenesis 原始生物発生	117b
Eocene 始新世	155a
eocyte エオサイト	47a
Eohippus *Eohippus*属	47a
eon 累代	399a
Ephestia Kühniella スジコナマダラメイガ	181b
epicanthus 蒙古ひだ	370a
epicotyl 上胚軸	173a
epidemiology 疫学	47a
epidermal growth factor 上皮成長因子	173a
epidermolysis bullosa 表皮水疱症	301b
epigamic 誘性的[な]	376b
epigamic selection 雌雄選択	165b
epigenesis 後成	124b
epigenetics 後成学	124b
epigenotype 発生型	282a
Epilobium hirsutum オオアカバナ	61b
epimer エピマー	54b
epinephrine エピネフリン	54b
episome エピソーム	54b
epistasis 上位	171a
epistatic gene 上位遺伝子	171a
epithelium 上皮	173a
epitope エピトープ	54b
epizoite 体表着生動物	215a
epoch 世	186a
eponym 名祖	362a
epoxide エポキシド	55b
Epstein-Barr virus エプスタイン-バーウイルス	55a
equational division 均等分裂	100b
equatorial plate 赤道板	194a
Equidae ウマ科	44a
equilibrium centrifugation 平衡遠心分離	328b
equilibrium dialysis 平衡透析	329a
equilibrium population 平衡集団	328b
equine 馬	44a
Equus ウマ属	44a
Equus asinus ロバ	406a
ER(endoplasmic reticulum) 小胞体	173b
era 代	212a
ergastoplasm エルガストプラズム	57b
error 過誤	76b
error-prone repair 誤りがちな修復	13b
erythroblastosis 赤芽球症	194a
erythroblastosis fetalis 胎児性赤芽球症	213a
erythrocyte 赤血球	194b
erythrolabe 赤錐状体色素	194a
erythromycin エリスロマイシン	57b
erythropoiesis 赤血球産生	194b
erythropoietin エリスロポエチン	57b
escaper エスケーパー	49b
Escherichia coli 大腸菌	214b
Escherichia coli databases *Escherichia coli*データベース	49b
essential amino acid 必須アミノ酸	295a
EST(expressed sequence tag) 発現配列タグ	281b
established cell line 樹立細胞系	170b
estradiol エストラジオール	50a
estivate 夏眠	80b
estrogen エストロゲン	50b
estrous cycle 発情周期	282a
estrus 発情期	282a
ethidium bromide 臭化エチジウム	163a
Ethiopian エチオピア区	50a
ethological isolation 性的隔離	191a
ethology 動物行動学	256b
ethylene エチレン	50b
ethylenediaminetetracetic acid エチレンジアミン四酢酸	50b

ethylenimine	エチレンイミン	50b
ethyl methane sulfonate	エチルメタンスルホン酸	50b
etiolation	黄化	61a
etiology	病因学	300b
E_1 trisomy syndrome	E_1トリソミー症候群	23a
Eubacteria	真正細菌	177b
eucaryote	真核生物	176a
Eucaryotes	真核生物超界	176a
euchromatic	真正染色質性[の]	178a
euchromatin	真正染色質	178a
eugenics	優生学	376a
Euglena	ミドリムシ属	358a
eukaryon	真核	176a
eukaryote	真核生物	176a
Eukaryotes	真核生物超界	176a
eumelanin	ユーメラニン	378a
Eumetazoa	真正後生動物亜界	177b
euphenics	人間改造学	270b
euploid	正倍数体	191b
eupyrene sperm	有核精子	374a
eusocial	真社会性[の]	177b
euthenics	優境学	374a
eV		37b
evagination	膨出	340b
evening primrose	ツキミソウ	233a
eversporting	常習易変性[の]	171b
evocation	喚起作用	83a
evocator	喚起因子	83a
evolution	進化	176a
evolutionary clock	進化時計	176b
evolutionary lag	進化的遅延	176b
evolutionary rate	進化速度	176b
exaptation	外適応[形質]	69b
exchange pairing	交換対合	122a
excision	切出し	99a
excisionase	除去酵素	174a
excision repair	除去修復	174a
exclusion principle	排他律	277b
exclusion reaction	排除反応	277a
exconjugant	接合完了体	195a
exergonic reaction	発エルゴン反応	281a
exocrine	外分泌[の]	71a
exocytosis	エキソサイトーシス	47a
exogamy	異系交配	24b
exogeneous DNA	外来性DNA	71b
exogenic heredity	非遺伝学的継承	290b
exogenote	外在性ゲノム断片	68b
exogenous virus	外在性ウイルス	68b
exon	エクソン	47b
exon shuffling	エクソンシャッフリング	48a
exonuclease	エキソヌクレアーゼ	47a
exonuclease III	エキソヌクレアーゼIII	47a
exonuclease IV	エキソヌクレアーゼIV	47a
Exopterygota	外翅類	69b
exoskeleton	外骨格	68b
exotoxin	外毒素	71a
experimental error	実験誤差	158a
explant	外植片	69b
exponential growth phase	指数増殖期	155a
exponential survival curve	指数関数的生存曲線	155a
expressed sequence tag	発現配列タグ	281b
expression vector	発現ベクター	281b
expressivity	表現度	301a
expressor protein	エクスプレッサータンパク質	47b
extant	現存[の]	120a
extein	エクステイン	47b
extended phenotype	延長された表現型	59a
extinction	絶滅	196b
extrachromosomal inheritance	染色体外遺伝	199b
extragenic reversion	遺伝子外復帰	31b
extranuclear inheritance	核外遺伝	73b
extrapolation number	外挿値	69b
extremophile	極限環境微生物	97b
extremozymes	極限酵素	98a
ex vivo		47b
eyeless		2a

F

F		54b
F_1		54b
F_2		55a
Fab		305b
$F(ab)_2$ fragment	$F(ab)_2$断片	305b
Fabry disease	ファブリー病	306a
facet	個眼	129a
factor VIII	第VIII因子	215a
factor IX	第IX因子	212a
factorial	階乗	69a
facultative	条件的[な]	171b
facultative heterochromatin	機能性異質染色質	92a
FAD (flavin adenine dinucleotide)	フラビンアデニンジヌクレオチド	318a
Fagus sylvatica	ヨーロッパブナ	383a
Fahrenholz's rule	ファーレンホルツの法則	306a
falciparum malaria	熱帯熱マラリア	273a
fallout	放射性降下物	339b
FALS (familial amyotrophic lateral sclerosis)	家族性筋萎縮性側索硬化症	77b
false negative, false positive	偽陰性，偽陽性	89a
familial amyotrophic lateral sclerosis	家族性筋萎縮性側索硬化症	77b
familial Down syndrome	家族性ダウン症候群	78a
familial hypercholesterolemia	家族性高コレステロール血症	77b
family	家族	77b
family	科	68a
family selection	家系選択	76b
Fanconi anemia	ファンコーニ貧血	306b
fast component	速い成分	284b
Fast Green	ファストグリーン	305b
fat	脂肪	161a
fat body	脂肪体	161a
fate map	予定運命図	382b
fatty acid	脂肪酸	161a
fauna	動物相	256a
fava bean	ソラマメ	211a
favism	ソラマメ中毒症	211b
FBNI		55a
F^- cell	F^-細胞	55b
F^+ cell	F^+細胞	55a

英語	日本語	ページ
Fc fragment	Fc 断片	55a
Fc receptor	Fc 受容体	55a
F-duction	F 導入	55a
fecundity	繁殖力	286b
feedback	フィードバック	307b
feedback inhibition	フィードバック阻害	307b
feeder cell	フィーダー細胞	307a
feline leukemia virus	ネコ白血病ウイルス	272b
Felis catus	ネコ	272a
female carrier	女性保因者	174b
female gonadal dysgenesis	女性生殖腺発生不全	174b
female pronucleus	雌性前核	156b
female-sterile mutation	雌性不妊突然変異	156b
female symbol	雌の記号	362b
F-episom	F エピソーム	55a
F'-episome	F' エピソーム	55a
feral	野生化[した]	373a
fermentation	発酵	282a
ferritin	フェリチン	309b
ferritin-labeled antibody	フェリチン標識抗体	309b
fertility	稔性(植物),妊性(動物)	273b
fertility factor	稔性因子	273b
fertility restorer	稔性回復因子	273b
fertilization	受精	168a
fertilization cone	受精丘	168a
fertilization membrane	受精膜	168a
fertilizin	受精素	168a
fetus	胎児	213b
Feulgen-positive	フォイルゲン陽性	309b
Feulgen procedure	フォイルゲン法	309b
F factor	F 因子	54b
F' factor	F' 因子	55a
FHC (familial hypercholesterolemia)	家族性高コレステロール血症	77b
fibrillin	フィブリリン	307b
fibrin	フィブリン	307b
fibrinogen	フィブリノーゲン	307b
fibroblast	繊維芽細胞	198a
fibroin	フィブロイン	307b
fibronectin	フィブロネクチン	307b
field	場	276b
filamentous phage	繊維状ファージ	198a
filial generation	雑種世代	144a
filopodia	糸状仮足	154b
filter hybridization	フィルターハイブリダイゼーション	308b
filter route	フィルター経路	308b
filtration enrichment	濾過濃縮	405a
fimbria, (*pl.*) fimbriae	フィンブリエ	308b
fimbrillin	フィムブリリン	308b
finalism	目的因論	371a
fine-structure genetic mapping	微細構造遺伝地図の作成	292a
fingerprint	指紋	162a
fingerprinting technique	フィンガープリント法	308b
first-arriver principle	先住者優先の原理	199a
first cousin	いとこ	36b
first-division segregation ascus pattern	第一分裂分離子嚢パターン	212a
first filial generation	雑種第一代	144a
first-order kinetics	一次反応速度論	29a
FISH (fluorescence *in situ* hybridization)	蛍光 *in situ* ハイブリダイゼーション	110a
fission	分裂	327a
fitness	適応度	244b
fixation	固定	130b
fixative	固定液	130b
fixing	定着	240a
flagellate	鞭毛虫	337b
flagellin	フラジェリン	317a
flagellum, (*pl.*) flagella	鞭毛	337a
flanking DNA	隣接 DNA	397b
flavin adenine dinucleotide	フラビンアデニンジヌクレオチド	318a
flavin mononucleotide	フラビンモノヌクレオチド	318b
flavoprotein	フラボタンパク質	318b
flint corn	硬粒種トウモロコシ	128a
flora	植物相	174b
floral identity mutation	花器官決定突然変異	72a
floral organ primordia	花器官原基	72b
flour corn	粉トウモロコシ	131a
flow cytometry	フローサイトメトリー	321b
flower	花	283a
fluctuation test	ほうこう試験	338b
fluid mosaic concept	流動モザイクモデル	395a
fluke	吸虫	95b
fluorescein	フルオレセイン	319b
fluorescence	蛍光	110a
fluorescence *in situ* hybridization	蛍光 *in situ* ハイブリダイゼーション	110a
fluorescence microscopy	蛍光顕微鏡法	110a
fluorescent antibody technique	蛍光抗体法	110a
fluorescent screen	蛍光板	110b
fluorine	フッ素	314a
fluorochrome	蛍光色素	110b
flying spot cytometer	フライングスポットサイトメーター	316b
F-mediated transduction	F 介在形質導入	55a
f-Met		55b
fMet-tRNA		55b
FMN (flavin mononucleotide)	フラビンモノヌクレオチド	318b
FMR-1 gene	FMR-1 遺伝子	55a
focus, (*pl.*) foci	フォーカス	309b
focus map	フォーカス地図	309b
foldback DNA	フォールドバック DNA	310a
folic acid	葉酸	380b
follicle-stimulating hormone	濾胞刺激ホルモン	406a
Følling disease	フェリング病	309b
footprinting	フットプリント法	314a
Forbes disease	フォーブス病	310a
formaldehyde	ホルムアルデヒド	349a
formalin	ホルマリン	348b
formamide	ホルムアミド	349a
formylkynurenine	ホルミルキヌレニン	348b
N-formylmethionine	*N*-ホルミルメチオニン	349a
forward mutation	正突然変異	191b
fossil	化石	77a
founder cell	創始細胞	206a
founder effect	創始者効果	206a
four-o'clock	オシロイバナ	62b
fowl achondroplasia	ニワトリ軟骨無形成症	270a

外国語索引　521

fowl leukosis　ニワトリ白血病　270a
F-pilus, (*pl.*) F-pili　F線毛　55a
fractionated dose　分割線量照射　323b
fraction collector　フラクションコレクター　317a
Fragaria chiloensis　316b
fragile chromosome site　脆弱染色体部位　189a
fragile X-associated mental retardation　脆弱X染色体関連の精神遅滞　188b
fragile X syndrome　脆弱X染色体症候群　189a
frame shift mutation　フレームシフト突然変異　320b
framework region　骨格領域　130b
fraternal twins　二卵性双生児　270a
free energy　自由エネルギー　163a
freemartin　フリーマーチン　319b
free radical　遊離基　377a
free radical theory of aging　老化のフリーラジカル説　405a
freeze-drying　凍結乾燥　253b
freeze-etching　フリーズエッチング　319a
freeze fracture　フリーズフラクチャー　319a
frequency　319a
frequency-dependent fitness　頻度依存性適応度　304a
frequency-dependent selection　頻度依存性選択　304a
Freund's adjuvant　フロイントアジュバント　321a
Friend leukemia virus　フレンド白血病ウイルス　320b
Fritillaria　バイモ属　278b
Frizzle　319a
fructification　結実[器官]　113b
fructose　フルクトース　319b
fructose intolerance　フルクトース不耐症　320a
fruit　果実　76b
fruit fly　ショウジョウバエ　171b
FSH (follicle-stimulating hormone)　沪胞刺激ホルモン　406a
F^- strain　F^-株　55b
F^+ strain　F^+株　55a
F test　Fテスト　55a
Fugu rubripes　トラフグ　259b
functional cloning　機能によるクローニング　92a
fundamentalism　原理主義　306b
fundamental theorem of natural selection　自然選択の基本定理　157a
Fungi　真菌界　176b
funiculus　珠柄　169b
fused gene　融合遺伝子　374b
fused protein　融合タンパク質　375a
fusidic acid　フシジン酸　312a
fusion gene　融合遺伝子　376b
fusome　フューゾーム　316a

G

γ chain　γ鎖　86b
γ field　γ線照射圃場　86b
γ globulin　γグロブリン　86b
γ rays　γ線　86b
g　149a
G　149a
G_0, G_1, G_2　156b
ga/gigaannum　149b

gain of function mutation　機能獲得型突然変異　92a
galactose　ガラクトース　81a
galactosemia　ガラクトース血症　81a
Galapagos Islands　ガラパゴス諸島　81a
Galapagos rift　ガラパゴスリフト　81a
gall　虫癭　360b
Gallus domesticus　ニワトリ　270a
Galton's apparatus　ゴルトンの装置　134b
gametangium　配偶子嚢　277a
gamete　配偶子　277a
game theory　ゲーム理論　116a
gametic disequilibrium　配偶子不平衡性　277a
gametic meiosis　配偶子減数分裂　277a
gametic mutation　配偶子突然変異　277a
gametic number　配偶子数　277a
gametoclonal variation　配偶子クローン培養変異　277a
gametocyte　生殖母細胞　189b
gametogamy　配偶子接合　277a
gametogenesis　配偶子形成　277a
gametophore　茎葉体　112a
gametophyte　配偶体　277a
gamogony　配偶子生殖　277a
gamone　受精物質　168a
gamont　ガモント　80b
gamontogamy　ガモントの接合　80b
ganglion　神経節　177a
ganglioside　ガングリオシド　83b
gap　ギャップ　94b
gap gene　ギャップ遺伝子　94b
gargoylism　ガーゴイリズム　76b
Garrod disease　ギャロッド病　94b
gas chromatography　ガスクロマトグラフィー　77a
gas-flow radiation counter　ガスフロー放射線計数管　77a
gastrin　ガストリン　77a
Gastropoda　腹足綱　312a
gastrula　原腸胚　120b
gastrulation　原腸形成　120a
Gaucher disease　ゴーシェ病　129b
Gause's law　ガウゼの法則　71b
Gaussian curve　ガウス曲線　71b
Gb, Gbp　160a
G banding　Gバンド法　160a
GDB (Genome Data Base (human))　159a
Geiger-Mueller counter　ガイガー-ミューラー計数管　68a
gel diffusion technique　ゲル拡散法　116b
gemma, (*pl.*) gemmae　無性芽　360b
gemmule　ジェミュール　150a
gene　遺伝子　31a
gene activation　遺伝子活性化　31b
genealogy　家系　76a
gene amplification　遺伝子増幅　32b
gene bank　遺伝子バンク　33b
gene cloning　遺伝子クローニング　31b
gene cloning vehicle　遺伝子クローニング用担体　31b
gene cluster　遺伝子クラスター　31b
gene conversion　遺伝子変換　34a
gene dosage　遺伝子量　34a
gene duplication　遺伝子重複　33b
gene expression　遺伝子発現　33b
gene family　遺伝子ファミリー　34a
gene flow　遺伝子流動　34a

gene frequency　遺伝子頻度	34a
gene fusion　遺伝子融合	34a
gene gun　遺伝子銃	32a
gene insertion　遺伝子挿入	32b
gene interaction　遺伝子相互作用	32b
gene knockout　遺伝子ノックアウト	33b
gene library　遺伝子ライブラリ	34a
gene machine　遺伝子合成機	32a
gene manipulation　遺伝子操作	32b
gene mapping　遺伝子地図作成	33a
gene networking　遺伝子のネットワーク形成	33b
gene pair　遺伝子対	33a
gene pool　遺伝子プール	34a
gene product　遺伝子産物	32a
gene 32 protein　遺伝子32タンパク質	32a
generalized transduction　普遍形質導入	316b
generation time　世代時間	194b
gene redundancy　遺伝子冗長性	32a
gene silencing　遺伝子サイレンシング	32a
gene splicing　遺伝子スプライシング	32b
gene substitution　遺伝子置換	33a
gene superfamily　遺伝子スーパーファミリー	32a
gene targeting　遺伝子ターゲッティング	33a
gene therapy　遺伝子治療	33a
genetic anticipation　遺伝の表現促進	35b
genetic assimilation　遺伝の同化	35b
genetic background　遺伝の背景	35b
genetic block　遺伝のブロック	35b
genetic bottleneck　遺伝の瓶首効果	35b
genetic burden　遺伝的負荷	35b
genetic coadaptation　遺伝の共適応	35a
genetic code　遺伝暗号	30a
genetic code dictionary　遺伝暗号辞書	30b
genetic colonization　遺伝的植民	35a
genetic counseling　遺伝相談	34a
genetic death　遺伝の死	35a
genetic detasseling　遺伝的雄穂除去	36a
genetic differentiation　遺伝的分化	36a
genetic dissection　遺伝学の解剖	30b
genetic distance　遺伝距離	30b
genetic divergence　遺伝の多様性	35b
genetic drift　遺伝の浮動	35b
genetic engineering　遺伝子工学	32a
genetic equilibrium　遺伝平衡	36a
genetic fine structure　遺伝の微細構造	35b
genetic fitness　遺伝の適応度	35b
genetic fixation　遺伝の固定	35a
genetic hitchhiking　遺伝的ヒッチハイキング	35b
genetic homeostasis　遺伝恒常性	31a
genetic identity　遺伝の同一性	35b
genetic induction　遺伝の誘導	36a
genetic information　遺伝情報	34a
genetic load　遺伝の荷重	35a
genetic map　遺伝地図	35a
genetic marker　遺伝マーカー	36a
genetic polymorphism　遺伝的多型	35a
genetic recombination　遺伝の組換え	35a
genetics　遺伝学	30b
genetic surgery　遺伝手術	34a
genetic variance　遺伝分散	36a
genic balance　遺伝子バランス	33b
genital disc　生殖原基	189a
genome　ゲノム	115a
genome annotation　ゲノムの注釈付け	115b
Genome Sequence Database accession number　ゲノム配列データベース受入番号	116a
genome size　ゲノムサイズ	115b
genomic blotting　ゲノムブロッティング	116a
genomic exclusion　ゲノム排除	115b
genomic formula　ゲノム式	115b
genomic imprinting　ゲノムの刷込み	115b
genomic library　ゲノムライブラリ	116a
genomic RNA　ゲノムRNA	115a
genomics　ゲノム科学	115a
genopathy　遺伝子病	34a
genophore　遺伝担体	34b
genotype　遺伝子型	31b
genotype-environment interaction　遺伝子型-環境相互作用	31b
genotype frequency　遺伝子型頻度	31b
genotypic variance　遺伝子型分散	32a
genus, (pl.) genera　属	209a
geochronology　地質年代学	226a
geographical isolate　地理的隔離集団	231b
geographic speciation　地理的種分化	231b
geologic time division　地質年代区分	226a
geometric mean　幾何平均	89a
geotropism　重力屈性	167a
German cockroach　チャバネゴキブリ	228b
germarium　胚腺	277b
germ cell　生殖細胞	189a
germinal cell　生殖系細胞	189a
germinal choice　生殖細胞選別	189b
germinal mutation　生殖細胞突然変異	189b
germinal selection　生殖細胞選択	189a
germinal vesicle　胚胞	278b
germination inhibitor　発芽阻害物質	281a
germ layer　胚葉	278b
germ line　生殖細胞系	189a
germ plasm　生殖質	189b
gerontology　老年学	405a
gestation period　妊娠期間	270b
GFP(green fluorescent protein)　緑色蛍光タンパク質	396b
GH, GHIF, GHRH	149b
Giardia lamblia　ランブル鞭毛虫	389b
gibberellin　ジベレリン	160b
gibbon　テナガザル属	245b
gigabase　ギガベース	89a
gland　腺	198a
glaucocystophyte　灰色植物	276a
glaucophytes　グラウコファイト	104a
Gln(glutamine)　グルタミン	106b
globin　グロビン	107a
globulin　グロブリン	108a
Glossina　ツェツェバエ	233a
Glu(glutamic acid)　グルタミン酸	106b
glucagon　グルカゴン	106a
glucocerebroside　グルコセレブロシド	106b
glucocorticoid　グルココルチコイド	106a
gluconeogenesis　糖新生	255b
glucose　グルコース	106a

glucose-6-phosphate dehydrogenase　グルコース-6-リン酸デヒドロゲナーゼ	106a
glucose-6-phosphate dehydrogenase deficiency　グルコース-6-リン酸デヒドロゲナーゼ欠損症	106b
glucose-sensitive operon　グルコース感受性オペロン	106a
glucosylceramide lipidosis　グルコシルセラミドリピドーシス	106a
glume　苞穎	338b
glutamic acid　グルタミン酸	106b
glutamine　グルタミン	106b
glutathione　グルタチオン	106b
Gly(glycine)　グリシン	105b
glycerol　グリセロール	105b
glycine　グリシン	105b
Glycine max　ダイズ	214a
glycogen　グリコーゲン	105a
glycogenolysis　グリコーゲン分解	105a
glycogenosis　糖原病	254b
glycogen storage disease　グリコーゲン蓄積病	105a
glycolipid　糖脂質	255a
glycolysis　解糖	70b
glyconeogenesis　グリコネオゲネシス	105a
glycoprotein　糖タンパク質	256a
glycoside　グリコシド	105b
glycosidic bond　グリコシド結合	105b
glycosome　グリコソーム	105b
glycosylation　糖鎖修飾	254b
glyoxylate cycle　グリオキシル酸回路	105a
glyoxysome　グリオキシソーム	105a
Glyptotendipes barbipes	105b
GM counter　GM 計数管	150a
gnotobiosis　ノトバイオーシス	275b
gnotobiota　ノトバイオタ	275b
GnRH(gonadotropin-releasing hormone)　性腺刺激ホルモン放出ホルモン	189b
goiter　甲状腺腫	124a
golden hamster　ゴールデンハムスター	134b
Golgi apparatus　ゴルジ体	134b
gonad　生殖腺	189b
gonadotropic hormone　性腺刺激ホルモン	189b
gonadotropin　ゴナドトロピン	131a
gonadotropin-releasing hormone　性腺刺激ホルモン放出ホルモン	189b
gonochorism　雌雄異体性	163a
gonomery　ゴノメリー	131b
gonophore　生殖体	189b
gonotocont　ゴノトコント	131b
Gorilla gorilla　ゴリラ	134a
Gossypium　ワタ属	407b
gout　痛風	233a
Gowen's crossover suppressor	121b
G6PD deficiency　G6PD 欠損症	175b
G6PD(glucose-6-phosphate dehydrogenase)　グルコース-6-リン酸デヒドロゲナーゼ	106a
G_1 phase　G_1期	149b
G protein　G タンパク質	157b
G quartet　G カルテット	151a
Graafian follicle　グラーフ沪胞	104b
grade　階	68a
gradient　勾配	127a
gradualism　漸進主義	201b
Graffi leukemia virus　グラフィ白血病ウイルス	104b
graft　移植	26a
graft　移植片	26b
graft hybrid　接木雑種	233a
graft rejection　移植片拒絶	26b
graft-versus-host reaction　移植片対宿主反応	26b
gram atomic weight　グラム原子量	104b
gram equivalent weight　グラム当量	105a
gramicidin S　グラミシジン S	104b
gram molecular weight　グラム分子量	105a
Gram staining procedure　グラム染色法	104b
granulocyte　顆粒球	81b
granum, (*pl.*) grana　グラナ	104b
grass　禾本	80a
gratuitous inducer　無償性インデューサー	360b
gray　グレイ	106b
green fluorescent pro-tein　緑色蛍光タンパク質	396b
grid　グリッド	105b
griseofulvin　グリセオフルビン	105b
gRNA(guide RNA)	149b
groove　溝	357a
group selection　群選択	109b
group transfer reaction　官能基転移反応	86b
growth curve　増殖曲線	206b
growth factor　成長因子	191a
growth hormone　成長ホルモン	191a
growth hormone deficiency　成長ホルモン欠損症	191a
GT-AG rule　GT-AG 規則	158b
GTP(guanosine triphosphate)　グアノシン三リン酸	101b
guanine　グアニン	101a
guanine deoxyriboside　グアニンデオキシリボシド	101a
guanine-7-methyl transferase　グアニン-7-メチルトランスフェラーゼ	101a
guanine quartet model　グアニン四重鎖モデル	101a
guanine tetraplex　グアニン四重鎖	101a
guanosine　グアノシン	101b
guanosine triphosphate　グアノシン三リン酸	101b
guanylic acid　グアニル酸	101a
guanylyl transferase　グアニリルトランスフェラーゼ	101a
guide RNA　ガイド RNA	70b
guinea pig　モルモット	371b
guppy　グッピー	103a
Guthrie test　ガスリー試験	77a
GVH reaction　GVH 反応	160a
Gy	175b
gymnosperm　裸子植物	386b
gynander　雌雄モザイク	166b
gynandromorph　雌雄モザイク	166b
gynodioecy　雌花雄株性	150a
gynoecium　雌ずい群	155a
gynogenesis　雌核発生	150b
gynogenote　雌核発生体	150b
gyrase　ジャイレース	162a

H

H	51b

524　外国語索引

³H ·· 52b
H1, H2A, H2B, H3, H4 ······························· 52a
H19 ··· 52b
habitat　生育場所 ·· 186a
Hadean　冥王代 ·· 362a
Haemanthus katherinae ···························· 279a
haemoglobin　ヘモグロビン ······················ 332b
Haemophilus influenzae　インフルエンザ菌 ··· 41b
hairpin DNA　ヘアピン DNA ···················· 328a
hairpin loop　ヘアピンループ ··················· 328a
hairpin ribozyme　ヘアピン型リボザイム ··· 328a
Haldane's rule　ホールデンの法則 ············ 348b
half-chromatid conversion　半染色分体変換 ··· 286b
half-life　半減期 ·· 286a
half reaction time　半反応時間 ·················· 288a
half-sib mating　半同胞交配 ······················ 287b
half-tetrad analysis　半四分子分析 ············ 286a
half-value layer　半価層 ····························· 285b
halide　ハロゲン化物 ·································· 285b
Halobacterium species NRC-1　好塩菌 NRC-1 ··· 121a
halogen　ハロゲン ······································· 285b
halophile　好塩菌 ·· 121a
halteres　平均棍 ·· 328b
Hamilton's genetical theory of social behavior　ハミルトンの社会行動についての遺伝理論 ···· 284a
hammerhead ribozyme　ハンマーヘッド型リボザイム ··· 288b
hamster　ハムスター ··································· 284b
hanging drop technique　懸滴培養技術 ··· 120b
Hansenula wingei　ハンセヌラ属 ············ 286b
H antigen　H 抗原 ······································· 52b
haplo-　ハプロ ·· 283b
haplodiploidy　半倍数体 ··························· 288a
haplodiplontic meiosis　単複相減数分裂 ····· 224a
haploid, haploidy　半数体・半数性 ········· 288b
haploid cell culture　単相体細胞培養 ······· 223a
haploidization　単相化 ······························· 223a
haploid parthenogenesis　単相単為生殖 ··· 223a
haplont　単相生物 ······································· 223a
Haplopappus gracilis ································ 283b
haplophase　単相 ·· 223a
haplosis　単相化 ·· 223a
haplotype　ハプロタイプ ··························· 283b
hapten　ハプテン ·· 283b
haptoglobin　ハプトグロビン ···················· 283b
Hardy-Weinberg law　ハーディー-ワインベルグの法則 ··· 282b
harlequin chromosome　ハーレクイン染色体 ··· 285b
Harvey murine sarcoma virus　ハーベイマウス肉腫ウイルス ·· 284a
HAT medium　HAT 培地 ·························· 282b
Hayflick limit　ヘイフリックの限界 ········· 329b
Hb ·· 53a
HbO₂ ·· 53a
HCG(human chorionic gonadotropin)　ヒト絨毛性性腺刺激ホルモン ·· 296b
H chain　H 鎖 ·· 52b
H-2 complex　H-2 複合体 ························· 53a
hCS(human choronic somatomammotropin)　ヒト絨毛性乳腺刺激ホルモン ······························ 52b
HD(Huntington disease)　ハンチントン病 ··· 287b

headful mechanism　ヘッドフル機構 ······· 330a
heat　発情 ·· 282a
heat-shock protein　熱ショックタンパク質 ··· 272b
heat shock puff　熱ショックパフ ·············· 273a
heat shock response　熱ショック応答 ····· 272b
heavy chain　重鎖 ······································· 164b
heavy chain class switching　重鎖クラススイッチ ··· 164b
heavy isotope　重同位体 ···························· 166a
heavy metal　重金属 ·································· 164a
heavy-metal stain　重金属染色 ·················· 164a
heavy water　重水 ······································· 165b
HeLa cell　ヒーラ細胞 ································ 302a
helicase　ヘリカーゼ ··································· 334a
Helicobactor pylori　ピロリ菌 ················· 304a
heliotropism　向日性 ·································· 124a
helix　らせん ··· 386b
Helix ·· 334a
helix-destabilizing protein　らせん不安定化タンパク質 ··· 386b
helix-turn-helix motif　ヘリックス-ターン-ヘリックスモチーフ ··································· 334a
Hellin's rule of multiple birth　ヘリンの多胎出産の法則 ·· 334a
Helminthosporium maydis ······················· 335a
helper T lymphocyte　ヘルパー T リンパ球 ··· 334b
helper virus　ヘルパーウイルス ················ 334b
HEMA ·· 51b
hemagglutinin　赤血球凝集素 ··················· 194b
hematopoiesis　造血 ··································· 205b
hematopoietic　造血[の] ···························· 205b
HEMB ··· 52a
heme　ヘム ·· 332b
hemel　ヘメル ·· 332b
Hemimetabola　不完全変態上目 ················ 310b
hemimetabolous　不完全変態[の] ············· 310b
hemipteran　半翅類 ···································· 286b
hemizygous gene　ヘミ接合遺伝子 ············ 332a
hemochromatosis　血色素症 ······················ 113b
hemocoel　血体腔 ·· 114b
hemocyte　ヘモサイト ································ 333b
hemoglobin　ヘモグロビン ························ 332b
hemoglobin Bart's　ヘモグロビンバート ··· 333b
hemoglobin C　ヘモグロビン C ················ 333b
hemoglobin Constant Spring　ヘモグロビンコンスタントスプリング ·· 333b
hemoglobin fusion gene　ヘモグロビン融合遺伝子 ··· 333b
hemoglobin gene　ヘモグロビン遺伝子 ··· 332b
hemoglobin H　ヘモグロビン H ················ 333a
hemoglobin homotetramer　ヘモグロビンホモ四量体 ··· 333b
hemoglobin Kenya　ヘモグロビンケニヤ ··· 333b
hemoglobin Lepore　ヘモグロビンリポール ··· 333b
hemoglobin S　ヘモグロビン S ················· 333a
hemoglobinuria　血色素尿症 ······················ 113b
hemolysis　溶血 ··· 379a
hemolytic anemia　溶血性貧血 ·················· 379a
hemophilia　血友病 ···································· 115a
hemopoiesis　造血 ······································· 205b
hemopoietic　造血[の] ································ 205b
hemopoietic histocompatibility　造血組織適合性 ··· 205b
hempa　ヘムパ ·· 332b

herbarium　植物標本館(室) ……………… 174b	heterosomal aberration　染色体間異常 …… 199b
herbicide　除草剤 ………………………… 174b	heterospory　異形胞子形成 ………………… 25a
herbivore　草食動物 ……………………… 206b	heterostyly　異形花柱性 …………………… 24b
hereditary disease　遺伝病 ………………… 36a	heterothallic fungus　ヘテロタリック菌 … 330b
hereditary growth hormone deficiency　遺伝性成長ホルモン欠損症 …………………………… 34b	heterotopic transplantation　異所性移植 … 26b
	heterotroph　従属栄養生物 ……………… 165b
hereditary hemochromatosis　遺伝性血色素症 … 34b	heterozygosis　ヘテロ接合性 …………… 330b
hereditary persistence of hemoglobin F　遺伝性高胎児ヘモグロビン症 ………………………… 34b	heterozygosity　ヘテロ接合性 …………… 330b
	heterozygote　ヘテロ接合体 ……………… 330b
heredity　遺伝 ……………………………… 30a	heterozygote advantage　ヘテロ接合優勢 … 330b
heritability　遺伝率 ……………………… 36a	HEXA ……………………………………… 51b
hermaphrodite　雌雄同体 ………………… 166b	hexaploid　六倍体 ………………………… 405b
herpes virus　ヘルペスウイルス ………… 334b	HEXB ……………………………………… 51b
Hers disease　ヘルス病 …………………… 334b	hexosaminidase　ヘキソサミニダーゼ … 329b
het　ヘット ……………………………… 330a	hexose monophosphate shunt　ヘキソース一リン酸側路 …………………………… 329b
heterauxesis　不等成長 …………………… 314b	
heteroallele　異型対立遺伝子 ……………… 25b	Hfr strain　Hfr 株 ………………………… 52a
heterobrachial inversion　不等腕逆位 …… 315b	hGH(human growth hormone)　ヒト成長ホルモン … 52b
heterocapsidic virus　ヘテロカプシドウイルス … 330b	hGHR(human growth hormone receptor)　ヒト成長ホルモン受容体 ……………………………… 297a
heterochromatin　異質染色質 ……………… 25a	
heterochromatization　異質染色質化 ……… 25b	HGPRT(hypoxanthine-guanine-phosphoribosyl transferase)　ヒポキサンチン-グアニン-ホスホリボシルトランスフェラーゼ ……………… 299b
heterochromosome　異形染色体 …………… 24b	
heterochronic mutation　異時性突然変異 … 25a	
heterochrony　異時性 ……………………… 25a	Hh(hemopoietic histocompatibility)　造血組織適合性 ……………………………… 205b
heterocyclic　複素環式 …………………… 311b	
heterodimer　ヘテロ二量体 ……………… 331a	hibernate　冬眠 …………………………… 256b
heterodisomy　ヘテロ二染色体 …………… 330b	hierarchy　階層 ……………………………… 69b
heteroduplex　ヘテロ二本鎖 ……………… 330b	high-energy bond　高エネルギー結合 …… 121a
heteroecious　異種寄生［の］ ……………… 26a	high-energy phosphate compound　高エネルギーリン酸化合物 ………………………… 121a
heterofertilization　ヘテロ受精 ………… 330b	
heterogametic sex　異型配偶子性 ………… 24b	high frequency of recombination cell　高頻度組換え型細胞 ……………………………… 127a
heterogamy　ヘテロ配偶 ………………… 331a	
heterogeneous nuclear RNA　ヘテロ核 RNA … 330a	highly repetitive DNA　高頻度反復 DNA … 127a
heterogenetic antigen　異種抗原 …………… 26a	Himalayan mutant　ヒマラヤン突然変異体 … 299b
heterogenote　ヘテロ部分接合体 ………… 331a	HindⅡ ……………………………………… 51b
heterogenotic merozygote　ヘテロ部分接合体 … 331a	hinge region　ヒンジ領域 ………………… 304b
heterogony　ヘテロゴニー ……………… 330b	hinny　駃騠(けってい) ………………… 114b
heterograft　異種間移植片 ………………… 26a	His(histidine)　ヒスチジン ……………… 293a
heterokaryon　異核共存体 ………………… 23b	histidine　ヒスチジン …………………… 293a
heterokaryon test　異核共存体試験 ………… 23b	histidinemia　ヒスチジン血症 …………… 293a
heterokaryosis　ヘテロカリオシス ……… 330b	histidine operon　ヒスチジンオペロン … 293a
heterokaryotypic　ヘテロ核型［の］ ……… 330b	histochemistry　組織化学 ………………… 210a
heterologous　ヘテロロガス ……………… 331a	histocompatibility antigen　組織適合性抗原 … 210a
heterologous chimera　異種キメラ ………… 26a	histocompatibility gene　組織適合性遺伝子 … 210a
heteromeric　ヘテロマー［の］ …………… 331a	histocompatibility molecule　組織適合性分子 … 210a
Heterometabola　漸変態類 ……………… 204b	histogenesis　組織形成 …………………… 210a
heteromixis　ヘテロミキシス …………… 331a	histogenetic　組織発生［の］ …………… 210b
heteromorphic bivalent　異形二価染色体 … 24b	histogram　ヒストグラム ………………… 293a
heteromorphic chromosome　異形態染色体 … 24b	histoincompatibility　組織不適合性 …… 210b
heteromorphosis　異質形成 ………………… 25a	histology　組織学 ………………………… 210a
heteromultimeric protein　ヘテロ多量体タンパク質 …………………………………… 330b	histolysis　組織分解 ……………………… 210b
	histone　ヒストン ………………………… 293a
heterophile antigen　異好性抗原 …………… 25a	histone gene　ヒストン遺伝子 …………… 293b
heteroplasmic　ヘテロプラズミー［の］ … 331a	hitchhiking　ヒッチハイキング ………… 295a
heteroplastic transplantation　異種間移植 … 26a	HIV(human immunodeficiency virus) …… 51b
heteroplastidy　色素体性 …………………… 26a	HLA(human leukocyte antigen) …………… 52a
heteroploid　異倍数体 ……………………… 37b	HLA complex　HLA 複合体 ……………… 52b
heteropolymeric protein　ヘテロポリメリックタンパク質 ………………………………… 331a	H locus　H 遺伝子座 ……………………… 52a
	hnRNA(heterogeneous nuclear RNA)　ヘテロ核 RNA ……………………………………… 330a
heteropycnosis　異常凝縮 ………………… 26a	
heterosis　雑種強勢 ……………………… 143b	hog　豚 …………………………………… 312b

Hogness box	ホグネスボックス	341a	homozygote ホモ接合体	345b
holandric	限雄性［の］	120b	homozygous ホモ接合［の］	345b
holism	全体論	202a	homunculus ホムンクルス	344b
Holliday intermediate	ホリデイ中間体	346b	Hoogsteen base pair フーグスティーン型塩基対	311a
Holliday model	ホリデイモデル	346b	hopeful monster 前途有望な怪物	203b
holoblastic cleavage	全割	198b	*Hordeum vulgare* オオムギ	62a
Holocene	完新世	86a	horizontal mobile element 水平可動因子	181a
holocentric	全動原体［の］	203b	horizontal transmission 水平伝達	181b
holoenzyme	ホロ酵素	349a	hormone ホルモン	349a
hologynic	限雌性［の］	117b	horotelic evolution ホロテリー進化	349a
Holometabola	完全変態上目	86a	horse 馬	44a
holometabolous	完全変態［の］	86a	horse bean ソラマメ	211a
holophyletic	完系統［の］	83b	horse-donkey hybrid ウマ－ロバ雑種	44b
holophytic nutrition	完全植物性栄養	86a	horseradish peroxidase ホースラディッシュペルオキシダーゼ	342a
holorepressor	ホロリプレッサー	349a	host 宿主	167a
holotype	完模式標本	86b	host-cell reactivation 宿主細胞回復	168a
holozoic nutrition	完全動物性栄養	86a	host-controlled restriction and modification 宿主による制限と修飾	168a
homeobox	ホメオボックス	345a	host range 宿主域	167b
homeodomain	ホメオドメイン	345a	host-range mutation 宿主域突然変異	167b
homeologous chromosome	部分相同染色体	315b	hot spot ホットスポット	344a
homeoplastic graft	同種移植	255a	housekeeping gene ハウスキーピング遺伝子	279a
homeosis	ホメオシス	344b	*Hox* genes *Hox*遺伝子群	343b
homeostasis	ホメオスタシス	344b	HPHF (hereditary persistence of hemoglobin F) 遺伝性高胎児ヘモグロビン症	53a
homeotic mutation	ホメオティック突然変異	344b	HPRL (human prolactin) ヒトプロラクチン	53a
hominid	ヒト類	298b	HPRT (hypoxanthine-guanine-phosphoribosyl transferase) ヒポキサンチン－グアニン－ホスホリボシルトランスフェラーゼ	299b
Homo	ヒト属	297b	H substance H物質	53a
Homo sapiens	ヒト	295b	human chorionic gonadotropin ヒト絨毛性性腺刺激ホルモン	296b
homoallele	同質対立遺伝子	255a	human chromosome band designation ヒト染色体バンドの名称	297a
homoallelic	同質対立遺伝子［の］	255a	human cytogenetics ヒトの細胞遺伝学	297b
homobrachial inversion	等腕逆位	257a	human gene map ヒト遺伝子地図	296b
homocaryon	ホモカリオン	347a	human genetic databases ヒト遺伝子データベース	296a
homocystinuria	ホモシスチン尿症	345b	human genetic disease ヒト遺伝病	296a
homodimer	ホモ二量体	345b	Human Genome Project ヒトゲノムプロジェクト	296a
homoeologous chromosome	部分相同染色体	315b	human growth hormone ヒト成長ホルモン	296b
homoeoplastic graft	同種移植	255a	human growth hormone gene ヒト成長ホルモン遺伝子	296b
homoeosis	ホメオシス	344b	human growth hormone receptor ヒト成長ホルモン受容体	297a
homoeostasis	ホメオスタシス	344b	human immunodeficiency virus ヒト免疫不全ウイルス	298a
homogametic sex	同型配偶子性	253a	human leukocyte antigen ヒト白血球抗原	298a
homogamy	雌雄同熟	166a	human mitochondrial DNA ヒトミトコンドリア DNA	298a
homogenote	ホモ遺伝子接合体	345b	human mitotic chromosome ヒトの有糸分裂染色体	298a
homogentisic acid	ホモゲンチジン酸	345a	human pseudoautosomal region ヒト偽常染色体領域	296a
homoimmunity	同種免疫	255b	humoral immunity 体液性免疫	212a
homokaryon	ホモカリオン	345a	*hunchback*	287b
homokaryotypic	ホモ核型［の］	345b	Huntington disease ハンチントン病	287b
homolog, homologue	相同体	207a	Hutchinson-Gilford syndrome ハッチンソン－ギルフォード症候群	282b
homologous	相同［の］	207a	HVL (half-value layer) 半価層	285b
homologous chromosome	相同染色体	207b		
homologous recombination	相同組換え	207a		
homology	相同性	207a		
homomeric protein	ホモメリックタンパク質	345b		
homomixis	ホモミキシス	345b		
homomorphic bivalent	同形二価染色体	253a		
homomultimer	ホモ多量体	345b		
homoplasy	成因の相似	186b		
homopolymer	ホモポリマー	345b		
homopolymer tail	ホモポリマー末端領域	345b		
homosequential species	同一配列種	252a		
homosomal aberration	染色体内異常	200a		
homospory	同形胞子形成	253a		
homothallic fungus	ホモタリック菌	345b		
homozygosity	ホモ接合性	345b		

hv site　高頻度可変部位 127a
Hyalophora cecropia　セクロピアサン(蚕) 194a
hyaloplasm　透明質 256b
hyaluronic acid　ヒアルロン酸 290a
hyaluronidase　ヒアルロニダーゼ 290a
H-Y antigen　H-Y抗原 53b
hybrid　雑種 143b
hybrid arrested translation　雑種阻害翻訳法 144a
hybrid breakdown　雑種崩壊 144a
hybrid corn　雑種トウモロコシ 144a
hybrid DNA model　雑種DNAモデル 144a
hybrid duplex molecule　雑種二本鎖分子 144a
hybrid dysgenesis　交雑発生異常 123b
hybrid inviability　雑種死滅 144a
hybridization　雑種形成 143b
hybridization　ハイブリダイゼーション 278a
hybridization competition　競合的ハイブリダイゼーション 96a
hybridogenesis　ハイブリッドジェネシス 278a
hybridoma　ハイブリドーマ 278a
hybrid resistance　雑種抵抗性 144a
hybrid sterility　雑種不妊性 144a
hybrid swarm　雑種群落 143b
hybrid vigor　雑種強勢 143b
hybrid zone　交雑帯 123b
hydrocarbon　炭化水素 222a
hydrogen　水素 180b
hydrogen bond　水素結合 180b
hydrogen ion concentration　水素イオン濃度 180b
hydrogen peroxide　過酸化水素 76b
hydrolase　加水分解酵素 77a
hydrolysis　加水分解 77a
hydroperoxyl radical　ヒドロペルオキシラジカル 298b
hydrophilic　親水性[の] 177b
hydrophobic　疎水性 210b
hydrophobic bonding　疎水結合 210b
hydrops fetalis　胎児水腫 213b
hydroquinone　ヒドロキノン 298b
hydroxyapatite　ヒドロキシアパタイト 298b
hydroxykynurenine　ヒドロキシキヌレニン 298b
hydroxylamine　ヒドロキシルアミン 298b
5-hydroxymethylcytosine　5-ヒドロキシメチルシトシン 298b
hydroxyurea　ヒドロキシ尿素 298b
Hylobates　テナガザル属 245b
hymenopteran　膜翅類[の] 353b
hyparchic gene　下位遺伝子 68a
hyperammonemia　高アンモニア血症 121a
hypercholesterolemia　高コレステロール血症 123a
hyperchromic shift　濃色効果 274b
hyperdontia　ハイパードンティア 278a
hyperglycemia　高血糖症 122a
hyperlipemia　高脂血症 124a
hypermorph　ハイパーモルフ 278a
hyperplasia　過形成 76a
hyperploid　高倍数体 127a
hyperprolinemia　高プロリン血症 127b
hypersensitivity　過敏症 79b
hypertension　高血圧 122a
hyperthermophile　超好熱菌 230a
hypertrophy　肥大 294b

hypervariable site　高頻度可変部位 127a
hyphae　菌糸 99b
hypo　ハイポ 278b
hypochromic anemia　淡色性貧血 222b
hypochromic shift　淡色効果 222b
hypodontia　無歯[症] 360b
hypoglycemia　低血糖症 238b
hypomorph　ハイポモルフ 278b
hypophosphatasia　低ホスファターゼ症 241b
hypophosphatemia　低リン酸血症 242a
hypophysis　脳下垂体 274a
hypoplasia　減形成 117a
hypoploid　低倍数体 241a
hypostatic gene　下位遺伝子 68a
hypothalamus　視床下部 154a
hypothyroidism　甲状腺機能低下[症] 124a
hypoxanthine　ヒポキサンチン 299b
hypoxanthine-guanine-phosphoribosyl transferase　ヒポキサンチン-グアニン-ホスホリボシルトランスフェラーゼ 299b
Hyracotherium　アケボノウマ属 5a

I

i 1a
I 1a
I_1, I_2, I_3. 1a
I^A, I^B, I^O 1a
IAA (indoleacetic acid)　インドール酢酸 1a
Ia antigen　Ia抗原 1a
icosahedron　正二十面体 191b
ICSH (interstitial cell-stimulating hormone)　間質細胞刺激ホルモン 1a
identical twins　一卵性双生児 29b
idiocy　白痴 279b
idiogram　核型図式 74a
idiotype　イディオタイプ 30a
idling reaction　アイドリング反応 2a
IF (initiation factor)　開始因子 68b
IFN (interferon)　インターフェロン 39a
Ig (immunoglobulin)　免疫グロブリン 366a
IgA 1a
IgD 1b
IgE 1a
IGF-1, IGF-2 1a
IgG 1b
IgM 1a
IL (interleukin)　インターロイキン 39a
Ile (isoleucine)　イソロイシン 28a
imaginal disc　成虫原基 190b
imino form of nucleotide　ヌクレオチドのイミノ型 271b
immediate hypersensitivity　即時[型]過敏症 209b
immortalizing gene　不死化遺伝子 312a
immune competent cell　免疫担当細胞 368a
immune decoy protein　免疫応答タンパク質 366a
immune response gene　免疫応答遺伝子 366a
immune response　免疫応答 365b
immune system　免疫系 368a
immunity　免疫 365a
immunity substance　免疫物質 368b

immunization 免疫化	366a
immunochemical assay 免疫化学検定法	366a
immunocompetent cell 免疫担当細胞	368a
immunodominance 免疫優性	368b
immunoelectrophoresis 免疫電気泳動	368a
immunofluorescence 免疫蛍光	368a
immunogen 免疫原	368a
immunogene 免疫遺伝子	365b
immunogenetics 免疫遺伝学	365b
immunogenic 免疫原性	368a
immunoglobulin 免疫グロブリン	366a
immunoglobulin chain 免疫グロブリン鎖	367b
immunoglobulin domain superfamily 免疫グロブリンドメインスーパーファミリー	367b
immunoglobulin gene 免疫グロブリン遺伝子	366b
immunological memory 免疫[学的]記憶	366a
immunological suppression 免疫抑制	368b
immunological surveillance theory 免疫監視説	366a
immunological tolerance 免疫寛容	366a
immunology 免疫学	366a
immunoselection 免疫選択	368a
immunosuppressive drug 免疫抑制剤	368b
impact theory 衝突説	172b
impaternate offspring 父なし子	226b
imperfect excision 不完全除去	310b
imperfect flower 不完全花	310b
implant 移植物	26a
implantation 移植	26a
implantation 着床	228a
imprinting 刷込み	185b
inactivation center 不活性化中心	310a
inactive X hypothesis 不活性X染色体説	310a
Inarticulata 無関節動物	360a
inborn error 先天性異常	203b
inbred strain 近交系	99a
inbreeding 同系交配	253a
inbreeding coefficient 近交係数	99a
inbreeding depression 近交弱勢	99a
inclusive fitness 包括適応度	338b
incompatibility 不適合性	314b
incomplete antigen 不完全抗原	310b
incomplete dominance 不完全優性	310b
incompletely linked gene 不完全連鎖遺伝子	310b
incomplete metamorphosis 不完全変態	310b
incomplete sex linkage 不完全伴性	310b
incross 近交系内交配	99a
incubation period 潜伏期間	204a
incubation period 培養期間	278b
independent assortment 独立組合わせ	257b
independent probability 独立確率	257b
indeterminant inflorescence 無限花序	360a
index fossil 標準化石	301b
Indian corn トウモロコシ	257a
indirect immunofluorescence microscopy 間接免疫蛍光法	86a
indole インドール	40a
indoleacetic acid インドール酢酸	40a
indolephenoloxidase インドールフェノールオキシダーゼ	40a
Indrichotherium インドリコテリウム	40a
induced mutation 誘発突然変異	377a
inducer インデューサー	40a
inducible enzyme 誘導酵素	377a
inducible system 誘導系	377a
induction 誘導	376b
inductor 誘導原	377a
Indy	39a
inelastic collision 非弾性衝突	295a
infectious nucleic acid 感染性核酸	86a
infectious transfer 感染性転移	86a
inflorescence 花序	76b
influenza virus インフルエンザウイルス	41a
inheritance of acquired characteristic 獲得形質の遺伝	75a
initiation factor 開始因子	68b
initiator イニシエーター	36b
initiator tRNA イニシエーター tRNA	36b
innervation 神経支配	177a
inoculum, (*pl.*) inocula 接種源	195b
inosine イノシン	37b
input load 移入荷重	36b
inquiline 同居生活[動物]の	252b
insect ovary type 昆虫の卵巣の種類	136b
insertion 挿入	207a
insertional inactivation 挿入失活	207a
insertional mutagenesis 挿入突然変異誘発	207b
insertional translocation 挿入転座	207b
insertion sequence 挿入配列	207b
insertion vector 挿入ベクター	207b
in silico	38b
in situ	38a
in situ hybridization *in situ* ハイブリダイゼーション	38a
instar 齢	400a
instinct 本能	349b
instructive theory 指令説	175a
insulator DNA インシュレーター DNA	38b
insulin インスリン	38b
insulin-like growth factors 1 and 2 インスリン様成長因子 1, 2	39a
integrase インテグラーゼ	39b
integration efficiency 組込み効率	104a
integrin インテグリン	39b
integron インテグロン	39b
intein インテイン	39b
intelligence quotient 知能指数	226b
intelligence quotient classification 知能指数段階	227a
interallelic complementation 対立遺伝子間相補性	215b
interband 間縞帯	83b
intercalary deletion 中間欠失	228b
intercalating agent 挿入剤	207a
interchange 相互交換	205b
interchromosomal translocation 染色体間転座	199b
intercistronic region シストロン間領域	156b
intercross 相互交配	205b
interference 干渉	84a
interference filter 干渉フィルター	85b
interference microscope 干渉顕微鏡	85a
interferon インターフェロン	39a
intergenic suppression 遺伝子間抑制	31b
interkinesis 分裂間期	327a
interleukin インターロイキン	39a

外国語索引　529

intermediary metabolism　中間代謝 …………228b
intermediate filament　中間径フィラメント ………228b
intermediate host　中間宿主 ……………………228b
intermedin　インターメジン ……………………39a
internal radiation　内部放射線 ………………264b
interphase　間期 …………………………………83b
interrupted gene　分断遺伝子 …………………326a
interrupted mating experiment　中断交配実験 ……229b
intersex　間性 ……………………………………86a
interspecific heterokaryon　種間異核共存体 ……167a
interspersed elements　散在反復配列 …………147b
interstitial cell　間質細胞 ………………………84a
interstitial cell-stimulating hormone　間質細胞刺激ホルモン ………………………………………84a
intervening sequence　介在配列 …………………68b
intrachromosomal recombination　染色体内組換え 200b
intrachromosomal translocation　染色体内転座 ……200b
intragenic complementation　遺伝子内相補性 ……33a
intragenic recombination　遺伝子内組換え ………33a
intragenic suppression　遺伝子内抑制 ……………33a
intrasexual selection　同性内選択 ………………256a
introgression　遺伝子浸透 ………………………32a
introgressive hybridization　浸透交雑 …………178b
intromittent organ　挿入器官 …………………207a
intron　イントロン ……………………………40a
intron intrusion　イントロン侵入 ………………40b
intron-mediated recombination　イントロン介在性組換え ………………………………………40b
intron origin　イントロンの起源 ………………40b
intussusception　填充 …………………………251a
in utero ………………………………………38a
inv ………………………………………………1a
in vacuo ………………………………………40b
invagination　陥入 ……………………………86b
inversion　逆位 …………………………………92a
inversion heterozygote　逆位ヘテロ接合体 ………92b
invertebrate　無脊椎動物 ………………………361a
inverted repeat　逆方向反復配列 ………………94a
inverted terminal repeat　逆方向末端反復配列 ……94a
in vitro ………………………………………40b
in vitro complementation　in vitro 相補性 ………40b
in vitro evolution　試験管内進化 ………………153a
in vitro fertilization　試験管内受精 ……………153a
in vitro marker　in vitro マーカー ………………41a
in vitro mutagenesis　in vitro 突然変異誘発 ……40b
in vitro packaging　in vitro パッケージング ……40b
in vitro protein synthesis　in vitro タンパク質合成 ……40b
in vivo ………………………………………41a
in vivo culturing of imaginal disc　成虫原基の in vivo 培養 ……………………………………………190b
in vivo marker　in vivo マーカー ………………41a
iodine　ヨウ素 …………………………………380b
iojap ……………………………………………1a
ion exchange column　イオン交換カラム …………23b
ion exchange resin　イオン交換樹脂 ……………23b
ionic bond　イオン結合 …………………………23b
ionization　イオン化 ……………………………23b
ionization chamber　電離箱 ……………………251a
ionization track　イオン化飛跡 ………………23b
ionizing energy　イオン化エネルギー ……………23b
ionizing radiation　電離放射線 ………………251b

ionophore　イオノフォア …………………………23b
ion pair　イオン対 ………………………………23b
IPTG (isopropylthiogalactoside)　イソプロピルチオガラクトシド ………………………………………2a
IQ (intelligence quotient)　知能指数 …………226b
IR (inverted repeat)　逆方向反復配列 …………94a
I region　I 領域 …………………………………2a
Ir gene (immune response gene)　免疫応答遺伝子 ……366a
iron　鉄 …………………………………………245a
isauxesis　等成長 ………………………………256a
IS element　IS 因子 ……………………………1a
islets of Langerhans　ランゲルハンス島 ………388b
isoacceptor tRNA　イソ受容 tRNA ………………27b
isoagglutinin　同種凝集素 ………………………255b
isoagglutinogen　同種凝集素原 …………………255b
iso-allele　同類対立遺伝子 ……………………257a
isoanisosyndetic alloploid　両親対合性異質倍数体 395b
isoantibody　同種抗体 …………………………255b
isocapsidic virus　同種キャプシドウイルス ……255b
isochore　アイソコア ……………………………1b
isochromatid break　同位染色分体切断 …………252a
isochromosome　同位染色体 ……………………252a
isocoding mutation　同義突然変異 ……………252b
isoelectric point　等電点 ………………………256a
isoenzyme　イソ酵素 ……………………………27b
isofemale line　単雌系統 ………………………222b
isoform　アイソフォーム …………………………1b
isogamy　同型配偶 ……………………………253a
isogeneic, isologous　同系内［の］……………253a
isogenic　同質遺伝子［の］………………………255a
isograft　同系移植片 ……………………………252b
isohemagglutinin　同種血球凝集素 ……………255b
isoimmunization　同種免疫 ……………………255b
isoionic point　等イオン点 ……………………252a
isolabeling　同位標識 …………………………252b
isolate　隔離集団 ………………………………76a
isolating mechanism　隔離機構 …………………76a
isolecithal egg　等黄卵 …………………………252b
isoleucine　イソロイシン ………………………28a
isologous cell line　同質遺伝子細胞株 …………255a
isomer　異性体 …………………………………27a
isomerase　イソメラーゼ …………………………28a
isonymous marriage　同姓結婚 …………………256a
isophene　等表現型線 …………………………256b
isoprenoid lipid　イソプレノイド脂質 …………256b
isopropylthiogalactoside　イソプロピルチオガラクトシド ………………………………………27b
isopycnic　同密度［の］…………………………256b
isopycnotic　常凝縮［の］………………………171a
isoschizomer　イソシゾマー ……………………27b
isosyndetic alloploid　同質対合性異質倍数体 ……255b
isotonic solution　等張液 ………………………256a
isotope　同位体 …………………………………253a
isotopically enriched material　同位体濃縮物質 ……252a
isotopic dilution analysis　同位体希釈法 ………252a
isotropic　等方性［の］…………………………256b
isotype　イソタイプ ……………………………27b
isotypic exclusion　イソタイプ排除 ……………27b
isozyme　アイソザイム ……………………………1b
iteroparity　多数回繁殖 ………………………218b
IVS (intervening sequence)　介在配列 …………68b

J

Japanese quail	ウズラ	43b
Java man	ジャワ人	163a
J chain	J鎖	149b
Jews	ユダヤ人	377b
J gene	J遺伝子	149b
JH (juvenile hormone)	幼若ホルモン	380a
Jordan's rule	ジョルダンの規則	175a
jumping gene	跳躍遺伝子	231b
junctional complex	細胞間結合複合体	140b
junctional sliding	結合部位のずれ	113b
junk DNA	ジャンクDNA	163a
Jurassic	ジュラ紀	170a
juvenile hormone	幼若ホルモン	380a

K

κ symbiont	κ共生者	79b
K		110a
K and r selection theory	Kとrの選択理論	115a
K antigen	K抗原	112b
kairomone	カイロモン	71b
Kalanchoe	カランコエ属	81b
kanamycin	カナマイシン	79b
karyogamy	核合体	73b
karyokinesis	有糸核分裂	375b
karyolymph	核液	73b
karyon	核	73a
karyosome	カリオソーム	81b
karyosphere	核球	73b
karyotheca	核鞘	74b
karyotype	核型	73b
kb (kilobase)	キロ塩基[対]	99a
KB cell	KB細胞	116a
kbp (kilobase pair)	キロ塩基[対]	99a
K cell	K細胞	112b
kDNA		115a
Kell-Cellano antibody	ケル-セラノ抗体	116b
kelp	コンブ	137a
Kennedy disease	ケネディ病	115a
keratin	ケラチン	116b
kernel	穀粒	129a
keto form of nucleotide	ヌクレオチドのケト型	271a
keV		112a
Kidd blood group	キッド血液型	90b
killer paramecia	キラーゾウリムシ	98b
killer particle	キラー粒子	98b
kilobase, kilobase pair	キロ塩基[対]	99a
kilovolt	キロボルト	99a
kinase	キナーゼ	91a
kindred	親族	178a
kinesin	キネシン	91b
kinetic complexity	速度論的複雑さ	210a
kinetin	キネチン	91b
kinetochore	キネトコア	91b
kinetoplast	キネトプラスト	91b
kinetosome	キネトソーム	91b
kinety	キネティー	91b
kingdom system	界による分類法	71a
king-of-the-mountain principle	お山の大将の原理	65b
kinin	キニン	91a
kin selection	血縁選択	113b
Kjeldahl method	ケルダール法	116b
Kleinschmidt spreading technique	クラインシュミット展開法	104a
Klenow fragment	クレノー断片	107a
Klinefelter syndrome	クラインフェルター症候群	104a
K_m		112b
knife breaker	ガラスナイフ作製機	81a
knob	ノブ	275b
knockout	ノックアウト	275a
Kornberg enzyme	コーンバーグ酵素	137a
Krebs cycle	クレブス回路	107a
Krebs-Henseleit cycle	クレブス-ヘンゼライト回路	107a
K strategy	K戦略	112b
Kupffer cell	クッパー細胞	103a
kurtosis	尖度	203b
kuru	クールー病	106b
kV (kilovolt)	キロボルト	99a
kwashiorkor	クワシオルコル	109b

L

λ bacteriophage	λバクテリオファージ	387b
λ cloning vector	λクローニングベクター	387a
λ d*gal*		387a
λ phage genome	λファージゲノム	387b
λ repressor	λリプレッサー	387b
l		57b
label	標識	301a
lac operon	ラクトースオペロン	385b
lac repressor	ラクトースリプレッサー	385b
lactamase	ラクタマーゼ	385a
lactate dehydrogenase	乳酸デヒドロゲナーゼ	269a
lactogenic hormone	乳腺刺激ホルモン	269b
lactose	ラクトース	385a
lagging	遅滞	226b
lagging strand	ラギング鎖	384b
lag growth phase	誘導[発育]期	377a
lag load	遅延荷重	225b
Lagothrix lagothricha	ウーリーモンキー	45a
Lamarckism	ラマルク説	387a
lamellipodia	葉状仮足	380a
laminin	ラミニン	387a
lampbrush chromosome	ランプブラシ染色体	389b
Lampyris		387b
Laplacian curve	ラプラス曲線	387a
large angle X-ray diffraction	広角X線回折	122a
lariat	投げ縄構造	264b
Laron dwarfism	ラロン型小人症	387b
larva	幼生	380b
larviparous	幼虫産出性[の]	381a
laser	レーザー	400a
laser microprobe	レーザーミクロプローブ	400b
late gene	後期遺伝子	122a
latent image	潜像	202b

外 国 語 索 引 531

latent period　潜伏期 204a
lateral element　側面要素 210a
lateral gene transfer　側方遺伝子伝達 210a
late-replicating DNA　遅延複製 DNA 225b
late-replicating X chromosome　遅延複製 X 染色体 225b
Latimeria　シーラカンス 175a
Latin square　ラテン方格 386b
latitudinal　緯度[の] 36b
lattice　格子 124a
lawn　菌叢 99b
law of mass action　質量作用の法則 158a
lazy 400a
LBC (lampbrush chromosome)　ランプブラシ染色体 389a
L cell　L 細胞 57b
L chain　L 鎖 57b
LCR (ligase chain reaction)　リガーゼ連鎖反応 391a
LD 50 57b
LDH (lactate dehydrogenase)　乳酸デヒドロゲナーゼ 269b
LDLR (low-density lipoprotein receptor)　低密度リポタンパク質受容体 241b
leader protein　リーダータンパク質 392a
leader sequence　リーダー配列 392b
leader sequence peptide　リーダー配列ペプチド 392b
leading strand　リーディング鎖 392b
leaky gene　漏出遺伝子 405a
leaky protein　漏出タンパク質 405a
Leber's hereditary optic neuropathy　レーベル遺伝性視神経症 402b
Lebistes reticulatus　グッピー 103a
lectin　レクチン 400a
left splicing junction　スプライス部位左端 184b
leghemoglobin　レグヘモグロビン 400a
lek　レック 400b
leprosy bacterium　ハンセン病病原菌 287a
leptin　レプチン 402a
leptin receptor　レプチン受容体 402a
leptonema　細糸期 138b
leptotene stage　細糸期 138b
Lesch-Nyhan syndrome　レッシュ-ナイハン症候群 401a
LET (linear energy transfer)　線エネルギー付与 57b
lethal equivalent value　致死相当量 226a
lethal mutation　致死突然変異 226a
Leu (leucine)　ロイシン 405a
leucine　ロイシン 405a
leucine zipper　ロイシンジッパー 405a
leucocyte　白血球 281b
leukemia　白血病 281b
leukocyte　白血球 281b
leukopenia　白血球減少症 281b
leukoplast　白色体 279b
leukosis　白血症 281b
leukovirus　ロイコウイルス 405a
lev 401b
levulose　レブロース 402b
Lewis blood group　ルイス血液型 399b
Lex A repressor　Lex A リプレッサー 401a
Leydig epidermal cell　ライディッヒ表皮細胞 384a
L form　L 型 57b

LH (luteinizing hormome)　黄体形成ホルモン 61a
LHON (Leber's hereditary optic neuropathy)　レーベル遺伝性視神経症 402b
library　ライブラリ 384b
lichen　地衣類 225a
life cycle　生活環 186b
life history strategy　生活史戦略 186b
Li-Fraumeni syn-drome　リー-フラウメニ症候群 393a
ligand　配位子 276a
ligase　リガーゼ 391a
ligase chain reaction　リガーゼ連鎖反応 391a
ligation　ライゲーション 384a
light chain　軽鎖 110b
light repair　光修復 291b
Lilium　ユリ属 378b
limited chromosome　限定染色体 120b
line　系統 111b
lineage　系譜 112a
linear accelerator　線形加速器 198b
linear energy transfer　線エネルギー付与 198a
linear regression　線形回帰 198b
linear tetrad　線形四分子 198b
line of best fit　最良適合直線 143a
linkage　連鎖 403a
linkage disequilibrium　連鎖不平衡 403a
linkage group　連鎖群 403a
linkage map　連鎖地図 403a
linked gene　連鎖遺伝子 403a
linker DNA　リンカー DNA 396b
linking number　リンキング数 396b
Linnean system of binary nomenclature　リンネの二命名法 397b
lipase　リパーゼ 393a
LIPED 57b
lipid　脂質 154a
lipid bilayer model　脂質二重層モデル 154a
lipopolysaccharide　リポ多糖 394b
liposome　リポソーム 394a
lipovitellin　リポビテリン 395a
liquid-holding recovery　液体保持回復 47a
liquid hybridization　液体ハイブリダイゼーション 47a
liquid scintillation counter　液体シンチレーションカウンター 47a
lithosphere　リソスフェア 392a
lithotroph　無機栄養生物 360a
litter　一腹の子 298a
Liturgusa 392b
living fossil　生きた化石 24a
load　荷重 76b
local population　地域集団 225a
locus, (*pl.* loci)　遺伝子座 32a
Locusta migratoria　トノサマバッタ 259a
lod (logarithm of the odds favoring linkage) 405b
logarithmic phase　対数期 214a
long-day plant　長日植物 230a
long period interspersion　長周期散在 230a
long terminal repeat　長い末端反復配列 264b
long-term memory　長期記憶 230a
lophophore　房かつぎ 312a
loss of function mutation　機能喪失型突然変異 92a

low-density lipo-protein receptor 低密度リポタンパク質受容体 ……… 241b
low-energy phosphate compound 低エネルギーリン酸化合物 ……… 238b
LTH (lactogenic hormone) 乳腺刺激ホルモン ……… 269b
LTR (long terminal repeat) 長い末端反復配列 ……… 264b
luciferase ルシフェラーゼ ……… 399b
Lucilia cuprina ヒツジキンバエ ……… 295a
Lucké virus ルケウイルス ……… 399b
Lucy ルーシー ……… 399b
Ludwig effect ルートウィッヒ効果 ……… 399b
luminescence ルミネセンス ……… 399b
lupus erythematosus 紅斑性狼瘡 ……… 127a
luteinizing hormone 黄体形成ホルモン ……… 61a
luteotropin ルテオトロピン ……… 399b
Lutheran blood group ルセラン血液型 ……… 399b
luxuriance 繁茂 ……… 288b
luxury gene しゃし遺伝子 ……… 162b
Luzula スズメノヤリ属 ……… 181b
lyase リアーゼ ……… 391a
Lycopersicon esculentum トマト ……… 259a
Lymantria dispar マイマイガ ……… 352b
Lymnaea peregra ソトモノアラガイ ……… 211a
lymphatic tissue リンパ組織 ……… 397b
lymphoblast リンパ芽球 ……… 397b
lymphocyte リンパ球 ……… 397b
lymphokine リンフォカイン ……… 397b
lymphoma リンパ腫 ……… 397b
Lyon hypothesis ライオンの仮説 ……… 384b
lyonization ライオニゼーション ……… 384a
lyophilize 凍結乾燥する ……… 253b
Lys (lysine) リシン ……… 392a
lysate 溶菌液 ……… 379b
Lysenkoism ルイセンコ主義 ……… 399a
lysine リシン ……… 392a
lysis 溶解 ……… 379b
lysis 溶菌 ……… 379a
lysochrome 脂溶性色素 ……… 172b
lysogen 溶原菌 ……… 379b
lysogenic bacterium 溶原菌 ……… 379b
lysogenic conversion 溶原変換 ……… 379b
lysogenic cycle 溶原周期 ……… 379b
lysogenic immunity 溶原免疫性 ……… 379b
lysogenic repressor 溶原リプレッサー ……… 379b
lysogenic response 溶原化応答 ……… 379b
lysogenic virus 溶原性ウイルス ……… 379b
lysogenization 溶原化 ……… 379a
lysogenized bacterium 溶原菌 ……… 379b
lysogeny 溶原性 ……… 379b
lysosomal storage disease リソソーム蓄積症 ……… 392a
lysosome リソソーム ……… 392a
lysozyme リゾチーム ……… 392a
lytic cycle 溶菌周期 ……… 379a
lytic response 溶菌応答 ……… 379a
lytic virus 溶菌ウイルス ……… 379a

M

μ phage μファージ ……… 358b
m ……… 55b

M ……… 55b
M13 ……… 56a
Ma ……… 56a
Macaca mulatta アカゲザル ……… 2b
macaroni wheat デュラムコムギ ……… 246a
macha wheat マッハコムギ ……… 354a
macroconidia 大分生子 ……… 215b
macroevolution 大進化 ……… 214a
macromolecule 巨大分子 ……… 98b
macromutation マクロ突然変異 ……… 353b
macronucleus 大核 ……… 212a
macrophage マクロファージ ……… 353b
macrophage activation factor マクロファージ活性化因子 ……… 353b
macroscopic 巨視的[な] ……… 98b
macula adherens 接着斑 ……… 196a
magnesium マグネシウム ……… 353b
main band DNA 主バンドDNA ……… 169a
maize トウモロコシ ……… 257a
major gene 主働遺伝子 ……… 168b
major histocompatibility complex 主要組織適合性複合体 ……… 169b
major immunogene complex 主要免疫遺伝子複合体 ……… 170b
malaria マラリア ……… 354a
male gametophyte 雄性配偶体 ……… 376b
male pronucleus 雄性前核 ……… 376a
male symbol 雄の記号 ……… 62b
maleuric acid マレウリン酸 ……… 355b
malignancy 悪性 ……… 3b
Malpighian tubule マルピーギ管 ……… 355b
Malthusian マルサス経済学派 ……… 355a
Malthusian parameter マルサス係数 ……… 355a
mammary tumor agent 乳がん誘発原 ……… 269b
Mandibulata 大顎類 ……… 212a
manifesting heterozygote 顕性ヘテロ接合体 ……… 120a
mantid カマキリ ……… 80a
map 地図 ……… 226a
map distance 地図距離 ……… 226b
mapping function 地図関数 ……… 226a
map unit 図単位 ……… 182a
mare 雌馬 ……… 362b
Marfan syndrome マルファン症候群 ……… 355b
marginotomy 短小化 ……… 222b
mariner element マリナー因子 ……… 354c
marker マーカー ……… 353a
marker rescue マーカーレスキュー ……… 353a
marsupial 有袋類[の] ……… 376b
masked mRNA マスクされたmRNA ……… 353b
massed training 集中訓練 ……… 166a
mass extinction 大量絶滅 ……… 216a
mass number 質量数 ……… 158a
mass spectrograph 質量分析器 ……… 158b
mass unit 質量単位 ……… 158a
mast cell マスト細胞 ……… 354a
mastigoneme マスチゴネマ ……… 354a
mate killer メイトキラー ……… 362a
maternal effect 母性効果 ……… 342a
maternal inheritance 母性遺伝 ……… 342b
maternal PKU 母性PKU ……… 342b
maternal polarity mutant 母性極性突然変異体 ……… 342b

mating　交配	127a
mating type　交配型	127a
matrilinear inheritance　母系遺伝	341b
matroclinous inheritance　傾母遺伝	112a
matrocliny　傾母性	112a
maturase　マチュラーゼ	354a
maturation division　成熟分裂	189a
maturation promoting factor　卵成熟促進因子	389a
Maxam-Gilbert method　マクサム-ギルバート法	353b
maxicell　マキシセル	353a
maxicircle　マキシサークル	353a
maximum permissible dose　最大許容線量	139a
maze　迷路	362a
maze-learning ability　迷路学習能力	362a
Mb, Mbp	56b
MC(microtubule organizing center)　微小管重合中心	292b
McArdle disease　マッカードル病	354a
M chromosome　M染色体	56b
MDV-1	56b
mean　平均値	328b
mean free path　平均自由行路	328b
mean square　平均平方	328b
5MeC(5-methyl cytosine)　5-メチルシトシン	363b
mechanical isolation　機械的隔離	89a
mechanistic philosophy　機械的生命論	89a
medaka　メダカ	362b
medial complex　中心複合体	229a
median　中央値	228b
median lethal dose　半数致死線量	286b
medium　培地	277b
megaannum　百万年前	300a
megabase　メガベース	362a
megakaryocyte　巨核球	97b
megasporangium　大胞子嚢	215b
megaspore　大胞子	215b
megaspore mother cell　大胞子母細胞	215b
megasporocyte　大胞子母細胞	215b
megasporogenesis　大胞子形成	215b
meiocyte　減数母細胞	119b
meiosis　減数分裂	117b
meiosporangium, (pl.) meiosporangia　減数胞子嚢	119b
meiospore　減数胞子	119b
meiotic cycle　減数分裂サイクル	119b
meiotic drive　減数分裂分離ひずみ	119b
mei-S332 gene　mei-S332遺伝子	55b
Melandrium album　ヒロハノマンテマ	304a
melanin　メラニン	364b
melanism　黒化	130b
melanocyte　メラニン細胞	365a
melanocyte-stimulating hormone　メラニン細胞刺激ホルモン	365a
melanoma　メラノーマ	365a
Melanoplus femurrubrum	365a
melanosome　メラノソーム	365a
melanotic tumor of Drosophila　ショウジョウバエのメラニン性腫瘍	172b
melphalan　メルファラン	365a
melting　融解	374a
melting profile　融解曲線	374a
melting protein　融解タンパク質	374a
melting temperature　融解温度	374a
membrane　膜	353a
memory　記憶	89a
menarche　初潮	174b
Mendeleev's table　メンデレーエフ表	368b
Mendelian character　メンデル形質	368b
Mendelian genetics　メンデル遺伝学	368b
Mendelian Inheritance in Man　ヒトメンデル遺伝カタログ	298a
Mendelian population　メンデル集団	368b
Mendelism　メンデリズム	368b
Mendel's law　メンデルの法則	368b
menopause　閉経	328b
mer	352a
mercaptoethanol　メルカプトエタノール	365a
mercaptopurine　メルカプトプリン	365a
Mercenaria mercenaria　ホンビノスガイ	349a
mericlinal chimera　不完全周縁キメラ	310b
meristem　分裂組織	327b
meristic variation　非連続形質変異	303b
merlin　マーリン	355a
meroblastic cleavage　部分卵割	315b
merogony　分裂小体産生	327b
merogony　卵片発生	389b
meroistic　有栄養室型[の]	374a
meromixis　部分接合体形成	315b
merospermy　偽受精	90a
merotomy　細胞分断	142b
merozoite　メロゾイト	365a
merozygote　部分接合体	315b
mers	353b
Mertensian mimicry　メルテンス型擬態	365a
mesenchyme　間充織	84a
Mesocricetus auratus　ゴールデンハムスター	134a
mesoderm　中胚葉	229a
mesokaryotic　中核[の]	228b
mesophil　中温菌	228b
mesosome　メソソーム	362b
Mesostigma viride	362b
mesothorax　中胸	228b
Mesozoic　中生代	229a
messenger RNA　メッセンジャーRNA	364a
Met(methionine)　メチオニン	363a
metabolic block　代謝阻害	214a
metabolic pathway　代謝経路	214a
metabolic poison　代謝阻害剤	214a
metabolism　代謝	213b
metabolite　代謝産物	214a
metacentric　中部動原体[の]	229b
metachromasy　異染性	27a
metachromatic dye　異染性色素	27a
metafemale　亜雌	5b
metagenesis　真正世代交代	178a
metalloenzyme　金属酵素	100a
metalloprotein　金属[結合]タンパク質	99b
metallothionein　メタロチオネイン	363b
metamale　亜雄	13b
metamerism　体節制	214a
metamorphosis　変態	336a
metaphase　中期	228b
metaphase arrest　中期停止	228b

metaphase plate 中期核板	228b
metastable state 準安定状態	170b
metastasis 転移	247a
metatarsus 蹠節	174b
metathorax 後胸	122a
Methanococcus jannaschii	362b
methanogen メタン細菌	363b
methionine メチオニン	363b
method of least square 最小二乗法	139b
methotrexate メトトレキセート	364a
methuselah	364a
methyladenine メチルアデニン	363b
methylated cap メチル化キャップ	363b
methylation of nucleic acid メチル化（核酸の）	363b
methylcholanthrene メチルコラントレン	363b
5-methylcytosine 5-メチルシトシン	363b
methyl green メチルグリーン	363b
methyl guanosine メチルグアノシン	363b
methyl inosine メチルイノシン	363b
methyl transferase メチルトランスフェラーゼ	364a
metric trait 計量形質	112a
Mexican axolotl メキシコアホロートル	362a
Mg (magnesium) マグネシウム	353b
MHC (major histocompatibility complex) 主要組織適合性複合体	169b
MIC (major immunogene complex) 主要免疫遺伝子複合体	170b
MIC2	55b
micelle ミセル	357a
Michaelis constant ミカエリス定数	356b
Michurinism ミチューリン学説	357a
Micrasterias thomasiana	356b
microarray technology マイクロアレイ法	352a
microbeam irradiation 微小ビーム照射	293a
microbody 微小体	292b
Microbracon hebetor	357a
microcarrier 微小担体	293a
microcinematography 顕微映画撮影法	120b
micrococcal nuclease ミクロコッカスヌクレアーゼ	356b
microconidia 小分生子	173b
microdeletion 微小欠失	292b
microevolution 小進化	172b
microfilament 微小繊維	292b
Micrographia	356b
micromanipulator 顕微操作器	120b
micrometer マイクロメーター	352a
micronucleus 小核	171a
microorganism 微生物	293b
micropyle 珠孔	168a
micropyle 卵門	390b
microscopy 顕微鏡	120b
microsome fraction ミクロソーム分画	356b
microspectrophotometer 顕微分光光度計	120b
microspore 小胞子	173b
microspore culture 小胞子培養	173b
microsporidia 微胞子虫	299b
microsporocyte 小胞子母細胞	173b
microsporogenesis 小胞子形成	173b
microsporophyll 小胞子葉	173b
microsurgery 顕微手術	120b
microtome ミクロトーム	356b
microtomy 切片法	196b
microtrabecular lattice 微小柱格子	293a
microtubule 微小管	292b
microtubule organizing center 微小管重合中心	292b
Microtus ハタネズミ属	280b
microvillus 微絨毛	292b
mictic ミキシス［の］	356b
middle lamella 中層	229a
midget 小人	132a
midparent value 両親の平均値	395b
midpiece 中片	229b
midspindle elongation 紡錘体中部の伸長	341a
migrant selection 移住者選択	25b
migration 移動	36b
migration coefficient 移動係数	36b
migration inhibition factor 遊走阻止因子	376b
Miller spread ミラー展開	359a
Miller tree ミラー樹	358b
millimicron ミリミクロン	359b
Millipore filter ミリポアフィルター	359b
MIM (*Mendelian Inheritance in Man*) ヒトメンデル遺伝カタログ	298a
mimicry 擬態	90b
MIM number MIM 番号	55b
minicell ミニセル	358b
minichromosome ミニクロモソーム	358a
minicircle ミニサークル	358b
minigene ミニジーン	358b
minimal medium 最少培地	139a
mink ミンク	359b
minority advantage 少数者有利	172b
Minos element ミノス因子	358b
minus (−) virus strands ウイルスの(−)鎖	42b
Minute	352b
Miocene 中新世	229a
Mirabilis jalapa オシロイバナ	62b
miscarriage 自然流産	157a
mischarged tRNA ミスチャージ tRNA	357a
mismatch 不適正塩基対合	314a
mismatch repair ミスマッチ修復	357a
mispairing 不適正塩基対合	314a
missense mutant ミスセンス突然変異体	357a
missing link 失われた鎖	43b
Mississippian ミシシッピー紀	357a
mistranslation 誤訳	133b
mitochondrial DNA ミトコンドリア DNA	358a
mitochondrial Eve ミトコンドリア・イブ	358a
mitochondrial syndrome ミトコンドリア症候群	358a
mitochondrion ミトコンドリア	357b
mitogen 分裂促進因子	327b
mitomycin マイトマイシン	352a
mitosis 有糸分裂	375b
mitosis promoting factor 有糸分裂促進因子	376a
mitosporangium 栄養胞子嚢	46b
mitospore 栄養胞子	46b
mitotic apparatus 分裂装置	327b
mitotic center 分裂中心	327b
mitotic chromosome 有糸分裂染色体	376a
mitotic crossover 有糸分裂交差	375b
mitotic index 分裂指数	327b

外国語索引

英語	日本語	ページ
mitotic poison	有糸分裂毒	376a
mitotic recombination	有糸分裂組換え	375b
mitotic segregation	有糸分裂分離	376a
mixis	ミキシス	356b
mixoploidy	混倍数性	137a
MLD (median lethal dose)	半数致死線量	286b
MN blood group	MN式血液型	56a
Mo (molybdenum)	モリブデン	371b
mobile genetic element	可動遺伝因子	79a
Möbius strip	メビウスの帯	364b
modal class	最多階級	139b
mode	最頻値	140a
modification	修飾	165a
modification allele	修飾対立遺伝子	165b
modification methylase	修飾メチラーゼ	165b
modified base	修飾塩基	165a
modifier	モディファイヤー	371b
modular organism	モジュール体生物	371a
modulating codon	変調コドン	336b
moi (multiplicity of infection)	感染多重度	86a
molal	質量モル濃度	158b
molar	モル濃度(体積モル濃度)	371a
mole	モル	371a
molecular biology	分子生物学	325a
molecular clock	分子時計	325a
molecular cloning	分子クローニング	324b
molecular genetics	分子遺伝学	324b
molecular hybridization	分子ハイブリダイゼーション	325a
molecular mimicry	分子擬態	324b
molecular motor	分子モーター	325a
molecular sieve	分子ふるい	325a
molecular weight	分子量	327a
molecule	分子	324b
Molony murine leukemia virus	モロニーマウス白血病ウイルス	371b
molting hormone	脱皮ホルモン	219a
moltinism	眠性	359b
molybdenum	モリブデン	371b
MoMLV (Molony murine leukemia virus)	モロニーマウス白血病ウイルス	372b
monad	一分染色体	29b
monad	単細胞生物	222b
Monarch butterfly	オオカバマダラ	61b
Monera	モネラ界	371b
monestrous mammal	単発情性哺乳動物	224b
mongolism	蒙古症	370a
Mongoloid	モンゴロイド	371b
monkey	サル	146b
monoallelic	単一対立遺伝子性[の]	221b
monocentric	一動原体[の]	29b
monochromatic light	単色光	222b
monochromatic radiation	単色放射線	222b
monocistronic mRNA	モノシストロン性mRNA	371b
monoclonal antibody	モノクローナル抗体	371b
monocyte	単球	222b
monoecious	雌雄同株[の]	166b
monoenergetic radiation	単一エネルギー放射線	221b
monogamy	単婚	222b
monogenic character	一遺伝子性形質	28b
monohybrid	一遺伝子雑種	28a
monohybrid cross	一遺伝子雑種交配	28a
monolayer	単層	223a
monolepsis	片親遺伝	78a
monomer	単量体	224b
monomorphic locus	単型の遺伝子座	222a
monomorphic population	単型の集団	222a
mononuclear leukocyte	単核白血球	222a
monophasic lethal	一相性致死	29b
monophyletic group	単系統群	222a
monoploid	一倍体	29b
monosome	モノソーム	371b
monosome	一染色体	29a
monosomy	モノソミー	371b
monospermy	単精受精	223a
monothetic group	単項分類群	222b
monotreme	単孔類	222a
monotrichous	単毛性	224b
monotypic	単型[の]	222a
monozygotic twins, uniovular twins	一卵性双生児	29b
Morgan unit	モルガン単位	371a
Mormoniella vitripennis	キョウソヤドリコバチ	97a
morph	モルフ	371a
morphogen	モルフォゲン	371a
morphogene	形態形成遺伝子	111b
morphogenesis	形態形成	111b
morphogenetic movement	形態形成運動	111b
morphogenetic stimulus	形態形成刺激	111b
morphology	形態学	111b
morphometric cytology	細胞形態計測学	140b
morula	桑実胚	206a
mosaic	モザイク	371a
mosaic development	モザイク発生	371a
mosaic evolution	モザイク進化	371a
motif	モチーフ	371b
motility symbiosis	運動共生	45b
motor protein	モータータンパク質	371a
mouse	マウス	352b
mouse genetic databases	マウス遺伝子データベース	352b
mouse inbred line	マウス近交系	352b
mouse L cell	マウスL細胞	352b
mouse satellite DNA	マウスサテライトDNA	352b
MPD (maximum permissible dose)	最大許容線量	139a
MPF (maturation promoting factor, mitosis promoting factor)		56b
M phase	M期	56b
Mr		55b
mRNA		55b
mRNA coding triplet	mRNAの暗号トリプレット	55b
MS2		
MSH (melanocyte-stimulating hormone)	メラニン細胞刺激ホルモン	365b
MSL protein	MSLタンパク質	56a
M strain	M系統	56a
MTA (mammary tumor agent)	乳がん誘発原	296b
mtDNA		56b
mtDNA lineage	mtDNA系統樹	56b
M5 technique	M5法	57a
mt mRNA		56b
MTOC (microtubule organizing center)	微小管重合中心	292b

mt rRNA	56b
mt tRNA	56b
mu	57a
mucopolysaccharide ムコ多糖	360a
mucoprotein ムコタンパク質	360a
mulatto ムラトー	361b
mule ラバ	387a
Mullerian mimicry ミュラー型擬態	358b
Muller's ratchet マラーのラチェット	354b
multifactorial 多因子性［の］	216b
multiforked chromosome 多重分岐染色体	218b
multigene family 多重遺伝子族	218a
multimer 多量体	221b
multiparous 多産［の］	218a
multiple allelism 複対立性	312a
multiple choice mating 複数選択交配	311a
multiple codon recognition 多重暗号認識	218a
multiple-event curve 多事象曲線	217b
multiple factor hypothesis 多因子仮説	216a
multiple gene 同義遺伝子	252b
multiple infection 多重感染	218a
multiple myeloma 多発性骨髄腫	220a
multiple neurofibromatosis 多発性神経線維腫症	220a
multiple transmembrane domain protein 多重膜貫通ドメインタンパク質	218b
multiplex PCR 多重PCR	218a
multiplicity of infection 感染多重度	86a
multiplicity reactivation 多重感染回復	218a
multipolar spindle 多極紡錘体	217a
multitarget survival curve 複数標的生存曲線	311a
multivalent 多価	217a
multivoltine 多化性	217a
murine ネズミ［の］	272a
murine mammary tumor virus マウス乳がんウイルス	353a
Mus musculus ハツカネズミ	281a
Musaceae バショウ科	280a
Musca domestica イエバエ	23a
muscular dystrophy 筋ジストロフィー	99b
mustard gas マスタードガス	353a
Mustela イタチ属	28a
mutable gene 易変遺伝子	37b
mutable site 易変点	38a
mutagen 突然変異原	258a
mutagenic 突然変異誘発性［の］	258b
mutagenize 突然変異を誘発する	258b
mutant 突然変異体	258a
mutant hunt 突然変異探索	258a
mutation 突然変異	258a
mutational dissection 突然変異解剖	258a
mutational hot spot 突然変異のホットスポット	258a
mutational load 突然変異荷重	258a
mutation breeding 突然変異育種	258a
mutation distance 突然変異距離	258a
mutation event 突然変異事象	258a
mutation frequency 突然変異頻度	258a
mutation pressure 突然変異圧	258a
mutation rate 突然変異率	258b
mutator gene 突然変異誘発遺伝子	258a
muton ミュートン	358b
mutual exclusion 相互排除	205b
mutualism 相利共生	209a
mutually exclusive event 相互排除事象	206a
myc	357b
mycelium 菌糸体	99b
Mycobacterium leprae	357a
Mycobacterium tuberculosis 結核菌	113a
Mycoplasma マイコプラズマ属	352a
Mycostatin マイコスタチン	352a
myelin sheath ミエリン鞘	356a
myeloblast 骨髄芽球	130b
myeloid leukemia 骨髄性白血病	130b
myeloma 骨髄腫	130b
myeloma protein 骨髄腫タンパク質	130b
Mylaran ミレラン	359b
myoglobin ミオグロビン	356a
myoglobin gene ミオグロビン遺伝子	356a
myosin ミオシン	356a
myosin gene ミオシン遺伝子	356b
myotonic dystrophy 筋緊張性ジストロフィー	99a
myriapod 多足類	218b
Mytilus edulis ムラサキイガイ	361b
myxomatosis 粘液腫症	273a
Myxomycota 変形菌門	335a

N

ν body ν ボディー	269b
ν particle ν 粒子	269b
n	53b
N	53b
NAD (nicotinamide-adenine dinucleotide) ニコチンアミドアデニンジヌクレオチド	266b
NADP (nicotinamide-adenine dinucleotide phosphate) ニコチンアミドアデニンジヌクレオチドリン酸	267a
Naegleria ネグレリア属	272a
nail patella syndrome 爪膝蓋骨症候群	206a
nalidixic acid ナリジキシン酸	265a
nanometer ナノメーター	265a
narrow heritability 狭義の遺伝率	96a
nascent polypeptide chaint 新生ポリペプチド鎖	178a
nascent RNA 新生 RNA	177b
native 在来［の］	143a
natural immunity 自然免疫	157a
natural killer cell ナチュラルキラー細胞	265a
natural selection 自然選択	156b
Nautilus オウムガイ属	61a
n_D	54a
Neandertal ネアンデルタール人	272a
Neanderthal ネアンデルタール人	272a
Nearctic 新北区	176b
nebenkern 副核	310b
negative complementation 負の相補性	315a
negative contrast technique ネガティブコントラスト法	272a
negative eugenics 負の優生学	315a
negative feedback 負のフィードバック	315a
negative gene control 負の遺伝子制御	315a
negative interference 負の干渉	315a
negative regulation 負の調節	315a

negative sense ssDNA or RNA　一本鎖DNA/RNAの(−)鎖	29b
negative staining　ネガティブ染色[法]	272a
negative supercoiling　負の超コイル	315a
neobiogenesis　生物新生説	192a
neo-Darwinism　新ダーウィン説	178a
Neogene　新第三紀	178a
Neolithic　新石器時代	178a
neomorph　ネオモルフ	272a
neomycin　ネオマイシン	272a
neontology　現生生物学	120a
neoplasm　新生物	178a
neotenin　ネオテニン	272a
neoteny　幼形成熟	379a
Neotropical　新熱帯区	178b
neuraminic acid　ノイラミン酸	274a
neurofibroma　神経線維腫	177a
neurofibromatosis　神経線維腫症	177a
neurofibromin　ニューロフィブロミン	269b
neurohormone　神経ホルモン	177b
neurohypophysis　神経下垂体	177a
neurological mutant　神経系突然変異体	177a
neuron　ニューロン	269b
neuropathy　神経障害	177a
neurosecretory sphere　神経分泌小球	177a
Neurospora crassa　アカパンカビ	2b
neurula　神経胚	177a
neutral equilibrium　中立平衡	230b
neutral mutation　中立突然変異	229a
neutral mutation-random drift theory of molecular evolution　分子進化の中立突然変異浮動説	324b
neutron　中性子	229a
neutron contrast matching technique　中性子コントラストマッチング法	229a
niacin　ナイアシン	264a
niche　ニッチ	268b
niche preclusion　地位の締出し	225a
nick　ニック	268b
nickase　ニッカーゼ	268b
nick-closing enzyme　ニック結合酵素	268b
nick translation　ニックトランスレーション	268b
Nicotiana　タバコ属	219b
nicotinamide-adenine dinucleotide　ニコチンアミドアデニンジヌクレオチド	266b
nicotinamide-adenine dinucleotide phosphate　ニコチンアミドアデニンジヌクレオチドリン酸	267a
nicotine　ニコチン	266b
nicotinic acid　ニコチン酸	267a
Niemann-Pick disease　ニーマン−ピック病	269a
nif gene　*nif* 遺伝子	269a
nigericin　ナイジェリシン	264a
Nile blue　ナイルブルー	264b
ninhydrin　ニンヒドリン	270b
nitrocellulose filter　ニトロセルロースフィルター	268b
nitrogen　窒素	226b
nitrogen fixation　窒素固定	226b
nitrogen mustard　ナイトロジェンマスタード	264b
nitrogenous base　窒素性塩基	226b
o-nitrophenyl galactoside　*o*-ニトロフェニルガラクトシド	268b
nitrous acid　亜硝酸	6a
NK cell　NK細胞	53b
node　節	312a
noise　ノイズ	274a
Nomarski differential interference microscope　ノマルスキー微分干渉顕微鏡	275b
nonbasic chromosomal protein　非塩基性染色体タンパク質	291a
noncoding　非コード[の]	292a
non-Darwinian evolution　非ダーウィン進化	294b
nondisjunction　不分離	315b
nonessential amino acid　非必須アミノ酸	299a
nonhomologous chromosome　非相同染色体	294a
noninducible enzyme　非誘導酵素	300a
nonlinear tetrad　非線形四分子	293b
non-Mendelian ratio　非メンデル比	300a
nonparental ditype　非両親型ダイタイプ	302a
nonpermissive cell　非許容細胞	291a
nonpermissive condition　非許容条件	291a
nonpolar　非極性[の]	291b
nonrandom mating　選択交配	202b
nonreciprocal recombination　非相互組換え	294a
nonreciprocal translocation　非相互転座	294a
nonrecurrent parent　一回親	29b
nonrepetitive DNA　非反復DNA	299a
nonselective medium　非選択培地	294a
nonsense codon　ナンセンスコドン	265b
nonsense mutation　ナンセンス突然変異	265b
nonsense suppressor　ナンセンスサプレッサー	265b
nonspherocytic hemolytic anemia　非球状赤血球性溶血性貧血	291a
nopaline　ノパリン	275b
NOR (nucleolus organizer region)　核小体形成体領域	74b
noradrenaline　ノルアドレナリン	275b
norepinephrine　ノルエピネフリン	275b
n orientation　*n* 方向	54a
normal distribution　正規分布	186a
normalizing selection　正常化選択	189a
normal solution　規定液	91a
norm of reaction　反応規格	287b
northern blotting　ノーザンブロッティング	275a
Nosema　ノゼマ病微胞子虫	275a
Notch	275a
Notophthalmus viridescens　ブチイモリ	313b
novobiocin　ノボビオシン	275b
NPC (nuclear pore complex)　核膜孔複合体	76a
nRNA (nuclear RNA)　核RNA	73a
N-terminal end　N末端	54a
N-terminus　N末端	54a
nuclear duplication　核重複	75a
nuclear emulsion　原子核乳剤	117a
nuclear envelope　核膜	75b
nuclear family　核家族	73b
nuclear fission　核分裂	75b
nuclear fusion　核融合	76a
nuclear pore complex　核膜孔複合体	76a
nuclear processing　核内プロセッシング	75b
nuclear processing of RNA　RNAの核内プロセッシング	15a
nuclear reactor　原子炉	117b
nuclear reprogramming　核の再プログラミング	75b

nuclear RNA 核RNA	73a
nuclear targeting signal 核移行シグナル	73a
nuclear transfer 核移入	73a
nuclease ヌクレアーゼ	271a
nucleic acid 核酸	74a
nucleic acid base 核酸塩基	74a
nuclein ヌクレイン	271a
nucleocapsid ヌクレオキャプシド	271a
nucleo-cytoplasmic ratio 核細胞質比	74a
nucleoid 核様体	76a
nucleolus 核小体	74a
nucleolus organizer region 核小体形成体領域	74b
nucleolus organizer 核小体形成体	74b
nucleon 核子	74a
nucleoplasm ヌクレオプラズム	271b
nucleoplasm 核質	74a
nucleoporin ヌクレオポリン	271b
nucleoprotein 核タンパク質	75a
nucleosidase ヌクレオシダーゼ	271a
nucleoside ヌクレオシド	271a
nucleosome ヌクレオソーム	271a
nucleotide ヌクレオチド	271a
nucleotide pair ヌクレオチド対	271a
nucleotide pair substitution ヌクレオチド対置換	271b
nucleotide sequence database ヌクレオチド配列データベース	271b
nucleus 核	73a
nuclide 核種	74a
nude mouse ヌードマウス	271a
null allele ヌル対立遺伝子	271a
null hypothesis method 帰無仮説法	92b
nulliplex ゼロ式型	198a
nullosomic ゼロ染色体［の］	198a
number of degrees of freedom 自由度数	166a
numerical taxonomy 数量分類学	181b
Nup(nucleoporin) ヌクレオポリン	271b
nurse cell 哺育細胞	338a
nutritional mutation 栄養要求突然変異	46b
nutritive chord 栄養管	46b
N value N値	54a
nystagmus 眼振	86a
nystatin ナイタチン	268a

O

O	61a
O antigen O抗原	62b
oat カラスムギ	81a
obese	64b
obligate 絶対的	195b
Occam's razor オッカムのかみそり	63a
oceanic island 大洋島	215b
ocellus 単眼	222a
ochre codon オーカーコドン	62a
ochre mutation オーカー突然変異	62a
ochre suppressor オーカーサプレッサー	62a
octad 八分子	280b
octopine オクトピン	62b
ocular albinism 眼白子症	85b
OD(optical density) 光学密度	122a
OD_{260} unit OD_{260} 単位	63a
Oenothera lamarckiana オオマツヨイグサ	61b
offspring cell 子孫細胞	157b
Ohno's hypothesis オオノの仮説	61b
oil-immersion objective 油浸対物レンズ	377b
Okazaki fragment 岡崎フラグメント	62a
Oligocene 漸新世	201b
oligo dA オリゴdA	65b
oligo dT オリゴdT	65b
oligogene オリゴジーン	65b
oligomer オリゴマー	66a
oligomycin オリゴマイシン	66a
oligonucleotide オリゴヌクレオチド	65b
oligonucleotide-directed mutagenesis オリゴヌクレオチドによる突然変異導入	65b
oligopyrene sperm 貧核精子	304a
oligosaccharide オリゴ糖	65b
oligospermia 精子減少［症］	188a
OMIM(On-line Mendelian Inheritance in Man)	61b
ommatidium 個眼	129a
ommochrome オモクローム	65a
omnipotent suppressor 全能サプレッサー	204a
oncogene がん遺伝子	82b
oncogene hypothesis がん遺伝子仮説	83a
oncogenic RNA virus 腫瘍誘発RNAウイルス	170b
oncogenic virus がんウイルス	83a
oncolytic 殺腫瘍性［の］	144b
oncomouse オンコマウス	67a
oncornavirus オンコルナウイルス	67b
one gene-one enzyme hypothesis 一遺伝子－一酵素仮説	28a
one gene-one polypeptide hypothesis 一遺伝子－一ポリペプチド仮説	28a
one-step growth experiment 一段増殖実験	29a
ONPG(*o*-nitrophenyl galactoside)	61a
ontogeny 個体発生	130a
oocyte 卵母細胞	390a
oogenesis 卵形成	388b
oogonium 生卵器	192b
oogonium 卵原細胞	388b
oolemma 卵細胞膜	388b
ooplasm 卵細胞質	388b
ootid nucleus 卵細胞核	388b
opal codon オパールコドン	64a
opaque-2	63b
open population 開放集団	71a
open reading frame オープンリーディングフレーム	64b
operator オペレーター	64b
operon オペロン	64b
operon network オペロンネットワーク	65a
opine オパイン	63b
opisthe オピステ	64a
opisthokonta オピストコンタ	64a
opportunism 日和見主義	302a
opportunistic species 日和見種	302a
opsin オプシン	64a
opsonin オプソニン	64b
optical antipodes 光学対掌体	122a
optical density 光学密度	122a
optical isomer 光学異性体	121b

外 国 語 索 引　　539

orange G　オレンジ G　67a
orangutan　オランウータン　65b
orcein　オルセイン　66a
ordered octad　定序八分子　240a
ordered tetrad　定序四分子　240a
Ordovician　オルドビス紀　66b
ORF (open reading frame)　オープンリーディングフレーム　64b
organ culture　器官培養　89b
organelle　オルガネラ　66a
organic　生体[の]　190a
organic　有機[の]　374a
organizer　オルガナイザー　66a
organogenesis　器官形成　89a
Oriental　東洋区[の]　257a
oriented meiotic division　定方向減数分裂　241b
Origin of Species　種の起原　169a
ori site　*ori* 部位　66a
ornithine cycle　オルニチン回路　66b
orphan　オーファン　64a
orphan drug　オーファンドラッグ　64a
orphan virus　オーファンウイルス　64a
orphon　オルフォン　66b
ortet　オルテット　66b
orthochromatic dye　正染色性色素　190a
orthogenesis　定向進化　238b
ortholog　オルソログ　66a
orthopteran　直翅類　231b
orthoselection　定向選択　239a
orthotopic transplantation　正位移植　186a
Oryctolagus cuniculus　アナウサギ　8b
Oryzias latipes　メダカ　362b
osmium tetroxide　四酸化オスミウム　154a
osmosis　浸透　178b
otu mutation　*otu* 突然変異　63b
Ouchterlony technique　オクタロニー法　62b
Oudin technique　ウーダン法　43b
outbreeding　異系交配　24b
outcross　異系交配　24b
outgroup　外群　68a
outlaw gene　無法者遺伝子　361b
outron　アウトロン　2a
ovariectomy　卵巣摘出　389a
ovariole　卵巣管　389a
ovary　子房　161a
ovary　卵巣　389a
overdominance　超優性　231b
overlapping code　オーバーラップ暗号　63b
overlapping gene　オーバーラップ遺伝子　63b
overlapping inversion　重複逆位　231a
overwinding　オーバーワインディング　64a
ovicide　殺卵剤　144b
oviduct　卵管　388b
oviparous　卵生[の]　389a
oviposition　産卵　148b
ovipositor　産卵管　148b
Ovis aries　ヒツジ　295a
ovisorption　卵吸収　388b
ovogenesis　卵形成　388b
ovotestis　卵精巣　389a
ovoviviparous　卵胎生[の]　389a
ovulation　排卵　278b
ovule　胚珠　277a
ovum　卵子　388b
oxidation　酸化　147a
oxidation-reduction reaction　酸化還元反応　147a
oxidative phosphorylation　酸化的リン酸化　147b
oxidoreductase　酸化還元酵素　147a
oxygen　酸素　148a
oxyhemoglobin　オキシヘモグロビン　62a
oxytocin　オキシトシン　62a
Oxytricha　オキシトリカ属　62a

P

ϕX174 virus　ϕX174 ウイルス　305a
p　290a
P　290a
P_1　290a
^{32}P　292a
p53　292a
pachynema　太糸　314a
pachytene stage　太糸期　314b
packaging　パッケージング　281b
packing ratio　詰込み比　233b
paedogenesis　幼生生殖　380b
paedomorphosis　幼形進化　379a
Paeonia californica　カリフォルニアシャクヤク　81b
PAGE (polyacrylamide gel electrophoresis)　ポリアクリルアミドゲル電気泳動　346a
pair bonding　つがい形成　233a
paired　328a
pairing segment　対合分節　213a
pair rule gene　ペアルール遺伝子　328a
Palearctic　旧北区　95a
Paleocene　暁新世　96b
Paleogene　古第三紀　130a
Paleolithic　旧石器時代　95a
paleontology　古生物学　130a
paleospecies　化石種　77a
Paleozoic　古生代　130a
Paley's watch　ペイリーの時計　329b
palindrome　パリンドローム　285a
palynology　花粉学　80a
Pan　チンパンジー属　232b
Panagrellus redivivus　283a
pancreozymin　パンクレオザイミン　285b
pandemic　汎流行性[の]　289a
panethnic　汎民族的　288b
Pangaea　パンゲア　286a
pangenesis　パンゲネシス　286a
panhypopituitarism　汎下垂体機能低下[症]　285b
panicle　円錐花序　59a
panmictic index　任意交配指数　270a
panmictic unit　任意交配単位　270b
panmixis, panmixia　任意交配　270b
panoistic ovary　無栄養室型卵巣　360b
pantothenic acid　パントテン酸　287b
papain　パパイン　283b
paper chromatography　ペーパークロマトグラフィー　332a

Papilio glaucus トラフアゲハ	259b
papillary pattern 乳頭状模様	269b
papilloma いぼ	38a
papovavirus パポーバウイルス	284a
parabiotic twins 並体結合の双生児	329a
paracentric inversion 偏動原体逆位	336b
Paracentrotus lividus	284b
paracrine 傍分泌	341a
paracrystalline aggregate 準結晶の凝集体	170b
paradigm パラダイム	284b
paraffin section パラフィン切片	284b
paragenetic 擬似遺伝的	89b
parallel evolution 平行進化	328b
paralog パラログ	285a
Paramecium ゾウリムシ属	209a
Paramecium aurelia ヒメゾウリムシ	300a
parameter 母数	342a
parametric statistics パラメトリック統計学	285a
paramutation 擬似突然変異	90a
paranemic spiral 平行らせん	329a
parapatric 側所的	209a
parapatric speciation 側所的種分化	209a
paraphyletic 側系統[の]	209a
Parascaris equorum ウマの回虫	44b
parasexuality 擬似有性	90a
parasitemia 寄生虫血症	90a
parasitic DNA 寄生 DNA	90a
parasitism 寄生	90a
parathyroid hormone 副甲状腺ホルモン	311a
paratope パラトープ	284b
Parazoa 側生動物亜区	209b
parenchyma 実質	158a
parenchyma 柔組織	165b
parental ditype 両親型ダイタイプ	395b
parental imprinting 親による刷込み	65a
parent-offspring conflict theory 親子間対立説	65a
parity 出産経歴	168b
paroral cone パロラルコーン	285b
pars amorpha 無構造部分	360a
parsimony principle 最節約原理	139a
pars intercerebralis 脳間部	274a
Parthenium argentatum グワユール	109b
parthenocarpy 単為結実	221b
parthenogenesis 単為生殖	221b
partial denaturation 部分変性	315b
partial diploid 部分二倍体	315b
partial dominance 部分優性	315b
particle-mediated gene transfer 粒子による遺伝子導入	395b
particulate inheritance 粒子遺伝	395b
parturition 分娩	326a
Pascal's pyramid パスカルの三角形	280a
PAS procedure (periodic acid Schiff procedure) PAS 法	280b
passage number 継代数	111b
passenger 乗客	171a
passive equilibrium 受動平衡	168b
passive immunity 受動免疫	169a
Patau syndrome パトー症候群	283a
patent period 顕性期	119b
paternal inheritance 父性遺伝	312b
paternal-X inactivation 父性 X 染色体不活性化	312b
path coefficient analysis 経路係数分析	112b
pathogenic 病原性[の]	301a
pathovar 病原型	300b
patroclinous 傾父性[の]	112b
Pax gene *Pax* 遺伝子	281b
P22 bacteriophage P22 バクテリオファージ	298b
P blood group P 式血液型	292b
pBR322	299a
PCR (polymerase chain reaction) ポリメラーゼ連鎖反応	348b
PDGF (platelet-derived growth factor) 血小板由来成長因子	114b
pea エンドウ	59a
Peckhammian mimicry ペッカム型擬態	330a
Pecten irradians	330a
pectic acid ペクチン酸	329b
pectin ペクチン	329b
pedigree 系図	111b
pedigree selection 系統選択	112b
pedogenesis 幼生生殖	380b
pelargonidin monoglucoside ペラルゴニジンモノグルコシド	333b
Pelargonium zonale ゼラニウム	197a
Pelecypoda 斧足綱	312b
P element P 因子	290b
P element transformation P 因子形質転換	291a
Pelger-Huet anomaly ペルゲル-ヒュエ異常	334b
Pelger nuclear anomaly ペルゲル核異常	334b
pellagra ペラグラ	333b
Pelomyxa ペロミクサ属	335a
penetrance 浸透度	178b
penicillin ペニシリン	331b
penicillinase ペニシリナーゼ	331b
penicillin enrichment technique ペニシリン濃縮法	331b
penicillin selection technique ペニシリン選択法	331b
Penicillium notatum アオカビ	2b
penicilloic acid ペニシロン酸	331b
Pennsylvanian ペンシルベニア紀	335b
pentose phosphate pathway ペントースリン酸経路	337a
pepsin ペプシン	332a
peptidase ペプチダーゼ	332a
peptide ペプチド	332a
peptide bond ペプチド結合	332a
peptidyl-RNA binding site ペプチジル-RNA 結合部位	332a
peptidyl transferase ペプチジルトランスフェラーゼ	332a
PER	290a
perdurance 潜伏持続	204a
perennation, perennial 多年生[の]	219b
perfect flower 完全花	86a
perfusion 灌流	87a
pericarp 果皮	79b
pericentric inversion 挟動原体逆位	97a
periclinal 周縁[の]	163b
periclinal chimera 周縁キメラ	163a
perikaryon 周核体	163b
perinuclear cisterna 核周辺槽	74b
period	302a

periodic acid Schiff procedure	過ヨウ素酸シッフ法	80b
periodicity	周期性	163b
periodic table	周期表	163b
peripatric	縁生性	59a
peripatric speciation	縁生的種分化	59a
Peripatus	カギムシ属	73a
peripherin	ペリフェリン	334a
peristalsis	ぜん動	203b
perithecium	子嚢殻	159b
peritoneal sheath	腹膜鞘	312a
peritrichous	周毛性[の]	166b
permeability	透過性	252b
permease	パーミアーゼ	284a
Permian	二畳紀	268a
permissible dose	許容線量	98b
permissive cell	許容細胞	98b
permissive condition	許容条件	98b
permissive temperature	許容温度	98b
Peromyscus	シロアシネズミ属	175a
peroxisome	ペルオキシソーム	334a
PEST sequence	PEST 配列	330a
pet, PET		330a
petite	プチ	313a
Petri dish	ペトリ皿	331a
Pfu DNA polymerase	*Pfu* DNA ポリメラーゼ	291a
pg		292b
pH		332a
phaeomelanin	フェオメラニン	309a
Phaeophyta	褐藻植物門	79a
phaeoplast	フェオプラスト	309a
phage	ファージ	305a
phage conversion	ファージ変換	305b
phage cross	ファージのかけ合わせ	305a
phage induction	ファージ誘導	305b
phagocyte	食細胞	174a
phagocytosis	食作用	174a
phagolysosome	ファゴリソソーム	305a
phagosome	ファゴソーム	305a
phalloidin	ファロイジン	306b
phallotoxin	ファロトキシン	306b
phanerogam	顕花植物	116b
Phanerozoic	顕生累代	120a
phantom	ファントム	307a
pharmacogenetics	薬理遺伝学	373a
pharming	ファーミング	306a
phase contrast microscope	位相差顕微鏡	27a
phaseolin	ファセオリン	305a
Phaseolus	インゲンマメ属	38a
Phe(phenylalanine)	フェニルアラニン	291a
phene	遺伝の表現型	35b
phenetic taxonomy	表型の分類学	300b
phenocopy	表現型模写	301a
phenocritical period	形質発現臨界期	111a
phenogenetics	形質遺伝学	110b
phenogram	表形図	300b
phenogroup	表現型群	300b
phenomic lag	表現遅延	301a
phenon	フェノン	309a
phenotype	表現型	300b
phenotypic lag	表現遅延	301a
phenotypic mixing	表現型混合	300b
phenotypic plasticity	表現型可変性	300b
phenotypic sex determination	非遺伝的性決定	290b
phenotypic variance	表現型分散	300b
phenylalanine	フェニルアラニン	309a
phenylketonuria	フェニルケトン尿症	309a
phenylthiocarbamide	フェニルチオカルバミド	309a
phenylthiourea	フェニルチオ尿素	309b
pheoplast	フェオプラスト	309a
pheromone	フェロモン	309b
Philadelphia choromosome	フィラデルフィア染色体	308a
philopatric	定住性[の]	240a
phloem	師部	160a
phocomelia	アザラシ状奇形	5b
phosphate bond energy	リン酸結合エネルギー	397a
phosphodiester	ホスホジエステル	342a
phosphodiesterase I	ホスホジエステラーゼ I	342a
phospholipid	リン脂質	397a
phosphorescence	りん光	397a
phosphorus	リン	396b
phosphorylation	リン酸化	397a
phosvitin	ホスビチン	342a
photoactivated crosslinking	光活性化による架橋	291b
photoautotroph	光[合成]独立栄養生物	123a
photoelectric effect	光電効果	126b
photographic rotation technique	回転重ね焼き法	69b
photolyase	フォトリアーゼ	310a
photolysis	光分解	127b
photomicrography	顕微鏡写真法	120b
photon	光子	124a
photoperiodism	光周性	124a
photophosphorylation	光リン酸化	128b
photoreactivating enzyme	光回復酵素	121b
photoreactivation	光回復	121b
photoreceptor	光受容体	124a
photosynthesis	光合成	123a
phototroph	光合成生物	123a
phototropism	屈光性	102b
phragmoplast	隔膜形成体	76b
Phycomyces	ヒゲカビ属	291b
phyletic evolution	系統進化	112a
phyletic speciation	系統的種分化	112a
PhyloCode	フィロコード	308b
phylogenetic tree	系統樹	112a
phylogeny	系統発生	112a
phylum	門	371b
Physarum polycephalum	モジホコリカビ	371a
physical map	物理的地図	314b
physiological saline	生理[的]食塩水	192b
physiology	生理学	192b
phytochrome	フィトクロム	307b
phytohemagglutinin	フィトヘマグルチニン	307b
phytohormone	植物ホルモン	174b
phytokinin	フィトキニン	307b
Phytophthora infestans		307b
phytotron	ファイトトロン	305b
P_i		290a
pI		290a
picornavirus	ピコルナウイルス	292a
piebald	まだら動物	354a
Pieris	シロチョウ属	175b

pig 豚	312b
pigeon ハト	283a
piknosis 核濃縮	75b
pilin ピリン	303a
pillotinas ピロチナス	303b
pilus, (*pl.*) pili 線毛	204b
pin 長花柱花	230a
pinocytosis 飲作用	38a
pinosome ピノソーム	299a
pioneer 先駆生物	198b
PIR databases (Protein Information Resources databases) PIR データベース	290b
pistil 雌ずい	155a
pistillate 雌ずいだけ[の]	155a
Pisum sativum エンドウ	59a
pitch ピッチ	295b
pith 髄	180a
Pithecanthropus erectus 直立猿人	231b
pituitary dwarfism 下垂体性小人症	76b
pituitary gland 脳下垂体	274a
pK	291b
PKU (phenylketonuria) フェニルケトン尿症	309a
placebo 偽薬	92b
placenta 胎盤	215a
placoderms 板皮類	288b
plant growth regulator 植物成長制御物質	174a
Plantae 植物界	174b
plantain プランテーン	319b
plaque プラーク	316b
plaque assay プラーク検定	317a
plaque-forming cell プラーク形成細胞	317a
plasma プラズマ	317a
plasmablast 形質細胞芽球	110b
plasma cell 形質細胞	110b
plasmacytoma 形質細胞腫	110b
plasmagene 細胞質遺伝子	141b
plasmalemma 形質膜	111b
plasma lipoprotein 血漿リポタンパク質	114b
plasma membrane 原形質膜	117a
plasma protein 血漿タンパク質	114a
plasma thromboplastin component 血漿トロンボプラスチン成分	114a
plasma transferrin 血漿トランスフェリン	114a
plasmid プラスミド	317a
plasmid cloning vector プラスミドクローニングベクター	317b
plasmid conduction プラスミド導入	317b
plasmid donation プラスミド供与	317b
plasmid engineering プラスミド工学	317b
plasmid fusion プラスミド融合	317b
plasmin プラスミン	317b
plasminogen プラスミノーゲン	317b
plasmodesma 原形質連絡	117a
Plasmodium プラスモジウム属	317b
plasmodium 変形体	335a
plasmogamy 原形質融合	117a
plasmon プラズモン	317b
plasmosome 真正核小体	177b
plasmotomy 断裂	224b
plastid 色素体	151b
plastome プラストーム	317a
plastome-genome incompatibility プラストーム-ゲノム不和合性	317a
plastoquinone プラストキノン	317b
plate プレート	320a
platelet 血小板	114a
platelet-derived growth factor 血小板由来成長因子	114b
plate tectonics プレートテクトニクス	320a
plating プレーティング	320a
plating efficiency 平板効率	329a
platyrrhine 広鼻猿類[の]	127a
playback experiment プレイバック実験	320a
plectonemic spiral 撚糸型らせん	273b
pleiomorphism 多面表現型性	221a
pleiotropy 多面発現	221a
Pleistocene 更新世	124b
pleomorphic 多形態[の]	217b
plesiomorphic 祖先形質[の]	210b
Pleurodeles トゲイモリ属	258a
pleuropneumonia-like organism 牛肺疫菌様微生物	95b
Pliocene 鮮新世	201b
plumage pigmentation gene 羽毛色素形成遺伝子	44b
pluripotent 多能[の]	219b
plus and minus technique プラスマイナス法	317a
plus and minus viral strand ウイルスの(＋)鎖と(－)鎖	42b
P-M hybrid dysgenesis P-M 交雑発生異常	291a
pneumococcal pneumonia 肺炎球菌性肺炎	276b
pneumococcal transformation 肺炎連鎖球菌の形質転換	276b
pod corn 皮付きトウモロコシ	82b
podophyllin ポドフィリン	344b
Podospora anserina	344b
point mutation 点突然変異	251a
Poisson distribution ポアソン分布	338a
pokeweed mitogen ヤマゴボウ分裂促進因子	373b
poky	341a
pol I, II, III	348b
polar 極性[の]	98a
polar body 極体	98a
polar fusion nucleus 融合極核	374b
polar gene conversion 極性遺伝子変換	98a
polar granule 極顆粒	97b
polarity gradient 極性勾配	98a
polarity mutant 極性突然変異体	98a
polarization microscope 偏光顕微鏡	335a
polar nuclei 極核	97b
polaron ポラロン	345b
polar tubule 極微小管	98a
pole cell 極細胞	98a
Polish wheat ポーランドコムギ	345b
pollen grain 花粉粒	80a
pollen mother cell 花粉母細胞	80a
pollen-restoring gene 花粉回復遺伝子	80a
pollen tube 花粉管	80a
pollination 受粉	169a
polocyte ポロサイト	349a
polocyte 極細胞	98a
polyacrylamide gel ポリアクリルアミドゲル	345b
polyacrylamide gel electrophoresis ポリアクリルアミドゲル電気泳動	346a
polyadenylation ポリアデニル化	346a

外国語索引	
polyandry　一雌多雄	29b
poly-A tail　ポリA鎖	346a
polycentric chromosome　多動原体染色体	219a
polycentromeric chromosome　多動原体染色体	219a
polycistronic mRNA　ポリシストロン性mRNA	346a
polyclonal　ポリクローナル	346a
polyclone　ポリクローン	346a
Polycomb	346a
polycomplex　ポリコンプレックス	346b
polycystic kidney disease　多発性嚢胞腎	220a
polycythemia　多血球血症	217b
polydactyly　多指症	217b
polyembryony　多胚形成	219b
polyene antibiotic　ポリエン抗生物質	346a
polyestrous mammal　多発情性哺乳動物	220a
polyethylene glycol　ポリエチレングリコール	346a
polyfusome　ポリフューゾーム	348a
polygamy　複婚	311a
polygene　ポリジーン	346b
polygenic character　ポリジーン形質	346b
polyglucosan　ポリグルコサン	346a
polygyny　一雄多雌	29b
polyhedrin　ポリヘドリン	348b
polylinker site　ポリリンカー部位	348b
polymer　ポリマー	348a
polymerase　ポリメラーゼ	348b
polymerase chain reaction　ポリメラーゼ連鎖反応	
polymerization　重合	164a
polymerization start site　重合開始部位	164b
polymorphic locus　多型的遺伝子座	217b
polymorphism　多型性	217a
polymorphonuclear leukocyte　多形核白血球	217a
polyneme hypothesis　多糸仮説	217b
polynucleotide　ポリヌクレオチド	347b
polynucleotide kinase　ポリヌクレオチドキナーゼ	347b
polynucleotide phosphorylase　ポリヌクレオチドホスホリラーゼ	347b
polyoma virus　ポリオーマウイルス	346a
polyp　ポリプ	348b
polypeptide　ポリペプチド	348b
polyphasic lethal　多相性致死	218b
polyphenism　表現型多型	300b
polypheny　多面発現	221a
polyphyletic group　多系統群	217b
polyploid　倍数体	277b
polyploidy　倍数性	277b
polyprotein　ポリタンパク質	346b
polyribonucleotide phosphorylase　ポリリボヌクレオチドホスホリラーゼ	348b
polyribosome　ポリリボソーム	348b
polysaccharide　多糖	219a
polysomaty　体細胞多倍数性	213b
polysome　ポリソーム	346b
polysomy　多染色体性	218b
polyspermy　多精受精	218b
Polysphondylium pallidum　シロカビモドキ	175b
polytene chromosome　多糸[性]染色体	217b
polytenization　多糸化	217b
polythetic group　多項分類群	217b
polytopic　多所性[の]	218b
polytrophic meroistic ovary　多栄養室型栄養卵巣	217a
polytypic species　多型種	217a
pome　ナシ状果	265a
Pompe disease　ポンペ病	349b
Pongidae　ショウジョウ科	171b
Pongo pygmaeus　オランウータン	65b
popcorn　ポップコーン	344b
population　集団	165b
population biology　集団生物学	166a
population cage　集団飼育箱	166a
population density　集団密度	166a
population doubling level　集団倍加レベル	166a
population doubling time　集団倍加時間	166a
population genetics　集団遺伝学	165b
population structure　集団構造	166a
porcine　豚	312b
porphyrin　ポルフィリン	348b
positional candidate approach　位置的候補遺伝子探索法	29a
positional cloning　ポジショナルクローニング	342a
position effect　位置効果	28b
positive assortative mating　正の同類交配	191b
positive control　正の制御	191b
positive eugenics　積極的優生学	194b
positive feedback　正のフィードバック	191b
positive gene control　正の遺伝子制御	191b
positive interference　正の干渉	191b
positive sense ssDNA or RNA　ssDNAまたはRNAの(+)鎖	49b
positive supercoiling　正の超コイル	191b
positron　陽電子	381a
postcoitum　交尾後	127a
postmating isolation mechanism　交配後隔離機構	127a
postmeiotic fusion　減数分裂後融合	119b
postmeiotic segregation　減数分裂後分離	119b
postreductional disjunction　還元後分離	83b
postreplication repair　複製後修復	311b
posttranscriptional processing　転写後プロセッシング	250a
posttranslational processing　翻訳後プロセッシング	351a
posttranslational sorting　翻訳後選別	351a
postzygotic isolation mechanism　接合後隔離機構	195a
potassium　カリウム	81b
potato　ジャガイモ	162a
potato virus Y　ジャガイモYウイルス	162b
Potorous tridactylus　ネズミカンガルー	272b
POU genes　POU遺伝子群	291a
poultry breed　家禽品種	73a
PP	299a
P particle　P粒子	302b
pp60c-src	299a
P1 phage　P1ファージ	290b
P22 phage　P22ファージ	299a
PPLO (pleuropneumonia-like organism)　牛肺疫菌様微生物	95b
pp60v-src	299a
Prader-Willi syn-drome　プラダー-ウィリ症候群	318a
PRD domain　PRDドメイン	290a
PRD repeat　PRDリピート	290a
preadaptation　前適応	203b
pre-adoptive parents　前養子関係の親	204a

Precambrian　先カンブリア時代 …………… 198b
precursor ribosomal RNA　リボソーム RNA 前駆体 394a
preferential association　優先結合 ………… 376b
preformation　前成説 ………………………… 202a
preimplantation genotyping　着床前遺伝子型判定 228a
premating isolation mechanism　接合前隔離機構 …… 195a
premature initiation　完了前複製開始 ……… 87b
prematurely condensed chromosome　早熟凝縮染色体
　………………………………………………… 206a
premessenger RNA　プレメッセンジャー RNA … 320b
prenylation　プレニル化 ……………………… 320b
prepatent period　前顕生期 ………………… 198b
prepattern　プレパターン …………………… 320b
preprimosome　プレプライモソーム ………… 320b
prepupal period　前蛹期 …………………… 204b
prereductional disjunction　還元前分離 …… 83b
preribosomal RNA　プレリボソーム RNA ……… 320b
presenillins (PS1 and PS2)　プレセニリン (PS1, PS2)
　………………………………………………… 320a
presumptive　予定運命［の］ ………………… 382b
prezygotic isolation mechanism　接合前隔離機構 195a
Pribnow box　プリブナウボックス
　………………………………………………… 319b
primaquine-sensitivity　プリマキン感受性 …… 319b
primary culture　一次培養 …………………… 29a
primary immune response　一次免疫応答 … 29a
primary ionization　一次電離 ………………… 28b
primary nondisjunction　一次不分離 ………… 29a
primary sex ratio　一次性比 ………………… 28b
primary sexual character　一次性徴 ……… 28b
primary speciation　一次種分化 …………… 28b
primary structure　一次構造 ………………… 28b
primary transcript　転写一次産物 ………… 250a
primase　プライマーゼ ……………………… 316a
primate　霊長類 ……………………………… 400a
primed　初回刺激を受けた ………………… 174a
primed synthesis technique　プライマーを用いた合成法
　………………………………………………… 316b
primer DNA　プライマー DNA ……………… 316a
primer RNA　プライマー RNA ……………… 316a
primer walking　プライマーウォーキング …… 316a
primordial dwarfism　始原性小人症 ……… 153b
primordium　原基 …………………………… 116b
primosome　プライモソーム ………………… 316b
Primula　サクラソウ属 ……………………… 143a
prion　プリオン ……………………………… 319b
Pro (proline)　プロリン ……………………… 290a
probability of an event　事象の確率 ……… 154b
probability value　確率値 …………………… 76a
proband　発端者 …………………………… 344a
proband method　発端者法 ………………… 344a
probe　プローブ ……………………………… 322b
procaryote　原核生物 ……………………… 116b
Procaryotes　原核生物超界 ………………… 116b
processed gene　プロセッシングされた遺伝子 321b
processing　プロセッシング ………………… 321b
processive enzyme　プロセッシブ酵素 …… 321b
Prochloron　プロクロロン …………………… 321a
proctodone　プロクトドン …………………… 321a
procumbent　平伏［の］ ……………………… 329b
productive infection　生産的感染 ………… 188a
productivity　生産力 ………………………… 188a

proenzyme　プロ酵素 ………………………… 321b
proflavin　プロフラビン ……………………… 323a
progenitor　祖先 ……………………………… 210b
progenote　プロゲノート ……………………… 321b
progeny　子孫 ………………………………… 157a
progeny test　後代検定 ……………………… 126a
progeria　早老症 ……………………………… 209a
progesterone　プロゲステロン ……………… 321a
progestin　プロゲスチン ……………………… 321a
progestogen　プロゲストゲン ………………… 321a
prognosis　予後 ……………………………… 382b
programmed cell death　プログラム細胞死 … 321b
proinsulin　プロインスリン …………………… 321a
prokaryon　原核 ……………………………… 116b
prokaryote　原核生物 ………………………… 116b
Prokaryotes　原核生物超界 ………………… 116b
prolactin　プロラクチン ……………………… 323b
proline　プロリン ……………………………… 323b
promiscuous DNA　乱交雑 DNA …………… 388b
promitochondria　プロミトコンドリア ………… 323a
promoter　プロモーター ……………………… 323a
pronase　プロナーゼ ………………………… 322b
pronucleus　前核 ……………………………… 198b
proofreading　プルーフリーディング ………… 320b
pro-oocyte　始原卵母細胞 …………………… 153b
propagule　胎芽 ……………………………… 212a
properdin pathway　プロパージン経路 ……… 322b
prophage　プロファージ ……………………… 322b
prophage attachment site　プロファージ付着部位 … 323a
prophage induction　プロファージ誘導 ……… 323a
prophage-mediated conversion　プロファージ介在性変
　換 ……………………………………………… 322b
prophase　前期 ……………………………… 198b
proposita　発端者 …………………………… 344a
prosimian　原猿 ……………………………… 116b
Prosobranchiata　前鰓亜綱 ………………… 199a
prospective significance　予定意義 ……… 382b
prostaglandin　プロスタグランジン ………… 321b
prosthetic group　補欠分子族 ……………… 341b
protamine　プロタミン ………………………… 321b
protan　赤色色覚異常 ……………………… 194a
protandry　雄性先熟 ………………………… 376b
protanomaly　第一色弱 ……………………… 212a
protanopia　第一色盲 ………………………… 212a
protease　プロテアーゼ ……………………… 322b
protein　タンパク質 …………………………… 223b
protein clock hypothesis　タンパク質時計仮説 … 224a
protein database　タンパク質データベース … 224a
protein engineering　タンパク質工学 ……… 223b
protein kinase　プロテインキナーゼ ………… 322b
proteinoid　プロテノイド ……………………… 322b
protein sorting　タンパク質選別 …………… 224a
protein splicing　タンパク質スプライシング … 223b
protein structure　タンパク質の構造 ……… 224a
proteolytic　タンパク質分解［の］ …………… 224b
proteome　プロテオーム ……………………… 322b
proteosome　プロテアソーム ………………… 322a
proter　プロター ……………………………… 321b
Proterozoic　原生代 ………………………… 120a
prothallus, prothalium　前葉体 …………… 204b
prothetely　プロセテリー …………………… 321b

prothoracic gland　前胸腺	198b
prothoracicotropic hormone　前胸腺刺激ホルモン	198b
prothrombin　プロトロンビン	322b
protist　原生生物	119b
protocooperation　原始共同	117a
Protoctista　原生生物界	119b
protogyny　雌性先熟	156b
protomer　プロトマー	322b
protomitochondria　プロトミトコンドリア	322b
proton　陽子	380a
proto-oncogene　プロトオンコジーン	322b
protoplasm　原形質	117a
protoplast　原形質体	117a
protoplast fusion　原形質体融合法	117a
Protostomia　前口動物	198b
prototroph　原栄養体	116b
Protozoa　原生動物	120a
provirus　プロウイルス	321a
proximal　基部[の]	92a
Prunus　サクラ属	143a
pseudoallele　偽対立遺伝子	90b
pseudoautosomal gene　偽常染色体遺伝子	90a
Pseudocoelomata　擬体腔動物	90b
pseudocopulation　擬似交接	89b
pseudodiploid　偽二倍体	91a
pseudodominance　偽優性	95a
pseudoextinction　偽絶滅	90b
pseudogamy　偽受精生殖	90a
pseudogene　偽遺伝子	88a
pseudohermaphroditism　偽雌雄同体性	90a
Pseudomonas　シュードモナス属	169a
pseudotumor　擬似腫瘍	89b
pseudouridine　プソイドウリジン	312b
pseudovirion　偽ウイルス粒子	89a
pseudo-wild type　偽野生型	94a
psilophytes　古生マツバラン類	130a
P site　P部位	299a
psoralen　ソラレン	212b
P strain　P系統	291b
^{32}P suicide　^{32}P 自殺法	292a
psychosis　精神病	189b
PTC (phenylthiocarbamide, plasma thromboplastin component)	295b
pteridine　プテリジン	314b
pteridophytes　シダ植物	157b
pteroylglutamic acid　プテロイルグルタミン酸	314b
pterygote　有翅昆虫類	375b
PTTH (prothoracicotropic hormone)　前胸腺刺激ホルモン	198b
Pu (purine)	300a
puff　パフ	283b
pulse-chase experiment　パルス-チェイス実験	285a
pulsed-field gradient gel electrophoresis　パルスフィールド勾配ゲル電気泳動	285a
pulvillus　褥盤	174b
punctuated equilibrium　断続平衡	223a
Punnett square　パンネットのスクエア[法]	287b
pupal period　蛹期	379a
puparium formation　囲蛹殻形成	38a
pupation　蛹化	379a
purebred　純系[の]	170b
pure culture　純粋培養	171a
pure line　純系	170b
purine　プリン	319b
puromycin　ピューロマイシン	300a
pv.	299a
P value　確率値	76a
PWS (Prader-Willi syndrome)　プラダー-ウィリ症候群	318a
Py (pyrimidine)	304a
pycnosis　核濃縮	75b
pyloric stenosis　幽門狭窄	377a
pyocin　ピオシン	291a
pyrenoid　ピレノイド	303a
pyrethrin　ピレトリン	303b
pyridoxal phosphate　ピリドキサールリン酸	302b
pyridoxine　ピリドキシン	302b
pyrimidine　ピリミジン	302b
pyrimidine dimer　ピリミジン二量体	302b
pyronin Y　ピロニンY	303b
pyrrole molecule　ピロール分子	304a

Q

q	94b
Q_{10}	95b
Qa	95b
Q-band　Qバンド	95b
Qβ phage　Qβファージ	95b
Qβ replicase　Qβレプリカーゼ	95b
QTL (quantative trait loci)	95b
quadrivalent　四価[の]	383a
quadruplex　四重式	154b
quail　ウズラ	43b
quantasome　クオンタソーム	101b
quantitative character　量的形質	396b
quantitative inheritance　量的遺伝	395b
quantum speciation　非連続種分化	303b
quartet　四分子	160b
Quaternary　第四紀	215b
quaternary protein structure　タンパク質の四次構造	224b
Quercus　コナラ属	131b
quick-stop　クイックストップ	101b
quinacrine　キナクリン	91a
quinone　キノン	92a

R

ρ factor　ρ因子	405a
ρ-independent terminator　ρ非依存性ターミネーター	406a
r	14a
R	14a
rabbit　ウサギ	43b
Rabl orientation　ラブル配向	387a
race　品種	304a
raceme　総状花序	206a
rad (radiation absorbed dose)	386b
Radiata　放射相称動物	340a

radiation	放射	339a
radiation absorbed dose	放射線吸収線量	339b
radiation chimera	放射線キメラ	339b
radiation dosage	放射線量	340a
radiation genetics	放射線遺伝学	339b
radiation-induced chromosomal aberration	放射線誘発染色体異常	340a
radiation sickness	放射能症	340b
radiation unit	放射線単位	339b
radical scavenger	ラジカルスカベンジャー	386a
radioactive decay	放射性崩壊	339b
radioactive isotope	放射性同位体	339b
radioactive series	放射性崩壊系列	339b
radioactivity	放射能	340b
radioautograph	ラジオオートグラフ	386a
radiobiology	放射線生物学	339b
radiogenic element	放射性崩壊生成元素	339b
radiograph	放射線写真	339b
radioimmunoassay	ラジオイムノアッセイ	386a
radiological survey	放射線調査	340a
radiomimetic chemical	放射線類似作用化学物質	340a
radioresistance	放射線抵抗性	340a
radiotracer	放射性トレーサー	339b
radon	ラドン	386b
RAG-1, *RAG-2*		384b
ramet	ラミート	387a
Rana	アカガエル属	2b
r and K selection theory	rとKの選択理論	17b
random assortment	任意組合わせ	270b
random genetic drift	遺伝的浮動	35b
random mating	任意交配	270b
random primer	ランダムプライマー	389a
random sample	無作為標本	360b
random sampling error	無作為標本抽出誤差	360b
random-X inactivation	ランダムX不活性化	389b
Ranunculus	キンポウゲ属	100b
Raphanobrassica	ラファノブラシカ	387a
rapidly reannealing DNA	急速再アニールDNA	95b
rapidly reassociating DNA	急速再対合DNA	95b
rapid-lysing mutant	迅速溶菌突然変異体	178a
rare base	微量塩基	302b
rare earth	希土類	91a
Rassenkreis	連繋群	403a
rat	ラット	386b
rat kangaroo	ネズミカンガルー	272b
Rattus	クマネズミ属	103b
Rauscher leukemia virus	ラウシャー白血病ウイルス	384b
R band	Rバンド	18a
RBC (red blood cell)	赤血球	194b
rbc genes	*rbc* 遺伝子群	18a
RBE (relative biological effectiveness)	生物学的効果比	191b
rDNA		17a
rDNA amplification	rDNA増幅	17a
reading	読みとり	382b
reading frame	読み枠	382b
reading frame shift	読み枠のずれ	382b
reading mistake	読み違い	382b
readthrough	リードスルー	393a
reannealing	再アニーリング	138a
reassociation	再結合	138b
reassociation kinetics	再結合反応速度論	138b
reassortant virus	再集合ウイルス	138b
recapitulation	反復発生	288b
RecA protein	RecAタンパク質	400b
receptor element	受容体因子	169b
receptor-mediated endocytosis	受容体介在性エンドサイトーシス	169b
receptor-mediated translocation	受容体介在性トランスロケーション	170a
receptosome	レセプトソーム	400b
recessive complementarity	劣性相補性	401a
recessive gene	劣性遺伝子	401a
recessive lethal	劣性致死	401a
reciprocal cross	正逆交雑	186b
reciprocal hybrid	正逆雑種	186b
reciprocal recombination	相互組換え	205b
rec⁻ mutant	rec⁻突然変異体	401a
recognition protein	認識タンパク質	270b
recoil energy	反跳エネルギー	287a
recombinant	組換え体	103b
recombinant DNA	組換えDNA	103b
recombinant DNA technology	組換えDNA技術	103b
recombinant inbred line	組換え近交系	103b
recombinant joint	組換え結合部	103b
recombinant RNA technology	組換えRNA技術	103b
recombination	組換え	103b
recombination frequency	組換え頻度	104a
recombination hot-spot	組換えのホットスポット	104a
recombination mapping	組換え地図作製	103b
recombination nodule	組換え結節	103b
recombination repair	組換え修復	103b
recombination suppression	組換え抑制	104a
recombinator	リコンビネーター	392a
recon	レコン	400b
record of performance	能力記録	275a
recurrence risk	再発危険率	140a
recurrent parent	反復親	288b
red blood cell	赤血球	194b
red fox	アカギツネ	2b
Red Queen hypothesis	赤の女王仮説	2b
reductase	還元酵素	83b
reduction	還元	83b
reduction division	還元分裂	83b
reductionism	還元説	83b
reductive evolution	縮小進化	168a
redundant cistron	多重複シストロン	219a
redundant code	重複暗号	231a
refractive index	屈折率	102b
regeneration	再生	139a
regression coefficient	回帰係数	68a
regression line	回帰直線	68a
regressive evolution	退行的進化	212b
regulation	調節	230b
regulative development	調節発生	230b
regulator element	調節因子	230b
regulator gene	調節遺伝子	230b
regulatory sequence	調節配列	230b
regulon	レギュロン	400a
reiterated gene	反復遺伝子	288b

rejection 拒絶	98b
relational coiling 相関コイル	205a
relative biological effectiveness 生物学的効果比	191b
relative molecular mass 相対分子質量	206b
relative plating efficiency 相対平板培養効率	207a
relaxation complex 弛緩複合体	151a
relaxation of selection 選択の弛緩	203a
relaxation protein 弛緩タンパク質	151a
relaxed control 緩和調節	87b
release factor 解離因子	71b
releaser リリーサー	396b
releasing factor 解離因子	71b
relic coil 残存コイル	148b
relict 遺存種	28a
relief レリーフ	402b
rem (roentgen equivalent man) レム	402b
renaturation 再生	139a
Renner complex レナー複合体	401b
reovirus レオウイルス	400a
rep (roentgen equivalent physical) レントゲン等価物理量	401b
repair 修復	166b
repair synthesis 修復合成	166b
rep DNA	402b
repeat 反復	288a
repeated epitope 反復エピトープ	288a
repeated gene family 反復遺伝子族	288a
repeating unit 反復単位	288a
repetition frequency 反復頻度	288b
repetitious DNA 反復DNA	288a
repetitive gene 反復遺伝子	288a
replacement site 置換部位	226a
replacement vector 置換ベクター	226a
replica plating レプリカ平板法	402a
replicase レプリカーゼ	402a
replication 複製	311b
replication bubble 複製の泡	311b
replication-defective virus 複製欠損ウイルス	311b
replication eye 複製眼	311b
replication fork 複製フォーク	311b
replication of DNA DNA複製	237a
replication origin 複製開始点	311b
replication rate 複製速度	311b
replicative form 複製型	311b
replicator レプリケーター	402a
replicon レプリコン	402a
replicon fusion レプリコン融合	402b
replisome レプリソーム	402b
reporter gene レポーター遺伝子	402b
rep protein rep タンパク質	401b
representation 代表性	215b
repressible enzyme 抑制酵素	382b
repressible system 抑制系	382b
repressing metabolite 抑制性代謝産物	382b
repression 抑制	382b
repressor リプレッサー	393a
reproduction probability 生殖確率	189a
reproductive death 増殖死	206b
reproductive isolation 生殖の隔離	189b
reproductive potential 生殖能	189b
reproductive success 繁殖成功度	286b
repulsion 相反	207b
RER (rough surfaced endoplasmic reticulum) 粗面小胞体	211a
RES (reticuloendothelial system) 細網内皮系	142b
residual genotype 残余遺伝子型	148b
residual homology 残余相同性	148b
residue 残基	147b
resistance factor 耐性因子	214a
resistance gene 抵抗性遺伝子	239a
resistance transfer factor 耐性伝達因子	214a
resolvase リゾルベース	392b
resolving power 分解能	323b
resource tracking 資源追跡	153b
respiration 呼吸	129a
respiratory pigment 呼吸色素	129a
responder 応答者	61a
resting cell 静止細胞	188a
resting nucleus 静止核	188a
restitution 復旧	314a
restitution nucleus 復旧核	314a
restricted transduction 制限形質導入	187a
restriction 制限	187a
restriction allele 制限対立遺伝子	187a
restriction and modification model 制限および修飾モデル	187a
restriction endonuclease 制限酵素	187a
restriction fragment 制限酵素断片	187b
restriction fragment length polymorphism 制限酵素断片長多型	187b
restriction map 制限酵素地図	188a
restriction site 制限部位	188a
restrictive condition 制限条件	188a
restrictive transduction 制限形質導入	187a
reticulate evolution 網状進化	370a
reticulocyte 網状赤血球	370a
reticuloendothelial system 細網内皮系	142b
retina 網膜	370a
retinal レチナール	402b
retinitis pigmentosum 色素性網膜炎	151b
retinoblastoma 網膜芽細胞腫	370a
retinoic acid レチノイン酸	400b
retinol レチノール	400b
retrodiction 過去予測	76b
retrogene レトロ遺伝子	401a
retrogression 退行	212a
retroposon レトロポゾン	401b
retroregulation 逆制御	93a
retrovirus レトロウイルス	401a
reversal 逆戻り	94a
reverse genetics 逆遺伝学	92b
reverse loop pairing 反転ループ対合	287b
reverse mutation 復帰突然変異	314a
reverse selection 逆選択	93a
reverse transcriptase 逆転写酵素	94a
reverse transcription 逆転写	94a
reversion 復帰	314a
revertant 復帰突然変異体	314a
reverted Bar 復帰棒眼	314a
R_f	15b
RF	15b
R factor R因子	14a

外国語索引 547

RFLP (restriction fragment length polymorphism) 制限酵素断片長多型	187b	RNA (ribonucleic acid) リボ核酸	393a
Rhesus factor リーサス因子	392a	RNAase RNAアーゼ	14b
rhesus monkey アカゲザル	2b	RNA coding triplet RNA暗号トリプレット	14b
rheumatoid factor リウマチ因子	391a	RNA-dependent DNA polymerase RNA依存性DNAポリメラーゼ	14b
Rh factor Rh因子	14a	RNA-dependent RNA polymerse RNA依存性RNAポリメラーゼ	14b
Rhizobium リゾビウム属	392a	RNA-driven hybridization RNA駆動ハイブリダイゼーション	14b
Rhizopoda 根足虫門	136b	RNA editing RNA編集	15a
rhodamine B ローダミンB	405b	RNA gene RNA遺伝子	14b
rhodaminylphalloidin ローダミンファロイジン	405b	RNAi (RNA interference) RNA干渉	14b
rhodoplast ロドプラスト	406a	RNA interference RNA干渉	14b
rhodopsin ロドプシン	406a	RNA ligase RNAリガーゼ	15b
RhoGAM	405b	RNA-P I, II, III	15a
Rhynchosciara	397b	RNA phage RNAファージ	15a
RIA (radioimmunoassay) ラジオイムノアッセイ	386a	RNA polymerase RNAポリメラーゼ	15a
riboflavin リボフラビン	395a	RNA processing RNAプロセッシング	15a
riboflavin phosphate リボフラビンリン酸	395a	RNA puff RNAパフ	15a
ribonuclease リボヌクレアーゼ	394b	RNA replicase RNAレプリカーゼ	15b
ribonuclease A リボヌクレアーゼA	394b	RNase RNアーゼ	14a
ribonuclease P リボヌクレアーゼP	394b	RNase protection RNアーゼプロテクション	14b
ribonuclease T1 リボヌクレアーゼT1	394b	RNA splicing RNAスプライシング	15a
ribonucleic acid リボ核酸	393a	RNP (ribonucleoprotein) リボ核タンパク質	393b
ribonucleoprotein リボ核タンパク質	393b	Robertsonian translocation ロバートソン[型]転座	406a
ribonucleotide リボヌクレオチド	394b	rod 桿状体	85b
ribose リボース	393b	Roentgen レントゲン	403b
ribosomal binding site リボソーム結合部位	394a	roentgen equivalent physical レントゲン等価物理量	404b
ribosomal DNA リボソームDNA	394a	rogue 不良実生	319b
ribosomal DNA amplification リボソームDNA増幅	394a	rolling circle ローリングサークル	406a
ribosomal protein リボソームタンパク質	394a	*Romalea microptera*	406a
ribosomal RNA リボソームRNA	394a	Roman square ローマン方格	406a
ribosomal RNA gene リボソームRNA遺伝子	394a	root cap 根冠	136a
ribosomal stalling リボソームの途中停止	394a	root hair 根毛	137b
ribosome リボソーム	393b	root nodule 根粒	137b
ribosomes of organelles オルガネラのリボソーム	66b	*Rosa* バラ属	284b
5-ribosyluracil 5-リボシルウラシル	393b	Rose chamber ローズ培養器	405b
ribothymidine リボチミジン	394b	rotational base substitution 旋回性塩基置換	198a
ribozyme リボザイム	393b	rotation technique 回転法	70b
ribulose-1,5-bisphosphate carboxylase-oxygenase リブロース-1,5-ビスリン酸カルボキシラーゼ-オキシゲナーゼ	393b	rough surfaced endoplasmic reticulum 粗面小胞体	211a
rice イネ	37b	Rous sarcoma virus ラウス肉腫ウイルス	384b
Ricinus communis トウゴマ	254b	royal hemophilia 王室血友病	61a
rickets くる病	106b	RP (retinitis pigmentosum) 色素性網膜炎	151b
Rickettsia リケッチア属	391a	R17 phage R17ファージ	16b
Rickettsia prowazekii	391b	R plasmid Rプラスミド	18b
rifampicin リファンピシン	393b	*rpo*	18a
rifamycin リファマイシン	393b	rRNA	14a
rift リフト	393b	rRNA transcription unit rRNA転写単位	14a
rift 地溝	226a	r strategy r戦略	16b
right splicing junction スプライス部位右端	184b	RSV (Rous sarcoma virus) ラウス肉腫ウイルス	384a
RI line 組換え近交系	103b	$R_0 t$	405b
ring canal 環状管	85a	rtDNA	17b
ring chromosome 環状染色体	85b	RTF (resistance transfer factor) 耐性伝達因子	214a
ringer リンゲル	397a	rTU (rRNA transcription unit) rRNA転写単位	14a
Ringer solution リンゲル液	397a	RuBisCO (ribulose-1,5-bisphosphate carboxylase-oxygenase) リブロース-1,5-ビスリン酸カルボキシラーゼ-オキシゲナーゼ	399b
RING finger リングフィンガー	397a		
ring gland 環状腺	85a		
RK	16a	ruffled edge 波うち縁	265a
R loop Rループ	19a		
R-loop mapping Rループマッピング	19a		

runner　葡萄枝 …………………………………… 344b
runting disease　ラント病 ……………………… 389a
rut　発情 ………………………………………… 282a

S

Σ ………………………………………………… 152b
σ factor　σ 因子 ………………………………… 152b
σ replication　σ 型複製 ………………………… 152b
σ virus　σ ウイルス …………………………… 152b
s ………………………………………………… 49a
S ………………………………………………… 49a
S_1, S_2, S_3, ……………………………………… 49a
^{35}S ……………………………………………… 49b
Saccharomyces cerevisiae　パン酵母 …………… 286a
SAGE(serial analysis of gene expression)　連続遺伝子発現解析法 …………………………………… 49b
Saint-Hilaire hypoth-esis　サンチレール仮説 …… 148a
salivary gland chromosome　唾腺染色体 ……… 218b
salivary gland squash preparation　唾腺押しつぶし標本 ………………………………………… 218b
S allele　S 対立遺伝子 …………………………… 50a
Salmo　タイセイヨウサケ属 …………………… 214a
Salmonella　サルモネラ属 ……………………… 147a
saltation　跳躍進化 ……………………………… 231b
saltatory replication　跳躍複製 ………………… 231b
salt linkage　塩結合 ……………………………… 58b
salvage pathway　再利用経路 ………………… 143b
samesense mutation　同義突然変異 …………… 252b
sampling error　標本誤差 ……………………… 302a
Sandhoff disease　サンドホフ病 ……………… 148a
Sanger-Coulson method　サンガー-クールソン法 … 147a
saprobe　腐生生物[菌] ………………………… 312b
saprophyte　腐生植物 ………………………… 312b
sarcoma　肉腫 ………………………………… 266a
sarcomere　サルコメア ………………………… 146b
sarcosome　サルコソーム ……………………… 146b
sat DNA(satellite DNA)　サテライト DNA …… 144b
satellite　付随体 ………………………………… 312a
satellite DNA　サテライト DNA ……………… 144b
satellite RNA　サテライト RNA ……………… 144b
sat RNA(satellite RNA)　サテライト RNA …… 144b
saturation density　飽和密度 ………………… 341a
saturation hybridization　飽和ハイブリダイゼーション ………………………………………… 341a
scaffold　骨格 ………………………………… 130b
scanning electron microscope　走査型電子顕微鏡 … 206a
scanning hypothesis　走査仮説 ………………… 206a
scape　花茎 ……………………………………… 76a
scatter diagram　散布図 ……………………… 148b
scattering　散乱 ………………………………… 148b
SCE(sister chromatid exchange)　姉妹染色分体交換 ………………………………………… 161b
Schiff reagent　シッフ試薬 …………………… 158a
Schistocerca gregaria　サバクトビバッタ …… 145b
schistosomiasis　住血吸虫症 …………………… 164a
schizogony　シゾゴニー ………………………… 157b
schizont　シゾント ……………………………… 157b
schizophrenia　統合失調症 …………………… 254b
Schizophyllum　スエヒロタケ属 ……………… 181b

Schizosaccharomyces pombe　分裂酵母 ……… 327a
Schwann cell　シュワン細胞 ………………… 170b
Sciara　クロキノコバエ属 …………………… 107a
scintillation counter　シンチレーションカウンター ………………………………………… 178a
scission　切断 ………………………………… 195b
scleroprotein　硬タンパク質 ………………… 126a
scrapie　スクレーピー病 …………………… 181b
scurvy　壊血病 ………………………………… 68b
scutellum　小楯板 …………………………… 171b
scutellum　胚盤 ……………………………… 278a
SD ………………………………………………… 50a
SDS(sodium dodecyl sulfate)　ドデシル硫酸ナトリウム ………………………………………… 259b
SD sequence(Shine-Dalgarno sequence)　SD 配列 … 50a
SDS-PAGE technique　SDS-PAGE 法 ………… 50a
SE, S.E.(standard error)　標準誤差 ………… 301a
Se ………………………………………………… 49a
sea floor spreading　海洋底拡大 ……………… 71a
Searle translocation　サール転座 …………… 146b
seasonal isolation　季節的隔離 ………………… 90a
sea urchin　ウニ ……………………………… 44a
secondary constriction　二次狭窄 …………… 267a
secondary DNA　二次的 DNA ………………… 267b
secondary gametocyte　二次生殖母細胞 ……… 267a
secondary immune response　二次免疫応答 … 267b
secondary nondisjunction　二次不分離 ……… 267b
secondary protein structure　タンパク質の二次構造 ………………………………………… 224b
secondary sex ratio　二次性比 ……………… 267b
secondary sexual character　二次性徴 ……… 267b
secondary speciation　二次種分化 …………… 267a
second cousin　またいとこ ………………… 354a
second division segregation ascus pattern　第二分裂分離子嚢パターン …………………………… 215a
second filial generation　雑種第二代 ………… 144a
second messenger　セカンドメッセンジャー … 193b
second site mutation　第二点突然変異 ……… 215a
secretin　セクレチン ………………………… 194b
secretion　分泌 ……………………………… 326a
Secretor gene　分泌型遺伝子 ………………… 326a
secretory vesicle　分泌小胞 ………………… 326a
sedimentation coefficient　沈降係数 ………… 232a
seed　種子 …………………………………… 168a
seeding efficiency　播種効率 ………………… 280a
segmental alloploid　部分異質倍数体 ……… 315a
segmental interchange　部分交換 …………… 315b
segmented genome　分節状ゲノム …………… 325b
segment identity gene　体節決定遺伝子 …… 214a
segment polarity gene　セグメントポラリティー遺伝子 ………………………………………… 194a
segregational lag　分離遅延 ………………… 326a
segregational load　分離荷重 ………………… 326a
segregational petite　分離型プチ …………… 326a
segregation distortion　分離ひずみ ………… 326b
segregation of chromosome　染色体の分離 … 200b
segregation of gene　遺伝子の分離 …………… 33b
segregation ratio distortion　分離比のひずみ … 326b
selectin　セレクチン ………………………… 197b
selection　選択 ……………………………… 202a
selection coefficient　選択係数 ……………… 202b

selection differential	選択差	202b	
selection pressure	選択圧	202a	
selective advance	選択による進歩	203a	
selective mediun	選択培地	203a	
selective neutrality	選択的中立	203a	
selective plating	選択平板培養	203a	
selective silencing	選択的不活性化	203a	
selective system	選択系	202b	
selective variant	選択的変異体	203a	
selector gene	選択遺伝子	202a	
self	自家	150a	
self-assembly	自己集合	153b	
self-compatible	自家和合性[の]	151a	
self-fertilization	自家受精	150b	
self-incompatibility	自家不和合性	151a	
selfish DNA	利己的 DNA	391b	
selfish operon	利己的オペロン	391b	
self-pollination	自家受粉	150b	
self-splicing rRNA	自己スプライシング rRNA	153b	
self-sterility	自家不稔性(植物), 自家不妊性(動物)	151a	
self-sterlity gene	自家不稔性遺伝子	151a	
SEM (scanning electron microscope)	走査型電子顕微鏡	206a	
semelparity	一回繁殖	29b	
semen	精液	186b	
semiconservative replication	半保存的複製	288b	
semidiscontinuous replication	半不連続的複製	288b	
semidominance	半優性	288b	
semidwarf	半わい性[の]	289a	
semigeographic speciation	側所的種分化	209b	
semilethal mutation	半致死突然変異	287a	
seminiferous tubule dysgenesis	精細管形成不全	188a	
semiochemistry	セミオ化学	197a	
semipermeable membrane	半透膜	287b	
semispecies	半種	286b	
semisterility	半不稔性, 半不妊性	288b	
semisynthetic antibiotic	半合成抗生物質	286a	
Sendai virus	センダイウイルス	202a	
sense codon	センスコドン	202a	
sense strand	センス鎖	202a	
sensitive developmental period	発生の感受期	282b	
sensitive volume	有効容積	375b	
sensitizing agent	増感剤	205a	
sepal	がく片	75b	
sepiapterin	セピアプテリン	196b	
septal fission	隔壁分裂	75b	
sequence	配列[決定]	278b	
sequencer	シーケンサー	153b	
sequence tagged site	配列タグ部位	278b	
Ser (serine)	セリン	197a	
SER (smooth-surfaced endoplasmic reticulum)	滑面小胞体	79b	
serial analysis of gene expression	連続遺伝子発現解析法	403b	
serial homology	連続相同性	403b	
serial symbiosis theory	連続共生説	403b	
sericin	セリシン	197a	
sericulture	養蚕	380a	
serine	セリン	197a	
serine protease	セリンプロテアーゼ	197a	
serology	血清学	114b	
serotonin	セロトニン	198a	
serotype	血清型	114b	
serotype transformation	血清型転換	114b	
serum	血清	114b	
seta	剛毛	128a	
sevenless		197a	
Sewall Wright effect	セウォールライト効果	192b	
sex	性	186a	
sex cell	性細胞	188a	
sex chromatin	性染色質	189b	
sex chromosome	性染色体	190a	
sex comb	性櫛	189b	
sex-conditioned character	従性形質	165b	
sex determination	性決定	187a	
sexduction	伴性導入	286b	
sex factor	性因子	187a	
sex hormone	性ホルモン	192b	
sex index	性指数	188b	
sex-influenced character	従性形質	165b	
sex-limited character	限性形質	119b	
sex-limited protein	限性タンパク質	120a	
sex linkage	伴性	286b	
sex pilus	性線毛	190a	
sex ratio	性比	191b	
sex ratio organism	性比生物	191b	
sex reversal	性転換	191a	
sexual differentiation	性分化	192a	
sexual dimorphism	性的二型性	191a	
sexual isolation	性的隔離	191a	
sexually antagonistic gene	性的拮抗遺伝子	191a	
sexual reproduction	有性生殖	376a	
sexual selection	性選択	190a	
sexuparous	有性生殖[の]	376a	
Sey		186a	
SGSI		50a	
shadow casting	シャドウイング法	162b	
shearing	せん断	203a	
sheep	緬羊	369a	
shifting balance theory	推移平衡理論	180a	
Shine-Dalgarno sequence	シャイン-ダルガーノ配列	162a	
Shope papilloma virus	ショープパピローマウイルス	175a	
short-day plant	短日植物	222b	
short-period interspersion	短周期散在	222b	
short term memory consolidation	短期記憶の固定	222a	
shotgun experiment	ショットガン実験	174a	
shuttle vector	シャトルベクター	162b	
sib (sibling)	同胞	160a	
sibling	同胞	256b	
sibling species	同胞種	256b	
sibmating	同胞交配	256b	
sibship	同胞群	256b	
sickle-cell anemia	鎌状赤血球貧血症	80b	
sickle-cell hemoglobin	鎌状赤血球ヘモグロビン	80b	
sickle-cell trait	鎌状赤血球形質	80a	
siderophilin	シデロフィリン	159a	
Sievert	シーベルト	160b	
signal hypothesis	シグナル仮説	152a	
signal peptide	シグナルペプチド	152b	

signal recognition particle　シグナル認識粒子	152a
signal sequence　シグナル配列	152b
signal transduction　シグナル伝達	152a
significance of result　結果の有意性	113a
silent allele　沈黙対立遺伝子	232a
silent mutation　沈黙突然変異	232a
silk　絹	91a
silkworm　カイコ	68b
Silurian　シルル紀	175a
simian sarcoma virus　サル肉腫ウイルス	147a
simian virus　シミアンウイルス	161b
simian virus 40　シミアンウイルス40	161b
simple-sequence DNA　単純配列DNA	222b
simplex　単式	222b
Sinanthropus pekinensis　北京原人	329b
SINE	49b
single-copy plasmid　単一コピープラスミド	221b
single-event curve　単一事象曲線	221b
single-nucleotide polymorphism　一塩基多型	28a
single-strand assimilation　一本鎖の同化	30a
single-stranded DNA binding protein　一本鎖DNA結合タンパク質	30a
single-strand exchange　一本鎖交換	29b
sire　種雄	220b
sister chromatid　姉妹染色分体	161b
sister chromatid cohesion protein　姉妹染色分体接着タンパク質	161b
sister chromatid exchange　姉妹炎色分体交換	161b
sister group　姉妹群	161a
sister-strand crossover　姉妹鎖交差	161a
site　部位	307a
site-specific recombination　部位特異的組換え	307b
site-specified mutagenesis　部位特異的突然変異誘発	307b
skeletal DNA hypothesis　骨格DNA仮説	130b
sliding filament theory　滑り説	185a
slow component　遅い成分	63a
slow stop mutant　遅延停止突然変異体	225b
Slp (sex-limited protein)	49b
small angle X-ray diffraction　小角X線回折	171a
small cell lung carcinoma　小細胞肺がん	171b
small cytoplasmic RNA　細胞質低分子RNA	141b
Small eye	185b
small nuclear ribonucleoprotein　核内低分子リボ核タンパク質	75a
small nuclear RNA　核内低分子RNA	75a
small nucleolar RNA　核小体低分子RNA	75a
smallpox virus　天然痘ウイルス	251b
Smittia	185b
smooth endoplasmic reticulum　滑面小胞体	79a
smut　黒穂病	108a
snail fever　カタツムリ熱	78a
snapdragon　キンギョソウ	99a
sneak synthesis　スニーク合成	183b
snoRNA (small nucleolar RNA)　核小体低分子RNA	75a
SNP	183b
snRNA (small nuclear RNA)	49b
snRNP (small nuclear ribonucleoprotein)　核内分子リボ核タンパク質	75a
S1 nuclease　S1 ヌクレアーゼ	49a
snurposome　スナーポソーム	183b
social Darwinism　社会ダーウィニズム	162a
social evolution　社会進化	162a
sociobiology　社会生物学	162a
SOD (superoxide dismutase)　スーパーオキシドジスムターゼ	183b
sodium　ナトリウム	265a
sodium dodecyl sulfate　ドデシル硫酸ナトリウム	259a
sodium lauryl sulfate　ラウリル硫酸ナトリウム	384b
Sogin's first sym-biont　ソーギンの最初の共生生物	209a
solenoid structure　ソレノイド構造	211b
solution hybridization　溶液ハイブリダイゼーション	379a
soma　体細胞	213a
somatic cell　体細胞	213a
somatic cell genetic engineering　体細胞遺伝子工学	213a
somatic cell genetics　体細胞遺伝学	213a
somatic cell hybrid　体細胞雑種	213a
somatic crossing over　体細胞交差	213a
somatic doubling　体細胞倍加	213b
somatic mutation　体細胞突然変異	213b
somatic pairing　体細胞対合	213b
somatic recombination　体細胞組換え	213a
somatoclonal variation　体細胞クローン変異	213a
somatocrinin　ソマトクリニン	211a
somatostatin　ソマトスタチン	211a
somatotropin　ソマトトロピン	211a
sonicate　超音波破砕[物]	230a
Sordaria fimicola	211a
sorting　選別	204a
sorting signal　選別シグナル	204a
SOS box　SOS ボックス	49b
SOS response　SOS 応答	49b
South Africa clawed frog　アフリカツメガエル	9b
Southern blotting　サザンブロッティング	143b
soybean　大豆	214a
spaced training　間隔をおいた訓練	83a
spacer DNA　スペーサーDNA	185a
specialized transduction　特殊形質導入	257b
speciation　種分化	169a
species　種	163a
species group　種群	168a
species selection　種選択	168b
species transformation　種転換	168a
specific activity　比放射能	299b
specific immune suppression　特異的免疫抑制	257b
specific ionization　比電離能	295b
specificity　特異性	257b
specificity factor　特異性因子	257b
specimen screen　標本スクリーン	302a
spectrin　スペクトリン	184b
spectrophotometer　分光光度計	324b
spelt　スペルトコムギ	185a
S period　S期	49b
sperm　精子	188a
spermateleosis　精子完成	188a
spermatheca　貯精嚢	231b
spermatid　精細胞	188a
spermatocyte　精母細胞	192b
spermatogenesis　精子形成	188a
spermatogonia　精原細胞	188a

Spermatophyta 種子植物	168a	stable isotope 安定同位体	20b
spermatozoon 精子	188a	stacking スタッキング	182a
sperm bank 精子銀行	188a	staggered cut 付着末端切断	314a
spermiogenesis 精子完成	188a	stamen 雄ずい	376a
sperm polymorphism 精子多型	188b	standard deviation 標準偏差	301b
sperm sharing 精子分配	188b	standard error 標準誤差	301b
Sphaerocarpos ダンゴゴケ属	222b	standard type 標準型	301b
S phase S 期	49b	Stanford–Binet test スタンフォード–ビネーテスト	182a
sphenophytes トクサ類	257b		
spheroplast スフェロプラスト	184b	*Staphylococcus aureus* 黄色ブドウ球菌	61a
sphingomyelin スフィンゴミエリン	184a	starch デンプン	251b
sphingosine スフィンゴシン	184a	start codon 開始コドン	69b
spike 穂状花序	180a	start point 開始点	69a
spikelet 小穂	172b	start site 開始部位	69a
spinal bulbar muscular atrophy 球脊髄性筋萎縮症	95a	stasigenesis 安定進化	20b
		stasipatric speciation 定所的種分化	240a
spindle 紡錘体	340b	stasis 停滞	240a
spindle attachment region 紡錘糸付着領域	340b	stationary phase 定常期	240a
spindle fiber 紡錘糸	340b	statistic 統計量	253a
spindle fiber attachment region 紡錘糸付着領域	340b	statistical error 統計学的過誤	253a
spindle fiber locus 紡錘糸付着領域	340b	statistics 統計学	252b
spindle poison 紡錘体阻害剤	341a	steady-state system 定常状態系	240a
spindle pole body 紡錘体極体	341a	stem cell 幹細胞	83b
spiral cleavage らせん卵割	386a	stem structure ステム構造	182a
spirochaeta スピロヘータ	184a	stereochemical structure 立体化学的構造	392b
spirocheta スピロヘータ	184a	stereoisomer 立体異性体	392b
spiroplasma スピロプラズマ	184a	sterile 不稔[の](植物), 不妊[の](動物)	315a
splice junction スプライス部位	184b	sterile 無菌[の]	360a
spliceosome スプライセオソーム	184b	sterile male technique 不妊雄放飼法	315a
splicing スプライシング	184b	sterilization 不稔化(植物), 不妊化(動物)	315a
splicing homeostasis スプライシングによる恒常性	184b	sterilization 滅菌	364a
split gene 分断遺伝子	326a	steroid ステロイド	182b
sp.n.	50a	steroid receptor ステロイド受容体	182b
spontaneous generation 偶然発生	101b	steroid sulfatase gene ステロイドスルファターゼ遺伝子	182b
spontaneous mutation 自然突然変異	157a	sterol ステロール	182b
spontaneous reaction 自発的反応	160a	sticky end 付着末端	313b
sporangium 胞子嚢	339a	stigma 柱頭	229b
spore 胞子	339a	stillbirth 死産	154a
spore mother cell 胞子母細胞	339a	stochastic process 確率過程	76a
sporogenesis 胞子形成	339a	stock 系統	112a
sporophyte 胞子体	339a	stock 台木	212a
Sporozoa 胞子虫綱	339a	stop codon 終止コドン	165a
sporozoite スポロゾイト	185a	strand displacement DNA 鎖置換	235a
sporulation 胞子形成	339a	strand-specific hybridization probe 鎖特異的ハイブリダイゼーションプローブ	144b
spreading position effect 波及位置効果	279a		
src	143a	strand terminology 鎖の用語法	145a
SRO (sex ratio organism) 性比生物	191b	stratigraphic time division 層序学的時代区分	206b
SRP (signal recognition particle) シグナル認識粒子	152b	streak plating 画線接種	75a
5S rRNA	128b	streptavidin ストレプトアビジン	183a
5.8S rRNA	131a	*Streptocarpus* ウシノシタ属	43b
16S rRNA	167a	*Streptococcus* 連鎖球菌属	403a
16S, 18S, 23S, 28S rRNA	167b	streptolydigin ストレプトリジギン	183a
5S rRNA gene 5S rRNA 遺伝子	128b	*Streptomyces* 放線菌属	341a
SRY	49a	streptomycin ストレプトマイシン	183a
SSC (sister-strand crossover) 姉妹鎖交差	161a	streptomycin suppression ストレプトマイシン抑制	183a
ssDNA	49b	streptonigrin ストレプトニグリン	183a
SSU rRNA (small subunit rRNA)	49b	stress fiber ストレスファイバー	182b
stabilizing selection 安定化選択	20b	stringency ストリンジェンシー	182b
stable equilibrium 安定平衡	20b	stringent control 緊縮調節	99b

stringent response　緊縮応答	99b
stroma　ストロマ	183b
stromatolite　ストロマトライト	183b
Strongylocentrotus purpuratus	183b
strontium 90　ストロンチウム 90	183b
structural change　構造変化	126a
structural gene　構造遺伝子	125b
structural heterozygote　構造的ヘテロ接合体	126a
structural protein　構造タンパク質	125b
struggle for existence　生存競争	190a
STS (sequence tagged site)　配列タグ部位	278b
STS gene　STS遺伝子	50a
Student's *t* test　スチューデントの *t* 検定	182a
style　花柱	78b
Stylonychia　スチロニキア属	182a
subculture　継代培養	111b
subdioecy　亜雌雄異株性	6a
sublethal gene　亜致死遺伝子	7a
submetacentric　次中部動原体[の]	158a
subpopulation　分集団	325b
subspecies　亜種	6a
substitutional load　置換荷重	225b
substitution vector　置換ベクター	226a
substrain　亜系	5a
substrate　基質	89b
substrate-dependent cell　基質依存性細胞	90a
substrate race　基質品種	239b
substratum　底質	239b
subvital mutation　低活性突然変異	238b
sucrose　ショ糖	174b
sucrose gradient centrifugation　ショ糖密度勾配遠心分離法	174b
Sudan black B　スーダンブラック B	182a
sue mutation　*sue* 突然変異	50a
sugar　糖	252a
suicide genes　自殺遺伝子	154a
Sulawesi　スラウェシ	185b
sulfanilamide　スルファニルアミド	185b
sulfatide lipidosis　スルファチドリピドーシス	185b
sulfur　硫黄	23a
sulfur-containing amino acid　含硫アミノ酸	87b
sulfur-dependent thermophile　硫黄依存好熱菌	23a
sulfur mustard　サルファマスタード	147a
supercoiling　スーパーコイル	184a
superfemale　超雌	230a
supergene　超遺伝子	229b
supergene family　遺伝子スーパーファミリー	32a
superhelix　高次らせん	124b
superinfection　重感染	163b
supermale　超雄	231b
SUPERMAN	184a
supernatant　上清	172b
supernumerary chromosome　過剰染色体	76b
superovulation　過剰排卵	76b
superoxide anion　スーパーオキシドアニオン	183b
superoxide dismutase　スーパーオキシドジスムターゼ	183b
superrepression　超抑制	231b
superspecies　上種	171b
supersuppressor　超抑制遺伝子	231b
supervital mutation　超活性突然変異	230a
suppression　抑制	382a
suppressor-enhancing mutation　サプレッサー昂進突然変異	145b
suppressor mutation　サプレッサー突然変異	145b
suppressor T cell　サプレッサー T 細胞	145b
surface-dependent cell　表面依存性細胞	302a
surrogate mother　代理母	216a
survival of the fittest　適者生存	244b
survival value　生存価	190a
suspension culture　浮遊培養	316a
Sus scrofa　ブタ	312b
Sv (Sievert)　シーベルト	50a
SV40 (simian virus 40)　シミアンウイルス 40	161b
Svedberg　スベドベリ	185a
sweepstakes route　ばくち経路	279b
sweet corn　スイートコーン	181a
swine　ブタ	312b
switch gene　スイッチ遺伝子	181a
switching site　切換え部位	98b
swivelase　スウィベラーゼ	181b
symbiogenesis　共生発生	96b
symbiont　共生生物	96b
symbiosis　共生	96b
symbiotic theory of the origin of undulipodia　波動毛の起源に関する共生説	283a
symbols used in human cytogenetics　ヒトの細胞遺伝学上の記号	297b
symmetrical replication　対称的複製	214a
sympatric speciation　同所的種分化	255b
sympatric species　同所種	255b
sympatry　同所性	255b
symplesiomorphic character　共有祖先形質	97b
synapomorphic character　共有派生形質	97b
synapsis　対合	212b
synapsis-dependent allelic complementation　対合依存性対立遺伝子相補	212b
synaptonemal complex　対合複合体	212b
syncaryon　融合核	374b
syncytium　融合細胞	374b
syndactyl　合指	124a
syndrome　症候群	171b
Synechocystis	159b
synergid　助細胞	174b
synergism　相乗作用	206a
synezesis　収縮期	165a
syngamy　配偶子合体	277b
syngen　シンゲン	177b
syngeneic　同系[の]	253a
syngraft　同系移植片	252b
synizesis　収縮核	165a
synkaryon　融合核	374b
synomone　シノモン	160a
synonym　異名	38a
synonymous codons　同義コドン	252b
syntenic gene　シンテニー遺伝子	178b
synthetase　シンテターゼ	178b
synthetic lethal　合成致死	125b
synthetic linker　合成リンカー	125b
synthetic polyribonucleotide　合成ポリリボヌクレオチド	125a
systematics　体系学	212a

T

英語	日本語	ページ
θ replication	θ型複製	157b
t		234a
t		234a
T		234a
tachyauxesis	優成長	376b
tachytelic evolution	急進化	95a
tandem duplication	縦列重複	167a
tandem repeat	縦列反復	167a
T antigen	T抗原	238b
Taq DNA polymerase	*Taq* DNAポリメラーゼ	219a
target number	標的の数	301b
target organ	標的の器官	301b
target theory	標的の説	301b
target tissue	標的の組織	301b
tassel	雄穂	377a
taste blindness	味盲	358b
TATA box	TATAボックス	218b
TATA box-binding protein	TATAボックス結合タンパク質	219a
tautomeric shift	互変異性転位	133a
tautomerism	互変異性	132b
taxon, (*pl.*) taxa	分類群	327a
taxonomic category	分類学的階級	327a
taxonomic congruence	分類学的一致	326b
taxonomic extinction	分類学的絶滅	327a
taxonomist	分類学者	326b
taxonomy	分類学	326b
Tay-Sachs disease	テイ-サックス病	239b
T box gene	Tボックス遺伝子	241b
TBP(TATA box-binding protein)	TATAボックス結合タンパク質	219a
TCA(trichloroacetic acid)	トリクロロ酢酸	261b
TCA cycle	TCAサイクル	239b
T cell	T細胞	239a
T4 cell, T8 cell	T4細胞, T8細胞	242a
T cell receptor gene	T細胞受容体遺伝子	239b
T cell receptor	T細胞受容体	239a
T complex	T複合体	241b
Tc1/mariner element	Tc1/マリナー因子	239b
TCR(T cell receptor)	T細胞受容体	239a
T-DNA		240b
T4 DNA ligase	T4 DNAリガーゼ	242a
T4 DNA polymerase	T4 DNAポリメラーゼ	242a
tektin	テクチン	244b
teleology	目的論	371b
teleonomy	合目的性	128b
telestability	遠隔安定性作用	58a
telocentric chromosome	端部動原体染色体	224b
telolecithal egg	端黄卵	222a
telomerase	テロメラーゼ	246b
telomere	テロメア	246a
telomere-led chromosome movement	テロメアに先導された染色体運動	246b
telomeric silencing	テロメアサイレンシング	246b
telophase	終期	163b
telotrophic meroistic ovary	端栄養型卵巣	222a
telson	尾節	293b
TEM(transmission electron microscope)	透過型電子顕微鏡	252b
TEM(triethylene melamine)	トリエチレンメラミン	234b
temperate phage	溶原性ファージ	379b
temperature sensitive mutation	温度感受性突然変異	67b
template	鋳型	24a
template strandm	鋳型鎖	24a
template switching	鋳型スイッチ	24a
temporal isolation	時間的隔離	151a
teosinte	ブタモロコシ	313a
tepa	テパ	245b
teratocarcinoma	テラトカルシノーマ	246a
teratogen	催奇形因子	138a
teratoma	テラトーマ	246a
terminal chiasma	末端キアズマ	354a
terminal deletion	末端欠失	354a
terminalization	末端化	354a
terminal redundancy	末端重複	354a
terminal taxa	末端分類群	354a
terminal transferase	ターミナルトランスフェラーゼ	221a
termination codon	終止コドン	165a
termination factor	終結因子	164a
termination hairpin	終結ヘアピン	164a
termination sequence	終結配列	164a
terminator	ターミネーター	221a
territoriality	なわばり性	265b
territory	なわばり	265b
Tertiary	第三紀	213b
tertiary base paire	三次塩基対	147b
tertiary nucleic acid structure	核酸の三次構造	74a
tertiary protein structure	タンパク質の三次構造	224b
tessera	テッセラ	245a
test cross	検定交雑	120b
tester strain	検定系統	120b
testicular feminization	精巣性女性化症	190a
testis, (*pl.*) testes	精巣	190a
testosterone	テストステロン	244b
test-tube baby	試験管ベビー	153a
tetra-allelic	四対立遺伝子[の]	383b
tetracycline	テトラサイクリン	245a
tetrad	四分子	160b
tetrad	四分染色体	160b
tetrad analysis	四分子分析	160b
tetrad segregation type	四分子分離型	160b
tetrahydrofolate	テトラヒドロ葉酸	245a
Tetrahymena	テトラヒメナ	245b
tetramer	四量体	383b
tetramine	テトラミン	245b
tetraparental mouse	四親マウス	155a
tetraploid	四倍体	383b
tetrasomic	四染色体性	383b
tetratype	テトラタイプ	245a
tetravalent	四価[の]	383b
thalassemia	サラセミア	146b
thelytoky	雌性産生単為生殖	156b
Theobroma cacao	カカオ	71b
theobromine	テオブロミン	244a
thermal denaturization profile	温度変性曲線	67b

thermal neutron 熱中性子	273a
thermoacidophile 好熱好酸菌	126b
thermophilic 好熱性	126b
Thermotoga maritima	146a
Thermus aquaticus	146a
thiamine チアミン	225a
thiamine pyrophosphate チアミンピロリン酸	225a
thin layer chromatography 薄層クロマトグラフィー	279b
thioglycolic acid treatment チオグリコール酸処理	225b
Thio-tepa チオテパ	225b
third cousin またいとこ	354a
thirty-seven percent survival dose 37％生存線量	147a
Thr(threonine) トレオニン	262b
three-point cross 三点交雑	148a
three-strand double exchange 三染色分体間二重交換	148a
threonine トレオニン	262b
threshhold dose 閾(いき)線量	24b
threshhold effect hypothesis 閾(いき)値効果説	24b
thrombin トロンビン	263b
thrombocyte 血小板	114a
thrum 短花柱花	222a
Thy-1 antigen Thy-1抗原	234b
thylakoid チラコイド	231b
thymidine チミジン	228a
thymidine kinase チミジンキナーゼ	228a
thymidylate kinase チミジル酸キナーゼ	228a
thymidylic acid チミジル酸	228a
thymine チミン	228a
thymine dimer チミン二量体	228a
thymocyte 胸腺細胞	96b
thymus 胸腺	96b
thyroglobulin チログロブリン	232a
thyroid hormone 甲状腺ホルモン	124a
thyroid-stimulating hormone 甲状腺刺激ホルモン	124a
thyrotropin チロトロピン	233a
thyroxine チロキシン	232a
tiller 分げつ枝	324a
timber line 高木限界	127b
time-lapse microcinematography 微速度顕微映画法	294a
Ti plasmid Ti プラスミド	234a
Tiselius apparatus ティゼリウス装置	240a
tissue 組織	210a
tissue culture 組織培養	210b
tissue typing 組織適合性検査	210a
titer 滴定量	244b
titin タイチン	215a
TLC(thin layer chromatography) 薄層クロマトグラフィー	238b
T lymphocyte Tリンパ球	242a
T_m	238b
TMV(tobacco mosaic virus) タバコモザイクウイルス	238b
Tn5	238b
TNF(tumour necrosis factor) 腫瘍壊死因子	169b
Tn5 transposition intermediate Tn5転移中間体	238b
tobacco タバコ	219b
tobacco mosaic virus タバコモザイクウイルス	220a
tolerance 寛容	86b
toluidine blue トルイジンブルー	262b
tomato トマト	259a
T24 oncogene T24がん遺伝子	240b
tonofilament 張細糸	230a
topoisomerase トポイソメラーゼ	259a
topological isomer トポロジカル異性体	259a
topology 位相幾何学	27a
tormogen cell 窩生細胞	77a
tortoiseshell cat 三毛ネコ	357a
totipotent 全能性［の］	204a
toxin 毒素	257b
toxoid トキソイド	257b
TP53	241a
TΨC loop TΨCループ	241a
T phage Tファージ	241a
tracer トレーサー	262b
traction fiber けん引糸	116b
trailer sequence トレーラー配列	262b
trait 形質	110b
trans トランス	259b
trans-acting locus トランス作用遺伝子座	260a
transcribed spacer 転写されるスペーサー	250b
transcript 転写産物	250b
transcriptase 転写酵素	250a
transcription 転写	250a
transcription factor 転写因子	250a
transcription rate 転写速度	250b
transcription unit 転写単位	250b
transcriptome トランスクリプトーム	259b
transcripton トランスクリプトン	259b
transcriptosome トランスクリプトソーム	259b
transdetermination 決定転換	115a
transduced element ［形質］導入要素	111a
transductant ［形質］導入体	111a
transduction ［形質］導入	111a
trans face トランス面	261a
transfection トランスフェクション	260a
transfectoma トランスフェクトーマ	260b
transferase 転移酵素	248a
transfer factor 伝達因子	251a
transferred immunity 伝達免疫	251a
transferrin トランスフェリン	260b
transfer RNA 転移RNA	247a
trans-filter induction 経濾過膜誘導	112a
transformant 形質転換体	111a
transformation トランスフォーメーション	260b
transformation 形質転換	111a
transformation rescue 形質転換レスキュー	111a
transformation series 形質変換系列	111a
transgene トランスジーン	260b
transgenic animal 遺伝子組換え動物	31b
transgressive variation 超越変異	230a
transient diploid 移行二倍体	25a
transient polymorphism 一時多型現象	28b
transition トランジション	259b
translation 翻訳	349b
translational amplification 翻訳増幅	351a
translational control 翻訳調節	351b
translation elongation factor 翻訳延長因子	350b
translation rate 翻訳速度	351b
translocase トランスロカーゼ	261a

translocation　トランスロケーション……261a
translocation　転座……248b
translocation Down syndrome　転座型ダウン症候群
　……249a
translocation heterozygote　転座ヘテロ接合体……249a
translocation mapping　転座地図作成……249a
translocation of protein　タンパク質のトランスロケー
　ション……224b
translocon　トランスロコン……261a
transmission electron microscope　透過型電子顕微鏡
　……252b
transmission genetics　伝達遺伝学……251a
transmutation　核変換……75b
transplantation　移植……26a
transplantation antigen　移植抗原……26a
transposable element　転移因子……247b
transposase　トランスポゼース……260b
transposition　転位……247a
transposition　転移……247a
transposon　トランスポゾン……261a
transposon tagging　トランスポゾン標識法……261a
trans-splicing　トランススプライシング……260a
transvection　トランスベクション……260b
trend　傾向……110a
triallelic　三対立遺伝子［の］……148a
Triassic　三畳紀……147b
Tribolium　コクヌストモドキ属……129a
tricarboxylic acid cycle　トリカルボン酸回路……261b
trichloroacetic acid　トリクロロ酢酸……261b
trichocyst　毛胞……370a
trichogen cell　生毛細胞……192b
trichogyne　受精毛……168b
triethylene melamine　トリエチレンメラミン……261b
triethylenethiophosphoramide　トリエチレンチオホス
　ホルアミド……261b
triiodothyronine　トリヨードチロニン……262b
trilobites　三葉虫……148b
trimester　三ヵ月期……147a
trimethylpsoralen　トリメチルソラレン……262b
trinucleotide repeat　トリヌクレオチドリピート……262a
trioecy　三性異株……147c
triparental recombinant　三親の組換え体……147b
tripartite ribbon　三層リボン構造……148a
triplet　トリプレット……262a
triplet code　トリプレット暗号……262a
triplet repeat　トリプレットリピート……262a
triplex　三重式……147b
triploid　三倍体……148b
triskelion　トリスケリオン……261b
trisomic　三染色体性［の］……147c
trisomy 13 syndrome　13トリソミー症候群……164b
trisomy 18 syndrome　18トリソミー症候群……166b
trisomy 21 syndrome　21トリソミー症候群……267b
tritanomaly　第三色弱……213b
tritanopia　第三色盲……213b
tritiated thymidine　トリチウム標識チミジン……261b
tritiated uridine　トリチウム標識ウリジン……261b
Triticum　コムギ属……133b
Triticum polonicum　ポーランドコムギ……345b
tritium　トリチウム……261b
Triturus　ヨーロッパイモリ属……383a

trivalent　三価……147a
tRNA……234a
tRNA gene　tRNA遺伝子……234a
tRNA isoacceptor　イソ受容tRNA……27b
tRNA-modifying enzyme　tRNA修飾酵素……234b
T4 RNA ligase　T4 RNAリガーゼ……241b
tRNA suppressor　tRNAサプレッサー……234a
tRNA synthetase recognition site　tRNA合成酵素認識部
　位……234a
trophoblast　栄養芽層……46b
trophocyte　栄養細胞……46b
tropomyosin　トロポミオシン……263a
Trp (tryptophan)　トリプトファン……262a
true breeding line　純粋系統……171a
truncation selection　切断選択……195b
Trypanosoma　トリパノゾーマ属……262a
trypsin　トリプシン……262a
tryptophan　トリプトファン……262a
tryptophan synthetase　トリプトファン合成酵素……262a
TSH (thyroid-stimulating hormone)　甲状腺刺激ホルモ
　ン……124a
ts mutation　ts突然変異……234a
T suppressor cell　Tサプレッサー細胞……239b
t test　t検定……238b
tube nucleus　花粉管核……80a
tuberculosis bacterium　結核菌……113a
tubulin　チューブリン……229b
tumor　腫瘍……169b
tumor necrosis factor　腫瘍壊死因子……169b
tumor specific transplantation antigen　腫瘍特異的移植
　抗原……170a
tumor suppressor gene　がん抑制遺伝子……86b
tumor virus　腫瘍ウイルス……169b
Turbatrix aceti……220b
turbid plaque　混濁プラーク……136b
Turner syndrome　ターナー症候群……219a
turnover　代謝回転……213b
turnover number　代謝回転数……213b
twins　双生児……206b
twin spot　双子スポット……313a
twisting number　巻き数……353b
twofold rotational symmetry　二回転対称……266a
two genes-one polypeptide chain　二遺伝子一一ポリペプ
　チド鎖……266a
two-point cross　二点交雑……268b
two-strand double exchange　二染色分体間二重交換
　……268b
Ty element　Ty因子……242b
type specimen　基準標本……90a
typological thinking　類型学的思考……399a
Tyr (tyrosine)　チロシン……232a
tyrosinase　チロシナーゼ……232a
tyrosine　チロシン……232a
tyrosinemia　チロシン血症……232a

U

U……374a
ubiquinone　ユビキノン……378a
ubiquitin　ユビキチン……377b

ubiquitin ligase ユビキチンリガーゼ	378a
UDPG (uridine diphosphate glucose) ウリジン二リン酸グルコース	377b
UEP (unit evolutionary period) 単位進化期間	211b
UH2A	377b
ultracentrifuge 超遠心機	230a
ultramicrotome ウルトラミクロトーム	45a
ultrasound 超音波	230a
ultrastructure 超微細構造	231a
ultraviolet absorption curve 紫外線吸収曲線	150a
ultraviolet microscope 紫外線顕微鏡	150b
ultraviolet radiation 紫外線	150a
underdominance 低優性	241b
undersea vent community 海底噴出孔群集	69b
underwinding 弛緩ねじれ	151a
undulipodium 波動毛	283a
unequal crossing over 不等交叉	314b
ungulate 有蹄類	376b
uniformitarianism 斉一説	186a
unineme hypothesis 単糸仮説	222b
uniparental disomy 単親性二染色体	223a
uniparental inheritance 単親性遺伝	222b
unique DNA ユニーク DNA	377b
unisexual flower 単性花	223a
unit character 単位形質	221b
unit evolutionary period 単位進化時間	221b
unit membrane 単位膜	221b
univalent 一価	29b
universal code theory 普遍暗号説	315b
universal donor 万能供血者	288a
universal recipient 万能受血者	288a
universal tree of life 分子系統樹	324b
univoltine 一化性	29b
unordered tetrad 非順序四分子	295b
unscheduled DNA synthesis 不定期 DNA 合成	314b
unstable equilibrium 不安定平衡	306b
unstable mutation 不安定突然変異	306b
untwisting enzyme 巻戻し酵素	353a
unwinding protein 巻戻しタンパク質	353a
u orientation *u* 方向	378a
up promoter mutation アッププロモーター突然変異	7a
upstream 上流	174a
uracil ウラシル	44b
uracil fragment ウラシル断片	44b
urea 尿素	270a
urease ウレアーゼ	45a
urethane ウレタン	45b
URF	374b
uric acid 尿酸	269b
uridine ウリジン	45a
uridine diphosphate galactose ウリジン二リン酸ガラクトース	44b
uridine diphosphate glucose ウリジン二リン酸グルコース	44b
uridylic acid ウリジル酸	44b
Urkingdom 上界	171a
Usn RNA	377a
Ustilago ウスチラゴ属	43b
uteroglobin ウテログロビン	44b
UV	378a
UV-induced dimer UV 誘起二量体	378a
UV reactivation 紫外線回復	150a

V

vaccine ワクチン	407a
vaccinia virus ワクシニアウイルス	407a
vacuole 液胞	47a
vacuum evaporator 真空蒸着装置	176b
Val (valine) バリン	307a
valence 原子価	117a
valine バリン	285a
valinomycin バリノマイシン	285a
van der Waals force ファンデルワールス力	307a
var 変種	335b
variable 可変 [の]	80a
variable domain, variable region 可変領域	80a
variable number of tandem repeats locus 縦列反復数変異座位	167a
variance 分散	324a
variant 変異体	335a
variation 変異	335a
variegated position effect 斑入り型位置効果	308a
variegation 斑入り	308a
variety 変種	335b
Variola major	285a
vasopressin バソプレッシン	282b
V(D)J recombination V(D)J 組換え	307a
VDR (vitamine D receptor) ビタミン D 受容体	307a
vector ベクター	329a
vector 媒介動物	276b
vegetal hemisphere 植物半球	174a
vegetative 栄養性 [の]	46b
vegetative cell 栄養細胞	46b
vegetative nucleus 栄養核	46a
vegetative petite 非分離型プチ	299b
vegetative reproduction 栄養生殖	46b
vegetative state 増殖状態	206b
vehicle ビークル	291b
vermilion	284a
vermilion plus substance バーミリオンプラス物質	284a
vernalization 春化処理	170b
Veronica クワガタソウ属	109b
vertical evolution 垂直の進化	181a
vertical transmission 垂直伝達	181a
V gene V 遺伝子	307a
viability 生存性	190a
Vibrio cholerae コレラ菌	135b
vicariance distribution 分断分布	326a
Vicia faba ソラマメ	211a
villus 絨毛	166b
vimentin ビメンチン	300a
vinblastine ビンブラスチン	304b
vinca alkaloid ビンカアルカロイド	304a
vincaleukoblastine ビンカロイコブラスチン	304a
Vinca rosea ニチニチソウ	268b
vincristine ビンクリスチン	304b
vinculin ビンキュリン	304a
viral-specific enzyme ウイルス特異的酵素	42a
viral transformation ウイルス性トランスフォーメーション	42a

外国語索引	
virion ウイルス粒子	42b
viroid ウイロイド	43a
virulence 毒性	257b
virulence plasmid 病原性プラスミド	301a
virulent phage 毒性ファージ	257b
virus ウイルス	42a
virusoid ウイルソイド	42b
virus receptor ウイルス受容体	42a
viscoelastic molecular weight determination 粘弾性分子量決定法	273b
Visconti-Delbrück hypothesis ビスコンティ-デルブリュックの仮説	293b
visibles 可視突然変異体	76b
visual purple 視紅	153b
vitalism 生気論	187a
vital stain 生体染色剤	190b
vitamin ビタミン	294b
vitamin A ビタミン A	294b
vitamin B complex ビタミン B 複合体	295a
vitamin C ビタミン C	294b
vitamin D ビタミン D	294b
vitamin D receptor ビタミン D 受容体	295a
vitamin D-resistant ricket ビタミン D 抵抗性くる病	295a
vitamin E ビタミン E	294b
vitamin H ビタミン H	294b
vitellarium 卵巣室	388a
vitelline membrane 卵黄膜	388a
vitellogenesis 卵黄形成	388a
vitellogenic hormone 卵黄形成ホルモン	388a
vitellogenin ビテロゲニン	295b
viviparous 胎生[の]	214a
Viviparus malleatus	299a
v-myc	308a
VNTR locus VNTR 座位	307a
voltinism 化性	77a
von Gierke disease フォンギールケ病	310a
von Recklinghausen disease フォンレックリングハウゼン病	310a
von Willebrand disease フォンビルブランド病	310a
von Willebrand factor gene フォンビルブランド因子の遺伝子	310a
v-sis gene *v-sis* 遺伝子	307a
v-src gene *v-src* 遺伝子	307a
vulgare wheat 普通系コムギ	314a
Vulpes vulpes アカギツネ	2b

W

Wahlund effect ワールンド効果	408b
Wallace effect ウォレス効果	43a
Wallace's line ウォレス線	43b
waltzer	408a
Waring blender ワーリングブレンダー	408a
warning coloration 警告色	110b
Watson-Crick model ワトソン-クリックモデル	407a
wax ワックス	407b
weak interaction 弱い相互作用	383a
weighted mean 加重平均	76b
Weismannism ワイスマン説	407a
Werner syndrome ウェルナー症候群	43a
western blotting ウエスタンブロッティング	43b
wheat コムギ	133a
WHHL rabbit (Watanabe-heritable hyperlipidemic rabbit) WHHL ウサギ	220b
white leghorn 白色レグホン	279b
white plymouth rock 白色プリマスロック	279b
whole-arm fusion 全腕融合	204b
whole-arm transfer 全腕転位	204b
wild type 野生型	373b
wild-type gene 野生型遺伝子	373b
Williston's rule ウィリストンの法則	42a
Wilms tumor ウィルムス腫瘍	42b
Wilson disease ウィルソン病	42b
Windsor bean ソラマメ	211a
winter variety 秋まき品種	3a
wobble hypothesis ゆらぎ仮説	378b
wolf オオカミ	61b
Wolman's disease ウォルマン病	43b
woolly monkey ウーリーモンキー	45a
working hypothesis 作業仮説	143b
Wright's equilibrium law ライトの平衡則	384a
Wright's inbreeding coefficient ライトの近交係数	384a
Wright's polygene estimate ライトのポリジーン推定値	384a
winding number ワインディング数	384a
wt (wild type) 野生型	373b
W, Z chromosome W, Z 染色体	220b

X

X	50b
X_2	51a
xantha	89b
xanthommatine キサントマチン	89b
X chromosome X 染色体	51a
X-chromosome inactivation X 染色体の不活性化	51a
xenia キセニア	90b
xenograft 異種間移植片	26a
xenoplastic transplantation 異属間移植	27b
Xenopus ツメガエル属	233a
xeroderma pigmentosum 色素性乾皮症	151b
XG	51a
X inactivation X 不活性化	51a
Xiphophorus maculatus プラティ	319b
XIST	50b
X linkage X 連鎖	51a
XO	50b
XO monosomy XO モノソミー	50b
X radiation X 線照射	51a
X-ray crystallography X 線結晶学	51a
XXY trisomy XXY トリソミー	50b
XYY trisomy XYY トリソミー	51b

Y

Y	407a
YAC (yeast artificial chromosome) 酵母人工染色体	407a
Y chromosome Y 染色体	407a

外国語索引　559

yeast　酵母 …………………………………… 127b
yeast artificial chromo-somes　酵母人工染色体 …… 127b
Y fork　Yフォーク ………………………………… 407a
Y linkage　Y連鎖 ………………………………… 407a
yolk　卵黄 ………………………………………… 388a
Y-suppressed lethal　Y抑圧致死 ………………… 407a

Z

Z ……………………………………………………… 196a
Z chromosome　Z染色体 ………………………… 196b
Z DNA ……………………………………………… 196b
Zea mays ………………………………………… 186a
zeatin　ゼアチン ………………………………… 186a
zebra　シマウマ ………………………………… 161b
zebra fish　ゼブラフィッシュ …………………… 197a
Zebu　コブウシ ………………………………… 132a
zein　ゼイン ……………………………………… 192b
zero-order kinetics　ゼロ次反応速度論 ………… 198a
zero sum assumption　ゼロ和仮定 ……………… 198a
zero time binding DNA　ゼロ点結合DNA ……… 198a
Zimmermann cell fusion　ツィンマーマンの細胞融合
　……………………………………………………… 233a

zinc　亜鉛 …………………………………………… 2a
zinc finger protein　ジンクフィンガータンパク質
　……………………………………………………… 176b
Zn …………………………………………………… 196b
zonal electrophoresis　ゾーン電気泳動 ………… 211b
zona pellucida　透明帯 …………………………… 257a
zoogeographic realm　動物地理区 ……………… 256b
zoogeography　動物地理学 ……………………… 256b
ZPG（zero population growth） ………………… 196b
ZR515 ……………………………………………… 196a
Z,W chromosome　Z, W染色体 ………………… 196b
zwitterion　双性イオン …………………………… 206b
Zyg DNA …………………………………………… 196b
zygonema　接合糸期 ……………………………… 195a
zygote　接合体 …………………………………… 195a
zygotene stage　接合糸期 ………………………… 195a
zygotic induction　接合誘発 ……………………… 195a
zygotic lethal　接合体致死 ……………………… 195a
zygotic meiosis　接合減数分裂 …………………… 195a
zygotic segmentation mutant　接合体分節突然変異体
　……………………………………………………… 195a
zymogen　チモーゲン …………………………… 228a
zymogen granule　チモーゲン顆粒 ……………… 228a

掲載図出典

- p.17 （rⅡ） From S. Benzer, Fine structure of a genetic region in bacteriophage. *Proc. Nat. Acad. Sci.* 41 (1955): 344-354.
- p.47 （液胞） From A. Pensa, Fatti e considerazioni a proposito di aluine formazioni nelle cellule vegetale. *Monitore Zool. Ital.* 18 (1917): 9.
- p.52 （*H19*） From A. C. Bell and G. Felsenfeld, Methylation of a CTCF-dependent boundary controls imprinted expression of the Igf2 gene. *Nature*, May 25, 2000, page 484, figure 4.
- p.64 （オプシン） From K. R. Gegenfurtner and L. T. Sharpe (eds.), *Color Vision*, figure 1.2. New York: Cambridge University Press, 1999. Reprinted with permission of Cambridge University Press.
- p.69 （χ^2検定） Redrawn from J. F. Crow, *Genetics Notes*. 2nd ed., Minneapolis: Burgess Publishing Co.
- p.70 （解糖） Adapted from Edward Stauton West & Wilbert R. Todd, *Textbook of Biochemistry*, 3rd ed. Copyright 1951, 1955, 1961 by Macmillan Company, New York.
- p.88 （キイロショウジョウバエ） From M. D. Adams *et al.*, The genome sequence of *Drosophila melanogaster*. *Science*, March 24, 2000, page 2106, Figure 1. Reprinted with permission of the American Association for the Advancement of Science.
- p.102 （クエン酸回路） From R. M. Devlin, *Plant Physiology*. New York: Reinhold Publishing, 1966.
- p.108 （クロミスタ） Drawing by M. Lowe, from *Five Kingdoms: An Illustrated Guide to the Phyla of Life on Earth* by Lynn Margulis and Karlene V. Schwartz. Copyright © 1982, 1988, 1998 by W. H. Freeman and Co. Reprinted by arrangegment of Henry Holt and Company, LLC.
- p.128 （5S rRNA） From P. B. Moore, chapter 10, figure 3C on page 207, in R. A. Zimmermann and A. E. Dahlberg, eds., *Ribosomal RNA*. 1996, Boca Raton, FL: CRC Press.
- p.133 （互変異性転位） From F. J. Ayala and J. A. Kiger, Jr., *Modern Genetics*. New York: Benjamin/Cummings, 1980.
- p.139 （再結合反応速度論） From R. J. Britten and D. E. Kohne, Repeated sequences in DNA. *Science* 161 (1968): 529. Copyright 1968 by the American Association for the Advancement of Science.
- p.164 （周期表） From Evelyn Morholt, Paul F. Brandwein, and Alexander Joseph, *A Sourcebook for the Biological Sciences*. Copyright © 1958, 1966 by Harcourt, Brace and World. Reprinted with permission.
- p.167 （16S rRNA） Courtesy of Dr. Harry Noller.
- p.181 （水素結合） Adapted from T. E. Creighton, *Encyclopedia of Molecular Biology*, vol. 2, pp.1167, 1999. Reprinted with permission of John Wiley and Sons.
- p.194 （接合） Redrawn from G. H. Beale, *Genetics of Paramecium aurelia*. New York: Cambridge University Press, 1954.
- p.208 （ソーギンの最初の共生生物） Modified from M. L. Sogin, Early evolution and the origin of eukaryotes. *Current Opinion in Genetics and Development* 1 (1991): 460, fig. 4. Used with permission of Elsevier Science.
- p.212 （対合複合体） From R. C. King, The meiotic behavior of the *Drosophila* oocyte. *Intl. Rev. Cytol.* 28, 1970, page 136, fig. 4A Reprinted with permission of Academic Press.
- p.220 （タバコモザイクウイルス） Drawing by M. Lowe from *Five Kingdoms: An Illustrated Guide to the Phyla of Life on Earth* by Lynn Margulis and Karlene V. Schwartz. Copyright © 1982, 1988, 1998 by W. H. Freeman and Co. Reprinted by arrangement of Henry Holt and Company, LLC.
- p.227 （地質年代区分） Adapted from Harold L. Levin, *The Earth Through Time*, 3rd ed. Philadelphia: W. B. Saunders, 1988.
- p.247 （テロメラーゼ） Adapted from D. Gilley and E. H. Blackburn, *Mol. Cell. Biol.* 16 (1966): 66-75.
- p.276 （灰色植物） From E. Schnepf, W. Koch, and G. Deichgraber, "Zur Cytologie und taxonomischen Einordnung von Glaucocytis." *Archiv fur Mikrobiologie* 55 (1966): 151. Reprinted with permission of the authors and Springer-Verlag.
- p.283 （ハーディー－ワインベルグの法則） From D. S. Falconer, An Introduction to *Quantitative Genetics*. Edinburgh: Oliver and Boyd, 1960.
- p.325 （分子系統樹） From J. W. Schopf, Tracing the roots of the universal tree of life, fig. 16.2, p. 338 in A. Brack, ed,. *Molecular Origins of Life*. New York: Cambridge University Press, 1998.
- p.336 （ペントースリン酸経路） Adapted from Edward Staunton West & Wilbert Todd, *Textbook of Biochemistry*, 3rd ed. Copyright © 1951, 1955, 1961 by The Macmillan Company, New York.
- p.340 （放射線誘発染色体異常） From K. Sax, *Genetics* 25 (1940): 41-68. Modified by N. H. Giles in A.

Hollaender, *Radiation Biology*, Vol. 1, page 716. New York: McGraw-Hill, 1954.
- p.348 （ポリフューゾーム）　From P. D. Storto and R. C. King, *Developmental Genetics* 10 (1989): 77. Reprinted with permission of John Wiley & Sons, Inc.
- p.367 （免疫グロブリン）　From W. D. Stansfiedl, *Serology and Immunology*. New York: Macmillan, 1981.
- p.370 （網膜）　From Lubert Stryer, *Biochemistry*. Copyright © 1975, 1981, 1988, 1995 by Lubert Stryer. Used with permission of W. H. Freeman and Company.
- p.386 （ラクトースリプレッサー）　Both illustrations are adapted from M. Lewis *et al.*, *Science* 271 (1996): 1247-1254.
- p.388 （藍菌門）　Drawing by R. Golder from *Five Kingdoms: An Illustrated Guide to the Phyla of Life on Earth* by Lynn Margulis and Karlene V. Schwartz. Copyright © 1982, 1988, 1988 by W. H. Freeman and Co. Reprinted by arrangement of Henry Holt and Company, LLC.
- p.389 （ランプブラシ染色体）　Phase contrast photomicrograph courtesy of J. G. Gall.
- p.396 （量的遺伝）　Adapted from R. A. Emerson and E. M. East, The inheritance of quantitative characters in maize. *Nebraska Agr. Exp. Sta. Res. Bull.* 2 (1913).

さい ごう かおる
西 郷　薫
　　1945 年　静岡に生まれる
　　1967 年　東京大学理学部 卒
　　現　東京大学大学院理学系研究科 教授
　　専攻　分子生物学
　　理 学 博 士

さ の ゆみ こ
佐 野 弓 子
　　1948 年　札幌市に生まれる
　　1971 年　東京大学理学部 卒
　　専攻　分子生物学
　　理 学 博 士

ふ やま よし あき
布 山 喜 章
　　1939 年　長野県に生まれる
　　1962 年　東京都立大学理学部 卒
　　元　東京都立大学理学部 教授
　　専攻　遺伝学
　　理 学 博 士

第 1 版 第 1 刷　1983 年 10 月 1 日 発行
第 4 版 第 1 刷　1993 年 11 月 22 日 発行
第 6 版 第 1 刷　2005 年 12 月 9 日 発行

遺伝学用語辞典（第 6 版）

Ⓒ　2 0 0 5

　　　　　　　西　郷　　薫
監　訳　　佐　野　弓　子
　　　　　　　布　山　喜　章

発行者　　小　澤　美奈子
発　行　　株式会社 東京化学同人
東京都文京区千石 3-36-7（〒112-0011）
電話 03-3946-5311・FAX 03-3946-5316
URL: http://www.tkd-pbl.com/

印　刷　ショウワドウ・イープレス㈱
製　本　株式会社 松岳社

ISBN4-8079-0629-1
Printed in Japan